区域生态环境建设理论与方法

——天津滨海新区案例研究

李洪远　孟伟庆　等编著

化学工业出版社
·北京·

本书作为区域生态环境建设的专著，理论与实践相结合，从区域生态建设的理论、方法和技术三个层面进行了创新性探索，突出了成果的理论意义和实际应用价值。全书分为上、中、下三篇，25章相对独立的研究成果，以天津滨海新区为例，涉及区域生态环境特征的基础理论研究、区域开发的生态影响与环境质量的评价研究、区域生态环境建设的技术方法研究等，内容全面，图文并茂，实用性强。

本书可供高等院校、科研院所等从事区域生态环境研究、区域开发规划、区域环境评价、环境规划与管理的科研与教学人员阅读使用，也可作为环境类专业、生态类专业、城市规划类等相关专业研究生的参考用书。

图书在版编目（CIP）数据

区域生态环境建设理论与方法：天津滨海新区案例研究/李洪远等编著.—北京：化学工业出版社，2017.1
ISBN 978-7-122-28642-0

Ⅰ.①区… Ⅱ.①李… Ⅲ.①经济开发区-生态环境建设-研究-天津市 Ⅳ.①X321.221

中国版本图书馆CIP数据核字（2016）第298140号

责任编辑：满悦芝　　文字编辑：荣世芳
责任校对：宋　玮　　装帧设计：关　飞

出版发行：化学工业出版社（北京市东城区青年湖南街13号　邮政编码100011）
印　　刷：北京永鑫印刷有限责任公司
装　　订：三河市宇新装订厂
787mm×1092mm　1/16　印张34¼　字数848千字　2017年7月北京第1版第1次印刷

购书咨询：010-64518888（传真：010-64519686）　售后服务：010-64518899
网　　址：http://www.cip.com.cn
凡购买本书，如有缺损质量问题，本社销售中心负责调换。

定　　价：148.00元　

前言 FOREWORD

改革开放以来，我国的国民经济一直处于持续快速发展的进程中，尤其是作为推动地区经济快速发展战略的区域开发活动，更是扮演着重要的角色。但另一方面，区域开发所带来的经济、社会、文化、地域空间、自然环境等变化，也导致了大气、土壤、水体、生态等诸多环境问题的凸现，生态环境问题日益成为区域经济发展中越来越重要的问题。如何在区域发展和经济建设过程中有效地保护好区域生态环境，确保区域环境与经济协调发展，无论是理论层面还是实践层面，都是值得深入研究的课题。

天津滨海新区是我国仅有的三个副省级新区之一，位于渤海湾西海岸，华北平原北部，海河流域下游，天津市中心区的东部。滨海新区包括天津港、天津经济技术开发区、天津港保税区、塘沽区、汉沽区、大港区和东丽区、津南区的部分区域（海河下游工业区），陆域面积 $2270km^2$，海域面积 $3000km^2$，湿地占滨海新区陆域面积 52.63%，海岸线长 153km，滩涂 $343km^2$。该区域属于退海之地，地势低平，滩涂、盐滩与坑、塘、洼、淀密布，水系发达，河网密布，区内有 14 条河道、9 座水库。滨海新区自然资源丰富，不仅有面积可观的未利用土地资源，还具有丰富的石油、天然气、地热和原盐资源，具有很大的发展潜力。2006 年 5 月 26 日，国务院下发《国务院关于推进天津滨海新区开发开放有关问题的意见》（国发［2006］20 号），正式明确了滨海新区功能定位，即依托京津冀、服务环渤海、辐射“三北”、面向东北亚，努力建设成为我国北方对外开放的门户、高水平的现代制造业和研发转化基地、北方国际航运中心和国际物流中心，逐步成为经济繁荣、社会和谐、环境优美的宜居生态型新城区。

滨海新区虽然具有优越的自然生态特征和独特的地理环境基础，但也存在着明显的制约新区发展的生态环境问题。滨海新区属暖温带大陆性季风气候，春季干旱多风，冬季严寒风大；年降水量少，蒸发量大；土壤干旱缺水，浅层地下水矿化度高；土壤淤泥质，盐渍化严重，除了少数盐生植物外，大多数植物难以生长。近年来，随着新区的快速发展，又衍生出诸如城镇化导致的土地资源紧缺、土壤重金属污染、湿地植被退化、近海海水污染和渔业资源衰退等新的生态环境问题。

本书编者所带领的研究团队从 2000 年起针对滨海新区生态环境开展系列研究，先后承担了十余项针对该区域的各类科研课题，如“万科东丽湖区域开发项目环境影响评价与规划（生态专题）”（2000—2001）、“天津市滨海新区区域发展环境影响评价与规划（生态专题）”（2001—2002）、“天津市保税区空港物流加工区环境影响评价项目（生态专题）”（2003—2004）、“天津开发区碱渣山改造项目生态景观影响评估”（2003—2004）、“天津滨海新区自然保留地的现状调查与管理框架研究”（韩国高等教育财团/南开大学亚洲研究中心资助项目，AS0722，2007—2008）、“天津港保税区空港物流加工区绿化现状评价与建设管理方案研究”（2007—2008）、“中新天津生态城绿地系统规划专题研究”（2008）、“中新天津生态城总体规划环境影响评价（生态专题）”（2008—2009）、“天津滨海新区发展战略环境影响评价（生态专题）”（2008—2010）、“滨海新区湿地生态恢复关键技术与开发利用模式研究”（天津市科技支撑计划项目，08ZCGYSF00200，2008—2011）、“天津市中新生态城生态园林关键技术研究”（天津市建委科技项目，2008—2011）、“空港物流加工区绿地动态监测及评价研究”（2010—2011）、“天津滨海新区土地利用变化对土壤碳储量的影响预测研究”（天津市自然科学基金项目，11JCZDJC24500，2011—2014）、“天津古海岸与湿地国家级自然保护区综合科学考察（植被专题）”（2012—2013）、“双向演替下消落带湿地碳汇波动机制及其影响因素”（国家自然科学青年基金项目，41301096，2014—2016）等。本书是在上述科研课题成果的基础上，结合多年来长期坚持的野外定位观测和资料积累编写而成的，是针对滨海新区生态环境演变的系列研究成果的总结。

全书分为上篇、中篇、下篇三大部分，共25章相对独立的研究成果。上篇：滨海新区生态环境基础研究，包括第1章～第8章；中篇：滨海新区生态环境评价研究，包括第9章～第17章；下篇：滨海新区生态建设技术方法研究，包括第18章～第25章。

全书由李洪远、孟伟庆负责统稿，莫训强、陈小奎参与大部分编著工作，参加研究工作及本书编写的还有郝翠、梁耀元、马春、冯海云、张良、吴贤斌、闫维、程晨、常华、蔡喆、李姝娟、吴璇、王秀明、丁晓、李端、许诺、翟付群、王英、赵志凤、熊善高、吕铃钥、林应超、贺梦璇、王芳、李兰兰、张清敏、杨佳楠、李馨、董昊悦等。

由于区域生态环境建设是一个长期的、动态的研究课题，国内没有成熟的理论和方法体系可供借鉴，加之不同区域的社会、经济与环境问题错综复杂，不同城市和地区的发展规模、水平、自然地理特征、生态问题也各不相同，建设的标准和内涵也不一样，仍有很多问题需要进一步研究和完善。本研究只是针对一个特定区域的研究成果，本书的编写，旨在为天津滨海新区生态环境建设提供必要的决策参考、理论依据和技术支持，同时编者希望能对国内其他区域开发过程中的生态环境建设起到借鉴作用。

由于研究工作时间跨度较大，研究区域内的功能区划和开发建设发生了很大变化，加之研究人员的水平和经验有限，本书所涉及的部分内容有待进一步完善，错误和纰漏之处在所难免，敬请专家、学者和相关行业部门管理人员批评指正。

编著者

2017年1月

目录 CONTENTS

上篇 滨海新区生态环境基础研究

7 天津经济技术开发区绿地植物多样性调查分析 141

8 滨海新区湿地植被演替规律研究 157

中篇 滨海新区 生态环境评价研究

下篇 滨海新区生态建设技术方法研究

18 滨海新区特色生态景观的营造与设计方法 370

19 滨海新区盐碱湿地植被恢复模式研究 394

上篇 滨海新区 生态环境基础研究

1 基于RS和GIS的天津滨海湿地景观格局研究

1.1 RS和GIS在湿地景观中的应用

从区域角度，要想充分了解一个地区的整体生态环境特征，凭借传统的资料收集和野外调查的方法已经不能满足区域生态环境保护与建设的需求，同时，由于湿地生态系统的敏感性和脆弱性，更是需要及时、快速和大尺度的观测和研究方法。对于天津滨海新区这样一个以湿地生境为主要自然生态背景的区域，尤其是近年来，伴随着湿地资源遭受到人类活动的不断破坏，湿地景观生态研究也成为了当前研究的热点。

景观生态学的研究对象是景观，其空间尺度大，在几平方千米至几百平方千米甚至更大的范围。对于如此大范围的生态研究单元，景观组分数量繁多，自然和人为干扰因素并存，其时空格局和生态过程的相互作用也十分复杂，因此研究中所需的信息数据非常庞大，处理过程也极其繁琐。传统的景观生态学研究主要依赖于野外调查，而湿地由于其独特的地域性，使得这一方法的使用受到人力、物力以及自然条件等多方面的限制。

近年来，随着科技水平的不断提高，RS（遥感）和GIS（地理信息系统）技术迅速发展，为研究湿地动态变化提供了更为先进的手段。遥感技术感测范围大，信息量多，获取信息快，更新周期短，具有宏观、综合、动态、快速的特点，能够快速有效地获取湿地空间信息；地理信息系统有很强的空间信息处理和分析功能，具有空间性和动态性，能快速、精确和综合地对复杂的地理系统进行空间定位和过程动态分析，为从不同时序上对湿地进行分析创造了条件。GIS具有强大的空间信息处理和分析功能，能够快速、精确和综合地对复杂的湿地系统进行空间定位和过程动态分析。

景观格局包括空间格局和时间格局，但只要对空间格局搞清楚了，时间格局是不难理解的。景观空间格局主要是指大小和形状不一的景观斑块在空间上的排列，它是景观异质性（heterogeneity）的重要表现，同时又是各种生态过程在不同尺度上作用的结果。对景观格局研究的目的是在似乎由无序的斑块镶嵌而成的景观上，发现其潜在的有意义的规律性。通过景观格局分析，希望能确定产生和控制空间格局的因子及其作用机制，比较不同景观镶嵌体的特征和它们的变化。探讨空间格局的尺度性质，并为景观的合理管理提供有价值的资料。

景观格局分析是景观生态学的基本研究内容，数量化分析景观组分的空间分布特征，是进一步研究景观功能和动态的基础。景观生态学强调系统的等级结构、空间异质性、时空尺度效应以及人类活动的影响。特别是人类活动加剧导致景观破碎化，对生物多样性的影响日趋严重，成为景观格局研究的重要内容。

目前应用遥感技术进行湿地景观格局研究通常首先需要根据研究目的，收集各类湿地景观数据（如野外地面调查数据、辅助图件、遥感图像等），并对遥感数据进行图像处理，从中提取湿地景观信息，再以面向用户的原则将其引入适当的格局研究模型中，通过定量化的分析手段对湿地景观格局研究结果加以解释和探讨。如 Townsend 和 Walsh 应用多时相和多光谱卫星图像对美国北卡罗来纳东北部的 Roanoke 河下游洪泛平原植物群落成分及景观结构进行了检测。研究中使用从单一年份中不同季相（3～4 月，5～6 月，7～8 月）获取的 Landsat TM 图像来发掘森林湿地物候变化，得到洪泛平原内具有生态重要性的植被类型的覆盖分类及其植被景观结构，并利用野外现场数据以验证分类后的植被群落成分和结构。王宪礼等利用遥感、GIS 手段对辽河三角洲湿地景观的格局与异质性进行研究，具体计算并分析了景观多样性指数、优势度指数、均匀度指数、景观破碎化指数、斑块分维数、聚集度指数 6 种景观指数。研究中通过对 Landsat TM 图像以及多种辅助图件数据进行分析，绘制出了研究区的景观类型图和湿地类型图，并通过 GIS 软件对上述图件进行计算，对辽河三角洲湿地景观的格局进行了分析。王根绪等利用 1975 年、1985 年、1995 年这 3 个时期的遥感图像，选取了有代表性的 9 个有关度量景观空间结构与景观异质性的景观指数，通过 FRAGSTATS 计算方法，系统研究了黄河源区湿地景观生态结构与景观格局变化。

1.2 景观格局的分析方法

景观生态学中的格局，一般是指空间格局，它表示景观要素斑块和其他结构成分的类型、数目以及空间分布与配置模式，景观空间格局是景观结构的重要特征之一，是景观异质性的外在表现形式。因此，景观异质性与景观空间格局在概念上和实际应用中是密切联系的，并且都对尺度有很强的依赖性。探讨格局与过程之间的关系是景观生态学的核心内容，为此发展了一系列空间分析方法和景观格局指数进行定量描述。

对景观结构的分析主要有空间统计和景观格局指数等方法。空间统计方法主要用于分析景观要素的空间分布特征，包括空间自相关分析、趋势面分析、聚块样方方差分析等。景观指数是指能够高度浓缩景观格局信息，反映其结构组成和空间配置特征的简单定量指标，可分为景观单元特征指数和景观异质性指数两类，前者包括斑块形状、分维数、面积、周长、数量等，后者包括多样性、镶嵌度、距离、破碎化、优势度、邻接性等指数。

(1) 空间统计学方法 许多景观格局的数据以类型图来表示（如植被图、土壤图、土地利用图等），也就是说，景观格局是以空间非连续型变量来表示的。景观指数方法可以用来分析这类景观数据，以描述空间异质性的特征，比较景观格局在空间或时间上的变化。然而，在实际景观中，异质性在空间上往往是连续的，即斑块与斑块之间的变化不总是截然分明的，而同一斑块内部也并非是完全均质的。对于存在有某种环境梯度的景观，这种异质性的空间连续性更是显著。因此，我们必须认识到，将景观格局用类型图来表示必然有客观的和主观的误差存在。这就要求景观格局以连续变量来表示（如土壤养分、水分分布图、植物密度分布图、生物量图、地形图），或通过抽样产生点格局数据来表示。这时景观指数方法不再适应，而空间统计学的方法正是为解决这些问题发展起来的。

景观格局的重大特征之一就是空间自相关性（spatial autocorrelation）。所谓空间自相关性就是指，在空间上越靠近的事物或现象就越相似。景观特征或变量在临近范围内的变化往往表现出对空间位置的依赖关系。空间统计学的目的是描述事物在空间上的分布特征（如随机的、聚集的或有规则的），以及确定空间自相关关系是否对这些格局有重要影响。空间统计学方法有许多种，例如空间自相关分析（spatial autocorrelation analysis）、趋势面分析（trend surface analysis）、谱分析（spectral analysis）、半方差分析（semivariance anallysis）以及克瑞金（Kriging）空间插值法等。

(2) 景观格局指数 景观生态学格局分析的指标体系的选取，用景观指数来表示。它能够高度浓缩景观格局信息。景观格局特征可以在三个层次上分析：①单个斑块（individual patch）；②由若干个单个斑块组成的斑块类型（patch type 或 class）；③包括若干斑块类型的整个景观镶嵌体（landscape mosaic）。因此，景观格局指数亦可相应地分为斑块水平指数（patch-level index）、斑块类型水平指数（class-level index）以及景观水平指数（landscape-level index）。应根据研究区的环境、考察指标等来选择不同的指数。

常用的景观指数有：斑块形状指数（patch shape index）、景观丰富度指数（landscape richness index）、景观多样性指数（landscape diversity index）、景观优势度指数（landscape dominance index）、景观均匀度指数（landscape evenness index）、景观形状指数（landscape shape index）、正方像元指数（square pixel index）、景观聚集度指数（contagion index）、分维数（fractal dimension）。除以上数种外，还有许多其他的景观指数。

值得指出的是，虽然景观指数的数目繁多，但大多属于以下几类：信息论类型、面积与周长比类型、简单统计学指标类型、空间相邻或自相关类型，以及分维类型。这些指数相互之间的相关性往往很高，因此同时采用多种指数（尤其是同一类型的指数）往往并不增加“新信息”。

景观格局指数和空间统计为景观格局分析提供了定量化方法，使景观格局的研究逐渐脱离了以描述和简单统计为主的阶段。由于这两类方法的计算过程多依据确定的方法（公式）和数据（主要为遥感数据），具有非常好的可重复性和确定性，可以进行不同空间和时间范围上的对比研究，因此逐渐成为景观格局研究的主要方法，也产生了许多相关的评价指标和应用软件。

遥感技术、地理信息系统和全球定位系统以其快速、准确、大存储量等特点被广泛地应用。景观生态学主要是研究景观层次上大尺度的生态学，由于其研究尺度大，通过野外调查获取数据往往耗时多，费用昂贵，而遥感数据以其信息量大、获取及时、价格低廉等优点恰恰满足了景观生态学对于数据源的需要。因此，目前一种常见的景观生态学研究方法是以遥感数据为数据源，使用图像处理系统对其进行分类，获取景观类型图，再以地理信息系统如ArcInfo、ArcView 等为手段，计算斑块的数目、面积、周长等斑块特征，并在此基础上计算各种景观指数并进行景观分析。本书即使用这种方法。

1.2.1 软件环境

本书遥感图像处理和图像分类数据所用软件为 ENVI 4.5、ERDAS 9.1、ArcGIS 9.2 和景观分析软件 Fragstats 3.3（Grid）。

ENVI 4.5（the Environment for Visualizing Images）是一套功能齐全的遥感图像处理

系统，是处理、分析并显示多光谱数据、高光谱数据和雷达数据的高级工具。获2000年美国权威机构NIMA遥感软件测评第一。ENVI对于要处理的图像波段数没有限制，可以处理最先进的卫星格式，如Landsat 7、SPOT、RADARSAT、NASA、NOAA、EROS和TERRA，并准备接受未来所有传感器的信息。自2007年起，与著名的GIS厂商ESRI公司开展全面战略合作，ENVI Reader for ArcGIS模块让ArcGIS系列软件全面支持ENVI的数据格式，最新版本ENVI 4.5完全支持ArcGIS的Geodatabase等。

ERDAS IMAGINE 9.1倡导地学工程一体化结合的理念，即通过将遥感、雷达、摄影测量、地理信息系统和三维可视化等技术结合在一个系统中，无需做任何格式和系统的转换就可以建立和实现整个地学相关工程。同时它创新性地提出了“企业级”遥感图像处理概念，将图像处理与空间数据管理融合成一体，构成完整的客户/服务器结构的工作流，提供了基于Internet/Intranet环境的影像等空间信息共享的工具，可创建自己的三维数字地球，进行沙盘推演，三维浏览查询/检索，分析，飞行，量测等。

ArcGIS 9.2是美国环境系统研究所（Environmental System Research Institute, ESRI）推出的通用GIS工具软件，软件采用有基于模块组成工具箱的结构，以实现输入、分析、管理和显示输出等方面的功能；用户可以进行二次开发和功能扩充，可使用于不同部门的使用。同时ArcGIS系统也是Fragstats软件分析ArcGrid类型数据所依赖的运行环境。

景观格局数据分析使用景观指数分析软件Fragstats 3.3。Fragstats是最常用的景观格局分析软件之一，其最初版本（Version 2）由美国俄勒冈州立大学森林科学系McGarigal和Marks（1995）开发。

1.2.2 数据来源

本书收集了1980年1∶50000地形图、天津市植被分布图、天津市土壤类型图以及时间跨度近30年的生长季节遥感影像图，其中包括1979年9月4日、1993年6月15日、1998年9月1日、2001年9月1日、2004年2月22日和2008年3月4日共6个时期的Landsat TM（或ETM）影像（分辨率30m），收集了2006年研究区域的航拍图（分辨率0.5m），充足数据的获得为本书的研究提供了很好的支持。

1.2.3 数据处理与信息提取

1.2.3.1 数据的基础处理

为了实现地形图上土地利用与遥感解译的土地利用的匹配，使二者在比例尺上和投影上相同，所对应的地面位置一致，分辨率一致，利用ArcGIS 9.2软件和ERDAS 9.1软件对地形图栅格数据及对TM遥感图像作预处理，再通过对地形图和TM遥感图像的配准来完成。数据提取步骤为（见图1-1）：采用时相为5～9月份、地面分辨率为30m、1∶100000的Landat TM数字图像，通过ERDAS 9.1软件对图像进行几何校正、辐射校正、坐标变换和图像增强，获得波段组合成为7、4、2（RGB）波段假彩色合成图像，确立解译标志和解译的精度，在ArcGIS工作平台上进行人机交互式的目视解译，得到

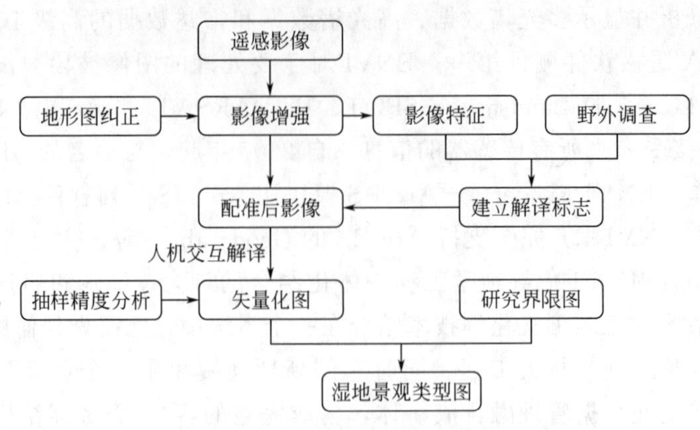

图 1-1 湿地景观类型数据库建立流程

1979—2008 年期间共 6 个时期的湿地景观类型分布矢量图。通过野外的调绘、核实，此次遥感解译精度在 93%左右。

具体的数据处理过程如下。

(1) 建立统一的坐标系 为了便于对空间数据库各层面的数据进行检索、查询和空间分析，需要统一的坐标体系和投影方式。本书采用 UTM 投影，全称为“通用横轴墨卡托投影”，是一种“等角横轴割圆柱投影”，椭圆柱割地球于南纬 80°、北纬 84°两条等高圈，投影后两条相割的经线上没有变形，而中央经线上长度比 0.9996。UTM 投影是为了全球战争需要创建的，美国于 1948 年完成这种通用投影系统的计算。UTM 投影分带方法是自西经 180°起每隔经差 6°自西向东分带，将地球划分为 60 个投影带。滨海新区位于 50N 带。坐标系采用 WGS _ 1984 大地坐标系，在 ARC/INFO 中使用 PROJECT 命令或者在 ERDAS 中都可以实现投影变化，这样就得到了具有相同投影方式的各种矢量图。具体参数如下。

Projected Coordinate System：WGS _ 1984 _ UTM _ Zone _ 50N

Projection：Transverse _ Mercator

False _ Easting：500000.00000000

False _ Northing：0.00000000

Central _ Meridian：117.00000000

Scale _ Factor：0.99960000

Latitude _ Of _ Origin：0.00000000

Linear Unit：Meter

Geographic Coordinate System：GCS _ WGS _ 1984

Datum：D _ WGS _ 1984

Prime Meridian：Greenwich

Angular Unit：Degree

(2) 地形图几何校正 纸质地形图在存放过程中不可避免地会产生局部褶皱、纸张伸缩和变形等问题，且在扫描过程中因仪器灵敏度的变化，扫描速度不均匀，图纸放置不正而产生扫描视角偏斜等因素，都将使扫描地图存在不可忽视的变形误差。因此，扫描地图必须经过形变校正，才能得到精密、正确的地形图。几何校正就是将地形图栅格数据投影到平面上，是其符合地图投影系统的过程，其实质就是找出形变前后坐标的对应关系，消除图纸存放及扫描时所产生的几何畸变。

一般采用控制点方法对地形图进行纠正，因此，首先要建立控制点文件。地形图纠正的控制点分为图幅控制点和方里网控制点，控制点层是在ARC/INFO的GENERATE模块下实现的。首先，按1∶100000国家基础地形图分幅标准（30′×20′）利用FISHNET命令生成地理坐标，在按10km×10km生成6°带高斯投影的方里网坐标，然后利用PROJECT命令进行投影变换，分别生成ALBERS投影的图幅控制点文件和方里网控制点文件，并以“*.shp”矢量数据形式存储。然后，ERDAS IMAGINE系统中，启动数据预处理模块(data preparation)，利用image geometric correction命令对地形图进行几何校正。几何校正模型采用polynomial，次方数为2（不必定义投影参数）。次方数与所需要的最少控制点数是相关的，最少控制点计算公式为（$t+1$）×（$t+2$）/2，式中t为次方数。几何校正采点模式采用窗口采点模式，依据在ARC/INFO中生成的控制点层，对地形图进行几何校正。最后选择双线性内插法进行图像重采样，并存为“TIFF”格式，校正后地形图是其他影像和图件的校正标准参考。

(3) 遥感影像前期处理　借助于ERDAS IMAGINE的数据输入输出（import/export）功能，对TM图像数据进行输入转换，是遥感影像应用的第一步。数据分发机构获得TM数据，往往是经过系统校正以后的单波段普通二进制数据文件，外加一个说明头文件，对于这种数据，必须按照generic binary格式的TM图像数据，首先需要将各波段数据（band data）依次输入，转换为ERDAS IMAGING的“.img”文件，然后再将单波段图像文件组合（stack）成一个多波段图像文件。

对图像进行辐射纠正的主要目的是消除大气、太阳高度角、视角和地形等对地面光谱反射信号的影响。要准确地纠正图像的辐射特性即对图像进行绝对辐射纠正，需要对大气的辐射传输过程进行有效的模拟，确定太阳入射角和传感器的视角以及地形起伏之间的相互关系等。这类方法一般都很复杂，最好在图像获取时也同时测得大气的光学厚度等特性。由于目前绝大多数遥感图像的获取无法满足这一条件，因此，人们采用模拟的方法估计大气对地面信号的干扰状况。

使用ERDAS图像处理分析系统以纠正的地形图为参考对TM影像进行几何纠正。图像几何精纠正使用选择控制点的方法进行，首先选择TM 7、4、2三个波段对一期影像进行假彩色增强处理，然后，对同期遥感影像作直方图匹配处理。最后在TM影像上和对应的地形图上均匀地选择特征明显的典型地物目标作为控制点，控制点选取时应该在图像上明显、清晰地定位识别标志，如道路交叉点、河流岔口、建筑边界、农田界限；地物不随时间而变化，保证两幅不同时段的图像或地图几何校正时，可以同时识别出来；均匀分布在整个图像上，畸变大的区域增加控制点的数量。校正过程采用二次多项式建立影像坐标和地图坐标之间的变换关系，再以校正过的影像为基准对另外TM影像作几何精校正，且要求精校正的误差均不超过一个像元。

启动ERDAS图像拼接处理（mosaic image）模块，对经过几何精校正的遥感图像进行镶嵌处理。然后按滨海新区界线对遥感影像进行裁剪，具体过程为，在ArcGIS 9.2的Vector模块中以地形图为基础，精确绘制滨海新区边界多边形（polygon），以“coverage”格式存储，启动ERDAS interpreter下的utilities，借助vector to raster命令，将区域界限转化为栅格图像，再通过掩膜运算（mask）实现研究区的裁剪。最后得到研究区图像，为以后影像的解译工作作准备（见图1-2～图1-7）。

图 1-2　滨海新区 1979 年 TM432

图 1-3　滨海新区 1993 年 TM742

图 1-4　滨海新区 1998 年 TM742

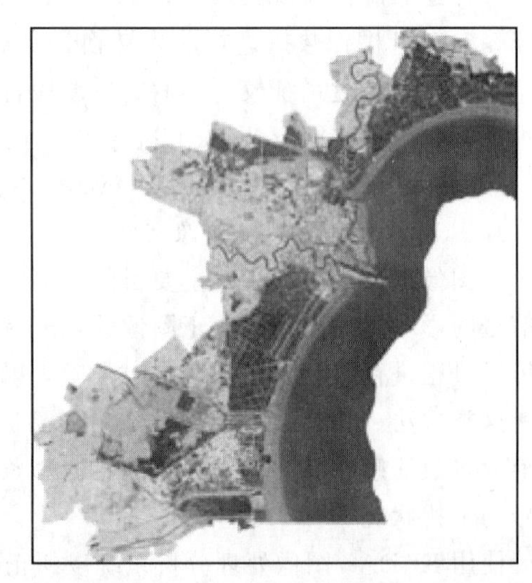

图 1-5　滨海新区 2001 年 TM742

图 1-6　滨海新区 2004 年 TM742

图 1-7　滨海新区 2008 年 TM742

1.2.3.2 遥感影像解译

(1) 监督分类和人机交互式解译 本书中对天津滨海新区湿地类型的遥感影像解译采用监督分类和人机交互式解译相结合的方法，首先利用 ERDAS 9.1 的 classifier 模块中 supervised classfication 进行监督分类，本书在监督分类后，对监督分类的结果进行了分类统计和精度分析，目的是为后续的研究提供科学依据，以弥补人工解译中对光谱信息的误读。

遥感影像是以光谱特征、辐射特征、几何特征及时相特征来反映地物信息，目视解译首先要选取研究区比较典型的一小块代表性的区域，根据影像特征（形状、色调、纹理等），运用地学相关规律，配合多种非遥感资料，并结合实地调查建立研究区统一的解译标志。本书在滨海新区进行了通过多次考察，共选取影像校对地点 126 个，并详细记录了这些校对地点的地理环境因素，这些地点包含了所有的湿地类型和土地利用类型。利用 GPS 技术确定这些样方点的地理坐标，便可以很容易地在卫星影像上找到这些样方点，然后通过卫星影像和真实地物的反复对比研究，对不同湿地类型建立了相应的影像特征解译标志（见表 1-1）。该影像特征主要包括：色调、形态和纹理特征等。

表 1-1 滨海新区湿地类型遥感影像特征解译标志

类型	影像特征			遥感图形状和色调	航拍图图像特征
	形态	色调	纹理		
盐田	几何形状明显，边界清晰，有规则的形状，多呈大面积分布，分割明显	影像以深蓝色为主，部分地区为褐色	影像结构均一细腻		
沟渠	几何特征明显、自然弯曲或局部明显平直，边界清晰	深蓝色、色调均匀	影像结构均一		
湖泊	几何特征明显、呈自然形态	深蓝色或浅蓝色、色调均匀	影像结构不均一		
水库和坑塘	几何特征明显，有人工塑造痕迹	深蓝色或蓝黑色、色调均匀	影像结构均一		
沼泽	不规则斑块状	蓝色或深绿色、色调不均匀	影像结构不均一		
河流	自然弯曲条带状	深蓝色或蓝黑色、色调均匀	影像结构均一	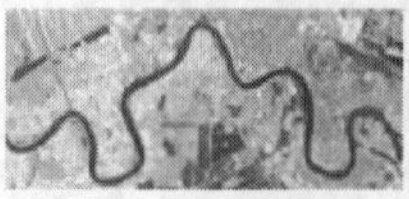	
滩涂	自然弯曲条带状	灰褐色	影像结构不均一		
浅海	自然弯曲面状	蓝色或深蓝色	影像结构均一		

然后在 ArcGIS 9.2 中采用人机交互式解译方法对历年的预处理后的 TM 遥感图像进行人工解译。解译时，比例尺控制在 1∶100000 之下，最小图斑为 6 个相元。同时结合监督分类的结果和航拍图进行比对分析，并对不确定的区域进行野外采样，将判读错误的类型进行重分类。

(2) 解译精度评价 解译完成后还要进行实地抽查验证，进行精度评价，尤其要核实影像特征不明显的类型。

精度评价是任何基于遥感影像制图工作的重要组成部分。图斑的定位误差是一种偶然误差，主要来源于作业人员的判读错误，在判读作业中是大量的、始终存在的，它既不能避免，也不能事先改正。因此，只有设计采用合理的精度评价方法才能有效地保证最终的制图精度。

典型的精度评价包括三个明确且完整的部分：响应设计（response design），采样设计（sampling）和分析与评价（analysis and estimation）。响应设计指使用何种参考数据，采样设计指如何设计采样方案以达到即定的目的，分析与评价即计算精度及其评价的标准误差，并分析误差可能的原因。本书则对研究区进行抽样调查，选择了样方内不同湿地类型进行解译精度确定，判读准确率在 95%以上，满足精度要求。如此高的精度主要是由于对研究区域进行了大量的实地调查，对研究区非常熟悉。

(3) 误差来源分析 虽然解译精度比较高，但仍有一些判读存在误差，本次解译误差主要来源于对图斑的判读错误，主要有以下几个方面：沼泽湿地和湖泊湿地的界限难以划分，由于滨海新区没有完全自然的湖泊，目前的解译中只把北大港古泻湖湿地划分为湖泊湿地。沼泽湿地斑块中的色调与沼泽附近的耕地植被相近，会有误判。城市建成区内一些颜色斑块较深的区域，由于水质很差，色调接近于黑色，不能确定类型，因此大多划分为人工湿地，由于建成区内没有自然湿地，因此这种划分方法对分类结果没有影响。河漫滩的边界线可能判错的原因，主要是由于河流的年际间摆动和水量的变化，河漫滩地常被水淹没所致。这会造成河流湿地面积的统计略有误差。

(4) 绘制湿地类型分布图 根据以上的分类结果，绘制滨海新区 1979—2008 年的湿地类型分布图（见图 1-8～图 1-13）。

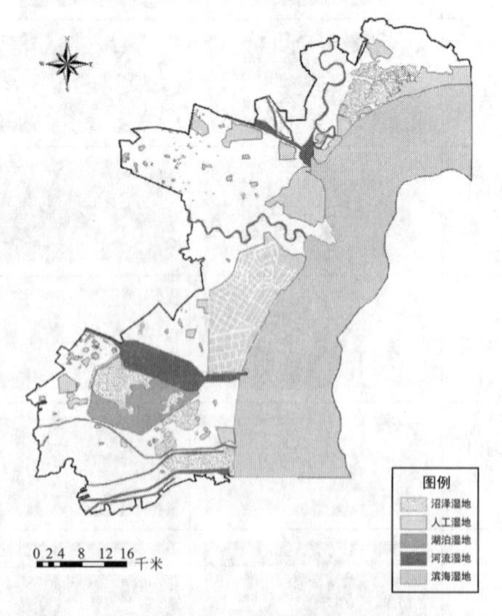

图 1-8 滨海新区 1979 年湿地类型分布图

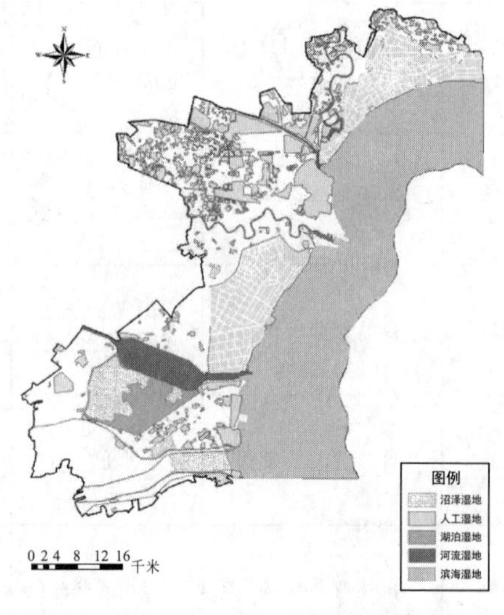

图 1-9 滨海新区 1993 年湿地类型分布图

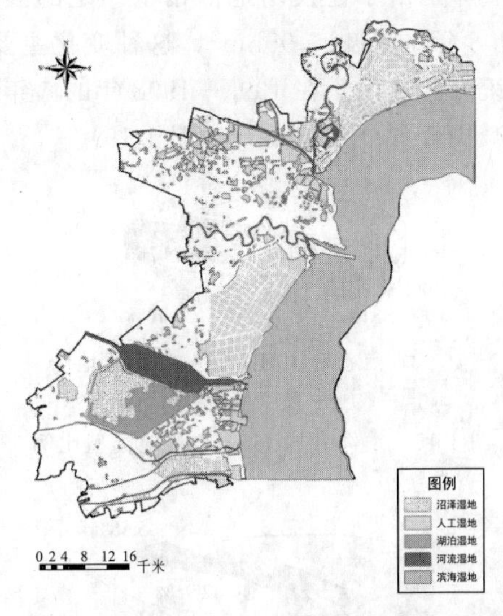

图 1-10　滨海新区 1998 年湿地类型分布图

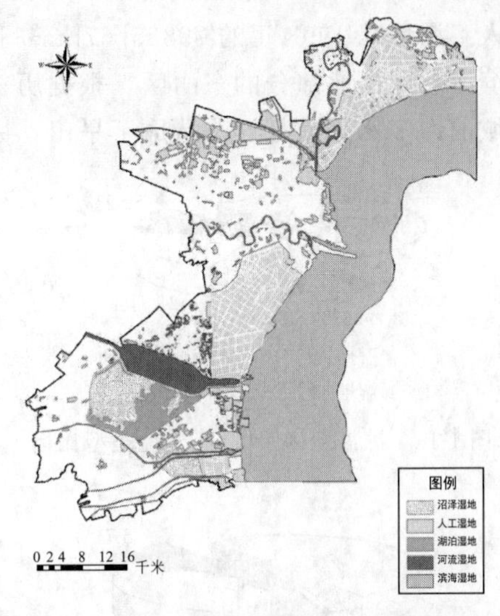

图 1-11　滨海新区 2001 年湿地类型分布图

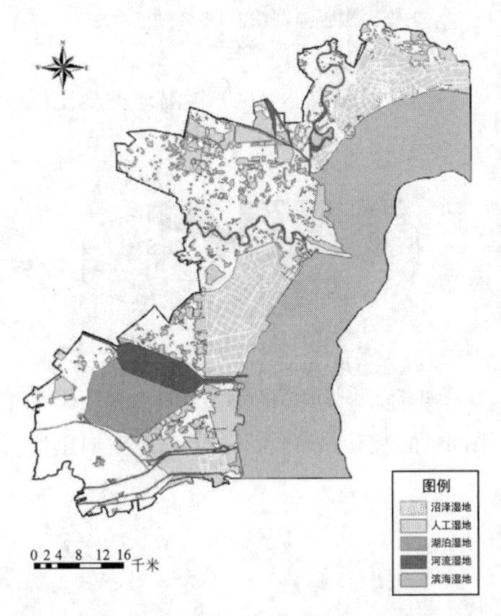

图 1-12　滨海新区 2004 年湿地类型分布图

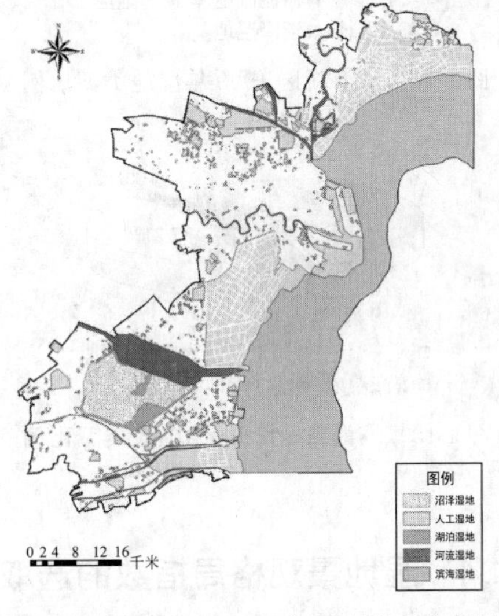

图 1-13　滨海新区 2008 年湿地类型分布图

1.2.3.3　结果分析

从统计数据来看，滨海新区湿地总面积在 1979 年为 206931.42hm^2，占滨海新区总面积的 59.9%（总面积为 3455.5km^2），最高为 1993 年 227052.63hm^2，占滨海新区总面积的 65.7%，是 1979 年的 1.09 倍，增加比例不是很大。整体上虽然滨海新区湿地面积很大，除滨海湿地外，主要以人工湿地为主，自然湿地所占比重低且湿地景观比较破碎，湿地生态系统脆弱。从面积上看，滨海湿地面积变化不大，2004—2008 年的四年间略有减少，是由于人工填海造成的。

湿地的各类型中，滨海湿地所占比例超过 50%，比例变化不大，沼泽湿地减少迅速，到目前基本没有大面积的沼泽湿地存在。人工湿地占有比较大的比例，1979—2004 年呈现增加趋势，到2008年比例略有降低，面积上有所下降是由于建设用地占用了一定的湿地。其中人工湿地从1993年的79835.67hm^2下降到1998年的71185.95hm^2，这种变化主要出现在滨海新区西北部分的东丽区，根据历史资料的统计，是由于在1993—1998年的5年间，该区域的许多水稻田都被改造成了旱田，因此面积减少较大（见图1-14～图1-19）。

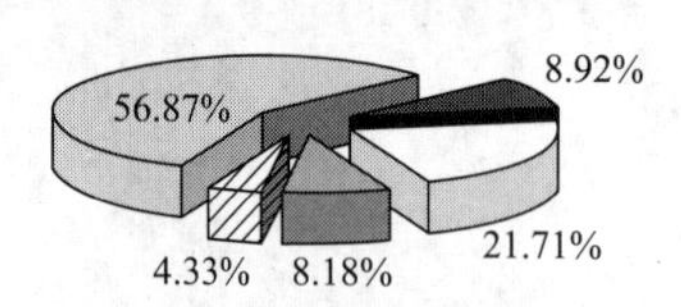

图1-14　滨海新区1979年湿地类型比例

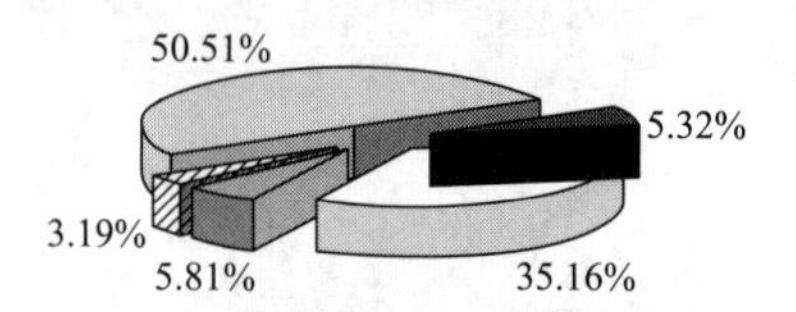

图1-15　滨海新区1993年湿地类型比例

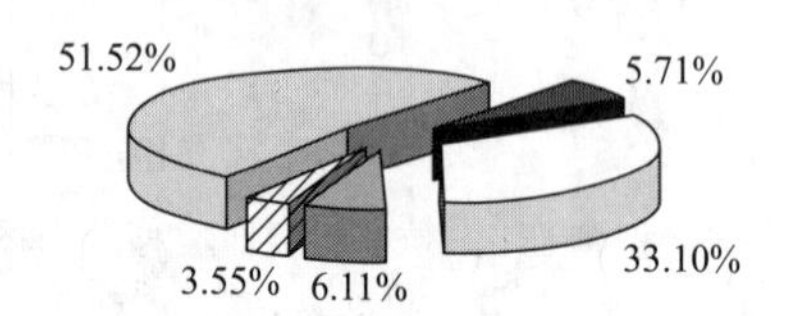

图1-16　滨海新区1998年湿地类型比例

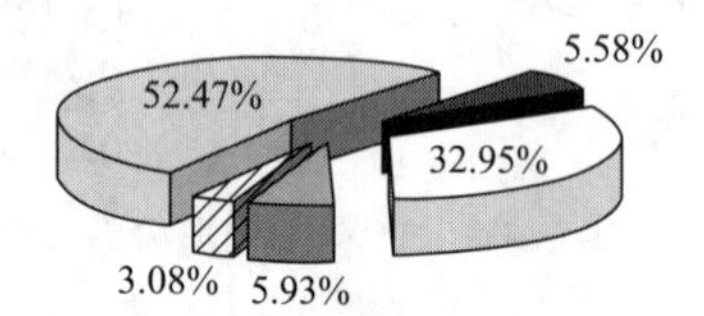

图1-17　滨海新区2001年湿地类型比例

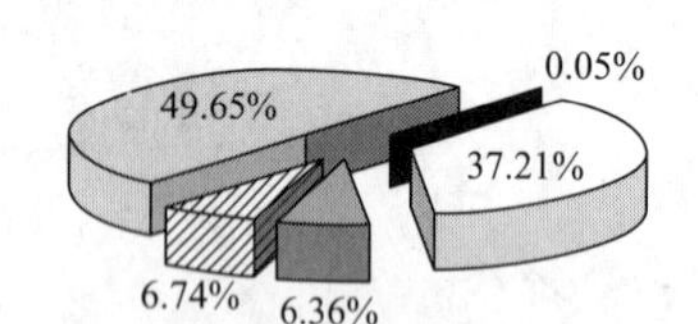

图1-18　滨海新区2004年湿地类型比例

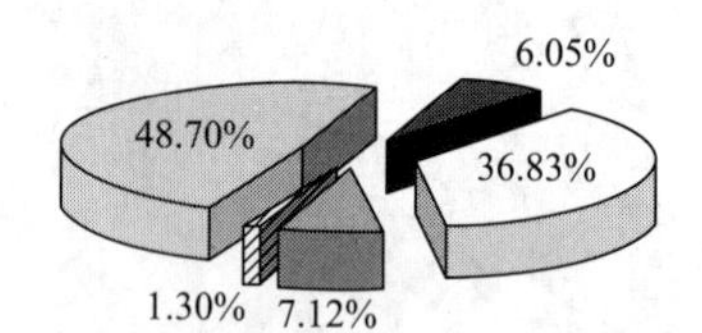

图1-19　滨海新区2008年湿地类型比例

1.2.4　湿地景观格局指数的选取

景观指数是指能够高度浓缩景观格局信息，反映其结构组成和空间配置某些方面特征的简单定量指标。景观分析软件Fragstats 3.3（grid）提供了多达上百种指数的计算，虽然景观指数的数目很多，但许多指数相互之间的相关性往往很高，因此，本书选取适当数量且能够满足研究要求的指数进行分析，初步拟定的指数包括斑块面积、斑块分维数、斑块密度、边缘密度、连接度、蔓延度、破碎度等。

1.2.4.1　斑块面积（patch area）

斑块大小即斑块面积，通常以m^2或hm^2为单位来量度。

一般来说，斑块内的物质、能量与斑块面积大小呈正相关，但这种相关并非是线性的。开始时物种随斑块面积的增大增加很快，但这种增加会越来越慢，最终停滞。

多数研究表明，物种多样性与景观斑块面积大小密切相关，但很少有人从生境多样性方面单独考虑斑块面积。可以认为，斑块面积是景观内物种多样性的重要决定因素。

斑块面积分为斑块类型面积 CA（class area）和景观面积 TA（total area）。前者指斑块类型 i 中所有斑块的总面积（m^2），除以 10000 后转化为 hm^2，取值范围 CA>0。后者指景观的总面积（m^2），除以 10000 后转化为 hm^2，取值范围 TA>0。

1.2.4.2 周长-面积分维指数 PAFRAC（perimeter-area fractal dimension）

分维或分维数可以直观地理解为不规则几何形状的非整数维数。而这些不规则的非欧几里德几何形状可统称为分形。研究景观的分维，主要是定量描述其核心面积的大小及其边界线的曲折性。分维数的取值范围为1～2。当值为1时，表示形状最简单的正方形，数值大时代表同等面积下边界复杂。一般情况下，越复杂的斑块越有利于野生生物的生存。计算公式为：

$$\mathrm{PAFRAC}=\frac{2\ln\frac{P}{k}}{\ln A} \tag{1-1}$$

式中，P 是斑块的周长；A 是斑块的面积；PAFRAC 是分维数；k 是常数，对于栅格景观而言，$k=4$。

1.2.4.3 斑块密度 PD（patch density）

单位面积的斑块数量，可表征景观的破碎化程度。密度小，表明景观较为完整，无明显破碎化现象，空间异质性小。密度大，则表示景观的破碎化程度高，空间异质性强，人为干扰性强，不利于野生物种的生存。

计算公式为：

$$\mathrm{PD}=\frac{N}{A} \tag{1-2}$$

单位：个/100hm^2；范围：PD>0。

1.2.4.4 边缘密度 ED（edge density）

指景观中单位面积的长度，揭示了景观或要素类型被边界分割的程度，是景观破碎化的直接反映。边缘密度的大小直接影响边缘效应和物种组成。计算公式为：

$$\mathrm{ED}_i=\frac{\sum_{k=1}^{m}e_{ik}}{A}\times 10000 \tag{1-3}$$

单位：m/hm^2；取值范围：ED≥0。

1.2.4.5 蔓延度 CONTAG（contagion）

等于景观中各斑块类型所占景观面积比例乘以各类型之间相邻格网数目占总相邻格网数目的比例，乘以该值的自然对数，然后对类型求和，除以类型总数自然对数的2倍，加1后转化为百分比的形式。蔓延度值趋于100时指示景观中有连通度极高的优势斑块类型存在，反之则表明不同类型斑块分散水平相近，景观破碎度较高。

$$\mathrm{CONTAG}=\left\{1+\frac{\sum_{i=1}^{m}\sum_{k=1}^{m}\left[\left(P_i\frac{g_{ik}}{\sum_{k=1}^{m}g_{ik}}\right)\ln\left(P_i\frac{g_{ik}}{\sum_{k=1}^{m}g_{ik}}\right)\right]}{2\ln m}\right\}\times 100 \tag{1-4}$$

单位：百分比；取值范围：0<CONTAG≤100。

1.2.4.6 斑块个数 NP（numbers of patches）

在斑块类型水平上等于景观中某一班块类型 i 的斑块总个数；在景观水平上等于景观中所有的斑块总数。

$$NP_i = n_i \tag{1-5}$$

$$NP = N \tag{1-6}$$

取值范围：NP≥1。

1.2.4.7 斑块所占景观面积的比例 PLAND（percentage of landscape）

即斑块类型 i 的总面积占整个景观面积的百分比，表现了各景观类型在整个景观中的百分比，是景观类型的基本特征。

$$PLAND = P_i = \frac{\sum_{j=1}^{n} a_{ij}}{A} \times 100 \tag{1-7}$$

单位为百分比；取值范围为 0<PLAND≤100。

1.2.4.8 最大斑块指数 LPI（largest patch index）

即指最大斑块所占景观面积的比例。在斑块类型水平上等于斑块类型 i 中最大斑块占景观总面积的比例；在景观水平上等于景观中最大斑块占景观总面积的比例。

$$LPI_i = \frac{\max_{j=1}^{n}(a_{ij})}{A} \times 100 \tag{1-8}$$

$$LPI = \frac{\max(a_{ij})}{A} \times 100 \tag{1-9}$$

它表现了各景观中最大斑块的面积，可以侧面反映出某类景观的破碎程度。

1.2.4.9 面积加权的平均斑块形状指数 SHAPE_AM（area weighted mean shape index）

在斑块类型水平上等于斑块类型 i 各个周长与面积的平方根之比乘以正方形校正系数，再乘以斑块占其类型总面积比例，然后求和；在景观水平上则对所有斑块进行求和，其中面积比例为斑块面积比景观面积。当斑块都为正方形时，SHAPE_AM=1，斑块形状越不规则其值越大。即 SHAPE_AM 用于衡量斑块不规则程度，且面积大的斑块比面积小的斑块具有更大的权重。形状因子可以用于“边缘效应”的分析中，如面积相同时形状越不规则边缘地带越多，而斑块面积越大边缘地带占斑块面积的比例越低。

$$SHAPE\_AM_i = \sum_{j=1}^{n}\left[\left(\frac{0.25P_{ij}}{\sqrt{a_{ij}}}\right)\left(\frac{a_{ij}}{\sum_{j=1}^{n} a_{ij}}\right)\right] \tag{1-10}$$

$$SHAPE\_AM = \sum_{i=1}^{m}\sum_{j=1}^{n}\left[\left(\frac{0.25P_{ij}}{\sqrt{a_{ij}}}\right)\left(\frac{a_{ij}}{A}\right)\right] \tag{1-11}$$

取值范围：SHAPE_AM≥1。

1.2.4.10 平均最近距离 ENN _ MN（mean nearest neighbor distance）

在斑块类型水平上等于斑块 ij 到同类型的斑块的最近距离之和除以具有最近距离的斑块总数；在景观水平上等于所有斑块与其邻近距离的总和除以景观中具有最近距离的斑块总数。ENN _ MN 值较大时说明同类斑块距离较远，即隔离度较高。

$$\mathrm{ENN\_MN}_i = \frac{\sum_{j=1}^{n} h_{ij}}{n_i'} \tag{1-12}$$

$$\mathrm{ENN\_MN} = \frac{\sum_{i=1}^{m}\sum_{j=1}^{n} h_{ij}}{N'} \tag{1-13}$$

单位：m；取值范围：ENN _ MN>0。

1.2.4.11 香农多样性指数 SHDI（Shannon’s diversity index）

各斑块类型的面积占景观总面积比例乘以其自然对数，然后求和，取负值。当景观中仅包含一个斑块时，SHDI=0；当斑块类型增加或各斑块类型在景观中所占比例趋于相似时，SHDI 值也增大。SHDI 可以用于指示景观异质性水平，可以较好体现稀有斑块类型对景观格局的贡献。

$$\mathrm{SHDI} = -\sum_{i=1}^{m}(P_i \ln P_i) \tag{1-14}$$

取值范围：SHDI≥0。

1.2.4.12 香农均度指数 SHEI（Shannon’s evenness index）

等于香农多样性指数除以给定景观丰富度下的香农多样性最大可能值。SHEI=0，表明景观仅由一种斑块组成，无多样性；SHEI=1，表明各斑块类型均匀分布，有最大多样性。

$$\mathrm{SHEI} = \frac{-\sum_{i=1}^{m}(P_i \ln P_i)}{\ln m} \tag{1-15}$$

取值范围：0≤SHEI≤1。

1.2.4.13 散布与并列指数 IJI（interspersion & juxtaposition index）

在斑块类型水平上等于与斑块 i 相邻的各斑块类型的邻接边长除以斑块 i 的总边长，乘以该值的自然对数，求和后取负值，再除以斑块类型数减 1 的自然对数，以百分比方式表示；在景观水平上为各斑块类型的总体散布与并列状况。

$$\mathrm{IJI}_i = \frac{-\sum_{k=1}^{m'}\left[\left(\frac{e_{ij}}{\sum_{k=1}^{m'} e_{ij}}\right)\ln\left(\frac{e_{ij}}{\sum_{k=1}^{m'} e_{ij}}\right)\right]}{\ln(m-1)} \times 100 \tag{1-16}$$

$$\mathrm{IJI} = \frac{-\sum_{i=1}^{m'}\sum_{k=i+1}^{m'}\left[\left(\frac{e_{ij}}{E}\right)\ln\left(\frac{e_{ij}}{E}\right)\right]}{\ln\frac{m}{2}\ln(m-1)} \times 100 \tag{1-17}$$

单位：百分比；取值范围：0<IJI≤100。IJI=100 表明各斑块间比邻的边长是均等的，即各斑块间的比邻概率是均等的，IJI 取值越小说明斑块仅与少数几种其他斑块类型相邻接。

1.2.4.14 聚集度指数 AI（aggregation index）

在斑块类型级别上，聚集度指数等于相似邻接的栅格数量除以最大相似邻接栅格数，乘以 100 后转换为百分比；在景观级别上，等于各斑块类型聚集度指数乘以该斑块类型所占面积比例后求和，转换为百分比。聚集度指数指斑块的聚集程度，当该景观只有一个紧密聚集的斑块时，其值为 100，当斑块极端分散时，取值为 0。

$$AI_i=\left(\frac{g_{ij}}{\max\_g_{ij}}\right)\times 100 \tag{1-18}$$

$$AI=\left[\sum_{i=1}^{m}\left(\frac{g_{ij}}{\max\_g_{ij}}\right)P_i\right]\times 100 \tag{1-19}$$

单位：百分比；取值范围：0≤AI≤100。

以上各公式中参数的说明如表 1-2 所示。

表 1-2 以上各公式中的参数说明

参数	说明	参数	说明
i,k	斑块类型：1，…，m	N	景观中的斑块总数
j	斑块数目：1，…，n	N'	具有最近距离的斑块总数
A	景观总面积/m²	n_i	类型 i 的斑块数目
P_{ij}	斑块 ij 的周长/m	h_{ij}	斑块 ij 到同类型斑块的最近距离
P_i	斑块类型 i 所占景观面积的比例	g_{ik}	类型 i 和 k 之间相邻的格网单元数目
e_{ik}	类型 k 和 i 斑块相邻的边长(m)，包括类型 i 所邻的景观边缘		

1.2.5 滨海新区湿地景观分布和指数特征

本部分基于 ArcGIS 9.2 平台，利用景观格局指数和 2008 年滨海新区湿地景观类型斑块数据，分析研究区的景观斑块、镶嵌体和空间特征，选用的景观格局指数包括景观级别上的和斑块类型水平上的，分别描述景观整体特征和斑块类型特征。这些指数之间并非是完全独立的，但是它们是从不同角度来反映景观格局信息的，选择的指数包括斑块数量、面积、形状、复杂性等。应用 FRAGSTATS 3.3 软件计算所得的各级景观格局指数如表 1-3、表 1-4 所示。

表 1-3 滨海新区 2008 年湿地景观格局指数计算结果（景观级别）

指数	数值	指数	数值
TA/hm²	206600.58	AI/%	99.0223
NP/个	704	PAFRAC	1.2092
PD/(个/100hm²)	0.3408	ENN_MN/m	382.0222
LPI/%	48.6998	CONTAG/%	64.4023
SHDI	1.1326	SHEI	0.7038
TE/m	252780	IJI/%	50.0931

表 1-4　滨海新区 2008 年湿地景观格局指数计算结果（斑块类型级别）

指数	斑块类型				
	人工湿地	河流湿地	滨海湿地	沼泽湿地	湖泊湿地
CA/hm^2	76089.60	14712.75	100614.15	12489.57	2694.51
PLAND/%	36.8293	7.1213	48.6998	6.0453	1.3042
NP/个	682	7	1	11	3
PD/(个/100hm^2)	0.3301	0.0034	0.0005	0.0053	0.0015
LPI/%	11.0468	4.1921	48.6998	6.0289	1.0172
TE/m	158760.0	53520.0	113280.0	92280.0	87720.0
ED/(m/hm^2)	0.7684	0.2591	0.5483	0.4467	0.4246
SHAPE_AM	1.9900	4.8106	2.1570	2.9532	3.7555
PAFRAC	1.1468	N/A	N/A	1.1767	N/A
ENN_MN/m	328.6104	4521.79	N/A	597.6874	2074.0786
IJI/%	44.4250	31.3245	6.1198	14.7110	0.0
AI/%	98.2845	96.8373	99.8905	99.4346	97.4601

1.2.5.1　景观分布及面积、密度和边缘特征

滨海新区 2008 年湿地景观总面积为 206600.58hm^2，总斑块数为 704 个，各景观组分的面积、周长和斑块数不均衡。其中滨海湿地所占比例最大，为 48.70%；其次是人工湿地，为 36.83%。

最大斑块指数（LPI）是指某种景观类型中最大斑块面积占景观总面积的百分比，以滨海湿地最大，为 48.6998%；其次为人工湿地，为 11.0468%。也就是说，景观中连通的滨海湿地占到整个湿地景观的近一半，有连片大规模分布。最低的为沼泽湿地，说明沼泽湿地的斑块规模很小。

边缘密度（ED）指景观类型周长与类型面积之比，表明一个景观类型单位面积所拥有的周长的度量。单位面积的周长值越大，则景观类型被边界割裂的程度高；反之，景观类型保存完好，连通性高。因此，该指标在一定程度上反映了景观类型的破碎化程度。具体到本书中，根据计算结果，滨海新区湿地景观类型的边缘密度的排序是：人工湿地＞滨海湿地＞沼泽湿地＞湖泊湿地＞河流湿地，说明 2008 年人工湿地的破碎化程度较大。

这时可参考斑块密度指数（PD），其含义为类型斑块数与景观面积之比，表示景观基质被该类型斑块分割的程度，即这一景观组分在整个景观上的斑块密度（亦称孔隙度），这一指标对生物保护、物质和能量分布具有重要影响。同时，该指数更直接反映了景观组分的破碎化程度。根据计算所得的数据可知，滨海新区湿地景观类型的斑块密度的排序是：人工湿地＞沼泽湿地＞河流湿地＞湖泊湿地＞滨海湿地，说明人工湿地的景观破碎度最高，滨海湿地和湖泊湿地的空间异质性小，和实际情况是符合的。

1.2.5.2　斑块形状特征

对景观形状的评价一般采用形状指数和分维指数。形状指数通常是指斑块相对于简单几何形状（如正方形和圆形）的结构特征，本书中采用面积加权的平均形状指数（SHAPE_

AM)。分维指数是依据分维几何理论提出的形状测度指标，可以有效地衡量景观的复杂程度，本书中采用周长-面积分维数（PAFRAC）。两者值越大说明斑块形状越不规则。

从表 1-4 可以看出，人工湿地的 SHAPE _ AM 和 PAFRAC 值较小，即最为规则，表现出强烈的人为景观特点。河流湿地和湖泊湿地具有较高的 SHAPE _ AM 和 PAFRAC 值，说明河流和湖泊的形状不规则。

1.2.5.3 斑块分布特征

斑块在空间上的分布是景观结构另一主要特征，在 Fragstats 相关指标包括聚集度/分离度（CONTAGION/INTERSPERSION）和隔离度/邻近度（ISOLATION/PROXIMITY）两类，常用指数有最小邻近距离（ENN _ MN）、分散与并列指数（IJI）和聚集度指数（AI）。

ENN _ MN 衡量了相同类型斑块间的最小距离，距离从斑块的边界计算，即 ENN _ MN 值越大说明斑块间距离越远。从表 1-4 中可以看出，河流湿地和湖泊湿地的水平最高，说明天津滨海新区湿地景观中河流湿地和湖泊湿地邻近度高。

散布与并列指数（IJI）描述了不同斑块间邻接的程度，其值越小说明与该类型斑块邻接的其他类型斑块越少，当不同类型斑块聚集分布、邻接概率相同时，IJI 值达到 100。聚集度指数（AI）描述了特定斑块类型的斑块聚集程度，当该类型只有一个紧密聚集的斑块时其值为 100，当斑块极端分散时取值为 0。由表 1-4 可以看出，2008 年湖泊湿地景观的散布与并列指数为 0，说明没有与其他类型斑块邻接。2008 年滨海新区各类湿地景观的聚集度都很高，说明滨海新区的湿地景观在空间上趋于集中分布，并且与其他各类景观的邻接比率都很高，充分反映了湿地穿越多种景观的特征。

1.2.5.4 景观多样性和蔓延度

香农多样性指数（SHDI）和香农均匀度指数（SHEI）是基于信息论的指标，用于衡量景观组分的多样性水平，其中 SHEI 是 SHDI 相对于最大可能多样性水平的比例。当景观中只有一个斑块时，SHDI 取最小值 0，SHEI 取最小值 0；当景观中斑块类型增多、斑块所占比例相近时，SHDI 增大，SHEI 则趋近于 1。多样性指标只在景观级别计算，滨海新区湿地景观 SHDI 值为 1.1326，景观多样性水平较高；SHEI 值为 0.7038（即均匀度水平为最大水平的 70.38%），说明景观斑块比例不是十分均匀。

蔓延度（CONTAG）也是一个相对指标，当其取值 100 时景观中存在连通性极好的斑块类型，趋于 0 时说明各类型斑块呈密集分布，不同类型斑块之间的连通性不佳。由表 1-3 可知，滨海新区湿地景观的 CONTAG 数值为 64.4023，说明蔓延度水平较好，存在连通性较高的斑块类型。

1.2.5.5 小结

通过对滨海新区 2008 年湿地景观的分析，结果表明，滨海新区湿地类型中以滨海湿地和人工湿地为优势景观类型，占有较高的面积比例，呈现连片大规模分布特征。这充分显示了滨海新区临近渤海湾拥有大面积滨海湿地的特征，也说明了人为干扰增加，湿地人工化占主导地位的事实。

所选用的景观指数具有较好的解释意义，能够反映出滨海新区湿地景观结构的分布和指数特征。

① 根据计算所得的数据可知，滨海新区湿地景观类型的斑块密度的排序是：人工湿地＞沼泽湿地＞河流湿地＞湖泊湿地＞滨海湿地，说明人工湿地的景观破碎度最高，滨海湿地和湖泊湿地的空间异质性小，和实际情况是符合的。

② 人工湿地的SHAPE _ AM和PAFRAC值较小，即最为规则，表现出强烈的人为景观特点。河流湿地和湖泊湿地具有较高的SHAPE _ AM和PAFRAC值，说明河流和湖泊的形状不规则。

③ 2008年湖泊湿地景观的散布与并列指数为0，说明没有与其他类型斑块邻接。2008年滨海新区各类湿地景观的聚集度都很高，说明滨海新区的湿地景观在空间上趋于集中分布，并且与其他各类景观的邻接比率都很高，充分反映了湿地穿越多种景观的特征。

④ 滨海新区湿地景观的CONTAG数值为64.4023，说明蔓延度水平较好，存在连通性较高的斑块类型。

1.2.6 滨海新区湿地景观格局动态变化

根据天津滨海新区湿地分类系统和湿地景观类型数据（见表1-5～表1-10），从景观斑块、镶嵌体和整体结构等方面研究滨海湿地景观格局的动态变化。

表1-5 滨海新区1979—2008年湿地景观格局指数计算结果（景观级别）

指数	年份					
	1979年	1993年	1998年	2001年	2004年	2008年
TA/hm^2	206931.42	227052.63	215031.06	215624.43	225632.43	206600.58
NP/个	137	471	520	684	633	704
PD/(个/100hm^2)	0.0662	0.2074	0.2418	0.3172	0.2805	0.3408
LPI/%	56.8725	50.5104	51.5181	52.4692	49.6449	48.6998
SHDI	1.2087	1.1440	1.1606	1.1398	1.0764	1.1326
TE/m	199080	181920	196530	222900	178080	252780
AI/%	99.4248	98.9525	98.9104	98.9400	98.9947	99.0223
PAFRAC	1.2245	1.2693	1.2600	1.2012	1.2152	1.2092
ENN_MN/m	1169.6479	357.3395	347.8606	327.7593	471.3139	382.0222
CONTAG/%	62.0901	64.1763	63.6447	64.2456	66.2615	64.4023
SHEI	0.7510	0.7108	0.7211	0.7083	0.6688	0.7038
IJI/%	69.4075	57.1833	53.8619	55.0017	50.3634	50.0931

表1-6 滨海新区1979—2008年人工湿地景观格局指数计算结果（斑块类型级别）

指数	年份					
	1979年	1993年	1998年	2001年	2004年	2008年
CA/hm^2	44919.27	79835.67	71185.95	71367.84	83948.76	76089.60
PLAND/%	21.7073	35.1617	33.1050	33.0517	37.2060	36.8293
NP/个	72	448	500	663	621	682

续表

指数	年份					
	1979年	1993年	1998年	2001年	2004年	2008年
PD/(个/100hm²)	0.0348	0.1973	0.2325	0.3070	0.2752	0.3301
LPI/%	11.2034	10.0745	10.9070	10.5804	10.4964	11.0468
TE/m	107430	79320	56790	93420	156240	158760
ED/(m/hm²)	0.5192	0.3493	0.2641	0.4326	0.6925	0.7684
SHAPE_AM	1.5963	2.1667	2.0833	3.2002	2.4749	1.9900
PAFRAC	1.0987	1.2197	1.1831	1.1793	1.1747	1.1468
ENN_MN/m	961.8182	213.9891	292.8002	208.3950	268.3149	328.6104
IJI/%	57.0013	37.5334	60.5255	57.0085	59.5995	44.4250
AI/%	99.1862	97.9798	97.8626	97.8871	98.0461	98.2845

表1-7　滨海新区1979—2008年河流湿地景观格局指数计算结果（斑块类型级别）

指数	年份					
	1979年	1993年	1998年	2001年	2004年	2008年
CA/hm²	16923.06	13196.25	13149.09	12783.87	14341.77	14712.75
PLAND/%	8.1781	5.8120	6.1150	5.9204	6.3563	7.1213
NP/个	9	10	10	7	7	7
PD/(个/100hm²)	0.0043	0.0044	0.0047	0.0043	0.0031	0.0034
LPI/%	4.1905	3.7761	3.6804	3.7436	3.6697	4.1921
TE/m	48240	34830	47370	50520	105270	53520
ED/(m/hm²)	0.2331	0.1534	0.2203	0.2340	0.4666	0.2591
SHAPE_AM	4.4914	4.7391	4.5784	5.0512	5.1940	4.8106
PAFRAC	N/A	1.4643	1.4217	N/A	N/A	N/A
ENN_MN/m	2634.2436	1368.7192	2343.6803	3388.4671	3391.8792	4521.79
IJI/%	69.9390	74.2185	65.9870	67.2217	44.4707	31.3245
AI/%	97.3225	96.3246	96.2870	96.4353	96.5540	96.8373

表1-8　滨海新区1979—2008年滨海湿地景观格局指数计算结果（斑块类型级别）

指数	年份					
	1979年	1993年	1998年	2001年	2004年	2008年
CA/hm²	117687.06	114685.20	110779.92	113115.06	112015.26	100614.15
PLAND/%	56.8725	50.5104	51.5181	52.3856	49.6450	48.6998
NP/个	1	1	1	1	1	1
PD/(个/100hm²)	0.0005	0.0004	0.0005	0.0005	0.0009	0.0005
LPI/%	56.8725	50.5104	51.5181	52.3856	49.6449	48.6998
TE/m	89670	72150	36300	59460	71160	113280
ED/(m/hm²)	0.4333	0.3178	0.1688	0.2754	0.3154	0.5483

续表

指数	年份					
	1979年	1993年	1998年	2001年	2004年	2008年
SHAPE_AM	1.9419	2.1134	2.1843	2.1872	2.1420	2.1570
PAFRAC	N/A	N/A	N/A	N/A	N/A	N/A
ENN_MN/m	N/A	N/A	N/A	N/A	60.00	N/A
IJI/%	36.1371	32.1734	23.9694	0.0	17.0902	6.1198
AI/%	99.9175	99.9013	99.8932	99.8940	99.8973	99.8905

表1-9　滨海新区1979—2008年沼泽湿地景观格局指数计算结果（斑块类型级别）

指数	年份					
	1979年	1993年	1998年	2001年	2004年	2008年
CA/hm^2	18451.62	12089.79	12283.20	2680.1100	115.47	12489.57
PLAND/%	8.9168	5.3247	5.7123	1.2412	0.0512	6.0453
NP/个	54	10	7	4	2	2
PD/(个/100hm^2)	0.0261	0.0044	0.0033	0.0019	0.0009	0.0053
LPI/%	2.6789	3.1453	3.8496	0.8432	0.0371	6.0289
TE/m	100620	96960	138900	10590	0.0	92280
ED/(m/hm^2)	0.4862	0.4270	0.6460	0.0490	0.0	0.4467
SHAPE_AM	2.4562	2.1707	3.3342	1.3612	1.4935	2.9532
PAFRAC	1.1485	1.1222	N/A	N/A	N/A	1.1767
ENN_MN/m	1202.6548	5689.4051	1100.0553	16677.9447	53691.8290	597.6874
IJI/%	82.4702	39.4316	38.8420	47.5758	0.0	14.7110
AI/%	98.7728	99.1912	98.8572	99.1809	96.7522	99.4346

表1-10　滨海新区1979—2008年湖泊湿地景观格局指数计算结果（斑块类型级别）

指数	年份					
	1979年	1993年	1998年	2001年	2004年	2008年
CA/hm^2	8950.41	7245.72	7632.90	15981.03	15211.17	2694.51
PLAND/%	4.3253	3.1912	3.5497	7.4011	6.7416	1.3042
NP/个	1	2	2	1	1	3
PD/(个/100hm^2)	0.0005	0.0009	0.0009	0.0005	0.0004	0.0015
LPI/%	4.3253	3.1204	3.4568	7.4011	6.7416	1.0172
TE/m	52200	80580	113700	13950	23490	87720
ED/(m/hm^2)	0.2523	0.3549	0.5288	0.0646	0.1041	0.4246
SHAPE_AM	2.6862	2.9258	3.0240	1.3796	1.4093	3.7555
PAFRAC	N/A	N/A	N/A	N/A	N/A	N/A
ENN_MN/m	N/A	750.5998	1501.1995	N/A	N/A	2074.0786
IJI/%	0.0	0.0	0.0	2.0001	41.5687	0.0
AI/%	99.4633	99.0389	99.0251	99.9097	99.9004	97.4601

1.2.6.1 景观斑块的动态变化

(1) 数量和面积 随着滨海新区的发展和土地利用强度的增大，研究区景观斑块数量增加、平均斑块面积减少的趋势比较明显，景观呈现破碎化的趋势（见图 1-20、图 1-21）。斑块数量从 1979 年的 137 个增加 2008 年的 704 个，平均斑块面积从 1979 年的 1510.448hm^2 减少到 2008 年的 293.467hm^2。

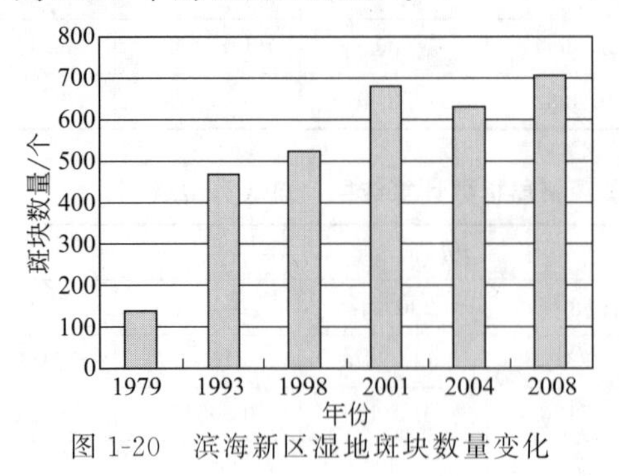

图 1-20 滨海新区湿地斑块数量变化

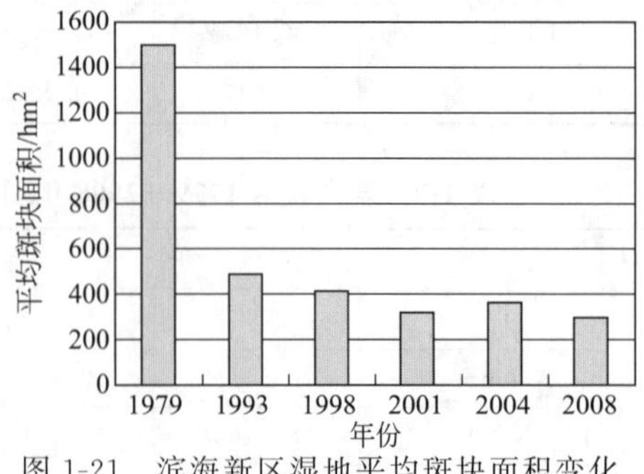

图 1-21 滨海新区湿地平均斑块面积变化

在 6 个不同年份中，滨海新区内湿地景观所占的比例都比较大，其中湿地总面积指标，1993 年比 1979 年有所增加，之后基本保持不变，从 2001—2004 年的 3 年中有所增加，但从 2004—2008 年的 4 年中减少速度较快（见图 1-22）。

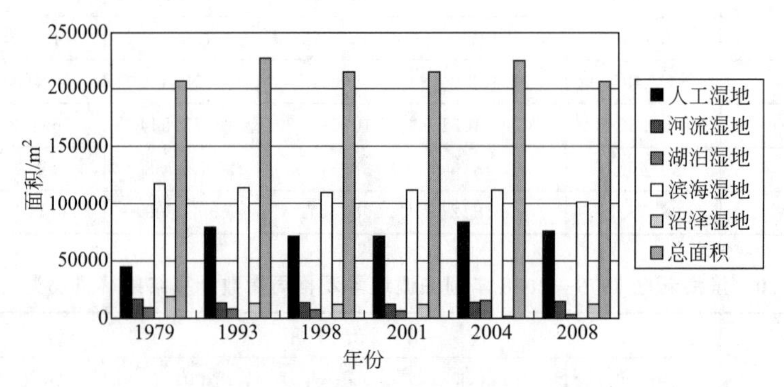

图 1-22 滨海新区湿地平均斑块面积变化

各湿地类型中，滨海湿地面积变化总体不大，只是从 2004 年开始，有所下降，其原因主要是由于人工填海造成的。人工湿地占据湿地类型的比例较大，1993 年的人工湿地面积是 1979 年的 1.77 倍，1993—2004 年的 11 年中，经历了略微减少又增加的过程，最近的 4 年中人工湿地面积减少了 7860.16hm^2。主要原因是建设用地的占用。

研究区湿地景观类型中，除滨海湿地外，人工湿地的斑块数量和面积占主导地位。主要是滨海新区拥有面积很大的盐田。湖泊湿地和沼泽湿地的变化没有明显的规律，主要是由于北大港古泻湖湿地区域由于被改造为水库，构建了围坝，因此湖泊湿地和沼泽湿地的面积变化主要取决于北大港的蓄水量。

总体上，近 30 年中，滨海新区湿地总面积变化不大，并没有大面积持续减少，与目前一些研究报告的结论不同。本书利用多年多波段遥感数据进行统计分析，具有较高的可信度。

(2) 斑块形状分析 斑块的几何形状是描述景观特征的一个重要因子，斑块的形状对野生动植物生境、生物多样性等都有着重要的影响。本书采用分维数、形状指数等描述斑块形状的复杂程度。分维数表示斑块的形状和面积之间的相互关系，其值一般处于1～2，反映出在一定的观测尺度上斑块和景观格局的复杂程度，一般地，分维数越大，斑块的自我相似性越差，斑块形状也越复杂，表明受干扰的程度越小。形状指数采用面积加权的平均斑块形状指数，斑块形状越不规则其值越大。即 SHAPE _ AM 用于衡量斑块不规则程度，且面积大的斑块比面积小的斑块具有更大的权重。

从表 1-6～表 1-10 可以看出，研究区各类型湿地的分维数指标均小于 1.5，类型差别和年际间变化不大。

形状指数差别较大（见图 1-23），湿地类型中形状指数最大的为河流湿地，最小的为滨海湿地，且年际间变化不大。形状指数年际变化较大的为人工湿地、湖泊湿地和沼泽湿地。形状指数与斑块面积存在一定的正相关，河流湿地的形状指数最大，说明河流湿地受人为活动影响，斑块破碎化程度高。

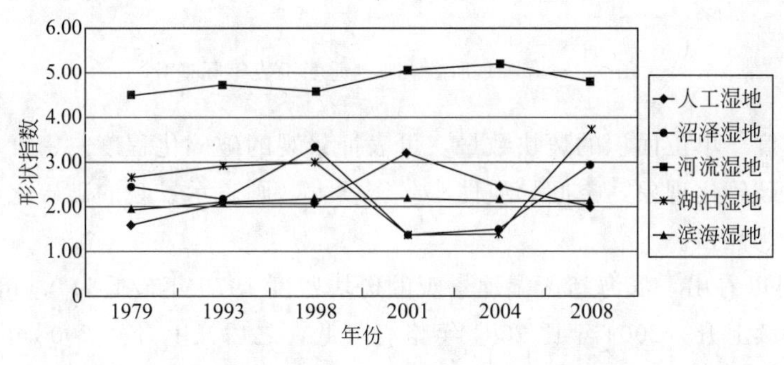

图 1-23　滨海新区湿地形状指数年际变化

1.2.6.2　景观镶嵌体的动态变化

景观镶嵌体的特征主要通过景观多样性、景观破碎度、斑块密度和隔离度等指标衡量。

(1) 景观多样性　景观多样性是表征景观的重要指标，对反映景观的功能有重要意义。景观多样性指数的大小取决于景观所包含的景观类型的多少和各景观要素类型间面积的差异。景观类型越多，景观多样性越大；相反，景观类型的面积差异越大，景观多样性越小。整个研究区湿地景观的 Shannon-Wiener 多样性指数为 1.00～1.21，Shannon-Wiener 均度指数为 0.6688～0.751。说明滨海新区湿地景观多样性和均匀度变化不大（见图 1-24）。

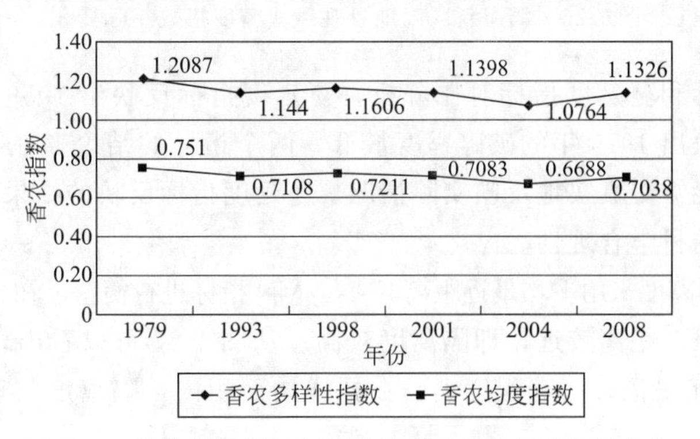

图 1-24　滨海新区湿地景观多样性和均度指数年际变化

(2) 景观破碎度 湿地景观破碎度采用蔓延度 CONTAG 指标进行衡量，从图 1-25 可以看出，滨海新区湿地景观的蔓延度最低为 1979 年的 62.09%，最高为 2004 年的 66.26%，说明 1979 年的景观破碎度最高，2004 年的湿地景观的连通性较高，有优势斑块类型存在，到 2008 年蔓延度降为 64.40%，说明破碎度比 2004 年增加了（见图 1-25）。

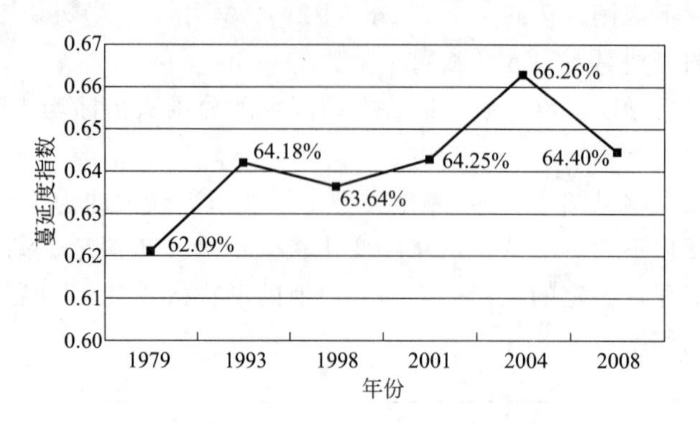

图 1-25 滨海新区湿地蔓延度指数年际变化

(3) 斑块密度 单位面积的斑块数量，可表征景观的破碎化程度。密度小，表明景观较为完整，无明显破碎化现象，空间异质性小。密度大，则表示景观的破碎化程度高，空间异质性强，人为干扰性强。

从图 1-26 可以看出，滨海新区湿地景观的斑块密度 1979 年最低为 0.0662，说明破碎程度最低，之后持续上升，2004 年比 2001 年略有降低，之后又上升到 2008 年的 0.3408。

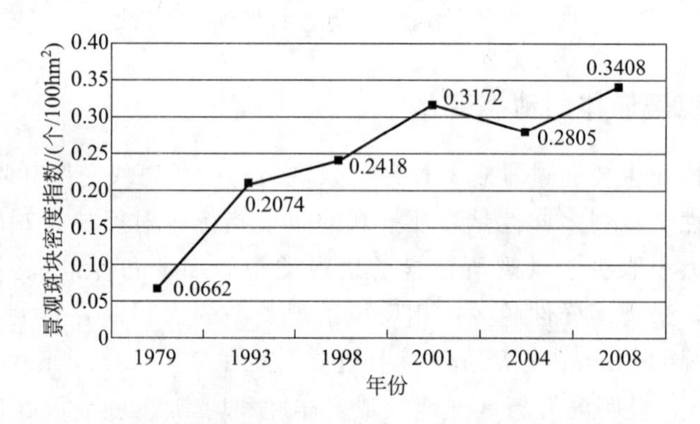

图 1-26 滨海新区湿地景观斑块密度指数年际变化

从斑块密度指标和蔓延度指标对比分析，蔓延度指标反映出 1979 年的景观破碎度高，而斑块密度指标反映出 1979 年的破碎程度最低，两个指标的结论存在矛盾，从实际情况分析，斑块密度指标能够更真实地反映实际情况。蔓延度指标反映的结果不同，还需要进一步分析，探讨该指标的科学合理性。

(4) 隔离度 隔离度采用平均最近距离 ENN _ MN 指标进行衡量，在景观水平上 ENN _ MN 值较大时说明同类斑块距离较远，即隔离度较高。从图 1-27 可以看出，1979 年景观斑块的隔离度最大，2001 年最低，一定程度上，在同样的面积内，隔离度与斑块数量有一定的正相关关系。

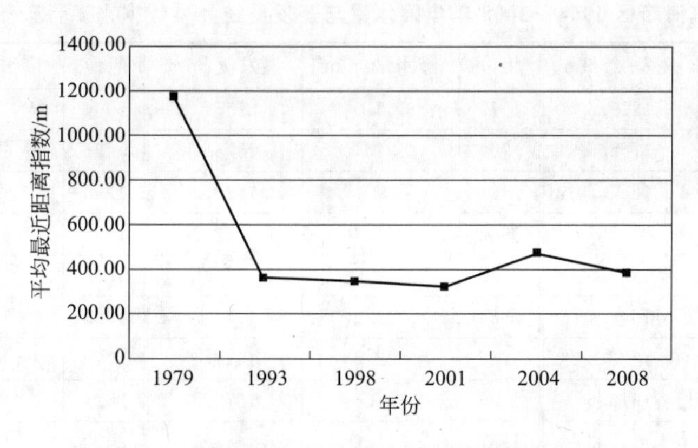

图 1-27 滨海新区湿地平均最近距离指数变化

1.2.6.3 小结

① 随着滨海新区的发展和土地利用强度的增大，研究区景观斑块数量增加、平均斑块面积减少的趋势比较明显，景观呈现破碎化的趋势。

② 总体上，近 30 年中，滨海新区湿地总面积变化不大，并没有大面积持续减少，与目前一些研究报告的结论不同。本书利用多年多波段遥感数据进行统计分析，具有较高的可信度。

③ 近 30 年中，滨海新区湿地的景观多样性和均匀度变化不大。

④ 景观破碎程度从 1979 年开始持续上升，中间略有波动，但总体上升较快。

1.3 滨海新区湿地景观格局的驱动力分析

湿地景观格局变化的驱动因素主要包括自然驱动因素（地质、地貌、气候、水文、植被、土壤等）和人为驱动因素（人口、经济、政策等）。自然驱动因素常在较大的时空尺度上作用于景观，在大环境背景上控制着湿地的变化，而人为因素则是在较短的时间尺度上影响沼泽湿地资源动态变化的重要驱动力。随着社会经济的迅猛发展，人为因素的影响日益突出。由于本书研究的时间尺度较短（1979—2008 年），自然条件变化相对较为稳定，人类活动干扰因素对滨海新区湿地景观变化起主要作用。鉴于此，自然驱动因素选取气候要素进行分析，重点对人为驱动进行分析。

1.3.1 自然驱动力分析

1.3.1.1 气候因素

通过对天津市气象历史资料的收集分析，近百年来，天津地区的降水量处于不断减少的趋势，特别是 20 世纪后 50 年代降水量减少的态势更为明显，可清晰看出，1964—2001 年天津年降水总量的减少趋势。同时蒸发量变化不大，造成区域的干旱程度增加（见表 1-11）。

表 1-11　滨海新区 1964—2008 年年降水量与蒸发量统计（数据来源：天津市气象局）

年份	降水量/mm	蒸发量/mm	年份	降水量/mm	蒸发量/mm	年份	降水量/mm	蒸发量/mm
1964	964.1	1319.5	1979	463.0	1557	1994	555.9	1684.3
1965	461.2	1782.5	1980	391.4	1578.7	1995	671.7	1623.3
1966	725.4	1687.7	1981	缺	1848.9	1996	539.3	1561.5
1967	724.0	1765.7	1982	621.9	1752.2	1997	357.1	1748.8
1968	270.3	1894.9	1983	410.4	1753.9	1998	622.0	1491.9
1969	967.8	1648.7	1984	781.2	1700.3	1999	312.0	1629.8
1970	584.4	1522.4	1985	822.5	1474.1	2000	446.6	1770.1
1971	748.9	1612.6	1986	641.6	1672.8	2001	425.5	1684.9
1972	333.9	1919.3	1987	945.2	1482.1	2002	478.3	1584.2
1973	634.0	1040.2	1988	859.0	1603.3	2003	448.5	1725.0
1974	684.2	1806.7	1989	454.9	1646	2004	559.3	1689.9
1975	535.5	1823.6	1990	655.3	1431.1	2005	517.5	1682.2
1976	缺	1711.6	1991	621.8	1450.2	2006	468.4	1750.2
1977	814.9	1646	1992	412.0	1625.3	2007	512.0	1644.6
1978	544.0	1703	1993	407.7	1713.7			

随着全球气候的变暖，气温不断升高，天津年平均气温处在缓慢上升阶段。通过对近 50 年的年平均气温数据进行统计分析，得出年平均气温为 12.7℃，年平均气温呈逐年上升趋势（见图 1-28）。降水量的减少与气温升高无疑使本区水分缺乏和地表蒸发量增大，自然环境的变化对湿地的存在构成了威胁。

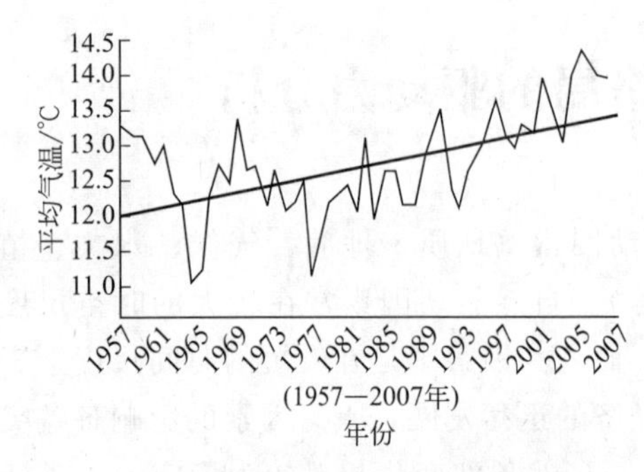

图 1-28　天津市平均年气温变化趋势

1.3.1.2　海河流域水文变化

滨海新区地处海河流域，从近 50 年的统计资料来看，降水量、地表水资源量和入海水量的减少趋势十分显著，与 20 世纪 50 年代中期相比，目前天津地区的区域外来水量已由 150 多亿立方米减少到不足 10 亿立方米。具体到滨海新区，由于上游来水的减少，导致滨海新区范围内河流水量减少，从面积上看变化不是特别大，但实际上水量的减少导致了湿地功能的下降。滨海新区乃至整个天津市区域内河流全部断流成为人工调节河，许多河流不再是“河流”，只能称之为“人工死水渠”了。

1.3.2　人工干扰驱动力分析

1.3.2.1　城市建设拓展迅速

根据相关数据统计，滨海新区的非农业人口从 1994 年的 69.57 万人增加到 2008 年的 112.5 万人。预计 2020 年，滨海新区人口规模将增加为 550 万人。地区总产值从 1994 年的 168.66 亿元增加到 2008 年的 2560.5 亿元。城市拓展使湿地面积减少。

从土地利用类型空间分布看，湿地多沿海岸线或河流周边分布；耕地、林地、草地等有植被覆盖的地区主要分布于大港西南部、塘沽区西部、汉沽区西侧和北侧，以及东丽区、津南区两个内地县区在滨海新区内的部分；城镇用地则集中在塘沽区、汉沽区、大港区的建成区、开发区和保税区以及区县行政中心。

2001—2004年，滨海新区土地利用状况的总体变化趋势为：林地、耕地、草地和未利用土地逐渐减少，建筑用地大幅增加，新增加建筑用地主要来源于建成区周边的盐田、耕地、草地、未利用地，其中50%新增建设用地来源于未利用土地。以塘沽区为例，其建成区土地面积迅速增加，拓展方向主要为海河沿岸及入海口，土地主要来源于盐田、滩涂、耕地、草地，而新崛起的临港工业区土地则来源于围海填造的陆地。

2000—2004年，滨海新区土地利用状况的改变不仅表现在各种类型土地面积的改变上，而且体现在土地斑块数量的改变上。各种土地利用类型的斑块中湿地平均面积最大，斑块数也最多，表明新区不仅是以大面积的盐田、水库、滩涂等湿地为土地利用的主体，且湿地景观有逐渐破碎的趋势。林地、耕地、未利用土地的面积在减少，斑块数也在减少，表明新区不仅土地利用类型在改变，而且存在某一景观类型完全消失的可能性，使得区域景观单一化。草地的总面积减少，但斑块数增加，表明大斑块草地被分割成小斑块，使得草地的生态价值总体趋向降低。城镇建设用地面积和斑块数同时大幅增加，表明建设用地的增长是近年来土地利用空间变化的主导。新区近年来土地利用空间演变特点为，生态环境趋向单一化和景观类型的破碎化，并有人工景观逐渐替代天然景观的态势（见表1-12）。

表1-12　滨海新区城镇建设用地变化

分类	面积/hm^2		斑块数		面积比重/%	
	2000年	2008年	2000年	2008年	2000年	2008年
城镇建设	27881.26	37915.39	473	665	12.35	16.77
未利用地	10080.22	4267.14	112	30	4.46	1.89

1.3.2.2　农业经济发展

滨海新区的耕地资源较少，逐年开垦河漫滩并改变天然湿地面貌使原有湿地面积逐年减少。表现较为突出的是人工湿地面积逐年增长，出现了大量养殖坑塘，湿地被填埋用于城郊果园的建设也较多。近20年来，农村用地的日益紧张、乡镇企业的崛起及村办小型经济开发区也占用了大量湿地。水稻田变为旱田地面临着前所未有的威胁，人类对湿地资源不合理的开发利用是天然湿地环境变迁的主要因素。滨海新区湿地景观变化的一个显著特征是湿地的人工化、破碎化，湿地类型空间变化过程表现为天然湿地向人工湿地转换，人工湿地向城镇和工业用地转换。

从1993年和1998年同时期遥感图对比可以看出，在滨海新区，5年中有大量的人工湿地类型水稻田转换为旱田（见图1-29）。根据数据，1998年的人工湿地比1993年减少了8649.72hm^2。

1.3.2.3　水质污染

水质污染对天津湿地的水环境质量构成严重威胁。工业废水排放绝对量增加，水功能区污染严重，造成滨海新区许多湿地变成了不能发挥湿地功能的“退化湿地”。

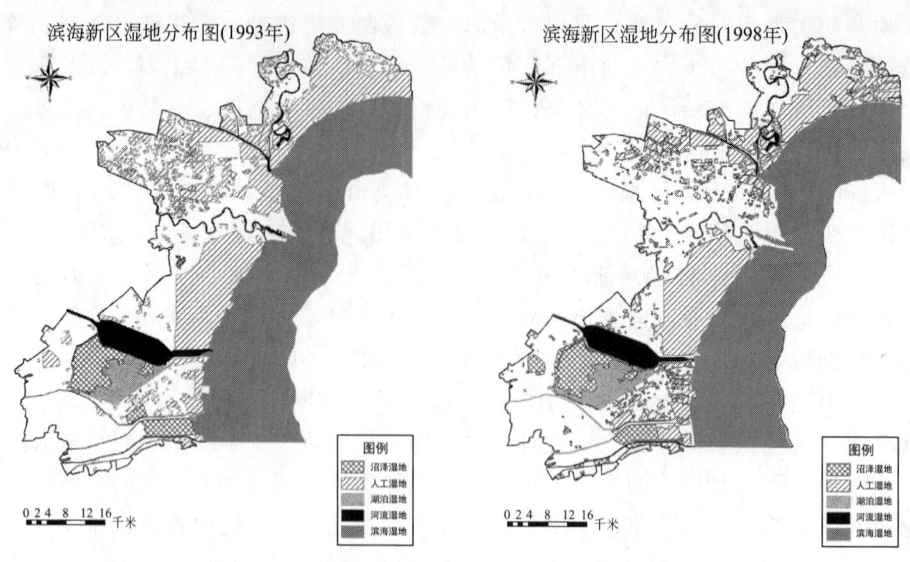

图 1-29　滨海新区 1993 年和 1998 年同时期湿地分布对照

(1) 工业废水排放量增加　2005—2009 年，滨海新区工业废水排放量在 6027 万～15939 万吨，随着天津市工业企业向滨海新区的转移，新区工业废水排放量呈上升趋势（见表 1-13）。

表 1-13　滨海新区 2005—2009 年工业废水排放情况　　单位：万吨

年度	工业废水排放量	达标排放量	达标率/%
2005 年	6168	6122	99.3
2006 年	6431	6400	99.5
2007 年	6027	5998	99.5
2008 年	7975	7893	99.0
2009 年	15939	15863	99.5

(2) 水资源与水环境问题严重　淡水资源短缺，地下水超采严重，超采率达 39.4%；上游来水量少，水资源严重不足，导致马厂减河全年干涸断流，马棚口、北排水河、青静黄排水河入海断面无水，水环境容量降低。

地表水水质较差。滨海新区区域内 11 条主要河流以劣Ⅴ类水质为主。2009 年马厂减河干涸，除蓟运河为Ⅴ类水质外，其余 9 条河流均为劣Ⅴ类水质；2008 年蓟运河水质由Ⅴ类下降到劣Ⅴ类，其余河流仍维持在劣Ⅴ类，水质状况无任何改善。

(3) 主要河流水质状况差　滨海新区内主要有 11 条河流，分别是海河、永定新河、潮白新河、蓟运河、独流减河、马厂减河、子牙新河、北排水河、青静黄排水渠、沧浪渠和黑猪河。2005—2009 年，滨海新区主要河流污染比较严重，河流水质主要以Ⅴ类和劣Ⅴ类为主。但与“十一五”初期相比总体水质状况有一定改善。从 2006 年因输送饮用水部分河流出现了Ⅴ类水质，与 2005 年相比，2009 年Ⅴ类水质断面比例增加了 21.4%，而劣Ⅴ类水质断面比例由 2005 年的 100%降至 2009 年的 78.6%。蓟运河 2005 年、2006 年为劣Ⅴ类水质，2007—2009 年水质状况有所好转，保持在Ⅴ类水平，永定新河 2006 年为Ⅴ类水质，2007—2009 年又降为劣Ⅴ类，除上述 2 条河流外，其余 9 条河流 5 年间年均水质始终处于劣Ⅴ类水平（见表 1-14）。

表 1-14　滨海新区 2005—2009 年 11 条河流水质类别统计

河流名称	2005 年	2006 年	2007 年	2008 年	2009 年
北排水河	劣Ⅴ类	劣Ⅴ类	劣Ⅴ类	劣Ⅴ类	劣Ⅴ类
沧浪渠	劣Ⅴ类	劣Ⅴ类	劣Ⅴ类	劣Ⅴ类	劣Ⅴ类
潮白新河	干涸	干涸	劣Ⅴ类	劣Ⅴ类	劣Ⅴ类
独流减河	劣Ⅴ类	劣Ⅴ类	劣Ⅴ类	劣Ⅴ类	劣Ⅴ类
海河	劣Ⅴ类	劣Ⅴ类	劣Ⅴ类	劣Ⅴ类	劣Ⅴ类
黑猪河	劣Ⅴ类	劣Ⅴ类	劣Ⅴ类	劣Ⅴ类	劣Ⅴ类
蓟运河	劣Ⅴ类	劣Ⅴ类	Ⅴ类	Ⅴ类	Ⅴ类
青静黄排水渠	劣Ⅴ类	劣Ⅴ类	劣Ⅴ类	劣Ⅴ类	劣Ⅴ类
永定新河	劣Ⅴ类	Ⅴ类	劣Ⅴ类	劣Ⅴ类	劣Ⅴ类
子牙新河	劣Ⅴ类	劣Ⅴ类	劣Ⅴ类	劣Ⅴ类	劣Ⅴ类
马厂减河	劣Ⅴ类	劣Ⅴ类	干涸	劣Ⅴ类	干涸

2005—2009 年，氨氮、BOD 和高锰酸盐指数 3 项指标是滨海新区河流的主要污染因子，年均值超标河流在各年监测的河流中所占比例分别为 60.0%～90.9%、10.0%～80.0%和 30.0%～50.0%。2008—2009 年，子牙新河水质污染比较严重，与 2005—2006 年相比，氨氮、BOD 和高锰酸盐指数 3 项污染因子年均值浓度的最大升幅分别为 205.8 倍、4.6 倍和 6.1 倍。黑猪河的氨氮、BOD 和高锰酸盐指数污染在 2008—2009 年均有所加重，但 BOD 年均值浓度比 2006 年的最高值降低了 46.0～61.1。2008—2009 年沧浪渠的氨氮污染有所加重，升幅为 1.1～8.1 倍；而 BOD 和高锰酸盐指数的污染呈减轻的趋势，降幅分别为 52.1%～81.0%和 81.4%～92.6%。5 年间北排水河的高锰酸盐指数污染趋势显著下降，到 2009 年降到地表水Ⅴ类标准以下。

2009 年，海河干流市区段为Ⅳ～Ⅴ类水质，入海段以劣Ⅴ类水质为主。沿线Ⅳ类、Ⅴ类和劣Ⅴ类断面各 3 个，与 2008 年相比总体水质状况有所改善，劣Ⅴ类水质断面的比例下降了 11.1%。蓟运河水质由 2008 年的Ⅴ类降为劣Ⅴ类，其余 9 条河流仍维持在劣Ⅴ类水平。主要污染物为氨氮、BOD 和高锰酸盐指数，此外，沧浪渠、子牙新河的挥发酚，永定新河的石油类年均值均超标。主要河流水质无改善。

(4) 入境入海断面水质状况　滨海新区境内共设 4 个入境段面，全部在大港区范围内，包括子牙新河五星、北排水河翟庄子、青静黄排水渠大庄子和沧浪渠翟庄子。2005—2009 年滨海新区入境断面水质污染比较严重，5 年间所设的 4 个断面均为劣Ⅴ类水平。氨氮、高锰酸盐指数和氟化物 3 项指标年均值超标断面在各年监测的断面中所占比例均为 50%～100%，是滨海新区入境断面的主要污染因子。2008—2009 年，3 项污染因子在某些断面上的污染程度均有所加重。与 2005—2007 年相比，子牙新河五星和沧浪渠翟庄子的氨氮年均值浓度升高了 1.1～182.7 倍；子牙新河五星的高锰酸盐指数升高了 1.0～7.0 倍；子牙新河五星、北排水河翟庄子、青静黄排水渠大庄子和沧浪区翟庄子 4 个断面氟化物的升幅为 17.5%～289.5%。2008—2009 年北排水河翟庄子和沧浪区翟庄子的高锰酸盐指数污染呈显著的下降趋势，降幅为 42.7～92.7，北排水河翟庄子 2009 年的高锰酸盐指数已经降到地表水Ⅴ类标准以下。2006 年 4 个断面的 BOD 均有不同程度的超标，氨氮和高锰酸盐指数超标问题也依然严重，子牙新河五星断面的 BOD、高锰酸盐指数和氨氮年均值均为最高，分别超标4.6倍、4.0倍和32.8倍，沧浪渠翟庄子断面挥发酚年均值最大，超标4.2倍。

2005—2009年天津市入海断面除蓟运河防潮闸2007—2009年、永定新河塘汉公路桥2006年的年均值符合地表水Ⅴ类标准外，其他断面始终处于劣Ⅴ类水质状态。主要污染因子中，高锰酸盐指数和石油类的年均值超标（Ⅴ类标准）断面在监测断面总数中所占比重有所下降，但氨氮、BOD和氟化物的超标率有了显著提高，2003年以后均维持在60%以上，污染程度有所加重。

1.3.2.4 工程建设

为防汛，不同级别的河道和水库、湖泊等都改成“高标准”的钢筋混凝土或浆砌石护岸，河道断面单一，生物生存条件被破坏。各种人工湿地受用途所限，生态功能严重受损，水生生物多样性下降，种群减少，生物生产力降低。

1.3.3 小结

在自然因素和人工因素的共同作用下，由于近年来人工活动和经济建设强度的加大，对滨海新区湿地的扰动大大增加，造成滨海新区湿地在结构和功能上恶化。

① 气温上升，降水量减少以及海河流域上游来水减少造成滨海新区湿地的生态需水量严重不足。

② 城市建设拓展导致大量湿地被占用。

③ 农业经济的发展导致湿地被占用，人工湿地转换为旱田数量较大。

④ 水质污染是滨海新区湿地功能发挥面临的主要问题。主要水体的水质都很差，同时加上人工护岸的建设，某种程度上，滨海新区成为了拥有大面积湿地，但不能发挥湿地功能的“功能性”湿地缺乏区域。

参考文献

[1] Ozesmi S L，Bauer M E. Satellite Remote Sensing of Wetlands [J]. Wetland Ecology and Management，2002，(10)：381-402.

[2] 肖笃宁. 景观生态学：理论、方法及应用 [M]. 北京：中国林业出版社，1991.

[3] Townsend P A，Walsh S J. Remote Sensing of Forested Wetlands：Application of Multitemporal and Multispectral Satellite Imagery to Determine Plant Community Composition and Structure in Southeastern USA [J]. Plant Ecology，2001，157：129-149.

[4] 王宪礼，肖笃宁，布仁仓等. 辽河三角洲湿地的景观格局分析 [J]. 生态学报，1997，17 (3)：317-323.

[5] 王根绪，郭晓寅，程国栋. 黄河源区景观格局与生态功能的动态变化 [J]. 生态学报，2002，22 (10)：1587-1598.

[6] 曹喆，丁立强，梅鹏蔚. 天津市湿地环境变迁及成因分析 [J]. 湿地科学，2004，2 (1)：74-79.

[7] 天津市统计局. 天津统计年鉴 [M]. 北京：中国统计出版社，2008.

2

滨海新区生态用地分类及30年间土壤碳储量变化

2.1 概　　述

2.1.1 生态用地及生态用地规划

在国内“生态用地”这个词于1999年，2001年和2002年分别由董雅文、石元春和石玉林院士提出，而当时生态用地的概念局限于典型的特殊区域，如在宁夏回族自治区和甘肃省西北干旱带等地区发挥其生态防护功能，被笼统地认为是各种具有减缓土壤沙化和干旱防治功能的生态要素在地理空间上的简单定位，总体上说从2002年以后，很多学者对生态用地的内涵以及分类方法从不同的角度开展了相关的研究，具体来说主要有三类：一类是生态服务功能为主要研究角度，其中还包括城市生态用地这一分支；第二类是景观学上的角度；而最后一类是从法律的角度来研究的。

滨海新区2010年的人口总数达200万人，城镇化率达98%，预计2020年人口规模将增加到600万左右。人口的迅速增加，必然引起住房、工厂等建设用地比例增大，必然导致大量的生态用地被占用。其中湿地、草地、林地等将被大量转为城市建设用地，林地、农田、滩涂及水体等土地类型之间的转变及撂荒地的开发也将十分频繁，在这种背景下，相对于其他规划而言，把生态用地规划纳入到土地利用总体规划中，保证生态用地的面积和合理结构，可以有效促进滨海新区生态环境的改善，给予滨海新区生态用地概念及分类的界定和澄清，对滨海新区未来的可持续发展意义深远。

本书中所指的生态用地有四个特征：一是指土地利用分类中的未利用地，即建设用地和农用地之外的土地；二是类型多样化；三是生态环境的基石；四是具有直接或间接的生态价值。滨海新区生态用地分类见表2-1。

表2-1　滨海新区生态用地分类

一级类	二级类	一级类	二级类
自然生态用地	林地 草地 滩涂 水域 沼泽湿地 盐田	休养与休闲用地	城市绿地 交通绿化用地(林草地)
		废弃地类	荒废地

2.1.2 土壤有机碳

土壤有机碳是贯穿于整个20世纪的重要议题，国外的土壤学家以及环境专家早在20世纪初就意识到LUCC（土地利用/土地覆盖变化）对SOC（土壤有机碳）的影响，而碳循环及其与之相关的全球性环境问题在70年代得到了学术各界的广泛关注，再到80年代，LUCC对环境的影响问题就成为全球气候变化的前沿问题。相比于自然环境变化较长时间段上的缓慢过程，人类活动所引起的LUCC对土壤生态系统碳通量和碳储量的影响要大得多，主要包括农业活动、城市建设用地的扩张、森林砍伐以及其他土地利用变化等。因此，关于LUCC对SOC的影响日益成为土壤碳库研究中的重点内容，而总体上的土地利用包括两种类型上的转变：一是不同生态用地类型间的转变；二是生态用地与非生态用地类型间的转变，即生态用地总量上的变化。

目前，国内外关于区域LUCC与SOC含量关系的研究很多，但并没有专门地提出研究生态用地类型变化与土壤有机碳的关系，但根据生态用地的内涵及其分类情况，整体土地利用规划包括大部分的生态用地类型规划。

在国内，土壤碳研究主要还是根据实地采样及实验监测数据对不同区域不同类型的生态用地土壤有机碳进行定量化研究，研究范围多是特定地区和生态群落，并多借助于GIS的空间统计分析功能进行SOC的空间分布研究。总体上，很多学者对土地利用分类很粗浅，通常仅依据统计资料或其他资料等宏观数据进行分析，从而造成土壤有机碳的研究没有确定的标准及精确性。

2.1.3 生态用地类型变化对土壤有机碳的影响

土壤有机碳是陆地表层参与全球碳循环和影响全球变化的主要有机碳库，在我国的可持续土地利用过程以及环境影响评价中的土壤环境部分必须给予足够的重视，LUCC对陆生系统SOC循环的影响仅次于使二氧化碳排放量大幅度增加的化石燃料，而且间接地受到人为影响。一味追求快速经济的土地利用方式会导致碳排放量出现长期的潜在增加趋势，研究土地利用变化与SOC变化的相关关系具有重要的政策导向意义。生态用地的提出从根本上是为了提高生态服务功能，更好地促进区域生态化发展，应该作为土地类型中调节碳汇和碳源角色转变的关键[11]。因此，研究在合理安排生态用地的情况下，如何使土地资源的利用达到能够增加SOC截存的最优化状态，对低碳化大形势下的生态环境修复以及土地长期的有效治理具有重要的指导意义。

滨海新区拥有丰富的港口资源、土地资源、生物资源、矿物资源和旅游资源，其中不断受到人为影响的土地资源开发在滨海新区经济发展过程中尤其重要。例如高强度的开发利用导致海河流域的沼泽湿地出现大面积萎缩或已经消失，此外滩涂、草地、盐田等地类被占用与损坏现象突出。不当的人为活动极大地改变了生态用地利用模式，进一步对土壤有机碳的存储产生影响，因此结合滨海新区历年来的生态用地类型变化情况分析有机碳储量在较长时间尺度上的变化，可以为滨海新区未来的生态用地规划提供一定的依据，从而可以促进滨海新区生态城市的建设发展。

2.2 研究方法

2.2.1 数据来源

2.2.1.1 1979—2009 年生态用地研究

采用的数据源主要包括遥感资料和非遥感资料两部分，本书的非遥感资料主要有 2003 年天津市 1∶50000 地形图、2003 年 1∶100000 的土地利用现状图、天津市行政区划图、天津市土壤类型图、天津市植被分布图、滨海新区 2020 年和 2050 年的土地利用规划图以及时间跨度近 30 年处于植被生长季节的遥感图。还有其他资料和数据来源于《天津市统计年鉴》、《天津改革开放 30 年》等社会经济统计资料以及相关文献中的析出数据，充足数据的获得为本书的研究提供了很好的支持。

2.2.1.2 生态用地土壤有机碳储量研究

土壤样品采集于 2010 年 7 月，用 GPS 仪定位，根据天津市土壤分布图，基于分层随机抽样原则，综合考虑土壤质地和土地覆盖类型，参照全国土地分类标准，将滨海新区生态用地分为草地、滩涂、林地、荒废地、盐田、沼泽湿地、浅水域、海域、城市绿地 9 类，另有农田和建设用地两类非生态用地，采用非等间距不规则法采集样品，每种类型的土壤依据其分布面积的大小，安排具体的剖面数量，于整个滨海新区内设置 32 个样地，共采集 135 个样方，每个样地均匀分布 4～5 个样方。野外实地调查时，每个样方随机选择 4 个点，确定竖直剖面，用环刀采土法自下而上采集每个样点表层 20～30cm、10～20cm 和 0～10cm 的土壤装入密封塑料袋中并标记，同时用 100cm^3 规格的环刀取土样装入 10cm 规格的铝盒内密封，在 105℃的温度下烘干后测定土壤含水率及土壤容重，用以计算土壤碳密度值。采样过程中记录了地理位置坐标值、土壤有关特征、植被覆盖类型等周围环境指标。实际采样图见图 2-1。

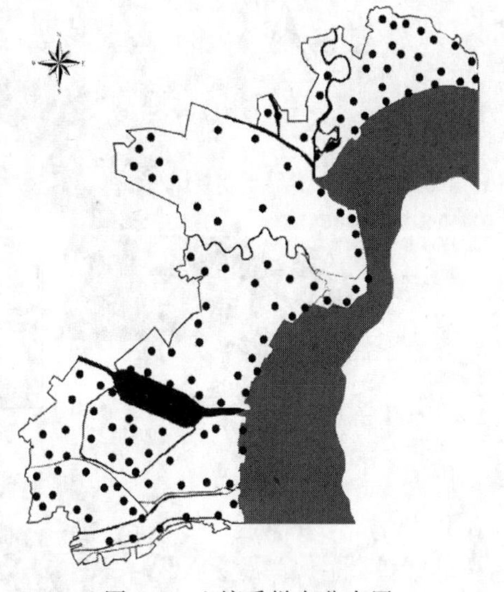

图 2-1 土壤采样点分布图

2.2.2 数据分析方法

2.2.2.1 遥感数据处理

本书遥感图像分类及转移矩阵的得出所用软件为 ENVI 4.5 和 ArcGIS 9.3。

利用 ENVI 4.5 软件参照地形图，对上述遥感影像进行预处理，即进行几何精校正、辐射校正、图像增强和坐标变换，保证各种误差落在一个基本像元内。最终绘制精确的生态用地类型分布图。

利用 ArcToolbox 下 Overlay 分析模块的 Intersect 工具，分别将 1979—1989 年、1989—1993 年、1993—1998 年、1998—2004 年、2004—2009 年五个时间段以及 1979—2009 年 30 年间的土地利用矢量文件进行空间叠加，应用 Field Calculator 计算叠加后新生成的斑块面积，然后通过 Excel 菜单中的“数据透视表和透视图”命令进行转移矩阵的绘制及计算，从而建立六个时段生态用地和非生态用地类型的空间转移矩阵（见图 2-2）。

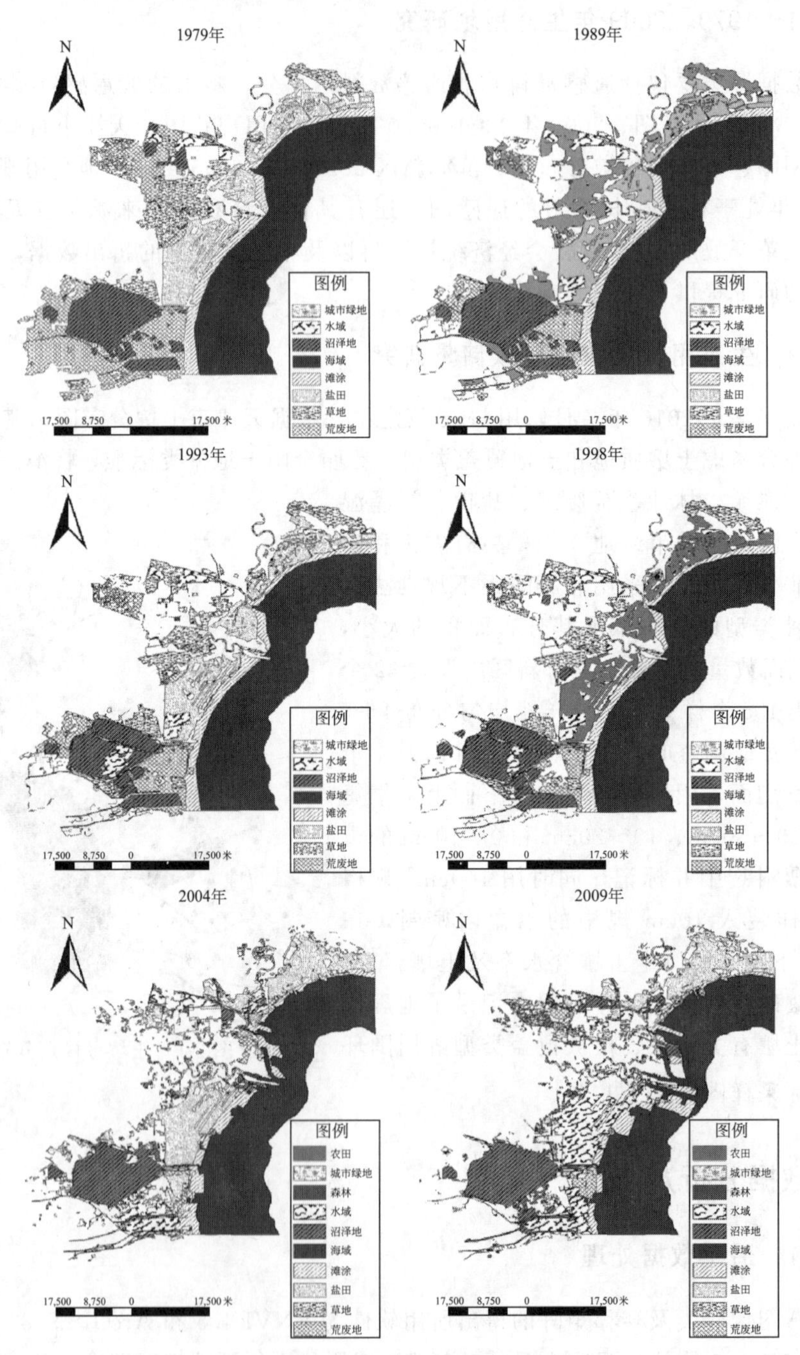

图 2-2 生态用地分类图

2.2.2.2 生态用地动态模型

应用王思远、刘纪远等提出的可直接表示一定区域范围内 LUCC 发生快慢的土地利用动态度模型。该模型可以通过定量计算而预测土地在未来的变化走向，并且可以方便地对区域范围内各种地类的变化进行比较，通常所用的单一型土地利用动态度表达式为：

$$K=\frac{U_b-U_a}{U_a}\times\frac{1}{T}\times 100\% \tag{2-1}$$

对于某一种特定的地类，U_a为初始面积；U_b为最终面积；T 为研究时段长；K 为确定时段内的动态度值。

2.2.2.3 土壤有机碳测定

土壤理化性质的测定项目包括土壤有机碳、土壤容重、土壤含水率、土壤全盐量、土壤 pH、土壤黏粒百分数等，所有指标的测定都借鉴中科院南京土壤所编制的《土壤理化分析》中的标准方法。

2.3 1979—2009 年生态用地数量特征及结构变化

2.3.1 生态用地数量特征分析

2.3.1.1 生态用地总趋势分析

根据遥感解译数据汇总分析，滨海新区选定的六年中生态用地结构总体特征见表 2-2。

表 2-2 1979—2009 年各类生态用地面积大小排列

年份	面积大小排列顺序
1979 年	海域＞荒废地＞盐田＞沼泽湿地＞草地＞滩涂＞水体＞城市绿地
1989 年	海域＞草地＞盐田＞沼泽湿地＞荒废地＞滩涂＞水域＞林地＞城市绿地
1993 年	海域＞草地＞盐田＞沼泽湿地＞荒废地＞水域＞滩涂＞林地＞城市绿地
1998 年	海域＞盐田＞草地＞沼泽湿地＞水域＞滩涂＞荒废地＞林地＞城市绿地
2004 年	海域＞盐田＞沼泽湿地＞水体＞滩涂＞草地＞荒废地＞林地＞城市绿地
2009 年	海域＞盐田＞沼泽湿地＞水体＞滩涂＞草地＞荒废地＞城市绿地＞林地

根据比较可知，荒废地的变化主要发生在 1998 年前后，2004 年后城市绿地面积发生了变化。具体而言，滨海新区六期生态用地占整个区域的比例分别是 83.8%、74.8%、72.9%、68.1%、67.4%、65.2%，是逐渐递减的。滨海新区 1979—2004 年的生态用地结构布局变化很大，大港湿地连同其周边区域，还有塘沽区横跨海河两侧的交界地带是主要的变化集中区域，而 2004—2009 年整体的布局变化并不大，主要是塘沽区港口位置发生了变化。滨海新区生态用地占其陆域面积的百分比从 1979 年（陆域面积为 2450.5km^2）的 77.1%下降到 2009 年（陆域面积为 2529.3km^2）的 52.3%。除城市公园

绿地以外的其他类型生态用地都有一部分转变成荒废地、建设用地或者土壤有机碳含量较低的滩涂和盐田，虽然遥感分类图表明当初农村用地向城镇化过渡的阶段有部分住宅用地演变成为生态化用地，但是水域、沼泽湿地和海域仍发生大幅度向建设用地转化的趋势，由于新区本身的盐碱化土壤背景以及长久的人为污水灌溉导致土壤盐度不断增加，这就使得区域内有 39.36km^2 的农田转化成盐田，另外，在耕地整改的政策引导下，36.99km^2 的农田转变为草地和林地等类型的生态用地。30 年间，在生态用地内部荒废地主要转化为水域和盐田，海域主要转化成滩涂，沼泽湿地和水域主要自然演变成草地，而草地主要人工转化为城市绿地。

2.3.1.2 各类生态用地数量变化分析

根据滨海新区生态用地分类，在遥感解译图的属性中通过计算得到 1979 年、1989 年、1993 年、1998 年、2004 年和 2009 年各类生态用地的面积，其结果见表 2-3。

表 2-3 滨海新区 1979—2009 年各类生态用地面积 单位：hm^2

类型	1979	1989	1993	1998	2004	2009
草地	33393.77	33653.51	33806.36	29348.49	6022.25	8187.74
城市绿地	4.05	77.2	77.19	122.42	122.34	898.15
海域	100520.49	100512.51	100395.68	100391.66	99820.41	92640.6
荒废地	55489.28	25348.2	22484.13	8754.49	5310.22	5422.95
林地	0.00	162.48	162.48	172.06	437.72	2030.84
水域	8997.52	16457.29	22024.48	20062.9	28785.71	43984.7
滩涂	17738.78	17581.67	16747.19	16535.37	16238.4	13888.47
盐田	38868.5	33005.03	32998.75	32771	48801.02	23932.94
沼泽湿地	34369.93	31272.57	23011.78	26899.39	27246.97	33877.3
建设用地	28826.55	28438.68	28932.29	32565.46	42762.31	65268.2
农田	27364.81	59063.54	64932.32	77949.41	70025.29	55441.16

总体上，根据动态度模型的计算结果，在这一部分选择了 1979 年、2004 年和 2009 年三个时段进行研究（见图 2-3），滨海新区生态用地类型动态度绝对值的大小，1979—2004 年是：林地＞城市绿地＞水体＞荒废地＞草地＞盐田＞沼泽湿地＞滩涂＞海域，2004—2009

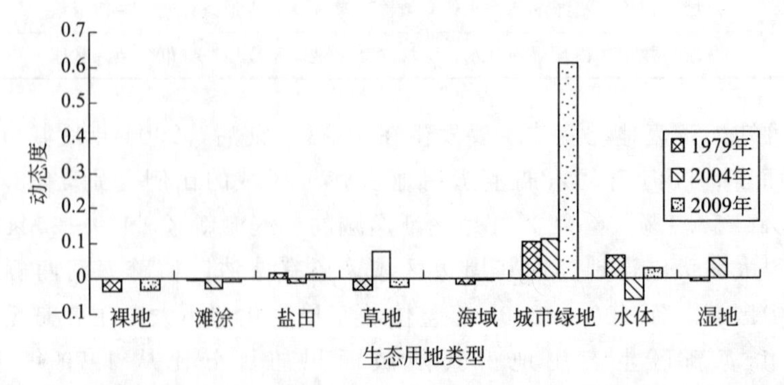

图 2-3 1979—2004 年，2004—2009 年，1979—2009 年三个阶段的生态用地动态度

年是：城市绿地＞草地＞水体＞沼泽湿地＞林地＞滩涂＞海域＞盐田＞荒废地，根据计算结果，相比1979—2004年，滩涂、草地、海域、城市绿地、湿地的变化速度在2004—2009年更快，从1979—2009年整个阶段上：林地＞城市绿地＞荒废地＞水体＞草地＞盐田＞滩涂＞海域＞沼泽湿地（这里认为林地从无到有，所以动态度定为最大）。其中城市绿地为61.2%，荒废地为－3.02%，水体为2.71%，草地为2.47%，盐田为1.06%，滩涂为－0.73%，海域为－0.26%，沼泽湿地为0.07%。

(1) 自然生态用地的变化 根据资料，20世纪80年代之前滨海新区没有过多的林地，所以基于1979年遥感图的分辨率，认为1979年滨海新区只有稀疏的林地，而且大多数为原始植被，直到1989年官港森林公园的规划建设中才开始有意识地引进人工树种，官港森林公园位于大港城区，其中水域和陆域面积分别为514hm^{2}和1771hm^2，2001年2月开始动工在重盐重碱的退海地面上建设滨海新区最大规模的塘沽滨海森林公园，到2006年植树造林达130hm^2，新建大港湿地森林公园自2007年4月正式启动到2009年总面积达到140hm^2。

总体上，滨海新区的水体很分散，1979年所占的比例仅在2.6%，而到了2004年增加到6.8%，到了2009年又增加到12.7%，主要有海河、独流减河、子牙新河、永定新河、蓟运河等永久性河流，北大港水库等永久性湖泊。水域面积增加的主要来源是降水以及近年来滨海新区海水养殖业的发展。

从1979—2009年滨海新区滩涂面积的变化呈逐年下降的阶梯状，且2009年下降幅度最大，主要是由于盐池与养殖池的修建，港口建设和围海造陆等人为活动造成的。2004—2009年滩涂的变化主要发生在子牙新河到独流减河岸段以及海河入海处，根据相关研究，天津塘沽临港工业区滩涂开发位于海河入海处的南侧，此项工程将海河口南岸线和海防路以东的淤泥质浅滩都回填成陆域。

草地在1979年占总面积的9.6%，到2004—2009年降低了近4/5；从1979—1995年滨海新区的草地面积基本没有发生变化，但是1995—2004年急剧下降，到2009年又有了较小幅度的回升趋势。草地面积的减少与气温、降水等的变化密切相关，以盐碱地为主要特征的滨海新区草地面积本来就很有限，随着经济的发展，草地受到了极大的破坏，而近年来，滨海新区立足于环境综合整治，加强城市绿化建设，实行人工种草，退耕还草等措施，恢复了草地的面积。

滨海新区在1979年有大面积的海域，占研究区域国土总面积的29.08%，但是20世纪80年代之后都处于缓慢的下降趋势，动态度计算结果表明，2004—2009年短短5年之内减少的幅度是前25年的60倍，据相关资料，滨海新区从2004—2009年围海造陆的强度同其工业建设一样达到历史上的高峰期，一直以来围海造陆都被视为经济刺激下土地需求量增加最直接的应对方式。围海造陆破坏了海岸的地貌结构，根据有关资料，天津南港工业区围海造陆面积达124km^2。纵观滨海新区海岸线，南至临港产业区，北至中心渔港都已进行了布局建设，用以满足建设世界级港口城市的需要，这样导致了海域这种生态用地类型的急剧减少。

滨海新区1979年的盐田面积占总面积的11.2%，在1998—2004年有很大的增加幅度，而2004年之后又大幅下降，到2009年仅占总面积的6.9%，根据2011年最新的天津市规划，汉沽盐场只有部分得以保留，随着北疆电厂和大港新泉海水淡化有限公司的投产，用海水淡化排出的浓盐水制盐成为发展循环经济的新方向，改变了传统粗放型制盐方式，节约了大量盐田，为新区的城市发展存蓄空间，滨海新区原有塘沽盐场北部的52km^2 被打造成为滨海新区中部新城，为商务集中区、临港经济发展区以及港口货运物流区提供居住、商业、教育等生活配套服务。

滨海新区相比其他地区有极其丰富的沼泽湿地资源，例如东丽湖湿地、七星湖湿地及北大港湿地等，总体上滨海新区沼泽地面积变化不大，2009 年占到了总面积的 9.8%，1993 年达到了最低点，滨海新区沼泽湿地主要以芦苇、碱蓬等水生植被为主，气候是沼泽湿地变化的决定性自然因子，随着近年来温度的不断上升以及由此导致的降水量减少，沼泽湿地会发生面积及分布结构的变化。

(2) 修养与休闲用地的变化 由于遥感图像的分辨率有限，所以不能将交通绿化用地单独地分出来，本书中重点分析城市公园绿地的变化。滨海新区 1979 年的城市公园绿地面积仅为 4.50hm^2，而到 2004 年增加到了 110.74hm^2，到 2009 年增加到 2004 年的将近 7 倍，城市绿地主要集中在塘沽区，主要有公园绿地，如外滩公园和泰丰公园，近年来国家大力提出要将滨海新区建设成为全国典型生态新城，面对滨海新区大面积贫瘠的盐碱滩，有关部门在积极寻找适应这一土壤背景的绿化方式，并且仿效上海等城市通过绿色生态网络的构建等措施提高其公共绿地的面积。

荒废地类：滨海新区荒废地以荒芜多年的草地和被弃置的农田为主，也有常年无植被生长的裸地，其数量变化幅度很大，1979 年滨海新区有很多未利用地，面积仅次于海域，面积比例达到 16%，而到 2004 年降低了 90%，2009 年又比 2004 年降低了 30%。在南港工业区靠近海岸线的区域，围海造陆形成了大片的裸地，在土地利用规划中都被认为是后备工业用地。

2.3.2 生态用地结构变化分析

利用 ArcToolbox 下 Overlay 分析模块的 Intersect 工具，分别将 1979—1989 年、1989—1993 年、1993—1998 年、1998—2004 年、2004—2009 年五个时间段以及 1979—2009 年 30 年间的土地利用矢量文件进行空间叠加，应用 Field Calculator 命令计算叠加后新生成的斑块面积，输出属性数据的 Excel 表格，通过其数据透视表图的功能直接生成六个时段生态用地和非生态用地类型的空间转移矩阵，结果见表 2-4～表 2-9。

2.3.2.1 生态用地与非生态用地的转变分析

根据转移矩阵可知，从 1979—2009 年期间的五个阶段中，除公园绿地以外的其他类型生态用地都有一部分变为城市建设用地，其中 2004 年之前，荒废地、草地和盐田的转出量最大，而 2004 年之后，除了林地、荒废地和盐田，水域、滩涂、沼泽湿地和海域都大面积地转出成为建设用地，但是过去农村城镇化过程中一部分住宅用地被拆除整改成为生态用地，另外，在 2004 年以前，未利用地、草地、湿地都是农田的主要转入源，而 2004 年以后，盐田、草地和水域成为农田的主要转入源，由于滨海新区本身的盐碱化土壤背景以及长期的人为污水灌溉导致土壤盐渍化，这就使得区域内有 3396.08hm^2 的农田转化成盐田，另外在耕地整改的政策引导下，3680.86hm^2 的农田转变为草地和林地等类型的生态用地。

表 2-4　滨海新区 1979—1989 年土地利用转移矩阵

单位：hm^2

项目	草地	城市绿地	海域	荒废地	建设用地	农田	水域	滩涂	盐田	沼泽地	总计
草地	28696.51	0.00	0.00	1593.45	1.91	547.11	10.69	0.00	2.24	2801.61	33653.52
城市绿地	64.99	3.75	0.00	0.00	5.10	0.00	3.35	0.00	0.00	0.00	77.19
海域	0.00	0.00	100512.51	0.00	0.00	0.00	0.00	0.00	0.00	0.00	100512.51
荒废地	0.00	0.00	0.00	25348.20	0.00	0.00	0.00	0.00	0.00	0.00	25348.20
建设用地	0.00	0.00	0.00	0.00	28438.68	0.00	0.00	0.00	0.00	0.00	28438.68
林地	76.05	0.00	0.00	86.43	0.00	0.00	0.00	0.00	0.00	0.00	162.48
农田	4230.46	0.00	0.00	27877.63	37.33	26790.83	19.39	0.00	1.20	106.69	59063.53
水域	325.74	0.29	7.98	583.57	343.53	26.87	8964.08	157.12	5860.02	188.07	16457.27
滩涂	0.00	0.00	0.00	0.00	0.00	0.00	0.00	17581.68	0.00	0.00	17581.68
盐田	0.00	0.00	0.00	0.00	0.00	0.00	0.00	0.00	33005.03	0.00	33005.03
沼泽地	0.00	0.00	0.00	0.00	0.00	0.00	0.00	0.00	0.00	31272.57	31272.57
总计	33393.75	4.04	100520.49	55489.28	28826.55	27364.81	8997.51	17738.80	38868.49	34368.94	345572.66

表 2-5　滨海新区 1989—1993 年土地利用转移矩阵

单位：hm^2

项目	草地	城市绿地	海域	荒废地	建设用地	林地	农田	水域	滩涂	盐田	沼泽地	总计
草地	30035.65	0.00	0.00	0.32	0.00	0.00	186.58	0.00	0.00	0.00	3583.81	33806.36
城市绿地	0.00	77.19	0.00	0.00	0.00	0.00	0.00	0.00	0.00	0.00	0.00	77.19
海域	0.00	0.00	100395.68	0.00	0.00	0.00	0.00	0.00	0.00	0.00	0.00	100395.68
荒废地	0.00	0.00	0.00	22060.35	0.00	0.00	0.00	0.00	422.57	0.00	1.21	22484.13
建设用地	0.00	0.00	116.83	0.00	28397.33	0.00	0.00	5.12	410.50	0.00	2.51	28932.29
林地	0.00	0.00	0.00	0.00	0.00	162.48	0.00	0.00	0.00	0.00	0.00	162.48
农田	3443.96	0.00	0.00	2454.81	35.46	0.00	58872.38	19.54	0.00	0.00	106.17	64932.32
水域	0.00	0.00	0.00	0.00	0.00	0.00	0.00	16410.45	1.41	0.00	5612.62	22024.48
滩涂	0.00	0.00	0.00	0.00	0.00	0.00	0.00	0.00	16747.19	0.00	0.00	16747.19
盐田	0.00	0.00	0.00	0.00	0.00	0.00	0.00	0.00	0.00	32998.75	0.00	32998.75
沼泽地	173.90	0.00	0.00	832.72	5.88	0.00	4.58	22.17	0.00	6.28	21966.26	23011.79
总计	33653.51	77.19	100512.51	25348.20	28438.67	162.48	59063.54	16457.28	17581.67	33005.03	31272.58	345572.66

表 2-6 滨海新区 1993—1998 年土地利用转移矩阵

单位：hm^2

项目	草地	城市绿地	海域	荒废地	建设用地	林地	农田	水域	滩涂	盐田	沼泽地	总计
裸地	0.00	0.00	0.00	8753.82	0.00	0.00	0.00	0.00	0.67	0.00	0.00	8754.49
滩涂	0.00	0.00	4.02	0.00	0.00	0.00	0.00	0.00	16531.35	0.00	0.00	16535.37
盐田	0.00	0.00	0.00	0.00	0.00	0.00	0.00	0.00	0.00	32771.00	0.00	32771.00
建设用地	372.88	0.00	0.00	2962.70	28829.04	0.00	0.00	72.87	215.17	112.81	0.00	32565.47
农田	3287.70	0.00	0.00	10340.38	23.17	0.00	64221.37	61.40	0.00	15.39	0.00	77949.41
林地	0.00	0.00	0.00	10.00	0.00	162.06	0.00	0.00	0.00	0.00	0.00	172.06
草地	29211.20	0.00	0.00	0.58	0.00	0.43	130.68	0.00	0.00	0.00	5.61	29348.50
海域	0.00	0.00	100391.66	0.00	0.00	0.00	0.00	0.00	0.00	0.00	0.00	100391.66
城市绿地	29.01	77.19	0.00	0.00	11.71	0.00	4.11	0.40	0.00	0.00	0.00	122.42
水域	0.00	0.00	0.00	0.00	0.00	0.00	0.00	20062.90	0.00	0.00	0.00	20062.90
沼泽地	905.58	0.00	0.00	416.65	68.37	0.00	576.17	1826.91	0.00	99.55	23006.17	26899.40
总计	33806.37	77.19	100395.68	22484.13	28932.29	162.49	64932.33	22024.48	16747.19	32998.75	23011.78	345572.68

表 2-7 滨海新区 1998—2004 年土地利用转移矩阵

单位：hm^2

项目	草地	城市绿地	海域	荒废地	建设用地	林地	农田	水域	滩涂	盐田	沼泽地	总计
草地	890.82	15.20	0.00	1110.14	653.78	0.00	2492.73	451.42	95.41	183.88	128.88	6022.26
城市绿地	0.00	38.32	0.00	0.00	43.78	0.00	40.21	0.03	0.00	0.00	0.00	122.34
海域	0.00	0.00	95831.46	0.00	38.02	0.00	0.00	236.20	3714.74	0.00	0.00	99820.42
荒废地	993.00	0.00	0.00	1008.33	2.51	0.00	926.47	421.66	0.00	1944.68	13.57	5310.22
建设用地	5690.92	46.33	217.75	723.73	20549.20	0.00	9831.12	612.15	454.55	4162.59	473.97	42762.31
林地	189.75	0.00	0.00	0.00	0.00	172.06	47.08	0.00	0.00	0.00	28.83	437.72
农田	13946.39	4.87	0.00	510.50	2857.97	0.00	50463.85	1203.92	16.50	529.79	491.49	70025.28
水域	2585.02	17.71	12.10	2349.32	1804.63	0.00	6705.13	6736.13	541.56	1023.59	7010.52	28785.71
滩涂	22.03	0.00	4288.08	872.87	187.16	0.00	0.00	153.22	9956.22	523.67	235.15	16238.40
盐田	1882.28	0.00	0.00	2179.59	6358.45	0.00	6993.63	5791.70	1220.04	24040.01	335.32	48801.02
沼泽地	3148.29	0.00	42.28	0.00	69.96	0.00	449.18	4456.47	536.35	362.80	18181.65	27246.98
总计	29348.50	122.43	100391.67	8754.48	32565.46	172.06	77949.40	20062.90	16535.37	32771.01	26899.38	345572.66

表 2-8　滨海新区 2004—2009 年土地利用转移矩阵

单位：hm^2

项目	草地	城市绿地	海域	荒废地	建设用地	林地	农田	水域	滩涂	盐田	沼泽地	总计
草地	1759.12	15.36	0.00	288.80	1156.13	0.13	3680.86	589.10	117.98	515.66	64.59	8187.73
城市绿地	77.28	76.72	0.00	35.98	595.94	0.00	1.56	108.29	0.01	1.25	1.13	898.16
海域	23.00	0.00	92407.21	0.00	71.23	0.00	0.00	79.71	0.00	2.40	57.04	92640.59
建设用地	966.63	0.00	1229.37	2223.23	40649.50	0.00	9495.31	2723.08	2300.87	4651.32	1028.90	65268.21
裸地	56.81	0.00	0.00	236.83	0.00	0.00	1761.52	366.71	1364.59	1501.81	134.68	5422.95
农田	1844.20	0.70	0.00	321.40	0.00	0.24	48549.50	2527.16	0.00	1498.65	699.31	55441.16
森林	0.00	0.00	0.00	400.00	0.00	437.72	59.42	0.00	0.00	0.00	1133.70	2030.84
湿地	0.00	24.29	0.00	0.00	0.00	0.03	0.00	8011.23	1308.40	2112.99	22420.36	33877.30
水域	1225.62	5.27	678.93	1519.95	188.83	0.00	2984.92	14215.38	2348.93	19241.38	1575.50	43984.71
滩涂	26.15	0.00	5467.35	0.00	100.67	0.00	96.14	118.02	8023.63	56.50	0.00	13888.46
盐田	43.43	0.00	37.55	284.04	0.00	0.00	3396.08	47.04	773.99	19219.04	131.78	23932.95
总计	6022.24	122.34	99820.41	5310.23	42762.30	438.12	70025.31	28785.72	16238.40	48801.00	27246.99	345573.06

表 2-9　滨海新区 1979—2009 年土地利用转移矩阵

单位：hm^2

项目	城市绿地	水域	滩涂	农田	建设用地	草地	沼泽湿地	盐田	荒废地	海域	总计
森林	0.00	0.00	0.00	0.00	0.00	1190.58	0.00	0.00	840.26	0.00	2030.84
城市绿地	4.05	29.88	0.00	0.00	0.00	637.52	6.32	0.00	220.38	0.00	898.15
荒废地	0.00	0.00	1925.79	910.44	15.23	607.59	0.00	0.00	1378.43	585.47	5422.95
草地	0.00	417.84	192.99	662.57	0.00	6914.34	0.00	0.00	0.00	0.00	8187.74
滩涂	0.00	0.00	5662.99	0.00	0.00	0.00	0.00	0.00	453.15	7772.33	13888.47
盐田	0.00	0.00	807.01	0.00	5355.46	0.97	0.00	13625.43	4144.07	0.00	23932.94
沼泽湿地	0.00	1783.99	576.12	1030.56	158.34	1858.48	27033.17	0.00	1436.64	0.00	33877.30
水域	0.00	5170.38	2462.93	2556.88	2367.19	1361.72	5661.51	15311.09	8180.31	912.69	43984.70
农田	0.00	800	0.00	16519.53	2103.78	9613.25	1668.93	399.05	24336.62	0.00	55441.16
建设用地	0.00	795.43	2250.59	5684.83	18826.55	11209.32	0.00	9532.93	14498.79	2469.76	65268.20
海域	0.00	0.00	3860.36	0.00	0.00	0.00	0.00	0.00	0.00	88780.24	92640.60
总计	4.05	8997.52	17738.78	27364.81	28826.55	33393.77	34369.93	38868.50	55489.28	100520.49	345573.05

从1979—2009年的土地利用转移矩阵可以看出，农田的转入面积为38921.63hm²，转出面积为10845.28hm²，总面积净增28076.35hm²，除2103.78hm²来自于建设用地外，其余的均由不同类型的生态用地转入，其中荒废地的贡献率最大，为62.53%，草地的贡献率次之，为24.70%，其次还有沼泽地和盐田的开垦、水域的转化，但贡献率都很小，低于5%。建设用地的转入面积为46441.65hm²，转出面积为10000hm²，总面积净增36441.65hm²，除5684.83hm²来自于农田外，其余的也均由不同类型的生态用地转入，其中荒废地的贡献率最大，为31.22%，草地和盐田次之，贡献率分别为24.14%和20.53%。

2.3.2.2 生态用地内部转化分析

根据转移矩阵可知，1979—2009年30年间在生态用地内部，水域主要转化成沼泽湿地，滩涂主要转化为荒废地和水域，草地主要转化为林地和城市绿地，沼泽湿地主要转化成草地，盐田主要转化成水域，荒废地主要转化为盐田和水域，海域主要人为转化成滩涂。

各种生态用地中水域的转入量是最大的，由其他生态用地转化而来的面积为33890.25hm²，其中塘沽地区的盐田大部分转变成人工养殖塘，面积占到15311.09hm²，由于气候变化的原因，8180.31hm²的荒废地转变成水域，还有5661.51hm²的沼泽湿地演变为水域，其次，河流和海域之间的滩涂部分也会转变为水域，水域的转出以沼泽湿地为主。

滩涂的变化主要发生在荒废地、水域和海域的转化上，从转移矩阵中可以看出，1979—2009年，滨海新区3860.36hm²的滩涂转化成海域，而同时7772.33hm²的海域转化成滩涂，体现了滨海新区这30年间海岸线发生的巨大变化。

根据统计，1190.58hm²的草地面积转化为林地，1858.48hm²的草地转化为草甸化沼泽湿地，还有1361.72hm²的草地转化为水域。

滨海新区1979—2009年，林地转入量为2030.84hm²，其中主要来自于荒废地的开发和低覆盖草地的人工灌木林地，贡献率分别为41.37%和58.63%。

城市绿地主要来自于水域、草地、沼泽地和荒废地的转入，转入量为894.1hm²，草地和荒废地的贡献率最大，分别为71.3%和24.54%，转出量为零，说明虽然滨海新区城市绿地面积很小，但在未来的几年里会呈现不断增加的趋势。

沼泽湿地主要由草地、水域和荒废地转化而来，这主要与较长时间段上沼泽湿地的形成有关，包括草甸沼泽化、水体沼泽化（浅水域水平演替式沼泽化和深水域垂直演替式沼泽化过程）。

2.4 生态用地土壤有机碳储量特征及分布

2.4.1 数据特征及其空间分布

2.4.1.1 生态用地土壤有机碳估算结果及其统计分析

滨海新区不同生态用地类型及不同土壤剖面深度上的有机碳密度都不同，本节主要利用SPSS 15.0及R语言对数据进行统计分析和图表分析，利用箱线图表示有机碳数据的总体分布特征，用标准差、变异系数等衡量有机碳数据的分散程度。

(1) 各类生态用地土壤有机碳密度 根据统计结果，滨海新区生态用地平均土壤有机碳为（11.23±8.55）g/kg，平均土壤容重为（1.81±0.22）g/cm^3，整体上土壤有机碳密度很低，0～30cm 的有机碳密度变化于 1.80～17.23kg/m^2，低于我国平均水平 0.143～446.25kg/m^2，这主要是因为天津在全国主要城市中海拔最低，气温较高，植被稀疏，土壤有机质的输入量很少，分解速度又很快，使得残留的有机质含量很少，因为只研究土壤有机碳含量，所以未考虑海域面积，在其余的 8 种生态用地类型中，城市绿地的土壤有机碳含量及密度最大，达到（28.56±10.85）g/kg 和（12.98±4.25）kg/m^2，林地次之，其值是（18.34±4.12）g/kg 和（9.49±1.65）kg/m^2，荒废地的最小，为（3.32±0.33）g/kg 和（2.04±0.24）kg/m^2，与北京西北地区的调查结果 2.0～4.0g/kg 很相似。生态用地总体有机碳密度大小趋势为城市绿地>林地>沼泽湿地>草地>滩涂>浅水域>盐田>荒废地。此次城市绿地土壤样品采自滨海新区泰丰公园，该人工景观公园建造在昔日的盐碱滩上，包含很多海洋中年代久远的动植物残体，SOC 含量相对较高。林地的土壤有机质主要成分是胡敏酸，能形成稳定的腐殖酸钙，从而积累较多的腐殖酸，有机质含量较高。滨海新区土壤贫瘠，盐碱度很高，地下水位一般小于 1m，除柽柳为本土木本植物，主要以 20 世纪 80 年代栽种的刺槐、国槐和白蜡树等人工林为主，这些人工林在长期的自然生长和各种有利的管护措施下其根系为土壤微生物提供良好的环境，保持了土壤通气性和蓄水量，凋落物多且根系生长快，所以土壤有机碳密度比较高，且高于全国平均林地有机碳密度值 8.139kg/m^2。滨海新区的草地多以耐盐碱的喜湿性植被为主，如獐毛、碱蓬、盐地碱蓬、芦苇等，其平均土壤有机碳含量和密度分别为（7.95±0.97）g/kg 和（4.74±0.47）kg/m^2。靠近海岸的滩涂土壤盐度较大，荒废地的肥力状况很差，并且二者植被稀少，地表裸露温度较高会使有机碳快速分解，虽然滩涂的有机碳密度低于草地，但是滩涂中有大量的底栖生物，有机碳含量和密度都高于荒废地。浅水域主要是生长碱蓬和芦苇等水生植物的盐沼区，有机碳含量和有机碳密度分别为（6.51±1.45）g/kg 和（3.74±0.77）kg/m^2。研究表明很多区域沼泽湿地的有机碳密度高于其他地类，滨海新区沼泽地多为盐碱地并且多数有常年积水的芦苇群，根部的水生环境使得芦苇残体的分解非常缓慢，从而大量积累了有机碳，沼泽湿地的有机碳含量和有机碳密度分别为（8.92±0.49）g/kg 和（5.63±0.99）kg/m^2，与刘国华等得出的环渤海地区 0～20cm 的土壤有机碳密度值 5.49kg/m^2 很接近。盐田的土壤有机碳含量和有机碳密度分别为（4.01±0.67）g/kg 和（2.90±0.21）kg/m^2。如图 2-4 所示。

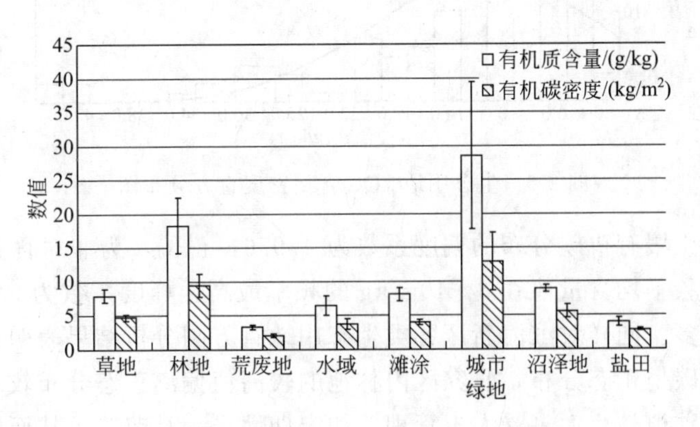

图 2-4　不同生态用地类型的 SOC 含量及其密度

（2）生态用地土壤有机碳的统计性分析　根据生态用地的统计数据，滨海新区生态用地土壤有机碳含量为 11.23g/kg，其最小值为 1.71g/kg，最大值为 44.90g/kg，极差范围高达

43.19g/kg，标准差为8.55，变异系数为0.76。与其他地区除农业和建设用地之外的土壤有机碳含量相比较，滨海新区土壤变异性较高，可能是由于生态用地类型和土壤类型相对复杂，草地、滩涂、沼泽湿地、荒废地等，以及人工管理的城市绿地对滨海新区生态用地土壤有机碳变异性影响较大，同时该区的土壤盐碱性和土壤质地分布也对土壤有机碳变异性影响较大。

从研究区内来看，生态用地土壤有机碳数据的箱线图（见图2-5）能直观简洁地表示出数据分布的总体特征。从箱线图上可以看出，有大约25%的异常值，主要是城市绿地的土壤有机碳含量，且图中中值比较靠近1/4分位数一侧，说明数据大多数分布在中值以上。生态用地SOC含量密度直方分布图见图2-6。

案例数					
有效值		缺失值		总数量	
数量	比例	数量	比例	数量	比例
151	74.8%	51	25.2%	202	100.0%

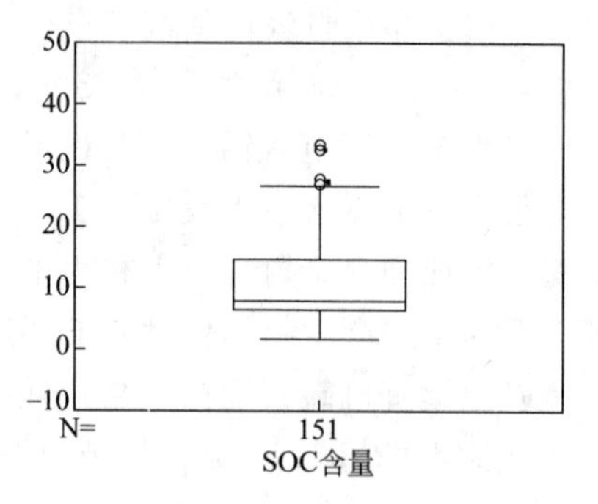

图2-5　所有生态用地类型的SOC含量箱线图

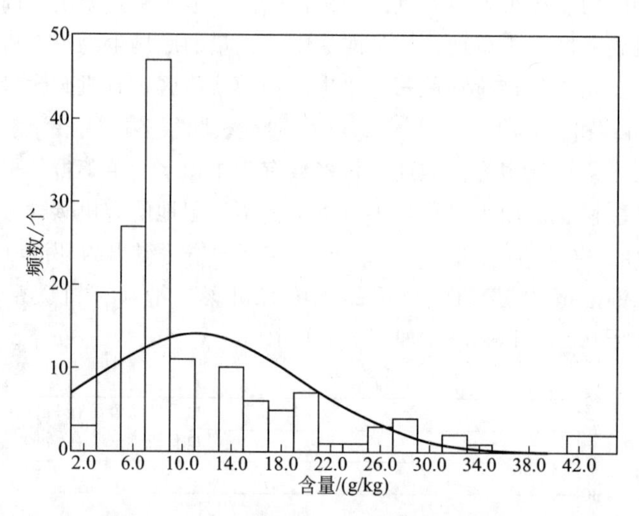

图2-6　生态用地SOC含量密度直方分布图

总的生态用地土壤有机碳分布的偏度系数为1.956，正偏，为非对称分布，数据有相对集中的趋势，有机碳平均含量值在6～10g/kg的频率最高，峰度系数为3.968，为正值，说明两侧极端数据很多。同样对滨海新区各类生态用地直方图分析结果表明，除林地外，其他生态用地土壤有机碳呈正态分布，研究区内林地的较高值偏离正态分布较大，这是因为滨海新区林地多为人工种植林，大多受人工管理，如定期灌溉、补苗等，从而使有些采样区的林地土壤有机碳值累积较高，另一方面也可能与采样点的设置有关。整体上各类生态用地偏斜度不大，但是荒废地极端数据较多。各类生态用地SOC偏度及峰度统计值见表2-10。各类生态用地SOC密度分布直方图见图2-7。

表 2-10　各类生态用地SOC偏度及峰度统计值

项目		城市绿地	林地	滩涂	水域	荒废地	沼泽湿地	草地	盐田
样本数	有效数量	16	28	16	35	16	32	31	16
	缺失数量	186	174	186	167	186	170	171	186
偏度		0.049	1.132	0.133	−0.185	−1.197	−0.031	−1.017	0.979
峰度系数的标准误差		0.564	0.441	0.564	0.398	0.564	0.414	0.421	0.564
峰度		−1.168	0.444	−0.339	0.203	4.948	0.515	0.749	0.302
偏度系数		1.091	0.858	1.091	0.778	1.091	0.809	0.821	1.091

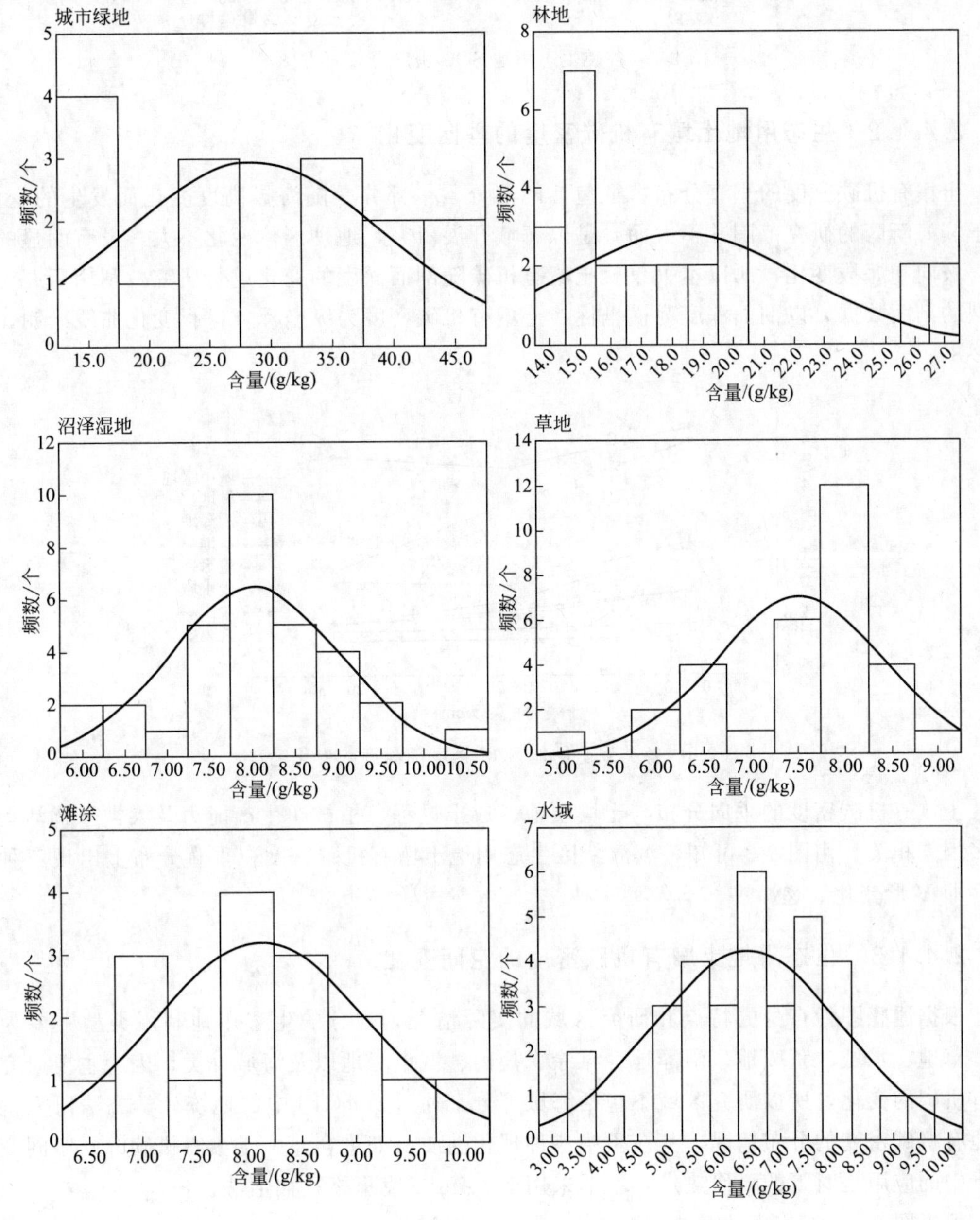

图 2-7

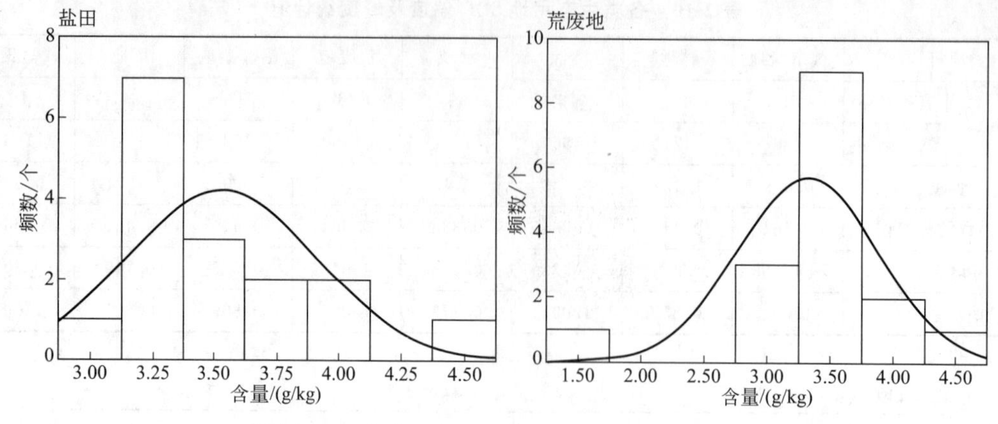

图 2-7　各类生态用地 SOC 密度分布直方图

2.4.1.2　生态用地土壤有机碳密度的垂向变化

土壤有机碳密度的垂直分布特征包括两部分，一部分是随海拔高度变化而发生的变化，由于滨海新区的研究范围并不大而且是以海域开展研究，地理区位变化不大，没有明显的地形、坡向和海拔变化，所以本书仅就土壤有机碳随剖面深度的变化进行研究。利用所有土壤类型的剖面数据，以剖面深度为横坐标，土壤有机碳密度为纵坐标，进行变化曲线绘制，见图 2-8。

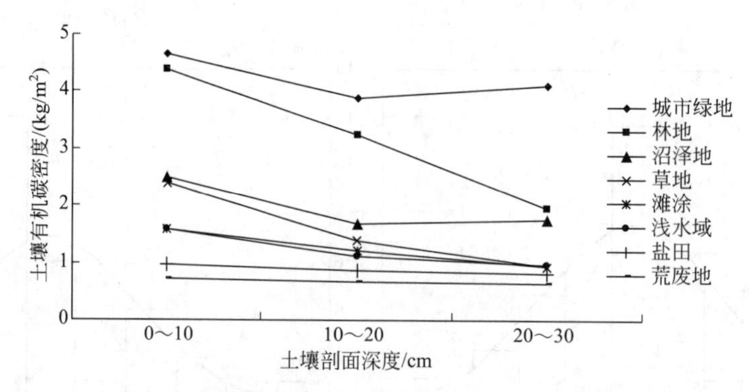

图 2-8　各类生态用地 SOC 密度随深度的变化趋势

土壤有机碳密度的垂向分布与土壤质地、成土过程、植被净生产能力及人类干扰活动等诸多因素相关。由图 2-8 可知，滨海新区生态用地土壤有机碳密度在垂直分布上出现三种趋势，即 V 形变化、递减型、均匀型三种。

2.4.1.3　生态用地土壤有机碳密度的空间变化

根据遥感图像自身的特点和研究区域的实际情况，划分的生态用地利用类型主要为林地、草地、水域、荒废地、沼泽地、滩涂、盐田、城市绿地以及海域九类，因为主要研究土壤有机碳的变化，所以研究区域不包括海域部分。通过 ArcGIS 中的地统计学方法研究生态用地有机碳密度的分布情况，其在土壤各种理化性质（如重金属、土壤有机碳等）空间变异分析中的应用是时下的科研热点，本书采用 Kriging（克里格）插值法。

根据图 2-9，有机碳密度在 8～16kg/m² 的面积为 1555.67hm²，占总面积的 1.18%，主要为城市绿地和林地，主要分布于塘沽海洋高新区、天津经济技术开发区，以及官港森林公园区；有机碳密度在 4.5 ～ 8kg/m² 的面积为24885.80hm²，占总面积的18.82%，主要为沼泽湿地，分布于北大港湿地至沙井子水库以及钱圈水库区域，另外还有营城湖湿地生态旅游区域，东丽湖湿地、黄港湿地、北塘水库等区域；有机碳密度在3.5～4.5kg/m² 的面积为24003.50hm²，占总面积的18.15%，主要为草地和滩涂，分布于上述湿地生态保护区周边区域，还有塘沽区临港工业区附近遍布于养鱼塘周边的区域；有机碳密度在1.64～3.5kg/m² 的面积为81776.04hm²，占总面积的61.8%，主要为浅水域、盐田和荒废地，分布于各种河道周边，以及宁车沽水库，还有汉沽的盐田区。

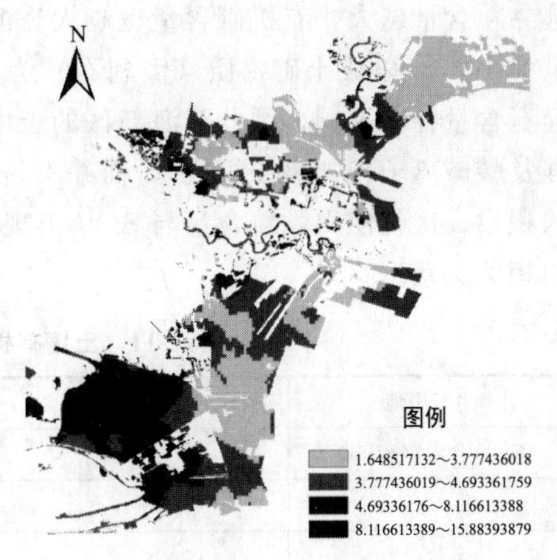

图 2-9　滨海新区生态用地土壤有机碳密度空间分布图

2.4.2 密度的影响因子分析

虽然土壤有机碳理论上是由腐殖质、动植物和微生物的残体分泌物和排泄物及其理化分解产物构成的，但实际的土壤有机碳储量是动植物残体的输入量及其被微生物新陈代谢分解量相互抵消的结果。所以影响土壤有机碳输入和输出的因素，如气候、地形、海拔、土壤水分、植被状况、人为因素，都影响土壤有机碳密度和储量。本书主要从土壤性质、气候因素两个方面来研究土壤有机碳密度的影响因子。

2.4.2.1 土壤理化性质

(1) 土壤容重　滨海新区生态用地SOC密度与对应的土壤容重值呈极显著的负相关关系，容重越大的SOC密度越小，反映在垂向变化上，随着深度的不断增加，容重的变化趋势与有机碳密度恰好相反，这是因为土壤的容重反映了土壤的空隙状况，容重与对应的孔隙度大小是相反的，从而影响土壤中微生物数量、种类及代谢活性，进一步对SOC的稳定状况造成影响。滨海新区各种生态用地的容重都很高，平均值为（1.87±0.17）g/cm³，土壤孔隙度小，结构体差，土层紧实，所以有机碳密度整体很小。

(2) 土壤全盐量和pH　滨海新区以盐碱地为主，实验测得其土壤含盐量值在0.06%～2.92%，而研究表明盐分超过2.50%的地带几乎没有植被覆盖，一般而言，大多数植物都是在土壤盐分低于0.05%时正常生长，所以滨海新区能够生长的都是耐盐碱植物，狭窄的植物区系范围减少了有机质的来源，pH主要是通过影响土壤的酸碱性，从而影响微生物酶的活性，pH过高或过低都会影响土壤有机碳的含量，此次土壤的pH值在8.47～9.05，高度碱性的理化环境使得滨海新区SOC降解速率和积累量分别高于和低于其他区域。

(3) 土壤黏粒含量　有机质含量在一般情况下和土壤黏粒含量有明显相关性，黏粒的含量主要从两个方面影响土壤有机碳的含量：一是黏粒有较强的持水力和对养分的吸收力，有利于土壤积累有机质；二是黏粒会吸附腐殖质形成复合体，并且会使土壤通气性变差，另外加上黏粒会吸附微生物的分解酶，降低其活性，整体上抑制好氧微生物的分解作用，所以土壤黏粒含量越大，有机碳含量也越大。滨海新区土壤大部分是河海岸沉积而成的，其黏粒含量为70%，以成土矿物质（伊利石）为主要组成成分，其他如高岭石、蒙脱石、绿泥石和蛭石含量各有不同，因此滨海新区的土壤黏粒含量主要是黏粒矿物（主要由氧化钙、二氧化硅及酸碱离子和盐离子组成），而并不是土壤有机质，加上酸碱离子和盐离子会抑制有机碳的积累，这就使得黏粒含量与SOC出现负相关关系。表2-11为土壤有机碳与土壤环境因子的相关关系。

表2-11 土壤有机碳与土壤环境因子的相关关系

生态用地	SOC含量	容重	全盐	pH值	黏粒
SOC含量/(g/kg)	1				
容重/(g/cm³)	−0.698	1			
全盐/%	−0.491	0.226	1		
pH值	−0.544	0.596	0.065	1	
黏粒/%	−0.531	0.379	0.858	0.127	1

利用逐步线性回归确定哪个因子对土壤有机碳影响最为显著，根据统计，选取的容重、全盐、pH和黏粒四个因子中，全盐因子被剔除了。表2-12所示为回归系数及其标准差。

表2-12 回归系数及其标准差

模型	R	R_2	调整的R_2	估计的标准差
线性	0.781	0.61	0.602	5.39032

设因变量土壤有机碳为y，自变量：容重为x_1，pH值为x_2，黏粒为x_3，线性回归方程为$y=180.05-0.420\times x_1-0.251\times x_2-0.340\times x_3$，能解释60.2%的土壤有机碳分布变化。

2.4.2.2 气候因素

气候因子（温度和水分等）在SOC形成与分解的整体循环过程中发挥着重要作用，降水的多少和pH值通过影响土壤的吸附溶解能力以及酸碱离子的浓度而影响有机碳密度。温度主要通过影响微生物的代谢活性及土壤整体的呼吸过程对有机碳密度产生影响，地表温度极小幅度的变化也会引起土壤有机碳大幅度发生变化，滨海新区随着生态用地向城市建设用地的转变，温度上升导致有机碳的损失，滨海新区降水频繁，温度上升和降水频繁引起的干湿交替会导致土壤团聚体的破裂，与空气的充分接触使得土壤呼吸强度以及SOC的矿化分解速率都迅速增加，所以滨海新区在这种特定的气候背景下属于SOC储量并不丰富的区域。

2.4.3 1979—2009年变化趋势分析

本节根据前面土壤有机碳储量的计算公式，计算了滨海新区1979年、1989年、1993年、1998年、2004年和2009年的土壤有机碳储量，借助Excel软件绘制生态用地土壤有机碳储量随时间的变化曲线，见图2-10。

从图2-10上可以看出滨海新区在1979—2009年30年间，以2004年为分界线，2004年

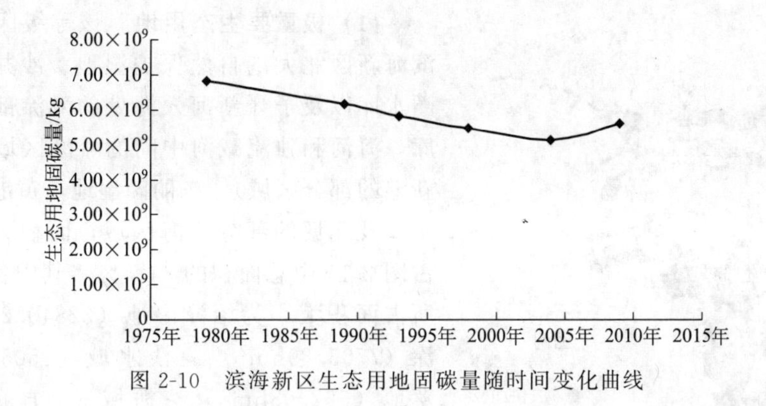

图 2-10 滨海新区生态用地固碳量随时间变化曲线

以前土壤有机碳储量一直处于下降状态，到 2004 年生态用地土壤有机碳储量下降到 1979 年的 75%，而 2004—2009 年土壤有机碳储量开始有上升趋势，呈现这种趋势的主要原因包括自然因素，也包括人为因素。影响土壤有机碳密度的人为因素具体是指人类对生态用地利用方式的干扰以及对生态用地不恰当的管理方式，这些人为活动都能间接影响土壤团聚体的形成、有机碳合成和分解的速率、土壤微生物代谢的活性以及土壤的侵蚀速率和排水能力，从而改变输入土壤的植物残体的种类和数量，进一步影响土壤有机碳的转化。生态用地向非生态用地的转出会使土壤团聚体结构受到破坏，这样表面的有机碳会因为与空气的充分接触而快速分解，另外不合理的生态用地管理措施通过改变土壤本身的湿度、孔性和温度等条件，促进土壤微生物的呼吸作用，从而加速 SOC 的矿化速率。根据滨海新区生态用地空间分布图可知，从 1979—1989 年，草地和荒废地转出变成农田，另外草地转出成为城市绿地和林地，虽然农业也会转变成草地，但其面积远远小于草地向农田的转化量，从 1989—1993 年，北大港下面的荒废地变成了农田，滩涂变成了荒废地，从 1979—2009 年位于大港区南部的部分荒废地变为有机碳密度较高的水域和草地，而汉沽区由碳密度较高的滩涂区域转变为碳密度较低的盐田区，另外塘沽区之间和独流减河以上的大港区由于生态用地类型的减少，有机碳含量下降，综上可知滨海新区生态用地类型和结构的变化影响了整体土壤有机碳储量的大小。

2.5 基于低碳理念的生态用地分级控制及优化策略

2.5.1 生态用地分级控制

本书所指基于低碳理念的生态用地评价分级是为表明生态用地除考虑其生态服务功能大小外，还考虑其在土壤碳源与碳汇角色转变中的适应能力，滨海新区单位面积各类生态用地生态服务功能大小顺序为滩涂＞沼泽湿地＞林地＞浅水域＞城市绿地＞草地＞盐田＞荒废地，本书运用 ArcGIS 9.3 将生态用地土壤有机碳空间等级分布图和生态用地生态服务功能（主要综合考虑了产品生产、文化教育、景观美学、生物多样性、水源涵养、土壤保持、气候调节、环境净化和灾害防御几类功能）等级分布图进行栅格计算，得出滨海新区生态用地等级分布图（见图 2-11），将滨海新区生态用地分为四个等级：极重要、重要、一般重要、不重要。

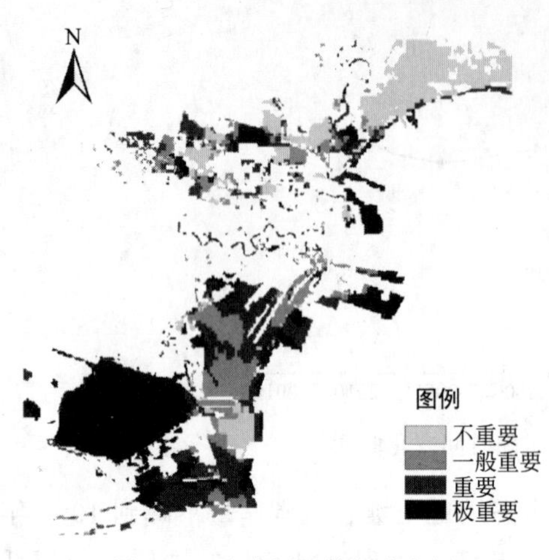

图 2-11 生态用地等级分布图

(1) 极重要生态用地 该等级区域主要包括滨海新区北大港自然保护湿地、沙井子水库、钱圈水库以及子牙新河入海处的滩涂部分，官港水库，海河和独流减河中间的滩涂区域（包括天津新港的部分区域），东丽湖湿地，黄港水库，营城水库及北塘的部分入海区域，面积为 45681hm²，占图 2-11 中总面积的 34.5%，其中各类生态用地所占面积大小为沼泽湿地（32840.27hm²）＞滩涂（7705.89hm²）＞浅水域（3505.80hm²）＞草地（592.98hm²）＞海域（571.90hm²）＞城市绿地（189.23hm²）＞盐田（125.38hm²）＞林地（113.90hm²）＞荒废地（35.66hm²），基于该区域有大面积的沼泽湿地自然保护资源，应该建立生态功能自然保护区进行严格保护，严禁进行与湿地、林地、城市绿地等固碳潜力较强生态用地主导生态保护功能无关的开发建设活动，加快村庄荒废地的复垦，使其实现向林草地的转化，对大面积的水域全面开展治污截污，另外对于此等级区域内大部分的靠海区域，可以加大海防林的建设，因为滨海地区海潮风会造成裸地上盐土的迁移，从而对园林草地植被造成威胁。

(2) 重要生态用地 该等级行政区域主要包括横跨大港区子牙新河和北塘排水河的区域，塘沽区滨海道附近以及东丽区，以及除了极重要生态用地其余的滩涂部分，面积为 34871hm²，占总面积的 26.4%，其中各类生态用地所占面积大小为水域（21850.94hm²）＞滩涂（5799.79hm²）＞草地（3475.43hm²）＞沼泽湿地（2672.94hm²）＞盐田（457.75hm²）＞海域（366.66hm²）＞荒废地（168.73hm²）＞城市绿地（78.77hm²），该区域中滩涂地类有芦苇、盐地碱蓬、柽柳和碱蓬等植物，可以考虑充分利用野生植物规划为生态绿地，这样在不影响滩涂生态系统服务功能的前提下可以间接提高城市绿地的面积，并且要控制填海用地的建设。

(3) 一般重要生态用地 该等级行政区域主要包括塘沽区大部分浅水域，汉沽和大港分布很少，面积为 24109hm²，占总面积的 18.2%，其中各类生态用地所占面积大小为水域（19119.47hm²）＞草地（3006.40hm²）＞荒废地（666.44hm²）＞盐田（518.26hm²）＞沼泽湿地（415.58hm²）＞滩涂（282.15hm²）＞海域（91.19hm²）＞城市绿地（9.50hm²），鉴于该部分生态用地位于塘沽区发展中心，且水域面积居多，应该重视水污染治理，降低污染物含量，减少河流范围内的人为活动，大力拓宽水域生态功能的空间，另外滨海新区在跻身国际化、现代化大港行列，在填海造陆、拓展岸线的同时，也应该重视滩涂、海域的生态功能，重视区域可持续发展，对于滩涂的开发一定要确定合理的生态底线。

(4) 不重要生态用地 该等级行政区域主要包括汉沽的盐田区，面积为 27560hm²，占总面积的 20.8%，其中各类生态用地所占面积大小分别为盐田（20646.54hm²）＞荒废地（5004hm²）＞水域（684.45hm²）＞草地（678.14hm²）＞滩涂（228.19hm²）＞沼泽湿地（184.50hm²）＞海域（125.17hm²）＞城市绿地（9hm²），对于此等级的生态用地，经过科学论证，可以对部分盐田实行分阶段开发，作为建设用地后备开发空间，而对于本来就稀少的城市绿地应该加以保护，同时研究表明该区域内没有林地覆盖，可以考虑在其大面积的荒废地上进行林地建设，该区的荒废地和盐田都可以进行适度的开发。

2.5.2 生态用地的优化策略

经过上述对滨海新区生态用地转变及其土壤有机碳的研究，本书认为关于滨海新区应当制定定位高和长远性的生态用地优化策略，这就需要以维持生态安全格局和改善生态环境为出发点，以环境与生态的双重发展为目标使滨海新区朝低碳经济的方向发展，将生态用地规划纳入到土地利用总体规划中，结合滨海新区的宏观政策，因地制宜严格保障基础性的生态用地，保证生态用地建设的长期有效性和基本合理性，在此基础上适当扩大生态用地的规模，优化生态用地的整体布局和管理体系。

2.5.2.1 确定基本生态界限，保证生态用地比例

在经济社会飞速发展的同时确保用以维持不可或缺的必要型生态服务功能时所必需的最小规模生态用地，是优化策略的刚性条件和生态用地建设中无法逾越的基本前提，所以应该在不超出适度的生态环境承载力，在不违背自然生态法则的情况下，以滨海新区的总体土地利用规划为大背景确定最小生态用地的边界范围。在土地利用不可避免向城市化发展的趋势下，滨海新区在紧随节奏大力发展的同时要注重生态用地的保护，除保证城市周围比较肥沃且产量较大的农田和不妨碍有利于发展的建设用地之外，应该贯彻一套与滨海新区土地政策相一致的的生态用地占补平衡制度，尽可能使低生态服务功能用地类型向高生态服务功能型用地转化，使固碳能力弱的类型向固碳能力强的类型转变，例如对于含盐量较高、土体结构较差、植被稀少的盐田可以作为建设用地的预留地，保证各类生态用地以及以生态用地为核心的生态功能区用地比例，并能够在未来呈现稳定的增长趋势，加强可持续的生态用地管理措施。在本次对滨海新区生态用地进行确定的分类后，结合遥感和景观分析软件进行生态分级，严格保护极重要生态用地，整合破碎化比较严重的零散生态用地（如水域地区），最后确定生态用地的保护界限，根据很多地区生态底线划定的实践经验，生态用地的最佳比例通常在50%～60%，虽然此次研究中，滨海新区的比例在60%以上，那是因为滨海新区处于海滨位置，研究区域中海域占据了很大的面积。

2.5.2.2 优化生态用地布局，提高土壤碳汇能力

之前滨海新区生态用地变化对SOC的风险等级评价研究表明生态用地之间以及生态用地和非生态用地类型两两之间的交接地带，例如塘沽经济开发区和南港工业区等，边界上的不稳定使其易受到自然或人为影响发生转化，从而也成为碳源和碳汇发生变化的集中地带，这些相对脆弱的地带应该作为重点的生态防护带而引起重视，引入生态用地有机碳考核指标，根据风险等级的增加或减小分情况治理，前者确定为重点监控区域，后者不进行过多的人为干扰并进一步优化，极度敏感区一定要谨慎用地的开发建设活动，我国在2006年的温室气体清单指南第四章中给出了基于气候、土壤类型和生态区域差异的林地、农田、草地、湿地、聚居地、其他土地共六种土地利用类型不变（如仍为林地的林地）和发生转化（如转化为农田的林地）的国家尺度碳源与汇核算方法，可以作为土地利用变化中碳源与碳汇核算的理论依据。

本书在对滨海新区生态用地1979—2009年30年间的布局变化及其驱动因素进行了研究

之后，认为应该从根源上分析问题，明确自然的和人为的因素，寻求优化生态用地结构的根本途径。基于已有区域经济扩张的优势，滨海新区应该对建设用地、农用地、草地、森林等土地利用类型的比例进行合理配置，自然草地、自然和人工林地以及城市绿地要达到一定的用地标准，在城市建设中一定要尽力保障绿化用地面积的比例，其行动应贯彻在绿地改造物种选择到绿地植物管理的整个过程中，基础型生态用地应该保留生态适宜性最好的原生乡土植被，乔木、灌木、花草穿插其中，在管理过程中努力延长植被修剪期和生长期。

① 现代世界各国的城市规划中都高度重视城市绿化的建设，而鉴于滨海新区绿地土壤的特殊演变背景，在其维护和管理过程中要注意防治病虫害，适时供应养分和水分，加强绿地系统监测和评估的力度，为其管护提供理论依据，这些都有利于土壤有机碳的积累。另外，在滨海新区，北大港附近的天然草地是1979年以来土壤有机碳积累和排放基本保持平衡且空间地理上连续性非常好的区域，应该作为重点保护的零碳排放区严格限制开发。

② 当今各国一致认为增加森林碳储量，实施造林和再造林是解决温室气体增加最经济、最有效的方法。对于人工林居很大地位的滨海新区而言，应该清楚各人工树种SOC储量出现较高值或较低值的具体时段并进行记录，在典型的时间段内要加强SOC的实时动态监测，林地处于稳定的生长趋势后要减少有机肥的施入量，以防出现大量的后续碳排放，此时应该加强病虫害治理和掉落物的管理，合理优化更新林分的结构组成，使其固碳能力最大化。

③ 近年来在无法改变通过滩涂开发和围垦获取更多建设用地趋势的现状下，必须使其开发活动向集约化规模化的积极方向发展，培养并壮大滨海新区沿海滩涂的生态产业，比如植苇养鱼、抑盐改土、合理轮作等，另外在天津滨海地区广泛分布着适应能力强、繁殖力高的芦苇群落，鉴于其重要的生态价值和经济价值，并且在水生条件下其较慢的微生物分解速率有利于SOC的积累，在重要的滩涂和沼泽湿地上种植芦苇可以有效增加有机碳截存，此外，应加强滨海新区沼泽湿地碳源和碳汇对周围环境响应反馈机制的研究，确定合理的湿地开发利用模式以提高土壤有机碳的含量。

2.5.2.3 加强生态用地管理，践行低碳发展理念

生态用地的优化过程首先要遵循生态的系统原则，基于弹性、全局和动态观念最终达到资源、人口与环境的协调发展，具体到基于低碳理念的生态用地，要尽量避免透水透气性能较好的壤土类用地转变成建设用地，对于黏土或黏壤土类用地可以借助相关技术或者新型路面材料转变成软化的建设用地，从而最大程度上保证土壤的新陈代谢能力，促进有机碳的形成，另外还可以借助低碳技术进行有关生态用地的植被恢复，达到减少碳排放增加碳汇的目的。具体到管理措施也有以下两点。

① 任何管理措施都不能绝对化，维护生态用地并不意味着非生态用地就要承受所有来自人口与资源问题的环境压力，在任何一个规划的提出都基于综合发展理念的根本前提下，可以通过优化非生态用地（建设用地和农用地）的管理形式，例如通过在建设用地的管理中注重节能减排，注重城市绿化空间的优化，发展生态旅游业；对于农田的管理上积极倡导生态农业发展模式（如养殖循环模式、果林间套模式等），这些措施有利于生态用地规划的高效益和高效率。

② 生态用地属于环境领域的概念，其价值具有环境公共产品普遍意义上的不确定性，所以需要从政策层面上发生干预，在生态用地规划初始的编制以及后期的规划环评过程中应该包含有对生态用地土壤有机碳汇能力衡量指标（例如结构时序特征、规模布局、制度建设

等）的考察；在规划实施的整个过程中，为了及时应对过程中出现的SOC失衡问题，需要在有序的时间段内定期对SOC进行动态的监测评价；另外要完善低碳理念下生态用地的管理条例和职责体系，以法律的形式引起公众的注意，在管理体系上各职责部门要有明确的分工；最后要建立能够适应于不同时空尺度并且对应到各种生态系统类型上的SOC变化指标以及生态用地碳核算基线，从而有利于不同生态用地碳配额管理工作的进行，但是在整个过程中，也不能忽略碳指标和其他指标保持合适的比例关系，以避免各类管理工作的不协调。

参考文献

[1] 王秀明．渤海湾天津段近岸海域大型底栖动物群落特征及其与环境变量的相关性研究［D］．天津：南开大学，2012.

[2] 冯剑丰，王秀明，孟伟庆，李洪远，朱琳．天津近岸海域夏季大型底栖生物群落结构变化特征［J］．生态学报，2011，31（20）：5875-5885.

[3] 范凯．渤海湾浮游动物群落结构及水质生物学评价［D］．天津：天津大学，2007.

[4] 周红，张志南．大型多元统计软件PRIMER的方法原理及其在底栖群落生态学中的应用［J］．青岛海洋大学学报，2003，33（1）：58-64.

[5] Clarke K R，Gorley R N. PRIMER v5：User Manual/Tutorial［M］. Plymouth：PRIMER-E Ltd，2001.

[6] 国家海洋局．2010年天津市海洋环境质量公报．

[7] 廖丹．海岸带开发的生态效应评价研究——以厦门湾为例［D］．海南：海南大学，2010.

[8] 王思远，刘纪远，张增祥等．中国土地利用时空特征分析［J］．地理学报，2001，56（6）：631-639.

[9] 刘纪远，布尔敖斯尔．中国土地利用变化现代过程时空特征的研究［J］．第四纪研究，2000，20（3）：229-239.

[10] 李姝娟，李洪远，孟伟庆．滨海新区生态用地特征与低碳目标下的优化策略［J］．中国发展，2011，11（45）：82-87.

[11] 李建国，韩春花，康慧等．滨海新区海岸线时空变化特征及成因分析［J］．地质调查与研究，2010，33（1）：63-70.

[12] 王志勇，赵庆良，邓岳等．围海造陆形成后对生态环境和渔业资源的影响——以天津临港工业区滩涂开发一期工程为例［J］．城市环境与城市生态，2004，17（6）：37-39.

[13] 赵玉洁，宋国辉，徐明娥．天津滨海区50年局地气候变化特征［J］．气象科技，2004，32（2）：85-89.

[14] 潘家莹．关于城市绿地标准——谈我国城市规划技术法规中的绿地指标的由来［J］．中国园林，1994，10（1）：33-36.

[15] 张瑞．小尺度范围土壤有机碳空间分布与储量估算研究——以乌鲁木齐河上游山地土壤为例［D］．新疆：新疆大学，2007.

[16] 毛建华，沈伟然．天津滨海新区土壤盐碱与污染状况及土地利用的思考［J］．天津农业科学，2005，11（4）：15-17.

[17] 郝翠，李洪远，李姝娟等．天津滨海湿地土壤有机碳储量及其影响因素分析［J］．环境科学研究，2011，24（11）：1276-1282.

[18] 李国敏，卢珂．城市土地低碳利用模式的变革及路径［J］．中国人口·资源与环境，2010，20（12）：62-66.

3 天津滨海湿地土壤种子库特征及其与植被的关系

土壤种子库（soil seed bank）是指土壤及土壤表面的落叶层中所有具有生命力的种子的总和。种子比植物成株有更强的耐受胁迫的能力，埋藏在土壤中的种子更能逃避干扰、疾病和动物捕食的损害，因此 Harper 把土壤种子库时期称为“潜种群阶段”。土壤种子库作为植被潜在更新能力的重要组成部分，在植被自然恢复过程中起着重要的作用，是植被重建与恢复的重要种源，是植被恢复的模板，很大程度上决定了植被恢复的进度和方向。

国外对湿地土壤种子库进行了大量的研究，包括对湿地土壤种子库的特征、湿地土壤种子库与地面植被的关系、湿地土壤种子库用于湿地生态系统的恢复应用等。但目前国内对土壤种子库的研究多集中于森林、草地，对湿地土壤种子库的研究偏少。王相磊、刘贵华和李伟成等分别对洪湖退耕湿地、长江中下游湿地和杭州西溪湿地的土壤种子库特征进行过相关研究，但是对盐碱湿地土壤种子库的研究尚属空白。

近年来，由于经济的发展和人类的不合理开发，作为环渤海经济开发区的重要组成部分，天津滨海新区湿地显著地存在着湿地面积缩减和破碎化等问题，湿地植被面临减少和消失等重大威胁，亟须进行系统的研究。目前尚未有对于滨海新区湿地的系统研究，对其土壤种子库的研究更是空白。本书以滨海新区不同类型的湿地作为研究对象，探讨其土壤种子库的特征、多样性以及地上植被现有种的对应关系，旨在为该地区湿地生态系统多样性和退化生态系统植被恢复提供理论依据。

3.1 土壤种子库研究的历程

3.1.1 土壤种子库研究的探索阶段(1978—1989年)

学界通常以 19 世纪中期（1859 年）达尔文采集池塘的淤泥进行萌发研究作为土壤种子库研究的开始，至今种子库研究已有近 150 年的历史。此后土壤种子库的研究停顿了很长一段时间。在此期间，Milton 于 1939 年研究了不同海拔的盐沼泽中的种子库；到 20 世纪 70 年代末期，土壤种子库研究才受到更多的关注。

1988 年是 20 世纪 80 年代对土壤种子库研究的一个高峰年，共发表相关论文 7 篇，基本上代表了这一阶段土壤种子库研究的大体水平。E. Dangela 等和 P. Debaeke 分别研究了永久土壤种子库在植被演替中的作用以及地面植被和土壤种子库的关系。此外，1989 年 D. L. Benoit 等发表了对种子库评价中的影响因素的研究，这是土壤种子库研究探索阶段的一个尝试和突破，为后来的研究打开了一扇发展之门。

3.1.2 土壤种子库研究方法与内容的成熟阶段(1990—1999 年)

本阶段对于土壤种子库的研究进入全面发展阶段，初步形成了土壤种子库研究方法和研究内容的理论框架和体系，也积累了大量数据。研究的层次有单种层次、群落层次和区域流域层次，分别针对单种植物物种、植物群落和一定区域流域的土壤种子库进行研究。研究的方面包括：①土壤种子库的形成以及相关假说；②土壤种子库的分类方法和类型。土壤种子库的研究方法包括：①土壤种子库的取样方法；②土壤种子库的鉴定方法。土壤种子库的研究内容有。①种子库的规模和群落结构；②土壤种子库的空间分布格局；③土壤种子库的年龄、寿命和遗传特征等。初步涉及土壤种子库与地面植被的关系，土壤种子库动态研究等，但还不够系统和深入。

3.1.3 土壤种子库理论体系与研究内容扩展阶段(2000 年至今)

本阶段是土壤种子库的研究理论框架和系统的细化、深入和扩展的阶段，发表了大量内容丰富的文章。这一阶段对于土壤种子库研究方法和研究内容的探讨还在继续，对种子库基础数据的积累也在继续。但是，土壤种子库研究的主流已经呈现多元化发展趋势。土壤种子库研究的触角已经延伸到各个领域，并逐渐形成了“种子库生态”的理论框架。延伸的方向主要有：①土壤种子库动态和动态因子、动态模型；②土壤种子库与各种影响因子；③土壤种子库和地面植被关系；④土壤种子库对于植被恢复的作用和实践。土壤种子库研究涉及各个学科：生物学、生态学、物理化学、统计学，与之相互交叉、渗透，并提出了跨学科的课题。

3.2 研究区域与研究方法

3.2.1 研究区域

在研究区选择不同植被类型而海拔、坡度、坡向等条件基本一致的地点作为标准样地。本书选择的样地有以下几种。

① 七里海湿地。古海岸与湿地国家级自然保护区，地处天津东北，宁河县西南部，地域辽阔，地势低洼，水源充足，中间及东西两侧有潮白、蓟运、永定三条大河流过，另有二级河道三条纵横其中；海拔 1.7～2.4m，为常年性蓄水洼淀；一直保持着滨海湖泊、沼泽的湿地自然景观；拥有典型的芦苇沼泽湿地。植被自然度高，受人为干扰较少，可以作为参照样地。

② 独流减河滩涂湿地。位于天津市区南侧，是大清河主要入海尾闾河道，全长 67km。

是天津市一条重要的行洪河道和南部防洪的重要防线，属大清河系，是引流大清河和子牙河洪水直接入海的人工河道。同时也是静海县的主要泄洪河道之一，由西至东贯穿县境北界。独流减河为东西走向，基本沿着静海县北部边界而行，所经地段为典型的低平原，地貌系由冲积平原和滨海平原所组成。地形较平缓，总的趋势是西高东低，平均地面高 4.0m。样地位于独流减河（属人工开挖的泄洪河道），但是植被的自然次生演替良好。

③ 蓟运河故道湿地。蓟运河是海河流域北系的主要河流之一，干流河道全长 144.54km，经永定新河入海。样地虽亦属于人工河道，但其运河的功能已经丧失已久，人工干扰相对较少，基本处于自然演替的状态，植被的条带状分布极为明显，此两者的土壤含盐量均较高，地面植被以盐生植物为主。

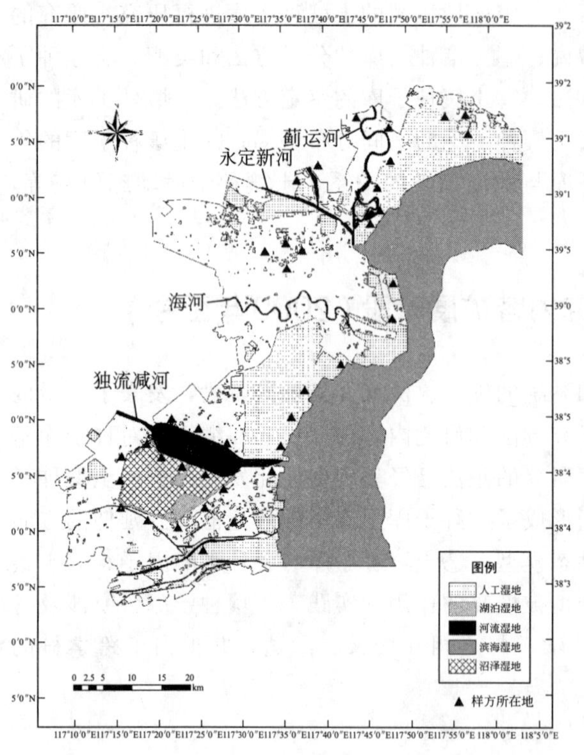

图 3-1　天津滨海新区湿地类型和分布及采样地示意图

④ 大港湿地公园。西起十米河，东至津岐公路，长 5000m，宽 620m，总占地面积 $3.10\times10^6 m^2$，分为南部防护林带、中部湿地型绿地、北部滨河风景带三部分，是具有游憩功能的生态保护带和景观绿化带。大港湿地公园自 2007 年 4 月份动工以来，已进行三期工程施工，完成工程面积 $1.40\times10^6 m^2$，栽植各类乔灌木 15.2 万株，58 个品种，其中防护林带 $1.5\times10^5 m^2$，滨河风景带 $1.16\times10^5 m^2$。

⑤ 北大港湿地。位于海河流域、大清河、南运河、子牙河水系，独流减河下游；水库集水面积 $150km^2$。以蓄水为主，鱼、苇、藕、林全面发展，大部分区域在一定程度上受人为干扰较大。围堤长 54km，堤顶高程 9.0m，由此容易形成堤岸隔离，影响物种迁移和传播。

各样地基本情况见图 3-1 和表 3-1。

表 3-1　土壤种子库各样地概况

样地名称	经纬度	海拔/m	坡向/坡度/(°)	植被类型	群落高度/m	盖度/%
七里海湿地	39°18.228N 117°33.120E	2.0	NE65/10	黄花蒿-野大豆群落	1.6	98
独流减河滩涂湿地	38°45.226N 117°29.197E	1.5	NE15/18	刺儿菜-狗牙根群落	1.5	90
蓟运河故道湿地	38°49.837N 117°26.233E	2.0	NE35/15	苣荬菜-獐毛群落	0.95	95
大港湿地公园	38°49.534N 117°26.464E	2.5	NE10/3	盐地碱蓬群落	0.5	95
北大港湿地	38°44.538N 117°28.729E	1.0	NE10/5	柽柳-刺儿菜群落	1.2	98

研究区自然植被属于泛北极植物区的中国-日本植物亚区，以温带地区华北植物成分为主。常受黑海中央亚细亚干草原植物区系成分的侵入，同时具有一些热带亲缘的种类成分，调查区域群落类型丰富多样。

3.2.2 研究方法

3.2.2.1 样地的土壤调查

调查中共采集到23个样方中共计69个土壤混合样品。带回实验室后，分别测定新鲜土样的含水量（wc）、pH、全盐含量（sc）（包括 CO_3^{2-}、HCO_3^-、Cl^-、SO_4^{2-}、Ca^{2+}、Mg^{2+}、K^+、Na^+）、有机质含量（org）、速效N含量（N）、速效P含量（P）和速效K含量（K）等指标。其中pH用S-3C型酸度计来测定；全盐含量中，CO_3^{2-}、HCO_3^- 采用双指示剂滴定法测定，Cl^- 采用硝酸银滴定法测定，SO_4^{2-}、Ca^{2+}、Mg^{2+} 采用EDTA容量法测定，Na^+、K^+ 采用火焰光度法测定；速效N用碱解扩散法测定；有机质用重铬酸钾氧化外加热法测定；速效P用0.05mol/L HCl、0.025mol/L 1/2H_2SO_4 浸提法测定；速效K用1mol/L乙酸铵浸提火焰光度法测定，几种离子浓度加和即为全盐含量。个别数据差异过大，进行剔除后，每个样方的3个数据平均后用于分析。

3.2.2.2 样地的植被调查和植物区系确定

根据天津滨海新区的地形、气候、植被与土壤类型的特点，并依据许宁和高德明等对天津植被的研究，确定此次区系研究的采集地为盐生物种资源丰富、具有研究价值的地区，调查地点包括滨海新区湿地的北大港古泻湖湿地、独流减河、塘沽及其沿海、汉沽及蓟运河故道、东丽湖湿地、大港湿地公园以及邻近的七里海古海岸与湿地国家级自然保护区等。

(1) 野外工作和室内实验 2007年8月—2008年7月对分布于天津滨海新区湿地的野生种子植物种质资源进行野外调查。野外调查采用样方法进行，草本植物样方为1m×1m，灌木样方10m×10m，重复6次，共设置样方37个；记录样方内已知植物种名、株数、高度、盖度、水深等数据，并采集植物标本350多份。将采集的标本置于室内通风处阴凉至干，整理装入记录、贴上标签，登录采集信息。先依据外形特征将原始采集标本归入标本盒。

(2) 标本鉴定、分类和统计分析 在分科的基础上再进行微观的分属、分种工作。参照《中国植物志》、《中国高等植物图鉴》、《天津植物志》、《天津滨海盐生植物》等植物分类工具书进行分类鉴定，确定科、属、种名，并查阅其地理分布范围。

根据采集回来的植物标本及记录的资料，整理出《天津滨海新区湿地植物名录》，依此作为植物区系统计分析的基础。按照吴征镒的中国种子植物的分布区类型划分，应用Excel对植物区系科和属的分布区类型进行统计、计算并进行分析。

3.2.2.3 土壤种子库取样方法

土样取样方法主要有样线法、随机法、小支撑多样点法等。本书取样采用样线法，在植物群落调查样方附近进行种子库取样。土壤种子库取样器为钢制取样器。土样取完后放入布袋，带回实验室做萌发实验。

于2008年春季（土壤种子天然萌发前）在每个标准样地均匀设置25个1m×1m的小样

方，分0～5cm、5～10cm和10～15cm共3层用取土环刀（内径70mm，高52mm）进行取样，共取225个样；用塑料袋将各层土样分装带回实验室，采用网筛分离去除土壤种子库中的杂物。

3.2.2.4 土壤种子库萌发实验方法

种类鉴定的方法主要有漂浮浓缩法、网筛分选法和种子萌发法，其中种子萌发法最为常用。草地生态系统中大部分植物的种子比较小，萌发法可得出更加可靠和有效的估计，且对种苗的鉴定要比对种子的鉴定容易。萌发法得出的种子库一般为土壤可萌发种子库。本书采用种子萌发法，具体做法如下：取好的土样装入布袋后带回实验室，过筛除去枯落物、草根及一些砂石杂物，将土样均匀平摊在发芽盘内，厚度约5cm，然后将萌发盘置于室中进行种子发芽和幼苗种属判断实验。

在种子发芽实验期间，每天定时向盘内喷洒适量水分，使盘内土壤保持湿润状态。每天统计一次萌发的幼苗数量，每天观测幼苗的萌发情况，一旦能够鉴别出幼苗的种属，将其从盘中轻轻拔掉，直到识别出所有幼苗。对于那些仍没有出苗的土样，将土翻动观察是否有种子萌发。鉴别幼苗时参考仲延凯老师提供的幼苗图及以往的鉴别经验，如可以通过幼苗的形态特征、颜色、气味等进行种属的鉴定。

利用萌发法计算土壤种子库种子数量。用新河沙土高温消毒及杀死可能存在的种子后，与处理的土壤样品充分混合铺成苗床（厚度2cm），在室内发芽；室内温度保持25℃，光照时间和黑暗时间各12h。种子萌发出苗后，确定幼苗种属并将其从苗床中轻轻拔掉。对于暂不能识别的植物幼苗，将其移栽至室外培养棚继续培养直至能够识别其种类。视其连续6周无新的幼苗长出则萌发实验结束。整个种子萌发实验自4月1日开始至6月23日结束，共持续12周。

3.2.2.5 数据分析方法

所有数据采用SPSS 13.0和Excel软件进行处理和分析。种子库特征采用生态优势度、Shannon-Wiener多样性指数、Margalet丰富度指数和Pielow均匀度指数计算；采用非线性回归分析处理不同种子库密度与地面植被植物密度的关系，用Sorensen相似性系数（similarity coefficient，SC）计算土壤种子库间的相似性，公式如下。

生态优势度：
$$D=1-\sum_{i=1}^{S} p_i^2 \tag{3-1}$$

Shannon-Wiener多样性指数：
$$H=-\sum_{i=1}^{S}(p_i \times \ln p_i) \tag{3-2}$$

Margalet丰富度指数：
$$R=(S-1)/\ln N \tag{3-3}$$

Pielow均匀度指数：
$$E=H/\ln S \tag{3-4}$$

相似性系数：
$$\mathrm{SC}=2w/(a+b) \tag{3-5}$$

式中，S为种子库物种总数；N为种子库所有种的种子总数；p_i为第i种植物的种子数占种子库中总种子数的比例；SC为相似性系数；w为土壤种子库和地面植被共有的植物种数；a和b分别为土壤种子库和地面植被的植物种数。

采用SPSS 13.0 for windows进行单因素方差分析（ANOVA）以比较不同样地之间以及相同样地不同土层之间种子库的差异，用最小显著差异法（LSD）比较两两之间均值的差异。

3.3 土壤种子库特征及其与地面植被的关系

3.3.1 地面植被特征

3.3.1.1 地面植被的物种组成

经过全面系统的野外考察，同时参考了刘家宜等的调查结果，得出组成天津滨海地区湿地野生种子植物种类统计，计有46科、135属、232种，分别占天津植物科、属、种总数的29.1%、18.2%和17.1%（据《天津植物志》，天津植物分属于158科、742属、1359种）。其中被子植物45科、134属、231种（含有3亚种、10变种）；被子植物中单子叶植物10科、35属、63种；双子叶植物35科、99属、168种。其中绝大多数为草本植物，木本的乔木和灌木植物极少，只有柽柳、西伯利亚白刺等几种。发现《天津植物志》未收录的植物种一种——白花益母草［*Leonurus japonicus Houtt. Nat. Hist. Pl.* var. *albiflorus*（*Migo*）*S.Y. Hu*］。白花益母草是唇形科（Labiatae）益母草属（*Leonurus* sp.）益母草（*Leonurus japonicus Houtt. Nat. Hist. Pl.*）的变种。

研究区域内植物以菊科最多，含10种以上的依次为菊科、禾本科、豆科、藜科、蓼科5科，占科总数的10.9%，共含64属、130种，分别占属总数的47.4%和种总数的56.0%。含4～9种的有7个科，占科总数的15.2%，共含25属、46种，分别占属总数的18.5%和种总数的19.8%，其中莎草科（Cyperaceae）、十字花科（Cruciferae）和旋花科（Convolvulaceae）种数分别为9种、9种和8种。余下含1～3种的共有34科，占科总数的73.9%，含46属、56种，分别占属总数的34.1%和种总数的24.1%，其中单种的科有18科。建群种主要有芦苇、獐毛、盐地碱蓬、碱蓬、地肤、猪毛菜、扁秆藨草、碱菀、大刺儿菜以及蒿属（*Artemisia* spp.）等。

3.3.1.2 地面植被的植物区系

从主要科的成分分析来看，主要科几乎全是全世界分布类型的，而其中以温带分布类型为主的比例也很大，主要代表科有菊科、禾本科、豆科、藜科和蓼科等，体现了该区系中科的温带性质（见表3-2）。

表3-2 主要科（种数在4种以上的科）的组成统计及其地理区系

科名	属的数量	占属总数	种的数量	占种总数	分布区域
菊科 Compositae	21	15.56%	42	18.10%	全世界，主产温带
禾本科 Gramineae	21	15.56%	36	15.52%	全世界
豆科 Leguminosae	13	9.63%	20	8.62%	全世界，主产热带和温带
藜科 Chenopodiaceae	7	5.19%	19	8.19%	全世界，主产东亚-地中海
蓼科 Polygonaceae	2	1.48%	13	5.60%	全世界，主产温带
莎草科 Cyperaceae	4	2.96%	9	3.88%	全世界，温带及寒冷地区
十字花科 Cruciferae	6	4.44%	9	3.88%	全世界，主产地中海-中亚

续表

科名	属的数量	占属总数	种的数量	占种总数	分布区域
旋花科 Convolvulaceae	4	2.96%	8	3.45%	全世界,主产温带
唇形科 Labiatae	5	3.70%	7	3.02%	全世界,主产温带
眼子菜科 Potamogetonaceae	3	2.22%	5	2.16%	全世界,主产温带
萝藦科 Asclepiadaceae	2	1.48%	4	1.72%	全热带至温带
茨藻科 Najadaceae	1	0.74%	4	1.72%	全世界,主产温带
平均值	7.42	0.0549	14.7	0.0632	—
标准偏差	2.21	0.0502	12.0	0.0519	—

统计植物区系属数，并指出其分布区类型，对于揭示区系的性质、阐明区系的特点具有重要意义。研究区域含6种以上的属有蒿属、蓼属（*Polygonum* spp.）、稗属（*Echinochloa* spp.）和藜属（*Chenopodium* spp.）。4个属共含32种，占属总数的2.96%，总种数的13.8%。含4种的有7属、28种，占属总数的5.16%，总种数的12.07%。余为含1～3种的属，其中单种属有89属，占属总数的66.0%（见图3-2）。

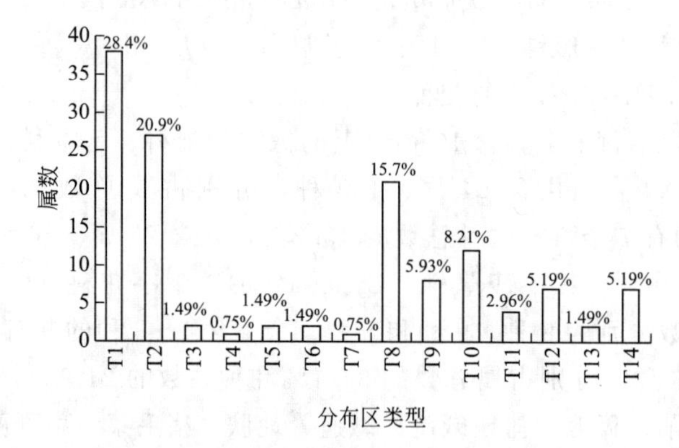

图3-2 不同属的植物区系分布类型百分比

T1—世界分布（Cosmopolitan）；T2—泛热带分布（Pantropic）；T3—热带亚洲至热带美洲分布（Trop. Asia & Trop. Amer.）；T4—旧世界热带分布（Old World Tropics）；T5—热带亚洲至热带大洋洲分布（Trop. Asia & Trop. Australasia）；T6—热带亚洲至热带非洲分布（Trop. Asia & Trop. Africa）；T7—热带亚洲分布（Trop. Asia）；T8—北温带分布（North Temperate）；T9—东亚和北美洲间断分布（E. Asia & NorthAmer. disjuacted）；T10—旧世界温带分布（Old World Temperate）；T11—温带亚洲分布（Temperate Asia）；T12—地中海区、西亚至中亚分布（Mediterranean West Asia & Middle Asia）；T13—中亚分布（Middle Asia）；T14—东亚分布（East Asia）

根据吴征镒对中国种子植物属的分布区类型的研究，研究区域种子植物属的分布区类型见表3-3。该区属的分布类型广泛，占中国15个分类区中的14个（没有中国特有属）。其中世界分布的属有38种，占属总数的28.36%，泛热带分布的属有28种，占20.09%，北温带分布的属有15.67%。其中蒿属和稗属等分属于旱生和中生植物的属，分布广泛，是很多群落的伴生种，在某些地段如七里海湿地可以形成较大的单优种群；蓼属和茨藻属分属于中生和水生植物的属，也具有较广泛的分布；藜属（*Chenopodium*）和碱茅属（*Puccinellia*）则是适应中、高盐碱地生境的植物的属，为七里海湿地、蓟运河故道和独流减河等地的优势成分。

表 3-3 主要属的组成统计（种数在 4 种以上的属）及其地理区系

属名	种数	占种总数	分布区类型
蒿属 *Artemisia*	11	4.74%	北温带分布
蓼属 *Polygonum*	9	3.88%	世界分布
稗属 *Echinochloa*	6	2.59%	北温带分布
藜属 *Chenopodium*	6	2.59%	世界分布
碱茅属 *Puccinellia*	4	1.72%	北温带分布——北温带和南温带间断分布"全温带"
狗尾草属 *Setaria*	4	1.72%	泛热带分布
苦荬菜属 *Ixeris*	4	1.72%	热带亚洲(印度-马来西亚)分布
酸模属 *Rumex*	4	1.72%	世界分布
黄耆属 *Astragalus*	4	1.72%	世界分布
茨藻属 *Najas*	4	1.72%	世界分布
马唐属 *Digitaria*	4	1.72%	世界分布
平均值	5.4545	0.0235	—
标准偏差	2.3106	0.0100	—

由于研究区域种子植物种类较多，这里不一一列出每种植物的区系成分，只对其区系成分类型作简单介绍。研究区域包含以下 8 个植物区系成分类型。

① 世界广布成分：研究区域内大多数植物属于世界广布成分。其中如狭叶香蒲、芦苇等都是沼泽和草甸沼泽的建群种；菹草（*Potamogeton crispus*）、角果藻等则是水生生境中的常见种；田旋花（*Convolvulus arvensis*）、野西瓜苗、苦苣菜（*Sonchus oleraceus*）等则是最常见的农田杂草；其他如狗尾草、藜等现已广泛传播并归化于世界各地，成为世界种。

② 泛北极成分：属于泛北极成分的有浮萍（*Lemna minor*）、狸藻（*Utricularia vulgaris*）等水生泛北极植物；止血马唐（*Digitaria ischaemum*）等为潮湿地、河滩沼泽化草甸的建群成分；朝天委陵菜（*Potentilla supina*）等为盐化草甸的优势成分或伴生种；而盐角草则是泛北极植物中的典型盐生植物。

③ 古北极成分：主要的古北极植物有水葱、荇菜（*Nymphoides peltatum*）等水生、沼生物种；另外还有旋覆花、猪毛菜、罗布麻、光果宽叶独行菜（*Lepidium latifolium*）和萹蓄（*Polygonum aviculare*）等杂草类植物。

④ 东古北极成分：其中的平车前（*Plantago depressa*）等均为草原及草甸草原的伴生杂草类。

⑤ 古地中海成分：最典型的有蒺藜科的西伯利亚白刺。本种不仅分布在地中海至亚洲中部地区，而且往东一直分布到渤海海滨的盐滩地上，也间断分布于澳洲东南部。在研究区域内只在北大港以及大港湿地公园有成片分布，但数量不多。另外，组成海滩灌丛的柽柳以及盐生湿生草甸种、盐生种和杂草类植物的代表种獐毛、地肤等也都是古地中海成分。

⑥ 达乌里-蒙古成分：典型的有羊草（*Leymus chinensis*）、直立黄耆（*Astragalus adsurgens*）、糙叶黄耆（*Astragalus scaberrimus*）、二色补血草、兴安天门冬（*Asparagus dauricus*）等中旱生到广旱生草原种。

⑦ 东亚成分：主要代表有禾本科的荻（*Miscanthus sacchariflorus*）、豆科的达乌里胡枝子（*Lespedeza davurica*）等草甸伴生的草本植物。

⑧ 西伯利亚成分：主要代表有萝藦科的地梢瓜（*Cynanchum thesioides*）、豆科的草木樨（*Melilotus officinalis*）等。

3.3.1.3 地面植被的总体特征

（1）优势种多而分布集中，覆盖度大 滨海新区湿地植物物种丰富，植被资源的多度和多样性均较高。根据以上的科、属、种的组成及其区系和地理成分分析，可以看出该植物区系中优势科、属较为集中，仅占科总数的10%左右的菊科、禾本科、豆科、藜科和蓼科5科，其属和种数量分别占了属总数和种总数的一半；单种的科也较多，达到了科总数的39.1%，说明本地区植物区系在起源方面存在特殊性和古老性。从植物群落的分析来看，组成该研究区域的湿地植物种类除少数零散分布外，大多数均群集在一起成片生长，形成单优势种群落或者两物种的共优群落，其中最典型的种类如芦苇、香蒲，碱菀＋盐地碱蓬等湿生植物和碱蓬、獐毛、狗尾草、苣荬菜、大刺儿菜等中生植物的群落。它们在湿地中生长繁育很快，群集度高、分布广、覆盖度大，芦苇的覆盖度有时会达到100%，香蒲属有时可达50%以上。

（2）区系成分类型复杂多样，泛热带和北温带植物成分所占比例较大 该研究区域植物区系属泛北极植物区的中国-日本植物亚区，以温带地区华北植物成分为主。天津滨海湿地植被是较典型的北温带性质。研究区域内属的地理成分有14个，分布较广。除中国特有属缺少外，中国种子植物属的分布类型都具备，以世界分布属为最多，北温带分布、热带分布的属次之。其中北温带分布的属是本区系成分数量最多、影响最大的一个类群，是本区植物区系的主体，在植被恢复中作用巨大，很多是当地植被的建群种或者普遍分布种。泛热带分布区类型包括普遍分布于东、西两半球的热带成分，在全世界热带范围内有一个或数个分布中心，但有些属有时会分布到温带地区。分布在天津的泛热带科大多数是热带科向北方地区的延伸，很多科已经处于分布区的北部边缘区，不能改变天津温带成分为主的基本势态。热带分布属中，草本占大多数，以禾本科植物最为丰富。由以上分析可见，此地植物区系中温带分布区成分占据重要地位，同时热带分布区成分也占据较大的比重。这个特点反映了该区的气候特点，既有暖温带大陆性季风气候的特征，使得北温带成分较多；又由于濒临渤海而带有海洋性气候，冬季气温较高，泛热带植物成分较多。掌握这些特征有利于合理规划天津滨海新区的植被恢复以及保护。

本区植物区系中种的地理区系成分有8个，说明天津滨海新区湿地由于受自然环境影响，适合于大多数植物种类的生长繁育，但同时也说明此区植物的地带性不甚明显。其中的世界广布成分和古地中海成分的种在天津滨海新区湿地多已成为归化种，充分适应了典型盐碱湿地生境，是今后在植被恢复和重建中应该重点考虑的物种。

（3）盐生植物占优势 研究区域属于典型的盐碱性湿地，土壤含盐量较高，通常在0.5%以上，生长了很多耐盐性较强的植物种类，集中于菊科、禾本科、旋花科、藜科、豆科、蓼科等科。研究区域内兼性盐生植物和专性盐生植物物种都很丰富，其中专性盐生植物又包括：①聚盐植物，以藜科最多，如盐角草、盐地碱蓬、中亚滨藜、碱蓬等，此外还有蒺藜科的西伯利亚白刺等；②泌盐植物，如二色补血草、中华补血草、大米草、獐毛、柽柳等；③拒盐植物，如芦苇、朝鲜碱茅、虎尾草、白茅、田菁（*Sesbania cannebina*）、罗布麻、茵陈篙等。专性盐生植物中拒盐植物种类居多。其次，多种盐生植物分布较为集中，形成单优势种群落或共优群落，如盐沼芦苇、碱蓬、碱菀＋盐地碱蓬群落等，而且这些植物都是该区域的优势种。这对于在天津滨海新区这类典型的盐碱湿地进行植被恢复具有尤其重要的参考价值。

3.3.2 土壤种子库特征

3.3.2.1 土壤种子库物种组成

经过萌发实验，五个样地共300个土芯中一共记录了8816个幼苗，土壤种子库共有植物种数为29种，隶属于13科、23属（未计未知种），其中菊科为7种，藜科为5种（见图3-3）。以一、二年生草本和多年生草本植物为主；木本植物只有西伯利亚白刺和旱柳（*Salix matsudana*）两种。在草本植物中，藤本或蔓生植物为4种。盐生植物为8种，占总种数的27.6%。从种子的散布方式来看，风力传播和自体传播（包括重力传播和机械传播）的种子各占了总种数的近一半，而水力传播和动物传播的种类都仅为1种。

图3-3 种子库萌发的幼苗

五个样地的土壤种子库物种数分别为13种、8种、12种、7种和8种，总种数的差别不显著。其中七里海湿地数量最多的种为野大豆（占23.77%），茵陈蒿（占23.64%）；独流减河滩涂主要种为盐地碱蓬（占66.92%），狗尾草（占18.89%）；蓟运河故道主要种为碱蓬（占27.69%），狗尾草（占27.58%）；大港湿地公园的盐地碱蓬占了绝对多数（占92.35%），其次是狗牙根（占2.87%）；而北大港湿地的主要种盐地碱蓬则占了压倒性的98.87%。五个样地的优势种种类不一（见表3-4）。

表 3-4 各样地种子库物种组成、相对多度（%）和密度（粒/m^2）

科名	编号	物种	拉丁名	七里海湿地		独流减河滩涂		蓟运河故道		北大港水库		大港湿地公园		生活型	种子散布方式
				相对多度/%	密度/(粒/m^2)	相对多度/%	密度/(粒/m^2)	相对多度/%	密度/(粒/m^2)	相对多度/%	密度/(粒/m^2)	相对多度/%	密度/(粒/m^2)		
杨柳科	1	旱柳	*Salix matsudana*	0.00	0	0.00	0	0.22	64	0.00	0	0.00	0	多年生木本	风媒
桑科	2	葎草	*Humulus scandens*	0.13	9	0.00	0	0.00	0	0.00	0	0.00	0	一年或多年生缠绕草本	风媒
藜科	3	盐角草	*Salicornia europaea*	0.00	0	0.00	0	1.10	319	0.00	0	0.00	0	一年生肉质茎盐生草本	动物传播
	4	中亚滨藜	*Atriplex centralasiatica*	0.00	0	0.00	0	2.97	861	0.06	6	0.00	0	一年生盐生-中生草本	自体传播
	5	灰菜	*Chenopodium album*	21.04	1433	0.11	16	0.11	32	0.00	0	0.00	0	一年生中生草本	自体传播
	6	碱蓬	*Suaeda glauca*	0.00	0	4.38	664	27.69	8038	0.32	34	0.24	72	一年生草本	自体传播
	7	盐地碱蓬	*Suaeda salsa*	0.65	44	66.92	10157	7.36	2137	98.87	10502	92.57	27654	一年生草本	自体传播
苋科	8	皱果苋	*Amaranthus viridis*	0.00	0	1.17	178	1.65	478	0.00	0	0.00	0	一年生中生草本	风媒
马齿苋科	9	马齿苋	*Portulaca oleracea*	0.00	0	0.21	32	0.00	0	0.00	0	0.00	0	一或二年生中生草本	自体传播
豆科	10	野大豆	*Glycine soja*	23.77	1618	0.00	0	0.00	0	0.00	0	0.00	0	一年生缠绕草本	自体传播
蒺藜科	11	西伯利亚白刺	*Nitraria sibirica*	0.00	0	0.00	0	0.00	0	0.00	0	0.24	72	多年生旱生耐盐矮灌木	自体传播
锦葵科	12	苘麻	*Abutilon theophrasti*	0.65	44	0.00	0	0.00	0	0.00	0	0.00	0	一年生中生草本	自体传播
萝藦科	13	萝藦	*Metaplexis japonica*	0.00	0	0.00	0	0.66	191	0.00	0	0.00	0	多年生中生草本	风媒
旋花科	14	田旋花	*Convolvulus arvensis*	0.13	9	0.00	0	0.00	0	0.00	0	0.00	0	多年生旱中生草本	自体传播

续表

科名	编号	物种	拉丁名	七里海湿地		独流减河滩涂		蓟运河故道		北大港水库		大港湿地公园		生活型	种子散布方式
				相对多度/%	密度/(粒/m^2)	相对多度/%	密度/(粒/m^2)	相对多度/%	密度/(粒/m^2)	相对多度/%	密度/(粒/m^2)	相对多度/%	密度/(粒/m^2)		
菊科	15	黄花蒿	*Artemisia annua*	1.04	71	0.00	0	0.00	0	0.00	0	0.00	0	一年生旱中生草本	风媒
	16	茵陈蒿	*Artemisia capillaris*	23.64	1610	8.22	1247	1.76	510	0.06	6	0.12	36	多年生中旱生草本	风媒
	17	蒿属	*Artemisia* sp.	0.13	9	0.00	0	0.00	0	0.00	0	0.00	0	—	风媒
	18	大刺儿菜	*Cirsium setosum*	0.00	0	0.11	16	0.00	0	0.00	0	0.00	0	一年生中生草本	风媒
	19	苣荬菜	*Sonchus brachyotus*	0.13	9	0.00	0	7.14	2073	0.00	0	0.00	0	多年生旱中生草本	风媒
	20	苦苣菜	*Sonchus oleraceus*	1.43	97	0.00	0	0.00	0	0.00	0	0.00	0	一年生中生草本	风媒
	21	菊科	*Compositae*	0.00	0	0.00	0	0.00	0	0.00	0	2.04	608	—	风媒
禾本科	22	獐毛	*Aeluropus sinensis*	0.00	0	0.00	0	27.58	8006	0.00	0	0.00	0	多年生中生-盐生草本	自体传播
	23	狗牙根	*Cynodon dactylon*	0.00	0	0.00	0	0.00	0	0.00	0	2.88	859	多年生草本	自体传播
	24	稗	*Echinochloa crusgalli*	0.00	0	0.00	0	0.00	0	0.16	17	0.00	0	一年生草本	自体传播
	25	狗尾草	*Setaria viridis*	13.38	911	18.89	2867	0.00	0	0.00	0	0.60	179	一年生中生草本	自体传播
	26	金色狗尾草	*Setaria glauca*	13.90	946	0.00	0	21.76	6315	0.00	0	0.00	0	一年生草本	自体传播
	27	禾本科	*Gramineae*	0.00	0	0.00	0	0.00	0	0.00	0	1.32	394	—	风媒
莎草科	28	莎草科	*Cyperaceae*	0.00	0	0.00	0	0.00	0	0.43	46	0.00	0	—	风媒
—	29	未知	*unknown*	0.00	0	0.00	0	0.00	0	0.10	11	0.00	0	—	—
13科	29种			100.00	6810	100.00	15177	100.00	29024	100.00	10616	100.00	29874		

3.3.2.2 土壤种子库的数量和密度

通过种子萌发实验发现，滨海新区湿地土壤种子库的绝对数量表现为大港湿地公园>蓟运河故道>独流减河滩涂>北大港湿地>七里海湿地。以种子库数量最多的大港湿地公园为基准，其他四个样地的种子库数量分别为前者的96.9%、50.7%、35.5%和22.7%。不同的标准样地中土壤种子库储量相差较大。其中大港湿地公园土壤种子库中盐地碱蓬数量巨大；蓟运河故道土壤种子库中碱蓬、狗尾草和金色狗尾草的数量都较大，使得该样地种子库储量在五个样地中位居第二；独流减河滩涂土壤种子库数量中盐地碱蓬作了较大贡献；北大港湿地土壤种子库中也是盐地碱蓬占了绝大多数，但数量较大港湿地公园为少；七里海湿地土壤种子库中优势种的数量分布较为均匀且水平较低（见表3-5）。上述实验所得的种子库密度均符合湿地土壤种子库的数量范围（10^3～10^6粒/m^2）。

表3-5 各样地土壤种子库分层数量（粒）组成和密度 单位：粒/m^2

序号	取样的土层									总计			
	0～5cm			5～10cm			10～15cm			平均	S.E.	合计	密度
	平均	S.E.	合计	平均	S.E.	合计	平均	S.E.	合计				
1	13.56	1.79	339	8.96	2.36	224	3.84	0.82	96	26.36	3.48	659	6810
2	38.24	11.08	956	12.84	4.24	321	7.48	1.74	187	58.56	14.65	1464	15179
3	86.00	10.73	2,150	25.68	2.96	642	—	—	—	111.68	10.89	2792	29025
4	102.92	16.03	2,573	12.32	2.71	308	—	—	—	115.24	16.40	2881	29874
5	35.92	6.71	898	4.88	1.68	122	—	—	—	40.80	7.13	1020	10622
												8816	91510

注：1—七里海湿地；2—独流减河滩涂；3—蓟运河故道；4—大港湿地公园；5—北大港水库。

大港湿地公园和北大港湿地土壤种子库中均含有大量的盐地碱蓬种子，其中尤以前者盐地碱蓬的种子含量为多，这是因为前者为盐地碱蓬群落，地面植被中盐地碱蓬为压倒性优势种，且容易产生大量的短暂性种子库；北大港湿地样地的优势种为柽柳和大刺儿菜，两者俱为多年生植物，采用营养繁殖策略，产生的种子少且为长久性种子库，盐地碱蓬在此处并非优势种，但仍贡献了为数不少的短暂性种子库。蓟运河故道和独流减河滩涂暂时性种子库所占比例较大，且其优势种为盐地碱蓬、碱蓬、狗尾草和金色狗尾草，它们具有数量多、分布集中、种子散布方式均为自体传播等特点。七里海湿地土壤种子库数量较低的原因可能是土壤中缺少种子数量巨大的物种（如盐地碱蓬），永久性种子库所占比例较大，而当年成熟的植物种子发芽率不高。

3.3.2.3 土壤种子库的物种多样性

所研究的五个样地土壤种子库的生态优势度从高到低依次为七里海湿地>蓟运河故道>独流减河滩涂>大港湿地公园>北大港水库，前两者的差异不大，均在0.75以上；其次为独流减河，为0.508，生态优势度为中等；而大港湿地公园和北大港水库都较低，后者仅为0.022。物种多样性指数中：七里海湿地和蓟运河故道的Shannon-Wiener指数和Pielow均匀度指数均处于相同水平，其中七里海湿地的Shannon-Wiener指数最高，达到1.782；独流减河滩涂的 Shannon-Wiener 指数和 Pielow 均匀度指数均次之，分别为七里海湿地的57.0%和 66.5%，为蓟运河故道的 57.2%和 66.7%；大港湿地公园和北大港水库的 Shannon-Wiener 指数都小于 1，而北大港水库的最低，仅为 0.079，Pielow 均匀度指数水平也均较低，仅为最高的七里海的 25.8%和 5.8%。考察五个样地的 Margalet 丰富度指数可知，仍是七里海湿地最大，蓟运河故道次之，独流减河第三，大港湿地公园和北大港湿地分列第四和第五，后四者依次为七里海湿地的 81.69%、59.32%、54.24%和 34.95%。如表3-6 所示。

表 3-6　各样地种子库的物种多样性指数

项目	1	2	3	4	5	总计
生态优势度 D	0.808	0.508	0.788	0.146	0.022	0.590
Shannon-Wiener 指数 H	1.782	1.016	1.776	0.393	0.079	1.525
Margalet 丰富度指数 R	1.851	1.098	1.512	1.004	0.647	3.083
Pielow 均匀度指数 E	0.695	0.462	0.693	0.179	0.040	0.453

注：1—七里海湿地；2—独流减河滩涂；3—蓟运河故道；4—大港湿地公园；5—北大港水库。

分析以上物种多样性指数大小排序的原因，可能是因为七里海湿地为自然保护区，植被均质性较高，且处于自然演替的高级阶段，其四项物种多样性指数均为五个样地中的最高。蓟运河故道自其漕运功能丧失后人为干扰也较少，植被自然度较高，其四项物种多样性指数均位列第二。独流减河滩涂则是受人为干扰比较明显的河流滩涂湿地，且从地面植被的多样性来看，也低于前两者，其四项物种多样性指数均位列第三。大港湿地公园和北大港水库均为人为干扰严重的区域，其中前者虽属于开放性公园，但样地所在地仍为未经翻耕的撂荒地，人工痕迹略轻，对地面植被的干扰和破坏相对较少；而北大港水库由于近年来未蓄水，人畜皆能进入库区，收割芦苇、放养、打捞等人为活动痕迹较重，对地面植被的影响较为深重。

3.3.2.4　各样地土壤种子库的相似性

由表 3-7 可知，七里海湿地样地的地面植被与其他四个样地地面植被的相似性指数均较低；独流减河滩涂样地与蓟运河故道样地的相似性指数较高，而与大港湿地公园和北大港水库样地的相似性指数小于 0.5；蓟运河故道与大港湿地公园和北大港水库的相似性指数均较高，其中与后者之间相似性指数为最高，达 0.667；而大港湿地公园和北大港水库的相似性指数为 0.5。

表 3-7　各样地之间地面植被的相似性指数

项目	1(14)	2(11)	3(9)	4(11)	5(9)
1(14)	—	0.240	0.261	0.240	0.261
2(11)		—	0.600	0.455	0.400
3(9)			—	0.600	0.667
4(11)				—	0.500
5(9)					—

注：1—七里海湿地；2—独流减河滩涂；3—蓟运河故道；4—大港湿地公园；5—北大港水库。

表 3-8　各样地之间土壤种子库物种的相似性指数

项目	1(13)	2(8)	3(12)	4(7)	5(8)
1(13)	—	0.381	0.400	0.300	0.286
2(8)		—	0.600	0.533	0.500
3(12)			—	0.421	0.500
4(7)				—	0.533
5(8)					—

注：1—七里海湿地；2—独流减河滩涂；3—蓟运河故道；4—大港湿地公园；5—北大港水库。

分析可知各样地土壤种子库间的 Seresen 相似性指数在 0.286～0.600（见表 3-8）。其中七里海湿地样地与其他四个样地之间的相似性都维持在较低水平（0.286～0.400），与其他四个样地的相同种子库物种数均为 3 种；而由表 3-7 可见七里海与其他各样地之间的地面植被种类相似性指数也较小，两者可能存在相关关系。独流减河滩涂和蓟运河故道之间的相似性指数为最高（0.600），这可能是因为两地均为河漫滩湿地，且土壤含盐量均较高，植被多为盐生植物；独流减河滩涂与大港湿地公园及北大港水库样地的种子库相似性指数也均在 0.5 或以上，这可能与它们在地域上较为接近，地面植被种类较少且局限于几种常见盐生植物如盐地碱蓬、碱蓬、茵陈蒿等，产生的短暂性种子库种类较多。相较而言，蓟运河故道样地种子库与大港湿地公园及北大港湿地样地种子库的相似性指数大小中等，在 0.5 或以下，而大港湿地公园和北大港水库之间的相似性指数较高，这可能是由于蓟运河故道在人为干扰程度上与后两者差异较大。

表 3-7、表 3-8 中，七里海湿地与其他各样地之间无论是地面植被还是种子库的相似性指数均为最低水平；独流减河滩涂和蓟运河故道的地面植被和种子库的相似性指数均较高，这似乎暗示了地面植被的相似性指数与种子库的相似性指数之间存在正相关关系；然而也有例外，如蓟运河故道与大港湿地公园地面植被的相似性指数较高，为 0.6，而种子库的相似性指数则较低，仅为 0.421。地面植被的相似性与种子库的相似性之间是否显著相关，还需进一步论证。

3.3.2.5　土壤种子库与地面植被的相似性

比较土壤种子库和地面植被物种的相似性（见表 3-9），发现各样地土壤种子库与地面植被的相似性指数大小依次为北大港水库＞大港湿地公园＞蓟运河故道＞七里海湿地＞独流减河滩涂，最高为北大港水库的 0.588，最低为独流减河的 0.211。前两者相似性指数虽然较高，但其地面植物种数和种子库物种数都很少，且缺少多年生植物种类，导致其地面植物和种子库物种重合较多，从而相似性指数偏高。蓟运河故道较为特殊，其种子库物种数多于地面植被物种数，共有的物种数接近一半，因此其相似性指数也相对较高。相较之下，七里海湿地和独流减河滩涂为植被演替的较为成熟阶段，植被的均一性和物种多样性均较高，其中前者地面植被和种子库物种数均较高，后者虽然物种数不多，但由于存在长久性种子库，故而相似性指数均较低。表 3-9 为各样地地面植被和种子库物种相似性指数。

表 3-9　各样地地面植被和种子库物种相似性指数

项目	种子库萌发物种数 a/种	地面植被出现物种数 b/种	共有物种数 w/种	相似性指数 $=2w/(a+b)$
1	13	14	5	0.370
2	8	11	2	0.211
3	12	9	5	0.476
4	7	11	5	0.556
5	8	9	5	0.588

注：1—七里海湿地；2—独流减河滩涂；3—蓟运河故道；4—大港湿地公园；5—北大港水库。

3.3.2.6　各个样地土壤种子库的差异性分析

利用SPSS对各样地的土壤种子库进行ONEWAY-ANOVA分析（见表3-10），可以得到各样地组间离差平方和为166806，组内离差平方和为399147；组间均方为41702，组内均方为3326；F 值为12.537，$P=0.000<0.01$。根据以上数据，可知各样地的土壤种子库之间的数量具有极显著差异，说明随着样地情况的不同，土壤种子库的储量将发生较大的变化。

表 3-10　各样地间土壤种子库数量 ONEWAY-ANOVA 分析

项目	平方和	df	均方值	F	双侧显著性
组间	166806.352	4	41701.588	12.537	0.000
组内	399146.880	120	3326.224		
总和	565953.232	124			

继续对各样地进行LSD的分析，分析结果如表3-11所示。由表中数据可知，七里海湿地与蓟运河故道、大港湿地公园之间，独流减河滩涂与蓟运河故道、大港湿地公园之间，蓟运河故道与北大港水库之间，大港湿地公园与北大港水库之间的差异均为极显著（$P<0.01$）；而七里海湿地与独流减河滩涂之间差异为显著（$P=0.05$）；七里海湿地与北大港水库之间的 $P=0.369>0.05$，独流减河滩涂与北大港水库之间的 $P=0.284>0.05$，蓟运河故道与大港湿地公园之间的 $P=0.831>0.05$，故而均为无显著差异。

表 3-11　各样地间土壤种子库数量 LSD 分析

(I)样地	(J)样地	均值差异(I-J)	标准差差异	双侧显著性	95%置信区间	
					下限	上限
七里海湿地	独流减河滩涂	−32.28000	16.31251	0.050	−64.5776	0.0176
	蓟运河故道	−85.48000	16.31251	0.000	−117.7776	−53.1824
	大港湿地公园	−88.96000	16.31251	0.000	−121.2576	−56.6624
	北大港水库	−14.72000	16.31251	0.369	−47.0176	17.5776
独流减河滩涂	七里海湿地	32.28000	16.31251	0.050	−0.0176	64.5776
	蓟运河故道	−53.20000	16.31251	0.001	−85.4976	−20.9024
	大港湿地公园	−56.68000	16.31251	0.001	−88.9776	−24.3824
	北大港水库	17.56000	16.31251	0.284	−14.7376	49.8576

续表

(I)样地	(J)样地	均值差异(I-J)	标准差差异	双侧显著性	95%置信区间	
					下限	上限
蓟运河故道	七里海湿地	85.48000	16.31251	0.000	53.1824	117.7776
	独流减河滩涂	53.20000	16.31251	0.001	20.9024	85.4976
	大港湿地公园	−3.48000	16.31251	0.831	−35.7776	28.8176
	北大港水库	70.76000	16.31251	0.000	38.4624	103.0576
大港湿地公园	七里海湿地	88.96000	16.31251	0.000	56.6624	121.2576
	独流减河滩涂	56.68000	16.31251	0.001	24.3824	88.9776
	蓟运河故道	3.48000	16.31251	0.831	−28.8176	35.7776
	北大港水库	74.24000	16.31251	0.000	41.9424	106.5376
北大港水库	七里海湿地	14.72000	16.31251	0.369	−17.5776	47.0176
	独流减河滩涂	−17.56000	16.31251	0.284	−49.8576	14.7376
	蓟运河故道	−70.76000	16.31251	0.000	−103.0576	−38.4624
	大港湿地公园	−74.24000	16.31251	0.000	−106.5376	−41.9424

注：平均差在0.05显著水平。

3.3.2.7 土壤种子库的垂直分布

通过分析可知，所研究土壤种子库的数量随深度的增加而明显减少，种子库的垂直分布特征明显。其中分三层取样的七里海湿地层间种子库数量差异极显著（$P<0.01$），三层种子库数量之比为1∶0.66∶0.28，其中10～15cm土层的种子库密度为999粒/m^2。这可能是由于七里海湿地为自然保护区，植被状况相对稳定，经过长期的相互作用，植物种子得以迁移到深层土壤层。独流减河滩涂差异也为极显著（$P<0.01$），三层种子库数量之比为1∶0.34∶0.20，其中0～5cm土层的种子库数量远大于5～10cm土层的种子库数量，这可能是因为上层土层集中了大量的短暂性种子库（如盐地碱蓬和碱蓬等）；本样地10～15cm土层的种子库密度为1919粒/m^2，可见最下层土层仍保有数量可观的种子。

分两层取样的三个样地为蓟运河故道、大港湿地公园和北大港水库，除了蓟运河故道以外，其他两个样地的下层土层种子库数量显著减少；三个样地下层土层土壤种子库数量分别为上层的29.86%、11.97%和13.59%，可见对于蓟运河故道样地，可能还需要采集10～15cm土层的种子库；而对于大港湿地公园和北大港水库，则即使不采集10～15cm土层的种子库也不会造成较明显的偏差。

另外分析发现，处于0～5cm层的多为短暂性种子如碱蓬、盐地碱蓬等，而处于5～10cm和10～15cm层的则多为短期持久性种子和长期持久性种子。埋海湿地和独流减河滩涂种子库层间差异性分析见表3-12，各样地土壤种子库分层密度见图3-4。

表3-12　七里海湿地和独流减河滩涂种子库层间差异性分析

项　目		平方和	自由度	均方值	F	双侧显著性
七里海湿地	组间	1182.107	2	591.053	7.507	0.001
	组内	5668.480	72	78.729		
	总和	6850.587	74			

续表

项　目		平方和	自由度	均方值	F	双侧显著性
独流减河滩涂	组间	13500.560	2	6750.280	5.636	0.005
	组内	86240.160	72	1197.780		
	总和	99740.720	74			

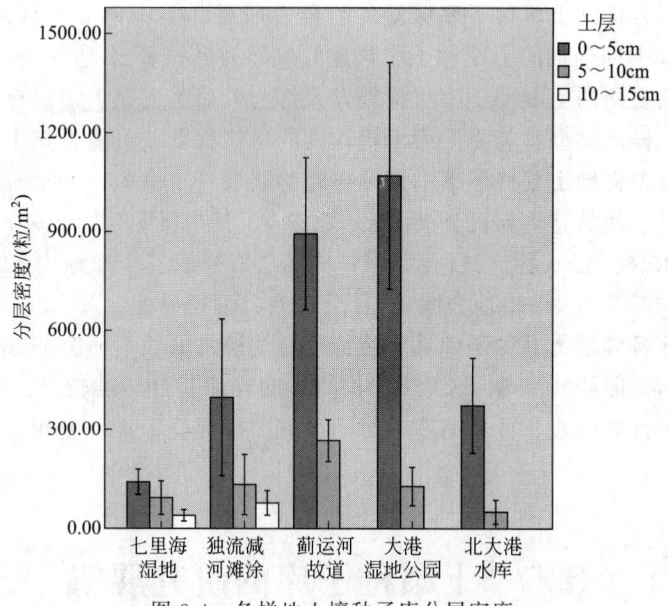

图 3-4　各样地土壤种子库分层密度

3.4 结　论

(1) 滨海新区湿地拥有巨大的土壤种子库　滨海新区湿地五个样地的土壤种子库数量在 6810～29874 粒/m^2，基本符合湿地土壤种子库的数量特征。研究区域的土壤种子库数量相较而言属于比较大的情况。

(2) 滨海新区湿地土壤种子库物种组成相对较为单一　滨海新区湿地土壤种子库的物种种数相对较少，仅为 29 种；其中以菊科和藜科植物为主，两科共 12 种，占总种数的 41.3%；这两科也集中了研究区域较多的优势种，如蒿属的一些种、藜科的碱蓬、盐地碱蓬等，这些物种的地面植被和种子库均具有数量大且物种优势度也大的特征。土壤种子库的物种多为草本，灌木只有两种。

从生态优势度和多样性指数来看，与同纬度的森林、草原土壤种子库相比较，滨海新区湿地土壤种子库的生态优势度和多样性指数均不高。

(3) 滨海新区湿地土壤种子库盐生植物种类丰富　所研究的土壤种子库物种中，盐生植物为 8 种，占总种数的 27.6%；其数量巨大，约占全部种子库的七成以上。盐生植物在滨海新区湿地的植被建立和恢复中具有举足轻重的作用，种子库中的这部分盐生植物能极大地补充到地面植被中去。但是也要看到，土壤种子库中的这部分盐生植物大都是一年生植物，而在实际的植被恢复中更受青睐的是多年生植物，因此在将来的研究中要重视如何调配一年生和多年生植物的比例，使其相得益彰。

(4) 滨海新区湿地土壤种子库与地面植被相似度不高 滨海新区湿地五个样地中，土壤种子库和地面植被的相似性指数均不高（最低 0.211，最高 0.588），表明土壤种子库和地面植被之间的差异较大。实验中发现地面植被所没有而土壤种子库中存在的物种数以及土壤种子库所没有而在地面植被中存在的物种数均不在少数。

(5) 滨海新区各样地土壤种子库储量的差异性明显 本书对 5 个样地进行 ONEWAY-ANOVA 分析得知不同样地的土壤种子库数量的差异为极显著（$P<0.01$），而进行 LSD 分析得到各样地两两之间的土壤种子库数量差异大都为极显著或显著，仅有少数样地的两两比较为差异不显著。样地类型及其受人为干扰程度的影响程度，可能影响土壤种子库的储量。

(6) 滨海新区各样地土壤种子库垂直分布趋势明显 本书中，七里海湿地和独流减河滩涂分三层取样，其层间数量差异极显著（$P<0.01$），其中最上层（0～5cm）的土壤种子库密度最大，达 9915 粒/m^2（独流减河滩涂）；分两层取样的三个样地中，最上层种子库的最大密度为 26759 粒/m^2（大港湿地公园），且层间差异也较显著。

(7) 滨海新区各样地土壤种子库具有特征明显的萌发曲线 研究的五个样地的土壤种子库展现出不同的萌发曲线，呈现“S”形增长曲线的样地其自然度较高。除去不同物种种子萌发特性、萌发条件等因素，种子萌发的时间可能与样地受干扰程度相关，并随受干扰程度加重而萌发延迟。

3.5 土壤种子库的研究展望

土壤种子库具有重要的生态价值，在植被恢复和管理中的重要作用已经初见端倪。对土壤种子库的研究理应得到加强、完善并对研究成果加以充分利用。在今后的研究工作中，可以参考以下策略：①对现有的研究方法和手段进行改进，引入现代研究技术如采用分子生物学技术进行种子库物种鉴定等；②改变以往短期的、间断的调查样方的研究方法，而采用长期定位观测的研究方法；③加强生态脆弱区的土壤种子库本底调查和研究；④在生物多样性保护和进化的研究中充分考虑种子库的基因库和进化记忆功能；⑤研究干扰对种子休眠特性的影响并将研究成果应用于生态系统管理。

在今后的土壤种子库的研究中，应该着重于研究土壤种子库的以下几个方面。

① 继续调查不同群落和土壤利用类型的土壤种子库基础，尤其是退化生态系统和某些特别的植物种群的长久土壤种子库，积累基础数据。

② 研究不同植物种群土壤种子库的年际变化情况。

③ 研究微环境、非生物因子对土壤种子库的分布的影响。

④ 研究干扰对土壤种子库的影响，以及全球变化与土壤种子库的问题。

⑤ 研究植物各种群的土壤种子库、幼苗库和成年植株之间的关系。

⑥ 研究土壤种子库在生物多样性保护方面的作用。

⑦ 土壤种子库已经用于植被重建和生态恢复的应用实践研究：a. 加强土壤种子库在植被恢复中的应用研究，建立数据库，对各种方法带来的植被演替、物种及景观的多样性变化、生物量的增加等进行综合解析，从而确定其有效性、明确绿化技术；b. 土壤种子库作

为表土利用绿化方法的绿化材料，随场所与季节的不同而多样化，因此需要设计出与快速绿化方法不同的新型工作流程，提高表土利用绿化方法的效率；c. 明确表土与绿化目标之间的关系，确定表土利用绿化要恢复成什么样的植物。

参考文献

[1] Darwin C R. The origin of the species by means of natural selection [M]. New York：The New American Library，1962，16-22.

[2] Benech，Armold R L，Sanchez R A，et al. Environmental control of dormancy in weed seed banks in soil [M]. Field Crops Research. 2000，67：105-122.

[3] Barrett L G，He T H，Lamont B B，et al. Temporal patterns of genetic variation across a 9-year-old aerial seed bank of the shrub banksia hookeriana (proteaceae) [J]. Molecular Ecology. 2005，14 (13)：4169-4179.

[4] 刘家宜等．天津植物志 [M]. 天津：天津科学技术出版社，2004：120-356.

[5] 吴征镒等．中国植物志 [M]. 北京：科学出版社，2007：100-156.

[6] 中国科学院植物研究所．中国高等植物图鉴 [M]. 北京：科学出版社，1972：122-305.

[7] 天津滨海新区管理委员会．天津滨海盐生植物 [M]. 2007：北京：中国林业出版社，2007：21-104.

[8] 中国湿地植被编辑委员会．中国湿地植被 [M]. 北京：科学出版社，1999：56-98.

[9] 李瑞国，李海燕．河北省临城小天池森林区被子植物区系 [J]. 生态学杂志，2004，(04)：164-167.

[10] 左然玲，强胜，李儒海．稻作区灌溉水流传播的杂草种子与稻田土壤杂草种子库的关系 [J]. 中国水稻科学，2007，(04)：417-424.

4 滨海新区湿地植物群落类型及其与土壤环境的关系

植物群落是植物与环境相互作用的产物，湿地土壤是植物群落发生、发展的物质基础，植物群落又影响着土壤性质和肥力状况。植物群落的组成结构与土壤环境的关系是生态学研究的热点，一些学者对此命题进行了研究，其研究结果存在差异。这些研究主要针对的是陆生生态系统植物多样性与土壤肥力关系的探讨，而对盐碱湿地中植物群落组成与土壤环境因子的相关性研究还不多。而且目前为止对于植物多样性方面的研究大多采用样方取样法，采用样带取样法来研究不同取样尺度与土壤环境关系的研究还很少涉及。样带取样法具有样方取样法所没有的优点，样带法按一定的环境梯度进行连续取样，能充分说明植物组成沿某梯度的分布特点，是研究环境梯度对植物多样性影响的有效手段。根据现场调查，天津滨海新区范围内的河流湿地和湖泊湿地植被从水体到河湖岸至阶地具有明显的带性分布现象。这种“岸带成带现象”不同于地带性成带现象，因为通常的植被地带性是由于大尺度水热组合的分异造成的，滨海新区尺度较小，故该区域湿地植被成带现象是该区域特殊环境形成的。在此情况下，如果只采用样方取样法，将不能够反映植物分布与土壤环境因子的关系。本书在对滨海新区湿地植被多样性调查和土壤环境因子测定的基础上，通过主成分分析法和典范对应分析（canonical correspondence analysis，CCA）梯度排序方法，研究滨海新区湿地植物种类分布与土壤环境因子间的关系。

4.1 研究方法

4.1.1 植被调查方法

本书采用样带取样法取样。在多年对滨海新区湿地植被类型调查的基础上，于2008年7—9月植物生态季对滨海新区湿地植被的典型群落进行野外取样调查，样带设置采用水平距离法，即在典型植被区域，与水边垂直设置。共在典型地段设置了样带6条，每条宽度2m，长度从水边至道路或人工堤岸等没有自然植被分布为止。沿着样带记录草本层植物种类、位点（距起点距离）、平均高度、盖度，同时记录样带的经纬度。在每条样带内，根据植物种类调查，再设置1m×1m样方，调查样方中的优势种植物。

4.1.2 土壤取样方法

每个小样方内用土钻钻取深度0～20cm土样，每个样方取3个重复，将土样混合均匀后分别迅速装入封口袋，用于土壤新鲜含水量的测定。共采集到23个样方中共计69个土壤混合样品。带回实验室后，分别测定新鲜土含水量、pH值、全盐量、有机质、速效氮、速效磷和速效钾等指标。其中pH值用S-3C型酸度计来测定，速效氮用碱解扩散法，有机质用重铬酸钾氧化外加热法测定，速效磷用0.05mol/L HCl-0.025mol/L 1/2H_2SO_4浸提法测定，速效钾用1 mol/L乙酸铵浸提火焰光度法测定。个别数据差异过大，进行剔除后，对测定后每个样方的三个数据平均后用于分析。

4.1.3 数据处理和分析

本书测度指标重要值，重要值＝（相对多度＋相对高度＋相对盖度）/3，其中相对高度＝某个种的平均高度/所有种的平均高度之和×100％；相对盖度＝某个种的盖度/所有种盖度之和×100％；相对多度＝某个种的多度/所有种的多度之和×100％。对不同类型植物、不同类型的样方，结合环境因子应用典范对应分析（CCA）。通过对排序结果的分析比较，发现应用CCA排序得到的结果能较好地解释植物群落类型以及物种与环境的相关性。典范对应分析（canonical correspondence analysis，CCA），是基于对应分析发展而来的一种排序方法，将对应分析与多元回归分析相结合，每一步计算均与环境因子进行回归，又称多元直接梯度分析。CCA的基本思路是在对应分析的迭代过程中，每次得到的样方排序坐标值均与环境因子进行多元线性回归，即

$$Z_j = b_0 + \sum_{k=1}^{q} b_k U_{kj} \tag{4-1}$$

式中，Z_j是第j个样方的排序值；b_0是截距；b_k（$k=1$，2，3，…，q，q为环境因子数）为样方第k个环境因子之间的回归系数；U_{kj}是第k个环境因子在第j个样方中的观测值。这一方法首先计算出一组样方排序值和种类排序值（同对应分析），然后将样方排序值与环境因子用回归分析方法结合起来，这样得到的样方排序值既反映了样方种类组成及生态重要值对群落的作用，同时也反映了环境因子的影响，再用样方排序值加权平均求种类排序值，使种类排序坐标值也间接地与环境因子相联系。本书在进行典范对应分析时，以最大值法对土壤环境因子数据进行标准化，应用开平方法对植物种类的生态重要值进行数据转换，统计分析的结果用种类-土壤环境因子直接排序图表示。根据排序图上种类间的位置关系、种类与环境因子间的位置关系，种类与排序轴间的相关性大小，定量分析影响滨海新区湿地植物种类分布的环境因子。

4.2 滨海新区湿地植被特征

4.2.1 湿地植物资源

要对植被与土壤理化性质的特征进行研究，首先必须从植物区系的分析入手。本书是在对滨海新区湿地进行全面系统的野外考察，并根据样方统计，结合历年的历史资料，得出组成天津滨海地区湿地野生植被种类统计，计有46科、135属、232种（见表4-1）。其中蕨类植物1科、1属、1种；被子植物45科、134属、231种，其中有3亚种、10变种；单子叶

植物10科、35属、63种；双子叶植物35科、99属、168种。其中绝大多数为草本植物，木本的乔木和灌木植物极少，只有柽柳、白刺，柽柳主要分布在沿岸各地。

表4-1　天津滨海地区湿地野生植物名单（232种）

科名	属名	中文名	拉丁名	生活型
蘋科	蘋属	蘋	*Marsilea quadrifblia*	多年生水生草本
桑科	葎草属	葎草	*Humulus scandens*	一年或多年生缠绕草本
	大麻属	大麻	*Cannabis sativa*	一年生直立草本
蓼科	蓼属	柳叶刺蓼	*Polygonum bungeanum*	一年生中生草本
		扁蓄	*Polygonum aviculare*	一年生中生草本
		小扁蓄(习见蓼)	*Polygonum plebeium*	一年生草本
		红蓼	*polygonum orientale*	一年生中生草本
		酸模叶蓼	*Polygonum lapathifolium*	一年生中生草本
		绵毛酸模叶蓼	*Polygonum lapathifolium* var.	一年生中生草本
		西伯利亚蓼	*Polygonum sibiricum*	多年生耐盐中生草本
		水蓼	*Polygonum hydropiper*	一年生草本
		两栖蓼	*Polygonum amphibium*	多年生湿生-水生草本
	酸模属	巴天酸模	*Rumex patientia*	多年生中生草本
		锐齿酸模	*Rumex hadroocarpus*	多年生中生草本
		齿果酸模	*Rumex dentatus*	一年或多年生中生草本
		阿穆尔酸模	*Rumex amurensis*	一年或多年生中生草本
藜科	盐角草属	盐角草	*Salicornia curopaea*	一年生多汁肉质茎盐生草本
	滨藜属	滨藜	*Atriplex patens*	一年生盐生-中生草本
		中亚滨藜	*Atriplex centralasiatica*	一年生盐生-中生草本
	虫实属	绳虫实	*Corispermum declinatum*	一年生中生草本
		华虫实	*Corispermum stauntonii*	一年生中生草本
	藜属	刺穗藜(刺藜)	*Chenapodium aristatum*	一年生旱生中生草本
		灰绿藜	*Chenopodium glaucum*	一年生耐盐中生草本
		东亚市藜	*Chenopodium urbicum ssp.*	一年生中生草本
		杂配藜	*Chenopodium hybridum*	一年生中生草本
		小藜	*Chenopodium serotinum*	一年生中生草本
		藜	*Chenopodium album*	一年生中生草本
	地肤属	地肤	*Kochia scoparia*	一年生中生草本
		碱地肤	*Kochia scoparia* var. *sieversiana*	一年生耐盐碱旱中生草本
		扫帚菜	*Kochia scoparia f. trichophylla*	一年生草本
	碱蓬属	碱蓬	*Suaeda glauca*	一年生草本
		盐地碱蓬	*Suaeda salsa*	一年生草本
	猪毛菜属	猪毛菜	*Salsola Collina*	一年生旱中生草本
		无翅猪毛菜	*Salsola komarovii*	一年生草本
		刺沙蓬	*Salsola ruthenica*	一年生旱中生草本

续表

科名	属名	中文名	拉丁名	生活型
苋科	苋属	白苋	*Amaranthus albus*	一年生中生草本
		腋花苋	*Amaranthus roxburghianus*	一年生草本
		凹头苋	*Amaranthus lividus*	一年生中生草本
马齿苋科	马齿苋属	马齿苋	*Portulaca oleracea*	一或二年生中生草本
金鱼藻科	金鱼藻属	金鱼藻	*Ceratophyllum demersum*	多年生沉水草本
		东北金鱼藻	*Ceratophyllum manschuricum*	多年生沉水草本
		细金鱼藻	*Ceratophyllum submersum*	多年生沉水草本
毛茛科	毛茛属	茴茴蒜	*Ranunculus chinensis*	多年生湿中生草本
十字花科	独行菜属	光果宽叶独行菜	*Lepidium latifolium* var. *affine*	多年生耐盐的中生草本
		独行菜	*Lepidium apetalum*	一年或二年生旱中生草本
	荠属	荠	*Capsella bursa-pastoris*	一年或二年生中生草本
	匙荠属	匙荠	*Bunias cochlearioides*	二年生草本
	蔊菜属	风花菜	*Rorippa globosa*	一年生中生草本
		沼生蔊菜	*Rorippa islandica*	二或多年生湿中生草本
		蔊菜	*Rorippa indica*	一或二年生草本
	盐芥属	盐芥	*Thellungiella salsuginea*	一年生耐盐中生草本
	播娘蒿属	播娘蒿	*Descurainia sophia*	一年或二年生中生草本
虎耳草科	红升麻属	红升麻	*Astilbe chinensis*	多年生中生草本
蔷薇科	委陵菜属	朝天委陵菜	*Potentilla supina*	一年或二年生旱中生草本
		委陵菜	*Potentilla chinensis*	多年生草本
豆科	决明属	决明	*Cassia tora*	一年生半灌木状草本
	野决明属	小叶野决明	*Thermopsis chinensis*	多年生草本
		披针叶野决明	*Thermopsis lanceolata*	多年生草本
	苜蓿属	紫苜蓿	*Medicago satiwa*	多年生旱中生草本
		天蓝苜蓿	*Medicago lupulina*	一年或二年生中生草本
	草木犀属	细齿草木樨	*Melilotus dentatus*	二年生中生草本
		草木樨	*Melilotus officinalis*	一年或二年生旱中生草本
	田菁属	田菁	*Sesbania cannebina*	一年生半灌木状草本
	米口袋属	狭叶米口袋	*Gueldenstaedtia stenophylla*	多年生旱生草本
	黄耆属	糙叶黄耆	*Astragalus scaberrimus*	多年生旱生草本
		直立黄耆	*Astragalus adsurgens*	多年生中旱生草本
		达乌里黄耆	*Astragalus dahuricus*	多年生旱中生草本
		华黄耆	*Astragalus chinensis*	多年生旱中生草本
	甘草属	圆果甘草	*Glycyrrhiza squamulosa*	多年生中旱生草本
	合萌属	合萌	*Aeschnomene indica*	一年生草本
	胡枝子属	达乌里胡枝子	*Lespedeza davurica*	中旱生小半灌木
	鸡眼草属	鸡眼草	*Kummerowia striata*	一年生中生草本
		长萼鸡眼草	*Kummerowia stipulacea*	一年生中生草本
	大豆属	野大豆	*Glycine soja*	一年生缠绕草本
	菜豆属	山绿豆	*Phaseolus minimus*	一年生缠绕草本
牻牛儿苗科	牻牛儿苗属	牻牛儿苗	*Erodium stephanianum*	一年生中旱生草本
蒺藜科	蒺藜属	蒺藜	*Tribulus terrestris*	一年生中生草本
	白刺属	西伯利亚白刺	*Nitraria sibirica*	旱生耐盐矮灌木

续表

科名	属名	中文名	拉丁名	生活型
大戟科	大戟属	地锦草	*Euphorbia humifusa*	一年生草本
		乳浆大戟	*Euphorbia esula*	多年生旱中生草本
	铁苋菜属	铁苋菜	*Acalypha australis*	一年生草本
锦葵科	木槿属	野西瓜苗	*Hibiscus trionum*	一年生旱中生草本
	苘麻属	苘麻	*Abutilon theophrasti*	一年生中生草本
柽柳科	柽柳属	柽柳	*Tamarix chinensis*	旱中生落叶灌木或小乔木
堇菜科	堇菜属	早开堇菜	*Viola prionantha*	多年生旱中生草本
菱科	菱属	丘角菱	*Trapa japonica*	一年生水生草本
小二仙草科	狐尾藻科	狐尾藻	*Myriophyllum spicatum*	多年生水生草本
伞形科	蛇床属	蛇床	*Cnidium monnieri*	一年生中生草本
	珊瑚菜属	珊瑚菜	*Glehnia littoralis*	多年生草本
蓝雪科	补血草属	二色补血草	*Limonium bicolor*	多年生旱生草本
		中华补血草	*Limonium sinense*	多年生旱生草本
龙胆科	荇菜属	荇菜	*Nymphoides peltatum*	多年生水生草本
夹竹桃科	罗布麻属	罗布麻	*Apocynum venetum*	多年生中旱生半木质化草本
萝藦科	萝藦属	萝藦	*Metaplexis japonica*	多年生中生草本
	白前属	地梢瓜	*Cynanchum thesioides*	多年生旱生草本
		雀瓢	*Cynanchum thesioides* var.	多年生旱生草本
		鹅绒藤	*Cynanchum chinense*	多年生旱生草本
旋花科	牵牛花属	圆叶牵牛花	*Pharbitis purpurea*	一年生缠绕草本
		裂叶牵牛花	*Pharbitis hederacea*	一年生缠绕草本
		牵牛	*Pharbitis nil*	一年生缠绕草本
	旋花属	田旋花	*Convolvulus arvensis*	多年生旱中生草本
	打碗花属	肾叶打碗花	*Calystegia soldanella*	多年生喜盐沙生草本
		打碗花	*Calystegia hederacea*	一年生旱中生草本
	菟丝子属	菟丝子	*Cuscuta chinensis*	一年生寄生草本
		金灯藤	*Cuscuta japonica*	一年生寄生草本
紫草科	砂引草属	砂引草	*Messerschmidia sibirica* ssp.	多年生旱中生草本
	斑种草属	斑种草	*Bothriospermum chinense*	一年生旱中生草本
	附地菜属	附地菜	*Trigonotis peduncularis*	一年生中生草本
唇形科	夏至草属	夏至草	*Lagopsis supina*	多年生草本
	益母草属	细叶益母草	*Leonurus sibiricus*	一或二年生草本
		益母草	*Leonurus japonicus*	一或二年生草本
		白花益母草	*Leonurus artemisia* var.	一或二年生草本
	水苏属	华水苏	*Stachys chinensis*	多年生草本
	鼠尾草属	雪见草	*Salvia plebeia*	一年生直立草本
	地笋属	地笋	*Lycopus lucidus*	多年生草本

续表

科名	属名	中文名	拉丁名	生活型
茄科	茄属	龙葵	*Solanum nigrum*	一年生中生草本
	酸浆属	酸浆	*Physalis alkekengi*	多年生中生草本
	曼陀罗属	曼陀罗	*Datura stramonium*	一年生中生草本
玄参科	疗齿草属	疗齿草	*Odontites serotina*	一年生中生草本
	地黄属	地黄	*Rehmannia glutinosa*	多年生中生草本
紫葳科	角蒿属	角蒿	*Incarvillea sinensis*	一年生中生草本
狸藻科	狸藻属	狸藻	*Utricularia vulgaris*	多年生水生食虫草本
车前科	车前属	平车前	*Plantago depressa*	多年生旱生中生草本
		车前	*Plantago asiatica*	多年生中生草本
茜草科	茜草属	茜草	*Rubia cordifolia*	多年生草质藤本
葫芦科	赤瓟属	赤瓟	*Thladiantha dubia Bunge*	多年生草质藤本
	盒子草属	盒子草	*Actinostemma lobatum*	一年生攀援草本
菊科	泽兰属	毛泽兰	*Eupatorium lindleyanum*	多年生中生草本
	马兰属	全叶马兰	*Kalimeris integrifolia*	多年生中生草本
	狗哇花属	阿尔泰狗哇花	*Heteropappus altaicus*	多年生旱生草本
	碱菀属	碱菀	*Tripolium vulgare*	一年生盐生草本
	白酒草属	小飞蓬	*Conyza canadensis*	一年生中生草本
	旋覆花属	旋覆花	*Inula japonica*	多年生中生草本
	苍耳属	苍耳	*Xanthium sibiricum*	一年生草本
	鳢肠属	鳢肠	*Eclipta prostrata*	一年生中生草本
	向日葵属	菊芋	*Helianthus tuberosus*	多年生草本
	鬼针草属	鬼针草	*Bidens bipinnata*	一年生中生草本
	菊属	野菊	*Dendranthema indicum*	多年生中生草本
		甘菊	*Dendranthema lavandulifolium*	多年生中生草本
	石胡荽属	石胡荽	*Centipeda minima*	一年生矮小草本
	蒿属	莳萝蒿	*Artemisia anethoides*	二年生耐盐草本
		冷蒿	*Artemisia frigida*	小半灌木
		黄花蒿	*Artemisia annua*	一年生旱中生草本
		青蒿	*Artemisia carvifolia*	一年或二年生中生草本
		蒌蒿	*Artemisia selengensis*	多年生中生草本
		蒙蒿	*Artemisia mongolica*	多年生中旱-旱中生草本
		艾蒿	*Artemisia argyi*	多年生中旱生草本
		野艾蒿	*Artemisia lavandulaefolia*	多年生旱中生草本
		茵陈蒿	*Artemisia capillaris*	多年生中旱生草本
		猪毛蒿	*Artemisia scoparia*	一年或二年生中旱生草本
		牛尾蒿	*Artemisia subdigitata*	多年生中生草本

续表

科名	属名	中文名	拉丁名	生活型
菊科	蓟属	大刺儿菜(大蓟)	*Cirsium setosum*	一年生中生草本
		刺儿菜(小蓟)	*Cirsium segetum*	一年生中生草本
	泥胡菜属	泥胡菜	*Hemistepta lyrata*	二年生草本
	菊苣属	菊苣	*Cichorium intybus*	多年生草本
	鸦葱属	细叶鸦葱	*Scorzonera albicaulis*	多年生中生草本
		蒙古鸦葱	*Scorzonera mongolica*	多年生旱生草本
	蒲公英属	亚洲蒲公英	*Taraxacum leucanthum*	多年生草本
		蒲公英	*Taraxacum mongolicum*	多年生旱中生草本
		碱地蒲公英	*Taraxacum sinicum*	多年生盐生草本
	苣荬菜属	苣荬菜	*Sonchus brachyotus*	多年生旱中生草本
		苦苣菜	*Sonchus oleraceus*	一年生中生草本
	莴苣属	山莴苣	*Lactuca indica*	二年生中生草本
		紫花山莴苣	*Lactuca tatarica*	多年生中生草本
		青甘莴苣	*Lactuca roborowskii*	多年生草本
	苦荬菜属	匍匐苦荬菜	*Ixeris repens*	多年生草本
		山苦荬(苦菜)	*Ixeris chinensis*	多年生中旱生草本
		抱茎苦荬菜	*Ixeris sonchifolia*	多年生中生草本
		秋苦荬菜	*Ixeris denticulata*	多年生中生草本
香蒲科	香蒲属	狭叶香蒲	*Typha angustifolia*	多年生水生-沼生草本
		拉氏香蒲	*Typha laxmanni*	多年生水生-沼生草本
眼子菜科	眼子菜属	眼子菜	*Potamogeton distinctus*	多年生水生草本
		菹草	*Potamogeton crispus*	多年生沉水草本
		篦齿眼子菜	*Potamogeton pectinatus*	多年生沉水草本
	川蔓藻属	川蔓藻	*Ruppia maritima*	多年生沉水草本
	角果藻属	角果藻	*Zannichellia palustris*	多年生沉水草本
茨藻科	茨藻属	大茨藻	*Najas marina*	一年生沉水草本
		茨藻	*Najas gracillima*	一年生沉水草本
		小茨藻	*Najas minor*	一年生沉水草本
		多孔茨藻	*Najas foveolata*	一年生沉水草本
泽泻科	慈姑属	野慈姑	*Sagittaria trifolia*	多年生沼生或水生草本
水鳖科	黑藻属	黑藻	*Hydrilla verticillata*	多年生沉水草本
禾本科	菰属	茭白	*Zizania latifolia*	多年生沼生草本
	芦苇属	芦苇	*Phragmites australis*	多年生中生-沼生草本
	羊茅属	远东羊茅	*Festuca subulata* ssp. *japonica*	多年生中生草本
	碱茅属	朝鲜碱茅	*Puccinellia chinampoensis*	多年生中生-盐生草本
		星星草	*Puccinellia tenuiflora*	多年生中生-盐生草本
		微药碱茅	*Puccinellia micrandra*	多年生丛生草本
		碱茅	*Puccinellia distans*	多年生中生-盐生草本

续表

科名	属名	中文名	拉丁名	生活型
禾本科	赖草属	羊草	*Leymus chinensis*	多年生中旱生-广旱生草本
	獐毛属	獐毛	*Aeluropus sinensis*	多年生中生-盐生草本
	画眉草属	大画眉草	*Eragrostis cilianensis*	一年生中生草本
		小画眉草	*Eragrostis minor*	一年生草本
	双稃草属	双稃草	*Diplachne fusca*	一年生草本
	蟋蟀草属	蟋蟀草	*Eleusine indica*	一年生中生草本
	虎尾草属	虎尾草	*Chloris virgrata*	一年生中生草本
	狗牙根属	狗牙根	*Cynodon dactylon*	多年生草本
	大米草属	大米草	*Spartina anglica*	多年生草本
	虱子草属	虱子草	*Tragus berteronianus*	一年生草本
	稗属	稗	*Echinochloa crusgalli*	一年生草本
		无芒稗	*Echinochloa crusgalli* var. *mitis*	一年生草本
		西来稗	*Echinochloa crusgalli* var. *zelayensis*	一年生草本
		长芒稗	*Echinochloa caudata*	一年生草本
		旱稗	*Echinochloa hispidula*	一年生湿生-沼生草本
		光头稗子	*Echinochloa colonum*	一年生草本
	马唐属	马唐	*Digitaria sanguinalis*	一年生草本
		毛马唐	*Digiaria ciliaris*	一年生草本
		升马唐	*Digitaria adscendens*	一年生草本
		止血马唐	*Digitaria ischaemum*	一年生草本
	狗尾草	狗尾草	*Setaria viridis*	一年生中生草本
		大狗尾草	*Setaria viridis* var. *gigantea*	一年生草本
		紫穗狗尾草	*Setaria viridis* var. *purpurascens*	一年生中生草本
		金色狗尾草	*Setaria glauca*	一年生草本
	伪针茅属	瘦脊伪针茅	*Pseudoraphis spinescens var*	多年生水生-沼生草本
	芒属	荻	*Miscanthus sacchariflorus*	多年生中生-湿生草本
	白茅属	白茅	*Imperata cylindrica*	多年生中生草本
	高粱属	苏丹草	*Sorghum sudanense*	一年生草本
	孔颖草属	白羊草	*Bothriochloa ischaemum*	多年生中旱生草本
莎草科	荸荠属	牛毛毡	*Eleocharis yokoscensis*	多年生草本
		刚毛荸荠	*Eleocharis valleculosa f. setosa*	多年生湿生-沼生草本
	藨草属	荆三棱	*Scirpus yagara*	多年生湿生-沼生草本
		扁秆藨草	*Scirpus planiculmis*	多年生湿生-沼生草本
		水葱	*Scirpus tabernaemontani*	多年生湿生-沼生草本
	莎草属	碎米莎草	*Cyperus iria*	一年生中生草本
	苔草属	细叶苔草	*Carex rigescens*	多年生旱生草本
		糙叶苔草	*Carex scabrifolia*	多年生草本
		软毛苔草	*Carex raddei*	多年生草本

续表

科名	属名	中文名	拉丁名	生活型
天南星科	菖蒲属	菖蒲	*Acorus calamus*	一年生浮水草本
浮萍科	浮萍属	浮萍	*Lemna minor*	一年生浮水草本
	紫萍属	紫萍	*Spirodela polyrrhiza*	多年生草本
百合科	天门冬属	攀援天门冬	*Asparagus brachyphyllus*	多年生中生攀援草本
		兴安天门冬	*Asparagus dauricus*	多年生中旱生草本

本区湿地植物区系组成比较丰富，生活型齐全，植物资源也比较丰富。

4.2.1.1 滨海新区植物科的统计

经过全面系统的野外考察，根据样方统计并参阅了相关资料，得出组成天津滨海地区湿地野生植物种类统计，计有46科、135属、232种，分别占天津植物科、属、种总数的29.1%、18.2%和17.1%（据《天津植物志》，天津植物分属于158科、742属、1359种）。其中蕨类植物1科、1属、1种；被子植物45科、134属、231种（含有3亚种、10变种）；被子植物中单子叶植物10科、35属、63种；双子叶植物35科、99属、168种。其中绝大多数为草本植物，木本的乔木和灌木植物极少，只有柽柳、西伯利亚白刺等几种。发现一种《天津植物志》未收录的植物种——白花益母草（*Leonurus artemisia* var. *albiflorus*）。白花益母草是唇形科（Labiatae）益母草属（*Leonurus*）益母草（*Leonurus artemisia*）的变种。

研究区域内植物以菊科最多，含8种以上的依次为菊科（Compositae）、禾本科（Gramineae）、豆科（Leguminosae）、藜科（Chenopodiaceae）、蓼科（Polygonaceae）、莎草科（Cyperaceae）、十字花科（Cruciferae）和旋花科（Convolvulaceae），占科总数的17.4%，共含78属、156种，分别占属总数的57.8%和种总数的67.2%。含3～7种的有9个科，占科总数的19.6%，共含21属、35种，分别占属总数的15.6%和种总数的15.1%。余下1～2种的共有29科，占科总数的63.0%，含36属、40种，分别占属总数的26.7%和种总数的17.2%，其中单种的科有18科。建群种主要有芦苇、獐毛、盐地碱蓬、碱蓬、地肤（*Kochia scoparia*）、猪毛菜（*Salsola Collina*）、扁秆藨草（*Scirpus planiculmis*）、碱菀、大刺儿菜（*Cirsium setosum*）以及蒿属（*Artemisia* spp.）等。

本区主要植物是以禾本科、菊科、豆科、藜科为代表，占总科数的8.7%。4科共有62属、117种，分别占总属数的45.93%和总种数的50.43%。这些科的植物种类有芦苇、獐毛、羊草、狗尾草、盐地碱蓬、碱蓬、中亚滨藜、地肤、猪毛菜、扁秆藨草、碱菀、山莴苣、苣荬菜、蒿属、蒲公英、刺儿菜、二色补血草、中华补血草、曼陀罗等。

在数量上以菊科最多，其次是禾本科、豆科、藜科、蓼科、莎草科、十字花科、蔷薇科、旋花科、唇形科、眼子菜科、萝藦科、茨藻科、苋科、金鱼藻科、大戟科、紫草科、茄科、桑科、蔷薇科、蒺藜科、锦葵科、伞形科、蓝雪科、玄参科、车前科、葫芦科、浮萍科、百合科等。单种属科有：蘋科、马齿苋科、毛茛科、虎耳草科、牻牛儿苗科、柽柳科、堇菜科、菱科、小二仙草科、龙胆科、夹竹桃科、紫葳科、狸藻科、茜草科、香蒲科、泽泻科、水鳖科、天南星科等单种属科，共18科，详见表4-2。

表 4-2　天津滨海地区植物科统计

中文科名	拉丁名	属		种	
		属的数量	百分比	种的数量	百分比
蘋科	*Marsileaceae*	1	0.74%	1	0.43%
桑科	*Moracese*	2	1.48%	2	0.86%
蓼科	*Polygonaceae*	2	1.48%	13	5.60%
藜科	*Chenopodiaceae*	7	5.19%	19	8.19%
苋科	*Amaranthaceae*	1	0.74%	3	1.29%
马齿苋科	*Portulacaceae*	1	0.74%	1	0.43%
金鱼藻科	*Ceratophyllaceae*	1	0.74%	3	1.29%
毛茛科	*Ranunculaceae*	1	0.74%	1	0.43%
十字花科	*Cruciferae*	6	4.44%	9	3.88%
虎耳草科	*Saxifragaceae*	1	0.74%	2	0.86%
蔷薇科	*Rosaceae*	1	0.74%	2	0.86%
豆科	*Leguminosae*	13	9.63%	20	8.62%
牻牛儿苗科	*Geraniaceae*	1	0.74%	1	0.43%
蒺藜科	*Zygophyllaceae*	2	1.48%	2	0.86%
大戟科	*Euphorbiaceae*	2	1.48%	3	1.29%
锦葵科	*Malvaceae*	2	1.48%	2	0.86%
柽柳科	*Tamaricaceae*	1	0.74%	1	0.43%
堇菜科	*Violaceae*	1	0.74%	1	0.43%
菱科	*Trapaceae*	1	0.74%	1	0.43%
小二仙草科	*Haloragidaceae*	1	0.74%	1	0.43%
伞形科	*Umbelliferae*	2	1.48%	2	0.86%
蓝雪科	*Plumbaginaceae*	1	0.74%	2	0.86%
龙胆科	*Gentianaceae*	1	0.74%	1	0.43%
夹竹桃科	*Apocynaceae*	1	0.74%	1	0.43%
萝藦科	*Asclepiadaceae*	2	1.48%	4	1.72%
旋花科	*Convolvulaceae*	4	2.96%	8	3.45%
紫草科	*Boraginaceae*	3	2.22%	3	1.29%
唇形科	*Labiatae*	5	3.70%	7	3.02%
茄科	*Solanaceae*	3	2.22%	3	1.29%
玄参科	*Scrophulariaceae*	2	1.48%	2	0.86%
紫葳科	*Bignoniaceae*	1	0.74%	1	0.43%
狸藻科	*Lentibulariaceae*	1	0.74%	1	0.43%
车前科	*Plantaginaceae*	1	0.74%	2	0.86%
茜草科	*Rubiaceae*	1	0.74%	1	0.43%
葫芦科	*Cucurbitaceae*	2	1.48%	2	0.86%
菊科	*Compositae*	21	15.56%	42	18.10%

续表

中文科名	拉丁名	属		种	
		属的数量	百分比	种的数量	百分比
香蒲科	*Typhaceae*	2	1.48%	1	0.43%
眼子菜科	*Potamogetonaceae*	3	2.22%	5	2.16%
茨藻科	*Najadaceae*	1	0.74%	4	1.72%
泽泻科	*Alismataceae*	1	0.74%	1	0.43%
水鳖科	*Hydrocharitaceae*	1	0.74%	1	0.43%
禾本科	*Gramineae*	21	15.56%	36	15.52%
莎草科	*Cyperaceae*	4	2.96%	9	3.88%
天南星科	*Araceae*	1	0.74%	1	0.43%
浮萍科	*Lemnaceae*	1	0.74%	2	0.86%
百合科	*Liliaceae*	1	0.74%	2	0.86%

4.2.1.2 滨海新区植物属的统计

研究区域含6种以上的属有蒿属（*Artemisia*）、蓼属（*Polygonum*）、稗属（*Echinochloa*）和藜属（*Chenapodium*）。4个属共含32种，占属总数的2.96%，总种数的13.8%。含4种的有7属、28种，占总属数的5.16%，总种数的12.07%。含3种的属有13属、39种。余为含1～2种，其中单种属有89属，占属总数的66.0%（见表4-3）。

表4-3　天津滨海地区植物属的统计

属名	拉丁名	种		属名	拉丁名	种	
		种数	合计			种数	合计
蘋属	*Marsilea*	1	0.43%	独行菜属	*Lepidium*	2	0.86%
葎草属	*Humulus*	1	0.43%	荠属	*Capsella*	1	0.43%
大麻属	*Cannabis*	1	0.43%	匙荠属	*Bunias*	1	0.43%
蓼属	*Polygonum*	9	3.88%	蔊菜属	*Rorippa*	3	1.29%
酸模属	*Rumex*	4	1.72%	盐芥属	*Thellungiella*	1	0.43%
盐角草属	*Salicornia*	1	0.43%	胡枝子属	*Lespedeza*	1	0.43%
滨藜属	*Atriplex*	2	0.86%	鸡眼草属	*Kummerowia*	2	0.86%
虫实属	*Corispermum*	2	0.86%	大豆属	*Glycine*	1	0.43%
藜属	*Chenapodium*	6	2.59%	菜豆属	*Phaseolus*	1	0.43%
地肤属	*Kochia*	3	1.29%	牻牛儿苗属	*Erodium*	1	0.43%
碱蓬属	*Suaeda*	2	0.86%	蒺藜属	*Tribulus*	1	0.43%
猪毛菜属	*Salsola*	3	1.29%	白前属	*Cynanchum*	3	1.29%
苋属	*Amaranthus*	3	1.29%	牵牛花属	*Pharbitis*	3	1.29%
马齿苋属	*Portulaca*	1	0.43%	旋花属	*Convolvulus*	1	0.43%
金鱼藻属	*Ceratophyllum*	3	1.29%	打碗花属	*Calystegia*	2	0.86%
毛茛属	*Ranunculus*	1	0.43%	菟丝子属	*Cuscuta*	2	0.86%

续表

属名	拉丁名	种		属名	拉丁名	种	
		种数	合计			种数	合计
砂引草属	*Messerschmidia*	1	0.43%	白刺属	*Nitraria*	1	0.43%
斑种草属	*Bothriospermum*	1	0.43%	大戟属	*Euphorbia*	2	0.86%
附地菜属	*Trigonotis*	1	0.43%	铁苋菜属	*Acalypha*	1	0.43%
夏至草属	*Lagopsis*	1	0.43%	木槿属	*Hibiscus*	1	0.43%
益母草属	*Leonurus*	3	1.29%	苘麻属	*Abutilon*	1	0.43%
水苏属	*Stachys*	1	0.43%	柽柳属	*Tamarix*	1	0.43%
碱菀属	*Tripolium*	1	0.43%	堇菜属	*Viola*	1	0.43%
白酒草属	*onyza*	1	0.43%	菱属	*Trapa*	1	0.43%
旋覆花属	*Inula*	1	0.43%	狐尾藻科	*Myriophyllum*	1	0.43%
苍耳属	*Xanthium*	1	0.43%	蛇床属	*Cnidium*	1	0.43%
鳢肠属	*Eclipta*	1	0.43%	珊瑚菜属	*Glehnia*	1	0.43%
向日葵属	*Helianthus*	1	0.43%	补血草属	*Limonium*	2	0.86%
菊属	*Dendranthema*	2	0.86%	荇菜属	*Nymphoides*	1	0.43%
石胡荽属	*Centipeda*	1	0.43%	罗布麻属	*Apocynum*	1	0.43%
蒿属	*Artemisia*	11	4.74%	萝藦属	*Metaplexis*	1	0.43%
蓟属	*Cirsium*	2	0.86%	播娘蒿属	*Descurainia*	1	0.43%
泥胡菜属	*Hemistepta*	1	0.43%	红升麻属	*Astilbe*	1	0.43%
菊苣属	*Cichorium*	1	0.43%	委陵菜属	*Potentilla*	2	0.86%
鸦葱属	*Scorzonera*	2	0.86%	决明属	*Cassia*	1	0.43%
蒲公英属	*Taraxacum*	3	1.29%	野决明属	*Thermopsis*	2	0.86%
苣荬菜属	*Sonchus*	2	0.86%	苜蓿属	*Medicago*	2	0.86%
莴苣属	*Lactuca*	3	1.29%	草木犀属	*Melilotus*	2	0.86%
苦荬菜属	*Ixeris*	4	1.72%	田菁属	*Sesbania*	1	0.43%
香蒲属	*Typha*	2	0.86%	米口袋属	*Gueldenstaedtia*	1	0.43%
眼子菜属	*Potamogeton*	3	1.29%	黄耆属	*Astragalus*	4	1.72%
川蔓藻属	*Ruppia*	1	0.43%	甘草属	*Glycyrrhiza*	1	0.43%
角果藻属	*Zannichellia*	1	0.43%	合萌属	*Aeschnomene*	1	0.43%
茨藻属	*Najas*	4	1.72%	鼠尾草属	*Salvia*	1	0.43%
慈姑属	*Sagittaria*	1	0.43%	地笋属	*Lycopus*	1	0.43%
黑藻属	*Hydrilla*	1	0.43%	茄属	*Solanum*	1	0.43%
菰属	*Zizania*	1	0.43%	酸浆属	*Physalis*	1	0.43%
芦苇属	*Phragmites*	1	0.43%	曼陀罗属	*Datura*	1	0.43%
羊茅属	*Festuca*	1	0.43%	疗齿草属	*Odontites*	1	0.43%
碱茅属	*Puccinellia*	4	1.72%	地黄属	*Rehmannia*	1	0.43%
天门冬属	*Asparagus*	2	0.86%	角蒿属	*Incarvillea*	1	0.43%
紫萍属	*Spirodela*	1	0.43%	狸藻属	*Utricularia*	1	0.43%

续表

属名	拉丁名	种		属名	拉丁名	种	
		种数	合计			种数	合计
车前属	*Plantago*	2	0.86%	伪针茅属	*Pseudoraphis*	1	0.43%
茜草属	*Rubia*	1	0.43%	芒属	*Miscanthus*	1	0.43%
赤瓟属	*Thladiantha*	1	0.43%	白茅属	*Imperata*	1	0.43%
盒子草属	*Actinostemma*	1	0.43%	高粱属	*Sorghum*	1	0.43%
泽兰属	*Eupatorium*	1	0.43%	孔颖草属	*Bothriochloa*	1	0.43%
马兰属	*Kalimeris*	1	0.43%	荸荠属	*Eleocharis*	2	0.86%
狗哇花属	*Heteropappus*	1	0.43%	藨草属	*Scirpus*	3	1.29%
鬼针草属	*Bidens*	1	0.43%	莎草属	*Cyperus*	1	0.43%
蟋蟀草属	*Eleusine*	1	0.43%	苔草属	*Carex*	3	1.29%
虎尾草属	*Chloris*	1	0.43%	赖草属	*Leymus*	1	0.43%
狗牙根属	*Cynodon*	1	0.43%	獐毛属	*Aeluropus*	1	0.43%
大米草属	*Spartina*	1	0.43%	画眉草属	*Eragrostis*	2	0.86%
虱子草属	*Tragus*	1	0.43%	双稃草属	*Diplachne*	1	0.43%
稗属	*Echinochloa*	6	2.59%	菖蒲属	*Acorus*	1	0.43%
马唐属	*Digitaria*	4	1.72%	浮萍属	*Lemna*	1	0.43%
狗尾草属	*Setaria*	4	1.72%				

4.2.2 湿地植被群落

根据调查，天津滨海湿地植被分为以下10个主要的典型湿地植物群落（见表4-4）。常出现的单优种群落有盐地碱蓬群落、碱蓬群落、獐毛群落、芦苇群落和西伯利亚白刺群落。本书发现存在狗尾草（*Setaria viridis*）组成群落，或者与碱蓬、柽柳伴生的群落；另外，在滨水地带发现大片的碱菀+盐地碱蓬群落。该群落耐盐、碱性强，景观效果好，在今后的植被恢复中应该具有很好的利用潜力。

表4-4 滨海新区主要湿地植物群落类型

群落名称	描述	分布
芦苇群落	单优种群落。盖度90%～95%	北大港水库、蓟运河故道以及七里海湿地
盐地碱蓬群落	单优种，有时有碱蓬、碱菀等伴生。盖度在95%以上，为专性盐土植物群落	滨海带近海岸区域，独流减河和蓟运河故道河漫滩等高盐度土壤生境
碱蓬群落	单优种，有时伴生苘麻、猪毛菜、苣荬菜、狗尾草、鹅绒藤等。盖度95%以上	北大港水库、独流减河河漫滩和七里海湿地的路边为典型
獐毛群落	单优种群落。盖度为85%～90%	塘沽、汉沽、大港的近海区域及河漫滩
西伯利亚白刺群落	单优种群落。盖度为80%左右	所存少，仅见于蓟运河故道和大港湿地公园
狗尾草群落	单优种群落。盖度为70%	各区的季节性河漫滩、沟边、路边等
大刺儿菜群落	伴生碱蓬、芦苇等。盖度95%以上	北大港水库、独流减河河漫滩和七里海湿地

续表

群落名称	描述	分布
苣荬菜群落	伴生碱蓬、狗尾草、山绿豆等。盖度90%	七里海湿地和蓟运河故道河漫滩、大堤
碱菀＋盐地碱蓬群落	两者形成共优,伴生有碱蓬、地肤、旋覆花等,总盖度在90%左右	分布于低洼处和河漫滩,尤以北塘沽和独流减河地区为典型
狗尾草＋碱蓬＋柽柳群落	伴生猪毛菜、苣荬菜、野西瓜苗、鹅绒藤等。总盖度为90%	七里海湿地和蓟运河故道河漫滩,尤以后者为典型

4.3 土壤环境因子间的相关性分析

为了更好地反映植被群落与土壤因子的关系，选取土壤含水量、土壤含盐量、土壤pH值、有机质、速效氮、速效磷、速效钾七个土壤因子进行相关性分析，土壤因子如表4-5所示。

表4-5 土壤理化因子表

群落类型	重要值	土壤含水量	土壤含盐量	土壤pH值	有机质	速效氮	速效磷	速效钾
猪毛菜	0.464405	0.194796838	0.702	7.5	0.95	53	32	700
大刺儿菜	0.667959	0.197278211	0.702	7.3	0.95	53	32	700
芦苇	1	0.250914634	0.917	8	0.66	88	25	690
芦苇	0.482447	0.205758035	0.43	7.2	2.59	173	23	544
碱蓬	0.593407	0.2822	0.944	7.9	0.74	48	22	613
芦苇	0.956333	0.320661357	0.399	7.2	1.85	155	38	569
盐地碱蓬	1	0.36362835	1.633	7.4	1.53	145	66	550
苣荬菜	0.337832	0.180787798	0.078	7.1	3.33	220	88	630
芦苇	0.656741	0.320661357	0.57	7.3	1.66	150	42	550
盐地碱蓬	0.892646	0.36362835	1.097	7.5	1.66	150	46	560
獐毛	1	0.337238585	0.806	7.8	0.99	152	76	534
柽柳	0.323333	0.164722857	0.96	7.1	1.78	245	80	610
碱蓬	0.726667	0.3077	1.12	7.3	1.09	116.8	31	539.6
碱蓬	0.58004	0.3482	1.62	7.86	1.34	92.3	42	500
苣荬菜	0.673012	0.180096154	0.481	7.6	0.65	66	79	320
狗尾草	0.755406	0.165515108	0.633	7.4	0.74	89.2	33.8333	522.8
柽柳	0.180882	0.143999124	0.96	7.366667	0.98	99.3	49.4	528.6
狗尾草	1	0.15321	0.567	7.5	0.82	72	23	433
芦苇	0.866667	0.353263269	0.57	7.9	1.44	143	17	375
芦苇	0.766667	0.266990713	0.399	8.5	1.01	121	22	236
碱蓬	1	0.307734384	1.12	7.6	1.44	70	22	432
盐地碱蓬	1	0.314465992	1.026	7.6	1.32	167	53	601
獐毛	1	0.322402697	0.708	7.4	0.88	123	45	543

经过相关性分析，速效 K 和速效 P 之间的相关性最大，为 0.6788；土壤含水量和土壤含盐量、速效 N、速效 P 存在一定相关性，分别为 0.4559、0.5050 和－0.5579；pH 值和有机质、速效 K 存在一定相关性，为－0.4649 和－0.4898；速效 N 和速效 P 之间也有相关性，为－0.4614。速效 K、速效 P、速效 N 之间互相有一定相关性（见表 4-6）。

表 4-6 土壤环境因子间的相关性

环境因子	wc	sc	pH	org	N	P	K
wc	1.0000						
sc	0.4559	1.0000					
pH 值	0.2928	0.0890	1.0000				
org	0.0865	－0.2121	－0.4649	1.0000			
N	0.5050	－0.0278	0.0933	0.3012	1.0000		
P	－0.5579	－0.0104	－0.3670	－0.1252	－0.4614	1.0000	
K	－0.0986	0.1697	－0.4898	0.1343	－0.1772	0.6788	1.0000

注：sc—土壤含盐量；wc—土壤含水量；org—土壤有机质；N、P、K—速效 N、速效 P、速效 K。

4.4 滨海新区湿地植被的 CCA 排序

4.4.1 样方的 CCA 排序

典范对应分析表明，序图（见图 4-1）中前两个排序轴的特征值分别是 0.675 和 0.300，物种与环境因子的相关系数分别为 0.910 和 0.740，前两个排序轴说明种类分布的累计贡献率为 20.6%，种与环境间关系的累计贡献率为 62.1%。第一轴和第二轴的相关性仅为 0.031，这些说明排序结果能很好地反映物种分布与环境因子之间的关系。

图中数码是样方的序号；箭头表示环境因子，箭头连线的长短表示植物种和群落的分布与该环境因子相关性的大小，箭头连线与排序轴夹角的大小表示环境因子与排序轴相关性的大小，夹角小说明关系密切，箭头所处的象限表示环境因子与排序轴之间的正负相关性。从图中可看出，CCA 排序较好地描述了群落与环境间的生态关系。

从表 4-7 可以看出，第一排序轴与土壤含水量和速效 N 呈显著负相关，相关系数分别为－0.8144、－0.6033，与土壤含盐量成一定负相关，相关系数为－0.5163；有机质、速效 P、速效 K 和 pH 与两轴的相关性都不大，第二排序轴与土壤含盐量呈一定正相关，系数为 0.5665。从排序轴的左上到右下，土壤含盐量逐渐降低；从排序轴左下到右上，速效 N 含量逐渐减少；而沿着土壤含水量的轴线向右上时，土壤含水量逐渐减少。样方群落则随着这三个主要环境因子而分布。

芦苇群落位于排序图的左下侧，獐毛、盐地碱蓬、碱蓬、柽柳群落分布于左上侧，猪毛菜、苣荬菜、大刺儿菜、狗尾草群落位于排序图右侧。根据以上分析，芦苇群落下土壤含水量虽然较大，但是含盐量很小，速效 N 的含量较高，也可以看出 pH 对其影响较大；左上

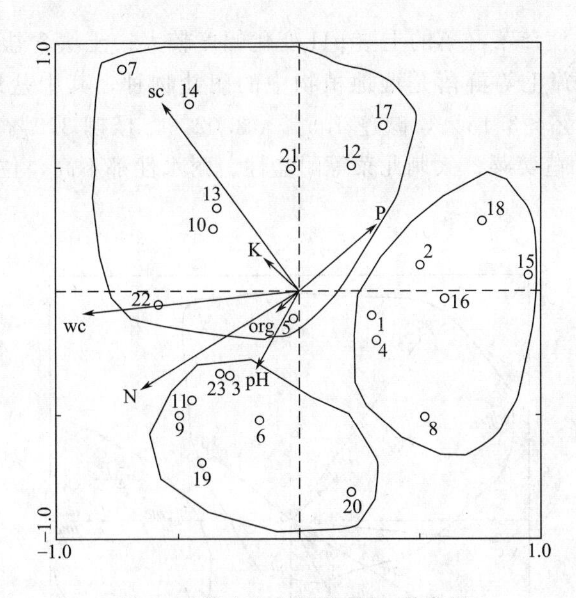

图 4-1 样方和环境的 CCA 排序图

1—猪毛菜（*Salsola Collina*）；2—大刺儿菜（*Cirsium setosum*）；3，4，6，9，19，20—芦苇（*Phragmites australis*）；5，13，14，21—碱蓬（*Suaeda glauca*）；7，10，22—盐地碱蓬（*Suaeda salsa*）；8，15—苣荬菜（*Sonchus brachyotus*）；11，23—獐毛（*Aeluropus sinensis*）；12，17—柽柳（*Tamarix chinensis*）；16，18—狗尾草（*Setaria viridis*）

侧的几种群落土壤含盐量、含水量都很大，是本区典型的盐生植物群落，耐盐性很高；右侧的群落受土壤含盐量、土壤含水量、速效 N 等因素的影响都较小，它们属于湿地植物群落里的中生群落，是离河岸距离最远的群落。植被的岸带地带性规律（即垂直于河岸方向从湿生到中生群落分布）和湿地植物群落的演替规律也可以从这里得到证明。

表 4-7 环境因子和排序轴的相关关系

土壤环境因子	sc	wc	pH	org	N	P	K
第一轴	−0.5163	−0.8144	−0.1632	−0.0948	−0.6033	0.2917	−0.1385
第二轴	0.5665	−0.0669	−0.233	−0.0688	−0.2968	0.2005	0.1042

4.4.2 物种的 CCA 排序

排序图主要是从比较的角度来反映不同物种植物在环境因子适应上的特点。在排序图 4-2 中，各物种指标点的位置反映其在环境梯度上取得高值的位置。从图上可以看出，盐地碱蓬、獐毛、柽柳、碱蓬在土壤含盐量、土壤含水量梯度上较高，说明它们更适应盐分和水分高的土壤；而芦苇在水分和速效 N 含量较高的地方，说明芦苇适应土壤水分高、含 N 量高的土壤；其余的植被如猪毛菜、狗尾草、苣荬菜、苘麻、地肤等在土壤盐分、水分、速效 N、速效 P、速效 K 都较低的地方，说明它们不能耐受盐分和水分，是湿地中典型的中生植被。这些排序与群落实际的生境一致，芦苇生长于岸边，甚至可以在浅水区生长，其土壤的含水量是很高的，同时水分含量高又对土壤养分产生影响，使土壤速效 N 的含量较高，同时对pH值也有影响，使芦苇群落的土壤pH变化幅度较大；土壤含盐量不高，一般都不超过1.0%。盐地碱蓬、獐毛等群落是湿地植物中的耐盐物种，其中盐地碱蓬的耐盐度可达2.5%～3.6%，獐毛2%～3.15%，碱蓬1.5%～3.02%，柽柳3.0%；在含盐量高的土壤上适合生长。猪毛菜、苣荬菜、大刺儿菜等耐盐性、耐水性都不高，位于距河岸最远的地方生长。

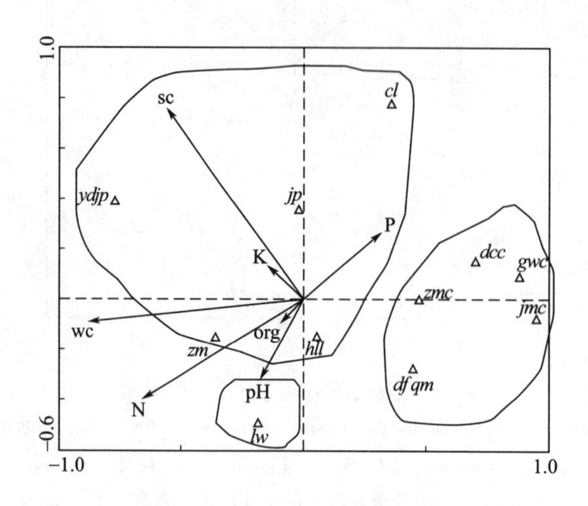

图4-2 物种和环境关系排序图

lw—芦苇（*Phragmites australis*）；*zm*—獐毛（*Aeluropus sinensis*）；*ydjp*—盐地碱蓬（*Suaeda salsa*）；*jp*—碱蓬（*Suaeda glauca*）；*cl*—柽柳（*Tamarix chinensis*）；*hll*—灰绿藜（*Chenopodium glaucum*）；*zmc*—猪毛菜（*Salsola Collina*）；*dcc*—大刺儿菜（*Cirsium setosum*）；*gwc*—狗尾草（*Setaria viridis*）；*jmc*—苣荬菜（*Sonchus brachyotus*）；*df*—地肤（*Kochia scoparia*）；*qm*—苘麻（*Abutilon theophrasti*）

4.5 结　论

应用典范对应分析对这些数据进行梯度排序，初步揭示了植物群落、植物种类对环境梯度变化的响应情况。本书的分析，可得到以下几个结论：①在对滨海新区湿地植物群落的土壤因子分析中，没有一个土壤因子可以单独决定群落和样方的排序。显然土壤因子是以一种复杂的组合方式影响着该地群落的特征。②土壤含水量和含盐量的差异是形成滨海新区湿地植物分布格局重要的因素，其次是速效N含量；而pH、有机质、速效K、速效P的影响较小。它们决定了群落在排序空间中的位置，也决定了群落物种组成这一基本的群落特征。③除气候环境因子外，土壤环境因子对植物的演替也起到一定作用。滨海新区土壤盐分、水分等对植物群落的分布有很大影响，CCA排序可以解释植被的演替规律。

滨海新区湿地有其独特的环境特点，形成的植物群落也具有其独特性。本区湿地土壤含盐分和普遍盐渍化，为盐生植物资源的形成和发育提供了适宜的生活条件，因此，盐生植物资源比较丰富，大多数的植物种类分布集中，成片生长，蕴藏量大，同时随着滨海新区的开发建设，对本区植物资源的研究、保护和利用有重要意义。

参考文献

[1] 张文辉，卢涛，马克明等．岷江上游干旱河谷植物群落分布的环境与空间因素分析［J］. 生态学报，2004，24（3）：552-559.

[2] 刘康，王效科，杨帆等．红花尔基地区沙地樟子松群落及其与环境关系研究［J］. 生态学杂志，2005，24（8）：858-862.

[3] Braak C J F. Canonical correspondence analysis：a new eigenvector method for multivariate director gradient analysis［J］. Ecology，1986，67：1167-1179.

[4] 郝占庆，郭水良．长白山北坡草本植物分布与环境关系的典范对应分析［J］. 生态学报，2003，23（10）：2000-2008.

[5] 曹同，郭水良，高谦．应用排序分析藓类植物分类群分布与气候因素的关系［J］. 应用生态学报，2000，11（5）：680-686.

[6] 沈泽昊，张新时，金义兴．地形对亚热带山地景观尺度植被格局影响的梯度分析［J］. 植物生态学报，2000，24（4）：430-435.

[7] 唐廷贵．天津滨海盐生植物［M］. 北京：中国林业出版社，2007.

5 天津市中心城区与滨海新区热岛效应研究

城市热岛效应是指城市发展到一定阶段，受到下垫面变化、气候以及人工释放热的影响，其温度明显高于周围郊区的温度从而形成的高温孤岛现象。城市热岛现象在一定程度上反映了城市受人类活动影响的程度。作为一个人工生态系统，城市拥有各种各样的高楼，建筑物、构筑物高度集中，由此形成的不同几何形态和结构影响着热量辐射扩散的效率和局部小气候。城市热岛效应的研究对优化城市建设和发展布局，避免不合理的工业区选址，以及城市规划、环境保护、城市环境质量评价都有重要的实用价值。

天津市近些年来经济快速发展，城市化水平不断提高。滨海新区自 1994 年建区以来，综合经济实力明显提高，特别是 2006 年纳入国家整体发展战略后，对天津市甚至环渤海地区都产生了巨大的带动作用。但同时，天津市也出现了热岛效应加剧的情况。相较于北京、上海、广州等城市，天津市在热岛效应方面的研究较少。另外，热岛效应的研究理论和方法经过几十年的研究已经日臻成熟，这也为天津市热岛的研究提供了技术基础。因此研究天津市热岛效应的时空分布规律、影响因素分析可以为天津城市规划、工业合理布局提供重要的参考意见。

5.1 热岛效应的研究方法

1933 年英国科学家 Howard 首次提出英国伦敦的市中心气温要比郊区高。Manley 于 1958 年首次提出城市热岛（Urban Heat Island，UHI）的概念。此后几十年间，各国学者利用气象数据、布点实测数据以及遥感数据，对不同区域、不同纬度的城市进行了热岛效应研究。目前，根据获取的数据的不同，对热岛效应进行的研究主要分为以下两类。

5.1.1 基于气象数据研究热岛效应

利用气象数据研究热岛效应多见于早期传统的热岛研究，这些研究多收集某区域气象站较长时期内的历史数据，选取若干城区气象站、郊区气象站温度指标，通过城乡温度差异计算热岛强度，并分析一个城市或区域在不同发展阶段热岛特征分布特征和变化情况。由于气象数据开始收集的时间较早，通常气象站数据可以从较长时间跨度内描述城市热岛效应的历史演变过程，此类研究多结合统计学方法进行分析。热岛区域的分布情况与城市建成区大体一致，热岛中还分布有小热岛群，这些小热岛群形状有别，大小各异、强度不同；而且随着城市的发展，热岛范围和规模呈扩大趋势。最后从人为因素和局部气候条件对热岛效应变化的成因进行了分析。人类活动干扰是造成热岛效应的主要原因，但也不可忽视气象因素对热岛效应的影响。如日照时间长会增加太阳辐射量，降雨量减少会降低植被和土壤的水分蒸发。

气象站点获得的温度数据为实时获取，准确度很高，并且所测量值即为体感温度，由此分析热岛效应与人感觉更接近。在气象站点附近区域热岛效应估算较为准确，对于距气象站点较远的区域如果仍然利用气象站点温度数据估算热岛效应则精度较差。而且城市区域内各种土地类型混杂，气象站点会受到较大影响。因此对于点状、小区域、气象站密度较高的研究区热岛效应研究利用气象站温度数据比较合适。然而，对于一个城市而言，气象站点数量有限，并受限于分布位置的分散性，导致空间分辨率较低，难以精确地反映出整个城市或地区热岛效应分布和变化情况。因此该方法正逐渐转向作为热岛效应研究的辅助手段。

5.1.2 基于遥感数据研究热岛效应

自 1972 年 Rao 首先利用热红外遥感来研究城市热岛以来，各种卫星遥感数据逐渐以其宏观、快捷、准确、实时的优势被广泛应用到城市热岛研究当中，日益成为研究热岛效应，特别是大范围研究区域热岛效应的主要手段。

遥感数据种类繁多，按适用于陆地表面资源调查的卫星资料信息源大致分为以下两种。

① 适于进行大空间尺度，宏观水平上进行动态监测研究的高时间分辨率、低空间分辨率的 NOAA/AVHRR、D/CAVHRR 和 MODIS 数据，这些数据以其免费性和高时间分辨率（如 MODIS 单颗卫星为 0.5～1 天）可以进行高时间密度连续动态监测，但限于空间分辨率（一般为 1～1.1km）较低，只能在大空间尺度上进行分析。

② 适于城市地表热场分布以及与下垫面关系等微观层次研究的低时间分辨率、高空间分辨率的 ASTER 和 TM/ETM＋数据。这类研究是目前热岛效应的主流。因为城市常常是热岛效应的中心，热岛强度最高的区域，并且也是人类活动干扰下垫面结构的最主要区域，所以对城市进行研究更具有现实意义。

利用遥感数据进行热岛效应研究时用户根据实际需要选择合适的遥感数据源，既要适合于研究目的，又要考虑投入成本和图像质量等因素。在实际的应用研究中，最理想的是选择几何畸变小、图像质量高（无噪声、无云盖），获取季节相同或接近的多时相遥感图像，这样可减少因季节差异而产生的伪变化信息，提高研究结论的准确度和精确度。

随着城市热岛效应研究的不断深入，Landsat-TM/ETM＋和 MODIS 数据逐渐成为使用最为广泛的遥感数据。

① 基于 Landsat-TM/ETM＋对城市热岛进行研究。这类研究主要有两种计算模式，即利用 Landsat-TM6/ETM＋6（热红外波段）的灰度值进行亮温反演和利用 Landsat-TM6/ETM＋6（热红外波段）灰度值进行地表温度反演。

亮温反演的基本原理是 Landsat-TM6/ETM＋6 波段灰度值（DN 值，digital number）经过一定算法转换成热辐射强度，该算法由卫星发射时预先设定好的参数确定，热辐射强度再通过一定算法转换成地表亮度温度（简称亮温），亮温为地表热辐射经过大气层后到达卫星传感器后的值，故亮温值并不是实际地表温度值，但亮温是地表温度反演的基础，而且亮温与地表温度之间具有很好的相关性，如果仅对热岛特征状况和分布情况、城乡温度对比进行分析，并不需要反演出真实的地面温度值，亮温即可符合使用的要求。该计算模式按数据源不同可分为两类，一类是以基于 TM6 波段的计算模式，TM6 波段分辨率为 120m；另一类是基于 ETM＋6 波段数据的计算模式，ETM＋6 波段分辨率为 60m，空间分辨率较 TM6 波段更高一些。

地表温度反演模式主要是基于热红外辐射传输方程，根据大气和地表对遥感器所接受的辐射强度的影响而推导出来的地表温度的反演算法。该模式较为常见的实现方法有三种，分别是辐射传导方程法、单窗算法、单通道算法。

辐射传导方程法（radiative transfer equation，RTE），又称大气校正法，该方法首先利用大气实时的剖面数据计算其对地表热辐射传导的影响；然后从卫星传感器接收到的热辐射总强度中减去大气对热辐射传导产生的影响而得到地表热辐射强度，并得到地表温度；最后根据地表辐射率校正成前面得到的地表温度。由于计算过程较为复杂，加之难以获得比较精确的大气实时剖面数据，RTE 算法使用范围受限。单窗算法（monov-window algorithm）是南京大学覃志豪等根据地表热辐射传导方程，推导出的一个利用 Landsat-TM6 波段数据和辅助的气象数据反演地表温度的简化算法。普适性单通道算法（single-channel method）是由 Jinénez-Mūnoz 和 Sobrino 在 2003 年提出的，它可以仅依靠一个热波段（TM/ETM＋）来反演陆地表面温度。

② 利用 MODIS 数据进行城市热岛研究，主要是利用 31 和 32 波段来反演地表温度。基于 MODIS 数据的计算模式主要有三种：分裂窗算法、推广分裂窗算法和劈裂窗算法。

分裂窗算法是在中通道反演的基础上，在已知地表辐射率的情况下，利用两个不同的波面通道在相同的大气窗口下吸收值的差别来消除天气的影响，通过对两通道的亮温进行线性运算而得。推广分裂窗算法是在 Wan-Dozier 算法基础之上由 Wan 和 Dozier 发展起来的，两种算法不能通用，Wan-Dozier 算法适用于 AVHRR 数据的温度反演；推广分裂窗算法则适用于基于 MODIS 热波段的温度反演。劈裂窗算法应用于温度反演最早是在海面温度反演领域。Price 最先把劈窗算法推广到陆地表面的温度反演，并通过引入比辐射率改正项来减小因陆地表面不同用地类型比辐射率变化而引起的误差。国内采用劈裂窗算法进行地表温度反演的相关研究较少。

基于遥感数据反演出的温度都是地表辐射产生温度，这与气象站测得的空气温度不同，前者主要是地表吸引太阳辐射后辐射出的热量的直观表现，后者不仅受到地表辐射热量的影响，也同样受到局地小气候的影响，如降水、风向、风速、湿度等，而且相比较而言气象站测得的气温更加贴近人的感觉。

虽然遥感数据和技术正在日益成为热岛效应研究的主要数据来源和方法来源，但仍然有自身的局限性。卫星处在大气层以外，接收到的热辐射都是经过大气层“过滤”后的热辐射，如果期望通过遥感数据得到较为精确的地表温度需要复杂的算法和实时大气数据，对于一般研究来讲难度较大，特别是气象条件较差的雨、雪、雾天都会对卫星获取遥感影像产生极大影响。而且，遥感数据取决于卫星质量、运行情况，需要在发射卫星前仔细检查，将卫星发生故障的概率降到最低，如果卫星或传感器出现故障不仅会对数据获取产生很大影响，而且也会造成很大的经济损失。

5.2 热岛效应的研究内容

目前国内外热岛效应研究从内容上分有两种，一是进行时空特征及演变规律研究，大多数学者由遥感数据反演得到亮温或地表温度分布图从定性角度进行剖析；另一种是对热岛效应的形成机制进行探索，找到影响热岛效应的因素。

5.2.1 热岛时空特征及演变规律简介

这类研究主要关注热岛效应的范围、规模、空间分布规律以及时间演变规律等。目前关于热岛效应强度定量化研究的方法并没有受到普遍认可。热岛时空分布和演变规律研究大都采用定性描述来说明研究区域内热岛分布在什么区域内，常用的方法之一是按地表温度（亮温）的高低将热岛分布图分成若干类，温度较高的一类区域被称为热岛，有些文献当中会将温度较低的区域称为冷岛，通过分析不同类别区域沿时间长度的变化规律来分析热岛效应的变化情况。

同一地区不同季相，不同时相的热岛效应都不相同，特别是在北方地区，四季分明，不同季节植被覆盖不同，而植被降温作用明显导致热岛效应出现季节性差异。杨沈斌等在对北京地区 1988—2006 年近 20 年 TM/ETM＋数据进行热岛的季节变化特征分析之后得出结论，北京市热岛效应不同季节变化明显，热岛效应最强的季节是夏季，冬季在相同区域出现冷岛现象。

5.2.2 热岛时空特征及演变规律研究

热岛效应是城乡温度差造成的一种局部气候现象，其产生、发展、变化是一个复杂的过程，不仅受到气象因素的影响，如降水、风向、风速、温度等，更多的地受到人为因素的影响。城市化大面积开发建设导致大片农田、林地、果园等自然地表被建筑物、道路等人工不透水面所取代，以土壤为主的自然地表在吸收太阳辐射后，其颗粒间隙中的水分蒸发会带走大量热量从而降低地表温度；而建筑物、道路等不透水面材料为混凝土，质密的结构只有极低的透水率，在接受太阳辐射后，难以通过有效的蒸发降低地表温度。目前，对于影响热岛效应因素的研究，国内外学者主要集中在以下三方面。

5.2.2.1 植被覆盖与热岛效应关系研究

植被覆盖度是衡量区域生态环境状况和性质的主要指标之一。由于植被光合作用能够将大量光能富集转换为潜能，从而减弱太阳辐射热效应，因此植被覆盖能够有效降低地表温度。正是由于植被在降低地表温度方面的重要作用，植被覆盖度与地表温度间的关系一直是城市热岛研究的热点，许多研究表明植被覆盖越多的区域，热岛效应就较弱。加大植被覆盖是缓解热岛效应的有效手段之一。

随着对植被覆盖度研究的不断深入，测量方法也发生了较大变化：最初的植被覆盖度测量方法为地面测量，从最简单的目测到后来的样方法、样线法、照相法等。但这些方法都只能针对小片区域对植被覆盖度进行研究，为了从更大范围内研究植被覆盖的规律，学者又引入统计学的思路，通过地面测量与统计学的结合来对植被覆盖进行时空分析。遥感技术的发展为植被覆盖提供了一个新的方向，并以其快捷、宏观等特点成为研究植被覆盖的主要方法。

基于遥感技术的植被覆盖定量化分析手段有以下两种。

① 植被指数法，目前，国内外学者已经研究出几十种不同植被指数模型，常用于监测研究的植被指数有归一化差异植被指数（normalized differenced vegetation index，NDVI）、垂直植被指数（perpendicular vegetation index，PVI）、修正的土壤调整植被指数（modified soil-adjusted vegetation index，MSAVI）、调整土壤亮度的植被指数（soil-adjusted vegetation index，SAVI）、农业植被指数（agricultural vegetation index，AVI）、全球环境监测指数（global environmental monitoring index，GEMI）、归一化差异绿度指数（normalized differenced green index，NDGI），其中最常用的植被指数为归一化差异植被指数（NDVI），大多数学者都是基于该指数对遥感影响提取植被覆盖度的。许多学者都在研究中运用 NDVI 提取植被覆盖的区域或检测植被时空变化。NDVI 的计算并不难，只要有红外波段和近红外波段即可计算出，而这两个波段许多不同卫星影像中都有，故其应用范围很广，如研究大空间尺度研究区的 AVHRR 卫星遥感数据；而在许多区域尺度上的植被覆盖度研究常应用 MODIS、SPOT 和 TM/ETM+遥感数据。

目前，基于植被指数的植被覆盖与热岛效应的关系研究主要方法是以遥感数据为基础，从统计学角度对植被指数与地温（亮温）进行分析，从中找出植被覆盖与热岛效应之间的相关性。自从 1993 年 Gallo 以散点图证明归一化植被指数 NDVI 与地表温度存在负相关关系后，许多学者都采取不同的方法，对不同研究区域进行了详细的研究。如田平等通过提取杭州市区地表亮温和 NDVI 数据，并结合实地验证和处理，得到热岛强度和 NDVI 关系的散点图，然后利用监督分类、相关性矩阵及统计分析等方法，对关系数据进行了修改、验证及拟合，得出杭州市区热岛强度和 NDVI 之间的定量关系模型，修正判定系数达到 0.88，较好地反映了该区域热岛效应和植被覆盖指数的关系。

② 植被覆盖度法。植被覆盖度是指单位面积内植被叶、茎、枝在垂直面积上所占百分比。植被覆盖度较植被指数表示植被覆盖程度更加精确，更适合植被覆盖程度与热岛效应作用机理的探讨。基于遥感技术研究区域植被覆盖度的方法有多种，应用最广泛的是植被指数法和混合像元法。植被指数法通过建立植被指数（主要为 NDVI）与植被覆盖度之间的关系通过植被指数计算覆盖度。但是该方法有其局限性，当植被覆盖度低于 50％时，这种计算精确较差，因此对于研究区域内植被覆盖度较低的区域应该选择混合像元法。混合像元法是基于遥感影像像元由各种不同地表地物反射光谱的构成，极少像元由某一类地物光谱组成。先找出不同地物纯像元光谱值，再通过模型计算出混合像元的光谱值。

5.2.2.2 土地利用/覆盖与热岛效应关系研究

严格意义上来说植被覆盖也属于土地利用/覆盖的一部分，因为无论是按国外还是国内的土地分类系统，植被都是非常重要的一类土地利用/覆盖类型。许多研究结果显示不同用地类型地表温度或亮温并不相同，高温区域一般位于城市建成区，低温区位于水体或植被覆盖区，不同类型下垫面在吸收相同太阳辐射后释放的热量不同，水体由于热容量较大和蒸发作用，吸引同样辐射后升温较慢；植被区域则由于植被本身生长活动吸引一部分辐射热量和水分蒸发使得反射热量较少；建成区的混凝土热容量较低导致反射热量较多、蒸发作用较弱导致升温很快。

按景观生态学理论分析植被或绿地空间格局与热岛效应的关系是土地利用/覆盖与热岛效应关系研究的延伸。缓解热岛效应的主要土地利用类型是植被和水体，因此，在进行景观格局分析时主要选择植被（如森林、草地、人工绿地等）或水体通过景观格局指数计算相应类型的破碎度、连接度、规模、空间布局等找出城市化进程造成的植被或水体格局变化与热岛效应变化的关系。

5.2.2.3 其他影响热岛效应的因素

无论是植被覆盖、土地利用还是景观格局都受人类活动影响较大，而事实上影响热岛效应的因素还包括一些气象因素。林苗青等（2010）利用汕头市气象站观测资料进行统计分析，研究结果显示，研究区存在明显的热岛效应，其强度以每5年0.17℃的速度加剧。并且找出影响热岛效应的气象因子有日照指数、云量和相对湿度，其中日照加剧热岛效应，云量和相对湿度可以缓解热岛效应。

城市化过程导致大量自然地表被建筑、道路等人工用地所取代，致使下垫面结构和性质发生变化从而加剧热岛效应，相比较这些直接因素而言，城市人口增加推动了城市规模扩大，是造成热岛效应的间接因素，直接进行人口与热岛效应变化关系的研究则比较少。

5.3 天津市中心城区和滨海新区热岛效应研究

天津市地处华北平原东北部，位于北纬38°34′～40°15′，东经116°43′～118°04′。地势以平原和洼地为主，北部有山地和丘陵，海拔由北向南逐渐下降。北部最高，海拔1052m。地貌主要有山地、丘陵、平原、洼地、滩涂等。植被大致可分为针叶林、针阔叶混交林、落叶阔叶林、灌草丛、草甸、盐生植被、沼泽植被、水生植被、沙生植被、人工林、农田种植植物11种。天津属大陆性气候。主要气候特征是四季分明：春季多风，干旱少雨；夏季炎热，雨水集中；秋季气爽，冷暖适中；冬季寒冷，干燥少雪。天津年平均气温在11.4～12.9℃，市区平均气温最高为12.9℃。1月最冷，平均气温在－5～－3℃；7月最热，平均气温在26～27℃。天津季风盛行，冬、春季风速最大，夏、秋季风速最小。年平均风速为2～4m/s，多为西南风。天津平均无霜期为196～246d，最长无霜期为267d，最短无霜期为171d。天津年平均降水量为520～660mm，年日照时数为2500～2900h。

本书所取研究区主要针对近些年来发展较快的天津市中心城区和滨海新区，中心城区包括市内六区（红桥区、南开区、和平区、河西区、河北区、河东区）、近郊四区（东丽区、西青区、津南区、北辰区）；滨海新区包括塘沽区、大港区和汉沽区。

本书选取1987年5月14日、1998年9月1日、2001年9月1日、2004年9月9日、2006年9月7日和2010年9月10日获取的条带号为122/33的六景TM/ETM+影像［数据来源于中国科学院计算机网络信息中心国际科学数据服务平台（http://datamirror.csdb.cn）］来反演地表亮温。使用的其他数据主要是校正TM/ETM+影像的2003年天津市1∶50000地形图和2003年1∶100000土地利用现状图。

为能够更加精确地从时间尺度和空间尺度对研究区进行热岛效应产生、变化过程进行分析，同时考虑到数据获取的可得性，本书选取亮温反演方法对天津中心城区和滨海新区的热岛效应进行研究。

理论上通过 landsat-TM/ETM＋第 6 波段所接收到的与地表温度高低相对应的热红外辐射强度，可以求算出对应的地面温度。但卫星在接收地面热红外辐射过程中受到了大气和地表等诸多复杂因素的干扰，其准确的温度反演十分复杂。由于亮温、地温、气温三者关系密切，而且研究区范围有限，如果只注重城郊温度对比、温度相对强弱的空间分布特点，可直接利用亮温表征城市热场，称为“城市亮温热场”。

亮温计算主要分为两步：首先将以灰度值（digital number，DN 值）表示的 TM/ETM＋数据转换成相应的热辐射强度；然后根据热辐射强度推算相应的地表亮度温度值。

陆地卫星 TM/ETM＋在设计制造时已考虑到把所接收到的辐射强度转化为相对应 DN 值问题。因此，对于 TM/ETM＋数据，所接收到的辐射强度与其 DN 值有如下关系：

$$L_{\lambda}=L_{\min(\lambda)}+[L_{\max(\lambda)}-L_{\min(\lambda)}]Q_{DN}/Q_{\max} \tag{5-1}$$

式中，L_{λ}为传感器所接收到的辐射强度，mW/(cm^2·sr·μm)；$Q_{\max}$为最大的 DN 值，即 $Q_{\max}=255$；Q_{DN}为像元灰度值；$L_{\max(\lambda)}$和 $L_{\min(\lambda)}$为传感器所接收到的最大和最小辐射强度，即相对应于 $Q_{DN}=255$ 和 $Q_{DN}=0$ 时的最大和最小辐射强度。式（5-1）中各参数可分别从 Landsat-TM/ETM＋数据头文件中读取。

灰度值 Q_{DN}已知，便可由式（5-1）求出热辐射强度 L_{λ}。利用热辐射强度可根据 Planck 函数计算出像元对应的亮度温度值，也可根据下式进行近似计算：

$$T_6=K_2/L_n(1+K_1/L_{\lambda}) \tag{5-2}$$

式中，T_6为 TM6/ETM＋6 的像元亮度温度，K；K_1和 K_2为发射前预设的常量，对于 Landsat-5 的 TM 数据，$K_1=60.776$mW/(cm^2·sr·μm)，$K_2=1260.56$K，对于 Landsat-7 的 ETM＋数据，$K_1=66.6093$mW/(cm^2·sr·μm)，$K_2=1282.7108$K。

5.3.1 天津中心城区和滨海新区热岛分布特征

5.3.1.1 天津中心城区和滨海新区热岛分布现状

利用 landsat-TM/ETM＋热红外计算模型，在 ENVI 4.7 中用波段计算模块反演出天津市 1987 年 5 月 14 日、1998 年 9 月 1 日、2001 年 9 月 1 日、2004 年 9 月 9 日、2006 年 9 月 7 日和 2010 年 9 月 10 日的地面亮温，得到亮温分布图（见图 5-1）。

为更加全面深入地分析研究区热岛效应，将亮温进行归一化处理，本书中 1987 年、1998 年和 2006 年为 TM 数据，TM 数据第 6 波段空间分辨率为 120m；2001 年、2004 年和 2010 年为 ETM＋数据，ETM＋数据第 6 波段空间分辨率为 60m。为便于比较，将六年热波段数据重采样成 30m。1998 年、2001 年、2004 年、2006 年和 2010 年影像于 9 月获取，1987 年影像于 5 月获取，分别属于春季和秋季，虽然春季和秋季的气候条件比较接近，可以增加可比性，但直接比较绝对亮温值仍然会有差别。因此，为了较精确地利用不同年代，不同季相的影像反演的亮温对城市热岛进行时间序列研究，本书采用亮温归一化方法将亮温分布范围统一到 0～1。其归一化公式如下：

$$N_i=\frac{T_{s_i}-T_{s_{\min}}}{T_{s_{\max}}-T_{s_{\min}}} \tag{5-3}$$

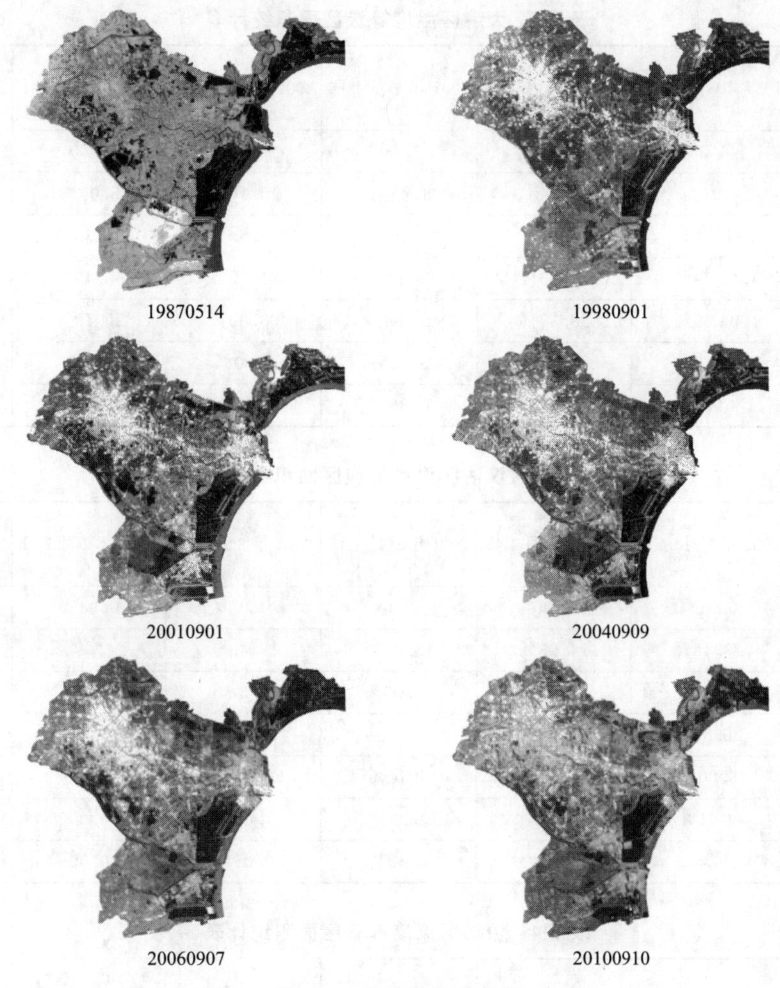

图 5-1　相对亮温分布图

式中，N_i 表示第 i 个像元归一化处理后的值；T_{s_i} 表示第 i 个像元的绝对亮温值；$T_{s_{min}}$ 表示地面绝对亮温的最小值；$T_{s_{max}}$ 为地面绝对亮温的最大值。

将经过归一化处理后的亮温用标准差分类法将相对亮温分成七类，并统计相对亮温温度等级图，得到整个研究区和各行政区（市内六区按一个区域表示）的六年七类温度区的面积比例统计表（以下简称统计表，见表 5-1～表 5-9）。

表 5-1　整个研究区内温度区面积统计表

区域＼时间	1987 年 5 月 14 日	1998 年 9 月 1 日	2001 年 9 月 1 日	2004 年 9 月 9 日	2006 年 9 月 7 日	2010 年 9 月 10 日
极低温区	0.03%	0.01%	0.00	0.00	0.01%	0.34%
低温区	10.12%	3.16%	4.55%	7.12%	6.57%	6.90%
较低温区	18.43%	29.46%	29.69%	25.63%	20.23%	19.03%
中温区	33.35%	38.77%	38.61%	36.16%	44.09%	44.01%
较高温区	34.38%	20.10%	18.18%	23.32%	20.92%	21.22%
高温区	2.75%	6.11%	7.97%	6.41%	7.17%	7.56%
极高温区	0.95%	2.40%	0.99%	1.36%	1.02%	0.95%

表 5-2　大港区温度等级区面积统计表

区域＼时间	1987年5月14日	1998年9月1日	2001年9月1日	2004年9月9日	2006年9月7日	2010年9月10日
极低温区	0.00	0.02%	0.00	0.00	0.00	0.62%
低温区	1.70%	0.71%	1.43%	10.16%	3.09%	6.82%
较低温区	11.52%	14.45%	28.45%	26.89%	14.33%	22.80%
中温区	22.99%	54.29%	36.96%	31.72%	60.49%	57.40%
较高温区	48.05%	28.37%	26.04%	28.80%	20.12%	11.14%
高温区	11.36%	2.07%	6.74%	2.30%	1.92%	1.16%
极高温区	4.38%	0.10%	0.36%	0.13%	0.04%	0.07%

表 5-3　汉沽区温度等级区面积统计表

区域＼时间	1987年5月14日	1998年9月1日	2001年9月1日	2004年9月9日	2006年9月7日	2010年9月10日
极低温区	0.01%	0.00	0.00	0.00	0.08%	2.23%
低温区	28.46%	14.93%	15.87%	13.43%	27.38%	22.67%
较低温区	38.08%	56.93%	37.03%	56.38%	57.57%	37.50%
中温区	26.83%	20.68%	36.46%	21.63%	13.38%	31.05%
较高温区	6.60%	6.05%	6.94%	7.44%	1.59%	6.06%
高温区	0.01%	1.33%	3.29%	1.08%	0.00	0.47%
极高温区	0.00	0.08%	0.42%	0.05%	0.00	0.02%

表 5-4　塘沽区温度等级区面积统计表

区域＼时间	1987年5月14日	1998年9月1日	2001年9月1日	2004年9月9日	2006年9月7日	2010年9月10日
极低温区	0.18%	0.00	0.00	0.00	0.00	0.00
低温区	27.80%	8.70%	11.75%	19.16%	15.17%	16.86%
较低温区	33.26%	49.43%	30.38%	33.73%	26.57%	25.13%
中温区	23.90%	22.63%	31.75%	24.59%	34.27%	33.34%
较高温区	14.77%	12.90%	15.70%	17.27%	19.23%	20.29%
高温区	0.09%	5.34%	9.17%	4.58%	4.42%	4.03%
极高温区	0.00	1.01%	1.24%	0.67%	0.35%	0.35%

表 5-5　北辰区温度等级区面积统计表

区域＼时间	1987年5月14日	1998年9月1日	2001年9月1日	2004年9月9日	2006年9月7日	2010年9月10日
极低温区	0.00	0.00	0.00	0.00	0.00	0.00
低温区	1.08%	0.01%	0.12%	0.25%	0.56%	0.17%
较低温区	7.84%	11.03%	31.86%	16.40%	11.78%	7.66%

续表

区域＼时间	1987年5月14日	1998年9月1日	2001年9月1日	2004年9月9日	2006年9月7日	2010年9月10日
中温区	37.60%	43.25%	46.61%	51.60%	55.63%	47.20%
较高温区	52.25%	30.70%	13.37%	23.05%	20.16%	26.21%
高温区	1.22%	10.15%	6.92%	6.65%	9.57%	15.88%
极高温区	0.00	4.86%	1.13%	2.05%	2.30%	2.87%

表5-6　西青区温度等级区面积统计表

区域＼时间	1987年5月14日	1998年9月1日	2001年9月1日	2004年9月9日	2006年9月7日	2010年9月10日
极低温区	0.00	0.01%	0.00	0.01%	0.00	0.00
低温区	8.44%	0.03%	2.55%	0.35%	0.91%	0.40%
较低温区	19.33%	30.38%	38.10%	19.93%	18.59%	17.22%
中温区	40.71%	40.62%	41.01%	42.60%	42.97%	44.09%
较高温区	31.17%	20.62%	13.26%	27.93%	27.97%	27.19%
高温区	0.36%	5.85%	4.75%	7.75%	8.51%	9.99%
极高温区	0.00	2.49%	0.34%	1.42%	1.05%	1.11%

表5-7　市内六区温度等级区面积统计表

区域＼时间	1987年5月14日	1998年9月1日	2001年9月1日	2004年9月9日	2006年9月7日	2010年9月10日
极低温区	0.00	0.00	0.00	0.00	0.00	0.00
低温区	0.48%	0.00	0.04%	0.00	0.00	0.00
较低温区	6.76%	2.94%	3.74%	1.02%	0.88%	0.79%
中温区	28.93%	7.55%	10.67%	6.16%	3.97%	12.51%
较高温区	62.89%	29.42%	40.19%	45.58%	40.68%	53.11%
高温区	0.94%	37.56%	37.89%	38.44%	47.15%	31.01%
极高温区	0.00	22.54%	7.46%	8.80%	7.33%	2.58%

表5-8　东丽区温度等级区面积统计表

区域＼时间	1987年5月14日	1998年9月1日	2001年9月1日	2004年9月9日	2006年9月7日	2010年9月10日
极低温区	0.00	0.00	0.00	0.00	0.00	0.00
低温区	4.12%	0.01%	0.84%	0.11%	1.80%	0.35%
较低温区	14.00%	34.16%	30.55%	19.81%	17.55%	12.49%
中温区	50.79%	43.95%	44.77%	51.16%	50.18%	47.24%
较高温区	30.98%	14.75%	15.72%	20.19%	21.46%	27.25%
高温区	0.11%	5.10%	7.20%	6.60%	7.81%	10.86%
极高温区	0.00	2.04%	0.91%	2.13%	1.21%	1.82%

表 5-9　津南区温度等级区面积统计表

区域＼时间	1987 年 5 月 14 日	1998 年 9 月 1 日	2001 年 9 月 1 日	2004 年 9 月 9 日	2006 年 9 月 7 日	2010 年 9 月 10 日
极低温区	0.00	0.00	0.00	0.00	0.00	0.00
低温区	4.12%	0.01%	0.84%	0.11%	1.80%	0.35%
较低温区	14.00%	34.16%	30.55%	19.81%	17.55%	12.49%
中温区	50.79%	43.95%	44.77%	51.16%	50.18%	47.24%
较高温区	30.98%	14.75%	15.72%	20.19%	21.46%	27.25%
高温区	0.11%	5.10%	7.20%	6.60%	7.81%	10.86%
极高温区	0.00	2.04%	0.91%	2.13%	1.21%	1.82%

标准差分类法的原则：取整个影像相对亮温的平均值（m）和标准差（s），该平均值上下分别加上减去标准差的一半作为中温区的上下限［$(m-0.5s)\sim(m+0.5s)$］，然后将上限依次加上一个和两个标准差分别确定较高温区［$(m+0.5s)\sim(m+1.5s)$］、高温区［$(m+1.5s)\sim(m+2.5s)$］和极高温区［$>(m+2.5s)$］，同样，将下限减去相应标准差确定较低温区［$(m-1.5s)\sim(m-0.5s)$］、低温区［$(m-2.5s)\sim(m-1.5s)$］和极低温区［$<(m-2.5s)$］。由于不同时期相对亮温分布不同，六个年份温度区对应相对亮温范围也不同［见表 5-10 标准差分类法（一）和表 5-11 标准差分类法（二）］，温度等级图见图 5-2 相对亮温温度等级图。

表 5-10　标准差分类法（一）

区域＼时间	1987 年 5 月 14 日	1998 年 9 月 1 日	2001 年 9 月 1 日
极低温区	0.0000～0.0175	0.0000～0.2009	0.0000～0.0618
低温区	0.0175～0.1837	0.2009～0.2901	0.0618～0.1702
较低温区	0.1837～0.3499	0.2901～0.3794	0.1702～0.2787
中温区	0.3499～0.5161	0.3794～0.4686	0.2787～0.3872
较高温区	0.5161～0.6823	0.4686～0.5578	0.3872～0.4957
高温区	0.6823～0.8485	0.5578～0.6471	0.4957～0.6049
极高温区	0.8485～1.0000	0.6471～1.0000	0.6049～1.0000

表 5-11　标准差分类法（二）

区域＼时间	2004 年 9 月 9 日	2006 年 9 月 7 日	2010 年 9 月 10 日
极低温区	0.0000～0.2197	0.0000～0.1671	0.0000～0.2340
低温区	0.2197～0.3024	0.1671～0.2756	0.2340～0.3241
较低温区	0.3024～0.3850	0.2756～0.3840	0.3241～0.4142
中温区	0.3850～0.4677	0.3840～0.4925	0.4142～0.5043
较高温区	0.4677～0.5504	0.4925～0.6009	0.5043～0.5943
高温区	0.5504～0.6331	0.6009～0.7090	0.5943～0.6844
极高温区	0.6331～1.0000	0.7090～1.0000	0.6844～1.0000

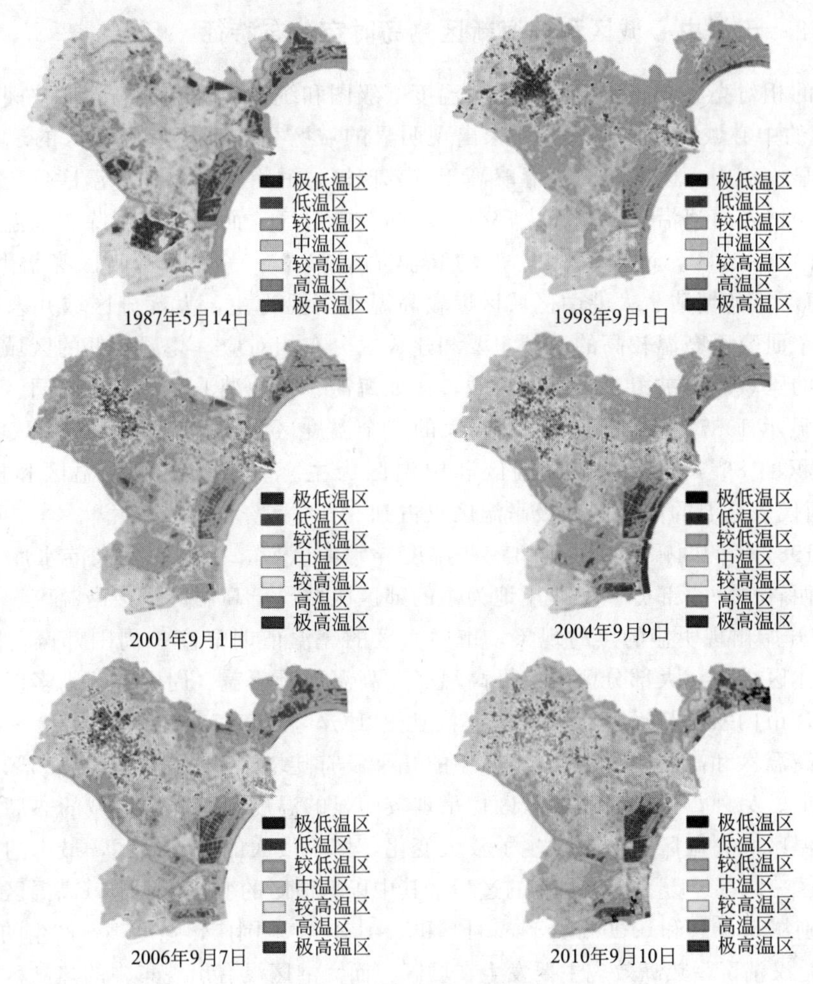

图 5-2　相对亮温温度等级图

为了更加精确地分析天津市中心城区和滨海新区的热岛效应变化情况，按不同年份对中心城区和滨海新区所辖的八块区域（由于市内六区面积都较小，这里将市内六区作为整体来考虑）统计亮温平均值，见表 5-12。

表 5-12　亮温平均值统计表　　单位：℃

区域＼时间	1987 年 5 月 14 日	1998 年 9 月 1 日	2001 年 9 月 1 日	2004 年 9 月 9 日	2006 年 9 月 7 日	2010 年 9 月 10 日
大港区	26.8	18.9	27.7	22.4	22.7	23.8
汉沽区	19.8	17.2	26.1	21.1	20.0	22.4
塘沽区	20.4	17.9	27.1	21.8	22.0	23.8
北辰区	25.8	19.7	27.5	23.2	23.3	26.2
西青区	23.6	18.9	27.0	23.2	23.3	25.4
市内六区	26.2	22.1	30.9	26.0	26.5	27.9
东丽区	24.2	18.6	27.5	23.0	23.0	25.7
津南区	25.1	18.6	27.8	23.2	23.3	25.2

5.3.1.2 天津中心城区和滨海新区热岛时空分布特征

对六年的相对亮温分布图、相对亮温温度等级图和统计表进行热岛效应空间格局分析。

1987 年的中心城区和滨海新区并未出现明显的城区亮度高于周围郊区的现象，表明热岛效应不明显。市内六区的相对亮温略高于近郊四区，并有极少量的高温区位于南开区的鼓楼、食品街，以及海河沿岸，剩下大部分区域为较高温区。而近郊四区除较高温区外，还分布有大面积的中温区。市内六区的平均亮温值（26.2℃）比近郊四区亮温均值仅高出 1.6℃。滨海新区的塘沽、大港两区城区以较高温和高温为主，大部分区域并未出现明显热岛现象。整个研究区亮温较高的区域主要和建成区分布相对应，亮温较低的区域则主要集中在水体覆盖的区域和植被覆盖丰富的区域，比如海河、各种湖泊、盐田、公园、学校等。温度区统计表显示 1987 年研究区内面积较大的三个温度区是较高温区＞中温区＞较低温区，共占到总面积的 86.15％，以较高温区和中温区为主。表示低温的低温区和极低温区占 10.15％，而代表高温的高温区和极高温区仅占到 3.69％。

另外，1987 年的两幅图中显示出一些温度异常的区域，主要有北大港水库、子牙新河南侧，以及西青区一小部分以农业用地为主的郊区区域属于高温区或极高温区。

1998 年开始出现明显的热岛现象，市内六区的亮温值明显高于周围郊区，除河流、公园等个别水体区域外，大部分区域由极高温区、高温区所覆盖。周围郊区则多以中温区和较低温区为主，市内六区与近郊四区的温差高达 3.1℃，较 1987 年温差高出近一倍，同时市内六区中极高温区和高温区分别从 1987 年的几乎没有陡增至 22.54％和 37.56％，表现出明显的热岛效应。另外，近郊四区的城区也呈现较明显的温度高于周围区域的热岛效应，并且四区内极高温区和高温区比例也发生了较大变化，增幅最大的为北辰区，最小的为津南区。

滨海新区三区都经历了从无到有的过程，其中以塘沽区的变化最明显（高温区和极高温区面积比例分别从 0.09％和 0.00％增至 5.34％和 1.01％），范围广，强度高，产生的热岛效应最严重；其次是汉沽区，热岛效应主要发生在城区；而大港区没有出现集中的热岛区域，分布比较分散，主要分布在大港油田和大港城区中心。整个研究区中热岛效应最明显的两个区域是市内六区和塘沽区，热岛区域与建成区较为一致。市内六区平均亮温高于大港区，在一定程度上表明中心城区热岛效应要强于滨海新区，整个研究区内开始出现“双核”式热岛分布的特点。

从整个研究区来看，1998 年极高温区和高温区代表的高温区域较 1987 年上升了 4.82％。而极低温区和低温区代表的低温区域下降了 6.98％。这表明研究区范围内热岛效应增强了。

2001 年研究区内热岛效应特征体现在两个方面：一是在市内六区和其他各区间开始出现条带状的热岛区域，这些热岛区域与城市道路吻合，最明显的是与塘沽区之间的带状热岛；二是滨海新区的热岛强度有明显增加，其中塘沽区和汉沽区热岛范围变大，大港则是强度增加。塘沽区高温和极高温区比例从 1998 年的 5.34％和 1.01％增至 9.17％和 1.24％；汉沽区高温和极高温区比例则从 1998 年的 1.33％和 0.08％增至 3.29％和 0.42％。大港区则主要体现在从 1998 年的较高温区变为高温区和极高温区。市内六区与郊区温差达到 3.5℃。整个研究区内形成了以市内六区和塘沽城区为核心的“双核”式热岛分布特点。

2004 年研究区热岛效应的特点是中心城区热岛效应进一步加大，滨海新区有所减缓。中心城区内热岛范围更大，但不像 1998 年和 2001 年主要集中在市内六区，开始向城乡结合部以及郊区县城发展。热岛区域大于市内六区建成区的范围，近郊四区靠近市内六区的区域内有大量分散状的热岛区域。近郊四区高温区和极高温区比例较 2001 年有所增加，而市内六区高温和极高温区的面积和基本没有变化。滨海新区三个区的极高温区和高温区面积都有所减小，而低温区域有都有一定程度增加。市内六区与其他区域之间的带状热岛范围更大，强度更高。

2006 年研究区热岛效应变化情况与 2004 年类似，中心城区热岛效应增强，滨海新区减缓。中心城区内除津南区高温区和极高温区从 6.94%和 1.46%减小到 6.82%和 0.67%外，其他四个区域都有所增加。滨海新区三个区的高温区和极高温区的面积呈现下降趋势。

2010 年研究区的热岛效应继续中心城区增加，滨海新区减弱的趋势。表现在中心城区内北辰区和东丽区高温区和极高温区增幅较大，其次是西青区，津南区基本维持不变，而市内六区出现下降的现象，高温区和极高温区面积比例从 2006 年的 47.15%和 7.33%下降至 31.01%和 2.58%，减少的高温和极高温区都变成了较高温区，而表示低温的极低温和低温区域面积没有太大变化，这表明只有市内六区热岛强度有所减弱。综合中心城区五个区域整体来看，热岛效应是增加的。滨海新区热岛效应继续减弱，塘沽和大港高温区域面积都有所降低，汉沽虽然有一定增加，但极低温区所占比例从 0%增加到 2.23%，一定程度上抵消了高温区域增加带来的热岛效应增加。

综合而言，整个研究区热岛效应呈现从无到有、从小到大的变化趋势，并逐渐形成以市内六区和塘沽城区为核心的“双核”式热岛变化的特点。中心城区热岛效应在不断增强，呈现出以市内六区为核心辐射状向外发展的趋势，而滨海新区则经历了从无到有、从弱到强、再由强到弱的过程。在市内六区至其他各区之间出现了由道路造成的带状热岛，并且强度在不断增加。除 1987 年高温区和极高温区比例较低外，从 1998 年开始两区域面积比例一直在 8%上下波动。

5.3.2 基于归一化地表指数的天津中心城区和滨海新区热岛效应研究

为进一步探究天津市中心城区和滨海新区热岛效应的影响因素，研究城市热环境形成机制，本书引入四个归一化地表指数 NDVI、NDBI、MNDWI、NDBaI 进行研究。

5.3.2.1 归一化地表指数介绍

NDVI（normalized difference vegetation index）是归一化植被指数，是研究地表植被覆盖应用最广泛的植被指数。公式如下：

$$\mathrm{NDVI}=\frac{\mathrm{DN}_4-\mathrm{DN}_3}{\mathrm{DN}_4+\mathrm{DN}_3} \tag{5-4}$$

其中，DN_3 和 DN_4 分别是 TM/ETM+的第 3 波段和第 4 波段的 DN 值，即红外波段和近红外波段。

NDBI（normalized difference building index）是查勇基于杨山提出的仿归一化植被指数提出的，它可以较为准确地反映建筑用地信息，数值越大表明建筑用地比例越高，建筑密度越高。公式如下：

$$\mathrm{NDBI}=\frac{\mathrm{DN}_5-\mathrm{DN}_4}{\mathrm{DN}_5+\mathrm{DN}_4} \tag{5-5}$$

其中，DN_4 和 DN_5 分别是 TM/ETM+的第 4 波段和第 5 波段的 DN 值，即近红外波段和中红外波段。

MNDWI（modified normalized difference water index）是由徐涵秋在 Mcfeeters 所提的 NDWI（normalized difference water index，归一化水体指数）基础上提出来的改进的归一化水体指数，较 NDWI 在提取建成区内的水体上精度更高，并能够区分阴影、水体和识别水体细部特征。公式如下：

$$MNDWI=\frac{DN_2-DN_5}{DN_2+DN_5} \tag{5-6}$$

其中，DN_2和DN_5分别是 TM/ETM+的第 2 波段和第 5 波段的 DN 值，即绿波段和中红外波段。

NDBaI（normalized difference bareness index）是由陈晓玲为解决提取裸地信息提出的，称为归一化裸地指数。公式如下：

$$NDBaI=\frac{DN_5-DN_6}{DN_5+DN_6} \tag{5-7}$$

其中，DN_5和DN_6分别是 TM 的第 5 波段和第 6 波段的 DN 值（对 ETM+来说，指第 5 波段和第 6 波段的低增益波段，即 61 波段），即中红外波段和热红外波段。

由于 TM/ETM+的热波段和前五个波段的分辨率不一样，本书将热波段分辨率统一重采样为 30m，以便于不同波段之间进行计算。

5.3.2.2 亮温与归一化地表指数关系

将六个年份的亮温与四个指数进行回归分析，得到相关性指数见表 5-13。

表 5-13 地表指数与亮温相关性指数

指数 \ 时间	1987 年 5 月 14 日	1998 年 9 月 1 日	2001 年 9 月 1 日	2004 年 9 月 9 日	2006 年 9 月 7 日	2010 年 9 月 10 日
NDVI	0.506954	0.179182	0.075851	0.210207	0.183676	0.091452
NDBaI	0.783393	0.540297	0.597154	0.625631	0.574615	0.638887
NDBI	0.769915	0.682094	0.730166	0.739311	0.66638	0.684194
MNDWI	−0.82361	−0.53578	−0.45669	−0.61846	−0.58733	−0.6172

整个研究区内归一化植被指数（NDVI）与地表亮温相关性在 1987 年达到 0.506954，表明研究区内植被指数与亮温间呈“弱正相关”；而其他年份都在 0.2 上下，最低的 2001 年相关性指数为 0.075851，表明剩下五年研究区内植被指数与亮温间几乎没有相关性。“弱正相关”与没有相关性都与许多学者研究成果不同，一般研究在将 NDVI 与亮温（地表温度）进行回归分析后普遍得到两者之间呈较强的负相关性的结论。分析原因可能是研究区内植被覆盖的区域大多数为农田，而农田区域多为植被与裸地混合的像元，这种混合像元 NDVI 值较低。当 NDVI 低于一定值时，NDVI 大小并不代表植被的多少，而是地表的本底值，因此，当植被量较低时，NDVI 与亮温的相关性指数没有意义。尽管得到正相关或无相关性结论，但并不能表示随 NDVI 值上升（植被增加）亮温越高，因为这些混合像元 NDVI 值并不表示植被的多少。另外，有关研究表明 NDVI 值在诸如建成区、水体等较低的区域内 NDVI 与亮温值相关性较低。

为进一步找寻 NDVI 与亮温相关性发生异常的原因，将整个 NDVI 图进行细化，按 NDVI 值大小分成四级（<0.1、0.1～0.2、0.2～0.3、>0.3），四级区域按从小到大代表了非植被覆盖区、少量植被覆盖、一般植被覆盖和高植被覆盖区域，在四个不同级区域内进行 NDVI 与亮温的相关性分析看，结果如表 5-14 所示。

表 5-14　不同级区域内 NDVI 与亮温相关性指数表

时间	1987 年 5 月 14 日	1998 年 9 月 1 日	2001 年 9 月 1 日	2004 年 9 月 9 日	2006 年 9 月 7 日	2010 年 9 月 10 日
＞0.3	－0.334783	－0.310551	－0.140332	－0.029347	－0.123638	－0.005669
0.2～0.3	－0.122881	－0.085026	－0.157067	－0.041641	－0.110125	－0.159765
0.1～0.2	－0.137647	－0.10791	－0.097272	－0.11589	－0.10535	－0.065557
＜0.1	0.722123	0.62695	0.294904	0.327189	0.603655	0.260306

由表 5-14 可以明显看出，非植被覆盖区（NDVI＜0.1）与植被覆盖区（NDVI＞0.1）相关性指数存在较大差异，在 NDVI＜0.1 的非植被区内，NDVI 指数与亮温呈现一定的“正相关”，在 1987 年、1998 年和 2006 年相关性指数分别高达 0.722123、0.62695 和 0.603655，这种“正相关”指数虽然很高，但并不能表明 NDVI 与亮温之间存在正相关的关系，因为此时的 NDVI 只是地表本底值（包括水体和建成区），与植被多少无关，更不意味着 NDVI 值越高，亮温越高；而在 NDVI＞0.1 的植被覆盖区内，NDVI 值与亮温几乎不存在相关性，仅 1987 年和 1998 年的高植被覆盖区（＞0.3）内呈现出较弱的负相关性，相关性指数分别为－0.334783 和－0.310551，其他年份所有相关性指数都在－0.2～0 波动，表明基本没有什么相关性。另外，少量植被覆盖区内（0.1～0.2）的相关性指数保持稳定，在 0.1 上下波动。而一般植被覆盖区内（0.2～0.3）相关性指数也在 0.1 上下波动，与少量植被区不同的是在 2001 年和 2004 年波动幅度更大。从植被覆盖的三级区域（0.1～0.2、0.2～0.3、＞0.3）内看出，在高植被覆盖区内，相关性指数逐年接近 0，即从弱相关向不相关变化；少量和一般植被覆盖区内则维持在一个值（0.1）上下。

按土地利用类型对 NDVI 与亮温进行相关性分析，见表 5-15。

表 5-15　不同土地类型 NDVI 与亮温相关指数表

土地类型＼时间	1987 年 5 月 14 日	1998 年 9 月 1 日	2001 年 9 月 1 日	2004 年 9 月 9 日	2006 年 9 月 7 日	2010 年 9 月 10 日
植被区	－0.36789	－0.37512	－0.38059	－0.29548	－0.29591	－0.34709
建成区	0.556343	0.184783	－0.41927	－0.22782	0.229911	－0.15445
水体	0.645522	0.524302	0.440703	0.479371	0.347304	0.416991

由表 5-15 可以看出在三种用地类型相关性指数不同年份变化趋势不同，水体和植被区变化幅度较小，建成区相关指数变化幅度很大。具体来讲，水体类型内相关性指数在六个年份当中维持在较高的值，最高为 1987 年的 0.645522，之后呈逐年下降的趋势；2006 年的最低值也为 0.347304，不同年份之间变化幅度较小，这种较高值也由于 NDVI 只是表现水体区域地表本底值，而无法表明植被与亮温之间存在正相关性。植被区内相关指数与水体类似，维持在一个固定范围内波动，绝对值最高的 2001 年的－0.38059 与最低的 2004 年的－0.29548相差不到 0.1，植被区折线几乎为平行于参考线的直线，植被区相关指数虽然都为负，但值普遍偏小，绝对值最高的为 2001 年的－0.38059，呈较弱负相关。建成区的相关

指数不同年份间变化幅度很大，并且没有一定的规律，1987年和1998年两指数为正，2001年和2004年两指数为负，2006年变为正后，2010年又变为负，由于建成区内没有植被覆盖，故与水体类似，NDVI值只是表示地表本底值，即是否有植被覆盖都会有相应的NDVI本底值，其正负和大小与是否有相关性，以及相关性强弱没有什么关系。

综上引入两种方法分析研究区内NDVI与亮温相关性异常的原因，一种是在按植被覆盖高低将研究区细分成四级后对NDVI与亮温进行回归分析，相关性系数表明研究区内即使覆盖高的区域NDV亮温之间也没有相关性；另一种是针对土地利用类型进行NDVI与亮温回归分析，结果表明建成区内相关指数呈现无规律变化，植被区内相关系数呈较弱的负相关性。两种方法得到的结果在一定程度解释研究区内NDVI与亮温之间"弱正相关"和无相关性，而不是许多研究结果的显著负相关。就原因来讲，可能是研究区内植被覆盖的区域基本都是农田，而农田反映到遥感影像上是土壤与植被组成的混合像元，大量的混合像元中土壤等与亮温没有相关性的组分会降低NDVI与亮温的相关性。

呈正相关的指数是归一化建筑指数（NDBI）和归一化裸地指数（NDBaI），两个指数在六个年份当中都保持在较高值，不同年份之间变化幅度也很小，比较稳定。相比较而言，NDBI较NDBaI值高，表明建筑密度与亮温的相关性更显著。NDBI与亮温的相关性指数都在0.7上下波动，最高值为1987年的0.769915，表明亮温与建筑指数呈比较显著的正相关。而NDBI表示建筑密度和建筑用地比例，数值越大表明建筑密度越大，建筑用地比例越高，较高的相关指数表明建筑是造成亮温的一个重要原因。相关系数较低的归一化裸地指数都在维持在0.6左右，最高值为1987年的0.783393，表明亮温与裸地指数也呈现比较显著的正相关，NDBI与NDBaI这两个指数分别表示建筑和裸地，在与亮温相关性上比较接近，是因为两者从增加地表温度的效果上来讲是类似的，无论是裸地还是建筑都具有热容小、水分含量较少蒸发作用较弱、植被覆盖不高、吸收太阳辐射时升温快的特点，故两个指数变化的趋势比较接近。

归一化水体指数（MNDWI）显示出，亮温与水体呈一定的负相关，相关性指数绝对值经历了自1987年的0.82361先下降至1998年的0.53578，继续下降至2001年的0.45669后，最终维持在0.6左右的变化趋势。归一化水体指数与水体污染有关，下降的原因可能是污水排放使水体污染造成的，而后略有上升并维持在0.6左右，是由于水体污染治理导致水质好转造成的。为进一步分析水体污染对相关指数造成的影响，对1990—2009年天津市工业废水统计数据进行分析。

图5-3数据来自天津统计年鉴，表示1990—2009年天津市工业废水排放量（1990年以前没有相应统计数据排放量），横坐标表示年份，纵坐标表示工业废水排放量，单位为万吨。从图中可以看出1990—2009年20年间工业废水排放量基本维持在20000万～25000万吨的区间内，只有1997年、1999年、2000年和2005年四年高于25000万吨，2009年低于20000万吨。图5-4数据来自天津统计年鉴，表示1990—2009年天津市工业废水达标排放率，横坐标表示年份，纵坐标为百分比表示的达标排放率。从图5-4看出达标排放率1990—2009年经历了先逐年上升，然后维持稳定的趋势。1990—2001年达标排放率逐年上升，至2002年以后保持在100%的达标排放率。由两图反映的统计数据可以看出，1990年以后工业废水排放量保持不变，其达标排放率也不断上升，但总体上污染物排放量在不断积累，水体污染在加剧，造成了1998年和2001年MNDWI与亮温相关性指数的下降。自2002年以后，工业废水达标排放率几乎为100%，水体污染得到一定的遏制，在一定程度上可以解释2004年、2006年和2010年MNDWI与亮温的相关指数维持在较稳定的0.6。

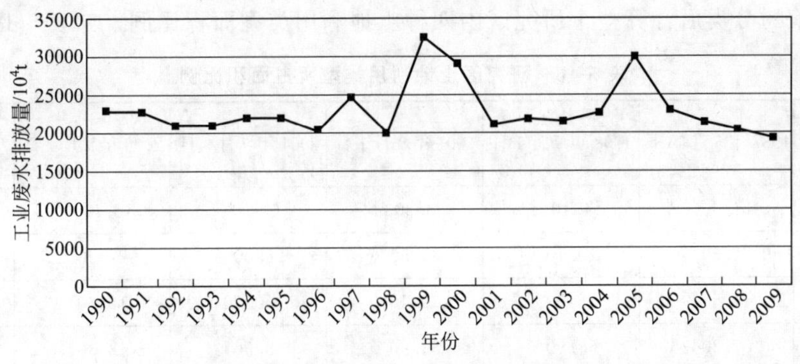

图 5-3　工业废水排放量变化图

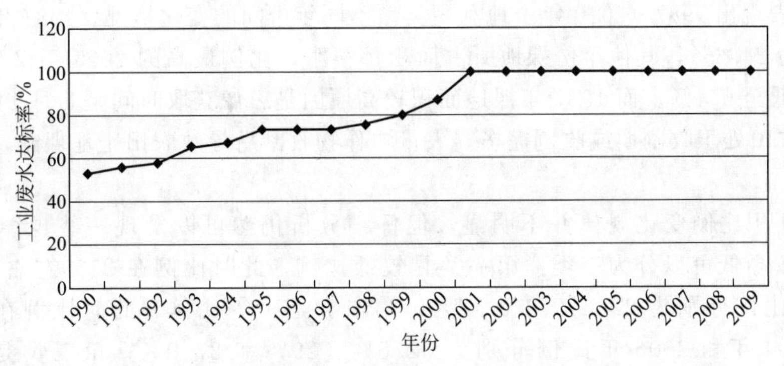

图 5-4　工业废水达标率

5.3.3　基于土地利用类型的天津中心城区和滨海新区热岛效应研究

5.3.3.1　天津中心城区和滨海新区土地覆盖变化分析

在参考国内外各种分类系统的基础之上，结合研究区的土地利用类型将研究区分成四类：植被覆盖区，水体，建成区和裸地。结合前面介绍的 NDVI、MNDWI、NDBI 和 NDBaI 四个指数，在 ENVI 4.7 中运用决策树分类的方法按照图 5-5 所示限值进行分类得到六个年份土地利用类型图。

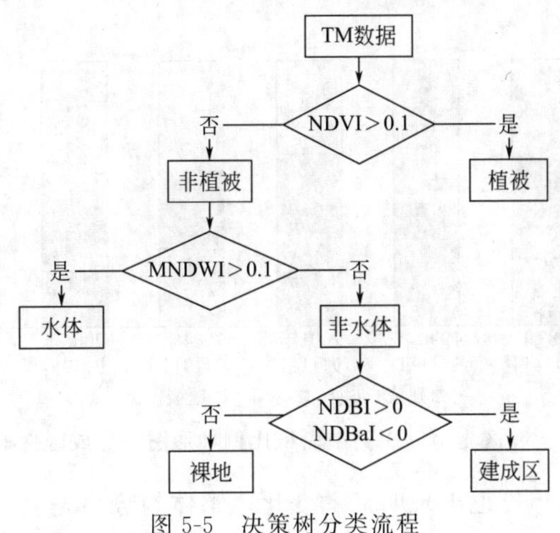

图 5-5　决策树分类流程

利用决策树分类后计算整个研究区内四种土地利用类型面积比例，如表5-16所示。

表5-16　研究区土地利用类型所占面积比例

土地类型＼时间	1987年5月14日	1998年9月1日	2001年9月1日	2004年9月9日	2006年9月7日	2010年9月10日
裸地	24.60%	4.10%	3.20%	0.40%	5.10%	1.30%
建成区	22.60%	19.70%	32.50%	29.00%	27.90%	43.30%
水体	15.60%	22.30%	29.40%	30.00	18.60%	21.90%
植被覆盖区	37.20%	53.90%	34.90%	40.60%	48.30%	33.50%

表5-16表现出1987—2010年土地利用类型不同年份间的变化情况。1987年裸地面积占较高比例，为24.6%，其他年份裸地所占面积都很小，比例最高的2006年仅为5.1%，而2004年甚至低至0.4%。而1987年裸地面积较高原因是影像获取时间是5月14日，此时天津市大部分农田处于收割期或收割完毕，大量农作物收割后导致农田土地裸露，造成大面积的裸地出现。

建成区面积比例变化规律并不明显，但仔细分析仍然可以发现一些规律，六个年份建成区比例按高低可以分为三类：第一类是较低比例，此时比例在20%左右，1987年和1998年两年比例分别为22.6%和19.7%；第二类是中等比例，此时比例在30%左右，2001年、2004年和2006年比例分别为32.5%、29%和27.9%；第三类是较高比例，2010年为43.3%。经过以上分析可以发现建成区面积比例在整体上呈上升趋势，这与天津市经济发展，城市化建设等因素有关。但面积比例却没有出现逐年上升的规律，分析原因有两个：一是研究区内裸地与建成区差别不明显导致分类时会将裸地划分成建成区或将建成区划分成裸地，产生一定误差；二是由于六个年份的土地利用类型是按同一个阈值进行划分的，同一类型的用地在不同遥感影像上亮度值可能不同，由此造成分类时会有些差别。

裸地和建成区都可以造成遥感影像反演出的亮温值较高，而且裸地在研究区内不是主要用地类型（除1987年外，其他年份面积都较小），因此按两类土地面积加和后计算面积比例发现除1987年为47.2%外，自1998—2010年，两区面积和呈曲折上升的趋势，见图5-6。

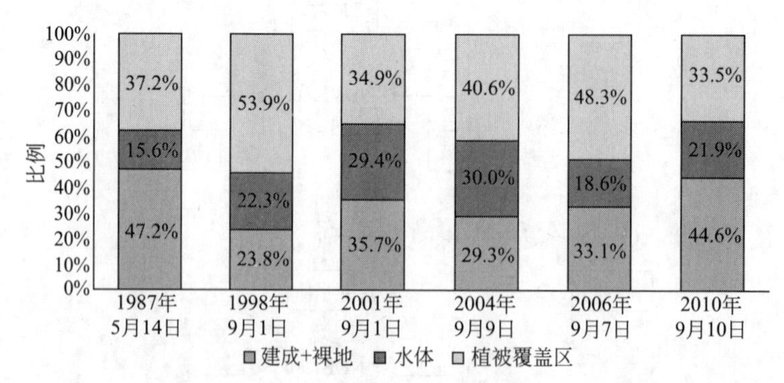

图5-6　研究区土地利用类型面积比例柱形图（建成区裸地合并）

水体的面积比例不同年份也出现明显的变化，整体趋势为先上升、后下降。遥感影像显示出有些湖泊在不同年份当中由水体覆盖的面积不同，以黄岗水库为例，黄岗水库有一库和二库，1987 年、1998 年、2001 年和 2004 年两个库区在遥感影像上显示都为水所覆盖；2006 年整个一库缺水，库底裸露；2010 年一库有一大部分库底未被水覆盖，二库 90%以上库区缺水，库底裸露。再如比较明显的北大港水库西侧的钱圈水库，只在 1987 年蓄满水，其余五个年份都没有蓄水。类似黄岗水库和钱圈水库的不同年份蓄水量不同的水域还有很多，不仅有水库、湖泊，还有一些人工水田也呈现不同年份蓄水不同的情况。总体来说，水体面积自 1987 年以来不断变化，呈现先上升后下降的规律，有许多原因，如气候、降水变化，也有经济发展导致的围湖造田等。

植被覆盖的区域没有呈现出一定的规律。六个年份当中，最高为 1998 年的 53.9%，其次为 2006 年的 48.3%，最低为 2010 年的 33.5%。造成这种无规律变化的原因有多种：一是可能由于植被区，特别是城乡结合部植被区域被建成区替代，造成植被覆盖区域减少；二是由于水体区域水位下降，在原来水体覆盖的区域生长植被，增加植被覆盖区的面积；三是由于气象因素导致植被生长情况不同，同一片区域相同季相不同年份可能出现由于气候条件影响导致植被覆盖区域大小不同。

5.3.3.2 天津中心城区和滨海新区土地覆盖变化分析

为研究土地利用类型变化与亮温的关系，需要研究不同土地利用类型的热辐射特征，本书统计了研究区内四种类型土地亮温的平均值、标准差。

由亮温平均值图 5-7 可以很明显地看出，自 1987—2010 年，研究区内不同土地利用类型中，水体亮温平均值是最低的，亮温平均值最高的区域除 1987 年为裸地外，其他年份都是建成区，即使在 1987 年也仅比最高的裸地低 0.6℃。不透水的表面如建筑、道路、金属等代替蒸发作用大的天然植被覆盖区域，这在一定程度上说明城市建设的确造成了温度的升高，加剧了热岛效应。裸地与植被覆盖区亮温平均值在六年当中都比较接近，两类区域亮温平均值相差最大的为 2006 年的 1.4℃，相差最小的仅为 2004 年的 0.2℃。这两个区域亮温值的接近在一定程度上说明两个区域地表状况较为接近，原因可能是研究区内裸地主要由植被覆盖区转变造成。水体亮温平均值是所有土地利用类型当中最低的，表明四类土地中水体缓解热岛效应的效果最好。

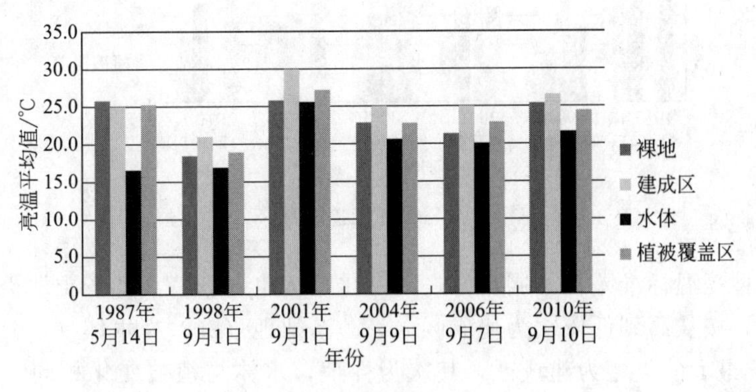

图 5-7 亮温平均值

热岛效应是一个相对概念，是城市温度高于郊区温度的差值。因此为更加直观地分析热岛效应强度和逐年变化情况，基于研究区内亮温最低的区域为水体这一特点，编者分别将裸地、建成区、植被的亮温平均值与水体进行差值运算后得到的结果表示热岛强度，见表5-17。

表 5-17　热岛强度变化表

类型＼时间	1987年5月14日	1998年9月1日	2001年9月1日	2004年9月9日	2006年9月7日	2010年9月10日
植被-水体	8.6274	1.9286	1.4984	2.1117	2.9318	2.9319
建成-水体	8.3786	4.1903	4.2952	4.2184	4.9484	5.2565
裸地-水体	9.051	1.4642	0.2049	2.2864	1.5665	3.9314

表5-17反映出除1987年热岛强度较高有异常外，自1998—2010年热岛效应不断加剧，热岛强度最大的是建成区，其次是植被区，裸地变化幅度较大，规律性不明显。1987年三个区域与水体差值最高的原因可能是此时水体受污染程度较其他年份低，水体污染程度低可能会增加降温作用，其他类型增温作用变化不大的情况下1987年的热岛强度较高。自1998年开始，建成区与水体差值为三个区域当中最高的，表明建成区热岛强度不断增大，并且呈加剧的趋势；植被区与水体亮温差值与建成区类似，呈不断上升趋势，但强度较建成区要小。裸地区与水体亮温差值不同年份间变化较大，整体上也呈上升趋势。

结合标准差图5-8，按年份计算不同土地类型的标准差平均值，按从高到低依次为，1987年（3.2）＞2010年（2.1）＞2001年（1.8）＞2004年（1.7）＝2006年（1.7）＞1998年（1.4）。其中，亮温变化最大的是1987年，其次是2010年，剩下四年比较接近。不同年份间标准差没有呈现一定规律，这点与亮温平均值不同。如1987年土地类型按亮温标准差大小依次为建成区＞植被覆盖区＞裸地＞水体，而2010年则为裸地＞建成区＞水体＞植被覆盖区。

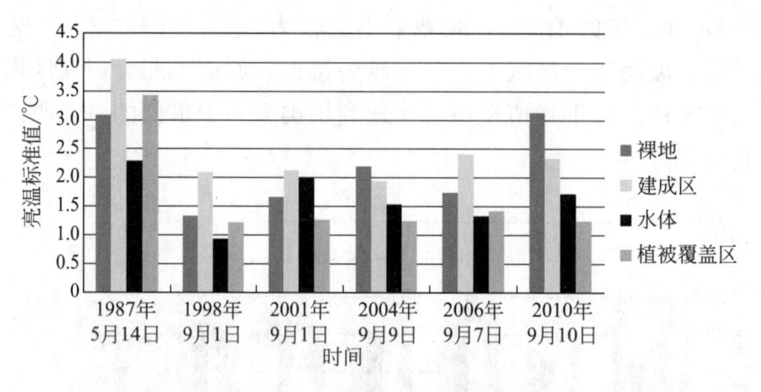

图5-8　亮温标准差变化图

同一土地类型亮温标准差在不同年份之间变化趋势也各有特点，按土地类型计算不同年份标准差平均值，按从高到低依次为建成区（2.5）＞裸地（2.2）＞水体（1.6）＝植被覆盖区（1.6）。亮温变化最大的类型为建成区，其次为裸地，水体与植被变化相同。分析原因可能是建成区由不透水面构成，而不同区域，不同建筑采用的材料质地不同，结构不同，有些是混凝土，有些是金属，甚至同样是混凝土可能结构不同，这些不同的结构吸收太阳辐射后增温效果不同，从而造成亮温值不同。

裸地中，标准差最高的年份为1987年和2010年，都为3.1，表明裸地类型当中两年亮温变化最大。建成区中，标准差除1987年最高为4.0外，其他年份都维持在一个相对稳定的范围内，最高为2006年的2.4，最低为2004年的1.9，差别不大，表明建成区不同年份之间亮温变化幅度差别不大。1987年最高可能与建成区大部分区域亮温值并不高，热岛效应不明显，只有中心城区局部小区域出现热岛效应有关，而其他年份之间较为接近说明建成区内都存在较强的热岛效应，温度差别不大导致亮温差别不大。水体中亮温标准差整体都偏低，最高为1987年的2.3，最低为1998年的0.9。水体亮温变化较小的原因较容易理解，即不同位置水体蒸发机理都一致，光照、温度等造成的蒸发强度不同也不会差别很大。植被覆盖区亮温与水体类似，但较水体更为稳定，除1987年较高为3.4外，其他年份在1.2～1.4变化。1987年的标准差最高的原因是影像获取时间为5月14日，这时植被覆盖区内植被相差很大，有些区域为农田，有些区域为果园，有些区域为草地，不同植被降温效果不同导致亮温标准差较高，即不同植被覆盖区域内亮温相差较大。而剩下五年植被覆盖区内亮温标准差相差较小有两个原因，一是由于研究区内植被类型逐渐单一化为农田导致亮温差别不大；另一个原因是这五年影像获取时间都在9月，前后相差不过10天，尽管年份不同，但季相相同导致植被类型都较为接近。这也是造成这五年与1987年亮温标准差差别明显的一个因素。

5.3.4 缓解热岛效应的对策和建议

通过以上几章对天津市中心城区和滨海新区TM/ETM＋遥感数据反演地表亮温与地表指数、土地利用类型之间的关系进行分析，编者得出研究区关于热岛效应的一些有价值结论，能够为政府相关部门通过城市规划、环境保护等方面减缓热岛效应提供一些科学依据。

(1) 加强城市绿化 通过地表亮温与归一化地表指数回归分析得到的相关性系数显示研究区内代表植被的NDVI指数与亮温之间并未呈现与大多数研究类似的负相关性，而是几乎没有什么相关性。尽管亮温与NDVI不呈负相关，但不能认为合理的绿地植被规划和建设对天津市缓解热岛效应是无用的，造成不呈负相关的因素有许多，研究区特殊的土地状况、气候条件等都可能造成两者之间不相关或呈“正相关”。

城市规划当中合理的绿地规划仍然是缓解热岛效应的重要措施。虽然定量化的回归分析并不能说明植被覆盖越高亮温就越低，但从热岛分布图与土地利用图进行叠加分析仍然可以看出，大部分植被覆盖的区域亮温较以混凝土为基质的建成区要低，特别是在中心城区内，可以看到存在许多中温区或低温区，而这些区域正好为植被覆盖丰富的公园、高校、湖泊、河流。因此在城市当中适当增加绿地面积和覆盖的强度是缓解城市热岛，为居民建造一个舒适的生活环境最主要手段。另外，增加绿地的合理布局也是一个重要手段，可以用较小的用地投入产生更大的缓解效应。在用地紧张的城市内难以建造大面积绿地，充分运用景观生态学理论在热岛面积广、强度大的建成区内通过绿地合理布局增加热岛景观的破碎度，降低不同热岛之间连通性也可以降低热岛效应造成的影响。天津水资源十分丰富，多条河流在此汇聚入海，因此可以利用这一优势在沿两岸加强绿化，既可以减轻用水压力，也可以美化环境，更重要的是可以与水体形成协同效应使得减缓热岛效应的效果更好。除运用技术手段通过增加植被覆盖、绿地合理布局缓解热岛效应外还需要政府加强管理和控制。这就需要政府充分意识到热岛效应对城市和居民产生的影响，采取严格的绿地管理措施和制度，在规划上适当增加绿地规模。例如可以加强城市道路两旁行道树和绿化带种植，合理选择树种与植被降低管护成本，考虑北方冬天温度较低，可以选择松柏这类耐寒性较好的树种作为主要公园、高校内的树种。

（2）优化城市布局 NDBI和NDBaI与亮温回归分析结果表明两指数都与亮温呈正相关，表明建成区与裸地会造成亮温增加，加剧热岛效应，其中NDBI所表示的建筑指数与亮温相关指数更高。本书研究结果表明城市化带动城市建设会加剧热岛效应，因此需要加强城市规划的科学性、合理性。经本书研究建筑密度越高，热岛效应就越强，为从根本上解决热岛效应需要在城市规划阶段就考虑建筑可能造成的影响，尽量将建筑物高密度区域与植被或水体区域相结合进行建设，降低高层建筑物密度，可以降低热岛面积和强度。合理规划不同功能区，将居民生活区规划在主导风向的上风向，降低温度通过风扩散至居民生活区。将污染严重的工矿区域搬离城市至主导风向的下风向。建筑物采用环保、节能、天然的新材料。从管理层面上政府加强对城区建设的合理控制，在城区建设过程中要制定政策引导企业建设环保、节能型新建筑，如采用降低反射的玻璃、瓷砖、涂料等外墙材料。冬天热电厂多以煤炭为主要原料，强制电厂增加各种污染治理设备或改造升级，以减少温室气体排放。减少高尔夫球场的建设，高尔夫球场所用草坪维护成本很高，而且十分脆弱，虽然草地降低热岛效应效果较好，但与其所带的收益相比较其花费的成本要低得多。

（3）合理利用水体资源 由前文研究结果表明，MNDWI与亮温呈负相关性，表明水体具有缓解热岛效应的作用。水体的巨大蒸发作用可以有效降低地表亮温，从而缓解热岛效应。但由于水体不能像植被一样随意增加，因此不如植被在缓解热岛效应上作用更大、更灵活。但仍然可以通过一些方法达到有效降低热岛效应的作用。本书研究认为水体污染会造成其缓解热岛效应能力下降，因此要减少污水超标排放，特别是在城市区域内，因为这些区域当中水体起到的缓解作用更大。可以将水体与植被绿地相结合，在水体周围进行有针对性的绿化，通过增加植被面积间接扩大水体影响范围以达到最大程度缓解热岛效应的目的。城区内的许多河道都已经固化，两岸由原来的土壤变成了混凝土，这会影响河流发挥其缓解热岛效应的作用，需要将混凝土河岸软化，采取植被＋土壤的组合可以有效降低温度。城市建设侵占了许多湖泊、水库，如房地产项目建设导致东丽湖面积不断缩小。研究区内水体面积正逐渐减小，特别是城市附近的水体面积的不断减少加剧了热岛效应，因此需要政府采取有力措施，制定严格的惩罚制度，对造成水体面积减少的建设项目坚决予以取缔。

（4）居民生活 虽然植被可以缓解热岛效应，建成区可以加剧热岛效应，但从根本上说热岛效应是人为干扰自然地表造成的。因此作为普通城镇居民也要从我做起，从小事做起，为构筑一个舒适的生活环境、缓解城市热岛效应贡献自己的一份力。居民出行尽量选择地铁、公交等公共交通，这样可以降低燃料燃烧排放温室气体，温室气体不利于地表热辐射向高空传导，无疑会加剧城市区域温度升高，加剧热岛效应。这方面政府需要制定政策引导居民减少私家车使用，大力改善公共交通条件，通过补贴等方式降低公共交通乘车费，通过经济杠杆引导更多城镇居民选择公共交通出行。居民少使用空调或将空调温度设定在28℃，空调在降低室内温度的同时会通过向室外排风增加室外温度，在一定程度上加剧热岛效应。

参考文献

［1］ 范心圻．我国主要城市热岛现象动态监测研究［M］．北京：北京大学出版社，1991.

［2］ Manley G. On the frequency of snowfall in metropolitan England［J］. Quarterly Journal of the RoyalMeteorological Society，1958，84（359）：70-72.

［3］ 曾侠，钱光明，潘蔚娟．珠江三角洲都市群城市热岛效应初步研究［J］．气象，2004，30（10）：12-16.

［4］ 张健，章新平，王晓云等．北京地区气温多尺度分析和热岛效应［J］．干旱区地理，2010，（1）：51-58.

［5］ 孙继松，舒文军．北京城市热岛效应对冬夏季降水的影响研究［J］．大气科学，2007，（2）：311-320.

［6］ Carnahan W H，Larson R C. An analysis of an urban heat sink［J］. Remote Sensing of Environment，1990，33（1）：65-71.

［7］ Carlson T N，Augustin J A，Boland F E. Potential application of satellite temperatures measurements in the analysis of land use over urban areas［J］. Bulletin of the American Meteorological Society，1977，58：1301-1303.

［8］ Matson M E P，Mcclain D F，Mcginnis. Satellite detection of urban heat islands［J］. Monthly Weather Review，1978，106（12）：1725-1734.

［9］ 饶胜，张惠远，金陶陶等．基于 MODIS 的珠江三角洲地区区域热岛的分布特征［J］．地理研究，2010，（1）：127-136.

［10］ Price J C. Land Surface Temperature Measurements From the Split Window Channels of the NOAA 7 Advanced Very High Resolution Radiometer［J］. Journal of Geophysical research，1984，89（D5）：7231-7237.

［11］ 郭广猛，杨青生．利用 MODIS 数据反演地表温度的研究［J］．遥感技术与应用，2004，（1）：34-36.

［12］ 包刚，包玉海，李慧静等．用 MODIS 数据和分裂窗算法反演内蒙古地区的地表温度［J］．测绘科学，2009，（1）：32-34.

［13］ 毛克彪，覃志豪，施建成．用 MODIS 影像和劈窗算法反演山东半岛的地表温度［J］．中国矿业大学学报，2005，34（1）：49-53.

［14］ Roth M，Oke T R，Emery W J. Satellite-derived urban heat islands from three coastal cities and the utilization of such data in urban climatology［J］. International Journal of Remote Sensing，1989，10（11）：1699-1720.

［15］ 黄一凡，李锋，王如松等．基于遥感信息的常州市热岛效应［J］．生态学杂志，2009，（8）：1594-1599.

［16］ 程晨，蔡喆，闫维等．基于 Landsat TM/ETM＋的天津城区及滨海新区热岛效应时空变化研究［J］．自然资源学报，2010，（10）：1727-1737.

［17］ 李芳芳，齐庆超，汪宝存等．基于 ETM 数据的郑州市城市热岛研究［J］．测绘与空间地理信息，2010，（6）：85-88.

［18］ 杨沈斌，赵小艳，申双和等．基于 Landsat TM/ETM＋数据的北京城市热岛季节特征研究［J］．大气科学学报，2010，（4）：427-435.

［19］ 朴世龙，方精云．最近 18 年来中国植被覆盖的动态变化［J］．第四纪研究，2001，（4）：294-302.

［20］ 杨士弘．城市生态环境学［M］．北京：科学出版社，2003.

［21］ Weng Q，Lu D，Schubring J. Estimation of land surface temperature-vegetation abundance relationship for urban heat island studies［J］. Remote Sensing of Environment，2004，89（4）：467-483.

［22］ Yokohari M，Brown R D，Kato Y，et al. The cooling effect of paddy fields on summertime air temperature in residential Tokyo，Japan［J］. Landscape and Urban Planning，2001，53（1-4）：17-27.

[23] Zeng X，Dickinson R E，Walker A，et al. Derivation and Evaluation of Global 1-km Fractional Vegetation Cover Data for Land Modeling [J]. Journal of Applied Meteorology，2000，39 (6)：826-839.

[24] Duncan J，Stow D，Franklin J，et al. International Journal of Remote Sensing [J]. 地理研究，1993，14，(18)：3395-3416.

[25] 陈云浩，李晓兵，史培军等. 北京海淀区植被覆盖的遥感动态研究 [J]. 植物生态学报，2001，(5)：588-593.

[26] Gallo K P，Mcnab A L，Karl T R，et al. The use of a vegetation index for assessment of the urban heat island effect [J]. International Journal of Remote Sensing，1993，14 (11)：2223-2230.

[27] 林苗青，黄锦速，杜勤博. 汕头市城市热岛效应特征分析 [J]. 安徽农业科学，2010，(27)：15214-15217.

6

天津近岸海域大型底栖动物群落特征及其与环境变量的相关性

底栖动物是指生活史的全部或大部分时间生活在水体底部的水生动物类群。根据底栖动物大小，将其分为大型、小型和微型底栖动物，通常将不能通过 0.5mm 孔径网筛的称为大型底栖动物。底栖动物研究以大型底栖动物为主，主要包括环节动物多毛类、节肢动物甲壳类、软体动物、棘皮动物。

作为海洋生态系统中的重要类群，大型底栖动物在海洋生态系统的物质循环和能量流动中发挥着至关重要的作用。底栖动物特别是大型底栖动物能够迅速地对环境变化作出反应，在指示水生态系统扰动时有特殊的优势，多数底栖动物具有以下特征：①长期生活在底泥中，分布区域性强；②迁移能力弱，对环境污染及变化少有回避能力；③生命周期相对较长，其群落的破坏和重建需要较长时间。此外，不同种类底栖动物对环境条件的适应性及对污染等不利因素的耐受力和敏感程度不同。鉴于上述特点，底栖动物已作为良好的指示种群被广泛应用到生态评价与生物监测中。

国内学者对底栖动物的研究始于 20 世纪 60—70 年代。初期的研究者多通过大范围海洋调查，获取底栖动物的基础数据，通过时空对比判断污染情况。随着底栖动物在水质评价中的优势日益显现，80 年代，国内底栖动物的研究热点是通过计算相应的生物指数，确定一定的污染评价标准，将底栖动物广泛应用于实际的水质评价中。80 年代后期，国内学者开始从群落层次进行底栖动物研究，关注区域内底栖动物的多样性、均匀性等群落特征，不再单纯从种群水平进行研究。90 年代，学者们开始注重底栖动物与环境变量的相关性研究，试图找到底栖动物受环境影响的因果关系，围垦、排污、水产养殖等人类活动对底栖动物的影响的研究也陆续起步。同时，提出了多种用底栖动物进行水质评价的生物指数，以期更全面、综合地评价水质。当前国内底栖动物相关研究主要关注以下几个方面：底栖动物基础研究；底栖动物用于水质评价；底栖动物与环境变量的关系研究。

渤海是我国唯一的半封闭内海，由辽宁、河北、山东、天津三省一市环绕，海水交换能力差，海洋生态系统脆弱。渤海湾天津段近岸海域地处天津滨海新区东部，近年来，随着沿海经济迅速发展，人类生活生产活动增加，污染物排放量持续增长，海域污染状况不断加重；海洋工程活动频繁，围海造地、港口疏浚等项目众多，特别是 2004 年以来，天津港和临港工业区进行了大规模的围海造地活动，大面积滩涂湿地变为工业用地，近岸海域的海洋生态系统受到强烈扰动，局部区域海洋资源衰退、海洋功能退化。在这样的背景下，研究近海海域生态环境质量变化趋势，探讨人类活动与环境质量变化之间的关系，并为海洋生态环境保护提出对策和建议，就显得十分必要和紧迫。

6.1 研究区域与方法

6.1.1 研究区域与数据来源

本书研究区（38°37′～39°07′N，117°39′～118°02′E）位于渤海湾西岸，北起涧河，南至歧口河。渤海湾位于渤海西部，面积约 13000km²。

本书底栖动物和环境变量数据均来自于 2004 年和 2007 年国家海洋局对渤海湾天津段生态监控区的监测结果。采样站位包括岐口、大港、塘沽、北塘、汉沽五个采样断面，共 30 个站位（见图 6-1）。采样用 0.05m² 的箱式采泥器，重复取样 5 次（以成功为准），合为一个样品，用网孔 0.5mm 网筛分选标本。所获生物样品用 5%中性甲醛溶液固定，室内进行种类鉴定、个体计数，并换算成单位面积的丰度。

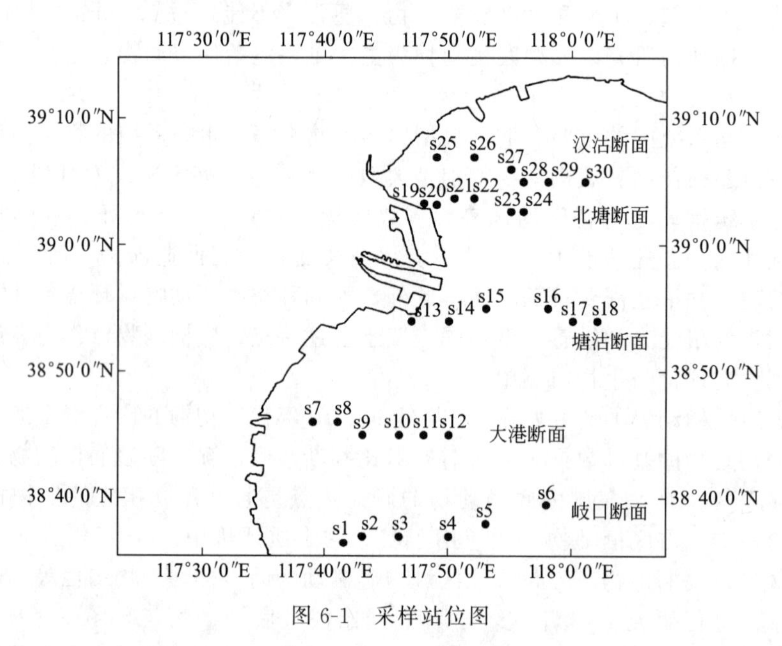

图 6-1 采样站位图

6.1.2 数据分析方法

6.1.2.1 底栖动物多样性分析

群落生物多样性采用 Margalef 丰富度指数（d）、Pielow 均匀度指数（J'）、香农-威纳信息指数（Shannon-Wiener）(H')，利用 PRIMER 软件进行计算。

6.1.2.2 群落结构分析的统计分析方法

本书采用多元统计方法分析底栖动物群落结构，利用 PRIMER 软件进行底栖动物群落结构的聚类分析和 MDS 分析。通过计算站位间的 Bray-Curtis 相似性系数，用聚类分析和多维排序尺度分析（MDS）相结合的方法将底栖动物群落分成不同的聚类组，用 SIMPER

分析对样本分组起主要作用的物种。具体实现过程如下。

(1) 数据准备及相似性系数计算 首先将生物数据进行整理，得到一张由 n 个站位 p 个种类的生物数据组成的矩阵，生物数据可以是生物密度、生物量、盖度等。为平衡优势种和稀有种在群落中的作用，相似性分析前应先对数据进行转换。本书对原始数据进行对数转换。

对数据进行转换后，通过“Similarity”操作计算各站位之间的相似性百分数，得到一个下三角矩阵，即为相似性矩阵。

(2) 聚类和 MDS 分析 聚类分析是将上述的相似性矩阵逐级连接成组并通过树状图来表示的过程。最常用的连接方法为组平均连接法，它在相应的组群中相似性指数的平均水平上，将两个组群相连接。本书选择组平均法进行聚类分析。

(3) SIMPER 分析 将聚类分析的不同聚类组作为“Factors”输入到原始生物矩阵中，通过 SIMPER 模块得到各聚类组组内的平均相似性和对相似性贡献较大的物种、各聚类组间的平均不相似性及造成不相似性的物种，由此分析对分类起主要作用的物种。

6.1.2.3 底栖动物与环境变量相关性的统计方法

本书采用 PRIMER 软件中的相关（RELATE）分析、生物-环境（BIO-ENV）分析模块和 CANOCO 软件中的典范对应分析、冗余分析研究底栖动物与环境变量的相关性。

6.2 底栖动物群落特征及其变化分析

6.2.1 种类组成及丰度分布特征

6.2.1.1 底栖动物种类组成

2004 年 8 月和 2007 年 8 月调查所捕获的底栖动物分别为 29 种和 36 种，主要包括软体类、甲壳类、多毛类、棘皮类，另有少量蟠虫动物、扁形动物、纽形动物、腕足动物、脊索动物。各研究区各站位底栖动物种类数见图 6-2。

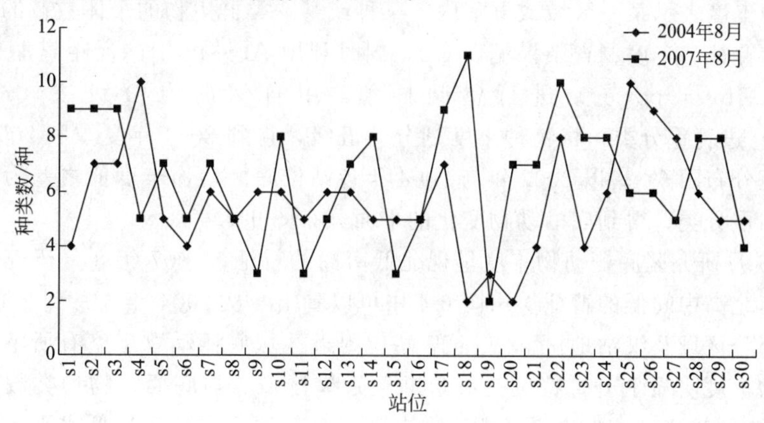

图 6-2 2004 年 8 月和 2007 年 8 月研究区各站位底栖动物种类数

6.2.1.2 底栖动物优势种

优势度表示群落内优势种集中的程度，用于表征物种在群落中的地位。根据以下公式计算得到各种类的优势度：

$$Y=\frac{n_i}{N}f_i \tag{6-1}$$

式中，Y 为优势度；N 为所有种类总个体数；n_i 为第 i 种的个体数；f_i 为该种在所有站位中出现的频率。$Y\geqslant 2\%$的物种定为优势种。

计算所获得的结果见表 6-1。2004 年底栖动物优势种有日本鼓虾、脆壳理蛤；2007 年底栖动物优势种有脆壳理蛤、小胡桃蛤、绒毛细足蟹和涡虫四种。

表 6-1 2004 年 8 月和 2007 年 8 月研究区优势度较高的底栖动物及其出现频次和丰度

2004 年 8 月				2007 年 8 月			
物种	优势度/%	丰度/(种/m²)	频次	物种	优势度/%	丰度/(种/m²)	频次
日本鼓虾	13.16	9540	5	脆壳理蛤	23.52	1340	19
脆壳理蛤	4.30	820	19	小胡桃蛤	11.25	580	21
沙蚕	1.30	248	19	绒毛细足蟹	6.50	352	20
涡虫	0.95	216	16	涡虫	3.65	208	19
荷兰蛤	0.62	320	7	沙蚕	1.33	96	15
纽虫	0.44	160	10	薄壳镜蛤	1.29	116	12
短吻铲荚螠	0.32	116	10	泥钩虾	1.15	208	6
小胡桃蛤	0.24	88	10	小月阿布蛤	0.96	208	5
棘刺锚参	0.23	84	10	纽虫	0.71	64	12
四角蛤蜊	0.23	120	7	棘刺锚参	0.49	48	11
绒毛细足蟹	0.22	80	10	大阿布蛤	0.24	44	6
				巢沙蚕	0.20	36	6

6.2.1.3 丰度的分布特征

底栖动物丰度表示某一区域或群落内，某种或某一类群生物的个体数量的估量，用于表征群落的数量特征。丰度调查结果见表 6-2，同时利用 ArcGIS 中的反距离加权插值法（inverse distance to a power）进行空间插值，用自然断点分级法（natural breaks classification）进行重分类，将物种丰度划分为五级，得到 2004 年夏季和 2007 年夏季底栖动物丰度平面分布图 6-3。以 2007 年与 2004 年各站位底栖动物丰度值之差为原始数据，进行空间插值和重分类，得到底栖动物变化的平面分布图 6-4。

2004 年 8 月研究区底栖动物丰度呈现北低南高的特征；2007 年 8 月研究区底栖动物丰度整体呈现南北高中间低的特征。由图 6-4 中可以看出，从 2004 年 8 月到 2007 年 8 月，除大港地区大部分区域及汉沽地区 s26、s27 站位附近区域底栖动物丰度有所下降外，大部分地区底栖动物丰度明显上升，特别是岐口断面近岸区域。与底栖动物种类数的变化规律相同，2004 年和 2007 年，s19 站位底栖动物丰度都在各站位中处于极低水平，可能表明了离岸很近的 s19 站位存在着持续的人为干扰。

表 6-2　2004 年 8 月和 2007 年 8 月研究区各断面底栖动物丰度平均值

单位：种/m^2

采样断面	岐口	大港	塘沽	北塘	汉沽	总平均值
2004 年 8 月	119.33	96	1676.67	31.33	90.67	402.8
2007 年 8 月	254.67	52	90	88.67	116	120.27

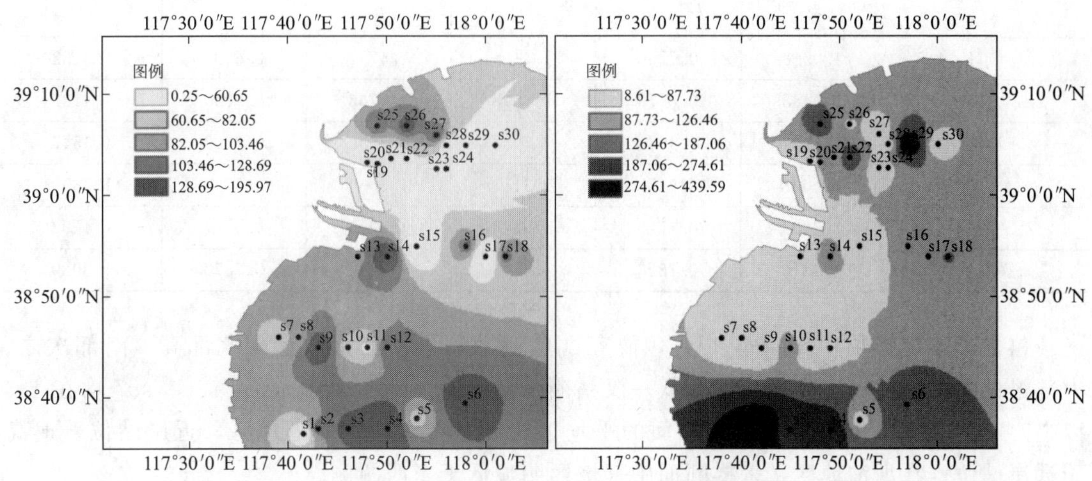

图 6-3　2004 年 8 月（左）和 2007 年 8 月（右）研究区底栖动物丰度（种/m^2）平面分布图

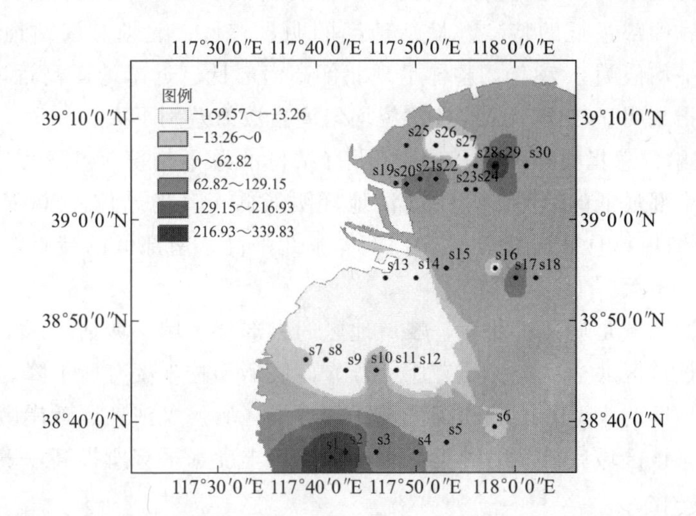

图 6-4　2004—2007 年研究区底栖动物丰度（种/m^2）变化的平面分布图

注：为避免 2004 年 8 月调查中 s15、s17 站位丰度极值对作图的影响，图 6-3、图 6-4 中删除了这两个值。

6.2.2　群落多样性分析

6.2.2.1　多样性指数的计算结果

Margalef 丰富度指数指一个群落或环境中物种数目的多寡，Pielow 均匀度指数表示了底栖动物各种类分布的均匀程度，Shannon-Wiener 信息指数在综合考虑种数和各种间个体分配的均匀性的基础上，反映生物多样性水平。经过计算，获得结果见表6-3，进行作图得到图6-5。图6-6则分别是2007年8月与2004年8月研究区各站位底栖动物丰富度指数、均匀度指数、香农-威纳指数之差的平面插值图。

表6-3 2004年8月和2007年8月研究区各断面底栖动物的d、J'、H'的平均值

采样断面	2004年8月			2007年8月		
	d	J'	H'	d	J'	H'
岐口	1.0918	0.7786	1.3484	1.1774	0.5209	1.0122
大港	1.0488	0.8176	1.4098	1.0736	0.9050	1.4122
塘沽	0.6927	0.4988	0.7038	1.3696	0.8263	1.5547
北塘	1.0098	0.9473	1.3173	1.3590	0.8790	1.5856
汉沽	1.3930	0.8715	1.6673	1.1516	0.8037	1.4298
总平均值	1.0472	0.7828	1.2893	1.2262	0.7870	1.3989

(1) 丰富度指数 2004年8月，研究区底栖动物丰富度指数呈现北部高、南部次之、中部最低的特点，塘沽断面明显较低。汉沽断面的较高，近岸站位s25、s26、s27均在1.3以上。2007年8月，塘沽、北塘断面的平均值较高。在岐口、大港地区，近岸站位普遍高于远岸站位；在塘沽地区，采样断面中部地区明显低于东西两侧。

(2) 均匀度指数 2004年8月各站位底栖动物均匀度指数平均值为0.7827，整体呈现北部高南部次高、中部最低的特点。塘沽地区的明显较低；北塘和汉沽地区的较高。2007年8月各站位的平均值为0.7870，整体呈现北部高南部低、近岸地区高远岸地区低的特点。岐口断面均匀度指数明显较低，其他各站位均匀度指数值差别不大。

(3) 香农-威纳信息指数 2004年8月所有站位的总平均值为1.29，整体呈现北部最高、南部次之、中部最低的趋势，其中塘沽地区明显低于其他站位。2007年8月所有站位底栖动物香农-威纳指数总平均值为1.40，整体呈北部高、南部低的特点，除岐口断面稍低外，各断面间差别不大。

丰富度增加的区域是塘沽、北塘、岐口地区的大部分区域。塘沽地区丰富度增加十分显著，主要是由于该地区底栖动物种类有所上升，而底栖动物丰度有所下降。丰富度减小的区域是岐口、大港地区的少部分区域和汉沽地区的近岸区域。汉沽地区近岸区域丰富度指数减小幅度最大，而且该区域底栖动物种类数普遍下降，丰度水平有所提高，表示该区域底栖动物种类趋向于单一化。

均匀性增加的区域集中在研究区中部，即塘沽和大港断面海域，且增加程度由中央向四周逐渐减小。结合塘沽底栖动物种类数增加、丰度下降、丰富度增加的变化趋势，这可能表示塘沽地区人类干扰的减小，底栖动物趋向于恢复到物种更丰富、均匀性更高的原有状态。均匀度减小的是岐口、北塘、汉沽地区，岐口地区减小幅度最大，主要是由于当地底栖动物种类数的增加程度小于底栖动物丰度的上升程度。

香农-威纳指数增加的是塘沽地区及北塘地区的部分区域，而且该区域物种丰富度和均匀度都明显增加，充分表明当地人为干扰活动减少或自然环境好转。同均匀度指数变化趋势一样，大港地区远岸区域、岐口地区、汉沽地区底栖动物香农-威纳指数减少，汉沽地区底栖动物多样性减少同样表明了该地区底栖动物群落结构的单一化变化趋势。

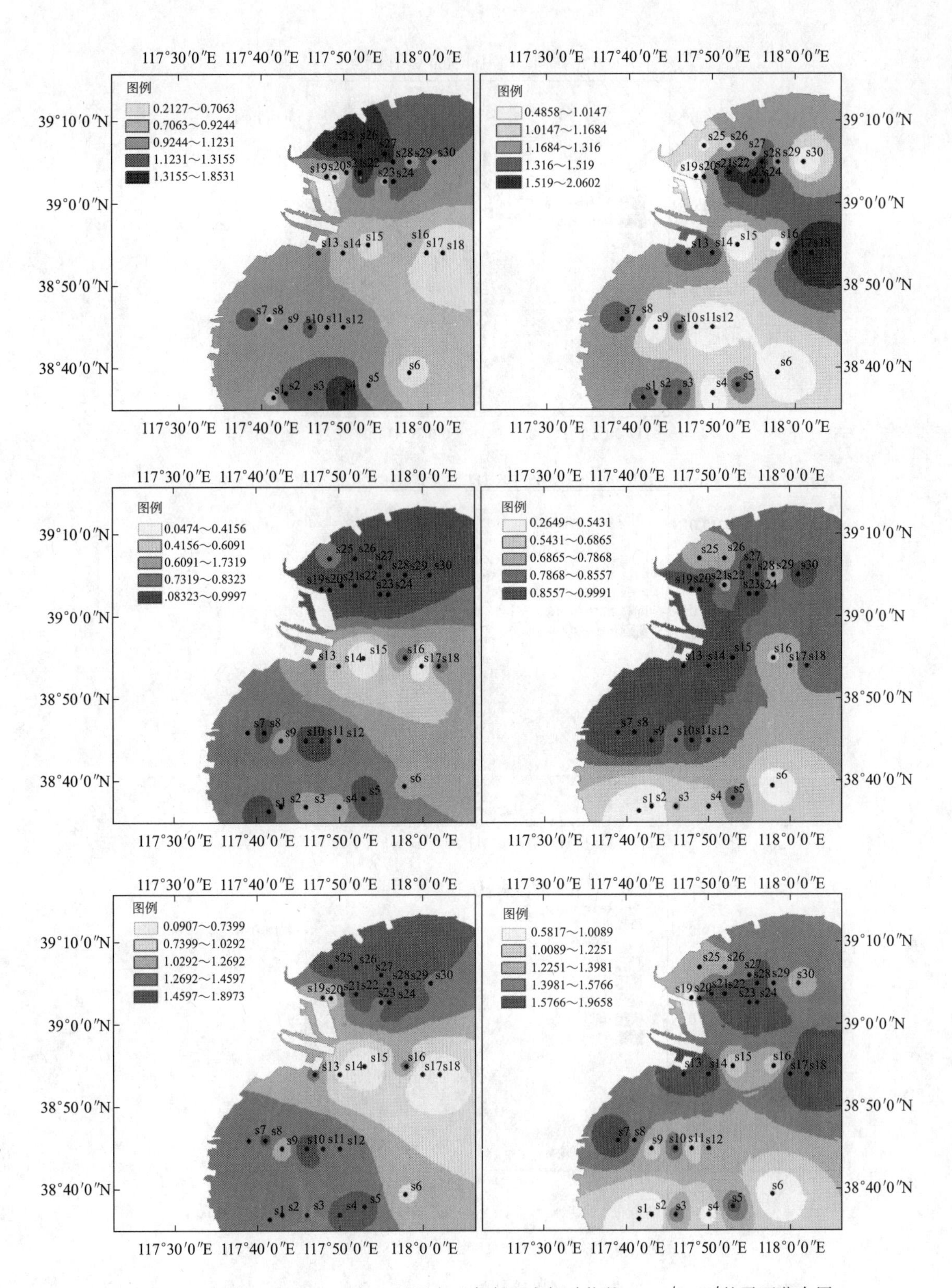

图 6-5　2004 年 8 月和 2007 年 8 月研究区各断面底栖动物的 d、J'、H'的平面分布图

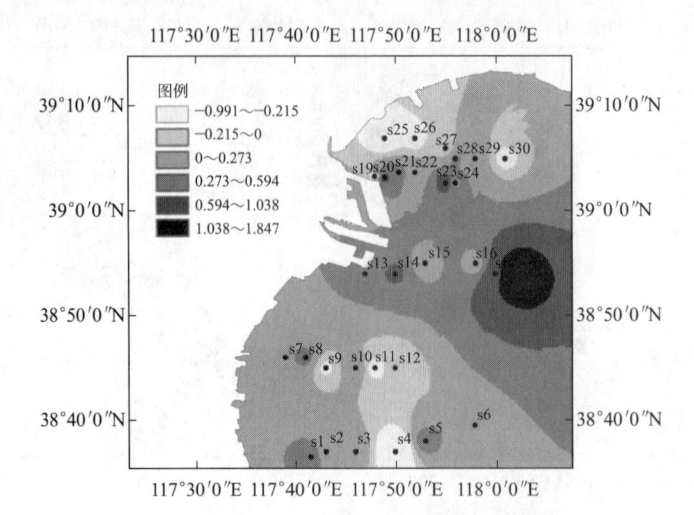

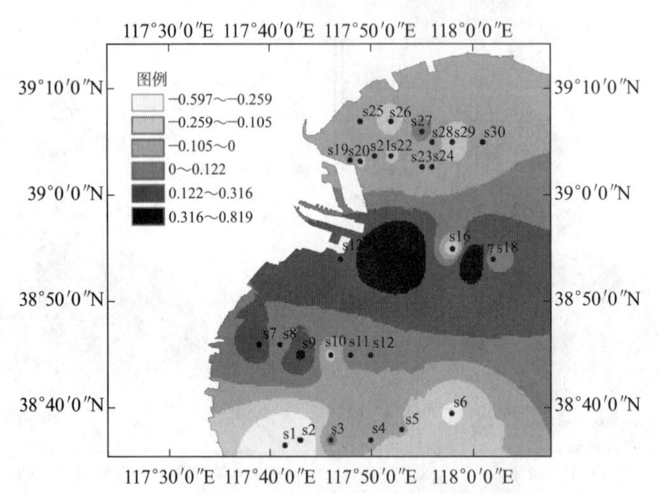

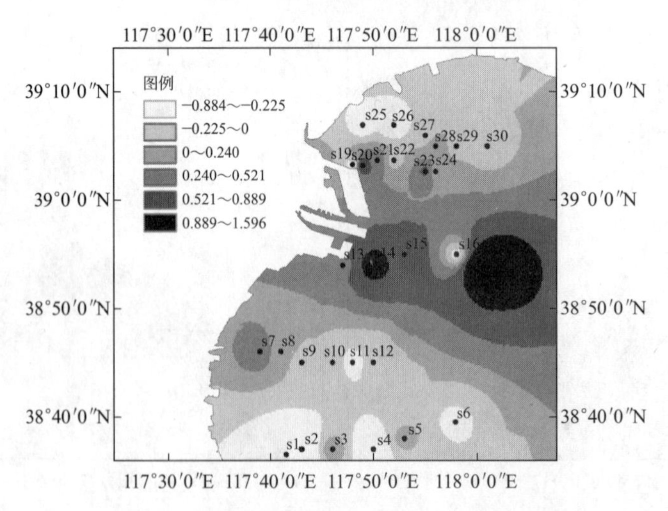

图 6-6　2004—2007 年研究区底栖动物 d、J'、H'值的变化的平面分布图

6.2.2.2 群落多样性变化分析

综合各断面底栖动物种类、丰度及三种多样性指数的变化情况，分析各地区底栖动物群落的变化特征。

(1) 岐口地区 底栖动物种类数、丰度、丰富度均明显上升，但由于底栖动物种类数的上升程度小于底栖动物丰度，底栖动物群落的均匀度、多样性均明显下降，这可能表明了当地环境质量有所改善，但一些种类的底栖动物短期内数量快速增长使群落中占优势地位的物种的优势性更强，整体均匀性下降。

(2) 大港地区 大部分区域底栖动物丰度下降、均匀度上升，但各区域底栖动物种类、丰富度、多样性的变化趋势并不一致，s7、s8、s10 站位附近底栖动物种类数增加、丰富度增加，s7、s8 附近区域的多样性指数上升，表示近岸地区底栖动物可能物种增多，但整体数量减少，群落结构更趋于稳定，环境质量好转。s9、s11、s12 种类数减小，s9 以东的远岸区域多样性指数下降，表明远岸地区底栖动物种类和数量都减少，底栖动物群落结构趋于简单化，可能表征了该地区受到了强烈的人为干扰。

(3) 塘沽地区 底栖动物的丰富度、均匀性、多样性均明显增加，表示塘沽地区底栖动物群落日趋复杂，群落向物种更丰富、均匀性更高状态的发展，表征了人类干扰的减少和环境质量的改善。

(4) 北塘地区 底栖动物的种类数、丰度、丰富度、多样性上升，均匀性降低。同岐口地区一样，北塘地区底栖动物多样性的变化趋势也表明了当地环境质量的改善。

(5) 汉沽地区 底栖动物近岸区域种类数减少、丰度增加，丰富度、均匀度、多样性下降，说明当地底栖动物群落有明显的单一化变化趋势，可能表征了 2004 年以后汉沽地区的人类干扰活动加剧，对环境质量造成明显不良影响。

6.2.3 群落特征分析

6.2.3.1 2004 年底栖动物群落结构分析

在 20%的相似性水平上，聚类分析和 MDS 分析将 30 个站位点分为四个聚类组。聚类组 A 为 s13、s14、s15、s16、s17、s18 站位，聚类组 B 仅有 s19 站位，聚类组 C 由 s20 和 s23 站位组成，剩余站位组成聚类组 D（见图 6-7）。

聚类组 A 平均相似性 43.5，其优势种群为四角蛤蜊-荷兰蛤-日本鼓虾-短吻铲荚蝓-纵肋织纹螺，前四种底栖动物造成了约 94%的相似性。聚类组 B 仅有 s19 站位，不能进行 SIMPER 分析，该站位物种少、丰度低。聚类组 C 为 s20、s23 站位，平均相似性 51.8，其共有的物种只有小胡桃蛤和荷兰蛤。另外 s23 站位还有绒毛细足蟹、脆壳理蛤。聚类组 C 同样物种少，丰度低。由于荷兰蛤、小胡桃蛤是聚类组 A 的优势种群，脆壳理蛤是聚类组 D 的优势种群，使得 MDS 图上，聚类组 C 位于 AD 之间。聚类组 D 组内平均相似性为 44.2，优势种群为脆壳理蛤-沙蚕-涡虫-纽虫-棘刺锚参，其中前三种造成了组内约 75%的相似性。根据 MDS 图，并与原始数据对照可以看出，2004 年 8 月，s19、s7、s21 站位与其他站位差异较大。其中 s19、s7、s21 分别由于存在稀有种三强蟹，明樱蛤、圆筒原盒螺，沟纹拟盲蟹而孤立存在。

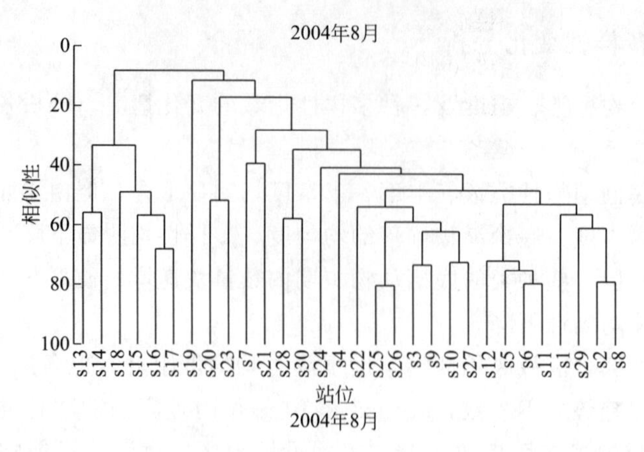

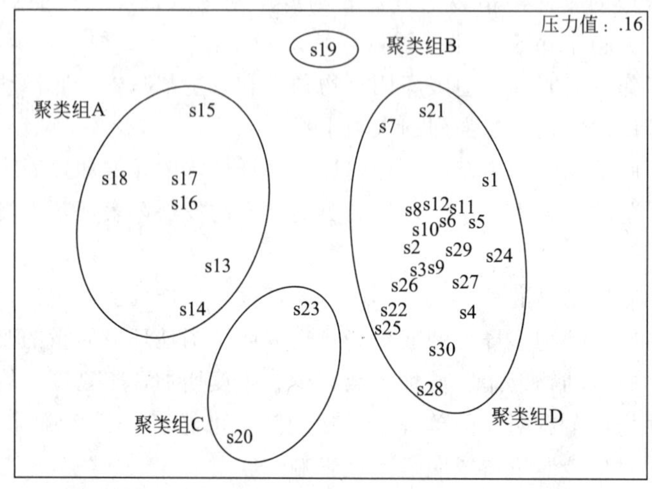

图 6-7　2004 年研究区调查站位的聚类和 MDS 分析

由 SIMPER 分析探索聚类组间的差异性大小及形成差异的原因，结果表示，聚类组 B、C 之间差异最大，不相似性达到 100，即两者完全不同，从原始数据中可以看出，两组的物种完全不同。聚类组 A、D 之间的不相似性为 92.64，日本鼓虾、荷兰蛤、脆壳理蛤、四角蛤蜊、涡虫、沙蚕造成约 60%的差异。

6.2.3.2　2007 年底栖动物群落结构分析

在 35%水平上，聚类和 MDS 分析将所有站位分为六组，聚类组 A 为 s19 站位，B 为 s24 站位，聚类组 C 为 s25、s26、s20 站位，D 为 s7、s11、s15 站位，聚类组 E 为 s8、s9、s12 站位，聚类组 F 为剩余站位（见图 6-8）。

聚类组 A 仅有 s19 站位，不能进行 SIMPER 分析。聚类组 B 即 s24 站位，有丰度较高的锯额磁蟹、近方蟹、光滑河篮蛤等少见种，另外还存在少数的沙蚕、绒毛细足蟹、倍棘蛇尾、毛钳、棘刺锚参。聚类组 C 组内的平均相似性为 56.25，优势种群为小月阿布蛤-绒毛细足蟹-光滑河篮蛤-巢沙蚕，造成了 90%以上的相似性。聚类组 D 组内相似性为 49.89，优势种群为脆壳理蛤-小头栉孔蝦虎鱼-涡虫，造成 90%以上的相似性。聚类组 E 的组内相似性为 59.52，优势种群为涡虫-沙蚕-纽虫，造成 90%以上的相似性。聚类组 F 的组内平均相似性为 47.05，优势种为小胡桃蛤-脆壳理蛤-绒毛细足蟹-涡虫-薄壳镜蛤-沙蚕，其中前三种造

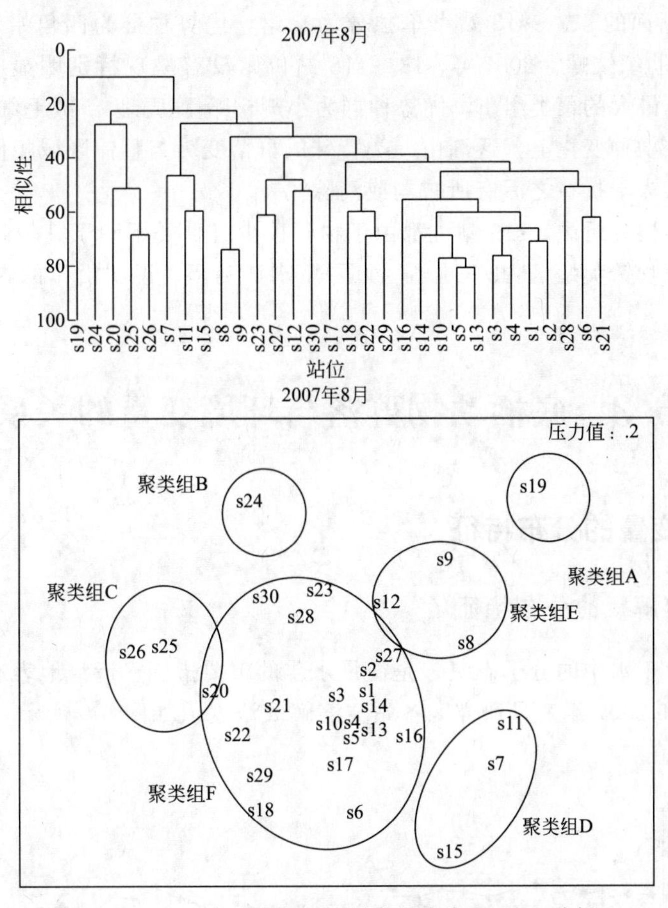

图 6-8　2007 年研究区调查站位的聚类和 MDS 分析

成了组内 70%的相似性。2007 年 8 月的种群聚集性不明显，主要是很多站位均有少量的稀有种出现，且各不相同造成的。

SIMPER 分析表示，A、C 组间不相似性 100，差异性最大。沙蚕、短吻铲荚螠、小月阿布蛤、绒毛细足蟹造成了 60%以上的差异性。差异性最大的其次为 D 和 E 组、A 和 D 组，聚类组 D 和 E 之间的平均不相似性为 96.02，锯额磁蟹、脆壳理蛤、近方蟹、小头栉孔蝦虎鱼、光滑河篮蛤造成了 50%以上的不相似性。聚类组 D 和 A 之间的平均不相似性为 93.31，沙蚕、脆壳理蛤、短吻铲荚螠、小头栉孔蝦虎鱼造成了 70%以上的差异性。另外，聚类组 F、A 和 C、D 之间的平均不相似性也均在 90 以上。

6.2.3.3　群落结构变化分析

2004 年，最大的聚类组 D 包括岐口、大港断面的 s1～s12 及北塘断面的 s21、s22、s24，汉沽断面的 s25～s30，优势种群脆壳理蛤、沙蚕、涡虫、纽虫、棘刺锚参、绒毛细足蟹、小胡桃蛤。2007 年，最大的聚类组 F 包括岐口断面的 s1～s6，大港断面的 s7、s10，塘沽断面的 s13、s14、s16～s18，北塘断面的 s21～s23、汉沽断面的 s27～s30，优势种群为小胡桃蛤、脆壳理蛤、绒毛细足蟹、涡虫、薄壳镜蛤、沙蚕。由此可见，研究区优势种群整体变化较小，北塘和汉沽断面的远岸地区及岐口断面的底栖动物种群总是趋于与局部大环境相似。

2004 年塘沽断面的 s13～s18 站点单独分为一组，优势种群为四角蛤蜊-荷兰蛤-日本鼓虾-短吻铲荚螠-纵肋织纹螺。2007 年 s13～s18 站位则没有呈现特别明显的聚集性，除 s15 外，其他站位均属最大的聚类组 F，优势种群为小胡桃蛤-脆壳理蛤-绒毛细足蟹-涡虫，说明该断面底栖动物在物种变化上，逐渐由一类特殊的群落变为与整体区域相似的群落，原因可能是原来存在的人为干扰在之后有所减弱或消除。

两年的群落结构分析中，s19 站位都由于物种极少且种类不同于其他站位，单独分为一组，物种分别为短吻铲荚螠-纽虫-三强蟹-沙蚕-短吻铲荚螠，说明沿岸的人类活动可能对其造成了持续的干扰。

6.3 底栖动物群落与环境变量的关系

6.3.1 环境变量的分布特征

6.3.1.1 溶解氧的分布特征

溶解氧是溶解于水中的分子态氧，是衡量水质的重要指标，清洁地表水溶解浓度接近饱和。2004 年 8 月和 2007 年 8 月研究区各站位溶解氧浓度值如图 6-9 所示，各断面溶解氧浓度平均值见表 6-4。

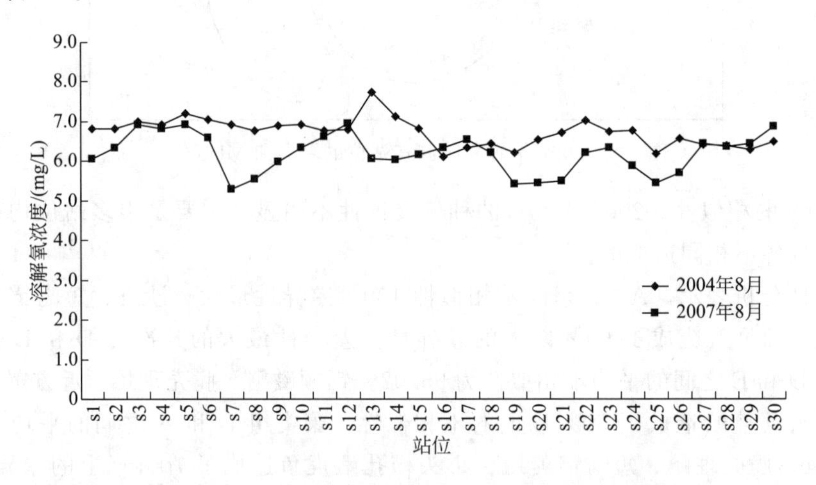

图 6-9　2004 年 8 月和 2007 年 8 月研究区各站位溶解氧浓度

表 6-4　2004 年 8 月和 2007 年 8 月研究区各断面溶解氧浓度平均值

单位：mg/L

采样断面	岐口	大港	塘沽	北塘	汉沽	总平均值
2004 年 8 月	6.97	6.85	6.76	6.67	6.39	6.73
2007 年 8 月	6.61	6.13	6.23	5.80	6.21	6.20

2004 年 8 月，利用 SPSS-18.0 软件中的 ANOVA 进行断面间溶解氧浓度的方差分析，结果表示，各断面溶解氧浓度存在显著差异（$P=0.003$）。LSD 检验结果表示，岐口与塘沽断面、岐口与汉沽断面、大港与塘沽断面、大港与汉沽断面溶解氧浓度均存在显著差异。

2007 年 8 月，溶解氧浓度表现出随着离岸距离的增加而增加的趋势，大港断面表现了明显的这种趋势，汉沽、岐口、塘沽、北塘断面基本符合这种趋势。方差分析结果表示，断面间溶解氧浓度不存在显著差异（$P=0.06$）。LSD 检验结果表示，岐口、北塘断面溶解氧浓度存在显著差异。

6.3.1.2 活性磷酸盐的分布特征

磷酸盐是海水中重要的营养盐，也是水体富营养化的重要原因。2004 年 8 月和 2007 年 8 月研究区各站位活性磷酸盐浓度值如图 6-10 所示，各断面活性磷酸盐浓度平均值见表 6-5。

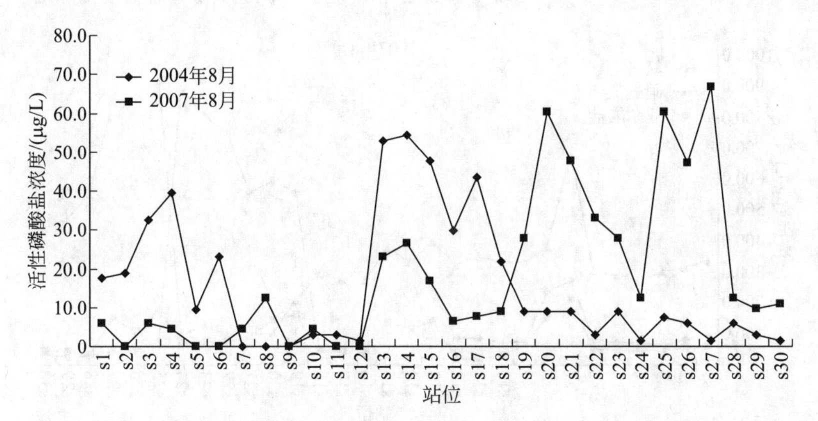

图 6-10　2004 年 8 月和 2007 年 8 月研究区各站位活性磷酸盐浓度

表 6-5　2004 年 8 月和 2007 年 8 月研究区各断面活性磷酸盐浓度平均值

单位：μg/L

采样断面	岐口	大港	塘沽	北塘	汉沽	总平均值
2004 年 8 月	23.55	1.23	41.70	6.64	4.18	15.46
2007 年 8 月	2.70	3.56	15.00	34.87	34.57	18.14

2004 年 8 月，方差分析结果是断面间活性磷酸盐均存在极显著差异（$P<0.001$）。多重比较结果表示，大港、北塘、汉沽断面活性磷酸盐浓度两两之间不存在显著差异，岐口、塘沽断面与其他各断面活性磷酸盐浓度均存在显著差异，塘沽与大港断面活性磷酸盐平均值之差最大。2007 年 8 月，方差分析结果是断面间活性磷酸盐浓度存在极显著差异（$P=0.001$），岐口、大港、塘沽断面两两之间活性磷酸盐浓度不存在显著差异，北塘、汉沽断面之间也不存在显著差异，其余各断面间活性磷酸盐浓度均存在显著差异，岐口和北塘断面之间活性磷酸盐浓度差别最大。

6.3.1.3 无机氮的分布特征

氮也是近岸海域海水富营养化的重要原因，主要包括氨氮、硝酸盐和亚硝酸盐。图 6-11 分别表示 2004 年 8 月和 2007 年 8 月调查中，研究区各站位氨氮、硝酸盐、亚硝酸盐的浓度。表 6-6 和表 6-7 则表示各断面氨氮、硝酸盐、亚硝酸盐浓度平均值。

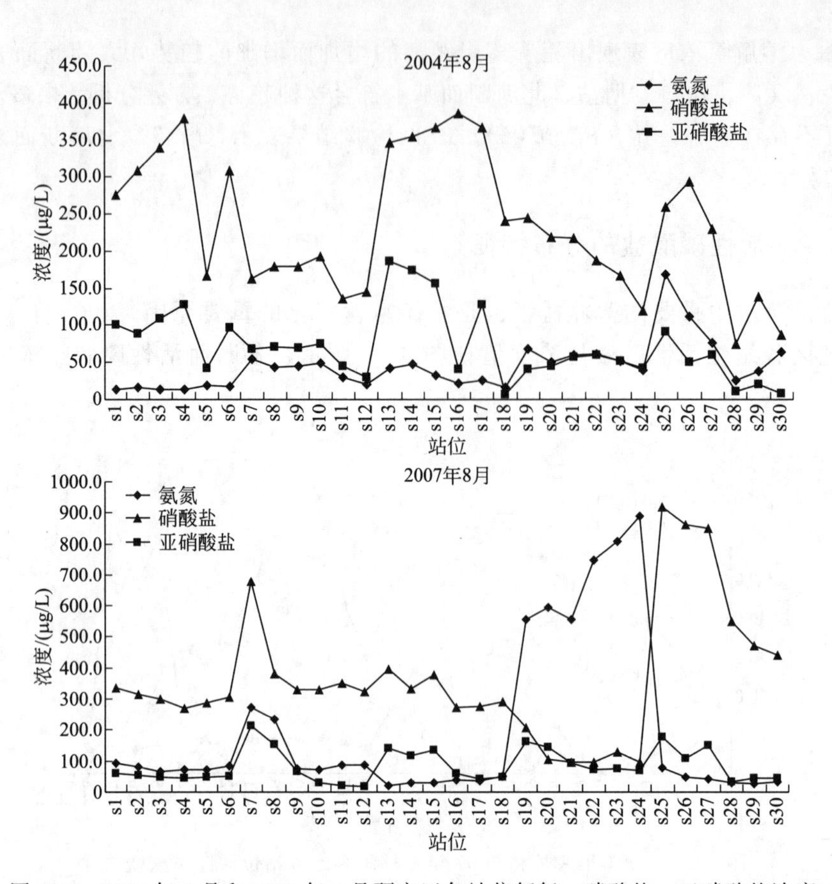

图 6-11　2004 年 8 月和 2007 年 8 月研究区各站位氨氮、硝酸盐、亚硝酸盐浓度

表 6-6　2004 年 8 月研究区各断面氨氮、硝酸盐、亚硝酸盐浓度平均值

单位：μg/L

采样断面	岐口	大港	塘沽	北塘	汉沽	总平均值
氨氮	15.72	40.52	31.12	55.28	80.85	44.70
硝酸盐	296.67	165.83	343.67	192.33	180.78	235.86
亚硝酸盐	93.93	59.35	115.29	49.23	40.20	71.6
无机氮	406.32	265.70	490.07	296.85	301.83	352.15

表 6-7　2007 年 8 月研究区各断面氨氮、硝酸盐、亚硝酸盐浓度平均值

单位：μg/L

采样断面	岐口	大港	塘沽	北塘	汉沽	总平均值
氨氮	78.18	138.27	34.92	691.83	42.57	197.15
硝酸盐	303.17	399.00	324.50	121.32	682.17	366.03
亚硝酸盐	51.80	83.37	90.58	103.25	93.25	84.45
无机氮	433.15	620.63	450.00	916.40	817.98	647.63

2004 年 8 月，方差分析结果：①断面间氨氮浓度存在显著差异（$P=0.002$），岐口与北塘、汉沽断面，汉沽与大港、塘沽断面氨氮浓度均存在显著差异，岐口与汉沽间差异最大。②各断面硝酸盐浓度存在极显著差异（$P<0.001$），除岐口、塘沽断面之间，大港、北塘、

汉沽断面硝酸盐浓度两两之间不存在显著差异，其余各断面硝酸盐浓度两两之间均存在显著差异，塘沽和大港断面硝酸盐浓度差异最大。③断面间硝酸盐浓度存在显著差异（$P=0.014$），塘沽和汉沽断面硝酸盐浓度差异最大。2007 年 8 月，方差分析结果：①各断面氨氮浓度存在极显著差异（$P<0.001$），北塘断面与其他断面均存在极显著差异，与塘沽断面氨氮浓度平均值之差最大，其他四个断面两两之间均不存在显著差异。②各断面硝酸盐浓度存在极显著差异（$P<0.001$），北塘和汉沽断面之间硝酸盐浓度差异最大。③断面间亚硝酸盐浓度不存在显著差异。

6.3.1.4 石油类的分布特征

2004 年 8 月，方差分析结果表示各断面石油类浓度存在显著差异（$P=0.001$），浓度差异最大的是北塘和汉沽断面。2007 年 8 月则是断面间石油类浓度无显著差异。如表 6-8、图 6-12 所示。

表 6-8　2004 年 8 月和 2007 年 8 月研究区各断面石油类浓度平均值

单位：μg/L

采样断面	岐口	大港	塘沽	北塘	汉沽	总平均值
2004 年 8 月	32.15	30.43	30.25	51.08	17.27	32.24
2007 年 8 月	49.25	45.65	53.87	45.83	54.32	49.78

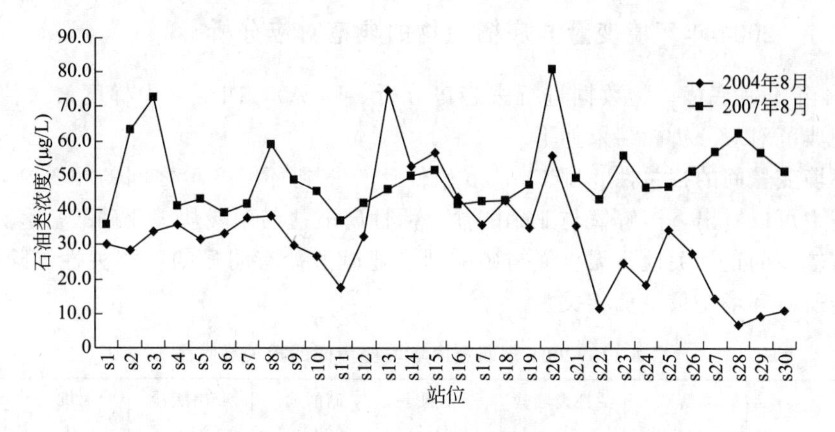

图 6-12　2004 年 8 月和 2007 年 8 月研究区各站位石油类浓度

6.3.2 底栖动物与环境变量的相关分析和生物-环境分析

2004 年的 RELATE 分析结果表示，在 0.004 的显著性水平上，底栖动物与环境变量的相关系数为 0.284。在此基础上，对底栖动物数据和环境变量进行 BIO-ENV 分析，结果如表 6-9 所示。从表中可以看出，与底栖动物丰度匹配较好的是（活性磷酸盐、硝酸盐、亚硝酸盐）和（活性磷酸盐、亚硝酸盐）。2007 年底栖动物与环境变量 RELATE 分析的结果表示，两者的相关系数为 0.307，显著性水平 0.003。BIO-ENV 匹配分析结果如表 6-10 所示，与底栖动物群落匹配最好的环境变量子集是（活性磷酸盐、硝酸盐、亚硝酸盐、无机氮）。

表 6-9　2004 年 8 月底栖动物与环境变量的 BIO-ENV 匹配分析结果

环境变量个数	相关系数	环境变量子集
3	0.373	活性磷酸盐，硝酸盐，亚硝酸盐
2	0.371	活性磷酸盐，亚硝酸盐
4	0.370	活性磷酸盐，硝酸盐，亚硝酸盐，石油类
3	0.353	活性磷酸盐，亚硝酸盐，石油类
2	0.345	活性磷酸盐，硝酸盐

表 6-10　2007 年 8 月底栖动物与环境变量的 BIO-ENV 匹配分析结果

环境变量个数	相关系数	环境变量子集
4	0.309	活性磷酸盐，硝酸盐，亚硝酸盐，无机氮
5	0.309	活性磷酸盐，溶解氧，硝酸盐，亚硝酸盐，无机氮
3	0.303	硝酸盐，亚硝酸盐，无机氮
4	0.303	溶解氧，硝酸盐，亚硝酸盐，无机氮
4	0.279	活性磷酸盐，氨氮，亚硝酸盐，无机氮

6.3.3　底栖动物与环境变量的典范对应分析/冗余分析

6.3.3.1　2004 年环境变量与底栖动物的典范对应分析

对 2004 年 8 月底栖动物数据进行去趋势分析（DCA），四个轴中梯度最大值为 3.643，更适合应用典范对应分析。结果如下。

（1）环境变量间的相关性　用 Canoco 软件计算得到环境变量之间的相关性，如表6-11所示。从表中可以看出，溶解氧与亚硝酸盐，活性磷酸盐与硝酸盐、亚硝酸盐、无机氮、石油类之间有较高的正相关性，无机氮与硝酸盐、亚硝酸盐有明显的正相关性。除无机氮外，氨氮与其他所有环境变量呈负相关。

表 6-11　2004 年调查中环境变量间的相关系数表

环境变量	溶解氧（D）	活性磷酸盐（P）	氨氮（NH_3）	硝酸盐（NO_3）	亚硝酸盐（NO_2）	无机氮（IN）	石油类（O）
溶解氧（D）	1.0000						
活性磷酸盐（P）	0.2615	1.0000					
氨氮（NH_3）	−0.3680	−0.3590	1.0000				
硝酸盐（NO_3）	0.0570	0.8414	−0.1153	1.0000			
亚硝酸盐（NO_2）	0.4590	0.8245	−0.0978	0.7493	1.0000		
无机氮（IN）	0.0947	0.7783	0.1671	0.9335	0.8475	1.0000	
石油类（O）	0.3960	0.7045	−0.1149	0.6281	0.6986	0.6530	1.0000

（2）底栖动物与环境变量的相关性　表 6-12 表示了环境变量与排序轴及排序轴之间的相关性。结果表示，环境轴 1 主要反映了活性磷酸盐、石油类、硝酸盐、无机氮的信息，环境轴 2 主要反映了氨氮的信息。底栖动物与环境变量 CCA 分析结果见表 6-13。从表中可以

看出，典范特征值（前四个排序轴）总和为1.095，占总特征值2.964的36.9%，即所有环境变量解释了36.9%的生物数据方差，说明底栖动物群落还受到其他因素的影响。

表 6-12　2004年调查中环境变量与排序轴及排序轴之间的相关系数表

项目	物种轴1	物种轴2	环境轴1	环境轴2
物种轴1	1			
物种轴2	0.0003	1		
环境轴1	0.9093	0	1	
环境轴2	0	0.9042	0	1
溶解氧(D)	−0.0932	−0.2878	−0.1025	−0.3182
活性磷酸盐(P)	0.7286	−0.0779	0.8013	−0.0861
氨氮(NH_3)	−0.1845	0.7826	−0.2029	0.8655
硝酸盐(NO_3)	0.5503	0.0934	0.6051	0.1033
亚硝酸盐(NO_2)	0.4523	−0.0438	0.4973	−0.0484
无机氮(IN)	0.4933	0.272	0.5424	0.3008
石油类(O)	0.6722	−0.0435	0.7393	−0.0481

表 6-13　2004年8月CCA排序统计结果

项　　目	排序轴1	排序轴2	排序轴3	排序轴4	总特征值
特征值	0.565	0.200	0.121	0.105	2.964
物种-环境相关系数	0.909	0.904	0.737	0.735	
物种的累积方差百分比	19.1	25.8	29.9	33.5	
物种-环境相关系数的累积方差百分比	51.6	69.9	80.9	90.5	

另外，经过蒙特卡洛检验（Monte Carlo Permutation Test），按贡献率的大小，能解释生物数据的环境因素依次为活性磷酸盐（解释的方差为0.39）、氨氮（解释的方差为0.18）、亚硝酸盐（解释的方差为0.15）、石油类（解释的方差为0.15），解释的总方差为0.87，解释了所有底栖动物数据的29.35%。

(3) 物种种类的CCA排序　运用Canodraw软件，得到物种种类的CCA排序图，氨氮、活性磷酸盐和石油类是影响研究区底栖动物的主要环境变量。图6-13将底栖动物分为四个聚类组：聚类组Ⅰ为舌形贝、纵肋织纹螺、荷兰蛤、四角蛤蜊、日本鼓虾，是一群可以在硝酸盐、亚硝酸盐、活性磷酸盐、石油类浓度均较高的情况下生存的物种；聚类组Ⅱ是泥沟虾、涡虫、脆壳理蛤、沙蚕、短吻铲荚蝓、小荚蛏、三强蟹、小胡桃蛤、倍棘蛇尾、沟纹拟盲蟹，它们在低营养盐、低石油类条件下生存；聚类组Ⅲ的棘刺锚参、金星蝶铰蛤、中国毛虾要求极低硝酸盐、极低亚硝酸盐、极低活性磷酸盐、极低石油类的环境；聚类组Ⅳ即纽虫、小刀蛏、白樱蛤、中型三强蟹，是一群在高氨氮、低营养盐、低溶解氧条件下生存的底栖动物。与PRIMER分析结果比较，聚类组Ⅰ对应于PRIMER聚类分析的聚类组A，聚类组Ⅱ对应于聚类组D，聚类组Ⅲ、Ⅳ没有与PRIMER分析结果相似的聚类组。

(4) 调查站位的CCA排序　运用Canodraw软件，得到调查站位的CCA排序图，综合了物种种类和数量及环境因素的信息。图6-14将调查站位分为四个聚类组：聚类组Ⅰ为s13～s18、s20站位，聚类组Ⅱ为s1～s12、s21、s23、s24、s28、s29站位，聚类组Ⅲ是

s22、s27 站位，聚类组Ⅳ是 s25、s26、s30 站位。与 PRIMER 分析结果比较，聚类组Ⅰ对应于 PRIMER 聚类分析的聚类组 A（s13～s18 站位），聚类组Ⅱ对应于聚类组 D（s1～s12、s21、s22、s24～s30），聚类组Ⅲ、Ⅳ没有与 PRIMER 分析结果相似的聚类组。

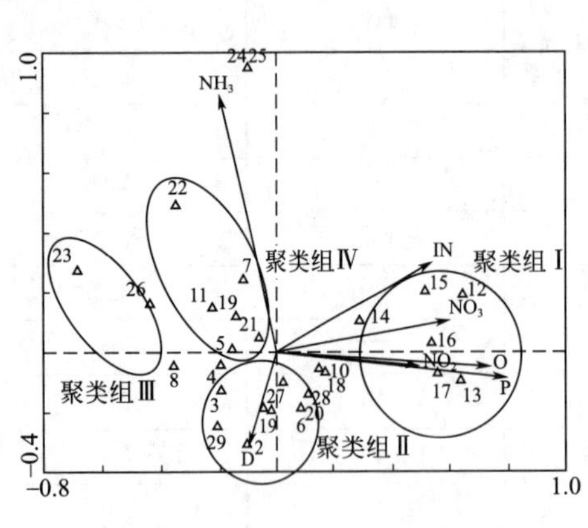

图 6-13　2004 年 8 月调查研究区 29 种底栖动物的 CCA 排序图

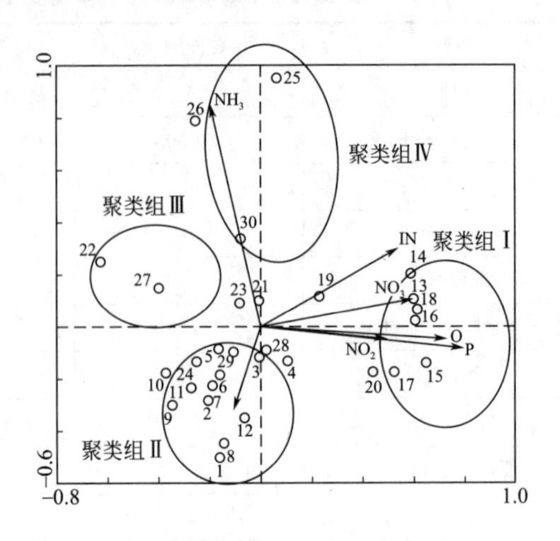

图 6-14　2004 年 8 月研究区 30 个站位的 CCA 排序图

6.3.3.2　2007 年环境变量与底栖动物的冗余分析

2007 年 8 月底栖动物丰度数据进行去趋势分析（DCA），结果是最长排序轴梯度为 3.08，因而选择进行冗余分析。结果如下。

(1) 环境变量间的相关性　Canoco 软件计算结果得到环境变量之间的相关性，如表 6-14所示。从表中可以看出，溶解氧与活性磷酸盐、亚硝酸盐、无机氮有显著的负相关；活性磷酸盐与亚硝酸盐、无机氮有显著的正相关；氨氮与无机氮呈负相关，与硝酸盐呈正相关；亚硝酸盐与无机氮呈正相关。

表 6-14　2007 年 8 月调查中环境变量间的相关系数表

环境因素	溶解氧(D)	活性磷酸盐(P)	氨氮(NH_3)	硝酸盐(NO_3)	亚硝酸盐(NO_2)	无机氮(IN)	石油类(O)
溶解氧(D)	1.0000						
活性磷酸盐(P)	−0.5221	1.0000					
氨氮(NH_3)	−0.4128	0.3142	1.0000				
硝酸盐(NO_3)	−0.1435	0.3178	−0.5382	1.0000			
亚硝酸盐(NO_2)	−0.7816	0.5932	0.2029	0.3877	1.0000		
无机氮(IN)	−0.6735	0.6805	0.5882	0.3529	0.7067	1.0000	
石油类(O)	−0.1288	0.3665	0.1410	−0.0026	0.1831	0.1721	1.0000

(2) 底栖动物与环境变量的相关性　表 6-15 表示了 2007 年 8 月环境变量与排序轴及排序轴之间的相关性。环境轴 1 主要反映了溶解氧、活性磷酸盐、氨氮、亚硝酸盐、无机氮的信息，排序轴 2 主要反映了溶解氧、亚硝酸盐的信息。2007 年底栖动物与环境变量的 RDA 结果如表 6-16 所示。典范特征值为 0.323，则所有环境变量解释底栖动物的水平为 32.3%。

第一、第二排序轴解释了22.4%的生物数据，解释了69.4%的生物-环境相关性。同样，经过蒙特卡洛检验（Monte Carlo Permutation Test），在5%的显著性水平上，能够解释生物数据的环境因素有无机氮、亚硝酸氮、活性磷酸盐，解释了所有生物数据的25.2%。

表6-15　2007年8月调查中环境变量与排序轴及排序轴之间的相关系数表

项目	物种轴1	物种轴2	环境轴1	环境轴2
物种轴1	1			
物种轴2	0.0295	1		
环境轴1	0.8294	0	1	
环境轴2	0	0.7437	0	1
溶解氧(D)	−0.494	−0.4604	−0.5956	−0.619
活性磷酸盐(P)	0.6269	−0.126	0.7558	−0.1694
氨氮(NH_3)	0.4679	−0.0044	0.5641	−0.0059
硝酸盐(NO_3)	0.2537	0.1959	0.3059	0.2635
亚硝酸盐(NO_2)	0.3565	0.4736	0.4298	0.6368
无机氮(IN)	0.7337	0.2459	0.8846	0.3306
石油类(O)	0.2526	−0.1985	0.3046	−0.2669

表6-16　2007年8月RDA排序统计结果

项目	排序轴1	排序轴2	排序轴3	排序轴4	总特征值
特征值	0.149	0.075	0.048	0.025	1.000
物种-环境相关系数	0.829	0.744	0.736	0.643	
物种的累积方差百分比	14.9	22.4	27.2	29.7	
物种-环境相关系数的累积方差百分比	46.0	69.4	84.2	91.9	
总特征值			1.000		
典范特征值			0.323		

(3) 物种种类的RDA排序　运用Canodraw软件，得到物种种类的RDA排序图（见图6-15）。根据RDA排序结果，将所有物种分为三个聚类组，聚类组Ⅰ为小月阿布蛤、不倒翁虫、灰双齿蛤、华岗沟裂虫、近方蟹，在氨氮、活性磷酸盐、石油类浓度较高的情况下生存。聚类组Ⅱ为日本鼓虾、中型三强蟹、薄壳镜蛤、毛蚶、倍棘蛇尾、巢沙蚕、光滑河篮蛤、锯额磁蟹、薄荚蛏，是在硝酸盐、亚硝酸盐、无机氮浓度较高的环境下生存。聚类组Ⅲ是棘刺锚参、沟纹拟盲蟹、沙蚕、涡虫、纽虫、海牛、异足索沙蚕、扁玉螺、隆线强蟹、日本镜蛤、口虾蛄、泥钩虾、海胆、日本圆柱水虱，在氮磷、石油类浓度较低，溶解氧浓度较高环境下生存。与其他物种差异性较大的是沙蚕、脆壳理蛤、绒毛细足蟹、小胡桃蛤、大阿布蛤、短吻铲荚螠等总丰度较高的物种。与PRIMER结果比较，两者没有明显的对应性。

(4) 调查站位的RDA排序　站位的RDA排序结果如图6-16所示。根据环境条件和底栖动物的相似性，所有站位被分成四个聚类组，聚类组Ⅰ（石油类浓度高）是s20～s23、s27、s28站位。聚类组Ⅱ（硝酸盐、亚硝酸盐、无机氮浓度低，溶解氧一定浓度）是s3～s5、s10～s12、s17、s18、s29、s30站位。聚类组Ⅲ（石油类、磷酸盐浓度低）是s1、s2、

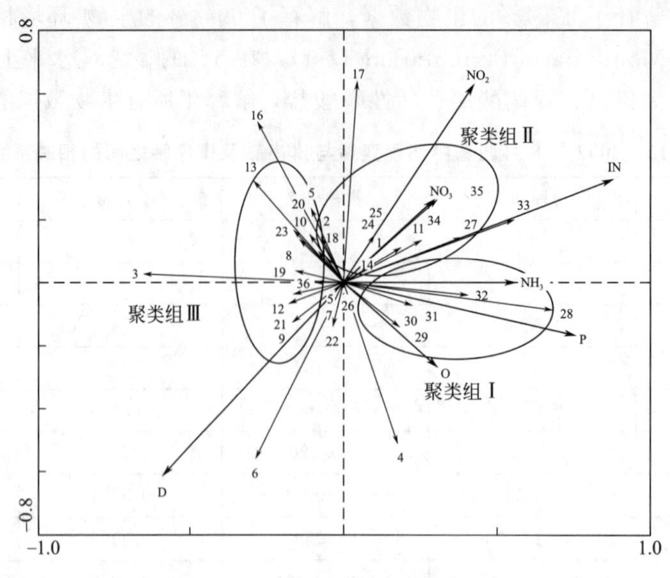

图 6-15　2007 年 8 月研究区 36 种底栖动物的 RDA 排序图

s6、s9、s13～s16 站位。聚类组Ⅳ（氨氮、硝酸盐、亚硝酸盐、无机氮浓度较低）是 s8、s19、s24～s26 站位。与 PRIMER 聚类分析结果比较，两者均反映了 s19、s24～s26 站位与大部分站位距离较远的特点。

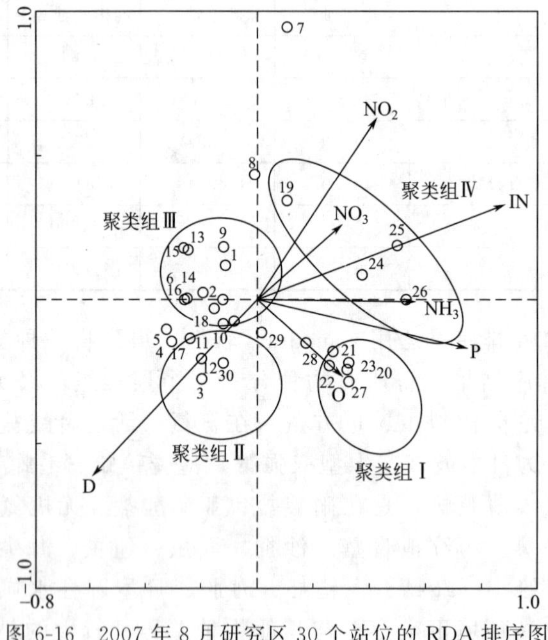

图 6-16　2007 年 8 月研究区 30 个站位的 RDA 排序图

6.3.4　分析结果的比对

用 PRIMER 软件中 BIO-ENV 模块筛选与底栖动物数据匹配最高的环境变量，结果表示，（活性磷酸盐、硝酸盐、亚硝酸盐）、（活性磷酸盐、硝酸盐、亚硝酸盐、无机氮）分别是解释2004年和2007年底栖动物数据的最优环境变量子集，相关系数分别为0.373和0.309。

用Canoco进行底栖动物与环境变量分析，2004年，所有环境变量解释了36.94%的生物数据方差，与底栖动物数据显著相关（$P<0.05$）的环境因素为活性磷酸盐、氨氮、亚硝酸盐、石油类，共解释了所有底栖动物数据的29.4%。2007年，所有环境变量解释了32.3%的底栖动物方差，与生物数据显著相关（$P<0.05$）的环境因素有无机氮、亚硝酸氮、活性磷酸盐，总贡献率为25.2%。

由此可见，用两种方法分析两年底栖动物与环境变量的相关性，结果较为一致，活性磷酸盐、亚硝酸盐是影响底栖动物群落的最重要环境因素，表明陆源污染物排放造成的海洋水体富营养化对底栖动物群落的影响最大。两种方法结果都表示，2004年底栖动物与环境变量的相关关系比2007年更密切。

PRIMER方法对两年数据的分析都筛选出了硝酸盐这一因素，而Canoco方法对两年数据的分析结果均显示，硝酸盐不是显著影响底栖动物群落的因素。造成这种差异的原因是两种方法计算过程不同，且其结果表示的意义并不完全一致。硝酸盐是解释底栖动物数据的补充因素，可能反映了不同于其他环境因素的特殊信息，但在本书研究的七个环境变量中，硝酸盐并不是与底栖动物数据相关度较大的环境因素。

两种方法对2007年数据的分析结果都表示，无机氮是影响底栖动物群落的因素，而在2004年，两种方法都表示，无机氮不能解释底栖动物数据。主要原因是2007年无机氮浓度站位间差距较2004年大得多，最高达1172μg/L，最低为352μg/L，站位间无机氮浓度标准差269μg/L，而2004年站位间无机氮浓度标准差为131μg/L。2007年无机氮较大的数据波动使之在环境因素中的地位较重，因此在2007年的相关关系研究中，其作用突出，而在2004年的结果中无机氮不是影响底栖动物的环境因素。关于这一因素是否是影响底栖动物的关键因素，还需要进一步研究证明。

6.4 结论与建议

6.4.1 结论

① 两年间底栖动物种类发生了一定变化，岐口、塘沽、北塘断面大部分站位底栖动物种类数增多。2004年捕获底栖动物29种，其中底栖动物优势种有日本鼓虾、脆壳理蛤；2007年捕获底栖动物36种，优势种有脆壳理蛤、小胡桃蛤、绒毛细足蟹和涡虫。两次调查同时出现的底栖动物有15种，占捕获到底栖动物总种类数的30%，说明当地底栖动物种类发生了一定变化。其中岐口、塘沽、北塘断面大部分站位底栖动物种类数增多，其他断面则没有明显的规律性。

② 岐口、北塘地区底栖动物丰度均有所上升，大港、汉沽地区大部分区域底栖动物丰度呈下降趋势。2004年底栖动物丰度总平均值分别为420.8种/m^2，呈现北低南高的特征，丰度最低的站位集中在北塘断面的大部分站位和汉沽断面离岸较远的站位。2007年底栖动物丰度总平均值分别为120.27种/m^2，整体上呈现南北高中间低的特征，丰度较高的站位

集中在受人类影响较小的岐口断面的站位。丰度较低的站位集中在大港断面和塘沽断面的部分站位。从 2004 年到 2007 年，岐口、北塘地区底栖动物丰度均有所上升，大港、汉沽地区大部分区域底栖动物丰度呈下降趋势。

③ 塘沽地区底栖动物群落向物种更丰富、群落更均匀、多样性更高的方向发展，汉沽地区底栖动物群落有明显单一化变化趋势。岐口、北塘地区底栖动物种类数、丰度、丰富度均明显上升，底栖动物群落的均匀度、多样性均明显下降，表明这些地区可能出现了短期的人为干扰，底栖动物群落有单一化发展的趋势。大港地区大部分区域近岸地区底栖动物种类增加，数量减少，均匀度增加，群落结构更趋于稳定，环境质量好转。远岸地区底栖动物种类和数量都减少，均匀性变小，表示底栖动物群落结构趋于简单化，该地区受到了强烈的人为干扰。塘沽地区的丰富度、均匀性、多样性均明显增加，底栖动物群落结构日趋复杂。汉沽地区近岸区域种类数减少、丰度增加，丰富度、均匀度、多样性下降，说明当地底栖动物群落有明显的单一化变化趋势，表征了当地人类干扰活动加剧，对环境质量造成明显不良影响。

④ 研究区底栖动物优势种群变化不大，塘沽地区优势群落变化较大。群落结构分析结果表示，研究区优势种群整体变化不大，北塘和汉沽断面的远岸地区及岐口断面的底栖动物种群总是趋于与整体大环境相似。塘沽地区底栖动物群落则由一类特殊的种群变为与整体区域一致的种群，可能是由于原来存在的人为干扰在之后有所减弱或消除。两年的群落结构分析中，s19 站位都由于底栖动物物种极少、丰度极低，明显不同于其他地区，说明沿岸的人类活动可能对其造成了持续的干扰。

⑤ 活性磷酸盐、亚硝酸盐是影响底栖动物群落的最重要环境因素，两种方法的分析结果基本一致。用 PRIMER 软件和 Canoco 软件进行底栖动物与环境变量的相关分析，结果表示，活性磷酸盐、亚硝酸盐是影响底栖动物群落的最重要环境因素，2004 年两者的相关关系比 2007 年更为密切，两种方法的分析结果较为一致。用典范对应分析/冗余分析对 2004 年底栖动物种类和采样站位的排序结果与聚类和 MDS 结果有一定的一致性。

6.4.2 原因分析

6.4.2.1 围海造地

围海造地是人类开发利用海洋的重要方式，是缓解土地供求矛盾和扩大社会发展空间的有效途径，但同时也对近岸海域自然生态系统造成重大威胁。本书研究结果认为，塘沽地区 2004 年底栖动物的种类、数量、多样性都明显低于其他地区，这可能与 2004 年临港工业区填海工程正在进行有关。2007 年该地区填海工程结束，塘沽地区底栖动物群落也恢复到较好状态。2007—2009 年东疆港区的填海活动并未对北塘地区底栖动物造成明显影响，相反底栖动物种类、数量都有所增加，但群落有单一化发展的趋势，可能是因为底栖动物群落还受到其他因素的影响。

6.4.2.2 陆源污染物排放

对于北塘口、大沽排污口两个重点入海排污口邻近海域的环境质量监测结果表示，水体中主要污染物为无机氮和活性磷酸盐。对永定河、潮白河入海污染物的监测结果表示，由两条河流携带入海的污染物总量约 4.12×10^4 t，化学需氧量、总氮、总磷是主要的污染物。污水的超标排放使渤海湾水体始终处于严重的富营养化和氮磷比失衡状态，水体污染影响了海洋生态系统平衡，生物群落结构差。本书研究底栖动物与环境变量的相关关系，结果也表示，氮磷营养物质是与底栖动物关系最为密切的环境因素。

6.4.2.3 海水养殖和捕捞

海水养殖侵占海岸滩涂和近岸海域，占据了原有海洋生物的栖息地。同时，水产养殖还是海洋污染的重要污染源。但本书的研究结果未能证明海水养殖和海洋捕捞对底栖动物群落的影响，要充分研究两者对底栖动物的影响，还需要深入展开相关研究。

6.4.2.4 航运

航运是海洋生物多样性下降的重要原因之一，渤海湾天津段海域作为重要的航运通道，天津近岸海域航运活动频繁。天津航道所在地主要是塘沽地区，本书研究结果表示，2004年塘沽地区底栖动物种类和数量明显较少，群落结构简单，当然与当地围海造地活动有不可分割的关系，但该地区频繁的航运活动也是重要的原因之一。但 2007 年，塘沽地区底栖动物群落恢复到较好状态，而航运活动仍然频繁，可能说明了航运并不是影响底栖动物群落的主要因素，今后还应进一步展开这方面的专门研究。

6.4.3 对策与建议

6.4.3.1 完善海洋功能区划，规范人类开发活动

海洋功能区划是根据海域的地理位置、自然资源状况、环境条件和社会需求而划分的海洋功能类型区，其目的是指导和约束海洋开发利用活动，保证海洋开发利用的经济效益、社会效益、环境效益。必须按照海洋功能区划要求划分海洋功能区，将其作为海洋开发、海域管理和环境保护的依据，保证海洋开发利用活动的合理有序进行。同时要组织编制“天津海域使用规划”，整体规划水产养殖、石油开采、海盐制造、海洋工程、港口航运等用海行业的发展。严格实施海域审批制度、海域有偿使用制度和海域使用可行性论证制度，严格控制和管理近岸海域的开发利用活动。海洋工程活动开展之前，要进行环境影响评价，只有在确定其生态环境影响较小后才可以进行建设。

6.4.3.2 加强污染治理，减少污染物排放

首先，应严格控制陆源污染物的入海量，重点提高城市生活污水和工业废水的处理率，实现污染源达标排放，确保入海水质良好，逐步实施重点海域污染物排海总量控制制度[7]；建立排污自动监控系统，对超标排污和偷排企业严肃查处；对生活垃圾和工业废渣，应妥善处理，严格限制有毒物质、放射性物质和难降解污染物的排放。其次，要控制海上污染源排放，加强港口、船舶环保设施建设，对生活污水、生活垃圾、含油污水、燃料、油气等污染物采取有效治理措施，使各类污染物实现达标排放或按照相关规范妥善处置。同时要对航道、锚地进行清理整顿，确保航道畅通，减少海洋污染事故发生。再次，要优化产业结构，实施清洁生产。要在沿海地区大力发展旅游、物流、电子、生物等高科技产业及现代服务

业；要在企业内推行清洁生产，重点加强清洁生产的宣传、人员培训和信息交流，组织有条件的企业进行试点，建立示范工程。

6.4.3.3 合理捕捞，科学养殖，实现渔业可持续发展

为控制渔业捕捞强度，我国制定了一系列海洋捕捞政策，同时还制定了一系列法律法规和规章，这些措施对养护和合理利用渔业资源、促进渔业可持续发展起到了积极作用，但也暴露出各种问题，今后应在切实实施相关制度的基础上，做好以下三方面工作：首先，完善相关基本法律制度，健全渔业法律体系。其次，加强渔政执法队伍建设，提高执法水平。再次，做好渔民转产转业工作，引导渔民合理转移。

对于我国水产养殖造成的环境污染问题，应从以下几方面着手解决：①应当按照水域的使用功能，对养殖水面进行科学规划。根据环境容量确定适宜的生产规模，实现养殖水体的可持续利用。②要优化养殖模式，采用混养、间养、轮养等立体养殖和生态养殖模式，减少养殖水体污染。③要改进饵料成分和投饵技术，提高饵料的利用率，减少残饵量。④定期检测水质、及时清除生产中的污染物，采用多种生物和物理化学措施改善养殖水域水质。⑤预防养殖病害的发生，合理使用药品。

参考文献

[1] 王秀明．渤海湾天津段近岸海域大型底栖动物群落特征及其与环境变量的相关性研究［D］．天津：南开大学，2012.

[2] 冯剑丰，王秀明，孟伟庆，李洪远，朱琳．天津近岸海域夏季大型底栖生物群落结构变化特征［J］．生态学报，2011，31（20）：5875-5885.

[3] 范凯．渤海湾浮游动物群落结构及水质生物学评价［D］．天津：天津大学，2007.

[4] 周红，张志南．大型多元统计软件 PRIMER 的方法原理及其在底栖群落生态学中的应用．青岛海洋大学学报，2003，33（1）：58-64.

[5] Clarke K R，Gorley R N. PRIMER v5：User Manual/Tutorial［M］．Plymouth：PRIMER-E Ltd，2001.

[6] 国家海洋局，2010 年天津市海洋环境质量公报．

[7] 廖丹．海岸带开发的生态效应评价研究——以厦门湾为例［D］．海南：海南大学，2010.

7 天津经济技术开发区绿地植物多样性调查分析

城市绿地是城市中保持着自然景观，或自然景观得到恢复的地域，是城市自然景观和人文景观的综合体现，是城市中最能体现生态性的生态空间，是构成城市景观的主要组成部分。植物多样性是生物多样性的基础，它是在物种层次上的主要表现形式。植物为生物的生命活动提供能源，具有改善和保护环境的作用。园林绿化中，植物是重要的造园要素，是构成园林风景的主要素材，美化了我们生存的环境。城市绿地植物对改善城市生态环境、维持城市生物多样性以及调节城市生态系统平衡起着极为重要的作用。许多国家已将城市绿化制定为城市可持续发展战略的一个重要内容。中国对城市的可持续发展也越来越重视，原建设部以法律法规的形式印发了《城市绿地系统规划编制纲要（试行）》的通知，明确规定城市绿地规划要注重植物多样性。城市绿地植物多样性是城市生态系统中具有负反馈调节功能的重要组分，能在一定程度上发挥各种生态功能，维持城市生态系统的平衡。因此开展城市绿地生物多样性及其评估技术的研究，是目前城市绿地保护、规划与建设中迫切需要解决的问题，无论是对促进环境资源理论的发展，还是对提高人们的环保意识、完善城市绿地体系、规范绿地的经营管理等，都具有重要的理论与实践意义。

7.1 研究区域与研究方法

7.1.1 研究区域概况

天津经济技术开发区（以下简称开发区）是1984年经国务院批准成立的首批沿海开发区之一，位于天津市东南，距市中心45km，南依天津-塘沽干线公路（新港四号公路），北界北京-哈尔滨铁路，东临天津新港和天津港保税区，西南方向紧靠拥有42万人口的天津市塘沽区，规划面积33km^2。开发区地处渤海湾西侧，属冲积-海积平原，地质状况良好。地形属于退海滩地，并处于新华夏构造体系。填垫前为盐田，具有“三大”（风大、蒸发量大、矿化度大）、“三高”（高盐、高水位、高pH值）的特点。土壤现多为回填的种植客土，全盐含量为0.15%～0.4%，pH值在8.5以下。地下水位一般在1m左右，地下水盐分以NaCl为主，属海水型地下水。地下水的矿化度高达70～100g/L，超过海水矿化度2倍以上。开发区气候属温带半湿润大陆性季风气候，四季分明，年平均气温12℃。夏季炎热多雨，雨量占全年降雨量的75%，冬季寒冷干燥，冬夏季长，春秋季短，年平均降水量

602.9mm，日照充足，无霜期长，旱年多于涝年。

开发区2009年已建成绿地 $9.2166\times10^6m^2$、建成区绿化覆盖率达到31.12%、人均绿地 $35.71m^2$ 的“生态新城”，构建起“点、面、带”的绿色生态网络体系，建成宽40m的环城防护林带和贯穿东西的绿化带。

7.1.2 调查方法

在对开发区进行全面勘察的基础上，选取了生活区内具有代表性的居住小区进行了调查；对开发区内东西向、南北向的街道绿化情况进行了调查；对开发区内的一些单位附属绿地进行了调查。调查时间为2007年5—9月，2008年4—5月进行了部分调查，补充已有资料。

选择有代表性的新城东路、新城西路、巢湖路、南海路、翔实路、腾飞路、展望路、黄海路、博达路、泰兴路和洞庭路共11条南北向街道及第一大街、第二大街、第三大街、泰达大街、第四大街、第五大街、第六大街、第七大街、第八大街、第九大街、黄海一街、黄海二街、第十大街、十一大街、十二大街共15条东西向大街，调查500m范围内行道树和街道两侧绿地的绿化植物，按照植物的种类分别记录下列内容。

① 乔木：乔木名称、株数、高度、冠幅、胸径及生长状况等；

② 灌木：灌木名称、株数、高度、宽度、密度及生长状况等；

③ 草本：植物名称、株数/丛数、生长状况；

④ 居住区、附属和公园绿地。

这些绿地大多以块状分布，采用随机布点法选取调查对象，以一整块绿地作为调查的对象或设置样方进行调查。对面积较小的居住区进行了全面调查，面积较大的居住区选取了小区中心植物较为集中的区域作为调查对象，这里能够较全面地反映植物种类；对附属绿地选择了植物比较集中的区域或对整体绿地进行了调查；对小公园进行了全面调查，大公园则通过向当地园林绿化部门咨询和实地调查相结合的方式，获得比较完整的资料。

进行样方调查时调查的基本指标如下。

① 乔木：乔木名称、株数、高度、冠幅、胸径及生长状况等；

② 灌木：灌木名称、株数、高度、宽度、密度及生长状况等；

③ 草本：植物名称、株数/丛数、盖度及生长状况等。

由于各类绿地均为人工配置，因此只调查人工栽培种，不调查野生种，没有调查草坪和杂草。

7.1.3 研究指标

采用植被生态学常用的定量模型对物种丰富度、均匀度、重要值及生物多样性指数进行比较分析。物种丰富度和均匀度是衡量物种多样性高低的常用指数，反映城市绿化物种的丰富程度和均匀程度；物种多样性指数是物种丰富度和各物种均匀程度的综合反映。对单个物种的评价采用重要值作为综合指标。各指标采用公式如下。

7.1.3.1 物种丰富度指数

Margalef 丰富度指数：

$$R=\frac{S-1}{\ln N} \tag{7-1}$$

式中，S 表示物种数；N 表示个体总数。

7.1.3.2 多样性指数

Shannon-Wiener 指数：

$$H=-\sum_{i=1}^{S}P_i\ln P_i \tag{7-2}$$

Simpson 指数：

$$D=1-\sum_{i=1}^{S}P_i^2 \tag{7-3}$$

式中，P_i 是第 i 种比例多度，给定为 $P_i=N_i/N$；N_i 为第 i 种物种个体数，$i=1$，2，3，…，S；N 为个体总数。

7.1.3.3 物种均匀度指数

Pielou 指数：

$$J=\frac{H}{\ln S} \tag{7-4}$$

式中，H 为 Shannon-Wiener 指数；S 为物种数。

7.1.3.4 重要值

乔木和灌木：

$$I_i=(\mathrm{DR}_i+\mathrm{FR}_i+\mathrm{CR}_i)/3 \tag{7-5}$$

草本：

$$I_i=\mathrm{CR}_i \tag{7-6}$$

式中，I_i 为第 i 种植物的重要值；DR_i 为第 i 种植物的相对密度；FR_i 为第 i 种植物的相对频度；CR_i 为第 i 种植物的相对盖度。

7.2 开发区绿地植物应用状况调查

本书共调查了开发区的街道绿地、居住区绿地、附属绿地及公园绿地四种类型。设置样方总数 49 个，其中街道绿地共设样方 26 个；居住区绿地共设样方 14 个；附属绿地共设样方 4 个；公园绿地 5 个。所取样方能全面代表天津市经济技术开发区的绿地植物资源的种类与构成。

7.2.1 绿地植物种类构成

经调查研究发现，开发区共有绿地植物 151 种，分属 47 科、90 属。其中裸子植物 4 科、8 属、16 种，被子植物 43 科、82 属、135 种（见表 7-1）。按生活型划分，乔木有 25 科、45 属，共 87 种；灌木有 18 科、35 属，共 46 种；草本有 9 科、13 属，共 13 种；木质藤本有 3 科、4 属，共 5 种（见表 7-2）。种类较多的有松科（3 属、7 种）、柏科（3 属、7 种）、杨柳科（2 属、8 种）、桑科（3 属、4 种）、蔷薇科（9 属、30 种）、豆科（10 属、17 种）、木犀科（6 属、11 种）、忍冬科（4 属、5 种）（见表 7-3）；只有 1 属、1 种的科共有 23 个科，占开发区内绿地植物总科数的 48.93%，分别为银杏科、杉科、胡桃科、榆科、毛茛科、蜡梅科、十字花科、景天科、杜仲科、芸香科、黄杨科、无患子科、梧桐科、柽柳科、胡颓子科、石榴科、山茱萸科、马鞭草科、茄科、玄参科、紫葳科、禾本科、美人蕉科。

表 7-1 开发区绿地植物科属构成

类群	科	属	种
裸子植物	4	8	16
被子植物	43	82	135
合计	47	90	151

表 7-2 开发区绿地植物生活型构成

生活型	科	属	种
乔木	25	45	87
灌木	18	35	46
草本	9	13	13
木质藤本	3	4	5
合计	55	97	151

表 7-3 含 4 种以上植物的科名

科名	属数	种数	科名	属数	种数
豆科	10	17	蔷薇科	9	30
木犀科	6	11	忍冬科	4	5
松科	3	7	柏科	3	7
桑科	3	4	杨柳科	2	8

从植物生活型构成（见表 7-2）来看，开发区绿地植物中，乔木树种占 57.62%，占有绝对优势。从含有物种数较多的科的统计（见表 7-3）来看，开发区绿地植物的物种集中在豆科、蔷薇科、木犀科、忍冬科、杨柳科、松科、柏科和桑科中，这些科中所包含的植物物种数为 89 种，占到绿化植物物种总数的 58.94%。这表明开发区的绿化植物种类集中分布在一些较大的科中。统计也表明，只含有 1 属、1 种的科共有 23 个，占开发区内绿地植物总科数的 48.93%，物种数占总物种数的 15.23%，表明开发区的绿化也较多地应用了少种科和单种科。

7.2.2 绿地植物构成分析

由于本调查不包括野生植物物种以及人工草坪和杂草，所以所调查植物均为栽培植物。调查发现，开发区内共有绿地植物 151 种，分属 47 科、90 属。主要集中在豆科、蔷薇科、木犀科、忍冬科、杨柳科、松科、柏科和桑科。乔木有 87 种，常见的有雪松、桧柏、刺柏、绒毛白蜡、国槐、毛白杨、栾树、合欢、西府海棠、碧桃、紫叶李等，其中绒毛白蜡为天津市市树，在各类型绿地中最为常见，观姿树木雪松、观花树木合欢、西府海棠出现频率也很高，为开发区绿地中常见树种；灌木有 46 种，常见的有金银木、榆叶梅、珍珠梅、大叶黄杨、金叶女贞、紫叶小檗等，其中金银木为各类型绿地中最为常见树种；草本有 13 种，在公园绿地和居住区绿地中有较多种类应用，附属绿地和街道应用种类较少，尤其是街道绿地，在所调查的样方中应用的草本植物只有 4 种，较常见的有萱草、鸢尾、马蔺和费菜；木质藤本有 5 种，最常见的是五叶地锦。

由此可见，开发区在绿化植物的选择上既考虑到了乔木、灌木、草本植物的合理比例(6.7∶3.5∶1)，又兼顾了植物观赏部位的多样性，常绿植物雪松、桧柏、刺柏、大叶黄杨在各类型绿地中也很常见，植物的合理配置达到了“三季有花、四季有景”的园林绿化效果。

7.2.3 各类型绿地植物构成分析

城市绿地包括公共绿地、居住区绿地、单位附属绿地、生产绿地、防护绿地和风景林地等，各种各样的绿地是生物多样性的载体。对各类型绿地的植物构成和多样性进行分析和研究，可以为城市各类型绿地的规划和提出多样性保护建议提供依据。

表 7-4 各类型绿地植物科属及生活型构成

绿地类型	科	属	种	乔木	灌木	草本	木质藤本	总计
居住区绿地	34	60	91	51	29	8	3	91
公园绿地	45	85	133	76	42	12	3	133
附属绿地	23	36	46	22	17	5	2	46
街道绿地	20	30	39	21	14	3	1	39
合计	47	90	151	87	46	13	5	151

从表 7-4 可以看出，公园绿地的植物物种数最多，几乎涵盖了开发区绿地植物所有的科和属，物种数占到了开发区绿地植物物种总数的 88.08%。这是由于公园一般面积较大，物种数较多。尤其是大型公园，如森林公园（占地面积 $3.4\times10^5 m^2$），经调查有 90 种植物，泰丰公园（占地面积 $2.16\times10^5 m^2$），经调查有 96 种植物。一些在其他类型绿地中见不到的植物物种，在公园中都有栽植，如杜仲、皂荚、银白杨、苦楝、沙枣、流苏树、猬实等植物，而且长势良好。公园的植物物种丰富与公园的美化功能、生态功能、观赏游憩功能等多功能性有关。居住区绿地的物种数量也比较高，物种数占开发区绿地植物物种总数的 60.26%。这是由于随着人们物质和精神生活水平的提高，人们对所居住的环境也提出了越来越高的要求，开发商在开发时也考虑到了居住区的绿化规划。而且在一些高档住宅小区，一些业主甚至自己花钱买树苗进行栽种，丰富了小区的植物物种数量。相比之下，附属绿地和街道绿地的物种数较少，分别占开发区绿地植物物种总数的 30.46%和 25.83%。而且使用的物种比较单调，种类不丰富。从生活型类型看，各类型绿地植物物种数量都是乔木＞灌木＞草本＞木质藤本，说明乔木在各类型绿地中都占有明显的优势。

7.2.3.1 居住区绿地

居住区绿地是指除居住区公园、小游园以外的其他居住区内的绿地，是城市绿地的重要组成部分，对改善和保护环境发挥着重大的作用。居住区植物多样性水平是居住区生态环境质量的重要指标之一。

经对开发区海望园、雅园、晓园新邨、恂园里、雅都天元居、泰丰家园一期、泰丰家园二期、森泰园、泰达时代、翠亨村、枫景园、傲景苑、天保花语轩、鸿泰花园别墅 14 个居住区的调查统计，开发区居住区绿地共有植物34科、60属、91种。其中裸子植物3科、7属、11种；双子叶植物28科、48属、74种，单子叶植物3科、5属、6种。按生活型类型划分有乔木51种，灌木29种，木质藤本3种，草本8种。含属、种较多的科为：蔷薇科（7属、20种）、豆科（7属、9种）、木犀科（5属、8种）、柏科（3属、6种）和杨柳科（2属、5种）。

表7-5 居住区绿地中各种植物出现频率统计

出现频率/%	物种数	主要物种
90～100	1	合欢
80～89	2	西府海棠、月季
70～79	2	国槐、大叶黄杨
60～69	6	雪松、山桃、榆叶梅、紫薇、金叶女贞、紫叶小檗
50～59	10	紫叶桃、金银木、珍珠梅、碧桃、刺柏、悬铃木等
40～49	6	桧柏、石榴、紫叶李、绒毛白蜡、紫丁香、小叶黄杨
30～39	8	臭椿、栾树、刺槐、山楂、铺地柏、鸢尾、萱草等
20～29	15	毛泡桐、银杏、黄刺玫、玉簪、马蔺、棣棠等
10～19	14	紫荆、龙爪桑、白皮松、玉兰、苹果、柿树、梨树等
10以下	27	香椿、黄栌、樱花、核桃、牡丹、金银花、紫苜蓿等
合计	91	

由表7-5可以看出，出现频率在50%以上的植物有21种，占居住区绿地中植物物种总数的23.08%；出现频率在10%以下（14个样方中只出现1次）的植物为27种，占居住区绿地中植物物种总数的29.67%。表明各居住区在绿化植物的选择上除选择常用的一些园林绿化植物，如合欢、西府海棠、月季、国槐、大叶黄杨、金叶女贞、紫叶小檗、金银木、刺柏等，还选择了一些居民喜爱的、有较高观赏价值或具有食用价值的植物种类，如春天满树紫花的紫荆，造型独特的龙爪桑，树皮斑斓的白皮松，花大洁白的玉兰，秋季满树红叶的黄栌，雍容华贵的牡丹，具有食用价值的苹果树、梨树、柿树、香椿等。丰富多彩的植物使居住区的四季都多姿多彩。

居住区绿地中出现频率最高的植物是合欢，合欢树姿优美，叶形秀丽，花毛绒状，是良好的庭阴树种。其次是西府海棠和月季，西府海棠春季开花，一片粉红，花落时似片片花瓣雨，浪漫多姿，深受居民喜爱；月季为天津市市花，花期长，花色丰富，对环境适应性强，是绿化中受欢迎的灌木树种。雪松出现频率也较高，姿态雄伟，冬季营造出"大雪压青松"的壮丽景观，是世界著名观赏树种，居住区中多孤植在草坪中央，极为壮观。

从表7-6重要值分析结果看，居住区绿地中重要值较高的乔木有西府海棠、国槐、合欢、刺柏、悬铃木、雪松等，既有造型美观的观姿树种，又有观赏价值高的观花观叶树种；重要值较高的灌木有金银木、榆叶梅、紫薇、月季、丁香等，其中金银木、大叶黄杨、金叶女贞、紫叶小檗为园林绿化中常用的树种，而榆叶梅、月季、丁香等色、香俱全，具有很高的观赏价值，天津市市花月季在居住区绿地中得到了广泛的应用。居住区绿地中人工栽培的草本地被植物有8种，重要值较高的是玉簪、鸢尾、萱草和费菜，紫苜蓿和蜀葵有少量的应用。

表 7-6 居住区绿地主要植物重要值排序

序号	乔木	重要值	灌木	重要值	草本	重要值
1	西府海棠	0.071789	金银木	0.160237	玉簪	0.276786
2	国槐	0.071274	榆叶梅	0.143085	鸢尾	0.214286
3	合欢	0.061891	紫薇	0.098707	萱草	0.151786
4	刺柏	0.056125	月季	0.080991	费菜	0.133929
5	悬铃木	0.050110	丁香	0.055176	马蔺	0.107143
6	雪松	0.046301	金叶女贞	0.054700	白三叶	0.071429
7	绒毛白蜡	0.041973	大叶黄杨	0.041878	紫苜蓿	0.026786
8	毛泡桐	0.041445	珍珠梅	0.039669	蜀葵	0.017857
9	紫叶桃	0.040468	小叶黄杨	0.036622		
10	紫叶李	0.039035	紫叶小檗	0.035851		

7.2.3.2 公园绿地

城市里各种类型的公园是城市园林绿地系统的重要组成部分，占主体地位，是城市绿地中植物多样性最为集中的地方。经对开发区森林公园、泰丰公园、泰达青年宫公园、泰达国际雕塑公园和泰达城市公园 5 个大、小公园的调查统计，天津经济技术开发区公园绿地中共有植物 133 种，分属 45 科、85 属。其中乔木 76 种，灌木 42 种，草本 12 种，木质藤本 3 种。含属种较多的科为：蔷薇科（9 属、27 种）、豆科（8 属、15 种）、木犀科（6 属、8 种）、忍冬科（4 属、5 种）、松科（3 属、7 种）、柏科（3 属、6 种）、杨柳科（2 属、6 种）和桑科（3 属、4 种）。公园绿地中的植物几乎包含了开发区各类型绿地植物所有的科和属，物种数占到了开发区绿地植物物种总数的 88.08%，科数和属数分别占到了开发区绿地植物总科数的 95.74%和总属数的 94.44%，这表明城市公园绿地是城市绿地中植物多样性最集中的地方。

表 7-7 公园绿地中各种植物出现频率统计

出现频率/%	物种数	主要物种
80	10	桧柏、绒毛白蜡、西府海棠、雪松、银杏、金银木、金叶女贞、榆叶梅、黄刺玫、紫叶小檗
60	21	栾树、火炬树、臭椿、毛泡桐、悬铃木、珍珠梅、五叶地锦、多花蔷薇、棣棠、连翘、大叶黄杨、紫薇、碧桃、紫叶李、元宝枫、合欢、山楂、刺柏、国槐、马蔺、萱草
40	41	毛白杨、刺槐、黑松、皂荚、柿树、垂丝海棠等
20	61	杜梨、枣树、山杏、香花槐、五叶槐、水杉等
合计	133	

从表 7-7 可以看出，所调查的 5 个公园绿地中，物种出现频率为 80%的有 10 种，分别是桧柏、绒毛白蜡、西府海棠、雪松、银杏、金银木、金叶女贞、榆叶梅、黄刺玫和紫叶小檗。其中常绿乔木 2 种，落叶乔木 3 种，灌木 5 种。出现频率为 60%的有 21 种，分别是：栾树、火炬树、臭椿、毛泡桐、悬铃木、珍珠梅、五叶地锦、多花蔷薇、棣棠、连翘、大叶黄杨、紫薇、碧桃、紫叶李、元宝枫、合欢、山楂、刺柏、国槐、马蔺和萱草。其中常绿乔木 1 种，落叶乔木 11 种，常绿灌木 1 种，落叶灌木 5 种，落叶木质藤本 1 种，草本 2 种。

出现频率为40%的有41种，出现频率为20%的有61种。

从表7-8重要值分析结果看，公园绿地中重要值较高的乔木有毛白杨、桧柏、栾树、绒毛白蜡、多头椿、刺槐等；重要值较高的灌木有珍珠梅、金银木、紫穗槐、五叶地锦、柽柳、金叶女贞等；草本地被植物重要值较高的有马蔺、萱草、紫苜蓿、鸢尾、荆条等。

表7-8 公园绿地主要植物重要值排序

序号	乔木	重要值	灌木	重要值	草本	重要值
1	毛白杨	0.115587	珍珠梅	0.120633	马蔺	0.319149
2	桧柏	0.074182	金银木	0.109958	萱草	0.212766
3	栾树	0.064993	紫穗槐	0.064679	紫苜蓿	0.159574
4	绒毛白蜡	0.053357	五叶地锦	0.054586	鸢尾	0.106383
5	多头椿	0.050194	柽柳	0.046838	荆条	0.053191
6	刺槐	0.048648	金叶女贞	0.043453	二月兰	0.053191
7	火炬树	0.045426	榆叶梅	0.032935	千屈菜	0.042553
8	黑松	0.043478	多花蔷薇	0.029584	美人蕉	0.031915
9	悬铃木	0.033993	锦带花	0.029052	蜀葵	0.021277

7.2.3.3 街道绿地

街道是展示城市风貌、体现城市文明水平的窗口，是当地居民、外来游客必经之地，街道绿地是城市景观的重要组成部分。经对开发区新城东路、新城西路、巢湖路、南海路、翔实路、腾飞路、展望路、黄海路、博达路、泰兴路和洞庭路11条南北向街道及第一大街、第二大街、第三大街、泰达大街、第四大街、第五大街、第六大街、第七大街、第八大街、第九大街、黄海一街、黄海二街、第十大街、十一大街、十二大街15条东西向大街的调查发现，开发区街道绿地共有植物20科、30属、39种。科、属、种数量分别占开发区植物科、属、种总数的42.55%、33.33%、25.83%。其中乔木21种，灌木14种，木质藤本1种，草本3种。含属、种较多的科为：木犀科（4属、5种）、蔷薇科（4属、8种）、松科（2属、3种）和柏科（2属、5种）。

街道绿化体现的是整齐、一致的绿化效果，在植物的选择上往往选择几种主要树种，配置一些灌木树种，植物种类较少，因此绿地的植物物种数只占开发区绿地植物物种总数的1/4。

表7-9 街道绿地中各种植物出现频率统计

出现频率/%	物种数	主 要 物 种
50以上	2	绒毛白蜡、大叶黄杨
30～49	3	毛泡桐、国槐、金叶女贞
10～29	8	毛白杨、西府海棠、臭椿、金银木、紫叶小檗、青杆、月季、榆叶梅
10以下	26	栾树、龙柏、紫叶李、刺柏、悬铃木、碧桃、刺槐等
合计	39	

从表7-9可以看出，在所调查的26个样方中，出现频率在50%以上的植物有2种：绒毛白蜡和大叶黄杨。出现频率在30%以上的有3种：毛泡桐、国槐和金叶女贞。这5种植

物成为街道绿化的主要树种：乔木以绒毛白蜡、毛泡桐、国槐为主，灌木以大叶黄杨、金叶女贞为主。另外还选用了乔木树种毛白杨、西府海棠、臭椿、青杆、栾树、龙柏、紫叶李、刺柏、悬铃木、刺槐等作为街道绿化的乔木树种，金银木、紫叶小檗、月季等作为灌木树种。被誉为“行道树之王”的悬铃木在开发区街道绿化中的应用并不占优势，可能是由于悬铃木带毛的球果随风飘散会对环境产生一定的污染。

表 7-10　街道绿地主要植物重要值排序

序号	乔木	重要值	灌木	重要值	草本	重要值
1	毛泡桐	0.137991	大叶黄杨	0.288858	萱草	0.526316
2	绒毛白蜡	0.12571	金叶女贞	0.155619	鸢尾	0.263158
3	国槐	0.091575	月季	0.084086	秋葵	0.210526
4	臭椿	0.08153	金银木	0.07525		
5	桧柏	0.081367	紫叶小檗	0.063562		
6	毛白杨	0.065079	五叶地锦	0.062418		
7	西府海棠	0.061749	砂地柏	0.052655		
8	紫叶李	0.056192	榆叶梅	0.048021		
9	青杆	0.036501	铺地柏	0.032522		
10	刺柏	0.036216	连翘	0.031822		

从表 7-10 重要值分析结果看，街道绿地中重要值较高的乔木有毛泡桐、绒毛白蜡、国槐、臭椿、桧柏、毛白杨、西府海棠、紫叶李、青杆和刺柏，包含了观花植物西府海棠、观叶植物紫叶李；重要值较高的灌木有大叶黄杨、金叶女贞、月季、金银木、紫叶小檗、五叶地锦等，这些植物是园林绿化中常用的种类；草本地被植物种类少，在调查的 26 个样方中，草本地被植物只有 3 种：萱草、鸢尾和秋葵，种植在街道两侧绿地中或中间隔离带中。大部分干道只有行道树和大叶黄杨、金叶女贞、紫叶小檗等组成的绿篱，植物种类比较单一。

7.2.3.4　附属绿地

单位附属绿地，是指机关、团体、学校、部队、企业、事业单位等内部的绿地。经对开发区顶新总部、爱信车身零部件、南开大学泰达学院、天津开发区职业技术学院 4 个单位附属绿地的调查发现，开发区附属绿地共有植物 23 科、36 属、46 种。其中乔木 22 种，灌木 17 种，木质藤本 2 种，草本 5 种。含属、种较多的科为：木犀科（5 属、5 种）、蔷薇科（4 属、11 种）和百合科（3 属、3 种）。

从表 7-11 可以看出，附属绿地中出现频率高的植物为绒毛白蜡、桧柏、悬铃木、合欢、西府海棠、金银木、金叶女贞、珍珠梅、木槿、紫叶小檗、凤尾兰、五叶地锦，基本上都是园林绿化中的常用树种。草本地被植物应用较少。

从表 7-12 重要值分析结果看，附属绿地中重要值较高的乔木有国槐、桧柏、西府海棠、毛白杨、绒毛白蜡、山桃、合欢等；重要值较高的灌木有金叶女贞、珍珠梅、金银木、紫叶小檗、木槿、黄刺玫、五叶地锦等；草本地被植物种类较少，只有 5 种：鸢尾、玉簪、萱草、马蔺和费菜。

表 7-11 附属绿地中各种植物出现频率统计

出现频率/%	物种数	主要物种
75	12	绒毛白蜡、桧柏、悬铃木、合欢、西府海棠、金银木、金叶女贞、珍珠梅、木槿、紫叶小檗、凤尾兰、五叶地锦
50	19	毛泡桐、国槐、旱柳、毛白杨、榆叶梅、龙爪槐、青杄、石榴、龙柏、山桃、月季、紫薇、大叶黄杨、连翘、丁香、迎春、黄刺玫、多花蔷薇、柽柳
25	15	樱花、油松、紫叶李、碧桃、刺柏、紫叶桃、火炬树、多头椿、小叶黄杨、凌霄、马蔺、鸢尾、玉簪、费菜、萱草
合计	46	

表 7-12 附属绿地主要植物重要值排序

序号	乔木	重要值	灌木	重要值	草本	重要值
1	国槐	0.119842	金叶女贞	0.117682	鸢尾	0.37234
2	桧柏	0.113803	珍珠梅	0.100297	玉簪	0.319149
3	西府海棠	0.100396	金银木	0.089159	萱草	0.159574
4	毛白杨	0.081789	紫叶小檗	0.087794	马蔺	0.106383
5	绒毛白蜡	0.069401	木槿	0.083431	费菜	0.042553
6	山桃	0.066679	大叶黄杨	0.064262		
7	合欢	0.062215	黄刺玫	0.059004		
8	旱柳	0.056597	五叶地锦	0.051293		
9	悬铃木	0.053742	凤尾兰	0.049257		
10	龙柏	0.034255	迎春	0.046227		

7.3 开发区绿地乡土植物应用情况统计

7.3.1 乡土植物的认定标准

李洪远等（2004）对天津的乡土植物进行了研究，提出了天津市乡土植物的“认定标准”（见表 7-13），并根据此标准认定了天津城市绿地中生长的 33 种木本植物为乡土树种（见表 7-14）。

表 7-13 天津市乡土植物认定标准

标准	证据
1. 生长适应性	适应当地自然环境，能够结实并自播繁衍
2. 引种依据	无确切的引种依据
3. 区域范围	符合本区域植被区系
4. 分布连续性	区域内地理分布的连续性

表 7-14　天津市乡土植物名录

类型	序号	植物名称	拉丁学名
乔木(1～25)	1	垂柳	*Salix babylonica* L.
	2	旱柳	*Salix matsudana* Roidz.
	3	国槐	*Sophora japonica* L.
	4	毛白杨	*Populus tomentosa* Carr.
	5	臭椿	*Ailanthus altissima*(Miil)Swingle.
	6	栾树	*Koelreuteria paniculata* Laxm.
	7	白榆	*Ulmus pumila* L.
	8	桑树	*Morus alba* L.
	9	构树	*Broussonatia papyrifera*(L.)Vent.
	10	枣树	*Zizyphus jujuba var. inermis*(Bunge)Rehd.
	11	杜梨	*Pyrus betulaefolia* Bge.
	12	山桃	*Prunus davidiana* Franch.
	13	苹果	*Malus pumila* Mill.
	14	柿树	*Diospyros kaki* Linn.
	15	核桃	*Juglans regia* Linn.
	16	山楂	*Crataegus pinnatifida* Bunge.
	17	银杏	*Ginkgo biloba* L.
	18	梨	*Pyrus bretschneideri* Rehd.
	19	香椿	*Toona sinensis* Roem.
	20	杏	*Prunus armenicana* Linn.
	21	李树	*Prunus salicina* Lindl.
	22	板栗	*Castanea mollissima* Bl.
	23	桧柏	*Juniperus chinensis* Linn.
	24	侧柏	*Platycladus orientalis* Franco.
	25	油松	*Pinus tabulaeformis* Carr.
灌木(26～33)	26	西府海棠	*Malus micromalus* Mak.
	27	丁香	*Syringa* spp.
	28	金银木	*Lonicera mackii*(Rupr)Maxim.
	29	连翘	*Forsythia suspendus* Vahl.
	30	海棠果	*Malus asiatica* Nakai.
	31	暴马丁香	*Syringa amarensis* Rupr.
	32	柽柳	*Tamarix chinesis* Bunge.
	33	月季	*Rosa cvs.*

7.3.2　开发区绿地乡土植物构成分析

本书研究发现，开发区共有绿地植物 151 种，其中木本植物 138 种，包括乔木 87 种，灌木46种，木质藤本5种。根据天津市乡土植物名录（见表7-15），138种木本植物中有乡土植物29种，乡土植物占木本植物总数的21%。

表7-15 开发区绿地木本植物统计表

类别	植物种类	备注
乔木	银杏①、青杆、雪松、白皮松、樟子松、油松①、华山松、黑松、水杉、侧柏①、桧柏①、龙柏、刺柏、毛白杨①、银白杨、辽杨、垂柳①、金丝柳、旱柳①、馒头柳、绦柳、核桃①、榆树①、桑树①、龙爪桑、构树①、白玉兰、紫玉兰、鹅掌楸、杜仲、悬铃木、美桐、法桐、苹果①、花红、海棠花、西府海棠①、垂丝海棠、山荆子、杏树①、山杏、紫叶李、山桃①、碧桃、紫叶桃、美人梅、樱桃、樱花、晚樱、山楂①、梨①、杜梨①、合欢、紫荆、皂荚、国槐①、龙爪槐、五叶槐、金枝槐、刺槐、香花槐、红花刺槐、臭椿①、多头椿、苦楝、香椿①、黄栌、紫叶黄栌、火炬树、丝棉木、元宝枫、茶条槭、栾树①、枣树①、龙爪枣、梧桐、沙枣、石榴、柿树①、黑枣、绒毛白蜡、美国白蜡、白蜡、流苏树、女贞、毛泡桐、早园竹	
灌木	千头柏、砂地柏、铺地柏、无花果、牡丹、小檗、紫叶小檗、蜡梅、香茶藨子、太平花、珍珠梅、月季①、多花蔷薇、玫瑰、黄刺玫、木香、棣棠花、平枝栒子、贴梗海棠、榆叶梅、紫叶矮樱、白刺花、江南槐、紫穗槐、金雀花、花椒、小叶黄杨、大叶黄杨、南蛇藤、木槿、柽柳①、紫薇、红瑞木、连翘①、丁香①、白丁香、迎春、小叶女贞、金叶女贞、枸杞、天目琼花、金银花、金银木①、猬实、锦带花、凤尾兰	
木质藤本	紫藤、葡萄、爬山虎、五叶地锦、凌霄	

①为乡土树种。

树种频度在10%以上的有46种，占树种总数的33.3%（见表7-16）。其中15种属于乡土植物，占乡土树种的51.7%。分别为：旱柳、国槐、毛白杨、臭椿、栾树、山桃、山楂、银杏、桧柏、西府海棠、丁香、金银木、连翘、柽柳、月季。频度高于20%的树种有32种，乡土树种11种，占34.5%；频度高于30%的树种14种，乡土树种4种，占28.6%；频度高于40%的树种7种，乡土树种3种，占42.8%；频度高于50%的树种4种，乡土树种1种，占25%。从出现频度上分析，开发区绿地中比较重视乡土树种的应用。

表7-16 开发区绿地木本植物出现频度高于10%的树种统计

树种名	频度	树种名	频度	树种名	频度	树种名	频度
绒毛白蜡	57%	紫薇	31%	龙爪槐	24%	刺槐	16%
大叶黄杨	57%	五叶地锦	31%	紫叶桃	24%	铺地柏	16%
国槐①	51%	桧柏①	28%	青杆	22%	凤尾兰	16%
金叶女贞	51%	悬铃木	28%	毛白杨①	22%	火炬树	14%
西府海棠①	47%	雪松	27%	黄刺玫	22%	连翘①	14%
金银木①	41%	臭椿①	26%	丁香①	22%	砂地柏	12%
紫叶小檗	41%	刺柏	26%	旱柳①	20%	多花蔷薇	12%
毛泡桐	39%	山桃①	26%	栾树①	20%	棣棠花	12%
合欢	39%	石榴	24%	小叶黄杨	18%	迎春	12%
月季①	37%	木槿	24%	龙柏	18%	柽柳①	10%
榆叶梅	37%	紫叶李	24%	银杏①	16%		
珍珠梅	31%	碧桃	24%	山楂①	16%		

①为乡土树种。

开发区绿地中出现的29个乡土树种中，出现频度最高的是国槐，为51%；其次是西府海棠为47%、金银木为41%、月季为37%、桧柏为28%、臭椿为26%、山桃为26%、毛白杨为22%、栾树为20%、旱柳为20%、银杏为16%、山楂为16%、连翘为14%、柽柳为10%。其中国槐、西府海棠、金银木、月季分布范围较广，个体数量多，能够体现出乡土植物群落特征。频度低于10%的92种木本植物中，乡土植物有14种，占乡土树种总数的48.3%，说明开发区的绿化中部分乡土树种也应该得到重视和应用。

7.4 开发区绿地植物多样性分析

由于开发区内各种类型绿地均为人工配置，因此本调查只调查了人工栽培种，没有调查野生种，也没有调查草坪和杂草，草本植物的资料并不完全。所以该部分对于开发区绿地植物多样性的研究只分析木本植物的多样性，不包括草本植物。另外在进行数据分析时，以乔木、灌木为基准，将月季、绿篱、藤本植物折算为乔木、灌木统计，采取的标准为：每10株月季折算1株灌木，每2延米绿篱折算1株灌木，每2株藤本折算1株灌木。

7.4.1 物种丰富度

从图7-1可以看出开发区绿地植物有很高的丰富度，在各类型绿地中，公园绿地的丰富度最高，为11.16；其次是居住区绿地，为10.93，稍低于公园绿地；附属绿地的丰富度指数为4.98；街道绿地的丰富度指数最低，为4.07。按丰富度高低排序为：公园绿地>居住区绿地>附属绿地>街道绿地。公园绿地具有营造景观，保护物种，为人们提供休闲、娱乐空间场所等各种功能，公园的多种功能决定了公园植物具有很高的丰富度指数。公园绿地的优势种包括毛白杨、桧柏、栾树、绒毛白蜡、多头椿、刺槐、火炬树等一些高大的乔木以及珍珠梅、金银木、紫穗槐、五叶地锦、柽柳、金叶女贞等灌木树种。除构成公园绿地的这些优势种，很多园林绿化中应用较少的植物种类或在北方不易栽植的植物在公园中生长良好：如我国特有的活化石树种水杉（酸性土壤上生长最好），叶形奇特的著名观赏树种鹅掌楸（喜酸性土壤），以及紫叶矮樱、枸杞、山杏、杜仲、皂荚、流苏树、丝棉木、美人梅、山荆子、花椒等。

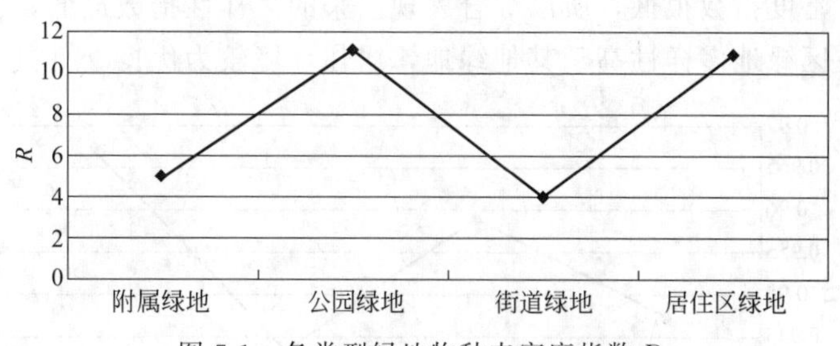

图7-1 各类型绿地物种丰富度指数 R

丰富度指数稍低于公园绿地的是居住区绿地，优势种包括西府海棠、国槐、合欢、刺柏、悬铃木、雪松、毛泡桐、紫叶桃、金银木、榆叶梅、紫薇、月季等，这些树种或姿态优美，或花果艳丽，具有很高的观赏价值。另外由于人们对居住环境的要求越来越高，绿化树种每年也有变化和更新，而且有些业主自己在房前屋后栽植各种树木，山楂、石榴、枣树、香椿、樱桃、梨树、柿树、樱花、核桃、白丁香、牡丹、玫瑰等居民喜欢的树种在居住区中都有栽植，且生长良好，大大丰富了居住区的绿化植物种类。

附属绿地和街道绿地应用的植物物种数量有限，尤其是街道绿地，为了表现街道的整齐划一，往往选择主要的几种乔木树种，配置一些灌木树种，种类单调。街道绿地绿化的优势种为毛泡桐、绒毛白蜡、国槐、臭椿、桧柏、大叶黄杨、金叶女贞、月季、金银木、紫叶小檗等。

7.4.2 物种均匀度

由图 7-2 可以看出，附属绿地均匀度指数为 0.86，公园绿地为 0.76，街道绿地为 0.90，居住区绿地为 0.83。按均匀度高低排序：街道绿地＞附属绿地＞居住区绿地＞公园绿地，与丰富度变化趋势恰恰相反。这是由于街道绿地和附属绿地虽然物种数量不丰富，但为了达到整齐、美化的效果，所选择的植物物种配置较均匀，所以均匀度高。而居住区和公园绿地虽然物种种类丰富，但优势种应用数量较多，而一些少见种由于不易管理或由于居民自行栽植，数量很少，因此物种分布不均匀。

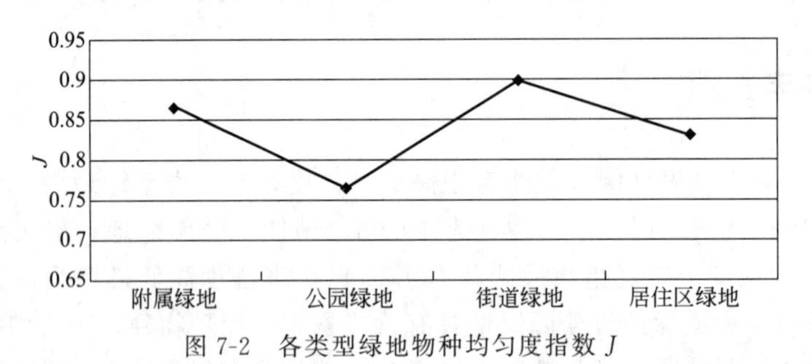

图 7-2　各类型绿地物种均匀度指数 J

7.4.3 物种多样性指数

由图 7-3、图 7-4 可以看出，居住区绿地与公园绿地的多样性指数最高，且基本相当；而附属绿地和街道绿地的多样性指数最低。由于居住区绿地和公园绿地具有很高的丰富度指数，虽然均匀度指数较低，但综合表现出来的多样性指数最高；街道绿地和附属绿地虽然均匀度指数高，但丰富度指数很低，所以综合表现出来的多样性指数最低，也基本相当。由此可见，开发区居住区绿地多样性高于其他绿地，居住环境较为优良。

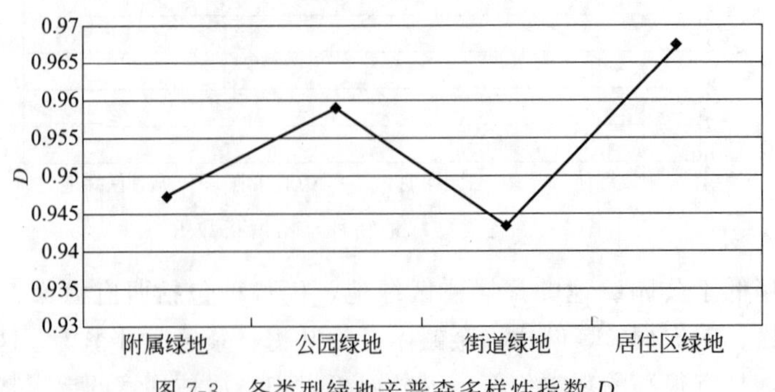

图 7-3　各类型绿地辛普森多样性指数 D

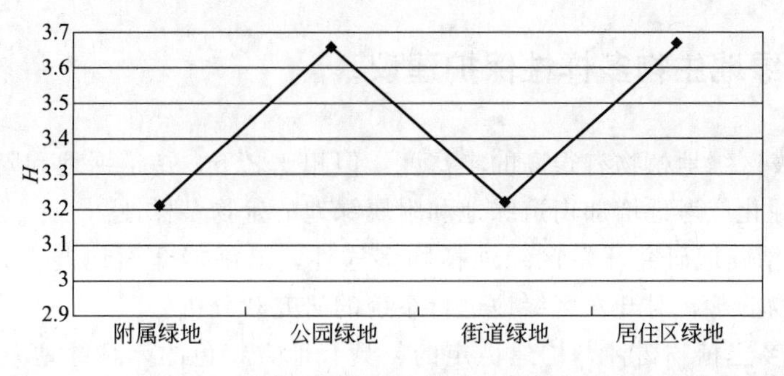

图 7-4　各类型绿地香农维纳多样性指数 H

7.5　结论与建议

7.5.1　结论

① 开发区绿地植物种类比较丰富，共有植物151种，分属47科、90属。科主要集中在蔷薇科（9属、30种）、豆科（10属、17种）、木犀科（6属、11种）等，这些科正是园林绿化中应用物种数较多的几个科；只有1属、1种的科共有23个科，占开发区内绿地植物总科数的48.93%。说明开发区在园林绿化植物的选择上较多地应用了少种科和单种科。

② 在开发区各类型绿地中，公园绿地的植物物种数量最多，几乎涵盖了开发区绿地植物所有的科和属。居住区绿地的物种数量也比较高。而附属绿地和街道绿地的物种数较少。从生活型来看，在各类型绿地中物种数量乔木＞灌木＞草本＞木质藤本，说明乔木在开发区各类型绿地中占有明显的优势。

③ 开发区绿地中出现频度低于10%的92种木本植物中，乡土植物有14种，占乡土树种总数的48.3%。专家认定的33种天津市乡土树种中有29种为开发区绿地中应用，其中国槐、西府海棠、金银木、月季分布范围较广，个体数量多，能够体现出乡土植物群落特征，表明开发区的绿化比较重视乡土树种的应用。而榆树、垂柳、构树、枣树、杜梨、苹果、柿树、核桃、梨等乡土树种在各类型绿地中只有零星分布，对于这些树种的应用还没有引起足够的重视。

④ 开发区绿地植物有很高的丰富度，在各类型绿地中，按丰富度高低排序为：公园绿地＞居住区绿地＞附属绿地＞街道绿地。按均匀度高低排序：街道绿地＞附属绿地＞居住区绿地＞公园绿地，与丰富度变化趋势恰恰相反。居住区绿地与公园绿地综合表现出来的多样性指数最高，且基本相当；而附属绿地和街道绿地的多样性指数较低，也基本相当。说明表明开发区居住区绿地多样性高于其他绿地，居住环境较为优良。

由于本研究的调查对象是人工栽培种，没有调查野生种，也没有调查草坪和杂草，所以绿地植物种类并不全面。因此如果要想更加精确地研究天津开发区植物多样性，最好能全面地调查开发区中的人工、半人工和自然植物群落。

7.5.2 城市绿地生物多样性保护建议

总体上看开发区绿地植物有很高的丰富度，但相比之下，街道绿地和附属绿地的多样性指数偏低，今后绿化应考虑增加街道绿地和附属绿地的生物多样性。

① 为了更加精确地研究开发区绿地植物多样性，最好能全面地调查开发区中的人工、半人工和自然植物群落，对开发区绿地进行系统的研究和分析。

② 开发利用乡土植物树种，构建稳定的、具有地方特色的园林绿地系统。乡土树种适应当地的气候条件，也能体现地方特色，在今后的绿化中应该加大乡土树种的种类和数量。可以在公共绿地和居住区绿地建立以乡土树种为主的植物群落，增加乡土树种出现的频度；增加乡土树种的个体数量，增加植物群落的稳定性。居住区绿地多种植柿树、山楂、枣树、梨、桑树、香椿等树种，可以增加居住区的乡野情趣。

③ 提高附属绿地与街道绿地的生物多样性。可以通过增加植物种类，尤其是增加适应性强的乡土树种的种类和个体数量，合理配置树种，发挥植物的生态效益，提高生物多样性。

④ 建立城市生物多样性保护区域。充分利用大型公园的多功能性，划分出多样性保护区域；加强生物多样性知识的宣传，提高居民素质，共同保护我们居住的环境。

⑤ 建设生态园林。根据生态学原理，按照国家生态园林城市的要求，提高天津开发区生物多样性建设、保护和管理水平，增加城市园林绿化植物种类，丰富园林景观，建设具有地方特色的园林城区和生态宜居城区。

参考文献

[1] 陈自新，苏雪痕，刘少宗等．北京城市园林绿化生态效益的研究 [J]. 中国园林，1998，14 (1)：55.

8

滨海新区湿地植被演替规律研究

湿地植被是湿地生态系统的基本组分，是湿地结构与功能的核心，它通过群落特征反映其环境特点，同时，受微生境条件改变的影响，不同的微生境在特定的时间会形成与之相适应的湿地植被类型。湿地植被类型丰富，组成成分复杂，其发生、发展和消亡的过程受诸多自然因素的作用，如水量、水流速度、水深浅、盐分、微地形等，这些因素作用使相邻的湿地植被处于不同的演替阶段，加上人类的活动，湿地植被的演替过程变得更加复杂、多样。伴随着这些作用的影响，微生境的条件发生变化，使得湿地植被的类型也发生相应的变化和位移。

要比较切实地了解一个地区的植被演替规律，也就是要确切研究植物群落的发生与发展，需要进行长期定位观察和掌握足够充分的资料。在掌握有关资料的基础上，结合现场调查滨海新区湿地植被的演替情况，从时间序列和空间序列两个方面对滨海新区湿地植被的演替规律进行总结。

8.1　滨海新区湿地植物的生态类群划分

8.1.1　湿地植物生态类群

滨海新区湿地是生产力很高的生态系统，野生植物种类丰富，包括46科、135属、232种。根据对地表积水条件和土壤水分、含盐量等生态因子的适应特征，滨海新区湿地植物的生态类型主要是水生、湿生以及一些中生、旱生的草本植物，特点是优势种多，覆盖度大。

(1) 水生植物　水生植物是典型的湿地植物。水生植物能在含氧量低、光线弱的水体环境中正常生活。对水生植物的定义很多，目前还没有被普遍接受的定义。Cook（1974）在《世界水生植物》里将高等水生植物定义为所有蕨类植物亚门（蕨及其近缘类型）和种子植物亚门中那些光合作用部分永久地或一年中至少有数月沉没于水中或浮在水面的植物。2000年我国台湾“水生植物乌托邦”将高等水生植物定义为“植物体具有特化器官，能长期适应水域或含饱和水的湿地环境而生长、繁殖，以完成生活史的植物”。

水生植物生长在水中，长期适应缺氧环境，根、茎、叶形成连贯的通气组织，以保证植物体各部分对氧气的需要。水生植物又可分成挺水植物、浮水植物（浮叶和漂浮）和沉水植物。

本区水生植物有蘋、东北金鱼藻、细金鱼藻、荇菜、狸藻、狭叶香蒲、拉氏香蒲、眼子菜、菹草、篦齿眼子菜、川蔓藻、大茨藻、角果藻、茨藻、小茨藻、多孔茨藻、野慈姑、黑藻、菖蒲、浮萍、水葱、荇菜、睡莲等。

(2) 湿生植物 湿生植物是能够在潮湿环境中正常生长和繁殖，但不能忍受较长时间的水分不足，即抗旱能力最弱的陆生植物。根据生长环境的特点可以分阴性湿生植物、阳性湿生植物2亚类。本区内湿生植物不多，仅有莎草科、蓼科的几种，如刚毛荸荠、荆三棱、扁秆藨草、两栖蓼、沼生蔊菜等。

(3) 中生植物 中生植物是能适应中度潮湿的生境，抗旱能力不如旱生植物，但在过湿环境中也不能正常生长的一类种类最多、分布最广、数量最大的陆生植物。包括柳叶刺蓼、扁蓄、红蓼、酸模叶蓼、绵毛酸模叶蓼、西伯利亚蓼、巴天酸模、锐齿酸模、绳虫实、华虫实、东亚市藜、杂配藜、小藜、藜、地肤、白苋、凹头苋。主要集中在蓼科、藜科、茄科、玄参科、菊科等。

(4) 旱生植物 旱生植物是指借助形态、结构、生理和生长特性（根系发达，茎、叶肉质化，或者叶卷曲、退化等），在干旱条件下能够长期忍受干旱并能保持水分平衡和正常生长发育的植物。本区的旱生植物也较多，其中以豆科、菊科、罗藦科居多。有狭叶米口袋、糙叶黄耆、达乌里黄耆、华黄耆、西伯利亚白刺、早开堇菜、野西瓜苗、二色补血草、中华补血草、地梢瓜、雀瓢、田旋花、砂引草、斑种草、平车前、阿尔泰狗哇花、黄花蒿、野艾蒿、蒙古鸦葱、苣荬菜、碎米莎草等。

8.1.2 湿地盐生植被

由于该区土壤成因和气候条件，使该地区的土壤含盐量很高，属于盐碱土。在该区生长的大部分植物都是盐生植物。因此特将盐生植物作为本区植物生态类型单列出来，以便研究。

关于盐生植物的概念，目前有着不同的定义，Greenway等（1980）根据耐受含盐量大小，将盐生植物定义为能在含盐量超过0.33MPa（相当单价盐70mmol/L）的土壤中正常生长并完成生活史的植物。根据植物对盐度的生理适应，可以将盐生植物分为三个生理类型（见表8-1）：一是聚盐盐生植物，又称积盐植物。这类植物之所以能生活在强盐渍化土壤中，是因为能从土壤里吸收大量盐分，并在体内积存而不受害。细胞的原生质对盐分的抗性特别强，据测定，能忍受6%（质量分数）甚至更浓的氯化钠溶液。细胞液浓度特别高，从而保证了植物能从高浓度的土壤溶液中吸收水分。聚盐盐生植物藜科最多，盐角草、盐地碱蓬、中亚滨黎、碱蓬和蒺藜科的西伯利亚白刺等都是众所周知的聚盐植物。这类植物的茎或叶多为肉质，植物体内积存了大量的盐分。二是泌盐盐生植物。这类植物能从盐渍化土壤中吸收大量的盐分吸进内的盐分并不在体内积累，而是通过茎、叶表面的盐腺，把体内过多的盐分排出体外，来降低体内的盐分。中华补血草、獐毛、大米草、柽柳、二色补血草等都是著名的泌盐植物。这类植物的体表通常有盐腺分泌的氯化钠和硫酸钠白色结晶。盐分不在体内积存。三是拒盐盐生植物，又称为不透盐植物。这类植物根细胞的细胞膜对盐分的透性很小，因此，根细胞很少或几乎不吸收土壤溶液里的盐分，植物细胞液的渗透压很高，但不是由于体内有高浓度盐分引起的，而是由于体内含有大量可溶性机物引起的。细胞的高渗透压保证了根从盐碱土壤中吸收水分和需要的矿质元素。朝鲜碱茅、虎尾草、白茅、田菁、罗布麻、砂引草、芦苇、茵陈篙等都是不透盐植物。但这类植物一般只能在盐渍化程度较轻的土壤中生存。

表 8-1 天津滨海湿地野生盐生植物

类型	灌木	旱生草本	中生草本	湿生草本
聚盐植物	西伯利亚白刺①、枸杞①	盐角草、茛荬菜①、刺儿菜①	盐地碱蓬、碱蓬、地肤、碱地蒲公英①、紫花山莴苣①	
拒盐植物	紫穗槐①	砂引草①、罗布麻①、益母草	红蓼、匙荠、旋覆花①、碱菀、虎尾草、白茅①、朝鲜碱茅①、马唐	芦苇①、荆三棱、狭叶香蒲①、水葱①
泌盐植物	柽柳①	猪毛菜、盐芥	中亚滨藜、东亚市藜、藜、二色补血草①、獐毛①	互花米草①

① 为多年生盐生植物。

注：枸杞（*Lycium chinense*），地肤（*Kochia scoparia*），碱地蒲公英（*Taraxacum sinicum*），紫花山莴苣（*Lactuca tatarica*），紫穗槐（*Amorpha fruticosa*），砂引草（*Messerschmidia sibirica*），益母草（*Leonurus japonicus*），红蓼（*polygonum orientale*），匙荠（*Bunias cochlearioides*），旋覆花（*Inula japonica*），朝鲜碱茅（*Puccinellia chinampoensis*），马唐（*Digitaria sanguinalis*），荆三棱（*Scirpus yagara*），水葱（*Scirpus tabernaemontani*），盐芥（*Thellungiella salsuginea*），东亚市藜（*Chenopodium urbicum*），藜（*Chenopodium album*），二色补血草（*Limonium bicolor*），大米草（*Spartina anglica*）。

调查发现，滨海湿地的野生盐生植被类型相对单一，单种植物常集中分布呈带状或斑块状生长，优势种明显。群落高度相对较低（灌木 2m 以下，草本 1.2m 以下），群落覆盖率高（60%～95%或以上）。根据吴征镒和侯学煜的研究，滨海湿地盐生植被包括了中国盐生植物五大类群中的四类：①盐生灌丛，如柽柳灌丛和西伯利亚白刺灌丛等；②盐生荒漠，如盐地碱蓬群落和碱蓬群落等；③盐生草甸，如芦苇群落、芦苇＋碱蓬群落和獐毛群落等；④盐生沼泽植被，如碱菀＋盐地碱蓬群落等。其中，盐地碱蓬群落的高度为 0.8m 左右，覆盖率可达到 90%以上；而芦苇群落的高度可达到 2m，覆盖率达到 95%以上。天津滨海湿地是国内少见的盐碱性湿地，因而该区域的盐生植物具有典型的地域性，归纳起来具有以下特征：①盐生植物资源丰富；②乡土物种种类丰富，适应性强，能够适应盐碱地环境，因而栽培和管护成本低，经济可行；③大部分野生盐生植物可作为盐碱地先锋植物，对盐碱土有改良作用；④植物的配置和管护有可以参考的野外样本；⑤野生盐生植物的高度和覆盖度均可达到观赏要求，景观效果好。在野外环境条件下，多种盐生植物均能正常生长和演替、形成成熟的优势群落。这里选择典型的野生盐生植物，根据其在盐碱土改良、植被恢复和园林绿化中可能的应用将盐生植物分为以下三类：①灌木类，适合孤植作为景观的视觉中心或者丛植作为绿化背景，包括西伯利亚白刺和柽柳 2 种；②旱生、中生草本类，适合片植或多种群植，组成较大面积的景观，包括红蓼、盐地碱蓬等 10 种；③水生草本类，适合栽培于水岸空间作为水、陆的过渡植被或者植于水中，包括芦苇、荆三棱等 3 种。

8.2 湿地植被的空间序列演替

演替是生态系统最常见的自然现象之一。演替理论是合理经营、有效利用自然资源以及改造、恢复与重建退化生态系统的重要理论基础。一般认为，群落演替（community succession），或称为生态演替（ecological succession），是指群落经过一定历史发展时期，由一种类型转变为另一种类型的顺序过程，也就是在一定区域内群落的发展替代过程。由于群落演替是一个复杂的渐变过程，同时受到多种因素的共同影响，而且其研究一般要涉及时间因子，因此，通过固定样地获得时间序列上的数据资料进行演替研究是理论上最理想的方法。然而，由于植物群落的演替跨越时间尺度太大，这种获取时间序列数据的方法在实践上存在很大的困难，因此实际采用的方法大多是时空替代方法，即按一定规则以样地的空间序列组成其时间序列，并据此进行生态系统的演替研究。虽然应用这种方法可能会产生较大的误差，但在没有其他可行的方法替代时，仍一直被沿用至今。

本书依据以上“空间代替时间”的原则，于 2008 年 7—10 月对滨海新区典型湿地的植被现状和类型进行实地调查，设置 28 条样带，并利用经纬仪测高法在河流及湖泊沿岸测定具有代表性的湿地类型的湿地群落边缘相对于水面的高程与距离水面的水平距离，经过分析和总结，绘制湿地植被类型水平距离示意图。

8.2.1 河漫滩湿地植被演替

本书中的河漫滩湿地样线设置选择蓟运河、永定新河、独流减河，从水边向堤岸垂直设置样线。根据现场调查记录样线不同位置的植被分布，绘制滨海新区典型河流漫滩湿地植被类型水平距离示意图（见图 8-1～图 8-3）。

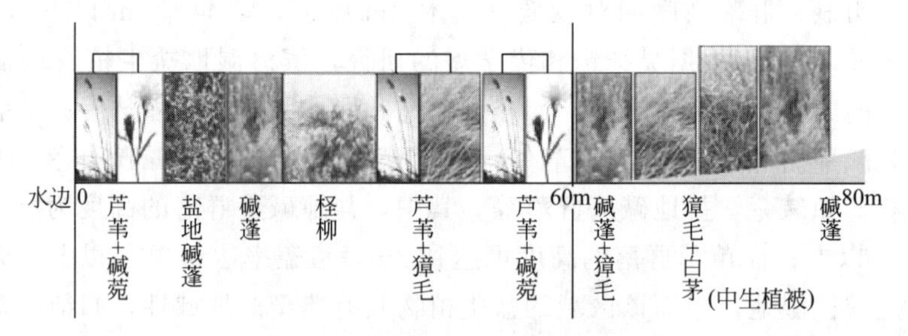

图 8-1　独流减河漫滩湿地植被类型水平距离植被分布示意图

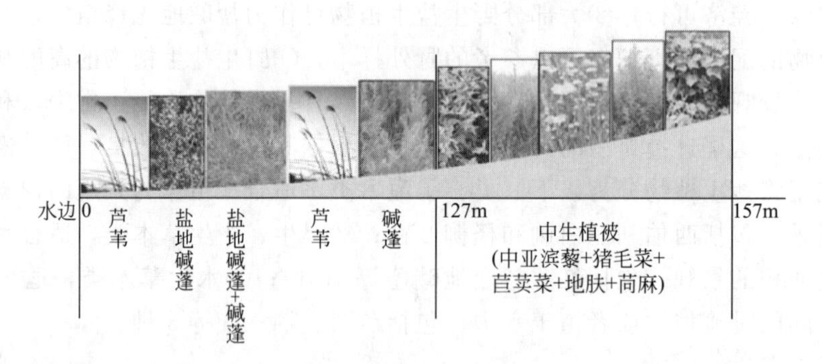

图 8-2　蓟运河漫滩湿地植被类型水平距离植被分布示意图（一）

独流减河位于滨海新区南部区域，地形宽广平坦，河漫滩发育。从图 8-1 可以看到，在独流减河从河岸边至河堤依次分布了水生植物、湿生植物、湿中生植物和中生植物，芦苇的分布广泛，说明芦苇的耐水幅度较宽。从水边开始依次分布碱菀和盐地碱蓬，碱菀和盐地碱蓬的耐盐性很好，随着水分和盐分的减少，出现柽柳伴生和獐毛群落。距离水边 60m 左右时，地形逐渐抬高，出现了獐毛、白茅、碱蓬等中生植被。

蓟运河漫滩样线地点位于蓟运河下游与永定新河交汇处，是重要的候鸟迁徙中转站，根

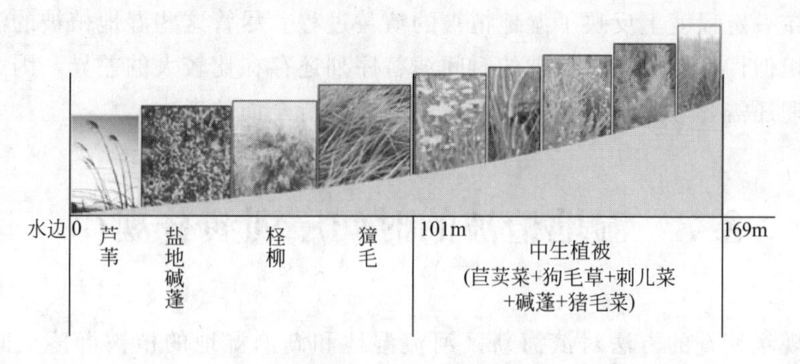

图 8-3 蓟运河漫滩湿地植被类型水平距离植被分布示意图（二）

据现场调查，该区域生物多样性丰富，该区域湿地类型包括河流中的一级河流湿地、二级河流湿地、河漫滩湿地、河口湿地等，具有很高的自然保留价值，是滨海新区具有典型意义的重要湿地。

在调查的样线中，经过总结绘制的样线图，代表了蓟运河的主要植被分布情况。本次调查的地点位于蓟运河和蓟运河故道中间的河漫滩，蓟运河样线植被的分布特征与独流减河比较相似，反映了这两个区域水盐条件的相似性。从图 8-2 中看出，从水边到堤岸依次分布了芦苇群落、盐地碱蓬单优势群落、盐地碱蓬＋碱蓬群落、芦苇＋碱蓬群落和中生植被。与图 8-3 相比较，后者出现了柽柳伴生，由于后者的坡度比前者增大，因此对应的苣荬菜分布的顺序改变。但总体上，反映了植被类型随着土壤水分含量和盐分含量的变化而变化的特征。

8.2.2 滨湖湿地植被演替

本研究中的滨湖湿地样线设置北大港古泻湖湿地，由于在滨海新区范围内没有真正意义上的自然湖泊，北大港湿地由于面积较大，自然度相对较高，因此选择为样线设置样地。根据现场调查记录样线不同位置的植被分布，在总结样线数据的基础上，绘制北大港古泻湖湿地群落类型水平距离图（见图 8-4）。

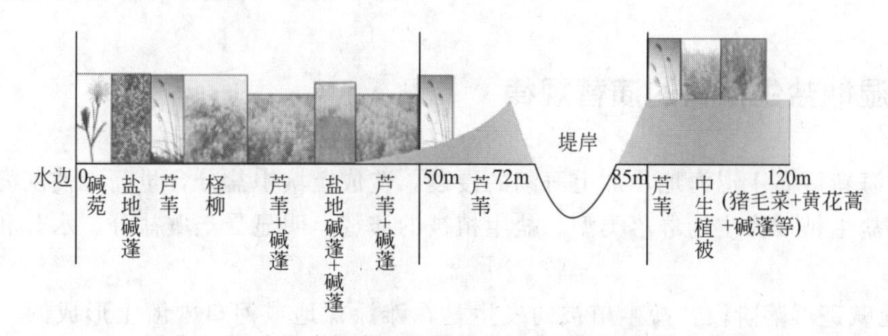

图 8-4 北大港古泻湖湿地植被类型水平距离植被分布图

从以上植被演替图可以看出，芦苇的分布较广，从水分含量较高湿生土壤到水分含量低的土壤中均有分布，反映了芦苇对水分的适应幅度很宽的生态学特征。碱菀分布在水边，说明碱菀的耐盐度和耐水性都很好。碱蓬的分布位于盐地碱蓬的外部，说明碱蓬的耐盐度和耐水程度稍差。

通过上述的分析可以看出，利用湿地植被的空间分布序列来推理其时间演替序列具有一定的可行性，在一定程度上反映了湿地植被的演替过程。尽管这些湿地植被的演替过程在某种程度上存在相似性，但与湿地植被的时间演替序列还存在比较大的差异，因此，湿地植被的时间序列推理还需要考虑土壤和植物本身的特点进行全面的考虑。

8.3 湿地植被的时间序列演替规律

以上通过现场调查的方法对滨海新区河流湿地和湖泊湿地的植被群落空间分布进行总结，概括了植物群落空间序列演替的典型特征，此方法依据的是“空间代替时间”的方法，通过该方法推断的植被演替空间序列，并不能完全真实地反映植被从裸地开始演替到顶级群落的过程（见图 8-5），因此，要比较切实地推论该区域湿地植被演替规律，还需要结合历史资料以及调查区域气候、土壤环境和植物本身的生态学特点进行综合考虑，本书在有关资料的基础上，结合现场调查滨海新区湿地植被的演替情况，从时间序列方面对滨海新区湿地植被的演替规律进行总结。

图 8-5　理想状态下植被从裸地开始的演替过程

8.3.1 湿地盐生植被的演替规律

由于滨海新区属于退海地，加上海潮的侵袭，造成土壤中盐分含量高，使滨海新区范围内形成了以盐生植被为主的群落类型。盐生植被的演替，明显受土壤盐分、水分和有机质含量的制约。

① 盐地碱蓬群落阶段：盐生植被的发生是在滩涂裸地或河口裸滩上形成的。首先是真性盐生植物盐地碱蓬的种子，大量、成片地传播到滩涂裸地或河滩上，经过发芽、生长、定居、竞争而形成均匀分布的盐地碱蓬单优势植物群落。该群落在盐分高浓度的土壤环境里生活而不受到盐害，成为侵占滩涂裸地的先锋植物群落。由于植物的生长，地表得到覆盖，根系的活动大大改变了土壤的板结状况，加上植物残体的不断积累，提高土壤有机质的含量，改善了土壤的物理性质，从而增强了土壤肥力和持水力，为盐地碱蓬＋獐毛群落的演替和发展创建了土壤环境。

② 盐地碱蓬＋獐毛群落阶段：土壤继续受天然淋洗，盐分随着相继下降，有机质成倍增长，于是植物种类增加，开始出现獐毛等植物。

③ 随着时间的推移，环境不断地变化，而植物群落本身也在不断地发生着演变，首先是量的变化和积累，而后出现新的特征，最后便被一个在质上完全不同的植物群落所演替。在有机质增加的情况下，盐地碱蓬-芦苇群落、碱菀-芦苇群落相继出现。在水湿条件丰富且含盐量低的地方，便发展成为芦苇群落，在含盐量高的咸水沼泽中，则发育成碱菀-盐地碱蓬群落。湿地植被类型不稳定，常受水分的影响，在缺水的情况下，旱生植物（如獐毛）增加，当水位恢复时则又出现芦苇群落（含盐量低）或碱菀-盐地碱蓬群落(含盐量高)。

④ 随着地势的增高，含水量减少，土壤盐分继续降低，植物种类数量显著增加，形成碱菀-芦苇杂草草甸群落类型。

总之，滨海新区由于河流泛滥改道，以及海潮和水位的影响，不断使环境条件发生巨大改变，使植被在发展过程中，不断遭到破坏，而又逐渐恢复。植被的变化因外因、内因生态演替的缘故，表现出反复性、逆向性和迅速性的演替特征。形成这种特征的原因，主要是土壤水盐动态造成的。因此植被演替从盐生植物群落到非盐生植物群落，再由非盐生植物群落，又逆向盐生植物群落，植被发展的总趋向，一般是朝向非盐生植被。

结合资料和现场调查，本书总结出湿地盐生植被的演替规律（见图 8-6）。

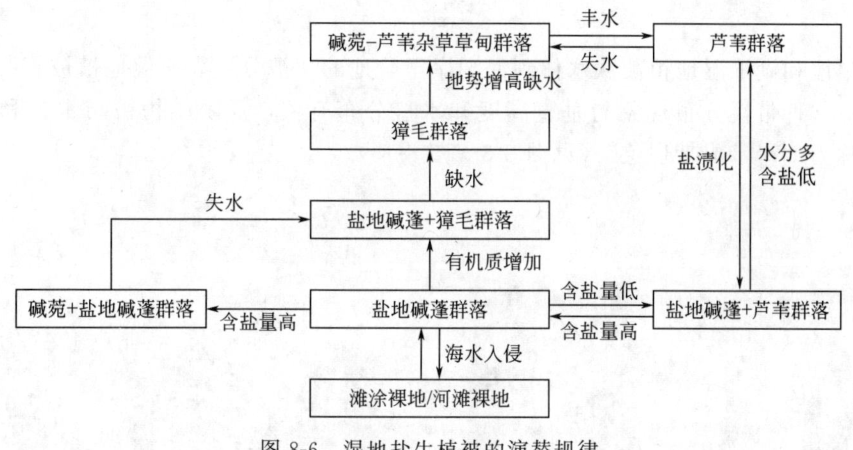

图 8-6　湿地盐生植被的演替规律

8.3.2　渤海湾滨海湿地植被的演替规律

滨海湿地是滨海新区的主要湿地类型之一，渤海湾滨海湿地的群落动态主要受土壤盐分、水分和有机质含量的制约，形成外因性演替系列。盐生植被的发生是在海滨近海裸地上形成的，首先是耐盐性很强的盐地碱蓬的种子，经风播，传播到滩涂的前沿，经过发芽、生长、繁殖和定居的发育过程而形成均匀分布，由稀疏过渡到密集的单种优势植物群落。由于盐地碱蓬可分布在近海边高盐浓度的土壤环境里而不受到盐害，因而它是盐土裸地上首先出现的植物，也是侵占盐土裸地的先锋植物群落，它为其他植物群落的发育改造土壤环境。由于盐地碱蓬能大量吸收土壤中的盐分，因此它又是使土壤脱盐或增加土壤有机质的先锋。随着地势升高，盐地碱蓬首先为獐毛的生长创造了土壤条件，獐毛蔓生繁殖较快，很快形成了盐地碱蓬＋獐毛群落。随着地势的逐渐抬高，土壤进一步脱盐，在有机质继续积累的情况

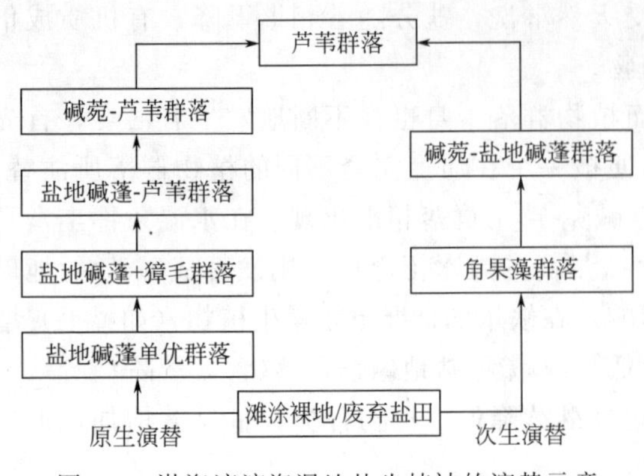

图 8-7　渤海湾滨海湿地盐生植被的演替示意

下，芦苇开始侵入，很快被盐地碱蓬-芦苇群落所代替。芦苇繁殖极为迅速，在郁闭的情况下，盐地碱蓬便逐渐退出，随后出现的是碱蓬-芦苇群落。在水湿条件丰富的地方则发育成为芦苇群落。群落演替到芦苇阶段，在滨海湿地中可以认为演替到了顶级阶段。但由于天津滨海一带，多分布盐田，水分中含盐量高，不可能有生物生存，同时土壤由于长年水浸，成为盐沼地带，最后发育成为盐沼植物群落类型。当盐田废弃后，水体逐渐淡化，在淡化后的半咸水中，首先发育成以角果藻为优势的水生植物群落，并且逐渐向沼泽化方向过渡，最后演替成为芦苇群落（见图 8-7）。

8.4 结　论

河流湿地和湖泊湿地植被从水体到河湖岸至阶地的植被分异表明湿地植被有明显的带性分布现象。这种带性分布现象与垂直高度和水盐分布有关，反映了植被与水分和盐分的关系，在此称为“岸带成带现象”（见图 8-8～图 8-13）。

图 8-8　盐地碱蓬-柽柳-獐毛-碱蓬-芦苇成带现象

图 8-9　盐地碱蓬-芦苇成带现象

图 8-10　盐地碱蓬-刺儿菜成带现象

图 8-11　盐地碱蓬-芦苇-猪毛菜成带现象

图 8-12　芦苇-盐地碱蓬成带现象

图 8-13　苘麻-狗尾草-猪毛菜成带现象

尽管受植被地带性因素的影响，但由于湿地植被的带性分布现象形成的主要原因不是水热组合的分异，且尺度较小，故湿地成带现象不同于地带性成带现象。湿地植被的岸带成带分布是河流湿地与湖泊湿地共同存在的现象。每种湿地植被类型分布均为带性分布，条带面积或大或小，总表现相同的带性分布规律。其导因与土壤中水分含量和含盐量有关，在最靠近水体的地方土壤中水分和盐分含量都比较高，因此分布湿生和耐盐度高的植物如盐地碱蓬；随着距离水边距离增加，盐分减少，相应地植被类型也发生改变，由于滨海新区范围内河漫滩和滨湖地带的地形平坦，坡度较小，因此其带谱非常明显和完整，同时由于滨海新区的土壤属于盐碱土壤，含盐量较高，因此这种盐生植被的“岸带成带现象”是滨海新区湿地所特有的特征。

参考文献

[1]　张韬，刘佳慧，王炜等．内蒙古东部湿地植被演替的初步研究［J］．干旱区资源与环境．2008，22（6）：145-151.

[2]　郑洪．江苏盐场盐生植物的多样性及其保护［J］．苏盐科技，2000，（1）：34-35.

[3]　张绪良，谷东起，陈东景，隋玉柱．莱州湾南岸滨海湿地维管束植物的区系特征及保护［J］．生态环境，2008，17（1）：86-92.

[4]　李法曾，赵可夫．中国盐生植物［M］．北京：科学出版社，1999.

[5]　彭少麟．南亚热带植物群落动态学［M］．北京：科学出版社，1996.

[6]　江洪，张艳丽，James R Strittholt．干扰与生态系统演替的空间分析［J］．生态学报，2003，23（9）：1861-1876.

中篇 滨海新区生态环境评价研究

9 天津空港经济区绿化现状评价研究

工业园区于20世纪70年代末在我国发达地区率先兴起，目前的发展方兴未艾，已经成为一种普遍的经济现象。它通过企业集群、产业集聚、提升产业水平，为工业发展和城市发展提供强有力的产业支撑，为国民经济建设作出了重要贡献。然而随着产业规模的扩大和服务功能的不断完备，工业园区在建设过程中资源与能源消耗不断增加，环境污染负荷和生态破坏程度加重，产生了各种各样的环境问题，严重制约着工业园区的可持续发展。作为开发区内的基础服务设施之一，绿地生态系统对开发区的健康快速发展具有不可替代的作用。应用生态学原理，对新型工业开发区绿地生态系统建设进行评价与规划管理具有重要意义。通过对绿地系统现状进行评价，可以发现绿地生态系统建设中各种现存的和潜在的问题，从指导理论、技术方法、管理体制上发掘导致问题的原因，提出符合生态学理念和可持续发展思想的绿地生态系统规划设计的理论和方法。不仅可以节约开发区绿地维护管理的投入、提高开发区环境质量，对开发区投资环境的优化和综合竞争力的提升也大有裨益。开展绿地生态系统建设的评价与规划管理研究顺应了全球创建生态工业园和循环经济园区的历史潮流，有迫切的现实意义和深远的指导意义。

天津空港经济区已经建设多年，在全面加快招商引资的同时，实施了大量的基础设施建设工程。园林绿化作为重要基础设施项目受到高度重视，真正体现了环境立区和同步规划、同步实施的发展理念。但随着区域发展和建设的深入，绿化工作中也出现了种种问题和矛盾，需要进行深入的研究和思考，从区域可持续发展的角度出发，也需要在经历了最初的启动阶段后，进行综合的分析和总结，为以后的发展提供更科学的指导。

9.1 空港经济区概况

(1) 地理位置 天津市经济区空港经济区介于北纬38°33′～40°15′，东经116°42′～118°03′，地处渤海湾西端海河下游入海口处，位于天津港北部，四至界线为东至东环路(京津塘高速公路延长线)，南至新港四号路，西至西十一路（临港路以东100m处)，北至北一道（新港七号路)。开发区位于天津滨海国际机场东北侧，距市区3km，距港口30km，距北京110km。

(2) 气象气候 区域的气候类型属于大陆性季风型半干旱气候。四季分明：春旱多风，冷暖多变；夏热湿大，雨水集中；秋高气爽；冬寒少雪。区域年平均气温 10.9～12.3℃。极端最低气温出现在 1 月，为－18.3℃，最冷月（1 月）月平均气温为－4.0～－4.5℃；极端最高温度出现在 7 月，为 39.9℃，最热月（7 月）月平均气温为 26.3℃。春季日平均气温回升迅速，可由 3 月的 5℃左右逐渐升至 5 月的近 20℃；秋季气温下降明显，至 11 月平均气温可降至 4.5℃。

区域多年平均降水量为 576.9～598.6mm，年内降水量分配不均，7—8 月的降水量约占全年的 50％以上。多年平均蒸发量 1760.1～1914.8mm，全年以 5 月份蒸发量最大。区域年平均风速为 4.5m/s，由于受季风影响，风随季节变化明显。冬季盛行偏北风，夏季盛行偏南风，春秋两季偏南风也占很大比例。

区域年日照时数 2998.9h，全年以 5 月日照最长，总辐射量也最大。一年中 7 月、8 月平均相对湿度最大，可达 79％。

（3）土质状况 天津市空港经济区系近代海相沉积层，土质自地表至－14m 左右为淤泥质黏土，灰褐色，含有机质，碎贝壳，呈流塑、软塑状，其含水量大，强度低，压缩性高，渗透性差。地下水矿化度为 100～208g/L，天然地平下 1m 内土壤平均含盐量为 4.73％，pH 值为 8～8.5。该区域地势低平，海拔均在 10m 以下，地面坡度为 1/5000～1/10000，大部分土地原系滩涂、盐田、荒地，地势低洼，经吹填及人工填土形成，地势比较平坦、起伏不大，地面标高在 6m 以上。受河流交叉沉积影响，地面有小规模缓坡和蝶型洼地交错起伏，河流泛区分布有沙丘、沙地。

9.2 土壤质量评价

土壤作为绿色植物的基础营养库和机械支撑介质，其理化性质直接影响到园林植物的正常生长，与绿地质量和绿化效果息息相关。开展空港经济区绿地土壤质量的评价，判别土壤的理化特征和演化规律，将为加工区各项绿化工作提供重要的科学依据。本书采用资料收集与现场监测相结合的方法。土壤评价采取理化性质测试评价方法和年度综合比较方法，通过布点取样，对土壤物理性状、养分性状、盐分状况进行测试。

9.2.1 采样监测

针对现有绿地，在 2007 年 9 月、10 月对园区主要道路绿化、森林公园、沿河绿化和街景绿地带等绿地单元进行大量实地调查并分析存在问题的基础上，土壤评价采取典型取样方法，2007 年 10 月底选取了位于中心大道、森林公园、环河西路、中环西路、环河北路、西四道、赤海路、西二道、保税路、西三道、西七道、西八道的绿化问题突出，植物生长较差，具有典型代表性的 22 处取样点采样监测。每处取样点分别采取 0～20cm、20～40cm、40～60cm 深度的 A、B、C 三层土壤进行分析监测。

对应各监测项目的分析方法见表 9-1。

表 9-1　土壤监测项目与分析方法

监测项目	分析方法
全盐量	容量法
有机质	重铬酸钾法
全氮	开氏法
速效磷	碳酸氢钠法
速效钾	火焰光度法
pH	混合指示剂比色法
碳酸氢根(HCO_3^-)	双指示剂法
氯离子(Cl^-)	硝酸银滴定法
硫酸根离子(SO_4^{2-})	EDTA 容量法
镁(Mg^{2+})	EDTA 容量法
钙(Ca^{2+})	EDTA 容量法
钾(K^+),钠(Na^+)	.差减法

9.2.2 评价结果与分析

9.2.2.1 土壤物理性状

监测结果显示：加工区 22 个点位平均土壤容重为 1.57g/cm^3，变化幅度在 1.4～1.73g/cm^3。从频率分布图可以看出（见图 9-1）：容重小于 1.5g/cm^3 的占 19.1%，在 1.5～1.6g/cm^3 的占 47.6%，大于 1.6g/cm^3 的占 33.3%。根据《天津市园林绿化工程质量检查评定和验收标准》，加工区测试点位土壤容重明显过大。

2006 年 3 月的加工区土壤普查结果中，平均土壤容重为 1.45g/cm^3，变化幅度在 1.31～1.69g/cm^3 之间。两次监测结果均表明：本区域的土壤质地以黏土和重壤土为主，多数土壤属紧实范围，通气透水性和持水保肥能力差；土壤容重偏高，质地过于黏重，土壤紧实、板结，总孔隙度偏小。对比两次监测结果还可以发现，加工区土壤容重较高，与 2006 年普查的平均质相比有迅速上升的趋势，这表明客土并没有从根本上改善这些点位种植土的土壤结构。

9.2.2.2 土壤养分状况

(1) pH 值　分析结果表明：加工区 pH 值的变化范围在 7.3～8.4，平均值为 7.66。从 pH 值频率分布来看（见图 9-2)，56 个土壤土样中，pH 值在 6.5～7.5 的土样有 29 个，占 51.8%；在 7.5～8.5 的土样有 27 个，占 48.2%。可见，加工区土壤 pH 值在 6.5～8.5，酸碱度适中。按照《中国土壤》中我国土壤酸碱度的分级标准（见表 9-2)，加工区土壤属于中性土和碱性土，按平均值分级属于碱性土壤。

2006 年 3 月的加工区土壤普查结果中，pH 值的平均值为 8.88，变化范围为 8.09～9.84，大于 8.5 的土样占全部土样的 89.83%，大部分土壤为强碱性土壤。对比两次结果可以发现，加工区土壤的 pH 值比 2006 年的结果整体下降，土壤正呈由强碱性土壤向偏碱性和中性土壤转变的良好态势。通过客土以及对绿地加强养护管理已经成功地控制了绿地土壤的 pH 值，但是，这种改良趋势的最终结论还需要几年的持续动态监测才能确定。

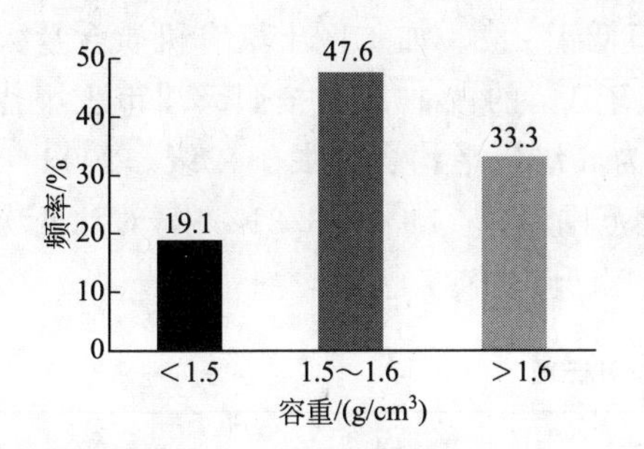

图 9-1　土壤容重和频率分布图

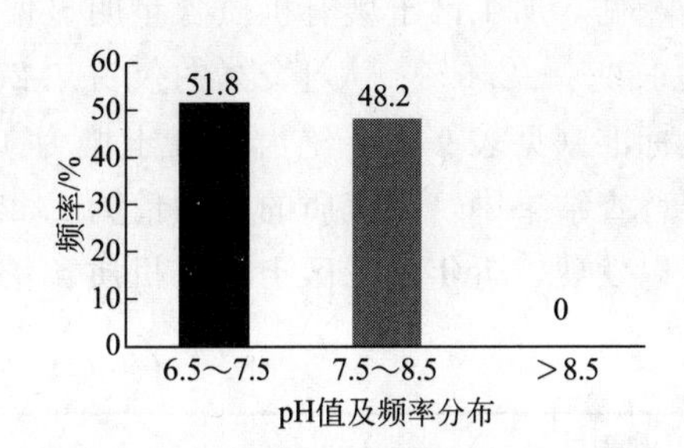

图 9-2　pH 值及频率分布

表 9-2　土壤酸碱度指标

级别	强酸性	酸性	中性	碱性	强碱性
pH 值	＜5.0	5.0～6.5	6.5～7.5	7.5～8.5	＞8.5

(2) 全盐量　加工区土壤全盐量的变化范围在 0.046％～0.431％，平均值为 0.15％。全盐含量和频率分布见图 9-3，56 个土壤土样中，全盐含量低于 0.1％的土样有 16 个，占 28.6％；在 0.1％～0.2％的土样有 30 个，占 53.6％；在 0.2％～0.4％的土样有 9 个，占 16.0％；大于 0.4％的土样有 1 个，占 1.8％。根据以上分析结果和天津市土壤普查分级标准（见表 9-3），加工区土壤主要为轻度盐渍土和非盐渍土，其次为中度盐渍土，只有极少数土壤为重度盐渍土，没有发现有全盐含量大于 0.6％的盐渍土。

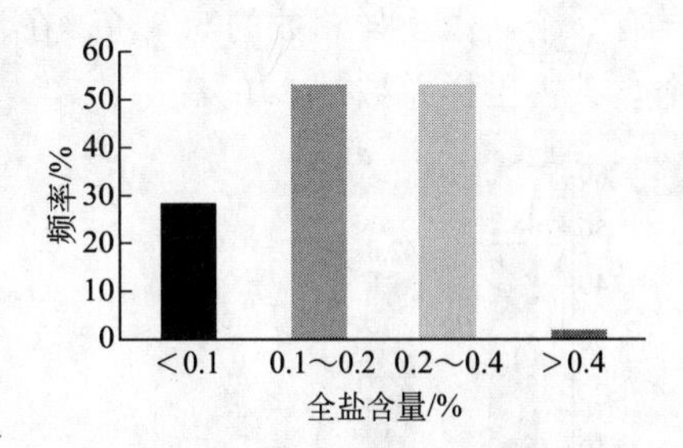

图 9-3　全盐含量和频率分布

2006 年的土壤普查结果中，全盐量的平均值为 0.229％，变化范围为 0.058％～1.684％，大于 0.4％的重度盐化土或盐土占 8.51％。可见，与 2006 年相比，2007 年土壤全盐量有显著下降，这可能是近年加工区绿化大量灌溉，起到一定排盐作用的结果。

表 9-3　土壤盐渍化分级标准

级别	非盐渍	轻度盐渍	中度盐渍	重度盐渍	盐渍土
含量/％	＜0.1	0.1～0.2	0.2～0.4	0.4～0.6	＞0.6

9.2.2.3　土壤盐分状况

(1) 有机质　测试结果表明：加工区土壤有机质含量的变化范围在 0.35％～5.59％，平均值为 1.49％。从有机质含量和频率分布来看（见图 9-4），56 个土壤土样中，有机质含量低于 0.6％的土样有 5 个，占 8.9％；在 0.6％～1.0％的土样有 4 个，占 7.1％；在 1.0％～2.0％的土样有 43 个，占 76.8％；在 2.0％～3.0％之间的土样有 2 个，占 3.6％；大于 4％的土样有 2 个，仅占 3.6％。

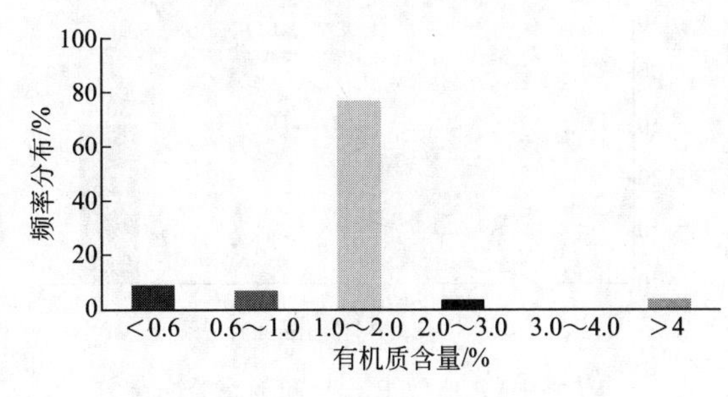

图 9-4　有机质含量和频率分布

可见，加工区土壤有机质含量明显偏低，平均值低于2%。加工区土壤有机质含量大多数在1.0%～2.0%；大于2%的仅占7.2%；含量低于1%的占16%。按照天津市土壤普查分级标准（见表9-4），绝大部分土壤为4级，其次为5级，平均含量属于4级。2006年的土壤普查结果中，有机质的平均值为1.216%，变化范围为0.111%～3.214%，对比两次结果可以发现，近年加工区土壤有机质含量有小幅度的上升趋势。

表9-4　土壤有机质分级标准

级别	1级	2级	3级	4级	5级
含量/%	>4	3～4	2～3	1～2	0.6～1

（2）水解氮　加工区土壤水解氮含量变化范围在6～204mg/kg，平均值为36.82mg/kg。从水解氮含量的区间分布来看（见图9-5），小于30mg/kg的土样有27个，占土样总数的48.2%；在30～60mg/kg的土样有24个，占土样总数的42.9%；在60～90mg/kg的土样有3个，占土样总数的5.3%；在90～120mg/kg的土样和大于120mg/kg的土样各有1个，共占土样总数的3.6%。

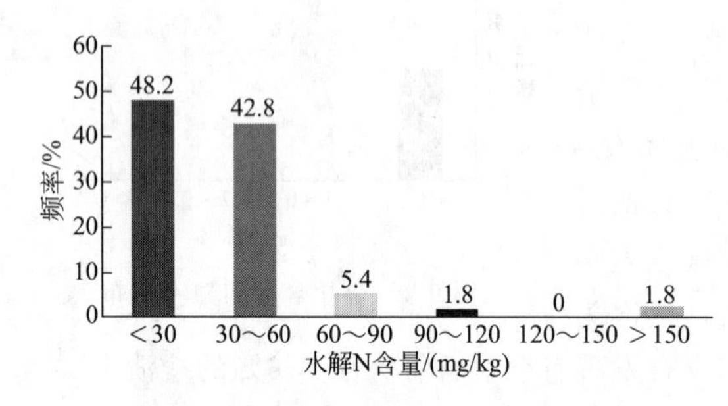

图9-5　水解N含量和频率分布

综上分析可知，加工区土壤中的大部分都缺乏氮素，90%以上的土壤水解氮含量在60mg/kg以下。只有9%的土壤水解氮含量大于60mg/kg，其中大于150mg/kg的土壤仅占1.8%。按照天津市土壤普查分级标准（见表9-5），绝大部分土壤属于5级和低于5级，5%左右的土壤为4级，只有极其少数土壤能达到3级。

表9-5　土壤水解氮含量分级标准

级别	1级	2级	3级	4级	5级
含量/(mg/kg)	>150	120～150	90～120	60～90	30～60

2006年普查结果平均含量为52.385mg/kg，变化范围为20.04～135.70mg/kg。两次结果相比，2007年测试点位的平均值和最小值均比2006年普查结果低，但最大值比2006年普查结果高。总体来看，土壤氮素没有明显改观，两次测试结果都表明：加工区3级以下的土壤均在95%以上，说明氮素缺乏仍然是加工区内土壤的基本特征之一。

（3）速效磷　加工区土壤速效P含量变化幅度在11～913mg/kg，平均值为54.73mg/kg。从速效P含量和频率分布来看（见图9-6）：速效P含量小于20mg/kg的土样有14个，占土样总数的25.0%；20～40mg/kg的土样有25个，占土样总数的44.6%；大于40mg/kg的土样有17个，占土样总数的30.4%。

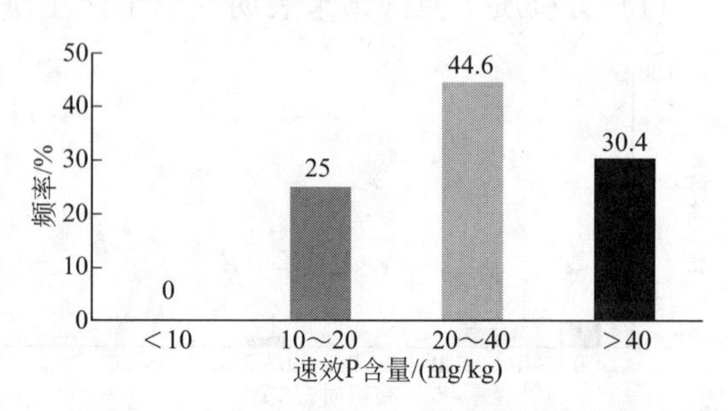

图9-6　速效P含量和频率分布

综上分析可见，加工区土壤速效 P 含量较丰富。按照天津市土壤普查分级标准（见表 9-6），所有土壤均在 3 级或优于 3 级，其中 25%的土壤属于 3 级，接近半数的土壤属于 2 级，30%左右的土壤速效含量达到 1 级，个别土壤的速效 P 含量达到非常高的浓度。

表 9-6　土壤速效磷含量分级标准

级别	1 级	2 级	3 级	4 级	5 级	6 级
含量/(mg/kg)	＞40	20～40	10～20	5～10	3～5	＜3

2006 年普查结果平均含量为 22.544mg/kg，变化范围为 3.81～82.06mg/kg。1、2、3 级土壤各占 4.49%、52.25%和 37.35%。4 级土壤占 4.73%，5 级占 1.18%。两次结果相比，2007 年土壤速效 P 含量都在 3 级或优于 3 级，普遍比 2006 年高。可见加工区土壤速效 P 含量有上升的趋势，同时两次结果中 3 级或优于 3 级的土壤均占 94%以上，也说明加工区土壤速效 P 含量比较丰富。

(4) 速效钾　加工区土壤速效 K 含量变化幅度在 140～581mg/kg，平均值为 367.84mg/kg。从速效 K 含量的频率分布来看（见图 9-7）：速效 K 含量小于 150mg/kg 的土样有 4 个，占土样总数的 7.1%；150～200mg/kg 的土样有 2 个，占土样总数的 3.6%；200～300mg/kg 的土样有 1 个，占土样总数的 1.8%；大于 300mg/kg 的土样有 49 个，占土样总数的 87.5%。

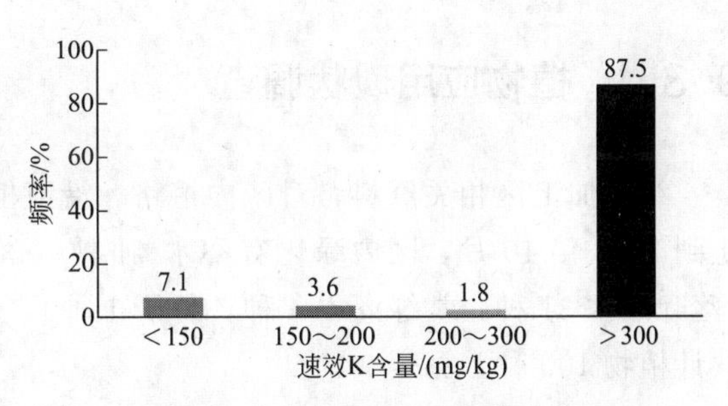

图 9-7　速效 K 含量和频率分布

由以上分析可以得出，加工区土壤速效 K 含量普遍很高，绝大多数都在 300mg/kg 以上。按照天津市土壤普查分级标准（见表 9-7），所有土壤均在 3 级或优于 3 级，土壤速效 K 平均含量达到 1 级标准，大部分土壤属于 1 级。

表 9-7　土壤速效钾含量分级标准

级别	1 级	2 级	3 级
含量/(mg/kg)	＞300	200～300	150～200

2006 年普查结果平均含量为 397.846mg/kg，变化范围在 65～888mg/kg，1 级土壤在 95.03%。可见两次分析结果结论较为一致，加工区近年土壤速效钾含量没有发现显著的变化，含量均较高。

9.2.3　评价结论

通过对典型点位土壤测试结果进行分析，可以对加工区土壤作出以下初步评价。

① 土壤容重过大，质地过于黏重。土壤紧实、板结，通透性不良，结构性差，总孔隙度偏小。土壤的物理性质不利于绿化植物的生长。

② 土壤 pH 值在 6.5～8.5，属于中性土和碱性土，酸碱度适中。与 2006 年相比，土壤 pH 值有下降的良好趋势。

③ 全盐含量偏高，土壤存在不同程度的盐渍化。但与 2006 年相比，土壤盐渍化程度有

所减轻。

④ 土壤有机质含量偏低，普遍属于4级或劣于4级。土壤有机质含量偏低一方面导致植物生长需要的氮、硫、微量元素等养分缺乏；另一方面也是土壤容重过大、质地过于黏重的重要原因之一。

⑤ 土壤氮素含量偏低，90%以上的土壤属于5级和低于5级。土壤氮素不足将影响植物的正常生长。

⑥ 加工区土壤速效P含量和速效K含量普遍较丰富。按照这两项指标的分级标准，所有土壤均属于3级或优于3级。

9.3 植物适应性评价

9.3.1 植物应用现状调查

结合加工区相关资料，对区内道路、沿河植被和街头绿地的植物种类进行调查发现：截止到2007年10月，区内绿化有乔木44种（落叶乔木41种，常绿乔木3种），灌木36种（落叶灌木31种，常绿灌木4种，竹子1种），地被植物14种，草坪3种，水生植物3种，共计植物100种（见表9-8）。

表9-8 空港经济区绿化植物应用一览表

乔木	灌木	地被植物	草坪	水生植物
悬铃木、泡桐、青桐、国槐、金叶槐、蝴蝶槐、朝鲜槐、抱印槐、金枝国槐、刺槐、龙爪槐、美国白蜡、绒毛白蜡、桂香柳、馒头柳、旱柳、垂柳、金丝垂柳、毛白杨、银杏、合欢、杜梨、栾树、楸树、杜仲、构树、火炬树、红叶臭椿、臭椿、皂荚、马褂木、丝绵木、五角枫、黄山栾、江南槐、山楂、梨树、白玉兰、女贞、龙柏、碧桃、枣树、山桃、桧柏	西府海棠、绚丽海棠、钻石海棠、贴梗海棠、紫叶矮樱、紫叶李、紫薇、平枝栒子、棣棠、紫荆、金银木、连翘、黄刺玫、樱花、木槿、茶镳子、柽柳、丁香、红瑞木、金叶莸、玫瑰、蔷薇、石榴、水腊、迎春、榆叶梅、珍珠梅、紫穗槐、金叶女贞、小叶黄杨、紫叶小檗、美国红栌、大叶黄杨、胶东卫矛、沙地柏、早园竹	白花景天、粉八宝、紫花苜蓿、秋葵、萱草、五叶地锦、荷兰菊、费菜、丰花月季、马蔺、鸢尾、凤尾兰、蜀葵、白三叶	高羊茅与黑麦草等混播、野牛草	芦苇、香蒲、荷花

9.3.2 评价方法

9.3.2.1 专家咨询法评价

将区内应用的园林植物品种与天津市园林绿化树种应用计划以及《天津城市绿化树种应用指南》、《天津城市绿化树种分类应用指南》比较，初步判定应用植物品种的适应性。根据专家咨询法，邀请行业内专家，结合《天津城市绿化树种应用指南》得出天津市可应用和推荐使用的绿化植物品种名录（表9-9），作为树种应用评价的基本依据。

表 9-9　天津市可应用和推荐使用的绿化植物品种名录

	可应用树种 60+13	推荐树种 13+3
落叶乔木 73 种	绒毛白蜡、国槐、臭椿、毛白杨、悬铃木、千头椿、构树、馒头柳、垂柳、旱柳、金丝垂柳、栾树、泡桐、合欢、皂荚、杜梨、君迁子、香椿、刺槐、红花刺槐、金叶刺槐、黄金树、梓树、楸树、丝绵木、柿树、银杏、核桃、青桐、新疆杨、元宝枫、盐肤木、火炬树、枣树、玉兰、杂交马褂木、杜仲、桂香柳、中国白蜡、加拿大杨、小叶芩、水杉、绦柳、山楂、苹果、梨、桃、杏树、碧桃、龙爪柳、龙爪槐、龙爪桑、垂枝榆、龙爪枣、蝴蝶槐、朝鲜槐、江南槐、榆树、桑树、美国白蜡	枫杨、苦楝、榉树、黄山栾、香花槐、樱花、朴树、椴树、臭檀、榔榆、稠李、拐枣、车梁木
常绿乔木 16 种	桧柏、雪松、白皮松、白扦、青扦、云杉、红皮云杉、河南桧、龙柏、侧柏、蜀桧、黑松、油松	大叶女贞、杜松、西安桧
	可应用品种 59+14	推荐品种 18+17
落叶花灌木 77 种	西府海棠、金银木、榆叶梅、黄刺玫、珍珠梅、茶镳子、锦带花、海仙花、木槿、连翘、金钟花、丁香、石榴、日本小蘗、紫叶小蘗、紫薇、山桃、贴梗海棠、木瓜海棠、紫荆、猬实、棣棠、玫瑰、迎春、金叶女贞、水蜡、小叶女贞、红叶桃、垂枝桃、天目琼花、红瑞木、月季(含大花、丰花、微型、地被类)、刺玫、平枝枸子、红叶李、紫穗槐、白刺花、胡枝子、接骨木、太平花、海州常山、枸杞、紫珠、花椒、柽柳、黄栌、华北香薷、文冠果、小叶丁香、裂叶丁香、暴马丁香、锦鸡儿、金花忍冬、无花果、美国红栌、紫叶矮樱、鸡爪槭、多花蔷薇、珠美海棠	醉鱼草、山茱萸、东陵八仙花、枳树、雪柳、荆条、糯米条、冻绿、鸡麻、花楸、银芽柳、酸枣、鼠李、红枫、白鹃梅、山梅花、六道木、扁担木
常绿花灌木 31 种	砂地柏、千头柏、翠柏、洒金柏、鹿角桧、铺地柏、凤尾兰、大叶黄杨、金心大叶黄杨、胶东卫矛、锦熟黄杨、小叶黄杨、朝鲜黄杨、早园竹	矮紫杉、兴安桧、阔叶十大功劳、南天竹、海桐、火棘、北海道黄杨、粗榧、黄槽竹、刚竹、淡竹、金镶玉竹、紫竹、筠竹、甜竹、斑竹、箬竹
	可应用品种 13+1	推荐品种 4+2
落叶藤本 17 种	紫藤、五叶地锦、爬山虎、美国凌霄、藤本月季、木香、葡萄、金银花、红花金银花、山荞麦、鸡矢藤、南蛇藤、蛇葡萄	三叶木通、野葛、软枣猕猴桃、铁线莲
常绿藤本 3 种	常春藤	扶芳藤、络石

9.3.2.2　Topsis 法评价

Topsis 法，即逼近理想解排序法。Topsis 法的基本思路是定义决策问题的理想解和负理想解，然后在可行方案中找到一个方案，使其距理想解的距离最近，而距负理想解的距离最远。

Topsis 应用于树种适应性评价的工作步骤为：设有 m 个树种，n 个适应性性状指标，构成一评价问题，其决策矩阵为 A。先由 A 建立规范化评价矩阵 Z，再由各项指标最优值和最劣值分别构成正理想解向量 Z^+ 和负理想解向量 Z^-，然后计算各树种评价单元与正理想解向量和负理想解向量的距离 D_i^+，D_i^-，最后计算相对接近度 C_i，并按每个树种相对接近度的大小排序。C_i 值越大，树种适应性越强。Topsis 法综合树种的生态习性、绿化功能要求和环境背景，通过树种、自然环境条件、规划目标三者的相容性确定量化评价指标，避免了传统树种选择和适应性评价过程中设计者的主观偏好和个人经验。

由于加工区仍处于建设阶段，因此，综合选取 59 种乔灌木应用 Topsis 法作排序研究。根据加工区植物适应性评价的目的，先应用专家咨询法对这些乔木树种进行目标定位评价，根据植物特性及用途进行赋值，确定了观赏性、叶期、树冠郁闭度、树干通直性、抗性、根深、树木寿命、环境效应、分枝点高度九项评价指标并进行量化赋值，得到加工区常见乔灌木适应性评价指标表（见表 9-10）。应用 spss 软件对表二数据进行编程处理，求出各树种的 D_i^+ 和 D_i^-，进一步求出各评价树种的 C_i 值表（见表 9-11）。C_i 值的大小排序即反映了加工区树种的适应性优劣。

表 9-10　评价树种指标得分（一）

树种名称	观赏性	分枝点高度	叶期	树冠郁闭度	树干通直性	抗性	根深	树木寿命	环境效应
绒毛白蜡 *Fraxinus chinensis* Roxb.	4	3	2	2	2	6	2	2	2
国槐 *Sophora japonica* Linn.	4	3	2	2	2	6	2	2	4
金叶国槐 *Sophora japonica* sp.	4	3	2	2	2	6	2	2	4
金枝国槐 *Sophora japonica* sp.	4	3	2	2	2	6	2	2	4
刺槐 *Robinia pseudoacacia* Linn.	4	3	1	2	2	6	1	1	4
红花刺槐 *Robinia hisqida* Linn.	4	3	1	2	2	6	1	1	4
悬铃木 *Platanus acerifolia*(Ait.)Willd.	3	3	1	2	2	4	1	2	4
毛白杨 *Populus tomentosa* Carr.	3	3	2	2	2	6	2	1	4
旱柳 *Salix matsudana* Roidz.	3	3	2	1	2	4	2	1	3
垂柳 *Salix babylonica* Linn.	3	3	2	1	2	4	2	1	3
白花泡桐 *Paulownia fortunei*(Seem.)Hemsl.	4	3	1	2	2	6	2	1	4
栾树 *Koelreuteria paniculata* Laxm.	5	2	1	1	1	6	2	2	3
臭椿 *Ailanthus altissima*(Miil)Swingle.	4	3	1	2	2	6	2	2	4
千头椿 *Ailanthus altissima* '*Qiantou*'.	3	3	1	2	2	6	2	2	4
北京杨 *Populus* sp.	3	3	2	2	2	6	2	1	4
馒头柳 *Salix matsudana* cv. Umbraculifera Rehd.	3	3	2	2	2	4	2	1	3
榆 *Ulmus pumila* Linn.	3	3	1	2	2	6	2	2	4
加拿大杨 *Populus x canadensis* Moench.	3	3	2	2	2	6	2	1	3
枫杨 *Pterocarya stenoptera* DC.	3	3	2	2	2	4	2	2	2
白玉兰 *Magnolia denudata* Desr.	4	2	1	1	1	4	1	1	4
杂交马褂木 *Lirildendron chinense xtulipikera*	4	3	1	1	2	4	1	1	3
女贞 *Ligustrum lucidum* Ait.	3	2	2	1	1	4	1	2	2
黄山栾 *Koelreuteria integrifoliola* Merr.	5	3	1	1	2	4	1	2	3
银杏 *Ginkgo biloba* Linn.	5	3	2	2	2	5	2	2	3
桑树 *Morus alba* Linn.	3	2	1	1	1	6	2	2	4
构树 *Broussonetia papyrifera*(Linn.)Vent.	4	3	1	1	1	6	1	2	4
枣树 *Zizyphus jujube* Mill.(*Z. sativa* Gaertn.)	4	2	1	1	1	6	2	2	2
杜梨 *Pyrus betulaefolia* Bunge	4	2	1	2	1	6	2	2	2
山桃 *Prunus davidiana*(Carr.)Franch	4	1	2	1	1	5	1	1	2
柿树 *Diospyros kaki* Linn. f.	5	2	1	2	2	5	2	2	2
核桃 *Juglans regia* Linn	4	2	1	2	1	5	2	2	3

续表

树种名称	观赏性	分枝点高度	叶期	树冠郁闭度	树干通直性	抗性	根深	树木寿命	环境效应
白梨 *Pyrus bretschneideri* Rehd.	5	2	1	1	1	6	1	2	2
香椿 *Toona sinensis*(A. Juss.)Roem.	3	3	1	1	2	6	2	1	4
杏 *Prunus armeniaca* Linn.	5	2	1	1	1	4	2	1	3
桧柏 *S. chinensis*(L.)Ant.(*Juniperus chinensis* L.)	3	1	2	1	2	6	2	2	4
侧柏 *Platycladus orientalis*(Linn.)Franco Endl.	3	1	2	1	2	6	2	2	4
油松 *Pinus tabulaeformis* Garr.	3	1	2	1	2	5	2	2	3
雪松 *Cedrus deodara*(Roxb.)G. Don.	3	1	2	1	2	5	2	2	2
石榴 *Punica granatum* Linn.	6	1	1	1	1	6	1	2	2
碧桃 *Prunus persica* Batsch. var. *duplex* Rehd.	4	1	2	1	1	5	1	1	3
杜仲 *Eucommia ulmoides* Oliv.	3	3	1	1	2	4	2	2	3
丝棉木 *Euonymus bungeanus* Maxim.	4	3	2	2	1	6	2	2	4
皂荚 *Gleditsia sinensis* Lam.	4	2	1	2	1	6	2	2	3
合欢 *Albizzia julibrissin* Durazz.	4	2	1	2	1	4	1	1	3
桂香柳 *Elaeagnus angustifolia* Linn.	5	1	1	1	1	6	2	1	2
白皮松 *Pinus bungeana* Zucc. ex et Endl.	3	1	2	1	2	5	2	2	2
云杉 *Picea meyeri* Rehd. et Wils.	3	1	2	1	2	5	2	2	2
火炬树 *Rhus typhina* Linn.	6	2	1	1	1	6	1	1	4
榉树 *Zelkova serrata*(Thunb.)Makino.	4	3	1	1	2	5	2	2	4
盐肤木 *Rhus chinensis* Mill.	4	2	1	2	1	4	2	1	3
西府海棠 *Malus micromalus* Mak.	5	1	2	1	1	6	1	1	2
木槿 *Hibiscus syriacus* Linn.	4	1	1	1	1	6	1	1	2
紫叶李 *Prunms cerasifera* Ehrh. f. *atropurpurea* Jaeg.	4	1	2	1	1	6	2	1	3
金叶榆 *Ulmus pumila*. sp.	4	3	1	2	2	6	2	2	4
稠李 *Prunus padus* Linn.	3	3	1	2	2	5	2	1	3
青桐 *Firmiana simplex*(Linn.)W. F. Wight	3	3	1	2	2	4	1	1	4
五角枫 *Acer mono* Maxim.	5	2	1	2	1	5	2	2	2
黄金树 *Catalpa speciosa* Ward.	6	3	1	2	1	5	2	2	4
苦楝 *Melia azedarach* Linn.	4	3	1	2	2	5	2	1	2

表 9-11 评价树种指标得分（二）

树种名称	序号	D^+	D^-	C_i	树种代码
银杏 *Ginkgo biloba* Linn.	1	0.05740	0.22347	0.79564	24
国槐 *Sophora japonica* Linn.	2	0.06555	0.23104	0.77899	2
金叶国槐 *Sophora japonica* sp.	2	0.06555	0.23104	0.77899	3
金枝国槐 *Sophora japonica* sp.	2	0.06555	0.23104	0.77899	4
丝棉木 *Euonymus bungeanus* Maxim.	5	0.10195	0.21744	0.68080	5
绒毛白蜡 *Fraxinus chinensis* Roxb.	6	0.10398	0.21648	0.67554	1
臭椿 *Ailanthus altissima*(Miil)Swingle.	7	0.10922	0.21388	0.66195	13

续表

树种名称	序号	D^+	D^-	C_i	树种代码
金叶榆 *Ulmus pumila*. sp.	7	0.10922	0.21388	0.66195	54
黄金树 *Catalpa speciosa* Ward.	9	0.11968	0.21556	0.64300	58
毛白杨 *Populus tomentosa* Carr.	10	0.12601	0.21469	0.63015	8
北京杨 *Populus* sp.	10	0.12601	0.21469	0.63015	15
千头椿 *Ailanthus altissima* '*Qiantou*'.	12	0.13153	0.21135	0.61640	14
榆 *Ulmus pumila* Linn.	12	0.13153	0.21135	0.61640	17
加拿大杨 *Populus x canadensis* Moench.	14	0.13231	0.20300	0.60540	18
枫杨 *Pterocarya stenoptera* DC.	15	0.13619	0.20838	0.60475	19
白花泡桐 *Paulownia fortunei*(Seem.)Hemsl.	16	0.13469	0.19883	0.59616	11
馒头柳 *Salix matsudana* cv. Umbraculifera Rehd.	17	0.14097	0.19708	0.58298	16
榉树 *Zelkova serrata*(Thunb.)Makino.	18	0.13868	0.19302	0.58191	49
柿树 *Diospyros* kaki Linn. f.	19	0.13658	0.17932	0.56764	30
悬铃木 *Platanus acerifolia*(Ait.)Willd.	20	0.15834	0.19209	0.54815	7
刺槐 *Robinia pseudoacacia* Linn.	21	0.15345	0.18474	0.54626	5
红花刺槐 *Robinia hisqida* Linn.	21	0.15345	0.18474	0.54626	6
苦楝 *Melia azedarach* Linn.	23	0.15889	0.17676	0.52661	59
稠李 *Prunus padus* Linn.	24	0.16041	0.17832	0.52643	55
桧柏 *S. chinensis*(L.)Ant.(*Juniperus chinensis* L.)	25	0.16656	0.18501	0.52624	35
侧柏 *Platycladus orientalis*(Linn.)Franco Endl.	25	0.16656	0.18501	0.52624	36
旱柳 *Salix matsudana* Roidz.	27	0.16305	0.17925	0.52366	9
垂柳 *Salix babylonica* Linn.	27	0.16305	0.17925	0.52366	10
黄山栾 *Koelreuteria integrifoliola* Merr.	29	0.15754	0.17204	0.52199	23
皂荚 *Gleditsia sinensis* Lam.	30	0.14999	0.16198	0.51922	43
杜仲 *Eucommia ulmoides* Oliv.	31	0.16735	0.17523	0.51150	41
核桃 *Juglans regia* Linn.	32	0.15195	0.15641	0.50723	31
五角枫 *Acer mono* Maxim.	33	0.15733	0.16142	0.50642	57
香椿 *Toona sinensis*(A. Juss.)Roem.	34	0.17385	0.17818	0.50615	33
青桐 *Firmiana simplex*(Linn.)W. F. Wight	35	0.17687	0.17518	0.49759	56
油松 *Pinus tabulaeformis* Garr.	36	0.17310	0.16604	0.48959	37
构树 *Broussonetia papyrifera*(Linn.)Vent.	37	0.17362	0.16592	0.48866	26
杜梨 *Pyrus betulaefolia* Bunge.	38	0.16548	0.15688	0.48666	28
栾树 *Koelreuteria paniculata* Laxm.	39	0.16120	0.15083	0.48338	12
雪松 *Cedrus deodara*(Roxb.)G. Don.	40	0.18668	0.16106	0.46316	38
白皮松 *Pinus bungeana* Zucc. ex et Endl.	40	0.18668	0.16106	0.46316	46
云杉 *Picea meyeri* Rehd. et Wils.	40	0.18668	0.16106	0.46316	47
桑树 *Morus alba* Linn.	43	0.18152	0.15277	0.45700	25
火炬树 *Rhus typhina* Linn.	44	0.18682	0.14625	0.43911	48
杂交马褂木 *Lirildendron chinense xtulipikera*	45	0.18508	0.14200	0.43415	21

续表

树种名称	序号	D^+	D^-	C_i	树种代码
盐肤木 *Rhus chinensis* Mill.	46	0.17628	0.13289	0.42983	50
枣树 *Zizyphus jujube* Mill.(*Z. sativa* Gaertn.)	47	0.18465	0.13379	0.42014	27
紫叶李 *Prunns cerasifera* Ehrh. f. *atropurpurea* Jaeg.	48	0.19055	0.13457	0.41391	53
白梨 *Pyrus bretschneideri* Rehd.	49	0.19047	0.12536	0.39693	32
女贞 *Ligustrum lucidum* Ait.	50	0.19901	0.12917	0.3936	22
石榴 *Punica granatum* Linn.	51	0.20911	0.13507	0.39245	39
杏 *Prunus armeniaca* Linn.	52	0.18591	0.11904	0.39036	34
合欢 *Albizzia julibrissin* Durazz.	53	0.19100	0.11070	0.36693	44
西府海棠 *Malus micromalus* Mak.	54	0.20827	0.11957	0.36472	51
桂香柳 *Elaeagnus angustifolia* Linn.	55	0.21356	0.10986	0.33968	45
碧桃 *Prunus persica* Batsch. var. *duplex* Rehd.	56	0.20568	0.10454	0.33698	40
白玉兰 *Magnolia denudata* Desr.	57	0.20387	0.10213	0.33375	20
山桃 *Prunus davidiana*(Carr.)Franch.	58	0.21724	0.09643	0.30744	29
木槿 *Hibiscus syriacus* Linn.	59	0.23288	0.05866	0.20121	52

Topsis工作原理为，设有 m 个样本，n 个性状指标，构成一评价问题，其决策矩阵为 A。由 A 建立规范化评价矩阵 $Z=\begin{pmatrix} Z_{11} & \cdots & Z_{1n} \\ \vdots & \ddots & \vdots \\ Z_{m1} & & Z_{mn} \end{pmatrix}$；其元素为 z_{ij}，$z_{ij}=f_{ij}/\sqrt{\sum_{k=1}^{n} f_{kj}^2}$，$i=1, 2, \cdots, m$；$j=1, 2, \cdots, n$。

f_{ij} 为评价矩阵 A 的元素，$A=\begin{pmatrix} f_{11} & \cdots & f_{1n} \\ \vdots & \ddots & \vdots \\ f_{m1} & \cdots & f_{mn} \end{pmatrix}$。

由各项指标最优值和最劣值分别构成理想解向量 Z^+ 和负理想解向量 Z^-。

$$Z^+=(Z_1^+,Z_2^+,Z_3^+,\cdots,Z_n^+);Z^-=(Z_1^-,Z_2^-,Z_3^-,\cdots,Z_n^-) \tag{9-1}$$

式中，$Z_j^+=\max\{Z_{1j}^+, Z_{2j}^+, Z_{3j}^+, \cdots, Z_{mj}^+\}$，$Z_j^-=\min\{Z_{1j}^-, Z_{2j}^-, Z_{3j}^-, \cdots, Z_{mj}^-\}$，$j=1, 2, \cdots, n$。

然后计算各评价单元与 Z^+ 和 Z^- 的距离：

$$D_i^+=\sqrt{\sum_{i=1}^{n}(Z_{ij}-Z_j^+)^2}\ D_i^-=\sqrt{\sum_{i=1}^{m}(Z_{ij}-Z_j^-)^2} \tag{9-2}$$

计算相对接近度 $C_i=D_i/(D_i^+ + D_i^-)$，$i=1, 2, \cdots, n$。按相对接近度大小排序，C_i（$0\leqslant C_i\leqslant 1$）越大，表明第 i 个评价单元越接近最优水平。

9.3.3 植物适应性评价结论

① 空港经济区自建设以来，绿地选择树种基本符合天津的本地特征和气候特点，选择应用的园林植物90%以上是天津其他地区绿地应用成熟或表现优良的树种。

② 道路绿化构成了空港经济区绿地的基本框架。但如何形成道路绿化特色，且选择应用

适于道路绿地生长的园林植物，也需要重点研究。如行道树普遍选择悬铃木，树种单调，而其他乔、灌木种类主要在人行道外的绿地中，隔离带植物选择仅5种，使得道路绿化植物选择应用单调，种植形式单一；悬铃木作为行道树的应用比例过大，灌木选择应用的种类少。

③ 目前的植物选择虽然大多数植物适应天津本地使用，但具体应用到空港加工区范围内，却表现不同，这与施工过程有关；另外，一些边缘树种如黄山栾、马褂木等需要更长时间的观察才能得出结论。部分植物的新品种如北美海棠系列（钻石海棠、绚丽海棠）、国槐的变种（金枝国槐、金叶国槐）等在应用数量上不等。虽然从特性上分析适应性较强，但具体应用需要更长时间的观察，应用也应更谨慎。

④ 树种适应性和树种使用程度上存在较大的矛盾。一些适应性评价等级低的树种被大量应用，而适应性评价等级高的树种应用却较少。例如悬铃木在行道树中应用最广，而白蜡、国槐、臭椿、毛白杨等适应性强的树种或乡土树种，应用程度却不如悬铃木广泛。另外，黄刺玫、榆叶梅、丁香、碧桃、西府海棠等灌木的成片种植和密植，造成植物品种单调、通风透气不良等问题。绿地中大量应用白三叶作为地被植物，导致植物种类单一和色彩单调。

⑤ 目前加工区按整体区域考虑，乔木、灌木、地被、花卉和水生植物种类都较少，尤其是地被、草坪和花卉植物应用过少。空港经济区的道路绿化特色明显，区内绿地的养护管理工作整体保持了较高的水平。但道路绿化及植物选择仍存在许多不足：白三叶做地被植物应用过多，花卉应用少；植物群落配置不合理，植物应用量过少。空港经济区植物品种应用单一，在植物选择应用上还有很大空间。

9.4 土壤质量验收工作评价

根据园林绿化的行业特点，植物选择、配置模式、土壤改良等内容其实是在前期的设计方案环节确定的，而植物栽植、规格选定、配置组合、引进苗木的验收、客土质量控制、上水设施铺设等内容，至少也是在施工环节确定的。因此，在本项研究中，在开展养护管理环节专题分析研究的基础上，若要得出较客观完整的绿地现状评价结果，则必须进行工程质量及验收工作的分析研究。鉴于此部分工作分属不同部门，本书仅从分析问题的角度提出工作建议。

9.4.1 绿地养护管理中存在的问题

9.4.1.1 工程中的直接问题影响工程质量和顺利交接

在施工养护期过后进入验收交接工作时，负责养护管理的市政公司要派专人进行现场踏察，对绿地设施量进行核实，对植物成活和生长情况作出评估，这是一项繁杂且灵活性很强的工作，占用大量工作时间、人员和精力，以2007年交接的$8.0\times10^5 m^2$绿地为例，交接验收就要持续1～2个月。另外，工程中存在的问题多种多样，如植物选择不合理和土壤质量不合格很难直接鉴定，施工养护期养护不到位与施工质量差也很难界定，工程施工与设计方案有偏差却只能按施工结果认定，排盐设施不能在交接验收中确认质量等，这些问题都给后期养护管理造成直接影响，在施工单位和养护单位之间形成矛盾。

9.4.1.2 设计方案、工程施工遗留的问题产生更深远更长期的影响

绿化工程的养护管理观念应贯穿绿化工作的全过程。绿化设计方案以及工程施工的每一个环节无时无刻不在影响着后期的养护管理。空港经济区内道路隔离带的设置、悬铃木大量做行道树、环河西路河边绿地大片栽植单一品种花灌木、白三叶大量应用、道路绿地中采用灌木行列式栽植等，都对后期养护产生影响。具体分析如下。

① 悬铃木做行道树，占到乔木树种的近20%，占行道树的60%以上，大规模应用一个树种做行道树，自然造成道路绿化景观单调，而悬铃木在天津市又是边缘树种，温度、水土、栽植形式、栽植时间、苗木规格等因素都对其成活产生影响，因此，针对悬铃木行道树的养护要格外关注，会大大增加养护成本。

② 白三叶做地被植物，虽然比冷季型草坪省水且管理粗放，但应用量也超过60%，也是绿地景观单调的原因之一，而且白三叶的养护管理也存在控水、冬季地上干枯、几年后更新等问题。

③ 花灌木的成片栽植是最简单的设计和栽植形式，但用在自然地形和景观丰富的河边绿地则显得单调和缺乏艺术性，而且成片种植也为后期生长和管理增加难度。

④ 隔离带大量应用绿篱模纹的栽植形式，后期养护管理要进行大量修剪，增加养护工作量和机械投入。

⑤ 部分边缘植物的引进应用和栽植形式不当增加养护工作量，也增加死亡风险。如黄山栾、马褂木、樱花在空旷地栽植，增加每年防寒的工作量；悬铃木做行道树，而且数量巨大，每年仅防寒费用及工作量即是养护管理工作的巨大负担；大量的龙柏、金叶女贞绿篱也要每年做防寒，不合理的密植也造成病虫害滋生，也增加养护工作负担。

9.4.2 加强工程质量验收与评定的建议

9.4.2.1 加强绿化设计方案审查

由于空港经济区实行建设与养护管理分离的管理体制，养护管理部门和人员不参与前期方案审查，不能对某些设计方案提出合理化建议，也不能有效避免设计不合理对后期养护管理造成的影响。因此，从全面管理的角度出发，空港经济区应把绿化设计方案审查工作纳入绿化工作的统一管理，重点让养护管理部门参与前期方案审查，真正实现全过程的养护管理。建立专家组，形成规范的绿化方案审查或评审制度。

9.4.2.2 养护管理工作纳入绿化工程的全过程管理

通过养护管理部门参与前期方案审查以及建立建设部门与养护管理部门的工作会商制度，突出养护管理工作的重要性，重点在方案审查时期，有效避免方案的不合理或对后期养护管理工作的负面影响。另外，养护管理部门要参与绿化工程施工的关键环节控制，可以借鉴开发区工程控制管理的经验，在绿化工程施工的关键工序如盲管铺设、换种植土、植物栽植等关键环节，要由养护管理部门签字验收，消除工程质量隐患。通过以上方案审查、施工关键工序控制加强工程的全过程管理，实现绿化工程建设与后期养护的顺利衔接。

9.4.2.3 制定并严格执行工程验收备案制度

在天津市绿化工程施工技术规程、绿化工程验收标准及技术规程等规范性文件基础上，制定符合空港经济区实际的绿化工程开、竣工备案制度，完善本区绿化工程检查及验收办法，制定绿化工程验收、交接的规范性文件和执行措施，改变目前工程验收交接的不规范性，突出过程管理和第三方监督，实现制度化和规范化管理。

9.5 绿地系统规划

9.5.1 树种规划

经济区高度重视环境保护和园林绿化工作，努力建设生态型工业园区。区内绿化工作成效显著，以道路绿化为主的绿地格局已经基本形成。绿化是经济区基础设施建设的重要组成部分，具有生态、社会和经济的综合效益。随着滨海新区的开发开放和循环经济、生态工业园区发展步伐的不断推进，经济区的绿化建设也面临更高的要求。

经济区树种规划要根据园林树种的三大功能即改善环境的生态功能、美化功能及综合生产功能；同时，立足于经济区绿地系统的功能特性，在满足景观美化的基础上，构建以恢复自然生态系统为主要目标，以乡土树种为主要选择树种，这样的绿地系统具有良好的天然更新能力，群落结构稳定，养护成本低，管理粗放，生态环境保护功能更强。

树种的选择与规划是园林绿化必不可少的重要组成部分，树种规划所要解决的问题是要选择一批最适合本地自然条件，能积极有效地起到维护和提高区域生态平衡，保护和改善环境、满足园林绿化多功能的要求，丰富城市景观，反映经济区的区域特点的园林植物。要充分利用植物材料的不同形态、色彩和内涵来达到环境多样统一，增强艺术效果，增添大自然的风韵。

9.5.1.1 基调树种规划

基调树种指各类园林绿地均要使用的、数量最大、能形成全城统一基调的树种，一般以1～4种为宜，应为本地区的适生树种。基调树种能充分表现当地植被特色、反映城市风格，能作为区域景观重要标志的应用树种。根据经济区绿化的现状和环境特点，规划选用5种乔木作为基调树种加以推广应用（表9-12）。

表9-12 天津空港经济区绿化基调树种规划

序号	种名	科属	学名
1	毛白杨	杨柳科杨属	*Populus tomentosa*
2	悬铃木	悬铃木科悬铃木属	*Platanus*×*acerifolia*
3	国槐	豆科槐属	*Sophora japonica*
4	臭椿	苦木科臭椿属	*Ailanthus altissima*
5	白蜡	木犀科白蜡属	*Fraxinus chinensis*

9.5.1.2 骨干树种规划

城市绿化的骨干树种，是具有优异的特点、在各类绿地中出现频率较高、使用数量大，有发展潜力的树种。分类规划如下。

(1) 行道树绿化树种（见表 9-13） 行道树是发挥绿地美化街景、纳凉遮阴、减噪滞尘等功能作用的重要因素，还有维护交通安全、保护环境卫生等多方面的公益效用。由于道路的立地条件较差，路面热辐射使近地气温增高，空气湿度相对地，土壤成分复杂、透水透气性差，汽车尾气中的污染物浓度高，所以行道树的选择要求相对苛刻。主要有以下要求。

表 9-13 天津空港经济区行道树种规划

种名	学名	种名	学名
雪松	*Cedrus deodara*	黄山栾	*Koelreuteria integrifolia*
悬铃木	*Platanus*×*acerifolia*	苦楝	*Melia azedarach*
国槐	*Sophora japonica*	白蜡	*Fraxinus chinensis*
女贞	*Ligustrum lucidum*	五角枫	*Acer mono*
桧柏	*Sabina chinensis*	垂柳	*Salix babylonica*
柿树	*Diospyros kaki*	枫杨	*Pterocarya stenoptera*
合欢	*Albizzia julibrissin*	千头椿	*Ailanthus altissima*
核桃	*Juglans regia*	连翘	*Forsythia suspensa*
贴梗海棠	*Chaenomeles speciosa*	丁香	*Syringa pinnatifolia*
木槿	*Hibiscus syriacus* L.	碧桃	*Prunus persica*
樱花	*Prunus* spp.	黄刺玫	*Rosa xanthina*
大叶女贞	*Ligustrun lucidum* Ait.	榆叶梅	*Prunus triloba*
毛白杨	*Populus tomentosa* Carr.		

① 树干挺拔、树形端正、体型优美、枝叶繁茂、庇荫度好。

② 对环境适应性强，易栽植、耐修剪、易萌生。

③ 抗逆性强，特别是要求抗 NO_x、SO_2、FH、粉尘等能力强，耐风、耐寒、耐旱、耐涝、耐辐射，病虫害少。

④ 以地带性植物为重，适当使用已经受一个生长周期以上表现良好的外来树种。

⑤ 长寿树种与速生树种相结合，以常绿树种为主，适当搭配落叶树种。

⑥ 深根性、花果无污染，且高大浓荫与美化、香化相结合。

(2) 庭园树种（见表 9-14） 包括公园、广场、街头绿地和单位附属绿地。在公园内，植物占地比例最大，一般为公园陆地总面积的 70%，是影响公园环境和面貌的主要因素。居住区和单位附属绿地注重要求植物具有保健、遮阴、防尘、减噪、调节气温、增加空气湿度等功能。植物的选择遵循以下原则。

① 满足生态和景观功能的要求，达到遮阴、抗污、减噪、防尘、美化，季相明显的效果。

② 以地带树种为基调树种，保留古树名木和原有树种，适当引进外来树种。

③ 注重植物的造景特色，根据植物不同的形态、色彩、风韵塑造园林绿地的景观特色。

④ 具有生态保健功能的树种。

表 9-14　天津空港经济区庭园绿化树种规划

种名	学名	种名	学名
雪松	*Cedrus deodara*	银杏	*Ginkgo biloba*
龙柏	*Sabina chinensis*	绦柳	*Salix babylonica*
桧柏	*Sabina chinensis*	合欢	*Albizzia julibrissin*
侧柏	*Platycladus orientalis*	黄山栾	*Koelreuteria integrifolia*
白蜡	*Fraxinus chinensis*	悬铃木	*Platanus×acerifolia*
臭椿	*Ailanthus altissima*	泡桐	*Paulownia fortunei*
国槐	*Sophora japonica*	柿树	*Diospyros kaki*
水杉	*Metasequoia glyptostroboides*	紫叶李	*Prunus cerasifera*
枫杨	*Pterocarya stenoptera*	樱花	*Prunus serrulata*
龙爪槐	*sophora japonica*	刺槐	*Robinia pseudoacacia*
碧桃	*Prunus persica*	毛白杨	*Populus tomentosa*
木槿	*Hibiscus syriacus*	丁香	*Syringa pinnatifolia*
连翘	*Forsythia suspensa*	黄刺玫	*Rosa xanthina*
大叶女贞	*Ligustrun lucidum*	榆叶梅	*Prunus triloba*
贴梗海棠	*Chaenomeles speciosa*		

（3）草本植物品种规划　草本植物是构成地被景观的核心，合理地与乔木和灌木搭配，可形成良好的景观（见表 9-15），是经济区绿化的重要组成部分。

表 9-15　天津空港经济区草本植物规划

序号	种名	学名
1	野牛草	*Buchloe declyloides*
2	田菁	*Sesbania cannabina*
3	白三叶草	*Trifolium repens*
4	紫花苜蓿	*Medicago sativa*
5	结缕草	*Zoysia japonica* Stend
6	马蔺	*Iris lactea* Var. *chinensis*
7	地肤	*Kochia scoraria*
8	孔雀草	*Tagetes patula*
9	荷兰菊	*Aster novi-belgii*
10	蜀葵	*Althaea rosea*
11	秋葵	*Abelmoschus esculentus*
12	费菜	*Sedum aizoon*
13	罗布麻	*Apocynum Venetum*

（4）特殊用途树种

① 耐污染树种（见表 9-16）：能耐空气污染，或能吸收有毒气体、吸滞粉尘、净化空气、释氧量较高的树种。适于种植在污染物浓度高的区域。树种选择原则如下。

表 9-16 天津空港经济区抗污染绿化树种规划

种名	学名	种名	学名
国槐	*Sophora japonica*	桧柏	*Sabina chinensis*
臭椿	*Ailanthus altissima*	构树	*Broussonetia papyrifela*
榆树	*Ulmus pumila*	龙柏	*Sabina chinensis*
刺槐	*Robinia pseudoacacia*	女贞	*Ligustrum lucidum*
垂柳	*Salix babylonica*	悬铃木	*Platanus×acerifolia*
旱柳	*Salix matsudana*	侧柏	*Platycladus orientalis*
白蜡	*Fraxinus chinensis*	银杏	*Ginkgo biloba*

a. 以抗逆性强的树种为主，并针对污染源的不同，选择不同的树种。

b. 以地带性树种为主，合理使用外来树种，地带树种因经过了长期自然的选择，对当地的土壤和气候条件有了很强的适应性，而且易成活。对于已有多年栽培历史、已适应当地土壤和气候条件的外来树种，也可搭配使用。

② 攀援植物类（见表 9-17）：垂直绿化是通过攀援植物在建筑墙面、拱门、藤廊等处的生长，覆盖其表面，达到绿化的效果。垂直绿化具有良好的景观效益和生态效益，可以塑造具有特色的景声。建筑物墙面绿化可以减少噪声，夏季减少墙面温度，降低室内温度。

表 9-17 天津空港经济区攀援植物应用种类规划

种名	科属	学名
紫藤	蝶形花科	*Wisteria floribunda*
凌霄	紫葳科	*Campsis grandiflora*
五叶地锦	葡萄科	*Parthenocissus quinquefolia*
木香	蔷薇科	*Rose banksiae*
扶芳藤	卫矛科	*Euonymus fortunei*
金银花	忍冬科	*Lonicera japonica*
南蛇藤	卫矛科	*Celastrus orbiculatus*
三叶地锦	葡萄科	*Parthenocissus semicordata*
葡萄	葡萄科	*Vitis vinijera*

攀援植物的选择原则如下。

a. 木本或多年生草本，具有永久性绿化的可能性。

b. 生育旺盛，被覆迅速。

c. 形态、绿化姿态美观。

d. 强健并且容易维护管理，病虫害少。

e. 增殖容易而有市场前途。

f. 耐旱并且可以在贫瘠地生长良好。

9.5.2 生态防护规划

9.5.2.1 现状绿地规划分析

空港经济区的绿地景观是以道路绿化的形式为主，主要集中于各条道路两侧的绿化带。

目前的嵌块体主要是森林公园。

中心大道、环河西路等主干道是区内的主要廊道，它们宽度较大，对改善周围环境作用更好一些。其他道路如汽车园中路等较窄，沿路行道树多为单排种植，没有成为带状的林阴路，即带状廊道。以道路为核心的人工廊道和以两旁绿化带为主的自然廊道均遵循廊道效应距离衰减率，可用对数衰减函数表示：

$$D=f(e)=a\ln\frac{a\pm\sqrt{a^2-e^2}}{e}\mp\sqrt{a^2-e^2} \tag{9-3}$$

式中，e 表示梯度场效益；D 表示距离；a 是常数，表示最大廊道效益。

由此可以看出，两种廊道效益的发挥，以道路自然廊道效益最弱，道路绿化并不能有效地减少噪声及有毒气体，其环境效益的发挥严重受到道路经济效益的干扰，环境经济损益度大。

绿地嵌块体少且分布不均，除区域内两处较大的广场外，其余均为廊道。边际绿化实施还有待加强，同时需要增加区域生态园林的建设力度。

在区域范围内，以道路绿化为主的网络格局已经形成。嵌块体块状绿地正不断完善和增加，道路廊道的连通作用越来越明显。区域内除道路绿化以外，已初步建立了防护绿地、专用绿地和生产绿地。道路绿化独具特色，每一主干道为一种行道树，绿带内植物配置已具雏形，养护管理质量较高，加强了人工修剪。

区域内自然廊道和人工廊道效应互相影响，自然廊道效应低，整个区域绿地斑块少，景观异质性差。区域的边际绿化有一条人工河，是空港经济区的主要生态区域，但其生态度还不够，防护效果不明显，与外界连通的绿色廊道还未成形，与周边区域的沟通和防护功能较弱。

绿地规划基本满足了总体规划的要求，具有一定的战略性和前瞻性。绿地斑块少，影响绿地环境效益的发挥。大部分树种的运用和配置方式，影响组成结构的稳定性和环境效益的发挥。经济区内选择低矮、小冠型的观赏树，如龙爪槐、江南槐偏多，大树冠、高大乔木如白蜡、国槐、毛白杨等少，行道树的配置方式主要以单排为主，显得单薄细弱，难以形成林阴道路，绿化带以低矮乔木或花灌木为主，组团结构形成厚重感不足，绿地内植物配置的稳定性不足，环境效益不明显。另外绿地中草坪面积占到80%，比例偏大。

区域内园林树种多，但多样性指数低。在品种的引进和应用上，虽然已达到118种，但一些品种的数目极少，数量和分布不均衡，区域园林树种的多样性还相差较远。加工区内的自然植被也是重要的绿化资源，野生植被的不断扩展，对改善区域环境、活化土壤、防止风沙和盐土的迁移起到重要作用，是加工区绿化植被的重要组成部分，在今后的绿化建设中应加强自然植被的保护和维护。

区域内野生植被、木本地被和宿根花卉的应用少，人工修剪草坪面积大，退化严重。对某些树种的选择和应用缺乏试验和较少长时期的实践，应用效果和生长情况有待进一步观测。藤本植物的运用还不够，尤其是可观花的藤本植物。应充分利用现有的围墙、护栏及一切可利用的墙面、构筑物大搞立体绿化。

观果树种应用少，色叶树种（包括新叶、秋色叶、常年彩叶）应用单一，即使有应用，但尚未形成大的色块。园林植物的养护管理能达到养护规程的要求，绿化养管精细，因而提高了园林植物的保存率，也使绿地达到了初步的景观效果，为植物生长创造了较好的条件。

经济区的绿地养管受区域条件、规划、建设等方面影响，诸多因素抑制了养管水平的提高，大量的草坪不仅增加养管资金、耗费水源，也给养管工作带来难度。

结论：①区域梯度开发绿化跟进比较快，按照开发的内容和基础设施建设进度有计划地建设绿地。

② 绿地结构及布局趋于丰富和合理，外围结合河道预留防护型绿地，在中间区域建设森林公园、环岛，保留高尔夫球场及大片水面，不仅有效增加绿地面积，而且改善了区域的绿地结构，增强了绿地的服务功能。

③ 通过大量的道路绿化建设，形成以道路绿化为主的区域绿化基本格局。道路绿化达标率较高。

9.5.2.2 生态防护规划建议

(1) 加强规划，实现区域生态环境的不断改善

① 加工区绿化规划目标应进一步明确，绿化建设要与国际接轨，为投资环境服务，体现绿色自然开放的园林特色，要用生态园林绿化模式进行绿化，突出防护与观赏并重的绿化配置形式，建成高品位以防护为主要特色的生态园林，形成生态绿色环境保护圈。

② 突出经济区绿化特色，加大以道路绿化为网格状的绿化形式，拓宽路带绿化面积，增加街景绿化的丰实度，实施乔、灌、草复式结构配置，主要干道要达到景观路标准，乔木要多，绿量要大，季相变化明显，生态效益要突出。

③ 要建立绿化功能性指标体系，按国家绿化指标要求进行规划，保证“三率”指标的实现，增大绿化用地面积，保证绿化发展规划的实施。

④ 加大经济区防护林体系的建设，防护林的宽度应达到50～100m，栽植密度应适当加密，严格选择树种，使栽种树种具有抗盐碱、抗风、适应性强的特点，防护林要混植，不要形成纯林，要加强养护管理，保证成活率达到95%以上。

⑤ 绿化规划要留有湿地和野生植被区的规划，保护好湿生植被和野生植被资源，适当增加水面积和保留水面，让其成为当地有特色的景观。

⑥ 闲置待建空地应实行先绿化后建设的方针，增加块状绿地和绿化广场、公园的面积，把经济区的点、线、面、片、带联成一体，构成经济区生态园林绿色环境保护圈体系。

(2) 优化种植结构，提高绿地生态效益

① 作好区域树种规划，增加园林植物的多样性，加大绿化面积，实施乔、灌、藤、草结合，千方百计增加绿量，实施复层结构种植，最具生态效益，绿量最大，多样性也最丰富，最适合的结构比例模式为乔（株）：灌（株）：草坪（m^2）：绿地（m^2）是1：6：21：29。提高绿地生态效益。

② 树种选择应遵循“适地适树”的原则，加强骨干树种和重点观赏树种的应用，尤其应注意对先锋树种的选择应用，构筑区域的乔木树种绿化骨架。

③ 绿化设计注意植物配置，增加道路绿化的乔木数量和质量，加强垂直绿化，合理配置乔木、灌木、草坪的比例，注意运用粗放管理的地被植物和宿根花卉，形成立体组合结构；种植上采用“高栽植密度、高覆盖率、高遮阴率”的配置方式，在短期内体现绿化效果，迅速提高叶面积指数。

9.6 管理对策研究

鉴于目前空港绿地养护管理的现状，建议在今后的实际工作中坚持持续的养护管理，不断研究养护管理中的深层次问题，对一些关系全局的专业问题进行深入研究。

(1) 继续做好“借脑”工程，分层次“借脑” 所谓“借脑”，即不闭塞，积极主动借助外来力量，向外面的专家请教，利用专业知识来充实自己，迅速查找内部问题，调整机制，加强研究，解决问题。“借脑”工程不仅仅局限在管理层，也体现在实际操作层。管理方面要不断地向专家咨询，学习新的管理模式、管理方法；实际操作方面要请教园林养护方面的老前辈，学习工作技巧、工作经验。

(2) 理解养护管理，转变观念 绿地的养护和建设同等重要，要注重养护管理的时间性，把养护管理作为绿化工作的根本，只有通过高质量的、科学的养护管理，绿地景观才能达到设计效果，其改善环境质量的生态功能才能更好地发挥。而且，养管工作是一个动态的过程，中间存在大量的绿地改造工作，所以绿地的养护是一项相当重要的工作。

开发区绿化养管的成功经验在于“上一道工序为下一道工序服务”，即设计、建设、施工和养护管理需要一级为一级服务，养护管理制约全程。借鉴开发区的成功经验，空港加工区在养护管理中应该改变原先的建设和养护相脱节的现象，通过养管制约全程，即养护主动参与到绿地方案的设计、建设和验收过程，积极协调有关部门，形成制度；要强化验收，强化扣款，坚持严格的验收标准，建立规范的程序。

绿地养护包括有修剪、长势提升等众多项目，实际操作起来相当繁琐，尤其是对于面积庞大的绿地系统，这就需要充分利用生态学原理来减少养护工作量，例如增加乡土树种的种植。绿化群落配置模式应该尊重植物的生态适应性和生物学特性，采取更为科学的种植方式；在植物群落配置模式上吸收和借鉴同类区的成功经验，做到三季有花、四季常绿的季相景观。

(3) 预测养管工作走向，确定养管工作发展理念和阶段目标 目前空港绿地面积已经多达 557.58hm^2，可以说养管的任务是十分的艰巨。这就需要养管工作人员对将来的工作走向有很好的预测能力，能够提出应对措施。

在具体的工作中要分清责任范围，各司其职，根据实际定岗定员，建设专业化分工，并对所有的任务定岗定员，并要制定阶段性和长期的目标。

(4) 加强管理，重视监督 建议加强管理，调整管理机构、理顺管理机制，重视监督。管理方面可采用每周举行养管例会方式，从行业、技术方面来探讨工作事务，摒弃领导和被领导这些限制因素。另外可引入工作年历计划，每月各任务小组汇报上月工作小结，对存在的问题提出相应的改进办法，制定下月工作计划。最后，执行层中管理者有“督导”的作用，即督促和培训的作用，对一线操作人员既严厉又要注重人性化管理，

监督方面，首先应该对管理层和执行层进行合理的规划，并明确各个层级的责任，管理层的主要工作是制定标准（规范和等级）并且进行检查；执行层与管理层关系密切，主要负责标准和奖惩的实际执行。监督层可按照月计划进行抽查，监督计划的执行情况，并制定一系列考核标准，在实际工作过程中进行不定期检查，严格按照标准对工作效果要奖惩分明，

提高员工的工作积极性。另外，建议加强设施科的监督，并引入第三方的监督；保持运行部的分组模式，加强企业自监。

(5) 稳定队伍，加强培训 要出色地完成绿地系统的养护工作，必须有一个优秀的执行队伍作基础。建立一支稳定的养管队伍，可以从两个方面实施，即委外和自我培养。

如果通过委外形式来完成养管工作，就需要招一个很好的合作队伍，即所谓的“招之即来，来之能战，战之能胜”，并与委托农民工建立长期固定的合作关系，而且与外单位合作要作好制约，要形成相对稳定的队伍，特别是能应对突发事件。

不管是委外还是自己培养，在工作过程，都要重视人才培养，要有积累。这种积累包括人才的积累和每个人经验、技术的积累，即员工的去留。任何一种积累都需要以不断的员工培训为前提。培训可采用现场培训和实物培训相结合的方式，重视现场培训和外出考察学习，例如可以从北京的公园植物配置学习郁金香和草坪的混合种植。另外，对不同层次需要进行不同内容的培训。

(6) 加强科研，突出应用性的研究 在养护管理工作中要加强与外界的合作，高效地利用外界研究成果，尽快形成一批稳定的应用成果、集成成果，不断探索新的养护方法，并要突出研究和应用的衔接。例如养管工作中一些防寒工作可以更大胆一些，可以摸索新的防寒方法，对常绿树如刺柏、龙柏等较抗寒的树种，在全球变暖的大背景下可尝试放弃原先的防寒措施，让其自然生长。

另外，在实际工作中，要以养护为主，要分清主次，注意利用现有资料，借鉴其他园林在引进植物养护的过程中的经验教训。

(7) 改进日常养护方法 改良土壤性质可采用在表层土内增加有机肥、土杂肥、圈肥、炉灰渣等，增加土壤的团粒结构与透性，协调土壤的水、气、温度状况，补充土壤中氮、磷、钾、铁等元素的含量，提高微生物活性，改善土壤的物理性能，提高植物生长，提高植物的抗盐能力。

绿地系统本身产生的有机质也是一种免费的有机肥，而且充分利用这些有机质也可以减少绿地扬尘。因此，对树林地的落叶层要保护而不应清扫一光，对花园中拔除的野草要就地回填以覆盖裸土，浇上再生水或雨水之后，这些草会很快腐烂成为土壤有机质。这可避免土壤沙化并能减少杂草生长。另外，把修枝产生的树枝废物粉碎成木屑，用于覆盖树坑和绿地的裸土。木渣覆盖有很好的保湿性，因此这种覆盖不会引发火灾问题。另外，由于木渣覆盖有助于土壤微生物和昆虫的存在，因此能增加绿地土壤的透气性和透水性，使树木和植被健康生长，这会增加绿地净化空气的正效能。

对野草等自然植被采取宽容和利用的态度，把它们视作能帮助提高环境质量和保护生态平衡的一部分，对在裸土地上生长起来的野草不进行连根拔除，只在必要时进行剪短。在一些无人工绿化要求的区域，划出成片的自然植被区来提高绿化面积，帮助净化空气，同时还能增加城市中的自然景观。

病虫害防治在绿化管理中占有重要地位，应遵照“预防为主，防重于治，治早、治小、治了”的原则。空港物流区的国际性要求对病虫害的预测预报、生物防治、检疫病虫害的阻断以及农药的监控使用实行有效的管理。养管部门应该在认真总结今年的病虫害发生种类、规律和各类农药使用方法上，加强病虫害的防治工作，提高自身实践水平，进而建立病虫害监控防治体系，将危害控制在最小范围内。具体措施包括：①加强植物检疫和苗源监控。②合理规划、合理配置植物、科学养管。③关注并开展园林植物病虫害的预测预报，掌握病虫害的发生规律，做到有的放矢，适时防治，掌握病虫害的发生数量和危害程度，做到适度防治，掌握病虫害在本区域的发生变动范围和发生趋势，做到适地防治，这是病虫害可持续防治的基本工作。④无低毒药剂的应用。⑤病虫害优势天敌的保护和应用。⑥其他无公害防治技术的应用。

减少草坪修剪次数。由于修剪过短的草坪几乎没有吸收扬尘的作用，因此要减少对已有草坪的修剪次数，使草叶长度能够保持在 20cm 以上，还能大大提高草对绿地土壤的覆盖程度和对扬尘的吸收能力，保持草下表土的水分，防止土壤沙化。减少草地的修剪次数还能节约能源、减少浇灌、减少噪声、减少清运草渣的负担。

参考文献

[1] 龚建文．城市化与可持续发展（笔谈之二）——试论城市化进程中的工业园区建设［J］．江西社会科学．2005，（5）：14-22.

[2] Tan W K. 2001. Urban Greening in a Tropical Garden City. In：Proceedings of the 38th IFLA World Congress. Singapore，K31-K38.

[3] Rob H G Jongman. European ecological networks and greenways［J］. Landscape and Urban Planning，2004，（68）：305-319.

[4] 李敏，柴一新．哈尔滨市绿地系统生态功能分析［J］．应用生态学报，2002，13（9）：1117-1120.

[5] 祝宁，李敏．哈尔滨市绿地系统结构初步分析［J］．东北林业大学学报，2002，30（3）：127-130.

[6] 黄丽华，程胜高，朱罡．武汉市东湖新技术开发区景观生态规划研究［J］．湘潭师范学院学报；自然科学版，2004，26（03）：75-78.

[7] 卢瑛，甘海华．深圳城市绿地土壤肥力质量评价及管理对策［J］．水土保持学报，2005，19（1）：153-156.

[8] 陈芳，周志翔，肖荣波等．城市工业区绿地生态服务功能的计量评价——以武汉钢铁公司厂区绿地为例［J］．生态学报，2006，26（7）：2231-2236.

[9] 张万钧，郭育文，王斗天．滨海海涂地区绿化及排盐工程技术探讨与研究［J］．中国工程科学，2001，3（05）：79-85.

[10] 张万钧．天津滨海地区生态环境建设中绿化模式的探讨［J］．中国园林，1999，15（04）：31-33.

[11] 胡祥伟．浅析开发区园林绿化的建设和管理——从长沙经济技术开发区（长沙县县城）被评为国家园林县城谈起［J］．农业科技与信息，2006，（07）：30-33.

10

滨海新区湿地生态系统服务价值评估

滨海新区是海洋生态系统与陆地生态系统相互交汇的复合地带：有近海及海岸湿地、湖泊湿地、河流湿地、河口湿地、沼泽与沼泽草甸湿地以及各种人工湿地；是天津市湿地类型、生态系统与生物资源多样的区域，同时也是生态环境较为敏感与脆弱的地带。在人口和经济的压力下，加上连续数年气候干旱，天津湿地景观变化的一个显著特征是湿地的人工化、破碎化、盐碱化。湿地作为滨海新区生态环境与景观生态的基质，对滨海新区的区域生态、景观生态及经济发展具有重要影响。因而，有必要对滨海新区湿地生态系统的服务功能价值进行研究及评估，以促使人们了解滨海湿地的重要生态效益，进而为滨海新区湿地资源的合理开发和利用提供科学依据。

10.1 湿地生态系统服务功能研究进展

湿地生态系统服务功能是指湿地生态系统及所属物种所提供的能够维持人类生活需要的条件和过程，即湿地生态系统发生的各种物理、化学和生物过程为人类提供的各项服务。它的功能是湿地生态系统所形成的自然环境和效用。

各国学者在湿地服务价值领域开展了卓有成效的工作，取得了丰硕的研究成果，大大推动了湿地服务价值评估乃至整个湿地科学的发展。Turner 等（2000）对湿地经济价值评估及管理作了大量的研究，建立了湿地生态经济分析的理论框架。Suilvius（2000）估算英国有盐沼的海堤造价为 14000 英镑/千米，比没有盐沼的海堤造价 30 万英镑/千米要低许多。随着研究的不断深入，研究范围由原先的河流、沼泽湿地扩展到红树林等湿地形式，如 P. Lal 等（2003）对太平洋沿岸海洋红树林价值及其对环境决策制定的意义进行了研究。另外，也有一些学者对湿地生态系统单项服务功能进行了研究。

国内在湿地生态系统方面的研究无论是对比国外同类研究，还是国内其他类型生态系统的研究，数量和类型都要少一些。不过近几年湿地生态系统服务价值评估方面的研究迅速增多，涉及的类型从湖泊、河流以及沼泽湿地扩展到盐沼、红树林、海草床、城市湿地和人工湿地等生态系统，以及对湿地某一单项功能服务价值的估算。我国湿地生态系统服务功能价值研究既有理论方面的探索，也有方法和技术的介绍，但更多的还是针对某一具体生态系统的服务功能价值进行研究。目前已有的案例大多以 Costanza 等的生态系统功能划分作为基础，选取物质生产、大气组分调节、水调节、净化、栖息地、休闲娱乐、美学功能七项功能，采用直接市场法、碳税法、影子工程法、造林成本法、模糊数学法、旅行费用法、条件价值法（CVM）等进行各种价值评估。针对湿地单项生态服务功能的研究也有不少。

10.2 滨海新区湿地生态系统服务功能内容

10.2.1 生产功能

（1）食品生产功能 食品生产功能是湿地生态系统生产功能的表现形式之一，也是最直接的一种生态服务功能。水库、养殖鱼塘和盐田作为人工湿地的主要类型，是该项功能的主要体现者。鱼类是湿地水域中的重要类群，在湿地水域生态系统中属于高营养层次类群，在水域物质循环和能量流动中处于重要位置，同时也是湿地主要的经济动物类群。据调查，滨海新区湿地范围内水域鱼类达10目、18科、64种，总种类数占全国淡水鱼总种数8%。其中鲤科鱼类占绝对优势，共有38种，占总种数的59.4%，人工养殖种类近20种，占总种类数约30%。随着水产养殖业的发展，鱼类养殖将会带来更大的经济价值。另外，大面积的盐田在滨海新区湿地食品生产中也占据重要地位。

（2）原材料生产功能 湿地生态系统作为世界上生产力最高的生态系统之一，有着较高的初级生产能力以及次级生产能力，除了为人类提供数量、种类丰富的食品之外，还可提供大量的工农业原材料，如芦苇、牧草等，这些产品也可以直接进入市场，创造价值。而湿地其他绿色植物则可为畜牧业发展提供饲料，并可用来生产有机绿肥，用以改善土壤结构，提高土地的生产力。另外，许多湿地生物具有很高的药用价值，可作为制药的原材料。例如，作为药材，芦苇的根、茎具有清热解毒、利尿、生津止渴、镇吐等作用。

10.2.2 生态功能

（1）洪水调蓄功能 天津河流纵横，沟渠成网，其中一、二级河道98条，大多流经滨海新区范围，主要的河流有蓟运河、北排水河、子牙新河、独流减河、海河、永定新河等；且滨海新区降水量年内分布也很不均匀，主要集中在夏季，约占全年降水量的76%。滨海新区的湿地就可以在丰水期起到防止洪水发生的作用，上游和周边地区过量的河水和地表径流可以直接蓄积于此；在境内干旱缺水时，可以从湿地的蓄水中调水，以供应工农业生产用水。这样既起到防洪防旱的功能，又避免了汛期宝贵的淡水资源白白地流入大海，大大增加了可利用的淡水资源，在一定程度上可以缓解淡水资源短缺的问题。

（2）水质净化功能 湿地是地球上具有多种功能的独特生态系统，它提供了处理污染的天然空间，被誉为“自然之肾”、“沉积箱”、“过滤器”。湿地生态系统利用生态系统中物理、化学和生物的三重协调作用，通过土壤的过滤、吸附作用，植物的吸收和微生物的降解作用，从而降低土壤和水中富营养物质、有毒物质及污染物含量或使其转化成为其他存在形式，实现廉价的污染降解与净化。而且，通过水生植物的定期收割，也有助于彻底将污染物从系统中排出。

（3）大气调节功能 大气调节功能是湿地生态系统的重要功能之一。湿地绿色植物在光合作用中吸收CO_2，释放O_2，从而不断调整大气的成分组成，实现大气中CO_2和O_2的动态平衡。滨海新区湿地的存在，能够通过湿地植物的光合作用不断吸收 CO_2，释放 O_2，对维持大气中 CO_2 和 O_2 的动态平衡，减弱城市热岛效应，有着巨大的不可替代的作用。另外，湿地植物还能通过吸收而减少空气中的硫化物、氮化物等有害物质的含量，起到净化空气的作用。但湿地在吸收 CO_2 的同时也是温室气体甲烷的重要排放源。因此，在研究湿地对气体调节的贡献时，必须考虑到温室气体排放带来的负面影响。

(4) 气候调节功能 湿地生态系统对气候的调节作用主要表现在降温增湿方面。湿地植物通过其叶片大量蒸腾水分而消耗大气中的辐射热所产生的降温增湿效益，对缓解城市的热岛效益具有特殊和重要的意义。综合国内外研究情况，有绿色植物覆盖的地面相对于裸露地面温度要低 3～5℃，最大可降低 12℃，增加相对湿度 3%～12%，最大可增加 33%。不论是林地还是草坪，相对于无绿化的地面，都有明显的降低地面及土壤温度，增加空气湿度的作用，尤其在一天中温度最高、空气湿度最小的中午，作用更明显。

(5) 盐碱地改良功能 目前，治理和改造盐碱地的方法主要包括水利工程改良、农业改良、生物改良和化学改良等，而生物改良措施是最具有生态效益、经济效益的措施。耐盐碱植物经过多年的自然选择和进化，通常能够作为盐碱地上的先锋植物，在没有经过任何工程措施的原生荒地上正常生长。盐生植物覆盖在盐碱地上，对于固定土壤，减少盐碱地漏光，提高光能利用率，增加土壤有机质，改善土壤理化、生物性状、减少盐碱地水分过分蒸发等方面有重要作用。

滨海新区土壤大都是在盐渍淤泥上发育形成的滨海盐土。由于受土壤母质、地下水和气候的影响，在土体内部都程度不同地含有可溶性盐分，土壤盐渍化所占比重较大，盐碱化程度也较重。滨海新区湿地上生长有菊科、禾本科、旋花科、藜科、豆科、蓼科等多达 58 种盐生植物，对滨海新区湿地的盐渍化土壤改善起到了不可忽视的作用。

(6) 侵蚀控制功能 湿地的侵蚀控制功能主要体现在两个方面：一是减少了水土流失，保护了土壤。在有植被覆盖的情况下，植物的根系及植物体对基底的稳固作用，可以降低风力的吹蚀和地表径流的冲蚀，也可以减缓海流和潮汐的冲击速度，降低其对近海岸的侵蚀力和破坏力，进而可降低海堤的造价。二是可减少水土流失导致的土壤肥力下降。土壤侵蚀会造成土壤养分大量流失，从而导致土壤肥力快速降低，主要包括土壤氮、磷、钾和有机质的损失。

(7) 栖息地功能 滨海地区湿地具有良好的生物多样性，动植物种类丰富。其中鸟类有 48 科、113 属、242 种，有 20 多种属于国家级保护鸟类。作为东亚-澳大利亚鸟类迁徙的重要停歇地，滨海新区湿地鸟类中迁徙鸟类居多，达 162 种，占 66.94%，且在春秋两个鸟类迁徙季节数量较大。由于天津滨海新区湿地的优势植物种类为挺水植物——芦苇，且水域和浅滩面积较大，会吸引较多的珍稀鸟类栖息。因此，滨海新区湿地生态系统栖息地功能对于珍稀鸟类的保护具有重要作用。

10.2.3 服务功能

(1) 休闲娱乐功能 湿地资源由于其景观美学的特殊性，可以为旅游、钓鱼以及其他户外游乐活动等提供场所。天津海滨旅游度假区、东丽湖、北塘渔村、官港森林公园、黄港等湿地旖旎亮丽的自然风光加上种类丰富的水产，可谓观光、旅游、娱乐、休闲的胜地。滨海新区的湿地不仅可以为天津及其周边地区提供假日休闲娱乐的场所，也可带动滨海新区的经济增长。

（2）文化教育功能 湿地生态系统具有独特的地质水文条件以及丰富的自然资源，具有较高的科研、教学及文化价值，尤其是对公众和青少年进行生态教育。天津贝壳堤作为“天津古海岸与湿地国家级自然保护区”的一部分，整个保护区由贝壳堤、牡蛎滩和七里海湿地生态系统组成，是古海岸变迁极其珍贵的海洋遗迹。另外，中新生态城选址天津滨海新区，总面积约 30km^2。建成后，将成为我国生态环保、节能减排、绿色建筑等技术自主创新的平台，国家级环保教育研发、交流展示中心和生态型产业基地，参与国际生态环境发展事务的窗口。

10.3 生态系统服务功能价值估算

10.3.1 价值构成体系

生态系统的服务功能对地球生命支持系统至关重要，从价值的使用角度来划分，则分成使用价值和非使用价值两大部分来计算。使用价值分为直接使用价值和间接使用价值，非使用价值是独立于人们对生态系统服务现期利用的价值，包括选择价值、存在价值和遗产价值。

滨海新区湿地生态系统服务功能总经济价值就是人类直接或间接从生态系统获得的实物产品资源的价值、人类享受到的生态服务的价值以及产生这一系列功能的资源本身的价值的总和，即直接使用价值、间接使用价值、选择价值、存在价值和遗产价值之和。详细分类见表 10-1。

表 10-1 滨海新区湿地生态服务功能价值体系

<table>
<tr><th colspan="4">价值类型及具体表现形式</th><th>→</th><th colspan="2">对应功能</th></tr>
<tr><td rowspan="13">使用价值</td><td rowspan="6">直接使用价值</td><td rowspan="4">直接实物资源使用价值</td><td>水产品价值</td><td rowspan="2">→</td><td rowspan="2">食品生产功能</td><td rowspan="4">生产功能</td></tr>
<tr><td>盐田价值</td></tr>
<tr><td>芦苇价值</td><td rowspan="2">→</td><td rowspan="2">原材料生产功能</td></tr>
<tr><td>绿肥价值</td></tr>
<tr><td rowspan="2">直接服务价值</td><td>休闲娱乐价值</td><td>→</td><td>休闲娱乐功能</td><td rowspan="2">人文功能</td></tr>
<tr><td>文化教育价值</td><td>→</td><td>文化教育功能</td></tr>
<tr><td rowspan="7">间接使用价值</td><td colspan="2">洪水调蓄价值</td><td>→</td><td>洪水调蓄功能</td><td rowspan="7">生态功能</td></tr>
<tr><td colspan="2">水质净化价值</td><td>→</td><td>水质净化功能</td></tr>
<tr><td colspan="2">大气调节价值</td><td>→</td><td>大气调节功能</td></tr>
<tr><td colspan="2">气候调节价值</td><td>→</td><td>气候调节功能</td></tr>
<tr><td colspan="2">盐碱地改良价值</td><td>→</td><td>盐碱地改良功能</td></tr>
<tr><td colspan="2">侵蚀控制价值</td><td>→</td><td>侵蚀控制功能</td></tr>
<tr><td colspan="2">栖息地价值</td><td>→</td><td>栖息地功能</td></tr>
<tr><td rowspan="3">非使用价值</td><td colspan="3">选择价值</td><td rowspan="3">→</td><td colspan="2" rowspan="3">生态系统整体服务功能</td></tr>
<tr><td colspan="3">存在价值</td></tr>
<tr><td colspan="3">遗产价值</td></tr>
</table>

10.3.2 估算方法的确定

对于不同的价值类型，分别采用不同类型的估算方法。其中，直接使用价值，主要采用市场价值法；间接使用价值，主要采用影子工程法、机会成本法、生产成本法、替代花费法、专家评估法等；选择价值、遗产价值和存在价值则采用基于支付意愿（WTP）调查的条件价值法（CVM）。各价值具体估算方法选择如下（见表10-2）。

表 10-2 滨海新区湿地生态系统服务功能价值评价方法

<table>
<tr><th colspan="4">价值类型及具体表现形式</th><th>→</th><th>评价方法</th></tr>
<tr><td rowspan="14">使用价值</td><td rowspan="6">直接使用价值</td><td rowspan="4">直接实物资源使用价值</td><td>水产品价值</td><td rowspan="3">→</td><td rowspan="3">市场价值法</td></tr>
<tr><td>盐田价值</td></tr>
<tr><td>芦苇价值</td></tr>
<tr><td>绿肥价值</td><td>→</td><td>生产成本法</td></tr>
<tr><td rowspan="2">直接服务价值</td><td>休闲娱乐价值</td><td>→</td><td>成果参照法</td></tr>
<tr><td>文化教育价值</td><td>→</td><td>成果参照法</td></tr>
<tr><td rowspan="8">间接使用价值</td><td colspan="2">洪水调蓄价值</td><td>→</td><td>影子工程法</td></tr>
<tr><td colspan="2">水质净化价值</td><td>→</td><td>影子工程法</td></tr>
<tr><td rowspan="2">大气调节价值</td><td>固碳释氧价值</td><td rowspan="2">→</td><td>碳税法、生产成本法</td></tr>
<tr><td>温室气体排放损失</td><td>成果参照法</td></tr>
<tr><td colspan="2">气候调节价值</td><td>→</td><td>影子工程法</td></tr>
<tr><td colspan="2">盐碱地改良价值</td><td>→</td><td>恢复费用法</td></tr>
<tr><td colspan="2">侵蚀控制价值</td><td>→</td><td>机会成本法、生产成本法</td></tr>
<tr><td colspan="2">栖息地价值</td><td>→</td><td>成果参照法</td></tr>
<tr><td rowspan="3">非使用价值</td><td colspan="3">选择价值</td><td rowspan="3">→</td><td rowspan="3">条件价值法</td></tr>
<tr><td colspan="3">存在价值</td></tr>
<tr><td colspan="3">遗产价值</td></tr>
</table>

① 直接实物使用价值　直接实物使用价值来源于生态系统的生产功能的产品，这些产品大多存在交换市场并有相应的交换价格，可以用市场价值法评估。但对滨海新区湿地来说，湿地绿色植物主要是在自然状态下生长，并未用于绿肥生产，绿肥的实际价值较难衡量，因此本书中，绿肥价值通过计算湿地绿色植物地上生物量，采用生产成本法，利用N、P、K肥的平均价格来衡量。

② 休闲娱乐价值　休闲娱乐价值通常采用旅行费用法，即人们为享受环境的娱乐功能所支付的花费，以此来估计该环境资源的娱乐价值，计算主要包括旅行车船费、游览花费以及消费者剩余。由于本书中湿地范围较大，资料调查存在困难，故采用成果参照法，采用陈仲新、张新时的研究数据来计算。

③ 文化教育价值　由于直接的科研项目所投资的资金和科研人员从事滨海新区湿地生态系统研究活动的资本投入及时间不足以反映滨海新区湿地生态系统的文化、科研及教育价值，所以本书用国际通行的Costanza的计算结果，即世界湿地单位面积的文化价值来计算

滨海新区湿地生态系统的文化教育价值。

④ 洪水调蓄价值　湿地生态系统的洪水调节功能与水库相似，因此洪水调蓄价值采用影子工程法来估算，通过修建同等调蓄能力的水库所需的费用来衡量滨海新区湿地生态系统的洪水调蓄价值。

⑤ 水质净化价值　目前一般采用影子工程法来计算水质净化服务价值，即以污水处理厂处理相同数量污水的成本来替代。

⑥ 大气调节价值　大气调节功能主要表现为固定 CO_2、释放 O_2，该项价值采用替代市场价值法和生产成本法来估算。固定 CO_2 价值的计算使用碳税法，碳税即各国制定的对温室气体排放的税收，尤其是对 CO_2 的排放税收。释放 O_2 的价值采用生产成本法即工业制氧的生产成本来估算。除了固碳释氧，湿地排放温室气体带来的负面影响也不可忽视，这部分损失采用成果参照法计算。

⑦ 气候调节价值　气候调节主要表现为降温增湿，由于衡量方法的限制，本书中仅估算滨海新区湿地生态系统降低气温的价值。该项服务功能价值采用影子工程法来估算，即实现同等降温效果所需空调运转的耗电费来估算。

⑧ 盐碱地改良价值　盐碱地改良最直接的方法就是直接更换土壤，因此本书中滨海新区湿地生态系统盐碱地生物改良价值的估算就采用恢复费用法，即更换盐碱度较高的土壤所需的费用来衡量。

⑨ 侵蚀控制价值　侵蚀控制价值表现为减少水土流失和固定养分两个方面，分别采用机会成本法和生产成本法来估算。减少水土流失、保护土壤的价值通过土地废弃的机会价值即相同面积湿地的生产效益来代替；而减少土壤养分流失的价值则通过 N、P、K 肥的平均价格来代替。

⑩ 栖息地价值　栖息地价值通过成果参照法来衡量，由于滨海新区湿地生态系统和辽河三角洲湿地特征类似，同为环渤海地区湿地，且为东亚-澳大利亚水禽迁徙路线上的中转站、目的地，因此本书采用我国学者肖笃宁对辽河三角洲湿地的研究成果（1500 元/公顷）来估算滨海新区湿地生态系统的栖息地功能价值。

⑪ 非使用价值　通过条件价值法（CVM）调查对滨海新区湿地生态系统保护的支付意愿价值来估算其存在价值、使用选择价值和遗产的价值。

10.3.3 估算过程及结果

10.3.3.1 直接使用价值

(1) 直接食物资源使用价值

① 水产品价值　据《天津滨海新区统计年鉴 2006》，滨海新区水产品年产量为 57562t，产值高达 80544 万元。因此，滨海新区湿地生态系统的水产品价值为 80544 万元。

② 盐田价值　据《天津滨海新区统计年鉴 2006》，滨海新区盐田原盐年产量为 2.361×10^6t，按照目前原盐主流平均市场价格 300 元/t 计算，则滨海新区湿地生态系统的盐田价值为：2.361×10^6t×300 元/t＝70830 万元。

③ 芦苇价值　滨海新区湿地芦苇面积为 4146.67hm^2。根据调查，芦苇的单位面积生物量为 1.25kg/m^2。目前芦苇的市场价格为 500 元/t。因此，滨海新区湿地生态系统的芦苇产

出价值为：4146.67$hm^2 \times 1.25kg/m^2 \times 500$ 元/t=2591.67 万元。

④ 绿肥价值　除去芦苇群落，滨海新区湿地草本植物群落面积为 26149.96hm^2。根据调查，草本植物群落的单位面积生物量为 0.35kg/m^2。这些草本植物体可作为绿肥为土壤提供养分，改善土壤结构，其养分含量（以占干物重的百分率计）一般为 N 为 2%～4%，P 为 0.4%～1.2%，K 为 2%～8%，取其平均值，则草本植物 N、P、K 养分总含量为 8.8%。当前 N、P、K 肥的平均价格为 2549 元/t。因此，滨海新区湿地生态系统生产绿肥的价值为：26149.96$hm^2 \times 0.35kg/m^2 \times 8.8\% \times 2549$ 元/t=2053.01 万元。

(2) 直接服务价值

① 休闲娱乐价值　由于缺乏滨海新区湿地旅游统计数据，本书采用陈仲新、张新时的研究数据，中国湿地的单位面积年休闲娱乐价值为 4910.9 元/hm^2 作为滨海新区湿地休闲娱乐价值的估算参数，则滨海新区湿地生态系统的休闲旅游价值为：206600.58$hm^2 \times$ 4910.9 元/hm^2=101459.48 万元。

② 文化教育价值　根据陈仲新和张新时等对我国生态系统效益的价值的估算，我国湿地生态系统的文化教育价值为 382 元/hm^2，全球湿地生态系统的文化教育价值为 861 美元/hm^2，取二者的平均值得到平均价值为 3897.8 元/hm^2。滨海新区湿地生态系统面积为 206600.58hm^2，则滨海新区湿地的文化科研价值为：206600.58$hm^2 \times 3897.8$ 元/hm^2 = 80528.77 万元。

10.3.3.2 间接使用价值

(1) 洪水调蓄价值　滨海新区湿地年均调蓄洪水量达 $1.2466279 \times 10^9 m^3$。国内目前建设 1$m^3$ 库容投入成本为 0.67 元。如果没有湿地的存在，滨海新区需建造一个容量为 $1.2466279 \times 10^9 m^3$ 的水库。因此，滨海新区湿地调蓄洪水的价值为：$1.2466279 \times 10^9 m^3 \times$ 0.67 元/m^3=83524.07 万元。

(2) 水质净化价值　滨海新区湿地目前无上游来水，除养殖鱼塘外，水质较差，均为Ⅴ类或劣Ⅴ类，但养殖鱼塘并不具备净化水质的能力。因此滨海新区湿地生态系统已失去水质净化功能，其水质净化价值为 0。

(3) 大气调节价值

① 固碳释氧价值　根据光合作用方程式，即 $6nCO_2 + 6nH_2O \longrightarrow nC_6H_{12}O_6 + 6nO_2 \longrightarrow$ 多糖，可推算出每形成 1g 干物质，需要 1.63g CO_2，释放 1.19g O_2。

滨海新区植物群落主要为芦苇单优势群落和其他多优势种植物群落，根据芦苇和绿肥的生物量计算可知，滨海新区每年生产植物干物质量为：4146.67$hm^2 \times 1.25kg/m^2$ + 26149.96$hm^2 \times 0.35kg/m^2$ = 143358.24t。因此，滨海新区湿地绿色植物每年吸收 CO_2 233673.93t，释放 O_2 170596.31t。

固定 CO_2 价值采用碳税法和造林成本法的平均值计算。目前环境学者采用较多的是瑞典碳税率 150 美元/t（折合人民币 1025.79 元/t），我国造林成本为 250 元/t，两者平均值为 637.9 元/t。释放 O_2 价值采用生产成本法计算，工业制氧价格目前为 400 元/t。因此，滨海新区湿地生态系统固碳释氧价值为：233673.93t×637.9 元/t+170596.31t×400 元/t=21729.91 万元。

② 排放 CH_4 损失　根据黄国宏等（2001）的研究，芦苇湿地 CH_4 排放的平均通量为 0.52$mg/(m^2 \cdot h)$。华北地区芦苇生长发育周期一般为 170 天，滨海新区湿地芦苇总面积为

4146.67hm^2，可以得出芦苇湿地 CH_4 排放总量为 87975.75kg。Costanza（1997）在对全世界生态系统服务功能进行估算时，根据 OECD 中 Pearce 等在对气候变化的经济学分析中提出的 CH_4 的散放值 0.11 美元/kg（折合人民币 0.75 元/kg）来对它的经济价值进行评估，本书也采用这个指标进行估算。因此，滨海新区湿地生态系统甲烷排放造成的损失为：87975.75kg×0.75 元/kg＝6.59 万元。

滨海新区湿地生态系统的大气调节总价值为：固碳释氧价值－排放 CH_4 损失＝21729.91 万元－6.59 万元＝21723.32 万元。

(4) 气候调节价值 据测定，与裸地相比，夏季湿地可降低近地表温度 1.8℃。运用影子工程法，即利用空调作为调节温度功能的替代物，以空调降低同样温度的耗电费用作为湿地调节温度的价值。每年按 90 天使用空调器，夏季普通空调在单位容积内降低 1℃的花费为 1 元来计算滨海新区湿地的调节气候价值。湿地植被及水域降低温度层按 1m 计算，则滨海新区湿地生态系统调节气候价值为：206600.58hm^2×1m×1.8 元/(m^3·℃·天)×1m×90 天＝33469293.96 万元。

(5) 盐碱地改良价值 根据湿地生态恢复试验研究，芦苇等盐生植物能够有效的改善盐碱土壤地状况。经过两年半的恢复措施，土壤各层含盐量和 pH 值均有不同程度的降低，地表、地下 20cm、地下 40cm、地下 80cm 的含盐量分别比未恢复区低 54.1%、46.4%、12.7%、3.7%，土壤 pH 低 2.63%。根据以上研究结果可以推测，湿地耐盐碱植物每年可降低土壤含盐量 11.69%，降低 pH 值 2.63%。若采用更换耕作层土壤来改善土壤盐碱度，则每年需更换 1652804640 m^3 土壤。根据天津市园林局统计数据，从天津周边地区就近取土，平均每方土成本为 40 元（包括运输费）。因此，滨海新区湿地生态系统的盐碱地改良价值为：1652804640m^3×40 元/m^3＝6611218.56 万元。

(6) 侵蚀控制价值 侵蚀控制价值由两部分组成，即减少土壤侵蚀价值和减少土壤养分损失价值。根据三江源地区沼泽生态系统的减少土壤侵蚀的量为 34.48t/(hm^2·a)，本书将该数值作为滨海新区湿地的减少土壤侵蚀量。

根据我国土壤耕作层的平均厚度 0.6m、湿地土壤的平均密度以及滨海新区湿地减少土壤侵蚀量，可以推算出相当的废弃土地面积。

年废弃土地面积＝土壤侵蚀量÷土壤密度÷土层厚度

＝34.48t/hm^2×206600.58hm^2÷1.34g/cm^3÷0.6m

＝886.02hm^2

年减少土壤侵蚀的价值＝年废弃土地面积×湿地生产的平均效益

＝886.02 hm^2×245.5 元/hm^2

＝21.75 万元

根据土壤侵蚀量和单位质量土壤各营养物质含量来计算土壤营养物质损失总量，采用生产成本法来估算土壤肥力的损失价值。我国湿地土壤全氮、全磷、全钾的平均含量分别为 0.105%、0.076%、1.998%，三者平均总含量为 2.181%，根据滨海新区湿地每年减少的土壤侵蚀总量可得到每年氮、磷、钾的损失量，以当前 N、P、K 肥的平均价格 2549 元/t 来估算减少土壤氮、磷、钾损失的价值，则可得每年减少土壤肥力的损失价值。

年土壤养分损失量＝土壤侵蚀量×养分含量

＝34.48t/hm^2×206600.58hm^2×2.181%

＝155365.45t

年减少土壤养分损失的价值＝年土壤养分损失量×N、P、K肥的平均价格

＝155365.45t×2549元/t

＝39602.65万元

因此，滨海新区湿地生态系统侵蚀控制功能的总价值为：

21.75万元＋39602.65万元＝39624.4万元。

(7) 栖息地价值　在滨海新区湿地中，动物栖息地以河流湿地、湖泊湿地和沼泽湿地为主，其中河流湿地面积为14712.75hm^2，湖泊湿地面积为2694.51hm^2，沼泽湿地面积为12489.57hm^2，三者总面积为29896.83hm^2。参照肖笃宁的研究成果，则滨海新区湿地提供野生动物栖息地功能的单位面积价值为1500元/hm^2，则滨海新区湿地生态系统的栖息地价值总值为：29896.83hm^2×1500元/hm^2＝4484.52万元。

10.3.3.3　非使用价值

(1) 问卷调查

① 调查问卷设计　支付卡问卷和二分式问卷是CVM研究中较为常用的两种问卷模式。结合NOAA提出的原则及国内外问卷设计经验，考虑到滨海新区及周边地区的实际情况，本书采用支付卡和二分式相结合的调查问卷。

调查问卷包括以下内容：a. 滨海新区湿地生态系统简要介绍以及调查目的；b. 被调查者的基本信息；c. 被调查者对滨海新区湿地的了解程度和偏爱程度；d. 被调查对象的支付意愿值（WTP）；e. 保护偏爱的调查；f. 非使用价值分类调查；g. 不愿意支付的原因调查。

② 调查过程　调查时间：2008年6月14日—7月13日。

调查区域：全国范围内，调查地点都选在公园、超市等公共场所，选择普通居民作为调查对象，因此调查结果能够很好地代表公众的意愿。

样本分布：天津市各区县共519份，其他省市共312份，共831份，样本容量达到统计分析要求。

调查方式：所有调查均采用面对面采访，对于外省市地区，则通过邮件形式发给朋友，请他们帮忙进行所在地区的调查，因此调查反馈率为100％。

(2) 结果分析　在分析调查结果之前，首先建立数据库，把反馈的831份调查表编号，并将其信息输入数据库（数据库软件采用Microsoft Excel 2003）。然后按答卷人所在地、性别、年龄、文化程度、职业、收入、对湿地的了解程度以及对滨海新区湿地的偏爱程度等分类管理，分别建立数据库。

① 调查问卷样本分布情况　本次CVM调查自2008年6月14日—7月13日一个月的时间内，共收集到调查问卷831份。由于本次调查采用的方式主要为面对面采访，所以调查的反馈率较高，达100％。本书统计分析总样本支付意愿率和WTP值时，全部采用831份反馈样本的数据，样本具体分布情况见表10-3。

表10-3　滨海新区湿地CVM问卷调查样本地区分布统计

区内	样本数	区内	样本数	区外	样本数	区外	样本数
津南区	30	西青区	30	北京	23	福建	22
河西区	30	汉沽区	30	甘肃	11	云南	21
河东区	29	南开区	13	陕西	20	内蒙古	20

续表

区内	样本数	区内	样本数	区外	样本数	区外	样本数
塘沽区	30	武清区	30	吉林	22	新疆	10
和平区	34	北辰区	30	山东	20	湖北	8
河北区	28	大港区	30	河北	26	安徽	9
红桥区	30	宝坻区	30	山西	22	浙江	22
静海县	30	东丽区	30	河南	14	上海	20
宁河县	24	蓟县	30	江西	20	江苏	3
合计(18区县)		519(占62.4%)		合计(18省市)		312(占37.6%)	

② 样本人群特征统计分析　对总样本831个答卷人的有关社会经济特征的数据统计并分析如下。

性别：男426人，占51.2%；女405人，占48.8%，两者比例较为接近。

年龄：30和30岁以下475人，占57.2%；31～50岁251人，占30.2%；51～60岁69人，占8.3%；61岁以上36人，占4.3%。说明本次调查对象群体较年轻。

文化程度：研究生以上学历的63人；本科毕业或正在修读的261人；大专毕业或正在修读的176人；中专毕业或正在修读的79人；高中毕业或正在修读的107人；高中以下文凭的145人。具有大专以上文化程度的有500人，占60%，说明样本文化层次较高。

职业：干部78人；科研人员28人；教师60人；学生180人；企业职工193人；农民42人；自由职业者149人；离退休38人；其他（包括医生、待业等）63人。由于本次调查走出校园，尽可能选择人员流动较大的公共场所，调查时间选在周末，因而各职业范围内人数分布比较均匀，比较符合实际情况。

月收入：2000元以下的592人；2001～5000元的205人；5001～8000元的19人；8000以上的15人。本次调查人群以中低收入者为主，其中年收入2000元以下的占70%，主要为低收入者，部分为学生。

对湿地类型的认识程度：没有作任何选择的有18人；选择单项的185人；两项的152人；选三项的162人；选四项的113人；选五项的65人；选六项的54人；选七项的29人；全选的53人，仅占6.5%。说明公众对湿地生态系统并不了解。其中8个选项被选择的次数分别为：301、371、245、561、120、301、403、334。选项4和选项7出现的概率最高，分别占67.5%和48.5%，说明公众对沼泽和潮间淤泥海滩两种湿地类型较为熟悉，普遍认为这两种生态系统属于湿地，而对其他类型的湿地则相对陌生。

对滨海新区湿地的了解程度：对滨海新区湿地相当熟悉的30人；曾看过有关资料，有一定了解的301人；未曾听说过，通过本次调查才获得初步了解的500人。不了解滨海新区湿地生态系统的人数达到了60.2%，说明对滨海新区湿地的宣传力度还不够，而这可能会影响到公众对其保护的支持力度。

保护滨海新区湿地的重要性：认为非常重要的393人，重要的331人，一般的97人，不重要的10人。认为重要及非常重要的达到了87.1%，说明公众对环境的健康程度比较关心，并且意识到了环境对经济发展的重要性。

是否支付及支付形式：共有472人愿意支付，占总样本的56.8%；359人选择不愿支付，占总样本的43.2%。在选择支付的样本中，选择每月支付的110人，占23.3%；每年支付的193人，占40.9%；选择一次性支付的169人，占35.8%。

对保护对象的偏爱程度：在愿意支付的472人中，偏爱保护滨海新区湿地生态系统资源的支付占总支付的29.77%；偏爱保护滨海新区湿地生物多样性的占37.97%；偏爱保护滨海新区湿地可持续利用价值的占32.27%。其中，偏爱生物多样性的比例较高，说明人们已经意识到保护珍稀物种的重要性；偏爱持续利用的比例要高于对生态系统整体，说明人们在保护和利用开发之间，对利用开发更为重视，这也反映了普通公众对生态系统整体功能的完好是利用开发的前提认识还不够。

愿意支付的动机：出于保护滨海新区湿地生态系统永续存在的动机的支付占总支付的39.76%；出于为了把滨海新区湿地资源当作一份遗产保留给后代子孙的动机的占33.40%；出于将来自己、他人或子孙后代能够有选择的开发利用滨海新区湿地资源为支付动机的占总支付的26.84%。从调查结果看，存在价值是非使用价值的主要形式。这也符合生态学规律，只有在资源存在的基础上，才有利用的可能，即才有选择价值和遗产价值的存在。

不愿意支付原因：在选择不愿意支付的样本中，有210人由于经济收入较低，无能力支付，112人认为保护滨海新区湿地应该由出资，这两部分共占89.7%，5.8%不愿意支付是由于对本研究或湿地资源不感兴趣，还有4.5%则是对滨海湿地缺乏足够的了解。因此，如果加大对公众的宣传力度，普及湿地知识，并在经济条件允许的情况下，大多数人是愿意支付的。对于认为保护滨海新区湿地应该由国家出资的人员来说，他们并不否认湿地资源的价值，只是想搭国家的“顺路车”而已。

③ 支付意愿率与WTP值的统计　对有效的831份返回问卷调查表的支付意愿率和WTP值的统计表明，共有472人愿意支付，占总样本的56.8%；359人选择不愿支付，占总样本的43.2%。由于支付方式分每月、每年和一次性支付三种，为分析方便在统计时统一按每年来计算。根据累计频度分布（见表10-4），累计频度分类值（Median）达到50%时，对应的WTP值为84元，接近累计频度分类值的49.79%和50.42%，其对应的WTP值分别为80和90，三者的平均值为84.7，与84比较接近。因此确定总样本WTP的中位值为84元人民币，以此代表人均WTP值。

表10-4　支付意愿值的频度分布

WTP/元	绝对频数/人次	相对频度/%	调整的频度/%	累计频度/%
0.5	8	0.96	1.69	1.69
1	13	1.56	2.75	4.45
2	5	0.60	1.06	5.51
3	1	0.12	0.21	5.721
4	1	0.12	0.21	5.931
5	11	1.32	2.33	8.261
6	1	0.12	0.21	8.471
7	1	0.12	0.21	8.69
10	64	7.70	13.56	22.25

续表

WTP/元	绝对频数/人次	相对频度/%	调整的频度/%	累计频度/%
12	10	1.20	2.12	24.37
15	5	0.60	1.06	25.42
20	19	2.29	4.03	29.45
24	7	0.84	1.48	30.93
25	7	0.84	1.48	32.42
30	10	1.20	2.12	34.53
35	2	0.24	0.42	34.96
36	1	0.12	0.21	35.17
40	1	0.12	0.21	35.38
50	50	6.02	10.59	45.97
60	16	1.93	3.39	49.36
72	1	0.12	0.21	49.58
80	1	0.12	0.21	49.79
84	1	0.12	0.21	50
90	2	0.24	0.42	50.42
100	87	10.47	18.43	68.86
120	28	3.37	5.93	74.79
150	2	0.24	0.42	75.21
180	2	0.24	0.42	75.64
200	28	3.37	5.93	81.57
240	6	0.72	1.27	82.84
250	2	0.24	0.42	83.26
300	8	0.96	1.69	84.96
350	1	0.12	0.21	85.17
360	1	0.12	0.21	85.38
400	1	0.12	0.21	85.59
500	18	2.17	3.81	89.41
600	16	1.93	3.39	92.80
700	1	0.12	0.21	93.01
720	2	0.24	0.42	93.43
800	2	0.24	0.42	93.86
900	1	0.12	0.21	94.07
960	1	0.12	0.21	94.28
1000及以上	27	3.25	5.72	100

(3) 非使用价值各项计算

① 人均WTP值的确定　通过对有效的831份返回问卷调查表的支付意愿率和WTP值的统计表明，共有472人愿意支付，占总样本的56.8%，愿意支付者的WTP平均值为218.3元，中位值为84元。根据国内外的普遍做法，采用中位值84元作为人均WTP值，代表性为56.8%。

② 总人口基数的确定　总人口基数的统计分析应该在天津周边范围内取值，因为天津市滨海新区湿地知名度不如西溪、鄱阳湖、洞庭湖等湿地，尽管在调查的过程中，许多外省市地区的被调查人都有支付的意愿，且支付率（51.6%）与区内的支付率（59.7%）相比，差距并不是很大，可以体现出在区外的支付可能性不会比区内的低，但是离天津较远的省市的人们到天津滨海新区湿地来旅游的可能性较小，所以选择环渤海五省市（天津、北京、河北、山东、辽宁）的总人口数来计算天津市滨海新区湿地生态系统的非使用价值。

③ 滨海新区湿地WTP值的分解　从CVM调查问卷可见，调查表中的WTP值包括存在价值、遗产价值和选择价值。根据调查表中支付动机的比例计算存在价值、遗产价值和选择价值。存在价值为出于保护滨海新区湿地生态系统永续存在动机的支付，占总支付的39.76%；遗产价值为出于把滨海新区湿地资源当作一份遗产保留给后代子孙动机的支付，占总支付的33.40%；选择价值为出于将来自己、他人或子孙后代能够有选择地开发利用滨海新区湿地资源动机的支付，占总支付的26.84%。从调查结果看，存在价值是非使用价值的主要形式。

根据《中国统计年鉴2007》数据，环渤海五省市人口总数分别为北京1075万、天津1581万、河北6898万、辽宁4271万、山东9309万，总人口数为23134万。

非使用价值＝人均WTP值×环渤海五省市总人口数
＝84元/人×23134万人
＝1943256万元

选择价值＝非使用价值×26.84%
＝1943256万元×26.84%
＝521569.91万元

存在价值＝非使用价值×39.76%
＝1943256万元×39.76%
＝772638.59万元

遗产价值＝非使用价值×33.40%
＝1943256万元×33.40%
＝649047.5万元

由以上计算的存在价值772638.59万元，选择价值为521569.91万元，遗产价值649047.5万元，即目前非使用价值为1943256万元。这部分潜在的价值十分巨大，是绝对不能忽视的。

10.3.4 小结

根据上述估算结果，滨海新区湿地生态系统服务功能总价值为4251.11亿元，其价值构成情况见表10-5。

表 10-5　滨海新区湿地生态系统服务功能价值构成

价值类型及具体表现形式				服务价值/万元	所占百分比/%
使用价值	直接使用价值	直接实物资源使用价值	水产品价值	80544	0.1895
			盐田价值	70830	0.1666
			芦苇价值	2591.67	0.0061
			绿肥价值	2053.01	0.0048
		直接服务价值	休闲娱乐价值	101459.48	0.2387
			文化教育价值	80528.77	0.1894
	间接使用价值	洪水调蓄价值		83524.07	0.1965
		水质净化价值		0	0
		大气调节价值		21723.32	0.0511
		气候调节价值		33469293.96	78.7307
		盐碱地改良价值		6611218.56	15.5517
		侵蚀控制价值		39624.4	0.0932
		栖息地价值		4484.52	0.0105
非使用价值	选择价值			521569.91	1.2269
	存在价值			772638.59	1.8175
	遗产价值			649047.5	1.5268

从表 10-5 可以看出，滨海新区湿地生态系统各项服务功能价值的大小顺序为：气候调节价值、盐碱地改良价值、存在价值、遗产价值、选择价值、休闲娱乐价值、洪水调蓄价值、文化教育价值、水产品价值、盐田价值、侵蚀控制价值、大气调节价值、栖息地价值、芦苇价值、绿肥价值、水质净化价值，其中，气候调节价值最大，其次是盐碱地改良价值，这两项之和占总价值的 93.72%，远大于其他服务功能价值。

滨海新区湿地生态系统的直接使用价值、间接使用价值和非使用价值分别为 412594 万元、40411851 万元和 1943256 万元，其中间接使用价值最大，占总价值的 94.07%（见图 10-1），而直接使用价值则相对很低，生产功能相对应的直接实物资源使用价值则更是远小于间接使用价值，说明生态功能对滨海新区湿地生态系统整体服务功能发挥至关重要，在开发规划过程中要详细分析开发活动可能带来的影响，保证其生态服务功能不降低。在直接使用价值中，直接实物资源使用价值所占比例约 70%（见图 10-2），远大于直接服务价值，说明滨海新区的物质生产功能发挥要比人文功能发挥充分，滨海新区湿地的人文功能还有待开发。在间接使用价值中，气候调节价值和盐碱地改良价值分别占到了 83.2%和 16.4%（见图 10-3），其他各项功能价值均小于 1%，水质净化价值最小，为 0。由于土壤基质为盐碱土，因此盐碱改良功能对于滨海新区湿地生态系统的优化平衡十分重要，而滨海新区湿地水质较差导致其失去了水质净化功能，说明滨海新区湿地水污染亟待治理，否则会影响其他功能的发挥。在非使用价值中，存在价值所占比例大于选择价值和遗产价值（见图 10-4），这说明人们已经意识到湿地资源存在的重要性，也符合生态学规律，即只有在资源存在的基础上，才有利用的可能，也才有选择价值和遗产价值的存在。

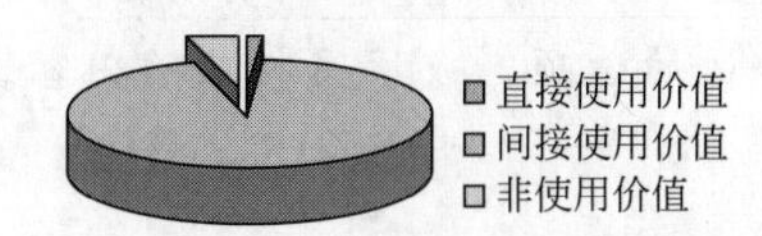

图 10-1　滨海新区湿地生态系统服务功能价值构成

图 10-2　滨海新区湿地生态系统服务功能直接使用价值构成

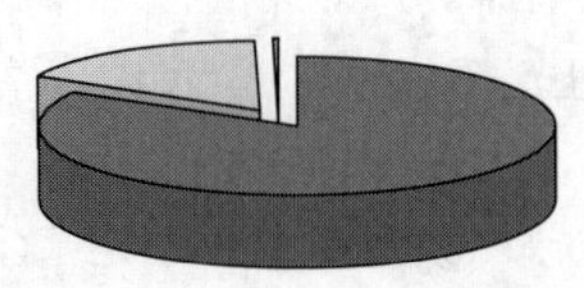

气候调节价值
盐碱地改良价值
洪水调节、水质净化、大气调节、侵蚀控制、栖息地价值

图 10-3　滨海新区湿地生态系统服务功能间接使用价值构成

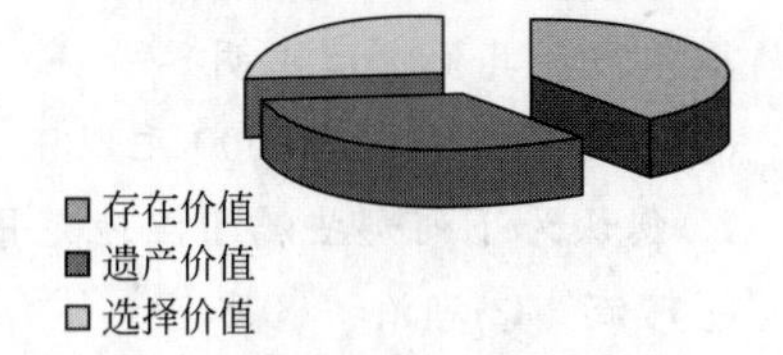

图 10-4　滨海新区湿地生态系统服务功能非使用价值构成

附　表

天津市滨海新区湿地非使用价值的个人支付意愿调查表

尊敬的答卷人：

您好！很抱歉这份问卷可能会打扰到您，但我真诚地希望您能从百忙中抽出一点时间来帮助我们完成这项调查，对您的支持和厚爱我们表示最诚挚的感谢。

滨海地区湿地简介：

湿地是“地球之肾”，是人类最重要的环境资源之一。湿地与森林、海洋并称为全球三大生态系统，它具有重要的生态价值、经济价值和社会价值。滨海新区湿地面积达 $1.3\times10^5hm^2$，占滨海新区陆域土地总面积的52.63%，对滨海新区的生态与经济的可持续发展，同时，对带动“环渤海”区域及我国经济发展将有着重要的作用。滨海新区区域内已建成三个湿地自然保护区域（天津古海岸与湿地自然保护区、天津市大港古泻湖湿地自然保护区、天津市东丽湖自然保护区域）。滨海新区湿地动植物物种丰富，具有良好的生物多样性；天津市滨海新区湿地其中包括七里海湿地，是中国南北，乃至亚太地区候鸟迁徙路线的重要停歇地，其中包括许多珍稀濒危鸟类。

调查目的：

为了有效保护滨海湿地的生态环境，准确地给滨海湿地生态系统服务功能的可持续利用提供科学依据，我们在作滨海湿地生态系统服务功能的价值评估研究，因此进行了这次问卷调查。您的见解对我们的研究及滨海湿地资源的可持续利用会有很大的帮助作用，请认真如实回答问卷中的问题，多谢您的指教！

为提高答卷质量和返回率，特作如下说明。

1. 本次调查仅是一次探索研究，其结果不直接提供给政府作决策依据；
2. 对调查中各项问题的回答仅表明答卷人的观点，不存在正确与错误之分；
3. 问卷中的支付金额虽然仅是一种假设的市场交易，并不要求答卷人真正支付，但答卷人必须将其视为一次真正交易，是出自内心的自愿支付，以保证调查的真实性。

请在下面各项中根据您的实际情况和意愿选择合适的选项，或填写相应的内容。谢谢！（请将您选择的序号上打“√”）

1. 所在地：

2. 性别：①男　②女

3. 年龄：①30 岁以下　②31～50 岁　③51～60 岁　④61 岁以上

4. 文化程度：①研究生以上　②大学　③大专　④中专　⑤高中　⑥高中以下

5. 职业：①干部　②科研人员　③教师　④学生　⑤工人　⑥农民　⑦自由职业者　⑧离退休　⑨其他（请注明）

6. 您的月收入：①2000 元以下　②2000～5000 元　③5000～8000 元　④8000 元以上

7. 您认为下列哪些属于湿地范围？

①河流　②湖泊　③水库　④沼泽　⑤盐田　⑥水稻田　⑦潮间淤泥海滩　⑧浅海水域

8. 您对滨海新区湿地的了解程度：

①相当熟悉

②曾看过有关的资料、图片、纪录片或听过介绍，对滨海新区湿地有一定了解

③未曾看过或听说过，通过阅读本次调查表的介绍才获得初步了解

9. 您认为湿地生态系统对维护天津市及环渤海地区生态环境健康和促进社会经济发展的重要性：

①非常重要　②重要　③一般　④不重要

10. 您是否愿意为天津市滨海新区湿地的永续存在支付一定费用？

①是　②否（如果您选择的是“否”，就请跳到第 15 题）

11. 您更愿意选择哪种支付方式？

①每月支付　②每年支付　③一次性支付

12. 您愿意支付的费用是：（请根据您真实的平均年收入量力而行地选择您自愿支付的人民币数目，在相应数目上打“√”）

0.5；1.0；2.0；3.0；4.0；5.0；6.0；7.0；8.0；9.0；10；15；20；25；30；35；40；50；60；70；80；90；100；150；200；250；300；350；400；450；500；600；700；800；900；1000 及以上

13. 您愿意把您的支付费用怎样用于滨海新区湿地资源的保护？（请选择百分比表示您对下列四项保护对象的偏爱，总 100%，请注意三项相加应为 100%）

①为保护滨海湿地生态系统作为生态旅游资源，这项保护措施占您愿意支付费用的%。（请选择）

10%；15%；20%；25%；30%；35%；40%；45%；50%；55%；60%；65%；70%；75%；80%；85%；90%；95%；100%

②为保护滨海湿地区域动植物物种多样性，如珍稀濒危鸟类等，这项保护措施占您愿意支付费用的%。（同上）

10%；15%；20%；25%；30%；35%；40%；45%；50%；55%；60%；65%；70%；75%；80%；85%；90%；95%；100%

③为保护滨海新区湿地资源的稳定及其可持续发展，这项保护措施占您愿意支付费用的%。（同上）

10%；15%；20%；25%；30%；35%；40%；45%；50%；55%；60%；65%；70%；75%；80%；85%；90%；95%；100%

14. 您的支付费用意愿是出于怎样的考虑？（请选择百分比表示您的支付目的动机，总100%，分成下列三项，请注意三项相加应为100%）

① 为了保护滨海湿地这一自然资源永续存在，而不是为了人类将来利用湿地资源的目的所自愿支付的费用占总支付费用的%。（同上）

10%；15%；20%；25%；30%；35%；40%；45%；50%；55%；60%；65%；70%；75%；80%；85%；90%；95%；100%

② 为把湿地资源和知识当作一份遗产保留给子孙后代为目的所自愿支付的费用占总支付费用的%。（同上）

10%；15%；20%；25%；30%；35%；40%；45%；50%；55%；60%；65%；70%；75%；80%；85%；90%；95%；100%

③ 为选择利用考虑，即为自己、自己的子孙后代或他人在将来能够有选择地开发利用滨海湿地资源为目的所自愿支付的费用占总支付费用的%。（同上）

10%；15%；20%；25%；30%；35%；40%；45%；50%；55%；60%；65%；70%；75%；80%；85%；90%；95%；100%

15. 如果您不愿意为保护滨海新区湿地让它永远存在而支付费用，是因为：

① 本人经济收入较低，家庭负担太重，无能力支付；

② 本人对自然保护和生物多样性保护不感兴趣；

③ 本人远离天津滨海湿地，难以享用这一资源，因此对它是否存在不感兴趣；

④ 本人不打算享用其资源，也不考虑子孙或他人会享用此资源而出资；

⑤ 本人认为保护天津滨海湿地应由国家出资，而不是个人出资；

⑥ 本人对此次调查不感兴趣；

⑦ 其他原因（请写明何种原因）。

参考文献

[1] 傅娇艳，丁振华．湿地生态系统服务、功能和价值评价研究进展 [J]. 应用生态学报，2007，18 (3)：681-686.

[2] 徐中民，张志强，程国栋．生态经济学理论方法与应用 [M]. 郑州：黄河水利出版社，2003.

[3] Suilvius M J，Oneka M，Verhagen A. Wetlands：Life for People at the Edge [J]. Phys Chem Earth，2000，25 (7/8)：645-652.

[4] Lal P. Economical valuation of mangroves and decision-making in the Pacific [J]. Ocean & Coastal Management，2003，46：823-846.

[5] 武立磊．生态系统服务功能经济价值评价研究综述 [J]. 林业经济，2007，3：42-46.

[6] Pauutanayak S K. Valuing watershed services：concepts and empirics from Southeast Asia [J]. Agriculture Ecosystems & Environment，2004，104：171-184.

[7] 王建华，吕宪国．湿地服务价值评估的复杂性及研究进展 [J]. 生态环境，2007，16 (3)：1058-1062.

[8] 段晓男，王效科，欧阳志云．乌梁素海湿地生态系统服务功能及价值评估 [J]. 资源科学，2005，27 (2)：110-115.

[9] 张天华，陈利顶，普布丹巴等．西藏拉萨拉鲁湿地生态系统服务功能价值估算［J］. 生态学报，2005，25（12）：3176-3180.
［10］ 鲁春霞，谢高地，成升魁．河流生态系统的休闲娱乐功能及其价值评估［J］. 资源科学，2001，23（5）：77-81.
［11］ 王寿兵，王平建，胡泽园，王祥荣．用意愿评估法评价生态系统景观服务价值——以上海苏州河为实例［J］. 复旦学报：自然科学版，2003，42（3）：463-468.
［12］ Seidl A，Moraes A. Global valuation of ecosystem services：application to the Pantanalda Nhecolandia，Brazil［J］. Ecological Economics，2000，33：1-6.
［13］ 肖笃宁，胡远满，李秀珍等．环渤海三角洲湿地的景观生态学研究［M］. 北京：科学出版社，2001.
［14］ Loomis J. Balancing public trust resources of MonoLake and LosAngels water right：An economic approach［J］. Water Resource Research，1987，23：1449-1556.

11

滨海新区发展战略的生态影响与减缓对策研究

党的十六届五中全会作出了把天津滨海新区纳入国家发展总体战略的决策。2006年，《国务院关于推进天津滨海新区开发开放有关问题的意见》（国发［2006］20号）进一步明确了滨海新区的功能定位：依托京津冀、服务环渤海、辐射“三北”、面向东北亚，努力建设成为我国北方对外开放的门户、高水平的现代制造业和研发转化基地、北方国际航运中心和国际物流中心，逐步成为经济繁荣、社会和谐、环境优美的宜居生态型新城区。2009年11月，国务院批复同意天津市调整滨海新区行政区划，建立统一的滨海新区行政区，这为滨海新区开发开放、科学发展提供了重要的体制机制保障。

面对难得的发展机遇，滨海新区正在掀起新一轮开发开放的建设热潮。滨海新区的发展不仅关系到天津的发展，还关系到环渤海地区的发展，作为全国综合配套改革试验区，更是在国家发展战略中占有举足轻重的地位。随着滨海新区经济的快速发展，各种资源的约束将越来越突出，生态环境压力也越来越大。滨海新区要想解决发展中面临的生态环境问题，实现又好又快发展，应从源头上预防或减少生态破坏，积极推进发展战略的生态影响分析工作。

滨海新区发展战略的生态分析主要分为四个阶段：第一阶段，回顾分析滨海新区主要的发展战略背景，总结滨海新区发展战略的要点，并以此为基础分析滨海新区发展战略与相关规划的协调性；第二阶段，在生态环境现状调查的基础上，构建评价指标体系，对滨海新区生态环境现状进行综合评判，提出滨海新区主要面临的生态问题和发展的制约因素；第三阶段，根据生态环境现状的评价结果，对滨海新区发展战略可能造成的生态影响进行综合分析；第四阶段，综合上述三个阶段的调查和分析的结果，提出减缓滨海新区发展战略生态影响的对策与建议。

11.1 滨海新区发展战略概述

滨海新区是依托天津中心市区、因港而兴的，1994年成立以来，经过各阶段的五年国民经济与社会发展计划（规划）及城市总体规划的实施，形成了其现状格局。“十一五”特别是滨海新区纳入国家总体发展战略之后，《天津滨海新区国民经济和社会发展第十一个五年规划纲要》（以下简称“‘十一五’规划”）、《天津滨海新区城市总体规划（2005—2020年）》（以下简称“05总规”）、《天津滨海新区城市总体规划（2009—2020年）》（阶段稿）

(以下简称“09 总规”) 成为引导 2020 年前滨海新区发展的重要规划。另外，在“09 总规”之前编制的《天津市滨海新区空间发展战略研究（2008—2020 年）》(以下简称“08 空间发展战略”) 也为滨海新区近期及中期的发展提供了重要依据。根据上述四个规划，结合滨海新区现状，归纳总结滨海新区发展战略。本章将首先分析滨海新区主要规划产生的背景及异同之处，然后概述滨海新区的发展战略；最后将对该发展战略和其他相关规划的一致性进行分析。

11.1.1 滨海新区主要规划的背景分析

1994 年 3 月，天津市委、市政府在总结开发区、保税区成功经验的基础上，提出了“用十年左右的时间基本建成滨海新区”的阶段性目标，随后设立了滨海新区领导小组，并在 1995 年 9 月通过了滨海新区城市总体规划（以下简称“95 总规”）。该规划基本符合当时天津城市发展需要，但对新区发展预测研究不足。新区快速发展过程中，先后对局部区域进行了规划调整。1999 年修编、完成了《天津市滨海新区城市总体规划（1999—2010 年）》(以下简称“99 总规”)。

到 2004 年，“99 总规”经过几年实施，其确定的 2010 年发展目标大部分已提前实现。滨海新区进入了新的重要发展阶段，对“99 总规”进行修改和完善势在必行，因此市政府又提出修编“05 总规”的工作任务。

2005 年 10 月，党的十六届五中全会提出：“推进天津滨海新区等条件较好地区的开发开放，带动区域经济发展”，标志着滨海新区纳入国家总体发展战略；为落实这一战略部署，同年 11 月，天津市委八届八次全会通过《中共天津市委关于加快推进滨海新区开发开放的意见》(津党 [2005] 18 号)；次年 5 月，《国务院推进滨海新区开发开放有关问题的意见》(国发 [2006] 20 号) 明确“推进天津滨海新区开发开放，是贯彻落实党的十六届五中全会精神和国民经济和社会发展第十一个五年规划纲要的重大举措”。在上述思想指导下，2006 年 6 月，市政府编制下发了《天津滨海新区国民经济和社会发展第十一个五年规划纲要》。

2006 年编制的“05 总规”和“十一五”规划紧密关联、相互影响，在“十一五”期间对滨海新区发展发挥了重要的引导作用。“05 总规”和“十一五”规划的规划内容较一致，“十一五”规划为“05 总规”近期目标的制定提供依据，“05 总规”则是“十一五”规划的深化和空间保障。根据这两个规划，滨海新区的空间和产业布局将由一轴、一带、三城区和八个功能区组成。到 2020 年地区生产总值（GDP）为 10000 亿元，常住人口 300 万人以上，城镇建设用地 510km^2。

但根据 2008 年开展的《天津市滨海新区空间发展战略研究（2008—2020 年）》的结果，在滨海新区经济持续高速增长、常住人口逐年增加、生产性用地增长较快、战略性重大项目落户新区的背景下，滨海新区过去的规划建设存在较大的差距，面临诸如区域带动能力不显著、布局分散、功能区设置与行政区划之间存在结构性矛盾、产业发展缺乏区域协调、生态环境面临挑战、资源利用缺乏统筹等亟待解决的问题。新的发展形势要求尽快明确各区、各产业功能区协调发展的关系、港城发展的关系、石化产业布局、盐田利用、海岸线利用等综合性问题。新一轮的《天津滨海新区城市总体规划（2009—2020 年）》(阶段稿) 即“09 总规”在这样的情况下应运而生，以期对已有规划和同步开展的规划进行整合、协调和深化，并为当前规划和建设提供指导，实现新区的整体协调发展。指导滨海新区发展的战略在新的形势下发生了一定变化。

11.1.2 发展战略要点概述

通过分析比较“十一五”以来滨海新区规划的变化，本书归纳总结了指导未来滨海新区发展的战略，概述如下。

11.1.2.1 功能定位和发展目标

滨海新区的功能定位是：依托京津冀、服务环渤海、辐射“三北”、面向东北亚，努力建设成为我国北方对外开放的门户、高水平的现代制造业和研发转化基地、北方国际航运中心和国际物流中心，逐步成为经济繁荣、社会和谐、环境优美的宜居生态型新城区。

滨海新区的发展目标和主要职能包括：①北方金融中心；②现代制造和研发转化基地；③区域现代服务业中心和休闲旅游目的地；④我国北方国际航运中心和国际物流中心；⑤海滨宜居的生态城区；⑥服务和带动区域经济发展的综合配套改革试验区。

11.1.2.2 城市规模

2020年，地区生产总值（GDP）达到15000亿元以上。第三产业比重超过42.0%，第二产业比重保持在57.6%左右，第一产业比重降到0.4%以下。2020年，常住人口规模的高限值规划控制在550万人，滨海新区城镇建设用地规模控制在654.7km^2。加强土地资源的管理，严格控制城镇建设用地规模。根据年度人口综合增长率的判断与研究，依据趋势与变化，调整控制滨海新区城镇建设用地投放总量和建设时序，并适时调整规划应对方案。

11.1.2.3 空间布局

整合各城区和功能区，形成“一核双港、九区支撑”的城市空间结构，实现南重化、北旅游、西高新、中部综合港城发展方向与格局。

“一核”指滨海新区商务商业核心区，由于家堡金融商务区、响螺湾商务区、开发区商务及生活区、解放路和天碱商业区、蓝鲸岛生态区等组成。

“双港”是以独流减河航道为界划分南北两大港区。北部港区包括天津港的东疆港区、北疆港区、南疆港区、北塘港区、中心渔港和临港工业区，兼有商港和工业港功能。南部港区建设南港工业区，近期以工业港为主，预留综合港的发展可能。

“九区”是指通过优化产业布局，形成九个产业功能区，分别为海港物流区、中心商务区、先进制造业产业区、滨海高新区、临空产业区、南港工业区、临港工业区、海滨旅游区、中新生态城（见图11-1）。

11.1.2.4 生态环境建设与保护

建设限制分区：将滨海新区范围内所有用地划分为禁止建设地区、限制建设地区、适宜建设地区和协调建设区四类空间管制分区。

完善生态网络骨架：构建“两区七廊”的生态空间结构。两区：新区南部以北大港水库为核心，建设北大港古泻湖湿地、钱圈水库湿地保护与生态建设区300km^2；北部以七里海

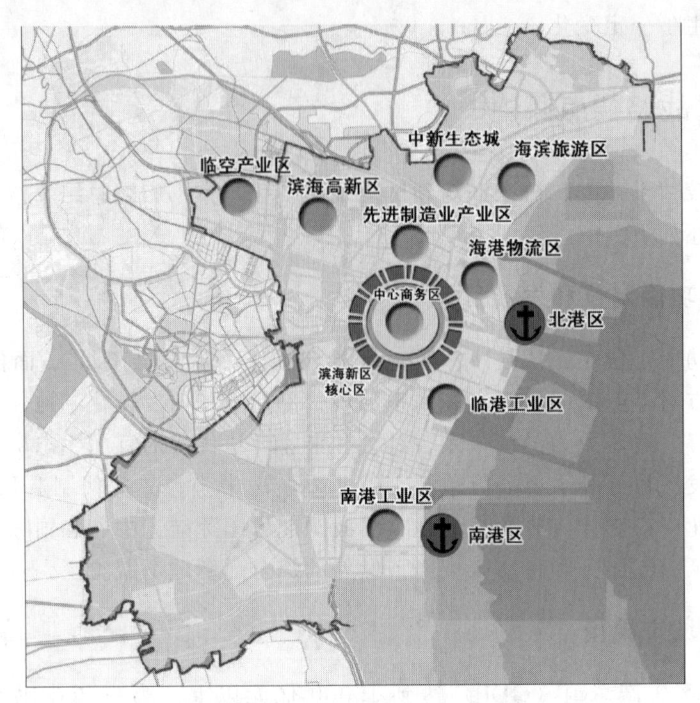

图 11-1　滨海新区空间布局示意图

湿地为依托，形成近 200km² 黄港水库、东丽湖湿地保护与生态建设区。七廊：东西方向的永定新河生态廊道、海河生态廊道、独流减河生态廊道，南北方向的滨海生态廊道、海滨大道生态廊道、城市组团间的两条生态廊道。

完善水网系统：规划疏通清淤现状河道及水库，形成河湖相通的水网系统。通过水系连通，存蓄雨洪水 $1.5\times10^8\mathrm{m}^3$。

生态敏感区恢复与保护：严格执行国家法律和管理规定、积极制定地方法规，对自然保护区、湿地、滩涂、农用地和林地进行管理和保护。

区域生态建设：统筹规划新区外围团泊水库、七里海湿地，建设和保护新区南部和北部共 500 km² 的两大生态功能区。结合区域河流、道路绿化带建设复合生态廊道。重点打造海河下游生态景观廊道；建设海岸带生态廊道；建设沿独流减河、永定新河、唐津高速公路三条生态廊道；建设沿京津塘、津滨两条高速公路的生态绿化带。

11.1.3　目标规划内容的一致性分析

研究重点关注目标规划中可能对生态环境产生影响的空间布局问题，针对《天津市空间发展战略规划（2012—2050 年）》、《天津滨海新区城市空间发展战略研究》和《天津市滨海新区城市总体规划（2009—2020 年）》，初步筛选、整理出以下与生态保护相关的规划内容。

11.1.3.1　《天津市空间发展战略规划（2012—2050 年）》生态保护策略分析

《天津市空间发展战略规划（2012—2050 年）》提出，通过“南北生态”的总体战略，北部蓟县山地生态保护区与燕山山脉共同构成华北防护林体系；中部海河水系通过永定河、潮白河与区域水系相连通；南部“团泊洼水库-北大港水库”湿地生态环境建设和保护区通过大清河与河北省的白洋淀水系相连通，进一步融入京津冀地区整体生态格局，完善大生态体系。

在“南北生态”的总体战略下，以南北三个生态环境建设和保护区为主体，以风景名胜区、自然保护区为重点，以主要河流、道路沿线绿色通道为脉络，由防风固沙林带、山区绿化带、河道生态绿化走廊、环城绿化带、楔形绿带、生态农业区以及城市绿地构成多层次、网络化、城乡一体的生态体系。

并在此基础上进行梳理，确定了未来生态空间发展的“三区、四廊、五带”的生态结构，“三区”是指三大生态资源集中分布区，具体是指北部蓟县山地生态功能区、中部“七里海-大黄堡洼”和南部“团泊洼水库-北大港水库”湿地生态功能区；“四廊”是纵向的四条连接廊道，把市域南北部的三大生态功能区串联在一起，具体是指东部滨海生态廊道、唐津高速生态廊道、引滦明渠-贝壳堤生态廊道和西部防风护沙生态廊道；“五带”是横向的五条河流生态联系带，具体是指蓟运河生态带、潮白新河生态带、海河-北运河生态带、独流减河生态带及子牙新河生态带。

《天津市空间发展战略规划（2012—2050年）》提出的“南北生态”战略符合天津市的实际情况，对保持天津市的生态基础具有重要的战略意义。其中具体的“三区四廊五带”生态网络方案设置，也很好地对天津市及滨海新区的生态体系进行了规划，但目前存在的问题是“四廊”中的东部滨海生态廊道目前还没有实际的内容，今后需要加大建设力度，以保证生态廊道具有可实施和操作性。“五带”是沿河流廊道进行建设的，具有比较好的自然基础，今后需要加强保护和增加河流廊道两侧植被的宽度和生物量。

11.1.3.2 《天津滨海新区城市空间发展战略》生态保护策略分析

《滨海新区城市空间发展战略中》提出构建“三廊三带三区”的生态空间结构。其中“三廊”是指：永定新河生态廊道、海河生态廊道、独流减河生态廊道。“三带”是指：沿海防护林带；河流、道路复合生态防护绿带；贝壳堤生态防护带。“三区”是指：新区北部黄港水库、东丽湖湿地保护与生态建设区；新区中部官港湖、盐田湿地保护与生态建设区；新区南部北大港古泻湖湿地、钱圈水库湿地保护与生态建设区。

《滨海新区城市空间发展战略中》提出的生态建设策略包括：在滨海新区北部建设东丽湖、营城湖、黄港水库、北塘水库、宁车沽水库等组成的湿地保护与生态建设区，面积约170km^2。南部建设北大港古泻湖湿地、钱圈水库湿地保护与生态建设区，规划形成湿地生态绿地面积400km^2。

以上的发展战略中的生态空间结构战略，从滨海新区的战略高度规划了生态建设的布局结构，三廊中的永定新河生态廊道和独流减河生态廊道目前具有较好的生态基础，是滨海新区生态空间结构的重要组成，但海河廊道目前破碎化比较严重，如果能从整体上进行保护恢复，使该廊道的功能提高，将会使滨海新区的生态结构完善。

“三带”中的沿海防护林带对海岸带景观具有较好的防护作用，存在的问题是新区沿海属于中度或重度盐土，对植物的生长造成严重的影响，如果覆盖客土或采取淡水压盐等措施，将会造成成本过高且生态效益不好的结果。因此，沿海防护带的营造需要进一步论证。

河、道复合生态防护绿带与贝壳堤生态防护绿带在规划中提出的位置需要落实，河、道复合生态防护绿带具体是指哪条河、哪条路，如果不落实，将会造成该廊道只是存在于图纸上。贝壳堤生态防护绿带也需要具体落实，否则难以和其他建设用地进行协调，最终会落空。

“三区”中的北部黄港水库、东丽湖湿地保护与生态建设区和南部的北大港古泻湖湿地、钱圈水库湿地保护与生态建设区具有较好的生态基础，在战略中很好地规划，将会成为新区的两个大面积生态斑块，对新区的生态环境具有重要的意义，建议划定控制线，严格保护。但中部官港湖、盐田湿地保护与生态建设区，从目前的情况看，官港湖的自然化程度较好，而且采用滨海新区少有的水林相结合的保护方式，建议作为滨海新区自然保护核心区之一，进行生态保护，构建近自然型植物群落。

11.1.3.3 《天津滨海新区城市总体规划（2009—2020年）》生态保护策略分析

《天津滨海新区城市总体规划（2009—2020年）》提出在滨海新区南、北两侧规划建设两大生态环境区。北部连接七里海湿地，建设东丽湖、营城湖、黄港水库、北塘水库、宁车沽水库等湿地生态环境区，面积约170km^2；南部连接团泊洼水库，建设大港、钱圈、沙井子、官港等水库湿地生态环境区，面积约330km^2。

规划建设海河生态保护廊道、永定新河（蓟运河）生态保护廊道、独流减河生态保护廊道、海岸景观休闲廊道、城市生态隔离廊道“三横两纵”五条生态廊道。

(1) 河流生态保护廊道 建设海河下游两岸300～1000m宽的生态廊道，形成东西走向的风景林带、观光农田和森林公园相配套的生态绿化带，并与城市绿地和风景名胜相连接，构成天津港至中心城区之间的景观生态带。

建设沿独流减河、永定新河（蓟运河）生态廊道，通过建立河岸保护带、保护缓冲带和建设景观公园相结合的防护体系，把河流及沿线土地的生态恢复与景观建设结合起来，形成独具天津特色的生态景观廊道，沟通生态组团，提高防洪能力，优化新区环境。

(2) 海岸景观休闲廊道 建设海岸景观休闲廊道，建设滨海景观休闲廊道，重点是天津港北侧14km长的休闲旅游岸线和南侧18km的预留岸线，恢复盐生植被、滩涂湿地和河口生态，保护生物多样性。在保护的同时挖掘生态、景观潜力，发展滨海休闲旅游观光，形成集生态保护、休闲旅游于一体的复合生态廊道。

(3) 城市生态隔离廊道 建设茶金公路东侧、唐津高速公路两侧城市生态隔离廊道，种植防护林，优化新区环境。

11.1.3.4 目标规划内容一致性分析

通过对目标规划《天津市空间发展战略规划（2012—2050年）》、《天津滨海新区国民经济和社会发展“十一五”规划纲要》、《天津滨海新区城市空间发展战略研究》和《天津市滨海新区城市总体规划（2009—2020年）》相关内容筛选分析，得到如下主要结论。

① 总体上，各规划基本上遵循了建设滨海新区南、北两侧规划建设两大生态环境区的方案。北部连接七里海湿地，建设东丽湖、营城湖、黄港水库、北塘水库、宁车沽水库等湿地生态环境区；南部连接团泊洼水库，建设大港、钱圈、沙井子、官港等水库湿地生态环境区。

② 在具体生态廊道构建上，同中有异，《天津市空间发展战略规划（2012—2050年）》提出构建“三区四廊五带”；《滨海新区城市空间发展战略》中提出构建“三廊三带”的生态廊道结构；《天津滨海新区城市总体规划（2009—2020年）》规划建设海河生态保护廊道、

永定新河（蓟运河）生态保护廊道、独流减河生态保护廊道、海岸景观休闲廊道、城市生态隔离廊道五条生态廊道；《天津滨海新区国民经济和社会发展“十一五”规划纲要》规划建设海河下游两岸生态廊道，建设海岸带生态廊道，重点是天津港北侧14km长的休闲旅游岸线和南侧预留岸线，建设沿独流减河、永定新河、唐津等高速公路两侧生态廊道。总体上，各规划的一致性较好，略有差异。

11.2 生态环境现状调查与评价

11.2.1 滨海新区湿地生态环境现状调查

11.2.1.1 湿地植物区系特征和生物多样性分析

(1) 植物区系统计及特征分析 2008年6月—2009年6月对滨海新区湿地进行全面系统的野外考察，根据所采标本并结合历史资料，得出组成天津滨海地区湿地野生植被种类统计，计有46科、135属、232种（见表11-1），依此作为植物区系统计分析的基础。其中，中生植物最多，其次旱生、水生、湿生植物，中生植物占66.8%；双子叶植物占72.4%。

表11-1 滨海新区湿地植物统计

植物		水生植物			湿生植物			中生植物			旱生植物		
		科	属	种	科	属	种	科	属	种	科	属	种
蕨类植物		1	1	1	0	0	0	0	0	0	0	0	0
被子植物	单子叶植物	6	8	14	3	7	9	4	22	39	1	1	1
	双子叶植物	5	5	7	2	3	3	25	73	116	16	32	42
总计		12	14	22	5	10	12	29	95	155	17	33	43

按照吴征镒的中国种子植物的分布区类型划分，对植物区系科和属的分布区类型进行统计分析。并根据吴征镒对中国种子植物属的分布区类型的研究得出区域植物属（蕨属未计入内）的分布区类型。滨海新区属的分布类型广泛，占中国15个分类区中的14个（没有中国特有属）。其中世界分布的属有38种，占总属数的28.36%；泛热带分布的属有28种，占20.09%；北温带分布的属有21种，占15.67%。

滨海新区植物区系中温带分布区成分占据重要地位，同时热带分布区成分也占据较大的比重，此特点反映了该区的气候特点，既有暖温带大陆性季风气候的特征，使得北温带成分较多；又由于濒临渤海而带有海洋性气候，冬季气温较高，泛热带植物成分较多。本区植物区系中种的地理区系成分有8个，说明天津滨海新区湿地由于受自然环境影响，适合于大多数植物种类的生长繁育，但植物的地带性不明显。

(2) 自然植被特点 研究区域属于典型的盐碱性湿地，土壤含盐量较高，一般都在0.5%以上，盐生植物占优势。生长了很多耐盐性较强的植物种类，分布于菊科、禾本科、旋花科、藜科、豆科、蓼科等科。对本区植物进行样方和样线调查发现，区域内兼性盐生植物和专性盐生植物物种都很丰富。专性盐生植物中拒盐植物种类居多（见图11-2）。

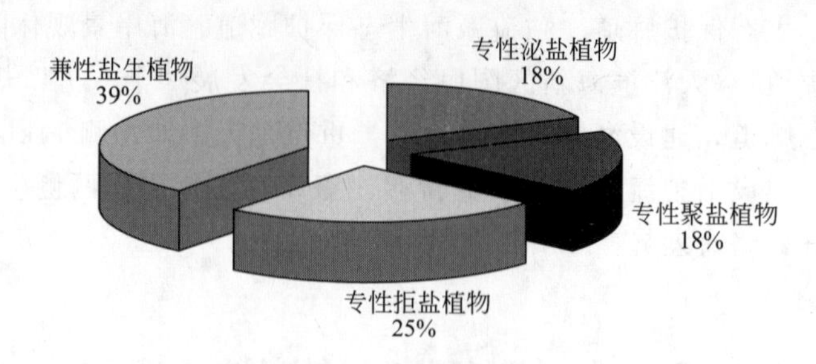

图 11-2　盐生植物分类组成

其次，多种盐生植物分布较为集中，形成单优势种群落或共优群落，如盐沼芦苇、碱蓬、盐地碱蓬群落等，而且这些植物都是该区域的优势种。

(3) 植物多样性分析　经过调查发现，湿地植被大多为单一草本植被。其中盐地碱蓬、碱蓬、獐毛、芦苇是此地的优势种，重要值相对较大。依据采样数据计算滨海新区湿地植物多样性指数，结果得出香农多样性指数是 2.32，辛普森指数为 0.83。而天津蓟县盘山地区灌木、草本群落的香农多样性指数为 2.41～2.51，辛普森指数为 0.87～0.9；中新生态城污水库的香农多样性指数约为 2.14，辛普森指数约为 0.86。通过比较说明滨海新区湿地植物多样性需要提高。

11.2.1.2　动物资源调查

(1) 鸟类资源调查　调查区是东亚-澳大利亚鸟类迁徙的重要停歇地。近年来曾有多位学者对七里海、团泊洼、北大港、大黄堡等地的鸟类资源做过调查记录和分析。依据本次调查并结合近年来的资料，作如下分析。

① 鸟类区系组成　对调查区域内的各种鸟类作了统计分析，古北界鸟类 129 种，占调查区域的 53.09%；跨古北和东洋区分布的广布鸟类共 91 种，占总数的 37.45%；东洋界种类较少 22 种，占总数的 9.46%。上述统计表明，调查区域的鸟类组成表现出显著的古北界特征。

② 水鸟种类资源　根据《湿地公约》中水鸟的定义，湿地水鸟即在生态上依存于湿地的鸟。经调查，调查区内有水鸟 135 种，占调查区鸟类总种数的 55.56%；其中还有天津新记录 3 种，分别是小滨鹬、斑胸滨鹬、流苏鹬。

(2) 兽类资源调查

① 种类区系组成基本情况　经调查共记录兽类 5 目、6 科、7 属、9 种，总种类数约占全国兽类总种数（478 种）的 1.8%，种类组成以啮齿目动物居多，共 4 种，占总种数的 44.4%；其他 4 目兽类种类很少。

② 分析讨论　调查区在动物地理区划上，属于古北界东亚亚区的华北区黄淮平原亚区。没有温带森林的覆盖，生境类型比较单一。兽类中缺少体型较大的偶蹄类和食肉目兽类。调查范围内的兽类多为中国北方适应环境能力较强的广布种。此外，调查区的兽类中没有国家重点保护野生动物名录内的动物，进而说明这些动物均为常见种类。在区系组成上，明显以古北界物种为优势（占 60%），另外广布种占总数的 50%，区系组成上的另一特点为调查区内缺乏特有种。

(3) 昆虫资源调查　昆虫资源调查获得滨海新区昆虫的区系特点，所获种类基本上都是广布种，大多数跨古北区和东洋区分布，所以调查各区域分布的昆虫种类的区系差异较小。

(4) 鱼类资源调查 鱼类资源调查获得种类区系组成的基本情况，调查区水域共记录鱼类 10 目、18 科、64 种。其中鲤科鱼类占绝对优势，共有 38 种，占总种数的 59.4%；人工养殖种类近 20 种，占总种类数约 30%。

11.2.1.3 土壤现状调查

土壤是土地资源的重要组成部分，是农业生产的基础，滨海新区土壤大多为滨海盐土，分布于塘沽、汉沽、大港等区，面积约 813.56km^2，占全市土壤面积的 6.97%。由于海水影响，地下咸水的浸渍，具有明显的潜育层。

土壤大多质地黏重，土壤质地类型可分为黏土、黏壤土、粉壤土和壤土四大类。土壤的透气、透水性差，但是土壤养分较充足。pH 值多在 7.5 以上，有机质在 0.39%～1.84%，全氮含量在 0.03%～0.1%。土壤含水量在 0.14%～0.40%，土壤含盐量一般在 0.6%～4%，盐分组成以氯化物为主。轻度盐化的剖面中盐分分布多为表层大，表层以下部分上下差距不大；中度盐化的剖面盐分上下大，中间 40cm 左右较小。剖面有锈纹锈斑，底部 1.5m 以下有蓝灰色潜育层。有的地方剖面中有黑色夹层出现，有机质含量及石灰反应均无明显异常。质地多为通体黏质，上部 30～40cm 以上多为轻黏质，下部则为中黏质或重黏质。剖面通体盐分含量 0.1%～0.3%。地下水位小于 1m，地下水矿化度高达 30mg/L。

根据盐分含量、化学类型、土壤质地，尤其是种植历史的不同带来的肥力变化，应因地制宜加以开发利用。

11.2.2 滨海新区生态环境现状综合评判

本书通过计算生态环境质量指数以反映被评价区域生态环境状况，根据生态环境状况指数，将生态环境分为五级，即优、良、一般、较差和差，见表 11-2。

表 11-2 生态环境状况分级

级别	优	良	一般	较差	差
指数	EI≥75	55≤EI＜75	35≤EI＜55	20≤EI＜35	EI＜20
状态	植被覆盖度高，生物多样性丰富，生态系统稳定，最适合人类生存	植被覆盖度较高，生物多样性较丰富，基本适合人类生存	植被覆盖度中等，生物多样性一般水平，较适合人类生存，但有不适合人类生存的制约性因子出现	植被覆盖较差，严重干旱少雨，物种较少，存在着明显限制人类生存的因素	条件较恶劣，人类生存环境恶劣

11.2.2.1 生态评价指标体系

结合规划区的实际情况，选择表 11-3 中的几个参数作为评价因子，并给出相应权重。根据研究区域的现状特征和各类土地类型面积，对参与评价的各生态因子赋值。

表 11-3　生态环境状况评价指标体系

一级指标	二级指标	二级指标权重	三级指标	三级指标权重	现状值
生态环境状况指数(EI)	生物丰富度指数	0.25	林地	0.35	1341(hm^2)
			草地	0.21	8489(hm^2)
			水域湿地	0.28	136569(hm^2)
			耕地	0.11	48345(hm^2)
			建筑用地	0.04	37947(hm^2)
			未利用地	0.01	4267(hm^2)
	植被覆盖指数	0.2	林地	0.38	1341(hm^2)
			草地	0.34	48345(hm^2)
			农田	0.19	37947(hm^2)
			建设用地	0.07	4267(hm^2)
			未利用地	0.02	136569(hm^2)
	水网密度指数	0.2	河流长度	—	2.684($10^8 m^3$)
			湖库面积	—	0(hm^2)
			水资源量	—	—
	土地退化指数	0.2	轻度侵蚀	0.05	—
			中度侵蚀	0.25	9.06($10^4 t/a$)
			重度侵蚀	0.7	3.73($10^4 t/a$)
	环境质量指数	0.15	二氧化硫	0.4	1.27($10^6 t/a$)
			化学需氧量	0.4	
			固体废物	0.2	

11.2.2.2　计算方法

① 生物丰富度指数$=A_{bio}\times$（0.35×林地+0.21×草地+0.28×水域湿地+0.11×耕地+0.04×建设用地+0.01×未利用地）/区域面积　　(11-1)

式中，A_{bio}为生物丰富度指数的归一化系数，取全国归一化系数400.62。

② 植被覆盖指数$=A_{veg}\times$（0.38×林地面积+0.34×草地面积+0.19×耕地面积+0.07×建设用地+0.02×未利用地）/区域面积　　(11-2)

式中，A_{veg}为植被覆盖指数的归一化系数，取全国归一化系数355.24。

③ 水网密度指数$=A_{riv}\times$河流长度/区域面积$+A_{lak}\times$湖库面积/区域面积$+A_{res}\times$水资源量/区域面积　　(11-3)

式中，A_{riv}为河流长度的归一化系数，取全国归一化系数46.63；A_{lak}为湖库面积的归一化系数，取全国归一化系数17.88；A_{res}为水资源量的归一化系数，取全国归一化系数61.42。

④ 土地退化指数$=A_{ero}\times$（0.05×轻度侵蚀面积+0.25×中度侵蚀面积+0.7×重度侵蚀面积）/区域面积　　(11-4)

式中，A_{ero}为土地退化指数的归一化系数，取全国归一化系数146.33。

⑤ 环境质量指数=0.4×（$100-A_{SO_2}\times SO_2$ 排放量/区域面积）+0.4×（$100-A_{COD_{Cr}}\times$ COD_{Cr}排放量/区域年平均降雨量）+0.2×（$100-A_{sol}\times$固体废物排放量/区域面积）　　(11-5)

式中，A_{SO_2}为SO_2的归一化系数，取全国归一化系数0.33；$A_{COD_{Cr}}$为COD_{Cr}的归一化系数，取全国归一化系数0.06；A_{sol}为固体废物的归一化系数，取全国归一化系数0.07。

⑥ 生态环境状况指数（EI）＝0.25×生物丰富度指数＋0.2×植被覆盖指数＋0.2×水网密度指数＋0.2×（100－土地退化指数）＋0.15×环境质量指数 (11-6)

11.2.2.3 评价结果

评价结果见表11-4。

表11-4 生态环境状况评价结果表

生态环境状况指数(EI)				
生物丰富度指数	植被覆盖度指数	水网密度指数	土地退化指数	环境质量指数
20.9	13.5	22.8	0	14.73

根据表11-4的评价结果，生态环境状况指数（EI）为71.93，生态环境状况良好，生物多样性较丰富，植被覆盖度较高，土地退化指数低，环境质量较好，基本适合人类生存。

11.2.3 滨海新区主要生态问题及制约因素分析

在现状调查和评价的基础上，结合滨海新区的发展趋势，我们对滨海新区存在的主要生态问题进行了识别并对生态保护与建设的制约因素进行了分析。分析认为滨海新区主要生态问题及制约因素分析主要为：①海岸带生态破碎化加快，生态功能退化；②湿地生态系统退化加剧，生物多样性受到威胁；③水质较差，生物生境受到威胁；④土壤盐渍化严重，影响区域生态建设。

11.2.3.1 海岸带破碎化加快，生态功能退化

海岸带及岸线是天津市最宝贵的资源之一，滨海新区范围内包含了天津市的所有岸线资源，随着岸线利用与经营性围填海比重明显增加，天津的自然岸线逐渐消失。2001—2007年，经批复的海岸线利用速度平均达5km/a以上。2007年，天津市已确权海域面积达到224km^2，自然岸线的占用导致自然景观斑块减少，破碎化指数加大同时滩涂湿地大面积损失。

随着天津市城市建设的提速，滨海新区的天然滩涂湿地被大量占用，其面积逐年减少，岸线向海推移。沿海城市化建设、各种海洋设施建设等围海工程对海洋生态产生景观的连接性产生了严重的影响和损害。随着滨海新区的大规模开发，沿海地区大量侵占海岸和海域，滨海新区的岸线已经高度破碎化，原来的海域-滩涂-沼泽连续的生态廊道失去了连续性，自然岸线仅存在于北部和南部两段，不能构成完整的生态网络。根据最新的调查，最南端的自然生态岸线也被大量破坏，填建为养殖池塘，滩涂湿地的人工化严重，从而使自然岸线和自然滩涂湿地的生态功能不能得到充分发挥。

11.2.3.2 湿地生态系统退化加剧，生物多样性受到威胁

滨海新区以湿地生态系统为主，随着近年来发展的加快，湿地大量减少，景观破碎化严重。近年来对调查区环境状况的调查显示，受水环境污染和人工养殖鱼塘建设等多种影响，加上多年来的干旱少雨，主要湿地的生境恶化表现为自然湿地面积减少并呈现破碎化，严重

的供水不足和水质量不高造成几个主要水域的水质均处于富营养化水平，生态系统呈现恶化趋势。人类在湿地区域的经济建设和开发，造成动物栖息地环境的退化和面积减少，对湿地动物资源已经产生了较大的不利影响。

综合各个湿地动物类群考察的相关数据，结合生境理化环境数据，目前天津几个主要湿地的动物现状可以概括为：动物区系由适应性强的种类组成，整个区系物种多样性不高，种类组成相对单一。生物现存量偏低，生产力低下，整体上看整个生态系统结构不尽合理，应进一步加大保护力度。

11.2.3.3 水质较差，生物生境受到威胁

滨海新区位于海河流域的最下游，在海河流域九大水系中有七大水系经滨海新区进入渤海。上游的污染物通过这些河流传输到海岸带地区，对海岸带带来巨大的环境压力。存在问题较为严重的河段包括独流减河、永定新河、蓟运河闫庄以下段等。滨海新区水系的污染比较严重，污染等级都在Ⅳ级到Ⅴ级的水平。即使在径流量比较大的年份，各断面的污染等级也无较大的改善。滨海新区水系的主要污染因子是 NH_3-N、NO_2-N 以及由 BOD 和 COD_{Mn} 所表征的有机污染。

径流量较高的年份，滨海新区水系的水环境质量有所提高，污染程度有所下降。但从污染物的浓度值与河流水文状况相互作用的关系来看，各污染物的点源排放以及非点源污染强度依然很大。今后，滨海新区水系污染控制的任务仍很艰巨。

滨海新区水系有机污染物和含氮无机污染物浓度较高，受污染的地表水排入海洋中，可能会导致海域水体的富营养化，为近海赤潮的发生提供物质基础，从而给海洋渔业和近海养殖业带来严重的危害。而且，滨海湿地是候鸟的重要栖息地，水质和水域环境对鸟类的栖息、繁殖和生存具有重要的作用，因此，加强对滨海新区水系水质的治理及水生境的保护势在必行。

滨海新区水系重金属污染物浓度相对较小，但是由于重金属污染物具有难于分解、存留时间长等特点，因此，也不容忽视。

总之，目前滨海新区水系的污染较严重。滨海新区水系的污染不仅会对滨海新区海洋渔业和近海养殖业造成巨大的损失，也会给人类的健康带来严重的威胁。

11.2.3.4 土壤盐渍化严重，影响区域生态建设

滨海新区土地资源数量相对丰富，但是土壤盐碱重、面积大、治理困难。滨海新区全区为地下咸水所覆盖。高矿化地下水和浅层咸水是土壤盐渍化的祸根，这是因为在这类地区，即使是已经改造好了的盐渍土，甚至是非盐渍土，都会因为高矿化地下水和浅层咸水的存在，而极易引起其心土或底土中所含的盐分随毛细管作用而强烈上升，而且一旦遇到涝年或是灌溉不当，都会引起地下水位抬高，产生强烈返盐，造成土壤次生盐化。

在研究过程中发现，近年来，滨海新区土壤 pH 值急剧上升、土壤总碱度和钠碱度明显增高，出现地表板结加重、渗水愈加缓慢等现象。研究表明，这是因为土壤出现了碱化，其原因主要是盐土脱盐过程中的脱盐碱化；苏打型地下水引起的土壤碱化；碱性水灌溉造成的土壤次生碱化。滨海新区碱化土和碱土多呈斑块状分布于各类盐土和盐化潮土中，其治理难度远比土壤盐化要大得多。

由于土壤盐渍化严重，制约植物的生长，天津滨海新区群落类型中盐生群落占主导，常出现的单优种群落有盐地碱蓬群落、碱蓬群落、獐毛群落、芦苇群落和白刺群落。芦苇群落

也经常会有盐地碱蓬、碱蓬、獐毛等伴生。盐沼芦苇常和盐地碱蓬形成群落。优势种中盐地碱蓬、碱蓬、獐毛等盐生植物的重要值已经超过芦苇。盐渍性强的地方，芦苇长势较差。

11.2.4 生态网络的合理性与科学性分析

一个完整的生态网络要求用自然和半自然的景观要素将各个自然区连接起来，而且自然区周边区域的土地利用方式要与其相兼容。生态网络即是由核心区、连接区、缓冲区和恢复区共同组成的一个密切联系的系统，通过对该系统的配置和管理来恢复和维持整个自然区的生态功能以及保护生物多样性。这里的自然区是个广义的概念，是指所有被植被覆盖的地区，通常主要包括森林、草原、湿地、湖泊、河流以及农田。无论质量的高低，面积的大小，是否属于保护区以及保护的级别高低，都属于自然区，都应归于生态网络的结构内。

11.2.4.1 分析方法

(1) 景观指数分析 将现状图、规划图和规划建议图的矢量数据转换为栅格数据，应用专业软件 Fragstats 进行天津滨海新区生态网络规划的格局分析。景观格局特征在斑块类型和景观 3 个层次上分析。应用 Fragstats 软件可得出众多的景观指数，此项目参考文献并结合天津滨海新区生态网络的实际情况选择了具有明确生态学意义的景观指数，主要包括非空间的组分指数（如斑块类型总面积 CA、斑块密度 PD、边界密度 ED、多样性指数 SHDI、均匀性指数 SHEI）和空间的配置指数、欧氏最近邻体距离 ENN 和连接度 CONNECT。

(2) 网络分析 网络可分为分枝网络和环形网络两种形式，见图 11-3，规定各连线之间不交叉，而且除顶点外，不能再有其他共同点。图中网络（a）、（b）和（c）为分枝网路，网络（d）、（e）和（f）为环形网路。在分枝网络中，网络（a）是最基本的；网络（b）是一种等级网络，连线从一个中心节点发出网络；（c）是建造费用最小的网络，每个节点只与一条连线相接。在环形网络中，网络（d）是最基本的，由单环组成；网络（e）是使用费用最小的网络，网络中任意两个节点都被直接连接起来；网络（f）介于网络（d）和网络（e）之间，力求找到二者的平衡点。

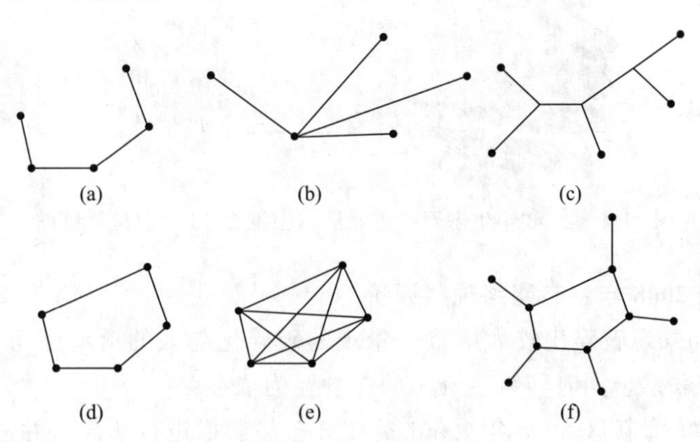

图 11-3 网络的基本结构

网络的复杂性可用网络连接度（network connectivity）、线点率、网络闭合度进行描述。网络闭合度是用来描述网络中回路出现的程度，即网络中实际回路数与网络中存在的最大可能回路数之比，可用 a 指数来测度：

$$a=(L-V+1)/(2V-5) \tag{11-7}$$

β 指数也称线点率，是指网络中每个节点的平均连线数：

$$\beta=L/V \tag{11-8}$$

网络连接度是用来描述网络中所有节点被连接的程度，即一个网络中连接廊道数与最大可能连接廊道数之比，可用 γ 指数来测度：

$$\gamma=L/3(V-2) \tag{11-9}$$

式中，L 为廊道数；V 为节点数。a 值的变化范围在 0～1，当 $a=0$ 时，表示网络无回路；当 $a=1$ 时，表示网络具有最大可能的回路数（Haggetetal，1977）。当 $\beta<1$ 时，表示形成树状格局；$\beta=1$ 时，表示形成单一回路；$\beta>1$ 时，表示有更复杂的连接度水平；γ 指数的变化范围为 0～1，$\gamma=0$ 时，表示没有节点相连；$\gamma=1$ 时，表示每个节点都彼此相连。

11.2.4.2 生态网络的合理性与科学性评价

(1) 滨海新区2008年生态网络现状结构分析 通过对天津市滨海新区2008年Landsat-TM卫星影像进行解译，得到天津滨海新区2008年生态网络现状，见图11-4。对斑块类型级别的指数和景观级别的指数分析，并对其进行网络连通性分析，见图11-5。

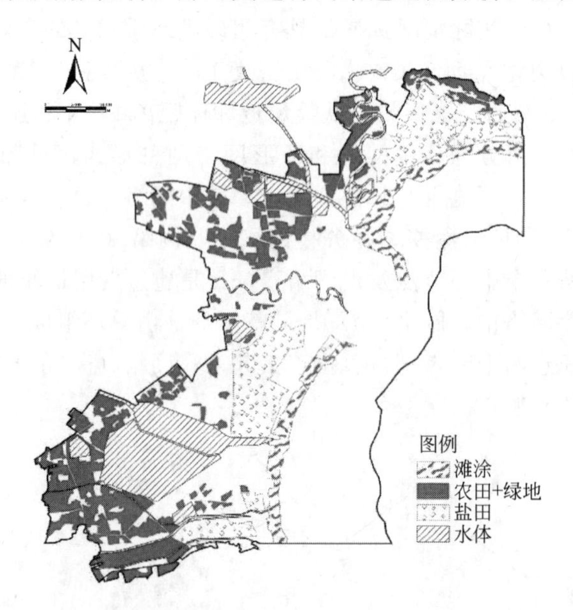

图11-4 2008年生态网络现状图（根据2008年卫星遥感图）

(2) 滨海新区2008年生态网络现状评价

① 生态退化和景观破碎化较为严重 景观的破碎化与人的活动密切相关，与生态网络结构和功能等紧密联系，同时与自然资源的保护互为依存。

根据对天津市滨海新区2008年Landsat-TM卫星影像进行解译，并进行景观指数分析，发现滨海新区的生态网络结构要素破碎化较为严重。

首先，海岸线的破碎化严重，特别是在塘沽城区出现断层区，且最南端的自然生态岸线也被大量破坏，填建为养殖池塘。而且在《滨海新区总体规划》中的海岸线规划趋于更加破碎化的趋势。而渤海湾海岸带是世界典型的三大脆弱海岸带之一，具有支持、提供、文化以

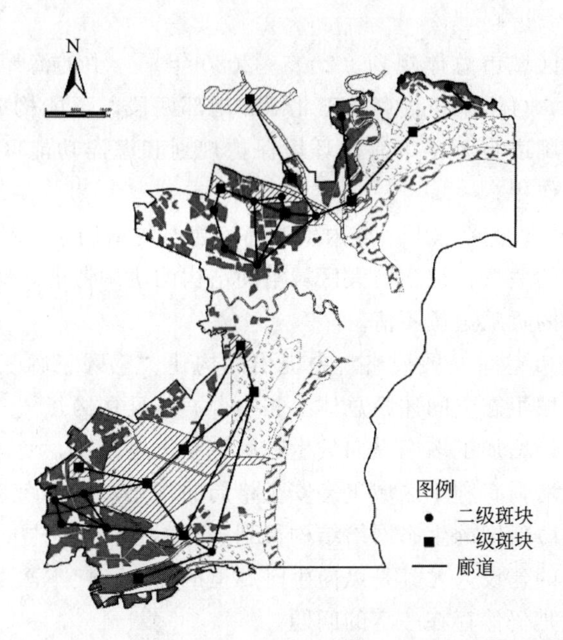

图 11-5　2008 年生态网络连通性图（根据 2008 年卫星遥感图）

及调节 4 大功能、20 余项子功能。近几十年来，天津市海岸带生态系统健康指数呈显著下降趋势，系统结构稳定性不断降低，其所提供的服务功能及价值也随之下降。海洋生态环境健康状况的下降不仅影响了其与陆域生态系统的连通性，还影响到临海居民的生活水平，这对滨海新区实现“宜居生态”功能、天津市建设生态市的目标都是巨大的挑战。岸线迅速减少，滩涂湿地大面积损失，完整的自然岸线难以保存。根据相关调查和目前的发展趋势，人工占用岸线长度约占天津市的自然海岸线的 60%。自然岸线减少、人工岸线增加的结果不单纯是人工景观斑块的增加，更主要的是自然岸线的连通性受到破坏，滩涂湿地与栖息地破碎化严重，事实上这已不是一个完整的“生态廊道”。

其次，湿地退化和破碎化较为严重。湿地作为滨海新区最重要的自然生态系统类型，随着气候变化、水文变化、植被演替以及人类开发活动等，湿地生态系统退化非常严重。多途径指标退化湿地诊断方法得出的结果表明，目前除了滨海滩涂湿地干扰严重外，滨湖湿地健康状况较好的是北大港古泻湖湿地，滨河湿地健康状况较好的是蓟运河故道河漫滩湿地等，其他众多的湿地均处于不同程度的退化状态。新区发展与建设规模的扩大无疑会进一步干扰湿地生态环境，尤其是对鸟类栖息地造成威胁。此外，滨海新区其他类型保护区中的不少地区也在人为干扰、水源减少、环境污染等因素作用下发生了严重退化，很难再恢复其生态服务功能。

再次，农田出现破碎化趋势。农田作为完善生态网络重要的一个结构要素，具有重要的生态功能和意义。一般情况下，农田是生态网络的主要基质，其通透性和连通性直接影响着生态网络功能的实现。但是，随着滨海新区的快速开发，滨海新区农田出现破碎化趋势。

② 生态网络连通性不强　通过生态网络连通性分析发现，滨海新区的很多主要斑块之间没有良好的廊道进行连接，目前，除了独流减河、永定新河两条生态廊道具备一定的基础条件，其他廊道均存在一定程度的污染、破碎和缺失，特别是海河生态廊道已严

重破碎化。

而且《天津滨海新区城市总体规划（2005—2020年）》中的海岸线规划中，岸线已经高度破碎化，连通性差，自然岸线仅存在于北部和南部两段，不能构成生态廊道，“三横两纵”中的海岸景观休闲廊道与天津市海洋环境保护规划和海洋功能区划在功能上也存在冲突，不能实际发挥廊道作用。

此外，“05总规”中虽然考虑了区域内生态环境建设的格局，但缺乏分析与天津市整体生态网络在空间结构上的关系，缺乏与大区域空间结构的协调考虑，对于维持区域生态格局完整性与生态服务功能的贡献定位不清。

虽然《滨海新区城市空间发展战略》中提出的构建“三区三廊三带”生态体系基本合理，核心生态区域与市域生态空间体系总体上相吻合。而且在构建“三廊三带三区”的生态空间结构框架的基础上，增加了多个纵向的生态廊道和生态斑块，使得区域的景观连通性增强，生态廊道连同性的增强有利于区域生态安全格局的构建，结合南北两大湿地生态区及各区域间的廊道规划，滨海新区的生态网络结构得到提升。总体上，“08空间发展战略”重视了大型自然斑块和廊道的建设，尤其是纵向生态廊道的增加，使本次发展战略的生态规划具有前瞻性和战略性，但是仍然存在一定的问题。

(3) 滨海新区“05总规”生态网络评价 以天津滨海新区绿地系统规划图（2005—2020年）、天津滨海新区战略研究生态用地图（2008—2050年）为基础资料，在遥感ERDAS 9.1和地理信息系统（GIS）支持下，运用景观格局分析方法和网络分析法对天津滨海新区2008年生态用地现状与天津滨海新区的总体规划进行纵向对比。在此基础上，构建了生态网络的优化方案。通过优化方案与规划图的对比分析，对规划图的生态网络进行评价并提出完善网络结构的建议。

通过对天津滨海新区绿地系统规划图（2005—2020年）进行校正和信息提取，得到天津滨海新区“05总规”生态网络，见图11-6。其网络连通性分析见图11-7。

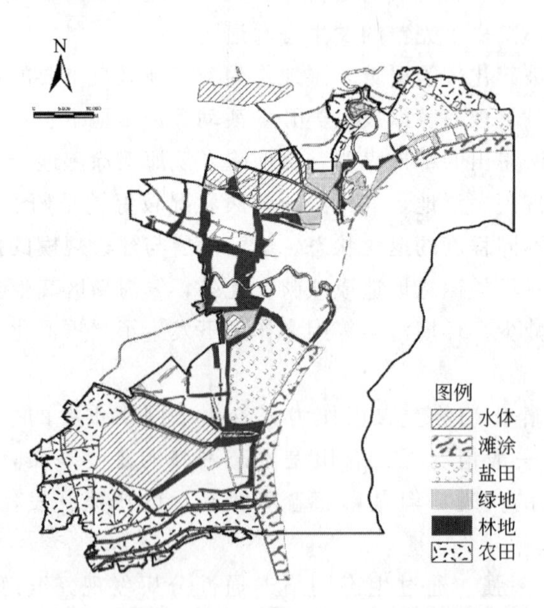

图11-6 滨海新区“05总规”生态网络结构图

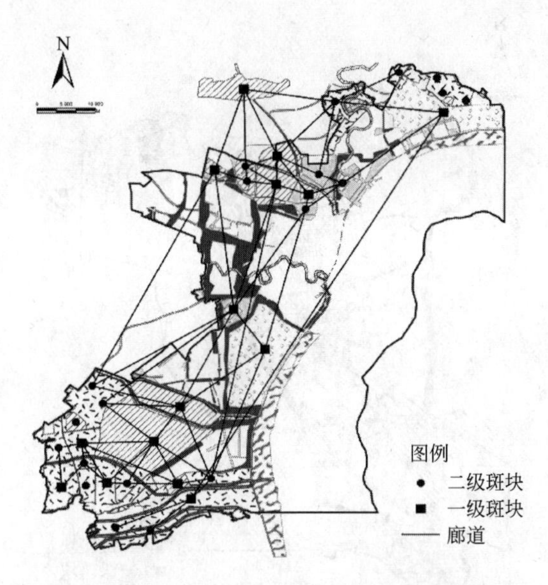

图 11-7　滨海新区“05 总规”生态网络连通性图

(4) 滨海新区“08 空间发展战略”生态网络评价　通过对战略研究生态用地图(2008—2050 年)进行几何校正和信息提取，得到天津滨海新区战略研究生态网络，见图 11-8。其网络连通性分析见图 11-9。

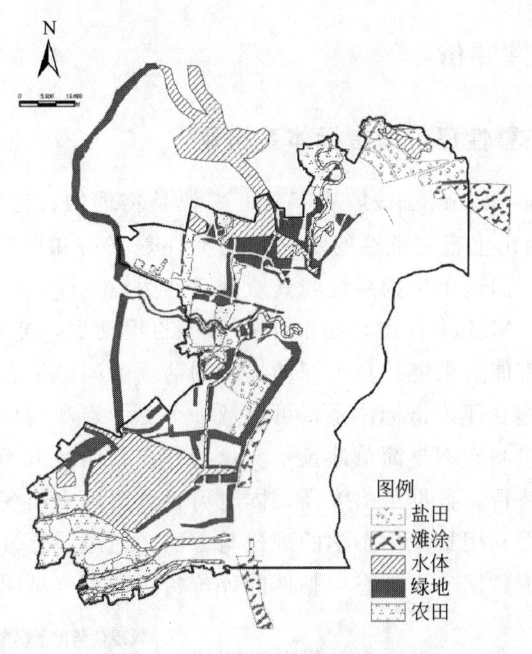

图 11-8　滨海新区“08 空间发展战略”生态网络结构图

(5)“05 总规”、“08 空间发展战略”和 2008 年生态网络现状对比分析　对 2008 现状、“05 总规”及“08 空间发展战略”生态网络进行景观级别景观指数的对比分析和网络连通性对比分析，结果表明：“05 总规”和“08 空间发展战略”生态网络规划与 2008 年现状相比较，在景观空间配置、降低破碎度和网络连通性方面均有所改善，这也体现了“05 总规”

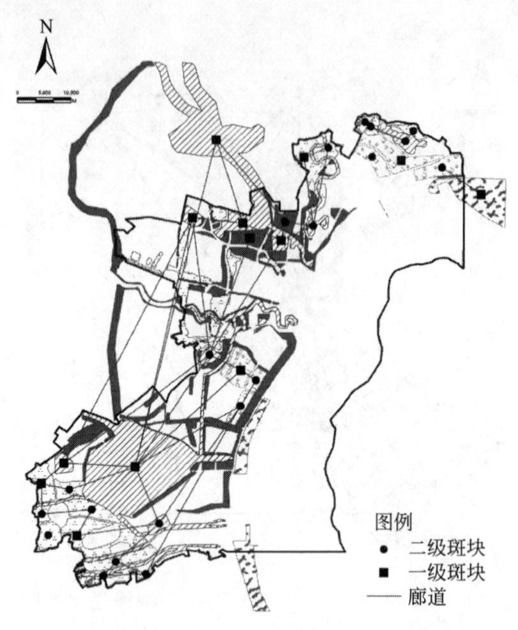

图 11-9　滨海新区“08 空间发展战略”生态网络连通性图

和“08 空间发展战略”的前瞻性；且“05 总规”和“08 空间发展战略”相比较而言，“05 总规”更注重网络的连通性，而“08 空间发展战略”则更注重降低斑块的破碎化程度。

11.2.5　生态完整性评价

11.2.5.1　生态完整性评价的指标体系构建

生态完整性（ecological integrity）从广义上来说是物理的、化学的和生物的完整性的总和。Karr 和 Dudley 给出生态完整性的定义：完整性是支持和保持一个平衡的、综合的、适宜的生物系统的能力。而这个生物系统与其所处自然生境一样，具有物种构成、多样性和功能组织的特点。此后，Muller 提出，如果在一个小的扰动后，能够维持自组织和稳定的状态，以及有足够的适宜能力来继续自组织的发展的话，就叫做生态完整性。

从景观生态学角度建立评价指标体系，可以从一个更为宏观的角度去探讨问题，综合性强，能够直接揭示变化机制而不是简单地预示变化的存在；而且由于现状数据及历史数据大部分是通过遥感图解译获得，数据可信度高，同时可以分析历史演变趋势和进行预测，是一种简便易行的方法。本书利用景观生态学的理论与方法，通过遥感分析获得湿地研究区的土地利用信息，并结合历史数据建立生态完整性的评价指标体系（见图 11-10）。

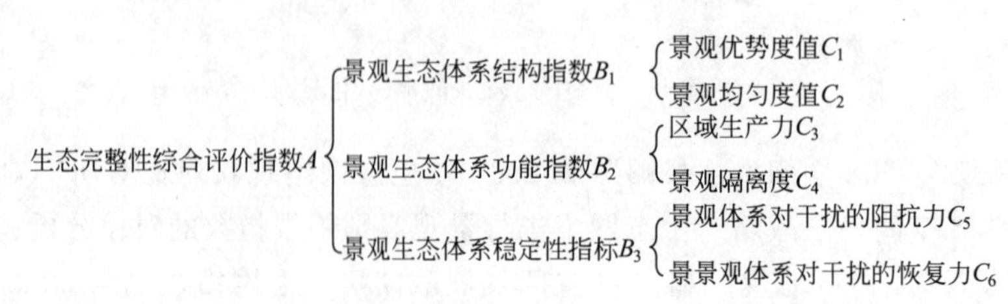

图 11-10　生态完整性的评价指标体系

11.2.5.2 景观生态体系结构指标及度量方法

景观生态学观点认为景观结构是由景观要素（斑块、廊道、基质等）的数量、大小、类型、形状及在空间上的组合形式构成。如景观中不同生态系统（或土地利用类型）的面积、形状和丰富度，它们的空间格局以及能量、物质和生物体的空间分布等，均属于景观结构特征。用景观优势度和均匀度来表示景观结构，可以较好地描述斑块的组成和分布特征。

景观优势度和均匀度是描述景观多样性和异质性的综合指标，优势度表示一种或几种类型斑块在一个景观中的优势化程度，测度景观多样性对最大多样性的偏离程度；均匀度指数反映各景观斑块类型在空间上分布的不均匀程度。

其中景观优势度计算公式为：

$$D = H_{max} + \sum_{i=1}^{m}(P_i \ln P_i) \tag{11-10}$$

式中，P_i表示第i种斑块类型在景观中出现的概率；m表示斑块种类数。对于给定的m，当$P_i=1/n$，H达到最大值（$H_{max}=\ln n$）。通常D值在0～100，优势度为0时表示组成景观的景观类型所占比例相等；优势度指数值为100表示景观中只有一种斑块类型。优势度指数越大，则表明偏离程度越大，即组成景观的各类型所占比例差异大，或者说某一种或少数景观类型占优势；优势度小则表明偏离程度小，即组成景观的各种景观类型所占比例大致相当。

景观均匀度计算公式为：

$$E = -\sum_{i=1}^{m}(P_i \ln P_i)/\ln n \tag{11-11}$$

式中，n表示景观中最大可能的景观斑块类型数。E越大，景观斑块类型分布的均匀程度愈高，多样性越大。

11.2.5.3 景观生态体系功能指标及度量方法

景观生态体系的功能包括生产功能、美学功能和生态功能三方面。不考虑美学功能，我们将生产功能用初级生产力来衡量，生态功能用景观隔离度来衡量。

生产力测量方法采用气候生产力。植物气候生产力是指某一地区植物群体在土壤肥力等其他条件满足其生长发育的情况下，由当地的光、温、水等气候因子决定的每年单位土地面积上的植物最大生物量，包括地上和地下部分。此处用迈阿密模型（Miami）：

$$\mathrm{NPP}(t) = 3000/[1+\exp(1.315-0.119t)] \tag{11-12}$$

$$\mathrm{NPP}(p) = 3000[1-\exp(-0.000654p)] \tag{11-13}$$

式中，t为年平均气温，℃；p为年平均降水量，mm；NPP（t）和NPP（p）分别为以温度和降水量估算的植物干物质产量，kg/(hm^2·a)。根据Liebig的限制因子定律，选取二者中的最低值作为各计算点的植物气候生产力。

景观隔离度用平均最近距离ENN _ MN（mean nearest neighbor distance）来表示：

$$\mathrm{ENN\_MN} = \frac{\sum_{i=1}^{m}\sum_{j=1}^{n} h_{ij}}{N'} \tag{11-14}$$

式中，h_{ij}表示在景观水平上斑块与其邻近的距离；N'是景观中具有最近距离的斑块总数。ENN _ MN值较大时说明同类斑块距离较远，即隔离度较高。

11.2.5.4 景观生态体系稳定性指标及度量方法

当景观生态体系受到干扰时，稳定性就表现为系统两种完全不同的特征：一是恢复，表示系统发生变化后恢复到原来状态的能力，可用系统恢复到原状态所需的时间来度量；另一个是抗性，表示系统抵抗外界变化的能力，可用阻抗值来表示，该值是系统偏离其初始轨迹的偏差量的倒数。对于陆地生态系统来说，阻抗能力常通过系统内部的异质性表征，而恢复能力一般通过陆地生物量来表征。湿地是一种由陆地向水域过渡的极为脆弱的生态系统，其可恢复性更主要的是依赖水源的稳定性，生物量指标难以作为重要指标来评估湿地的恢复力。

生态体系阻抗稳定性的强弱直接关系到在多大程度上可以保证生态体系内部的功能得以正常运作。阻抗稳定性受生态体系中主要生态组分的种类、数量、时空分布的异质性（异质化程度）所制约。景观等级以上的自然体系需要有高的异质性，因此，生态体系的异质性可以作为阻抗稳定性的度量。对异质性的量化可用多样性指标（H）表示，当生态体系发生变化后，用多样性指标可以直观地显示其异质性的改变情况，从而揭示该生态体系阻抗稳定性的变化结果。

选用 Shannon 多样性指数来进行估算，该指标既考虑了不同景观类型所占景观总面积的大小及分布的均匀程度，又考虑了景观类型的多少。其计算公式为：

$$E=-\sum_{i=1}^{m}(P_i\ln P_i) \tag{11-15}$$

式中，P_i表示第 i 种斑块类型在景观中出现的概率；m 表示斑块种类数。

景观生态体系的恢复稳定性通常使用陆地生物量作为指标，湿地作为一个水陆过渡带，其稳定性主要决定于湿地水量情况。根据不同类型湿地景观的多年平均地表水位，以及平原型湿地特点，其地表蓄水量的计算公式表示如下：

$$W_{总}=S_{湖泊}\times H_{湖泊}+S_{沙滩}H_{沙滩}+S_{河流}H_{河流}+S_{滨海}H_{滨海}+S_{人工}H_{人工} \tag{11-16}$$

式中，$W_{总}$ 表示区域内地表水的总量；S 表示湿地斑块类型的面积；H 表示湿地斑块类型的平均水深。

11.2.5.5 生态完整性的综合评价

(1) 评价方法 用景观优势度和均匀度判断景观生态体系结构的合理程度；用气候生产力和景观隔离度的修正值度量景观生态体系的功能；用景观多样性指数度量景观生态体系的阻抗稳定性，用地表蓄水量与生态需水量的比值度量景观生态体系的恢复稳定性。生态完整性的综合评价的计算公式如下：

$$A=aC_1+bC_2+cC_3+dC_4+eC_5+fC_6 \tag{11-17}$$

式中，A 是生态完整性综合指数；C_1是景观优势度值；C_2 是景观均匀度指数；C_3 是气候生产力与 1979 年气候生产力的比值；C_4 是景观隔离度与 1979 年景观隔离度的比值；C_5是香农多样性指数；C_6是地表蓄水量与生态需水量的比值；a，b，c，d，e，f 分别是 C_1，C_2，C_3，C_4，C_5，C_6 在生态完整性综合评价中的权重。在本书中我们分别对 a，b，c，d，e，f 赋值为1/6。

(2) 生态完整性评价结果 对生态系统完整性的评价通常只依赖于少量的指标，不能全面考虑区域生态完整性的复杂性。对于一个包含多种景观的区域来讲，一个关键的问题是如何找到一个综合的方法，能够覆盖生态系统的各个方面，把各种信息综合起来，通过合理的花费来跟踪生态系统的状况，利用景观生态学方法对生态环境影响进行评价，主要评价在研究时间段内景观的生态完整性是否受到较大的影响。通常从景观生态体系的结构和稳定性两个方面对区域景观的生态完整性进行评价。

① 景观生态体系结构动态变化　景观生态体系结构用景观优势度和景观均匀度来表示，图 11-11 显示从 1979—2008 年景观均匀度整体呈现下降趋势，而景观优势度整体呈现上升趋势。说明景观中斑块间的优势程度逐渐明显，均匀性减弱，人工湿地的面积增大，在 2004 年达到最大，而后 2008 年又有所下降，是因为建设占用人工湿地，造成人工湿地面积减少。

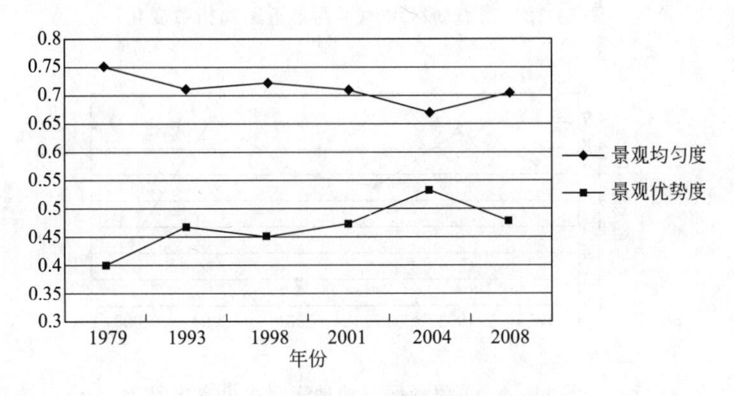

图 11-11　景观均匀度和优势度变化图

② 景观生态体系功能动态变化　气候生产力采用式（11-12）和式（11-13），从图 11-12 可以看出，从 1979—2008 年气候生产力值总体呈上升趋势，在 1998 年有一个最高值，2001 年有所下降，其后呈匀速上升。从 1979 年至今，滨海新区的气温基本呈上升趋势，只是 1998 年出现异常高值。所以其气候生产力也较高。

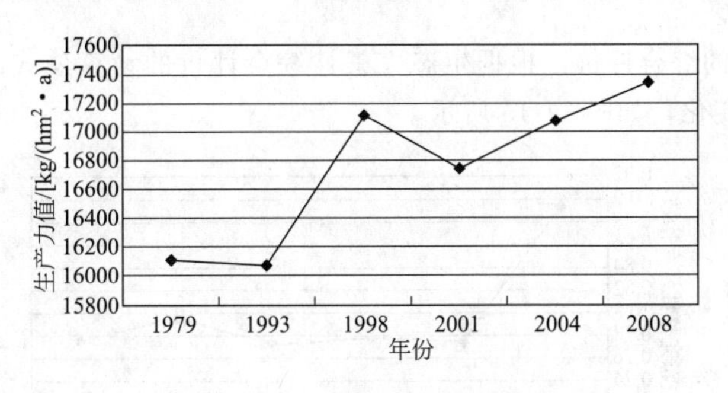

图 11-12　各年气候生产力值

隔离度采用平均最近距离 ENN _ MN 指标进行衡量，在景观水平上 ENN _ MN 值较大时说明同类斑块距离较远，即隔离度较高。从图 11-13 可以看出，1979 年景观斑块的隔离度最大，2001 年最低，斑块之间的连接度下降，一定程度上，在同样的面积内，隔离度与斑块数量有一定的正相关关系。

③ 景观生态体系稳定性动态变化　水量是评价湿地生态功能优劣的重要指标，当区域地表蓄水量长期高于生态需水量时，可以认为该湿地生态体系的生态承载能力强，对一定限度的干扰有较强的自我恢复能力。在本书中，我们根据滨海新区几种湿地类型多年的水深数

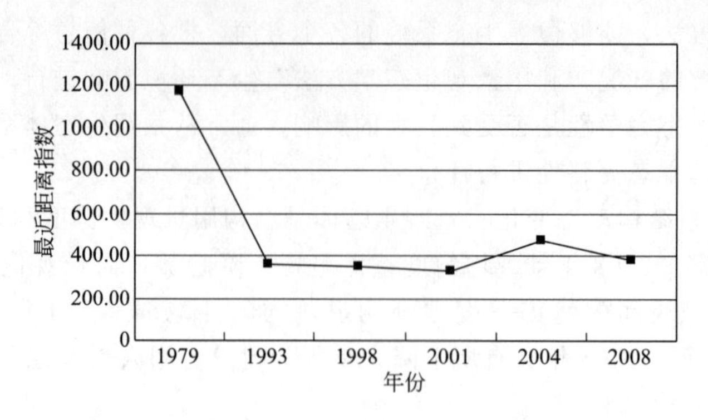

图 11-13　滨海新区湿地平均最近距离指数变化

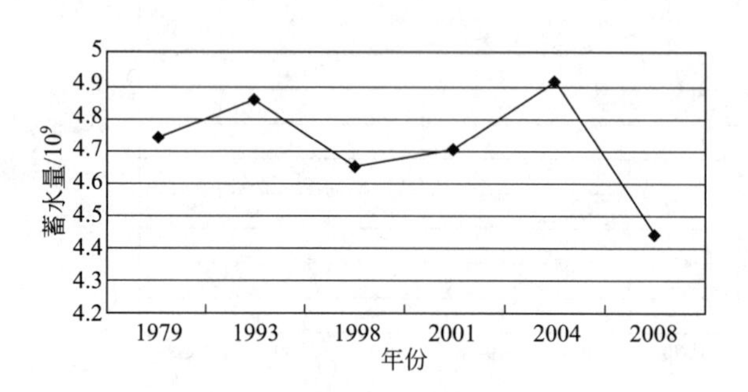

图 11-14　滨海新区湿地地表蓄水量变化图

据（湖泊 1.8m，沼泽 0.5m，滨海湿地 3.2m，人工湿地 1.0m，河流 1.5m），粗略地估计了研究时间段内湿地的蓄水状况，如图 11-14 所示。

滨海新区最小生态需水量为 $4.75\times10^9m^3$，在研究时间段内，滨海新区湿地的实际水量变化剧烈，不能长期满足莫莫格湿地的生态需水量，由此可以判断滨海新区湿地景观生态体系的恢复稳定性较差。

④ 生态完整性的综合评价　根据生态完整性综合评价的计算公式，得出六个年份的生态完整性综合指数变化，如图 11-15 所示。

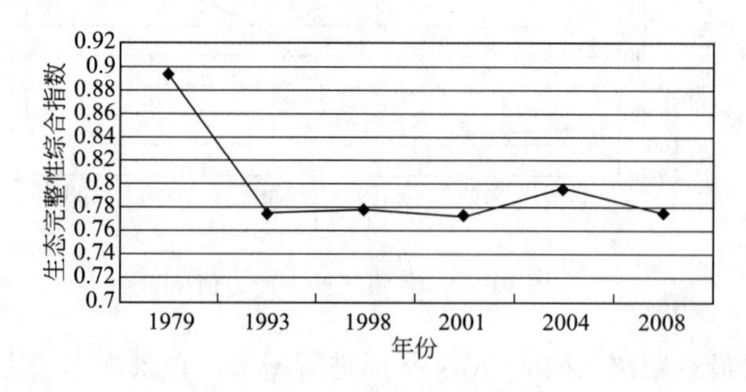

图 11-15　生态完整性变化图

从图中可以看出，生态完整性指数从 1979—1993 年间下降较快，之后变化比较平缓，在 2004 年稍微上升了些，这主要是由于 2004 年蓄水量较大，北大港湿地（湖泊湿地）蓄水多，面积扩大，因而整体的指数上升。之后随着北大港蓄水减少和城市建设速度加快，生态完整性指开始下降，2008 年呈现较低态势。

11.3 生态影响减缓对策与建议

11.3.1 进一步优化滨海新区生态网络体系结构

在对比分析的基础上，借鉴欧洲各国、加拿大等国家生态网络构建的经验，在景观生态学相关理论支持的基础上，结合滨海新区的现状实际情况，利用 ArcGis 软件中的分析模块，提出科学合理、经济社会可行的生态网络规划方案与建设对策。

根据景观指数分析和网络连通性分析，并结合现场调查，对总体规划和战略研究提出改进建议。

11.3.1.1 “05 总规” 完善建议

分析发现，与 2008 年现状和相比，“05 总规” 在景观配置和网络连通性方面都比较好，但是大面积斑块比例低，不利于中大型物种的保护，可以有选择地将部分重要斑块合并为中大型板块，如北大港西侧农田，建议通过修建生物通道进行完善生态网路结构，提高物种丰富度。建设图如图 11-16 所示。

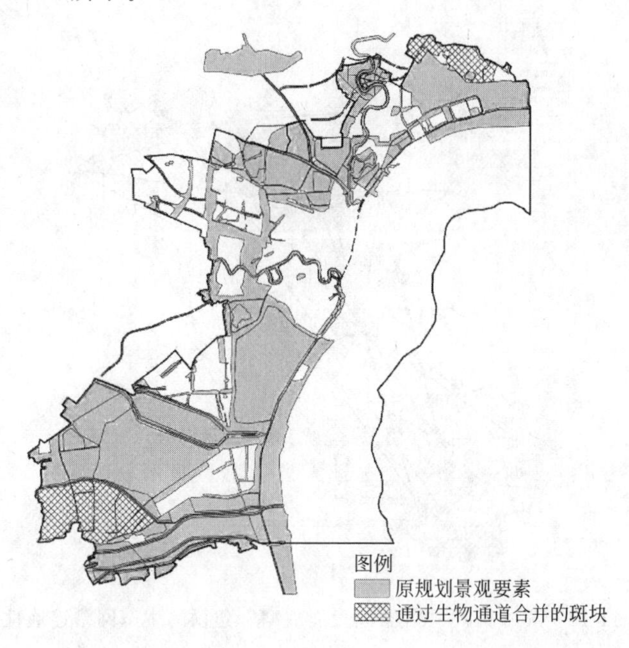

图 11-16　滨海新区 “05 总规” 生态网络改善建议图

11.3.1.2 “08 空间发展战略” 的完善建议

“08 空间发展战略” 的景观配置与 2008 年现状和 “05 总规” 相比均有所改善，但是在网络连通性方面较 “05 总规” 差些，有些重要廊道不健全；各个斑块之间作用力普遍较弱，建议在主要交通要道两侧以足够宽度林带的形式修建廊道，增强生态网络的连通性，建议图见图 11-17，建议的网络连通性示意图见图 11-18。

图 11-17 滨海新区“08 空间发展战略”生态网络改善建议图

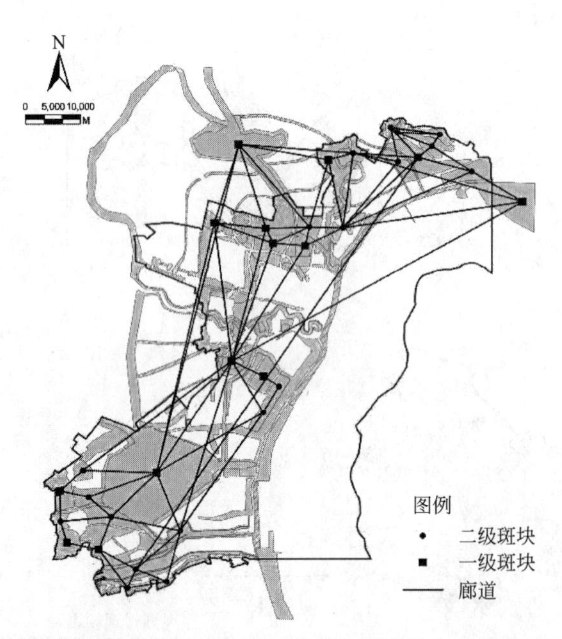

图 11-18 滨海新区“08 空间发展战略”建议的生态网络连通性图

11.3.2 进一步完善滨海新区生态网络结构要素

在对天津滨海新区实地调查的基础上，采用景观指数分析法和网络分析法，通过对 2008 年现状、“05 总规”、“08 空间发展战略”及对各个规划建议的对比分析，借鉴欧洲生态网络和加拿大的生态网络的经验，结合天津的实际和规划发展趋势，确定滨海新区的生态网络结构的基本要素为“三核六区十廊”结构，见图 11-19。

“三核”指三个自然保护核心区：七里海-黄港水库-芦苇场-北塘水库湿地连绵区、北大港水库西库-独流减河及官港湖。它们均是具有一定尺度和质量的栖息地的斑块，为支持整个区域的动植物数量及相关生态功能提供环境条件。

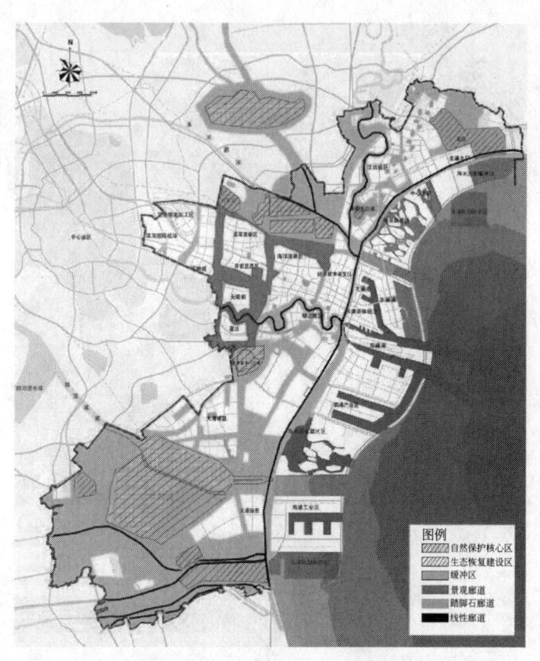

图 11-19 滨海新区远期生态网络结构优化示意图

“六区”指六个生态恢复建设区，即扩大完善既有栖地或创造新的栖地（如湿地、沼泽地等），提高栖地的生态质量，以改善生态网络功能。滨海新区的六个生态恢复建设区包括北大港-东库、东丽湖、营城湖、汉沽盐田、钱圈水库、李二湾-沙井子水库。在以后的发展建设中，生态恢复建设区可以通过恢复，重建等多种手段重点建设保护。

“十廊”指滨海新区生态网络中十条重要的生态廊道，包括线性廊道、景观廊道和踏脚石廊道，其中线性廊道共八条，均为“现实廊道”；景观廊道和踏脚石廊道各一条，均为“虚拟廊道”。滨海新区生态网络中的线性廊道应该以河道为主，主要包括：蓟运河、潮白河、永定新河、海河、青静黄排水河、子牙新河、北排水河及海滨大道沿线足够宽度的林带和绿地，其均属于“现实廊道”。河流作为线性廊道，有时候也是野生动物迁移的障碍，一定要加强河道两岸乃至河漫滩植被的保护和恢复，加强河流两岸的连通性。由于滨海新区的生态网络结构特点是南北部各自联系紧密，南北之间相对出现脱节，因此，应该在官港湖与黄港之间穿越滨海新区高新技术产业区、开发区、工业区及葛沽镇，构建足够宽度和面积的景观廊道，因地制宜地合理配置林地、草地及农田斑块，构成连接南北部的景观廊道，此景观廊道为“虚拟廊道”。踏脚石主要包括：城市公共绿地、校园足球场、墓地、高尔夫球场、小型水面及芦苇地等，重点建设保护的踏脚石廊道主要集中在大港、塘沽和汉沽区域，对鸟类从北大港自然保护区到官港湖，再到营城湖以及汉沽盐田之间的迁徙起到重要的连接作用。

11.3.3 限定滨海新区“生态控制线”，维护滨海新区生态完整性

在对滨海新区生态网络进行景观格局分析和网络连通性分析的基础上，应用景观软件CS22分析各个生态斑块的多种生态功能指数（此计算时主要考虑湿地水鸟的生活和迁徙特征），从而确定滨海新区生态网络中各个斑块的相对重要性。由于应用CS22软件确定斑块的重要性时主要以斑块面积、位置和连接度等信息为基础参照，而对斑块的生境质量和生物多样性等因素考虑欠缺，因此结合实地生态调查所获得的数据，对CS22所获得的斑块重要性排序结果进行适度调整，从而确定滨海新区的“三级生态控制线范围”，以促进生态网络结构和功能的完善。生态控制线分级图见图11-20。

(1)“生态底限控制线” “生态底限控制线”范围即为生态网络中的自然保护核心区，包括七里海、黄港一库、黄港二库、芦苇场、北塘水库、北大港水库西库、独流减河和官港

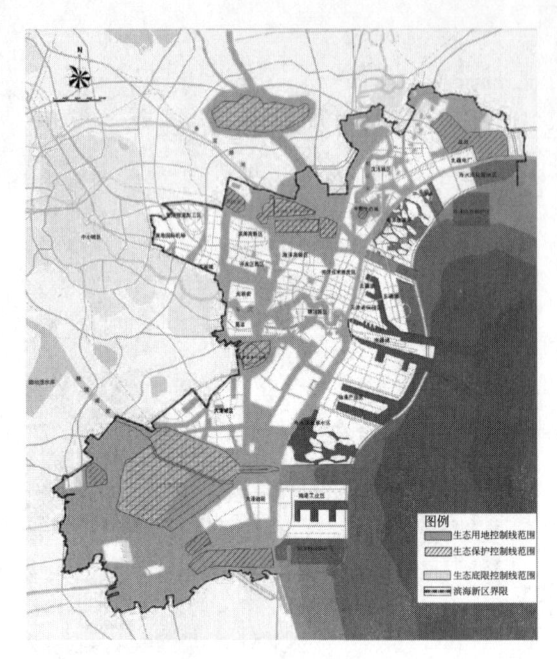

图 11-20 滨海新区生态网络控制线分级图

湖。"生态底限控制线"范围总面积（除七里海之外）约为 265km^2，占滨海新区总国土面积（按照填海后面积 2570km^2 计算）的比例为 10%。

根据《2007 年中国环境状况公报》的全国自然保护区统计表，对比分析发现，天津滨海新区自然保护核心区面积占国土面积的比例在全国各省市的自然保护区面积比例中居于中等水平，稍高于山东和山西，接近北京。

(2)"生态保护控制线" "生态保护控制线"范围即为生态网络核心区和生态恢复建设区，核心区即为生态底限控制线范围，七里海、黄港一库、黄港二库、芦苇场、北塘水库、北大港水库-西库、独流减河和官港湖。生态恢复建设区为东丽湖、黄港水库、芦苇场、北塘水库、营城湖、汉沽盐田、钱圈水库及李二湾-沙井子水库。生态网络中生态恢复建设区的面积为约为 200km^2，与生态底限面积 265km^2 的总面积为 465km^2，约占滨海新区总国土面积（按照填海后面积 2570km^2 计算）的 18%。

与欧洲各国列入 Nature 2000 的面积比例（数据截至 2008 年 6 月）对比分析发现，滨海新区的自然保护核心区和生态恢复建设区占国土面积的比例处于欧盟各国的中间水平，与波兰、芬兰相近，与欧盟 27 国列入 Nature 2000 的总面积比例 16.9%接近，即意味着天津滨海新区目标构建的"生态宜居型城市"接近欧盟国家水平。

因此在未来的发展建设中，在实现对"生态底限控制线"范围内自然区保护的前提下，尽可能通过恢复、重建等多种手段重点保护生态恢复建设区，以促进生态网络功能的改善。

(3)"生态用地控制线" "生态用地控制线"范围包括滨海新区中科学合理的生态网络结构中的所有的景观要素，包括自然保护核心区、生态恢复建设区、缓冲区、线性廊道景观廊道及踏脚石廊道。依据《全国土地分类》(过渡期适用)，用二级类别进行表示。纳入生态用地控制线的区域包括耕地、园地、林地、其他土地（河流水面、湖泊水面、滩涂等）以及未利用土地（沼泽地等）。

滨海新区"生态用地控制线"范围的确定主要是依据滨海新区科学合理的生态网络结构及滨海新区大力综合发展的要求。生态用地总面积约为 1490km^2，占滨海新区总国土面积（按照填海后面积 2570km^2 计算）的 58%。随着可持续进程的发展，经济、社会和环境的综合提高，在保证"生态保护控制线"范围区域的保护和科学发展的前提下，实现"生态用地控制线"范围区域的保护和合理开发，能促进生态网络结构和功能的完善，有利于实现生物多样性保护，也有利于人与自然的和谐发展。

与其他城市横向比较说明，滨海新区生态用地比例在国内居于中等水平，具有可达性。参照国际经验，生态用地占总用地的比例一般为 50%～60%，则滨海新区的生态用地控制在与滨海新区的实际背景和发展要求相符合的同时，接近国际水平。

综上，滨海新区要通过构建最优的生态格局来最大限度地发挥其对新城区的生态服务功能价值。基于现有保护用地的生态健康状况、周边发展态势等因素，确定滨海新区“三级生态控制线”，逐级别分层次地提出滨海新区的“生态底限控制线”、“生态保护控制线”及“生态用地控制线”，分层次地保证对滨海新区生态网络核心区的保护、生态恢复建设区的发展及生态网络基本结构的完善。

11.3.4 加强生态网络中廊道的保护和建设

(1) 重点保护和恢复自然河流生态廊道 河流作为自然廊道在生态网络中具有重要的作用，河流沿岸绿地的高连通性能够大大提高廊道的效用。滨海新区的河流廊道主要包括蓟运河、潮白河、永定新河、海河、青静黄排水河、子牙新河、北排水河。一定要加强河道两岸乃至河漫滩植被的保护和恢复，加强河流两岸的连通性。

建设海河下游两岸 300～1000m 宽的生态廊道，形成东西走向的风景林带，连接城市绿地和风景名胜建设城市公园，构成天津港与中心城区之间的生态景观带。建设独流减河、永定新河（蓟运河）生态廊道，通过建立河岸保护带、保护缓冲带和建设景观公园相结合的防护体系，将河流及沿线土地的生态恢复与景观建设相结合，形成独具天津水乡特色的生态景观廊道，沟通生态组团，提高防洪能力，优化新区环境。

(2) 注重复合型生态廊道建设 保护天津港北侧休闲旅游岸线和南侧预留自然岸线，建设南部独流减河口生态恢复区，恢复海岸带生态盐生植被、滩涂湿地和河口生态，保护生物多样性。在进行天津港和南港建设的同时，控制天津沿海岸线开发和利用强度，并建设滨海大道生态走廊，形成集生态保护、休闲旅游于一体的复合生态廊道。

同时加强主要交通干线如公路干线、过境铁路、高压走廊等两侧的绿地建设，由于单纯的道路廊道及道路网格局内部的景观异质性差，生境条件异常脆弱，它的环境效应很难有效发挥，影响野生动植物的基因交流和迁徙活动。因此在新区规划建设中应该形成合理、完整及有效的道路绿化体系。

(3) 加强景观廊道和踏脚石廊道建设 为了保证生态网络结构和功能的完善，结合滨海新区实际，必须要有一定宽度和一定面积的景观廊道，以高效提高网络连通性。如为了改善滨海新区南北部之间的脱节问题，在官港湖与黄港之间穿越滨海新区高新技术产业区、开发区、工业区及葛沽镇，应该构建足够宽度和面积的景观廊道，因地制宜地合理配置林地、草地及农田斑块，构成连接南北部的景观廊道。

同时，应该加强城区内部的小型绿地建设，包括城市公共绿地、校园足球场、墓地、高尔夫球场、小型水面及芦苇地等，构成踏脚石廊道，利于鸟类的保护。重点建设保护的踏脚石廊道主要集中在大港、塘沽和汉沽区域，对鸟类从北大港自然保护区到官港湖，再到营城湖以及汉沽盐田之间的迁徙起到重要的连接作用。为了达到生态城市的标准，滨海新区的建成区绿化覆盖率应该由现在的16%增加为39%，而城镇人均公共绿地面积现状值为 $22m^2$/人，已经超过了生态城市的国家标准值，因此规划应该基本保持现状。

11.3.5 对湿地进行分级保护，维护区域生态系统的典型性

① 根据退化诊断和生态敏感性，确定需要重点保护的湿地核心区。

根据退化诊断的生态敏感性的分析结论，重点对北大港古泻湖湿地、官港湖森林公园、永定新河-蓟运河-七里海湿地连绵区和南部河口区（建议将规划南港区划出一定的滩涂湿地）等典型性湿地进行保护。

② 根据生态网络合理性和科学性建议，对生态恢复建设区进行限制开发，对缓冲区进行有序开发，维持一定的生态功能，以确保维持滨海新区生态过程的完整性。

③ 对重点保护的核心区域和生态恢复建设区进行生态恢复，重点是植被和水质修复，在一定区段恢复河道（海河、永定新河、独流减河、蓟运河）的自然水系和河漫滩，减少渠化现象。

④ 对七里海湿地连绵区一部分的黄港水库、北塘苇场、北塘水库和东丽湖等湿地群，增加自然生态元素，为迁徙鸟类创建良好的踏脚石栖息地。

11.3.6 加强湿地动物资源保护

① 确保动物栖息地的基本面积。

建议在自然保护区的划分和布局上不断完善，有关部门在开发建设时要严格限制和尽量减少湿地占用，特别注意对保护区核心自然栖息地进行有效的保护，减少或控制为发展水产进行的湿地开垦，使得栖息在这里的动物生活于相对稳定的环境中，同时可以吸引更多的鸟类等动物迁居这里。

比如，调查区已有记录的242种鸟类中，迁徙鸟类有162种，占了66.94%，因此在春秋两个鸟类迁徙季节更应注意保护鸟类及其栖息地。由于天津湿地的优势植物种类为挺水植物——芦苇，应保持大面积芦苇地，在春季吸引较多的珍稀鸟类栖息。此外，景观类型的多样是物种多样化的重要条件，因此保持大面积的水域并增加自然的浅滩湿地类型，可吸引天鹅类游禽和鹬类涉禽。

② 加强对湿地自然保护区及其周围环境的管理和环境监测。

严格控制湿地范围及其周边地区的点源和面源污染，以及鱼虾人工养殖造成的水质污染等。因为造成的水陆环境污染将直接或间接地影响鸟类、鱼类和水生动物对湿地的利用。

③ 保留部分自然条件好的滩涂湿地，为鸟类留下栖身之地。

天津的沿海滩涂栖息着数量较大的水鸟，国家二级保护鸟类遗鸥在此越冬，若干达到国际重要意义数量标准的水鸟多分布于此。建议在滨海新区的开发建设中，规划和保留一定的滩涂湿地，并注意进行保护。

12

滨海新区生态系统服务功能相对评估及供需平衡

12.1 生态系统服务功能的评估

生态系统服务功能是指生态系统与生态过程所形成及所维持的人类赖以生存的自然环境条件与效用。随着工业化进程的加快，经济活动规模不断加大，人们在不断索取自然资源，在享受生态系统所带来的服务的同时，却严重地威胁了生态系统的功能与结构、完整性与多样性，极大地削弱了生态系统提供服务功能的能力。联合国《千年生态系统评估报告》指出，由于人类需求量不断加大，全球生态系统服务已经供不应求，预计今后 50 年，生态系统服务功能退化可能还会加剧。因此，全面了解并恰当地评估生态系统服务功能的问题被广大学者广泛关注，并成为当代生态学研究的热点之一。

科学技术的不断发展虽然能够影响生态系统，但不能代替自然生态系统给人类带来的种种福利。在当今世界自然资源日益短缺和生态环境破坏严重的背景下，人们对可持续发展的问题和机制不断深入研究。对生态系统服务的研究也不只局限于定性，而是通过各种渠道上升到定量的阶段，以引起人们对生态环境的足够重视。但人和生态系统组成的是一个有机整体，互惠互利，相互依存，只有需求和供给两方面达到平衡或者供大于求时才能实现可持续发展。

12.1.1 生态系统服务功能的相对评估

对生态系统服务功能的评估目前国内外应用较为成熟的方法有价值法和物质量法，并且随着环境管理和可持续发展理念的不断深入，学者们和决策者已经不满足于对生态系统服务功能的评估仅仅用一个数值来表示，尤其是从一个城市或区域的发展和人类需求的角度而言，过于粗略和宏观的价值表示方式掩盖了生态系统服务功能丰富的空间差异及其服务对象人类的发展需求；但无论是应用较多的价值量法或物质量法，都属于绝对量化，鉴于人员不同或者选择方法的差异，对误差的高低难以检验和评判，具有很强的不确定性，并且对某一区域的生态服务功能来说，我们更关心的是哪些类型、哪些位置的生态系统所能提供的服务功能相对强弱，只有在横向比较的基础上才能更好地在以后规划建设中作出针对性的生态补偿。如果采用相对评估的方法则可以弥补以上绝对评估的不足，并充分发挥其相对比较的优势。

从实践意义出发，生态系统服务的评估结果如果能够在空间表现出来则能达到更加直观的效果，地理信息系统（GIS）以其强大的数据处理和空间分析能力，已经作为一种工具性学科渗入到各个领域，并且从最初的区域景观生态分析与资源管理研究运用到生态系统服务功能评估中，借助GIS强大的空间分析和信息处理能力，更加直观地从空间分布尺度上来评估生态系统服务功能供给现状与问题所在，提高评估效率，更重要的是能够帮助决策者更加有效的制定环境规划与管理政策，对实施可持续发展战略提供重要举措。

针对物质量和价值量评价方法的缺陷和不足，并通过对现有评估方法的对比总结，基于该两种方法，提出了“功能当量”相对评估模型，通过对滨海新区实地现状调查，了解生态系统资源环境状况，收集相关数据和资料，完成滨海新区生态系统服务功能的评估。同时，借助3S技术平台，构建滨海新区生态系统服务功能空间表达框架。

12.1.2 生态系统服务功能的供需平衡

人与自然生态系统是一个互惠互利、相互依存的有机整体。面对有限的自然资源，我们不仅要准确计算出生态系统能够提供多少服务，另一方面需要知道人们对维持正常生产和生活需要多少生态系统服务，并且生态系统所提供的能否满足人们日益增长的需求，它们的供求关系是怎样的。

目前国内外学者对生态系统服务的研究只是局限于生态系统的供给方面，没有从人类需求的角度来考虑自然生态系统所提供的服务功能能否满足人类的需求，涉及该方面的研究极少，大多仅是理论方面的定性分析，并没有落实到定量计算，主要问题在于：①生态系服务功能的提供者是自然生态系统，如森林、草地、湿地等类型，但是随着社会城镇化速度加快，人类大部分居住在城市中，而城市生态系统中的人工系统大量增加，造成与自然生态系统的类型不对等，使得人类的需求不能明确地与自然生态系统所提供的服务功能很好地对应起来；②对于人类所需求的自然生态系统服务功能的大小目前还没有有效的办法来衡量。因此，如何寻求一个桥梁将人类所需的生态系统服务功能与自然生态系统的供应有效地链接起来，该问题的意义就显得十分重大。

目前，国内外大多数学者所进行的生态服务功能或价值的评估都是基于生态系统的供给方面上进行的研究，对人类所需求的生态系统服务功能很少涉及。虽然生态系统所提供的服务功能多种多样，但人类对这些生态产品或服务的需求具有选择性，如在水资源缺乏或遭受洪水的地区，森林的水源涵养功能就显得尤为重要。本书将结合研究区实际概况，结合生态系统服务功能的供给类型，从人类需求的角度出发将人类需求的生态系统服务功能分为物质文化、生态安全和环境质量三个层次，建立一套完整的指标体系。

12.1.3 生态系统服务功能相对评估及供需平衡研究技术路线

生态系统服务功能相对评估及供需平衡研究路线见图12-1。

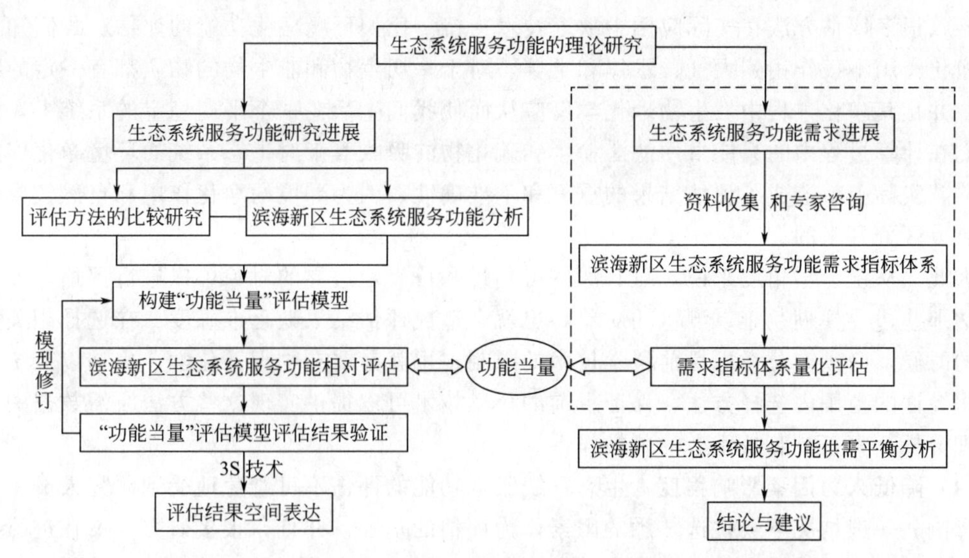

图 12-1 生态系统服务功能相对评估及供需平衡研究技术路线图

12.2 生态系统服务功能相对评估理论与方法探究

12.2.1 生态系统服务功能相对评估方法

12.2.1.1 选择方法的基本原则

(1) 真实准确的统计数据 任何模型和方法的计算，都需要真实有效的数据资料进行支撑。目前的生态系统服务功能的评估结果对于公众来说，缺乏可信度，很多情况下就是因为所采用的统计数据和指标差异造成了对同一地点的评估结果差异很大。因此，需要提供真实有效的统计数据进行支持和论证，才能为生态系统服务功能的评估结果创造良好的基础。

因此，在进行生态系统服务功能相关评估方法的选择时，要先考虑其统计数据的真实性和有效性。首先，需要生态系统实物形态的统计资料，从物质量的角度对生态系统提供的服务进行整体评价来反映生态系统物理的结构、功能以及生态过程，并作为选择评估方法的基础。其次，需要相关的社会、经济、环境统计资料，为很多方法的应用提供数据分析基础。

(2) 实践检验 由于当前的科技水平的限制，缺乏有效区分各种生态系统服务功能界限的技术手段，也就是从物理、化学、生物等角度来说没有对各种生态系统服务功能的内涵进行过准确定位。因此，要提高评估结果的可信度和解决重复问题，只能通过反复实践计算，不断修正相关评估模型，才能实现评估结果不断接近真实情况。

因此，在进行相关评估方法的选择时，经过实践检验的方法，相对于其他的方法来说，在模型设计上更符合现实状况和要求，在相关统计分析上具有更高的准确性和灵活性，在实际应用中具有明显的可操作性。所以，在评估生态系统服务功能时，必须依据此原则进行方法选择，以保证模型能真实反映或者无限接近现实状况，提供评估结果的准确性。

(3) 技术保障 由于人类认知水平的限制，目前物理、化学、生物以及计算手段的不到位，导致很多评估方法在实际应用中缺乏技术支持。比如环境净化功能的评估，我们知道环境的净化作用不仅作用到大气、水体和土壤，对于一切生物和非生物的物质都有一定的净化效果，并且其净化过程中发生物理化学反应从而使我们生活在一个平衡稳定的系统中，但由于我们在计算过程中的只能采用滤滞粉尘和硫化物的吸收等来对生态系统的环境净化作用进行评估，实际上就造成了评估结果的重复和不准确性，因为环境的净化作用和自然气候的调节是难以区分开来的。

因此，从统计学角度来说，只有那些可测量和可界定边界的对象可以进行评估，如果大量评估那些边界模糊、难以测量的对象，也就会造成评估结果缺乏准确度。在选择相关评估方法的时候，必须充分考虑目前科学技术的限制。也就是要在物理、化学、生物以及统计分析技术允许的范围内选择方法，保证目前的科学技术可以提供实现这些方法所需数据的统计和整理分析，真正具有技术上的可操作性。

(4) 降低人为因素影响程度 生态系统服务功能的评估不可避免地受到研究人员主观因素的影响。一般情况下会挑选熟悉的因素作为评估的基准，并且，很多研究人员在进行生态系统的服务功能评估时常采用自身能够掌握和常用的方法来计算，这就造成了最终的评估结果包含了很大的主观因素。所以常常导致对于同一生态系统类型，不同人来评估其结果差别非常大，评估结果难以得到公众的认同。

因此，必须选择那些可以比较客观地对生态系统的服务功能进行分析和评估的方法，必须根据评估对象的特征来选择方法，而不能反过来用方法来挑选评估对象。总之，尽量减少人为因素，降低误差的发生，提高相关评估结果的可信度。

(5) 提高方法的全面性和通用性 实际上，对于生态系统服务功能的评估要建立合理的方法体系，并且在选择方法时要有其他方法可以来印证该方法的评估结果，以确保方法体系可以涵盖生态系统的各个方面，从而可以比较全面地实现对这个生态系统的服务功能进行评估。

同时，要提高方法的通用性。目前很多研究项目所采用的方法经常只能在它涉及的领域和项目中应用，难以被后续的相关研究来论证和分析，也就是说难以进行该方法的准确性评估。为此，提高相关指标体系的通用性可以实现模型的灵活应用和后期验证。总之，在选择方法时，要保证能够被相关研究项目进行后续的验证，从而提高公众对于评估结果的认同程度。

12.2.1.2 明确具体的生态系统类型

从系统学的角度来说，构成一个完整的系统必须满足三个条件：系统内有两个以上的组成成分；各个组成成分之间具有密切的联系；能够以整体方式共同完成一定的功能或者发挥某种作用。从这个界定的内涵来看，每种类型的生态系统都有自身的特征和功能，因此，分析和确定生态系统的类型是进行生态系统服务功能评估的基础。如森林、草地、沼泽与湿地、湖泊与河流、荒漠、冻原、冰川、耕地、裸土与裸岩等以及城市等类似的人工生态系统，然后确定生态系统的自身特点和基本组成成分，进一步划分生态系统的子系统，保持生态系统构成的单一性和稳定性，从而有效地进行生态系统服务功能评估，确定评估边界、范围和评估方法。

结合研究区的实际情况，将研究区的土地利用类型归纳为林地、草地、耕地、湿地、水体、裸地、建设用地，即七类生态系统类型（见表 12-1）。

表 12-1　研究区土地分类系统划分

土地利用类型	分类依据
林地	生长乔木、竹类、灌木等林木的土地，包括人工林、果园和其他园地
草地	生长草本植物为主的土地，包括人工防护绿地、天然牧草地、人工牧草地和其他草地
耕地	用于生长农作物的土地，包括新开荒地、轮歇地、轮作地和熟耕地，以及种植水稻、莲藕等水生农作物的耕地
湿地	内陆滩涂、沿海滩涂、盐田、沼泽
水体	天然水域和人工水利设施，包括河流、湖泊、坑塘、沟渠、水库等
裸地	基本无植被覆盖的土地，包括盐碱地、荒地等其他未利用土地
建设用地	城镇和乡村居民点、工矿建设用地、机场、交通道路及特殊用地

以 2009 年 9 月滨海新区 SPOT 遥感影像数据、滨海新区统计年鉴和其他社会经济数据为主要信息源，以 2009 年行政区划图、植被图、实地勘察结果为辅助数据，利用 ENVI 4.7 和 ArcGIS 9.3 软件，通过波段融合、几何校正等处理，对 2009 滨海新区土地利用类型进行划分（见表 12-2，图 12-2），同时为保持与谢高地等（2008）价值法估算中生态系统类型分类的一致性，将提供服务功能的主要土地利用类型归纳为林地、草地、耕地、湿地、水体、裸地六类，对建设用地生态系统服务功能取值为零。

表 12-2　天津滨海新区土地利用类型面积表

土地利用类型	林地	草地	耕地	湿地	水体	裸地	建设用地
面积/hm^2	130.4	8616.6	55415.1	73983.5	16316.3	5774.9	753.4

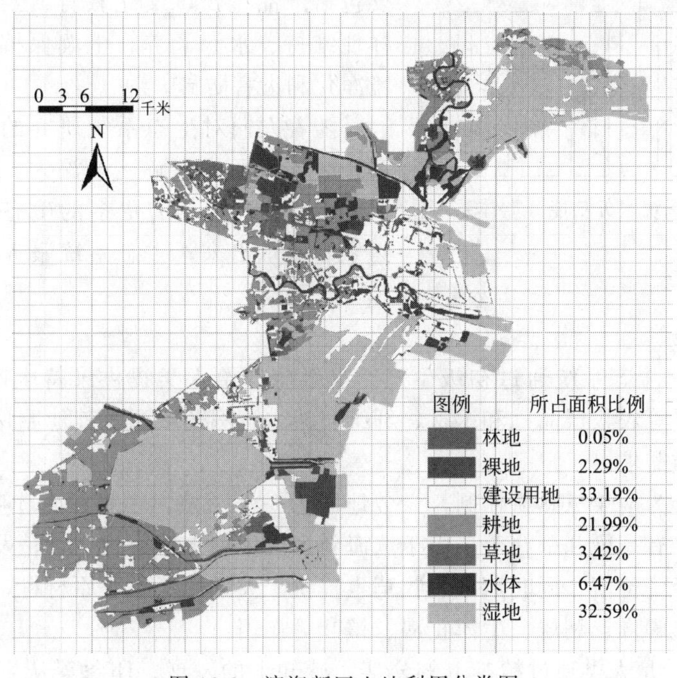

图 12-2　滨海新区土地利用分类图

12.2.1.3　滨海新区生态系统服务功能评估指标体系的构建

生态系统所提供的服务功能多种多样，甚至有些还没有被人类发现和识别，而且生态系统作为一个有机整体，它的各个组分、功能和过程之间存在着错综复杂的依存关系，以至于目前人们对生态系统服务的分类还没有固定的模式。由于研究尺度、目的以及对生态系统服务内涵的理解不同，生态系统服务功能可以有多种分类方法。其中最为全面的是Costanza，其通过对全球主要的16类生态系统进行分析，提出了包括气体调节、气候调节、干扰调节、水调节、食物生产、原材料、水分供给、基因资源、水质净化、土壤形成、养分循环、侵蚀控制、沉积物保持、授粉、生物控制、科研教育、休闲娱乐17项生态系统服务功能。我国学者欧阳志云认为生态系统服务功能的内涵包括有机质的合成与生产、生物多样性的产生与维持、调节气候、营养物质贮存与循环、土壤肥力的更新与维持、环境净化与有害有毒物质的降解、植物花粉的传播与种子的扩散、有害生物的控制、减轻自然灾害等方面。

根据对生态系统服务功能内涵的理解，结合国内外学者或机构较为广泛的分类结果，通过专家咨询进行分析总结、识别与筛选，将生态系统服务功能从资源供给、生态支撑和环境调适三个层次进行论述。资源供给功能指的是人类从生态系统中直接或间接获取的物质产品以维持正常的生产和生活，以及满足文化和精神方面的需求；生态支持是生态系统从生态层面上为人们生存环境给予“硬件”上的保障；环境调适是指生态系统通过自身的生态过程或功能将人类的生存环境调节到最适状态。

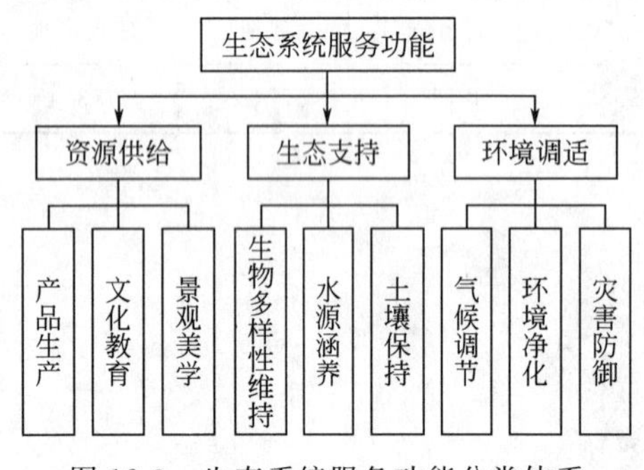

图12-3　生态系统服务功能分类体系

二级分类是在上一层次的框架下，根据生态系统的具体过程和服务功能特点，对生态系统服务的效用形式进行细化（见图12-3，表12-3），主要包括产品生产、文化教育、景观美学、生物多样性维持、水源涵养、土壤保持、气候调节、环境净化和灾害防御。

随着人们对生态系统研究的逐步推进，生态系统服务内涵的理解逐渐深入，以及人类需求形式的多样化，将会有更多的生态系统服务类型被识别和揭示出来，生态系统服务功能的分类体系将会不断完善。

(1) 资源供给

① 产品生产　生态系统通过初级生产、次级生产给人类提供维持生产和生活的粮食、蔬菜、果品、肉类等农牧产品，和木材、纤维、淡水、医药资源及其他原材料，满足了人们生存和发展的物质需求。

本区绝大部分为两年三熟耕作制，少数地区为一年一熟，主要粮食作物为小麦和玉米，东南部多水稻、兼有高粱和棉花等。由于滨海新区湿地和水体面积广阔，发达的养殖业为本区带来了巨大的经济价值。同时芦苇和牧草也提供了大量的工农业原材料，作为药材，芦苇的根、茎具有清热解毒、利尿、生津止渴、镇吐等作用。

② 文化教育　是人类通过精神上的充实、感知上的发展、印象等从生态系统中获得的非物质教育。生态系统是具备历史、宗教、地方感和激励作用的载体，以及作为人们在教育、科研或产生灵感的知识源泉。许多社会在重要历史景观（文化景观）或文化物种的维持

上赋予很高的价值。

滨海新区多样化的生态系统不仅能够提供丰富的自然资源，还具有较高的科研、教学等文化价值，尤其是对公众和青少年进行生态教育。天津贝壳堤作为“天津古海岸与湿地国家级自然保护区”的一部分，整个保护区由贝克堤、牡蛎滩和七里海湿地生态系统组成，是古海岸变迁极其珍贵的海洋遗址。此外，中心生态城选址天津滨海新区，总面积约 30km^2，建成后，将成为我国生态环保、节能减排、绿色建筑等技术自主创新的平台，国家级环保教育研发、交流展示中心和生态型产业基地，参与国际环境发展事务的窗口。

③ 景观美学　生态系统具丰富的资源、优美的风景以及特殊的自然条件，在景观上所具有的美学功能为人们提供休闲消遣的机会，包括生态旅游、体育垂钓和其他户外活动，人们在求美、求乐、求知和求新的同时，可以获得德、智、体、美的多种效益。

天津滨海旅游度假区、东丽湖、北塘渔村、官港森林公园、黄港等湿地自然风光加上种类丰富的水产，可谓观光、旅游、娱乐、休闲的胜地，不仅可以为天津及其周边地区提供假日休闲娱乐的场所，也可带动滨海新区的经济增长。

(2) 生态支持

① 生物多样性　维持多种多样的生物是地球经过 40 亿年生物进化所留下的最宝贵财富，地球上的生物多样性大部分都存在于森林、草原、荒漠、河流、湖泊和海洋等自然生态系统中，同时，农地、风景林地、园地等环境中也保存了部分生物多样性，为多种不同生态位的物种提供多样性的生境；大面积的芦苇沼泽、滩涂、河流、湖泊、森林，为野生动植物的生存提供了良好的栖息地生态环境。

滨海新区湿地具有良好的生物多样性，动植物种类丰富。其中鸟类有 48 科、113 属、242 种，国家级保护鸟类有 20 多种。作为东亚-澳大利亚鸟类迁徙的重要停歇地，滨海新区鸟类中以迁徙鸟居多，达 162 种，占 66.94%，且在春秋两个鸟类迁徙季节数量较大。因此，滨海新区湿地生态系统的栖息地功能对于维护生物多样性具有重要作用。

② 水源涵养　在集水区内发育良好的植被具有调节径流的作用，植物根系深入土壤，使土壤对雨水更具有渗透性，有植被地段比裸地的径流较为缓和、均匀，一般在森林覆盖地区雨季减弱洪水，旱季在河流中仍有流水；截留降水、涵蓄土壤水分、补充地下水、调节河川流量、缓和地表径流等。

天津河流纵横，沟渠成网，其中一、二级河道 98 条，大多流经滨海新区范围内，主要的河流有蓟运河、北排水河、子牙新河、独流碱河、海河、永定新河等；且滨海新区降水量年内分布很不均匀，主要集中在夏季，约占全年降水量的 76%。滨海新区的湿地生态系统在丰水期防止洪水，在缺水期调水蓄水，这样既可以起到防洪防旱的功能，又避免了汛期宝贵的淡水资源白白地流入大海，在一定程度上可以缓解淡水资源短缺的问题。

③ 土壤保持　生态系统对土壤的主要影响主要表现在改良土壤，提高土壤中 N、P、K 含量及各种微量元素的含量，保持土壤的生产能力和减少土壤侵蚀，并能保护海岸和河岸，防止湖泊、河流和水库的淤积，其主要功能可以从减少土壤损失、减少土壤肥力及减轻泥沙淤积三个方面来考虑。

滨海新区土壤大都是在盐渍淤泥上发育形成的滨海盐土。由于受土壤母质、地下水和气候的影响，在土体内部都不同程度地含有可溶性盐分，土壤盐渍化所占比重较大，盐碱化程度也较严重。滨海新区湿地上生长有菊科、禾本科、旋花科、藜科、豆科、廖科等多达 58 种盐生植物，对滨海新区湿地的盐渍化土壤改善起到了不可忽视的作用。

(3) 环境调适

① 气候调节 生态系统对大气层及局部气候均具有调节作用，包括调节大气化学组成（碳氧平衡、温室气体的排放、O_3 的紫外线防护、SO_x 的水平）、调节区域或全球尺度上的温度、降水及其他生物参与的气候过程。尤其在现代城市中，人口密集、工业集中，热岛效应明显，城市及城市周边，一定面积的风景林地、公园、绿地以及水面，可以大量增加潜热通量，改变热量的传播方向，调节空气中的湿度，从而较好地调节城市气候。

随着工业的不断发展，大气中 CO_2 浓度不断升高，导致全球气候变暖，已引起人们普遍关注和忧虑。滨海新区植被类型众多，尤其是湿地植物，能够通过光合作用不断地吸收 CO_2，释放 O_2，对维持大气中 CO_2 和 O_2 的动态平衡，减弱城市热岛效应，有着巨大的、不可替代的作用。

② 环境净化 空气中的硫化物、卤素、氮化物等有害物质和病菌能够被植物所吸收，大气中的降尘和漂浮物也能够被滞留和过滤，从而对环境起到净化的作用。但从环境净化的定量评价的角度出发，由于植被种类众多，不同植被对不同污染物类型的剂量响应较难确定，因此，生态系统对环境的净化功能主要从 SO_2 和吸收粉尘两方面考虑。

③ 灾害防御 生态系统是人类天然的避难场所，许多生态系统具有防御灾害的功能，如河流生态系统具有防洪功能；湿地生态系统具有调蓄功能；滩涂具有减缓风暴潮；海岸生态系统（如红树林和珊瑚礁）的存在能够显著减少飓风和大量的损害；城市绿地能够为人们提供防灾避险的空间场所。

滨海新区濒临渤海湾，海岸线绵长，植被具有防沙固堤、保护海岸线、减缓风暴潮的作用。同时，滨海新区大面积的湿地生态系统能够保护缓冲河流沿岸和浅海地区。

天津滨海新区生态系统服务功能构成见表 12-3。

表 12-3 天津滨海新区生态系统服务功能构成

功能一类	功能二类	具体功能项目
资源供给	产品生产	食品 原材料
	文化教育	科研和教育价值
	景观美学	旅游休闲
生态支持	生物多样性维持	物种保护价值
	水源涵养	水源涵养量
	土壤保持	减少土壤侵蚀量
环境调适	气候调节	固碳释氧量
	环境净化	吸收 SO_2 和滤滞粉尘量
	灾害防御	灾害避险和防洪调蓄

12.2.2 生态系统服务功能相对评估模型的建立

12.2.2.1 单项生态系统服务功能的量化

通过前文对目前评估生态系统服务功能的几种方法的对比研究发现，对生态系统服务功能进行物质化和价值化的表达应用最为成熟和广泛，并且已被公认。但两种方法并不是孤立存在的，从一定意义上说，二者相互促进、互相补充，在理论和实践中要充分利用各自的优点，相互结合，不断完善相应的评估方法。因此，可在物质法和价值法的基础上对单项生态系统服务功能进行量化，并通过进一步的相对化过程来克服物质量评估结果量纲的不同和价值量受市场影响较大的缺点。

主要分为以下两步。

(1) 量化过程 设评估集合 $A'=\{a'_{ij}\}$。a'_{ij} 表示第 j 类生态系统的第 i 种服务功能；i 表示生态系统所提供的每种服务功能类型；j 为每种生态系统类型。

不同的生态系统服务功能，其量化方法不同，但必须保证不同生态系统类型在计算同一种服务功能时使用的方法和量纲相同。为了能够与研究区实际情况紧密结合，并且更加客观准确地计算出各生态系统类型的服务功能，不同的功能类型采取不同的量化方法。其中以物质量的直接计算法为主。

① 产品生产　生态系统的产品生产功能提供各类人类所需的食品和原材料，保障人们的正常生活和生产，虽然这些实物对人类是最直接的功能，但是不同的生态系统提供的产品不同，而且这些产品大多存在交换市场并有相应的交换价格，为了能够统一比较，采用市场价值法对该功能进行评估。

② 文化教育　目前对文化教育功能的核算还没有比较成熟和精准的方法，只有少数学者对其进行过价值的估算，而且由于直接的科研项目投入和时间等因素，导致难以量化各生态系统的文化、科研及教育价值。因此，可采取成果参照法来对该功能进行价值估算。

③ 景观美学　目前计算生态系统景观美学功能主要有费用支出法、旅行费用法、意愿调查法等。其中旅游费用支出法最为常用，即人们为享受环境的娱乐功能所支付的花费（包括往返交通费、食宿费、设施使用费等一切用于旅游方面的消费）作为该景观旅游功能的经济价值。由于研究区域较大，生态系统类型多，资料调查存在困难，故采用成果参照法。

④ 生物多样性维持　生物多样性价值的量化，在世界上仍然是一个难题。迄今为止，只有一些探索性的方法问世，如物种保护基准价法、支付意愿法等，其中支付意愿法是最为常用的评估生物多样性的方法。本书采用在国内外应用较为广泛的全民支付意愿法来估算森林生物多样性服务功能的价值。计算公式为：

$$V=\sum_{i}^{n}P_{n}TC \tag{12-1}$$

式中，V 为森林生态系统维护生物多样性的价值，元/a；P_n 为研究区人口数量；T 为我国公民为维护生物多样性每人每年的支付金额，元/a；C 为中国一级保护动物中生境为森林生态系统的保护物种所占的比例，%，取为 68.3%。

综合《中国生物多样性国情研究报告》等相关调查结果，每年捐赠支付金额约为 20 元。

⑤ 水源涵养　生态系统所提供的涵养水源功能共包括 3 部分：一是由植物体内的含水量和有林地比无林地多贮蓄的水量；二是降水过程中林冠层和枯枝落叶层截留的降水量及有林地土壤比无林地土壤多调节水量能力；三是调节径流的年分配格局及枯水季节中多提供的水量

基于侯元兆通过对中国土壤储水能力、森林的水源涵养量和森林区域的径流量三种方法结果的对比得出，水量平衡法的计算结果能够较准确地反映出森林的年水源涵养量。

$$W=R-E=\theta R \tag{12-2}$$

式中，W 为单位面积森林水源涵养量，t；R 为年平均降雨量，mm/a；E 为年平均蒸散量，mm/a；θ 为径流系数。

⑥ 土壤保持　林地、农田、湿地等生态系统都具有保持土壤的功能，同时对保持土壤肥力、减少土地废弃地和减轻泥沙淤积等灾害具有重要作用，案例主要以潜在土壤侵蚀量与现实土壤侵蚀量之间的差值进行评估。

潜在土壤侵蚀量是指没有地表覆盖和土地管理因素情形下可能产生的土壤侵蚀量；现实土壤侵蚀量则是当前覆盖状况下的土壤侵蚀量。

$$\mathrm{Ac}=RKLS(1-C\times P) \tag{12-3}$$

式中，Ac 为减少土壤侵蚀量，t/a；R 为降水及径流因子；K 为土壤可侵蚀性因子；L，S 分别为坡长、坡度因子；C 为地标植被覆盖因子；P 为土壤保持措施因子。

⑦ 气候调节　生态系统气体调节通过植被固定 CO_2 和释放 O_2 实现。案例利用现在用得较多也是较为成熟的一种方法，根据反应的化学方程式计算。干物质量由净生长量乘以木材相对密度获得。需要的数据有森林资源年增长量，木材相对密度。每形成 1kg 干物质需要 1.63kg CO_2，释放 1.2kg O_2。

$$\text{吸收 } CO_2 \text{ 的量}=1.62\times\text{净生产力}\times\text{相应的土地面积} \tag{12-4}$$

$$\text{释放 } O_2 \text{ 的量}=1.2\times\text{净生产力}\times\text{相应的土地面积} \tag{12-5}$$

⑧ 环境净化　环境净化主要用吸收 SO_2 和滞滤粉尘作用来表征。

a. 吸收 SO_2　由于植被形体及叶片组织的差异，植被随着不同植被类型吸收 SO_2 的能力有所不同，植被吸收 SO_2 物质量公式如下：

$$Q_S=\sum_i Q_i\times S_i \tag{12-6}$$

式中，Q_S 为植被对 SO_2 的吸收量，t/a；Q_i 为不同植被类型吸收 SO_2 的能力，kg/(hm^2·a)；S_i 为第 i 种植被类型的面积，hm^2。

b. 滤滞粉尘

$$Q_D=\sum_i Q_i\times S_i \tag{12-7}$$

式中，Q_D 为滞滤粉尘总量，t/a；Q_i 为滞滤粉尘的能力，t/（hm^2·a）；S_i 为第 i 种植被类型的面积，hm^2。

⑨ 灾害防御　国内外对森林灾害防御的功能价值分析比较少，通过造林成本法可以估算林地生态系统所提供的这部分功能，其他生态系统的灾害防御功能可以参照相关研究成果和经验值法进行估算。

(2) 相对化过程　通过以上的量化，不同土地类型所提供的同一种服务功能采取统一单位，并以其中一类生态系统的服务功能为基准，参考谢高地等前人研究成果，耕地生态系统受人为干扰最多，其所提供的服务功能能够较准确得出，对其他生态系统对比参考价值较大，因此，本书以耕地生态系统所提供的各项服务功能为单位 1，则其他生态系统的服务功能相对于农田的该服务功能的大小转换为相应的值。因此，得到新的评估集合 $A=\{a_{ij}\}$。

12.2.2.2 生态系统服务功能权重的确定

本书将生态系统服务功能分为 3 个层次、9 个大类，分别为产品生产、文化教育、景观美学、生物多样性维持、水源涵养、土壤保持、气候调节、环境净化、灾害防御。但对于每个具体的生态系统类型而言，其所提供的各个服务功能大小不一，而且地理位置的不同也决定了功能发挥作用的能力不同，因此，需要对其进行赋权。

对于权重的确定问题，目前使用比较广泛的是层次分析法。美国著名运筹学家T. L. Saaty于20世纪70年代提出的层次分析法（AHP）是一种定性与定量分析相结合的决策分析方法。它是一种将决策者对复杂系统的决策思维过程模型化、数量化的过程。运用这种方法，决策者通过将复杂问题分解为若干层次和若干因素，在各因素之间进行简单的比较和计算，就可以得出不同方案重要性程度的权重，为最佳方案的选择提供依据。因此，案例采用层次分析法，通过专家打分将每个生态系统类型所提供的9种服务功能的权重进行确定。每种类型的服务功能按照在该土地生态系统中重要程度分为9个等级，分数从9到1。具体过程见表12-4和表12-5。

表12-4 准则层

综合层	各指标的重要程度如何？								
	极端重要	强烈重要	很重要	较重要	重要	稍微重要	一般	较不重要	不重要
资源供给									
生态支持									
环境调适									

表12-5 要素层

要素层	各指标的重要程度如何？								
	极端重要	强烈重要	很重要	较重要	重要	稍微重要	一般	较不重要	不重要
产品生产									
文化教育									
景观美学									
生物多样性维持									
水源涵养									
土壤保持									
气候调节									
环境净化									
灾害防御									

12.2.2.3 以“功能当量”模型综合评估生态系统服务功能

本书以提供生态系统服务功能较明确的耕地为基准，将单位面积（$1hm^2$）耕地生态系统所提供的各项服务功能之和定义为1个功能的服务量，简称“功能当量”。并通过以下评估模型对其他生态系统类型的服务功能进行相对评估。

$$e_i = \sum_{i=1}^{n} a_{ij} \times b_{ij} \tag{12-8}$$

式中，e_i为第i种土地类型的功能当量；a_{ij}为第i种土地类型第j种生态服务功能的相对转换值；b_{ij}为第i种土地类型的第j种生态服务功能的权重。

12.2.2.4 构建基于GIS的滨海新区生态系统服务功能空间表达框架

由于目前国内外学者对生态系统服务功能的空间分布与表达研究较少，如通过行政区划表达或者栅格数据分析，范围不是过大就是过小，很难把握到一定尺度，本书针对以上问题，利用RS和GIS技术，将区域生态系统服务功能的供需评估结果在空间上表现出来（见图12-4），为规划决策者直观地提供该区域供需关系，更加有力地为城市规划及生态补偿提供指导依据。

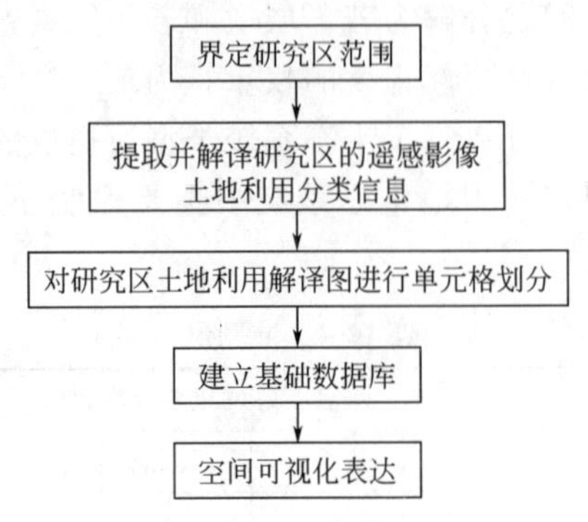

图12-4 基于GIS空间表达框架

12.3 滨海新区生态系统服务功能相对评估结果与分析

12.3.1 滨海新区生态系统服务功能相对评估

12.3.1.1 滨海新区单项生态系统服务功能的量化

生态系统服务功能评估体系，对单行生态系统服务功能的量化包括两部分：①量化过程，针对天津滨海新区生态系统实际现状调查及数据的可获性，选取适宜的评估指标和量化方法(见表12-6)，对滨海新区6类生态系统各自所提供的9项服务功能进行估算。量化方法以价值法和物质量法为主。②相对化过程，量化后的各生态系统类型所提供的同一种服务功能具有统一的单位，因此，以耕地生态系统为基准，即耕地所提供的9种服务功能都为1，其他生态系统相对耕地所提供的该项服务功能转化为相应的值。结果如表12-7、表12-8所示。

表12-6 单项生态系统服务功能评估指标和量化方法

生态系统服务功能分类	评估指标内容	指标量化方法	所需数据来源
产品生产	食品原材料	市场价值法	统计年鉴
文化教育	科研和教育价值	成果参照法	相关研究成果
景观美学	旅游休闲	成果参照法	相关研究成果
生物多样性维持	物种保护价值	全民支付意愿法	相关研究成果和经验值
水源涵养	水源涵养量	水量平衡法	统计年鉴和相关资料
土壤保持	减少土壤侵蚀量	直接计算	相关研究成果
气候调节	固碳释氧量	直接计算	统计年鉴和相关研究结果
环境净化	吸收SO_2和滞淋粉尘量	直接计算	相关研究结果
灾害防御	灾害避险和防洪调蓄	成果参照法	相关研究成果

表 12-7 滨海新区生态系统服务功能量化值构成

功能分类	生态系统类型					
	林地	草地	耕地	湿地	水体	裸地
产品生产/(元/hm^2)	11577.09	21219.48	4019.85	17549.77	21256.11	0
文化教育/(元/hm^2)	3637.13	1837.18	1241.34	3897.81	993.07	260.68
景观美学/(元/hm^2)	4690.90	3959.76	647.02	4910.90	4412.68	245.87
生物多样性/(元/hm^2)	1681.48	1125.92	370.37	1500	1359.26	148.15
水源涵养/($10^4 m^3/a$)	19043.37	8776.21	3388.50	54453.14	70209.65	304.97
土壤保持/[t/(hm^2·a)]	64.19	50.73	28.03	34.48	5.89	3.64
气候调节/(t/a)	67943.20	43655.12	15874.58	233673.93	30796.69	793.73
环境净化/[t/(km^2·a)]	1.14	1.08	0.22	2.92	0.42	0.01
灾害防御/(10^4 元/hm^2)	3.45	10.45	1.25	4.40	5.50	0.15

表 12-8 滨海新区生态系统服务功能量化值相对化结果

功能分类	生态系统类型					
	林地	草地	耕地	湿地	水体	裸地
产品生产	0.01	0.82	1	14.91	1.56	0
文化教育	2.93	1.48	1	3.14	0.8	0.21
景观美学	7.25	6.12	1	7.59	6.82	0.38
生物多样性	4.54	3.04	1	4.05	3.67	0.4
水源涵养	5.62	2.59	1	16.07	20.72	0.09
土壤保持	2.29	1.81	1	1.23	0.21	0.13
气候调节	4.28	2.75	1	14.72	1.94	0.05
环境净化	5.19	4.89	1	13.10	11.90	0.01
灾害防御	2.76	8.36	1	3.52	4.4	0.12

12.3.1.2 权重的确定

由以上服务功能的相对量化过程可知，对于每种服务功能来说，提供该功能的各生态系统类型都具有相对于耕地的一个转换值。但在同一种生态系统中，其所提供的 9 种服务功能有大有小，因此，案例针对天津滨海新区的实际地理情况，参考谢高地等制定的“中国生态系统单位面积生态服务价值当量表”，以及已有的相似地区服务价值评估结果，采用层次分析法对各生态系统类型的服务功能进行专家打分确定其权重（见表 12-9）。

其中，权重集 $B=\{b_{ij}\}$ $(1\leqslant i\leqslant 9,\ 1\leqslant j\leqslant 6)$，有 $b_{1j}+b_{2j}+b_{3j}+b_{4j}+b_{5j}+b_{6j}=1$。

表 12-9 生态系统服务功能权重

功能一类	功能二类	生态系统类型					
		林地	草地	耕地	湿地	水体	裸地
供给服务	产品生产	0.07	0.04	0.23	0.08	0.10	0.15
	文化教育	0.09	0.09	0.13	0.06	0.08	0.15
	景观美学	0.11	0.15	0.14	0.15	0.11	0.10

续表

功能一类	功能二类	生态系统类型					
		林地	草地	耕地	湿地	水体	裸地
支持服务	生物多样性	0.15	0.15	0.05	0.17	0.14	0.07
	水源涵养	0.12	0.08	0.09	0.19	0.14	0.07
	土壤保持	0.14	0.14	0.14	0.04	0.10	0.06
调节服务	气候调节	0.12	0.12	0.08	0.11	0.11	0.13
	环境净化	0.11	0.14	0.08	0.11	0.12	0.13
	灾害防御	0.09	0.09	0.06	0.09	0.10	0.14

12.3.1.3 基于"功能当量"模型的滨海新区生态系统服务功能计算结果

由前文"功能当量"模型计算得出滨海新区各类生态系统所提供的服务功能当量，"功能当量"值越高，则该生态系统单位面积所提供的服务功能越大。如表12-10所示，单位面积湿地提供的服务当量最高，为8.84，其次是水体。因此，以滨海新区实际统计数据为基础得出各类生态系统单位面积提供服务功能当量的大小顺序为：湿地＞水体＞林地＞草地＞耕地＞裸地。

表12-10 单位面积生态系统服务功能当量

生态系统类型	林地	草地	耕地	湿地	水体	裸地
功能当量/hm^2	4.27	3.57	1	8.84	5.66	0.14

滨海新区以湿地生态系统类型为主，湿地分布面积广大，自然提供的服务功能也最大(654014)，其次是水体（92350)、耕地（55415)、草地（30761)，虽然单位面积林地提供的服务功能是裸地的30倍，但林地的总体面积很小，所以裸地（808.48）提供的服务功能当量总和要比林地（556.94）高。

12.3.2 滨海新区生态系统服务功能评估结果空间表达

12.3.2.1 空间数据制作

由于目前国内外学者对生态系统服务功能的空间分布与表达研究较少，如通过行政区划表达或者栅格数据分析范围不是过大就是过小，很难把握到一定尺度，针对以上问题，利用ArcGIS 9.3的空间分析功能对2009年滨海新区土地类型矢量图网格化，将评价结果落实到每个单元格，并对每个评价单元提供服务功能的情况进行分级研究。具体步骤如下：①用Fishnet工具将整个滨海新区进行网格划分，每个网格设定为2km×2km，共786个评价单元；②识别并计算出每个单元格内的土地类型及其面积；③将各土地类型的功能当量信息输入，计算得出每个单元格的功能当量，载入图层属性表；④将属性导入图层中进行空间可视化表达；⑤利用ArcGIS 9.3中的Natural Breaks等级划分方法，使得类内差异最小，类间差异最大，共分为5个等级。

12.3.2.2 空间分级分析

按5个等级来表示滨海新区生态系统提供服务功能的情况（见图12-5）。2009年滨海新区各类生态系统所提供的服务功能相当于833906.2的功能当量，平均值为1389.70，属于功能当量等级的Ⅲ级中等水平（见表12-11），并且处于Ⅲ级以上功能当量的单元格比例为71.22%，即研究区生态系统提供服务功能的总体情况属于较高水平。其中具有Ⅰ级当量的单元格所占比例为5.35%，最高水平Ⅴ级的比例为10.31%；Ⅲ水平所占比例最大，为37.25%；Ⅳ级水平次之，为33.77%。

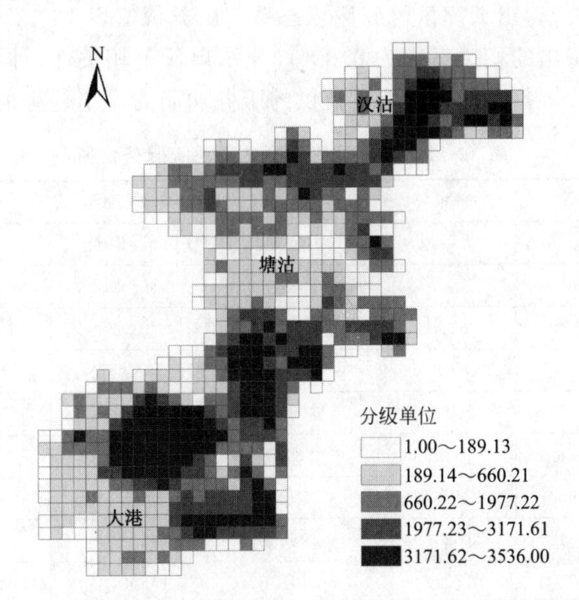

图12-5 滨海新区生态系统服务功能当量空间分级示意图

表12-11 滨海新区生态系统服务功能当量等级划分

功能当量等级	等级划分范围	所占比例/%	提供服务功能情况
Ⅰ	1.00～189.13	5.35	很低
Ⅱ	189.14～660.22	13.32	较低
Ⅲ	660.22～1977.22	37.25	中等
Ⅳ	1977.23～3171.61	33.77	较高
Ⅴ	3171.62～3536.00	10.31	很高

在6种生态系统中由于湿地和水体单位面积提供的服务功能较多，因此从图12-5可以看出功能当量较高的单元格即颜色较深的部分从南到北主要是子牙新河下游和北大港自然保护区湿地、独流碱河流域以及北上的大片盐田湿地、官港森林公园、黄港水库、七里海湿地、蓟运河东侧的大面积坑塘和水库；颜色较浅即功能当量较低的区域主要在大港的南部，这里分布的农场较多，如北大港农场、大苏庄农场等，由于滨海新区土壤盐渍化较为严重，对农作物生长不利，因此耕地的功能当量较低，还有一部分是在滨海新区中部，这里主要是建设用地，功能当量几乎为零。

12.3.3 与价值法评估结果的对比分析

为了验证功能当量模型的适用性和合理性，采用谢高地的价值当量表对天津滨海新区的生态系统服务价值进行估算，并针对滨海新区的具体情况对单位面积每年农田自然粮食产量的经济价值作如下修改：天津滨海新区2009年粮食产量为4077kg/hm^2，粮食价格按天津市物价局报价1.96元/kg，考虑到在没有人力投入的自然生态系统提供的经济价值是现有单位农田提供的生产服务经济价值的1/7，得出天津滨海新区自然粮食产量的经济价值为1083.32元/(hm^2·a)。得出天津滨海新区生态系统服务价值表12-12，借助SPSS11.5对结果进行相关性分析，得出的相关概率为0.004，显示出显著相关性，同时利用Excel生成两轴线-柱图（见图12-6），各类生态系统所提供的服务功能的大小趋势也较为一致。

表12-12 天津滨海新区生态系统服务价值 单位：元/(hm^2·a)

功能分类	生态系统类型					
	林地	草地	耕地	湿地	水体	裸地
产品生产	357.50	465.83	1083.32	390.00	574.16	21.67
文化教育	584.14	628.33	621.31	702.29	499.07	223.48
景观美学	2253.31	942.49	184.16	5080.77	4809.94	260.00
生物多样性	4885.77	2025.81	1104.99	3997.45	3715.79	433.33
水源涵养	4430.78	1646.65	834.16	14559.82	20333.92	75.83
土壤保持	4354.95	2426.64	1592.48	2155.81	444.16	184.16
气候调节	4409.11	1689.98	1050.82	14678.99	2231.64	140.83
环境净化	3271.63	1527.48	1148.32	15599.81	16087.30	173.33
灾害防御	892.80	1048.12	282.61	913.69	933.01	132.79
总计	25439.99	12401.33	7902.17	58078.63	49628.99	1645.42

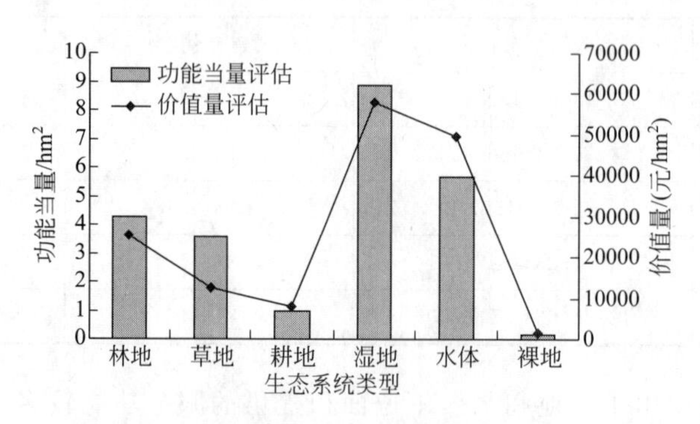

图12-6 功能当量相对评估与价值量评估结果对比图

从图12-6可以看出，由两种方法得出的耕地和裸地的服务功能结果最为吻合，因为两种方法都是以农田的服务功能为基准，并且裸地的服务功能基本为零。其中，水体和草地的两种评估结果相差较大，这是因为基于谢高地价值当量计算的服务价值更贴近全国平均水平，滨海新区属于全国缺水地区，加之水质较差，本地区的河流和水库实际能够利用的极少，提供的服务功能也相对较少；从滨海新区的草地实际情况来看，天然草地几乎没有，人工草地分布较多，特别是对建成区的人工草地养护管理投入很大，人工草地总体长势很好，所提供的服务功能对本区贡献也较大。

12.3.4 滨海新区生态系统服务功能的敏感性分析

敏感性分析在经济学中应用较多，是指从众多不确定因素中找出对研究事物具有重要影响的敏感性因素，分析和测算对事物的影响程度和敏感程度，从而判断其承受干扰能力的一种不确定性分析方法。每次只变动一个因素，而其他因素保持不变时所作的敏感性分析方法称为单因素敏感性分析法。敏感性高说明生态系统在受到干扰后结构和功能会发生较大变化，敏感性小即持久性高则说明生态系统在受到干扰后能够保持较长时间的稳定。

12.3.4.1 敏感性指数

经济学中常利用弹性系数的概念来计算价值系数的敏感性指数（CS），在生态系统服务功能的研究领域，许多学者也通过利用敏感性指数来确定随着时间的变化，生态系统功能价值对价值指数的依赖程度。因此，为了验证滨海新区生态系统服务功能对当量系数的依赖程度，参照相关研究成果，选取弹性系数概念来计算当量系数的敏感性指数（CS）。弹性系数的定义是因变量变化的百分比与自变量变化的百分比两者之间的比值。如果 CS 大于（小于）1，则自变量 1%的变化就会引起因变量大于（小于）1%的变化，即生态系统服务功能对当量系数敏感（不敏感）。敏感性指数（CS）的计算公式如下：

$$CS=\left|\frac{(ESF_j-ESF_i)/ESF_i}{(EC_{jk}-EC_{ik})/EC_{ik}}\right| \tag{12-9}$$

式中，CS 为敏感性指数；ESF 为生态系统服务功能，即生态系统服务功能当量总和；EC 为当量系数，即单位面积生态系统服务功能当量；i，j 分别表示初始功能当量总和、当量系数调整后的功能当量总和；k 为各生态系统类型。

CS 的值越大，则当量系数对生态系统服务功能的影响越大，表明对于当量系数估算的生态系统服务功能是富有弹性的，当量系数取值的准确性也越重要。

12.3.4.2 敏感性结果分析

本书对天津滨海新区六种生态系统类型的当量系数分别上下调整 50%，然后根据式(12-9) 计算出 2009 年研究区敏感性指数，来衡量生态系统服务功能当量总和的变化情况（见表 12-13）。

表 12-13 天津滨海新区生态系统服务功能当量敏感性指数

功能当量系数(VC)	调整后功能当量总和(ESV_j)	敏感性指数(CS)
林地 VC+50%	1066746.03	0.0078
林地 VC−50%	1065909.97	
草地 VC+50%	1089420.52	0.043
草地 VC−50%	1043235.49	
耕地 VC+50%	1107889.30	0.078
耕地 VC−50%	1024766.71	

续表

功能当量系数(VC)	调整后功能当量总和(ESV_j)	敏感性指数(CS)
湿地 VC＋50％	1556838.87	0.92
湿地 VC－50％	575817.13	
水体 VC＋50％	1135590.5	0.13
水体 VC－50％	997065.5	
裸地 VC＋50％	1066934.36	0.001
裸地 VC－50％	1065721.64	

由表 12-13 可以看出，当各类生态系统类型的当量系数增减 50％后，其敏感性指数 CS 都小于 1，林地生态系统的值最低，为 0.78×10^{-2}，即当林地生态服务功能当量系数增加或减少 1％，总当量只改变 0.00078％，趋近于 0；最高值为 0.92，当湿地生态系统的服务功能当量系数增加或减少 1％时，总当量改变 0.92％；裸地的敏感性指数也趋近于 0，草地和耕地的敏感性指数也相对较低。这表明，滨海新区生态系统服务功能总当量对当量系数是缺乏弹性的，本书所选取的当量系数对于研究区而言较为合适，其结果是可信的；其中研究区生态系统服务功能总当量对湿地当量系数的变化最敏感，应更加注意湿地生态系统的利用和保护。

12.4 生态系统服务功能的需求评估

生态系统提供的服务功能多种多样，且不同服务类型之间又存在着错综复杂的关系，它们相互依存，有些功能甚至无法分割，因此，对生态系统服务功能的评估一直是研究中的难点。相比之下，由于人类是生态系统服务的受体，人类享受着生态系统所提供的各种服务，才得以维持正常生产和生活，但人类对这些服务的需求和生态系统的供给存在怎样的关系呢？如何能够将两者用一个桥梁连接起来，对生态系统服务功能的供需进行分析，从而明确研究区的生态赤字或盈余，以采取更加有针对性的生态补偿？

12.4.1 生态系统服务功能需求评估方法

从人类需求的角度出发，建立一套生态系统服务功能需求指标体系，按照生态城市，国家、国际城市建设标准，设定各指标的标准值，得出人均需求量，进而换算为能够供给该指标需求量的各生态系统类型的面积，以“功能当量”为桥梁，将人类需求的生态系统服务定量表示出来。具体方法流程如图 12-7 所示。

12.4.2 生态系统服务功能需求类型及指标体系

目前，国内外大多数学者所进行的生态服务功能或价值的评估都是基于生态系统的供给方面上进行的研究，对人类所需求的生态系统服务功能很少涉及。虽然生态系统所提供的服务功能多种多样，但人类对这些生态产品或服务的需求具有选择性，如在水资源缺乏或遭受

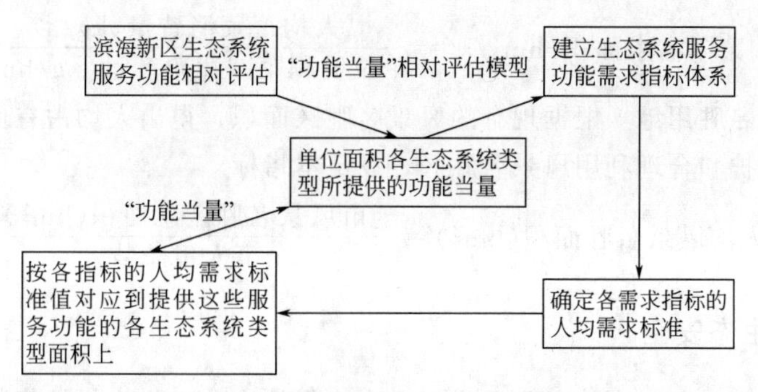

图 12-7　生态系统服务功能需求量流程图

洪水的地区，森林的水源涵养功能就显得尤为重要。结合研究区实际概况，结合生态系统服务功能的供给类型，参考相关研究成果（主要为国内），从人类需求的角度出发将人类需求的生态系统服务功能分为物质文化、生态安全和环境质量三个层次，并建立了一套完整的指标体系，共 3 层、10 个指标（见图 12-8）。

① 物质文化指人们不仅对衣食住行等有关物品、劳动工具、文化用品等生活资料和生产资料的需求，还包括人们自由地施展创造才能和对文化成果的享用，如对知识的需求、美的需求、文化的需求等。主要从人们粮食、蔬菜瓜果、风景名胜用地三个方面来具体评估。

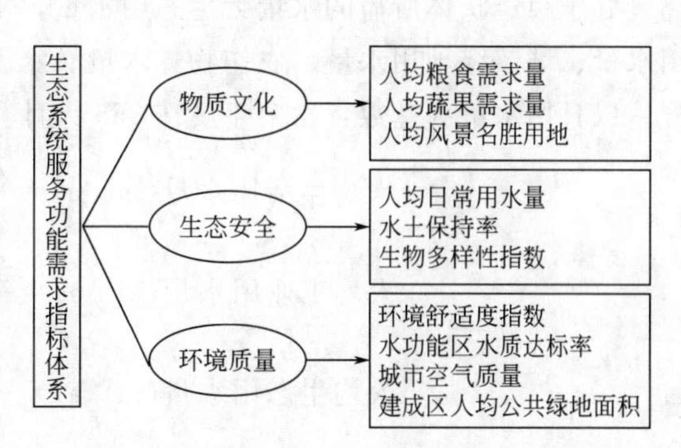

图 12-8　生态系统服务功能需求指标体系

② 生态安全人类在生产、生活和健康等方面不受生态破坏与环境污染等影响的保障程度及承载能力。从城市的用水安全、生物多样性丧失、水土流失、土地退化等问题出发，来衡量人们对生态安全的需求。

③ 环境质量人们为维护自身的生存或生产所需要的健康的生态环境，包括健康舒适的大气环境、水环境和土壤环境。因此，根据生态城市建设标准和一些环境质量条例，参考谢高地等的研究成果，选取了环境舒适度指数、城市水功能区水质达标率、城市空气质量好于或等于 2 级标准的天数、建成区人均公共绿地面积四个方面来分析。

12.4.2.1　物质文化

人类对物质文化的需求主要从人均粮食需求量、人均蔬果需求量、人均风景名胜用地三个方面来体现。

(1) 人均粮食需求量　即平均每人每年需要多少粮食。通过人均粮食需求量得出人均耕地需求量，计算公式如下：

$$人均耕地需求量=人均粮食需求量/单位面积耕地粮食产量 \tag{12-10}$$

(2) 人均蔬果需求量　平均每人每年的蔬菜和水果摄入量。在计算蔬菜时，除新鲜蔬菜外，罐头蔬菜也可以包括在内，但腌制蔬菜除外。将人均日蔬果消费量折合为人均年果园和菜园的需求面积：

$$人均果园需求面积(hm^2/a)=\frac{人均水果消费量(kg/a)}{单位面积果园水果产量(kg/hm^2)} \tag{12-11}$$

$$人均菜园需求面积(hm^2/a)=\frac{人均蔬菜消费量(kg/a)}{单位面积菜园蔬菜产量(kg/hm^2)} \tag{12-12}$$

(3) 人均风景名胜用地 根据现有的风景名胜区面积，得出人均占有面积。为加强对风景名胜区的有效保护和合理利用风景名胜区，设定本指标。

$$人均风景名胜面积(hm^2)=\frac{全市风景名胜区总面积(hm^2)}{全市人口总数} \tag{12-13}$$

12.4.2.2 生态安全

生态安全需求类型包括人均日常需水量、水土保持率、生物多样性指数三项指标。

(1) 人均日常需水量 日常用水量包括生活用水、生产用水和生态用水三个方面。生活用水是指使用公共供水设施或自建供水设施供水，平均每人维持日常生活的用水量。工业用水一般是工、矿企业在生产过程中，用于制造、加工、冷却、空调、净化、洗涤等方面的用水，其中也包括工、矿企业内部职工生活用水。在一定的时空范围内，维持特定生态系统和环境处于稳定状体所需的水量为生态用水量，主要包括林草植被生态用水量、森林植被生态用水量、城镇绿地用水量、农作物耗水量、水土保持生态用水量、河流生态系统需水量6部分。以日用水量为基数，每个年度按365天计算。

$$人均生活用水量(m^3/a)=\frac{人均生活用水量(L)}{1000}\times 365 \tag{12-14}$$

$$人均工业用水量(m^3/a)=\frac{全市工业用水总量(m^3/a)}{全市常住人口数量} \tag{12-15}$$

$$人均生态用水量(m^3/a)=\frac{全市生态用水总量(m^3/a)}{全市常住人口数量} \tag{12-16}$$

(2) 水土保持率 水土保持是指防治水土流失、保护、改良与合理利用山区、丘陵区和风沙区水土资源，维护和提高土地生产力，以利于充分发挥水土资源的经济效益和社会效益，建立良好生态环境的综合性科学技术。

水土流失率从空间上反映土地受侵蚀的程度。水土保持率＝1－水土流失率；水土流失率指水土流失面积与区域土地总面积的比率。

$$水土保持率(\%)=\frac{水土保持面积(km^2)}{全市国土面积(km^2)} \tag{12-17}$$

(3) 综合物种指数 综合物种指数是生物多样性的重要组成部分，是衡量一个地区生态保护、生态建设与恢复水平的较好指标，选择代表性的动植物（鸟类、鱼类和植物）作为衡量城市物种多样性的标准，在国家生态园林城市标准（标准）中规定要达到4%。物种指数的计算方法如下。

单项物种指数：

$$P_i=\frac{Nb_i}{N_i}(i=1,2,3,分别代表鸟类、鱼类和植物) \tag{12-18}$$

式中，P_i 为单项物种指数；Nb_i 为城市建成区内该类物种数；N_i 为市域范围内该类物种总数。

综合物种指数为单项物种指数的平均值。

综合物种指数：

$$H = \frac{1}{n}\sum_{i=1}^{n} p_i \tag{12-19}$$

式中，$n=3$（鸟类、鱼类均以自然环境中生存的种类计算，人工饲养者不计）。

12.4.2.3 环境质量

根据天津市生态城市建设标准，参考国内外城市案例，人们对环境质量的需求指标包括环境舒适度指数、城市水功能区水质达标率、城市空气质量好于或等于2级标准的天数、建成区人均公共绿地面积四项指标。

（1）环境舒适度指数 环境舒适度即人体舒适度，是以人类机体与近地大气之间的热交换原理为基础，从气象角度评价人类在不同气候条件下舒适感的一项生物气象指标。人体对环境的舒适程度主要包括气温、空气湿度、风速三方面因素。

根据王德平的研究，绿化覆盖率从50%增加到100%时，日最高气温降低1～2℃，绿化覆盖率从50%增加到100%时，日最高气温降低2～3℃，绿地面积大小与绿地降温增湿效应呈正相关关系，再从人体舒适度的区间角度，确定合理的绿地面积。

环境舒适度的计算：

$$S = 0.6\times|T_\alpha - 24| + 0.07\times|R - 20| + (v - 2.1) \tag{12-20}$$

式中，S为舒适度指数；T_α为日均气温，℃；R为相对湿度，%；v为2m高处的风速，m/s。

同时，定义$S \leqslant 4.55$为舒适；$4.55 < S \leqslant 6.95$为较舒适；$S > 6.95$为不舒适。

绿地面积与影响范围的关系：

$$y = 52.6\ln x - 313.8 \tag{12-21}$$

式中，y为影响范围，m^2；x为绿地面积，m^2。

（2）城市水功能区水质达标率 根据水的使用情况如饮用水、生产用水、生活用水、景观用水等的不同要求，同时根据水质情况，将水资源区分为不同的水功能区，并根据不同功能区对水质要求标准，进行检测考核。即城市市区地表水认证点位监测结果按相应水体功能标准衡量。

（3）城市空气质量 指城市空气环境质量达到国家有关功能区标准要求，反映城市大气污染状况的指标。目前执行《环境空气质量标准》（GB 3095—1996）。

（4）建成区人均公共绿地面积 指城市中每个居民平均占有公共绿地的面积。其中，公共绿地的定义为：向公众开放，有一定游憩设施的绿化用地，包括其范围内的水域、综合性公园、纪念性公园、儿童公园、动物园、植物园、古典园林、风景名胜公园和居住区小公园等用地。城市中绿地为很重要的生态系统类型，能够提供多种服务功能。

12.4.3 滨海新区生态系统服务功能需求评估

12.4.3.1 滨海新区生态系统服务功能需求指标标准

由于生态系统服务功能的需求指标较多，按照指标来收集滨海新区人类占有现状较为困难，本书对生态系统服务功能需求指标的现状值是根据《天津滨海新区统计年鉴2010》及相关基础资料中估算得来的，仅以此来对比生态系统服务功能需求指标的标准值。本书依据国际、国家和生态城市建设标准，设定各需求指标的标准值。

通过前期对滨海新区人口、资源、环境等资料的整理与分析，对比当前国内外城市及我国对生态城市指标标准的设定，滨海新区人口对生态系统服务功能的需求指标现状总体还没有达到生态城市的指标标准，特别是对生态安全和环境质量方面的需求，如人均用水量、水质达标率，人均公共绿地面积还没有达到标准值的一半（见表 12-14）。因此，要建设生态城市，实现经济增长与保护资源环境双赢，充分体现以人为本的理念，还需采取一定措施加以改善。

表 12-14　生态系统服务功能需求指标标准值

需求类型	需求指标/年	现状值	标准值/年	标准值来源
物质文化	人均粮食需求量/kg	126.64	600	生态城市建设标准
	人均蔬果需求量/kg	256.90	270	生态城市建设标准
	人均风景名胜用地/hm^2	0.014	0.026	参考生态城市指标与现状标准
生态安全	人均生活用水/m^3	47.18	73	国际标准
	人均生产用水/m^3	56.12	73.81	参考中国香港、广州等城市标准
	人均生态用水/m^3	3.83	5.1	参考国际先进城市值
	水土保持率/%	93.67	95	国际标准
	综合物种指数	28.02	5	生态城市建设标准
环境质量	环境舒适度指数	—	85	生态城市建设标准
	水功能区水质达标率/%	78.5	100	生态城市建设标准
	城市空气质量/d	307	280	生态城市建设标准
	建成区人均公共绿地面积/m^2	6.26	15	国内城市最大值

12.4.3.2　滨海新区生态系统服务功能需求评估结果

为了能够更加客观和相对准确地对滨海新区生态系统服务功能需求指标进行量化，充分体现以人为本建设生态城市的目标，本书以需求指标的标准值来界定人类实际需求状况。由于缺乏滨海新区的一些基础数据和资料，并且评估范围越大，人口基数就多，越能反映出人均需求状况，本书对缺少该区基础数据的指标用天津市人均水平代替。

(1) 人均粮食需求量　盛学良等从社会、经济、资源与环境、人口四个方面构建的生态城市指标体系中显示，每年人均粮食需求为 600kg，本书将此数据定为天津市人均粮食需求量的平均值。2009 年滨海新区粮食平均产量为 $4077kg/hm^2$，由于与外界的输入输出量无法计量，因此排除与外界的流通量，可以得出人均耕地需求量为 $0.15hm^2/a$。

(2) 人均蔬果需求量　由《天津市统计年鉴 2010》资料查询得知，天津市水果单位面积产量为 $8718.79kg/hm^2$，单位面积蔬菜产量为 $43512.47kg/hm^2$；人均年蔬菜消费量为 153.3kg，人均年水果消费量为 102.2kg，如果将人类蔬菜日消费量的标准值定为 420g，水果日均消费量的标准值为 280g，假设生产的蔬菜水果全部供应于本市人口，且没有外部输入，则通过计算得出，天津市人均年果园需求面积为 $0.0035hm^2$，人均年菜园需求面积为 $0.012\ hm^2$。

(3) 人均风景名胜面积　2008 年天津市风景名胜区面积为 $1653.35km^2$，主要集中于天津的北部蓟县地区。天津市 2008 年人均风景名胜面积为 $0.014hm^2$。为了满足城市人们物质需求以外的精神享受，参考北京、成都等风景名胜较多的城市，将天津人均风景名胜区面积

的标准值设定为 $0.026hm^2$，比天津市现状增加了 86%。滨海新区的风景名胜主要有北大港湿地自然保护区、官港森林公园和七里海湿地等，对应的生态系统类型为湿地与林地。

(4) 人均日常需水量 日常需水量包括生活需水量、生产需水量、生态需水量，参考北京、上海、日本大阪等国际城市用水标准，将天津人均日常需水量的标准值定为 $334.5m^3$。天津属于严重缺水地区，供水来源主要是于桥水库和北大港水库，平均水深为 3.5m，则人均用水需求量的计算方法如下：

$$人均用水需求量=(人均生活用水+人均生产用水+人均生态用水)/平均水深 \tag{12-22}$$

则天津市人均日常需水量为 $0.0096hm^2/a$。

(5) 水土保持率 目前天津市的水土流失面积为 $755km^2$（方天纵），水土流失率为 93.67%。参考国内同等大城市及生态城市标准，如果将标准值定位 97%，则水土保持面积应为 $11559.78km^2$，如果通过增加绿地来达到标准值，则计算公式如下：

$$单位面积草地土壤保持量=\frac{无林地土壤侵蚀模数-草地的侵蚀模数}{草地土壤容重\times 土壤厚度} \tag{12-23}$$

根据欧阳志云的研究成果，无林地土壤的潜在侵蚀模数为 $150\sim350t/(hm^2\cdot a)$，本书取最高值 $350t/(hm^2\cdot a)$，现实草地的侵蚀模数取 $10.34t/(hm^2\cdot a)$，天津市草地土壤容重为 $1.56g/cm^3$，土壤厚度取 0.6m，则单位面积草地的土壤保持量为 $0.0362hm^2$，则天津需要草地面积 $319331km^2$，人均草地面积需求量为 $2.72hm^2$。

(6) 综合物种指数 据《天津植物志》记载，天津市现有植物种类 1365 种；天津市自然博物馆最新调查显示，天津鸟类已达 389 种；许宁曾统计过天津市鱼类共 125 种。据中国观鸟记录中心资料显示，天津市区能观测到的鸟类有 73 种，植物种类约 455 种，则鸟类指数为 18.77%，植物指数 33.3%；对于天津市建成区的鱼种类数量，目前还没有作过相关研究，但是就粗略统计，建成区鱼类为 30～50 种，如果按平均数 40 种，则天津市鱼类指数为 32%。则天津市的综合物种指数为 28.02%。因此，天津市的综合物种指数已经达标。

(7) 环境舒适度指数 根据国内外研究测定，$1hm^2$ 绿地在夏季可以从环境中吸收 81.8MJ 的热量，相当于 189 台空调器全天工作的制冷效果。这里我们利用空调器作为城市绿地调节温度功能的替代物。张景哲等指出，绿地覆盖率每增加 10%，夏季白天气温下降 0.93℃，夜间下降 0.6℃；另据黄晓鸾测定，城市内绿化覆盖率达到 37.38%时，单位面积植物蒸腾所耗能量高于所获太阳辐射能，才能起到改善城市热环境的作用；据北京园林局测定，$1hm^2$ 阔叶林夏季能蒸腾 2500t 水，比同面积的裸露土地蒸发量高 20 倍。通常人体感觉最舒适的小气候条件为气温 24℃，相对湿度在 40%～70%，风速 2m/s 左右，如果以该条件为标准，则天津绿地面积应达到 $6028.75km^2$，人均需求 $5.1m^2$。

(8) 水功能区水质达标率 天津市生态城市建设指标体系中要求城市水功能区水质达标率为 100%，根据相关资料及《天津市统计年鉴 2010》显示，天津目前的城市饮用水源地水质达标率为 100%，但是市域景观水质达标率约为 78.5%。

(9) 城市空气质量 天津市生态城市建设指标体系中对城市空气质量好于或等于 2 级标准的天数要达到 280 天以上。根据《天津市统计年鉴 2010》，天津市 2009 年空气质量达到及好于 2 级的天数已达 307 天。

(10) 建成区公共绿地面积 联合国要求城市居民每人应有 $60m^2$ 的绿地面积，目前我国政府要求以旅游业为主的城市，人均绿地面积要达到 $20\sim30m^2$，以工业生产为主的城市不少与 10m²/人，因此天津市人均绿地需求面积参考国内城市的平均值及生态城市建设标准中的规定，取 30m²/人，对应到滨海新区的生态系统类型为草地和林地。

12.4.4 滨海新区生态系统服务功能需求总结

综上所述，以上 10 项生态系统服务功能需求指标折算结果为：人均粮食与蔬果需求量需要 0.15hm²/a 的耕地提供；人均风景名胜面积需要 0.034hm²/a 的湿地与林地提供，对应的功能当量采用单位面积湿地和林地的均值 6.56；人均日常需水量由 0.0096hm²/a 的水体来提供；水土保持率、综合物种指数、环境舒适度指数、水功能区水质达标率、城市空气质量、建成区人均公共绿地面积通过折合成由草地和林地所能提供相应的面积，由于功能的重复性，取其最大值为人均绿地需求量 30m²/a，功能当量取单位面积林地和草地的平均值 3.92。通过折合成相应的土地类型面积，根据各生态系统类型单位面积服务功能的当量系数，计算出人均生态系统服务功能的需求总量为 0.43。详细结果见表 12-15。

表 12-15　天津市生态系统服务功能当量面积需求表

需求指标	对应的生态系统类型	生态系统所需面积/(hm²/a)	当量系数/hm²	人均需求功能当量
人均粮食、蔬果需求量	耕地	0.15	1.00	0.15
人均风景名胜面积	湿地与林地	0.034	6.56	0.22
人均日常需水量	水体	0.0096	5.66	0.05
水土保持率、综合物种指数、环境舒适度指数、城市水功能区水质达标率、城市空气质量、建成区人均公共绿地面积	林地与草地	0.003	3.92	0.01
人均需求功能当量				0.43

本书基于“功能当量”相对评估模型对滨海新区生态系统服务功能进行相对评估，得出滨海新区林地、草地、湿地等六种生态系统类型所提供的服务功能当量，总和为 8.3×10^5；并从人类需求的角度出发，通过选取适当需求指标及标准值对人类所需求的生态系统服务功能进行估算，得出人类各项需求指标达到标准值时的人均需求功能当量为 0.43。因此，从滨海新区生态系统服务功能供需现状出发，得出如下结论。

根据滨海新区统计局公布的第六次人口普查显示，滨海新区常住人口为 248.21 万人，按照建设生态城市的标准，则人口需求总量为 10.7×10^5，生态缺口为 2.4×10^5，明显大于生态系统服务功能的供给量，不符合滨海新区可持续发展的战略要求。

12.5 滨海新区生态系统服务功能的制约因素与对策建议

12.5.1 滨海新区生态系统服务功能的制约因素

通过前文基于“功能当量”相对评估模型对滨海新区生态系统服务功能供需两方面进行评估，得出滨海新区的生态系统服务功能现状为供给小于需求，因此，本书在滨海新区资源现状调查的基础上分析产生这一结论的原因和问题所在。

① 土壤条件差，植物生长环境差，导致整体区域生态系统服务功能不高。

天津滨海新区土壤类型以滨海盐土和盐化潮土为主，约占全区的40%～50%。本区耕地土壤普遍含有盐分，含盐量大于0.2%的耕地面积占耕地总面积的76.7%，全区土壤含盐量一般在0.2%～1.5%，高者达2.4%。本区的土壤盐渍化特点主要在表现在：a. 不仅土壤表层积盐重，且心底土含盐量也很高。以塘沽区一典型剖面为例，其表土盐结皮含盐量高达4.7%，0～20cm含盐量1.4%，100cm土体平均含盐量达0.85%。b. 土壤盐分组成与地下水相一致，均以氯化钠为主，是海水型潜水。c. 地下水埋藏浅，全区一般在0.5～1.0cm，且矿化度高，一般为7～10g/L。如此恶劣的土壤环境导致植物生长较差，耕地产量不高，形成全区生态系统类型服务功能供给整体偏低。

② 林地和草地面积所占比例小，分布散碎。

林地是能够提供较高服务功能的生态系统类型，而成片的林地更能提升整体服务质量，滨海新区林地面积极少，所占比例约为0.05%，而且还在逐年减少，有濒临消失的危险，且主要为次生林，由于土壤环境及人工管理欠佳所以长势不好。全区仅有的林地主要集中于官港森林公园、黄港旅游风景区，以及水边和道路边上，分布零碎，没有成片的区域。草地主要包括自然草地和人工绿地，全区分布面积为8616.6hm^2，且以人工草地为主，自然草地只在湿地到陆地的过渡地带零星分布，且长势稀疏，所能提供的服务功能质量差。

③ 水面多，河道、水体污染严重，生态服务功能发挥不好。

滨海新区主要的生态系统类型是湿地，约占总面积的1/3，区内有海河、蓟运河、潮白新河、永定新河、独流减河、子牙新河等主要河流，均从本区入海，且拥有许多大大小小的水库，河流和水体成为新区面积最大的生态系统类型。但虽然湿地分布面积广，但整体质量不高，特别是近年来在人口和经济的压力下，由于只重视短期和局部利益，沿海地区大力发展城市化、工业、娱乐业以及水产养殖等，过度开发利用湿地资源，生态环境急剧恶化，湿地景观变化的一个显著特征是湿地的人工化、破碎化、盐碱化。

同时，新区范围内河流、水库、海域均受到不同程度的污染，水环境问题复杂，上游淡水资源被截留，致使下游主要河流全年大部分时间无来水补充，形成河道式水库，航运功能完全丧失，河湖水系水环境容量和自净能力大幅度下降，上游及本地区大量农业面源污染和工业废水排放使污染加剧，多数水体水质指标已超过Ⅴ类水体，水体功能不断下降。

④ 建成区重建设，轻绿化，绿地面积小。

作为一个新兴的产业综合体，为了发展经济而占用大量土地。如天津经济技术开发区及大港工业区建设占用了大片的河流湿地、湖泊湿地、海岸湿地，建立开发区所占用的滩涂湿地和河流湿地总面积达3300hm^2，蕴藏丰富石油资源的大港区的大部分是建在海岸滩涂湿地上的。天津七里海芦苇沼泽湿地60%被开垦，沿岸大者几千亩，小者几百亩的23个村庄将七里海分割得七零八落。

虽然近几年滨海新区的绿化不断发展，绿化覆盖率已达到36%，但由于滨海新区土壤盐渍化程度严重，绿化难度大、成本高，只有一些稀疏的盐生植物，如盐地碱蓬、碱蓬、中亚滨藜、白刺、二色补血草、柽柳等，对土壤的改良能力较差。

⑤ 人口众多，外来人口比例大，人口增长速度快。

人口众多，生态系统服务功能需求量大，是导致滨海新区生态系统服务功能供给小于需求的重要原因之一。根据滨海新区统计局公布第六次人口普查重要数据，滨海新区常住人口为248.21万人，10年共增加了129.31万人，增长108.75%，年平均增长率为7.64%，人口主要分布在塘沽、汉沽和大港等老城区。同时，滨海新区外来流动人口正以每年30%的速度递增，目前已超过100万人。

根据《天津市滨海新区城市总体规划（2009—2020）》，2020年常住人口规模的高限值规划控制在550万人左右，如此庞大的人口数量将怎样在有限的生态环境资源中生存并发展？

12.5.2 对策与建议

对于滨海新区生态系统服务功能所存在的问题及供给小于需求的现状，本书主要从控制人口数量、增加生态系统服务面积、提高生态系统服务质量三个方面提出对策与建议。

12.5.2.1 合理控制人口数量

滨海新区现有常住人口数量为248.21万人，生态系统服务功能的总需求量达10.7×10^5，而滨海新区生态系统最高可提供8.3×10^5，因此，生态缺口为2.4×10^5；如果按2020年滨海新区的最高规划人口数550万人，则生态缺口达23.65×10^5（见图12-9）。因此，根据本书对滨海新区生态系统服务功能的供需评估结果来看，要达到供给与需求平衡的状态，则滨海新区的人口数量最大应不超过193万人，193万人是滨海新区所能容纳的合理人口数量最大值。目前，滨海新区人口已经超过合理人口最大值55万人。因此，要达到生态系统服务功能供需平衡，实现滨海新区可持续的长久发展战略，需控制人口数量，特别是外来人口的大量涌入，降低人口密度，减少对有限生态资源的过度透支。

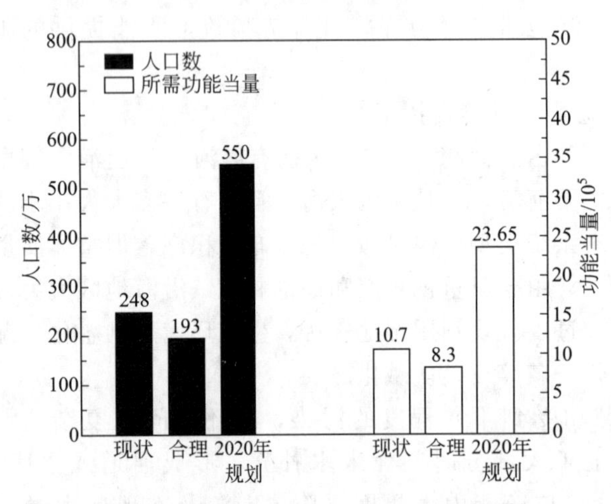

图12-9 滨海新区人口与功能当量现状规划图

12.5.2.2 适当增加生态系统服务的面积

针对目前滨海新区生态系统服务功能供给小于需求的现状，要达到供需平衡，只从减少人口需求方面努力是不够的，针对目前2.4×10^5功能当量的缺口，还需要通过提高生态系统服务的供给实现，增加生态系统服务功能的面积是最直接而快速的方法。从前文的服务功能评估结果可知，不同的生态系统类型单位面积所提供的功能当量不同，增加生态系统类型的面积填补生态赤字以达到服务功能供需平衡的目的，有以下几种方案。

（1）方案一 采用增加一种生态系统类型的面积来填补生态赤字，这里只选取提供服务功能较高的几种生态系统类型，方案如表12-16所示。

表 12-16　服务功能较高的几种生态系统类型

生态系统类型	现有面积/hm^2	需要增加面积/hm^2
单一林地	0.13×10^4	5.6×10^4
单一草地	0.86×10^4	6.7×10^4
单一湿地	7.4×10^4	2.7×10^4
单一水体	1.6×10^4	4.2×10^4

(2) 方案二　针对滨海新区目前的生态系统资源现状和问题，林地和草地的面积明显偏少，所以需要大量增加林草地面积，草地面积可以通过增大区内绿化面积来实现；湿地作为滨海新区主要的生态系统类型，是提供服务功能的重要主体，虽然所占面积比例最大，但一直在逐年减少，应当适当增加其面积；由于研究区本身水面较多，因此可以考虑不增加水体面积。提供以下几种配置方式以供参考。

① 林地＋草地

项目	林　地	草　地
分担生态赤字的比例	50%	50%
需要增加面积/hm^2	2.8×10^4	3.4×10^4
分担生态赤字的比例	60%	40%
需要增加面积/hm^2	3.4×10^4	2.7×10^4

② 林地＋草地＋湿地

项目	林地	草地	湿地
分担生态赤字的比例	50%	30%	20%
需要增加面积/hm^2	2.8×10^4	2.0×10^4	0.5×10^4
分担生态赤字的比例	40%	40%	20%
需要增加面积/hm^2	2.2×10^4	2.7×10^4	0.5×10^4
分担生态赤字的比例	40%	50%	10%
需要增加面积/hm^2	2.2×10^4	3.4×10^4	0.5×10^4

12.5.2.3　提高生态系统服务的质量

从长远来看，根据《天津滨海新区城市总体规划（2009—2020 年）》，2020 年将人口规模设定为 550 万人，约是现有人口的 2.2 倍，则此时人口需求的功能当量为 23.65×10^5，如果以滨海新区生态系统服务功能供给现状为准，则生态赤字达 15.35×10^5，如果单一增加林地面积需要 $3.6 \times 10^5 hm^2$，滨海新区陆域总面积为 $2.27 \times 10^5 hm^2$，即使将滨海新区全部成为林地也不能达到生态系统的服务供给平衡。但目前生态系统受人类干扰很大，使其自身提供服务功能的能力下降，完全健康的自然生态系统能量是巨大的，人类所享受的很多服务是无形的，甚至是不为人知的，更无法精确定量，因此，在有限的面积上要创造更多的服务就需要通过提高和恢复生态系统的健康状况来实现，进而提高服务质量，使更多的人类享受到服务。

提高和恢复生态系统的健康状况，除自然恢复以外，人工干扰可加快其恢复进程，可以从以下几方面进行。

① 加大技术投入，改善土壤环境，提高林草地服务质量，重点实施植被恢复工程。

滨海新区土壤盐渍化严重，可以充分利用本土盐生植被的演替过程来改善土壤条件。盐生植物通过大量吸盐，逐渐使土壤发生脱盐，植物死亡后遗体增加了土壤有机质，使得土壤环境变得更加有利于轻度耐盐的物质生存，盐生植物群落的组成、结构发生变化，演替发生。可以采用人工种植盐生植物的方法，人为加快其演化速度。在短时间内让盐生植被覆盖目前裸露的盐碱地，随着土壤盐分的逐渐下降和有机质的逐渐增加，再逐步提高绿化的结构和水平。早期的生态恢复应该以盐生植被为先锋植物，如柽柳、白刺、碱蓬等。此外，经调查显示滨海新区湿地的地面植被与土壤种子库物种数较为丰富，土壤种子库的储量也较为丰富，可以利用土壤种子库技术进行植被恢复。

② 重点治理水污染状况，建立区域水环境系统规划。

按照国家“碧海行动计划”要求，将对陆源污染实行总量控制，必须从区域角度统筹安排，处置好上游污水与本区污水，利用低投入、高效益的方式将处理达标的污水用于区域生态恢复。改革生产工艺，采用清洁生产模式，改造或淘汰落后生产工艺；规划布局污水处理厂点位，实行城镇污水集中处理；充分利用海水资源，实行海水淡化，解决大型工矿企业冷却用水，为地下水开源节流；对污染严重的河道和水面实行专项治理工程，加大资金和技术投入。

③ 加强建成区城市绿地环境建设，增加建成区公共绿地面积，完善城市绿地系统。

绿地作为城市主要的生态系统类型，能够为人类提供必要的生态系统服务，支撑着城市的生态宜居环境，因此，大力加强建成区的绿地建设，是改善生态环境、提高生态服务质量的主要举措。可以从以下几个方面开展：在保证现有绿地较好地区的基础上，增加公共绿地的数量和质量，如增加城市公园、住宅区绿地面积、绿地广场和企事业单位绿地等，尤其在旧城改造过程中要特别注重小、多、匀的绿地结构布局；同时加强道路绿化的水平，以防护林带对近污染源进行包围式防护，注意乔灌草的结合和不同树种环境效应的结合，以及绿化廊道的宽度；合理布局不同功能的绿地类型，实现点（游园、公园、广场）、线（街道、河道、防护林）、面（小区、风景区、自然保护区）的有机结合，形成完整的城市道路绿地系统；在城区绿地生境之间以及它们与城郊自然环境之间修建“廊道”（防护绿化林带），把城市内外的分离状态的小块绿地连接起来，建立生物走廊，利用野生生物在城市各景观单元之间的迁移，在中心城区兴建大型公共绿地，在郊区营建森林，在市区与郊区之间构建绿色“生态走廊”，为城市居民创造一个良好的生态环境。

参考文献

［1］ 欧阳志云．生态系统服务功能及其生态经济价值评价［J］．应用生态学报，1999，10（5）：635-640.

［2］ 李焕承．基于GIS的区域生态系统服务价值评估方法研究与应用［D］．杭州：浙江大学，2010.

［3］ 吴璇．滨海新区生态系统服务功能相对评估及供需平衡研究．天津：南开大学，2012：34-35.

［4］ 侯元兆．中国森林资源核算研究［M］．北京：中国林业出版社，1995.

［5］ Saaty T L. The Analytic Hierarchy Process［M］. New York，NY：McGraw-Hill，1980.

［6］ 刘艳芳，明冬萍，杨建宇．基于生态绿当量的土地利用结构优化武汉大学学报：信息科学版，2002，

27 (5)：493-498.
[7] 赵娅奇．生态绿当量在土地利用结构优化中的运用研究 [J]. 西南师范大学学报：自然科学版，2006，31 (1)：170-174.
[8] 崔朝伟，许学．工北京市域绿色空间生态系统服务的相对评估 [J] 北京大学学报：自然科学版，网络版 2009，(4)：74-81.
[9] 童新芳．广西生态系统服务价值空间分布与生态保护对策 [J]. 安徽农业科学，2010，38 (7)：3650-3653.
[10] 王玉梅，常学礼，丁俊新．基于 RS/GIS 的呼和浩特市生态系统服务价值评估 [J]. 干旱区资源与环境，2009，23 (8)：9-13.
[11] 刘向东．单因素敏感性分析在项目经济评价中的应用 [J]. 现代商业，2009，(23)：286-287.
[12] 金柏江．天津港生态港口建设规划研究 [D]. 天津：南开大学，2008.
[13] 关于印发创建"生态园林城市"实施意见的通知．中国建设信息，2005.
[14] 杨宏波．镇村绿地系统规划研究 [D]. 郑州：河南农业大学，2011.
[15] 张宝林．镇江生态城市建设研究 [D]. 上海：上海交通大学，2006.
[16] 杨学连．上海市绿地价值与生态消耗的时空分析 [D]. 上海：上海师范大学，2007.
[17] 任学慧，田红霞，付方．城市绿地的小气候效应空间差异性 [J]. 地域研究与开发，2007，26 (1)：91-94.
[18] 潘友兰．武汉市商品居住小区绿地结构及生态价值研究 [D]. 武汉：华中农业大学，2005.
[19] 张晓华．太原市城市绿地系统社会经济影响评价研究 [D]. 太原：中北大学，2009.
[20] 钱炜，唐鸣放，郑怀礼．城市户外热环境的舒适度研究 [J]. 重庆环境科学，2002，24 (2)：88-89.

13

中新天津生态城总体规划的生态影响分析

2007年11月18日，国务院总理温家宝和新加坡总理李显龙共同签署了中新两国政府关于在中国天津建立生态城的框架协议。这是中新两国政府继合作建设苏州生态工业园区之后向国际社会显示两国政府对解决全球资源环境问题采取负责任态度的又一重大国际合作项目，其主要目标是建设一个科学发展、社会和谐、生态文明的宜居生态区，资源节约型、环境友好型社会的示范区和具有国际一流水平的滨海新城。

早在酝酿阶段中新两国政府就明确，项目选址要体现在资源约束条件下，特别是以土地和水资源缺乏为特征的地区建设生态城区的示范意义；要体现“三和、三能”原则：即人与自然和谐、人与经济和谐、人与人和谐，能复制、能实行、能推广的原则。中新天津生态城建设的合作成果不仅造福两国人民，也将会在国际上产生重要影响，为世界的可持续发展事业作出贡献。对深入贯彻落实科学发展观、建设生态文明、探索城市的可持续发展发挥重要的创新示范作用，同时对落实国家对天津滨海新区定位和战略部署以及促进中新经贸合作都将产生巨大推动作用，有利于充分利用新加坡相关科技成果，实现中新两国优势互补。

在此背景下，为更好地指导中新天津生态城的发展建设，天津规划局和中新天津生态城管委会委托中国城市规划设计研究院、天津市城市规划设计研究院和新加坡设计组三方团队共同组成中新天津生态城规划联合工作组，负责编制《中新天津生态城总体规划（2008—2020年）》。为了研究项目选址的科学性、论证规划布局及空间结构的合理性，需要对规划产生的生态环境影响进行分析。分析规划实施过程中可能带来的生态环境问题及减缓对策，有效协调区域内外在经济发展、社会和谐与生态环境保护之间的关系，为规划调整和开发建设提供科学依据，以保证区域可持续发展。

宏观层次上，以生态城指标体系为基础，根据本地区的自然、社会和环境特征，分析规划实施后生态城指标体系的可达性、与上层规划的相容性、与周边地区规划和其他专项规划的协调性。中观层次上，以资源、环境承载力为理论依据，分析土地利用和开发活动的适宜性，评价区域内各类土地利用安排的合理性，为布局调整提供依据。微观层次上，在规划区生态环境质量现状调查与评价的基础上，对规划实施后对规划区的生态环境影响进行预测和评价，并针对主要问题提出规划区生态建设的建议。

13.1 规划概述

13.1.1 规划范围

项目选址位于天津滨海新区北部，永定新河以北，蓟运河以东的汉沽、塘沽两区之间，东至汉北公路——规划中央大道，西至蓟运河，南至永定新河入海口，北至规划津汉快速公路。占地 34.2km^2，距滨海新区核心区约 15km，距天津市中心城区 45km。现存及规划的外部交通设施较为完善，选址地区主要以盐田、水库及河流故道为主，不涉及基本农田。生态城地理位置见图 13-1，规划范围示意图见图 13-2。

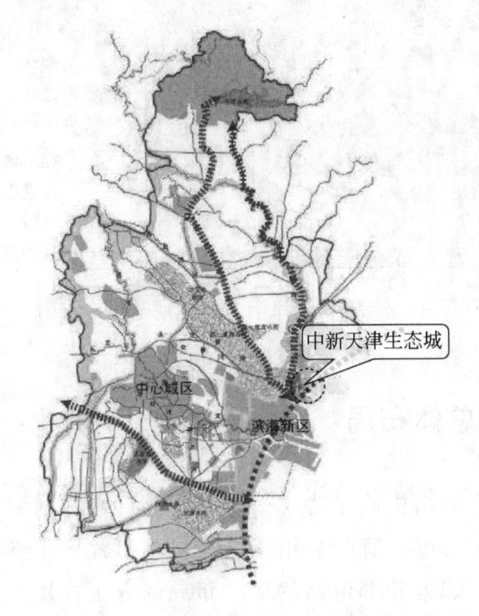

图 13-1　中新天津生态城地理位置示意图

13.1.2 发展目标与定位

发展目标：建设科学发展、社会和谐、生态文明的示范区；建设资源节约型、环境友好型社会的示范区；建设体现天津地域文化特色和时代特征的、生态宜居的国际化滨海新城。

定位：我国生态环保、节能减排、绿色建筑等技术自主创新的平台，国家级环保教育研发、交流展示中心和生态型产业基地，参与国际生态环境发展事务的窗口，生态宜居的示范新城。

职能：①国际生态环保理念与技术的交流和展示中心；②国家生态环保技术的实验室和工程技术中心的集聚地；③国家生态环保等先进适用技术的教育培训和产业化基地；④生态文化旅游、休闲、康乐区。

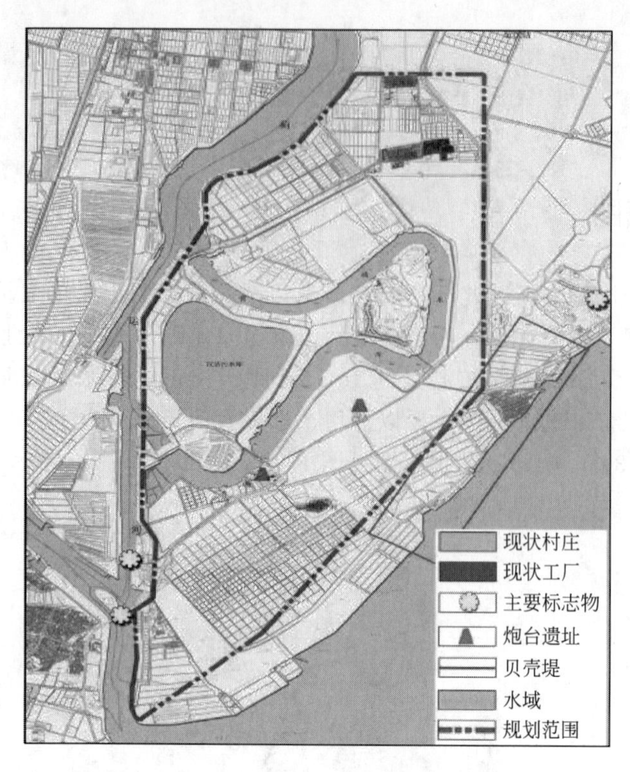

图 13-2 中新天津生态城规划范围示意图

13.1.3 空间结构与总体布局

空间结构：生态城的空间结构确定为“一链环一核、六楔通江海、一轴带四片”。

总体布局：生态城采用尺度适宜的多组团式布局；各片区中部布局公共服务中心，周边布局居住用地，片区边缘、邻近外部道路的地区布局商务工业用地；在生态核和生态链布局专业化服务设施；在远期适当安排保留用地。生态城规划建设用地平衡表见表 13-1。

表 13-1 中新天津生态城规划建设用地平衡表

序号	用地代码		用地名称	用地面积	
				面积/hm²	比例
1	R		居住用地	1096.9	42.67%
	其中	R1	一类居住用地	79.0	
		R2	二类居住用地	1017.9	
2	C		公共设施用地	246.5	9.59%
	其中	C1	行政办公用地	4.0	
		C2	商业用地	81.9	
		C3	文化娱乐用地	83.7	
		C5	医疗卫生用地	6.0	
		C6	教育科研设计用地	70.9	

续表

序号	用地代码		用地名称	用地面积	
				面积/hm^2	比例
3	S		道路广场用地	264.0	10.27%
	其中	S1	城市道路用地	252.7	
		S2	广场用地	5	
		S3	社会停车场库用地	6.3	
4	G		绿地	615.4	23.94%
	其中	G1	公共绿地	578.8	
		G2	生产防护绿地	36.6	
5	M		商务工业用地	127.9	4.98%
	其中	M1	一类工业用地	127.9	
6	W		仓储用地	9.7	0.38%
7	U		市政设施用地	44.8	1.74%
8	CR		混合用地	165.2	6.43%
总建设用地面积				2570.4	100.00%

注：规划范围内总用地 3420.0hm^2，其中生态绿地 849.6hm^2 不计入总建设用地平衡。

13.1.4 生态建设规划

规划目标：建设符合自身生态特征并与区域相协调的良性循环的生态系统，实现自然生态环境与人工生态环境的和谐共融。

控制指标：自然湿地（特指蓟运河故道及两岸生态缓冲带）净损失为零；本地植物指数不低于 0.7。

规划策略：保障区域生态系统安全；促进规划范围内生态系统与区域生态系统的有机融合；尊重本地自然生态条件，采取适宜的生态修复和重建手段，帮助恢复自然水系、湿地和植被，构筑以多级水系、绿色网络为骨架的复合生态系统。

生态空间格局：以生态核、生态链为中心，构建六条（琥珀溪、吟风林、甘露溪、慧风溪、白鹭洲河口及鹦鹉洲河口廊道）与外围生态系统相连接的生态廊道，形成开放式的生态空间格局。

生态廊道控制如下。

① 规划确定永定洲湿地及蓟运河西侧的大黄堡-七里海湿地连绵区为永久性生态保护区，除生命线工程外，禁止任何开发建设。

② 永定洲湿地面积不小于 60hm^2。

③ 蓟运河左岸（东侧）生态廊道宽度不小于 120m。

④ 蓟运河故道须保持现状自然形态，两岸生态缓冲带自 1.0m 水位线算起，宽度须控制在 60m 以上（城市中心滨水地带除外）。

⑤ 清净湖西岸生态缓冲带宽度控制在 20～30m 以上。

⑥ 琥珀溪、吟风林、甘露溪、慧风溪四条生态廊道宽度应不小于 100m（包括人工河道）。

⑦ 在津汉快速、汉北路北段和中央大道两侧应设置宽度不小于30m的防护绿带。

生态系统构建如下。

① 保留蓟运河故道，治理修复现状污水库，结合现状水系肌理在蓟运河故道东南侧构建甘露溪、慧风溪，北侧构建琥珀溪三条人工河道。

② 采用本地适生植被，结合城市水系及道路廊道构建城市绿色空间网络。

③ 在营城污水处理厂北部建设生态环保展示教育基地一处，结合景观游憩安排环保教育、再生水净化、资源循环利用展示等功能。

④ 恢复建设鹦鹉洲和白鹭洲两处鸟类栖息地及永定洲生境演替区。

⑤ 蓟运河故道及人工河道须采用生态岸线，禁止建设硬化堤岸和河床。

13.2 规划分析

13.2.1 目标规划的相容性分析

13.2.1.1 与国家总体发展战略的相容性

党的十七大报告指出要“建设生态文明，基本形成节约能源资源和保护生态环境的产业结构、增长方式、消费模式。循环经济形成较大规模，可再生能源比重显著上升。主要污染物排放得到有效控制，生态环境质量明显改善。生态文明观念在全社会牢固树立。”

2007年11月18日，温家宝总理与新加坡总理李显龙在新加坡签订《中华人民共和国政府与新加坡共和国政府关于在中华人民共和国建设一个生态城的框架协议》（后简称协议）。协议约定：“在天津市建设一个社会和谐、环境友好、资源节约的生态城。”“生态城将作为中国其他城市可持续发展的样板。”

中新天津生态城总体规划确定的发展目标为“建设科学发展、社会和谐、生态文明的示范区；建设资源节约型、环境友好型社会的示范区；建设体现天津地域文化特色和时代特征的、生态宜居的国际化滨海新城。”具体表述为：经济蓬勃高效、生态环境健康、社会和谐进步、文化传承弘扬、区域协调融合。生态城建设将为天津的可持续发展和生态文明建设提供有利的契机，为天津创新城市发展模式提供具体的实践，有利于促进实现天津建设生态城市的发展目标，促进天津科学发展、和谐发展、率先发展。这种发展模式和目标定位与国家总体发展战略以及两国政府签订的协议要求是相符合的。

13.2.1.2 与城市发展定位的相容性

2006年7月27日，国务院批复的《天津市城市总体规划（2005—2020年）》，明确了天津的城市定位，要将天津建设成为“国际港口城市，北方经济中心和生态城市”。

滨海新区纳入国家发展战略后，《国务院关于推进天津滨海新区开发开放有关问题的意见》中，“批准天津滨海新区为全国综合配套改革试验区”，“以建立综合配套改革试验区为契机，探索新的区域发展模式，为全国发展改革提供经验和示范。”要求滨海新区先行试验一些重大的改革开放措施，将滨海新区逐步建设成为“经济繁荣、社会和谐、环境优美的宜居生态型新城区。”

生态城总体规划的城市定位于建设生态宜居的示范新城，是落实天津市城市总体规划以及国务院对滨海新区的定位的具体实施和示范，有利于生态城市建设的先进技术和经验在生态城先行试验并逐步推广至整个滨海新区，乃至全国，为滨海新区及全国城市可持续发展提供示范和借鉴。

13.2.1.3 与《天津市城市总体规划（2005—2020年）》的相容性分析

在《天津市城市总体规划》第十二条市域空间布局中提出：规划在天津市域范围内，构建“一轴两带三区”的市域空间布局，其中：“一轴”是指由“武清新城-中心城区-滨海新区核心区”构成的城市发展主轴。“两带”是指由“宁河、汉沽新城-滨海新区核心区-大港新城”构成的东部滨海发展带和“蓟县新城-宝坻新城-中心城区-静海新城”构成的西部城镇发展带。“三区”是指北部蓟县山地生态环境建设和保护区、中部“七里海-大黄堡洼”湿地生态环境建设和保护区、南部“团泊洼水库-北大港水库”湿地生态环境建设和保护区。

生态城规划区域处于“两带”中的东部滨海经济发展带和中部“七里海-大黄堡洼”湿地生态环境建设和保护区的交接点上，东部滨海发展带是落实国家总体发展战略、加快区域发展的重点地区，其南北两端分别与山东半岛和辽东半岛相连接，共同构成环渤海地区的经济发展带。生态城的建设无论是在经济方面的示范性还是在生态方面的示范性都有着特殊重要的意义，对于在生态与经济均等重要的地区开展生态城建设提供典型示范。

第六十九条生态体系中提出：以北部蓟县山地生态环境建设和保护区、中部“七里海-大黄堡洼”湿地生态环境建设和保护区与南部“团泊洼水库-北大港水库”湿地生态环境建设和保护区为主体，以海河生态廊道和滨海生态廊道为骨架，以风景名胜区、自然保护区为重点，以主要河流、道路沿线绿色通道为脉络，形成城乡一体的生态体系。

第七十二条湿地保护中提出：于桥、尔王庄、北大港、北塘及规划预留的王庆坨水库等饮用水水源地和团泊洼、七里海等湿地保护区的核心区，属于特殊生境，应严格保护；官港森林公园、东丽湖、沿海滩涂等湿地物种相对丰富，应重点保护；其他湿地如一般水库和河流廊道等，应加强保护。

通过建立自然保护区、湿地公园等方式对野生动物主要栖息地、候鸟迁飞停歇地等加强重点保护。

从天津市整体的生态格局来看，生态城位于天津市中部“七里海-大黄堡洼”湿地生态环境建设区的东端，是天津市北部湿地连绵带（七里海-东丽湖-黄港水库-北塘水库-营城水库-永定新河、蓟运河交汇处及入海口）及上游各水库等重要生态节点与渤海湾联系的关键通道，对于中部“七里海-大黄堡洼”湿地生态环境建设区的生态完整性具有重要意义。生态城在规划中充分利用了周边农田、河流等生态要素，规划了永定新河-蓟运河绿廊以及区域内的绿核＋绿楔，并在生态城南部永定新河入海口处保留了一定面积的自然湿地，构成了生态城生态系统的骨架，并与天津市整体的北部湿地连绵带保持了较好的连通性，保证了生态城与外围广大区域的生态联系，因此从生态城的生态格局来看与天津市整体的生态格局保持了较好的连通性，是比较合理的。

但从另一个角度而言，虽然生态城保留了自然湿地，但规划实施后，大面积的盐田会消失，盐田虽然属于人工湿地，且从土地性质上属于工业用地，毕竟仍然有一定的湿地的生态功能，大面积的盐田的消失，还是会对整个天津市北部的湿地连绵带的生态功能带来一定的影响。

第二十八条滨海新区的产业布局中提出：根据滨海新区的产业发展方向，规划先进制造业产业区、滨海高新技术产业区、滨海化工区、滨海新区中心商务商业区、海港物流区、临空产业区、海滨休闲旅游区7个产业功能区；此外按照滨海新区新的布局增加了临港产业区，滨海新区共形成8个产业功能区。其中海滨休闲旅游区：重点建设国际游乐港、主题公园、环渤海中心渔港、营城湖度假区、游艇会和北塘渔人码头项目，成为滨海旅游休闲度假景区。

从滨海新区整体的产业功能布局来看，这八大功能区既有重点发展产业的区域，又有重点发展科技研发和产业孵化的区域，生态城的发展能够起到一个与其他功能区有效互补的关系，同时其选址处于八大功能区之一——海滨休闲旅游区范围之内，海滨休闲旅游区是八大功能区中较为特殊的一个，布局在其他工业区的外围，是滨海新区重要的旅游休闲度假基地，在这样的功能区内布局一个以生态环保、节能减排、绿色建筑等为主题的、国家级教育研发、交流展示中心和产业基地，生态宜居的示范新城，可起到区域协同发展的效应；另一方面，生态城通过地铁与其他功能区实现了有效衔接，彼此紧密联系起来，为生态城与各功能区之间实现有效的物质、能量和信息流通提供了便捷。

13.2.1.4 与《天津生态市建设规划纲要》的协调性分析

天津市生态市建设规划纲要的总体目标是：到2015年全市基本形成以高新技术、循环经济和清洁生产为主导的生态产业体系；合理配置、高效利用的资源保障体系；让人们喝上干净的水、呼吸上清洁的空气、拥有山川秀美的生态环境体系；以人为本，人与自然、人与社会和谐的生态人居体系；生态道德、先进文明的生态文化体系，将天津建设成为资源节约型、环境友好型社会和生态城市。

重要湿地生态功能区包括中心市区南北两大湿地生态系统，即大黄堡-七里海-黄港湿地生态系统和团泊洼-北大港水库湿地生态系统。其中，大黄堡-七里海-黄港湿地生态系统位于潮白新河和永定新河两侧，面积约906km^2，该系统建有大黄堡湿地市级自然保护区、古海岸与湿地国家级自然保护区。该区保护措施与发展方向是：强化湿地保护区的管护，禁止违法开发和其他人为破坏湿地资源的行为；加强湿地环境治理和生态修复，适度发展生态养殖和旅游业。

海岸带和盐滩生态功能区包括天津港南北盐滩及滩涂地带，面积约300km^2。由于该区沿海滩涂为淤泥质岸线，营养物质丰富，是海洋生物索饵、洄游、繁殖的重要场所，是优质海盐生产重要基地，也是过境鸟类迁徙的重要驿站。土体含盐量大、蒸发量大、地下水位浅、矿化度高，生态环境脆弱。该区发展方向是：以保护滩涂生态环境的“最后防线”为目标，按照规划控制滩涂过度开发；适度发展海水盐业、海水养殖及海产品加工；大力推行间养、轮养、多品种混养等多种生态养殖模式。

在优化发展布局中提出：在生态环境脆弱的地区和重要生态功能保护区，实行限制开发，划定为限制开发区域。

生态城规划范围属于天津生态市建设规划纲要划定的重要湿地生态功能区和海岸带与盐滩生态功能区两大重要生态功能区的范围，属于优化发展布局中的限制开发区域。从保护重要生态功能区的角度而言，生态城建设选址此处是不尽合理的，但这两个重要生态功能区都允许在加强湿地环境治理和生态修复的前提下，适度发展生态养殖和旅游业。生态城规划范围内的污水库是长期形成的污染严重的区域，生态城的建设对污水库及蓟运河故道湿地进行了生态修复，并恢复至较好的水质，是生态城建设积极的一面，但与此同时生态城建设之后35万人口的入驻，对当地的生态系统也会带来一定的压力，必须严格加强环境管理，保护好湿地，处理好人与自然的关系，真正实现人与自然和谐。

13.2.1.5 与《滨海新区生态建设与环境保护规划》的协调性分析

在《滨海新区生态建设与环境保护规划》中提出：到2020年，全面建设成为经济繁荣、社会和谐、环境优美的宜居生态型新城区。

在生态建设与环境保护体系建设中提出：建设和保护新区南部和北部共500km^{2}的两大生态环境区；建设“三横两纵”生态廊道；建设八大产业功能区、森林公园、城区及中心城镇生态绿化带，形成有滨海特色的生态网络格局。

保护湿地资源。实施湿地保护工程，搞好湿地绿化，加强浅海滩涂贝类特殊保护区和蓟运河口等湿地公园等建设，合理开发利用湿地资源。

滨海新区的生态建设与环境保护体系与天津生态市建设规划纲要中的生态体系基本一致，生态城与该规划也是相协调的。

13.2.2 布局合理性分析

13.2.2.1 规划布局合理性分析

(1) 区域整体布局的合理性分析

① 从生态城周边与生态城内部功能布局的相容性来看南侧永定新河入海口处自然湿地的保留以及区域外围蓟运河、永定新河河口湿地的保留和修复，一方面保留了候鸟迁徙的驿站，维持了良好的生态功能，另一方面也可部分缓解生态城南部塘沽城区、经济技术开发区、南疆港区、东疆港区、临港工业区等在南风、东南风气象条件下可能对生态城环境空气质量的不利影响。这种布局总体上也是比较合理的。但考虑到生态城南侧保留的自然湿地是为候鸟迁徙提供栖息、觅食的国际驿站，建议加强生态城及周边地区湿地的恢复与建设，融入七里海湿地连绵区，每年春秋都会有大批水鸟经过此地，建议增加此类用途用地的面积，为候鸟提供足够的空间，不影响七里海湿地候鸟迁徙驿站的功能，同时在此处生态保留地与周边居住用地间设置宽度不低于120m的隔离绿带。

② 从与天津古海岸与湿地国家级自然保护区的区位协调性来看，天津古海岸与湿地国家自然保护区的一条贝壳堤紧邻中新天津生态城，位于生态城东南部，规划区外西南侧为天津古海岸与湿地国家保护区。天津古海岸与湿地国家级自然保护区，其保护对象为贝壳堤、牡蛎滩构成的珍稀古海岸遗迹。天津的贝壳堤、美国圣路易斯安那州贝壳堤、南美苏里南贝壳堤并称世界三大贝壳堤，在国际第四纪地质研究中占有重要位置，是本规划区的重要生态敏感点。生态城在规划的生态建设章节中提出要“城区南侧的贝壳堤，应按照相关规定落实保护措施”，同时该条贝壳堤处于中央大道与海滨大道之间，未来这两条道路建成后，两侧将保留一定宽度的绿化带，并结合道路防护绿化带的建设构建滨海防护林带，以阻挡海风海潮对的影响，为生态城提供生态屏障。考虑到贝壳堤的保护主要在地下，且位于规划区域的边界之外，建议在生态城的开发建设过程中，要切实贯彻落实《天津古海岸与湿地国家级自然保护区管理办法》中的要求，严格保护。

另一方面，该贝壳堤属于国家级自然保护区，具有重要的历史价值、生态功能和观赏价值。而生态城的主导产业之一即生态文化旅游业，它以生态型河岸建设、生物栖息地保护、湿地的恢复与重建、利用水生植物进行水环境修复、污水及固体废物的资源化等一系列生态技术、文化的示范项目为核心。因此城内的文物古迹、大型公共文化设施、展览中心、特色建筑群与广场等旅游资源可以与贝壳堤遗迹有机串联起来，共同发展生态文化旅游业。

总体而言，只要在生态城的开发建设以及生态建设过程中，注重贝壳堤的保护，两者从布局上是相协调的。

③ 从与海滨休闲旅游区的协同发展角度来看，目前生态城所属的海滨休闲旅游区总体规划正在编制过程中。但在天津市城市总体规划中，对海滨休闲旅游区的定位已经确定：天津市海滨休闲旅游区发展定位为环渤海地区休闲旅游服务体系的重要组成部分；国际旅游目的地；以主题游乐为核心的生态型海滨休闲旅游区。职能定位为滨海休闲、旅游功能；生态涵养功能；研发和转化功能区之一；邮轮产业和客运服务功能。重点建设国际游乐港、主题公园、环渤海中心渔港、营城湖度假区、游艇会和北塘渔人码头项目，成为滨海旅游休闲度假景区、滨海新区产业配套的重要生活区和旅游基地。

生态城的产业类型设置总体上与海滨休闲旅游区既有相衔接的地方，也有互为补充的地方，在生态城总体规划确定之后，海滨休闲旅游区的总体规划也必须作出相应的调整，从两个区域的功能布局上，应尽可能做到不重复设置旅游设施，不重复建设雷同的功能区，两者应从共同发展的角度获取最大的协同发展效应。海滨休闲旅游区应将生态城的生态技术、环保技术和节能减排技术，充分应用到海滨休闲旅游区的建设中，建成生态型海滨休闲旅游区。

(2) 区域内部功能布局的合理性分析 区域内部的空间结构为“一链环一核、一轴带四片”。从空间布局结构来看，生态城的整体布局特点体现在两大方面：首先是以营城湖、高尔夫球场区域为核心，发挥生态核心的辐射作用，蓟运河文化博览园、滨水休闲游憩带、博览及会议中心、特色展览中心、生态创意产业园、环保示范教育园布局在核心区域的周围，充分体现了因地制宜的布局方式，发挥了本地区特有的环境资源优势，也为宣传环境保护、加快环保产业的发展提供机会，为环保技术的交流扩散提供良好渠道；其次是以塘汉S形线串联起来的生态片区结构。生态综合片区呈条带状结构，方向为东北-西南，顺应了原有的蓟运河故道纹理，居住区布局在主要轨道交通的两侧，这种安排格局，方便了常住人口通行，且在开发强度上依托大运量公交系统引导土地开发，沿交通站点适当提高开发强度，这种开发模式有利于生态城绿色出行、绿色交通目标的顺利实现。

由于生态城在产业的选择上没有大型的制造业和污染严重的企业，因此，居住区与商业用地的相对位置设置不会受到风向的影响。产业用地设置在本区域南北两侧，从布局上是比较合理的，一定程度上可减缓区外环境空气污染源以及交通噪声对区内居住区的不利。发展的主导产业为生态环保技术、产品研发和中试、绿色建筑产业、生态环保的科技教育业、现代服务业、生态型的文化创意产业、旅游休闲和康体产业。这些产业之间的关联度不是上下游企业的关系，具有相对的独立性，相互之间依赖程度不高，因此，产业的集聚效益不明显，可分开布局。

13.2.2.2 用地结构合理性分析

按照生态城的用地平衡表来核算，区内生态用地的总面积为：

公共绿地 578.8hm^2＋生产防护绿地 36.6hm^2＋生态绿地 849.6hm^2＝1465hm^2

则生态用地占总用地面积的比例可达到：1465/3420×100％＝42.8％

基本达到了一个城市用地结构中生态用地占 1/3 的结构比例要求，规划中将公共绿地与生产防护绿地划定为建设用地，因此在保持建设用地中绿地面积和比例均不下降的前提下，生态用地的面积和比例是比较合理的，从生态与环保的角度而言，规划确定的用地规模是比较合理的。

13.3 生态环境质量调查与评价

13.3.1 区域生态环境背景状况

对生态城规划区域的生态环境调查主要采用实地现场勘察、摄影、访问、历史与现状资料收集相结合的方法，从植被状况、生态系统等方面分析规划区域的生态环境现状。

规划区地处蓟运河、永定新河汇流入海口的东北部，距海岸线不足 1km，为海积低平原区，区内地势低洼平坦，河流、沟渠纵横交错，分布有众多的水塘、水库、盐池、洼淀，还有鱼塘、虾池、蟹池等养殖水面，水面面积率高，目前受开发扰动较少。区内除旱地、水浇地、园地等人工植被外，在近海地带分布有盐生植物，以盐地碱蓬、灰绿藜、碱莞等为代表植物；积水洼地和古河道四周多为芦苇群落，常有香蒲伴生。原生植被总体来说外貌低矮，层级简单。

湿地是该区域主要的生态系统类型，规划区内及周边区域分布着湖泊、滩涂、河流、芦苇、洼淀等多种湿地类型，湿地面积十分广阔。西北向 35km 处为我国北方面积最大的古泻湖湿地系统——七里海湿地所在地。本地是亚洲东部候鸟南北迁徙的重要停歇地，在此停留的水鸟不仅种类多而且种群数量相当可观。据调查，本区域共有鸟类 180 多种，其中属国家Ⅰ级保护物种的有黑鹳、白鹤、大鸨、遗鸥等，属国家Ⅱ级保护物种的有海鸬鹚、白额雁、灰鹤、红隼、红脚隼等。规划区外东南侧蛏头沽村则是天津古贝壳堤第一堤的起点，保有珍贵的自然遗迹，具有较高的科研价值，已于 1992 年被列入为国家级自然保护区。

规划区周边还分布有北塘水库、黄港水库等水库型湿地；潮白河贯穿七里海湿地，将七里海湿地分为东海和西海，最后在规划区西侧汇入永定新河入海。因此，规划区实际上是七里海湿地连绵区向渤海湾的延续，属滨海湿地系统。天津北部的蓟县自然保护区则经由州河、蓟运河与渤海湾沟通。随着天津中心城市——尤其是中心城区、滨海新区发展连绵区的逐渐完善，天津南部和北部生态系统的联系越来越弱，规划区因而成为天津北部蓟县自然保护区、中部湿地自然保护区通往渤海湾的唯一入口。因此，本区的生态节点功能不可替代。

13.3.2 区域生物资源现状调查与评价

生物资源调查重点对规划区植物种类、群落类型、生物多样性、植物生物量以及动物资源进行了初步调查和样品采集。同时考虑到规划区面积较大，为弥补现状调查的局限性，查阅了相关资料并收集后整理。

13.3.2.1 植物资源调查

(1) 植物区系统计及分析 经过调查，规划区内现状植物物种比较丰富，其中主要为野生植物和木本植物，规划区现存乔木种类和数量均较少。规划区内野生植物分布于21个科，占天津的14.1%；54个属占天津的9%；66个种占天津的6%（见表13-2）。全部都是被子植物，没有裸子植物和蕨类，植物种类较为贫乏。

表13-2 规划区野生植物种类统计表

地区	科		属		种	
	数量/种	比例/%	数量/种	比例/%	数量/种	比例/%
天津	149		597		1049	
污水库区	21	14.1	54	9	66	6

规划区内植物区系特点以华北成分占绝对优势（见表13-3），如菊科植物19种，占本地植物的30%，禾本科植物12种，占19%，十字花科4种，占6.30%。

表13-3 规划区内野生植物主要科的种数统计表

科名	种数	百分比/%	科名	种数	百分比/%
菊科	19	30	蒺藜科	2	3.2
禾本科	12	19	锦葵科	2	3.2
藜科	9	14.3	萝藦科	2	3.2
十字花科	4	6.3	旋花科	2	3.2
蓼科	3	4.8	唇形科	2	3.2

(2) 规划区主要植物群落 本地由于土壤盐碱严重，地下水较浅，生态环境较差，因而植被覆盖度较低，没有乔木植物群落，主要是草本植物群落，还有一些零星分布的灌木群落。包括翅碱蓬（*Suaeda heteroptera* Kitagawa）群落、碱蓬（*Suaeda glauca* Bunge）群落、獐毛（*Aeluropus litoralis* Gouan）群落、芦苇（*Phragmites communis* Trin.）群落、苘麻（*Abutilon theophrasti* Medic.）群落、狗尾草（*S. viridis* Beauv.）群落、芦苇（*Phragmites communis* Trin.）-狗尾草（*S. viridis* Beauv.）群落、柽柳（*Tamarix chineness* Lour.）群落和白刺（*Nitraria schoberi* L.）群落。

(3) 规划区植物生物多样性分析 本次调查有效样方为12个，基于此样方调查数据对草本、灌木植物群落进行分析。其中采用重要值作为草本灌木层的物种多样性计算的依据。多样性指数选用最为常用的香农-威纳指数和辛普森指数。生物多样性指数是量化一个地区物种丰富程度的一个指数，多样性指数是反映丰富度和均匀度的综合指标。香农-威纳指数和辛普森指数则包括群落的物种丰富性和异质性两个内容。一般来说，物种类数目越多，多样性越大；同样，种类之间个体分配的均匀性增加也会使多样性提高。

草本植物群落翅碱蓬（*Suaeda heteroptera* Kitagawa）、芦苇（*Phragmites communis* Trin.）、狗尾草（*S. viridis* Beauv.）、碱蓬（*Suaeda glauca* Bunge）等重要值较高（见表13-4），说明这几种草本在调查样方中比例较高。灌木植物群落中白刺（*Nitraria schoberi* L.）和柽柳（*Tamarix chineness* Lour.）的重要值为13.89和8.71。规划区内污水库湖滨

灌木草本植物群落的香农多样性指数为2.14，辛普森多样性指数为0.86，与天津其他地区植被多样性指数相比较低。

表13-4 污水库湖滨植物群落植被特征分析表

植物名称	相对多度	相对密度	相对优势度	相对频度	重要值	多样性指数	
						香农指数	辛普森指数
翅碱蓬	24.29	56.38	22.87	11.11	58.27	2.14	0.86
芦苇	8.77	8.09	10.11	11.11	30.00		
狗尾草	25.65	13.98	20.76	25.93	72.33		
碱蓬	14.69	15.77	9.32	14.81	38.82		
苣荬菜	0.14	0.07	0.44	3.70	4.29		
茵陈蒿	1.94	0.99	2.64	3.70	8.28		
苘麻	12.35	2.12	14.95	7.41	34.71		
盐角草	1.25	0.44	1.76	7.41	10.41		
二色补血草	0.04	0.11	0.44	3.70	4.19		
獐毛	6.23	3.04	6.16	3.70	16.09		
白刺	4.03	1.10	6.16	3.70	13.89		
柽柳	0.61	0.62	4.40	3.70	8.71		

从本次调查的结果看，生物多样性较低造成了规划区内的生态系统调节功能相应较低。

13.3.2.2 动物资源调查

规划区因水面、湿地较多，为动物提供了较为良好的栖息环境，区内动物资源，特别是鸟类和昆虫资源比较丰富。根据现场调查和历史资料收集，主要留鸟有喜鹊、灰喜鹊、麻雀、乌鸦等，以喜鹊和麻雀较多，在特殊用地水域附近还发现有涉禽类鸟类，根据相关调查资料和现场调查资料，还有其他大量鸟类。除了鸟类之外，规划区内的昆虫资源也相对丰富，基本为我国北方常见的昆虫，包括蝉、斑螳螂、马蜂、蝎子、马陆、油葫芦、蝈蝈、蜂、土鳖、蝼蛄、地蚕、东亚飞蝗、大垫头翅蝗等。在规划区内野生的哺乳动物种类不多，主要是北方常见的田鼠、野兔、达乌尔黄鼠、黄鼬、刺猬、长尾仓鼠等小动物。总体来说，规划区现状陆生野生动物资源中，昆虫类和鸟类物种比较丰富，而哺乳类、爬行类物种较少。

13.3.2.3 区域生态现状评价

从以上的调查和分析可以得出，规划区生态环境现状较差，植物种类较为贫乏，没有乔木植物群落，主要以盐沼植物群落为主。植被覆盖度较低，生物多样性较低，植被生物量较低。规划实施后会一定程度上对当地的原生植被造成破坏，应注意保护典型地段的原生植被。盐生植被是一种特殊的适应于土壤高盐浓度环境的植物类型，对裸地的改造起了土壤脱盐、积累土壤有机质的作用，因此需在合理规划基础上进行开发利用。

规划区域水面密布，以湿地生态系统为主，并伴有少量农田系统。区域内动物以鸟类和昆虫为主，哺乳动物数量少。鸟类中有多种受保护动物如天鹅等。

总体上，规划区内地形地貌简单，地势低洼平坦，生态特征较为单一，水面面积率高，沟渠密布，除了分布有果园、旱地外，区域植被以滨海盐生草本植物为主，外貌低矮，层次简单，土壤含盐量高，肥力不高，物理性能差。

13.3.3 景观资源现状与评价

规划区内的景观现状总特点为：有水无山，景观单调；水面多，湿地多，道路绿化少；道路平坦，建筑密度低，视野开阔；田野风光与城镇景观并存。

规划区内没有国家级或省级的风景名胜区、自然保护区等重要保护景观，存在一处塘沽区重点文物保护单位，即北塘炮台遗址。规划区外东南侧为天津古海岸与湿地国家保护区。天津古海岸与湿地国家级自然保护区，其保护对象为贝壳堤、牡蛎滩构成的珍稀古海岸遗迹，是本规划区的重要生态敏感点。规划区内还有东风村、五七村及青坨子村部分，具有典型的天津乡村特色，但目前正处于发展阶段，景观视觉感一般，需要进行保护和合理开发。规划区拥有大面积湿地，是一个典型的多湿地地区。由于历史形成的原因，天然湿地蓄水不深，湖泥深厚，沼泽化和盐渍化明显，目前区内沼生植物带基本上被开发利用为农田、鱼塘、工业用地和居住用地。由于目前规划区内的营城污水库和蓟运河故道水质差，造成生境环境质量差，植被覆盖少，景观单调，同时对其他景观造成影响。

规划区处在由农村地区向城市转变的过程，在规划范围内，各区块发展不平衡，同一地块上新与旧、美与丑并存。总体的景观特点是地形地貌简单，地势低洼平坦，生态特征较为单一，沟渠密布，湿地生态系统特征明显。区域植被以滨海盐生草本植物为主，外貌低矮，层次简单，视觉感差。

13.4 生态环境影响预测与评价

13.4.1 规划对生态系统的影响

13.4.1.1 生态系统结构特征的影响预测与分析

规划区范围现状用地主要有芦苇群落、农田（主要是葡萄园）、水库、河流、养殖塘、盐田、半荒地和村庄构成，主要为湿地生态系统。而规划区建成后该地区将变为一个以居住为主并辅以第三产业的城市生态系统。规划区将由基本的自然生态系统大部分转变为人工生态系统。

① 地表覆盖层改变生态城的建设过程中的道路、建筑等，以水泥、瓷砖、大理石和抛光花岗岩铺地，将不可避免地增加对地表的覆盖，固化地表，使规划区内原有可渗透的原始地表覆盖层中有相当一部分变为不可渗透的人工地面。地表覆盖层的这种改变会阻断地表雨水下渗通道，引起阴雨天气地表积水和地下水补给减少，导致水资源浪费和水资源短缺。

② 生态系统结构改变规划区现状以湿地生态系统为主，伴有部分农业、渔业生态系统，具有生态学意义上的“生产者”、“消费者”和“分解者”即生态系统的能流和物流是自我循环的，具有完整的生态功能。生态城建成后，该区域将转变成为一个城市生态系统，“生产者”、“消费者”和“分解者”，发生很大变化。各种原材料等物质输入，电能、天然气、煤

炭等能量输入，以及各种工业产品、人类消费产生的垃圾等物质输出都将大大增强，将原来的能流和物流过程完全改变，所有的过程由人类控制，产生的各种生活垃圾、生活污水不能由自然过程消解，必须由专门的处理设施进行处理，能量的消耗大大增加。

③ 对湿地生态系统的影响生态城规划方案实施后，除保留汉沽污水库和蓟运河故道外，规划区内较大面积的养殖塘和盐田将被占用，湿地面积大大减少，湿地面积的减少对湿地生态系统产生较大的影响，将导致生态功能和结构的退化。规划实施后，鱼塘将全部消失，会对养殖户造成较大的经济损失，同时人工养殖鱼类物种将消失。另外，生活在湿地的一些鸟类和两栖动物会失去赖以生存繁衍的生态系统而死亡或迁徙，会给保留下来的湿地生态系统造成生境竞争压力。施工还会造成水文条件的变化、河势的变化，均会对水生生物的生存环境造成影响。

13.4.1.2 关于生态城规划指标中自然湿地净损失率的分析

中新天津生态城指标体系中“自然湿地净损失”为零，指标解释中指出：自然湿地净损失是指任何地方的湿地都应该尽可能受到保护，转换成其他用途的湿地数量必须通过开发或恢复的方式加以补偿，从而保持甚至增加湿地资源基数。按照规划，本区内自然湿地是指蓟运河故道、河口湿地及其缓冲区范围等（正在进行生产的盐田、鱼塘不计在内）。规划中将蓟运河故道、河口湿地规划为生态用地加以保护和恢复，不会减少，如果严格执行规划，该指标可以实现。

13.4.1.3 规划对生物多样性的影响预测与分析

目前规划范围内，植被芦苇和杂草为主，绿化木本植物只有零星分布的榆树和柳树两种，经实地调查，规划区内野生植物分布于21个科，占天津的14.1%。规划区内污水库湖滨灌木草本植物群落的香农多样性指数为2.14，辛普森多样性指数为0.86，与天津其他地区植被多样性指数相比较低。水生植物、水生动物的生物量和物种多样性都很低。生态城建成后，耕地将消失，人工栽培的花草树木数量将大大增加，植被构成和功能会发生很大变化，由原来的湿地植物和农业经济功能为主转变为美化环境、陶冶情操和改善小气候等生态功能为主。

根据规划，汉沽污水库将保留并进行水质治理，建设生态型河岸，并在河流两侧构建足够宽度的生态廊道，因此可以预测，随着污水库和蓟运河故道水质的改善，将大大提高生物的生境质量，水生生物和湿地植物的多样性将会提高。

同时，由于大量人工绿地的建设，种植种类丰富的绿化植物，因此，随着生态城的建设，规划区内的生物多样性将会大大增加，对整个区域来说，生态城的建设将对生物多样性产生有利影响。

13.4.2 规划方案中对自然生态保护措施的分析

13.4.2.1 规划区生态网络完整性影响分析

(1) 规划区生态网络完整性的宏观分析 城市生态网络规划应综合考虑不同的空间尺度层次，对于多尺度的生态网络构建，各层次之间的衔接是尤为重要的环节，宏观尺度上生态网络完整性的分析，能够对规划区在整个区域生态网络中的重要性与合理性进行把握，从而在不同层次、不同尺度上保持最大程度的整体一致性。

生态城位于天津市城镇发展轴线与生态廊道的结合点，是北部大黄堡、七里海湿地连绵区的延续，为生态敏感性高的区域，是天津市区域生态网络中的重要节点。

但从目前的现状来看，规划区内蓟运河、营城水库、污水库和养殖水面等水域，地表水质差，基本为Ⅴ类和劣Ⅴ类水体，由于各个水域独立存在，没有构成循环体系，因此这些水域的生态功能没有充分发挥。尤其是营城水库，不仅没有发挥生态功能，还成为影响规划区生态环境的负面因素。作为天津市生态网络的重要节点，其生态功能远远没有发挥。

规划区以湿地生态系统为主，湿地以水为本，规划中将区域内的水体与周围生态网络进行了合理衔接，而且使内部水循环更为畅通，建立了合理水循环体系，同时通过生态廊道把各生境岛屿连接在一起，尤其是与自然斑块连接在一起，循环体系更为健全，生态网络的连通性与完整性增加，生态网络能为野生动物提供生境，维持动植物群落之间的交流，维持生物多样性，自然生态系统的物质能量畅通循环，生态网络的生态功能得到充分的发挥。

建议：规划实施中应着重加强对汉沽污水库的治理，同时保证蓟运河及蓟运河故道水质，水质好坏直接关系到湿地生态系统功能的发挥，若水质问题得不到解决，不仅湿地的生态功能不能发挥，还会成为生态城发展的制约因素。另外，将营城水库与渤海海域水体连通后，要对是否会引起海水倒灌充分重视，建议将防洪与生态景观功能结合起来，建设生态型的超级堤防。

总体结论：规划实施后，区域的生态网络的连通性与完整性，对规划区作为重要生态节点在天津市自然生态网络中功能的发挥有较大改善。

(2) 规划区内生态网络结构完整性和合理性分析

① 规划区内生态网络结构完整性分析　生态网络是由生态廊道和生态节点两部分组成的，生态廊道一般包括三类，即植被绿带、景观廊道和通道廊道。植被绿带指受到保护的自然区域或植被带，包括城市中的湖滨绿带、海岸绿带、环城绿带、带状公园、绿篱及防护林等，可以保护自然生态系统，平衡和引导城市的发展；景观廊道是具有较高欣赏和景观价值的生态廊道，连接生态系统和景观的廊道；通道廊道为道路或水系两侧的绿化带的建设，可以提供通道、自然区域或其他绿色空间的特定线路，因此道路与水系可作为通道廊道整合到城市生态网络中。生态节点包括自然保护区、公园、公共绿地、自然保留地等保护自然资源和生物多样性的块状区域。

生态网络是解决城市生境破碎化、提高生境连接度的重要手段。生态网络规划的关键在于节点的定位和网络的组成模式。对于生态区域，如河流交汇点、生物保护区、村庄等都可以被抽象成点，它们之间的相互联系，如海岸线、河流、交通线路、物质流、信息流、能量流等都可被抽象成点与点的连线，这样生态系统就成为网络。在一系列评价指标中，α 指数、β 指数和 γ 指数经常用于评价生态网络的闭合度和连接度，从而定量地反映生态网络的完整性。

网络闭合度（network circuitry）是用来描述网络中回路出现的程度，即网络中实际回路数与网络中存在的最大可能回路数之比，可用 α 指数来测度：

$$\alpha=\frac{L-V+1}{2V-5} \tag{13-1}$$

式中，L 为廊道数；V 为节点数。α 指数的变化范围一般为 0～1。$\alpha=0$ 意味着网络中不存在回路；$\alpha=1$，说明网络中已达到最大限度的回路数目。

β 指数也称线点率，它是网络中每一个节点的平均连线数目：

$$\beta=\frac{L}{V} \tag{13-2}$$

β 指数是关于网路复杂性程度的简单度量，其数量范围在［0，3］。$\beta=0$，表示无网络存在；网络的复杂性增加，则 β 值也增大。当 $\beta<1$ 时，表示形成树状格局；$\beta=1$ 时，表示形成单一回路；$\beta>1$ 时，表示有更复杂的连接度水平。

网络连接度（network connectivity）是用来描述网络中所有节点被连接的程度，即一个网络的廊道数目与最大可能的廊道数目之比，可用 γ 指数来测度：

$$\gamma=L/[3(V-2)] \tag{13-3}$$

γ 指数的变化范围为 0～1，$\gamma=0$ 时，表示没有节点相连；$\gamma=1$ 时，表示每个节点都彼此相连。

采用 α 指数、β 指数和 γ 指数来反映生态网络规划前后的网络连接度、网络闭合度等状况。由现状与规划的节点与廊道数目，现状节点数目为 18，廊道数目为 19 条，规划节点数目为 30，廊道数目为 45 条，从而综合评价规划对生态网络完整性的影响。

对现状与规划的生态网络进行网络结构分析得到一系列的网络结构指数（见表 13-5），α 指数可以反映网络中回路出现的程度，α 指数由规划前的 0.07 增为 0.29，表明网络的回路程度有所增加，现在网络中有较少的回路出现，规划后回路较多，拥有较大的网络闭合度，则动植物和各种能量和物质在网络中的循环和流通更加畅通；β 指数指数反映每一个节点对应的连线数，从表 13-5 可以看出由 1.06 增为 1.50，表明现状每一个节点对应的连线数较少，而规划后每个节点对应的连线数较多，从一定程度上反映了规划后具有较高的廊道连通性；γ 指数反映网络中所有节点被连接的程度，规划前后的 γ 指数由 0.39 增加到 0.54，表明规划后具有较高的网络连接度。

表 13-5　生态城规划前后的网络结构指数比较

项目	α 指数	β 指数	γ 指数
现状	0.07	1.06	0.39
规划	0.29	1.50	0.54

规划后，通过生态廊道把各生境岛屿连接在一起，尤其是与自然斑块连接在一起，循环体系更为健全，规划区的生态网络连接度提高，生态网络的连通性与完整性增加。

② 规划区内景观生态格局分析　通过定量分析景观格局的构成，把对景观的空间特征的研究分为两个层面：第一个层面研究景观单元，反映给定的各景观类型的数量、面积、形状及出现频率的统计类空间特征，包括斑块的面积比、数量比、分维度（形状）与斑块的频率等。第二个层面研究景观格局，反映各个景观单元之间空间构成关系的特征，研究内容包括斑块多样性、连通度与破碎度等方面指标。根据不同的研究内容，选取相应的指标，对现状景观格局进行分析评价。

选取反映景观单元层面的指标如下。

斑块面积比：各类景观斑块的面积之比，反映了各类景观斑块在整个景观格局中的面积比重。一般来说，斑块内的物质、能力与斑块面积大小呈正相关，但这种相关性并非呈线形分布。

斑块个数比：各类景观斑块的个数之比，反映了各类景观斑块在整个景观格局中的数量之比。

斑块内缘比（S）：是各类斑块周长与面积之比，它反映斑块的边界效应。通常情况下，内缘比越大，斑块与外界交流的界面就越大，与外界物质、能量沟通交流的程度就越高。

最大斑块指数：显示最大斑块对单一类型或整个景观影响程度。LPI＝Max（a）/A（A 是整个景观中斑块面积的总面积）。

斑块密度（破碎化指数）：每平方千米的斑块数，可表征景观破碎化程度。密度小，表明景观较为完整，无明显的破碎化现象。斑块密度 d 用于描述景观空隙度，在一定意义上解释景观破碎化程度。

选取反映景观布局层面的指标如下。

Shannon 景观多样性指数：是指景观元素或生态系统在结构、功能以及随时间变化的多样性，反映了景观的复杂性，当景观类型所占面积比例相等多的时候，多样性指数最大；各类景观类型比例差异增大的时候，指数减小；若类型单一，指数为 0。

$$H=-\sum_{i=1}^{m}P_i\ln P_i \tag{13-4}$$

式中，P_i 是斑块类型 i 在景观中出现的概率，通常以其出现的面积比例来估算。

景观优势度指数：表示一种或集中类型斑块在一个景观中的优势化程度。优势度越小，表明各种景观的地位相当；优势度越大，表明其中一种或几种景观类型占优势。

$$\mathrm{SHDI}=H_{\max}+\sum_{i=1}^{m}(P_i\times\ln P_i) \tag{13-5}$$

景观均匀度指数：描述景观中各组分的分配均匀程度，其值越大，表明景观各组分的分配越均匀。趋势接近 1 时，说明景观中没有明显的优势类型且各斑块类型在景观中均匀分布。

规划区内景观格局指数分析结果见表 13-6～表 13-8。

表 13-6　现状景观单元层面的格局指数分析结果

景观类型	景观亚类	斑块个数	斑块面积	斑块密度	最大斑块指数	平均斑块面积	斑块内缘比
自然湿地	芦苇地	15	4407531	0.5	0.54696791	293835.4	0.03701
	池塘	83	1849060	2.766667	0.44090403	296240	0.087229
	咸水湖	10	2962402	0.333333	0.41655927	296240	0.055424
人工湿地	养殖池	154	3975975	5.133333	0.06571394	25818.01948	0.052255
	耕地	21	580378	0.7	0.06571394	25818.01948	0.106446
	葡萄园	2	220238	0.066667	0.53426293	110119	0.012998
	水库	2	5019177	0.066667	0.50130071	2509589	0.005712
	盐田	44	4329594	1.466667	0.06501672	98400	0.015576
	水渠	11	99428	0.366667	0.25526009	9039	0.186075

表 13-7　规划景观单元层面的格局指数分析结果

景观类型	景观亚类	斑块个数	斑块面积/hm^2	斑块密度	最大斑块指数	平均斑块面积/hm^2	斑块内缘比
自然	水体	10	4319046	0.333333	0.58256314	431904.6	0.090173331
	绿地	99	8132428	3.3	1326201	82146	0.084874645
	人工湿地	22	146034	0.733333	0.221825054	6638	0.148742772
人工	居住用地之外用地	220	6035764	7.333333	0.122192982	27435.29091	0.122192982
	居住用地	352	10001467	11.73333	0.0319205	28413.25852	0.031920517

表 13-8　现状与规划景观布局层面格局指数对比

指　　数	规划前	规划后
Shannon 景观多样性指数	1.877376	0.242542043
景观优势度指数	0.425209	1.366895869
景观均匀度指数	0.815334	0.150699844

通过数据的对比分析可见：从景观类型的斑块个数来看，现状养殖池的斑块个数最多，其次为池塘。而水库与葡萄园的数量最少。以水为主要构成的斑块数量占到所有斑块数量的90%以上。从面积角度看，斑块总面积最大的景观类型是水库，与其相近的是芦苇地、养殖池、盐田，最少的为耕地和葡萄园。以水为主要构成的斑块的面积占到所有斑块的90%以上。因此，无论从数量还是所占面积角度，该区域水面为主的景观类型占到绝对的主导地位。可见水类型景观在该区域发挥重要的生态功能，其中，水库与养殖池斑块的数量和面积相对其他类型占主要位置。

规划方案中的居住用地与其他城市功能用地的比例占绝对多数。从景观的总体特征来分析，城市景观的空间格局在人类的干扰下，形成了集中连片、斑块面积均匀、形状简单规则、有较强规律性的景观；反映了人类社会和经济的发展对城市景观及城市景观生态系统在空间分布上的决定作用。绿地与水体在斑块个数与面积上均较少，但内缘比相对较高，与外界物质能量交换较城市功能用地较多，对生态贡献价值较大。

从斑块类型来看，规划后的自然斑块数量和面积都大为减少，人工景观斑块占绝对优势。从景观多样性指数、优势度指数来看，规划后的景观格局较现状景观格局都降低了近1/10，这会对整体的生物多样性造成重要影响。因此，为了减轻对生态环境的干扰，对于敏感重要的生态斑块和控制点加强保护和建设显得尤为重要。如果在城市快速扩张的过程中缺乏对自然过程的尊重，中断了许多生态过程，导致城市景观与自然景观的衔接很差，产生了一系列的生态环境问题，这些问题都会对城市的持续发展造成不小的负面影响。因此，有必要针对其目前的景观生态格局进行调整和优化。

③ 规划区生态廊道的宽度分析（功能分析）　对组成生态网络的生态廊道进行结构分析是对生态网络合理性分析（功能分析）的基础，而对生态廊道构成的研究则是生态廊道结构分析的核心，生态廊道宽度的确定应该从对其功能的研究入手，即遵循景观结构与功能原理。不同功能对应的廊道宽度不同，绿带廊道可达数百米甚至几十千米，不同的宽度可构造不同的景观结构，发挥不同的生态功能。

通常来说，在一定的范围内，廊道越宽越好，随着宽度的增加，环境异质性增加，物种的丰富度也随之增加，同时也会拥有较好的景观效果，但是，由于廊道还具有隔离的功能，过宽的廊道会成为动物迁移的障碍，影响它们的繁衍生息。在设计具有生态廊道功能的林带宽度时，必须先选好被保护的野生动物，根据它们的特征来确定廊道宽度，以求廊道能在满足基本功能后达到保护城市野生动物的功能。

生物迁移廊道的宽度随着物种、廊道结构、连接度、廊道所处基质的不同而不同（见表13-9）。对于鸟类而言，10m或数十米的宽度即可满足迁徙要求。对于较大型的哺乳动物而言，其正常迁徙所需要的廊道宽度则需要几千米甚至是几十千米。当由于开发等原因不能建立足够宽或者具有足够内部多样性的廊道时，也可以建立一个由多个较窄的廊道组成的网络系统。这个网络能提供多条迁移路径，从而减少突发性事件对单一廊道的破坏。

表13-9　生物保护廊道的适宜宽度

宽度/m	生态廊道功能及特点
3～12	廊道宽度与草本植物和鸟类的物种多样性之间相关性接近于零，基本满足保护无脊椎动动物种群的功能
12～30	对于草本植物和鸟类而言，12m是区别线状和带状廊道的标准，12m以上的廊道中，草本植物多样性平均为较狭窄地带的2倍以上。12～30m能够包含草本植物和鸟类多数的边缘种，但多样性较低，满足鸟类迁移，保护无脊椎动物种群，保护鱼类、小型哺乳动物
30～60	鱼类、小型哺乳动物、爬行和两栖类动物，30m以上的湿地同样可以满足野生动物对生境的需求；截获从周围土地流向河流50%以上的沉积物；控制氮、磷和养分的流失，为鱼类提供有机碎屑，为鱼类繁殖创造多样化的生境
60/80～100	对于草本植物和鸟类来说，具有较大的多样性和内部种，满足动植物迁移和传播以及生生物多样性保护的功能；满足鸟类及小型生物迁移和生物保护功能的道路缓冲带宽度；许多乔木种群的最小廊道宽度
100～200	保护鸟类、保护生物多样性比较合适的宽度
≥600～1200	能创造自然的、物种丰富的景观结构，含有较多植物及鸟类内部种；通常森林边缘效应应有200～600m宽，森林鸟类被捕食的边缘效应大约范围为600m，窄于1200m的廊道不会有真正的内部生境；满足中等及大型哺乳动物迁移的宽度从数百米至数十千米不等

确定生物保护廊道宽度时必须注意以下几个关键问题。

应使生态廊道足够地宽以减少边缘效应的影响，同时应该使内部生境尽可能地宽；根据可能使用生态廊道的最敏感物种的需求来设置廊道宽度；尽量将最高质量的生境包括在生态廊道的边界内；对于较窄且缺少内部生境的廊道来说，应该促进和维持植被的复杂性以增加覆盖度及廊道的质量；除非廊道足够地宽（比如超过1km），否则廊道应该每隔一段距离都有一个节点性的生境斑块出现；廊道应该联系和覆盖尽可能多的环境梯度类型，也即生境的多样性。

规划中对生态廊道进行了保护与构建，保护自然廊道的原生性，以及城市生态廊道的完整性和连续性。重点保留营城水库北侧的长势较好的盐生湿地植被，作为土壤盐碱量的指示性植被，营城水库周边绿带可结合城市公共空间进行规划；廊道的设计在于形成不同等级和不同作用的生态网络。

《中新天津生态城总体规划》第35条中蓟运河左岸（东侧）生态廊道宽度不小于120m。蓟运河故道须保持现状自然形态，两岸生态缓冲带自1.0m水位线算起，宽度须控制在60m以上（城市中心滨水地带除外）。清净湖西岸生态缓冲带宽度控制在20～30m以上。琥珀溪、吟风林、甘露溪、慧风溪四条生态廊道宽度应不小于100m（包括人工河道）。在津汉快速路、汉北路北段和中央大道的两侧应设置宽度不小于30m的防护绿带。

从以上的分析得出结论：规划中保留的廊道宽度可以满足保护生物迁移和生物多样性保护的需要，是合理的。建议在实施过程中注意保留原生态的芦苇群落和杂草植被，绝对不能建设所谓视觉感良好的绿地，否则生态廊道的功能将不能发挥。

建议：在生态城与汉沽现代产业区交界处设置宽度不小于300m的卫生防护绿带，这一防护绿带的设置非常重要，必须严格实施，保证宽度，且以乔木种植为主，以确保起到有效的隔离作用。

(3) 规划中“生态谷”构建的合理性与可行性分析 《中新生态城总体规划》中提出建设“生态谷”：结合轨道塘汉线建设“生态谷”，红线宽度50m，为中间低、两侧高的生态廊道，与两侧的退台式绿色建筑共同营造“生态谷地”的景观。生态谷设置连续的自行车道和步道，结合两侧的开发功能，形成丰富多彩的公共活动轴。在地势低洼处设立若干地下蓄水池，作为绿化灌溉用水。

“生态谷”的规划是中新生态城总体规划的亮点和重点。从规划总体布局看，“生态谷”是连接西南片区和东北片区的重要交通廊道，同时，“生态谷”的交通方式采用轻轨作为骨干，自行车道和步道为两翼的布设形式，没有汽车尾气污染，结合道路绿化，将成为区域的重要生态廊道，是合理的，也是可行的。

《中新生态城总体规划》中提出形成“一链环一核、六楔通江海、一轴带四片”的空间结构。其中的生态核是以清净湖（治理后的污水库）、问津洲（现状高尔夫球场，规划宜改为中央公园）和蓟运河故道内侧围合的用地组成生态城的开敞绿色核心，为生态城提供优美、宜居的生态环境，生态核的构建不仅保留了区域内主要的原生态区域，而且通过生态修复与环境治理，将成为生态城唯一的大面积生态用地，对生态城的环境改善和整体环境质量具有重要意义：营城污水库治理后保留的大面积水面加上高尔夫球场，对生态城内的小气候有重要的正面作用。

存在的问题：“生态谷”从营城水库和高尔夫球场的中间穿过，也就是从规划的生态核心区穿过，增加了斑块数量，会对生态核景观的整体性造成分割，同时，《中新生态城总体规划》中将轻轨穿过生态核的这一段规划为文化娱乐用地，增加了人类活动的干扰。

根据目前的轻轨设计标准，以最大车厢宽2.65m为例，轨道车道宽度双向为7.0m。《中新生态城总体规划》规划日常出行通道红线宽16m。因此，“生态谷”再加上自行车道和步道的宽度，道路宽度总计不会少于23m，而“生态谷”的设计红线宽度为50m，除去道路和轻轨，可用于绿化和生态建设的宽度27m，道路两侧平均每侧的宽度为13m。根据相关研究，廊道宽度在12m以下时，廊道宽度与物种多样性之间的相关性接近于零，但12m宽度的生态廊道中草木植物多样性平均为狭窄地带的2倍以上，规划中的宽度为13m，也就是说这一宽度仅仅对草本植物的多样性有效。根据美国学者A. Juan及其他相关研究，认为可以满足生物迁移和生物保护功能的道路缓冲带宽度为60m。其他研究还表明，保护鸟类种群的廊道宽度不得低于200m，保护无脊椎动物不低于20m，保护爬行动物不低于30m。另有研究表明，宽度为30m的林带可以使噪声衰减15～20dB，并能够在夏季使地面温度降低1.5～2℃。

中新生态城要建设成为高标准的生态城，要维护生态功能完整的区域环境，而“生态谷”作为规划的重要廊道，在满足道路规划设计要求的同时，要发挥足够的生态功能，实现道路廊道和生物廊道的双重功能。综合考虑相关的研究结果和生态城的实际情况，从“生态谷”满足区域内生物多样性保护和发挥有效生态功能的角度，如果轻轨两侧林带低于30m宽度及总宽度低于83m，将不能发挥生态功能，因此，建议“生态谷”的设计宽度不应低于100m。同时建议，在建设过程中，“生态谷”两侧绿地采用“林带”形式，以乔木为主，灌木和草本点缀，以确保“生态谷”生态功能的发挥，真正成为中新生态城的“生态谷”。

《中新生态城总体规划》中将轻轨穿过生态核的这一段规划为文化娱乐用地，人类活动的干扰、噪声、娱乐等将会大大降低“生态谷”生态作用。因此，建议将该区域的用地性质定位为景观娱乐用地和居住用地，同时控制开发强度，噪声控制执行《城市区域环境噪声标准》(GB 3096—93）的二类标准。

(4) 对总体规划中生态环境建设规划的相关内容分析 《中新生态城总体规划》中第13条提出：禁建区为蓟运河故道及两岸生态缓冲带（城市中心滨水地带除外)；蓟运河及左岸(东侧）生态缓冲带；永定新河以东、规划的中央大道以北所夹三角形河口湿地（暂名永定洲)，总计10.24km²。禁建区内严禁实施任何与生态修复、湿地和岸线保护无关的建设行为。

规划中的限建区主要为蓟运河与蓟运河故道围合的区域、蓟运河故道东部区域、永定洲与规划的津港高速之间的区域；蓟运河故道以北、汉沽-营城水库堤坝以南、规划的琥珀溪以西的区域。总计9.17km²。限建区应进行保护性开发，并慎重研究决定建设项目的性质、规模和开发强度。

但从《中新生态城总体规划》中，对生态核心区的生态用地保护并没有遵循以上规划中关于禁建区和限建区的要求。营城水库、蓟运河故道及其保护带属于生态敏感区，但却规划了两处居住用地和一处综合用地，同时轻轨穿越生态核的两侧设置了很宽的文化娱乐用地。

从总体规划的用地图中可以看出，规划已经将居住用地、文化娱乐用地和综合用地设置在了“营城湖”和蓟运河故道中间，并紧靠水面，这样不能实现蓟运河故道两侧设置60m宽生态廊道的要求。这样的布局将会严重干扰生态核心区的生态过程，破坏其中的原生态系统。

建议：①严格遵循规划中关于禁建区和限建区的要求，建议减小生态核心区内规划的两处居住用地的面积，确保蓟运河故道两侧60m的廊道宽度严格实施。②确保“生态谷”廊道的宽度不少于100m，同时降低生态谷穿过生态核部分的用地强度。③在D3居住用地片区与生态河口湿地景观区之间建设不低于100m的防护绿带。

13.4.2.2 规划中生态核心区范围与内容分析

(1) 生态保护核心区的重新界定 规划中将中新生态城规划为“三圈层”的空间结构，其中生态核（净瓶洲）是以营城湖、高尔夫球场和蓟运河故道内侧围合的用地。此生态核是规划的生态成内唯一的大面积生态用地，对于生态城的生态过程和环境质量具有显著作用，对于中新生态城的高起点的规划目标的实现非常具有现实意义，是此次规划的亮点。

从生态学角度分析，生态保护核心区并不一定是地理位置的核心，而应该是具有重要生态价值的区域，但目前的生态核中，高尔夫球场为人工绿地，尽管具有一定的生态功能，但不具有重要的生态价值。同时汉沽污水库由于水质太差，无法满足生物的生存条件，目前也不具有重要的生态价值。建议加大投入，全面治理汉沽污水库，使其水质达到湿地生物的生存条件，促使其生态功能逐渐恢复，可以设想，在污水库水质变好的同时，其生态功能将逐渐显现，今后该水库即规划后的“营城湖”将具有重要的生态价值。

总体规划中规划的生态河口湿地景观区是大黄堡-七里海湿地连绵区的组成部分，是内陆生态湿地连绵带向海洋滩涂湿地转换的重要廊道和节点，是候鸟迁徙的栖息地部分，具有重要的生态价值，将其设定为生态保护核心区，必须严格保护。

(2) 候鸟栖息保留地的分析 《中新生态城总体规划》将入海口的海陆交错的滩涂湿地规划为候鸟栖息保留地，为鸟类迁徙提供停留驿站。

据调查，在我国共有三条候鸟迁徙路线，其中两条路线都要经过天津，天津市成为大部分候鸟迁徙的必经之路。候鸟的这三条迁徙路线为：从西伯利亚和蒙古等地途经天津市飞往我国南方、东南亚、澳大利亚和新西兰等地；从日本途经天津市飞往我国新疆等地区；从西伯利亚沿喜马拉雅山脉飞往南亚地区。由于候鸟喜欢沿着海岸线飞行，因此辽宁、河北、天津、山东沿海一带成为候鸟迁徙中一条较窄的通道。

天津地处我国候鸟南北迁徙路线东线的中段偏北，众多的大型水库、湖泊、原生沼泽以及纵横交错的河流及渤海湾的滩涂可为大量南北迁徙的水鸟提供停歇地。据调查，途经天津地区的候鸟数量达 103 种之多，其中包括许多珍稀濒危物种，因此该地区对我国迁徙水鸟的保护具有重要意义，其湿地环境的质量直接关系到我国乃至亚太地区迁徙水鸟的生存。

根据北京师范大学张正旺教授的调查结果，天津滨海湿地其中包括七里海湿地，是中国南北，乃至亚太地区候鸟迁徙路线的重要停歇地，其中包括许多珍稀濒危鸟类，一些鸟类还选择该地区作为繁殖地和越冬地，使这里成为名副其实的鸟类重要驿站，具有极大的科研和环保价值。而蓟运河西侧及河口湿地是大黄堡-七里海湿地连绵区的组成部分，是内陆生态湿地连绵带向海洋滩涂湿地转换的重要廊道和节点，必须严格保护。

规划中将永定新河以东、规划的中央大道以北所夹三角形河口湿地划定为候鸟栖息地（永定洲），保证了大黄堡-七里海湿地向海洋滩涂湿地的连绵，作为候鸟栖息地的组成部分，此处生态保留地的设置具有重要的生态意义，建议加强生态城及周边地区湿地的恢复与建设，融入七里海湿地连绵区，不影响七里海湿地候鸟迁徙驿站的功能。

(3) 规划区内生态敏感点和生态敏感区的分布 根据现场调查及生态网络的相关分析，确定本次规划区内的生态敏感区域（见图 13-3），图中的数字分别代表：①贝壳堤；②汉沽污水库；③候鸟栖息地；④蓟运河故道；⑤蓟运河；⑥永定新河；⑦高尔夫球场；⑧蓟运河故道与污水库之间的盐沼芦苇群落。其中⑧蓟运河故道与污水库之间的盐沼芦苇群落，在《中新生态城总体规划》中规划为居住用地，据现场调查，此处为规划区内典型的盐沼芦苇群落，也是区域内仅有的原生态群落。在其他区域开发的同时，如果能够保留生态核内的典型群落，具有重要的生态意义。

13.4.3 规划方案中绿地系统规划的分析与评价

13.4.3.1 绿地系统结构合理性分析

规划中构建了由公共绿地、生产防护绿地、生态绿地和附属绿地构成的绿地结构。

宏观层次上，生态城利用了周边农田、河流等地域景观要素，规划了永定新河-蓟运河绿廊以及区域内的绿核+绿楔，构成了规划区生态绿地系统的骨架，具有很好的连通性，保证了与外围广大区域的联系。

中观层次上，规划区内部结合地形特点和场地特征，规划了大面积且连续的“生态核”，

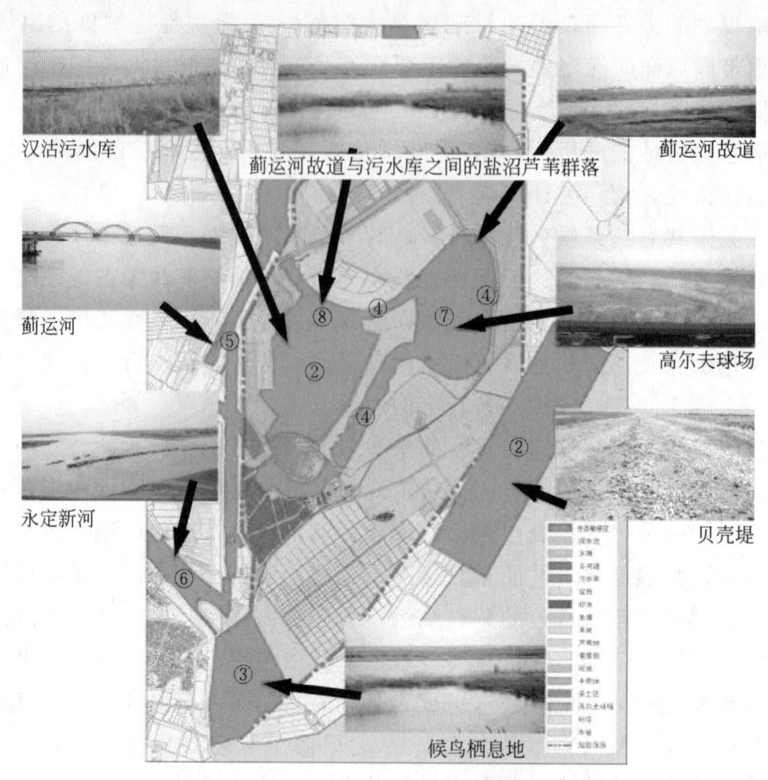

图 13-3　生态城生态敏感分区图

结合蓟运河故道生态河岸改造，充分利用中国古典园林的理水手法，营造丰富和连通的水系，形成水绿相依的绿地系统。同时绿地系统以“生态核”为核心，生态谷为轴线，既保留大片的生态核心区，又利用与渤海和蓟运河相连的河流廊道以及生态谷分隔规划区内不同的建设组团，实现与规划区外的有效连接。还规划了 4 处特征景观区，形成了“点线面”联系的绿地系统，体现了绿地系统的连续性和完整性。更重要的是，绿地系统融入了生态城的整体布局中，构成了生态城重要的生态基础设施。

微观层次上，以 400m×400m 为基本模数的社区，都规划了相应的公共绿地，通过街头绿地、邻里公园、社区公园、滨河绿地、生态核心区以及生态谷的各个节点，可以消除 500m 绿地服务半径盲区，能同时满足区内不同层次人群的绿地需求。

根据相关研究，绿地生态效益的大小主要跟绿地面积的大小、形状、绿量、景观格局以及绿地的群落构成有关。根据前述对规划后区域内景观生态网络分析的结论，规划实施后区域的生态网络的完整性和连通度增加，景观布局比较合理。

结论：《中新生态城总体规划》中的绿地系统结构是比较合理的。

建议：规划中没有设定服务半径指标，建议增加由生态社区任一点出发，步行 300m 可达街头绿地，步行 500m 可达邻里公园，步行 1000～2000m 可达大型公共绿地。

13.4.3.2　绿地模式分析

《中新生态城总体规划》第 80 条绿化栽植选择提出：选用适应当地气候、少维护、耐盐碱性强、病虫害少、对人体无害的植物，且宜采用包含乔木、灌木、草本植物的复层绿化，栽种和移植的树木成活率大于 90％等标准是适宜的。但所提出的“乡土植物使用量不低于植栽总量的75%，每100m^{2}绿地上不少于30株乔木”等指标存在一定的问题。

我国城市植被的研究起步较晚，城市地理环境复杂，尤其天津滨海新区是退海之地，很难找到真正意义上的乡土树种。即使长期从事树木引种、驯化、应用的专家，对天津乡土树种的认识和界定也存在很大的争议。因此，“乡土植物使用量不低于植栽总量的75%”是难以操作的，我们建议不使用乡土植物，使用地带性植物的概念。

根据生态学原理，植物的多样性可保持植物群落的稳定性，乔木、灌木与适量的草坪结合，针叶与阔叶结合，季相景观与空间结构相协调，充分利用立体空间，可大大增加绿地的绿量，是区域绿化的最佳结构。尽管不同类型绿地的乔木比例有很大的差异，但“每100m^{2}绿地上不少于30株乔木”的指标是不适宜的，一株成年树木的覆盖面积很容易达到几十平方米，100m^{2}种植30株是不可能的。根据相关研究，建议生态城建设中人工绿地的“乔、灌、草”配植的适宜比例结构为1∶6∶20（29）。其含义为：在29m^{2}的绿地上应设计1株乔木、6株灌木（不含绿篱）、20m^{2}草坪。乔木数量不超过3株/29m^2。其他自然生态用地尽量保持原生态模式，不执行此配置模式。

绿化应因地制宜，要根据不同功能区的功能、建筑物分布等不同条件，配置成各种人工群落类型。居住区周围、生态城北部与汉沽现代产业区间以及居住区与河口湿地候鸟栖息地间的防护林可以配置成高密度“乔、灌、草”复层结构的立体景观群落；居住区内的游憩型绿地应疏密相间，错落有致，以冠茂阴浓的高大乔木为主体，充分发挥其遮阴、降温增湿、滞尘减噪的功能，再配以各种开花灌木分隔空间，形成大小尺度不同的休闲空间；生态城内的广场绿地应充分考虑视觉上的需要，创造豁然开朗的局面，植物配置应简洁明快，“乔、灌、草”修剪整齐，形成松散型的“乔、灌、草”复层结构，以草坪为背景，可能的情况下以密林为衬托，以花坛、花带为造型主体；建筑密集空间的垂直绿化也是非常必要的，用美观的植物墙体来替代各种砖石墙，可最大程度上提高绿视率和生态城的活力。但是，不能不分主次地将各种植物混杂在一起，而是应该以一两种基调树种为主体，在不同地段精心选择冠型优美、寿命较长的骨干树种，形成稳定而各具特色的地带性群落类型。

13.5 生态环境建设的建议

13.5.1 区域生态网络构建的建议

建设布局合理、层次丰富、功能齐全、生态平衡的城市绿色网络体系，实现景观性、生态型和点线面相结合的绿地系统，造就人与自然和谐的生态环境是生态城建设的生态环境基础。

规划中的生态网络构建遵循了以自然为基础，以生态为骨架的理念，能够发挥生态网络的生态功能，本次评价建议从以下几个方面完善生态网络的建设。

① 重点建设D3居住用地片区与生态河口湿地景观区之间建设不低于120m的生态隔离绿带。建议配置成高密度“乔、灌、草”复层结构的立体景观群落，减少人类活动对自然湿地景观的干扰。

② 重点建设中新生态城北部与汉沽现代产业区交界处的卫生防护绿带，设置宽度不小

于300m。同时建议建成的高密度"乔、灌、草"复层结构的立体景观群落，以确保起到有效的隔离作用。

③"生态谷"是本规划的亮点，但根据前面的分析，宽度50m不能发挥应有的生态功能，建议"生态谷"的设计宽度不应低于100m。

④ 严格执行规划中对自然原生态区域的保护方案，同时构建生态型河岸和近自然型生态绿地，并在居住区和商业区建设视觉和生态功能兼具的人工绿地，形成自然与人工结合的生态城区域内的生态网络。

13.5.2 生态河道建设的措施与建议

规划区是区域潮白新河、蓟运河生态廊道与海岸带生态廊道相交的重要节点。永定新河是天津北部防洪屏障，海河水系七条支流中的四条，即北系的永定河、北运河、潮白河和蓟运河的主要流量共同经由永定新河在规划区西南侧入海。河口处控制流域面积达$8.3\times10^4km^2$，发生设计洪水，河口组合流量将达$4640m^3/s$，因此，该区域对城市泄洪功能要求较高。规划区内的河道需要在满足防洪要求的前提下进行生态型河岸的构建。

建议根据不同的河道类型，建设多自然型的护岸，通过配置石材、木材等天然材料，增强护岸的抗洪能力。如采用石笼、天然卵石、柳枝、木桩或浆砌石块（设有鱼巢）等护底，其上筑设一定坡度的石堤，其间种植植被，加固堤岸。

多自然型护岸是一种被广泛采用的生态护岸。生态护岸是指恢复自然河岸或具有自然河岸"可渗透性"的人工护岸，它可以充分保证河岸与河流水体之间的水分交换和调节功能，同时具有抗洪的基础功能。具有以下特征：①可渗透性，河流与基底、河岸相互连通，具有滞洪补枯、调节水位的功能；②自然性，河流生态系统的恢复使河流生物多样性增加，为水生生物和昆虫、鸟类提供生存栖息的环境，使河流自然景观丰富，为城市居民提供休闲娱乐场所；③人工性，生态护岸不一定是完全的自然护岸，石砌工程可以增加河流的抗洪能力和堤岸持久性；④水陆复合性，生态护岸将堤内植被和堤岸绿地有机联系起来，为城市绿色通道的建设奠定坚实的基础，同时建立的人工湿地可以利用水生植物（如芦苇）的净化处理技术增强水体的自净能力和水体的自然性。

13.5.3 树种的选择建议

将外来树种随便地散植于乡土树种之中的混植方式，只能抵消各自的效果。在规划区的绿地或公园，应有控制地引进外来树种，在面积较大的绿地或广场，宜将外来树种和乡土树种分别单独群植，有利于做到外来树种与公园融为一体。

种植设计可以尝试树丛、树群方法，多品种集群式栽植。一方面，仿自然群落做到多品种搭配，立体种植，建立植物演替竞争的基础，增加绿地的植物丰富度；另一方面，以植物的量，迅速增加绿量，使新建绿地尽快见效。

规划区建设应注重植物选择，落叶阔叶树除确定骨干树种外，常绿树可以雪松、桧柏、大叶黄杨为主，辅以月季、金银木、丁香、榆叶梅、石榴、木槿等花灌木，在水体绿化时应突出柳树（包括垂柳、旱柳、银芽柳、龙爪柳、金丝垂柳等）的作用和特点，强化水流景观。

河岸植被设计与选择应注重依托水体体现地方特色，营造丰富而稳定的植物群落。绿化植物的选择：以天津地方性的湿生植物或水生植物为主；同时高度重视水滨的归化植被群落，它们对河岸水际带和堤内地带的生态交错带尤其重要。河流两岸的绿化应尽量采用自然化设计。不同于传统的造园，自然化的植被设计要求：一要注意植物的搭配——地被、花草、低矮灌丛与高大树木的层次和组合，应尽量符合河岸自然植被群落的结构，避免采用几何式的造园绿化方式。二是在沿岸生态敏感区引入天然植被要素。

区域内绿化工程应注重选择和使用华北地区地带性植物，园林植物应特别注意选择抗性较强尤其是耐盐种类。经过多年的实践和跟踪调研，在天津适应能力较强、生长良好的针叶树种有桧柏、侧柏、白皮松；阔叶树种有绒毛白蜡、国槐、榆、臭椿、千头椿、皂荚、杜梨、合欢、毛白杨、旱柳、垂柳、泡桐、银杏、刺槐、栾树、桂香柳、枣等；小乔木及灌木树种有山桃、火炬树、紫穗槐、丁香、暴马丁香、卫矛、柽柳、枸杞、紫叶小檗、金叶女贞、大叶黄杨、紫藤、凌霄、连翘、榆叶梅、黄刺玫、西府海棠、茶藨子、木槿、凤尾兰等。

草坪和地被植物的选择，应减少草坪卷和冷季型草种的应用。可以选择野牛草、狗牙根、高羊茅等种类，实现节水并兼顾观赏特性，也可选择白三叶、二月蓝等地被植物。另有萱草类、鸢尾属、景天属、菊科等多种宿根花卉可以应用。在边界隔离地区或半自然野生植被保护区中，可以有计划地扩大白刺、芦苇、碱蓬、地肤、单叶蔓荆、二色补血草、互花米草、大米草、莎草、打碗花、荠菜、刺菜、碱地蒲公英、罗布麻等野生植物的生长和应用面积，营造近自然植物群落。

14

滨海新区土地利用与土壤有机碳动态变化预测

2009 年 12 月 7 日举行的哥本哈根气候大会，将碳减排的研究提到政治高度。虽然目前针对碳减排的最有效的措施是掌握碳捕获与封存技术，将气态形式的碳封存到地下。但是这是一项长期而艰巨的革新，要在全国甚至全球推广需要很长的过程。在这个过程中，我们也需要采取其他的减缓措施，改善由土地利用和管理变化造成的二氧化碳排放就是一个在现阶段来说十分有效的同时经济可行的举措。

碳循环可以被分为三类：陆地（土壤和植被）碳库，大气碳库和海洋碳库。其中陆地碳储量占全球总碳储量的 3/4。气候、地形和土地管理措施是决定土壤和植被类型的主要因子，因此也是陆地碳库内碳储量的最原始的控制因子。全球土壤碳储量占陆地总碳储量的75%，土壤有机碳库的微小变化，对全球的碳平衡都将产生重大影响。研究陆地土壤中的碳储存及碳损失的过程和响应机理对大气中二氧化碳的控制有重要意义。随着人类社会的发展，人类活动导致土地利用和管理方式变化及地上植被破坏，严重影响了土壤对碳的吸收和储存能力。如何衡量碳储存能力的变化以及采取何种措施达到经济和环境的双赢成为急需解决的关键问题。

人类的很多社会活动对陆地生态系统碳动态和碳排放过程的影响较大，世界人口的持续增长带给社会各方面的压力，如土地利用和管理方式持续剧烈改变，对土壤有机质的降解、累积和释放过程产生影响，对人类的生存环境和社会经济的可持续发展可能产生重要的影响。土地利用和管理方式的改变，使得地上植物的生长和凋落情况发生变化，从而影响进入土壤中的有机质含量和组成，有机质组成的改变进一步影响了土壤的降解速率和过程，在影响地表初级生产力的同时，又可通过改变小气候和土壤条件来影响土壤有机碳的分解速率，从而改变土壤有机碳的储量。

滨海新区拥有丰富的港口资源、土地资源、生物资源、矿物资源和旅游资源，土地资源等的开发对滨海新区甚至整个环渤海地区的经济建设起到了十分重要的作用。滨海新区2010 年人口达 200 万人，预计 2020 年人口规模将增加到 550 万人；人口的迅速增加，必然引起住房、工厂等建设用地比例增大，必然导致大量的土地资源被占用。其中草地、农田、林地等将被大量转为城市建设用地，林地、农田、滩涂及水体等土地类型之间的转变及撂荒地的开发也将十分频繁。以海河流域湿地为例，近些年来对水资源的开发利用程度非常大并有持续升高的趋势，海河流域大片大片的湿地处于不断减少的状态甚至已经消失殆尽，从20 世纪 50 年代到 21 世纪初，功能性湿地面积已经减少了 5/6。此外，贝壳堤、岸带的滩涂、人工盐田、河湖泊的自然草甸等湿地的破坏情况十分严重，人为不当的使用现象非常明显。剧烈且不顾及生态环境影响的人为活动极大地改变了土地利用和管理模式，进一步对土壤有机质的降解过程和储量、空间分布等产生影响，而且对于未来土壤有机碳的预测分析的研究需求也越来越紧迫。

近年来滨海新区的飞速发展、人口增加和活动频繁导致该区的土地利用类型发生了很大改变，孟伟庆等在研究中发现湿地面积从2004—2008年减少了200km^2，并还有进一步下降的趋势；自1979年以来，逐渐有一些裸地、自然草地、水域等逐渐转变为农业用地、城市铺装地、城市绿地等土地形式，土地利用方式改变非常大，由此引起的土壤有机碳变化也非常大。对该区域的研究大多集中于湿地退化、土壤盐碱性等方面，对于土地利用和SOC之间的关系、利用模型预测未来SOC储量的研究十分匮乏，因此研究天津市滨海新区自1979年的土地利用变化并对未来土地利用趋势进行预测具有十分重要的意义，对于分析快速土地利用对周围生态环境的影响、指导土地利用决策等十分重要。

14.1 土壤有机碳空间分布特征及其影响因素

14.1.1 土壤样品的采集与制备

14.1.1.1 采样方法

为反映城市地区土地利用变化及管理方式对土壤有机碳的分布及时空特征的影响，本书按照土地利用类型和土壤类型（即土壤质地情况）分别设置样地采集土壤样品。采用非等间距不规则法采集样品，每种类型的土壤依据其分布面积的大小，具体安排剖面的数量。

根据天津市土壤图，按照土壤质地和土地覆盖类型，从土地覆盖类型上看，将滨海新区分为林地、草地、滩涂、城市绿地、农田、裸地、浅水域、海域和城市用地9类，其中海域和城市用地未采样。于滨海新区内采集55个样地，每个样地随机采集4～5个样方，共采集248个样方。野外采集样方时，每个样方随机选择4个点，每个点内取土壤剖面，仔细观察土壤剖面形态特征，如土壤层次、厚度、颜色、质地、结构、湿度、紧实度、孔隙状况、植物根系等，并记录在登记册中。观察记录后，自下而上地采集样品，每个点分别采集表层0～10cm、10～20cm、20～30cm的土样，装入土袋，并在土袋的内外附上标签，写明采样地点、土层深度、采样日期、剖面编号等（见图14-1）。同时采用环刀法测定土壤容重的现场测定数据，并依规则采样，带回实验室作进一步测定。

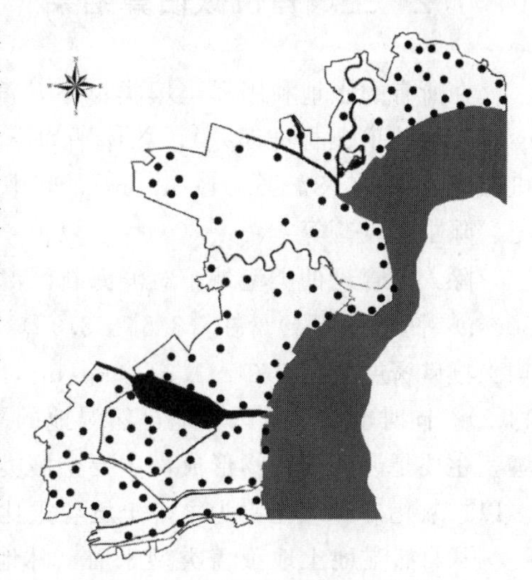
图14-1 滨海新区土壤采样图

14.1.1.2 分析方法

土壤样品的所有指标的检测都采用中国科学院南京土壤研究所编制的《土壤理化分析》

中的方法进行，具体方法参见书中给出的公式。

测定土壤有机碳，重铬酸钾-硫酸氧化法操作十分简便，设备相对干烧法来说简单、快速，再现性较好，适用于大批样品的分析。在操作时，先将油浴锅加热至185～190℃，用土壤样品和定量重铬酸钾溶液的混合的硬质试管加热使土壤有机碳氧化，取出冷却后用硫酸亚铁标液滴定，根据氧化前后氧化剂质量的差值，计算出有机碳含量，再乘以常规经验系数1.724，即为土壤有机质的含量。

对从野外采集回来的土壤，必须在土壤晾干并用碾子压碎后摊开放置，并保持每天翻动一次，在空气中暴露15天左右后收起，最后将土壤样品通过60号筛。取筛好的干样品0.1～0.5g（精确到0.0001g）放入干燥的硬质试管中，用吸管小心加入0.8000mol/L重铬酸钾标准溶液5mL，然后用注射器注入5mL浓硫酸，将其小心摇匀。将油浴锅预热，待其升至185～190℃时，将装有土壤溶液和重铬酸钾-浓硫酸的硬质试管放入，并保持油浴锅的温度稳定，计时5min后用铁夹子取出试管，放入烧杯中冷却，待冷却至室温后将溶液淋洗入三角瓶中，并用硫酸亚铁溶液滴定至颜色由黄色突变至棕红色为止。在测定样品的同时做两个空白实验，取其平均值。

14.1.1.3 数据处理

所有数据测定值均为三次重复的平均值，处理后的数据分别单独记录成测定值、每层含量及土壤因子值、剖面平均含量及平均土壤因子值等，建立数据库，以备数据分析之用。数据分析所用软件有Excel 2003，SPSS 17.0和R语言，主要用于数据统计分析、数据库建立和图表分析。

14.1.2 土壤有机碳估算结果

在所有的土地利用和土壤类型下，滨海新区内总体平均土壤有机碳为（11.38±7.15）g/kg（平均值±标准误差），总体平均土壤容重为（1.81±0.22）g/cm^3，总体平均土壤有机碳密度为（5.87±3.04）kg/m^2，其中本区内的城市绿地和农田是人工管理，如剪草、施肥、除虫、收割等。

除人工管理的类型外，对滨海新区湿地的土壤有机碳（SOC）含量进行分析，表层(0～30cm）平均SOC含量在（8.55±3.98）g/kg，平均土壤容重为（1.87±0.17）g/cm^3，平均土壤碳密度为（4.70±1.91）kg/m^2，远远低于全国平均有机碳密度9.60kg/m^2（见图14-2）。同时也低于全国其他自然湿地的平均土壤有机碳水平。滨海新区的土壤属于湿地土壤，主要是河海沉积物形成，主要土壤类型为滨海盐土和盐化湿潮土，主要矿质化学组成中多以二氧化硅和氧化铝为主，土壤容重比其他湿地高。

从自然湿地土地覆盖类型来看，林地的土壤有机碳含量和密度最高，分别为（18.34±4.12）g/kg和（9.49±1.65）kg/m^2；裸地的最低，分别为（3.32± 0.33）g/kg和（2.04±0.24）kg/m^2，总体趋势为林地＞草地＞滩涂＞浅水域＞裸土。滨海地区土壤条件贫瘠，盐碱度高，地下水位一般小于1m，除柽柳外无其他本土木本植物。滨海湿地的林地主要为次生林，多为20世纪70年代后人工种植，经过多年生长和人工管理，其土壤有机碳含量明显比其他土壤覆盖类型高，高于全国平均森林有机碳密度8.139kg/m^2，但是与其他地区的自然林地相比仍然处于较低水平。草地为滨海新区湿地的主要自然土壤覆盖类型，主要生长着

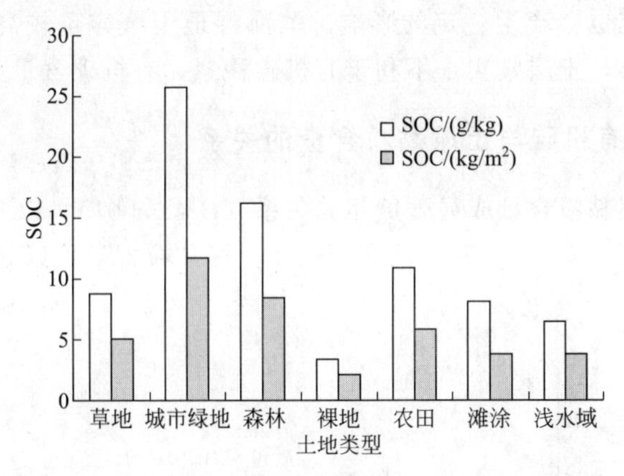

图 14-2　不同土地类型下的 SOC 及其密度

耐盐碱、耐水湿的植被如碱蒿、盐沼芦苇、獐毛、盐地碱蓬等，其平均土壤有机碳含量和密度分别为（7.95±0.97）g/kg 和（4.74±0.47）kg/m²，低于科尔沁围封草地的最低土壤有机碳水平 8.4g/kg。滩涂和裸土都是没有植被覆盖的土地类型，土壤有机碳和密度都不高，但是滩涂内有大量底栖生物，为其有机质积累提供了来源，因此比裸土有机碳含量高。浅水域地区一般生长盐沼芦苇、碱蒿等水生生物，有机碳含量在（6.51±1.45）g/kg，有机碳密度在（3.74±0.77）kg/m²，是滨海新区湿地的主要土地类型之一。裸地土壤有机碳含量与北京西北部地区裸地有机碳含量相似，在调查所有土壤覆盖类型中有机碳含量最低；同时滨海湿地裸地为 3.32g/kg，北京西北部地区的调查结果为 2.0～4.0g/kg。

14.1.3　土壤有机碳分布的影响因素分析

14.1.3.1　土壤有机碳与土壤容重的关系

土壤有机碳与土壤容重的关系如图 14-3 所示，土壤有机碳与土壤容重呈极显著负相关关系，SOC 含量越多，土壤容重反而越小，这与一些文献的研究结果不同。土壤有机碳密度与土壤容重也呈类似关系，说明滨海新区土壤容重越大，土壤有机碳积累量反而少，这与滨海新区的土壤环境有密切关系。土壤容重的大小可影响土壤的孔隙状况，容重越小，土壤的孔隙性就越大，反之则越小，由此影响土壤中微生物的种类、数量和活性，同时对土壤有

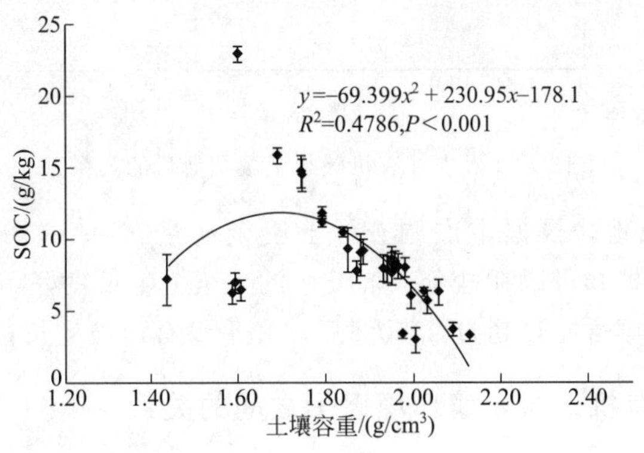

图 14-3　土壤有机碳与土壤容重的关系

机碳的数量与稳定状况也会产生一定的影响。滨海湿地土壤容重较高，在 1.39～2.25，土壤结构体差，孔隙度小，土层紧实，不利于有机碳积累，有机碳含量少。

14.1.3.2 土壤有机碳与土壤黏粒含量的关系

土壤有机碳和土壤黏粒含量成显著负相关关系（$P<0.001$），以此为基础，拟合出二者的三次多项式关系（见图 14-4）。利用该多项式，土壤黏粒含量可以解释 68.7%的土壤有机碳变化趋势。

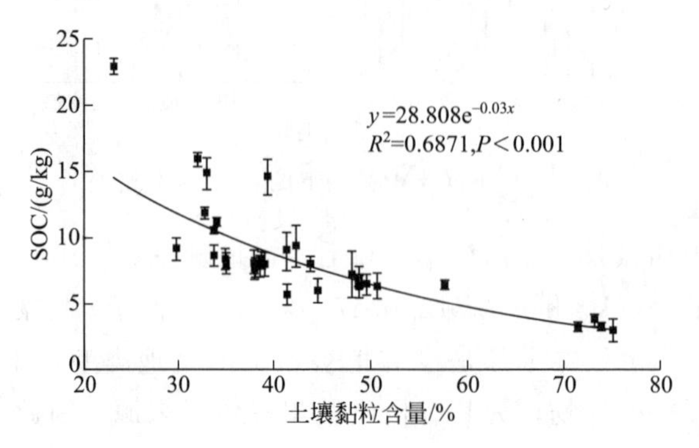

图 14-4 土壤有机碳与土壤黏粒含量的关系

14.1.3.3 土壤有机碳与土壤全盐量和 pH 关系

土壤有机碳与土壤全盐量和 pH 的关系如图 14-5、图 14-6 所示，土壤有机碳与土壤全盐量呈指数下降趋势，该图可以解释 40.08%的土壤有机碳分布；与土壤 pH 呈二次多项式下降趋势，可以解释 49.19%的土壤有机碳分布。

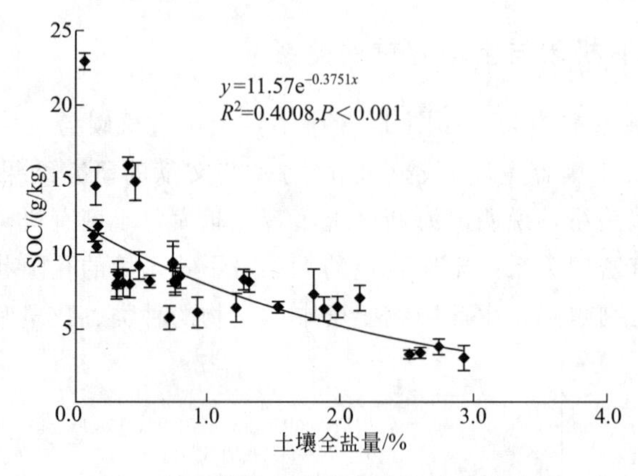

图 14-5 土壤有机碳与土壤全盐量的关系

滨海湿地属于盐碱地，根据本次调查，土壤全盐量在 0.06%～2.92%，土壤 pH 在 8.47～9.05。大部分的植物可以在盐分<0.05%的土壤上生长良好，滨海湿地的大部分植被都是耐盐性高的，在土壤含盐量超过 2.50%后，几乎没有植被生长，土壤没有有机质积累。

14.1.3.4 土壤有机碳与土壤环境因子之间的关系

土壤有机碳和土壤容重、土壤黏粒、土壤全盐、土壤 pH 均呈极显著相关（$P=0.01$）。

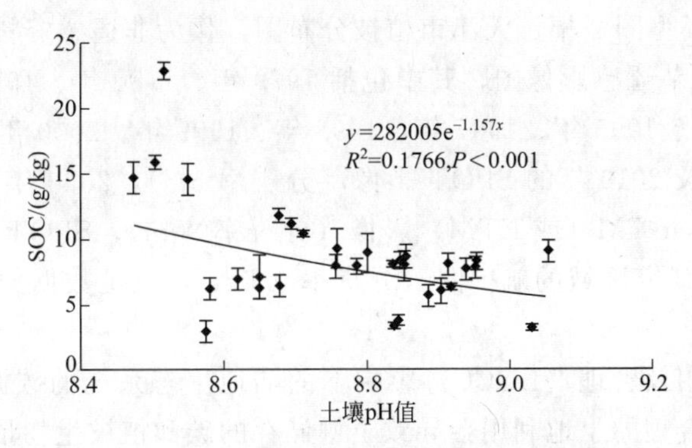

图 14-6　土壤有机碳与土壤 pH 的关系

而土壤环境之间，土壤全盐与土壤黏粒呈极显著相关，说明土壤黏粒含量中，盐离子占比例较大；而土壤全盐与土壤 pH 相关性不大，仅为－0.010，说明土壤黏粒含量中的碱性离子含量不大。此外，土壤容重与土壤黏粒含量和土壤 pH 呈显著相关关系（P＝0.05），说明土壤容重的主要来源为土壤黏粒和碱性离子。其他因子之间无明显相关性。如表 14-1 所示。

表 14-1　土壤有机碳和土壤环境因子的相关关系

土地利用	SOC	土壤容重	土壤黏粒	土壤全盐	土壤 pH
SOC	1				
土壤容重	－0.554**	1			
土壤黏粒	－0.651**	－0.351*	1		
土壤全盐	－0.533**	－0.076	－0.877**	1	
土壤 pH	－0.623**	－0.352*	－0.131	－0.010	1

注：* 表示显著相关；** 表示极显著相关。

土壤环境因子之间的相关关系进一步说明土壤容重、土壤黏粒、土壤全盐、土壤 pH 之间互相影响，并共同对土壤有机碳的积累产生影响。

对土壤有机碳和土壤环境因子之间进行逐步回归分析，得出滨海新区土壤有机碳的回归方程如下：

$$\text{SOC}=185.04-0.232\%\text{clay}-18.883\times\text{pH} \tag{14-1}$$

$$R^2=0.718 \tag{14-2}$$

式中，%clay 为土壤黏粒质量分数，%。方程中将土壤容重（g/cm³）和土壤全盐质量分数（%）两个因子剔除，在土壤有机碳的影响因素中，土壤黏粒质量分数（%）和土壤 pH 可以解释 71.8%的土壤有机碳分。

14.2　滨海新区土地利用时空分布

14.2.1　数据来源及研究方法

本书采用的数据源主要包括遥感资料和非遥感资料两部分。本书收集了 1980 年 1：50000

地形图、天津市土壤类型图 2 幅、天津市植被分布图，作为非遥感资料。遥感资料的时间跨度近 30 多年的生长季节遥感影像图，其中包括 1979 年、1980 年、1983 年、1984 年、1985 年、1990 年、1993 年、1995 年、1997 年、1998 年、1999 年、2000 年、2005 年的 TM（分辨率 30m）数据，以及 2010 年的 SPOT 影像（分辨率 5m），2020 年、2050 年滨海新区土地利用规划图。Landsat-TM（或 ETM）影像（分辨率 30m），SPOT 影像的空间分辨率为 10m，收集了 2006 年研究区域的航拍图（分辨率 0.5m），充足数据的获得为本书的研究提供了很好的支持。

近年来，土地利用及管理（LUCC）影响下的陆地生态系统的碳源/汇变化逐渐成为学者们关注的焦点，不合理的土地利用会导致土壤储存的碳和植被生物量减少，释放更多的温室气体到大气中，增加大气 CO_2 浓度，加速全球变暖的趋势。开展城市区域土地利用的时空动态变化研究，有助于深入探讨城市生态系统的碳源/汇转换机制分析，同时调整人类活动，促使资源利用向更趋合理的方式进行，从而达到城市土地资源可持续利用的目标。本书利用 TM 和 SPOT 影像采用人机交互目视解译的方法，进行滨海新区土地利用研究，建立滨海新区土地覆盖时空数据库。以此为基础，采用转移矩阵等方法，对滨海新区 30 多年及自 2011 年后 20 年的土地利用变化及趋势进行定量分析，揭示其空间分布及其变化规律，为滨海新区土壤碳库变化的研究奠定基础。

本书遥感图像处理和图像分类数据所用软件为 ENVI 4.5、ArcGIS 9.3 和 R 语言。

14.2.2 滨海新区土地演化

在没有人类干扰的状态下，自然景观的演变是相对稳定的，其内部的自然更替较为缓慢。天津平原湿地的形成源于漫长的历史演变过程，据史料记载，20 世纪初期，天津尤其在滨海新区范围内水域连片、河流纵横，属于典型的湿地生态系统。而人类活动对湿地景观影响最大而异常深刻则是刚刚过去的 20 世纪。天津因其优越的地理位置与交通条件，在历史上很早就成为重要的商业城镇，但由于人口较少和科学技术不发达，直至 20 世纪初期，天津平原大部分地区仍是没有受到人为破坏的自然状态。滨海新区则是被人视为一片荒凉的无人居住区。但是在最近一百多年来，天津的土地利用格局发生了十分重大的变化，城市化的过程对市区内河湖、坑塘及滩涂、农田的占用逐年剧烈，后来逐渐发展成为以农田、鱼虾养殖场、工业用地和城镇交通用地等为主的土地利用方式。

14.2.3 土地利用变化特征分析

滨海新区土地利用自 1980—2010 年发生了巨大的变化，根据土地利用规划图以看出土地利用在 2050 年内也将继续变化。根据遥感解译数据汇总分析，农田的面积变化在 1980—1990 年呈急速上升趋势，在 2000—2010 年基本处于恒定状态，在 2010 年后急速减少，明显看出滨海新区的城市化速度非常快；裸地的变化呈逐年下降趋势，表现出该区域对土地的利用效率逐渐加大；滩涂的变化趋势缓慢，但是一直处于减少的总趋势；林地的总面积在整个滨海新区较小，一直处于较平衡的状态，没有明显的增加或减少趋势，滨海新区在 20 世纪 80 年代之前没有林地，1980 年后开始人工种植次生林，并着手建设官港森林公园，2001 年 2 月开始动工在重盐重碱的退海地面上建设滨海新区最大规模的塘沽滨海森林公园，到

2006 年植树造林工程后达 130hm²，新建大港湿地森林公园自 2007 年 4 月正式启动到 2009 年总面积达到 140hm²，以官港湖、黄港水库、北塘水库、北大港水库为中心，建立滨海生态湿地和森林公园观光区，发挥其防风固沙、涵养水源、净化空气、降低噪声等作用，成为人们休闲观光的重要场所；草地自 1980 年开始处于急剧下降的趋势，主要是草地转为农田的变化较为明显，到 2010 年后，根据土地利用总体规划，草地开始小规模的恢复；海域面积在滨海新区占据较大位置，自 1980—2050 年变化不大，略有下降；城市用地一直处于升高趋势，在 2000—2010 年变化最明显，动态度计算结果表明，2004—2009 年短短 5 年之内减少的幅度是前 25 年的 60 倍，据相关资料，滨海新区工程建设的第二次飞跃是从 2007—2009 年，围海造陆面积创历史新高，一直以来围海造陆都是沿海地区用以解决土地资源紧缺问题的主要途径，围海造陆破坏了海岸的地貌结构，根据有关资料，天津南港工业区围海造陆面积达 124km²，纵观滨海新区海岸线，南至临港产业区，北至中心渔港都已进行了布局建设，用以满足建设世界级港口城市的需要，这样导致了海域这种用地类型的急剧减少；城市绿地和林地一样在滨海新区所占面积极小，占不到 1/20，滨海新区 1980 年的城市公园绿地面积非常少，而到 2000 年增加到了 516km²，主要是公园扩建，城市绿地主要集中在塘沽区，主要有公园绿地，如外滩公园和泰丰公园，随着近年来滨海新区生态城市建设的提出，盐滩绿化难题的不断解决，构建绿色生态网络，其绿化面积会不断提升，并且其生态服务功能会不断提高；水域指的是该区域内的淡水河、盐田，根据 2011 年最新的天津市规划，汉沽盐场只有部分得以保留，随着北疆电厂和大港新泉海水淡化有限公司的投产，用海水淡化排出的浓盐水制盐成为发展循环经济的新方向，改变了传统粗放型制盐方式，节约了大量盐田，为新区的城市发展存蓄空间，滨海新区原有塘沽盐场北部的 52km² 被打造成为滨海新区中部新城，为临港经济区、中心商务区和轻纺经济区提供居住、商业、教育等生活配套服务，总体上，滨海新区的水体很分散，1980—2050 年水域占总面积的 7.6%～72%，主要有海河、独流减河、子牙新河、永定新河、蓟运河等永久性河流，北大港水库等永久性湖泊，以及近年来在塘沽区大力建设的养殖鱼塘、灌溉用沟渠等坑塘水面。见表 14-2。

表 14-2 1980—2050 年滨海新区土地利用面积 单位：m²

土地利用	农田	裸地	滩涂	林地	草地	海域	城市用地	城市绿地	水域
1980 年	26524	63598	20352	368	123029	110887	8538	0	29113
1983 年	26490	62556	19642	368	95670	110887	17352	293	32829
1984 年	59200	30010	19642	368	118439	110887	17352	304	26026
1985 年	67876	30028	19834	743	109699	110887	17400	304	25706
1990 年	67217	30028	19443	743	72497	110887	41728	304	28826
1993 年	72904	30028	18963	743	48602	110887	46907	304	27890
1995 年	90931	28536	18963	743	40624	110887	53810	282	27390
2000 年	88299	7470	18594	743	24014	110887	60868	516	28939
2010 年	87174	0	18594	743	24014	107345	100186	741	28240
2020 年	49902	0	18249	743	51630	107345	120020	741	26295
2050 年	25762	0	18249	743	51630	107345	131012	1979	26133

14.2.4 滨海新区土地利用变化的驱动因素

14.2.4.1 自然因素

土地是由土壤、水文、地貌、气候、植被等各种自然因素相互作用而形成的自然综合体，这些自然因素相互影响、相互制约着土地利用的方式和结构。我国平均气温增长率为0.04℃/10a，而滨海新区近几十年来的平均气温增长率为0.290℃/10a。温度会影响海域、淡水湖泊、坑塘洼田等，使其萎缩减少。如表14-3所示。

表14-3 滨海新区近30年来气候数据资料（来源：天津市气象局）

单位：mm

年份	平均气温/℃	平均降水量	平均蒸发量	年份	平均气温/℃	平均降水量	平均蒸发量
1979	12	446.1	356.9	1995	13.2	756.9	336.4
1980	11.8	405.8	351.6	1996	12.7	431.8	331.1
1981	12.2	658.5	387.8	1997	13.5	302.1	398.1
1982	12.8	409.7	381.6	1998	13.8	735.8	329.9
1983	13.2	482.3	425.7	1999	13.6	351.8	344.1
1984	12.1	737.2	404.4	2000	13.2	453.9	494.7
1985	11.5	702	340.6	2001	13.2	430	501.6
1986	12.3	426.9	407.2	2002	13.4	294.2	—
1987	12.4	856.6	378.3	2003	13	586.2	—
1988	12.7	666.6	413.1	2004	13.5	622.4	—
1989	13.4	299.9	444.2	2005	13.4	493.2	—
1990	12.9	735.8	372.3	2006	13.5	411.5	—
1991	12.7	493.2	395.7	2007	13.9	646.9	—
1992	12.9	483.7	423.5	2008	13.6	670.4	—
1993	12.9	424.7	415.7	2009	13.4	590.6	—
1994	13.6	583	390				

14.2.4.2 城市扩张

近年来，城市土地利用方式的扩张十分剧烈，由于人口的增加和经济的飞速发展，滨海新区内的市区人口在1987年为44.55万人，在2000年的时候达到了97.14万人，增加了一倍左右，而建设用地不断扩张加速，自1980年后，农田向城市建设用地和草地的转变非常大，从土地利用分类图看出，1980年的城市用地仅8538km^2，在2000年的时候达到了60868km^2，城市用地比1980年增长了6倍多，而在2010年的时候达到100186km^2，比2000年的时候增加了64.60%，增幅虽然减少很大，但是城市土地利用仍然呈增加趋势，城市土地利用最初集中在塘沽、汉沽区，而后蔓延到大港区、独流减河附近及滨海新区北部，到2010年年底时，整个塘沽区和汉沽区几乎都建成了城市用地，土地利用方式中农田、裸地、草地等向城市用地的转化很大，这一过程对滨海新区的生态环境破坏较为严重。从土地利用的角度讲形成了更为集约的土地利用方式，但是也造成了土壤的不可逆破坏和生态环境的恶化。如表14-4所示。

表 14-4 近年来滨海新区人口及土地面积

年份	农业人口/万人	非农业人口/万人	城市用地面积/m^2	占整区的比例
1990	26.87	50.03	41728	10.91%
1995	24.37	61.23	53810	14.07%
2000	21.11	73.54	60868	15.92%
2005	20.86	82.03	—	—
2010	25.65	90.58	100186	26.20%

而在以后的土地利用规划中，城市扩张的过程逐渐趋于缓慢和平和，2020 年和 2050 年规划的城市用地比 2010 年分别只增加了 19.8%和 30.77%。城市土地扩张是一个不可避免的过程。

14.2.4.3 经济因素

滨海新区土地利用变化的另一个重要影响因素是经济的飞速发展，根据天津市统计年鉴，滨海三区内在 1979 年的工业生产总值为 350.27 亿元，国民生产总值为 93 亿元，其中第一产业仅为 6.54 亿元，第二产业为 64.76 亿元，第三产业为 21.70 亿元；而在 1990 年的时候工业生产总值为 382.34 亿元，国民生产总值达到 310.95 亿元，为 1979 年的 3.34 倍，其中第一产业为 27.32 亿元，第二产业为 179.51 亿元，第三产业为 104.12 亿元；到 2000 年的时候，国民生产总值达到 1639.36 亿元，是 1979 年的 17.63 倍，是 1990 年的 5.27 倍，增速非常大，其中第一产业为 73.54 亿元，第二产业为 820.17 亿元，第三产业为 745.65 亿元，第二产业和第三产业发展较快（见表 14-5），经济的发展必然会占用大量土地做商业用地，工厂等的建设使得该区域内土地利用发生了非常大的改变，建设用地持续增加。第三产业的增加也使得滨海新区内的旅游资源被开发，滨海新区内具有独特的自然资源，包括一系列水域，如海河、独流减河、黄港水库、河湾和海湾，还有七里海湿地、官港森林公园、大港湿地公园等生态景观资源，旅游资源的开发破坏了原本自然的景观，建设、人为践踏的增多也使许多本来稀有的物种减少，湿地面积也减少，湿地退化情况严重，虽然自 2004 年后人为地增加湿地面积，但是其功能并未有所恢复，仍然是达不到生态环境的自然景观效果和功能。

表 14-5 近年来滨海新区产业生产总值 单位：亿元

滨海新区	第一产业生产总值	第二产业生产总值	第三产业生产总值
1990	27.32	179.51	104.12
1995	60.75	501.22	355.68
2000	73.54	820.17	645.65
2005	112.38	3051.17	1534.07
2010	132.75	4011.16	2611.95

另外，为了发展低碳经济，滨海新区采取宅基地复耕、生态湿地湖水补充、加强城市绿地建设等措施，在一定程度上改变了土地利用的结构，如在 2020 年和 2050 年的规划中，城市绿地的面积大幅增加，但是由于这是小范围的改善，尤其是滨海新区本身土壤的盐碱化，2004—2009 年的公园绿地面积虽然增加了 6 倍，质量和数量上仍然没有达到公园绿地面积的标准。土

地利用方式的小范围改善并不会对整个区域的土地利用措施有很大的影响效果。

14.3 基于CA模型的土地利用变化预测模拟

14.3.1 研究方法和数据源

元胞自动机（celluar automata，CA）是状态、时间、空间均呈离散状态，且其在空间的相互作用及时间的因果关系都呈局部状态的网格动力学模型，其特点是通过简单的局部转换规则来模拟出复杂的空间结构，非常适用于地理过程的模拟和预测。CA模型包含了一系列构造模型的规则，其规则不同于一般的动力学模式，并没有特别明晰的方程式，凡是满足下列规则的模型都可以算作是元胞自动机模型。

① 元胞分布在规则且离散的空间网格上面；

② 元胞的状态和时间都是离散且有限；

③ 元胞状态主要根据元胞周围邻居元胞的状态，再依据统一的规则作同步变换。

14.3.2 土地利用变化转移情况分析

在ArcGIS软件的空间叠加分析功能支持下，利用ArcToolbox下Overlay分析模块的Intersect工具，分别将2000—2005年、2005—2010年的土地利用矢量文件进行空间叠加，应用Field Calculator命令计算叠加后新生成的斑块面积，然后在R语言中进行转移矩阵的绘制及计算，从而建立两个时段土地利用类型的空间转移矩阵。从表14-6可以看出，自2000—2005年，土地利用之间的转化并不剧烈，只是在裸地、农田、草地之间的转化比较明显。裸地转化为农田、草地转化为农田这两种情况较为普遍，裸地转化为农田占农田总面积的14.08%，草地转化为农田占农田总面积的0.99%，转化面积较小。研究区内2005—2010年的土地利用转移矩阵见表14-7，土地利用之间的转化主要是从农田、裸地、草地向城市用地的转化，其中农田对城市用地的转化占城市用地总面积的6.8%，草地对城市用地的转化占城市用地总面积的7.0%，裸地对城市用地的转化率非常小，小于1%。农田转草地占草地总面积的1.34%。

表14-6 2000—2005年土地利用转移矩阵

土地利用	农田	裸土	林地	草地	城市绿地	其他	总计
农田	79789.764	0	0	0	0	0	79789.764
裸土	13232.378	12526.879	0	0	0	0	25759.257
林地	0	0	672.810	0	0	0	672.810
草地	926.955	0	0	35780.380	0	0	36707.335
城市绿地	0	0	0	0	466.384	0	466.384
其他	0	0	0	0	0	202504.48	202504.48
总计	93949.097	12526.879	672.810	35780.380	466.384	202504.48	345900.030

表 14-7　2005—2010 年的土地利用转移矩阵

土地利用	农田	裸地	林地	草地	其他	城市绿地	总计
农田	79639.402	0	0	480.866	13811.723	0	93931.991
裸地	0	6910.218	0	0	5616.661	0	12526.879
林地	0	0	672.809	0	0	0	672.809
草地	0	0	0	21639.773	14140.607	0	35780.380
其他	0.0036	0	0	0	202300.879	203.939	202504.822
城市绿地	0	0	0	0	0	466.384	466.384
总计	79639.406	6910.218	672.809	22120.639	235869.870	670.323	345883.265

14.3.3 模拟结果与精度评价

从图 14-7～图 14-12 可以看出，土地利用的动态整体朝着各用地类型向城市用地的转化方向演变，其中林地和城市绿地的演变较为特殊，自 1979—2010 年间分别呈不变和逐年增加的趋势，但是在从 2010 年的模拟中，却出现缓慢下降趋势，究其原因，由于这两类土地利用类型的面积非常小，本书建立的元胞自动机 logit 回归模型又是基于与元胞周围方格之间的关系建立的，所以对这两类土地的模拟有所偏差。在对草地和农田的模拟上，基本同 2020 年、2050 年的下降趋势相同。模拟结果基本符合预期要求。因此在后面的计算中，采用该种土地利用动态模拟。

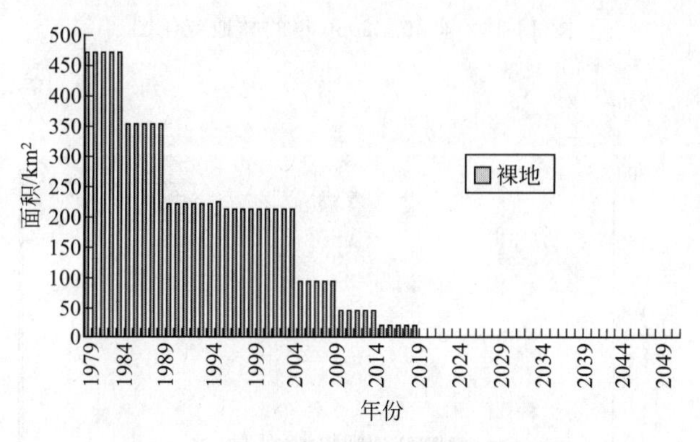

图 14-7　1979—2050 年的裸地变化图

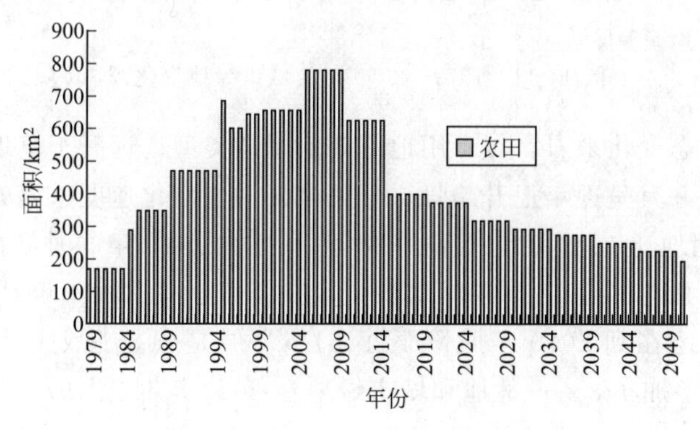

图 14-8　1979—2050 年的农田变化图

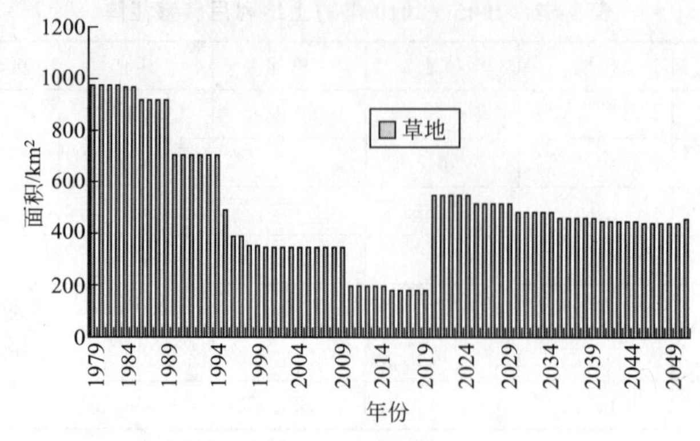

图 14-9　1979—2050 年的草地变化图

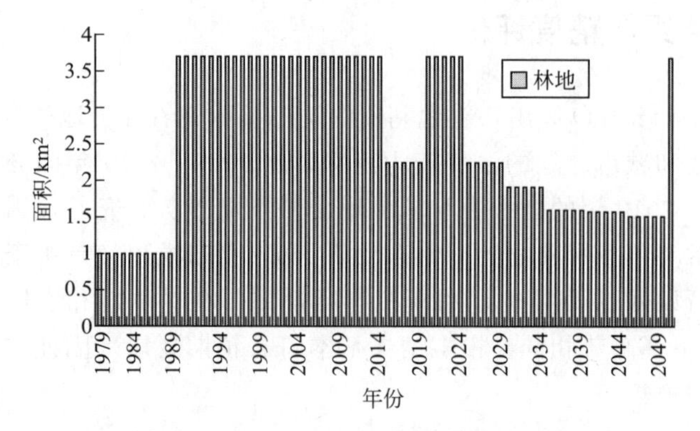

图 14-10　1979—2050 年的林地变化图

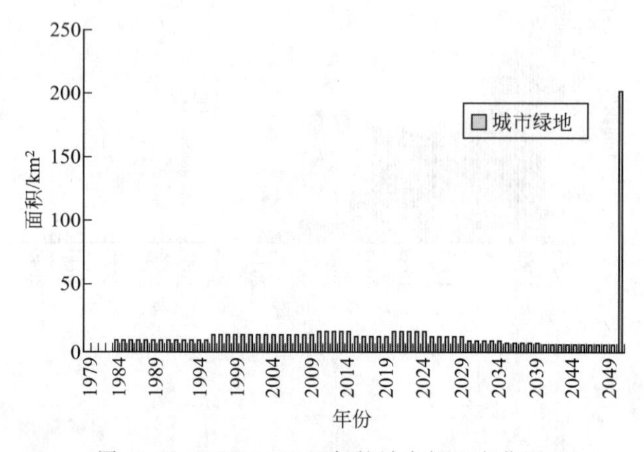

图 14-11　1979—2050 年的城市绿地变化图

从土地利用的动态变化来看，城市用地等其他用地类型远远高于草地、林地、农田、城市绿地、裸地五类，并且呈逐年上升趋势，可见该区域城市化速度一直处于较快的水平。到 2010 年为止，城市用地比 1979 年增加了 173%，并且在 2020 年的时候持续增加 5%，2050 年时增加 3%；农业用地在到 2010 年时增加了 81%，但是在 2020 年时会降低 40%，2050 年时降低 128%；草地在到 2010 年时降低了 81%，但是根据规划，预计在 2020 年增加 173.5%，2050 年时增加 128%；林地和城市绿地在 2010 年时比 1979 年增加了 8 倍，并且会在 2050 年时增加到 10 倍。

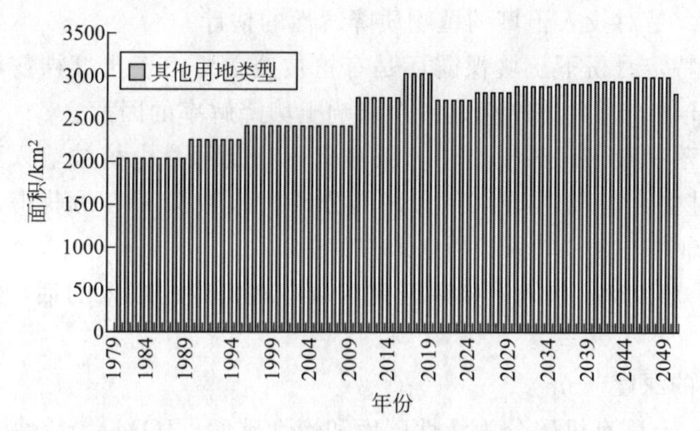

图 14-12 1979—2050 年的其他用地变化图

14.4 土地利用改变对土壤有机碳影响模拟

14.4.1 土壤有机碳模型方法——ROTHC 模型

土壤有机碳的模型较多，经典的模型有 ROTHC、CENTURY、DNDC。由于 ROTHC 模型对土壤有机碳的模拟原理简单、所需数据较少，同时又是被多个国家地区验证过的模型，本书利用 ROTHC 模型对滨海新区的土壤有机碳变化进行模拟，研究模型在滨海新区及中国城区类似土壤条件下的适用性。

ROTHC 模型是一个模拟非水淹地区表土土壤有机碳周转的模型，它运用了土壤类型，质地、温度、湿度和地上覆被状况来模拟有机质周转。ROTHC 模型以月为步长来计算有机碳（t/hm^2）、微生物量碳，需要的数据容易得到，是早期的 ROTHC 模型的扩展。ROTHC 模型以两种模式运行："前进" 模块是在已知土壤有机碳输入的情况下计算土壤有机质的降解，"反转" 模块是在已知土壤有机质降解规律的情况下计算土壤有机碳的投入。

ROTHC 最初是由 ROTHAMSTED 长期野外试验数据（rothcamsted long term field experimfnts）校正得到的模型所得的名字，随后被多个国家和地区验证扩展成为在不同气候和土壤条件下均适用的模型。但是目前还不适用于火山地区、苔原地区和冰川地区。

模型运行所需的数据如下。

① 月平均降雨量（mm）。

② 月蒸发量（mm）。降雨量和蒸发量用来计算表土湿度平衡，否则直接测量表土湿度平衡比较困难。如果月均蒸发量也无法获得，则 ROTHC 模型可以根据月均降雨量和月均气温获得。

③ 月均气温（℃）。该模型采用大气温度而不是土壤温度，是由于大气温度更容易获得。对于 ROTHC 模型来说，月均大气温度可以代表月均土壤表层温度。用此法估算的 20cm 内土壤温度差在±1 ℃内。

④ 土壤黏粒含量。土壤黏粒含量用来计算表土可维持植物可获水分的量，同时土壤黏粒含量也影响有机质降解的方式。

⑤ DPM/RPM。是对投入土壤的植物质降解性的估计。

⑥ 土壤覆盖。特定月份下土壤裸露还是有植被覆盖？由于土壤裸露状态下降解率要快于有植被覆盖下的土壤，因此该指标是一个影响土壤降解率的因素。

⑦ 月均植被凋落物投入。该模型中，植被凋落物是每月由植被输入到土壤中的碳含量（t/hm^2），包括通过根际释放的碳。因为该部分碳投入数据不容易获得，故模型通过“反转”模块，通过已知的土壤、气候条件获取该值。

⑧ 每月有机肥（FYM）投入。如果研究区域有有机肥的投入的话，应该计算有机肥料在土壤中的降解。

⑨ 所采集土壤的深度（cm）。

模型原理如下：土壤有机碳分为活性碳库和惰性碳库（IOM）。活性碳库又分为4部分，分别是可降解植物质（DPM）、难降解植物质（RPM）、微生物量碳（BIO）和腐殖性有机质（HUM）。活性碳库的4个部分都是以其特有的降解率来降解的。惰性碳库是不发生降解的。模型结构如图14-13所示。

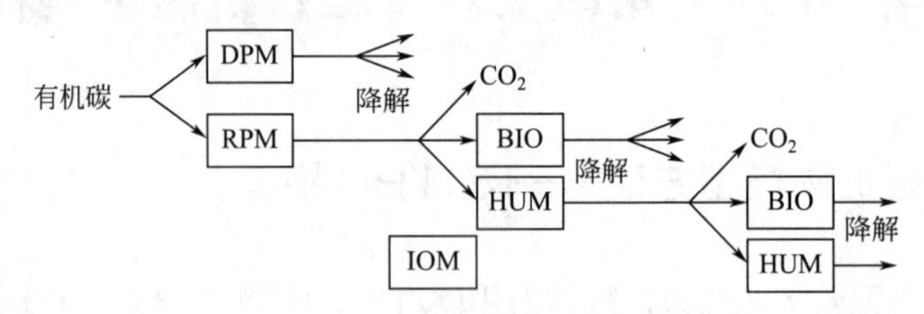

图14-13 ROTHC模型的降解原理

由植物进入土壤的有机碳分为可降解植物质（DPM）和难降解植物质（RPM），在ROTHC原理里面依据土地利用类型以特定的比例降解，即在特定的土地利用上，DPM/RPM是一定的。对于大部分的农田和改良后的草地，DPM/RPM比定为1.44，即59%的进入土壤中的植物质为DPM，41%为RPM；对于未人工管理的草地和灌木丛来说，DPM/RPM比例为0.67；对于落叶林或是热带林来说，模型采用0.25的DPM/RPM，即20%的DPM和80%的RPM。模型假设，所有进入土壤的植物质首先分解为DPM和RPM。DPM和RPM均降解形成CO_2、BIO和HUM，其中CO_2和BIO+HUM的比例由土壤黏粒含量决定。BIO+HUM进一步分解为46%的BIO和54%的HUM。BIO和HUM进一步降解为CO_2、BIO和HUM。

有机肥料（FYM）比植物质降解率快，模型认为，有机肥料可以降解为DPM 49%、RPM 49%和HUM 2%。

如果活性碳库的某部分（DPM，RPM，BIO或者HUM）为Yt C/hm^2，在每月的月末时降解为（以C计）：

$$Y \times e^{(-abckt)}\ t/hm^2 \tag{14-3}$$

式中，a为温度速率改变因子；b为湿度速率改变因子；c为土壤覆盖速率改变因子；k为年降解速率常数；t为1/12，因为k为年降解率常数。

所以，$Y\left[1-e^{(-abckt)}\right]$是特定月份的土壤有机碳降解量。其中，年降解速率常数k设为DPM 10.0，RPM 0.3，BIO 0.66，HUM 0.02。

这些值作为模型初始值，是从长期数据实验中验证得的（Jenkinson等，1987；Jenkinson等，1992），在使用模型时不能轻易改变。

14.4.2 滨海新区土壤有机碳模拟

将滨海新区所采集的样品根据土地利用资料进行分类，共分为两大类：平衡状态碳和非平衡状态碳。平衡状态的有机碳是指土地利用在30年内未发生改变的值，非平衡状态指的是在30年内土地利用和管理方式发生变化的值。该区内对平衡状态的选取凭借的是基础调研及历史土地利用资料，在基础调查采样时，同当地有关部门如天津市大港区土地整理中心、天津市汉沽区土地整理中心、天津市园林局洽谈收集土地利用变化的资料；与当地老农洽谈搜集及从土地利用分类图上寻求土地利用变化的资讯等。

滨海新区30年来气温最低的月份在1月，平均最低温度为－2.94℃，最低温度发生在2000年为－5.8℃；平均最高温度为26.67℃和26.33℃，分别发生在7月和8月，30年来的最高温度为28.3℃。30年来的降水量最低月份为1月，最高月份为8月，1月平均最低降水量为2.82mm，30年内最低降水量为0，共发生在23个月份；平均最高降水量为146.8mm，30年内最高降水量发生在1985年，为423.4mm。

土壤有机碳、土壤黏粒含量、土壤含盐量、土壤有机肥料等数据见本书第3章。平衡状态的土壤有机碳含量见表14-8。由于本书没有测定土壤EC值，只有土壤含盐百分含量，而根据王艳等在2010—2011年对天津滨海地区的土壤电导率与土壤含盐百分含量的关系研究，表明：

$$EC_{1:5}=3.2792x-0.0229 \quad P<0.00 \tag{14-4}$$

$$EC_e=8.7771x+0.1107 \quad P<0.01 \tag{14-5}$$

式中，x是土壤全盐百分含量，%；$EC_{1:5}$是土壤溶液在土水比1∶5时的电导率，mS/cm；EC_e是土壤溶液饱和状态时的电导率，mS/cm。

表14-8 滨海新区土地利用和平衡态的土壤数据

土地利用	土壤类型	黏土/%	$EC_{1:5}$/(dS/m)	EC_e/(dS/m)	SOC/(t/hm^2)	Manure/(t/hm^2)	pH
草地	壤土	29.81	3.54	41.47	51.9	0	9.05
草地	黏壤土	35.99	3.92	41.25	48.96	0	8.78
草地	黏土	55.40	6.36	46.62	39.9	0	8.79
农田	壤土	23.64	2.04	26.59	74.8	3.03	8.50
农田	黏壤土	33	2.63	29.15	71.7	3.03	8.64
农田	黏土	59.1	2.89	19.62	59.0	3.03	8.92
城市绿地	黏壤土	30.71	2.21	25.49	91.7	2.0	8.17
林地	壤土	29.71	2.72	31.92	75.95	2.0	8.51
林地	黏壤土	35.04	2.72	29.10	72.79	2.0	8.64
裸地	黏土	73.37	10.21	49.52	20.38	0	9.04
滩涂	砂黏土	48.78	7.98	66.59	37.42	0	8.63
城市用地	—	—	—	—	5.41*	0	—

从图14-14可以看出，滨海新区土壤有机碳的模拟结果与实测值的趋势较为一致，目测来看，两个模型的拟合结果都较好，ROTHC-salinity比ROTHC模型更好些。草地转森林的用地类型由于实测数据量较少，无法判断趋势，但由该实测点与模拟的程度来看，模拟值落在了实测值的95%置信区间内；农田转草地的用地类型在ROTHC的模拟中表现出实测值高于拟合值，在ROTHC-salinity模型中表现较为合理，说明原ROTHC模型降解率高于

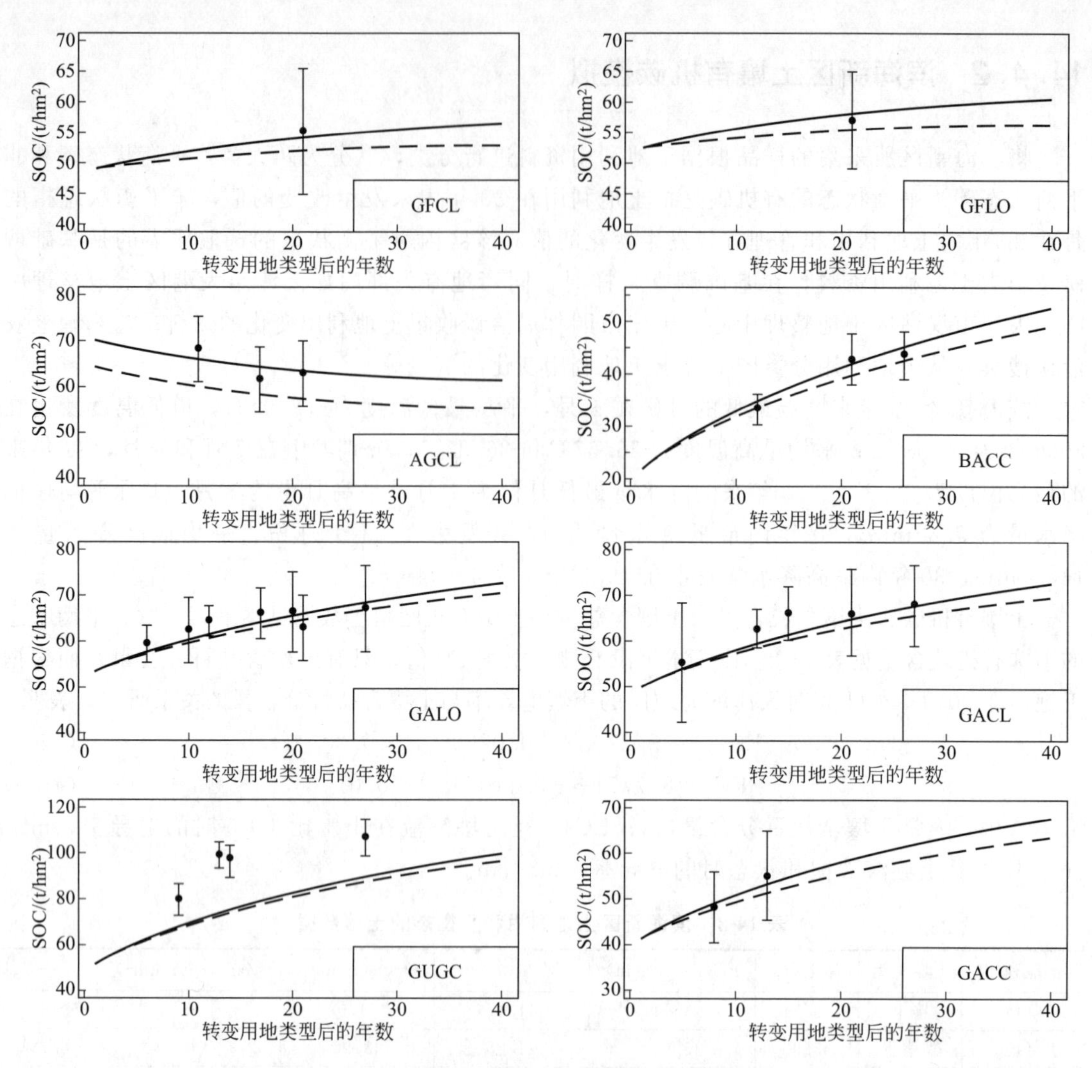

图 14-14　滨海新区土壤有机碳模拟结果

其中实线是 ROTHC 模型模拟结果，虚线是 ROTHC-salinity 模型模拟结果，实心点是实测数据及其 95%置信区间。GFCL—黏壤土下草地转森林；GFLO—壤土下草地转森林；AGCL—黏壤土下农田转草地；BACC—黏土下裸地转农田；GALO—壤土下草地转农田；GACL—黏壤土下草地转农田；GUGC—草地转城市绿地；GACC—黏土下草地转农田

实际值，将土壤盐分因子加入模型后，土壤降解率下降，模型拟合度提高；裸地转农田的用地类型在两个模型中的模拟相差不多，目测模拟效果差别不大；草地转农田的用地类型、草地转城市绿地的用地类型在两个模型中的模拟差别不大，其中三类草地转农田的实测值与模拟值拟合度较高，草地转城市绿地的实测值与模拟值差距较大，明显两个模型都不能正确拟合该变化，究其原因，该区内城市绿地的土壤状况较为复杂，人工管理较多，施肥、换土、更换地上植被、植被配置变化频繁。

14.4.3　土地利用对土壤有机碳的影响及研究

土地利用的变化会给土壤有机碳产生很大影响，农田、草地、林地、城市绿地之间的相互转换会给土壤有机质的累积和降解产生影响。在进行土地利用规划时，如何合理有效地规划土地，使得在经济社会发展的同时，兼顾生态环境的考虑，使得生态环境的破坏降到最低，从而实现经济、社会、环境发展的多赢局面。

对滨海新区来讲，裸地转农田、草地转农田、草地转林地、草地转城市绿地等是增加土壤有机碳累积量的，而草地、林地、农田等转为城市用地，农田转草地等会使土壤有机碳含量累积量减少。

(1) 土壤质地对土壤有机碳的影响 一般来说，土壤质地越黏，释放 CO_2 会越少，但是土壤过黏也会对土壤肥力及地上植被生长产生副作用，使得植被固碳量减少。土壤黏粒在0～30%时对 CO_2/(BIO+HUM) 的影响最大，而目前为止土壤质地对地上植被固碳量的影响还不清楚，将二者结合应该能找到最佳土壤质地。

(2) 土地利用方式对土壤有机碳的影响 不同土地利用方式下土壤有机碳储量不同，在没有人为管理的情况下，一般是林地＞城市绿地＞草地＞农田＞其他用地类型，如果施加有机肥料，则农田和城市绿地的土壤有机碳含量会较高。从有机碳累积的角度看，林地、城市绿地、草地的土地管理方式是较好的。在滨海新区，发展自然林地不仅成本高，而且效果缓慢，但是发展城市绿地和保护自然草地是较为可行的办法。

(3) 土地利用方式转变对土壤有机碳的影响 土地利用方式转化对土壤有机碳的储量影响较大，一般来说，用地类型转化为草地、林地、城市绿地会使得土壤有机碳的累积量增加，但是这几类用地对于土地和土壤的要求也较高，在滨海新区发展草地、林地、城市绿地所需的成本较大，在具体操作时，应该综合权衡各种指标，根据特定情况，选择最适宜的土地利用方案。用地类型转化为裸土、城市建设用地会使土壤有机碳含量减少，使土壤理化性状改变，破坏土壤活性，恢复起来较难。其中，自然林地、自然草地、城市绿地转化为城市建设用地最为不合理，土壤有机碳损失量较大，释放的 CO_2 也较大，对土壤和环境的影响十分恶劣，应该尽量避免这种转化发生；对于该区域内转化为农田的类型，如裸土、草地转化为农田，虽然在施肥的情况下可发生且增加土壤有机碳累积量，但是同时也释放大量的温室气体，在实际操作中也应该避免这类转化发生，如果十分必要，也应选择草地转化为农田的模式，避免裸土转化为农田的措施。裸土与城市建设用地两者的土壤有机碳含量差距不大，可以相互转化，在滨海新区范围内，应该促进裸土向城市建设用地的转化、自然草地向城市绿地的转化，以平衡滨海新区土壤有机碳的累积，避免土壤中的有机质过度损失。

14.5 滨海新区土地利用开发与整理优化建议

经过上述对天津滨海新区土地利用改变影响土壤有机碳及碳排放的分布研究，本书认为关于滨海新区土地利用的优化策略应当具有前瞻性和高起点，这就需要站在区域环境生态建设的高度上，立足于维护生态平衡，改善生态环境，促进滨海新区低碳经济的发展，将低碳理念纳入到土地利用总体规划中，从减少碳排放角度保证土地利用建设的有效性和合理性，在此基础上不断优化土地利用的结构和管理体系。

14.5.1 提高高碳储量的土地利用方式比例，限制人工管理方式

目前，很多对土地利用结构的研究中都涉及优化土地利用格局，其中对林地、城市绿

地、草地的建设多持支持和鼓励态度。这和本书的结论基本一致，本书对模型的模拟结果也支持了这一结论。但是在如何发展林地、城市绿地、草地的方式上，多数没有讨论。本书认为，虽然扩建林地、城市绿地、草地的方式可以增加土壤有机碳累积量，但是同时在建设过程中应该减少有机质肥料的投入，合理使用有机肥，否则在增加土壤有机碳累积的同时，会产生大量的碳排放，本书中对林地和城市绿地使用2.0t/（hm^2·a）的有机肥料，结果造成的1979—2050年的土壤碳排放增加了30～50t/hm^2，平均每年土壤碳排放增加0.42～0.70t/hm^2，有机肥料的加入大大增加了土壤降解速率，使得地上植被碳进入土壤中的降解速度加快，碳排放量大增，如果这些措施大面积地持续多年的话，造成的影响会非常大。因此在进行土地利用转变为高碳储量用地方式时，要严格控制人工施有机肥量，并且在林地、城市绿地、草地等达到用地标准要求后，植被存活量、生长状态趋于稳定之后，应考虑采取其他人为管理措施代替施用有机肥量，如加强对地上凋落物的管理，促进地上凋落物转化为土壤有机质供给地上植被生长，定期除虫害等，避免大面积的持续的采用有机肥施用的土地管理方式。

此外，在城市建设用地中一定要尽可能地保留其残存的原生植被，另外在城市绿地的物种选择中，要努力构建以乡土物种为主，结合乔、灌、花、草的“近自然”绿地群落结构，要延长绿地的修剪期和生存期，这样可以提高城市绿地的生态系统服务功能。

14.5.2 优先建设低碳储量的土地利用方式

近年来在无法改变土地利用向城市化发展的情况下，要积极引导和推动土地的开发活动向集约化、规模化方向发展，土地利用类型向城市用地的转变要尽量选择低碳储量土地利用方式向城市用地的转化。对滨海新区来说，从土壤质地上讲，要尽量选择黏土和黏壤土类，对壤土类要尽量避免转换为城市用地；从土地利用方式上讲，要尽量选择裸地、弃耕地、低密度地上植被的草地来进行开发建设，对于自然林地、生长多年的城市绿地、自然草地等要尽量保护，如果必要，在进行开发建设时，可以将这些用地类型进行生态分级，从低碳角度考虑土地利用开发的必要性。

14.5.3 重点保护自然的零碳排放区

在滨海新区范围内，自1979年来土壤有机碳累积和碳排放基本保持不变且连续大面积的区域为北大港地区附近的自然草地，是滨海新区应该重点保护的区域，在该区域内，应该保护地上植物种类，严格限制开发。

14.5.4 保护农田，减少农田与其他用地类型之间的相互转化

在城区周边范围内，有部分农业用地，农田的土壤一般都较为肥沃，不同于其他用地类型。在长期发展农业的土地方式上，应该尽量保全该种用地类型，避免破坏和改建为其他用地，该种用地类型向其他用地类型的转化尤其是向城市用地的转化所造成的土壤碳排放非常大，在30～150t/hm^2。在土地利用开发和规划建设时，应该着重考虑这点。

此外，长期从事农业的土地应该加强管理，在农用地上采取合理的施肥措施，在保证产

量的前提下尽量减少有机肥的使用，对于滨海新区来说，由于很多土地属于盐碱地，可在采取适度排盐排碱措施条件下改良土壤，作为一个长期改善土壤的对策，将有机肥的施用逐步减少，达到减小土壤有机质降解速率的目的，从而减少土地管理方式引起的土壤碳排放，对于区域碳排放缓解有很大效果。

14.5.5 土地利用转化时考虑土壤质地和转化类型相结合，促进低碳土地利用

城市化过程中土地利用之间的相互转化不可避免，但是在转化时可以考虑低碳的转化方式，在土地利用转化时应注意以下几个原则。

① 在向高碳储量用地形式转化时，尽量选择土壤结构、质地好，适宜地上植被生长的地块类；在向低碳储量用地形式转化时，尽量选择土壤结构、质地较差，土壤有机碳储量相对不高的地块类。

② 土壤含盐量很高、结构特别差的不适合地上植被生长的地块，适合考虑改为建设用地。

③ 土地利用要有方式方法，避免出现同一块在几年内土地利用方式频繁转化，减少农田弃耕、草地开垦几年后又弃耕的现象，这不仅从经济上来讲不合理，从低碳土地利用上来看也是十分有害的。

参考文献

[1] IPCC. Climate change：the scientific basis. Cambridge：Cambridge University Press，2001.

[2] Henderson A. Chapter 12 human effects on climate through the large-scale impacts of land-use change [J]. World survey of climatology，1995，16：433-475.

[3] 马春．基于生态恢复的天津滨海地区湿地可持续管理研究 [D]. 天津：南开大学，2011.

[4] 许宁，高德明．天津湿地 [M]. 天津：天津科学技术出版社，2005.

[5] 张炎胜．关于重铬酸钾法测定化学耗氧量条件的改进 [J]. 上海环境科学，1988，7 (3)：29-30.

[6] 李志鹏，潘根兴，李恋卿等．水稻土和湿地土壤有机碳测定的CNS元素分析仪法与湿消化容量法之比较 [J]. 土壤，2008，40 (4)：580-585.

[7] 中国科学院土壤研究所．土壤 pH 的测定．土壤学报，1965.

[8] 林华．pH 均值计算述评及验证 [J]. 环境科学导刊，2007，4：24-25.

[9] 郭国双．探探土壤容重的测定 [J]. 灌溉排水，1983，2 (2)：38-48.

[10] 常宗强，冯起，司建华等．祁连山不同植被类型土壤碳储量和碳通量 [J]. 生态学杂志，2007，27：681-688.

[11] 孔玉华，姚风军，鹏爽等．不同利用方式下草地土壤碳积累及汇/源功能转换特征研究 [J]. 草业科学，2010，27 (5)：40-45.

[12] 李元寿，张人禾，王根绪等．青藏高原典型高寒草甸区土壤有机碳氮的变异特性 [J]. 环境科学，2009，30 (5)：1826-1831.

[13] 王红丽，肖春玲，李朝君等．崇明东滩湿地土壤有机碳空间分异特征及影响因素 [J]. 农业环境科学学报，2009，28 (5)：1522-1528.

[14] 孙文义，郭胜利，宋小燕．地形和土地利用对黄土丘陵沟壑区表层土壤有机碳空间分布影响 [J]. 自然资源学报，2010，25 (3)：443-453.

［15］ Freibauer A，Rousevell M. D. A，Smith P，et al. Caron sequestration in the agricultural soils of Europe［J］. Geoderma，2004，122：1-23.
［16］ 王彬，刘宪斌，张秋丰．天津滨海湿地生态系统健康评价［J］. 科技创新导报，2011，(24)：123-124.
［17］ 李姝娟．滨海新区生态用地特征与低碳目标下的优化策略［J］. 中国发展，2011，11 (4)：82-87.
［18］ 天津市统计局．天津市统计年鉴，1980.
［19］ 史鸿飞．滇西北地区生态退化成因及其保护与建设对策［J］. 西部林业科学，2004，33 (4)：80-84.
［20］ 梅国平．元胞自动机理论［M］. 北京：中国商业出版社，2000.
［21］ 武晓波，赵健，魏成阶．细胞自动机模型用于城市发展模拟的方法初探［J］. 城市规划，2002，26 (8)：69-73.
［22］ 马爱功．基于元胞自动机的河谷型城市扩展研究—以兰州市为例［D］. 甘肃：兰州大学，2009.
［23］ Takeyama M，Couclelis H. Map Dynamics：Integrating Cellular Automata and GIS through Geo-Algebra［J］. International Journal of Geographical Information SCience，1999，11 (1)：73-91.

15

天津空港物流加工区区域开发生态影响评价

天津空港物流加工区是天津港保税区的扩展区，于 2002 年 10 月 15 日经天津市人民政府批准设立。区域位于天津滨海国际机场东北侧，具有良好的区位优势和便捷的交通条件，是一个享有国家级保税区和开发区优惠政策，具有加工制造、保税仓储、物流配送、科技研发、国际贸易等功能，高度开放的外向型经济区域。区域总用地面积为 42km²，划分为保税仓储加工区、高新技术工业区、商务中介服务区和商住生活配套区等功能区。根据产业布局规划，区域设有电子信息工业园、生命科学工业园、汽车零配件工业园、新材料工业园、高科技创业园等园区。区域将突出发挥天津滨海国际机场的空运优势，并利用天津铁路枢纽、天津港和京津塘、津滨、唐津高速公路等组成的交通网络，构筑国际一流的信息、技术与产品集散基地。

根据区域可持续发展的要求，区域开发活动要着眼于本地区的特点，遵循生态规律，合理配置环境资源，切实促进生态环境的良性循环，探求一条社会、经济与生态保护协调发展的具体途径。为了在区域开发过程中能有效地协调该区域内的社会经济发展与生态保护的关系，为区域开发活动决策提供更为科学、可靠的依据，保证区域的可持续发展，需要对区域开发活动进行生态影响评价。首先，结合城市的发展战略，以及该区域的自然、经济、社会现状，分析区域开发规划的合理性；接着，从本地区生态环境背景出发，在本地区生态环境现状调查的基础上进行生态环境现状评价；然后，依据区域生态环境现状评价结论、区域资源特点及区域社会经济发展目标，对区域开发活动可能造成的生态环境影响进行评价；最后，以区域环境影响评价结果为依据，结合区域的资源需求预测，制定出区域生态建设的专项规划。

15.1 天津空港物流加工区总体规划概述

天津空港物流加工区地处天津市市区东侧东丽区境内，天津滨海国际机场东北侧。距市中心 13km，距保税区、开发区约 30 余千米，距北京 110km，地理位置优越。天津空港物流加工区一期规划用地 23.5km²，二期规划用地 20.88km²。依据《天津空港物流加工区总体规划》确定建设性质：天津空港物流加工区为天津港保税区的扩展区（或子区），国务院未批复前按空港物流加工区运作，批复后按空港保税区运作。

15.1.1 社会和经济发展目标

天津空港物流加工区在近期可类比国内同类工业园区已经形成的平均规模、就业岗位等情况，结合天津市社会发展状况，参考天津市经济技术开发区历年统计资料及预测数据，估算天津空港物流加工区内常住人口约为6万人，就业人口约为20万人。

同时健全物流加工区的社会保障、社会治安、企业文化、公共服务、学习培训等方面的发展机制和设施。天津空港物流加工区发展定位为以空港为依托、以物流分拨为纽带、以高新技术产业为主体、以现代服务业保障的综合型工业园区。将为21世纪天津市经济发展开拓新的空间，成为独具特色的增长点。

15.1.2 土地规划功能分区

天津空港物流加工区分为两期开发建设。以规划的津汕高速公路为界，津汕高速公路以西为一期建设用地，规划用地23.5km^2；规划的津汕高速公路以东，津歧公路延长线以西，为规划二期建设用地，规划用地20.88km^2。

依据《天津空港物流加工区总体规划》，一期规划区内设置四个功能分区：保税仓储加工区、高新技术工业区、商务中介服务区、商住生活餐饮配套区。

15.1.2.1 保税仓储加工区

依据《天津空港物流加工区总体规划》该区规划设于规划用地西北部，该区邻近天津滨海国际机场和津汉公路，具有良好的外部交通条件，便于该区货物流通。该区作为海关封闭区，规划用地相对集中，规划用地面积为380hm^2。规划用地主要为工业和仓储用地。

15.1.2.2 高新技术工业区

高新技术加工业是全区的主导产业，因此规划将高新技术工业加工区设于规划用地中部，规划占地1037hm^2。该区规划设置四个功能分区。

于全区中部，公共绿地和居住用地南部为电子、计算机、通信、光电一体、精密仪器等高新技术产业园区。该区工业要求良好的环境条件，因此该区邻近于绿化用地，为保证该区及周边用地环境，本区工业应严格控制为一类工业企业。

于全区西南部，规划设置汽车、机械制造工业园区。该区工业要求较大用地，因此设于邻近南侧弹性发展用地，为下一步可能的发展提供了充分用地保证。

于全区东南部，规划设置生物制药、精细化工工业园区。该区工业生产污水量较大，因此规划设于邻近污水处理厂地段，以减少后期市政设施浪费。

全区其他工业用地规划设置为制造业，但应严格控制有污染企业的进驻。

规划分别于工业用地中部和南部设置各园区配套的小型服务设施。

15.1.2.3 商务中介服务区

本次规划中商务中介及管理服务不但要考虑本区企业、员工的工作生活需要，还要考虑到本区是天津市的一个对外窗口的作用。因此规划选址于全区主入口处。规划的主要设施为行政办公、商务中介、商业设施、会议展览、金融服务、文化娱乐、体育设施、大型公共绿地等。规划用地为370hm^2。

规划于全区主入口处沿中心大道两侧设置商业、会展、金融、办公等服务设施。于本区西部设置工业研发及科研用地。该区用地中部于中心大道两侧设置占地50hm^{2}的大型公共绿地。

15.1.2.4 商住生活餐饮配套区

该区主要是为区内企业业主和员工配套的居住生活区。为方便居民生活，同时保证居住环境，该区设置于规划中心绿地东侧及东北侧。其中该区中部用地规划为低层住宅用地，将北侧及南部住宅用地规划设置为多层及中高层公寓。规划用地东北部将设置一个九年制国际学校。规划居住地块中心将建设公共绿地。规划用地为 1.59hm^2。

15.1.3 景观规划

15.1.3.1 内部绿化系统

天津市位于九河下梢，并且区内现状沟渠散布，因此规划绿化系统充分体现水的特色。规划用地中部拟建一个占地 50hm^2 集中水面，周边结合现状高尔夫球场设置中心绿地，商住、商务、加工区环绕中心绿地。

利用流经区域的袁家河、新地河，采用以蓄代排等方式强化规划区域水系统以东西、南北主干道及中部环形道两侧绿化带，作为线性绿化。于各分区之间设置小型集中绿地，通过线性绿化带相沟通，形成全区完整的绿化系统。

15.1.3.2 防护绿带

规划对环绕地界的京津唐、津汕高速公路及津汉公路提出防护绿带要求：包括高速公路防护绿带控制宽度为 70m；津汉、杨北公路防护绿化带控制宽度为 50m。

区内“十”字主路交口周围为景观核心区，由水、绿化、公建、住宅、高尔夫球场等有机地组合在一起，突出“清、净、广”的意境。规划南北向主路既为交通命脉也是区内主景观轴，路宽 80m，路中设 8m 绿化带，线形流畅，刚柔兼备。以东西向规划主干道五、规划主干道七作为区内次要景观轴。全区主路、环路、网状支路共同形成区内交通系统，同时也增添了优美的俯视效果。

15.1.3.3 景观构想

东西向景观主轴线以建筑景观为主，南北向景观轴以自然景观为主。由于规划区临近天津滨海国际机场，因此规划中要求后期建设要注重顶立面设计。

15.2 区域开发规划合理性分析

15.2.1 区域开发规划与城市发展战略相容性分析

15.2.1.1 空港物流加工区建设与天津市工业东移战略吻合

天津市经过多年发展，已形成了“一条扁担挑两头”的城市布局。滨海新区现已成为整个天津市经济发展，特别是工业发展的主要力量。为进一步发挥新区和老区各自优势，“形成老区支持新区，新区带动老区，新老并举，共同发展的格局”，天津市已经制定了“继续工业布局东移”的城市发展战略。

天津空港物流加工区位于天津市区和滨海新区之间，该区建设与天津市工业东移战略相吻合，一方面可作为二者联系的纽带，促进各自发展，另一方面也为自身提供了广阔的市场腹地和较强的科技人才支持。

15.2.1.2 空港物流加工区建设符合天津市产业调整方向

天津市的发展目标之一在于成为“北方重要的经济中心”，该“经济中心”应包括三个方面的内涵：一是北方航运中心、物流中心；二是北方制造业中心；三是北方金融中心、信息中心。其中航运、物流、制造业和金融中心是核心内容。天津市产业结构调整，要继续加快第三产业发展，同时努力提高各产业科技含量，并为把天津市建设成为北方重要的经济中心服务。

天津空港物流加工区的核心是以高新技术产业发展为目标，多产业协调发展。不但要发挥临近空港、海港，交通便利的优势，建设高水平物流基地，还要建设国际化程度高、技术含量高、聚集效益高的现代化工业基地，该区建设将对天津市产业调整起到积极作用。

15.2.1.3 空港物流加工区建设是天津港保税区经济发展的需要

天津港保税区经过十余年的快速发展，$5km^2$ 规划建设用地即将出让完毕，四周由天津港、天津经济技术开发区和塘沽区围合，已基本没有发展余地。目前保税区招商引资形势良好，特别是需要保税条件下的物流加工企业入区踊跃。土地问题已成为制约保税区经济持续发展的主要瓶颈。今后天津港保税区若想在经济总量上有所突破，为滨海新区和天津市招商引资服务，为其经济发展增强后劲，必须拓展新的空间。空港物流加工区建设是天津港保税区经济发展的必然需要。

15.2.2 空港物流加工区选址合理性分析

天津空港物流加工区拥有便利的空运、陆运和海运。空港物流加工区临近天津滨海国际机场。天津滨海国际机场是中国北方航空货运中心和东北亚航空储运、分拣分拨中心，是华北地区重要的干线运输机场，其战略定位是首都机场的主备降机场和北方国际航空货运中心。附近的铁路有天津铁路北环线；公路有京津塘、津滨、唐津、津汉（规划）、津汕（规划）高速公路；海运则临近北方重要港口天津港。可充分发挥海、铁、空、公路等多种联运功能及实现空港在保税状态下的“直提直放”。此外，空港物流加工区位于天津市区和滨海新区之间，具有广阔的市场腹地和较强的科技人才支持。

15.2.3 空港物流加工区规划布局合理性评价

15.2.3.1 空港物流加工区建设前后生态变化

本区现状用地主要为农田、水面、村庄用地，用地中部为滨海高尔夫球场（占地 $63hm^2$），规划用地中部和西南有少量企业用地。空港物流加工区开发后，农田、水面、村庄用地现状基本都消失，取而代之的植物是人工栽培的花草树木，而且植物总量会大大减少。

15.2.3.2 空港物流加工区建设前后能流物流变化

本区开发前属于农业生态系统，“生产者、消费者、分解者”基本处于平衡状态，许多物质可以自给自足。空港物流加工区建成后，则是一个城市生态系统，属于燃料供能为主的系统，“生产者和分解者”功能大大削弱，大量的物质和能源需从外界输入，大量的废物排入环境。

15.2.3.3 工业区布局

由物流加工区整体规划布局图 15-1 可见，物流加工区外部的污染源主要有天津经济技术开发区西区，海河下游工业区以及在建中的天津钢厂。这些污染源都分布在物流加工区的南部。在物流加工区的总体规划中，将物流加工区的布局按从南到北依次为工业区→休闲娱乐区→居住区，在工业区的布局中，最南端是各类制造业，向北依次过渡到电子信息、新能源、光电一体、新材料等对环境质量要求较高的行业。这种布局应该说是在目前的条件下，最有利的一种布局。物流加工区布置在西侧，紧邻天津滨海国际机场，最大限度地减少了物流业引发的交通对区内的环境影响。因此从总体上看，物流加工区的整体规划布局是合理的。

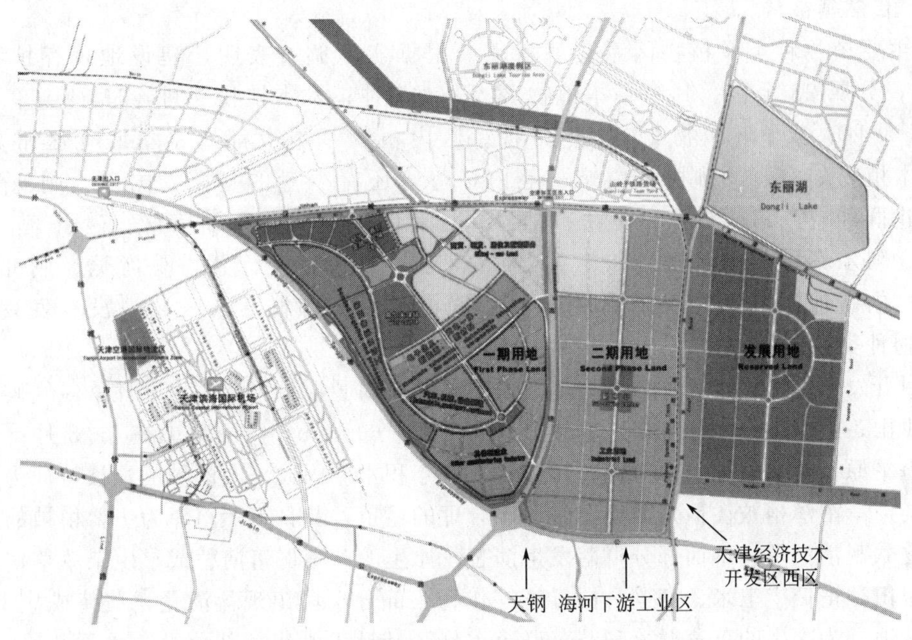

图 15-1 物流加工区整体规划布局图

15.2.3.4 生活商贸混合区布局

生活商贸混合区布置在物流保税区的北部，对这个地点的环境影响最大的不是区内的工业，而是生活商贸混合区北侧紧邻的津汉城市快速路，其对生活商贸混合区的影响包括大气和噪声两个方面，虽然二者中间有改道的袁家河相隔，但如果在河边再修建一条较宽的防护绿带，会取得更好的效果。

15.3　生态环境现状调查与评价

天津空港物流加工区位于天津市东南部东丽区界内，西部为天津滨海国际机场，北为集居住、商业、旅游于一体的东丽湖，规划总占地为 44.38km^2（规划一期 23.5km^2，规划二期 20.88km^2）。规划区内现状用地主要为农田、水面、村庄用地，一期用地中部为滨海高尔夫球场（占地 63hm^2，已建成），中部和西南分布有少量企业用地。虽然规划区近邻市区，但工矿企业较少，所以还保留着一些完好的自然生态系统。

本次生态环境调查主要采用实地采样、现场勘察、摄影、访问、历史与现状资料收集相结合的方法，从土壤资源、植被状况、生态系统等方面分析本项目拟建区域的生态环境现状。

15.3.1　区域生态环境现状调查

15.3.1.1　陆地生态系统现状调查

(1) 自然植被

① 主要植物种类及植物区系演替特征　根据实地调查表明，建设地现存植物种类60余种，分属28个科。其中草本植物21科，47种；木本植物9科，13种。单子叶植物3科，9种；双子叶植物25科，51种。区内植物基本上都属于华北地区常见植物种，木本植物如榆树、柳树、白蜡、毛白杨等，还有少量的臭椿、国槐、刺槐等；草本植物建群种有芦苇、芦草、苋菜、旱稗，还有一些田间杂草如葎草、砂引草、苘麻、苣荬菜、阿尔泰狗娃花、田旋花、扁蓄、狼尾草、宽叶独行菜、马齿苋、刺儿菜等。在规划区内新地河西岸发现了典型的盐生植物群落柽柳群落。区域内没有发现濒危、珍稀植物种类。

项目开发建设区位于天津市东南部东丽区界内，属暖温带半湿润大陆性季风气候。春季干旱，少雨；夏季高温，高湿多雨；年降雨量500～600mm，降雨集中在7—8月；本区域属于滨海平原，地势低洼，水位高，有些地方常年积水，因此，本区域的植被特征为水稻栽培植被与芦苇沼泽植被。但是由于干旱和不合理的垦殖，昔日芦苇沼泽为主要植被的“水乡泽国”之景观消失了。继而部分群落发生演替，原生的芦苇群落演替成旱生杂草草甸，后来开垦为旱田种植低产玉米、高粱、向日葵等作物。部分土壤出现盐渍化，演替成盐生草甸，后成为荒地，为次生的苋菜群落和芦草群落占据；开垦为水田的部分继续水稻栽培。另外，在二期规划用地内有一部分低洼田地被改建为鱼塘，还有一些原有的水面也被用做鱼塘，原有的芦苇群落被破坏。

由于规划区域内的农田产量较低，大部分已经闲置多年。由于人为干扰很少，原有的农田植被群落已经发生群落演替。原有的农田一部分在干旱的条件下，演变为农田杂草群落，群落中的植物种类相对增加；一部分水湿条件比较好的田地，演变为水生芦苇群落，其中伴生着少量的湿地植物，为昆虫、小型动物提供了良好的栖息场所，形成了典型的湿地生态系统。区内草本植物群落主要是伴生少量其他湿生植物的芦苇群落和弃荒地中次生的田间杂草群落。

除此之外，沿河道还有一些人工种植后来缺乏管理形成的次生林地，区内主要的木本植物群落为伴生杨树、白蜡等树种的榆树群落和伴生芦苇和多种湿地植物的柽柳群落。

② 植被及植物群落概况　规划区内除少量的农田和部分鱼塘外，大部分为闲置荒地。由于闲置已久，人为干扰较少，形成了典型的次生生态系统。植被类型包括以水生芦苇为主，伴生少量香蒲的水生植物群落；以旱生芦苇为主，伴生少量湿地植物的旱生植物群落；以芦草为主的陆生草甸群落和以苋菜为主的田间杂草草甸植物群落。木本植物群落以榆树、杨树、柽柳为主，大部分属于人工次生林。建设地内公路两侧人工植物主要有：榆树、杨树、柳树、毛白杨等。现状植被特点概述如下。

a. 群落类型比较单一　由于开发区域生境条件比较单一，区域内植物群落类型和构成群落的植物种类都比较单一。调查范围内的植物种类总计 60 余种，但是群落的优势种与主要构成种不过数种。规划区域内的植物群落大多是芦苇群落，在弃荒地上出现了以苋菜为建群种的陆生植物群落，另外在河道两侧有残存的榆树群落和柽柳群落。规划区内的芦苇群落发育完全，形成了独特的湿地景观，而且芦苇群落可以为昆虫、小型动物等提供栖息场所，具有良好的生态功能，应该加以保护，其他群落零散地分布在规划区内，没有形成独特的自然景观，规划区内的成木在规划建设时应加以利用，纳入规划区的绿化建设中，其他的不具有特殊的保护意义。

b. 群落结构稳定，发育良好　区内的水生、旱生芦苇群落已经相当稳定。水生芦苇群落结构比较简单，有少量伴生种如香蒲；旱生芦苇群落根据水湿、盐分状况的不同，差别比较大：在土壤含盐量高，湿度小的地方，植物群落中伴生种多，芦苇植株矮小，数量明显减少。土壤含盐量低，湿度大的地方，芦苇密度大，植株高，几乎没有其他种伴生。其中湿生芦苇群落结构较复杂，种的饱和度较大，有明显的成层现象。伴生种有小藜、刺菜、狗尾草、蛐蛐草、龙葵等。

在弃荒地中形成的次生草甸植物群落中，主要为苋菜群落，伴生种较多，有牛筋草、狗尾草、刺儿菜、龙葵等。群落具有明显的分层，存在比较多的地被植物。

木本植物群落主要为人工种植后来缺乏管理的人工次生林，这些次生林地群落演替已经完成，形成了很好的乔木层-灌木层-草本层结构，覆盖度一般都在 80%～90%以上，具有良好的生态功能。

c. 群落抗盐碱能力较高，并对土壤条件有明显的指示性　评价区域内土壤含盐量在 0.2%～0.4%，pH 值 8.6 左右。春旱导致的土壤水分蒸发造成土壤盐渍化以及地表水矿化度的升高。因而本区域的植被大都适应这种生境，有些则是盐碱生境指示植物。结合土壤调查，土壤含盐量高的地方，植物群落中易于形成小的斑块状群丛，芦苇数量明显减少，植株矮小。土壤含盐量低的地方，芦苇密度大，植株高，几乎没有其他种伴生。

根据国际上对自然环境保护基础调查中对于特殊植物群落的选定标准："代表乡土景观的植物群落，特别是具有典型特征的群落"，"由于人为的乱伐，不合理的收获，本地区内有绝灭可能性的植物群落或个体群"。我们选定了芦苇群落、榆树群落作为特殊群落，需要在项目开发中给予格外关注，加以保护或恢复。目前建设地现存主要植物群落如表 15-1 所示。

表 15-1 目前建设地现存主要植物群落

群落名称	主要构成种类	生长环境及群落构成	特殊植物群落选定理由
1. 芦苇群落	芦苇、旱稗	水塘边高湿环境，区域内偶见。群落总盖度：80%～90%，群落高度 0.5～1.0m。优势种：芦苇、旱稗；伴生种：某菊科植物、刺菜、苣荬菜；偶见种：苘麻、鹅绒藤、牵牛。盖度：芦苇 15%；旱稗 80%，其他 5%	芦苇群落是区域内湿地植物群落的最主要构成种。从生态角度，芦苇具有多种生态功能，具有减轻土壤水分蒸发，调节空气湿度，增加土壤有机质，改造滩涂，固堤的作用。也是各种候鸟栖息，繁殖的场所。又有经济价值，可以做饲料，建房屋，织帘席，药用，造纸等。另外，秋季芦苇特有的植生景观具有很高的审美价值
	芦苇	水塘周围湿地，区域内大量存在。群落总盖度 95%～100%，群落高度 1.5～2.0m。优占种：芦苇；伴生种：小藜、刺菜；偶见种：狗尾草、牛筋草、苋菜等。盖度：芦苇 95%，其他 5%	
2. 苋菜群落	苋菜、牛筋草	弃荒地中次生草甸植物群落，地表尚有残存的田地覆膜，区域内大量存在。群落总盖度：80%～90%，群落高度 0.8～1.2m。优占种：苋菜；伴生种：牛筋草；偶见种：龙葵、苦菜、刺菜等。盖度：苋菜 65%，牛筋草 32%，其他 3%	苋菜群落是区域内弃荒地中最主要的次生草甸植物群落。苋菜是一种华北地区极为常见的田间杂草，苋菜的种类繁多，可以作为一种饲料植物，在 3—5 月，苋菜也可以作为一种食物。由于此群落为弃荒地上的次生群落，不具有很大的生态价值，故此保护价值较小
3. 榆树群落	榆树、柳树、白蜡	沿河道分布的木本群落，区域内河道沿和田地边界存在。群落总盖度：90%～100%，群落高度 5～6m。优占种：榆树、毛白杨、白蜡；伴生种：柳树、芦苇、地被层多种草本植物。盖度：榆树 60%，毛白杨 15%，白蜡 15%，其他 10%	榆树群落是区域内现存的主要木本植物群落。榆树用途很多，树皮、树叶、果实均可食用，树皮纤维可代麻用。茎皮、根皮含树胶可做胶黏剂，木材可供建筑用。木本植物群落具有草本植物无法比拟的生态作用，在水土保持、防风固尘、空气净化等多个方面都具有不可替代的作用，在建设生态驳岸中也具有很好的景观作用，应加以重点保护
	榆树	沿河道分布的木本群落，区域内河道沿和田地边界存在。群落总盖度：90%～100%，群落高度 5～6m。优占种：榆树；伴生种：柳树、芦苇、地被层多种草本植物。盖度：榆树 80%，柳树 15%，其他 5%	

③ 生物多样性调查与评价

a. 样地设置　草本植物：采用 1m×1m 样方进行随机取样。

木本植物：采用长方形样地，取 10m×100m 的面积，不计数草本植物。

调查过程中共设置样方 6 个，调查情况见表 15-2。

表 15-2 样方采样地点及植物数量

样方	样方地点	植物种类	植物数量	备注
1	一期用地北缘，津汉公路以南约 150m	旱稗	346	
		芦苇	40	
		未知	7	
		刺菜	1	
2	一期用地内，杨北公路东北侧约 300m	苋菜	123	
		牛筋草	60	
		龙葵	2	
		苦苣菜	1	

续表

样方	样方地点	植物种类	植物数量	备注
3	一期用地内，杨北公路西南侧约200m	芦苇	343	
		小藜	10	
		刺菜	1	
4	二期用地内，新地河西岸约50m	芦苇	282	
		狗尾草	25	
		牛筋草	10	
		苋菜	2	
5	二期用地内，杨北公路西南侧100m	榆树	24	仅计数木本植物
		柳树	5	
		白蜡	1	
		臭椿	1	
6	二期用地内，新地河西南侧150m	榆树	63	仅计数木本植物
		杨树	22	
		白蜡	21	
		柳树	1	

b. 生物多样性定量评价　生物多样性一般由多样性指数、均匀度和优势度三个指标表征。

Ⅰ. 物种多样性指数　香农-威纳（Shannon-Wiener）多样性指数：又称信息多样性指数，它能够综合反映群落的种类多少，各个物种的个体数在群落中所占的比例，以及比例的均匀程度，完整地反映了生物多样性这种自然信息，故此也称之为总多样性指数（general diversity index）。该多样性指数的数值与物种的种类数量和各个物种在群落中的配比有关。两个物种种类数量相等的群落，群落中物种的配比越趋于均匀，多样性指数就越大。而种类数目不同的群落，种类多的群落多样性指数并不一定高。从另一个方面来说，种类越复杂，配比越均匀的生态系统，其稳定性也就越高，因此，多样性指数也是从另外一个方面说明了生态系统的稳定性和发育的程度。

$$H=-\sum_{i=1}^{n}P_i\log_2 P_i \tag{15-1}$$

式中，H 为香农-威纳多样性指数；P_i 为第 i 种的个体数 n_i 占总个体数 N_0 的比例，即 $P_i=n_i/N_0$。

Ⅱ. 均匀度　表征样地中各个种的均匀程度，即每个种个体数量间的差异。多样性指数和种间个体分布的均匀度有关。当均匀度为1的时候，也就是群落中每个物种的数量都相等的时候，多样性指数达到最大值。

$$E=H/H_{\max} \tag{15-2}$$

式中，E 为均匀度；$H_{\max}$ 为最大多样性。设群落中物种总数为 T，当所有种都以相同比例（$1/T$）存在时，将有最大的多样性，即 $H_{\max}=\log_2 T$。

Ⅲ. 优势度　表明群落中占统治地位的物种及其分布。

$$D=\log_2 T+\sum_{i=1}^{n}P_i\log_2 P_i \tag{15-3}$$

式中，D 为优势度；T 为总丰富度，即群落中物种总数。

通过计算得规划区生物多样性指数，如表 15-3 所示。

表 15-3　规划区生物多样性指数

项目＼序号	样方 1	样方 2	样方 3	样方 4	样方 5	样方 6
多样性指数	0.497	1.032	0.213	0.647	1.034	1.443
均匀度	0.249	0.516	0.134	0.324	0.517	0.722
优势度	1.503	0.968	1.372	1.353	0.966	0.557

Ⅳ. 规划区内生物多样性结果分析　规划区内 6 个样方内的情况具有很大的相似形，普遍表现为生物个体数量较多，但是物种种类较少，优势度偏高而均匀度偏低，说明该地的生物群落虽然发展良好，但是种类单一，优势种占有绝对的优势，群落并不稳定。在实际调查中发现该区域内绝大多数的草本植物群落为芦苇群落，而该地的芦苇群落大多数为物种比较单一的湿生芦苇群落；田间杂草群落中，虽然伴生种较多，但是优势种苋菜在数量和盖度上还是具有明显的优势；而木本群落属于人工次生林，本身树种就比较单一。

规划区内占植物群落面积最大的是芦苇群落，该群落的均匀度指数比较小，优势度指数比较大，说明芦苇群落中种与种之间数量差距很大，不同种植物的配比很不均匀，在实地调查中发现芦苇在该群落中具有绝对的优势，只伴生很少量的其他湿地植物；在规划区内面积很大的植物群落还有田间杂草群落，这种群落相对芦苇群落来说，均匀度相对大，优势度相对小，说明虽然该群落中优势种占有绝对的优势，但是一些伴生种也具有很大的数量，群落的结构相对好一些；木本植物群落的均匀度比较大，优势度也比较小，说明木本群落中各树种的数量相差并不是非常悬殊，在木本群落中，高草本植物和地被层的发育较好，形成了较好的群落结构，具有很大的物种丰富性。不过，规划区内的木本群落存在较少，远远不能对规划区的植被群落造成根本性的影响。

(2) 绿化现状　一期用地内的高尔夫球场是规划区内现存的唯一大面积绿化用地，绿化面积为 $63hm^2$，规划区内的河道、道路两侧还保留着一些完好的防护绿化带，规划区内的少数企业厂区内也具有比较好的绿化，另外，规划区和京津塘高速公路交界处还保存着完好的隔离绿带。

高尔夫球场位于一期用地中部，占地 $63hm^2$，因球场建设的需要，其中植物种类丰富，乔、灌、草配比合理恰当，植物养护较好，对该区的生态环境起到了巨大的生态作用。

在规划区内，沿袁家河、新地河及其他河道两侧，沿赤海公路、红贯公路和海岭公路两侧都保留着较好的绿化带，但是这些绿化带缺乏足够的养护。由于规划区内厂矿企业不多，污染较少，沿公路两侧的树木生长发育较好；但是沿河道两侧的绿化带在长期无人管理的情况下，已经渐渐转变为自然林地，群落层次分明，结构明显，具有很好的生态效益。尽管这些林地具有一定的生态效益，但是弃置已久，处于半自然、半人工状态，甚至有一部分已经转变成完全的自然林地，基本上无法起到景观和美化的作用，这些林地已经不能作为该规划区域绿化的代表。

在规划区内，沿杨北公路两侧的农田一部分已经被改建为鱼塘，形成良好的湿地生态系统。该区域的水面面积很大，零散地分布在规划区内，在规划和建设的时候可以充分体现水的特色。

(3) 陆生动物资源 据数次实地调查，规划区内鸟类资源较丰富，主要留鸟有花喜鹊、灰喜鹊、麻雀、乌鸦等，在二期用地中的鱼塘及湿地中发现了种群数量较大的鸥类种群，据渔民介绍，该种群为留鸟，生活区域在东丽湖附近。在规划区内还观察到戴胜、燕子、野鸭、雀类等多种鸟类。除此之外，根据《东丽区志》（1996 年 12 月第 1 版）记载，东丽区鸟类还有大杜鹃、啄木鸟、戴胜、金翅、虎皮伯劳、柳莺、大苇莺、红喉歌鸲、蓝喉歌鸲、云雀、黄雀、铁爪鹀、田鹀、赤胸鹀、白头鹀、白眉鹀、三道眉草鹀、黄眉鹀、灰头鹀、家燕、金腰燕、白腰雨燕、楼燕、长耳鸮、雀鹰、游隼、红脚隼、苍鹰、苍鹭、鸿雁、银鸥、红嘴鸥、白尾海鸥、海燕、缘头鸥、白眉鸭、花脸鸭、赤颈鸭、斑嘴鸭、罗纹鸭、斑背潜鸭、红头潜鸭、普通秋沙鸭、斑头秋沙鸭等，可见该区的鸟类资源极为丰富。

除了鸟类之外，规划区内的昆虫资源也相对丰富，基本为我国北方常见的昆虫，包括蝉、蜻蜓、蝗虫、螳螂、蟋蟀、多种瓢虫、蜈蚣、蜘蛛、蚂蚁、天牛、棉铃虫、蚜虫、牛虻、舍蝇、绿蝇、跳蚤、臭虫等，根据《东丽区志》记载，昆虫类还有斑螳螂、马蜂、蝎子、马陆、蝈蝈、油葫芦、蜂、土鳖、蝼蛄、地蚕、东亚飞蝗、大垫头翅蝗、中华蚱蜢、金龟子、麦蛾、苹果巢蛾、豆天蛾、谷蛾、黄凤蝶、菜粉蝶、梨星毛虫、梨子食心虫、桃子食心虫、棉叫螨、黏虫、玉米螟、二化螟、三化螟、谷螟、棉卷叶螟等。

在规划区内野生的哺乳动物种类不多，主要是北方常见的田鼠、野兔、黄鼬、刺猬等小动物。根据《东丽区志》记载，哺乳类还有狐狸、獾、鼹鼠、大仓鼠、中华鼢鼠、棕色田鼠、蝙蝠等；爬行类动物有黄脊游蛇、棕黑锦蛇、虎斑游蛇、华北蝮蛇、麻蜥、黄纹石龙子、北滑蜥、华北壁虎等；其他动物有蜗牛、蚯蚓等。

总体来说，规划区现状陆生野生动物资源中，昆虫类和鸟类物种比较丰富，而哺乳类、爬行类物种较少。

15.3.1.2 水生生态系统现状调查

(1) 现有水面 规划区涉及的主要河道有袁家河、新地河、北塘排污河，并且规划区现有大量鱼虾塘，水面积达到 8.34km^2，占总规划面积的 18.8%。

(2) 主要水生生物 水生、湿生植物主要是芦苇、香蒲等。

水生动物：规划区鱼塘较多，鱼类以北方坑塘鱼类为主，如鲢鱼、鲫鱼、草鱼、鲤鱼、鲑鱼、鲶鱼、泥鳅等；两栖类动物主要有青蛙、蟾蜍等。

此外，根据《东丽区志》，东丽区鱼虾类还有鳙、黄钻、翘嘴红鲌、麦穗、棒花、逆鱼、白鲦、长春鳊、刀鱼、黄颡鱼、大银鱼、黄鳝、黑鱼、圆尾斗鱼、甲鱼、河蟹、青虾、白虾等；两栖类有泽蛙、黑斑蛙、北方狭口蛙、花背蟾蜍、中华蟾蜍等；水生软体动物有河蚌、三角帆蚌、剑状矛蚌、河蚬、中国菜田螺、无胃狭口螺、纹治螺等。

(3) 浮游生物 水域中的浮游生物群落是水生生物食物链的第一、二个环节，可以说是该生态系统的基础，而且对环境变化最为敏感，所以有必要在项目动工前对其进行现状调查和评价，以掌握其本底情况。

天津空港物流加工区（一、二期）区域环境影响评价小组于 2003 年 9 月对该项目涉及范围内的主要浮游生物状况进行了调查分析。规划区内的主要水面面积为袁家河、新地河和为数众多的鱼塘和湿地，按照调查要求，在袁家河和新地河及鱼塘内，采取表层水样调查整个水体浮游生物的状况。选取的采样时间为天津市地区的丰水期，该段时间雨量较为充沛，河道和湿地系统内有一定量的降水补充，应该属于年内水质条件最好的时间段，具有一定的代表性。

调查区域：袁家河、新地河、鱼塘。

调查方法：样品采用定量过滤方法，用250目筛过滤15～45L水样，现场用福尔马林溶液固定，带回实验室进行显微镜观察、计数。

调查结果：通过定量采集，对上述三个点的水样中的浮游植物和浮游动物的群落结构、个体密度进行了分析，计算优势种的优势度及个体密度。调查结果如表15-4所示。

表15-4 调查区主要浮游生物种类名录

种名	新地河		鱼塘		袁家河	
	密度/(个/L)	优势度/%	密度/(个/L)	优势度/%	密度/(个/L)	优势度/%
浮游植物		100		100		100
微囊藻 *Microcystis* sp.	1.3×10^5	66.6	8.9×10^6	96.6	—	—
具刺双毛藻 *Schroederia setigera*	—	—	—	—	6.7×10^4	2.7
球状空星藻 *Coelastrum sphaericum*	2844	1.5	—	—	6.4×10^4	2.6
毕氏月牙藻 *Selenastrum bibraianum*	1.1×10^4	5.6	2250	极小	—	—
四尾栅列藻 *Scenedesmus quadricauda*	8888	4.5	6778	0.1	1.1×10^6	44.2
四足十字藻 *Crucigenia tetrapedia*	6667	3.4	—	—	2.6×10^4	1.0
弯曲裸藻 *Euglena geniculata*	2.2×10^4	11.3	5.3×10^4	0.6	—	—
变形裸藻 *Euglena variabilis*	4500	2.3	1.9×10^5	2.1	—	—
小泡柄裸藻 *Colacium vesiculosum*	—	—	2.7×10^4	0.3	—	—
远距直链藻 *Melosira listens*	3500	1.8	—	—	—	—
具盖小环藻 *Cyclotella operculata*	1330	0.7	—	—	2670	0.1
纯脆杆藻 *Fragilaria capucina*	2222	1.1	2.7×10^4	0.3	—	—
缘花舟形藻 *Navicula radiosa*	—	—	—	—	1.3×10^5	5.2
细小舟形藻 *Navicula gracilis*	2222	1.1	—	—	1.1×10^6	44.2
浮水高等植物						
浮萍 *Lemna minor*					大量	
浮游动物		100		100		100
壶状臂尾轮虫 *Brachionus calyciflorus*	45	17.3	1100	94.0	67	6.8

续表

种名	新地河		鱼塘		袁家河	
	密度/(个/L)	优势度/%	密度/(个/L)	优势度/%	密度/(个/L)	优势度/%
蚤状溞 *Daphnia pulex*	20	7.7	—	—	200	20.2
大型溞 *Daphnia magna*	45	17.3	—	—	67	6.8
长刺溞 *Daphnia longis*	20	7.7	—	—	130	13.2
中华原镖水蚤 *Eodiaptomus sinensis*	—	—	20	1.7	67	6.8
中华窄腹水蚤 *Limnoithona sinensis*	45	17.3	—	—	67	6.8
长腹近剑水蚤 *Tropocyclops longiadominalis*	20	7.7	—	—	130	13.2
桡足类六肢幼虫	65	25.0	50	4.3	130	13.2
蚊类幼虫(孑孓)	—	—	—	—	130	13.2

15.3.1.3 生态系统类型与特征

规划区现状用地大部分为农田、村庄，二期用地中还存在一部分鱼塘，生态系统的种类包括农田生态系统、淡水水生生态系统和少量人工干预下的森林生态系统。

(1) 农田生态系统 本区的农田生态系统主要包括耕地生态系统和一些弃荒农田形成的杂草生态系统。

农田生态系统是一种人工生态系统，是在人类按照一定的要求对自然生态系统进行积极的干预改造下（农、林、牧、副的各项活动）形成的，农田生态系统物种种类相对较少，营养层次较为简单，系统自我调节能力差，易受不良环境因子的影响，稳定性较差。它还是一个开放的系统，存在物质、能量的大量输入（灌溉、施肥等）和大量输出（农畜产品、木材等)，对其他系统（尤其是自然生态系统）有较大的依赖性。

该区域现有的农田种植玉米、棉花、向日葵等植物，但是由于盐渍化，农田产量很低，另外有很多的田地已经弃荒，发生了生态系统演替。以苋菜群落为代表的次生草甸代替了原有的农田。现有的耕作农田生态系统中，植物群落中的优势种为经济作物，伴生种为田间杂草，动物群落主要是昆虫群落；次生草甸生态系统主要的植物群落为苋菜群落，存在大量的昆虫和少量野生哺乳动物。

(2) 淡水水生生态系统 规划区的淡水水生生态系统主要为河流生态系统和湿地生态系统。淡水水生生态系统是一个非常重要的生态系统，河流生态系统具有较高的生产力，可以支持其他生态系统的存在，湿地生态系统则是重要的生物资源栖息地，蕴藏着极其丰富的生物资源。

规划区内的河流生态系统主要包括新地河和袁家河及其河岸带，河流生态系统可以蓄积来自水陆两相的营养物质，河岸带通常具有较高的肥力，水湿条件和光照条件也相对较好，因此河流生态系统具有较高的初级生产力。同时，河流生态系统中生产者、消费者和分解者的配比很均匀，食物网结构比较完善，为鱼类和其他水生动物、陆生动物提供了丰富的饵料和食物。生态系统结构相当稳定，能够抵抗比较大的外界干扰。

在规划区内，由于上游造成的污染，两条河流存在不同程度的富营养化，河岸带堆积了较多的生活垃圾。新地河的河道较宽，具有人工护岸，但是河岸带的生物群落比较单一，存在一些护岸林地，水生生物资源相对比较丰富。袁家河的河道比较狭窄，但是长期以来形成了很好的河岸植物群落，水生生物资源种类较多，河岸带的植物、动物种类都多于新地河。

在规划区内，存在大量的湿地生态系统，地表长时间保持一定的湿润度，并存在小河、小湖等湿地水体。湿地生态系统被誉为“地球之肾”，具有丰富的湿地生物群落，植物、动物种类多样，是良好的生物资源贮藏地。不过规划区内的湿地生态系统大多数面积比较小，因此植物、动物的种类也相对贫乏。

15.3.2 区域生物现存量及其生产力估算

15.3.2.1 样地调查收割法

空港物流加工区一、二期总面积为 44.38km^2，其中农田用地 25.04km^2，占总面积的 56.42%。区域内现存植被主要有农作物与野生植物群落，本区域内现存生物量的计算可以现存植被的生物量来计量。现存量是指单位面积内，某个时间段存在的活的植物组织的总和，是绿色植物净初级生产量减去动物取食部分和枯枝落叶损失部分剩余的存活部分。采用以下公式：

$$S_c = \mathrm{NP} - L_1 - L_2 \tag{15-4}$$

式中，S_c为生物现存量；NP 为净初级生产量；L_1为动物取食部分；L_2为枯枝落叶部分。

该区域内大部分农田已荒废，生态系统发生自然演替，现存生物量年际不稳定。目前，该区芦苇群落较多，因此区域内植被现存生物量依据现存芦苇的生物量，采用样地调查收割法进行测定与估算。根据样地收割法测定，拟开发区内现存芦苇量平均地上部干重为 1.125kg/m^2，整个开发区域生物现存量估计为 28170t。

参照草地生产力的测定方法（武藤，1968），可根据地上部极大现存量（茎＋叶＋叶鞘）推算出年间净生产量，即第一性生产力为：1.125×1.8×10000×2504＝50706(t/a)。

15.3.2.2 气候生产力法

根据 Thornthwaite Memorial 模型，对农田净第一性生产力（总第一性生产力减去呼吸作用的消耗量和枯落后的生物量）估算如下：

$$\mathrm{NPP} = 3000\left[1 - \mathrm{e}^{-0.0009695(V-20)}\right] \tag{15-5}$$

其中，若 $N > 0.316L$，则 $V = \dfrac{1.05N}{\sqrt{1+\left(1+\dfrac{1.05N}{L}\right)^2}}$，$L = 3000 + 25t + 0.05t^3$。

若 $N < 0.316L$，则 $V = N$。

式中，NPP 为植物（干物质）气候产量，g/(m^2·a)；V 为年平均实际蒸散量，mm；N 为年平均降水量，mm；L 为年平均蒸散量，mm。

规划区年平均气温 11.8℃，年平均降水量 598.5mm，则 $L = 3000 + 25 \times 11.8 + 0.05 \times$

$11.8^3 = 4938.032$ (mm)。$0.316L = 0.316 \times 4938.032 = 1560.418$ (mm)，即 $N < 0.316L$，则 $V = N = 598.5$mm；$NPP = 3000[1 - e^{-0.0009695(V-20)}] = 3000[1 - e^{-0.0009695(598.5-20)}] = 1287.84[g/(m^2 \cdot a)]$。

区域内农田总的净第一性生产为：$G = NPP \times S = 1287.84 \times 2504 \times 10^4 \times 10^{-6} = 32247$ (t/a)。

15.3.2.3 结果分析

通过计算可以看出：两种方法计算结果存在一定差异。采用样地调查收割法计算的结果偏高。主要原因在于样地收割法是以现存芦苇的生物量来计量，而区域内农田、野生植被和农作物种类繁多，其平均干重均比以芦苇为标准的生物量低，因此计算结果偏高。因此，生物量评价采用气候生产力计算结果较为合理。

15.3.3 小结

评价区域内生态环境现状调查表明：陆生生态系统方面，植被以人工植被和野生乡土物种为主，没有发现濒危、珍稀植物种类；草本植物群落主要是伴生少量其他湿生植物的芦苇群落和弃荒地中次生的田间杂草群落，木本植物群落以榆树、杨树、柽柳为主，大部分属于人工次生林；进行样方调查、计算物种多样性指数，发现优势度偏高而均匀度偏低，说明该地的生物群落虽然发展良好，但是种类单一，优势种占有绝对的优势，群落并不稳定；现状野生动物资源中，昆虫类和鸟类物种比较丰富，而哺乳类物种较少；从水生生态系统看，规划区水面较多，且主要是鱼塘，主要的水生、湿生植物是芦苇、香蒲等，鱼类以北方坑塘鱼类为主，如鲢鱼、鲫鱼、草鱼、鲤鱼、麦穗、鲶鱼、泥鳅等，两栖类动物主要有青蛙、蟾蜍等；对浮游生物进行采样分析，发现该区域的水体均存在不同程度的富营养化，有必要在项目开发和投入使用过程中采取严格措施，保护区域水质不被进一步人为地恶化，以确保该保护区得以可持续发展。

15.4 生态影响评价

15.4.1 评价等级

根据《环境影响评价技术导则　非污染生态影响》(HJ/T 19—1997) 确定生态环境影响评价的等级为 2 级。

15.4.2 对生态系统的影响评价

15.4.2.1 土地利用方式、地表景观的分析评价

规划区建成后，现状耕地、水域等大部分将消失，而工业用地、绿地、道路广场用地等将大量增加，土地利用方式改以工业、绿化和公共设施等为主，见表 15-5。

表 15-5　土地利用方式变化分析

面积/km²	居住区	农业用地	工业用地	道路	绿地	基础设施	其他	总面积
规划前	2.27	25.04	2.74	—	8.34	—	3.07	40.46
规划后	0.99	0	23.00	5.02	7.77	3.58	0.10	40.46

注：规划可用地总面积为 40.46km²，其中一期可用地 21.23km²，二期可用地 19.23km²；外围道路用地和防护绿带不计入规划可用地之内。

同时，规划区建成前主要地表景观是农田、鱼塘、菜地、沟渠、野草、农舍及部分工厂；规划区建成后，车间厂房以及商务金融、文化科研等设施等代替了原有的耕地、鱼塘，同时绿地、道路贯穿其中，拟建项目建成前后的主要景观元素或拼块类型的数目及面积、主要视点的视觉范围和视觉内容等都会发生变化，从而导致整个地区的景观变化。

15.4.2.2　生态系统特征的预测与分析

规划区范围现状用地主要以耕地、水域为主，总体上为农业生态系统。而规划区建成后该地区将变为一个以工业为主的城市生态系统。

(1) 地表覆盖层改变　规划区建设过程中的城市广场、道路、建筑等，以水泥、瓷砖、大理石和抛光花岗岩铺地，将不可避免地增加对地表的覆盖，固化地表，使建设区域内原有可渗透的耕地相当一部分变为不可渗透的人工地面。地表覆盖层的这种改变会阻断地表雨水下渗通道，引起阴雨天气地表积水和地下水补给减少，导致水资源浪费和水资源短缺。

(2) 人口增加　目前，规划区范围内人口密度不大；而规划区建成后，规划常住人口将达到 3 万人，就业岗位容量预计为 15 万人，人口数量和人口密度大大增加。

(3) 能流、物流变化　规划区现状以农业生态系统为主，具有生态学意义上的“生产者”、“消费者”和“分解者”。区内所需的粮食、蔬菜等许多物质可由本地生产，在本地消费(另一部分运往外地)，产生的粪便、生活废水等废弃物也大致可以由本地自行消纳分解；在能量供应上，农村生态系统以太阳能供给为主，兼有电力、煤炭等能源输入生态系统。而规划区建成后，该地将成为一个城市工业生态系统，“生产者”、“消费者”和“分解者”发生很大变化。各种原材料等物质输入，电能、天然气、煤炭等能量输入，以及各种工业产品等物质输出都将大大增强，产生的各种生活垃圾、生活污水以及工业废气、工业废水、工业固体废物、危险废物等除在区内各种处理设施处理外，将有相当一部分排放或者运输至其他地区。

15.4.2.3　土壤环境的影响分析

规划区建成后，以工业为主的城市生态系统不可避免对土壤环境产生影响，原来适合耕作的土壤环境除接受来自人类的直接污染外，还承受着来自大气环境和水环境的间接污染。

(1) 土地利用方式对土壤的影响　对于耕作土壤，作物从土壤中吸收养分成为植物体的组成部分，土壤养分不断损失，使土壤趋于贫瘠，这就需要通过施肥等不断向土壤补充 N、P、K 以及其他植物营养元素，以补充种植作物而损失的养分。耕作土壤的耕层厚度一般较为稳定，大多稳定在犁底层之上的 20～30cm 土层。

规划区建设使一部分耕作土壤变为园林土壤，土壤养分损失、补充、循环明显不同，园林土壤的养分主要靠生物小循环的“自肥”作用，即园艺植物从土壤中吸收养分，然后又通过枯枝落叶凋落物或植物残体把从土壤中吸收的元素归还土壤，土壤中养分的补充主要来自植物残体有机质的矿质化作用，土壤有机质层将随着园艺土壤年龄的增长而加厚，而且原有的犁底层也将逐渐消失，土体的通气性、透水性随之发生变化，土壤水分和养分的移动较为通畅，不受犁底层所阻隔。

（2）机动车废气对土壤的影响 规划区建成后，机动车辆增加，机动车频繁出入排放的废气对土壤环境产生影响，不仅表现在公路两旁土壤中氮氧化物、碳的氧化物和碳氢化合物明显增加，而且公路两旁土壤中铅的含量明显增加，且距公路越近，铅的含量越高。由于公路两旁的土壤受铅的污染，其上植物中铅的含量往往比其他地区高。

（3）固体废物对土壤的影响 建成的规划区范围内人口集中，每天排放出大量生活垃圾；另外，工业企业每天都产生大量工业废渣。在工业废渣堆放场周围土壤中许多化学元素或化合物含量异常。如哈尔滨市韩洼子垃圾堆放场周围 100m 以内土壤受重金属明显污染，土壤中汞含量高达 0.26mg/kg，比无堆放地的正常土壤高 85 倍。

15.4.2.4 生物多样性的影响评价

目前规划范围内，耕地面积 2504hm^2，占总面积的 56.42%，植被以各种农作物、蔬菜以及一些野生植物为主；而规划建成后，农田、菜地消失，人工栽培的花草树木取而代之，植被构成和功能发生了很大变化，由原来的农业经济功能为主转变为美化环境、陶冶情操和改善小气候等生态功能为主。

15.4.3 植被绿量损失估算

区域开发活动会造成自然植被减少，生态系统功能削弱，其中以对农田的破坏和农作物植被的损失最为严重，因此有必要计算农田的植被绿量。本评价在参考相关绿量研究的基础上，以绿当量为指标来评价农田植被绿量的损失。各种植被的绿“当量”建议值见表 15-6。

表 15-6 各种植被的绿“当量”建议值

植被类型	面积	绿当量
茂密草地	1m^2	1
花坛	1m^2	0.7
1m 长绿篱	0.5m^2	0.8
墙面垂直绿化	1m^2	0.6
灌木	1 株	1.5
葡萄架	1m^2	0.6
乔木	1 株	15
菜地(全年满种)	1m^2	0.4
双季稻田	1m^2	0.8

根据生态环境影响评价中各类植被“绿当量”的建议值、以芦苇为标准来计算，土地开发损失农田植被绿量估算为：$25.04\times10^6\times0.8=2.0025\times10^7$。

15.4.4 生态环境影响对策分析

建设开发活动会造成植被绿量损失。根据“谁破坏谁恢复，谁利用谁补偿”的原则，开发活动造成的植被破坏必须进行生态补偿，即植被还原。根据项目总体规划，本开发项目植被的补偿途径为原地补偿与异地补偿相结合，即在开发区域内进行人工复层结构绿化、在开发区外围建设生态林进行补偿，以保证区域开发后虽然绿地率损失很大，但生态系统功能不低于开发之前，并力争使建成区的物种多样性增加。

一般可以通过下式进行土地开发植被还原绿量的估算：

$$\text{植被还原绿量}(R)=\text{土地开发损失植被绿量}(D)=\text{开发用地上剩余绿量}(L)+\text{开发用地上绿化种植绿量}(N)+\text{易地补植绿量}$$

所以空港物流加工区建成后，开发用地上剩余绿量、开发用地上新种植绿量和易地补植的绿量之和应达到 2.0025×10^7，由于原有农田不保留，开发用地上新种植绿量和易地补植的绿量之和应为 2.0025×10^7；根据北京市园林科研所对城市绿地复层结构植物配置的最新乔灌草比例建议，乔木、灌木、草坪与绿地面积的比例应为：1∶6∶20∶29；乔木、灌木与草坪的建议“绿当量”分别为：15、1.5 和 1。应种植的乔木绿当量为 6.83×10^6，灌木绿当量为 4.09×10^6，草坪绿当量为 9.11×10^6。

空港物流加工区一、二期建成后，区内新植和易地补植的绿地系统中，要补偿土地开发损失的农田植被绿量，应种植乔木 4.55×10^5 株，灌木 2.74×10^6 株，草坪 $9.11\times10^6\,m^2$。折合成绿地面积应为 $13.21\times10^6\,m^2$。

但实际开发建设时还会损坏村庄内、道路两旁等的植被；同时空港物流加工区建成后，原来的农业生态系统被城市生态系统所代替，生态系统的结构和功能发生变化，下垫面等状况将会明显不同，为了补偿可能的污染、气候改变等，实际应种植的树木和草坪数还应比上述结果大一些。

15.4.5 生态环境影响评价结论

天津空港物流加工区的建设必然会引起规划区土地利用方式、地表景观的改变；规划区范围现状用地主要以耕地、水域为主，总体上为农业生态系统，而规划区建成后该地区将变为一个以工业为主的城市生态系统；该生态系统不可避免对土壤环境产生影响，原来适合耕作的土壤环境除接受来自人类的直接污染外，还承受着来自大气环境和水环境的间接污染，植被构成和功能发生了很大变化。

区域开发活动会造成自然植被减少，生态系统功能削弱，其中以对农田的破坏和农作物植被的损失最为严重，因此有必要计算农田的植被绿量，以进行足够数量与质量的绿化建设和植被补偿，并且补偿应先于开发建设，为区内动物和重要树木创造足够的迁移环境。计算表明，保税区建成后，仅为补偿农作物植被损失造成的绿量损失，开发用地上新植绿量和易地补植绿量之和应为 2.0×10^7，参考北京市园林部门的研究成果，约合乔木 4.55×10^5 株，灌木 2.74×10^6 株，草坪 $9.11\times10^6\,m^2$。折合成绿地面积应为 $13.2\times10^6\,m^2$。

15.5 区域生态环境保护规划

15.5.1 生态绿地系统的布局方案

作为区域性的开发，空港物流加工区不仅在发展经济上将成为天津市东移战略的一个大举措，逐渐成为经济增长优势区域，而且在城市的生态环境保护方面也是一个重要区域，对天津城市的整体发展、生态保护战略也将起到举足轻重的作用。因此，作好区域生态绿地系统的统一规划和布局至关重要。

15.5.1.1 区域内绿地系统布局规划

将规划区绿地系统作为一个整体来规划，合理布局不同类型的绿地类型，如公园、绿地广场、住宅区绿地、服务区功能绿地、边缘保护和隔离防护绿地等，构造服务半径合理、分布均匀的绿地布局，实现点（游园、公园、广场）、线（街道绿化、河道绿化、防护林）、面（中心高尔夫球场、周边隔离绿地）的有机结合，成为完整的城市绿地系统。借鉴保税区（滨海区）的规划和建设经验，本区域内应注重增加块状公共绿地，除高尔夫球场外，还应根据功能和生态需要，增加街头绿地，重视块状绿地和道路绿化以及周边防护、隔离绿地的连通和衔接。

15.5.1.2 特殊保护区

在规划区域的西北角，有一片林地、水面组成的自然保留地，“自然保留地面积”是我国评价城市生态环境质量的指标之一，是体现一个现代化城市文明程度的标志之一。在城市大面积营建绿地和“城市森林”的时候，应该保护大自然留出的绿色礼物——自然保留地。保护利用自然保留地较之于大规模的绿地建设，有事半功倍的意义。因此在区域的西北方向作好原始生境保护，是为区域扩展提供生态环境保护战略准备的重要内容，有利于廊道与物流加工区实现有效衔接。

15.5.1.3 道路绿色廊道

该区域道路交错，有津汉公路、杨北公路、京津塘高速公路等公路，同时空港物流加工区的仓储加工业为主和物流频繁的性质，决定了区域内路网密度较高，主要依赖发达、快捷的交通，因此道路将成为区域内除仓储、加工、办公等厂区和建筑以外最重要的基础设施项目。因此规划建设道路绿色廊道是该区域生态保护的重要内容。

15.5.1.4 边缘隔离绿带与重点隔离绿带

在建设开始后，本区将迅速从农田、村落变为高度人工化的城市区，生态系统发生彻底变化，这样的改变将带来生态系统的大调整，因此除作好区域内绿地规划，加强生态环境保护外，还应注重与周边农田生态系统的协调。因此，在区域外围规划和建设原始生境保护区，并向更远处的湿地、农田建立生态走廊，可以为向外迁徙的生物提供栖息环境和迁徙廊道。在此过程中注重原始生境的保留与保护，建立半自然状态的野生植被恢复区是有效方法。因此，建立边缘隔离绿带，在该区域建立和保护半自然野生植物保护（带）将是区域发展与规划中另一条重要的生态廊道。因该区域濒临天津国际机场和东丽湖，因此在相邻的区域应该建设重点隔离绿带。

(1) 机场重点隔离绿带 根据规划方案，在濒临天津国际机场一侧将开挖护河，可以把河流廊道建设为重点隔离绿带。对于河流来说，生境的质量和物种的数量都受到河流廊道宽度的影响。国外研究人员根据对河流廊道的大量研究发现，河岸植被的最小宽度为27.4m才能满足野生生物对生境的需求。一般认为廊道宽度与物种之间的关系为：12m是一个显著阈值，在3～12m，廊道宽度与物种多样性之间相关性接近于零，而宽度大于12m时，草本植物多样性平均为狭窄地带的2倍以上。多数人认为，河岸植被在环境保护方面的功能至少30m以上的宽度才能有效发挥（但也有研究人员发现，16m的河岸植被能有效地过滤硝酸盐）。因此河流植被宽度在30m以上时，能起到有效的降温、过滤、控制水土流失、提高生境多样性的作用，60m的宽度可以满足动植物迁移和生存繁衍的需要，并起到生物多样性保护的功能。因此，在该区域濒天津滨海国际机场一侧的护河两侧建设植被，宽度应该达到30m，不仅能达到生物多样性保护的目的，也可以起到与天津滨海国际机场的隔离作用。

(2) 东丽湖重点隔离绿带 按照总体规划，加工区距东丽湖不足10km，在区域的东和东北方向作好原始生境保护，建设重点隔离绿带，是为区域扩展提供生态环境保护战略准备，并实施生态保护向区域外延伸的重要内容。

15.5.1.5 区域缓冲绿带

在建设开始后，本区将迅速从农田、村落变为高度人工化的城市区，生态系统发生彻底变化，这样的改变将带来生态系统的大调整，城市化将使原来系统内部分生物种类死亡、迁徙，进而在区域内消失。

随着区域建设和发展的推进，按照规划二期、三期将重点向东扩展，因此，注重一期与二期、二期与三期之间的缓冲带绿地建设，是实现区域缓冲、营造新的生物栖息地、提供迁徙廊道的重要内容。

15.5.1.6 自然保留地

自然保留地可以补偿施工建设造成的绿量损失，发挥保持水土、固碳制氧、改善城市小气候、净化空气、削减噪声等生态功能，塑造优美的城市景观，起到保护城市肌体、防震防火、防御放射性污染和备战防空的安全防护作用。自然保留地无论从生态意义还是景观建设方面，都应作为城市生态保护的重要内容。更进一步地说，自然地保留可以对城市绿化系统改造起到模板的作用，并成为城市绿地系统的一部分。

因此，在空港物流加工区内适当的位置可以保留一定面积的近自然绿地。在该区域内，乡土植物和自然植被经过多年的自然选择，形成相对稳定的植物群落，是自然界生态恢复的结果，应成为城市园林绿地建设的模板。对自然保留地的建设，要注重乡土植物和抗逆性强的地域性植物的利用，依靠自然植被的拓展建立多生境的植物群落，构建生物多样、接近自然演替的生态系统，为许多物种的迁徙提供走廊。在管理中，要充分发挥自然过程的力量，最大限度地减少人工管理，减少水、化肥、农药的应用。

15.5.2 不同功能分区绿地指标和规划方案

依据《天津空港物流加工区总体规划》，本规划区内设置：保税仓储物流加工区、高新技术工业加工区、商务中介管理服务区、商住生活餐饮配套区、物流加工发展区。要实现本区域整体的生态环境保护目标，必须注重整体与各分区的绿地规划协调，既遵从整体保护规划，又要结合各个分区的功能特点和要求，作好统筹规划。

15.5.2.1 区域内绿地指标总控制

实践证明，采取在总体规划的基础上，通过专业规划设计单位作出比较详细的园林绿化专项规划，并经有关部门审批，从总体上控制开发地区绿地率指标的做法，比仅从单个项目、单体建筑上控制更有利。规划区建设过程中应注重从宏观和总体上控制绿地率指标，增强指标控制的权威性。

因本区域属新开发区域，天津市到2004年年底，争创国家环保模范城市，其中建成区范围内绿化覆盖率指标要达到35%。而根据国家园林城市（或城区）的标准要求，建成区绿地率指标应达到35%。同时参照其他城市建设保税区的经验，如上海市外高桥保税区为提高区域绿化率，三年内新增绿地$5.0\times10^5m^2$，使绿地率由目前22.16%提高到30%，深圳福田保税区规划绿地率30%；结合空港物流加工区的新区定位和对天津的重要作用，在规划中，努力将区域的绿地率指标控制在35%以上，绿化覆盖率40%以上，将是针对新区建设的总体要求，也是对天津城市发展的贡献。

15.5.2.2 不同功能区绿地指标确定

各功能区虽然具有不同的功能，但均体现出经济发展的共同特征。建设过程中，在协调经济与景观功能方面，绿地起到了重要作用。因此根据不同功能区特点，制定适当的绿地指标，既可保证规划区的生态与景观需求，又能增强各区域和节点的经济活力。

保税仓储物流加工区：按照《城市绿化条例》和《天津市实施〈城市绿化条例〉办法》的规定，工业、仓储等单位的绿地率不低于20%，成片建设区绿地率不低于30%。考虑到本区实行绿地指标总控制和仓储企业的特点，仓储物流加工区绿地率指标应不低于20%。对于成片开发建设的单位，这样的指标控制有利于被开发商和驻区企业接受，并得到遵守，有利于监管。

高新技术工业加工区：作为一类依靠新兴技术和产业发展的工业区，高新技术和配套加工企业本身对厂区环境、周边环境都有较高的要求，有的企业需要绿地发挥防护功能，有的企业又要求绿地发挥滞尘功能，有的企业本身就希望以厂区绿化宣传企业形象。因此，在分区中，结合加工区特点，高新技术工业加工区应考虑把绿地率指标控制在35%左右，不低于30%。

商务中介管理服务区：是区域内商务与服务的核心区，可以考虑规划大型块状绿地和整体的绿地结构，并注重与其他分区的连通。管理服务区应考虑人员对绿地的使用，并展示区域形象，绿地率指标应不低于30%，并应规划有大型绿地。

商住生活餐饮配套区：本区域内的商住和生活餐饮区，应考虑到本区域距市区有一定距离，商住和生活区有相对独立性，作为物流加工区内的生活配套，本区应考虑创造舒适、优美的自然景观，加大绿化面积，丰富绿化内容，通过多目标、多途径的环境规划与生态保护，在分区内规划和建设集休闲、娱乐、观赏、生态功能为一体的绿地，不仅可以实现区域生态环境保护目标，而且能增加区域的吸引力，丰富区域功能。因此，配套区内可考虑结合大型公园绿地以创造自然环境为主，并结合多种形式的附属绿地，共同营造高生态效益的生活区。本分区可考虑规划较高的绿地率指标，规划绿地率指标在35%左右是较好选择。

物流加工发展区：作为今后的发展区域，物流加工发展区在绿地建设方面有其他分区没有的优势，可以建设块状、带状绿地、多种形式的附属绿地，从而带动整个区域的生态环境建设，规划绿地率指标应不低于35%。

15.5.3 道路、水体等的生态规划方案

15.5.3.1 道路的生态规划方案

区内路网的高密度将带来区域规划建设的高度破碎化和人工化，与保税区（滨海区）大致相同，为获得最快捷的交通和运输，各企业和部门将最大限度地布局于交通线旁，可以预见，路网规划将直接影响区域布局。

而道路面积在区域内占很大比重，是造成热岛效应和区域大气污染的重要源头。首先区内繁忙的交通和大量运输车辆将大大增加区域内的空气污染，使氮氧化物、总悬浮颗粒物含量增加，其次还会带来严重的噪声污染。因此从生态环境保护出发，规划好道路模式和绿化指标，对实现区域环境保护目标也具有重要意义。

(1) 道路绿化 通过在规划上确保城市道路绿化用地的同时，选择适宜的绿化植物种类，运用合理的配置方式，将对降尘、除尘、除噪、杀菌、降低路面辐射热、吸收汽车有害尾气起重要作用。按照道路分级，对主干道、次干道、支路等进行不同形式断面规划，增加绿化隔离带，或加宽路边绿带，可以极大地发挥道路隔离带和路边绿带的景观和生态功能。加强乔木、灌木及宿根草植物的应用，运用科学、艺术的配置手法，做到真正意义上的乔、灌、草立体种植，建设优美的道路绿化带，同样是达到景色优美、绿量集中且社会效益、经济效益、生态效益皆佳的效果的有效方法。

建议主干道采用两板三带式或四板五带式，次干道可以选择三板四带式或一板两带式；路边绿化带宽度保持在12～15m以上，有利于配置植物，形成群落，发挥绿地降尘、减噪等生态功能。

(2) 道路景观 道路景观从道路使用者的角度来说，包括从道路上所能看到的一切景物，从游览者的角度来说，包括道路的布局、色彩和交通组织等，在行进中道路已成为自然风景的一部分，成为周围众多静景中的动景，而行动的车辆会使他们倍感轻松愉快。

道路和景观相互作用，优质的道路设计可为当地景色增添动感气息，而风景的利用又为道路使用者增加了行车的安全感和舒适感。将道路景观与道路功能统一考虑可以获得完整的道路效果。在道路规划中要紧扣生态、文化这一主题，围绕自然、人、城市三者的和谐、共生关系进行设计。

15.5.3.2 水体的生态规划方案

通过区域现状及生态调查，该区域因与外环线、京津塘高速公路、天津机场毗邻，自然坑塘、湿地、河道和鱼塘较多，因此，保持和发挥区域优势，利用坑塘、河道，注重水体规划和湿地保护与恢复，对区域生态环境保护意义重大。

(1) 总体规划 作为新开发的区域，应在总体规划中注重河道的保护与原有坑塘的保存，并有计划地连通外环河，或在本区域周边开挖池塘或防护性河道，增加和丰富本区域的水体形式，充分发挥水体的生态功能。

① 水面的保留 区内有大面积的鱼虾塘水面，境内河网水道纵横，水体面积大约占总面积的18%，是该区域进行生态建设的宝贵资源：可以为区域内丰富的鸟类资源提供栖息地，有利于生态和生物多样性的保护；可以体现本地自然环境特色，与周边河道、坑塘及野

生自然植被特征相协调；可以创造丰富的自然景观，保持天津近郊更自然的原始风貌；可以储蓄洪水，有利于保护本区域安全等。因此，应该尽可能地保留原有的水面。

② 人工增加水面　区域的开发建设不可避免地要填没一些水面，因此有必要在区内适当的位置增加水面以进行人工补偿，如在外围建设防护性河道、在区内开挖人工湖等。当区内补偿不能满足需要时，可以考虑区外异地补偿，如东丽湖距离该区域比较近，可以作为该地鸟类的栖息地。

另外总体规划中还应突出节水和雨水的收集利用，实行全区的雨污分流规划，规划和建设雨水收集、储备工程，规划和建设全区的污水处理与回用系统，将是本区保护水资源、高效利用水资源、实现可持续发展的重要进展。

(2) 水体设计和绿化　区域内和周边水体应以自然形式为主，不用岸线护砌，减少工程性水体，同时注重水生植物的引入和应用，初期注重以乡土植物和保留的原始植物群落嵌块或半自然野生植物群落迅速恢复工程性水体，并建立岸线植物群落。在区域内或周边，借水体实现开发区域的人工绿化与周围农田、半自然野生栖息环境协调与融合是可行的，而且这样的方案将可能成为区域规划中生态环境保护方案的核心及示范工程。

(3) 水体景观用水　整个区域在统一规划污水处理和回用的过程中，应将区域内的景观用水、绿地灌溉用水统筹考虑，按照保税区（滨海区）的经验，区域内生产性企业少，污水主要来自生活污水和部分加工企业用水，处理较容易。中水回用技术的统一规划和应用有较大的优势，而污水回用绿地和重蓄景观用水，是较好的选择。

(4) 重视生态驳岸建设　传统的石砌驳岸河岸垂直陡峭，落差大，加之水流快，带来了一些安全问题，市民走在河边产生的是一种畏惧感，不能获得良好的“亲水性”。而且，硬质“U”形河道，完全忽略了河流两岸及河岸水边是与人类生存息息相关的动物（如鱼类、两栖类、昆虫和鸟类等）栖息、繁衍和避难的生境和迁徙廊道，是各类水生植物生长的天然生境。而生态驳岸则克服了这些负面作用。生态驳岸是指恢复后的自然河岸或具有自然河岸“可渗透性”的人工驳岸，它可以充分保证河岸与河流水体之间的水分交换和调节功能，同时具有一定抗洪强度。

生态驳岸除护堤抗洪的基本功能外，对河流水文过程、生物过程还具如下促进功能。

① 滞洪补枯、调节水位。生态驳岸采用自然材料，形成一种“可透性”的界面。丰水期，河水向堤岸的地下水层渗透储存，缓解洪灾；枯水期，地下水通过堤岸反渗入河，起着滞洪补枯、调节水位的作用。另外，生态驳岸上的大量植被也有涵养水分的作用。

② 增强水体的自净作用。河川生态系统通过食物链过程削减有机污染物，从而增强水体自净作用，改善河流水质。

③ 生态驳岸对于河流生物过程同样起到重大作用。生态驳岸把滨水区植被与堤内植被连成一体，构成一个完整的河流生态系统；生态驳岸为鱼类等水生动物、两栖类动物及昆虫鸟类提供觅食、栖息、繁衍和避难场所，形成一个水陆复合型生物共生的生态系统。

15.5.4 树种的选择方案

15.5.4.1 基本原则

① 适地适树，以乡土植物为主，体现地方特色，减少人工草坪的应用。

② 注重半自然野生生物栖息地的保存和保护，划定专门的野生植物群落保护和恢复区域，实施生态恢复。

③ 注重增加植物物种多样性，绿化工程中选择抗旱、节水植物，着眼建立稳定的植物群落。

④ 按功能分区选择园林植物和绿化形式。

⑤ 合理密植，生态效益优先，注重生态效益和绿量补偿。

15.5.4.2 植物选择与配置

将外来树种随便地散植于乡土树种之中的混植方式，只能抵消了彼此的各自效果。在规划区的绿地或公园，应有控制地引进外来树种，在面积较大的绿地或广场，宜将外来树种和乡土树种分别单独群植，有利于做到外来树种与公园融为一体。

种植设计可以尝试树丛、树群方法，多品种集群式栽植。一方面，仿自然群落做到多品种搭配，立体种植，建立植物演替竞争的基础，增加绿地的植物丰富度；另一方面，以植物的量，迅速增加绿量，使新建绿地尽快见效。

规划区建设应注重植物选择，落叶阔叶树除确定骨干树种外，常绿树可以雪松、桧柏、大叶黄杨为主，辅以月季、金银木、丁香、榆叶梅、石榴、木槿等花灌木，在水体绿化时应突出柳树（包括垂柳、旱柳、银芽柳、龙爪柳、金丝垂柳等）的作用和特点，强化水流景观。

河岸植被设计与选择应注重依托水体，体现地方特色，营造丰富而稳定的植物群落。a. 绿化植物的选择：以天津地方性的湿生植物或水生植物为主；同时高度重视水滨的归化植被群落（naturalized plant communities），它们对河岸水际带和堤内地带的生态交错带尤其重要。b. 河流两岸的绿化应尽量采用自然化设计。不同于传统的造园，自然化的植被设计要求：一要注意植物的搭配——地被、花草、低矮灌丛与高大树木的层次和组合，应尽量符合河岸自然植被群落的结构，避免采用几何式的造园绿化方式。二是在沿岸生态敏感区引入天然植被要素。

区域内绿化工程应注重选择和使用乡土植物，园林植物应特别注意选择抗性较强的品种。经过多年的实践和跟踪调研，在天津适应能力较强、生长良好的针叶树种有桧柏、侧柏、白皮松；阔叶树种有绒毛白蜡、国槐、榆、臭椿、千头椿、皂荚、毛白杨、旱柳、垂柳、泡桐、银杏、刺槐、栾树、桂香柳、枣等；小乔木及灌木树种有山桃、火炬树、紫穗槐、丁香、暴马丁香、卫矛、柽柳、紫叶小檗、金叶女贞、大叶黄杨、紫藤、凌霄、连翘、榆叶梅、黄刺玫、西府海棠、茶藨子、木槿等。

草坪和地被植物的选择，应减少草坪卷和冷季型草种的应用。可以选择野牛草、狗牙根、高羊茅等种类，实现节水并兼顾观赏特性，也可选择白三叶、二月蓝等地被植物。另有萱草类、鸢尾属、景天属、菊科等多种宿根花卉可以应用。在边界隔离地区或半自然野生植被保护区中，可以有计划地扩大芦苇、碱蓬、莎草、打碗花、荠菜、刺菜、蒲公英等野生植物的生长和应用面积，与柽柳、芒草营造近自然植物群落。

16

南港工业区输油管线项目陆域生态影响评估

天津是中国现代化学工业重要的发源地，是全国重要的石油化工基地之一。国家炼油和乙烯中长期发展规划将天津确定为重点支持发展的以千万吨级炼油、百万吨级乙烯为代表的国家及石化产业基地。天津市空间发展战略规划提出了“双城双港”的总体战略，滨海新区规划实施“一核双港、九区支撑、龙头带动”的发展战略。其中，南港工业区主要发展石化、冶金、装备制造业，未来滨海新区的石化、冶金等重化产业均转移或新建于此。

A石化公司拟在南港工业区投资366亿元建设1300万吨/年炼油工程，该项目为南港工业区一期（石化产业园）的龙头项目。项目按蜡油加氢裂化、渣油加氢脱硫精制-催化裂化组合工艺进行总体设计，包括1300万吨/年常减压蒸馏、270万吨/年连续重整、400万吨/年渣油加氢脱硫等18套生产装置，以及配套的码头、油品储运及公用工程等设施。

为了尽可能减少项目建设以及运营过程中对周围陆域生态系统产生干扰或破坏，需要对项目实施的生态环境影响进行评估。分析项目实施过程中可能带来的生态环境问题及减缓对策，有效协调区域内外在经济发展、社会和谐与生态环境保护之间的关系，为项目的开发建设提供科学依据，以保证区域可持续发展。首先，对项目选址周边地区开展陆域生态现状调查，并对项目区周边的生态敏感点——北大港湿地自然保护区进行重点分析，综合评价项目周边生态环境质量；然后，根据生态现状调查的结果，结合项目特点，分析项目建成后对陆域生态环境的影响；最后，根据以上的调查和评价结果，提出项目建设过程中的生态保护措施和减缓生态影响的对策。

16.1 陆域生态环境现状调查与评价

16.1.1 陆域生态环境现状

16.1.1.1 土地利用现状

A石化公司选址区处于天津滨海新区南港工业区一期滨海大道东侧，工程征地面积约为322.52hm^2，土地整体为园区规划的三类工业用地，全为填海造地整理土地，土地利用呈现出从滩涂向海域过渡带的特征。选址距离独流减河2km，周边区域的主要土地利用类型包括农田、建设用地、河流水体、湿地和裸地等类型。总体上属于未开发区域。

16.1.1.2 植被概况

根据现状调查可知，该区总计有46科、121属、196种野生植物，其中草本植物所占比例最大，约为92.3%，木本的乔灌植物比例极小，只占7.6%左右（只有15种），除柽柳、西伯利亚白刺、枸杞、野生榆树、酸枣等外，其余乔灌木均为栽培树种。

该区域内的野生植被组成中盐生植物为数众多，其中数量最多的如藜科的盐地碱蓬、碱蓬、中亚滨藜、地肤、灰菜，蓝雪科的二色补血草、中华补血草，禾本科的芦苇、獐毛等。盐生植物的分布具有带状、斑块状分布的特点，常见某种植物形成单优种群落。特别在滨水地带由芦苇＋香蒲、碱菀、苣荬菜形成的垂直岸线的分布带，成为该区域盐生群落带状分布的一个典型。其次在堤岸等水位较高的地带，形成以狗尾草、虎尾草等禾本科耐盐植物为优势种的中生、旱生盐生植物群落。

近年来滨海新区的开发建设，原生植被遭到不同程度的破坏，野生植物的种类和数量均呈逐渐减少的趋势。目前该区域的野生植物资源多集中分布在天津古海岸与湿地自然保护区和北大港湿地自然保护区内。其他区域的植物则主要以栽培植物为主，野生植物次之。栽培植物的类型主要为谷物类（如玉米）、蔬菜瓜果类（如萝卜）、乔灌木果树类（如枣树）、草本花卉类观赏植物等。

根据调查该区域的典型植物群落主要可分为两类：单优种群落和共优种群落。其中前者如前所述，是该区域非常典型的一类群落，由占绝对优势的某种植物形成，包括盐地碱蓬群落、芦苇群落、水葱群落等。后者包括芦苇-狗尾草群落、狗尾草-虎尾草群落等。分别介绍如下。

① 盐地碱蓬群落：多分布于盐度较高的河漫滩等水位较低的地带，多形成单优势群落，覆盖度高达85%以上。其伴生植物有翅碱蓬、獐毛、芦苇等。该群落在秋季呈现朱红色的景观。但水土保持功能较差。

② 芦苇群落：该群落分布广泛，几乎遍及全区。可分布于水域、滨水地带，亦可分布于地势较高处。平均高达2m左右，覆盖度可超过90%。生长势良好，生物量较高，其下常伴生狗尾草。为本地段群落演替中稳定植物群落，有着最强的水土保持力。

③ 水葱群落：分布于水深0～50cm，透明度50cm左右的清澈水体中，有一定的耐盐碱性，生物量较大。常构成水葱单优种群落，覆盖度达90%以上；亦可以与香蒲形成共优种群落。

④ 芦苇-狗尾草群落：分布于地势较高且土壤含盐量较低的地段，在此地段芦苇平均高度仅为1.2m左右，狗尾草得以迅速发展。群落的总覆盖度高达90%以上，土壤水土保持功能较强。

⑤ 狗尾草＋虎尾草群落：主要分布于地势较高土壤含盐量低的地段、生长势极好，覆盖度一般在70%以上。为地势高处群落演替的先锋群落，水土保持功能较差。

除上述主要草本植物群落外，在该区紧邻的北大港水库、独流减河流域，尚存在以柽柳、西伯利亚白刺为灌木层优势种的植物群落，构成了该区独有的、不可忽视的群落特征。

16.1.1.3 陆域动物

该区为发育较为成熟的盐生型湿地生态系统，拥有较为丰富的湿地景观和湿地植物资源，为鸟类提供了重要的栖息地。经过 2005—2010 年多年的不同季节和时段的现场观察和记录发现，区内鸟类资源丰富，计有 140 余种。由于处于东亚-澳大利亚候鸟迁徙的主要路线上，该区域内鸟类多为春、秋季迁经鸟，分别于春季 2 月上旬—4 月下旬和冬季 10 月中下旬—12 月中下旬迁经本地。在该区域沿海滩涂停栖和觅食的多为嗜咸水环境的涉禽（如鸻鹬类、鸥类的约 30 种鸟种）。在本地繁殖的候鸟种类不多（如浮鸥属、反嘴鹬科、鸭科的一些种类）；留鸟种类多为区域常见鸟。该区域不乏国家一、二级重点保护鸟类种类，如国家一级保护鸟类遗鸥即为迁经本区的重要鸟种。调查曾于独流减河河口发现约 2000 只的种群迁徙经过时停留此地，且具有数量大、停留时间长等特点，值得注意。

区内哺乳类动物种类较少，常见的如刺猬、田鼠、黄鼠狼、野兔等约 10 种；两栖类、爬行类 10 多种，鱼类约 60 多种。随之区域开发的进程，野生动物无论是种类还是数量均有减少的趋势。

16.1.1.4 湿地资源

根据湿地的分类标准及对天津滨海地区湿地的调查报告，滨海湿地主要可分为以下五个类型：近海及海岸湿地、河流湿地、湖泊湿地、沼泽湿地和人工湿地。具体到该区域，该区域除缺乏湖泊湿地为，其他四种类型的湿地均存在。现按其面积多少和主次程度分别介绍如下。

近海及海岸湿地：该区东临渤海，靠近海岸线的一带均为典型的海岸湿地。该海岸湿地坡度较缓，高低潮线之间多为泥滩，为涉禽类水鸟喜爱的觅食环境。

人工湿地：该区人工湿地面积呈逐年增加趋势，增加的人工湿地主要以景观湿地和人工盐田为主。随之填海工程的进程，某些地段的湿地逐渐丧失，而另外一些地段则可能增加新的人工湿地。

河流湿地：该区域北侧有独流减河流过，除此之外，区内尚有小型的河道、引水沟渠等，它们以及沿岸的小环境构成了带状的河流湿地区域。

沼泽湿地：这类湿地在该区分布较少，其地理特征不明显，而且随着水资源的减少，该类型湿地可能逐渐消失。

另外，作为对比，特将该区西北侧紧邻的北大港湿地自然保护区所代表的湖泊湿地列出并纳入评价范围。北大港湿地虽不在厂区范围之内，但其为整个滨海地区湖泊湿地的典型代表，且在地理位置上距离较近，与该区域的各类型湿地共同构成了滨海地区的湿地生态系统。

16.1.1.5 景观资源

项目规划所位于的南港工业区现有陆域原为沿海滩涂，地势低洼，经过“真空预压”造陆后形成大面积陆域，目前项目正处在填海造陆区向工业区转变的过程中，项目规划区域全部为裸地，没有原始植被的存在。

项目区景观现状总特点为：地势平坦，景观单调；没有植被，人工干扰痕迹明显。

随着项目的建设，未来该区域即将成为新建的工业区，整体上改变区域的景观结构。

16.1.2 北大港湿地自然保护区生态调查与评价

北大港湿地自然保护区虽然不属于厂区范围，但其距离厂区最近距离只有9km，属于项目区附近的重要敏感点，因此将其现状调查进行单独的分析。北大港湿地自然保护区与项目相对位置示意图见图16-1。

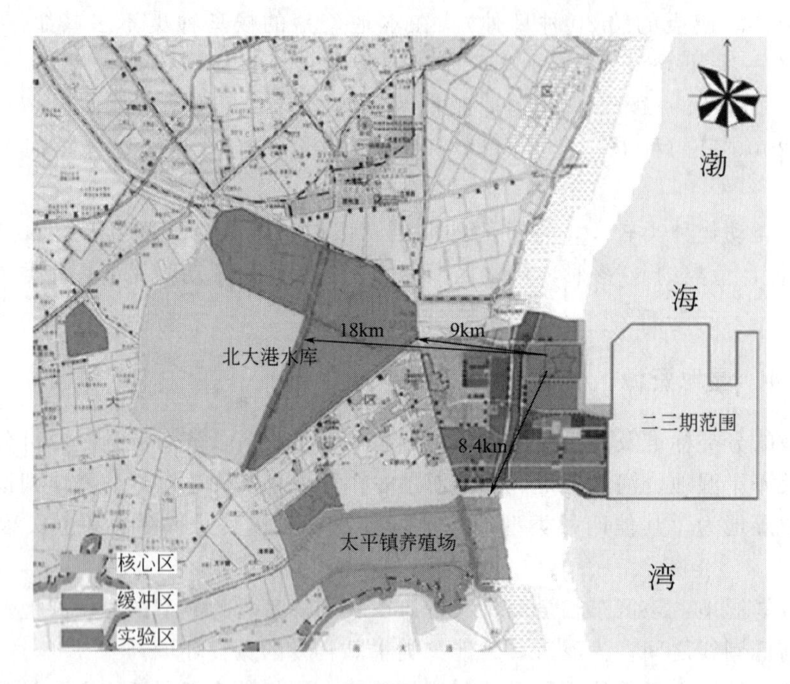

图16-1 北大港湿地自然保护区与项目相对位置示意图

16.1.2.1 自然保护区概况

天津北大港湿地自然保护区位于天津市大港的东南部，地理坐标为北纬38°36′～38°57′，东经117°11′～117°37′。北大港湿地自然保护区总面积为34887.13hm²，占大港总面积的31.32%，其中核心区面积11802hm²，占保护区面积的33.83%；缓冲区面积9205.46hm²，占保护区总面积的26.39%；实验区面积13879.67hm²，占保护区总面积的39.78%，是目前天津市最大的湿地自然保护区。

16.1.2.2 植物资源

据调查，北大港水库自然保护区植物种类约为110余种，隶属于9科、15属，其中菊科、藜科、禾本科、莎草科的植物种类最多，约共占种总数的53%；水生植物的种类相对较少（沉水植物11种，浮水植物2种，挺水植物7种）；植物的区系组成均属世界广布种。

根据《天津市大港区环境质量报告书（2008年）》，与历史数据相比，北大港湿地自然保护区的植物种类有减少的趋势。除自然因素外，人类活动干扰对植物群落及生物多样性的威胁逐渐增大，主要表现为生境的破碎化、植物资源的过度利用等。

16.1.2.3 动物资源

北大港湿地自然保护区也属东亚-澳大利亚候鸟迁徙的必经之地，同时也是部分涉禽类越冬的重要基地。据考察统计表明，每年迁徙和繁殖的鸟类达数十万只，分属12目、26科、140余种。其中东方白鹳全世界约有3000只，北大港湿地发现最多有800余只。近年来随着调查的深入，又有约20种鸟类记录增加到原有的调查名录中。与沿海地区不同的是，在此处停栖觅食的多为嗜淡水环境的涉禽（如雁鸭类、某些鸻鹬类等）。

除了鸟类以外，保护区内的动物资源还有哺乳类动物13种（如刺猬、黄鼠狼等）；两栖类动物有1目、2科、35种（如中华大蟾蜍、黑斑蛙等）。爬行类动物有1目、1科、4种（如乌梢蛇、王锦蛇等），此外淡水鱼类约有66种。

16.1.3 南港工业区一期规划范围生态环境现状

南港工业区一期工程规划的陆域范围中主要包括盐田湿地生态系统和沿海滩涂湿地生态系统，分布在北部的油田开采区，中部和南部的人工盐田区，以及东部的沿海滩涂，这些区域人为干扰活动频繁，与自然发育的湿地生态系统相比，生态服务功能有限。随着工业区的开发建设，原有的人工盐田和沿海滩涂将转化为建设用地。

规划范围内原有陆域土壤类型以滨海盐土为主，填海形成的陆域以“吹填土”为主，土壤含盐、含水率高，且需要固化。规划范围盐田水体和土壤中含盐量高，植被类型单一，主要以盐生芦苇、碱蓬等为主，分布于人工盐田的田埂处，且分布不均。区内的动物以海鸟为主，未发现国家级重点保护动物。

总体上该区域生态环境基础脆弱，受人类干扰强度大，湿地生态系统功能发挥弱。

16.1.4 区域生态环境质量综合评价

本次评价根据《天津市大港区环境质量报告书（2009年）》，采用《生态环境评价技术规范（试行）》（HJ/T 192—2006）中的方法，通过计算生态环境质量指数以反映被评价区域生态环境状况，根据生态环境状况指数，将生态环境分为五级，即优、良、一般、较差和差，见表16-1。

表16-1 生态环境状况分级

级别	优	良	一般	较差	差
指数	EI≥75	55≤EI＜75	35≤EI＜55	20≤EI＜35	EI＜20
状态	植被覆盖度高，生物多样性丰富，生态系统稳定，最适合人类生存	植被覆盖度较高，生物多样性较丰富，基本适合人类生存	植被覆盖度中等，生物多样性一般水平，较适合人类生存，但有不适合人类生存的制约性因子出现	植被覆盖较差，严重干旱少雨，物种较少，存在着明显限制人类生存的因素	条件较恶劣，人类生存环境恶劣

16.1.4.1 生态评价指标体系

结合规划区的实际情况，选择表16-2中的几个参数作为评价因子，并给出相应权重。

表 16-2 生态环境状况评价指标体系

一级指标	二级指标	二级指标权重	三级指标	三级指标权重
生态环境状况指数(EI)	生物丰富度指数	0.25	林地	0.35
			草地	0.21
			水域湿地	0.28
			耕地	0.11
			建筑用地	0.04
			未利用地	0.01
	植被覆盖指数	0.2	林地	0.38
			草地	0.34
			农田	0.19
			建设用地	0.07
			未利用地	0.02
	水网密度指数	0.2	河流长度	—
			湖库面积	—
			水资源量	—
	土地退化指数	0.1	轻度侵蚀	0.05
			中度侵蚀	0.25
			重度侵蚀	0.7
	环境质量指数	0.25	二氧化硫	0.4
			化学需氧量	0.4
			固体废物	0.2

16.1.4.2 计算方法

① 生物丰富度指数＝A_{bio}×(0.35×林地＋0.21×草地＋0.28×水域湿地＋0.11×耕地＋0.04×建设用地＋0.01×未利用地)/区域面积 (16-1)

式中，A_{bio}为生物丰富度指数的归一化系数，取全国归一化系数400.152。

② 植被覆盖指数＝A_{veg}×(0.38×林地面积＋0.34×草地面积＋0.19×耕地面积＋0.07×建设用地＋0.02×未利用地)/区域面积 (16-2)

式中，A_{veg}为植被覆盖指数的归一化系数，取全国归一化系数355.24。

③ 水网密度指数＝A_{riv}×河流长度/区域面积＋A_{lak}×湖库面积/区域面积＋A_{res}×水资源量/区域面积 (16-3)

式中，A_{riv}为河流长度的归一化系数，取全国归一化系数415.153；A_{lak}为湖库面积的归一化系数，取全国归一化系数17.88；A_{res}为水资源量的归一化系数，取全国归一化系数151.42。

④ 土地退化指数＝A_{ero}×(0.05×轻度侵蚀面积＋0.25×中度侵蚀面积＋0.7×重度侵蚀面积)/区域面积 (16-4)

式中，A_{ero}为土地退化指数的归一化系数，取全国归一化系数1415.33。

⑤ 环境质量指数＝0.4×(100－A_{SO_2}×SO_2排放量/区域面积)＋0.4×(100－$A_{COD_{Cr}}$×COD_{Cr}排放量/区域年平均降雨量)＋0.2×(100－A_{sol}×固体废物排放量/区域面积) (16-5)

式中，A_{SO_2}为SO_2的归一化系数，取全国归一化系数0.33；$A_{COD_{Cr}}$为COD_{Cr}的归一化系数，取全国归一化系数0.015；A_{sol}为固体废物的归一化系数，取全国归一化系数0.07。

⑥ 生态环境状况指数EI=0.25×生物丰富度指数+0.2×植被覆盖指数+0.2×水网密度指数+0.2×(100－土地退化指数)+0.15×环境质量指数 (16-6)

16.1.4.3 评价结果

评价结果见表16-3。

表16-3 大港地区2007—2008年度生态环境变化趋势

年份	生物丰富度指数	植被覆盖度指数	水网密度指数	土地退化指数	环境质量指数	EI指数
2007	45.59	15.51	51.51	11.93	59.74	51.37
2008	415.72	14.80	47.24	11.93	150.91	50.83

从生态环境状况综合评价结果来看，生态环境质量一般。

大港地区水网密度指数较高，但水资源量却严重不足，这主要是上游来水逐年减少，可利用的地下水资源不足所致；而且水环境质量较差，地表水几乎全部为Ⅴ类或劣Ⅴ类水体，主要是上游输入污染物比重大的原因；大港地区以北大港为核心的生态保护区内生物多样性比较丰富，但随着经济的快速发展以及滨海滩涂湿地的利用，生物多样性呈下降趋势；大港内水域面积较大，土壤盐渍化较重，植被覆盖指数较低。

从总体上分析，随着南港工业区的规划建设，会对该区域的生物多样性造成影响，但随着人工建设区域的绿化建设，今后将会局部增加乔木数量，增加生物量，改善小气候。2007—2008年环境质量指数有所改善，总体生态环境质量指数50.83，质量一般。较适合人类生存，但有不适合人类生存的制约性因子出现。作为滨海新区重要组成部分和天津石油化工基地的大港地区，随着本项目的规划建设，以及今后更多的企业进驻，将进一步增加人工干扰强度，会给当地的生态环境带来了持续的生态压力。

16.2 陆域生态环境影响评价

16.2.1 项目建设区土地利用的生态适宜性分析

生态适宜度分析是通过分析A石化公司1300万吨/年炼油工程项目区用地与区域的自然、社会和环境特征的适应性，以在选址分析的基础上进一步评价项目的土地利用是否合理。

16.2.1.1 评价指标体系

A石化公司1300万吨/年炼油工程项目土地利用生态适宜度评价采用三级指标体系。

一级指标2项，即自然生态指标（权重56%）和人文生态指标（44%）。

二级指标5项，其中环境质量、自然地理2项属自然生态指标，人力资源、基础设施和综合条件3项属人文生态指标。

三级指标共20项。

A石化公司1300万吨/年炼油工程项目区土地利用生态适宜度评价指标体系详见表16-4。

表 16-4　工业用地生态适宜度综合评价指标体系

指标				评价类别					
一级	二级	三级	权重	单位	A	B	C	D	备注
自然生态指标（56%）	环境质量（15%）	1. 环境空气	4	级	一	二	三	＞三	国家标准
		2. 声环境	2	类	0	1	2	3	
		3. 海域水环境	4	类	Ⅱ	Ⅲ	Ⅳ	Ⅴ	
		4. 绿地率	5	%	＞35	30～35	5～30	＜5	
	自然地理（41%）	5. 坡度	6	%	＜2.5	2.5～15	15～25	＞25	
		6. 基岩埋深	6	等级	很浅	浅	较深	深	
		7. 周围敏感目标	6	级	1～2	3～4	5～6	低于6级	
		8. 地下水位	5	m	＞5	3～5	1～3	＜1	
		9. 断层稳定性	6	等级	很稳定	稳定	较稳定	不稳定	
		10. 与市区上下风向	6	等级	远离	下风向	侧风向	上风向	
		11. 在河流上下游位置	6	等级	远离	下游	下游	上游	
人文生态指标（44%）	人力资源（3%）	12. 人口密度	3	万人$/km^2$	＜0.5	0.5～1.5	1.5～3	＞3	
	基础设施（32%）	13. 高压走廊	6	等级	区内有	邻近	远距离	无	
		14. 给水厂	6	等级	区内有	邻近	远距离	无	
		15. 排水干管	5	等级	区内有	邻近	远距离	无	
		16. 污水处理厂	5	等级	区内有	邻近	远距离	无	
		17. 交通运输	6	等级	4	3	2	1	
		18. 垃圾处理厂	4	等级	区内有	邻近	远距离	无	
	综合条件（9%）	19. 行政区划	3	等级	同一行政区	跨乡镇	跨市	跨省	
		20. 工业基础	6	等级	优	较好	一般	较差	

16.2.1.2　评价方法

① 对三级指标逐项确定权重，如绿地率权重为5，环境空气质量权重为4等。

② 每个二级指标被划分为4类状态，每一类别对应于不同的评价分值。

③ 4个类别的评分分值凡属等级类的分别为该级指标权重值的100%、75%、50%和25%计，凡属数值类的，按内插法计分。

④ 所有三级指标评分值的累计值即为该类型土地利用的生态适宜度评价分值。

16.2.1.3　评价标准

土地利用的生态适宜度按照综合分值分为4级标准，综合评分值在85分以上的为“很适宜”级，在70～85分的为“适宜”级，在40～70分的为“较适宜”级，低于40分的区域为“不适宜”级。

综合评价标准见表16-5。

表16-5 土地利用生态适宜度评价标准

综合评价得分	>85	70～85	40～70	<40
生态适宜度	很适宜	适宜	较适宜	不适宜

16.2.1.4 生态适宜度评价结果

根据A石化公司1300万吨/年炼油工程项目规划说明及其他相关资料，并依据本书的分析评价成果，通过定量和定性分析，对项目区域工业土地利用生态适宜度的评价分值详见表16-6。自然生态类的11个指标合计评价分为28.75（占满分值的47.9%），人文生态类的9个指标合计评价分为14.5（占满分值的36%）。

表16-6 工业用地生态适宜度综合评价结果

指标				评价得分				
一级	二级	三级	权重	单位	类别	单项得分	小计	
自然生态指标（60%）	环境质量（19%）	1. 环境空气	5	级	二	3	6.75	28.75
		2. 声环境	4	类	1	1.5		
		3. 海域水环境	5	类	V	1		
		4. 绿地率	5	%	<5	1.25		
	自然地理（41%）	5. 坡度	6	等级	<2.5	6	22	
		6. 基岩埋深	6	级	深	1.5		
		7. 周围敏感目标	6	m	D	1.5		
		8. 地下水位	5	等级	C	2.5		
		9. 断层稳定性	6		较稳定	3		
		10. 与市区上下风向	6		下风向(冬)	4.5		
		11. 在河流上下游位置	6		下游	3		
人文生态指标（40%）	人力资源(3%)	12. 人口密度	3	万人/km²	<0.5	3	3	14.5
	基础设施（28%）	13. 集中供热	4		D	1	7	
		14. 给水厂	4		D	1		
		15. 排水干管	5		D	1.25		
		16. 污水处理厂	5		D	1.25		
		17. 交通运输	6		4	1.5		
		18. 垃圾处理厂	4		D	1		
	综合条件（9%）	19. 行政区划	3		同一行政区	3	4.5	
		20. 工业基础	6		D	1.5		
合计								43.25

根据现状调查资料和规划，对A石化公司1300万吨/年炼油工程项目区用地生态适宜度的各指标进行打分计算，项目区土地利用生态适宜度总分为43.25，根据表16-5确定的评

价标准，属于“较适宜”级，规划用地生态适宜度处于基本适宜水平。

适宜度得分相对较低的原因是南港工业区目前由填海造地形成，基础设施和工业基础较差，随着南港工业区的进一步建设，基础设施的完善，生态适宜度会有较大的提高。

16.2.2 生态系统改变的程度分析

16.2.2.1 近海滩涂湿地转变为人工生态系统

本项目位于南港工业区西部，由弃置地、滩涂湿地等填海造陆形成，目前是填海形成的裸地，人为干扰强度大，尚未形成稳定的生态系统。南港工业区填海造地占海面积 46km^2，增加了 26km 的人工岸线，造成的底栖生物直接损失约 728.64t（资料来源：《南港工业区一期规划环境影响报告书》）。项目建设前该区域是自然的滩涂湿地生态系统和人工的养殖坑塘为主，近年来由于海岸带开发力度不断加大，沿海滩涂面积日渐萎缩，区内植被类型单一，动物以海鸟为主，生物多样性和生物量均较低，沿海滩涂的生态功能十分有限。

随着项目的建设，该地区将转变为以人口和建筑物为主体、工业生产活动密集的人工生态系统，其稳定和发展完全由人类控制，且需要自然环境和资源的支持。这种改变是永久性、不可逆的。但从另一方面来说，该区域的自然本底较差，植被生物多样性和生物量均很低，在建设成为人工生态系统后，会进行人工绿化建设，这样虽然是将该区域由自然生态系统转变成为了人工生态系统，但也会增加该区域的生物多样性和生物量，从而形成新的稳定的人工生态系统，促进城市生态系统的稳定与发展。

所以从总体上看，项目的建设一方面完全改变了原来生态系统的自然属性，造成一定面积滩涂湿地的损失，造成海鸟栖息地的减少和鱼虾产量降低，但同时如果在项目建成后加强生态建设和生态恢复，会在一定程度上增加区域的生物多样性和生态功能，具有一定的正面作用。

16.2.2.2 地表覆盖层改变

项目建设完成后，厂区的炼油场、储罐区、生活办公场所等，以水泥、瓷砖等一些硬铺装，将不可避免地增加对地表的覆盖，固化地表，使建设区域内原来的含盐、含水率高、无植被的“吹填土”变为混凝土、沥青路面等不可渗透的人工地面，根据相关研究资料，其地表径流系数一般取 0.9，即降雨量的 90%将形成地表径流。地表覆盖层的这种改变阻断了地表雨水下渗通道，引起阴雨天气地表积水和地下水补给减少。

建议项目建成后，在厂区人行道、广场等公共设施处，采用渗透系数较高的地砖，并种植人工草木，建立雨水收集系统，这样既能充分利用雨水资源，又能改变原来裸地寸草不生的植被景观，增加植物覆盖，起到美化环境、蓄积雨水、改善局部小气候的作用。

16.2.2.3 释碳量对生态环境的影响分析

根据项目工程分析，本项目的能源消耗主要来自于炼油工程所消耗的天然气和燃料煤。其中分别消耗天然气 3.19×10^4t/a、燃料煤 37.72×10^4t/a，其释碳量计算如下。

① 锅炉燃煤释碳量炼油工程所需燃料煤为 37.72×10^4t/a，煤含碳量按 90%计，则锅炉燃煤将释碳 33.95×10^4t/a。

② 天然气释碳量炼油工程所需天然气 3.19×10^4 t/a，根据其成分测算可得其含碳量约 71.3%，燃烧后释碳量为 2.27×10^4 t/a。

规划区内应采取绿化补偿措施等生态补偿措施，根据相关实验研究，不同绿地的城市生态补偿能力见表 16-7。

表 16-7　不同绿地的碳释放量和耗氧量　　单位：t/(m^2·a)

绿地类型	释氧能力	吸碳能力
草地	0.00702	0.0051
1m 绿篱	0.00845	0.0064
灌木	0.01128	0.0082
乔木	0.01410	0.0102

由表 16-7 可知，绿地补偿能力依次为乔木＞灌木＞绿篱＞草地。同时释氧能力大于吸碳能力，因此以吸碳能力来计算补偿生态损害所需绿地面积。若以草地计，则平衡碳释放量需建 7102.0hm^2 的草地；若以乔木计，则平衡碳释放量需建 3551.0hm^2 的乔木。无论是供氧能力还是吸碳能力，乔木都是草地的两倍左右。

因此，项目厂区绿化建设过程中，在不影响生产安全的情况下，应加大乔木绿化的力度，并根据景观美化效果，建设乔灌草结合的复式绿地结构。建议：①行道树林带类型，采用乔木∶灌木＝1∶0.5 比例种植；②块状绿地采用乔木∶灌木＝1∶3 比例种植；③在乔木和灌木下层种植绿化草坪；④由于需要补偿的绿地建设面积远远超过了厂区面积，因此需要进行一定量的异地补偿。

16.2.2.4　运营期废气排放对厂区周边植被的影响

在运营期，根据工程分析，将产生二氧化硫、氮氧化物、烟尘、总烃、非甲烷烃、苯、甲苯、二甲苯、H_2S 和 NH_3 等类型的废气，这些废气的排放会对厂区范围内的植被生长产生很大影响，因此在进行厂区绿化时应选择本地植物，并且选择对污染物耐性较强的植物类型进行种植。并加强对厂区植被的定量监测，评估植被对污染物的累积效应。

16.2.3　景观生态格局影响分析

项目建成后将会对建设区域的土地利用和景观生态造成一定的影响，利用 GIS 方法对区域土地利用方式和景观生态影响进行分析。

16.2.3.1　项目建设前后周边区域景观格局变化

基于 ArcGIS 9.2 为平台，应用 Fragstats 3.3 景观软件，以 A 石化公司 1300 万吨/年炼油工程项目区厂区所在位置为中心，选取辐射半径 50km 范围作为景观指数计算范围，涉及的生态敏感区主要包括北大港、独流减河及周边湿地，分析项目建设南港及项目建设前后周围区域的景观格局变化，包括景观类型级别的景观指数分析和景观级别的景观指数分析，分别见表 16-8 和表 16-9。选取的主要景观指数和含义如下。

① 斑块面积 PA (patch area)。分为斑块类型面积 CA (class area) 和景观面积 TA (total area)。

表 16-8 项目建成前后斑块类型级别的景观指数变化

用地类型		CA	PLAND	NP	PD	LPI	TE	ED	LSI	SHAPE_AM	PAFRAC	ENN_MN	CONNECT
农田	2008 年现状	31973.5800	19.1381	105	0.0628	8.1302	606300	3.6291	10.0243	3.8181	1.2326	248.2895	3.4799
	项目建成后	31435.6500	18.8600	89	0.0534	11.2742	890460	5.3424	14.8369	6.3091	1.2455	135.4151	5.3371
盐田	2008 年现状	24682.8600	14.7742	106	0.0634	8.3565	329730	1.9736	5.9008	2.1544	1.1541	192.6494	4.7799
	项目建成后	24112.4400	14.4664	96	0.0576	8.4715	334740	2.0083	6.0888	2.8816	1.2076	121.2330	5.1316
草地	2008 年现状	3302.6400	1.9768	26	0.0156	0.4184	248220	1.4857	11.9115	3.5960	1.3192	877.7038	7.0769
	项目建成后	893.9700	0.5363	23	0.0138	0.1056	149400	0.8963	12.6200	3.9924	1.4119	1411.0775	5.9289
建成区	2008 年现状	12154.5000	7.2752	145	0.0868	2.6747	505770	3.0273	11.9129	3.6236	1.1634	274.2377	2.5000
	项目建成后	15741.4500	9.4442	476	0.2856	3.3974	1087710	6.5258	22.1470	5.7654	1.2516	133.0233	1.2941
滩涂	2008 年现状	16203.9600	9.6990	5	0.0030	9.6984	132060	0.7905	2.8598	2.8421	N/A	154.6310	70.0000
	项目建成后	6396.3000	3.8375	27	0.0162	1.7122	141570	0.8494	4.8727	2.0352	1.1662	299.6956	13.1054
海洋	2008 年现状	40311.3600	24.1288	1	0.0006	24.1288	47310	0.2832	1.4847	1.4847	N/A	N/A	0.0000
	项目建成后	47691.0900	28.6125	1	0.0006	28.6125	88440	0.5306	1.8832	1.8832	N/A	N/A	0.0000
水体	2008 年现状	10071.5400	6.0284	109	0.0652	1.2156	807810	4.8352	20.5119	4.8089	1.2896	356.8706	1.5630
	项目建成后	4359.6900	2.6156	103	0.0618	0.4795	528450	3.1705	20.7528	4.6861	1.4265	422.5785	2.2273
湿地	2008 年现状	25504.4700	15.2660	11	0.0066	13.7824	182700	1.0936	3.0751	1.9288	1.0958	1215.0238	25.4545
	项目建成后	33019.9200	19.8104	84	0.0504	17.1116	564510	3.3868	8.0206	3.5322	1.2360	200.1750	3.7579
城市绿地	2008 年现状	40.7700	0.0244	4	0.0024	0.0083	6060	0.0363	2.3488	1.1976	N/A	6102.4367	16.6667
	项目建成后	228.9600	0.1374	52	0.0312	0.0187	70560	0.4233	11.6436	2.4147	1.3778	124.8128	9.8039
裸地	2008 年现状	2821.9500	1.6891	12	0.0072	0.6917	93900	0.5620	5.2169	2.2678	1.1722	284.3524	10.6061
	项目建成后	2799.9000	1.6798	8	0.0048	1.5360	51960	0.3117	2.4873	1.6589	N/A	2492.8186	17.8571

表 16-9　项目建成前后区域景观级别的景观指数变化

景观指数	TA	NP	PD	LPI	TE	LSI	SHEI
2008 年现状	167067.630	524	0.3136	24.1288	1479930	11.0806	0.8528
项目建成后	166679.370	959	0.5754	28.6125	1953900	14.1907	0.7913
景观指数	PAFRAC	ENN_MN	CONTAG	IJI	CONNECT	SHDI	AI
2008 年现状	1.1952	363.1650	55.5619	70.9455	3.0957	1.9638	98.7257
项目运营后	1.2519	223.7255	58.1693	69.8701	1.7773	1.8221	98.2713

② 周长面积分维指数 PAFRAC（perimeter-area factral dimension）。可直接理解为不规则的非整数维数。一般情况下，越复杂的斑块越有利于野生生物的生存。

③ 斑块密度 PD（patch density）。密度小，表明景观较为完整，空间异质性小。

④ 斑块个数 NP（number of patches）。

⑤ 斑块所占景观面积的比例 PLAND（percentage of landscape）。

⑥ 最大斑块指数 LPI（largest patch index）。即最大斑块占斑块总面积的比例，侧面反映出某类景观的破碎程度。

⑦ 面积加权的平均形状指数 SHAPE _ AM（area weighted mean shape index）。斑块形状越不规则其值越大。

⑧ 平均最近距离 ENN _ MN（mean nearest neighbor distance）。值较大说明同类斑块距离较远，即隔离度较高。

⑨ 散布与并列指数 IJI（interspersion and juxtaposition index）。值越小说明斑块仅与少数几种斑块类型相连接。

⑩ 聚集度指数 AI（aggregation index）。当景观只有一个紧密聚集的斑块时，值为 100，当斑块极端分散时，取值为 0。

结果表明，从 2008 年现状到规划的项目建成后，南港工业区对该区域造成的景观格局变化主要集中体现在滩涂区域。滩涂面积从 16203.96hm^2 减少到 6396.30hm^2，连接度降低，破碎度与隔离度增加。同时，城市绿地相对增加。而景观级别的景观指数说明，项目周边区域从现状到建成后破碎度增加，连接度、多样性和均匀性降低。

16.2.3.2　项目建设前后周边区域生态完整性变化

生态完整性（ecological integrity）从广义上来说是物理的、化学的和生物的完整性的总和。完整性是支持和保持一个平衡的、综合的、适宜的生物系统的能力。而这个生物系统与其所处自然生境一样，具有物种构成、多样性和功能组织的特点。

(1) 指标选择　为了分析本项目对北大港及周边区域生态完整性所造成的影响，选取景观破碎化指标（LPI）、多样性（SHDI）、景观均匀度（SHEI）、连接度（PX）、隔离度(CONTAG)，共 5 个指标，分析项目对周边区域生态完整性的影响。各个指标的含义和计算公式如下。

① 最大斑块指数（largest patch index，LPI）　即指最大斑块所占景观面积的比例。在斑块类型水平上等于斑块类型 i 中最大斑块占景观总面积的比例；在景观水平上等于景观中最大斑块占景观总面积的比例。它表现了个景观中最大斑块的面积，可以侧面反映出某类景观的破碎程度。

$$\mathrm{LPI}_i = \frac{\max\limits_{j=1}^{n}(a_{ij})}{A}(100) \tag{16-7}$$

$$\mathrm{LPI} = \frac{\max(a_{ij})}{A}(100) \tag{16-8}$$

式中，a_{ij}为每个小斑块的面积；A 是景观类型的面积。

② 香农多样性指数（Shannon's diversity index，SHDI）

$$\mathrm{SHDI} = -\sum_{i=1}^{m}(P_i \ln P_i) \tag{16-9}$$

式中，P_i 表示斑块类型 i 的总面积占整个景观面积的百分比。

各斑块类型的面积占景观总面积比例乘以其自然对数，然后求和，取负值。当景观中仅包含一个斑块时，SHDI=0；当斑块类型增加或各斑块类型在景观中所占比例趋于相似时，SHDI 值也增大。SHDI 可以用于指示景观异质性水平，可以较好体现稀有斑块类型对景观格局的贡献。

③ 香农均度指数（Shannon's evenness index，SHEI）

$$\mathrm{SHEI} = \frac{-\sum\limits_{i=1}^{m}(P_i \ln P_i)}{\ln m} \tag{16-10}$$

等于香农多样性指数除以给定景观丰富度下的香农多样性最大可能值。SHEI=0，表明景观仅由一种斑块组成，无多样性；SHEI=1，表明各斑块类型均匀分布，有最大多样性。

④ 连接度指数（PX） 用来描述景观内同类斑块的联系程度。连接度指数是景观内同类最邻近斑块距离的反函数，并使用面积作为加权值。其计算公式如下：

$$\mathrm{PX} = \sum_{i=1}^{N}\left[\frac{A(i)/\mathrm{NND}(i)}{\sum\limits_{i=1}^{N}A(i)/\mathrm{NND}(i)}\right]^2 \tag{16-11}$$

式中，$A(i)$ 为 i 斑块的面积；$\mathrm{NND}(i)$ 含义同前。PX 取值为 0～1，PX 值大，意味着景观内斑块呈现团聚状态。

⑤ 景观隔离度用平均最近距离（mean nearest neighbor distance，ENN _ MN）来表示：

$$\mathrm{ENN\_MN} = \frac{\sum\limits_{i=1}^{m}\sum\limits_{j=1}^{n}h_{ij}}{N'} \tag{16-12}$$

式中，h_{ij} 表示在景观水平上有斑块与其邻近的距离，N'是景观中具有最近距离的斑块总数。ENN _ MN 值较大时说明同类斑块距离较远，即隔离度较高。

(2) 评价方法 生态完整性的综合评价的计算公式如下：

$$A = aC_1 + bC_2 + cC_3 + dC_4 + eC_5 \tag{16-13}$$

式中，A 是生态完整性综合指数；C_1是景观破碎度指数；C_2是景观多样性指数；C_3是景观均匀度指数；C_4是景观连接度指数；C_5是景观隔离度指数；a、b、c、d、e、f 分别是C_1、C_2、C_3、C_4、C_5在生态完整性综合评价中的权重。在本项目评价中 $a=e=0.125$，$b=c=0.125$，$d=f=0.25$。

(3) 生态完整性评价结果 根据公式计算得到 2008 年区域现状的生态完整性指数为

49.8898，项目建成后的生态完整性指数为32.1399，说明生态完整性明显降低。结合这两期的景观指数的对比，可以说明生态完整性的降低主要的主要原因是大面积的滩涂丧失造成的。另外，生态系统完整性的评价通常只依赖于少量的指标，不能全面考虑区域生态完整性的复杂性。只从一个角度或者侧面利用景观生态学方法对生态环境影响进行评价，主要评价在研究时间段内景观的生态完整性是否受到较大的影响。本评价所采用的指标是从景观生态体系的结构和稳定性两个方面对区域景观的生态完整性进行评价。

16.2.3.3 项目建设前后南港工业区在区域尺度上的斑块重要性分析

以ArcGIS 9.2和CS22（用于计算景观连接度的软件）为平台，分析南港工业区在北大港区域尺度上的斑块重要性从现状到项目建成后的变化，分析南港工业区区域景观连接度的影响，见表16-10。

表16-10 项目建成前后区域的斑块重要性变化分析

年份	斑块类型	斑块相对重要性		
		600m	1000m	2000m
2008年现状	滩涂	45.59625	40.15636	32.31141
项目建成后	滩涂	1.08386	1.083864	1.08387
	工业用地	2.9097	2.9097	2.909672
	滩涂	0.944678	0.9444848	0.9443328
	滩涂	1.569201	1.569192	1.569196

通过以上分析说明在填海之前该片滩涂在北大港区域的相对重要性很高，但在填海后该区域的相对重要性明显降低，说明南港工业区的规划建设已经对该区域的自然滩涂生态系统造成不可逆的影响。A石化公司1300万吨/年炼油工程项目位于南港工业区内，其规划建设会对区域的生态完整性造成一定影响，因此建议在项目建成后加强生态恢复重建和生态补偿，尽量减少项目建设对区域的负面影响，构建科学合理的绿地防护系统，为本区域的鸟类和哺乳动物提供较好的生境。

16.2.4 对北大港湿地自然保护区可能存在的潜在影响分析

16.2.4.1 对自然保护区植被的影响

南港工业区是由原有陆域的弃置地、裸地、坑塘水面等用地类型和填海造地组成。区域现状中原生植被种类和生物量均不高，目前项目规划厂区由于填海造陆工程带来的人为工程痕迹较重，尚未形成稳定的生态系统。

A石化公司1300万吨/年炼油工程项目位于南港工业区内，项目区距离保护区最近处为南港工业区西南侧的缓冲区，距离约8.4km，距离核心区18km。因此项目在建设期不会对自然保护区植被造成影响。

在运营期，根据工程分析，将产生二氧化硫、氮氧化物、烟尘、总烃、非甲烷烃、苯、甲苯、二甲苯、H_2S和NH_3等类型的废气，另外根据该区域的气象条件，冬季多西北风，夏季多东南风，由于厂区会受到海陆风的影响，在夏季8月出现频率最多，为55%，1月出现最少，为 6% 左右，海陆风垂直达到的高度一般在 600～700m，伸入陆地可达 50km 左右。

根据气象条件，以及项目区与北大港保护区的相对位置分析，在运营期，项目产生的废弃不会对北大港自然保护的植被产生大的影响。但海陆风会在特定时段将废气吹到保护区范围，对保护区植被产生一定的影响。因此，需要按照排放标准达标排放，将废气对周边生态环境的影响降到最低。

16.2.4.2 对自然保护区哺乳类动物的影响

根据现状调查和长期观测，自然保护内的哺乳类动物属于常见物种。工业企业的建设运营对哺乳动物的影响来自于生产活动的噪声干扰和厂区占地对动物活动区域的影响。

由于项目区距离保护区最近处为南港工业区西南侧的缓冲区，距离约 8.4km，因此在建设期间和运营期间，由于噪声的衰减特征，噪声不会对自然保护区内的哺乳动物产生影响。

厂区占地由原来的弃置地和填海造地形成，没有原生的哺乳动物。而自然保护区内的哺乳动物大多为小型种类，其活动范围没有扩展到目前的项目规划区，因此厂区占地也不会对动物活动造成影响。

总体上，项目建设和运营不会对自然保护区的哺乳动物造成直接影响。

16.2.4.3 对自然保护区内鸟类的影响

鸟类是北大港湿地自然保护区重点的保护对象之一。通过对保护区内国家级重点保护鸟类栖息习性的调查可知，北大港湿地自然保护区所见鸟类根据其习性可以划分为两大类型：其一为迁徙经过的鸟种（如雁鸭类的大天鹅、小天鹅、鸿雁等，鸻鹬类的红脚鹬、金眶鸻等，以及其他一些鸟种），它们每年春季 2—4 月由南方迁来，每年冬季 10—12 月由北方迁来；春秋两季约共有 5～6 个月在此停留休息、觅食和补充体能；对于这一类型的鸟类而言，北大港湿地自然保护区仅是它们的中转站。这一类型的鸟类根据其种类不同而在此停留的时间长短不一，单一种类的停留时间从一周到两个月不等长，但对于整个类型而言，停留的时间较长。其二为在此夏候繁殖的鸟（如鸻鹬类的黑翅长脚鹬等，鸥科的须浮鸥等，雁鸭类的绿翅鸭、斑嘴鸭等，以及其他一些鸟类），它们于夏季在北大港湿地自然保护区繁殖。

鸟类的活动范围较大，虽然厂区位置距离自然保护区有一定的距离，最近处也有 8.4km，但厂区在是施工期和运营期间，会有大量的车流量，这些都会对鸟类的活动范围产生一定的影响，由于目前没有确切的证据来证明在这样的距离内，厂区的建设会对保护区鸟类产生的影响到底有多大，我们本着保护优先的原则，需要采取相应的措施，尽可能减少项目建设对保护区鸟类的影响。

因此，建议在除了南港工业区一期规划中提出的建设保护区与南港工业区之间的 1km 宽绿化隔离带以外，还应加强厂区周边和内部的绿化建设，形成良好的小环境。

另外，根据长期观测，项目区所在的南港工业区，原来是滩涂，是一些涉禽类迁徙的途经地点，由于南港的建设已经使得该区域的鸟类生境丧失了，这种影响将是不可逆的。但从项目建设角度，还是应该加强项目区域的生态建设，构建复式绿化体系，尽可能创建良好的生态环境，弥补已经造成的影响。

16.2.4.4 对自然保护区湿地资源的影响

南港工业区用地未占用保护区实验区、缓冲区和核心区，并且南港工业区的水源将直接调入和采用海水淡化水，不会直接影响到北大港水库的蓄水。该项目规划和实施规划后，保护区内原有的湿地生态系统不会遭受直接的影响；同时在规划的工业区周边将设宽为1km的生态防护廊道，在此生态防护廊道结构和功能稳定后，将发挥其生态屏障和补偿作用，因此不会对自然保护区湿地资源产生明显影响。

16.2.5 污染物在生态系统食物链中的累积影响分析

16.2.5.1 污染物在食物链中的累积效应机制

多数工业污染物（如铜、铬、镉、铅、锌、镍、汞、砷、多环芳烃等）能够通过吸附、吸收作用进入生产者体内，并通过食物链和食物网在高一级营养级体内累积放大。越是处于高级营养级的生物，其体内累积的污染物浓度可能越高。项目区域内主要涉及两大类型的生态系统累积效应，分析如下。

对于水生生态系统（主要是海洋生态系统）而言，有毒有害污染物主要通过藻类、浮游植物-浮游动物-鱼类、贝类-肉食性鱼类的食物链/食物网进行累积放大。有关研究显示，浮游生物累积浓度达到265倍，植食性鱼类达到500倍，而处于食物链顶端的肉食性鱼类体内的污染物浓度最多可达环境浓度的8.5×10^4倍。

对于湿地生态系统而言，污染物沿着植物-昆虫及其他植食性鸟类、哺乳动物-肉食性鸟类、哺乳动物等的食物链/食物网传递和累积。鸟类中的水鸟是湿地生态系统重要的组成部分，多数处于更高的食物链级别，对污染物有很高的敏感性，由于生物富集作用，很容易受到环境中污染物质的影响。鸟类中的猛禽则处于湿地食物链的最顶端，由于食物链的累积和放大作用，其体内累积的污染物浓度可能达到环境浓度的几百倍甚至数万倍。李枫等对扎龙湿地的研究表明，鹭类对铜、锰等重金属的累积达到10^3～10^5倍之多。

16.2.5.2 项目区域污染物的累积效应分析

于2010年4—9月对项目区域周边地区进行本底值调查，主要调查石化、钢铁和煤炭等主导产业的发展造成的污染在生物体内累积状况，通过对比生物体内污染物累积量变化来分析产业集聚区及其邻近保护区的环境累积效应。

项目区域所产生的工业废水中，主要含有重金属、持久性污染物、COD等有害物质。这些有毒有害污染物可能通过上述途径在水生生态系统、湿地生态系统中累积，从而可能造成长远危害。南港工业区附近的河流及河口污染物累积风险开始显现。本次环评通过监测和历史资料查询，在区域内局部地区河流水体与底质中检出多环芳烃和苯系物类等特殊有毒有害微量污染物，局部地区苯并［*a*］芘和二苯并［*a*，*h*］蒽等致癌物超标较为严重，累积性生态风险突出。河口底泥及疏浚淤泥中重金属（及砷）含量均符合土壤环境二级标准。但与历史资料相比，近年来重金属含量普遍增加。根据文献调研及2010年土壤污染普查数据及本次评价在该区域内的补充监测结果，Cd和Ni等重金属在土壤中不断积累，给生态系统功能造成风险。另外，项目影响范围内大多数河口底泥中的TN和TP含量较高，呈现化肥污染特征，底质中有机物质的释放对区域内地表水质量以及渤海水质存在潜在影响。

项目区域所在的南港工业区将发展多家石油化工企业，这将导致产业聚集区及其周边环境中的重金属、持久性污染物负载进一步加重，可能使得动植物和环境中的污染物累积效应更为显著。

16.2.6 陆域生态环境影响综合评价

16.2.6.1 生态环境影响等级划分与评价标准

综合上述分析和单项评价结果，进行生态影响等级划分，按照影响的程度分为5级。

(1) 影响程度等级的划分标准

① 影响极大：工程引起一个评价因素无法替代、无法恢复的损失，这种损失是永远和不可逆的，导致生态系统结构和功能的彻底变化和演化方向发生改变，系统消亡。

② 影响较大：工程引起一个评价因素严重而长期的损害或损失，导致生态系统结构和功能的巨大变化，经长期缓慢过程才能恢复和重建。

③ 影响一般：工程引起一个评价因素的损害或破坏，导致生态系统结构和功能较大变化，经较长时间可以恢复或重建。

④ 影响较小：工程引起一个评价因素的轻微损失或暂性时的破坏，导致生态系统结构和功能小的和暂时的变化，其再生、恢复与重建可以利用天然或人工方法在短时间内实现。

⑤ 影响极微：工程引起一个评价因素暂时性的破坏或干扰，导致生态系统结构和功能的轻微变化，其再生、重建与替代可在短期内迅速完成。

有利影响用正号表示，依对评价区社会经济活动、所产生的社会经济效益的程度，分为5级：微弱、较小、一般、较大、极大。

不利影响用负号表示，也分五级。

无影响用0表示。

(2) 影响程度等级的量化 为便于计算，将影响程度的每个等级分别作量化处理，影响和程度由1～5共分五级，无影响者为0，影响的性质以正负表示，共分为十一个级，见表16-11。

表16-11 影响程度等级

量化等级	不利					无影响	有利				
量化方式	极大	较大	一般	较小	微弱		微弱	较小	一般	较大	极大
5分制	−5	−4	−3	−2	−1	0	+1	+2	+3	+4	+5

16.2.6.2 综合评价数字模型

对于A石化公司1300万吨/年炼油工程项目区生态环境影响的综合评价采用多因素线性加权模型进行综合评价。其数学模型如下。

(1) 确定评价对象的评价因子集（由环境因子构成）

$$X=\{x_1,x_2,\cdots,x_n\} \tag{16-14}$$

(2) 给出评判集（环境受影响的等级构成）

$$Y=\{y_1,y_2,\cdots,y_n\} \tag{16-15}$$

(3) 确定评价因子集的权重分配

$$P=\{p_1, p_2, \cdots, p_n\} \tag{16-16}$$

(4) 计算综合评价值

$$W=\sum_{n-i}^{n} p_i y_i \tag{16-17}$$

16.2.6.3 评价结果

根据上述标准，对A石化公司1300万吨/年炼油工程项目区生态环境分析量化，对于评审因子权重的确定，结合项目所在区域的实际情况，向有关专家进行咨询，确定参与评价因子及权重见表16-12。

表16-12 A石化公司1300万吨/年炼油工程项目环境影响分析

序号	评价因子及权重（影响分级）		影响极大	影响较大	影响一般	影响较小	影响极微	无影响
	因子	权重						
1	植被	0.06			+3			
2	动物群	0.03				−2		
3	珍稀物种	0						0
4	经济植物	0.18						0
5	土壤生态	0.2		−4				
6	农业生态	0.2						0
7	湿地生态	0.2	−5					
8	水土流失	0.09			−3			
9	人群健康	0.05			−3			
10	景观	0.15	−5					
11	居民点	0.04			+3			

通过计算，生态正负影响分别为：

$$W_{负}=-2.88 \tag{16-18}$$

$$W_{正}=0.3 \tag{16-19}$$

综合评价值：$W=-2.88+0.3=-2.58$。

从上述计算得知，在不考虑经济因素的情况下，A石化公司1300万吨/年炼油工程项目对生态环境产生一般不利影响，主要问题是原有的湿地生态系统被破坏，转变成工业用地，不利影响最大的是湿地生态、土壤生态和景观影响。

16.3 生态保护措施与生态影响减缓对策

16.3.1 厂区生态环境保护措施

16.3.1.1 施工期生态保护措施

生态环境影响的避免就是采取适当的措施，尽可能在最大程度上避免潜在的不利生态影响。在施工期间注意采取一定的生态环境保护措施，则有利于项目建成后的生态环境恢复和建设。

由于项目厂区现状植被很少，施工期间不会对项目区的植被造成影响，因此在施工期间重点是做好水土流失的防治工作。

16.3.1.2 营运期生态保护措施

运营期补偿主要是对珍稀植物物种和环境受损时，采用当地或异地方式进行补偿。本项目建设占地没有珍稀植物栖息地，因此本项目不必要进行异地移栽或小苗繁殖的方法予以补偿。因此应该充分发挥厂区绿化作用，遵照因地制宜、适地适树的原则，采取乔、灌、花、草结合，达到绿化环境、净化空气、美化厂区的和谐统一。

16.3.2 管线建设生态保护措施

16.3.2.1 施工期生态保护措施

(1) 减少临时施工占地 尽量少占地，缩小施工范围，各种施工活动应严格控制在施工区域内，将临时占地面积控制在最低限度。

各种地面建设活动，管线等在选址过程中应尽可能避开农田、林地、地表水体等，尽量利用未利用土地进行建设，最大限度地加大地面建设与居民区的距离，避免影响民众生活。

(2) 文明施工，减少环境影响 管线敷设等施工过程中，应注意文明施工。首先，确定施工作业带后不宜随意改线，运送设备、物料的车辆应严格在设计道路上行驶，在保证顺利施工的前提下，严格控制施工车辆、机械及施工人员活动范围，尽可能缩小施工作业带宽度，以减少对地表的碾压；其次，在施工作业带以外，不准随意砍伐、破坏树林和植被，不准燃烧灌木，不准乱挖、滥采野生植被，减小对生态环境的影响。

(3) 规范施工建设 管道穿越交通道路或水体时，要规范施工，严格管理。尽量选择枯水期，避开雨季施工，开挖的土石方不允许在河道或主干道旁长时间堆放，在施工前应制定出泥浆、土石方处置方案，应限制临时堆放占地面积和远距离转移，用于就近加固堤防、路坝时应考虑绿化或硬化。管道敷设回填后的地表应保持与原地表高度的一致，严禁抬高地表高度，严禁将多余的土石方留在河道或由水体携带转移。

16.3.2.2 营运期生态保护措施

(1) 设立安全标志 在管线沿线设置各种标志，以防附近的各种施工活动对管线的破坏。

(2) 植被恢复措施 为保护管道不受深根系植被破坏，在管道上部土壤中可复耕一般农作物及种植浅根系植被。在对管道的日常巡线检查过程中，应将管道上方对管道构成破坏的深根系植被进行及时清理，以确保管道的安全运行。在管道施工期内占用土地而造成的植被破坏导致损失，随着植被的生长期时间与生物量的增加，该项损失可以逐渐得到控制、减轻。

(3) 表土回填 管道维修二次开挖回填时，应尽量按原有土地层次进行回填，以使植被得到有效恢复。

(4) 管道防腐 采用防腐措施，防止管道破裂造成输送介质的泄漏，减少管道可能因腐蚀穿孔泄漏的概率。

16.3.3 生态监理要求

① 严格控制施工车辆、机械及施工人员活动范围，尽可能缩小施工作业带宽度，以减少对地表的碾压和破坏。

② 严格执行表土与底土分层开挖、分层堆放、分层填埋，防止表土渗混。

③ 回填后多余的土方应平铺在田间或作为田埂、渠埂、修路用土，不得随意丢弃。

④ 严格执行《土地复垦规定》，对施工中破坏的植被进行补偿，对于临时占地施工结束后及时进行土地复垦。

⑤ 工程完成后做好生态环境恢复工作，采取土地平整整治、人工种草、种树以及各种水工保护措施等。

16.3.4 生态影响减缓对策与建议

16.3.4.1 建立三级绿化防护体系

根据南港工业区一期规划，南港工业区将形成“一带、一廊、一轴、两心、四组团”的空间结构，其中“一带”指在南岗工业区西侧，沿津岐路和光明大道之间建设约1km的生态绿化防护隔离带，“一廊”指沿海滨大道两侧规划形成800多米的生态和市政复合廊道。

从项目区来看，以上两条防护绿化带对整个区域形成了一级防护，同时，建议在厂区外围设置二级防护，打造宽约100m的绿色防护带，将厂区与外围区域相隔离，在一定程度上减缓了项目的开发建设与运营阶段对保护区、居住区的影响，另外，在厂区内部应该进行绿地系统规划，增加绿地面积，与厂区外围防护带形成三级绿化防护体系，实现项目工程对生态环境的最小影响和最大生态补偿。

16.3.4.2 建设环保型生态绿地

(1) 环保型绿化树种的选择建议 工业区是城市环境恶化的一个重要污染源，其自然景观退化严重、土地开发强度大、环境条件恶化，生态系统极为脆弱，其生态系统的调控更是主要依赖于绿地的生态服务功能。因此，建设环保型生态绿地对改善工业区的生态环境具有非常重要的作用。本项目在运营后会排放一些类型的污染物，不同植物的生态功能是有差异的。

在具体的树种选择上，乡土植物在城市绿地中应用能表现出明显的优势，有助于形成具有地方特色的景观，并实现城乡景色协调。同时，乡土植物比外来植物更能适应城市环境。对于本项目区域来说，针对盐碱化土壤和降雨量少等地区特点，选择适应能力强的耐盐碱植物进行绿化值得推广。

(2) 合理配置绿地结构 不同类型绿地的生态功能相比较，乔灌草型绿地总是最大，相应地，乔灌草型绿地的生物量也是最大的，因此可以说，绿地系统的生态系统和绿地的生物量密切相关。随着树龄的增长，绿地内植物绿量明显增加，绿量的增加使绿地的生态效益也相应增加。由此可见，以乔木为主的乔灌草多结构复层绿地，能够充分有效地使用空间，更大限度地增加单位面积绿地上的绿量，进而提高环境的绿化生态效益。

在建立厂区外围和厂区内部的绿地防护体系时，应根据建设项目实际情况，综合考虑绿地的生态功能需要，充分利用各种植物的功能特点，进行植物间的合理配置，提高绿地的空间利用率，构建合理的绿地结构。

16.3.4.3 生态补偿与生态恢复

（1）生态补偿 虽然本项目没有直接对原始植被造成直接影响，但由于本项目在运营期间每年会消耗一定规模的能源，本着平衡碳排放的原则，本项目建成后厂区的绿化虽然能够起到一定的补偿作用，但远远低于其释碳量需要的补偿绿量，因此需要考虑异地补偿。关于异地补偿方式和补偿量，可根据南港工业区及滨海新区的总体安排，选择合适的地点进行绿化建设。

（2）植被的恢复措施 由于该区域的土壤类型主要为滨海盐渍土，这类土壤的特性多为重黏质、棕色、块状结构，全盐量在3%以上，pH值都在8以上，有机质含量低，因此需要采取技术措施进行绿化建设。具体可采用客土抬高地面、灌溉洗盐、增施有机肥料等技术方法。

16.3.4.4 加强生态建设与管理

建议项目运营期间，企业设置专门的绿化管理部门，对厂区的绿化建设规划与日常养护管理进行规范化管理，以保证绿化建设充分落实并不断改善项目区域的小环境。

17

空港经济区行道树动态监测与评价

树木活力度是对树木整体生长状况和健康程度的综合评价指标。这个概念最早由日本学者提出，通过衡量树木的整体树形、枝、叶、梢等各个部位的生长情况和表征，从而对树木的生长发育优劣程度和健康程度进行测评。这种测评方法具有操作性强、可迅速目测、计算简单、简便经济等优点，对树木的生长质量评估具有重要意义。随着研究的发展，树木活力度的方法从对单株植物的评价，逐渐扩展到对城市行道树健康评价、城市绿地植物群落健康评价等更广阔空间尺度的评价；在这种评价的基础上，进而对城市行道树、城市绿地植物群落的管理、维护提出具有针对性的对策。由于树木的面貌是一定时期内周围环境因子（如大气、水分、土壤、环境污染、人为干扰等）综合作用的结果，因而其健康状态能够较好地反映其生活环境质量，近年来很多研究者利用树木活力度来间接评价生态环境的质量状况。

空港经济区位于天津滨海国际机场东北侧，是集加工制造、保税仓储、物流配送、科技研发、国际贸易等功能于一体的高度开放的外向型经济区域。截止到2011年，空港经济区有养管绿地面积$2.8\times10^6m^2$，行道树2万余株。其特殊的区位特点和绿化规格，对行道树的监测、评价和管护提出了较高的要求。因此，本书对该区域重点行道树种进行了活力度分级评价，进而从行道树活力度分级的角度探讨该方法在区域绿化管理中的应用，为国内类似区域和地区的绿化管理特别是行道树管理提供有益的参考。

17.1 基础调查

2009—2010年冬春季节（记为2010年，下同）调查了全区的行道树情况，2012年在此基础上进行了抽样调查和数据补充，并明确各个行道树种的应用、分布格局和生长自然度，继续开展生长量、活力度及死亡状况的动态监测，且完成与2010年的对比分析，同时增加树木生长势的抽样监测，对全区行道树生长状况描述和分析更加完善。

17.1.1 行道树主要种类及分布路段

通过2010年对园区行道树的种类、分布情况、使用频度以及树种特征等的调查，确定了全区行道树中用量大、分布广的主要种，共11个种类。2012年继续对园区行道树进行基础调查，主要采取抽查的方式。虽然有些道路有换树种或新植的情况，但园区内主要行道树类别与上一年基本相同，共7个种类。见表17-1。

表17-1 主要行道树种类及分布路段

行道树种	分布路段	
	2010年	2012年
悬铃木	环河南路、环河西路、中环西路、中环南路、中心大道、西四道、西九道、保税路	环河南路、环河西路、中环西路、中环南路、中心大道、西四道、西九道、保税路
泡桐	西二道、西三道、西十五道	西二道、西三道、西十四道、西十五道
白蜡	航空路、航海路	航空路、航海路、西五道
毛白杨	西五道、西六道、西七道、东七道	西五道、西六道、西七道、航天路
刺槐	西八道	西八道
国槐	西十道、西十四道、东十一道、航空路	西十道、汽车园路、东十一道
青桐	西十一道	西十一道
合欢	环河北路	
107杨	航天路	
旱柳	西十四道	
红叶椿	黄河西路	

17.1.2 监测路段及行道树应用情况

2012年在全区选取22个主要路段进行行道树抽查，保证抽查的随机性和覆盖广等特点，共6475株，监测结果能够反映全区行道树基本情况。与2010年调查结果相比，2012年监测路段行道树种主要有以下变化：西四道、西九道、西十道、西十四道、航空路分别就原来的树种重新进行移植；西五道由原国槐替换为白蜡和毛白杨，见表17-2。

表17-2 2012年主要监测道路及树种应用统计

道路名称	抽查株数	应用树种
环河南路	306	悬铃木
环河西路	1225	悬铃木
中环西路	1096	悬铃木
中环南路	114	悬铃木
中心大道	401	悬铃木
西二道	275	泡桐
西三道	108	泡桐
西四道	200	悬铃木(新植)
西五道	184	白蜡(换种)、毛白杨(换种)
西六道	114	毛白杨
西七道	358	毛白杨
西八道	104	刺槐
西九道	200	悬铃木(新植)
西十道	266	国槐(新植)
西十一道	233	青桐
西十四道	432	国槐(新植)、泡桐
西十五道	283	泡桐
东十一道	95	国槐(换种)
航天路	80	毛白杨(换种)、107杨
航空路	180	白蜡、国槐(新植)
航海路	102	白蜡
保税路	119	悬铃木

17.2 研究方法

17.2.1 行道树监测方法

(1) 胸径监测方法 使用仪器：钢尺、游标卡尺。测量方法：用钢尺测量距地面以上高度1.3m处，用游标卡尺直接测量树木在该高度处的直径，即为树木的胸径。或者用钢尺测量树木在该高度的周长，换算为直径。为了减少误差，对胸径的测量始终保持是同一人。

(2) 生长势监测方法 树种生长势主要选取树势、树形、新枝生长量、树梢枯损、树叶密度、叶形大小、叶色、坏死状况8项指标来表征，每项指标分1级、2级、3级、4级共四个级别，其分级标准见表17-3。

表17-3 行道树生长势评价指标及其分级标准

测定项目	指标分级标准			
	1	2	3	4
树势	行道树生长旺盛，生长状态优良，无生长异常	行道树生长状态良好，几乎没有生长异常状况	行道树生长势部分出现异常，但仍可恢复	行道树生长状况恶化，恢复的难度较大
树形	保持良好的自然树形，树干挺拔均直、匀称美观	树形较好，有少许不匀称，但不影响整体效果	自然树形受损明显，影响了行道树的景观效果	自然树形完全破坏，主干偏斜严重，树冠残缺
新枝生长量	生长量正常	新枝生长量稍小，能够目测觉察出来	新枝短、细，且能明显看出来	新枝极小而细弱，生长量极小
树梢枯损	没有枝梢枯损	枝梢存在少量枯损，目测几乎不易觉察	枝梢枯损明显，影响美观	枝梢枯损显著增多，严重影响景观效果
树叶密度	正常	树叶密度中等，比1级稍差	树叶稀疏	树叶显著稀疏，少而分布不均
叶形大小	正常	叶形比正常叶形稍小，生长稍显歪斜	叶形小，叶片形变程度明显	叶形小而弱，叶片形变程度更加显著
叶色	正常	叶色稍显异常	叶色异常程度加重，偏黄	叶色很不正常，呈枯黄色或其他异常颜色
坏死情况	无	枝叶出现局部坏死情况	枝叶和(或)茎干坏死增多，容易觉察	枝叶和(或)茎干坏死情况显著增多，较为严重

依据8项生长势监测指标的分级标准对样株进行逐棵监测。其中，树势、树形、树梢枯损、树叶密度、叶形大小、叶色和坏死状况主要采用专家目测法，要求专家必须有多年从事植物与生态研究的相关经验。在进行新梢生长量的测定时，对每个样株树冠中部的不同方位选测3～5个今年新长出的枝条，用卷尺测量其长度，然后求平均值确定其级别。

17.2.2 行道树评价方法

(1) 生长自然度分级标准 树种的生长自然度采用活力度来表征，活力度一般分为A

（1级）、B（2级）、C（3级）、D（4级）和E（5级）共5个级别。活力度为A级的树木生长最好，活力度为E级的树木生长状况最差。参考相关文献确定活力度诊断标准见表17-4。其中A（1级）、B（2级）属于优良和较好水平，其下各级的行道树有望向这两级发展；C（3级）属于中等水平，可维持现状，也可通过加强管护能够得到提升；D（4级）和E（5级）为较差和极差水平，其中D（4级）目前暂可以保留，但需要加大管护力度，视其恢复状况决定去除或者保留，E（5级）建立替换或者移除。

表17-4　活力度诊断标准

诊断项目	活力度				
	A	B	C	D	E
树势	行道树的枝和叶的生长量多，发育良好	行道树生长态势较好，绿量水平正常	出现树枝枯萎、叶子的大小与色泽异常等症状	出现枯枝，不加护理生长势将逐渐衰退	枝与叶子的量明显减少，生长状况相当不好
树形	具有理想树形	部分树形不规整，但整体接近理想树形	理想树形的凌乱程度加深	理想树形几近丧失，恢复的可能性较小	理想树形完全破坏

（2）主要行道树种的活力度分级标准　依据表17-4的活力度诊断标准，对园区内主要行道树分种别进行活力度分级，见图17-1。以此作为对全区行道树进行自然度分级的标准依据。

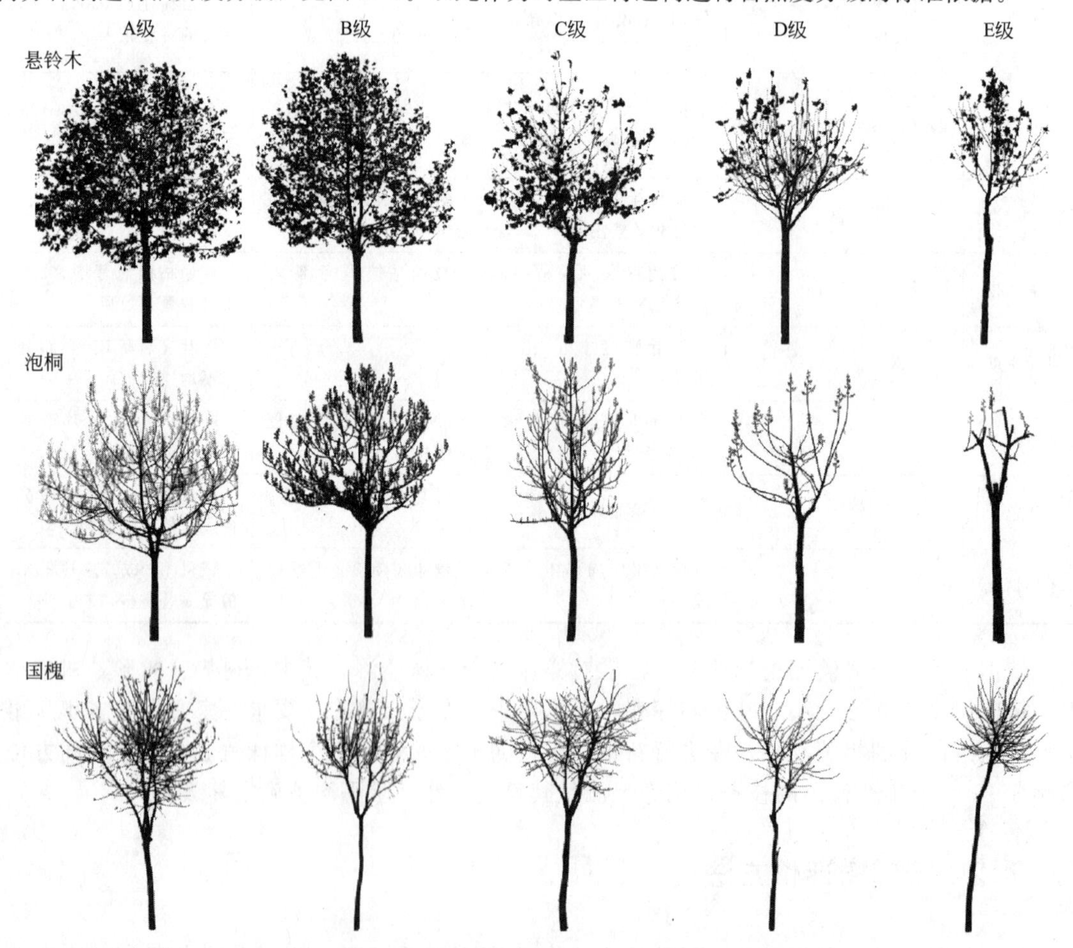

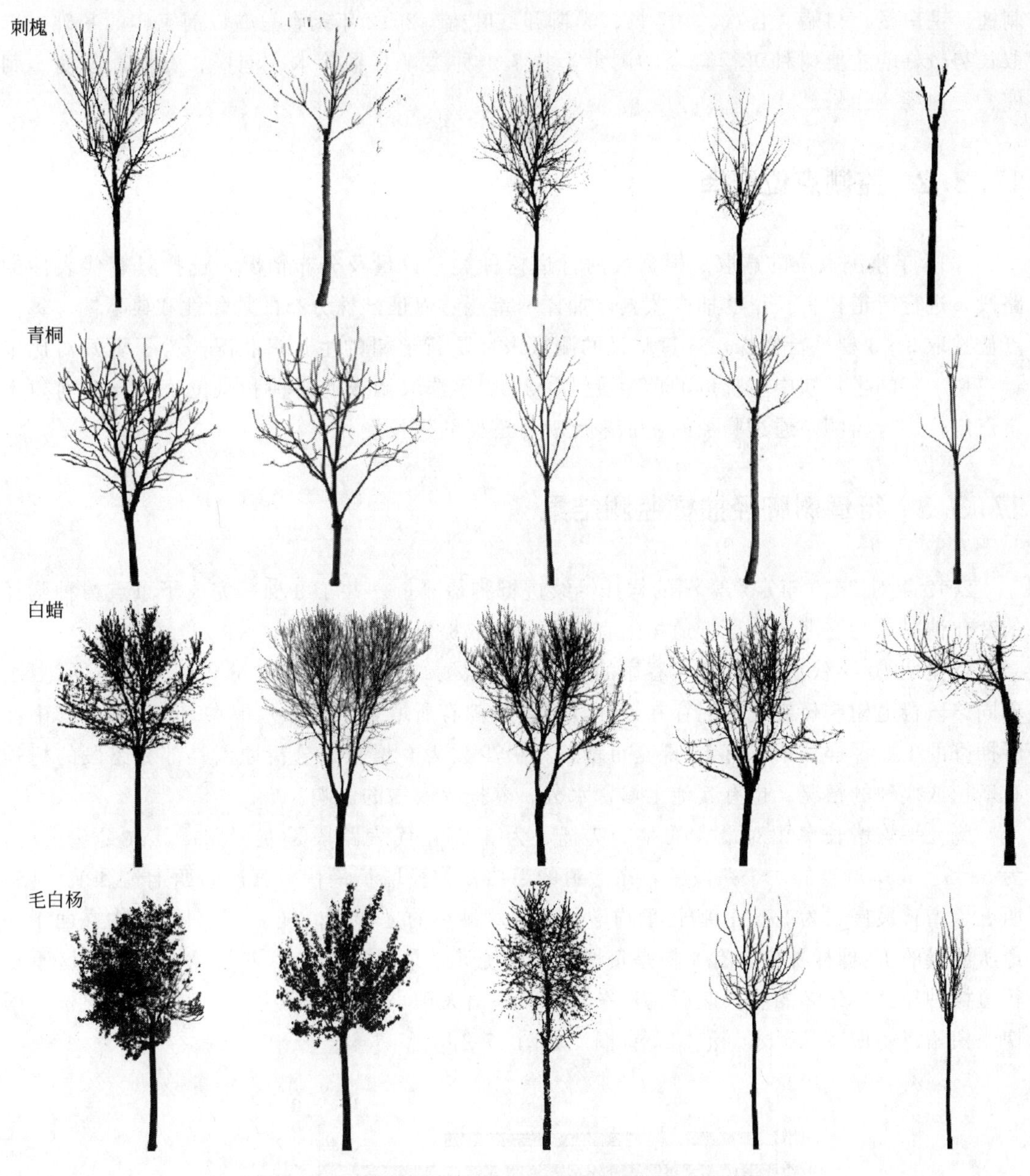

图 17-1　园区内主要行道树（分种别）的活力度分级标准

17.3　行道树生长量定点监测

17.3.1　行道树种类选择

2010 年调查已明确全区主要行道树种类别、使用频度、分布及树种特征等，对园区用量大、分布广的主要行道树 11 种进行了生长量的定点监测，有悬铃木、泡桐、青桐、国槐、刺槐、毛白杨、白蜡、合欢、107 杨、旱柳和红叶椿。2012 年调查是在以前工作的基础上选取长势较好的主要树种进行胸径的测量，共 7 个种类，有悬铃木、泡桐、青桐、国槐、刺槐、毛白杨、白蜡。

17.3.2 监测点位选择

2010 年监测点位的选取是根据区内行道树种类、数量及分布情况，选择具有代表性的路段，进行行道树生长量的抽样监测，抽样尽量能够保证样株分布的均匀性和典型性，每个点位选取 3～5 棵平行样株，通过胸径的测量来反映行道树的生长量状况。为了更好对比出行道树一年的生长期中生长量的前后变化，2012 年选取调查的树种和点位争取与以前树木定点定位进行监测，通过胸径的差别来反映行道树的生长量。

17.3.3 行道树胸径抽样监测结果

2012 年对 2010 年定点监测的样株继续进行胸径测量，共 198 棵，完成了重点树种胸径的变化情况，为空港经济区行道树适宜树种的选取提供依据。

依据 2010 年秋季和 2012 年春季的胸径抽样监测结果，通过对比分析，发现不同树种、不同路段行道树胸径变化情况存在差异，但整体都有所增长，增长范围在 0～69%。其中在所抽查的 198 棵样株中，有 11 棵是负增长，极少数为 0 增长，分析原因是部分路段的树种有新植或换种的情况，也有其他土壤、水分、养护等因素的影响。

胸径平均增长率相对最大的是 107 杨，为 37%，代表路段是航天路；其次是毛白杨，为 33%，在所调查的 4 个路段中，东七道的毛白杨胸径增长最快，其次为西七道和航海路，西五道增长最慢，为 27%；胸径平均增长率相对最小的是青桐，仅 1.4%，但其中在西十一道所测量的 18 棵样株中，有 4 棵是负增长。由统计结果得出，2012 年春季空港经济区重点行道树种经过一年多的生长期后胸径平均增长率由大到小排列顺序为：107 杨＞毛白杨＞国槐＞白蜡＞刺槐＞悬铃木＞泡桐＞青桐。如图 17-2 所示。

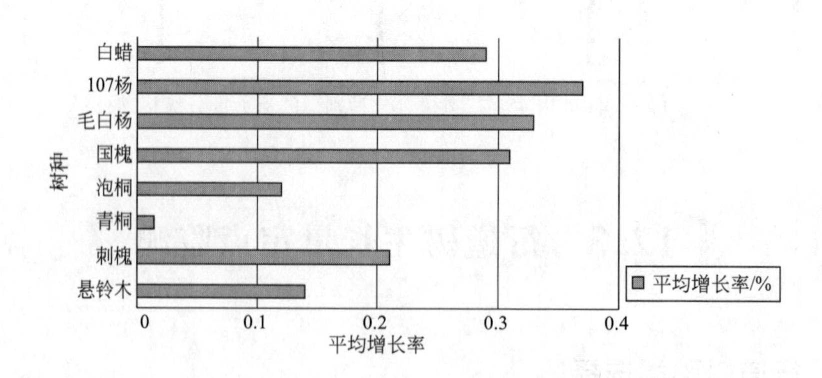

图 17-2　2012 年春季主要行道树种胸径平均增长率

17.4 行道树生长势抽样监测

17.4.1 行道树种类选择

2012 年是在 2010 年春季调查的基础上，选择园区内用量大、分布广、生长适宜性较好的主要行道树 8 种，分别为悬铃木、毛白杨、国槐、泡桐、青桐、刺槐、白蜡、107 杨，进行生长势的测定。

17.4.2 监测点位的选择

在前期大量调查结果的基础上，明确了园区内行道树种类、数量及分布状况，选择具有代表性的路段，在尽量保证样株具有代表性和监测点位均匀性的前提下，对行道树进行生长势的抽样监测。共选择监测点位 30 个，监测样株 189 棵。

17.4.3 行道树生长势的评价结果

2012 年春季对空港经济区行道树重点树种进行生长势调查，通过 8 项指标的分级结果全面评估行道树的生长状况。表 17-5 为数据统计结果。

表 17-5　2012 年春季空港经济区行道树重点树种生长势定点监测

树种	调查株数	监测指标	生长势分级情况			
			1 级/%	2 级/%	3 级/%	4 级/%
悬铃木	37	树势	5(13.5)	16(43.2)	14(37.8)	2(5.4)
		树形	3(8.1)	14(37.8)	15(40.5)	5(13.5)
		新枝生长量	5(13.5)	19(51.4)	11(29.7)	2(5.4)
		树梢枯损	10(27)	12(32.4)	13(35.1)	2(5.4)
		树叶密度	4(10.8)	12(32.4)	10(27)	11(29.7)
		叶形大小	11(29.7)	17(45.9)	7(18.9)	2(5.4)
		叶色	15(40.5)	18(48.6)	2(5.4)	2(5.4)
		坏死情况	14(37.8)	20(54.1)	1(2.7)	2(5.4)
毛白杨	19	树势	2(10.5)	12(63.2)	4(21.1)	1(5.3)
		树形	3(15.8)	8(42.1)	7(36.8)	1(5.3)
		新枝生长量	2(10.5)	14(73.7)	2(10.5)	1(5.3)
		树梢枯损	13(68.4)	5(26.3)	0(0)	1(5.3)
		树叶密度	0(0)	8(42.1)	10(52.6)	1(5.3)
		叶形大小	6(31.6)	10(52.6)	2(10.5)	1(5.3)
		叶色	12(63.2)	6(31.6)	0(0)	1(5.3)
		坏死情况	8(42.1)	9(47.4)	1(5.3)	1(5.3)

续表

树种	调查株数	监测指标	生长势分级情况			
			1级/%	2级/%	3级/%	4级/%
国槐	31	树势	19(61.3)	11(35.5)	1(3.2)	0(0)
		树形	10(32.3)	16(51.6)	5(16.1)	0(0)
		新枝生长量	17(54.8)	13(41.9)	1(3.2)	0(0)
		树梢枯损	30(96.8)	0(0)	1(3.2)	0(0)
		树叶密度	14(45.2)	11(35.5)	6(19.4)	0(0)
		叶形大小	11(35.5)	20(64.5)	0(0)	0(0)
		叶色	15(48.4)	12(38.7)	4(12.9)	0(0)
		坏死情况	24(77.4)	7(22.6)	0(0)	0(0)
泡桐	15	树势	1(6.7)	9(60)	5(33.3)	0(0)
		树形	4(26.7)	6(40)	5(33.3)	0(0)
		新枝生长量	0(0)	11(73.3)	4(26.7)	0(0)
		树梢枯损	3(20)	10(66.7)	1(6.7)	1(6.7)
		树叶密度	1(6.7)	2(13.3)	12(80)	0(0)
		叶形大小	0(0)	11(73.3)	4(26.7)	0(0)
		叶色	4(26.7)	10(66.7)	1(6.7)	0(0)
		坏死情况	4(26.7)	10(66.7)	1(6.7)	0(0)
青桐	22	树势	9(40.9)	13(59.1)	0(0)	0(0)
		树形	5(22.7)	14(63.6)	3(13.6)	0(0)
		新枝生长量	6(27.3)	16(72.7)	0(0)	0(0)
		树梢枯损	16(72.7)	5(22.7)	1(4.5)	0(0)
		树叶密度	8(36.4)	9(40.9)	4(18.2)	1(4.5)
		叶形大小	11(50)	10(45.5)	1(4.5)	0(0)
		叶色	10(45.5)	11(50)	1(4.5)	0(0)
		坏死情况	14(63.6)	8(36.4)	0(0)	0(0)
刺槐	37	树势	11(29.7)	19(51.4)	2(5.4)	4(10.8)
		树形	5(13.5)	13(35.1)	13(35.1)	5(13.5)
		新枝生长量	23(62.2)	7(18.9)	2(5.4)	5(13.5)
		树梢枯损	29(78.4)	3(8.1)	1(2.7)	4(10.8)
		树叶密度	18(48.6)	7(18.9)	8(21.6)	4(10.8)
		叶形大小	11(29.7)	22(59.5)	4(10.8)	0(0)
		叶色	17(45.9)	15(40.5)	5(13.5)	0(0)
		坏死情况	19(51.4)	6(16.2)	7(18.9)	5(13.5)
白蜡	26	树势	14(53.8)	8(30.8)	4(15.4)	0(0)
		树形	6(23.1)	17(65.4)	3(11.5)	0(0)
		新枝生长量	10(38.5)	12(46.2)	4(15.4)	0(0)
		树梢枯损	24(92.3)	2(7.7)	0(0)	0(0)
		树叶密度	7(26.9)	13(50)	6(23.1)	0(0)
		叶形大小	7(26.9)	18(69.2)	1(3.8)	0(0)
		叶色	9(34.6)	14(53.8)	3(11.5)	0(0)
		坏死情况	10(38.5)	12(46.2)	4(15.4)	0(0)
107杨	17	树势	8(47.1)	9(52.9)	0(0)	0(0)
		树形	7(41.2)	8(47.1)	2(11.8)	0(0)
		新枝生长量	6(35.3)	8(47.1)	3(17.6)	0(0)
		树梢枯损	10(58.8)	3(17.6)	4(23.5)	0(0)
		树叶密度	6(35.3)	9(52.9)	2(11.8)	0(0)
		叶形大小	5(29.4)	7(41.2)	5(29.4)	0(0)
		叶色	10(58.8)	5(29.4)	2(11.8)	0(0)
		坏死情况	10(58.8)	5(29.4)	2(11.8)	0(0)

由统计结果可以看出，在调查的204棵样株中，不同树种、不同监测指标的分级状况存在差异，但指标分级百分比整体以1级和2级为主，生长势属于良好水平。如悬铃木除树形和树梢枯损分级百分比以3级为主外，其余6项指标均以2级为主，但树叶密度3级和4级所占百分比较多，达到50%以上；毛白杨树梢枯损和叶色状况较好，1级百分比都在60%以上；国槐的树形和叶形大小分级百分比以2级为主，其余6项指标均以1级为主，如树梢枯损状况96.8%属于1级，整体长势良好；泡桐树叶密度80%为3级水平，其余都为2级，且1级和2级比例总体在60%以上；青桐长势分级以1级和2级为主，树梢枯损1级比例达到72.7%，4级比例几乎为0；107杨树梢枯损、叶色和坏死状况属于较好水平，分级比例以1级为主，其余为2级。

如果生长势以1级和2级为较好水平，则按监测指标对各树种的1级和2级百分比之和进行排序如下。

树势：107杨=青桐>国槐>白蜡>刺槐>毛白杨>泡桐>悬铃木

树形：白蜡>107杨>青桐>国槐>泡桐>毛白杨>刺槐>悬铃木

新枝生长量：国槐>青桐>白蜡>毛白杨>107杨>刺槐>泡桐>悬铃木

树梢枯损：白蜡>国槐>青桐>毛白杨>泡桐>刺槐>107杨>悬铃木

树叶密度：107杨>国槐>青桐>白蜡>刺槐>悬铃木>毛白杨>泡桐

叶形大小：国槐>白蜡>青桐>刺槐>毛白杨>悬铃木>泡桐>107杨

叶色：青桐>毛白杨>悬铃木>白蜡>107杨>国槐>刺槐>泡桐

坏死情况：国槐=青桐>泡桐>悬铃木>毛白杨>107杨>白蜡>刺槐

17.5 结　论

① 空港经济区行道树应用基本稳定，形成了本区特色，在乡土树种和骨干树种的应用上，体现了以乡土树种为主，适宜天津水土条件的骨干树种得到较好的应用，从生长势以及生长量的监测中也看出，乡土树种表现优异，在建设初期，部分速生性好的树种如毛白杨、速生杨、悬铃木、国槐、刺槐、泡桐对园区景观的形成和生态效益的改善都起到了很好的作用。

② 通过行道树生长自然度评价，7种行道树的生长自然度都有不同程度改善，说明行道树的整体养护管理趋势较好。其中悬铃木、泡桐、白蜡、毛白杨、刺槐占主要比例的级别上升，长势转好尤其明显的是泡桐、白蜡、毛白杨和刺槐。这说明这些树种在应用初期品种优势明显，速生期有很大的可塑空间。而国槐和青桐整体长势略有下降，说明针对国槐这样慢生树的养管需要加强，另外青桐树种改善的空间较小，这与树种特性直接相关，因此在以后选择中应限制使用青桐。而依然严峻的问题是悬铃木，虽然改善的趋势在增加，但因为基数大，问题也更多，特别是生长量和生长势监测也特别关注了悬铃木，这个树种应从整体数量和比例上给予限制。

③ 通过生长量的监测，行道树中胸径平均增长率由大到小排列顺序为：107杨>毛白杨>国槐>白蜡>刺槐>悬铃木>泡桐>青桐。对于这些树种需要特殊增加养护的是国槐、白蜡、悬铃木和青桐。而107杨、毛白杨的适应性和速生性都较好，应用初期生长迅速，不需过多养护，是区域先锋树种；刺槐虽然不适合做行道树，在空港经济区内应用较好，在带

状栽植中表现也比较优秀，初期形成完整树冠、增大生长量方面也是不需过多养护；悬铃木由于个体差异和道路、路段差异较大，需要有针对性的养护管理；青桐的选择对后期养护要求较大，由于边缘树种的特性，在行道树应用上存在养护难度大、生长量小、适应性差等特点，需要针对现场情况强力养护。

④ 通过监测，对这些树种的生长状况、趋势以及树种特性进一步明确，在园区内的应用状况也更清楚，部分树种的养护管理工作应随着监测结果进行调整，重点是提高中等即3级及以上级别树木的养护；对速生树种应根据初期生长快的特点，加强树形管理；对国槐、白蜡等优势树种应较多应用，成为骨干树种，考虑到建设初期，需要见效快，速生树种应占到合理比例。从2012年的监测看行道树的养护有进展，但针对性不足，即对特殊树种以及生长较弱的树应加强养护管理。

参考文献

［1］ 小林達明．木の活力の指となるもの木の健康（1）：樹木活力（活性）度をめぐる諸問題［R］．平成3年度全国大会分科会报告，1991.

［2］ 张崇宝．长春城市绿地植物群落生态脆弱度分析［J］．城市环境与城市生态，2005，18（6）：37-39.

［3］ 武内和彦．地域の生态学［M］．日本：朝君书店，1991：210-220.

下篇

滨海新区
生态建设技术方法研究

18

滨海新区特色生态景观的营造与设计方法

生态景观的营造是近几年来景观设计追求的重要目标之一，也是现代文明的标志之一，随着生态理念渐渐深入人心，景观设计中生态要素的比例也在增加。生态景观营造与设计的效应在于通过成功的设计既可以使得区域主导功能得到满足，还可以对自然要素与资源进行利用，对历史文化遗产继承与发展，充分发挥当地的优势，从而协调了人与自然及人与人的关系，将生态思想和理念作为引导景观设计与营造、解决各种景观问题的可能途径。人与自然和谐统一的生态景观的构建已经成为全球化的视角，能否获得可持续发展的能力很大程度上取决于景观的生态化营造，因此如何定位和营造设计生态景观成为区域规划设计的基础。而在生态景观的营造与设计中，如何确定合理的营造与设计方法、如何通过设计和营造保护和发展这些地区的景观特色是研究的重点。

目前，全球各个国家对生态景观的理论研究与实践主要从自然生态系统保护与重建两个方面展开。自然生态保护注重城市区域残存自然要素或有生态价值地段的保护，而生态重建侧重退化生态的人工恢复。自然保护是生态重建的主要目的之一，生态重建又是自然保护的重要途径。如 1990 年德国对杜赛尔多夫市的生物栖息地的保护规划，以减少生境孤立为出发点，提出了城市栖息地网络的设计方案。美国伊利诺州的德斯普雷尼斯河湿地示范项目、科罗拉多州的福特可林斯市的“庭院生境保护项目”，则是美国湿地自然生态景观营造和保护的典型例子。在日本，日本神奈川县的“谷户山公园”，利用都市内残存的自然环境资源建造了“水鸟的池”，进行野生生物的生息、繁殖及水生、湿生植物的观察，使游人在自然空间中游玩学习。福井县著名的“中池见湿地”，更是日本生态学会及很多大学的研究热点之一。面积仅有 $25hm^2$ 的湿地，约有 1500 种动植物生息、繁育，生物多样性非常丰富。荷兰围垦区湿地生态系统重建工程举世闻名。这项工程对荷兰的市镇建设和自然保护起了巨大的促进作用，对于周围的地貌及环境也产生了重大的影响。近 20 年来，围垦区完全依靠生态系统自然演替和自我设计，采取少量的人工措施或完全没有人为干预，使曾经荒芜的围垦土地出现了面积达数万公顷的自然保护区，在那里植物茂密、珍稀鸟类品种繁多，形成了健康的生态系统。

在我国，真正重视生态景观大约是在 20 世纪的 60～70 年代，关于生态景观的理论研究则主要集中在生态园林的营造和城市生态景观的整合与构建两个方面。在实践工作中，一些城市开始生态景观营造的积极探索，构建生态景观的思想不断深入到规划工作中，建设山水城市、园林城市、花园城市、森林城市、生态城市的实践逐步开展，遵循生态学原理，涌现出许多生态型绿地建设的实例，在一定程度上具有示范和指导意义。如上海提出在城市中模拟地带性植物群落营造近自然植物群落的理论，并在浦东新区、外环线绿化带等项目中应用。中山市岐江公园项目则是国内城市工业废弃地生态恢复的典型案例。上海新江湾城开发与保护、崇明岛开发、杭州西湖西进项目、太湖生态岸线工程等，都体现了生态保护理念。成都活水公园、上海梦清园成为环境保护和城市绿化结合的典范。浙江台州“反规划”的案例，不仅应用了先进的规划分析手段，而且体现了在区域规划上的生态学思想。广州开展生态公园建设、深圳大力发展郊野公园、上海在城市中心区建设大型生态绿地等，也都体现了城市的景观建设遵循生态学原理的尝试。从天津的二级河道改造、成都府南河改造、上海苏州河改造到石家庄滹沱河生态恢复和浙江黄岩永宁公园建设，也体现了对河道和滨水区开发的生态理念逐步深入。在全国，许多城市在营造复合的植物群落、提高物种多样性、利用乡土植物、保护城市中鸟类和小型动物的栖息地、建设森林城市、开展城市工业废弃地恢复等工程实践方面，积累了大量经验，极大地促进了理论研究和技术进步。然而，随着时间的推移，尽管近年来国内城市大规模的生态景观建设取得了一定的成效，但是也暴露出一些问题，主要表现在：城市绿地生态景观建设的不可持续性、城市美化运动对城市自然生态造成破坏和生态景观营造缺乏系统的理论支持。

天津滨海新区具有独立的湿地景观资源，该区域能否获得可持续发展很大程度上取决于滨海新区整体生态景观的设计吸引力，因此如何定位和营造特色生态景观已成为滨海新区设计与发展的基础，对滨海新区城市自然环境的保护和城市的可持续发展具有重要意义。

18.1　生态景观的内涵

生态景观的释义纷繁复杂，在建筑规划、资源环境、生物及社会经济等领域中都有出现，内涵也不尽相同。比较准确的说法是，认为生态景观是社会-经济-自然复合生态系统的多维生态网络，包括自然景观（地理格局、水文过程、气候条件、生物活力）、经济景观（能源、交通、基础设施、土地利用、产业过程）、人文景观（人口、体制、文化、历史、风俗、风尚、伦理、信仰等）的格局、过程和功能的多维耦合，是由物理的、化学的、生物的、区域的、社会的、经济的及文化的组分在时、空、量、构、序范畴上相互作用形成的人与自然的复合生态体。其中每一层次都是以前几层次为基础。它不仅包括有形的地理和生物景观，还包括了无形的个体与整体、内部与外部、过去和未来以及主观与客观间的系统生态联系。它强调人类生态系统内部与外部环境之间的和谐，系统结构和功能的耦合，过去、现在和未来发展的关联，以及天、地、人之间的融洽性。有学者把生态景观理解为生态整合的结果，生态整合是指通过对开放空间、人工环境和街道桥梁等连接点和水路、城市轮廓线等自然要素的整合，在节约能源、资源，减少交通事故和空气污染的前提下，为所有居民提供便利的城市交通，努力防止水环境恶化，减少热岛效应和对全球的环境恶化的影响。

通过分析所出现的生态景观一词，将其使用范围大致归为以下三类。

① 作为植被景观或以植被为主的绿色景观的代称，多为林业和植被研究者使用。

② 指区别于一般视觉景观的具有科学意义的景观，也即通常在景观生态学研究中所特指的包含生物和人文特征的景观。多为运用模型进行景观生态格局变化研究的学者所使用，来指称其模型研究的景观对象。

③ 指经过生态规划、设计或营造后具有可持续性、人与自然和谐统一的景观，多为城

市或区域规划及资源环境问题研究者所使用。

对于生态景观的内涵国内外还没有统一的界定，规划设计领域对生态景观的认识还很模糊，我们认为生态景观不仅仅是景观生态化营造和设计的结果，认为生态景观有广义与狭义之分，广义的生态景观是指城市地区（包括市区及其郊区）范围内符合自然生态系统整体、协调、循环、再生特征的可持续的生态空间，是城市地区自然景观的保留。狭义的生态景观认为是一个城市市区按照生态学原理，以人与自然和谐共存为目的而规划设计的绿色空间，这一生态景观侧重人的规划与设计，主要以模仿自然景观、自然植被及自然环境来打造近自然或者半自然的景观。城市地区的范围大大超出了市区范围，远郊作为城市地区的边缘地区，自然生态系统与人工生态系统的过渡区域，往往是城市地区自然生态系统保留最好的地方，而这部分自然保留区域会对城市环境起到重要的改善作用，包括自然形成的群落、重要的生境保护区和原始景观等。狭义生态景观的概念更多地侧重于城市市区范围内即人工构成要素多一些的地域，如生态公园、湿地公园、城市森林、都市农业、环城绿带、绿地等，这些区域自然保留比较少，人工打造的成分相对较多，以模仿自然景观、自然植被及自然环境为主要营造与构建的原则，其中心思想是走向无限广阔、丰富多彩的大自然，吸取大自然的力量，以自然生态系统的特征作为设计的理念，即所谓的“自然造景”（natural landscaping）；而广义的生态景观则更多地侧重于城市近郊、远郊以及城乡原野等自然成分保留多、以保护性和保留性原则为首要原则的地域，并将当地的景观文化、艺术与生态融合在一起，譬如自然保护区和自然保留地，主要以保护性和保留性原则进行生态景观的营造与设计，人类干预较少。广义生态景观包括城市地区尤其是近郊及远郊的风景名胜区、自然保护区、自然保留地、休养度假胜地、郊野公园、林业、牧场、水滨堤岸、滩涂沼泽地及其他迹地景观等。在这些区域营造多层次、多结构、多功能的群落体系，将自然生态景观与人工生态景观和谐统一，形成以市区为中心，城乡一体、人与自然和谐共存的生态绿色空间。

18.2 生态景观的特征与功能

18.2.1 生态景观的特征

(1) 整体性与协调性 生态景观是由一定质与量的生物系统、环境系统和社会系统相互联系、相互作用、相互协调而形成的绿色有机体，将自然要素渗入到市区景观体系的构建中，从而扩展到整个市域，向城乡一体化的方向发展。生态景观不同于普通的景观，是以生态系统的整体性优化结构的自调控或自维持为途径，失去了生态景观的整体性也就失去了其重要特性。生态景观必须保证以系统的整体性、优化结构与功能以及协调性来达到生态、社会和经济的综合效益，形成相互结合、相互促进、循环往复的有机体。正因为生态景观是整体的、有自我调节能力的、复杂、有序的层级结构，因此，生态景观是一种“活”态。生态景观就通过这种自我调节、自我恢复功能而使物质循环、能量流动和信息传递都处于最优化组合状态，资源利用率最高，能源消耗最少，废物排放量最少。

(2) 自然性与多样性 生态景观的自然性体现在保护原有的地形地貌，充分利用乡土植物，体现地区的风貌和特色，并通过生态种植和人工干预，以建立稳固的群落为手段，来体现生态景观的生态性和景观性。多样性主要体现在生物多样性，生态景观的自然群落不是单一的植物区系组成的，而是多种植物与其他生物的组合，生态景观是多目标、多种生物成分、多层次结构的自然与人工生物群落，时间空间结构有序，生态功能良好，系统内外开放循环，具有动态平衡的生态系统。

(3) 可持续性 按照生态学理论，运用生态要素构建的生态景观是连续的，趋于可持续发展方向的，生态景观可以节约、保护、充分利用现有资源，是考虑自然生态环境节约与保护前提下的设计手法，不仅要满足当代人的舒适度、亲和度等方面的要求，同时也重点考虑了功能，提高所利用的每单位自然资源提供服务的价值，在设计上将单一功能向多功能转变，自然要素和谐共处，使自然体系与绿地系统得到可持续发展。

18.2.2 生态景观的功能

18.2.2.1 生态功能

生态景观可以调节气温，降低风速，减少蒸发，改善城市小气候，维持自然生态过程，包括水、气、养分循环和动植物生存。另外生态景观中的绿色植物还有吸收 CO_2 等有毒气体、制氧、除尘杀菌等作用。此外，还具有以下功能与价值。

(1) 保护生物多样性和乡土物种 生态景观可以使自然生态系统中的动植物资源得到保护和适当的利用，作为人类土地及资源利用的基础，可以很大程度地保护、提供野生动植物的生境与栖息地，最大限度地维持或提高城市生物多样性与乡土物种的比例。生态景观中带状的绿色空间是重要的景观生态廊道，对城市生物流、物质流、能量流均具有重要的影响，能够连通城市隔离的绿地，从而有利于野生动物从一个孤立的栖息地迁移到另一个孤立的栖息地，为野生动物提供迁移走廊，能使动植物种群通过长期的基因交换在自然进化中保持健康或为当地物种提供在被破坏后的恢复机会。

(2) 增进生态网络完整与合理 生态景观的营造为完整与合理的城市生态网络的构建提供有利的基础，生态网络是由生态廊道（植被绿带、景观廊道和通道廊道）与生态节点（自然保护区、公园、公共绿地、自然保留地等）形成的健全循环体系，生态网络是解决城市生境破碎化、提高生境连接度的重要手段。合理的生态景观的营造可以使生态网络的连通性与完整性增加，为野生动物提供生境，维持动植物群落之间的交流，维持生物多样性，自然生态系统的物质能量畅通循环，生态网络的生态功能得到充分的发挥。

(3) 增强城市的生态调控能力 生态景观的营造不仅是对自然体系进行保护与保留，还要对城市中受损生态系统修复与重建，可以促进这些受损生态系统的恢复，减少裸露土地，有助于改善城市景观特质，增强城市的生态调控能力。

(4) 保护城市特色与美化景观 生态景观的营造不仅可以改善城市中被毁坏和废弃的土地，还可反映一个城市的景观风貌与景观特色，维护区内代表自然或社会历史的古树名木、乡土物种及城市空间形态，有助于保持城市的乡土特色，增加城市景观的美感，为城市居民提供了认识人类和自然和谐共处的重要性场所。通过对地方特色的保护和绿化，保持并增强城市及周边地区的景观吸引力，提高城市景观质量。

18.2.2.2 社会功能

(1) 休闲游憩功能 休闲游憩是人的基本生活需要，随着人们生活水平的提高和闲暇时间的增多，人们花费在休闲游憩上的时间和金钱也越来越多。生态景观作为“城市的肺”，因其清新的空气、舒适的环境，是城市居民休闲游憩的首选地区，也可开展社会性的活动，被视为一个能够通过共同分享经验而促进社会和谐的地方。

（2）教育科研功能 在城市中，特别是大城市中，人们真正与大自然接触的机会较少，尤其在对青少年的教育中，城市中心及周边的生态景观是良好的户外课堂，自然地中的花草树木、水体、土壤等可以生动地演示自然的奥秘和自然规律，激发人们热爱自然、致力于环境保护的自觉行动，开展有效的生态教育。生态景观也提供生态及环境研究的场所，提供生态演替及其他生物现象长期研究的机会，提供基准值，作为检验因人类活动所引起自然生态系统变化程度的依据。有些生态景观还保留了具有宝贵历史价值的文化遗址，是历史文化研究的重要场所。

（3）防灾避难功能 不同类型生态景观，大、中、小，点、线、面、环多种模式，在灾难事件发生时可起到救援防灾避难的作用，具有防护和减灾功能。城市公共绿地中的花草树木特别是乔木能增强城市抵御自然灾害的能力，特别在地震发生时，城市公共绿地能够发挥避难、救援等作用，能够为保护市民的生命财产安全发挥作用，但是这种功能的发挥与城市单个公共绿地的面积大小是相关的，面积大的公共绿地其功能优于面积小的公共绿地。据日本学者清水正之的调查研究，居民身边的街区公园，面积在 0.1hm^2 以上的，是最适合避难的场所，而面积在 10hm^2 以上的大公园发挥的最大作用是作为救援活动的基地。

18.2.2.3 经济功能

生态景观不仅具有生态功能和社会功能，还可以提供经济价值。生态景观具有生产生物产品和可更新资源的功能，其中的经济效益是以货币为媒介的交换，以及提高环境质量为社会公益服务的功能，此功能的价格不能直接通过经济机制来进行交换，也不能直接实现等价交换，而要对这种环境资源进行经济评价，为生态经济效益制定价格，同样可以转换计算其经济效益。特别在城市中，生态景观的绿地系统对于提高城市功能，对于生产环境、生活环境、投资环境、旅游环境、文明环境等方面所提供的效益，尽可能运用价值形态的数据进行计算，就可得知其功能价值远远超过投资价值的高价值、高功能。此外，生态景观不仅是指在建设中节约成本的景观，而且在后期的养护和管理中也是节约费用的、费用效益比较高的景观类型。

18.3 生态景观营造与设计方法

18.3.1 营造与设计的目标

由于生态景观类型多样，形态各异，而且作为城市地区人类活动与自然过程共同作用的地带，其营造与设计是复杂的综合问题，涉及多学科、多领域的知识，要求设计者以综合的视角、进行多目标的营造设计。生态景观在城市中的自然系统和社会系统中具有多方面的功能，如生态功能、休闲和游憩功能以及教育功能等，因此生态景观的营造与设计就涉及生态和社会的多个目标。这就需要综合应用生态学、林学、植物学、地理学、城乡规划学、社会学、心理学、美学和文化学等多学科知识，把生态景观营造与设计成能够满足多方面需求的、多目标的景观体系。然而，生态景观的首要目标仍然是生态目标和可持续发展的目标，其一为保护自然的生态系统，保护在设计与营造中具有重要的参考作用（对现有生态系统进行合理利用和保护，维持其服务功能）；其二是保持区域景观特色的发挥，即体现地域本土特点的、健康的、可持续的植物资源和自然景观；其三是保持区域文化的可持续发展。其他目标包括实现景观层次的整合性，保持生物多样性及保持良好的生态环境等。

18.3.2 营造与设计的理念

从生态景观营造与设计的目标出发，生态景观应遵从人与自然和谐，设计遵从自然，合理功能定位，创造地方特色景观等设计理念。

(1) 人与自然和谐 “天人合一”思想是我国古代建设的核心理念，即人与自然和谐。人与自然和谐意味着人类与环境以及其他生物的整体和谐，以及尊重自然、保护自然，遵循自然规律和自然法则。在生态景观的营造中提倡人与自然和谐的设计理念，追求自然，回归自然，亲近自然。

(2) 设计结合自然 自从20世纪60年代美国著名景观设计师麦克哈格提出“设计结合自然”的思想，并进行大量设计实践以来，尊重自然、依从自然的设计理念已被国际景观设计界普遍接受和应用。生态景观的营造也应遵从自然过程，尊重自然的自我调节功能，与地形、植被等自然要素相适应。

(3) 合理功能定位 结构决定功能，功能反映结构，生态景观的功能也是由形式及构成决定的，因此在生态景观的营造与设计中应该从各自的生态功能出发，结合当地社会、经济和历史文化特点，运用整体功能定位的方法，确定其功能，从而确定其构成形式。

(4) 创造特色景观 根据生态学原理进行景观营造与设计，保护与构建原生自然景观，充分应用乡土植被，构建多层次稳定的乡土近自然植物群落，提高景观的多样性与稳定性，还应突出地方丰富的历史文化特色，与当地风土、历史相一致，展示地方风采。

18.3.3 营造与设计的原则

生态景观营造与设计的原则一般包括多目标原则、自然原则、社会经济技术原则和美学原则等几个方面。多目标原则是生态景观营造与设计的整体指导思想，自然原则是其基本原则，也就是说，只有遵循自然规律的营造与设计才是真正意义上的生态景观，否则只能是表面意义上的生态景观。社会经济技术条件是生态景观营造与设计的后盾和支柱，在一定尺度上制约着生态景观营造与设计的可行性、水平与深度。美学原则是指生态景观的构建应给人以美的享受，给人以视觉与感觉上的愉悦感与亲和力。生态景观的营造与设计要求在遵循自然规律的基础上，通过人类的作用，根据技术上适当、经济上可行、社会能够接受的原则，使受害或退化生态系统重新获得健康并有益于人类生存与生活的生态系统重构或再生过程。

(1) 多目标原则 生态景观的重要功能是生态功能，但是生态功能并非生态景观的唯一目标，不同类型生态景观具有不同的目标与多重功能，包括景观功能、教育功能和娱乐休闲等社会功能，因此营造不同类型的生态景观应该兼顾多重目标，实现多样化设计，使营造区域具有生态带、景观带、经济带、文化带等多个角色。

（2）自然原则 自然环境是人类赖以生存和发展的基础，一切自然生态形式都有其自身的合理性，是适应自然发生发展规律的结果。一切景观建设活动都应从建立正确的人与自然关系出发，尊重自然，保护自然景观，注重环境容量，增加生态多样性，保护环境敏感区，尽可能小地对环境产生影响。

① 保护优先原则 自然环境是区域特色最基本的体现，保护自然景观资源，维持自然景观生态功能，是保护生物多样性及合理开发利用资源的前提。更多地保留城市中的自然环境和自然风景，减少城市扩展和建设对原始生境的破坏，保留更多的自然植被和自然地形，最大程度地减少人为的破坏同时在城市中营造野生动植物栖息地，改变原来先建设再恢复的模式，在生态景观的构建与城市扩展的过程中，确定保护优先原则，通过保护自然景观资源和维持自然景观过程及功能连续性，保护和促进景观多样性与异质性，是生态保护与建设理念的根本性转变，也是生态景观应营造与设计的根本性原则。

② 乡土化与地带性原则 任一特定场地的自然因素与文化积淀都是对当地独特环境的理解与衍生，也是与当时当地自然环境相协调共生的结果。所以，一个合适于当地的生态景观设计，必须先考虑当地整体环境和地域文化所给予的启示，能因地制宜地结合当地生物气候、地形地貌进行设计，营造具有原生态形式的生态景观。充分使用当地建材和植物材料，尽可能保护和利用地方性物种，保证场地和谐的环境特征与生物的多样性。利用乡土树种和地带性植物，营造多样的、带有地域特色的城市绿地系统，应是生态景观营造与设计的基础，在选择植物方面，优先选择地带性植物和乡土植物，对创造优美、稳定的植物群落具有重要意义。植物景观设计应与地形、水系相结合，充分展现当地的地域性自然景观和人文景观特征。乡土植物在生态景观的营造中应用能表现出明显的优势，有助于形成具有地方特色的景观，并实现城乡景色协调。同时，乡土植物比外来植物更能适应当地环境。虽然有些外来植物也表现出较强的适应能力，甚至可以成为一个城市的主要树种，或应用范围扩展到更广阔的地区。在中国城市中的刺槐、悬铃木、紫穗槐、绒毛白蜡、雪松等都是很好的树种，得到了广泛的应用。这启示我们地带性植物可以为绿地提供更多的树种选择，而这些强势的外来植物也并不会压倒和淘汰当地的植物，只是作为丰富绿地中物种多样性的树种而存在下去。从更长远来看，欲建立稳定的绿地植物群落，乡土植物仍是首选，并在自然化绿地景观中承担重要角色。针对不同区域，进行乡土植物资源调查和评价，可以为绿地建设和生态恢复提供基础性的资料。

③ 物种多样性及群落稳定性原则 物种多样性是景观自然化及提高生态功能的基础。“没有多样性就没有稳定性”。多物种的共生是生态功能的重要体现，也是生态设计的目的。通过生态设计与建设，让人工或自然绿地成为物种的栖息地，实现城市物种多样性的保护，应充分体现当地植物品种的丰富性和植物群落的多样性特征，营造丰富多样的植物景观，首先依赖于丰富多样的环境空间的塑造，就是强调为各种植物群落营造更加适宜的生境。

生态景观的营造与设计应重点关注植物群落的稳定性，利用植物种间关系和生态位理论，建立稳定并具有自我维持能力的植物群落，通过构建多样、复杂的种类组成和结构，形成植物群落对生境的适应和对外界侵袭的调控与抵御机制。

④ 尊重地域和历史文化的原则 历史性和地域性是构筑生态景观的前提，充分尊重具有历史纪念价值和艺术价值的景观，突出自身的历史文化和风土民情特色，保持自己的风格。生态景观的构建要尊重地域文化与艺术，探寻传统文化中适应时代要求的内容、形式和风格，塑造新的形式，创造新的形象。注重人文景观的地方性与现代性相结合，景观的建设

与促进当地经济发展结合，改善居住环境，提高生活质量与促进文化进步相结合。充分挖掘区域内的自然特色和历史文脉及风土民情，重视历史文化的继承和保护。在把握区域本土特征的基础上，创造适于当地特色的景观形态，做到人工景观要与历史文化景观和自然景观相协调，继承和发扬地方文化特征。

⑤ 整体性的原则 生态景观既要体现地区的形象和个性，讲究变化中求统一，统一中有变化，又要着眼全局，结合现状地形地貌，合理确定景观点、廊、人文活动空间体系及建筑风格、色彩等的控制，从整体出发使景观与区域自然特征和经济发展相适应，注重整体综合效益，优化系统结构，合理布局，谋求生态、社会、经济效益的统一，建设与当地自然环境条件、城市规划发展目标相协调一致，具有自身特色的生态屏障，加强区域内自然景观和人文景观的有机联系。

(3) 社会经济原则

① 经济可行、技术可操作和社会可接受原则 生态景观营造与设计，须向系统中给予一定的经济投入，但削减经济投入有利于人们以更科学、更理性的思想去考虑景观的功能及生态问题。通过保留自然生境、充分利用乡土树种和地带性植物、建立雨水汇集系统实现水资源的循环利用、重视群落自我维持以及支持自然演替的养护管理，可以达到节省养护投入的目的。应尽量避免养护管理费时费工、水分和肥力消耗过高、人工性过强的植物景观设计手法，从而创造优美、自然的或人工的生态景观。生态景观强调植物群落的自然适宜性，力求植物景观在养护管理上的经济性和简便性。通过人类的作用，根据技术适当、经济可行和社会可接受的原则，保护原生自然景观或者使退化的生态系统得到再生或重构，从而成为健康并有益于人类生存与生活的生态景观。

② 以人为本原则 生态景观营造要考虑以人为本，体现不同地域的特色与个性化，为满足人们回归自然的渴望，各种空间中的设施设置、材料质感的应用，景观的创造应充分考虑人们钟情于自然的心理需求，应以自然的生态景观、芬芳的自然气息、朴实的自然材料提供人们可赏、可游、可触摸感知的轻松空间；关注人的审美习惯，并赋予文化内涵表达思想感情；植物配置应选择各种有益于身心健康的保健植物和改善生态环境的植物，有利于满足人们健身益智、了解自然、亲近自然的多种生理和心理的需要。

(4) 美学原则 美是人类生活的永恒追求，我们应当强化美的意识，提高美学修养，用美的构思、美的设计、美的实践营造具有当地特色的生态景观。在生态景观的营造与设计中，应该保持自然的原有形态，植物造景时，运用自然材料，创造自然生趣，鼓励平易质朴，达到较高的艺术境界。运用各种植物协调搭配，以其形态、叶色、花色等的相互配合取得优美的景观构图，同时体现地域特色、文化特色，满足景观美学与精神愉悦的需要。

18.3.4 营造与设计方法

生态景观的营造应采用保护或保留优先；自然恢复和人工恢复相结合，自然恢复为主、人工恢复为辅；合理科学地运用乡土化的设计，利用当地的资源，突出当地的特色。

18.3.4.1 保留性设计

保留性设计（reserved design）是指对自然或具有自我维持和自我调控功能的近自然生

态系统及生物多样性的保留与保护或者具有历史文化保护意义的区域。废弃地或多年未开发的闲置地，通过多年的荒废，已经自然恢复为具有自我维持、自我调控功能的近自然生态系统，这些近自然的生态系统称为自然保留地，包括城区保留地、近郊保留地、远郊保留地，需要得到充分的保护与保留，因为这些区域对于提高城市生物多样性、提供生态景观方面具有巨大的潜力。按照生态学的有关原理，尽量保留与保护现存自然生境，现存完整的自然生境往往要优于恢复工程重建的人工生境，原因在于时间是评价生境生态价值的重要参数，"伪造自然"（faked nature）可能会丢失一些内在的生态价值。对场地进行生态景观的设计，既使当地良好的生态环境免遭破坏，又通过设计手法创造出符合大众美学的生态空间。如北京菖蒲河公园就是一项保护古都风貌、促进旧城有机更新的重要工程。保留性设计是生态景观设计的首要方法与设计形态。

18.3.4.2　乡土化设计

乡土化设计（native design）是指应用生态适宜性原理和"因借理论"，因地制宜地结合当地的生物气候、地形地貌进行设计，充分使用当地建材和植物材料，尽可能保护和利用地方性物种，保证和谐的环境特征与生物多样性。利用原有的水体、植物、地形、地势等景观要素进行设计，是保持资源可持续利用的一个重要手段，这样不仅使原有的湿地生态系统具有整体性和自我调节的能力，而且保存和发掘了文脉并反映了地方独特的景观特色。

阿伦比对乡土物种给出的定义是："物种自然出现于一个地区，这种物种既非随意也非靠引入。"乡土植物的定义已经得到广泛的认可：指不是故意或者意外的被人类引入的物种，最近对"乡土"概念的一个重要的补充认为乡土植物必须是以被认为是乡土的地区为中心分散出去的物种。一般来讲，乡土植物是本地"土生土长"的植物，经过长期的自然选择及物种演替后，对某一特定地区具有高度生态适宜性的自然植物区系成分的总称。许多地方的实践经验表明，乡土种对当地生态系统十分重要，因为本地植物群落，很好地适应于本地的自然条件，是当地自然环境及其历史的高度表达，它在长期演化的过程中，已取得了与当地变化协同发展的自然平衡力。乡土植物不仅在美学上具有价值，而且相对稳定，能自我持续，同时，不同的地方植物常常还是该地区民族传统和文化的体现，乡土植物是在本地长期生存并保留下来的植物，它们在长期的生长进化过程中已经对周围环境有了高度的适应性，因而，乡土植物对当地来说是最适宜生长的，也是体现当地特色的主要因素。比如日本的樱花，加拿大的枫树及西安的国槐等。因为人们和乡土植物在长期的相互作用下，赋予乡土植物或者乡土植物景观一定的人文文化内涵。应用乡土植物的人文文化内涵，来进行景观营造，能够创造浓郁的人文景观。如松、竹、梅为"岁寒三友"，梅、兰、竹、菊喻义"四君子"，翠柳依依，表示惜别及报春，桑和梓表示家乡等。因而乡土性生态景观营造是最好的自然模型或样本。

18.3.4.3　自然式设计

自然是区域特色最基本的体现，自然式设计（natural design）体现在保护自然、表现自然、模拟自然。人类对生态系统的设计仍不能像自然设计那样完美。然而，怎样才能让自然顺着我们期望的方向发展呢？自然不能把我们所需要的要素都考虑进去，自然是根据自己的规律即生态演替的原则起作用的。所以如果我们想让自然设计的方向与我们的目标一致的，那么在我们的生态景观设计时要遵守生态演替的原理，并且给自然更多的自我设计的机会。

自然地形是大自然所赋予的最适形态，它们是长期与大自然磨合的结果，适应它们就是要适应这种地形的自然力和条件。适应地形，减少人工干扰和土木工程花费，避免再绿化的需要，融合自然。地形决定植物品种的选择，坡度的不同朝向、高低变化，形成了光照的差异和土壤水分的不同，故将喜阳的植物品种置于土坡的南坡，而将耐湿的品种植以土丘的低处。这样可以体现适地适树的原则，有利于植物的生长发育，大量减少养护成本。

保护自然，保护独具特色的景观和植被资源等自然要素，维持自然景观生态功能。自然式设计并不仅仅是保护自然，还要根据自然法则、自然规律与生态学原理，对场地进行合理、有效、科学的人工设计，使之既具有生态学的科学性与生物学的合理性，同时又具有美学的艺术性。主动应用生态技术措施，从而达到设计的目的，营造出与当地自然生态相协调的、舒适宜人的景观。

18.3.4.4 恢复性设计

当原有的自然生态遭到破坏时，乡土树种和地带性植物群落可能会消失，恢复自然生态系统也是营造与设计生态景观的重要方法。恢复性设计（revival design）是指将生态学和工程学原理运用到恢复设计中，将破坏的生态系统恢复成具有生物多样性和动态平衡的本地生态系统，即恢复成一个与当地自然相和谐的生态系统。目前，在生态景观的营造与设计方法中，恢复性是最有效、应用最为广泛的设计方法。生态恢复是一种综合性极强的实践工作，需要通过实践来不断调整，采用不同的恢复方法，生态恢复的方法研究也是维持生态景观生态功能的途径之一。

退化的生态系统恢复可以遵循两个模式途径：其一，当生态系统受损不超负荷并在可逆的情况下，压力和干扰被去除后，恢复可以在自然过程中发生，这种方式为自然生态恢复；其二，当生态系统的受损超负荷，并发生不可逆的变化，只依靠自然力已很难或不可能使系统恢复到初始状态，必须依靠人为的干扰措施，才能使其发生逆转，这种方式为人工生态恢复。在生态景观的营造与设计中应该充分将自然恢复设计与人工恢复设计相结合。如工业废弃地的恢复设计，由于原有的工业用地污染严重，区域生态环境恶劣，简单由自然生态恢复方法很难对环境进行改善，因此，通过对有价值的工业景观的保留利用、材料的循环使用以及人工植被恢复等一些融入生态学理论的设计手法，创造出注重生态与艺术结合、适应现代社会的生态景观。

18.4 滨海新区生态景观营造与设计

18.4.1 滨海新区自然地理状况

天津滨海新区位于渤海湾西海岸，华北平原北部、海河流域下游，天津市中心区的东部临海地区，北接河北省丰南县、南连河北省黄骅县。滨海新区包括天津港、天津经济技术开发区、天津港保税区、塘沽区、汉沽区、大港区和东丽区、津南区的部分区域（海河下游工业区）。陆域面积 $2270km^2$，海域面积 $3000km^2$，湿地占滨海新区陆域面积 52.63%；海岸线长 153km，滩涂 $343km^2$，原为退海地，地势低平，海拔与海平面持平，坡降仅万分之一，多滩涂、盐滩，坑、塘、洼、淀众多，九大河流横贯入海。气候属暖温带大陆性季风气候，年均温 11.2℃，春季干旱多风，冬季严寒风大。年降水量少，约 600mm，而年蒸发量大于 1800mm。土壤干旱缺水，浅层地下水位 1m 左右，矿化度 4g/L，极不利于植物的生长。土壤淤泥质，由滨海盐土和盐化湿润土组成，土壤盐渍化。沿海地带全盐量平均 1.0%～4.0%，土壤贫瘠，有些地方是不毛之地，树木花草难以生存，植被稀疏，多为盐生草甸，仅有少数特殊的盐生植物如盐地碱蓬、滨藜、柽柳等生长，某些非盐生植物和耐盐植物，只有在土壤改良脱盐后才能栽培。

天津市滨海新区具有优越的自然结构特征，构成其生态环境的骨架。

① 天津滨海新区地处海河下游，水系发达，河网密布，水域面积大。区内有蓟运河、潮白新河、永定新河、海河、马厂减河、独流减河、子牙新河、北排水河以及黑潴河、北塘排污河、大沽排污河、八米河、青静黄排水渠和沧浪渠等。大中型水库有 9 座，包括营城水库、黄港水库、北塘水库、东丽湖、官港水库、北大港水库、钱圈水库、李二弯水库和沙井子水库等。整个水域面积达 $554.26km^2$，占地表面积 24.42%。全区雨量适中，降水变率大，集中分布在 7—9 月，河流入海距离短，由于地处河流入海口，地势较低，使内河水体流速减慢，大量工业生活污染物滞留并影响地下水水质。加上海水自然渗透，水质变差，影响整个滨海新区的生态环境。

② 天津滨海新区是海河平原向渤海的自然延伸，区内外无高大山体阻隔，年主导风向为东南风（夏）和西北风（冬），年平均风速 4m/s，滨海新区大气扩散条件总体上较好。加上海陆风交替作用，降水淋洗与大气扩散稀释综合作用，大气净化能力较强。

③ 滨海新区自然资源丰富，发展潜力与资源保护并存。滨海新区内有 $108km^2$ 的荒地，开发费用低廉。新区鼓励投资者进行成片的土地开发，并给予最大的优惠。新区内和临近地区有两大油田：渤海油田和大港油田。1999 年生产原油 677.7 万吨，天然气 8.28 亿平方米。新区内的长芦盐场是中国最大的海盐产区，质量优异，年产量占全国产量的 1/4。地下热水资源分布面积 800 多平方千米，热水总储量 200 亿吨。此外，新区有广阔的水域，水产养殖业和海洋捕捞业发达，虽无山地，但却是在城市边缘带，发展水域休闲旅游的天然胜地。土地、油气和地热资源的开发，均可能不同程度影响生态环境；而水产养殖与盐场相对要求有良好的自然环境，新区的生态保护也将随资源的开发而备受重视。

18.4.2 滨海新区主要生态景观资源现状调查

18.4.2.1 滨海湿地资源调查

(1) 天津滨海湿地的特征和类型 天津滨海湿地位于陆地与海洋过渡地带，是陆地与地表水、地下水与海水相互渗透、相互作用所形成的具有独特生境和生物群落分布的地带。天津滨海地区属于暖温带大陆性季风气候，四季分明，年均降水量 374～611mm。区内地势低洼，河网密布，洼淀众多，湿地资源丰富。天津滨海湿地具有类型多、面积大、生物多样性丰富等特点。根据天津滨海湿地位置、发育和生境特点，可将其划分为表 18-1 中的几种类型。

表 18-1 天津滨海湿地主要类型及特征

类型	面积/km^2	占湿地总面积比/%	植被类型	土壤类型	利用状况
古泻湖湿地	753	41.5	水生、盐生、沼生植被	盐化湿潮土 盐化沼泽土	水库、苇塘、稻田、鱼塘
河口湿地	74	4.1	盐生、沼生植被	盐化湿潮土 沼泽滨海盐土	水产养殖、港口
滩涂沼泽湿地	616	34.0	盐生、沼生植被	盐化湿潮土 沼泽滨海盐土	盐田、稻田、水产养殖
浅海滩涂湿地	370	20.0	盐生植被	潮滩盐土 滨海盐土	水产养殖
总计	1813	100			

(2) 天津滨海湿地自然保护区 天津滩涂及海岸湿地资源丰富，主要分布于天津市大港、塘沽、汉沽三个区，海岸湿地面积占全市湿地总面积的33.9%（见表18-2）。其中浅海水域湿地分布于浅海水域，位于5m等深线以内、平均宽约1400m的浅海海域，面积210.7km^2，占全市湿地总面积的12.3%。该类型湿地是水生生物资源较为丰富的地区。潮间淤泥海滩湿地位于高潮线与低潮线之间，上界为人工堤岸，下界为零米等深线，宽度3000～7300m，面积370.2km^2。高潮时可被水淹没，低潮时露出水面，为典型的粉砂淤泥质湿地。天津滩涂发育较好，它为港口建设和海水（对虾、毛蚶等贝类）及淡水（罗非鱼、梭鱼，蟹）养殖业发展提供了充足的土地资源。

表 18-2 滨海新区区域内湿地自然保护区

保护区名称	行政区位	面积/km^2	保护对象	级别	主管部门
天津东丽湖自然保护区	东丽区	2.2	水生生态和水生植物	区级	水利
天津古海岸与湿地自然保护区	宁河，大港，津南，塘沽，东丽	990	贝壳堤，牡蛎滩古海岸遗迹和滨海湿地生态系统	国家级	海洋
天津大港古泻湖湿地自然保护区	大港区	185	水域生态系统和鸟类栖息地	区级	水利

滨海新区海岸带地区海洋遗迹丰富，有营城水库、大港水库等古泻湖湿地，世界著名的古贝壳堤、牡蛎滩和国家级的七里海湿地自然保护区，具有极高的科研价值；滨海新区海洋文化底蕴丰富，有大沽炮台、潮音寺等历史文化遗迹，也有航母军事主题公园等现代旅游和教育基地。

① 天津古海岸与湿地自然保护区 天津古海岸与湿地国家保护区是1992年10月经国务院批准建立的国家级海洋类型自然保护区。遵照国务院函（1992）166号文件批示同意天津古海岸与湿地等十六处自然保护区为国家级自然保护区。天津古海岸与湿地国家级自然保护区，位于渤海湾西岸，天津东部地区。范围跨越津南、汉沽、大港、宁河、塘沽、东丽等区县，总面积为990km^2。本区位于天津东部滨海平原上，地面高程在3.5m以下，洼底高程为1.6～1.8m，地势低平。气候属暖温带半湿润季风气候。地质构造属黄骅拗陷区。地貌类型以海积冲积平原为主，湖沼沉积为辅。土壤多为滨海盐土、沼泽土和盐土。年均降水量约600mm。

天津古海岸与湿地国家级自然保护区，其保护对象为贝壳堤、牡蛎滩构成的珍稀古海岸遗迹和大港古泻湖湿地、七里海湿地自然环境。它们是研究全新世以来气候、海平面、海岸演变的重要依据，是国际间合作研究海洋学、湿地生态学的典型地区，而未来海平面变化对策性研究，也更需要从贝壳堤、牡蛎滩的深化研究中寻找规律，以使我国海洋地质研究进入"全球变化"的范畴，发挥天然实验室作用。

天津古海岸贝壳堤与美国圣路易斯安那州贝壳堤、南美苏里南贝壳堤并称为世界三大贝壳堤，在国际第四纪地质研究中占有重要位置。滨海平原东部地区，分布有四道基本平行于现代海岸的贝壳堤。它们系由潮汐、风浪将近海海底贝壳搬运堆积而成的沿岸砂堤。天津贝壳堤总跨度为 $36km^2$，相邻两堤最大间距为 $18km^2$，南北方向绵延长达 $60km^2$。贝壳堤形成距今 500—5000 年前。滨海新区界内的两道贝壳堤，其保护区范围：第Ⅰ道，蛏头沽-青坨子 1km 宽带状区域（$4km^2$），驴驹河-高沙岭 1km 宽带状区域（$1150km^2$），马棚口（$6km^2$）；第Ⅱ道，白沙岭-上古林 1km 宽带状区域（$3.7km^2$）。上述两道贝壳堤中，塘沽区青坨子和大港上古林为核心区。

天津滨海平原海河以北，宁河、宝坻境内潮白河与蓟运河下游是牡蛎滩集中发育地区，牡蛎滩基本属于潮下带生物堆积体，牡蛎滩的年代自北向南渐新，呈带状或斑状分布，共计有 22 点。牡蛎滩形成距今 300—6700 年前。

② 天津大港古泻湖湿地自然保护区　位于天津市大港区中部的北大港以及位于该区东北角处的官港同属古渤海湾后退时遗留下来的泻湖洼地。因成陆较晚（1000—5000 年前），地势低洼，地面高程（大沽高程）一般在 3m 左右，洼底高程只有 1～2m。历史上多洪涝灾害，是海河流域下游的泄洪地区。在 20 世纪 70 年代，经人工深挖筑堤，形成常年积水的大型洼地。目前北大港水库总面积为 $149km^2$，可蓄水 $5\times10^8m^3$，为天津市的饮用水和工农业用水的重要水源地。

从自然地理角度来看，北大港和官港有其一致性。均属古泻湖湿地，是由水生、湿生动植物及其生存环境组成的湿地生态系统。地表组成物质为黏土。地下水位较高，一般不足 1m。土壤和地下水含盐量较高，是海河流域的高盐分地区。

本地区历史上曾是古滹沱河入海地。海河水系形成后，为海河流域南系（漳卫南运河）和西系（子牙河、大清河）的泄洪、滞洪洼地。20 世纪 60 年代末至 70 年代，为了根治海河水患，打通海河尾闾，增辟入海通道，曾在该区域内开挖了北排河、子牙新河、青静黄排水河及独流减河为入海河道，使本区域成为天津市南部的重要泄洪和入海地。加上土壤特性和气候等多种自然因素的相互联系、相互影响，形成北大港和官港古泻湖湿地生态环境，为水生、湿生动植物的生存、繁衍提供了有利条件。

官港湖地区自 1989 年划为"官港森林公园"，包括湖面和周围的陆地。隶属大港区委和区政府。原官港是退海之地，由河流长期携带泥沙沉积而成。公园位于北纬 38°55′～38°57′，东经 117°29′～117°34′。其范围西起两排干水渠，北面以北部边界沟为界。西、北与津南区接壤；东、南面至李港铁路与塘沽区交邻。距塘沽城区 15km，总面积 $22.07km^2$。现有 10 多种树木，湖滩生长芦苇香蒲，水中有鱼、虾和浮游生物，湖内有天然形成的岛，为水禽候鸟提供了良好的栖息环境。官港森林公园的开发，要在保护利用好当地现有自然资源的前提下，通过大面积植树造林、种草和开发利用湖面，建立以森林为主体，以湖面、苇丛为依托的自然生态环境。以其广阔水域、茂密的苇丛、色彩各异的林相，季相多变的森林，招引珍禽、候鸟，放养食草动物，发展水产养殖。在此基础上，开辟景区，建设景点，促进绿色旅游、度假、体疗等，为国内外游客提供一个具有广阔森林情趣的活动场所。

③ 天津东丽湖自然保护区　1997年4月29日，东丽区政府批准建立东丽湖自然保护区。同时又被滨海新区总体规划确定为温泉度假旅游区。

东丽湖位于天津市东部东丽区境内，距中心市区24km，向南15km为海河下游工业区，向东19km为滨海新区，区域总面积为22km^2，水面8km^2，陆地14km^2，湖边周长12km。

主要保护对象为水生生物和湿地生态系统，使湖中水产资源的分布、生长、繁殖得到有效保护。

18.4.2.2　滨海湿地植物资源

本区有丰富的植物资源，组成本区植被的植物种类有水生、湿生、沼生及盐生植物，计有46科、121属、200多种（含种下分类单位）。其中绝大多数为草本植物，木本植物很少。除柽柳、西伯利亚白刺、枸杞、野生的小榆树、酸枣等外，其余乔灌木均为栽培树种。植物区系主要以菊科、禾本科、豆科、藜科、蓼科、莎草科等为主，特点是植物种类单纯、优势种多、覆盖度大。不仅有经济植物，还有观赏植物，代表植物有盐地碱蓬、碱蓬、中亚滨藜、地肤、芦苇、狭叶香蒲、獐毛、羊草、碱菀、二色补血草、西伯利亚白刺等。

组成本区植被的植物种类，由于土壤含盐量较高，一般在1%～3%以上，因而植物种类较少，除少数种类零散分布外，大多数均群集在一起，成片生长，成为各种群落的优势种或次优势种，如盐地碱蓬、碱蓬、猪毛菜、地肤、中亚滨藜、狗尾草、虎尾草、稗、苘麻、曼陀罗、益母草、夏至草、罗布麻（罗布麻在上古林贝壳堤核心区，多成单种群集，大面积的分布）、刺儿菜、紫花山莴苣等，常组成以其本身为优势种或次优势种的植物群落，也常以单种群集在一起，形成较大面积的分布，覆盖度达50%～80%以上。水生植被属于暖温带隐域植被，主要群落有：沼泽芦苇群落，水葱群落，扁秆藨草群落，水稗子群落，芦苇＋香蒲群落，狐尾藻＋苦草、马来眼子菜群落，狐尾藻群落，茨藻群落，角果藻群落，狐尾藻＋金鱼藻＋黑藻群落，盐地碱蓬群落，芦苇＋盐地碱蓬群落等。

18.4.2.3　滨海湿地动物资源

本区水面广阔、沼泽广泛分布，加上食物丰富，生物物种十分丰富。据调查组成本区水生生物26科、60多种；哺乳类动物10余种；两栖类、爬行类10余种；鸟类140余种，分属12目、26科，如苍鹭、啄木鸟、柳莺、山雀、苇莺、黄鹂、灰喜鹊、大天鹅、小天鹅、疣鼻天鹅、白鹳、鸿雁、豆雁、赤麻鸭、普通秋沙鸭、白秋沙鸭、赤颈鸭、白鹭、白琵鹭、环颈鸻、黑斑长脚鹬、鹤鹬、白骨顶、红骨顶等国家级保护鸟类。其中国家一、二级重点保护鸟类20余种，大鸨、东方白鹳、黑鹳、白鹤、丹顶鹤、大天鹅、蓑羽鹤等。同时还发现大港是灰鹤的重要栖息地及繁殖地。有8种涉禽数量达到国际重要意义标准（黑翅长脚鹬、鹤鹬、环颈鸻、反嘴鹬、弯嘴滨鹬、灰斑鸻、红腹滨鹬、大滨鹬），本区是涉禽迁徙的重要驿站。鱼类60余种，主要经济鱼类有鲫、鲤、白鲢、鳊、草鱼、鳜、乌鳢和赤眼鳟等，占产量最多的是鲫鱼。由于过度捕捞，过去曾蕴藏丰富的底栖贝类和草丛中的田螺已明显减少甚至不见。其他非经济性动物，如水生昆虫、蛙类、水蛇等，因人为干涉较少，尚保持了一定的多样性和丰度。水域中浮游生物种类有浮游动物草虾类幼体，浮游植物中的丝状蓝藻，丝状绿藻，园筛藻，舟型藻，菱形藻，黄绿藻等近20种。本区是许多珍稀和濒危野生动物迁徙、繁殖和栖息的基地。

18.4.3 滨海新区特色生态景观设计方法分析

18.4.3.1 保留性设计分析

天津滨海未开发利用的土地资源达 1599km^2，其中水域面积约为 554km^2，芦苇地约为 73km^2，盐碱地约为 54km^2，荒草地约为 109km^2，滩涂约为 319km^2，盐田约为 486km^2，沼泽约为 0.8km^2，碱渣山 3.5km^2，这些区域应实行保护性开发或保留。天津滨海丰富的滩涂湿地不仅为动植物提供了有利的生境，而且是重要的景观资源；贝壳堤、牡蛎滩构成的珍稀古海岸遗迹和大港古泻湖湿地、七里海湿地也是独具特色的自然景观；滨海土壤含盐量高，非常瘠薄，许多盐滩裸地没有自然植被，只有一些稀疏的湿生、盐生植物，如二色补血草、盐地碱蓬、碱蓬，柽柳等具有较高的观赏价值，在盐场、北塘、塘沽、北大港一带有大面积原生盐渍化荒地，其盐生植物群落不仅为各种动物提供了丰富的食饵和良好的栖息地，而且呈现出一片艳丽的紫红色地毯状的独特盐生植被景观。

古海岸与湿地内分布的贝壳堤，是海陆变迁的产物、不可再生性资源，被专家学者喻为“天然博物馆”。在国际海洋学、第四纪地质及古海岸带生态环境的研究领域具有重要的科学研究价值，对其有效的保护可为科学考察提供重要的依据；在滨海平原上的贝壳堤分布区内，镶嵌有各种类型的泻湖湿地生态系统，这里生物物种繁多，是天津滨海地区的重要饵料基地和初级生产力来源，也是许多珍稀和濒危野生动物迁徙、繁殖和栖息的基地，对调节天津地区的小气候，保护生物物种的多样性，都有极为重要的作用；东丽湖所具有的自然和人为景观提供了鸟类在迁徙、越冬及繁殖期的条件，特别是在春、秋季节，丰富的耐盐植物、大面积的水面及其丰富的水生生物为大量迁徙鸟类提供了良好的栖息和取食环境；滨海平原海河以北是牡蛎滩集中发育地区，牡蛎滩形成于距今 300～6700 年前，是珍贵的古海岸遗迹，这类体现独特地域特色的资源应当加以保护。注重自然植被的保护，恢复退化的野生动植物栖息地，改变原来先破坏再恢复的模式，进行总体规划、保护优先、减少干扰的设计方法。

18.4.3.2 乡土化设计分析

乡土化设计是因地制宜地充分使用原有的景观要素进行设计即当地建材和植物材料，尽可能保护和利用地方性物种，其是保持资源可持续利用的一个重要手段。利用滨海原有的景观要素，就是要利用滨海湿地原有的水体、植物、地形、地势等构成景观的要素，这样不仅使原有的湿地生态系统具有整体性和自我调节的能力，而且保存和发掘了文脉并反映了滨海的景观特色。依靠乡土树种和地带性植物建立多种生境的植物群落，构建生物多样、接近自然演替的生态系统，营造多样化的、乡土化的、带有天津特色的城市绿地系统。在植物选择方面，优先选择地带性植物和乡土植物，与天津气候、土壤条件相适应，能在当地条件下生存和生长，减少灌溉负担。利用自然演替形成接近自然植被特征的绿地群落，群落结构多样而稳定。并能吸引野生生物，特别是鸟类、蝴蝶和小型哺乳动物，形成城市生物多样性保护的场所。对滨海湿地的生态因子与植物的生态关系进行分析，如土壤因子与乡土植物，滨海湿地的土壤类型主要为盐化沼泽土、滨海盐土和潮滩盐土，因此乡土盐生植被或耐盐植被如沼泽芦苇、盐地碱蓬、香蒲、柽柳、白刺等应得到推广应用，既有利于滨海盐生裸地的脱盐化，又有利于滩涂淤成和海岸保护，更有利于本地自然植被正常演替和生物多样性的稳定。

18.4.3.3 自然式设计分析

自然式设计体现在保护自然、表现自然、模拟自然。首先要保护自然，保护独具特色的滨海滩涂湿地景观、贝壳堤、牡蛎滩构成的珍稀古海岸遗迹、大港古泻湖湿地景观和盐生植被景观资源，维持自然景观生态功能，是保护生物多样性及可持续发展的前提。滨海湿地生物资源也是其自然生态的特色之一。其次根据生态演替理论与自我设计原理，进行自然的生态演替，具体反映在滨海湿地生态系统的结构上就是要从二维的食物链结构发展为三维的食物网结构，各种生物互相依存，互相制约。这种网状结构对于外界的干扰具有较强的抵抗力，使湿地生态系统逐步完善、健康。再次在人工设计的过程中，尊重自然规律，依照生态学理论，在运用乡土植物的前提下模拟自然群落外貌，尽量避免引进生态位相同的物种，尽可能使各物种、各种群在群落中具有各自的生态位，保证种群和群落的稳定，组成暖温带植物景观的多层次群落。

18.4.3.4 恢复性设计分析

湿地的特殊性决定了其生态恢复主要侧重于适宜的水文学恢复、特殊生境与景观的再造、沼泽植物的引入与植被恢复、物种多样性的丰富、入侵物种的控制等。滨海湿地恢复性设计“以自然恢复为主，人工建设为辅”，自然与人工相结合，尽量运用生态演替的原则进行自我恢复。在湿地生态用水方面采用开发地下水、引进客水等途径；在植物群落恢复方面采用自然和人工相结合的方式，自然恢复芦苇、香蒲等盐生植被，同时在合适的季节采取人工栽植的方式，用2～3年时间恢复乡土群落。

18.4.4 滨海新区特色生态景观构成要素与营造方法

18.4.4.1 古泻湖湿地景观

湿地景观的营造是一个复杂的保护或恢复重建自然生态系统的工程。不仅仅是简单地挖一片池塘，种植一点水生植物，而是在仔细研究其区域、功能、植物、土壤及人文历史等地带性原则的基础上，根据具体条件设计出各种湿地生境，从而引导、培育受损原始乡土资源的恢复，最终形成丰富、多样、自然的湿地生态群落。滨海北大港和官港同属古渤海湾后退时遗留下来的泻湖洼地，土壤和地下水含盐量较高，是海河流域的高盐分地区，是海河流域下游的泄洪地区。现就北大港和官港古泻湖湿地景观的营造目标、构成要素与营造方法进行分析。

(1) 营造目标 对古泻湖湿地的原生自然景观维持和保育的前提下，强化景观特色，营造适宜水生、湿生动植物生息的环境。

(2) 构成要素

① 水体景观 水体是古泻湖湿地生态景观营造与设计的基本依托，古泻湖湿地的水体包括北大港水库、官港湖、钱圈水库、沙井子水库和李二湾水库以及独流减河河道和沿海滩涂，这些平原洼地式水库均属于古泻湖湿地系统，不过最主要的是北大港水库和官港湖，目前北大港总面积为149km^2，可蓄水$5\times10^8 m^3$。官港湖的总面积22.07km^2，其中陆地面积14.13km^2，占总面积64%，湖面7.94km^2，占36%，平均水深1.5m。其他两水库（钱圈、

沙井子）位于大港水库附近，总面积达15.47km^2，均为浅水水库，丰水期蓄水，平枯水期以农田灌溉、植苇、养鱼为主。这些地区是由水生、湿生动植物及其生存环境组成的湿地生态系统。从地质地貌角度看，均为第四纪全新世时期形成的海积、冲积平原类型的古泻湖洼地。四周较高，中间稍低，呈浅碟形。

② 水岸空间景观的营造　湿地的水岸空间是随水位变化而变化的具有水陆两种生态环境的过渡带，它不仅能有效地预防和缓解洪患，还具有水、陆空间各自不具有的特性，生态学上称为"生态过渡带"或称"生态交错区"，此区域生态结构较敏感，各生态系统间的相互作用极为活跃，且通常分布较为多样的植物和动物，其数量和种类都比水、陆各个空间更为丰富，通常称这种现象为"边缘效应"。由于湿地水位变化、河岸侵蚀和泥沙淤积等因素，始终处于不稳定的状态。但对生物来说，这里具备了可供生存的水、土壤和空气三大要素，旺盛生长的芦苇等植物，为小鱼及虾蟹等低等生物创造了良好的栖息场所，进而又吸引了较大型的动物前来觅食，形成了良好的生态循环，使原本丰富的自然景观形态更富有活力。

针对古泻湖湿地不同的岸边环境，要采取不同的水岸空间处理方式。经分析古泻湖湿地可以采用自然式缓坡护岸和植栽护岸，营造出生态性、多样性的水岸空间。自然式缓坡护岸是以岸边的湿地基质土壤与原有的平缓坡地上的表土自然相接，表层土中富含植物种子、小虫和细菌等，也可根据设计意图，在土壤中加入引进的其他种子，使当地的生态系统迅速得到恢复，并形成陆生到水生的自然过渡。此地湿地也可采用植栽护岸，这种护岸形式适用于坡度较大、亲水性不强、或者需要帮助鱼类逃避敌害和提供遮阴场所的岸线，而且针对不同情况，护岸方式和植栽类型都要进行灵活的处理。比如对于坡度较大的岸线，可以用木制栅格或是粗圆木桩形成稳定堤岸的格墙，再在木桩间回填土壤，做成梯田式的植物种植台，根据设计意图和水位高低栽植乔木、灌木或水生植物，以达到绿化美化堤岸、固着土壤的目的。如果岸线空间不大且坡面极陡，则以植物枝插入坡壁岩石缝的方式，也可以有效固着岩石与土壤。而在需要帮助鱼类逃避敌害和提供遮阴场所时，则可采用在圆木桩或石砌式河岸边缘栽植藤本植物使其悬垂或攀爬，达到柔化岸线与生态的目的。总之，利用多自然化的手段对湿地的岸边环境进行生态设计，建立一个水与岸自然过渡的区域，使水面与岸呈现一种生态的交接，既能加强湿地的自然调节功能，又能为鸟类、爬行类和两栖类动物提供生活的环境，还能充分利用湿地与植物的渗透及过滤作用，从而带来良好的生态效应。同时，从视觉效果上来说，这种过渡区域能带来一种丰富、自然、和谐又富有生机的景观。

③ 生物景观的营造

a. 湿地植物　古泻湖湿地景观中植物要素是最具表现力、也最具功能性的元素之一。从植物的选择来说，此地适合的植物要素主要是指适合湿生和水生环境的植物类型，包括湿生植物和水生植物。湿生植物是指能适应潮湿环境的一类植物，严格说属于陆生植物，与一般陆生植物最大的区别在于其能够忍耐或者喜欢潮湿的土壤环境，有些种类还能忍耐长期的淹没，它们生长在介于陆地和水体之间的湿地环境。水生植物根据其生态习性、适生环境和生长方式，可以分为挺水植物、浮叶植物、沉水植物及岸边耐湿植物四类。其中挺水植物指茎叶挺出水面的水生植物，常见的有荷花、菖蒲、香蒲、水葱、水芹、花蔺、慈菇、伞草等；浮叶植物是叶浮于水面的水生植物，常见的有睡莲、玉莲、凤眼莲、红菱、金银莲花、水罂粟等；而沉水植物是整个植株全部没入水中，或仅有少许叶尖或花露出水面的水生植物，如金鱼藻、赫顿草、水马齿、青荷根、香蕉草等；岸边植物是指生长于岸边潮湿环境中的植物，有的甚至根系长期浸泡在水中也能生长，如水杉、垂柳、萱草、竹类等。多种类植物的搭配，不仅在视觉效果上相互衬托，形成丰富而又错落有致的效果，对水体污染物的处理功能也能互相补充，有利于实现生态系统的完全或半完全（配以必要的人工管理）的自我循环。虽然多数水生高等植物分布在1～1.5m深的水中，但各种植物的适宜生境各不相同，所以应按照水生植物的生态习性选择合适的深度栽植。

就植物配置而言，从层次上考虑，要将灌木与草本植物、挺水、浮水和沉水植物等各层次的植物进行美学上的搭配设计；从功能上考虑，可采用发达茎叶类植物以利于阻挡水流、沉降泥沙，发达根系类植物以利于吸收的搭配。这样，既能保持古泻湖湿地系统的生态完整性，带来良好的生态效果；而精心配置后，或摇曳生姿，或婀娜多态的多层次水生植物还能给整个湿地景观创造一种自然的美。从植物布局来考虑，平面上水边植物配置不应等距离种植，应有疏有密，有远有近，多株成片，还应注意水面植物不能过于拥挤，通常控制在水面的30%～50%，立面上可以有一定起伏，将水岸和水域景观统一配置，根据水由深到浅，依次种植水生植物、湿生植物，尽量使植物自然过渡，形成高低错落的植物景观。

从植物景观营造的原则来说，第一，古泻湖湿地生物种类十分丰富，经过不断地演替和更新，已经形成了稳定的植物群落结构，所以大部分原有植被以保护和保留为主，仅对入侵植物采用人工干预，为乡土植物生长留出生态位。对于稳定的自然植物群落可以借鉴和模拟，得以最大限度发挥生态效益；在植物选择时，应避免物种的单调性，遵循“物种多样化，再现自然”的原则。第二，应考虑植物种类的多样性，体现“陆生-湿生-水生”生态系统的渐变特点和“陆生的乔灌草-湿生植物-挺水植物-浮水植物-沉水植物”的结构。第三，应尽量采用乡土植物，慎用外来物种，防止其极强的繁殖能力使之成为入侵物种。这是因为乡土植物能够很好地适应当地自然条件，具有很强的抗逆性，同时维持本地乡土植物，能够更好地保持地域性的生态平衡。第四，应注意到植物材料的个体特征，例如株高、花色、花期、适宜种植的水深和土壤厚度等，尤其是挺水植物和浮水植物。挺水植物正好处于陆域和水域的连接地带，其层次的设计质量直接影响到水岸线的美观，岸边高低错落、层次丰富多变的植物景观给人一种和谐的节奏感，令人赏心悦目，若层次单一，则很容易引起游人的视觉疲劳。

从岸边植被带的宽度来看，大量研究发现，植被的最小宽度为27.4m才能满足野生生物对生境的需求。一般认为植被带的宽度与物种之间的关系为：在3～12m，植被带的宽度与物种多样性之间相关性接近于零；宽度大于12m时，草本植物多样性平均为狭窄地带的2倍以上，16m宽的植被带就具有有效过滤硝酸盐等功能。多数人认为，植被带宽度至少30m以上才能在环境保护方面发挥有效的功能。因此河流植被宽度在30m以上时，能起到有效的降温、过滤、控制水土流失、提高生境多样性的作用；60m宽度，则可以满足动植物迁移和生存繁衍的需要，并起到生物多样性保护的功能。

b. 动物　天津滨海有重要的候鸟迁徙地，要营造多样的水鸟生息的环境：在单调的芦苇湿地环境中，通过沙坑等开放场地的设置，营造出野鸟可以戏水和觅食的场所，可以设置野鸟观察点等；在堤岸等重要场所使用大空隙的堆石方式，营造螃蟹、蜥蜴、蛇、田鼠等居住活动的多孔质空间；确认蛙类产卵场所，通过原木护岸等方式以求对产卵及生息环境的保护。

18.4.4.2　滨海盐生植被景观

(1) 盐生植物概念及类型

① 盐生植物概念　Greenway等（1980）提出一个较为完整的盐生植物的定义，即“盐

生植物（halophytes）是生长在渗透压至少为3.3bar（等于70mmol/L单价盐）盐渍土壤中的天然植物区系”。盐生植物之所以能够适应盐渍环境，是因为其具有较大的渗透调节能力和较强的细胞区域化盐离子的能力。

② 盐生植物类型　根据抗盐性不同，植物可分成盐生植物和非盐生植物。盐生植物又可分为专性盐生植物（真盐生植物，分三类，即聚盐植物、泌盐植物和拒盐植物）和兼性盐生植物（耐盐植物，分两类，即中度耐盐植物和轻度耐盐植物），后者是指在盐碱地和非盐碱地上均可生长发育的植物，前者在生理上具有一系列的抗盐特征，根据它们对过量盐分的适应性可分为以下3类。

a. 聚盐植物：该类植物对盐土的适应性很强，能生长在重盐渍土上，从土壤中吸收大量可溶性盐分并积聚在体内，原生质不但不会受损害，而且细胞的渗透压力还有所提高，保证了从含多盐碱的土壤中吸收足够的水分，叶片常常肉质化。该类植物的原生质对盐类的抗性特别强，能忍受6%甚至更浓的NaCl溶液。其细胞液浓度很高，并具有极高的渗透压，根的渗透压高达4×10^5Pa以上，有些甚至可达到$(7\sim10)\times10^5$Pa，大大超过土壤溶液的渗透压，所以能从高浓度盐土中吸收水分，常见的聚盐植物有盐地碱蓬、盐角草和碱蓬等。

b. 泌盐植物：该类植物也能从盐渍土中吸取过多的盐分，但并不积存在体内，而是通过茎、叶表面密布的盐腺细胞把吸收的盐分分泌排出体外，分泌排出的结晶盐在茎、叶表面被风吹雨淋扩散，故称为泌盐植物。典型的泌盐植物有大米草、二色补血草和柽柳等。

c. 拒盐植物：该类植物虽然能生长在盐渍土中，但不吸收土壤中的盐类，故又称为抗盐植物。拒盐植物体内含有大量的可溶性有机物，细胞渗透压很高，因而使植物具有抗盐作用。典型的拒盐植物有獐茅、碱菀以及碱茅属和蒿属植物等。

（2）盐生植被的功能

① 护坡保堤　沿海建筑海堤是围海垦土的一项重要基本建设。实践证明，有效护堤固堤的方法是采取生物措施，建立盐生植被覆盖。堤顶造海防护林带，两侧堤坡营造灌木林或覆盖盐生草本植被是护坡保堤的理想方法。

② 改良盐渍土　盐生植物大都具有很强的抗盐能力，可以根据它们不同的抗盐能力引种到不同含盐量的盐渍土壤上，将大片盐碱地利用起来，发挥其经济效益。在盐碱地上大量种植盐生植物后，土壤蒸发即被植物蒸腾所取代，从而抑制盐分向上聚积，以防止返盐；盐生植物的吸盐和泌盐作用可使盐渍土脱盐。

③ 指示作用　盐生植物除了可以提供造林树种及改良土壤的生物覆盖材料外，还具有指示作用，这种指示性无疑对实践有着极为重要的意义。盐生植物群落的分布，可以直接反映所在地的土壤含盐量。如翅碱蓬、芦苇或芦苇、翅碱蓬或芦苇群落，所表示的土壤含盐量是依次下降。翅碱蓬、芦苇群落一般为0.5%～0.7%，芦苇、翅碱蓬群落一般不超过0.5%，芦苇群落为0.2%左右。柽柳在土壤含盐量2.43%，枸杞在1.134%，正常生长，因此既是重盐碱地的指示植物，又是重盐碱地的造林树种。以盐生植被的指示性来推知土壤含盐量及其盐分组成和水分状况，判定立地条件，有着较为经济可靠、简便易行的优点，在各地绿化实践中被广为应用。

（3）滨海盐生植被概况

① 滨海盐生植物及其特性　近年来，唐廷贵等对滨海新区范围内及其邻近地区的盐生植物进行了实地调查与重点研究，进行了植物分类学鉴定。发现本地区盐生植物约有120余种，其中专性盐生植物40余种（含聚盐植物、泌盐植物和拒盐植物）；兼性盐生植物70余

种（含中度、轻度耐盐植物），包括乔木、灌木和草本，分属于42科、88属。专性盐生植物的适盐度为0.6%～3.6%，多数pH值大于或等于8；兼性盐生植物适盐度小于0.6%，多数pH值小于8。

② 滨海主要盐生植被类型及分布　盐生植被主要分布在天津沿海地带，海拔0～2m，地势低平，经常受到海水和海潮的浸渍，土壤含盐量很高。常在1.1%～2.9%。

a. 碱蓬群落

Ⅰ. 盐地碱蓬群落　该群落属于专性盐生植物群落类型，大面积分布在塘沽、汉沽、大港近海区域的盐渍化土壤上，构成一片紫红色群落外貌。直接受海水和海潮浸泡，该地区土壤含盐量均在0.3%以上，该群落的适盐度极高，甚至可达3.6%。构成本群落的植物90%以上为盐地碱蓬，只有少量盐角草、碱蓬零星分布。群落生长发育极为旺盛，据实测1m^2有盐地碱蓬1526株，覆盖度在95%以上。它又称吸盐植物，是海滨滩涂地先锋植物、改造盐土生态环境的先驱者。盐地碱蓬的覆盖度高，因此，远远观望，一片红色。

Ⅱ. 盐地碱蓬＋獐毛草群落　本群落分布在专性盐生植物群落的外缘，很少受海潮的影响，地势逐渐抬高，土壤逐渐脱盐。以盐地碱蓬和獐毛草为优势种，总覆盖度为90%左右，生活力极为旺盛，其特征是能生长在一定浓度（1.0%）的盐土生态环境中，吸取大量盐分，而不在体内积累，随蒸腾作用排除体外，又称为泌盐植物。

Ⅲ. 盐地碱蓬＋芦苇群落　分布在盐地碱蓬单优势群落上方，或河口两岸湿润土壤上，以覆盖度为85%以上的盐地碱蓬为背景，其中长着成丛、成片或单株的芦苇。属于兼性盐生植物群落。

Ⅳ. 碱菀＋盐地碱蓬群落　分布在滨海一带地势低洼的小洼淀或小洼塘区域，多系盐场废弃后遗留下来的常年积水的洼塘。本群落以碱菀、盐地碱蓬为优势种，覆盖度常在90%。

b. 芦苇群落　本群落在滨海新区分布面积较广，所有坑、塘、洼、淀及河流、沟渠两岸的地势较高处都有分布，常成片生长，平均可高达1.5m左右，生长势良好。在塘沽、汉沽、保税、大港和东丽区都有分布。汉沽区营城水库附近也有大面积的芦苇灌丛，该类型湿地所处地理条件，一般为淡水水域、半淡水、半咸水水域，水深不超过1m。该灌丛生物量较高，覆盖度高达70%以上。其下常有狗尾草作为第二层出现，其下土壤盐碱程度较轻。盐碱土为本地段群落演替中稳定植物群落，有着最强的水土保持能力。碱菀、芦苇群落生长在土壤含盐在0.3%以下的地区。

c. 柽柳群落　在天津滨海地区广泛分布。柽柳群落多生于重盐碱土上常呈群生长，覆盖度达50%。一般高达1.6m左右，一般直径可达1cm左右，最粗可达2cm。生物量很高。生长势良好。群落下层为翅碱蓬，长势良好，密度较大，为良好固坡群落。

d. 水葱群落　分布在北大港水库水面以西及西南面的芦苇群落内缘，呈深绿色外貌，带状分布。分布面积狭窄，但生长旺盛，常构成水葱单优势群落，覆盖度达90%以上，个体数量多。群落生长在水深0～50cm，透明度50cm的清澈水体中。

(4) 营造目标　保护滨海盐生植物，或者遵循盐生植物的生态规律，筛选盐生植物、驯化耐盐植物进行绿化，建立盐生植物园或种质基因库，保护盐生植物的生物多样性。突出滨海独特盐生植被景观，实现盐生植被的生态功能，为动物提供丰富的食饵和良好的栖息地。

(5) 营造方法

① 保留与保护式营造　滨海新区土壤含盐量高，非常瘠薄，许多盐滩裸地很难生长其他自然植被，只有一些盐生植物群落生长良好，如盐地碱蓬群落、芦苇群落、柽柳群落和水

葱群落等。针对滨海新区这些自然盐生植被所呈现出来的独特景观应该予以保护，如在盐场、北塘、塘沽、北大港一带大面积的原生盐渍化荒地，其盐生植物群落不仅呈现出红红的盐生植被景观，而且为各种动物提供了丰富的食饵和良好的栖息地，应该给以足够的保护。

② 乡土式营造　天津滨海新区的地带性植物在是指多年生长在华北地带的植物，对滨海的环境、土壤和气候条件均有较强的适应性。根据李洪远等 2004 年对天津乡土植物的认定结果，天津市有 33 种木本植物为乡土树种，其中，与盐生植物名录中交集的植物有 18 种。分别为落叶乔木：旱柳、国槐、毛白杨、臭椿、榆、桑、构树、枣、杜梨、山桃、李树；常绿乔木为：侧柏；落叶灌木为：西府海棠、金银木、连翘、海棠果、柽柳和月季。把这些乡土植物作为优先考虑与重点考虑，不仅有助于改善土壤的盐碱度，还能在景观效果方面体现天津滨海特色。

③“特色植物”营造　抗盐碱、耐瘠薄的盐生植被为滨海新区的“特色植物”，不仅在自然生态景观中要保护，在绿地等人工生态景观中也应广泛应用，利用盐生植被的季相变化创造良好的景观效果，如落叶乔木中的合欢，树姿优美，叶形雅致，花朵绚丽；花灌木中的金银忍冬，树形丰满，观花观果俱佳；藤本植物中的紫藤也具有良好的观赏效果。

④ 盐碱地改良林、防护林的营造　天津滨海地区大面积盐碱不毛之地，地下盐分呈垂直分布。根据土壤盐化程度，可以分别利用柽柳、枸杞、紫穗槐等灌木营造土壤改良林。滨海地区的河流、水库均属地上设施，沿边土地次生盐渍化严重，利用盐生植被营造地上水源截流林可以改善这一局面。建设海防林和风景林。杜梨适应性强，耐旱、耐涝、耐盐碱，它的耐盐极限可在 1.9%以上，可以说是营造海防林的理想树种。利用杜梨、枣树、国槐等作为骨干乔木，利用小榆树、柽柳以及枸杞、紫穗槐等灌木作绿篱，营造滨海城镇风景林，景观会独特优美。

⑤ 盐生植被配置模式营造　针对绿地系统中引入的盐生植被等人工景观要采取“乔、灌、草、藤”群落多层复合结构。滨海盐碱地绿化宜把抗盐碱和耐瘠薄的乔木、灌木、藤本植物结合草坪复合种植，形成有层次的植物群落，使喜阳耐阴、喜湿耐旱的植物各得其所，发挥植物释氧固碳、蒸腾吸热、消声滞尘和杀菌防污作用，减少地表水分蒸发，抑制盐碱上移，防止土壤进一步盐渍化。

⑥ 植被季相特征营造

a. 利用不同景观层的季相变化进行营造　由于不同生活型植物的自身群落季相特点差异显著，由此而来的不同景观层的季相变化也有明显差异。乔木处于植物景观的上层空间，主要季相作用是为绿地季相景观提供环境氛围，随着季节更迭而呈现季相变化。

灌木与小乔木占据了植物景观的中层空间，高度为 1～3m，处于人们视觉的最敏感高度，因此季相变化的花灌木群落是体现视觉效果最佳的中层景观。

由小灌木、宿根花卉、草花和观赏草等地被植物组成了绿地下层空间的植物景观，随季节变化，烘托不同特点的四季植物景观。

b. 利用不同季相景观变化进行营造　在滨海城市的绿地中，观花乔木和花灌木营造的人工春季花群落是春季的主调；而在秋季，秋色叶乔木与观果植物则成了植物景观的主旋律；在炎热的夏季，植物景观的主题是大面积的浓阴大树；而在冬季，落叶乔木与无树冠遮拦的阳光，成为绿色空间的主题景观。

春季景观群落：蔷薇科、菊科植物与十字花科植物组成滨海植被的春季野花群落；夏季景观群落：榆科、槭树科、壳斗科、大戟科等乔木形成郁闭度较高的森林群落，植被外貌为暗绿色；秋季景观群落：以落叶树种为主的中上层植被则表现出色彩丰富的秋色叶景观；冬季景观群落：常绿植物冬青科等部分灌木和小乔木，冬季仍有一些绿色中层群落，以及松柏等上层群落，下层草本群落以枯枝为主要冬季植物群落。

⑦ 自然恢复为主，人工恢复为辅　天津滨海地区盐生植被的发生是在海滨近海裸地上形成的，首先是耐盐性很强的种子，经风播，传播到滩涂的前沿，经过发芽、生长、繁殖和定居的发育过程而形成均匀分布的、由稀疏过渡到密集的单优势种植物群落。早期的演替顺序为盐地碱蓬群落→碱蓬群落＋獐毛群落→盐地碱蓬＋芦苇群落→碱菀＋芦苇群落→芦苇群落，所以尽量按照盐生植被自然演替的规律，自然恢复为主，但是由于自然恢复需要的时间较长，所以在一些区域可以根据滨海地区盐生植被的演替规律，采用人工种植盐生植物的方法，人为加快其演化速度。在短时间内让盐生植被覆盖目前裸露的盐碱地，随着土壤盐分的逐渐下降和有机质的逐渐增加，再逐步提高绿化的结构和水平。早期的生态恢复应该以盐生植被为先锋植物，如柽柳、白刺、碱蓬等。

18.4.4.3　废弃地恢复生态景观

(1) 场地概括　天津碱厂产出的废渣就近在盐池堆放，形成碱渣堆放场地。到现在已经堆放废渣 $2.40\times10^7m^3$ 以上，形成三座碱渣山。共占地 $3.99km^2$。其中尤以三号路碱渣山历史最长，堆积量最大，达 $9.60\times10^6m^3$，堆积高度 6～12m，占地 $1.5km^2$。三号路碱渣山位于塘沽区城区东部，东起港滨路，西到南海路，南起新港三号路，北至进港二线铁路，总面积为 $1.54km^2$。碱渣山北侧为开发区，南为塘沽繁华商业区，东与天津港和保税区相毗邻，处于“一港三区”的中心地带。碱渣在常年露天堆积，风吹、日晒雨淋的综合作用下，给周围空气、地表水、土壤以及附近居民造成了严重的影响。

紫云公园位于三号路碱渣山的西端，北至规划的大连东道，东至规划的南海路，西侧为碱厂厂区，南临三号路。建成后的紫云公园共有七个景观区，其主要建造目的是起屏蔽作用，将天津碱厂的粉尘、噪声、刺激性气体、视觉污染等与居民区隔离，同时改善了当地的环境状况，美化了当地景观。

(2) 营造方法　天津塘沽三号路碱渣堆场的生态恢复工程包括三部分：清运碱渣；制造碱渣工程土填垫低洼地；堆造人工公园景观——紫云公园。三号路碱渣山清理工程共清理碱渣 $6.10\times10^6m^3$，将碱渣山共划分 A、B、C、D、E 五个阶段和区域清运，其中 B 区 $9.0\times10^5m^3$ 用于堆建紫云公园，其余四个区域内的碱渣全部外运至政府统一指定的相关低洼填垫地点。

① 基质改良　碱渣堆场地中碱渣的含盐量高，同时缺乏植物生长所需的腐殖质，难以由自然过程所恢复，或者需要很长的一段时间，必须通过人为方式来恢复。工程利用碱渣的主要成分碳酸钙、硫酸钙及铝、铁、硅的氯化物，其他成分如氯化钙、氯化钠等易溶于水，可在长期淋洗过程中逐渐减少，在碱渣中掺入10%左右的粉煤灰、3%～5%的水泥，机械混合后即成为碱渣工程土。在园林、绿化客土材料短缺的情况下，试图用碱渣工程土作为绿化用土的垫积层，利用低位抽真空预压加固技术对其进行吹填淋洗，预压加固，使其最终变成较稳定的回填土。成为本案例中堆造公园抬高地面高程的客土材料，既可解决用土材料的短缺，又使废弃碱渣做到了废物的综合利用，体现了生态景观就地取材、循环利用的特性。

另外经过试验，二次淋洗后，碱渣中的全盐含量由淋洗前的162.9g/L降低到2.7g/L，有试验表明，碱渣掺入一定量的增钙粉煤灰和固化剂配置而成的一种碱渣土经过淋洗后，一些耐盐植物可以成活。在清运碱渣和填垫洼地的基础上，进行山体堆造，之后在表面覆盖0.8～1.2m种植客土。覆盖客土对任何类型的废弃地来说都是最简便、有效的方法，这种方法土壤覆盖厚度是首先要考虑的问题，其次覆盖土壤性质的不同也会影响植物的生长。

② 植被恢复　该区域主要原生植物有碱蓬、马绊草、柽柳、芦苇等耐盐植物。碱渣的堆积造成了土壤和植被的长期破坏，进而导致生态系统的破坏。从生态学角度看，主要是表土层的破坏，限制植物的生长。采用生物多样性的恢复手段，精心设计乔、灌、草和藤本植物的空间配置，增加恢复地植物种类的多样性。从生物多样性的理论和价值来说，可以充分发挥先锋种的作用，缩短群落建成的时间，并促进其他物种在生态系统中的发展，有利于被恢复地的生态系统结构和功能的发育，从而发挥生物多样性的生态效益。

塘沽地区的本地土层松软，黏性大，其1m深土层土壤含盐量高达4.73%，通过人工促进的方法进行植被恢复。在治理碱渣堆场废弃地过程中，在覆盖土上层种植了天津市长势良好的多种园林绿化植物如白蜡、火炬树、臭椿等乔木和西府海棠、紫穗槐、茶藨子、金银木、木槿、连翘、月季、紫叶小檗、日本小檗等花灌木。紫云公园堆山工程采用了覆盖表土层、稳固地表的方法，并筛选先锋树种，应用乡土植物，对于本地区植被的恢复具有积极的意义。

(3) 营造原则　紫云公园的特色景观由两部分构成：其一，有七座连绵的山峰形成的公园主景，形成七个景区，即时代花园景区、休闲绿地景区、生物共存景区、散步健身景区、生态林景区、岩石园景区及玫瑰园景区。并且有两条溪流萦绕于山峰之间，形成不同主题的景观内容；其二，在保留和强化现状已有的部分碱渣峡谷地貌的基础上进行堆山改造，采用空间绿地围合的形式，使游人站在高地形式上观看碱渣的原始风貌地貌。

紫云公园的景观设计，强调自然化的题材，注重人与自然的交流，在体现园林生态、绿色空间的主题中，把构成景观的各个要素自然展现给游人。在景观构成上充分利用碱渣堆场的特殊景观效果，在废弃的碱渣堆场上营建城市山景公园，一方面增加了城市绿地的新题材，另一方面在被破坏的环境中创作出最具生态内容的绿色天地，成为塘沽区新的城市景观、天津市得天独厚的景观环境。山体景观突出自然-人-生态，强调景观层次，突出改造碱渣后所创造出的自然生态内容，强调生态景观同自然题材景观的融合。生态公园在景观分区上形成七个景观区，每个景观区都具有不同的特色。紫云公园的建设，体现出城市边缘地带的保护与再生，在城市与市郊建立起人与自然共存的良性循环空间，保护和修复区域性生态系统，遵循生态学原理，建立合理的复合型的人工植物群落，保护生物多样性，建立人类、动物、植物和谐共生的城市生态环境。

综上所述，生态景观的营造与设计是寻求人与自然和谐，谋求可持续发展的结果。通过成功的生态景观营造与设计既可以使区域主导功能得到满足，也可以对自然要素与资源进行合理有效利用，在充分发挥当地优势的基础上，协调人与自然及人与人的关系，因此，对生态景观的内涵、特征，以及具体营造原则、设计方法与构成要素的研究是关系到区域生态景观建设的关键。此外，生态景观的营造与设计涉及很多方面的科学问题，需要生态学、园林学、地理学、水文学、景观设计学等多种学科理论与技术上的交叉协作来解决，因此，还有待进一步深入的研究。

参考文献

［1］ Sukopp H., et al. Urban ecology as the basis of urban planning［J］. Marine Pollution Bulletin, 1997,

34（5）：357-358.

［2］ Steinitz. Toward a sustainable landscape with high visual preference and high ecological integrity：the Loop Road in Arcadia National Park，U. S. A［J］. Landscape Urban Plan，(1990)，19(3)，pp. 213-250.

［3］ Nassauer J I. Placing Nature. Culture and Landscape Ecology，Island Press，Washington，DC（1997）.

［4］ 李洪远．对区域性生态园林建设的认识与思考［J］. 中国园林，2000，16（72）：19-22.

［5］ 达良俊，杨永川，陈鸣．生态型绿化法在上海“近自然”群落建设中的应用［J］. 中国园林，2004，(3)：38-40.

［6］ 俞孔坚，叶正，李迪华，段铁武．论城市景观生态过程与格局的连续性：以中山市为例［J］. 城市规划，1998，(4)：14-17.

［7］ 俞孔坚，李迪华，刘海龙．“反规划”途径．北京：中国建筑工业出版社，2005.

［8］ 常青．北方城市河流生态恢复与重建模式研究——以滹沱河石家庄市区段与海河天津市区段为例［D］. 天津：南开大学，2004.

［9］ 俞孔坚，刘玉杰，刘东云．河流再生设计-浙江黄岩永宁公园生态设计［J］. 中国园林，2005，(5)：1-7.

［10］ 王如松，吴琼，包陆森．北京景观生态建设的问题与模式［J］. 城市规划汇刊，2004，(5)：37-43.

［11］ 陈爽，王进，詹志勇．生态景观与城市形态整合研究［J］. 地理科学进展，2004，23（5）：67-77.

19

滨海新区盐碱湿地植被恢复模式研究

19.1 湿地植被调查

19.1.1 调查取样范围

调查范围包括典型湿地类型植被恢复示范区的浅层积水区域、水陆交界带及季节性受水分影响的生境在内近岸带区域。采用野外记录、标本采集和室内鉴定的方法重点调查示范区近岸带植物的种类组成、群落类型及分布。参照地图、沿岸地形、湖泊面积及可达性等因素设置采样点。群落类型的识别与划分主要依据：①一个植物群落应该有大体均匀一致的种类组成，强调植被的同质性和总体上的一致性，并不需要一定是各个种均匀分布；②应有一致的外貌和结构，群落的垂直结构层次是一致的，外貌和季相也应是相同的；③相同的群落应占有大致一致的地形部位和相应一致的生境条件；④一个群落应具备一定的面积。

19.1.2 样线设置方式

以能客观反映样点内植物群落特征为原则，每个采样点设置3～5条样线，样线均垂直于水陆交界线，样线内间隔1m设置样方，一般由5～9个样方组成，其中包括1～2个水生样方，其余样方沿水分梯度在陆上排列。

19.1.3 样方设置方式

草本样方设为1m×1m，记录样方内植物种名、株数、盖度、平均高度等数据。灌木样方为2m×2m，记录内容同草本样方。乔木样方为10m×10m，记录种名、株数、个体高度、胸径等。调查共15条样线，55个样方。

19.2 滨海新区主要湿地植被群落类型

19.2.1 灌丛群落

研究区的灌丛群落主要为盐生灌丛，是由耐盐性的落叶灌木组成的植物群落。

(1) 柽柳群落（*Tamarix chinensis* Community） 在本研究区多生于重盐碱土上，常呈群生长。在研究区内一般均呈灌木丛型，零星分布于各类植物群落中，覆盖度达50%，生物量很高，长势良好密度较大，为良好固坡群落。外貌不整齐，植株一般高度为1m或达2m以上。群落下层草本层植物有盐地碱蓬、碱蓬、獐毛、芦苇、罗布麻、白茅、碱茅、藜、东亚市藜等。柽柳群落干红枝软，枝条细柔，纤细如丝，姿态婆娑，花小而密，粉红色，淡雅俏丽，自春至秋陆续开放，花色美丽花期长，可三次开花，开花时节颇为美观。

(2) 西伯利亚白刺群落（*Nitraria sibirica* Community） 西伯利亚白刺是丛状小灌木，分枝密集，匍匐地面生长，高0.5～1m，常形成白刺堆。多分布于堤岸地势高处，土壤含盐量低。分布面积不大，集中生长区群落覆盖度高达95%以上，生物量也很高。根系发达，为良好护坡植物，为本地区特殊地段稳定的植物群落。以青坨子和东西七里海最多。白刺群落4月中旬新梢生长展叶，5月上旬开花，6月下旬果实由绿变红、变紫直至紫黑色开始成熟，7月果实成熟并开始脱落，11月下旬落叶。其适应性极强，耐旱、喜盐碱、抗寒、抗风、耐高温、耐瘠薄，形成单优种群落，其他植物混生时覆盖度可达40%～50%，高盐度区域伴生植物较少，在土壤含盐量1.2%以上的地方偶见碱蓬、盐地碱蓬、柽柳、补血草等混生。

在研究区的植物群落中还有2种以伴生种出现的小灌木和小半灌木，主要分布在上古林贝壳堤核心区。

(3) 枸杞（*Lycium chinense*） 旱中生小灌木，为钙质土的指示植物。常以单株零星地或数株铺散状地分布于各类植物群落中成为伴生种。

(4) 达乌里胡枝子（*Lespedeza davurica*） 喜暖的中旱生小半灌木。在研究区常以伴生成分出现在一些植物群落中。

19.2.2 草甸群落

草甸群落是由多年生中生草本植物（包括旱中生植物和湿中生植物，也包括适盐、耐盐的盐中生草本植物）为主体的群落类型，是在适中的水分条件下形成和发育起来的。本群落类型较为单纯，由于区域生境条件比较均一，植物种类也较单纯。而且群落主要优势种与构成种不过10余种；群落还具有镶嵌性特点，由于区域内的微地形起伏，水分与盐分分布不均导致局部生境的不同。芦苇占优势的大群落中形成很多小的群落片段或群丛，如鹅绒藤、打碗花、莎草等，形成镶嵌的景观。另外，由于土壤含盐量不同，含盐量高的地方，植物群落中易于形成小的斑块状群丛，芦苇数量明显减少，植株矮小；土壤含盐量低的地方，芦苇密度大，植株高，对盐碱生境也具有指示作用。

19.2.3 杂草草甸

白茅＋狗尾草群落（*Imperata cylimdrica* var. ＋*Setaria viridis* Community）分布于研究区很多地方。多生于洼地中央地带。因失水土壤干旱，原有沼泽植被消失，而以耐干旱的白茅和狗尾草等杂草代替，形成次生杂草草甸群落。

① 芦苇群落（*Phragmites australis* Community） 群落总盖度70%～100%，优势种为芦苇。伴生种有碱茅、鹅绒藤、藤长苗、打碗花、草木犀、莎草、稗草等。

② 芦苇＋碱蓬群落（*Phragmites australis*＋*Suaeda glauca* Community） 群落总盖度70%～80%，群落高度50～100cm。优势种芦苇，构成种碱蓬和狼尾草，伴生种有苣荬菜、苘麻、鹅绒藤、牵牛等。

③ 芦苇＋葎草群落（*Phragmites australis*＋*Humulus scandens* Community） 群落总盖度90%～100%，群落高度120～180cm。优势种芦苇和葎草，构成种砂引草、萝摩、碱蓬；伴生种刺儿菜、山莴苣、艾蒿、酸模叶蓼、扁蓄、地肤、独行菜、茜草、阿尔泰狗娃花、紫花山莴苣、罗布麻、大米草、苣荬菜、藜等多种植物。

④ 盐地碱蓬＋獐毛群落（*Suaeda salsa*＋*Aeluropus sinensis* Community） 研究区中分布广泛，以东西七里海最多，分布在专性盐生植物群落的外缘，很少受海潮的影响，地势逐渐抬高，土壤逐渐脱盐。以盐地碱蓬和獐毛为优势种，有时有少量芦苇侵入。獐毛以发达的匍匐茎繁殖，分布于盐地碱蓬的下层，总覆盖度为90%左右，生活力极为旺盛，为盐碱地指示植物群落。该群落所在生境土壤水分较少，稍干燥，含盐量约1.0%，獐毛能够吸取大量盐分，而不在体内积累，随蒸腾作用排出体外。该群落结构简单，植物种类成分较少，有时见有阿尔泰狗哇花。

⑤ 獐毛群落（*Aeluropus sinensis* Community） 獐毛是盐生草甸典型的植被，为根茎型多年生盐中生低禾草。獐毛耐盐性较强；在本区内分布较为普遍，在群落的局部环境中，有呈斑状或带状分布的盐地碱蓬、狗尾草等各群落的片段，这些片段与獐毛形成的小群落，反映了小环境的变化。獐毛群落分布于地势低平，地下水位较高的盐渍化较强的盐土区域，土壤含盐量1%～3%，地下水位1～2m。群落覆盖度达70%，外貌整齐。此群落的优势种为獐毛，常见伴生种有阿尔泰狗哇花、猪毛菜、盐地碱蓬、白茅、芦苇等。

⑥ 盐地碱蓬＋芦苇群落（*Suaeda salsa*＋*Phragmites australis* Community） 该群落比较广泛分布于研究区各地，以东西七里海和上古林贝壳堤最常见。本群落分布在盐地碱蓬单优势群落的上方，或湿润土壤上，土壤潮湿或淤泥状，芦苇以其粗壮地下茎蔓生繁殖，逐渐侵入盐地碱蓬群落，构成以盐地碱蓬为背景，覆盖度为85%以上的“地毯”状植被，其中生长着单株、成丛或成片状生长的芦苇。本群落亦属于盐碱地指示植物群落。

⑦ 星星草＋碱茅群落（*Puccinellia tenuiflora*＋*Puccinellia distans* Community） 在研究区形成小片群落，所在地地下水位较高，雨季常有临时性积水，土壤轻度盐渍化。星星草和碱茅均为盐中生的多年生丛生禾草，构成群落的建群种；草群高25～50cm，覆盖度高时可达80%。群落中常伴生有芦苇、蒲公英、车前、蒺藜、地肤、猪毛菜、西伯利亚蓼等。

19.2.4 盐生沼泽群落

本类型在滨海一带，从发生上均属次生盐沼植物群落，分布在低洼处，形成小洼淀或小洼塘，多是盐场废弃后留下来的常年积水的洼塘。其生境特点为常年积水，水中富含盐分，但不及海水咸，土壤潮湿沼泽状。此群落景观类型的特点是植物种类单纯，覆盖度大。由于土壤含盐量较高，本类型以草本植物群落为主。盐沼芦苇成片生长，平均可高达150cm左右，其下第二层常伴有狗尾草群落。荡荡芦苇，一片青葱，微风徐来，绿浪起伏，形成“芦苇海”。春夏时节，芦苇与水面同色，呈现碧绿的景象；秋冬之际，芦苇一色金黄；花开时节鹅绒般的芦花，如霜似雪，掀起层层絮潮，呈现一幅生机盎然的景象。

(1) 盐沼芦苇群落（*Phragmites australis* Community） 该群落以芦苇为代表的单优势植物群落，在研究区广泛分布于各地水域中，本群落所处湿地类型一般为淡水水域或半淡水、半咸水水域，所有坑、塘、洼、淀及河流、沟渠两岸的地势较高处都有分布，形成繁茂的芦苇沼泽。该群落常成片生长，平均可高达150cm左右，生长势良好，生物量较高，覆盖度高达70%以上，其下土壤盐碱程度为轻，有着最强的水土保持能力，在塘沽、汉沽、大港和东丽区有大面积分布。该群落所生长的水域，水深一般30～50cm或深达1m以上，水呈中性至微碱性，pH值7.0～7.8或8～9，土壤为腐殖质沼泽土。群落中的芦苇有发达的地下根茎，生长繁茂，多形成单优势群落，株高1.5～2m，覆盖度达80%～90%。常见伴生植物有狭叶香蒲、稗、扁秆藨草、酸模叶蓼、苘麻、碱蓬、碱菀、鹅绒藤等。芦苇是一种生活力非常强的多年生根茎禾草，生态适应幅度很广。在对水的关系上，既能形成纯群地大面积地生长在河湾、水塘、池沼的浅水中形成沼泽，又能在从有季节性积水到地下水位4～5m深的各种环境下繁茂生长，形成草甸群落；在对盐分的关系上，既能在非盐渍化的普通草甸土上正常地生长发育，又能在含盐量很高的盐土上成为建群植物。因此，芦苇不仅具有多样的生态类型，而且常与不同植物结合形成各种不同的植物群落。在草甸盐土或典型盐土上，芦苇的生长受到抑制，植株低矮，高约20～80cm，草群一般比较稀疏。

(2) 盐角草群落（*Salicornia europaea* Community） 盐角草是专性盐生植物，在高盐浓度的土壤中能够生长，生理上具有抗盐特性，土壤盐分可引起其生理干旱，但由于具有特殊的形态结构特征，其从土壤中吸取大量盐分而不受危害。

(3) 碱菀+盐地碱蓬群落（*Tripolium vulgare*+*Suaeda salsa* Community） 分布在洼淀水塘四周，土壤沼泽化，含盐量很高，以碱菀为优势，构成盐沼植物群落。

(4) 香蒲群落（*Typha angustifolia* Community） 本群落分布在研究区各地。香蒲群落与芦苇群落相似，但面积较小，常呈片状或带状分布于水深0.3～1m的沟塘中，水质微碱性，土壤为腐殖质沼泽土。群落外貌绿色，草丛高1～1.5m，有时高达2m，覆盖度30%～80%。研究区常以狭叶香蒲为主形成单优势群落，常见伴生植物芦苇、扁秆藨草等。

(5) 扁秆藨草群落（*Scirpus planiculonis* Community） 该群落主要分布在研究区的水域边缘沼泽地或水域中，是以扁秆藨草为优势种所形成的茂密亮绿色的单优势植物群落，呈片状分布，群落一般高度为70cm，覆盖度90%以上，个体数量多密，生活力强，繁殖快。扁秆藨草也常与芦苇、稗子等成片或零星混生成为伴生种状态。

(6) 碱菀+芦苇群落（*Tripolium vulgare*+*Phragmites australis* Community） 分布于北大港古泻湖湿地、上古林贝壳堤核心区和东西七里海及其他湿地。随着地势的抬高，土壤逐渐脱盐，土壤含盐量下降至0.3%以下，有机质进一步积累，则形成以碱菀、芦苇为优势的盐生荒地植物群落。除优势种外还有苣荬菜、蒙古鸦葱、鹅绒藤，群落中还残存少数的盐地碱蓬。木本植物有柽柳、枸杞和西伯利亚白刺等。旱生禾草如虎尾草、狗尾草、白茅等，逐渐形成耐旱的草甸植物群落，此时土壤已基本脱盐。

(7) 碱菀+盐地碱蓬群落（*Tripolium vulgare*+*Suaeda salsa* Community） 分布于东西七里海，以西七里海最多，其他湿地也有分布。本群落以碱菀和盐地碱蓬为优势种，多分布在低洼水湿处，土壤沼泽状，含盐量很高。碱菀成片或成簇分布，构成群落的上层，花期外貌淡蓝紫色，覆盖度常在90%左右，群落高度1～1.5m，最高可达2m。下层优势种为盐地碱蓬，肉质叶呈紫红色。以碱菀为优势，构成盐沼植物群落。常见伴生种有扁秆藨草、碱蓬、中亚滨藜、蒿等。

(8) 荻群落（*Miscanthus sacchariflorus* Community） 荻群落是以荻为优势种所组成的植物群落。主要分布于西七里海、上古林等区域，常见以荻为建群种或单优势种形成的一种十分独特的景观。组成荻群落的植物种类成分比较单纯，常见的伴生植物主要有狗尾草、虎尾草、芦苇等，双子叶植物少见，但在大港区的上古林所见到的荻群落中有猪毛菜。

19.2.5 盐生荒漠群落

本区盐生荒漠群落以草本植物群落为主，高度一般不超过1m。由于生境条件严酷，使得荒漠景观的植被类型单纯，种属稀少，种类组成十分贫乏，而且覆盖度小，植物生长低矮，没有明显成层现象，群落结构简单。由于碱蓬群落自身季相特点显著，因此不同季相景观变化有明显差异，随着季节更迭而呈现季相变化。塘沽、汉沽、大港和开发区等重盐碱的土地上，盐地碱蓬和碱蓬4月长出地面，呈现油绿，9—10月群落外貌变为红色后变为紫红色，地毯式草坪状分布，如一幅巨大的亮丽的紫红色地毯铺展在平阔的海滩上，黑色的滩涂，簇簇红色的碱蓬，饱和的色彩与奇妙的构图形成独特的盐生荒漠景观。

(1) 盐地碱蓬群落（*Suaeda salsa* Community） 本群落以盐地碱蓬为主，构成单优势植物群落，属专性盐生植物类型，为典型重盐碱土壤上的植物群落，构成本群落的植物90%以上为盐地碱蓬，偶有盐角草、二色补血草、獐毛伴生其中，有时碱蓬零星分布。盐地碱蓬为聚盐植物，主要分布在塘沽、汉沽、大港近海区域，直接受海水和海潮浸泡，该地区土壤含盐量均在0.3%以上，该群落的适盐度极高，甚至可达3.6%。其是海滨滩涂地先锋植物，改造盐土生态环境的先驱者。

(2) 碱蓬群落（*Suaeda glauca* Community） 本群落生长土壤的盐碱程度略轻于盐地碱蓬群落，分布位置地势略高于盐地碱蓬的分布，此群落也多形成单优势群落。在滨海盐碱斑上多星散或群集生长，可形成纯群落。碱蓬耐盐碱、耐贫瘠、少病虫害，在滨海地区有大面积的分布。碱蓬性喜盐湿，但由于茎叶肉质，叶内贮有大量的水分，故能忍受干旱，是盐生荒漠景观的重要构成群落。

(3) 盐地碱蓬+碱蓬群落（*Suaeda salsa*+*Suaeda glauca* Community） 该群落分布于研究区各地。本群落是以盐地碱蓬和碱蓬为优势组成的一年生多汁盐生植物群落。其生长地的土壤为盐渍化土壤，含盐量0.5%～3%，覆盖度约80%，伴生植物有芦苇、獐毛、碱地肤、猪毛菜、莳萝蒿等。

19.2.6 水生植被群落

(1) 金鱼藻+狐尾藻群落（*Ceratephyllum demersum*+*Myriophyllum spicatum* Community） 此群落分布于浅水池塘、沟渠中，水深约50cm，透明度常在30～50cm，基质大

多为含多量腐殖质的淤泥。建群种金鱼藻、狐尾藻均为沉水植物，均具较长的分枝茎。狐尾藻的茎长达1～2m。它们的叶片或叶的裂片呈丝状或条形。在生长繁茂的地方，植物体镶嵌交织，盖度可达50%以上。常见伴生种有菹草、篦齿眼子菜等沉水植物。有时在水面有稀疏漂浮的浮萍和紫萍等漂浮植物。

(2) 菹草群落（*Potamogeton crispus* Community） 本群落主要分布于东七里海水域中。分布面积不大，水深约1～2m，透明度不大。群落生长比较繁茂，常组成单优势或单种群落，覆盖度较大。群落外貌为密茂的深绿色的水生草丛。群落结构简单，种类成分稀少。只有菹草一种构成单优势植物群落。

(3) 角果藻群落（*Zannichellia palustris* Community） 本群落分布于北大港水库、东七里海等地的淡水或咸水的水域中。是以角果藻为单优势种构成的沉水植物群落。个体数量很多，群落生长郁闭，覆盖度95%以上。

(4) 狐尾藻群落（*Myriophyllum spicatum* Community） 本群落分布于北大港水库，水深1.2～1.7m处，透明度110cm，植物生长旺盛，个体数量很多，覆盖度在90%左右。本群落种类成分稀少，仅有狐尾藻一种构成单优势植物群落。

(5) 紫萍＋浮萍群落（*Spirodela polyrrhiza*＋*Lemna minor* Community） 此群落分布于研究区的一些静水池塘中。紫萍为漂浮水面的小草本植物，叶状体浮生水面，具沉水的根5～11条，束生。它与浮萍混生水面，组成群落。有时常混有无根萍，无根萍植物体细小如绿色沙粒。它们繁殖迅速，生长很快，密布于水面。紫萍、浮萍和无根萍有时可以分别形成单优势或单种群落。紫萍、浮萍均为猪、鸭饲料或作绿肥，紫萍还供药用，为发汗、祛风、散湿药，无根萍为饲养鱼苗的好饵料。

(6) 莲群落（*Nelumbo nucifera* Community） 此群落分布于研究区的一些浅水池塘中。建群种莲为多年生挺水植物，具粗壮的根状茎，横生泥中。群落外貌和盖度随莲的生长季节不同，变化很大。莲的根状茎埋在水底淤泥中，春末时，萌动生长，展出新叶，大多浮生水面，叶型不大，盖度小，至夏季生长旺期，叶柄粗壮直立，挺出水面，顶端生有直径25～90cm的大型叶片，此时在叶丛内，长出较叶柄稍长的花柄，顶端着生直径10～20cm的大型花朵。莲的大叶片密集，使覆盖度高达90%以上。在水面常见有浮萍、水鳖等浮水植物星散分布。在水内常有金鱼藻、菹草等沉水植物，在群落的边缘有芦苇等。

19.2.7 沙生植被群落

主要分布在沙质海滩，土壤为松沙土。

砂引草＋光果宽叶独行菜＋田旋花群落（*Messerschmidia sibirica* ssp. *angustior*＋*Lepidium latifolium* var. *affine*＋*Convolvulus arvensis* Community）：此群落遍布于研究区各地，以上古林贝壳堤分布最多。在上古林贝壳堤含有贝壳粉的松沙土的堤面及坑穴的剖面上，在5月下旬，以砂引草、光果宽叶独行菜为优势种，下层以田旋花为次优势种的群落，生长非常繁茂，其伴生植物有紫花山莴苣、巴天酸模、茜草等。

19.2.8 栽培植物群落

栽培植被又称人工植被，即在人工的栽培下所形成的植被。栽培植被的分类，主要根据栽培植被的生活型，分为木本和草本两类。草本作物群落包括农作物，如小麦、玉米、高粱、大豆、绿豆、饭豆、棉花、芝麻、大白菜、青萝卜、南瓜、甘薯等。

木本栽培植物群落有防护林刺槐群落（*Robinia pseudoacacia* Community）：本群落为人工栽培群落。主要分布在北大港水库周边及七里海的水域堤岸、路旁。乔木层由刺槐组成，株高10～12m，胸径20～25cm，群落结构简单，其伴生树种有旱柳、榆、紫穗槐等；草本植物有狗尾草、马唐、虎尾草等。刺槐为浅根性树种，侧根发达，萌蘖力强，常萌生较多的幼树，是优良的防风固沙、固堤护岸的重要林木。

另外，在北大港水库周边及七里海除上述的栽培林木外，尚有其他一些常见的栽培树种有槐、旱柳、榆、紫穗槐、白蜡等，多栽培在本区水域堤岸或低洼潮湿地，均为研究区优良的固堤护岸树种。

19.3 滨海新区典型盐碱湿地恢复示范区

根据滨海新区湿地的主要类型和环境特点，在现状调查和统计的基础上，本书选择四个区域：北大港古泻湖湿地、官港湖森林公园、蓟运河故道和独流减河作为示范区，以下就各示范区的地理位置情况和植被类型及其分布的调查结果进行汇总。

19.3.1 滨海新区典型湿地示范区地理位置

① 示范区名称：北大港古泻湖湿地

编号：1#

地理位置：38°44′03.74″N117°22′28.20″E

范围：见图19-1

图19-1 示范区1号地理位置

② 示范区名称：官港湖森林公园

编号：2＃

地理位置：38°56′02.73″N117°02′06.30″E

范围：见图 19-2

图 19-2　示范区 2 号地理位置

③ 示范区名称：独流减河

编号：3＃

地理位置：38°46′12.56″N117°29′47.57″E

范围：见图 19-3

图 19-3　示范区 3 号地理位置

④ 示范区名称：蓟运河故道

编号：4＃

地理位置：39°08′28.83″N117°45′00.77″E

范围：见图 19-4

图 19-4　示范区 4 号地理位置

⑤ 示范区名称：七里海湿地

编号：5＃

地理位置：39°17′19.33″N117°31′54.03″E

范围：见图 19-5

图 19-5　示范区 5 号地理位置

19.3.1.1　北大港古泻湖湿地

位于天津市大港区中部的北大港和该区东北角处的官港同属古渤海湾后退时遗留下来的

泻湖洼地（见图19-6）。因成陆较晚（1000—5000年前），地势低洼，地面高程（大沽高程）一般在3m左右，洼底高程只有1～2m。历史上多洪涝灾害，是海河流域下游的泄洪地区。在20世纪70年代，经人工深挖筑堤，形成常年积水的大型洼地。并建成扬水泵站，在丰水年份将附近河水经引河提蓄。目前北大港水库总面积为$1.49\times10^4hm^2$，可蓄水$5\times10^8m^3$，为天津市的饮用水和工农业用水的重要水源地。地质地貌为第四纪全新世时期形成的海积、冲积平原类型的古泻湖洼地。四周较高，中间稍低，呈浅碟形。地表组成物质为黏土。地下水位较高，一般不足1m。土壤和地下水含盐量较高（0.13%～0.41%），是海河流域的高盐分地区。

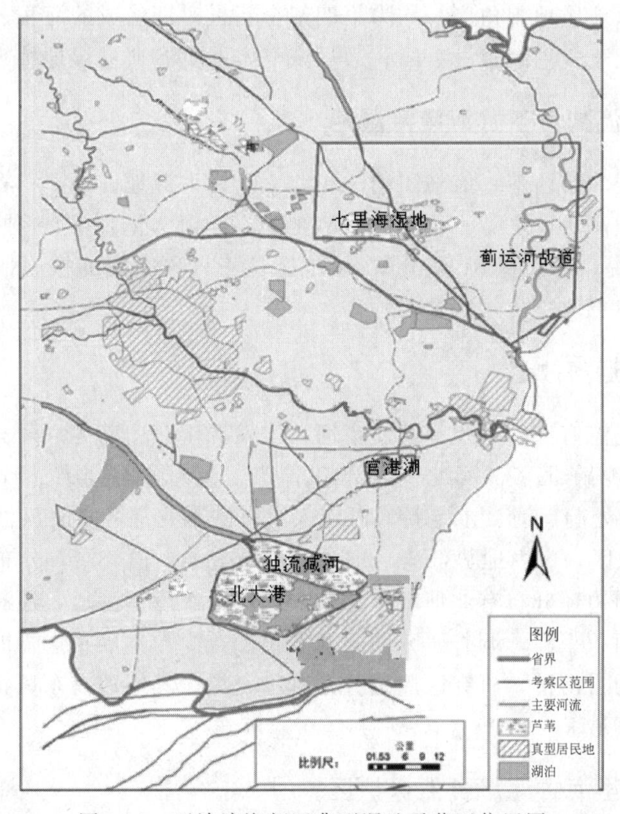

图19-6　天津滨海新区典型湿地示范区位置图

本地区历史上曾是古滹沱河入海地。海河水系形成后，为海河流域南系（漳卫南运河）和西系（子牙河、大清河）的泄洪、滞洪洼地。20世纪60年代末至70年代，为了根治海河水患，打通海河尾闾，增辟入海通道，曾在该区域内开挖了北排河、子牙新河、青静黄排水河及独流减河为入海河道，使本区域成为天津市南部的重要泄洪和入海地。加上土壤特性和气候等多种自然因素的相互联系、相互影响，形成北大港和官港古泻湖湿地生态环境，为水生、湿生动植物的生存、繁衍提供了有利条件，这也是项目组选择该区为示范基地的重要原因。

19.3.1.2　官港湖森林公园

官港湖地区自1989年划为“官港森林公园”，包括湖面和周围的陆地。隶属大港区委和区政府。原官港是退海之地，由河流长期携带泥沙沉积而成。公园位于北纬38°55′～38°57′，东经 117°29′～117°34′。其范围西起两排干水渠，北面以北部边界沟为界。控制范围北面至马厂减河；西、北与津南区接壤；东、南面至李港铁路与塘沽区交邻。南北宽约 5km，东西长约 5.4km，总面积 21.4km^2（32080 亩）。其中湖面 5.56km^2（8340 亩），占总面积的 24%；陆地面积 15.84km^2（23760 亩），占总面积的 76%，地处大港区东北角，天津市的东南部。境内地势平坦，由西向东微微降低，大部分地区高程为 3.5m，最高处 5m，部分低洼地 2.38m。1989 年重新开挖后，设计蓄水位 2.6m，湖底最深－0.25m，蓄水量 $6.80\times10^6 m^3$。目前该地区主要用于开发旅游项目，兼有渔业和芦苇生产。从自然地理角度来看，官港湖森和北大港有其一致性。均属古泻湖湿地，是由水生、湿生动植物及其生存环境组成的湿地生态系统。从地质地貌角度，均为第四纪全新世时期形成的海积、冲积平原类型的古泻湖洼地。示范区位于官港湖森林公园，通过恢复实践具有典型湿地植被的生长模式。

19.3.1.3 独流减河下游河漫滩湿地

独流减河位于天津市西南，流经团泊洼、北大港两大湿地，因上口在独流镇附近，故名独流减河，也有单独流入海之意。研究区的范围为：渤海大港低潮线-独流减河北堤-万家码头大桥-独流减河南堤，总面积 8111hm^2。示范区位于该研究区的核心地区，该区域具有典型的河漫滩湿地的特点。

19.3.1.4 蓟运河故道

蓟运河的主要支流有洵河、州河及还乡河，均发源于燕山南麓兴隆县境。由河源至北塘海口全长 316km，地跨北京、河北、天津三省市，流域面积 10288km^2，其中山区面积 4353km^2。研究区地处蓟运河、永定新河汇流入海口的东北部，隶属汉沽区，距海岸线不足 1km，为海积低平原区，区内地势低洼平坦，河流、沟渠纵横交错，分布有众多的水塘、水库、盐池、洼淀，周边还分布有北塘水库、黄港水库等水库型湿地，还有鱼塘、虾池、蟹池等养殖水面，水面面积率高，调查研究期间开发扰动较少。本项目选择的研究区为该区域的积水洼地和蓟运河的古河道，研究区周围分布有贝壳堤，其周边有东风村、五七村及青坨子村部分等人类活动区域。

19.3.1.5 七里海古海岸自然保护区

1992 年“天津古海岸与湿地国家级自然保护区”（以下简称保护区）建立。保护区是以由贝壳堤、牡蛎礁构成的珍稀古海岸遗迹和湿地自然环境及其生态系统为主要保护和管理对象的国家级海洋类型区域。范围涉及天津市大港、塘沽、津南、东丽、汉沽、宁河、宝坻七个区县的部分区域，总面积 980.606km^2，其中核心区 45.195km^2，缓冲区 47.901km^2，实验区 887.51km^2。保护区湿地生态系统完整，生物多样性丰富，分布有植物 44 科、114 属、165 种，有水生植被、沼泽和沼泽化草甸植被、草甸草原植被等类型，有芦苇沼泽群落、香蒲群落、扁杆藨草群落、角果藻群落、盐地碱蓬群落等植物群落。并发现分布有大量的国家二级保护植物野大豆。保护区共发现鸟类 16 目、39 科、184 种，其中国家一、二级保护鸟类 29 种，如东方白鹳、白尾海雕、遗鸥、角鸊鷉等。哺乳类 5 目、6 科、13 种，昆虫类 10 目、75 科、261 种，鱼类 6 目、10 科、45 种，两栖类 3 科、4 种，爬行类 3 科、8 种，浮游类 11 科、15 种，底栖类 14 科、29 种。因此，该示范区为我们湿地生态恢复和重建的参考湿地，是典型的古海岸湿地。

19.3.2 植被类型与分布调查和分析

通过样线调查法对各个示范区的植被类型及其分布的现状调查和研究，可以分析各个典型湿地恢复示范区现有植被模式的结构，根据样线调查结果，各示范区植被分布及地形特点如表 19-1～表 19-14 所示。

表 19-1　北大港古泻湖湿地示范点 1 号植被分布

植物名称	碱蓬	柽柳＋蘑草	大刺儿菜
分布范围/m	0～60	60～70	70～78
坡度	0°	0°	0°
坡向	—	—	—

表 19-2　北大港古泻湖湿地示范点 2 号植被分布

植物名称	碱蓬	藨草	芦苇
分布范围/m	0～55	50～60	60～73
坡度	0°	0°	0°
坡向	—	—	—

表 19-3　北大港古泻湖湿地示范点 3 号植被分布

植物名称	碱蓬	盐地碱蓬	藨草	芦苇	盐地碱蓬
分布范围/m	0～2	2.0～7.0	3.0～5.0	7～8.7	7.2～10
坡度	0°	0°	0°	0°	0°

表 19-4　北大港古泻湖湿地示范点 4 号植被分布

植物名称	碱蓬	盐地碱蓬	芦苇	柽柳	芦苇＋碱蓬	盐地碱蓬＋碱蓬	芦苇＋碱蓬	芦苇	猪毛菜＋黄花蒿＋碱蓬	紫穗槐	白蜡
分布范围/m	0～40										
坡度	0°	0°	0°	0°	0°	0°	5°	0°	0°	0°	0°
坡向	—	—	—	—	—	—	南	—	—	—	—

表 19-5　官港湖森林公园示范 1 号植被分布

植物名称	芦苇	碱蓬	狗尾草	盐地碱蓬＋芦苇	碱蓬＋黄蒿	榆树＋萝藦＋碱蓬	榆树＋盐地碱蓬＋碱蓬	榆树＋扁蓄	刺槐＋萝藦＋碱蓬	紫穗槐＋芦苇＋碱蓬	白蜡＋碱蓬＋芦苇
分布范围/m	0～1	1.0～3.0	3.0～4.5	5.0～10.5	10.8～15.1	15.0～38.4	38.5～44.3	45.7～49.8	50.0～59.1	59.8～61.5	62.5～71.5
坡度	0°	0°	0°	0°	0°	5°	5°	0°	0°	0°	11°
坡向	—	—	—	—	—	南北	南北	—	—	—	南北
海拔											

表 19-6　官港湖森林公园示范 2 号植被分布

植物名称	芦苇＋盐地碱蓬＋碱蓬	碱菀	獐毛＋碱蓬	柽柳	芦苇＋猪毛菜＋刺儿菜	榆树＋芦苇＋碱蓬	榆树＋刺儿菜
分布范围/m	0～6.5	7.8～9.2	10.0～15.5	16.7～18.7	18.8～23.6	25.4～33.0	34～48.5
坡度	1°	1°	1°	1°	1°	1°	5°
坡向	南北	南北	南北	南北	南北	南北	南北

表 19-7　独流减河下游河漫滩湿地示范点 1 号植被分布

植物名称	芦苇	狗牙根	碱菀	碱蓬	狗尾草	盐地碱蓬＋芦苇	狗尾草	碱蓬
分布范围/m	0～2.0		2.0～3.0	2.0～6.0	5.3～7.0	7.0～11.0	11～11.6	11.3～14.1
坡度	0°	0°	0°	0°	0°	0°	0°	0°
坡向	—	—	—	—	—	—	—	—
植物名称	扁蓄	碱蓬	盐地碱蓬＋碱蓬	芦苇＋獐毛	萝藦	芦苇＋獐毛	芦苇＋碱蓬	碱蓬
分布范围/m	8.7～9.8	14.1～15.7	23.1～24.3	33.3～36.1	36.1～37.4	36.1～39.8	39.8～41.5	43.4～44
坡度	0°	0°	0°	0°	0°	0°	0°	0°
坡向	—	—	—	—	—	—	—	—
植物名称	盐地碱蓬＋碱蓬	獐毛	碱蓬	獐毛	白茅＋獐毛	獐毛	萝藦	萝藦
分布范围/m	44.7～45.9	55.1～56	56～56.4	56～57.9	57.8～63.8	63.8～68	63.8～64.3	65～66.8
坡度	5°	5°	5°	5°	0°	0°	0°	0°
坡向	南北	南北	南北	南北	—	—	—	—
植物名称	獐毛＋碱蓬	碱蓬＋芦苇	白蜡	碱蓬				
分布范围/m	66.8～69.5	69.5～72	71～73	72～76				
坡度	11°	11°	11°	11°				
坡向	南北	南北	南北	南北				

表 19-8　独流减河下游河漫滩湿地示范点 2 号植被分布

植物名称	芦苇＋盐地碱蓬＋碱蓬	黄蒿	柽柳	碱菀	刺儿菜＋碱莞＋芦苇＋猪毛菜	白茅	二色补血草	獐毛＋碱蓬	芦苇＋碱蓬	白茅	刺儿菜
分布范围/m	0～5.6	5.6～8.7	6.7～8.7	7.6～8.2	8.3～17.6	9.0～17.0	16～20.3	18～24	27.4～31	30.9～44	44～50
坡度	1°	1°	1°	1°	1°	1°	1°	1°	1°	1°	1°
坡向	南北	南北	南北	南北	南北	南北	南北	南北	南北	南北	南北

表 19-9 蓟运河故道湿地示范点 1 号植被分布

植物名称	野大豆＋蓼＋黄花蒿	益母草＋刺儿菜	野大豆	葎草＋榆树	刺儿菜	柽柳	榆树	柽柳＋芦苇
分布范围/m	0～7.3	7.0～9.0	9.0～10.0	10.0～12.2	12～14.4	14～15.9	16.2～17	17～18
坡度	8°	8°	8°	8°	8°	8°	8°	8°
坡向	南	南	南	南	南	南	南	南

表 19-10 蓟运河故道湿地示范点 2 号植被分布

植物名称	芦苇	盐地碱蓬＋碱蓬	芦苇	碱蓬＋狗尾草＋虎尾草＋碱蓬＋苘麻＋中亚滨藜
分布范围/m	0～4	4～114	114～124	126～132.3
坡度	5°	5°	5°	5°
坡向	南	南	南	南

表 19-11 蓟运河故道湿地示范点 3 号植被分布

植物名称	芦苇	益母草	黄花蒿	猪毛菜＋碱地肤＋葎草＋狗尾草
分布范围/m	0～2	2.0～4.0	3.2～5	4.0～8.0
坡度	8°	8°	8°	8°
坡向	北	北	北	北

表 19-12 蓟运河故道湿地示范点 4 号植被分布

植物名称	芦苇	盐地碱蓬＋柽柳	樟毛＋柽柳	狗尾草＋碱蓬	苣荬菜	狗尾草＋苣荬菜＋柽柳＋碱蓬＋猪毛菜＋芦苇
分布范围/m	0～40	40～79	79～101.4	101.4～113.3	113.3～128.8	127～157.5
坡度	8°	8°	8°	8°	8°	8°
坡向	南	南	南	南	南	南

表 19-13 七里海湿地示范点植被分布

植物名称	芦苇	苋菜	碱蓬	芦苇＋野大豆＋灰菜＋裂叶牵牛花	灰菜＋苘麻＋野大豆＋芦苇	黄蒿＋野大豆＋芦苇＋灰菜＋狗尾草
分布范围/m	0～1	1～1.1	1.1～1.6	1.6～20	20～20.7	20.7～22.5
坡度	11.9°	11.9°	11.9°	11.9°	11.9°	11.9°
坡向	南	南	南	南	南	南
植物名称	灰菜＋狗尾草＋龙葵	黄花蒿	猪毛蒿	虎尾草	碱地肤	
分布范围/m	22.5～25.1	23.3～24.3	24.3～25.4	25.4～25.8	25.8～27	
坡度	11.9°	11.9°	11.9°	11.9°	11.9°	
坡向	南	南	南	南	南	

表 19-14 七里海湿地示范点植被分布

植物名称	芦苇	益母草	榆树＋葎草＋猪毛蒿＋狗尾草＋猪毛蒿＋藜＋绿豆	益母草＋狗尾草＋萝藦＋榆树＋绿豆	狗尾草	榆树
分布范围/m	0～2.7	1.1～4.1	4.6～5.6	11.1～11.6	14.2～15	14.8～15.8
坡度	10°	10°	10°	10°	10°	10°
坡向	南	南	南	南	南	南
植物名称	苣荬菜	榆树＋绿豆＋萝藦	榆树＋狗尾草	猪毛蒿＋紫花苜蓿＋龙葵	苋菜	灰菜＋榆树＋柳树＋杨树
分布范围/m	15.8～24.9	16.4～18.1	19.4～21.2	23.7～24.3	32～33.8	34.6～37.1
坡度	0°	10°	10°	10°	10°	10°
坡向	南	南	南	南	南	南

19.3.2.1 北大港古泻湖湿地

本书中滨湖湿地示范区设置在北大港古泻湖湿地，由于在滨海新区范围内并无真正意义的自然湖泊，北大港湿地由于面积较大，自然度相对较高，且具有古泻湖湿地的典型特征。综合上面的样线调查数据，可以看出碱蓬群落的分布范围较广，一般分布在水分含量较高的岸带，能够耐受较高的盐分胁迫。芦苇的分布范围也比较广泛，从水分含量较高湿生土壤到水分含量低的土壤中均有分布，反映了芦苇对水分的适应幅度很宽的生态学特征。根据前面章节对植被演替的研究，可以说明此示范区的植被自然恢复的模式基本完成草本进入灌木的阶段。此示范区存在的问题是群落结构有些单一，如示范点 1 号、2 号和 3 号样带，生物多样性较低，盐生植物比例较高，水生植物比例较低。示范点 4 号的植被恢复模式相对完整，物种多样性高，乔灌草结合，比例合适，群落结构稳定。同时，该示范区的 1 号、2 号和 3 号样带演替从草本进入木本阶段，应该适量引入灌木如柽柳和白刺，同时人工种植乔木如刺槐、紫穗槐等。

19.3.2.2 官港湖森林公园

本区为滨海湿地人促自然恢复的典型模式——台田恢复模式，该模式已经有十多年的历史，恢复效果初见成效，人促自然恢复是通过人工辅助过程进行恢复，主要手段是减少人工干扰、增加区域内土壤肥力、人工水资源管理等方式，具体措施包括人工植物种植、退耕还滩、围栏封滩育草、人工引入水资源、人工施肥等措施。本区地势平坦、地下水位高且土壤盐碱化严重，稍有一定的高程的地区，采取一定工程措施，将湿地区域部分的土壤挖出，四周垫高，使得中心区更低，形成水深更深的湖泊，同时四周由于地势抬高，土壤含盐量降低，满足木本植物的生长要求。

19.3.2.3 独流减河下游河漫滩湿地

根据从水边向堤岸垂直设置的样线数据，可以看出独流减河下游河漫滩湿地的植被恢复模式比较完善，从河岸边至河堤依次分布了水生植物、湿生植物、湿中生植物和中生植物，演替顶级的芦苇群落分布广泛。由于碱蒬和盐地碱蓬的耐盐性强，从独流减河的水边开始依次有碱蒬和盐地碱蓬的分布，随着水分和盐分的减少，獐毛群落出现，并同时有灌木群落柽柳出现。由于独流减河距离水边60m左右时出现地形逐渐抬高现象，因此有白茅、碱蓬等中生植被生长。

19.3.2.4 蓟运河故道

蓟运河故道河漫滩样线点位于蓟运河下游与永定新河交汇处，是重要的候鸟迁徙中转站，根据现场调查结果，该区域生物多样性丰富，该区域湿地类型包括河流中的一级河流湿地、二级河流湿地、河漫滩湿地、河口湿地等，具有很高的自然保留价值，是滨海新区具有典型意义的重要河漫滩湿地类型。从样线数据可以看出，由于蓟运河故道和漫滩的地形坡度较大，分布与独流减河河漫滩有些区别，从蓟运河故道的水边到堤岸都有芦苇群落的广泛分布，可见该区的自然演替也进入了草本演替的末期，向木本阶段过渡，空间分布上近水区主要为湿生植物，如芦苇、盐地碱蓬、碱蓬等，随着水盐条件的减少，中生植被分布面积增加。

19.3.2.5 七里海国家古海岸与湿地自然保护区

天津古海岸与湿地国家级自然保护区七里海湿地是典型的古泻湖湿地生态系统，野生植物种类丰富，是许多珍稀和濒危鸟类迁徙、栖息繁殖的基地。七里海湿地植被恢复示范区位于天津古海岸与湿地国家级自然保护区内，为我们湿地植被恢复和重建的参考湿地，从样线数据可以看出，该区湿地生态系统的群落结构完整，物种丰富多样。从水边到堤岸，芦苇分布范围广泛，在东、西七里海水域中，芦苇发育良好，株高一般在1.2～1.5m，最高可达2m左右，覆盖度60%～80%，种类组成单纯，有时与狭叶香蒲、碱蓬、野大豆、灰菜、裂叶牵牛花等植物混生。该区有人工种植的乔木如榆树、柳树、杨树等健康生长，可以看出该区在植被自然演替的过程中对土壤盐碱度进行了一定的改良，为人工木本植物的种植提供了充分的条件。该区还分布有国家二级保护物种——野大豆，可见该区作为我们湿地恢复和重建的参照系统具有很好的示范意义。

19.4 滨海新区湿地植被恢复模式

19.4.1 蓄水型湿地植被恢复模式

蓄水型湿地是指相对封闭的洼地中汇积的水体，是湖盆、湖水和水中物质相互作用的自然综合体，其水体流动缓慢或停滞，具有宁静、平和的特征，给人舒适、安详的感觉，蓄水型湿地包括湖泊、水库、池塘等湿地，其可以反映出周围物象的倒影，丰富了景观的层次，扩大了景观的视觉空间。蓄水湿地植被恢复经典模式为乔灌草复合模式，即乔木＋灌木＋(旱生草本)＋中生草本＋湿生草本＋水生草本（挺水＋浮水＋沉水植物）模式。在蓄水型湿地植被恢复和重建过程中，需注重岸际植物到水中植物的过渡，形成有层次感的序列，同时植被的选择上要选择具有很好适宜性的物种，植被恢复的内容主要包括以下几个方面。

沿水岸边的水陆交界处，由于处于土壤湿润的区域，选用的植物材料不仅要具备耐湿耐淹的性能，还要有与自然相协调的景观效果，在陆地与近水区之间种植中生或者湿地草本，在陆上高地区则选用灌木和乔木种类。另外，沿水岸边的植物还起着围合水域空间的作用，如希望创造较为封闭的空间，则沿水植物以大面积的群植和片植为主，群落中加大高大乔木和灌木的比例；如想要创造较为开阔的空间效果，则沿水植物以孤植或三五群植为主，减少灌木的比例，这样的配置，陆地到水面的通透性较强，空间开敞。

① 在人工乔木种植的选择上，选用中度耐盐和轻度耐盐的植物，如刺槐、槐树、旱柳、榆树等。

② 灌木采用滨海典型的耐盐植物：柽柳和白刺。

③ 旱生草本植物包括：狭叶米口袋、糙叶黄耆、达乌里黄耆、华黄耆、西伯利亚白刺、早开堇菜、野西瓜苗、二色补血草、中华补血草、地梢瓜、雀瓢、斑种草、平车前、阿尔泰狗娃花、黄花蒿、野艾蒿、蒙古鸦葱、苣荬菜、碎米莎草等。另外，沙生植物如砂引草、光果宽叶独行菜、田旋花等也可以在沙质海滩上采用。

④ 中生草本植物包括：中生植物是能适应中度潮湿的生境，抗旱能力不如旱生植物，但在过湿环境中也不能正常生长的一类种类最多、分布最广、数量最大的陆生植物。包括柳叶刺蓼、萹蓄、红蓼、酸模叶蓼、绵毛酸模叶蓼、西伯利亚蓼、巴天酸模、锐齿酸模、绳虫实、华虫实、东亚市藜、杂配藜、小藜、藜、地肤、白苋、凹头苋。主要集中在蓼科、藜科、茄科、玄参科、菊科等。

蓄水型湿地浅水区的植物恢复应该选择适合此区域的多种植物生长，主要为湿生植物和水生植物群落，深水区的植物恢复模式也以水生适宜植物为主，一般以片植和群植为主，选择植物，应考虑与水体面积、空间效果的和谐，以及与岸边、浅水区植物的搭配。应用的湿生植物和水生植物如下。

① 湿生草本植物包括能够在潮湿环境中正常生长和繁殖，但不能忍受较长时间的水分不足的植物，即抗旱能力最弱的陆生植物。如莎草科、蓼科的一些植物，刚毛荸荠、荆三棱、扁秆藨草、两栖蓼、沼生蔊菜等。湿生植被，由于其生长位置，形成陆地和蓄水型水体之间的生态隔离带，能够有效地拦截和净化地表径流挟带的泥沙和其他污染物质，并且可以通过“促淤效应”增加氮、磷、悬浮物等污染物质的沉积，从而减轻湖泊的污染负荷。

② 水生植物由于其庞大的表面与湖水能够充分接触，具有类似于“生物膜”的净化功能，可以通过表面吸附及周丛微生物的作用分解转化蓄水型湿地水中的污染物；同时，水生植物能够有效地“吸收”波浪的数量，消浪防蚀，稳定水体，从而防止底泥的悬浮，减少沉积物中污染物的释放，澄清水质，提高湖水的透明度；此外，水生植物能直接从水中吸收氮、磷等营养元素，并且通过收获植物产品将这些营养元素带出水体，从而降低营养水平。有研究结果表明，1m^2 湖滩湿地上的水生植物每年可以吸收净化约 5g 的磷、约 35g 的氮。我们建议的挺水植物三种组合为：黄菖蒲＋睡莲＋荷花，芦苇＋菰＋菖蒲＋荷花，芦苇；挺水植物和沉水植物的选择建议两种组合：荇菜＋田字苹，田字苹＋菹草；单一的菱覆盖水面，水面的覆盖率可达 70%。

19.4.2 溪流型湿地植被恢复模式

溪流型湿地是指地表水在重力作用下，经常或间歇地沿着陆地表面上的线状凹地流动的水体。表现为狭长的带形，有源源不尽之意。线状水体最大的特点是线性和延伸感，所以植物恢复的配置时应注重这一特点，在保持整个流域的特色植被群落统一性的基础上，统一中求变化，形成不同特色的群落区段。溪流型湿地的植被恢复根据溪流组成要素的不同有所不同，按照其构成要素：河道、护岸、河岸带、河漫滩有所不同。植物群落的形状以沿水的长条状布置为宜，距离水面若即若离，这样可以创造丰富的林缘线。水生植物可以多选用臭蒲、香蒲、芦苇等较适应流水环境的种类。溪流型湿地的河/溪岸带和堤内地带是生态交错带，在湿地植被恢复和重建的过程中尤为重要。在植被恢复和重建的过程中，植物的选择应注重依托水体，体现湿地的特色，恢复丰富而稳定的植物群落。植物的选择中尽量采用本土植物，慎用外来物种。选择天津地方性的湿生植物或水生植物为主，宜遵循“物种多样化，再现自然”的原则。

溪流型河岸带植被恢复的典型模式也为乔灌草复层配置模式，地被、花草、低矮灌丛与高大树木的层次和组合应尽量符合水边自然植被群落的结构，平面上的植物配置有疏有密、有远有近，立面上可以有一定起伏，将岸带与水域景观统一配置，根据水由深到浅，依次配置水生植物、湿生植物，尽量使植物自然过渡，形成高低错落的植物景观，表 19-15 为溪流型恢复和重建的目标、内容以及推荐选用的植被，如蓟运河故道即可使用我们建议的植被恢复模式。

表 19-15　溪流型湿地护岸和河岸带植被恢复内容

分类	适用范围	恢复内容与目标	推荐植物
堤防	洪水防护区域	实行乔灌木和地被相结合的种植手法，固堤护坡、柔化岸线、提供树阴，改善水边景观	柽柳、白刺、打碗花、大刺儿菜
高水位地	受淹概率低的区域(各种设施利用频率较高)	向水边引进野生草本类植物，改善水边景观 建造缓冲绿地，调节生物与游客之间的矛盾 高水位地上种植矮小的草地，提高空间利用率 在主要设施周边栽植绿阴树，为游人提供阴凉地	柽柳、紫穗槐、芦竹、罗布麻、苘麻
低水护岸	临水地带	在生态护岸空隙内栽植植被，使用无需人工养护管理而又具有自然之美的耐湿滨水植物，多用地被，恢复护岸的生态推移带	芦苇、香蒲、扁秆藨草、碱菀、红蓼、旋覆花、盐地碱蓬
低水路	频繁受淹区	栽植水生植物，改善水边景观	芦苇、千屈菜、荇菜、金鱼藻、狐尾草

19.5　滨海新区湿地植被恢复原则与建议

19.5.1　湿地植被恢复原则

(1) 适地恢复的原则　恢复和重建植物群落应以当地湿地水文条件与水流运输能力为依据，按照等高线设计复杂多样的小生境以适合不同生物种类的需求。首先应该精心选择适宜不同水深生长的本土植物种类按照植物生物学和生态学特性，根据生态学原理恢复设计群落结构，再根据不同区段的条件，植物群落由岸边到浅水带到深水区，形成不同物种系列有规律的过渡，不应仅强调水生植物的搭配，水生植物和湿生植物、中生植物之间的搭配也不能忽视，完善由乔灌草复合带-湿生草被带-挺水植物带-浮叶、沉水植物带组成的系统结构和动植物群落的多样性。借鉴参照湿地的自然植物群落，尤其当地的乡土植物群落。各个层次上的植物进行搭配配置，从功能上考虑，可采用发达茎叶类植物以有利于阻挡水流沉降泥沙、发达根系类植物以利于吸收等的搭配。这样，能保持湿地系统的生态完整性，带来良好的生态效果；而在进行精心恢复配置后，多层次水生植物还能给整个湿地的景观创造一种自然美。

(2) 地域特色的原则 恢复地的湿地生境如小气候、水文、土壤、生态环境都有所不同，恢复和重建的植被群落应体现地域特色。在湿地植物的配置中应体现地域特色，植物选择上多选用乡土植物。恢复配置时可模仿乡土植物群落，而且植物景观应体现地域的文化与历史，充分强调地域特色。

(3) 整体协调的原则 从某种意义上讲，湿地植物也是一个有机的、具有一定结构与功能的整体，在湿地植物恢复和重建时，应将其为一个整体来思考和管理，构建一个有机的群落。构建植物群落包括两方面的内容：一是注重选择不同特性的植物合理搭配，不同净化效果的植物功能互补；二是注意岸边耐湿乔灌木和地被、挺水、漂浮、浮叶、沉水植物形成从陆地到水体的和谐过渡。构建的植被群落应该与整个湿地生态系统协调统一。

(4) 景观美学的原则 植被恢复和重建应强调植物的景观美学植物的姿态、色彩以及群落的层次搭配、变化与韵律。各种植物类型可以独立成景，以增强视觉冲击力；也可将乔木、灌木、草本或中生、湿生、水生植物按照顺序来成景，形成植物景观的节奏感，增强植物景观的观赏性。植物配置在竖向可有一定起伏，合理组合植物的高度、花期和色彩，形成高低错落、疏密有致、色彩斑斓的景观，从平面上看，应留出 1/3～1/2 的水面。水生植物不宜过密否则会影响水中倒影及景观透视线，另外设计应充分考虑视线方向，留出一定的空缺，以利于游人亲近水面。

(5) 适应性原则 植被恢复和重建工作必须有计划地进行，但计划必须是适应性的计划，根据植被恢复的不同地点、不同的期间和面临不同问题进行制定。必须要有严格的计划评估策略，包括独立的科学评估以及确定和解决不确定因素的过程，以对原有计划进行必要的修正。这种计划的灵活性和更新可以使植被尽可能快地实现最高水平的恢复。

19.5.2 滨海新区典型湿地植被恢复模式建议

关于蓄水型湿地类型，比如北大港古泻湖湿地和官港湖森林公园中的湖泊湿地，我们提出一些植被恢复优化建议。由前面章节关于天津滨海新区湿地植物演替的分析，天津滨海地区盐生植被的发生是在海滨近海裸地上形成的，首先是耐盐性很强的种子，经风播，传播到滩涂的前沿，经过发芽、生长、繁殖和定居的发育过程而形成均匀分布，由稀疏过渡到密集的单优势种植物群落。早期的演替顺序为：盐地碱蓬群落→碱蓬＋马绊草群落→盐地碱蓬＋芦苇群落→碱蒐＋芦苇群落→芦苇群落。草本植物阶段后期，由于环境条件的显著改善，为木本植物植物的定居创造了条件，现在一些灌木（如柽柳）已经出现，它们与草本植物混生，有些灌木增加，形成灌木群落。按照盐生植被自然演替的规律，尽量以自然演替为主，但是由于自然演替需要的时间较长，现在滨海地区盐生植被的自然演替正在从草本植物到木本植物的过程中，所以建议根据滨海盐生植被的演替规律，采用人工种植木本盐生植物的方法，人为加快其演化速度。在短时间内让盐生植被覆盖目前裸露的盐碱地，随着土壤盐分的逐渐下降和有机质的逐渐增加，乔木植株逐渐增多，覆盖度逐渐增大，最后形成与当地大气候相适应的乔木群落，因此可以将人工种植与自然演替相结合。该模式可以根据具体的环境条件和湿地特点确定具体植被类型，如北大港古泻湖湿地 1 号、2 号、3 号示范点就可以通过增加乔木的人促自然恢复方法来加快演替进程，同时根据高程情况从低到高分别构建浮叶沉水植物区、挺水植物区和灌木植物区，形成一个较为完整和典型的、种类丰富、群落类型多样的湿地生态系统，其生物群落包括水生植物群落、陆生植物群落，以及随着高程变化从水生群落向陆生群落逐渐演变的水陆交替群落，使其具有科普宣教、野生植物观赏、鸟类栖息等功能。

在人工乔木种植的选择上，我们建议选择耐盐性比较强的树种，如表19-16所示。

表19-16 推荐使用的天津滨海湿地植被恢复木本耐盐植物

类型	植物名
中度耐盐植物	日本皂荚、刺槐、毛刺槐、槐树、龙爪槐、旱柳
轻度耐盐植物	合欢、黑松、绦柳、新疆杨、加拿大杨、毛白杨、楝树、榆、龙柏、偃柏(爬地柏)、无花果、金叶女贞、侧柏、千头柏、白杜卫矛、冬青卫矛、红花锦鸡儿、葡萄、圆柏、紫荆、紫藤、构树、桑、龙爪桑、馒头柳、毛泡桐、海棠花、海棠果、红叶李、桃、玫瑰、黄刺玫、月季花、石榴、紫薇、千屈菜、日本小檗、紫叶日本小檗、木槿、连翘、海州常山、金银忍冬、黄杨

关于溪流型湿地如蓟运河故道我们提出植被恢复的优化建议是，在洪水防护区域的河堤防实行乔灌木和地被相结合的种植手法，增加一些灌木种类如柽柳、白刺等，以固堤护坡、柔化岸线；在受淹概率低的高水位地引进野生草本类植物，改善水边景观；在临水的低水护岸，使用无需人工养护管理而又具有自然之美的耐湿滨水植物，如芦苇、香蒲、扁秆藨草、碱菀、红蓼、旋覆花、盐地碱蓬等，多用地被，恢复护岸的生态推移带，建造缓冲绿地；在频繁受淹的低水路，栽植水生植物，如芦苇、千屈菜、荇菜、金鱼藻、狐尾草等，以改善水边景观。

参考文献

[1] 李洪远，孟伟庆. 滨海湿地环境演变与生态恢复 [M]. 北京：化学工业出版社，2012.

[2] 周进，Tachibana Hisako，李伟等. 受损湿地植被的恢复与重建研究进展 [J]. 植物生态学报，2001，25 (5)：561-572.

[3] 彭少麟，任海，张倩媚. 退化湿地生态系统恢复的一些理论问题 [J]. 应用生态学报，2003，14 (11)：2026-2030.

20

蓟运河中新生态城段水边空间概念性规划设计

水边空间位于水域与陆地生态系统的交界处，具有明显的边缘效应和丰富的生物多样性，是典型的生态交错带，是地球上多样性最丰富、变化最快、最为复杂的陆地生境之一，具有一系列的环境、社会和经济功能。城市水边空间更是城市的“净化器”，是城市的“肺”，同样也起到了“城市的名片”的效应。城市水边空间是具有防洪、景观和生态等多种功能要求的城市区域。水边空间的生态系统的功能及其重要性逐渐被上升到城市建设规划的高度上来，但主要都集中在规划、功能、管理及保护等宏观尺度的研究，这使得水利、规划、生态、景观等领域分立，无法取得良好的效果。

20世纪50年代德国正式创立了“近自然河道治理工程”，提出河道的整治要符合植物化和生命化，从而使植物首先作为一种工程材料被重新应用到工程生物治理之中。20世纪70年代中期，德国开始了真正的河流治理生态工程实践，对河流进行了自然保护与创造的尝试，被称之为重新自然化。20世纪80年代，德国率先在世界提出了“近自然型河流”的概念，之后德国开始在本国进行这一概念的落实与实践，为河道的生态修复提供了经验。美国于20世纪90年代将河道生态恢复作为水资源开发管理工作必须考虑的项目，开始恢复已经建设的混凝土河道，如著名的洛杉矶河已拆除了混凝土河道。在之后的十几年里，拆除废旧坝、恢复生态的工作空前展开。日本在20世纪90年代初推出“近自然工法”，开展了“创造多自然河川计划”，提倡凡有条件的河段应尽可能利用天然材料来修建“生态河堤”。现阶段，国外城市水岸空间规划建设的动向可以概括为自然性和空间性。自然性是指致力于消除人类活动对河流自然系统的不利影响，而空间性是指恢复具有自然要素的空间以及多样景观。

与国外相比，国内水边空间设计的研究工作起步较晚，尚处于学习引进国外先进经验的阶段，真正卓有成效的正式研究有待展开。近年来，国内学者对于水岸空间部分进行了比较多的研究。蔡庆华、唐涛等探讨了河流生态学研究中的热点和河流生态系统健康评价等问题。董哲仁、杨海军等从不同角度分析了水利工程对生态环境的影响，其中董哲仁首次提出“生态水工学”的理论框架，并探讨了河流生态恢复的技术手段和基础研究问题。王薇、李传奇等介绍了我国河流生态恢复的现状。夏继红、严忠民综合分析了国内外生态河岸带研究进展与发展趋势，认为近年来我国已经开始研究城市河流的“生态型护岸技术”，并已经提出了多种生态型护岸结构形式。目前，我国对基于生态系统尺度的恢复受损河流生态系统的理论框架和技术正处在探索阶段，研究方面的成果很少，与发达国家存在很大差距。

本章从水边自然生境恢复的角度，应用生态学、景观生态学、环境行为学等理论进行分析研究，通过寻找适合城市生态环境的水边景观形式，建立“自然-人-景观”的可持续发展的水边空间。

20.1 城市水边空间的特征及基本功能

20.1.1 城市水边空间自然生境特征

水边植物群落与土壤的湿度、光照、岸坡的稳定性以及水浪的冲击等因素息息相关。按照近水程度和受水淹频率从高到低可以归纳为沉水植物群落、挺水和浮叶植物群落、耐湿草本群落、耐湿乔灌群落等几种群落；按水边植物的生活类型构成漂浮植被带、沉水植被带、浮叶植被带、挺水植被带、湿生植被带、水边林等不同形态的绿地（见图 20-1）。在具有内河湿地的河段，还会有由各种水生植物构成的湿地植被带。对水边空间进行植被恢复应考虑自然条件因素，使用适宜当地生长的植物，从低到高分别依照这些不同的群落来进行配置。

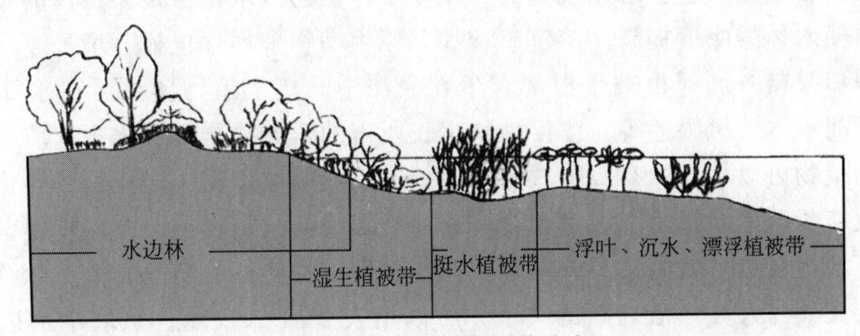

图 20-1　水边植物群落分布

(1) 水边林　水边林是生长在水岸带至其内侧（陆域）的木本植物群落的总称。水边林郁闭度高，结构稳定，是水边空间重要的风景林。靠近水际线，根系位于地下水位之下的植被带为软木带，而生长在相对较高地形、根系位于地下水位之上的为硬木带。其中，软木带往往与湿生植被带混生。水边林常见的树种有如下几种。

软木带：乔木的柳树、赤杨，灌木的大花圆锥绣球等。

硬木带：榆树、水曲柳、茶条槭、水胡桃、朴树、枹栎等。

水边林可以防止陆地面源污染的流入，其树阴可以为鱼类提供隐蔽场所，此外，落入水中的落叶和碎石等可以为水生昆虫和底栖动物提供食物和栖息场所。水边陆域部分的树枝是鸟类觅食、筑巢之场所。水边林在物种构成上，形成乔木至灌木的阶梯构造，物种多样性丰富，是生物栖息的极佳场所。同时，水边林具有优美的自然景观效果，是人们林间漫步、享受自然野趣的场所。

(2) 湿生植被带　湿生植被群落一般生长在水际线内侧地下水位高的场所。湿生植被带往往与柳树、赤杨等软木带混生。湿生植被群落一般有：薰衣草、芦苇、水菖蒲、千屈菜等。湿生植被带不仅可以防止陆域面源污染的流入，还可以防止洪水对河岸带的侵蚀。此外，湿生植被带在动物栖息环境中起到重要作用。水边湿地草丛是蜻蜓和萤火虫的羽化场所，大片的芦苇群落是黑鸦、红胸田鸡、小黄莺等的筑巢地。

(3) 挺水植被带　挺水植物是根、根茎生长在底泥之中，茎、叶挺出水面的植物。常见有：芦苇、菰（茭白）、臭蒲、莲、水芹、荷花、灯芯草、香蒲、黑三棱等。挺水植被群落通过吸收底泥表层的营养盐、与水中附着的生物群落共存的贝类等作用，分解有机物、吸收营养等，具有净化作用。挺水植物群落生长的浅水带作为鱼类、虾类、两栖类、蜻蜓类等产卵之场所，非常重要。大型挺水植被群落是小鹏鹛、白骨顶鸡等筑巢以及各种水鸟隐身的场所。芦苇还广泛分布于大型挺水植被群落中，其群落在生态功能、护岸、资源供给等方面起到重要作用。

(4) 浮叶植被带 浮叶植物生于浅水中，叶浮于水面，根长在水底。荇菜、睡莲、菱等都是这方面的例子。该群落作为鱼类、虾类、两栖类、蜻蜓类等产卵及其发育场所很重要。这些植物，水中部分的植物及附着在其上的生物从水体中吸取养分，可以有效防止抑制浮游生物的增殖。

(5) 沉水植被带 沉水植物除了花体外的营养器官均位于水层下面，叶子大多为带状或丝状，如柳藻、菹草、狐尾草、黑藻、苦草、金鱼藻等。沉水植物一般与其他生活型的群落混生，但往往分布于水边植物群落的最前端（最深处）。沉水植物同样具有水质净化及提供生物栖息地的作用，但是水体透明度低时其分布会明显受到限制，不仅种类减少，而且生长面积也会锐减。在退化水边生态系统重建与恢复中，重建沉水植被是关键性的步骤。恢复沉水植被，可以使水体透明度提高，溶解氧增加，原生动物多样性也显著增加。

(6) 漂浮植被带 漂浮植被是根部着生在底泥中，整个植物体漂浮在水面上的浮水植物。如浮萍、胡椒木、凤眼莲等。漂浮植物生长所需的营养盐全部从水中获取，如凤眼莲这种生长快速的植物可以从水中有效吸收氮、磷。这一作用可以有效防止富营养化现象。

(7) 水边植物群落的作用 水边植物群落的功能根据植物种类、群落规模、季节等而有所不同。恢复水边自然生境的大部分问题，都与水边植物群落的功能有关。总结水边植物群落的生态功能及其与人类生活之间的关系，可以用表 20-1 来表示。从表中可以看出，在恢复水边植物群落的这些功能时，需要考虑所需群落的质（群落的种组成）与构造（群落密度、高度、垂直结构），与人为干扰相关的指标中，群落面积最为重要。

表 20-1 水边植物群落的各种作用

植物群落作用			水边林群落	湿地植物群落	挺水植物群落	浮叶植物群落	沉水植物群落
动物栖息地		鱼、虾类的产卵及栖息场所			○	○	○
		野鸟筑巢、生长、隐蔽之场所			○	＋	○
		野鸟食物的供给	○	○	○	○	○
		昆虫、两栖类的栖息地及食物供给	○	○	○	○	○
		为底栖动物及贝类提供食物	○	○	○	○	○
		附着生物的着生体	＋	＋	○	○	○
其他	净化水质	阻止沙土及污浊物质的流入	○	○	○	○	＋
		有机物的分解净化		○	○	○	○
		从水体吸收营养盐			○	○	○
		植物浮游生物群落的抑制			○	○	＋
	保护河岸	防止密生根茎的侵蚀	○	○	○		
		密生群落减少浪潮和防止水华	○	○	○	＋	＋
	供给资源	人类食物	○	○	○	○	○
		生活用品材料	○	○	○	＋	＋
		家畜食料及农业肥料	○	○	○	○	○
	形成稳定的水边景观		○	○	○	○	＋

注：○—有作用；＋—无作用。

20.1.2 城市水边空间的基本功能

(1) 安全防护功能 水边空间的防护功能是城市水边景观存在和延续的前提条件，主要表现在维系陆地与水面的界限、减缓流速、提高水边空间稳定性、保护岸坡、减少水土流失。如果不作护岸处理，就容易使岸壁塌陷，岸坡位置和形态发生很大的变化和转移，将有可能危及人类安全，因此对城市水边空间进行人工加固和稳定则显得十分必要。

(2) 生态功能 城市水边空间作为生物栖息地，为各种生物物种提供了必需的要素，维持生态结构的稳定和平衡。一个健康的交错带能使物质通过其界面区的速度和形式保持适当，景观异质性和生态多样性高，为动物以及水生微生物提供了栖息、繁衍和避难的场所等。一个脆弱的水陆交错带不但不能使水陆生态系统保持稳定，而且会导致生态不断向恶性方向发展。

(3) 景观功能 城市河流作为开放性的带状空间，蜿蜒于城市滨水区域，有效地组织着城市景观空间序列，是大部分城市的发展轴线。城市水边空间景观是其中的一种独特的线形景观，水边空间及其背景构成城市独特的自然景观元素。水边空间景观给人们带来视觉上美感的同时，很大程度上影响着河流的自然循环和系统的平衡和健康。

(4) 文化传承功能 作为城市景观中的重要组成部分，通过保留城市本土文化和生态系统，表现特有的地域特征，从而体现城市的精神和文化内涵。

20.2 城市水边空间的自然生境恢复技术

健康的生态系统具有内在的自发修复机制。实现受损生境的恢复需要考虑生态系统的损坏程度、系统的生态潜力、土地利用的目标以及社会经济的限制等因素。自然生境是动态的、不断变化的，因此提前制定物种组成目标是不现实的，而调控生态系统使其向着有力的方向发展才是恢复受损生境的有效办法。

20.2.1 城市水边空间自然生境恢复的原则

水边空间生态恢复是在分析水边空间生态现状的基础上，根据水边生态空间的内涵和特征要求，统筹上下游、左右岸、水域与陆域，综合考虑沿岸的土地利用、水土保持、水资源利用、生物资源保护等多方面的整体要求，恢复生态完整性，保持岸坡稳定性，恢复原有功能。

(1) 水力稳定性原则 城市水边空间设计首先应满足水边稳定及防汛抗洪的要求，所以我们首先从护岸的水力设计和稳定性设计着手进行研究。岸坡的不稳定因素主要有：①由于岸坡面逐步冲刷引起的不稳定；②由于表层土滑动引起的不稳定；③由于深层滑动破坏引起的不稳定。这几种不稳定因素大多是由于水流的作用引起的，因此充分考虑水力作用是水边空间生态恢复的首要原则。在整个流域范围内合理规划洪泛区以及可调节洪水的湿地和公园，平时为人们提供休闲游憩的场所，洪水来临时可作为蓄洪的场地，对洪旱的调节将起到巨大作用。

(2) 地域性原则 水边空间自然生境具有地域性特征，不同地域有着不同的气候特征，使得不同水边空间的地质、土壤等特性都不尽相同。为了适应当地的地质、气候等自然条件，各地的植被类型同样具有本地特色。使用当地材料、植物和建材，是水边设计生态化的一个重要方面。在设计时应根据当地实际情况，就地取材，使其与当地自然条件相和谐。合理地利用自然过程，尽可能减少土地、水、生物资源的使用。同时，还要注重保护人文历史资源，以营造良好的旅游、教育基地。

(3) 生态完整性原则 生态系统结构的恢复是生境恢复的重点，在城市水边空间生境恢复过程中十分重要。这就要求设计中以尊重物种多样性、减少对资源的剥夺、保持营养和水循环、维持植物生境和动物栖息地的质量、有助于改善人居环境及生态系统的健康为总体原则。建立城市水边空间绿色廊道，使水边空间具有栖息地、生物廊道等多种生态功能。一定宽度的植被覆盖可以减缓洪水影响，并为滨水生物提供生境（见表 20-2）。

表 20-2 水边植被生态尺度研究比较表

水边植被宽度/m	目标效应
3～12	廊道宽度与物种多样性之间的相关性接近于零
12～30	草本植物和鸟类多样性低，但能满足鸟类的迁徙，可以保护鱼类和小型哺乳动物，包含多数边缘种
＞30	有效地降低温度、增加河流生物食物供应和有效地过滤污染物
30～60	满足小型动物和草本植物对生境的要求，但对鸟类有所限制，能控制氮、磷和养分的流失
60～100	满足一部分动植物的迁徙和对生境的要求，鸟类可做小型迁徙，较为合适的宽度
100～200	达到保护鸟类的宽度
＞600	满足任何植物生境要求

同时，廊道的连续性也很重要，不间断的水边植被廊道既有利于生物的生存和迁徙，又可以维持良好的水生条件，有利于鱼类等水生生物的生存和繁衍。廊道的这种连续性应当延伸到与城市内其他绿色廊道之间建立联系，构成一个整体。

为了促进水边空间对城市地域小气候的调节作用，城市水边空间设计应注意以下方面：滨水区域建筑尽量避免大体量的高层建筑和横向体量的板式建筑，以促进城市其他区域与水边空间之间的空气交换过程，缓解空气污染和热岛效应；植物配置采用林地、疏林草地和草地相间配置的处理手法，以引导水陆风沿这些道路向城市纵深方向延伸，同时也丰富了滨水绿带的景观，提供不同类型的休憩空间。

(4) 景观性原则 城市水边空间具有无与伦比的景观价值，在进行城市水边空间生态恢复时，还要考虑到将水边景观与周围环境融为一体，把市区活动引向水边，以开敞的绿化系统、便捷的公交系统把城市和水边空间连接起来，以保持原有城市肌理的延续。

20.2.2 城市水边空间自然生境恢复模式

20.2.2.1 自然生态型恢复模式

自然生态型恢复是选择适宜于水边生长的植被进行种植，利用植物的根系来固岸，保持自然水域特性。在恢复过程中，最关键的问题是植物物种的选择与配置。主要采用根系发达的固土植物进行护岸，如种植柳树、水杨、白杨、芦苇、菖蒲等具有喜水特性的植物，而在坡面上撒播或铺上草坪，也可以种植一些植物如沙棘林、刺槐林、龙须草、常青藤、香根草等。这种模式可以根据当地的地形特点和水文条件，对植物结构和栽植方式作一定的改造。此外，可以采用“土壤生物工程法”，利用木桩与植物梢、棍相结合，植物切枝或植株将其与枯枝及其他材料相结合，乔灌草相结合，草坪草和野生草种相结合等技术来防止侵蚀，控制沉积，同时为生物提供栖息地，可以有效地维护河道的自然特性，如图 20-2 所示。这种模式适用于用地充足，岸坡较缓，侵蚀不严重的河流及一些局部冲刷的地方。但是，由于抵抗洪水的能力较差，抗冲刷能力不足，在日常水位线以下种植植物难度较大，品种的选择亦较关键，否则很难保证植物的存活。

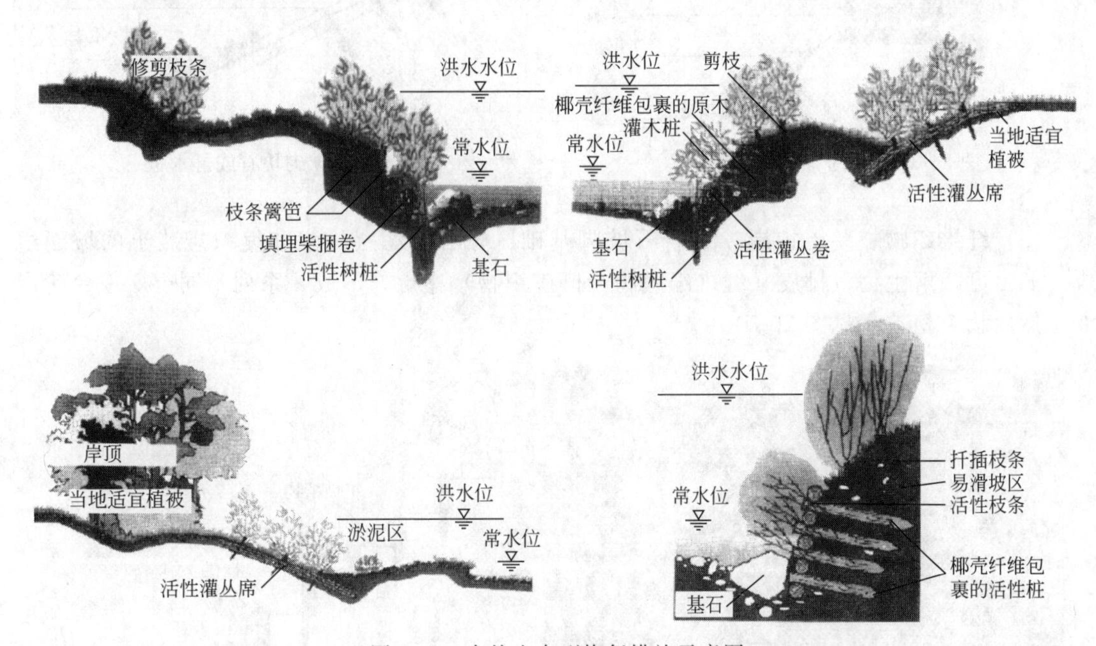

图 20-2　自然生态型恢复措施示意图

20.2.2.2　工程生态型恢复模式

对冲刷较为严重、防洪要求较高的水边区域，如果单纯采用自然方法是难以满足防洪安全要求的，必须采用一些工程措施，才能有效地保护水边空间的结构稳定性和安全性，同时还必须采用生态措施，维护好水边空间的生态环境。这种恢复模式称为工程生态型恢复模式。工程生态型恢复模式不仅种植植被，还结合土工材料、石料、木桩等坚固材料，加强水边的稳定性。如在坡脚设置各种种植包，采用石笼或木桩等护岸，斜坡种植植被，实行乔灌结合。在此基础上，再采用钢筋混凝土等材料，确保大的抗洪能力。常见的有利用三维网垫、混凝土框格的植草护坡，利用木桩、石笼、铁丝固定的柳树护岸，利用石块、混凝土槽的水生植物护岸，还有直接以木材和石材为主的木桩、木格框护岸等。下面列举了一些典型的措施。

(1) 大型护坡软件排护岸　水下部分采用软体或松散抛石，而水上部分则是在柔性的垫层（土工织物或天然织席）上种植草本植物，并且垫层上的压重抛石不应妨碍草本植物生长(见图 20-3)。

(2) 干砌块石或打木桩 水下部分采用干砌块石或打木桩的方法，并在块石或木桩间留有一定的空隙，以利于水生植物的生长。水上部分可参考自然原型护岸的做法，铺上草坪或者栽上灌木。坡脚处采用打入木桩的方法，并在木桩横向上拦木材或回填土料，栅栏与石料或回填土料的搭配加固坡脚的同时，为水边生物提供了生存环境。水上部分可参考自然原型护岸的做法，铺上草坪或者栽上灌木（见图 20-4）。

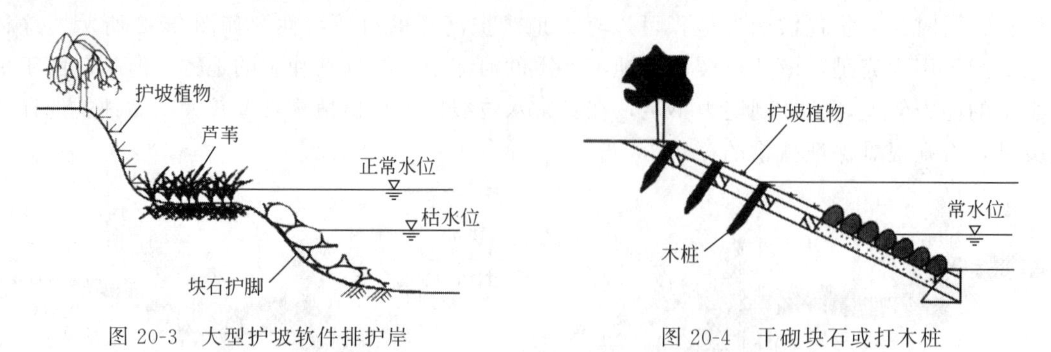

图 20-3　大型护坡软件排护岸　　　　图 20-4　干砌块石或打木桩

(3) 纤维织物袋装土护岸 由岩石坡脚基础、砾石反滤层排水和编织袋装土的坡面组成。如由可降解生物（椰皮）纤维编织物（椰皮织物）盛土，形成一系列不同土层或台阶岸坡，然后栽上植被（见图 20-5）。

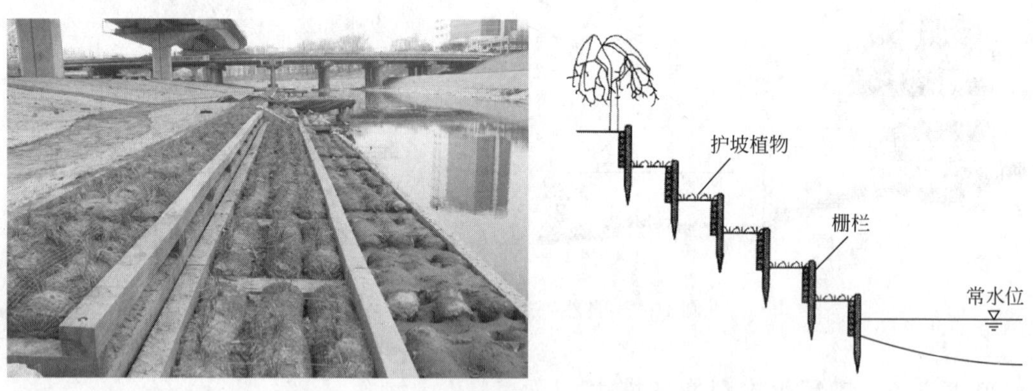

图 20-5　纤维织物带装土护岸

(4) 面坡箱状石笼护岸 将钢筋混凝土柱或耐水圆木制成梯形箱状框架，并向其中投入大的石块，形成很深的鱼巢。再在箱状框架内埋入柳枝（见图 20-6）。

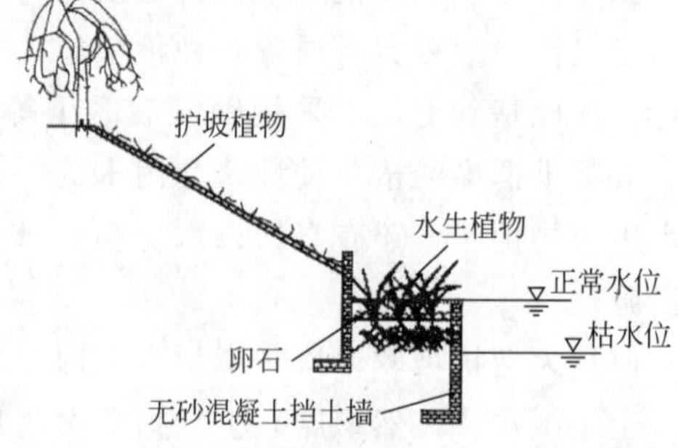

图 20-6　面坡箱状石笼护岸

20.2.2.3 景观生态型恢复模式

随着经济社会的不断发展，水边空间已成为人们休闲娱乐和旅游的理想场所。为满足人们对景观、休闲和环境的需求，须构筑具有亲水功能的水边景观，营造人与自然和谐的氛围。在确保防洪和人类活动安全的同时，水边空间的恢复需与景观、道路、绿化以及休闲娱乐设施相结合，这种恢复方式称为景观生态型恢复模式。

景观生态型恢复模式主要是从满足景观功能的角度，将水边空间的生态要求和景观要求（如地理环境、风土人情）综合考虑，设置一系列的亲水平台、休憩场所、休闲健身设施、旅游景观、主题广场、艺术小品、特色植物园，力图在水边空间纵向上，营造出连续、动感的景观特质和景观序列；在横断面景观配置上，多采用复式断面的结构形式，保持足够的景深效果（见图 20-7）。这种治理模式将各种独立的人文景观元素有规律地组合在一起，构成了当地人们的生活方式，它将美学作为一个和谐和令人愉快的整体，充分体现了“以人为本”、“人与自然和谐相处”的理念。

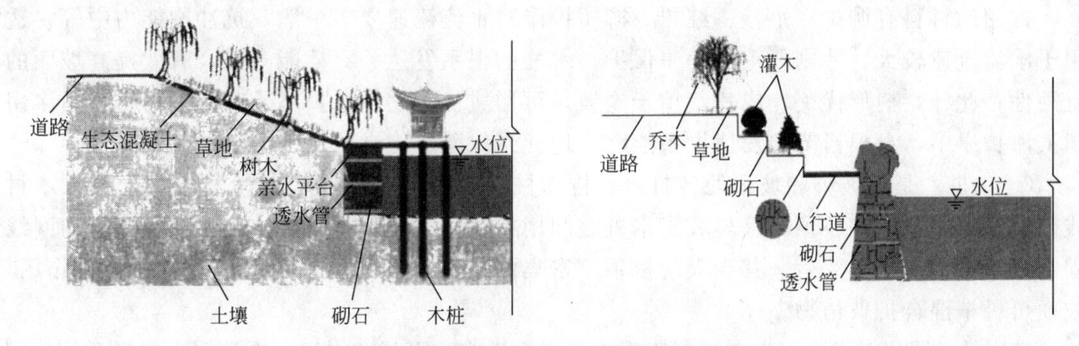

图 20-7　典型的景观生态型恢复措施示意图

这一恢复模式主要适用于城镇居住区以及人文历史丰富的水边空间的恢复工程中。但是，这种恢复模式的实施前提是要求规划和设计人员要具有良好的美学素养，要对当地的人文历史有全面的了解；施工人员要有较为精细的工艺水平和恢复技术。所以，在很多地方，人员的素养和工艺水平都很难达到，同时还会受到经济水平的制约。

20.2.3 水边空间生态恢复材料的选择

20.2.3.1 植物材料

(1) 草本材料

① 草皮　草皮广泛应用于护岸正常水位以上的区域，这是由于草根不能耐受长期水的淹没的特性决定的。草皮护坡是通过人工植草、铺草皮或和土工织物联合利用形成的生态护岸。植物地上部分形成堤防迎水坡面软覆盖，可以有效减少坡面的裸露面积；植物根系与坡面土壤的紧密结合，可以提高迎水坡面的抗蚀性，减少坡面土壤流失，从而保护岸坡。

在南威尔士的布雷克诺克郡和蒙默思郡运河 200m 的岸线上，采用椰子纤维卷护岸技术创建了一道自然的水边风景带。这种椰子纤维卷用椰子外皮制成，其中种上作为优势种的当地植物，将椰子纤维卷系在栗子树桩上，再将挖出的淤泥填入椰子纤维卷与马道之间，淤泥里也种上当地植物，形成一道新的河岸。这种护岸基本不需要进行维护，而且椰子纤维卷与栗子树最终会降解掉。这种护岸技术为运河带来了很好的生态效益，可以为运河的各种野生动植物提供栖息地。

② 水生植物材料　以芦苇、香蒲、灯芯草等为代表的水生植物通过其根、茎、叶对水流的消能作用和对岸坡的保护作用，使其沿岸边水线形成一个保护性的岸边带，促进泥沙的沉淀，从而减少水流中的挟沙量。水生植物还可以从水体中吸取满足自身生长需要的营养物质，防止水体的有机污染和富营养化，为其他水生生物提供栖息场所，有利于水体得到进一步的挣化。常采用的是水生植物与其他护岸材料，如石笼、块石、纺织袋和混凝土材料等配合使用的复合型护岸结构，以确保护岸的稳定性，达到更好的护岸效果，可承受中等甚至是严重的水流侵蚀。

(2) 树木材料

① 木本植物材料　通过在水边栽植乔木或灌木，通过植物生根发芽形成的庞大根系、密集的排列，支撑和保护陡岸坡脚；而且其枝叶还可以为水生生物提供生存空间，从而实现保护岸坡稳定性和生态系统。

常用的材料有柳树、水杉、红树。柳树护岸对水流流速要求一般，抗冲刷能力中等，适用于水流流速较大、冲刷严重的堤岸保护。水杉的根系发达、穿插能力强，有效提高坡面的抗蚀性；此外，树形优美，成片栽植于岸坡，可形成优美的生态护岸景观。红树林护岸多用于滨海护岸中，盘根错节的发达根系能有效地促淤保滩、固岸护堤、防风消浪。

② 木桩　是在坡脚和坡顶处各打入一排木桩（多为柳树），然后在木桩横向上放入木材或回填土料，最后在坡顶木桩与坡脚木桩之间用粗铁丝或其他具有抗拉能力和耐腐蚀的网线固定。待柳杆生根发芽后，其庞大的根系、密集的排列能起到支承和保护岸坡坡脚的作用，坡面可种植混合护坡植物。

美国俄勒冈州 Kelley 河生态恢复工程中，将倒木交叉平放在水边，再沿倒木选择几处加固点，将较短木桩垂直稳固地立于土中，最后用钢丝将倒木与垂直木桩捆绑牢固（见图 20-8）。

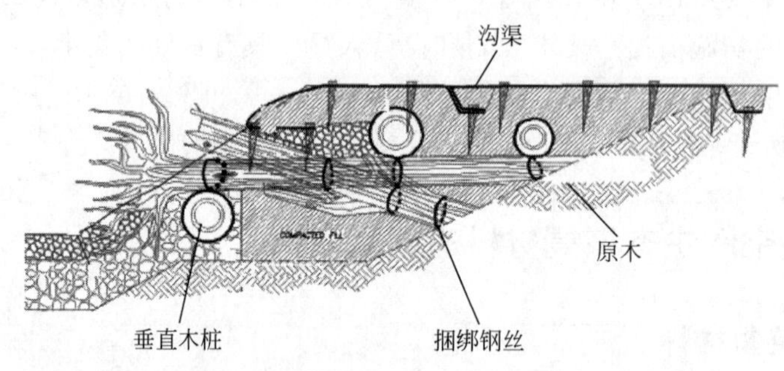

图 20-8　美国俄勒冈州 Kelley 河大型倒木的加固措施

③ 树枝压条　是将活体切枝以交叉或交叠的方式插入土层中，利用根系固着土壤，枝叶削减流水能量。这种方法适用于岸底带和堤岸带。避免坡脚的掏刷，可以将活枝层间的土壤用自然或合成的织物材料包裹，与树枝压条结合使用，或者将有分枝的活枝顺斜坡方向放置，形成沉床，切枝被切的一端插入坡脚保护结构中（见图 20-9）。

20.2.3.2　石材

以天然石材为主要材料，可以随意堆放，或是放置在石笼中再堆砌，也可以与水泥混凝土混合垒砌。其粗糙表面可以为微生物提供附着场所，石头之间的孔隙可为水生生物提供生存空间。

(1) 天然石材 使用天然石材，能够更好地融入自然，保护水生生态环境，体现水边空间本身的美感。不同形状的石材有砾石、卵石、太湖石、干砌石等。其中，砾石与卵石护岸形成的孔隙最多，生态性最好，堆积方式更自然，景观性较好，但稳定性较差；太湖石护岸形成的孔隙较大，水生生物空间较大，生态性也不错，但太湖石比较稀少，造价较高，应用较少；干砌块石护岸性状不一，堆积不规则，可形成供水生植物生长和水生动物休息的孔隙，也具有一定的生态性，但其整体景观比较单调。因此，在四种材料的选择上应该充分考虑周围环境和其所要表现的主要功能，不能盲目选择。

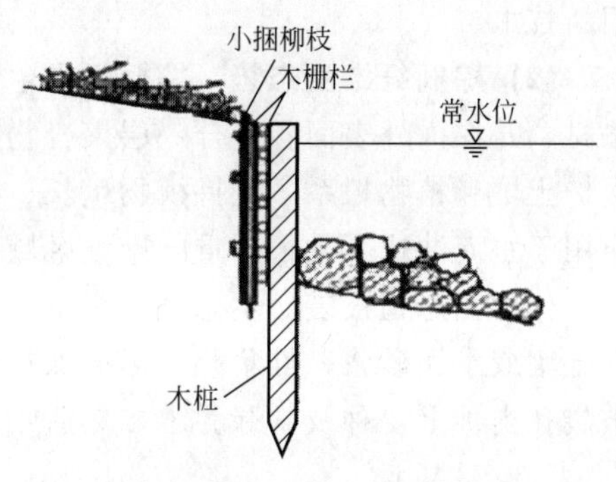

图 20-9 柳枝在护岸中的应用

(2) 石笼 石笼护岸是用镀锌、喷塑铁丝网笼或竹子编的竹笼装碎石（有的装肥料和适合于植物生长的土壤），垒成台阶状护岸或做成砌体的挡土墙，并结合植物、碎石以增强其稳定性和生态性。石笼表面可覆盖土层，种植植物。石笼护岸比较适合于流速大、坡面陡峭的河道断面，具有抗冲刷能力强、整体性好、应用比较灵活、能随地基变形而变化的特点，同时，又能满足生态的需要，可为水生动植物提供生存空间。该护岸结构也可直接以水生植物为净水材料种植在石笼内。上部坡面可采用三维植被网种植植被，以达到固土护坡、美化环境的目的。该类护岸结构可用于坡度较大、水质较差的岸坡保护。

20.2.3.3 生态混凝土

利用生态混凝土进行水边护岸，既能保障水边岸坡的安全与稳定，又能为水边空间的生态恢复提供有利条件，从而起到保护水体生态环境和提高水体自净能力的作用。

(1) 绿化混凝土 绿化混凝土是粗砂大孔混凝土，由粗砂砾料或碎石、水泥加混合剂压制而成。具有高透水性、较大抗拔力、高透气性等特点。该类材料主要包括鱼巢砖、生态砖、环保型透水砖、植草砖。

(2) 无砂混凝土 无砂混凝土是由大粒径的粗骨料、水泥和水配置而成的混凝土。由于水泥浆不起填充作用，只是包裹在石子表面将石子胶结成大孔结构的整块混凝土结构。因此，它具有孔隙多、透水性大、抗变形能力好的特点。孔隙多、透水性大有利于植物的生长发育。

20.2.3.4 钢材

钢材一般采用板桩的型式加固护岸。钢板桩可以分为悬臂式或锚固式。钢板桩可以适用于冲刷程度较高的地段，同时结合块石、水生植物可以创造景色非常好的景观，并且节省人工材料的占地空间，是种十分好的护岸构造材料。

20.2.3.5 合成材料

(1) 土工合成材料 多种土工材料（土工织物、土工膜等）与其他材料组合在一起使护面层达到所需的稳定性或保护功能。应用最多的是土工格室草皮护坡、土工网垫草皮护坡等可支持植物生长的新型护坡材料。土工材料与浅根性植物种植以及其他块石、混凝土等材料结合使用将提高抵抗强度。可用块石组成种植池，种植水生植物，达到良好的景观效果。土工合成材料还可以与活性植物结合形成三维植被网，这是通过植物生长对坡岸进行加固的一门新技术。

(2) 棕榈纤维生态垫 棕榈纤维生态垫是将棕纤维加工形成三维空间排列后胶结制成的垫材，并在内外表面各复合一层聚合物网格。其内部有大量孔隙，敷土后可在强水流冲刷下保护土壤和植物根系，支持植物生长。棕榈纤维生态垫可最大限度恢复水边生态系统，广泛应用于水流冲刷不是很严重的岸坡区域。

(3) 生态植被袋 生态植被袋是在特殊软体环保材料袋里灌入含有选定植物种子的流动性土壤或水泥砂浆，堆集起来形成保护边坡的生态护岸。它具有很好的透水性，又可以在植被袋孔内种上草种及常绿乔木，然后喷水使植物生长以达到防止土壤流失之功效。

20.3 蓟运河中新生态城段水边空间设计

蓟运河是海河流域北系的主要河流之一，干流河道始于天津蓟县九王庄，流经天津市蓟县、宝坻、宁河、汉沽四个区县，止于汉沽区蓟运河防潮闸，全长144.54km，流经永定新河入海。蓟运河的河道功能主要是农灌、工业用水和泄洪。长期以来，由于蓟运河河道蜿蜒曲折、主河槽过水断面小、堤身薄弱、堤防下沉、高程不足、险工险段多等原因，已成为本市防洪的难点和隐患。针对蓟运河防洪工程中存在的问题，为保障下游人民财产安全和经济社会持续发展，对蓟运河下游存在问题较多、防洪能力较弱的中新生态城段进行治理是十分必要和迫切的。

2009年2月，蓟运河中新生态城段治理工程正式开工建设，总投资1.54亿元，总工期11个月。蓟运河中新生态城段位于汉沽城区南环桥附近至蓟运河防潮闸之间，河道长约12.2km，堤防总长度24.88km，其中左堤长12.393km，右堤长12.487km。工程实施后，蓟运河中新生态城段基本能够达到20年一遇的防洪设计标准，通过对水库、河道和蓄滞洪区的联合调度，该段能够抵御50年一遇的洪水标准。中新生态城规划提出“给河口更多湿地空间，最小化人类足迹”的对策，主动预留西侧三角地带作为七里海湿地鸟类迁徙地，对污水库进行生态恢复，对蓟运河故道进行保护。

20.3.1 设计原则

该项目的基本理念是“人与人、人与经济、人与环境的和谐共存”。蓟运河作为滨海新区的主要河流之一，且毗邻中新生态城，是一条极具经济和社会发展长远战略意义的河道，其设计目标应与滨海新区规划相协调，站在与中新生态城建设同一高度，创建一个人与自然社会和谐共处的宜居生态乐园。

(1) 构建“自然的城市河流” 尽可能地保护和恢复蓟运河生态，并促进蓟运河对于城市的生态调节作用，保证城市的可持续发展。构建生态型河岸，种植植物群落以恢复水边自然生境，形成水绿相融绿带，最终建立健全的自我循环体系。

(2) 创建可供市民休闲的景观体系 打造两岸新景，涵盖乡土景观岸线、城市景观岸线、湿地景观岸线三个景观段的蓟运河休闲景观体系。包括绿化、雕塑、亲水平台、观景廊道等要素。还要为河道两岸恢复自然堤岸，斜坡种植喜水植被，实行乔灌草结合以增强堤岸抗洪能力，在沿岸堤脚建设亲水栈桥。同时，避免不适宜的土地利用对河流产生污染和视觉破坏，保留更多的河岸生态绿地空间，为市民提供滨水休闲空间和联系城乡的滨水休闲场所。

(3) 创建多级水循环体系 保留生态核心区与蓟运河及河口湿地间的联通，形成“水库-漫滩湿地-河流-滩涂湿地-海水”的多级生态空间网络格局。分阶段进行改造治理，确定不同产业功能和景观特色，根据各阶段的不同特色冠以不同的规划建设内容，沿河的服务带、景观带、生态的自然风景旅游带。

(4) 尊重历史文脉 设计尊重自然与历史文脉，延续蓟运河内在机理，保护和发掘文化遗产，传承具有地域特色的传统文化。加强水边空间文化设施建设，弘扬具有现代、开放、国际特色的生态文化；大力发展生态旅游，提升整体文化氛围，全方位塑造生态城市文化风尚和整体形象。

20.3.2 水边生态景观现状分析

20.3.2.1 植物资源现状

蓟运河中新生态城段水边空间有丰富的植物资源，组成本区植被的植物种类有水生、湿生、沼生及盐生植物，计有21科、54属、66种（含种下分类单位）。其中绝大多数为草本植物，木本植物很少，仅在蓟运河故道发现少量柽柳群落（见表20-3）。植物区系主要以菊科、禾本科、藜科、十字花科、蓼科等为主，特点是植物种类单纯、优势种多、覆盖度大。由于土壤盐碱严重，因而植被覆盖度较低，除少数种类零散分布外，大多数均聚集在一起，成片生长，成为各种群落的优势种或次优势种，如碱蓬、盐地碱蓬、獐毛、芦苇、苘麻、狗尾草、柽柳、白刺，常组成以其本身为优势种或次优势种的植物群落，也常以单种群集在一起。

表20-3 规划区域主要野生植物名录

科名	种名	学名
蓼科	萹蓄	*Polygonum. aviculare*
	酸模叶蓼	*P. lapathifolium*
	西伯利亚蓼	*P. sibirieum*
藜科	灰绿藜	*Chenopodium glaucum*
	软毛虫实	*Corispermum puberulum*
	虫实	*C. stauntonii*
	碱地肤	*Kochia. scoparia* var. *sieversiana*
	盐角草	*Salicornia europaea*
	猪毛菜	*Salsola collina*
	刺沙蓬	*S. ruthenica*
	碱蓬	*Suaeda glauca*
	盐地碱蓬	*S. Salsa*
苋科	凹头苋	*Amaranthus lividus*
马齿苋科	马齿苋	*Portulaca oleracea*
十字花科	荠	*Casella bursa-pastoris*
	独行菜	*Lepidium apetalum*
	球果蔊菜	*Rorippa globosa*
	风花菜	*R. Islandica*

续表

科名	种名	学名
蔷薇科	朝天委陵菜	*Potentilla supina*
豆科	草木犀	*Melilotus officinalis*
蒺藜科	白刺	*Nitraria schoberi*
	西伯利亚白刺	*N. sibirica*
锦葵科	苘麻	*Abutilon theophrasti*
	野西瓜苗	*Hibiscus trionum*
柽柳科	柽柳	*Tamarix chineness*
伞形科	蛇床	*Cnidium monnieri*
蓝雪科	二色补血草	*Limonium bicolor*
夹竹桃科	罗布麻	*Asclepiadaceae venetum*
萝藦科	地梢瓜	*Cynanchum thesioides*
	雀瓢	*C. thesioides* var. *australe*
旋花科	打碗花	*Calystegia hederacea*
	藤长苗	*C. pellita*
紫草科	砂引草	*Messerschmidia sibirica* subsp. *Angustior*
唇形科	夏至草	*Lagopsis supine*
	益母草	*Leonurus heterophyllus*
茄科	曼陀罗	*Datura stramonium*
菊科	黄花蒿	*Arctium lappa*
	茵陈蒿	*A. capillaris*
	紫菀	*A. tataricus*
	刺儿菜	*Cephalanoplos segetum*
	大刺儿菜	*C. setosum*
	鳢肠	*Eclipta prostrata*
	小飞蓬	*Frigeron canadensisi*
	泥胡菜	*Hemistepta lyrata*
	中华旋覆花	*Inula britannica* var. *chinensis*
	苦菜	*Ixeris chinensisi*
	苦菜	*I. denticulata*
	毛连菜	*Picris hieracioides*
	蒙古鸦葱	*S. mongolica*
	苣荬菜	*Sonchus brachyotus*
	苦苣菜	*S. oleraceus*
	蒲公英	*Taraxacum mongolicum*
	碱地蒲公英	*T. sinicum*
	碱菀	*Tripolium vulgare*
	苍耳	*Xanthium sibiricum*

续表

科名	种名	学名
禾本科	獐毛	*Aelurpus litoralis* var. *sinesis*
	虎尾草	*Chloris vingata*
	马唐	*Digitaria sanguinalis*
	芒稷	*Echinochloa colonum*
	稗子	*E. crusgalli*
	蟋蟀草	*Eleusine indica*
	芦苇	*Phragmites communis*
	朝鲜碱茅	*Puccinellia chinampoensis*
	纤毛鹅观草	*Roegneria ciliaris*
	金色狗尾草	*S. viridis*
	虱子草	*Tragus berteronianus*
莎草科	扁杆藨草	*Acirpus planiculmis*

20.3.2.2 动物资源现状

本段水边空间广阔、湿地较多，为动物提供了良好的栖息环境，动物资源特别是鸟类和昆虫资源比较丰富。根据现场调查和历史资料收集，组成本区水生生物26科、60多种；哺乳类动物10余种；两栖类、爬行类10余种。鸟类80余种，主要留鸟有喜鹊、灰喜鹊、麻雀、乌鸦等，以喜鹊和麻雀较多，其他鸟类还有大天鹅、小天鹅、鸿雁、白琵鹭、蓝翡翠、鸿雁、豆雁、红骨顶、白骨顶等国家级保护鸟类，其中国家一、二级重点保护鸟类10余种。可见该区的鸟类资源极为丰富。鱼类60余种，主要经济鱼类有鲫、鲤、白鲢、鳊、草鱼、鳜、乌鳢和赤眼鳟等，占产量最多的是鲫鱼。由于过度捕捞，过去曾蕴藏丰富的底栖贝类和草丛中的田螺已明显减少甚至不见。此外，昆虫资源也相对丰富，基本为我国北方常见的昆虫如蝉、斑蝗螂、马蜂、蝈蝈、蜂、东亚飞蝗、中华蚱蜢、豆天蛾、谷蛾、黄风蝶、菜粉蝶、萤火虫等。水域中浮游生物种类有浮游动物草虾类幼体，浮游植物中的丝状蓝藻、丝状绿藻、圆筛藻、舟形藻、菱形藻、黄绿藻等近20种。本区是许多珍稀和濒危野生动物迁徙、繁殖和栖息的基地。在规划区内野生的哺乳动物种类不多，主要是北方常见的田鼠、野兔、达乌尔黄鼠、黄鼬、刺猬、长尾仓鼠等小动物。总体来说，规划区现状陆生野生动物资源中，昆虫类和鸟类物种比较丰富，而哺乳类、爬行类物种较少。

20.3.2.3 景观资源现状

本段水边空间周边建筑密度低，视野开阔，田野风光与城镇景观并存。由于长期对水资源的过度利用和污染，造成河道生态系统功能严重退化，最终产生的结果是植被覆盖少，景观单调，同时造成对其他景观的影响。本段区间处在城市建设过程，总体的景观特点是地形地貌简单，地势低洼平坦，生态特征较为单一，湿地生态系统特征明显。区域植被以滨海盐生草本植物为主，外貌低矮，层次简单，视觉感差。

20.3.2.4 生态景观现状评价

从以上的调查和分析可以得出，规划区生态环境现状较差，植物种类较为贫乏，没有乔木植物群落，主要以盐沼植物群落为主。植被覆盖率较低，生物多样性较低，植被生物量较低。生态城项目实施后会一定程度上对当地的原生植被造成破坏，应注意保护典型地段的原生植被。盐生植被是一种特殊的适应于土壤高盐浓度环境的植物类型，对裸地的改造起了土壤脱盐、积累土壤有机质的作用，因此需在合理规划基础上进行开发利用。

规划区域水面密布，以湿地生态系统为主，并伴有少量农田系统。区域内动物以鸟类和昆虫为主，哺乳动物数量少。鸟类中有多种受保护动物如天鹅等。

总体上，规划区内地形地貌简单，地势低洼平坦，生态特征较为单一，水面面积率高，沟渠密布，除了分布有果园、旱地外，区域植被以滨海盐生草本植物为主，外貌低矮，层次简单，土壤含盐量高，肥力不高，物理性能差。

20.3.3 概念性规划与设计

20.3.3.1 总体布局

根据中新生态城空间布局规划，蓟运河中新生态城段可以分为三段（见图 20-10）。

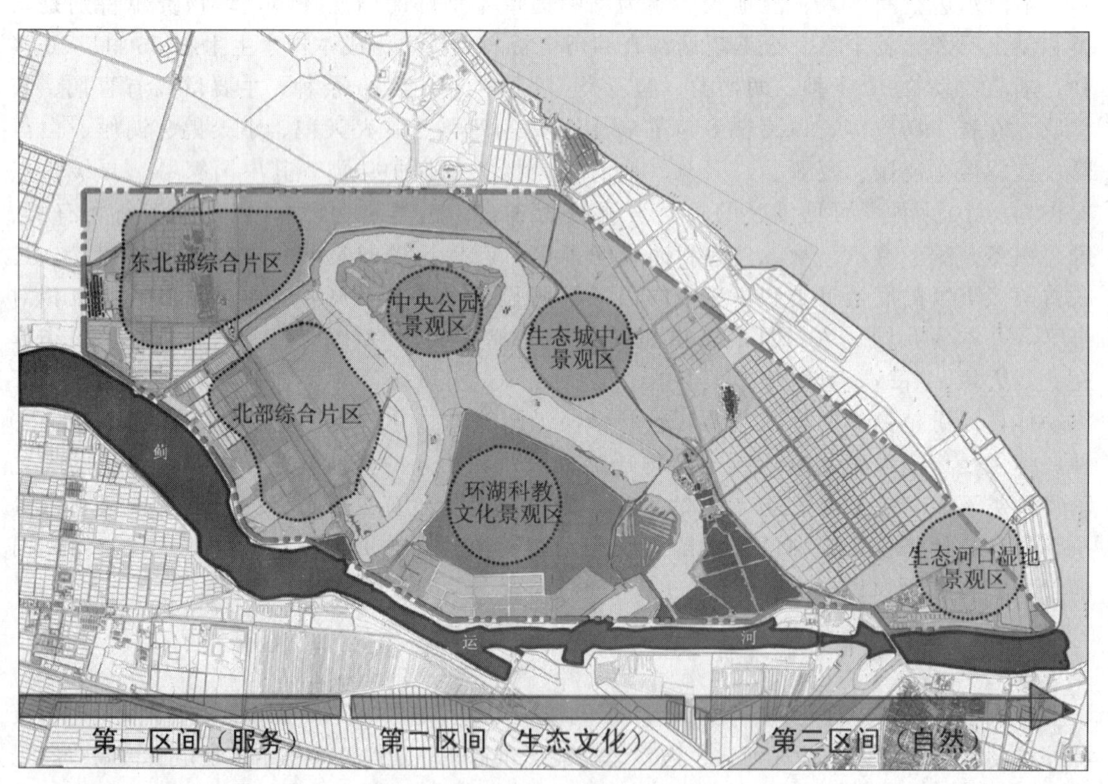

图 20-10 蓟运河中新生态城段区间

第一区间位于中新生态城混合功能区，相邻北部综合片区和东北部综合片区，布局有一定规模的商务工业用地，且这段区间河流较宽，因此，设计要求满足防洪的同时体现水边空间的服务功能，河道两侧设置亲水平台，利用灌木等来体现高水位护堤、低水护堤，恢复河床的绿色带的生态连续性。

第二区间位于中新生态城生态核心区，周边有环湖科教文化景观区。设计应强调水边空间的生态及人文特性，促进生态核心区的辐射作用，修建连续的滨水休闲游憩带、蓟运河文化博览园等。

第三区间位于河口湿地，是内陆生态湿地连绵带向海洋滩涂湿地转换的重要廊道。相对于第一区间和第二区间的人工生态化设计，该区间强调自然特点，河道改造应以自然河道为主，两岸多采用自然化的生态植被，选择乡土物种。建造生态通道，链接生物栖息空间，形成植被带与群落生境。

20.3.3.2 恢复河道形态多样性

充分利用河道的地形地貌，创造尽可能丰富的河道风貌，为水生植物提供丰富的栖息地类型。设计在符合防洪要求的基础上，对防洪堤进行了改进，引入多自然河道的概念。构筑多自然河道，即是从河流整体的自然生态着眼，充分考虑与当地的生活文化历史背景相协调，恢复河流本身具有的生物生息、繁殖生息环境及构筑多种多样的自然生态环境的河流管理工程（见图 20-11）。具体方法为通过微地形形成整条绿带，使防洪堤融于水边空间，与水边绿带结合一体。再根据景观和功能需要在这片“整体的绿地”上划分出步道、广场、平台等场地。这不仅有利于水边生境，也为景观设计提供了更好的前提，有利于形成更加自然和丰富的景观。

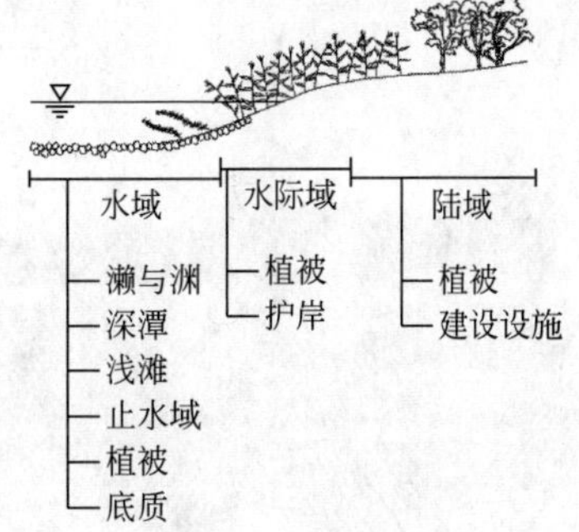

图 20-11　多自然河道的生物生境类型

20.3.3.3 生态护岸

设计中建议将防洪与生态景观功能结合起来，满足防洪要求的前提下进行生态护岸的构建。

(1) 断面形态处理　河道断面设计的关键是设计能够保证常年流水的水道和能够应付不同水位、水量的河床。可以采用多层次台阶式（复合式）断面结构，低水位时河道保证一个常年流水的蓝带，提供鱼类生存的基础环境，满足 3～5 年的防洪要求；在蓝带两侧为滩地和栈桥，平时可以作为城市中开敞空间环境，亲水性较好，适合市民休闲游憩；当发生较大洪水时，允许淹没两侧滩地和栈桥。此外，可以根据流域地貌、地形的改造，加强河流的防洪能力，修建“超级堤防”。

(2) 护岸类型的选择　考虑到尽量实现河流两岸绿化的自然性，采用多自然型护岸。多自然型护岸是一种被广泛采用的生态护岸，通过配置石材、木材等天然材料，增强护岸的抗洪能力。如采用石笼、天然卵石、柳枝、木桩或浆砌石块（设有鱼巢）等护底，其上筑设一定坡度的石堤，其间种植植被，加固堤岸。本设计主要采用以下几种护岸类型。

① 蛇笼护岸法　此法为一传统型护岸方法。将方形或圆柱形的铁丝笼内装满直径不太大的自然石头，利用其可塑性大、允许护堤坡面变形的特点作为边坡护岸以及坡脚护堤等，形成具有特定抗洪能力并具高孔隙率、多流速变化带的护岸（见图 20-12）。

② 面坡箱状石笼、卵石护岸法　该法是将混凝土柱或耐水圆木制成直角梯形框架，再在其中埋入大量柳枝（或水杨树枝等）、直径较大的石头或将直径不同的混凝土管插入箱状

图 20-12　蛇笼护岸

图 20-13　石材护岸

框架内，形成很深的鱼巢。在邻水的一侧还可种植菖蒲等水生植物。此法可在营造植物生长护岸的同时，形成天然鱼巢，如图 20-13 所示。

以上两种方法可以在蓟运河及永定新河交汇处等防洪要求较高的河段采用。

③ 柳枝治理法　种植柳枝是多自然型河流治理法中最普遍、最常用的方法（见图 20-14）。这是因为柳枝耐水、喜水、成活率高；成活后的柳枝根部舒展且致密能压稳河岸，加之其枝条柔韧、顺应水流，其抗洪、保护河岸的能力强；繁茂的枝条为陆上昆虫提供生息场所，浸入水中的柳枝、根系还为鱼类产卵、幼鱼避难、觅食提供了场所。此方法可用于防洪要求低、景观功能要求高的河段，可以支持高的生物多样性。

图 20-14　柳枝治理法

(3) 生物栖息地的营造 河岸水位以下部分通过U形混凝土构建的组合叠加成一个个“鱼巢”，增加了水边空间的表面积，在一定程度上丰富了河道形态，形成的缓流区域适于挺水植物生长，又可供鱼虾水生生物等产卵附着，有利于提高物种多样性（见表20-4）。

表20-4 水边空间栖息地恢复的基本方向和适用方法

分类	恢复目标	基本方向	适用方法
鱼类	确保河流水系的连续性	形成鱼类移动通道	石笼、卵石护岸
	确保鱼类多样性	改善水环境，提供多样栖息地 确保水边树阴 防止水温过度上升，建造避难场所提供产卵等繁殖场所	浅滩
			多段式落差工
			护栏
鸟类、昆虫、两栖类	确保食物、水、藏身处、移动通道	种植多种水边植物，提供藏身处 确保作为食物源的水生生物、昆虫、鱼类等栖息空间	河岸林 自然学习园
	不同季节吸引不同鸟类	自然形成洼地、湿地、沙地等 为鸟类提供水栖息地 为野生鸟类提供食用植物	生态湿地园 观测台

20.3.3.4 种植规划

水边植被设计与选择应注重依托水体，体现地方特色，营造丰富而稳定的植物群落。植物的选择中尽量采用乡土植物，慎用外来物种。以天津地方性的湿生植物或水生植物为主，同时高度重视水滨的归化植被群落，它们对河岸带和堤内地带的生态交错带尤其重要，宜遵循“物种多样化，再现自然”的原则。

河流两岸的绿化应尽量采用自然化设计。自然化的植被设计要求：①注意植物的搭配。按照“乔、灌、草”复层结构进行配置，地被、花草、低矮灌丛与高大树木的层次和组合应尽量符合水边自然植被群落的结构，平面上的水边植物配置有疏有密、有远有近，立面上可以有一定起伏，将水边与水域景观统一配置，根据水由深到浅，依次种植水生植物、湿生植物，尽量使植物自然过渡，形成高低错落的植物景观；②在水边生态敏感区引入天然植被要素。表20-5列出了不同地点的规划内容和引进植物种类（见图20-15）。

表20-5 不同地段的规划内容和引进植物种类

分类	适用范围	规划内容	引进植物
堤防	洪水防护区域	实行乔灌木和地被相结合的种植手法，固堤护坡、柔化岸线、提供树阴，改善水边景观	柽柳、白刺、打碗花、大刺菜、
高水位地	受淹概率低的区域（各种设施利用频率较高）	向水边引进野生草本类植物，改善水边景观 建造缓冲绿地，调节生物与游客之间的矛盾 市中心的高水位地上种植矮小的草地，提高空间利用率 在主要设施周边栽植绿阴树，为游人提供阴凉地	柽柳、紫穗槐、芦竹、罗布麻、苘麻
低水护岸	临水地带	在生态护岸空隙内栽植植被，使用无需人工养护管理而又具有自然之美的耐湿滨水植物，多用地被，恢复护岸的生态推移带	芦苇、香蒲、扁秆藨草、碱菀、红蓼、旋覆花、盐地碱蓬
低水路	频繁受淹区	栽植水生植物，改善水边景观	芦苇、千屈菜、荇采、金鱼藻、狐尾草

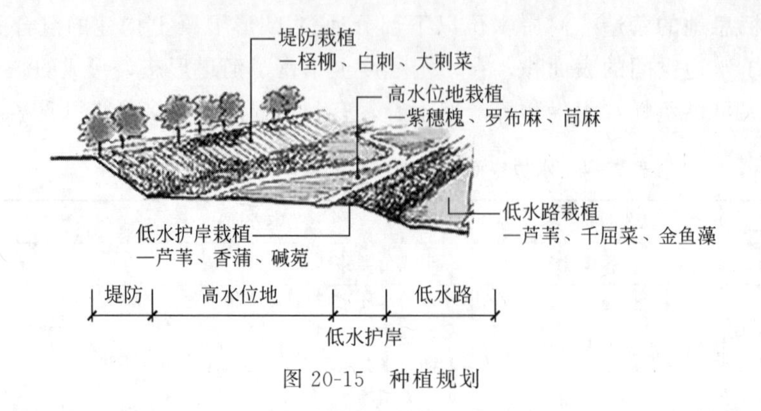

图 20-15 种植规划

20.3.3.5 维持管理

河流恢复后的维持管理与恢复过程同样重要，是维持生态系统健康的必要手段。

(1) 河流植被的管理

① 栽植后的管理　河流恢复工程竣工后 1～2 年的植被生长期间，需要进行去除或抑制竞争植物生长的栽植后的管理（周期性除草、去除外来种）。

② 河流长期管理　低水护岸与高水位地上种植的植物（柳树）如果生长过密，则需要进行周期性砍伐（3 年为一个轮伐周期，每年砍伐 1/3 的树木）。例如，以水质净化为目的的湿地上种植芦苇、千屈菜等水生植物，每年冬季对这些水生植物进行割除。

(2) 动物管理　确保水栖生态系统的生存需要的河流长期流量，可持续地促进水质改善工程；构建洪水或水污染事故发生时的鱼类避难场所，设置蓄水池和跌水构造等断面设施；在市民的监督下减少鱼饵用量，缓解钓鱼池周边乱扔食物垃圾的现象；栽植或播种区内禁止放牧羊等家畜。

(3) 亲水空间管理　以最小化洪水期的洪涝和水土流失带来的灾害为前提，选定所有应用设备的位置、方法和素材，洪水过后应检查设备的受损情况，及时进行维护；考虑到安全问题，设置警示牌和绳索，扬弃密闭空间，排除危险区域；设置自行车道路、散步路、运动设施等情况，应该与现有的主要栖息地进行隔离，并设置适当的缓冲区域；设置游客及动物等破坏者无法出入的河中道路，给鱼类提供产卵及避难场所；提出减少夜间照明设备对生态系统的危害的方案（用低矮的步行灯代替又高又亮的路灯）；引导当地居民、市民团体自发地合理利用设备。

参考文献

[1] 赫伯特德莱塞特尔．德国生态水景设计 [J]. 沈阳：辽宁科学出版社，2003.

[2] 刘晓涛．城市河流治理若干问题的探讨 [J]. 规划师，2001，17（06）：66-69.

[3] 潘文斌，黎道丰，唐涛等．湖泊岸线分形特征及其生态学意义 [J]. 生态学报，2003，(12)：2728-2735.

[4] 葛继稳，蔡庆华，刘建康等．梁子湖湿地植物多样性现状与评价 [J]. 中国环境科学，2003，(05)：4-9.

[5] 边博，程小娟．城市河流生态系统健康及其评价 [J]. 环境保护，2006，(04)：66-69.

[6] 孙东亚，赵进勇，董哲仁．流域尺度的河流生态修复 [J]. 水利水电技术，2005，(05)：11-14.

[7] 董哲仁．保护和恢复河流形态多样性 [J]. 中国水利，2003，(11)：53-56.

[8] 董哲仁．试论生态水利工程的基本设计原则 [J]. 水利学报，2004，(10)：1-6.
[9] 杨海军，赵亚楠，封福记等．受损河岸芦苇群落的生态恢复实验 [J]. 东北水利水电，2004，(07)：37-39.
[10] 董哲仁．生态水工学的理论框架 [J]. 水利学报，2003，(01)：1-6.
[11] 王薇，李传奇．河流廊道与生态修复 [J]. 水利水电技术，2003，(09)：56-58.
[12] 王薇，李传奇．景观生态学在河流生态修复中的应用 [J]. 中国水土保持，2003，(06)：39-40.
[13] 夏继红，严忠民．国内外城市河道生态型护岸研究现状及发展趋势 [J]. 中国水土保持，2004，(03)：24-25.
[14] 何松云，韦亚芬，杨海军．城市河流生态恢复的研究现状与问题 [J]. 东北水利水电，2005，(12)：44-45.
[15] 陈婉．城市河道生态修复初探 [D]. 北京：北京林业大学，2008.
[16] 栗田秀男，峰村宏．尾瀬ヶ原池溏における生物生産の研究-1-水質と一次生産 [J]. 尾瀬の自然保護，2001，24：39-50.
[17] 宋碧玉，王建，曹明等．利用人工围隔研究沉水植被恢复的生态效应 [J]. 生态学杂志，1999，(05)：21-24.
[18] 杉山惠一，進士五十八．自然環境復元の技術 [M]. 東京：朝倉邦造，1992：87-128.
[19] 郭屹岩．城市滨河生态适应性护岸的景观设计初探 [D]. 北京：北京林业大学，2008.
[20] 夏继红，严忠民．浅论城市河道的生态护坡．中国水土保持 [J]，2003，(03)：13-14.
[21] 刘厚良，陈存友，刘望宝．塑造城市水空间新形象——宝山滨水区景观设计 [J]. 上海综合经济，2003，(03)：54-56.
[22] 夏继红，严忠民．生态河岸带综合评价理论与修复技术 [M]. 北京：中国水利水电出版社，2009.
[23] 仇恒佳，卞新民，朱利群．太湖水陆生态交错带景观空间格局研究——以苏州市吴中区为例 [J]. 南京农业大学学报，2005，(04)：21-25.
[24] Andy. Coir Rolls Combat Bank Erosion On Monmouthshire &Brecon Canal [J]. British Waterways，2005，6：1-4.
[25] 岳隽，王仰麟，彭建．城市河流的景观生态学研究：概念框架 [J]. 生态学报，2005，(06)：1422-1429.
[26] Levell，Chang. Monitoring the Channel Process of Astream Restoration Project in an Urbanizing Watershed：A Case Study of Kelley Creek，Oregon，Usa.，River Res Appl，2008，24：169-182.
[27] 罗楠．生态护坡在河道治污工程中的应用 [J]. 中国水土保持，2006，(06)：32-33.
[28] 何蘅，陈德春，魏文白．生态护坡及其在城市河道整治中的应用 [J]. 水资源保护，2005，21 (06)：60-62.
[29] 陈秀铜．振孔高喷灌浆在三峡工程中的应用 [J]. 水力发电，2005，(08)：42-43.
[30] 伍木根．网布被草坪圩堤护坡技术 [J]. 中国水土保持，2000，(02)：33-34.
[31] 张宝森，荆学礼，何丽．三维植被网技术的护坡机理及应用 [J]. 中国水土保持，2001，(03)：34-35.
[32] 肖兴富，李文奇，常佩丽等．棕榈纤维垫法恢复水库岸边植被施工技术 [J]. 南水北调与水利科技，2005，(04)：26-28.
[33] 赵永军．生产建设项目水土流失防治技术综述 [J]. 中国水土保持，2007，(04)：47-50.
[34] 赵方莹，徐邦敬，周连兄等．采石边坡生态修复技术组合模式研究 [J]. 中国水土保持，2006，(05)：24-26.

21

北大港古泻湖湿地生态恢复技术体系研究

21.1　湿地的生态恢复

由于早期湿地受人类活动的干扰（如伐木，森林开垦），以及随之而来的（如周期性的焚烧和放牧等）开发活动，湿地的自然性很难评价。因此，在没有自然湿地原始模型的情况下，恢复“自然湿地”是不可能的，但这些经人类改造后的湿地可以被恢复到一种类似或接近早期自然状态时的状况。湿地的自然状态，特别是它固有的环境特征和水供给机制，有助于确定其修复的目标和状态。

湿地的恢复是通过人类活动把退化的湿地生态系统恢复成健康的功能性生态系统。生态恢复的目标一般包括4个方面：生态系统结构与功能的恢复、生物种群的恢复、生态环境的恢复以及景观的恢复。作为一种特殊的生态系统，湿地的生态恢复主要侧重于适宜的水文学恢复、特殊生境与景观的再造、沼泽植物的再引入与植被恢复、物种多样性的丰富、入侵物种的控制等。按照群落与生态系统次生演替理论，退化生态系统在足够的时间条件下都有自我愈合创伤的能力，只要消除生态胁迫，它们都能恢复到原来的状态。但是，实际上很多生态恢复工程都被加以人工干预，其目的是为了创造有利于生态系统恢复的生态条件以加快生态恢复进程。退化湿地生态系统所面临的生态胁迫不一样，其生态恢复设计的总体思路及其必须解决的问题也不一样。

对人类社会而言，湿地具有很多“服务功能”，特别是有助于小区域甚至全球范围内生态环境的调节和改善，例如，湿地有助于控制水资源供给和调控河流洪水与海洋侵蚀。泥炭积累型湿地是大气中CO_2重要的汇聚，这对全球碳循环和气候变化具有十分重要的意义。但这些功能的发挥在很大程度上依赖于湿地保护及其功能的维持，因此需要恢复和重建湿地生态系统。

此外，湿地还具有很多经济功能。湿地内高产的畜牧业、林业和泥炭开采，通常需要通过恢复措施进行排水。而一些没有排水或部分排水的湿地只能支持低密度放牧，有时却可为收获性产品（如芦苇）提供可更新的源。这些传统的活动逐渐成为湿地恢复的驱动力之一。早期一些破坏性活动（如泥炭开发）为野生生物创造了宝贵的栖息地，陆地泥炭湿地的恢复为野生生物水生演替系列（hydrosere）提供了活力，有时也成为湿地恢复的重要目标之一。

美国、加拿大、瑞典、芬兰、英国、澳大利亚、荷兰等国家在湿地恢复和重建方面作了大量研究，并取得了显著成果。其中，美国及加拿大南部主要以富营养沼泽研究为主，通过工程及生物措施控制污染，来恢复湿地水质和生物多样性；加拿大北部以贫营养沼泽的恢复研究为主，侧重于扩大沼泽和湖泊湿地的面积。具体主要采取控制污染排放，恢复湿地的物理、化学和生物过程或使地表再湿和提高湖泊水位来恢复与重建湖泊、沼泽湿地。

21.1.1 滨海湿地恢复技术

国外滨海湿地的研究较早，成果较多。美国和加拿大关于湿地研究开始于20世纪初，但20世纪中叶以后湿地研究才得到真正重视。20世纪50—70年代，美国湿地的研究领域向海岸带扩展，重点是滨海盐沼湿地和红树林沼泽。由于滨海湿地是人类高强度经济活动区，对湿地的干扰和破坏比较明显，因而美国的滨海湿地的研究比内陆湿地受到更大的重视。

(1) 人工河流水系的重新设计 随着对淡水需求的日益增长，使得淡水资源量，以及泥沙等沉积物锐减，引起海岸带沉陷、海水入侵，海岸带湿地大量消失。对人工河流水系的重新设计，是海岸带生态恢复的基础。美国是世界上最早进行海岸带生态修复研究实践的国家之一。海岸带恢复计划措施主要是，重新设计河口水系，拆除海岸线和入海河流上一些障碍物，重新恢复泥沙自然沉积和自然的水力平衡，从而起到控制海水入侵，防止海岸沉陷，保护海岸带湿地的目的。

(2) 人工鱼礁生物恢复和护滩技术 20世纪70年代，日本提出建造新型人工鱼礁保护水生动物以提高海岸带生物量。20世纪90年代，人们利用“矿物增长”(mineral accretion)技术建造新型鱼礁，即在人工鱼礁上通入低压直流电，利用引起海水电解析出的碳酸钙和氢氧化镁等矿物附着在人工鱼礁上，形成类似于天然珊瑚礁的生长过程，在鱼礁不断增长的同时促进周围生物量的增长，达到海岸带生物种群恢复和海岸带保护的目的。此方法在马尔代夫和塞舌尔等国家得到了成功应用。

(3) 海岸带湿地的生物恢复技术 采用人工方法恢复和重建湿地是海岸带生态恢复的重要措施。在美国德克萨斯州加尔维斯顿海湾(Galveston Bay)，利用工程弃土填升逐渐消失的滨海湿地，当海岸带抬升到一定高度，就可以种植一些先锋植物来恢复沼泽植被。在路易斯安娜萨宾自然保护区和德克萨斯海岸带地区，利用“梯状湿地”技术(marsh terracing tech-nique)，在浅海区域修建缓坡状湿地，湿地建好后在上面种植互花米草及其他湿地植被，修建梯状湿地可以减弱海浪冲击、促使泥沙沉积、保护海滩，同时也可以为海洋生物提供栖息地。

21.1.2 河流、湖泊湿地恢复技术

21.1.2.1 滨岸缓冲带恢复技术

在国外，对环境、生态退化问题的认识较早，很早就开始研究传统护岸技术对环境与生态的影响，认为传统的混凝土护岸会引起生态与环境的退化。为了能有效地保护河道岸坡以及生态环境，提出了一些生态型护岸技术，如瑞士、德国等于20世纪80年代末就已提出了

"自然型护岸"技术，日本在20世纪90年代初提出"多自然型河道治理"技术，并且在生态型护坡结构方面作了实践。目前，在美国以及欧洲一些国家较为常用的技术是"土壤生物工程"(soil-bioengineering)护岸技术。该项技术是从最原始的柴木枝条防护措施发展而来的，经过多年的研究，现已形成一套完整的理论体系和施工方法，并得到了广泛应用。

(1) 土壤生物工程护岸技术 20世纪30年代，土壤生物工程技术在欧洲得到大规模发展，同时，在美国加利福尼亚的自然森林公园综合运用了活枝扦插、柴笼和植物移植等方法修复退化边坡。到70—80年代，美国实施了2项重大的土壤生物工程，分别是在塔霍湖实施的土壤生物工程和在Redwood国家公园实施的重植工程，该工程为美国西部运用此技术提供了重要的技术资料；近20年来，该技术在欧美得到广泛应用。

(2) 植被型生态混凝土护坡 植被型生态混凝土是日本首先提出的，并在河道护坡方面进行了应用。如日本横滨市柚川河流整治工程和三岛市源兵卫川河流治理工程，通过使用植被型生态混凝土护坡技术，既实现了混凝土护坡，又能在坡上种植花草，美化环境，使硬化和绿化完美结合。

植被型生态混凝土由多孔混凝土、保水材料、缓释肥料和表层土组成。多孔混凝土由粗骨料、水泥、适量的细掺和料组成，是植被型生态混凝土的骨架。保水材料以有机质保水剂为主，并掺入无机保水剂混合使用，为植物提供必需的水分。表层土铺设于多孔混凝土表面，形成植被发芽空间，减少土中水分蒸发，提供植被发芽初期的养分和防止草生长初期混凝土表面过热。很多植被草都能在植被型生态混凝土上很好生长，试验过程中，紫羊毛、无芒雀麦表现出良好的耐碱性和耐旱性，紫羊毛还表现出优异的耐寒性能。

21.1.2.2 水环境恢复技术

流域水环境的恢复包括外源污染物的控制和内源污染的修复。

(1) 外源污染的控制 在北美，外源污染物的处理主要用表面自由水流湿地，有半数用于废水处理的湿地是天然湿地，另一半则是人工湿地。用来处理氮和磷的废液的系统通常涉及低表面负荷率，用来处理BOD和SS时就应设计比较高的表面污染负荷。在欧洲，表面水流构建湿地发展很快。大多数系统普遍种植芦苇，但是也有一些系统包含了其他湿地种群。在这些系统中，处理通常在植物根底部进行。在各种人工湿地中能有效地去除悬浮物，也能有效地去除BOD。

对于由氮、硝酸盐导致的富营养化现象，美国俄亥俄州立大学教授W.J.Mitsch和V.Bouchard提出了解决这个问题的建议：改变农作方式；控制洪水；国内废水处理工厂的运用；在农田和河流溪流之间构建湿地和湖滨生态系统的景观修复等。

(2) 内源污染的修复技术研究 欧洲一些国家开展了大量水域生态系统恢复研究工作，并取得明显成效。在这些过程中，许多恢复技术如废水处理、点源控制、土地处理、湿地处理、光化学处理、沉积物抽取与氧化、湖岸植被种植、生物操纵(biomanipulation)、生物控制及生物收获等技术被应用并已取得显著效果。

21.1.2.3 生境营造技术的实践

生境营造是指通过人为实体空间设计，改变动植物生长的水、光、热、养分等生态因子，创造植物及群落生长演替的环境条件，营造展示自然内在秩序的空间组织，为物种提供适宜的生长演替空间。通过人工生境空间营造，创造满足具有视觉审美和生态意义的活动场所。栖息地建设总的指导思想就是“生境多样性创造物种多样性”。即生境的多样性将给野生动物、鱼类等提供各种各样的生存条件。

21.1.3 湿地植被恢复技术

植被是湿地的特征之一，各湿地类型有不同的植被特征，因此，不论在哪种湿地类型选择植物种类时，必须考虑所选植物的地带性、耐淹性、耐盐性、耐寒性等特性。目前，国外湿地植被的恢复技术主要有如下几种。

(1) 种子库技术 种子库是指土壤基质中有活力种子的总和。种子库研究是深入了解湿地植被的结构与功能的重要内容。受损湿地土壤中的种子库在植被恢复中的作用正日益受到重视，长期续存的种子库为植物群落在退化和毁坏后的重建提供可能。种子库（包括繁殖体库）的移植是受损湿地恢复的必要手段。如在开采高位泥炭前先移取表土并湿藏，然后在5天内尽快实施恢复，可在较短时间内重建原有的植被。

种子库技术的研究同时为其他植被恢复技术提供必要的基础和理论支持。再植技术是通过利用土壤种子库作为植被的再植源。

(2) 引种植被恢复技术 许多研究者已经开始研究通过在恢复地中播种大量湿地植被种子恢复植物的可能性，尤其是在北美洲。水利播种作为简单易行的技术，是大片湿地接种的一条有效途径，但文献中很少有报道。很多湿地植被的种子在水中有浮力，种子漂浮时间对水力传播的有效性至关重要，种子通过水力进行长距离传播，根据情况的不同，时间的变化性很大。Skoglud（1990）认为大多数湿地植被的种子可以通过洪水冲击的方式到达所研究的领域，并能在季节、温度、湿度等外界条件适宜的时候大量萌发，从而建立群落，以实现植被以及生态环境的恢复。除种子外，其他的接种体也可以用该方式进行播种。

引种恢复技术的实施有时依托于某个生态系统恢复工程中所采取的相应措施。加拿大多伦多的汤米汤姆森公园恢复过程中，对水域生态系统的恢复所使用的工程措施包括在岸边搭建浮床。利用播种、扦插、移植等手段来恢复水生植物和陆生植物，以促进植物群落的自然演替。

(3) 个体及片段散布法 对于苔藓植物，尽管成熟的泥炭藓可以产生大量孢子，但到目前为止尚无人专门用孢子恢复泥炭藓湿地，而以泥炭藓个体乃至片段（也是传播体）恢复植被的实例则不少（Money，1995）。

在自然泥炭地，趁春季地表刚解冻时，收获10cm厚的泥炭藓并打成碎片，以面积1∶15的倍率尽快散布至待恢复的泥炭地（1～2cm厚），后敷草，可有助于泥炭藓湿地的恢复（Quinty&Rochefort，1997）。

(4) 放牧技术与看护植物 放牧技术有益于鸟类尤其是以湿地为生境的鸟类的保护。放牧的恢复效果在很大程度上取决于环境条件和放牧程度。较高的放牧程度会引起践踏、上层土壤压缩、水传导性降低和蓄水能力差等问题。合理践踏则有助于草本生存，为低矮植被如捕虫堇（*Pinguicula vulgaris*）提供小生境，并提高土壤矿化率，使得湿地生境内物种的丰富度显著增加。与此同时，放牧技术在一定的时间和空间内，可以为湿地植被种子的广泛传播提供条件，为湿地植被种类的丰富度和植被量的增加提供可能。

在一般情况下，看护植物在湿地植被恢复中很少使用，但有些情况下看护植物很有价值。若能改善泥沼表面微气候，尤其是创造比裸露沼泽表面的湿度高而气温低的条件，恢复效果更好。对看护植物是否能促进整个泥炭藓在沼泽地区的繁茂生长，将有待进一步探索和研究。

(5) 控制湿地害草 并非所有湿地植物均对人类有益，有的湿地植物早已或正在成为农业、渔业及交通运输业难以防除的害草。生物入侵危害生态安全的问题应该引起人们足够重视，一些外来物种繁殖快，生物产量高，竞争能力和忍耐能力强，会压制或排挤本地物种，形成单优势种群，导致本地物种的消失与灭绝。如为害农林业和交通运输业的空心莲子草和凤眼莲，影响渔业养殖并危及其他湿地植物生存的大米草和互花米草（*Spartina alterniflora*）等，对这些植物，除加强开展防治研究外，重点研究对其开发利用，以达到用治结合、变害为利的目的。

21.1.4 国内湿地恢复技术简介

我国对湿地恢复的研究与实践则相对较晚，恢复和重建对象主要集中在沼泽、湖泊、河流及河源湿地的恢复上，以消除水体污染和富营养化为重点。

我国的滨海湿地研究起步较晚，关于恢复重建的研究还多处于理论阶段，研究内容主要集中在湿地植被系统及栖息地功能的恢复方面，除红树林的恢复研究成果较好地应用于实践之外，其他研究大多停留在理论研究阶段，将理论与实际结合的工作比较少。

近年来，我国北方滨海湿地生态系统的恢复重建也有了一定的发展。2002 年国家投资近亿元进行黄三角洲湿地生态恢复和保护工程，工程的实施使黄河三角洲湿地的生态环境得到改善，为进一步救治、保动植物，进行滨海湿地的研究提供了有利的条件。同时，作为东北亚内陆和环西太平洋鸟类迁徙的重要“中转站”，黄河三角洲在珍稀鸟类的越冬栖息地和繁殖地上将发挥更重要的作用。

21.1.4.1 海岸带恢复技术

我国是世界上海岸带生态系统退化最严重国家之一，也是较早开始海岸带保护的国家之一。在 20 世纪 50 年代和 20 世纪 90 年代共开展了 3 次大规模海岸带、滩涂和海岛资源综合调查，为随后海岸带保护和修复工作奠定了基础。20 世纪 90 年代以来，先后建立了昌黎黄金海岸、山口红树林、三亚珊瑚礁、南麂列岛、江苏盐城丹顶鹤等海岸带湿地自然保护区；20 世纪 90 年代末在南海、东海、黄海、渤海等海域实施了伏季休渔制度，开展第二次全国海洋污染情况调查，制定和实施了《中华人民共和国海洋环境保护法》、《中华人民共和国海域使用管理法》等法律法规。

虽然我国在海岸带保护工作方面取得了巨大进步，但在海岸带生态修复技术研究和应用方面工作很少，还基本处于起步阶段。目前应用较多的修复技术是海洋生物人工放流增殖技术。

海洋生物人工放流增殖技术在我国应用较早，自 20 世纪 80 年代以来，我国先后在渤海、黄海、东海放养了以中国对虾为代表的近海海洋资源，目前规模化放流和试验放流种类已扩大到日本对虾、三疣梭子蟹、海蜇、虾夷扇贝、魁蚶、海参、鲍，以及梭鱼、真鲷、黑鲷、牙鲆等 10 多个品种，对近海海洋生物恢复起到了积极作用。

近年来人工鱼礁技术在我国南方海区开始大规模试验。2000 年，广东省在阳江近海海面沉放了两艘百余吨级的水泥拖网渔船，以改善近海渔场生态环境。2001 年，我国首次在珠海东澳进行人工鱼礁试验。随后的2002年和2003年，在广东汕头南澳、福建三都澳官井洋斗帽岛、浙江舟山群岛、江苏连云港市赣榆秦山岛及海南三亚等海域先后开展大规模的人工鱼礁试验。

21.1.4.2 红树林恢复技术

改革开放以来，我国很重视红树林的研究和发展。1991年国家把红树林造林和经营技术研究列入国家科技攻关研究专题，从而使我国红树林恢复和发展研究进入一个新时期，秋茄红树林的造林技术、福建九龙江口引种红树植物技术研究以及清澜港红树林发展动态研究论文相继发表，为红树林资源恢复和发展提供了一些技术及应用基础理论。在“八五”和“九五”期间国家连续2个5年计划都设立红树林资源恢复发展技术研究攻关专题，中国林业科学研究院热带林业研究所主持了2个专题的研究工作，取得了下列创新性进展。

(1) 红树林育苗造林技术的研究 我国红树林造林技术方面的研究，20世纪80年代起才有人涉足，在国家“八五”和“九五”建设期间，中国林科院热带林业研究所的红树林课题组承担了国家科技攻关专题“红树林主要树种造林与经营技术研究”和“沿海红树林培育与经营技术研究”，组织8个单位、20多个科技人员对专题进行了联合攻关。

(2) 次生林改造技术的研究 过量采伐和不合理的经营管理造成红树林面积迅速减少和滩涂衰退，出现大面积的退化次生红树林是目前普遍存在的现象。如何对这些低矮次生林进行改造恢复是所面临的另一个棘手问题。

(3) 红树植物引种试种与种源选择的研究 由于树木引种驯化是实现林木良种化最简便、最经济的方法，引种驯化一个树木良种要比培育一个树种良种容易得多。因此，我国较早开展红树林引种工作，红树林引种历史可追溯上百年。

而红树植物种源筛选方面的研究，目前仅见有木榄、秋茄种源幼苗生理生态研究和木榄种源早期筛选试验的报道。研究证实不同地域的木榄、秋茄存在遗传与生态适应性的差异，为进一步开展红树植物优良种源筛选提供了科学依据。

21.1.4.3 河流、湖泊湿地恢复技术

当前，国内在河流、湖泊生态修复方面的研究与实践主要集中在滨岸缓冲带修复和水体水质修复两方面，其中，研究重点偏重于污染水体的修复，注重水质的改善。

据历史记载，早在公元前28世纪，我国在渠道修整过程中就使用了柳枝、竹子等编织成的篮子装上石块来稳固河岸和渠道。这种最原始最古老的方法现在越来越受到人们的青睐，国内有不少人在此基础上开始研究生态型护岸技术，并取得了一定的成果。

水环境质量改善的总体思路是“减污-控源-截留-输导-修复”。首先针对污染成因进行源头控制，减少进入水体的污染物质总量；对已受污染的水体则根据污染状况，采取适合的物理、化学、生物处理技术及生态工程措施进行强化净化，达到改善水环境质量的目的，实现水生态系统良性循环。

(1) 物理措施

① 底泥疏浚　污染水体的内源污染处理主要采用异位处理和原位处理两种技术。如底泥疏浚是沿用最早、应用最广泛的一种异位处理技术，其目的是通过底泥疏浚除去沉积物中所含的污染物，减少底泥污染物向水体的释放。

② 水体稀释　稀释是改善受污染河流的有效技术之一。通过稀释能够快速降低污染物

质在河流中的相对浓度，从而降低污染物在河流中的危害程度。河流的稀释能力和效果取决于河流的水力推流和扩散能力，所以在实施稀释过程中，要认真判断污水流量与河流流量的比例、河流沿岸的生态状况、可调水量以及河流水力负荷允许的变化幅度等。

(2) 化学措施

① 投加除藻剂　这是一种简便、应急的控制“水华”的办法，可以取得短期的效果，常用的除藻剂有硫酸铜和西玛三嗪等。当除藻剂与絮凝剂联合使用时，可加速藻类聚集、沉淀。

② 投加沉磷剂　常采用的沉磷化学药剂有三氯化铁、硝酸钙、明矾等。投加这些药剂，与水中的磷结合，絮凝沉淀进入底泥。当水底缺氧时，底泥中有机物被厌氧分解，产生的酸环境会使沉淀的磷重新溶解进入水中，若加入适量的石灰可以增加磷酸钙的稳定度；同时调节底泥 pH 值达 7.0～7.5，以达到脱氮的目的。如果加入足量的硫酸铝，则底泥表层还会覆盖一层厚 3～6cm 富含 $Al(OH)_3$的污泥层，钝化底泥中的磷。

加入化学物质会对河道底栖生物产生较大影响，对河流环境的不利影响尚不完全清楚，而且投加化学药品，公众可能难以接受，因此此种方法一般只作为改善水体水质的应急措施。

(3) 生物-生态修复措施　生物-生态修复方法，是利用培育的植物或培养、接种的微生物的生命活动，对水中污染物进行转移、转化及降解，从而使水体得到净化的技术。主要是通过恢复河岸植被，恢复河岸天然湿地，种植芦苇、浮萍、睡莲、水草等湿地水生植物，提高水域净化能力；此外，为有效地控制水中藻类、水生植物的过度繁殖致使水体缺氧，可以放养适量的鱼类，以太阳能为初始能源，通过生态系统中多条食物链的物质迁移、转化和能量的逐级传递，将有机物和营养物进行降解和转化，以达到去除污染的效果。该方法具有处理效果好、工程造价相对较低、不需耗能或低耗能、运行成本低廉等优点。另外，投放药剂，不会形成二次污染。

① 投加微生物　投菌技术是直接向污染水体中接入外源的污染降解菌，然后利用投加的微生物激活水体中原本存在的可以自净的、但被抑制而不能发挥其功效的微生物，并通过它们的迅速增殖，强有力地钳制有害微生物的生长和活动，从而消除水域中的有机污染及水体的富营养化，消除水体的黑臭，而且还能对底泥起到一定的净化作用。目前常用的有集中式生物系统（CBS）、高效复合微生物菌群（EM）及固定化细菌等技术。

② 人工湿地　人工湿地是一种人为地将石、砂、土壤、煤渣等一种或几种介质按一定比例构成的基质，并有选择地植入植物的污水处理生态系统。它融合了自然净化和生物膜法优点，将污水净化、污水资源化及美化环境有机结合起来，因而受到广泛关注。我国于“七五”期间才正式开始较大规模的人工湿地研究，我国第一座规模最大的人工湿地为深圳白泥坑人工湿地，处理规模达 $3100m^3/d$，之后北京的昌平、天津、深圳、武汉和成都等陆续建立了人工湿地试验基地；其对污水的净化效果也已得到证实。

③ 生物操纵　“生物操纵”（biomanipulation）即人为调节生态环境中各种生物的数量和密度，通过食物链中不同生物的相互竞争的关系，来抑制藻类的生长。目前常用的主要有放养食藻（草）鱼（如鲢鱼、鳙鱼）、藻类的回收与利用、水生植物的养殖与收割等方法。

④ 水生植被恢复　大型水生植物是水体生态系统的初级生产者，吸收水体中的营养物质的同时，不仅对藻类有抑制作用，且对有毒有害物质也有一定的净化作用，还能促进微生物对有机物的降解。水生植被的恢复也备受人们的关注，同时也取得了一些有价值的经验。

21.1.4.4 湿地植被恢复技术

我国学者在湿地的水生植物恢复方面开展了大量的研究工作，如20世纪90年代初在滇池草海中进行了一系列恢复沉水植被的现场试验技术研究，表明在滇池草海进行沉水植物恢复在技术上是可行的。

(1) 湿地植被种类的选择 对于湿地恢复的植物配置，应在充分考虑植物生物学特性和生态学特性前提下，适当营造混交林，做到乔、灌、草相结合，落叶与常绿结合，观花、观叶、观果结合，尽可能丰富景观层次。目前，以湿地植物群落重建技术为目的的研究相对较少，但也开展了一些相关的研究。

(2) 移植法 当待恢复湿地的地上植被和种子库均遭到严重破坏时，移植法被认为是最常用的恢复手段。倪学明等进行了东湖水生植被恢复和调控技术的研究，效果良好。如沼生和水生植物移植：通过移栽芦苇，引种和筛选菹草（*Potamogeton crisp*）、芦苇、美人蕉、香蒲等具有净化功能、观赏利用价值和药用价值的水生植物，形成沉水植物-漂浮植物-挺水植物群落结构，以实现植被恢复目标。

根据植物繁殖方式的不同，应用移植法进行湿地植被恢复可细分为营养体移植法和草皮移植法。对可无性繁殖的植物而言，营养体移植不失为成功率较高的好方法。利用特殊营养器官来完成的，即人为地将植物体分生出来的幼植体（吸芽、珠芽、根蘖等），或者植物营养器官的一部分（变态茎等）进行分离或分割，脱离母体而形成若干独立植株。定植密度是该法最重要的参数。草皮移植法将未受干扰（或干扰较小）的自然植被切块后移植于受损裸地，以达到湿地植被的恢复目的，既可手工实施，又可机械实施。

(3) 滨岸植被恢复 根据河流水位变化情况设计不同植被的分带格局，包括沼生植被带（含湿生草本植物和耐湿的木本植物）、挺水植被带、漂浮植被带（或浮水植被带）和沉水植被带。为保证扦插和移植的存活率，木本植物应该设计在平均最高水位以上，并且应设计林下带。根据所采用的草本植物的不同耐淹性来决定它们在最高水位和最低水位之间的位置。不具有浮叶的沉水植物应设计在最低水位以下的浅水区，以利于吸收光能。当河流具有足够的宽度，并且在不妨碍航运等其他水上活动时，可设计漂浮植物群落。

滨岸植被的恢复方法与河流湿地相似，自陆地向开阔水域建造湿生植被带、挺水植被带、扎根浮叶植被带、漂浮植被带、浮游植被带、沉水植被带以及开阔水域的浮游植被带7个湿地植被带。在恢复过程中，滨岸植被必须具备一定的宽度。保持河岸岸边30m以上的植被带会起到有效的降温、过滤控制水土流失等作用，提高生境多样性。60m以上宽度的河岸植被带可以满足动植物迁移和生存繁衍的需要，并起到生物多样性保护的需要。

21.2 湿地生态恢复的程序和技术体系

21.2.1 湿地生态系统恢复与重建的程序

退化湿地生态系统恢复的基本过程可以简单地表示为：基本结构组分单元的恢复→组分之间相互关系（生态功能）的恢复（第一生产力、食物网、土壤肥力、自我调控机能包括稳定性和恢复能力等)→整个生态系统的恢复→景观恢复。

植被恢复是重建任何生物生态群落的第一步。植被恢复是以人工手段在短时期内使植被得以恢复，其过程通常是：适应性物种的进入→土壤肥力的缓慢积累，结构的缓慢改善（或毒性缓慢下降）→新的适应性物种的引入→新的环境条件的变化→群落建立。在进行植被恢复时应参照植被自然恢复的规律，解决物理条件、营养条件、土壤的毒性、合适的物种等问题。在选择物种时既要考虑植物对土壤条件的适应也要加强植物对土壤的改良作用，同时也要充分考虑物种之间的生态关系。

目前恢复生态工作者普遍认为恢复中的重要程序包括：确定恢复对象的时空范围；评价样点并确定导致生态系统退化的原因及过程（尤其是关键因子）；找出控制和减缓退化的方法；根据生态、社会、经济和文化条件决定恢复与重建的生态系统的结构、功能目标；制定易于测量的成功标准；发展在大尺度情况下完成有关目标的实践技术并推广；恢复实践；与土地规划、管理部门交流有关理论和方法；监测恢复中的关键变量与过程，并根据出现的新情况作出适当的调整（见图 21-1）。上述程序可以表述为如下操作过程。

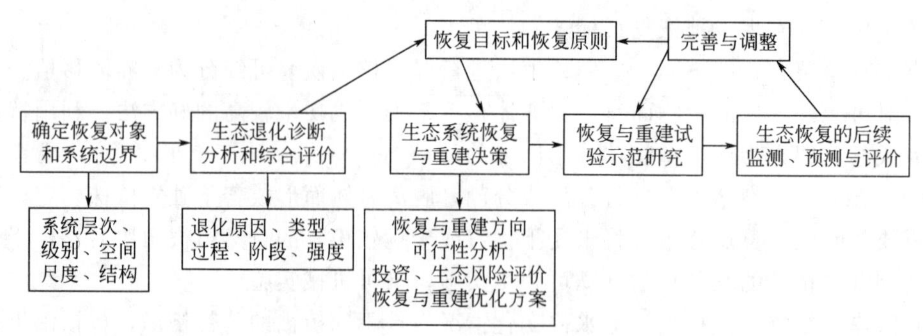

图 21-1 退化生态系统恢复与重建的重要操作程序与内容

首先应明确被恢复对象，确定退化系统的边界，包括生态系统的层次与级别、时空尺度与规模、结构与功能；然后对生态系统退化进行诊断，对生态系统退化的基本特征、退化原因、过程、类型、程度等进行详细的调查和分析。

结合退化生态系统所在区域的自然系统、社会经济系统和技术力量等特征，确定生态恢复目标，并进行可行性分析；在此基础上，建立优化模型，提出决策和具体的实施方案。

对所获得的优化模型进行试验和模拟，并通过定位观测获得在理论上和实践上都具有可操作性的恢复与重建模式。

对成功的恢复与重建模式进行示范推广，同时进行后续的动态监测、预测和评价。

21.2.2 湿地生态恢复的技术体系

当湿地的破坏程度相对较小时，我们可以采用直接恢复的方法，但是当湿地环境破坏已经比较严重以至于不能够直接进行恢复的时候，必须采用一些方法和技术来重建湿地。由于自然演替需要的时间很长，通常我们不会完全采用这种方法进行湿地的再生，不过演替再生可以为淡水湿地的生态恢复提供稳定、长期的基础，因为它提供了一个比较好的生态恢复起点。

进行湿地的生态恢复很可能要面对一些重要的不利因素，这些因素来源于湿地外的破坏。湿地的水和营养供给都来源于外部，因此，相对于许多其他栖息环境而言，湿地受外界影响更深。有效的修复往往需要控制整个流域，而不仅仅是湿地本身。实际上，在不同退化湿地生态系统中，其恢复目标、侧重点及其选用的配套关键技术往往会有所不同。尽管如此，对于一般退化湿地生态系统而言，大致需要或涉及以下几类基本的恢复技术体系。

从生态系统的组成成分角度看，恢复主要包括非生物和生物系统的恢复。无机环境的恢复技术包括水体恢复技术（如控制污染、去除富营养化、换水、积水）、土壤恢复技术（如耕作制度和方式的改变、施肥、土壤改良、表土稳定、控制水土侵蚀、换土及分解污染物等）。生物系统的恢复技术包括植被（物种的引入、品种改良、植物快速繁殖、植物的搭配、植物的种植、林分改造等）、消费者（捕食者的引入、病虫害的控制）和分解者（微生物的引种及控制）的重建技术和生态规划技术（RS、GIS、GPS）的应用。总结如表 21-1 所示。

表 21-1　湿地生态恢复技术体系

恢复类型	恢复对象	技术体系	技术类型
非生物环境因素	土壤	土壤肥力恢复技术	少耕、免耕技术；绿肥与有机肥施用技术、化学改良技术；聚土改土技术；土壤结构熟化技术
		水土流失控制与保持技术	坡面水土保持林、草技术；土石工程技术
		土壤污染控制与恢复技术	土壤生物自净技术；移土客土技术；深翻埋藏技术；施加抑制剂技术；增施有机肥技术
	水体	水污染控制技术	物理处理技术（引水冲污、底泥疏浚技术）；化学处理技术（投加絮凝剂、沉磷剂）；生物处理技术
		水文恢复技术	筑坝；修建引水渠；直接引水
生物因素	物种	物种选育与繁殖技术	基因工程技术；种子库技术；野生生物种的驯化技术
		物种引入与恢复技术	先锋种引入技术；土壤种子库引入技术；乡土种种苗库重建技术；天敌引入技术；林草植被再生技术
	种群	物种保护技术	就地保护技术；迁地保护技术；自然保护区分类管理技术
		种群动态调控技术	种群规模、年龄结构、密度、性别比例等调控技术
		种群行为控制技术	种群竞争、他感、捕食、寄生、共生、迁移等行为控制技术
	群落	群落结构优化配置与组建技术	林灌草搭配技术；群落组建技术；生态位优化配置技术；林分改造技术；择伐技术；透光抚育技术
		群落演替控制与恢复技术	原生与次生快速演替技术；封山育林技术；水生与旱生演替技术；内生与外生演替技术
生态系统	机构功能	生态评价与规划技术	土地资源评价与规划；环境评价与规划技术；景观生态评价与规划技术；3S 辅助技术（RS、GIS、GPS）
		生态系统组装与集成技术	生态工程设计技术；景观设计技术；生态系统构建与集成技术
景观	结构功能	生态系统间链接技术	生态保护区网格；城市农村规划技术；流域治理技术

21.3　北大港古泻湖湿地生态恢复

21.3.1　研究区域概况

21.3.1.1　地理位置与研究范围

天津北大港湿地自然保护区位于天津市滨海新区的东南部，东邻渤海，与天津古海岸与湿地国家级自然保护区核心区上古林贝壳堤相邻。地理坐标：东经 117°11′～117°37′，北纬 38°36′～38°57′。本区包括北大港水库、沙井子水库、钱圈水库、独流减河、官港库、李二湾水库、沿海滩涂和独流减河下游共 7 个区域，4 种类型（即湖泊湿地、河流湿地、海岸滩涂湿地、沼泽湿地）。湿地总面积 44240hm²，约占大港区总土面积的 39.7%，可蓄水 5 亿多立方米。

(1) 北大港水库 北大港水库位于滨海新区中心地带，库区东面与津歧公路相隔 1km，距渤海湾陆地界 6km；西面通过马圈引河再经马圈闸与马厂减河沟通，并与原赵庄乡 9 个村庄毗邻；东南部隔穿港公路与大港油田毗邻；北侧与独流减河行洪道右堤紧邻。库区占地面积 16400hm²。设计库容 $5.0\times10^8 m^3$，库区地面高程最低 4.83m。

(2) 沙井子水库 东围堤-北围堤-太沙路南-青静黄左堤。面积 680hm²。

(3) 钱圈水库 洋苏路-205 国道-西围堤外延 500m-南围堤外延 500m。面积 1758.3hm²。

(4) 官港湖 李港铁路-北部边界沟-西排干-李港铁路。面积 2140hm²。

(5) 李二湾 津歧路-子牙河右堤-太沙路延至北排河堤。面积 5834.1hm²。

(6) 沿海滩涂 渤海大港低潮线-独流减河河口延长线-滨海东路以东-天津造纸厂苇场北堤-津歧路-北排河口。面积 9316.7hm²。

(7) 独流减河下游 渤海大港低潮线-独流减河北堤-万家码头大桥-独流减河南堤。面积 8111hm²。

21.3.1.2 北大港湿地自然环境概况

(1) 地貌类型 该地区地形由海岸和退海岸成陆冲积淤泥组成，因而形成了以河砾土为主的盐碱地貌。整个地势西南略高，东北略低，比较平坦，高差不大。东部的渤海湾为滩涂，中部有北大港水库，西部有钱圈水库，南部有沙井子水库。高程在 5.08～3.88m。

(2) 气候条件 该地区属暖温带半湿润大陆型季风气候，受太平洋季风影响。夏季，由于受大陆低气压和低纬度北太平洋副热带高压中心的影响，盛行高温的东南风；冬季，由于受蒙古、西伯利亚冷高气压中心的影响，对流低，盛行寒冷干燥的西北风。因而形成大港区气候冬夏长、春秋短；春季干旱多风，夏季湿热多雨，秋季冷暖适宜，冬季寒冷少雪的特点。四季变化明显，年平均气温 12℃，无霜期 211 天，降雨多集中在 7—8 月，年蒸发量是降雨量的 3 倍多。

(3) 土壤条件 根据成土过程和土壤属性看，北大港自然保护区以沼泽化潮土和滨海潮土为主，土层厚度 0.3～0.6m。

(4) 水文地质 该区域河流纵横交错，坑塘洼淀多，境内有独流减河、子牙新河、马厂减河、北排河、青静黄排水渠、沧浪渠、十米河、八米河等 12 条河，主要担负输水、引水、防汛期泄洪任务。

地下水位线多在 1m 以下，基本上没有浅层地下淡水，地下水矿化度一级左右。

(5) 植物资源 北大港湿地区域内有高级植物 31 科、120 多种，基本都属于广布、常见物种。这些植物按其生存环境，构成 15 个陆地植被类型。有狐尾藻群落，茨藻群落，角果藻群落，狐尾藻、金鱼藻、黑藻群落，狐尾藻、苦草、马来眼子菜群落，芦苇群落，水葱群落，芦苇、香蒲群落，水稗子群落，芦苇盐地碱蓬群落，盐生碱蓬群落，盐生草甸群落，柽柳群落，刺槐群落，白蜡群落，国槐群落，臭椿群落。本区湿地主要植物有：水生、湿生、中生、旱生植物。

(6) 动物资源 除浮游动物、底栖动物、软体动物等外，共260多种，其中湿地水禽18个科、107种。

从20世纪90年代，涉禽每年途经天津的达到了800万只，占全国水鸟资源的1/3。有关专家根据国际通用的有关判断标准，国际标准满分为1分，北大港水库湿地为0.996分。本区有受到国际保护的物种，如被列入《亚太地区具有特殊保护意义的迁徙水鸟名录》中的种类，包括鸿雁、花脸鸭、青头潜鸭、白眼潜鸭、灰头麦鸡、黑嘴鸥等。有属于国家级保护鸟类15种，其中属国家一级保护物种的有6种，即东方白鹳、黑鹳、丹顶鹤、白鹤、大鸨、遗鸥；属于国家二级保护物种的有9种。

同时还发现大港是灰鹤重要栖息地及繁殖地；有8种涉禽，数量达到“国际非常重要意义”标准，进一步证明了北大港湿地具有重要的保护意义。

21.3.1.3 北大港湿地减少的原因

北大港近40年来发生了巨大的变化，由原来的洼淀、盐碱地、滩涂变为大港区政府所在地、石油基地、农田及人工水库。湿地的面积和蓄水量大幅度缩减，特别是近几年的连续干旱，使水库的蓄水量严重不足。湿地减少的主要原因有以下几种。

① 大规模的湿地开发、石油开采、农田开垦、城镇建设使天然湿地面积大幅度减少，现存湿地只有原来的16.3%。

② 自然降雨的减少。大港区多年平均降雨量为560mm，1997—2002年连续6年每年降雨量只有250mm左右，造成严重干旱。

③ 过境水量日益减少。独流减河、子牙新河在20世纪70年代平均入海水量为$1.0\times10^9 m^3$，80年代几乎断流，90年代年平均入海量为$5.6\times10^8 m^3$，自1996年开始近7年几乎断流。

④ 人工海挡的修建阻止了潮水上溯，使滩涂面积大大减少。

20世纪70年代靠引黄和上游来水，80年代靠引黄和自然降雨及上游来水（1985—1987年干涸），90年代靠上游来水和自然降雨（1999年干涸），2000年至今靠引黄和自然降雨。

21.3.2 北大港湿地存在的主要问题

21.3.2.1 北大港湿地存在的环境问题

(1) 水体的富营养化问题 由于北大港湿地在地质上是年轻的，因此在生态上属脆弱地区。据1998年对官港湖的水质监测，水中浮游生物样品中，蓝藻类占了绝对优势，水体富营养化，对鱼、贝类会产生毒性伤害，在发展渔业生产时，应注意水体的富营养化。

(2) 北大港水库及官港湖内偶有捕猎问题 掏鸟蛋，猎、捕鸟行为，对一些珍稀和国家保护候鸟的生存及种群繁衍已构成威胁。

(3) 北大港水库围堤存在裂缝，堤北内外存在截渗、沉降问题 在其他几座水库也不同程度存在，还有水质咸化的问题。

(4) 污染问题 由于今年连续干旱，库区蝗灾严重，在飞机洒药灭蝗时，药物对植被、水生生物生长造成了一定的影响。

21.3.2.2 退化诊断分析

生态系统退化程度主要通过结构和功能两大类、共23项指标综合反映。对于北大港湿地生态系统的退化程度的认定，划分为稳定、临界状态、轻度退化、中度退化和严重退化五个等级。其中未退化状态具有稳定的结构和功能，在合理规划的前提下，适宜开发和利用；临界状态为退化和未退化之间的过渡状态，结构和功能状态受到人为干扰的影响比较明显，如果干扰不停止的话，将会向退化状态演替；轻度退化是指生境结构受到一定程度的破坏，服务功能价值有所下降，但消除外界胁迫后，能够实现自然恢复；中度退化状态下，系统表现为结构失调，功能衰退明显，难以自我维持，无法通过自然方式恢复，必须借助人工辅助措施强化使其逐渐恢复；严重退化则说明原有湿地生态系统已经遭到完全破坏，环境因素严重恶化，不可能再恢复到原有的状态，只能通过人工措施重建新的系统。

通过退化程度诊断分析，北大港湿地各区域的生态系统现状从好到差依次为：北大港水库＞官港湖＞钱圈水库＞沿海滩涂＞独流减河下游＞沙井子水库-李二湾水库。其中北大港水库、官港湖和钱圈水库处于临界状态；沿海滩涂和独流减河下游处于轻度退化；沙井子水库-李二湾水库处于中度退化状态。

21.3.3 北大港湿地恢复技术体系

按照图21-1提出的湿地生态系统恢复与重建的程序与步骤进行北大港湿地的恢复。

21.3.3.1 确定恢复对象

恢复对象即为北大港湿地，包括北大港水库、沙井子水库、钱圈水库、官港湖、李二湾、沿海滩涂、独流减河下游。

21.3.3.2 恢复目标

① 恢复湿地功能，包括其生态、经济和社会价值。

② 保护好生物多样性。本区有水生、湿生、盐生、旱生等多种类型的植物和各类珍稀濒危物种，资源丰富，应设法保护北大港湿地生态与生物多样性资源。

21.3.3.3 恢复原则

① 生态学原则。北大港湿地的恢复必须以生态学理论为基础，主要包括生态演替规律、生物多样性原则、生态位原则等。生态学原则要求根据生态系统自身的演替规律分步骤分阶段进行恢复，并根据生态位和生物多样性原则构建生态系统结构和生物群落，使物质循环和能量转化处于最大利用和最优循环状态，要求达到水文、土壤、植被、生物同步和谐演进。

② 最小风险和最大效益原则。由于生态系统的复杂性和某些环境要素的突变性，加之人们对生态过程及其内部运行机制认识的局限性，人们往往不可能对生态恢复的后果以及最终生态演替方向进行准确的估计和把握，因此，在某种意义上，退化生态系统的恢复具有一定的风险性。这就要求对被恢复对象进行系统综合的分析、论证，将风险降到最低程度，同时，还应尽力做到在最小风险、最小投资的情况下获得最大效益，在考虑生态效益的同时，还应考虑经济效益和社会效益，以实现生态效益、经济效益、社会效益相统一。

③ 尊重自然、美学原则。在恢复过程中，应尽量运用自然材料和软式工程，强调植物造景，不主张完全人工化。

21.3.3.4 北大港湿地恢复技术体系

由于北大港水库、官港湖和钱圈水库处于临界状态，因此应采取保护为主的措施；沿海滩涂和独流减河下游处于轻度退化，基本可采取自然恢复的方法；沙井子水库-李二湾水库处于中度退化状态，应考虑人力的介入。具体恢复技术体系如表 21-2 所示。

表 21-2 北大港湿地恢复技术体系

湿地	退化等级	退化原因	恢复技术
北大港水库	临界状态	水源不足，有偷排污水现象	以保护为主，重点加强对库区的管理，拆除库区已经修建的分割围埝，增加库区整体的连通性，同时采取从外流域调水等措施，以保证湿地面积
官港湖			
钱圈水库			
沿海滩涂	轻度退化	工程建设，填海对滩涂的占用	减少对滩涂的占用，在未占用区内修建引水渠，恢复潮汐流，同时通过播种、移植等技术恢复沿海植被
独流减河		主要是水体污染严重	控制上游排水，用人工湿地处理方法阻断外源污染物的进入；通过底泥疏浚、引水冲污的物理措施清除河内部分污染物，再辅以生物措施（曝气技术和水生植物净化技术）使水质得以恢复
沙井子水库	中度退化	富营养化情况严重	采用人工打捞、生物操纵、水生植物修复等技术控制水体的富营养化情况
李二湾水库			

21.3.3.5 实施生态恢复的后续监测

在北大港湿地恢复项目实施后，定期进行监测，包括各种需要监测的表观指标，如监测水文状况、水质、生物状况等。根据监测结果随时调整恢复的目标和选用的技术方法，以达到最优的恢复效果。

参考文献

[1] William J M, Naiming W. Large scale coastal wetland restoration on the Laurentian Great Lakes: Detemining the potential for water quality improvement [J]. Ecological Engineering, 2005, (15): 267-282.

[2] Line R, Suzanne C, Jean L B. Does prolonged Flooding prevent or enhance regeneration and growth of Sphagnum? [J]. Aquatic Botany, 2002, (74): 327-341.

[3] Richard M, Petrone J S, Prince J M, et al. Surface moisture and energy exchange from a restored peatland, Quebec, Canada [J]. Journal of Hydrology, 2004, (295): 198-210.

[4] Kennedy G W, Priceb J S. A conceptual model of volume change controls on the hydrology of cutover peats [J]. Journal of Hydrology, 2005, (302): 13-27.

[5] Ulrich W, Thomas K, Anton L, et al. Cultivation of Typha spp. In constructed wetland for peatland restoration [J]. Ecological Engineering, 2001, (17): 49-54.

[6] Schipper L A, Clarkson B R, Vojvodi V M, et al. Restoring cut-over restored peat bogs: A factorial experiment of nutrients, seed and cultivation [J]. Ecological Engineering, 2002, (19): 29-40.

[7] Stephan G, Karsten K, Mike D, et al. Dissolved organic matter properties and their relationship to carbon dioxide efflux from restored peat bogs [J]. Geoderma, 2003, (113): 397-411.

[8] Schot P P, Dekker S C, Poot A. The dynamic form of rainwater lenses in drained fens [J]. Journal of Hydrology, 2004, (293): 74-84.
[9] 罗新正，朱坦，孙广友．松嫩平原大安古河道湿地的恢复与重建 [J]. 生态学报，2003，23 (2): 244-250.
[10] 杨芸．论多自然型河流治理法对河流生态环境的影响 [J]. 四川环境，1998，18 (1): 19-24.
[11] 孙逸增译．滨水景观设计 [M]. 大连：大连理工大学出版社，2002: 58-70.
[12] Martin Donat. Bioengineering techniques for streambank restoration--a review of central European practices [M]. Washington: Ministry of Environment, Lands and Parks and Ministry of Forests, 1995: 1-9.
[13] Kraebel C. Erosion control on mountain road [M]. Washington D C: United States Department of Agriculture, 1936.
[14] Weaver W E, Madej M A. Erosion control techniques used in redwood national park. Erosion and sediment transport in Pacific Rim SteePlands [M]. Washington D C: International Association of Hydrological Sciences Publication, 1981: 640-654.
[15] 张政，付融冰．河道坡岸生态修复的土壤生物工程应用 [J]. 湖泊科学，2007，19 (5): 558-565.
[16] いたちの川横浜市川辺の道．都市河川の再生．造景，1997，10 (11).
[17] 渡辺豊博源兵衛川静岡県三島市——暮らしのなかの水辺再見素敵な水辺づくりからまちづくり人づくりへ. 造景，1997.
[18] William J. Mitsch, Jean-Claude Lefeuvre, Virginie Bouchard. Ecological engineering applied to river and wetland restoration [J]. Ecological Engineering, 2002, (18): 529-541.

22 滨海新区生态安全格局的构建方法与评价研究

随着人口的增长和社会经济的发展，人类活动对环境的压力不断增大，人地矛盾加剧，由环境退化和生态破坏及其所引发的环境灾害和生态灾难对区域发展、国家安全、社会进步的威胁越来越大。生态安全已成为国家安全、区域安全的重要内容，生态安全问题成为了理论和实际都亟待解决的问题。本节采用理论分析与实证研究相结合的方法，以区域生态安全格局为研究对象，通过对生态安全格局内涵的系统总结和研究，构建了区域生态安全格局的内容体系。在此基础上，以滨海新区为例进行了实证研究，对滨海新区区域生态安全格局安全性进行评价分析，并提出完善滨海新区生态安全格局的建议。

22.1 基本概念

22.1.1 生态安全

生态安全（ecological security）概念的提出只有短短数年，一般有广义和狭义两种理解。前者以国际应用系统分析研究所（AISA，1989）提出的定义为代表：生态安全是指在人的生活、健康、安乐、基本权利、生活保障来源、必要资源、社会秩序和人类适应环境变化的能力等方面不受威胁的状态，包括自然生态安全、经济生态安全和社会生态安全，组成一个复合人工生态安全系统。狭义的生态安全是指自然和半自然生态系统的安全，即生态系统完整性和健康的整体水平反映生态系统健康，是环境管理的一个新方面和新目标。通常认为，功能正常的生态系统可称为健康系统，它是稳定的和可持续的，在时间上能够维持它的组织结构和自治，以及保持对胁迫的恢复力；反之，功能不完全或不正常的生态系统，即不健康的生态系统，其安全状况则处于受威胁之中。

目前国际上尚无公认的关于生态安全的定义。借鉴国内外研究者对生态安全的定义，从生态安全概念的内涵理解，大体可以分为三部分：一是指自然生态系统的自身的结构和功能处于正常的状态，即强调生态系统自身健康、完整及可持续性。二是指自然生态系统对人类提供完善的生态服务或人类的生存安全。生态系统自身的健康、完整及可持续性是生态系统为人类提供服务的基础。第三，生态系统的安全还需要与系统存在的潜在的风险相联系，即无生态风险的生态系统才是安全的。因此，生态安全包括生态系统健康、生态系统服务功能完整、无生态风险三方面含义。

22.1.2 区域生态安全

中尺度区域生态安全的研究针对区域的实际生态安全问题展开处于各尺度生态安全概念的核心地位。作为特殊的区域，以生态基础设施建设为核心的城市区域生态安全格局的构建成为城市可持续发展的基础内容。区域生态安全是生态安全研究的热点和必然归宿。

区域生态安全是指在一定时空范围内，在自然及人类活动的干扰下，区域内生态环境条件以及所面临生态环境问题不对人类生存和持续发展造成威胁，并且系统生态脆弱性能够不断得到改善的状态。

对于一个区域来说，生态安全具有战略性地位和重大意义，是实现区域持续发展、长治久安的关键；对于专家学者而言，生态安全有着众多的未知领域，不论是概念的统一，研究方法的改进，还是评价的标准化，国家乃至全球生态安全预警系统的建立等都有待进一步探索[4]。

22.1.3 区域生态安全格局

格局在宏观尺度上一般是指空间格局，即生态系统的类型、数目以及空间分布与配置等。

区域生态安全格局（the regional pattern for ecological security），是指针对区域生态环境问题，在干扰排除的基础上，能够保护和恢复生物多样性、维持生态系统结构和过程的完整性、实现对区域生态环境问题有效控制和持续改善的区域性空间格局。

目前对于区域生态安全格局的研究尚处于起步阶段，其定义、内涵、研究方法等方向都没有成熟的理论体系，研究方向更偏重于以城市或区域为实例进行局部问题的研究和探讨。

22.1.4 国内外研究进展

在宏观上，国外研究主要围绕生态安全的概念及生态安全与国家安全、民族问题、军事战略、可持续发展和全球化的相互关系而展开。现任世界观察研究所所长 L. 布朗早在 1977 年时就发表了题为《重新定义国家安全》的报告，力图将环境议题纳入国家安全概念。该书综述了人类社会进程对生物圈产生的压力、生物圈本身的反应以及对人类福祉产生的可能影响。直到 1989 年，国际应用系统分析研究所（IASA）对生态安全的含义作了阐述：生态安全是指在人的生活、健康、安乐、基本权利、生活保障来源、必要资源、社会秩序和人类适应环境变化的能力等方面不受威胁的状态，包括自然生态安全、经济生态安全和社会生态安全。Katrina S. Rogers 认为，生态安全是指人类社会创造一种条件，使得自然环境在满足人类需求的同时使自然资源存量不致减少。Dennis Pirage 则认为，生态安全是建立在维持人类与自然环境四类平衡——人类需求与环境系统可持续承受的平衡、人口内部的平衡、人口与其他物种的平衡以及人口与致病微生物的平衡基础之上的安全。

从微观角度看，目前国外关于生态安全的研究主要集中在 2 个方面：一是基因工程生物的生态（环境）风险与生态（环境）安全；二是化学品的施用对农业生态系统健康及生态

(环境) 安全的影响。

国内对生态安全的研究是从 20 世纪 90 年代起步，到 90 年代后期才逐渐为人们所重视，尤其是近年来已成为科学界和公众讨论的热点问题。2000 年 12 月 29 日国务院发布了《全国生态环境保护纲要》，我国首次明确提出了“维护国家生态环境安全”的目标，认为保障国家生态安全是生态保护的首要任务。但由于对生态安全没有一个统一的认识，国内的研究不成系统，不少学者都做了一些初步的研究工作。很多学者利用压力-状态-响应 (PSR) 指标体系模型、主成分投影法、生态足迹、生态承载力分析、系统聚类分析、遥感与地理信息系统等方法来评价生态系统、建立指标体系。还有一些学者对生态安全的概念作了讨论，并对建立国家或区域的生态安全预警与维护体系提出了一些粗略的框架。一些学者则对生态安全的评价作了探讨。

22.2 区域生态安全格局构建的内容体系

生态安全包括自然生态系统安全和社会系统安全、经济系统安全三个方面的内容。本节所研究的生态安全仅指自然生态系统的安全，对于社会系统安全和经济系统安全问题本文不作重点阐述。借鉴国内外研究者对生态安全的定义，从生态安全的定义和内涵出发，本书将生态安全格局构建的内容体系大致分为以下四部分：生态系统健康，生态系统服务功能完整，生态风险较低，以及空间格局合理。

22.2.1 生态系统健康

22.2.1.1 环境要素安全

(1) 水环境安全 水资源是联系社会-经济-自然复合生态系统的纽带，水资源的利用直接关系到复合生态系统的兴衰。从生态角度将水安全定义为：水体保持一定的水量、安全的水质条件以维护其正常的生态系统和生态功能，保障水中生物的有效生存，周围环境处于良好状态，使水环境系统功能可持续正常发挥，同时能较大限度地满足人类生产和生活的需要，使人类自身和人类群际关系处于不受威胁的状态。

① 地表水水质 地表水主要分布在河流、湖泊和水库中。地表水水质反映区域水环境所处的状态，水质的好坏直接影响到环境的优劣，是反应环境状况的重要指标，水质的级别越低则区域环境状态越优。地表水水质是一综合性指标，可利用下述公式确定：

$$C_1 = a_1 X_1 + a_2 X_2 + a_3 X_3 \tag{22-1}$$

式中，C_1为地表水的综合指标值；X_1，X_2，X_3分别为河川径流、湖泊、水库中可利用水资源的比例；a_1，a_2，a_3分别为河川径流、湖泊、水库在地表水中所占的比重。

(注：可利用水资源的比例是指某水体中Ⅴ类及优于Ⅴ类的水体占水体总量的百分比。)

② 地下水水质 地下水水质反映区域地下水水质状况，同地表水一样，其水质的优劣直接影响到环境的好坏，并关系到人的生命健康。水质的级别越低则区域环境状态越优，愈有利于人的生命健康。以地下水中Ⅲ类水及优于Ⅲ类所占比例，来量化地下水水质。

③ 客水水质 对于大部分地区而言，由于本区域水资源量不能满足社会、经济的持续

稳定发展，引入客水成为解决这一问题的主要措施之一。客水水质的优劣影响到引水工程是否达到其功效，同时它又直接影响区域环境的质量。以客水中Ⅲ类水及优于Ⅲ类水所占比例，来量化客水水质。

④ 污水处理率　区域污水处理达标排放情况对区域水环境质量、水质安全情况产生重要的影响。污水处理率越高，表明区域内人类生产、生活对区域水环境影响越小，越有利于维护区域水环境安全。

(2) 大气环境安全　从环境安全影响受体的角度考虑，大气安全状态对人体健康、生态系统、经济和社会有重要的影响。

从对人体健康的影响角度考虑，选取空气清洁健康指数和大气污染物排放指数。空气清洁健康指数与人类生活密切相关，直接关系到人体健康，选用空气质量劣于二级的天数和PM_{10}超标比例2项指标表征；大气污染物排放指数选用SO_2和烟尘超标率2项指标表征。

从大气对生态影响的角度考虑，选用大气生态干扰指数，其主要表征大气污染对生态系统的干扰水平，选取反映酸雨发生情况及酸性的酸雨频率和降水pH值两项指标。

能源消耗是造成大气环境污染的重要原因，且能源消耗结构也与大气污染密切相关，故采用能源消耗指数来表征。具体选用单位GDP能耗系数、人均能源消耗量、煤炭消耗量占能源总消耗量的比例3项指标。

(3) 土壤环境安全　土地资源生态安全（the land ecological security，LES）是指人类赖以生存和发展的土地资源所处的生态环境，处于一种不受或少受威胁与破坏的健康、平衡状态。在这种状态下，土地生态系统有稳定、均衡、充裕的自然资源可供利用，土地生态环境处于没有或很少污染的健康状态。

土壤环境安全意味着土地资源合理利用，水土流失、土壤盐渍化程度低，耕地保有量较大，土地生态系统服务功能较为完善；土地生态系统结构尚完整，功能尚好，受干扰后一般可恢复，生态问题不显著，生态灾害不大。

22.2.1.2　生物要素安全

生物要素安全是从生态学角度对生态系统内的物种、种群以及群落状态进行微观层面的系统考察。包括生态系统内物种组成、种群密度和分布、种群数量的变动；生物群落水平和垂直结构的调查、群落演替；生态系统内生物多样性，生物入侵的现状、濒危物种调查等。

(1) 生物要素调查　生态系统安全首先要建立在系统内生物个体、种群、群落安全的基础之上，因此在研究中观层次上的区域生态安全的同时也要关注微观层次上生态系统内物种的安全。只有在充分了解区域内水生生物和陆生生物的种类、密度、数量和分布，以及生物链生物网构成的基础上，遵循生态规律才能维护生物圈的安全，进而保障整个生态系统的安全。

(2) 生物多样性　生物多样性（biodiversity）是指一定时空范围内生物物种及其所携带的遗传信息和其与环境形成的生态复合体的多样化及各种生物学、生态学过程的多样化和复杂性，主要包括遗传多样性、物种多样性、生态系统多样性和景观多样性四个层次。生物多样性对人类具有不可估量的价值，除了具有直接价值和间接价值之外，还具有潜在价值。此外，目前国际上诸多研究表明：正是多样性保证了生态系统自身正常、有序的发展，维持其平衡和稳定。

22.2.2 生态基础设施安全

生态基础设施是指城市所依赖的自然系统，是城市及居民能持续地获得自然服务的基础。它不仅包括习惯的城市绿地系统的概念，而且包含一切区域中能提供上述自然服务的城市绿地系统、森林生态系统、农田系统及自然保护地系统。目前，我国以区域中心城市为核心的快速城市化进程，对区域生态安全提出了很高的要求，加强生态基础设施的构建是区域生态安全格局的核心内容。

(1) 绿地生态系统安全 研究表明，林木、草地具有放氧、吸毒、除尘、降低噪声、防风沙、蓄水、保土、调节气候和对城市大气中的一氧化碳、氟化物、臭氧、氯乙烯等有害物质起到吸收和指示监测等作用。因此，园林绿化建设是综合防治环境污染，减少城市灾害最经济、最有效的措施。绿地系统具有生态恢复功能，通过加强城市自然生态功能的恢复与维护提高城市生态安全，推动城市生态建设和安全保障。

(2) 湿地生态系统安全 湿地生态系统是生态安全研究中的热点区域。湿地是蓄洪防旱的巨型天然“海绵”，具有容纳、控制洪水，调节与减缓水流的功能；同时，可贮存淡水、调节气候、增加降水、降解污染、净化水体；此外，湿地蕴藏和养育着丰富的动植物资源，是巨大的生物基因库。湿地生态系统的安全对于整个区域尺度的安全都具有举足轻重的地位，目前湿地生态系统的研究也是生态学研究的热点，对其保护和恢复的对策研究也不断深入。

22.2.3 生态系统风险

生态风险（ecological risk，ER）指一个种群、生态系统或整个景观的正常功能受外界胁迫，从而在目前和将来减小该系统健康、生产力、遗传结构、经济价值和美学价值的一种状况。一个安全的区域生态系统在维持生态系统自身健康并且为人类提供完善的生态服务功能的前提下，还应该从动态的角度使整个区域处于一种较低的生态风险状态下。区域尺度生态系统风险主要表现在以下几个方面。

(1) 绿地不足 由于区域开发、建设的迅猛发展，特别是工业和城市交通的发展，工业废水、固体废物排放量不断增加，对环境的污染日趋严重，生态平衡受到破坏。从生态观点看，城市人口密集、交通紧张、市场繁杂、大气污染、噪声轰鸣，对人类的生存已构成了现实的威胁。城市人口膨胀，交通、住房紧张，又侵占了部分绿地面积，使城市绿地面积严重不足。

(2) 热岛效应加剧 城市中绿地、水体等自然要素的减少，缓解热岛效应的能力自然就被削弱了，城市中机动车辆、工业生产及人群活动产生大量的氮氧化合物、二氧化碳、煤灰和粉尘等，这些物质可以吸收环境中热辐射的能量，从而引起大气的进一步升温。城市中高层建筑比例、定位不尽合理，在主导风向上高层建筑横亘其中，原来纵横交织的河道、绿地被“水泥森林”所取代，阻挡了通风廊道，影响风向、风速，形成静风和微风带，热量难以散发，加之大量玻璃幕墙相互反射光热，加剧了热岛效应。

(3) 水资源匮乏 由于经济高速发展和城市化水平提高较快，城市人口增长迅速，地下水超量开发，供需矛盾日益尖锐，制约着经济的发展。据统计，我国缺水城市以环渤海地区最多、最严重，而且大都属于资源型缺水城市。天津就是典型的缺水城市，近年来的引滦入津、引黄入津就是应对这一问题的有效举措。滨海新区内工业的发展必然使得水资源短缺问题升级，成为制约工业发展，甚至整个区域发展的瓶颈。

(4) 地面沉降严重 地面沉降是在自然和人为因素作用下，由于地壳表层土体压缩而导致区域性地面标高降低的一种环境地质现象，是一种不可补偿的永久性环境和资源损失，是地质环境系统破坏所导致的恶果。地面沉降具有产生缓慢、持续时间长、影响范围广、成因机制复杂和防治难度大等特点，是一种对资源利用、环境保护、经济发展、城市建设和人民生活构成威胁的地质灾害。国内外绝大多数地面沉降主要由于不合理开采地下水资源所致。

22.2.4 空间布局

区域规划在区域建设和发展过程中发挥着重要的作用，同时也有义务改善区域的生态环境，即通过空间安排来为生态建设提供支持。区域生态安全空间格局是指基于区域生态安全价值观构建的区域空间格局，即区域生态安全实现状态下的区域空间格局。具体来说，就是重点考虑区域生态系统的重大制约性因素以及应灾能力的保护，对区域空间因子的位置布局及相互关系的合理安排。

(1) 土地利用规划 土地利用应该在运用GIS和遥感等手段对区域内土地进行生态适宜性分析基础上，进行生态功能区划，因势利导、因地制宜地进行土地开发和利用。切忌在经济利益的驱使下对生态脆弱的土地进行毫无限制的开发，从而埋下生态安全隐患。

(2) 产业布局 对于一个区域在规划时期就应该以区域内生态功能区划为准绳，对产业类型、规模、选址和布局进行全面分析，并对其布局合理性进行充分的论证。另外，在考虑产业布局时不仅要考虑区域内环境敏感点，还要将区域外污染源和环境敏感点纳入综合考虑范围之内形成区域间的产业合理布局。在依照清洁生产和循环经济的原则和理念下合理规划产业布局，最大限度减少工业生产给生态环境带来的污染和生态破坏。

22.3 滨海新区生态安全格局的体系构建

生态安全格局的内容体系是从保护环境，促进区域协调、可持续发展的角度对区域内现有的生态环境资源进行重新空间规划和整合，最大限度地保护生态环境并且更加科学、合理、有效地发挥其生态服务功能。同时，也是对区域内目前的生态环境现状进行一次安全评价，考察目前的空间布局和现有规划是否有利于保障生态系统的健康，更好地发挥其生态服务功能，并且将未来发展中的生态风险降到最低。因此，区域生态安全评价的指标就是将生态安全格局内容中的因子进行量化考察。生态安全格局评价，需要选择描述性指标和评估性指标，使其在时间尺度上反映变化趋势，在空间尺度上反映结构特征，在数量上反映影响程度。

22.3.1 生态安全格局体系的构建

22.3.1.1 生态安全评价指标的选择原则

(1) 科学性原则 生态安全指标体系的建立，应尽可能地反映经济、社会和生态环境诸方面的内容。因而建立的评价指标应能有机地联系起来，组成一个指标意义明确、测定方法规范、统计方法科学、层次分明的整体，以反映区域生态环境质量与经济、社会发展的协调程度，保证评价结果的真实性和客观性。

(2) 代表性原则 生态环境的组成因子众多，各因子之间相互作用、相互联系构成一个复杂的综合体。评价指标体系不可能包括生态环境的全部因子，只能从中选择具有代表性的、最能反映生态环境本质特征的指标。

(3) 综合性原则 生态环境是自然、生物和社会构成的复合系统，各组成因子之间相互联系、相互制约，每一个状态或过程都是各种因素共同作用的结果。因此，评价指标体系中的每个指标都应是反映本质特征的综合信息因子，能反映生态环境的整体性和综合性特征。

(4) 简明性原则 在建立指标体系的过程中，以能说明问题为目的，要有针对性的选择指标，不必面面俱到，指标繁多反而容易顾此失彼，重点不突出，掩盖了问题的实质。因此，评价指标要尽可能地少，评价方法要尽可能地简单，保证数据收集和加工处理的有效性和代表性。

(5) 可操作性原则 指标的定量化数据要易于获得和更新。尽管有些指标对环境质量具有很强的代表性，但数据难以收集或定量化，因此就无法进行计算和纳入评价指标体系。选择指标必须充分考虑实用可行并具有较强的可操作性。

(6) 适用性原则 建立指标体系的目的是要应用于实际工作中，选择的评价指标应具有广泛的空间适用性，既便于指标的搜集，又保证指标的可应用性。对省市县等不同的区域而言，都能运用所选择的指标对生态环境质量进行较为准确的评价。

22.3.1.2 指标体系的层次结构设计

基于上述六项原则，结合天津滨海新区生态环境现状和经济、社会发展水平以及相关规划中滨海新区空间格局构建内容，参考国内外生态安全评价指标体系的设计，同时结合相关专家对指标内容选取的意见和建议，遴选自然生态环境和社会、经济等指标，建立天津滨海新区区域生态安全格局评价指标体系。

(1) 目标层 A 作为目标层的综合指标，就是对现有的区域生态格局进行安全性评价。生态安全评价即为本评价指标体系的目标层。

(2) 制约层 B 及要素层 C 及指标层 D 评价体系的制约层 B 是对生态安全格局中包含内容的安全性逐项进行评价。

包括衡量自然生态环境（制约层 B_1）、生态服务功能（制约层 B_2）、区域空间布局（制约层 B_3）、生态风险（制约层 B_4）和社会经济条件（制约层 B_5）五个部分。天津滨海新区生态安全评价，需要选择描述性指标和评估性指标，使其在时间尺度上反映变化趋势，在空间尺度上反映结构特征，在数量上反映影响程度，即 $A=\{B_1, B_2, B_3, B_4, B_5\}$。

① 制约层 B_1 由气候（要素层 C_1）、水环境（要素层 C_2）、大气环境（要素层 C_3）、土壤环境（要素层 C_4）、生物及其他自然资源（要素层 C_5）、海洋资源（要素层 C_6）6 部分组成，用以反映自然生态环境状况，即 $B_1=\{C_1, C_2, C_3, C_4, C_5, C_6\}$。其中要素层 C_1 包括年均气温（指标 D_1）和年主导风向（指标 D_2）两项；要素层 C_2 包括地表水水质（指标 D_3）、地下水水质（指标 D_4）、客水水质（指标 D_5）和污水处理率（指标 D_6）四项；要素层 C_3 包括空气质量达到或优于二级天数占总监测有效天数比率（指标 D_7）、PM_{10} 超标比例（指标 D_8）、SO_2 超标率（指标 D_9）、烟尘超标率（指标 D_{10}）和单位 GDP 能耗系数（指标 D_{11}）五项；要素层 C_4 包括耕地面积比重（指标 D_{12}）和土壤盐渍化（指标 D_{13}）两项；要

素层 C_5包括生物多样性（指标 D_{14}）、濒危物种数量（指标 D_{15}）、地热（指标 D_{16}）以及海盐产量（指标 D_{17}）四项；要素层 C_6包括渔业资源（指标 D_{18}）、石油（指标 D_{19}）、港口资源（指标 D_{20}）和海水资源（指标 D_{21}）四项。

② 制约层 B_2　由绿地生态系统（要素层 C_7）、湿地生态系统（要素层 C_8）、海洋生态系统（要素层 C_9）3 部分组成，用以反映区域生态系统的服务功能，即 $B_2=\{C_7，C_8，C_9\}$。其中要素层 C_7包括绿地率（指标 D_{22}）、绿地系统结构合理性（指标 D_{23}）、景观破碎度（指标 D_{24}）三项；要素层 C_8包括开发破坏状况（指标 D_{25}）、湿地生态系统稳定性（指标 D_{26}）和湿地内物种多样性（指标 D_{27}）三项；要素层 C_9包括生物量（指标 D_{28}）、海水水质（指标 D_{29}）、富营养化程度（指标 D_{30}）以及景观价值（指标 D_{31}）四项指标。

③ 制约层 B_3　由地面沉降（要素层 C_{10}）、地震（要素层 C_{11}）、生物入侵（要素层 C_{12}）、洪灾（要素层 C_{13}）4 部分组成，用以反映区域生态风险状况，即 $B_3=\{C_{10}，C_{11}，C_{12}，C_{13}\}$。其中要素层 C_{10}指地下水开采率（指标 D_{32}），要素层 C_{11}指防震系统（指标 D_{33}），要素层 C_{12}指预警系统（指标 D_{34}），要素层 C_{13}指防洪工程（指标 D_{35}）。

④ 制约层 B_4　由土地利用（要素层 C_{14}）和产业布局（要素层 C_{15}）2 部分组成，用以反映区域空间布局状况，即 $B_4=\{C_{14}，C_{15}\}$。其中要素层 C_{14}包括三产土地利用情况（指标 D_{36}）和各区域间布局协调性（指标 D_{37}）两项；要素层 C_{15}包括产业结构合理性（指标 D_{38}）和产业布局合理性（指标 D_{39}）两项。

⑤ 制约层 B_5　由人口（要素层 C_{16}）、经济（要素层 C_{17}）、科研（要素层 C_{18}）、基础设施（要素层 C_{19}）4 部分组成，用以反映区域社会经济发展状况，即 $B_5=\{C_{16}，C_{17}，C_{18}，C_{19}\}$。其中要素层 C_{16}包括人口密度（指标 D_{40}）、年龄结构（指标 D_{41}）两项；要素层 C_{16}包括 GDP 增长（指标 D_{42}）、人均 GDP（指标 D_{43}）两项；要素层 C_{17}包括高校和研究机构数量（指标 D_{44}）和高学历人口比例（指标 D_{45}）；要素层 C_{17}包括交通运输（指标 D_{46}）及其他配套基础设施（指标 D_{47}）两项。

22.3.1.3　层次分析法

层次分析法（analytic hiearrehy porcess，AHP）是由美国运筹学家 T. L. Saaty 在 20 世纪 70 年代初提出的一种多层次权重分析决策方法，其特点是能简化系统分析和计算，使人们的思维过程层次化，通过逐层比较多种关联因素，并将一些定性或半定性的因素加以量化，为分析、评价、决策或控制事务的发展提供定量依据。主要步骤如下。

(1) 建立层次结构模型　把体系中的各因素划分成不同层次：目标层、制约层、要素层、指标层等，再用层次框图说明层次的递阶结构以及因素间的从属关系。

(2) 构造判断矩阵　针对评定指标层中各有关元素相对重要性的状况，结合目标层逐项就任意两个评价指标进行比较，根据专家意见确定它们的相对重要性并赋以相应的分值，得到判断矩阵如表 22-1 所示。

表 22-1　构造判断矩阵

B_k	C_1	C_2	……	C_n
C_1	C_{11}	C_{12}	……	C_{1n}
C_2	C_{21}	C_{22}	……	C_{2n}
……	……	……	……	
C_n	C_{n1}	C_{n2}	……	C_{nn}

判断矩阵中各元素 $\{C\}_{ij}$ 表示在对上层因素 B_k 有联系的因素中，第 i 因素与第 j 因素相比较，对于 B_k 因素相对的重要程度（见表 22-2）。为了使判断定量化，一般都引用 1～9 标度方法（Sii，2001）。

表 22-2　判断矩阵含义

C_{ij} 的取值	含义	C_{ij} 的取值	含义
1	C_i 较 C_j 同等重要	9	C_i 较 C_j 极端重要
3	C_i 较 C_j 稍微重要	2,4,6,8	分别介于 1～3,3～5,5～7,7～9
5	C_i 较 C_j 明显重要	$C_{ji}=1/C_{ij}$	表示 j 比 i 的不重要程度
7	C_i 较 C_j 强烈重要		

(3) 排序及其一致性检验　根据某层次的某些因素对上一层某因素的判断矩阵，计算出该判断矩阵的最大特征值及特征向量，即可计算出某层次因素相对于上一层中某一因素的相对重要性数值，这些排序计算称为层次单排序。判断矩阵最大特征值及其对应的特征向量可用方根法求出，计算步骤如下。

① 计算判断矩阵 A 每一行元素的乘积 M_i

$$M_i=\prod_{j=1}^{n}a_{ij}\qquad i=1,2,\cdots,n \tag{22-2}$$

② 计算 M_i 的 n 次方根 W_i

$$W_i=\sqrt{M_i}\qquad i=1,2,\cdots,n \tag{22-3}$$

③ 对向量 $W=(W_1,W_2,\cdots,W_n)^T$ 正规化，即

$$W_i=\frac{W}{\sum_{i=1}^{n}W_i} \tag{22-4}$$

则 $W=(W_1,W_2,\cdots,W_n)^T$ 即为所求的特征向量。

④ 计断矩阵的特征根 λ_{max}

$$\lambda_{max}=\sum_{i=1}^{n}\frac{(AW)_i}{nW_i} \tag{22-5}$$

式中，$(AW)_i$ 表示向量 AW 的 i 个元素。

在 AHP 法中除了判断矩阵最大特征根以外，其余特征根的负平均值作为衡量判断矩阵偏离一致性的指标，即

⑤
$$CI=\frac{\lambda_{max}-n}{n-1} \tag{22-6}$$

对于不同的判断矩阵，其 CI 值也不同。一般来说阶数 n 越大，CI 值就越大，为了度量不同判断矩阵是否具有满意的一致性，再引入判断矩阵的平均随机一致性指标 RI 值。RI 值是用随机的方法分别对 $n=1\sim9$ 阶各构造 500 个样本矩阵，计算其一致性指标 CI 值，然后平均即得 RI，见表 22-3。

表 22-3　平均随机一致性指标 RI 与判断矩阵阶数的关系

阶数 n	1	2	3	4	5	6	7	8	9
RI	0.00	0.00	0.58	0.90	1.12	1.24	1.32	1.41	1.45

表 22-3 中，对于 1、2 阶判断矩阵，RI 只是形式上的，因为 1、2 阶判断矩阵总具有完全一致性；当阶数大于 2 时，判断矩阵的一致性指标 CI 与同阶平均随机一致性指标 RI 之间比值为随机一致性比率，记为 CR。当 CR＝CI/RI＜0.10 时，认为判断矩阵具有满意的一致性，否则就需要调整判断矩阵，并使之具有满意的一致性。

(4) 层次总排序 计算同一层次所有的因素对于最高层（总目标）相对重要性的排序权值，称为层次总排序。这一过程是由最高层次到最低层次进行的，若上一层次 A 包含几个因素 A_1、A_2、…、A_n，其层次总排序权值分别为 a_1、a_2、…、a_n，下一层次 B 包含 m 个因素 B_1、B_2、…、B_m，它们对于因素 A_j 的层次单排序权值分别为 b_{1j}、b_{2j}、…、b_{nj}，（当 B_k 与 A_j 无联系时，$b_{kj}=0$），此时 B 层次总排序权值见表 22-4。

表 22-4　层次总排序的一般形式

层次 A / 层次 B	A_1	A_2	…	A_n	B 层次总排序权值
	a_1	a_2	…	a_n	
B_1	b_{11}	b_{12}	…	b_{1n}	$\sum_{j=1}^{n} a_j b_{1j}$
B_2	b_{21}	b_{22}	…	b_{2n}	$\sum_{j=1}^{n} a_j b_{2j}$
…	…	…	…	…	…
B_m	b_{m1}	b_{m2}	…	b_{mn}	$\sum_{j=1}^{n} a_j b_{mj}$

(5) 层次总排序的一致性检验 这一步骤也是由高到低逐层进行的。如果 B 层次某些因素对于 A_j 单排序的一致性指标 CI_j 相应的平均随机一致性指标为 RI_j，则 B 层次总排序随机一致性比率为：

$$CR=\frac{\sum_{j=1}^{n} a_j CI_j}{\sum_{j=1}^{n} a_j RI_j} \tag{22-7}$$

当 CR＜0.10 时，层次总排序结果具有满意的一致性，否则需要重新调整判断矩阵的元素取值。

22.3.1.4 群组判断的综合方法

层次分析法的关键步骤是构造判断矩阵，判断矩阵一经确定，即可选用不同的计算方法得到判断矩阵的排序权值。本书判断矩阵的获得，是通过查阅大量国内外相关研究资料，结合编者所在研究室多年研究成果以及咨询多位专家意见，综合得出不同的判断矩阵，由不同的判断矩阵可以得不同的权重分配。计算权重的算术或几何平均值，即作为评价指标的最后权重分配值。

22.3.1.5 评价指标体系及其权重确定

根据上述方法依次对总结出的多个判断矩阵进行计算，再运用权向量平均值法，得出评价指标的最后权重分配值，见表 22-5。

表 22-5 天津滨海新区生态安全格局评价指标体系及其权重

目标层 A	制约层 B		要素层 C		指标层 D	
	权重	内容	权重	内容	权重	内容
生态安全评价	0.300	自然生态环境	0.020	气候	0.010	年均气温
					0.010	年主导风向
			0.080	水环境	0.020	地表水水质
					0.020	地下水水质
					0.020	客水水质
					0.020	污水处理率
			0.040	大气环境	0.015	空气质量达到或优于二级天数占总监测有效天数比率
					0.005	PM_{10}超标比例
					0.005	SO_2超标率
					0.005	烟尘超标率
					0.010	单位 GDP 能耗系数
			0.040	土壤环境	0.015	耕地面积比重
					0.025	土壤盐渍化
			0.040	生物及其他自然资源	0.010	生物多样性
					0.010	濒危物种数量
					0.010	地热
					0.010	海盐产量
			0.080	海洋资源	0.020	渔业资源
					0.020	石油
					0.020	港口资源
					0.020	海水资源
	0.250	生态服务功能	0.090	绿地生态系统	0.040	绿地率
					0.020	绿地系统结构合理性
					0.030	景观破碎度
			0.080	湿地生态系统	0.030	开发破坏状况
					0.030	湿地生态系统稳定性
					0.020	湿地内物种多样性
			0.080	海洋生态系统	0.020	生物量
					0.030	海水水质
					0.010	富营养化程度
					0.020	景观价值
	0.100	生态风险	0.040	地面沉降	0.040	地下水开采率
			0.020	地震	0.020	防震系统
			0.010	生物入侵	0.010	预警系统
			0.030	洪灾	0.030	防洪工程
	0.150	区域空间布局	0.800	土地利用	0.040	三产土地利用情况
					0.040	各区域间布局协调性
			0.700	产业布局	0.030	产业结构合理性
					0.040	产业布局合理性
	0.199	社会经济发展	0.050	人口	0.030	人口密度
					0.020	年龄结构
			0.050	经济	0.030	GDP 增长
					0.020	人均 GDP
			0.040	科研	0.02	高校和研究机构数量
					0.020	高学历人口比例
			0.059	基础设施	0.030	交通运输
					0.029	其他配套基础设施

22.3.2 滨海新区生态安全格局评价

22.3.2.1 生态安全等级的划分

生态安全等级指一个区域内生态安全的程度，是经济生态安全、社会生态安全和自然生态安全的综合体现。生态安全程度按分值进行划分，以确定生态安全度等级。根据对生态安全等级划分等资料的分析，并借鉴相关安全领域的等级划分标准，结合具体操作的需要，将生态安全等级分为5个级别，即处于小于0.2的为等级Ⅰ，处于0.21～0.40的为等级Ⅱ，处于0.41～0.60的为等级Ⅲ，处于0.61～0.80的为等级Ⅳ，处于0.81～1.00的为等级Ⅴ，分别对应严重危险、危险、预警、较安全、安全五种表征状态（各个等级所代表的对应分值、生态安全等级、表征状态以及指标特征参见表22-6)。

表22-6 生态安全度划分

对应分值	安全等级	表征状态	指标特征
0.00～0.20	Ⅰ	严重危险	生态环境破坏严重,生态系统服务功能近乎崩溃,生态灾害频繁,并已严重影响到人体健康与社会、经济的发展,难以实现人口、资源和环境的协调发展
0.21～0.40	Ⅱ	危险	生态环境破坏较大,生态系统服务功能严重退化,生态灾害较多,对人体健康造成较大的影响,阻碍了人口、资源和环境的协调发展
0.41～0.60	Ⅲ	预警	生态环境受到一定破坏,生态系统服务功能已有退化,生态问题较多,生态灾害时有发生,环境质量出现恶化,环境问题时有发生,对人体健康与正常的生活产生一定的影响
0.61～0.80	Ⅳ	较安全	生态环境受破坏较小,生态系统服务功能较完善,生态问题不显著,生态灾害不常出现,环境问题不显著,对人体健康与正常的生活影响较小
0.81～1.00	Ⅴ	安全	生态环境基本未受到干扰破坏,生态系统服务功能基本完整,生态问题不明显,生态灾害少,环境问题较少,对人体健康基本没有影响,是人类居住的理想环境

22.3.2.2 生态安全评价结果

根据表22-5的生态安全格局评价指标体系及其权重，对滨海新区生态安全状况进行打分，从而得出天津滨海新区生态安全状况的总分值。然后，再依据表22-6生态安全度划分确定天津滨海新区生态安全等级。具体评价结果见表22-7。

表22-7 天津滨海新区生态安全格局评价结果

目标层A	制约层B		要素层C		指标层D		
	权重	内容	权重	内容	权重	内容	滨海新区得分
生态安全评价	0.30	自然生态环境	0.020	气候	0.010	年均气温	0.010
					0.010	年主导风向	0.010
			0.080	水环境	0.020	地表水水质	**0.005**
					0.020	地下水水质	0.010
					0.020	客水水质	**0.007**
					0.020	污水处理率	0.015

续表

目标层 A	制约层 B		要素层 C		指标层 D		
	权重	内容	权重	内容	权重	内容	滨海新区得分
生态安全评价	0.30	自然生态环境	0.040	大气环境	0.015	空气质量达到或优于二级天数占总监测有效天数比率	0.010
					0.005	PM_{10}超标比例	**0.001**
					0.005	SO_2超标率	**0.001**
					0.005	烟尘超标率	0.004
					0.010	单位 GDP 能耗系数	**0.005**
			0.040	土壤环境	0.015	耕地面积比重	0.005
					0.025	土壤盐渍化	**0.001**
			0.040	生物及其他自然资源	0.010	生物多样性	0.010
					0.010	濒危物种数量	0.005
					0.010	地热	0.010
					0.010	海盐产量	0.010
			0.080	海洋资源	0.020	渔业资源	0.020
					0.020	石油	0.020
					0.020	港口资源	0.020
					0.020	海水资源	0.020
	0.250	生态服务功能	0.090	绿地生态系统	0.040	绿地率	0.020
					0.020	绿地系统结构合理性	0.010
					0.030	景观破碎度	0.015
			0.080	湿地生态系统	0.030	开发破坏状况	**0.005**
					0.030	湿地生态系统稳定性	0.010
					0.020	湿地内物种多样性	0.010
			0.080	海洋生态系统	0.020	生物量	0.020
					0.030	海水水质	0.010
					0.010	富营养化程度	0.005
					0.020	景观价值	**0.005**
	0.100	生态灾害	0.040	地面沉降	0.040	地下水开采率	**0.010**
			0.020	地震	0.020	防震系统	0.020
			0.010	生物入侵	0.010	预警系统	0.010
			0.030	洪灾	0.030	防洪工程	0.030
	0.150	区域空间布局	0.080	土地利用	0.040	三产土地利用情况	0.020
					0.040	各区域间布局协调性	0.010
			0.070	产业布局	0.030	产业结构和理性	0.020
					0.040	产业布局和理性	0.020
	0.199	社会经济发展	0.050	人口	0.030	人口密度	0.020
					0.020	年龄结构	0.020
			0.050	经济	0.030	GDP 增长	0.030
					0.020	人均 GDP	0.018
			0.040	科研	0.020	高校和研究机构数量	0.020
					0.020	高学历人口比例	0.010
			0.059	基础设施	0.030	交通运输	0.030
					0.029	其他配套基础设施	0.020
总分	0.999						

注：粗体数字为该项得分低于标准值50%的项目，即对该区域生态安全影响较大的指标。

由表 22-7 所示，天津滨海新区生态安全评价总分为 0.617，对照表 22-6 属于Ⅳ安全等级，表征状态为较安全，说明天津滨海新区生态安全格局处于比较安全的状态。但同时我们也应该注意到，此数值仅为刚刚达到较安全等级的标准，说明天津滨海新区生态安全状态维护工作不容松懈，生态安全格局构建还需进一步完善，以全面提高滨海新区生态安全水平。

22.3.3 完善滨海新区生态安全格局的对策

通过对滨海新区生态安全格局进行评价分析，可以得出滨海新区生态安全格局处于较安全的等级状态，但仍存在一定的安全制约因子。针对前文分析的具体安全影响因素，提出以下完善生态安全格局构建的几点对策，为滨海新区更加合理的规划及良性健康的发展提供参考依据。

22.3.3.1 对区域生态承载力加以分析

生态承载力（ecological carrying capacity）是生态系统的自我维持、自我调节能力，资源与环境的供容能力及其可维育的社会经济活动强度和具有一定生活水平的人口数量。它是自然体系调节能力的客观反映。对于某一区域，生态承载力强调的是系统的承载功能，而突出的是对人类活动的承载能力，其内容应包括资源子系统、环境子系统和社会子系统，生态系统的承载力要素应包含资源要素、环境要素及社会要素。虽然生态承载力受众多因素和不同时空条件制约，但我们可以从生态足迹来研究区域生态承载力。

生态足迹（ecological footprint，EF）是由加拿大生态经济学家 W. E. Rees 于 1992 年提出的概念，之后在 M. Wackernagel 的协助下将其完善和发展为生态足迹模型。其意义是衡量在一定的人口与经济规模条件下，人类消耗了多少用于延续其发展的自然资源，并将人类活动对生物圈的影响归纳成一个数字，即人类活动排他性占有的生物生产土地，是一种从生态学角度来衡量可持续发展程度的方法。

(1) 生态承载力的计算方法 不同国家或地区的某类生物生产面积所代表的平均产量同世界平均产量的差异可用“产量因子”表示。某类土地的产量因子是其平均生产力与世界同类土地的平均生产力的比率。将现有不同的土地类型乘以相应的均衡因子和当地的产量因子，就可得到某个国家或地区的生态承载力。而人均生态承载力的计算公式为：

$$\mathrm{Ec}=\sum c_j=\sum a_j\times r_j\times y_j \tag{22-8}$$

式中，Ec 为人均生态承载力，hm^2/人；c_j 为人均生态承载力分量；a_j 为人均生物生产面积；r_j 为均衡因子；y_j 为产量因子。

(2) 生态足迹的计算方法 生态足迹的计算是基于以下两下基本事实：①人类可以确定自身消费的绝大多数资源及其所产生的废弃物的数量；②这些资源和废弃物能流转换成相应的生物生产土地面积。因此，任何已知人口（某一个人、一个城市或一个国家）的生态足迹是生产这些人口所消费的所有资源和吸纳这些人口所产生的所有废弃物所需要的生物生产土地的总面积和水资源量。将一个区域或国家的资源、能源消费同自己所拥有的生态能力进行比较，能判断一个国家或区域的发展是否处于生态承载力的范围内，是否具有安全性。其计算公式如下：

$$\mathrm{EF}=N\mathrm{ef}$$

$$\mathrm{ef}=\sum(\mathrm{aa}_i)=\sum(c_i/p_i) \tag{22-9}$$

式中，i 为交换商品和投入的类型；p_i 为 i 种交易商品的平均生产能力；c_i 为 i 种商品的人均消费量；aa_i 为人均 i 种交易商品折算的生产型土地商品；N 为人口数；ef 为人均生态足迹；EF 为总的生态足迹。

对比自然生态系统的人均生态承载力（Ec）和人均生态足迹（ef），如果在一个地区 Ec＞ef，则表明出现生态盈余（ecological surplus），说明人类对自然生态系统的压力处于本地区所提供的生态承载力范围之内，生态系统就是安全的，可以认为人类社会的经济发展处于一种可持续范围内。如果 Ec＜ef，则出现生态赤字（ecological deficit），这表明该地区的人们对本地区的自然生态系统所提供的产品和服务的需求超过了其供给。则本地区的生态系统是不安全的，该地区的经济发展也是不可持续的。

建议在构建滨海新区生态安全格局过程中，可以将拟建的不同格局方案进行生态承载力和生态足迹的预测和比较，作为评选最优的生态安全格局的指标之一。

22.3.3.2 完善区域生态功能区划

生态功能区划是根据区域生态系统结构及其功能的特点，划分不同类型的单元，综合考虑该地区生态要素的现状、问题、发展趋势及生态适宜度，提出工业、农业、生活居住、对外交通、绿化、自然保护区等功能区的划分，以及大型生态工程布局的方案。生态功能区划是实施区域生态环境分区管理的基础和前提，是实现区域可持续发展的需求。区域经济的发展方向和目标、环境保护和生态建设的重点等都应随着区域的不同而有所差别。

建议滨海新区在进行生态功能区划过程中遵循与生态安全评价、生态环境现状、自然地理特征、生态系统服务功能相结合等原则，充分考虑滨海湿地、海岸带景观等自然生态要素进行科学合理的生态功能分区，以利于该地区生态安全格局的构建。

22.3.3.3 统一空间格局规划

区域的合理化布局，归根结底取决于生产力的发展水平，一个区域的布局只能是一定历史条件下，各种影响因素综合作用的产物。根据趋于内生态环境敏感性的分布特点，对区域空间和产业合理布局，可以趋利避害，最大限度保障区域生态安全，减少维护成本。

天津滨海新区城市建设的“一心三点式组合型布局结构”随着近年来经济社会的快速发展、行政体制的掣肘显示出很多不足，这不仅凸显了以前城市布局方面的若干问题，也使得规划在实施过程中未能有效地解决空间布局方面存在的问题。因此，对天津滨海新区区域合理化布局的研究需要以相关理论为指导，结合天津滨海新区的功能定位和发展方向、用地发展规模、用地条件、自然特征以及产业特点等各方面的情况，进行具体地分析研究。

22.3.3.4 作好景观生态规划

在区域发展过程中，维护区域景观格局和大地机体的连续性和完整性，是维护区域生态安全的一大关键。景观生态学强调景观格局与过程的相互作用，格局决定过程，过程又影响格局。如果破坏城市山水格局的连续性，就会切断自然的过程，包括风、水、物种、营养等的流动，必然会使城市丧失自然做功的能力从而失去生命。滨海新区景观生态规划应注重建设布局合理、层次丰富、功能齐全、生态平衡的城市绿色网络体系，实现景观性、生态型和点线面相结合的绿地系统，造就人与自然和谐的生态环境。

本书就滨海新区景观生态规划提出如下建议。

① 滨海新区在植物造景过程中应该重视乡土树种尤其是耐盐树种的推广，减少片面追

求树种的多样化，绿化树种的新、奇、异。此举不仅可以节约绿化的成本，而且可以有效避免异地树种破坏本地自然植被正常演替的隐患。

② 区域内行道树的配置方式主要以单排为主，显得单薄细弱，难以形成林荫道路，绿化带以低矮乔木或花灌木为主。建议增加行道树种植密度，并且充分利用先锋树种，形成骨干树种，组成稳定性的绿地系统结构和更好地发挥环境效益。

③ 物种选择方面应充分利用木本地被植物和藤本植物，尤其是可观花的藤本植物。利用现有的围墙、护栏及一切可依托的墙面、构筑物发展立体绿化。

22.3.3.5 实施生态恢复

生态恢复是维护和改善生态安全状况的手段和工具，也是构建生态安全格局的重要方法。构建安全的区域生态格局就是以区域生态系统空间结构的调整和重新构建为基本手段，以改善受胁或受损生态系统的功能，提高其基本生产力和稳定性，将人类活动对于生态演化的影响导入良性循环。

对滨海新区生态安全格局构建过程中应注重对生态环境系统进行顺向人为干扰，采取适当的生态恢复措施。本书以滨海新区绿地系统为例初步探讨滨海新区保护和生态恢复的思路和方法。具体恢复措施如下：根据滨海地区盐生植被的演替规律，可以采用人工种植盐生植物的方法，人为加快其演化速度。在短时间内让盐生植被覆盖目前裸露的盐碱地，随着土壤盐分的逐渐下降和有机质的逐渐增加，再逐步提高绿化的结构和水平。早期的生态恢复应该以盐生植被为先锋植物，如柽柳、白刺、碱蓬等。

22.3.3.6 建立生态安全预警体系

生态环境预警是以生态环境质量评价为基础对人类活动引发的生态位移和环境质量的变化趋势、变化后果进行预测、分析和评价。区域生态预警是指对区域发展过程中可能导致生态系统和环境质量负向演替、退化、恶化的及时报警，其目的在于在区域生态环境退化质变之前及时地提出预告、报警，以便及时采取措施，化解警情，促使生态环境变负向演替为正向演替，从而有助于区域生态的可持续发展。区域生态安全的预测与预警分析，将成为未来生态安全研究的主要内容之一，也是生态安全研究的主要手段之一。准确预测规划年限内生态安全的发展态势，能为政府制定区域发展规划，采取合理的区域发展战略，提供可靠的依据。

本书建议滨海新区生态安全预警体系应组织有关部门和专家根据滨海新区生态灾害的易发生地点和内容（如湿地生态系统退化、生物入侵、赤潮、洪灾等）进行有针对性的战略部署和规划。预警体系可以分成生态预警、环境预警、生物安全预警三个部分，建立健全完善的生态安全预警相关的政策、措施及畅通的环境监测信息交流通道，并辅以长效监督机制确保其顺利、有效的实施。

参考文献

[1] P J. Simmons. Environmental Change and Security Project. ECSP Report.

[2] 马克明，傅伯杰，黎晓亚，关文彬．区域生态安全格局：概念与理论基础［J］. 生态学报，2004，24（4）：761-768.

[3] 方淑波，肖笃宁，安树青．基于土地利用分析的兰州市城市区域生态安全格局研究［J］. 应用生态学报，2005，16（12）：2284-2290.

[4] 邹长新，沈渭寿．生态安全研究进展 [J]. 农村生态环境，2003，19 (1)：56-59.
[5] Lester R. Brown. Redefining National Security [J]. Worldwatch Paper，1997，14：40-41.
[6] 崔胜辉，洪华生，黄云凤，薛雄志．生态安全研究进展 [J]. 生态学报，2005，25 (4)：861-868.
[7] Dennis Pirage. Demographic Change and Ecological Insecurity，ECSP Report.
[8] 左伟，王桥，王文杰，刘建军，杨一鹏．区域生态安全评价指标与标准研究 [J]. 地理学与国土研究，2002，18 (1)：67-71.
[9] 施晓清，赵景柱，欧阳志云．城市生态安全及其动态评价方法 [J]. 生态学报，2005，25 (12)：3237-3243.
[10] 左伟，周慧珍，王桥．区域生态安全评价指标体系选取的概念框架研究 [J]. 土壤，2003，1：2-7.
[11] 张巧显，欧阳志云，王如松等．中国水安全系统模拟及对策比较研究 [J]. 水科学进展，2002，13 (5)：569-577.
[12] 曾畅云，李贵宝，傅桦．水环境安全的研究进展 [J]. 水发展研究，2004，4：20-22.
[13] 逯元堂，吴舜泽，王金南等．大气环境安全评估体系研究 [J]. 环境科学研究，2006，19 (3)：128-133.
[14] 刘勇，刘友兆，徐萍．区域土地资源生态安全评价——以浙江嘉兴市为例 [J]. 资源科学．2004，26 (3)：69-75.
[15] 李洪远，文科军，鞠美庭等．生态学基础 [M]. 北京：化学工业出版社，2006.
[16] Xiao D N，Chen W B，Guo F L. On the basic concepts and contents of ecological security [J]. Journal of Applied Ecology，2002，13 (3)：335-358.
[17] 王根绪，程国栋，钱鞠．生态安全评价研究中的若干问题 [J]. 应用生态学报，2003，14 (09)：1551-1556.
[18] 李洪远，孟伟庆．湿地中的植物入侵及湿地植物的入侵性 [J]. 生态学杂志，2006，25 (5)：577-580.
[19] 李新，年福华等．城市化过程中的生态风险与环境管理 [M]. 北京：化学工业出版社，2007.
[20] 汪劲柏．城市生态安全空间格局研究 [D]. 上海：同济大学，2006.
[21] 王清．山东省生态安全评价研究 [D]. 济南：山东大学，2005.
[22] 杨晶，王文勇．层次分析法在自然保护区生态评价中的应用 [J]. 工业安全与环保，2007，33 (5)：27-29.
[23] 岳东霞，李自珍，惠苍．甘肃省生态足迹和生态承载力发展趋势研究 [J]. 西北植物学报，2004，24 (03)：454-463.
[24] Wackernagel M，Yount J D. Footprint for sustainablility：the next step [J]．Environment，Development and Sustainablitiy，2002，2 (1)：21-42.
[25] Rees W E. Ecological footprint and appropriated carrying capacity：what urban economics leaves out [J]．Environment Urbanization，1992，4 (2)：121-130.
[26] Wackernagel M，Onisto L，Bello P，et al. National natural capital accounting with the ecological footprint concept [J]. Ecological Economics，1999，(29)：375-390.
[27] Wackernagel M，Oisto L，Bello P，et al. Ecological Footprints of Nations [R]. Commissioned by the Earth Council for the Rio ＋ 5 Forum. International council for local Environmental Initiatives，Toronto，1997.
[28] 陈东景，徐中民．生态足迹理论在我国干旱区的应用与探索 [J]. 干旱区地理，2001，4：305-309.
[29] 天津滨海新区网．http：//www. bh. gov. cn.
[30] 张洪亮，李从东．新世纪天津滨海新区产业发展策略 [J]. 天津大学学报：社会科学版，2002，4 (4)：350-353.
[31] 天津滨海新区统计年鉴 1994—1998 [M]. 天津：天津人民出版社，1999.
[32] Yu Kongjian，Li Dihua，et al. Ten strategies on the city eco-infrastructure construction [J]. Planners，2001，17 (6)：9-17.
[33] Yu Kongjian，Li Dihua，et al. Discussions on the eco-infrastructure strategy and practicing approach in the region of Great Canal [J]. Prog Geogr，2004，23 (1)：1-12.

23 滨海新区湿地生态系统退化程度诊断

我国湿地面积大，类型繁多，几乎涵盖了《湿地公约》所列的所有类型，还拥有独特的青藏高原湿地和内陆盐碱湿地，在世界湿地保护与利用格局中占有重要地位。然而，随着人口的急剧增加，为解决工农业用地扩张和经济发展问题，对湿地的不合理开发利用，导致了中国湿地面积日益减小；捕捞、砍伐、采挖等过量获取湿地生物资源，造成了湿地生物多样性逐渐丧失；湿地水资源过度开采利用，导致湿地水质碱化，湖泊萎缩；长期承泄工农业废水、生活污水，导致湿地水污染，严重危及湿地生物的生存环境；森林资源的过度砍伐，植被破坏，导致水土流失加剧，江河湖泊泥沙淤积等，使中国湿地资源遭受了严重破坏，其生态功能也严重受损。

退化生态系统是相对未退化或退化前的原生态系统而言的，指生态系统在自然或人为干扰下形成的偏离自然状态的系统。因此在生态系统退化程度诊断中，参照系统的选定是一个关键内容。由于滨海新区湿地都受到不同程度的人类干扰，因此不存在保存完好的生态系统可参考。本书采用参考历史文献记载，应用生态学方法及参照国家环境质量标准构建“理论参照湿地”，进行退化程度诊断分析，确定其退化程度，为生态恢复实践提供指导。

23.1 基本概念和研究进展

23.1.1 湿地生态系统退化程度诊断的概念

退化生态系统是指生态系统在自然或人为干扰下形成的偏离自然状态的系统。与自然生态系统相比，退化生态系统在系统组成、结构、能量和物质循环总量与效率、生物多样性等方面均会发生质的变化，具体表现为生态系统的基本结构和固有功能的破坏或丧失、生物多样性下降、稳定性和抗逆能力减弱、系统生产力下降。生态系统退化程度是对退化过程中不同阶段的生态要素和生态系统整体状态的一种描述性概念。

湿地退化程度诊断分析是从生态系统本身的结构和功能出发，诊断由于人类活动和自然因素引起湿地生态系统的破坏和退化所造成的湿地生态系统的结构紊乱和功能失调，使湿地生态系统丧失服务功能和价值的一种评估，从而区分特定生态系统的胁迫状况，辨识出最危险的组分和最应该重视的问题，并此基础上再制定出相应的管理对策。

23.1.2 湿地生态系统退化程度诊断研究进展

退化生态系统作为一种“病态”的生态系统，对其进行恢复和重建已经成为当前研究的热点之一。因此，在实际工作中，如何正确地对其进行定性或定量评价，是研究退化生态系统时首先要遇到和必须解决的问题，也是进行生态恢复与重建的前提和基础，对生态系统退化程度进行诊断分析即成为生态恢复的第一步。

关于诊断分析的流程以及诊断指标体系的选取，许多学者进行了初步的研究和总结。在具体生态系统研究方面，草地、次生林以及复合生态系统的退化诊断已经开展了案例研究。

湿地退化研究最早开始于20世纪初，美国为了建立野生动物保护区，开展了湿地评价工作。目前湿地退化程度诊断分析主要从定性和定量两个方面展开。定性分析一般多对湿地面积、泥沙淤积情况、湿地功能、生物多样性等特征进行概括性的评估，并对湿地开发利用、管理和保护过程中存在的问题进行分析，提出解决问题的措施和途径，确定今后发展方向。定量评价则首先根据评价目的和原则建立具有区域特征的指标体系；其次，进行评价指标分级处理，建立综合评价系统和子系统；然后，运用层次分析法、专家咨询等方法进行指标量化处理，利用模糊综合评判等统计方法计算湿地综合评价指数，得出评价结论。

23.1.3 湿地生态系统退化程度诊断流程

总结已有的生态系统退化程度诊断分析研究，湿地生态系统退化程度诊断分析可分为以下环节：诊断对象的选定，诊断参照系统的确定，诊断途径的确定，诊断指标体系的确定，其诊断流程见图23-1。

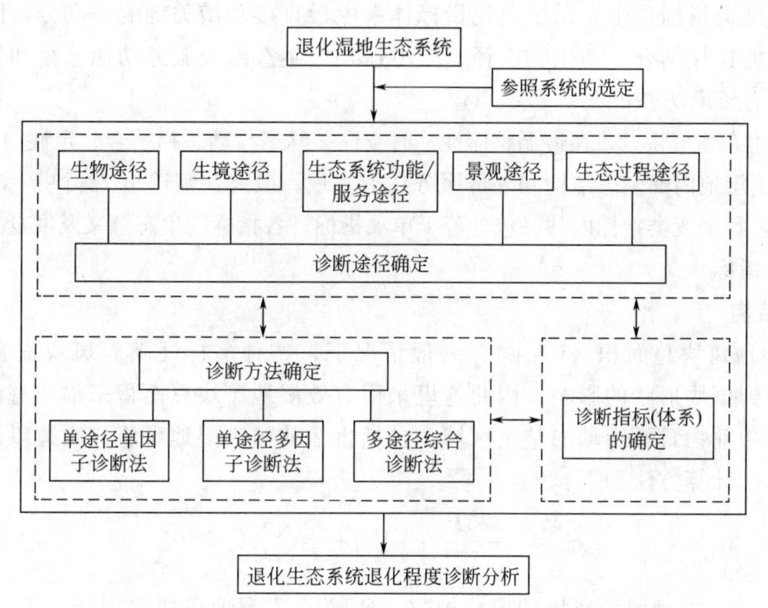

图23-1　湿地生态系统退化程度诊断图示（参考：杜晓军等，2003）

23.2 退化诊断参照系统分析

退化生态系统是相对未退化或退化前的原生态系统而言的，指生态系统在自然或人为干扰下形成的偏离自然状态的系统。因此在生态系统退化程度诊断中，参照系统的选定是一个关键内容。与自然系统相比，一般地，退化的生态系统种类组成、群落或系统结构改变，生物多样性减少，生物生产力降低，土壤和微环境恶化，生物间相互关系改变。在大多数情况下以退化前的生态系统，即初始生态系统（original ecosystem）作为参照系统。这无疑是一种最理想的状态。然而由于种种原因（如缺乏对生态系统的长期定位跟踪监测研究），人们往往对退化前生态系统整体状态的各项参数（如组成、结构、功能、动态等）缺乏足够的了解。因而在现今的生态恢复实践中，要以原来生态系统（退化前生态系统）作为参照系统有一定的现实困难；人们可以在本区域或邻近区域内选择未受破坏或破坏程度很轻的“自然生态系统”作为相应参照系统（当今世界，完全未受干扰的纯自然系统几乎是不存在的），这是个权宜之策，相对前者也更可行，更具有实践意义。当然若有退化前生态系统的各项指标数值最为理想。这也从一个侧面反映了开展和坚持长期的生态系统定位研究的重要性。

由于滨海新区湿地都受到不同程度的人类干扰，因此不存在保存完好的生态系统可参考。本书采用参考历史文献记载，应用生态学方法及参照国家环境质量标准构建“理论参照湿地”，进行退化程度诊断分析。

23.3 诊断途径及指标体系的选取

生态系统结构指标是生态系统退化指标体系中最直接和最关键的一部分。因此本书采用结构途径与功能途径结合，即生物途径、生境途径、生态系统服务功能途径和景观途径相结合的多途径综合诊断方法。

结合湿地生态系统特点，在遵循整体性、时空性、静态与动态相结合、定性与定量相结合的原则下，综合了湿地内部生态结构和外部服务功能表现，最终共筛选出 23 个指标，分为两个大类、五个亚类，每个亚类指标内部又包含若干单项指标。各指标的生态意义及度量方法如下。

(1) 结构指标

① 生境结构

a. 有效湿地斑块总面积（V_{SIZE}） 一般情况下，物种多样性随着斑块面积的增加而增加，但也会受到斑块形状的影响，因此这里采用有效湿地斑块总面积来描述有效湿地斑块的大小，它是一种动物日常活动的整个区域，包括生活的核心湿地斑块和廊道以及相连的其他生境斑块。具体计算方法如下：

$$S_i=\frac{0.25P_i}{\sqrt{A_i}};\quad V_{SIZE}=\sum_{i=1}^{n}A_iC_i \tag{23-1}$$

式中，S_i 为 i 类型湿地斑块的形状指数；P_i 为 i 类湿地斑块的周长；A_i 为 i 类湿地斑块的面积；C_i 为 i 类湿地斑块形状系数；n 为湿地斑块类型个数。斑块形状指数及对应系数见表 23-1。

表 23-1　斑块形状指数及对应系数表

形状指数范围	形状系数 C_i	形状指数范围	形状系数 C_i
$1 \leqslant S < 5$	0.1	$15 \leqslant S < 20$	0.7
$5 \leqslant S < 10$	0.3	$20 \leqslant S < 25$	0.9
$10 \leqslant S < 15$	0.5	$S \geqslant 25$	1

b. 单位面积湿地斑块个数（V_{NUM}）　V_{NUM}表达了湿地斑块的破碎化，斑块面积的减小或斑块数量的增加，都会导致较大的单位面积斑块个数增大，V_{NUM}值越高，相对应的分值越低，对生物生存越不利，具体计算方法如下：

$$V_{\mathrm{NUM}}=\frac{N}{A} \tag{23-2}$$

式中，N 为湿地斑块个数；A 为湿地斑块面积。

c. 土壤状况　反映湿地非生物组分特征，并直接决定着湿地生产者生长状况，根据当地对土壤性状普查的结果，当含盐量较高时，土壤的其他性状对植被生长状况的影响并不是很明显。因此，本书采用土壤盐渍化程度来衡量。

d. 水源保证水平　反映湿地系统的水文条件，采用湿地可利用水量占相应需水量的比例来衡量湿地水源的供水保证水平。

e. 水质　反映湿地水文性状，从河流及沼泽地水质、饮用水水质和浅海海水水质三部分来衡量湿地系统的水质。

② 生物结构

a. 植被覆盖率　植被覆盖率的高低直接影响着生境提供避难场所和筑巢的能力，也是反映湿地生境质量的一个重要数据。本书采用在典型区域进行样方调查进行植被覆盖率的定量估测。

b. 优势种覆盖率　生态学上的优势种对整个群落具有控制性影响，对生态系统的稳定起着举足轻重的作用，因而从优势种覆盖的角度可以反映出湿地生态系统的稳定状态。

c. 植物群落结构　以植物群落结构的复杂性、自身稳定性和对外部人工质能输入的依赖性来衡量，采用定性描述来说明。

d. 动物群落结构　由于动物自身的特性，本书采用观测到的鱼类、昆虫类、哺乳类以及鸟类等动物的数量和种类来定性描述。

e. 初级生产力水平　是反映湿地系统活力的一项指标，其直接的精确计算难度较大，本书采用湿地植物地上生物量作为替代性指标，通过实地抽样调查来统计评价区域的生物量。

f. 生物多样性水平　以评价范围内地上植物种数占所在生物地理区（天津地区）湿地植物种数的百分比表示。

(2) 功能结构

① 生产功能

a. 食品生产　水产品生产是湿地系统中主要的一项物质生产功能，本书以湿地水产品的年收获量来表示。

b. 原材料　芦苇等作为湿地主要创收植被，本书以芦苇等创收植被的长势及质量来定性描述原材料状况。

表 23-2　湿地生态系统退化程度诊断指标及其分级标准

类指标	亚类指标	单项指标	严重退化	中度退化	轻度退化	临界状态	稳定
结构指标	生境结构	有效湿地斑块总面积	增加率<−2%	增加率−2%～−1.2%	增加率−1.2%～−0.4%	增加率−0.4%～0.4%	增加率>4%
		单位面积湿地斑块个数	增加率>5%	增加率3%～5%	增加率1%～3%	增加率−1%～1%	增加率<−1%
		土壤状况	盐土(>0.6%)	重度盐化(0.4%～0.6%)	中度盐化(0.2%～0.4%)	轻度盐化(0.1%～0.6%)	非盐化土(<0.1%)
		水源保证水平	<30%	30%～40%	40%%～50%	50%～60%	>60%
		水质	Ⅴ类或劣Ⅴ类	Ⅳ类	Ⅲ类	Ⅱ类	Ⅰ类
	生物结构	植被覆盖率	<30%	30%～50%	50%～70%	70%～90%	>90%
		优势种覆盖率	<10%	10%～20%	20%～30%	30%～40%	>40%
		植物群落结构	基本无植被存在，不适合人工养殖	单一物种养殖，强烈依靠人工智能投入	生态位匹配不完善，对人工质能的依赖性较强	人工混养物种搭配合理，基本维持自身稳定	生态位完善，生物年龄结构合理，维持自身稳定性能力较强
		动物群落结构	各种野生动物难以观测到	仅能观测到少数昆虫，哺乳类动物及鸟类几乎观测不到	昆虫、哺乳类动物以及鸟类种类、数量较少	各类动物种类和数量不变或略有减少，珍稀鸟类难以观测到	昆虫、哺乳类动物以及鸟类种类、数量丰富
		初级生产力水平	生物量已明显减小，减少率>50%	生物量减少较明显，减少率在30%～50%	生物量减少，减少率在10%～30%	生物量有稍微减少，减少率在0%～10%	生物量增加
		生物多样性水平	<10%	10%～20%	20%～30%	30%～40%	>40%
功能指标	生产功能	食品生产	年收获量下降，变化率>5%	年收获量下降，变化率为2%～5%	年收获量下降，变化率为0%～2%	年收获量保持平稳，变化率为0%	年收获量增加，增加率为>2%
		原材料生产	质量明显下降，高度、茎粗等变化明显，影响范围大	质量明显下降，对产量影响很大	部分地段质量下降，但可控制	部分区间的质量下降，但不构成威胁	质量保持稳定，植物高度、茎粗没有明显变化

续表

类指标	亚类指标	单项指标	严重退化	中度退化	轻度退化	临界状态	稳定
功能指标	生态功能	洪水调节功能	不能调控洪水	没有明显的调控能力,工程附加费大	须有筑提、水库和滞洪区配合,才具有较强的调控能力	在筑堤后,有较强的调控能力	调控能力强,基本无附加工程费用
		水文调节功能	不能供水、补水	补水、供水能力弱,且在不断减小	附加人工设施后供、补水能力增加	筑堤后,补水能力增强	供水、补水能力在提高
		水质净化功能	净化率<30%	净化率在30%～50%	净化率在50%～70%	净化率在70%～85%	净化率>85%
		大气调节功能	>2.5	2～2.5	1.5～2	1～1.5	<1
		气候调节功能	<0.5	0.5～1.5	1.5～3	3～5	>5
		盐碱改良功能	<10%	10%～30%	30%～40%	40%～50%	>50%
		侵蚀控制功能	侵蚀控制能力很差,下降趋势明显,侵蚀率为>10%	水土流失现象较严重,侵蚀率5%～10%	有部分水土流失现象,侵蚀率为2%～5%	水土流失不明显,或个别地段有微弱侵蚀,侵蚀率0%～2%	没有水土流失现象
		栖息地功能	常见鸟类几乎难以观测到	常见鸟类种类和数量明显减少,珍稀鸟类几乎观测不到	常见及珍稀鸟类种类和数量均有减少	常见鸟类种类和数量基本不变,珍稀鸟类种类和数量有所减少	常见及珍稀鸟类种类和数量有所增加或基本不变
	人文功能	休闲娱乐功能	没有景观美学价值,不适合开发旅游活动	景观美学价值极小,尚未发展旅游活动	景观美学价值不高,观光旅游日较少	在特定时段内有观光旅游日	景观美学价值高,观光旅游日较多
		文化教育功能	科研教育价值不高,不适合开发文化教育	政府无财政投入,公众生态教育尚未开展	政府无财政投入,公众生态教育仅限于学生	政府投入一般,公众生态教育开展范围较小	政府投入力度很大,公众生态教育开展广泛

② 生态功能

a. 洪水调节功能　由于天然湿地面积的缩小以及生态系统的退化，其洪水调控能力下降，需要筑堤、水库、滞洪区建设等人工附加工程来弥补，因而以防洪附加费的增加率来表示。

b. 水文调节功能　湿地作为天然的蓄水区，是人类生产、生活用水源地之一，因此其水文调节功能用其供水变化率来表示。

c. 水质净化功能　该项功能主要包括废物处理、污染控制、解除毒性等方面，以湿地对主要污染物的平均净化率来表示。

d. 大气调节功能　湿地植被除了起到维持大气环境化学组成的平衡外，还能净化空气。由于滨海新区湿地在区域发展中的重要地位，本书采用《环境空气质量标准》（GB 3095—1996）一级标准，通过空气质量最严重因子污染指数法进行评价。

e. 气候调节功能　湿地生态系统对气候的调节作用主要表现在降温增湿方面。湿地植物产生的降温增湿效益对缓解城市的热岛效益具有重要意义。本书采用相对裸地的温度降低值来衡量。

f. 盐碱改良功能　滨海新区范围内土壤盐碱化比较严重，因此分析湿地的盐碱改良功能也就十分必要。本书采用研究区域土壤表层盐碱度与周边裸地相比的降低比例来衡量。

g. 侵蚀控制功能　湿地具有防止土壤被风、水侵蚀的功能，该项功能以区域发生风蚀、水蚀的土壤面积比例，即侵蚀率来表示。

h. 栖息地功能　滨海新区作为鸟类迁徙的重要途经地和目的地，对各种鸟类，尤其是珍稀鸟类的保护至关重要。本书采用观测到得鸟类的数量和种类来定性描述。

③ 其他功能

a. 休闲娱乐功能　湿地资源由于其景观美学的特殊性，可以为旅游、钓鱼以及其他户外游乐活动等提供场所，该项功能以开发旅游活动的天数来表示。

b. 文化教育功能　湿地生态系统具有独特的地质水文条件以及丰富的自然资源，具有较高的科研文化价值，尤其是对公众和青少年进行生态教育。本书通过政府对湿地研究的投入力度和科研、教育机构湿地生态教育开展力度来定性描述。

湿地生态系统退化程度诊断指标及其分级标准见表 23-2。

23.4　权重赋值

对权重的确定问题，目前使用比较广泛的是层次分析法。这种方法的特点是：①思路简单明了，它将决策者的思维过程条理化、数量化，便于计算，容易被人们所接受；②所需要的定量化数据较少，但对问题的本质、问题所涉及的因素及其内在关系分析得比较透彻、清楚。因此，该方法在社会科学和自然科学各领域具有十分广泛的实用性。本书采用层次分析法对滨海新区湿地生态系统退化诊断指标体系各指标进行权重赋值。

(1) 建立层次结构模型　根据对问题的分析，将所含因素分系统、分层次地构筑成一个树状层次结构，即 AHP 图示（见表 23-3）。

表 23-3　滨海新区湿地生态系统退化评价指标体系 AHP 图示

指标	类指标	亚类指标	单项指标
评价指标(A)	结构指标(B_1)	生境结构(C_1)	有效湿地斑块总面积(D_1)
			单位面积湿地斑块个数(D_2)
			土壤状况(D_3)
			水源保证水平(D_4)
			水质(D_5)
		生物结构(C_2)	植被覆盖率(D_6)
			优势种覆盖率(D_7)
			植物群落结构(D_8)
			动物群落结构(D_9)
			初级生产力水平(D_{10})
			生物多样性水平(D_{11})
	功能指标(B_2)	生产功能(C_3)	食品生产(D_{12})
			原材料生产(D_{13})
		生态功能(C_4)	洪水调节功能(D_{14})
			水文调节功能(D_{15})
			水质净化功能(D_{16})
			大气调节功能(D_{17})
			气候调节功能(D_{18})
			盐碱改良功能(D_{19})
			侵蚀控制功能(D_{20})
			栖息地功能(D_{21})
		人文功能(C_5)	休闲娱乐功能(D_{22})
			文化教育功能(D_{23})

(2) 构造比较判断矩阵　判断矩阵表示针对上一层次中的某元素而言，评定该层次中各有关元素相对重要性的状况，其形式如表 23-4 所示。

其中，b_{ij} 表示对于 A_k 而言，元素 B_i 对 B_j 的相对重要性的判断值。判断矩阵元素的值反映了人们对各因素相对重要性的认识，一般为 1～9 及其倒数，其标度方法见表 23-5。

表 23-4　判断矩形示例

A_k	B_1	B_2	…	B_n
B_1	b_{11}	b_{12}	…	b_{1n}
B_2	b_{21}	b_{22}	…	b_{2n}
…	…	…	…	…
B_n	b_{n1}	b_{n2}	…	b_{nn}

表 23-5 AHP 标度法及其描述

重要性标度	定义描述	重要性标度	定义描述
1	相比较的两因素同等重要	9	一因素比另一因素绝对重要
3	一因素比另一因素稍重要	2,4,6,8	两标度之间的中间值
5	一因素比另一因素明显重要	倒数	如果 b_i 比 b_j 得 b_{ij}，则 b_j 比 b_i 得 $b_{ji}=1/b_{ij}$
7	一因素比另一因素强烈重要		

(3) 层次单排序及其一致性检验 层次单排序的目的是对于上一层次某元素而言，确定本层次与之有联系的各元素重要性次序的权重值，是本层次中所有元素对上一层次而言进行重要性排序的基础，其实质是计算判断矩阵的最大特征根和相应的特征向量。

本书选用和积法计算，其计算步骤如下。

① 将判断矩阵每一列归一化。

$$\overline{b}_{ij}=b_{ij}/\sum_{k=1}^{n}b_{kj}\,(i=1,2,\cdots,n) \tag{23-3}$$

② 将按列归一化的判断矩阵，再按行求和。

$$\overline{w}_i=\sum_{j=1}^{n}\overline{b}_{ij}\,(i=1,2,\cdots,n) \tag{23-4}$$

③ 将向量 $\overline{W}=[\overline{w}_1,\overline{w}_2,\cdots,\overline{w}_n]^{\mathrm{T}}$ 归一化。

$$w_i=\overline{w}_i/\sum_{i=1}^{n}\overline{w}_i\,(i=1,2,\cdots,n) \tag{23-5}$$

则 $W=[w_1,w_2,\cdots,w_n]^{\mathrm{T}}$ 即为所求特征向量。

④ 计算最大特征根。

$$\lambda_{\max}=\sum_{i=1}^{n}\frac{(AW)_i}{nw_i}$$

其中，$(AW)_i$ 表示向量 AW 的第 i 个分量。 (23-6)

当判断矩阵具有完全一致性时，$\lambda_{\max}=n$。但是在一般情况下是不可能的。为了检验判断矩阵的一致性，需要计算它的一致性指标。

$$CI=\frac{\lambda_{\max}-n}{n-1} \tag{23-7}$$

当 CI=0 时，判断矩阵具有完全一致性；反之，CI 愈大，则判断矩阵的一致性就愈差。为了检验判断矩阵是否具有令人满意的一致性，需要将 CI 与平均随机一致性指标 RI（见表 23-6）进行比较。一般而言，1 阶或 2 阶判断矩阵总是具有完全一致性。对于 2 阶以上的判断矩阵，其一致性指标 CI 与同阶的平均随机一致性指标 RI 之比，称为随机一致性比例，记为 CR。一般地，当 $CR=\frac{CI}{RI}<0.10$ 时，就认为判断矩阵具有令人满意的一致性；否则，当 $CR\geqslant 0.1$ 时，就需要调整判断矩阵，直到满意为止。

表 23-6 平均随机一致性指标

阶数	1	2	3	4	5	6	7	8	9	10	11	12	13	14	15
RI	0	0	0.58	0.90	1.12	1.24	1.32	1.41	1.45	1.49	1.52	1.54	1.56	1.58	1.59

(4) 层次总排序及其一致性检验 利用同一层次中所有层次单排序结果，计算针对上一层次而言本层次所有元素重要性的权值，即为层次总排序，其实质是层次单排序的加权组

合。类似于层次单排序，层次总排序也需要进行一致性检验。因此需要分别计算下列指标：

$$CI=\sum_{j=1}^{m} a_j CI_j ; RI=\sum_{j=1}^{m} a_j RI_j ; CR=\frac{CI}{RI} \tag{23-8}$$

式中，CI为层次总排序的一致性指标；CI_j 为 a_j 对应的B层次中判断矩阵的一致性指标；RI为层次总排序的随机一致性指标；RI_j 为 a_j 对应的B层次中判断矩阵的随机一致性指标；CR为层次总排序的随机一致性比例。同样，当 $CR<0.1$ 时，认为层次总排序的计算结果具有令人满意的一致性；否则，就需要对本层次的各判断矩阵进行调整，直至层次总排序的一致性达到要求为止。

基于对滨海新区湿地生态系统的研究，由评价指标体系的AHP图示并按AHP标度法通过专家咨询建立判断矩阵，见表23-7～表23-14。

表23-7　A-B比较判断矩阵

A	B_1	B_2
B_1	1	3
B_2	1/3	1

表23-8　B_1-C比较判断矩阵

B_1	C_1	C_2
C_1	1	2
C_2	1/2	1

表23-9　B_2-C比较判断矩阵

B_2	C_3	C_4	C_5
C_3	1	1/5	3
C_4	5	1	7
C_5	1/5	1/7	1

表23-10　C_1-D比较判断矩阵

C_1	D_1	D_2	D_3	D_4	D_5
D_1	1	3	5	1/3	1
D_2	1/3	1	2	1/5	1/2
D_3	1/5	1/2	1	1/7	1
D_4	3	5	7	1	7
D_5	1	2	1	1/7	1

表23-11　C_2-D比较判断矩阵

C_2	D_6	D_7	D_8	D_9	D_{10}	D_{11}
D_6	1	5	1	5	1/3	1/2
D_7	1/5	1	1/5	3	1/6	1/3
D_8	1	5	1	5	1/3	1
D_9	1/5	1/3	1/5	1	1/8	1/5
D_{10}	3	6	3	8	1	2
D_{11}	2	3	1	5	1/2	1

表 23-12　C_3-D 比较判断矩阵

C_3	D_{12}	D_{13}
D_{12}	1	1
D_{13}	1	1

表 23-13　C_4-D 比较判断矩阵

C_4	D_{14}	D_{15}	D_{16}	D_{17}	D_{18}	D_{19}	D_{20}	D_{21}
D_{14}	1	1/3	1/5	1	1/8	1/5	1	1/7
D_{15}	3	1	1/3	5	1/4	1/3	5	1/5
D_{16}	5	3	1	4	1/5	1/3	3	1/5
D_{17}	1	1/5	1/4	1	1/7	1/7	1	1/9
D_{18}	8	4	5	7	1	3	7	1/3
D_{19}	5	3	3	7	1/3	1	7	1/5
D_{20}	1	1/5	1/3	1	1/7	1/7	1	1/9
D_{21}	7	5	5	9	3	5	9	1

表 23-14　C_5-D 比较判断矩阵

C_5	D_{22}	D_{23}
D_{22}	1	1/2
D_{23}	2	1

通过计算，得出判断指标的层次单排序、层次总排序及其随机一致性比例（见表 23-15～表 23-17），表明排序结果具有一致性，最终得出各指标权重及各层次指标间的相对权重。

表 23-15　层次单排序及一致性检验

判断矩阵	w_1	w_2	w_3	w_4	w_5	w_6	w_7	w_8	RI	CI	CR	一致性检验
A-B	0.75	0.25										具有一致性
B_1-C	0.6667	0.3333										具有一致性
B_2-C	0.1965	0.7218	0.0817						0.58	0.033	0.0568	具有一致性
C_1-D	0.2065	0.086	0.0632	0.5261	0.1182				1.12	0.0779	0.0695	具有一致性
C_2-D	0.1596	0.0588	0.1761	0.0337	0.3782	0.1936			1.24	0.0517	0.0419	具有一致性
C_3-D	0.5	0.5										具有一致性
C_4-D	0.0285	0.0785	0.1023	0.0259	0.2319	0.1479	0.0266	0.3584	1.41	0.1073	0.0761	具有一致性
C_5-D	0.3333	0.6667										具有一致性

表 23-16　B-C 层次总排序

指标	B_1	B_2	层次总排序权值
	0.75	0.25	
C_1	0.6667		0.5
C_2	0.3333		0.25
C_3		0.1965	0.0491
C_4		0.7218	0.1805
C_5		0.0817	0.0204

一致性检验如下：

$$CI=\sum_{j=1}^{m}a_j CI_j=0.75\times 0+0.25\times 0.033=0.00825 \tag{23-9}$$

$$RI=\sum_{j=1}^{m}a_j RI_j=0.75\times 0+0.25\times 0.58=0.145 \tag{23-10}$$

$$CR=\frac{CI}{RI}=0.0569<0.1 \tag{23-11}$$

表 23-17　C-D 层次总排序

指标	C_1	C_2	C_3	C_4	C_5	层次总排序权值
	0.5	0.25	0.0491	0.1805	0.0204	
D_1	0.2065					0.1032
D_2	0.086					0.043
D_3	0.0632					0.0316
D_4	0.5261					0.2631
D_5	0.1182					0.0591
D_6		0.1596				0.0398
D_7		0.0588				0.0147
D_8		0.1761				0.044
D_9		0.0337				0.0084
D_{10}		0.3782				0.0945
D_{11}		0.1936				0.0484
D_{12}			0.5			0.0246
D_{13}			0.5			0.0246
D_{14}				0.0285		0.0051
D_{15}				0.0785		0.0142
D_{16}				0.1023		0.0185
D_{17}				0.0259		0.0048
D_{18}				0.2319		0.0419
D_{19}				0.1479		0.0267
D_{20}				0.0266		0.0048
D_{21}				0.3584		0.0647
D_{22}					0.3333	0.0067
D_{23}					0.6667	0.0136

一致性检验如下：

$$CI=\sum_{j=1}^{m}a_j CI_j=0.5\times 0.0779+0.25\times 0.0517+0.0491\times 0+0.1805\times 0.1073+0.0204\times 0=0.0712 \tag{23-12}$$

$$RI=\sum_{j=1}^{m}a_j RI_j=0.5\times 1.12+0.25\times 1.24+0.0491\times 0+0.1805\times 1.41+0.0204\times 0=1.1245 \tag{23-13}$$

$$CR=\frac{CI}{RI}=0.0633<0.1 \tag{23-14}$$

通过上述计算过程，最终得出各指标权重及各层次指标间的相对权重（见表 23-18）。

表 23-18　滨海新区湿地生态系统退化诊断指标权重分配表

指标	类指标及其对总指标的权重	亚类指标及其对类指标层的权重	单项指标及其对亚类指标层的权重
评价指标	结构指标(0.75)	生境结构(0.6667)	有效湿地斑块总面积(0.2065)
评价指标	结构指标(0.75)	生境结构(0.6667)	单位面积湿地斑块个数(0.086)
评价指标	结构指标(0.75)	生境结构(0.6667)	土壤状况(0.0632)
评价指标	结构指标(0.75)	生境结构(0.6667)	水源保证水平(0.5261)
评价指标	结构指标(0.75)	生境结构(0.6667)	水质(0.1182)
评价指标	结构指标(0.75)	生物结构(0.3333)	植被覆盖率(0.1596)
评价指标	结构指标(0.75)	生物结构(0.3333)	优势种覆盖率(0.0588)
评价指标	结构指标(0.75)	生物结构(0.3333)	植物群落结构(0.1761)
评价指标	结构指标(0.75)	生物结构(0.3333)	动物群落结构(0.0337)
评价指标	结构指标(0.75)	生物结构(0.3333)	初级生产力水平(0.3782)
评价指标	结构指标(0.75)	生物结构(0.3333)	生物多样性水平(0.1936)
评价指标	功能指标(0.25)	生产功能(0.1965)	食品生产(0.5)
评价指标	功能指标(0.25)	生产功能(0.1965)	原材料生产(0.5)
评价指标	功能指标(0.25)	生态功能(0.7218)	洪水调节功能(0.0285)
评价指标	功能指标(0.25)	生态功能(0.7218)	水文调节功能(0.0785)
评价指标	功能指标(0.25)	生态功能(0.7218)	水质净化功能(0.1023)
评价指标	功能指标(0.25)	生态功能(0.7218)	大气调节功能(0.0259)
评价指标	功能指标(0.25)	生态功能(0.7218)	气候调节功能(0.2319)
评价指标	功能指标(0.25)	生态功能(0.7218)	盐碱改良功能(0.1479)
评价指标	功能指标(0.25)	生态功能(0.7218)	侵蚀控制功能(0.0266)
评价指标	功能指标(0.25)	生态功能(0.7218)	栖息地功能(0.3584)
评价指标	功能指标(0.25)	人文功能(0.0817)	休闲娱乐功能(0.3333)
评价指标	功能指标(0.25)	人文功能(0.0817)	文化教育功能(0.6667)

23.5　诊断结果

生态系统退化程度主要通过结构和功能两大类、共 23 项指标综合反映。对于滨海新区湿地生态系统的退化程度的认定，划分为稳定、临界状态、轻度退化、中度退化和严重退化五个等级。其中稳定状态下的结构和功能完善，在合理规划的前提下，适宜开发和利用；临界状态为退化和未退化之间的过渡状态，结构和功能状态受到人为干扰的影响比较明显，如果干扰不停止的话，将会向退化状态演替；轻度退化是指生境结构受到一定程度的破坏，服务功能价值有所下降，但消除外界胁迫后，能够实现自然恢复；中度退化状态下，系统表现为结构失调，功能衰退明显，难以自我维持，无法通过自然方式恢复，必须借助人工辅助措施强化使其逐渐恢复；严重退化则说明原有湿地生态系统已经遭到完全破坏，环境因素严重恶化，不可能再回到原有的状态，只能通过人工措施重建新的系统。对于各等级的界定为：

综合诊断指数不低于0.9为稳定状态，不低于0.75为临界状态，不低于0.6为轻度退化，不低于0.4为中度退化，低于0.4则为严重退化。

综合诊断指数计算公式为：

$$P=\sum_{i=1}^{n} w_i P_i \tag{23-15}$$

式中，P为被评价对象得到的综合诊断指数；w_i为第i评价指标的权重；P_i为第i指标标准化后的指数；n为评价指标个数。每个单项评价指标指数按照稳定、临界状态、轻度退化、中度退化和严重退化五个等级分别定为1、0.8、0.6、0.4、0。

根据滨海新区湿地实地数据分析，利用GIS软件将滨海新区湿地划分为11个评价区域，分别为北大港（Ⅰ）、独流减河（Ⅱ）、沙井子水库-李二湾水库（Ⅲ）、官港湖（Ⅳ）、钱圈水库（Ⅴ）、黄港一、二水库-北塘水库（Ⅵ）、盐田（Ⅶ）、滩涂（Ⅷ）、永定新河-蓟运河（Ⅸ）、东丽湖（Ⅹ）、海河（Ⅺ），并参照诊断标准对各项标准打分，依据综合诊断指数计算公式得出研究区域的退化诊断指数及其退化程度结果（见表23-19）。

表23-19　滨海新区湿地生态系统退化诊断结果

指标	Ⅰ	Ⅱ	Ⅲ	Ⅳ	Ⅴ	Ⅵ	Ⅶ	Ⅷ	Ⅸ	Ⅹ	Ⅺ	权重
D_1	1	0.8	1	1	0.8	1	1	0.8	1	0.8	0.8	0.1032
D_2	0.8	1	0.6	1	1	0.6	0.4	1	1	0.8	1	0.043
D_3	0.6	0.4	0	0.8	0.6	0.4	0	0	0.6	0.4	0.4	0.0316
D_4	0.8	0.8	0.4	0.8	1	0.6	0	1	1	0.8	0.4	0.2631
D_5	0.6	0	0	0.6	0.6	0.4	0	0	0	0	0	0.0591
D_6	0.8	0.8	0.4	1	0.4	0.4	0	0.4	0.6	0.4	0.4	0.0398
D_7	1	0.8	0.4	1	0.4	0.6	0	0.4	0.6	0.4	0	0.0147
D_8	1	0.8	0.4	0.8	0.6	0.6	0	0.4	0.8	0.4	0	0.044
D_9	1	1	0.6	1	0.8	0.8	0	1	1	0.6	0.6	0.0084
D_{10}	0.8	0.6	0.4	0.8	0.4	0.6	0	0.8	0.8	0.4	0.4	0.0945
D_{11}	0.8	1	0.6	0.8	0.8	0.6	0	0.6	1	0.4	0.4	0.0484
D_{12}	0.6	0.4	0.4	0.6	0.4	0.8	0	1	0.6	0.8	0.4	0.0246
D_{13}	1	0.4	0.4	0.8	0.4	0.4	1	1	0.4	0.4	0.4	0.0246
D_{14}	0.8	0.8	0.8	0.6	0.8	0.6	0	0.8	0.6	0.6	0.6	0.0051
D_{15}	0.6	0.6	0.8	0.8	0.8	0.4	0	0.8	0.8	0.4	0.6	0.0142
D_{16}	0.8	0	0	0.6	0.8	0	0	0	0	0	0	0.0185
D_{17}	0.6	0.6	0.8	0.6	0.6	0.4	0	0.6	0.6	0.4	0.4	0.0048
D_{18}	1	0.8	0.8	0.4	0.8	0.4	0.6	0.8	0.6	0.6	0.4	0.0419
D_{19}	0.6	0	0	0.6	0.6	0.4	0	0	0.4	0.4	0	0.0267
D_{20}	1	0.8	0.8	0.8	0.8	0.6	0.4	0.6	0.6	0.6	0.8	0.0048
D_{21}	1	1	0.8	0.8	1	0.8	0.6	1	1	0.8	0.8	0.0647
D_{22}	0.6	0.6	0	0.8	0.4	0.4	0	0.4	0.4	0.8	0.8	0.0067
D_{23}	0.4	0.6	0	0.6	0.4	0.4	0	0.8	0.4	0.8	0.6	0.0136
P	0.82	0.69	0.47	0.79	0.76	0.60	0.21	0.72	0.78	0.58	0.44	
排序	1	6	9	2	4	7	11	5	3	8	10	

通过退化程度诊断分析，各具体评价区域的生态系统现状从好到差依次为：北大港＞官港湖＞永定新河-蓟运河＞钱圈水库＞滩涂＞独流减河＞黄港一、二水库-北塘水库＞东丽湖＞沙井子水库-李二湾水库＞海河＞盐田。其中北大港、官港湖、永定新河-蓟运河和钱圈水库处于临界状态；沿海滩涂和独流减河处于轻度退化状态；黄港一、二水库-北塘水库、东丽湖、沙井子水库-李二湾水库和海河处于中度退化状态；大港盐田和汉沽盐田处于严重退化状态（见图 23-2）。

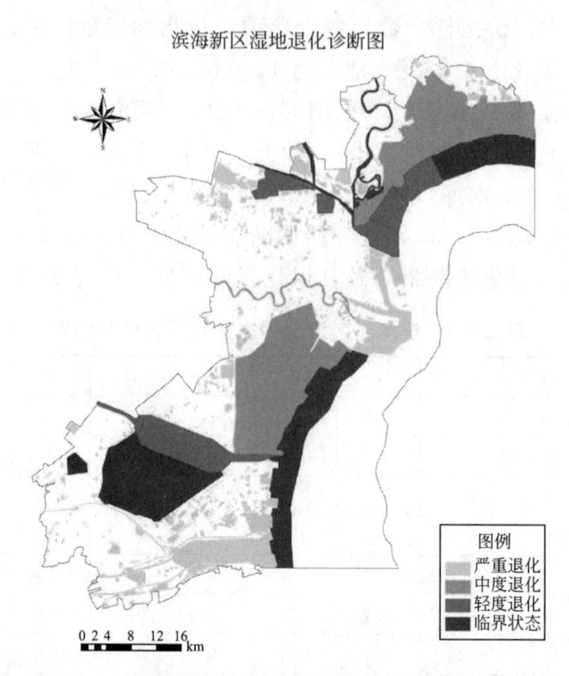

图 23-2　滨海新区湿地生态退化程度诊断分析结果

由于湿地本身是一个复杂的生态系统，加之滨海新区发展很快，为湿地的保护和合理开发利用增加了不确定因素，本书虽然整体上对滨海新区湿地的生态系统退化程度进行了分析，但是由于遥感图的分辨率较小，对研究区域的划分和识别不够精确，因此各区域的退化诊断结果有待湿地考察验证。

参考文献

[1] 任海，彭少麟，陆宏芳．退化生态系统恢复与恢复生态学 [J]. 生态学报，2004，8：1760-1768.

[2] 李洪远，鞠美庭．生态恢复的原理与实践 [M]. 北京：化学工业出版社，2005.

[3] 闫玉春，唐海萍，张新时．草地退化程度诊断系列问题探讨及研究展望 [J]. 中国草地学报，2007，29 (3)：90-97.

[4] 杜晓军，高贤明，马克平．生态系统退化程度诊断：生态恢复的基础与前提 [J]. 植物生态学报，2003，27 (5)：700-708.

[5] 章家恩，徐琪．退化生态系统的诊断特征及其评价指标体系 [J]. 长江流域资源与环境，1999，8 (2)：215-220.

[6] 李晶，王承义，刘洪佳．山地次生林退化生态系统诊断技术初探 [J]. 林业科技，2006，31 (5)：16-19.

[7] 贾天会．辽西水土流失区生态退化程度诊断分析 [J]. 科学技术与工程，2008，8 (13)：3444-3449.

[8] Mitsch W J，Gosselink J G. Wetlands [M]. 2nd ed. New York：Van Nostrand Reinhold，1993.
[9] 刘桃菊，陈美球．鄱阳湖区湿地生态功能衰退分析及其恢复对策探讨 [J]. 生态学杂志，2001，20 (3)：74-77.
[10] 任宪友，杜耘，王学雷．南洞庭湖湿地生态退化研究 [J]. 华中师范大学学报：自然科学版，2006，40 (1)：128-131.
[11] 何池全，崔保山，赵志春．吉林省典型湿地生态评价 [J]. 应用生态学报，2001，12 (5)：754-756.
[12] 安娜，高乃云，刘长娥．中国湿地的退化原因、评价及保护 [J]. 生态学杂志，2008，27 (5)：821-828.
[13] Hobbs R J，Norton D A. Towards a conceptual framework for restoration ecology [J]. Restoration ecology，1996，4：93-110.
[14] 任海，彭少麟．恢复生态学导论 [M]. 北京：科学出版社，2001.
[15] Daily G. C. Restoring value to the world's degraded lands [J]. Science，1995，269：350-354.
[16] 彭祖赠，孙韫玉．模糊 (Fuzzy) 数学及其应用 [M]. 武汉：武汉大学出版社，2007.
[17] 韩美，李艳红，李海亭，庞小平．山东寿光沿海湿地生态系统健康诊断 [J]. 中国人口·资源与环境，2006，16 (4)：78-83.

24 基于生物多样性保护的滨海新区生态网络构建

生物多样性是指在一定时空范围内生物物种及其所携带的遗传信息和其环境形成的生态复合体的多样化，以及各种生物学、生态学过程的多样化和复杂性。它是生命系统的基本特征之一，一般包括遗传多样性、物种多样性、生态多样性和景观多样性四个层次。

生物多样性保护和管理的目标是通过不减少基因与物种多样性，不毁坏重要生境和生态系统的方式，保护和利用生物资源，以保证生物多样性可以持续利用和人类社会的可持续发展。由于生物多样性丧失和遭受威胁的因素复杂多样，因此生物多样性保护应该在环环相扣相接的多个生物空间等级层次上进行，一般有两条途径：一是从遗传多样性、物种多样性为切入点，研究自然情况下生物多样性发生、维持以及丧失的微观机制，寻找解决途径；二是强调人为干扰下的景观格局改变对遗传多样性、物种多样性、生态系统多样性的影响，并依据此制定相应的生物保护战略。目前，国内外很重视景观尺度上的生物多样性保护，而且保护方式由单独的自然保护区向生态网络过渡。

生态网络（ecological network）是景观生态学的一个重要理论，生态网络即是通过恢复栖息地，加强各个栖息地之间结构和功能的联系，即实现在合理利用自然资源的同时保护生物多样性。生态网络结构是由核心区、缓冲区、恢复区、廊道及基质等景观要素构成，它不仅强调各个组成部分间结构的连接，更注重功能的连接，这对维持野生动植物种的生存和繁殖非常重要。由于日常活动、迁移和散布是生物生存和繁殖的必须条件和日常需求，特别是当自然因素或人为因素引起环境条件改变时，许多物种是否能够存活都依赖于自身开拓新栖息地的能力。从这个方面而言，完善的生态网络对生物多样性具有决定性意义。因此，在此背景下，进行基于生物多样性保护的区域生态网络构建研究能够为区域生物多样性保护及景观规划提供一定的科学依据。

生态网络规划思想溯源于 19 世纪的公园规划时期，以美国景观设计师奥姆斯特德（Olmsted）在 1858 年规划建设的纽约中央公园为代表，该时期形成了大批城市公园与保护区。20 世纪 60 年代以来，城市生态环境保护日益受到人们的重视，同时西方城市规划更加注重将自然引入城市，如构建城市生态网络。20 世纪 80 年代以后，城市生态化的研究逐渐成为可持续发展的科学基础，而综合性生态网络规划的兴起标志着一个新浪潮的到来。目前，国外对生态网络规划的研究还没有形成统一观点，不同学科或不同地域的学者从各自领域对生态网络进行了多种多样的探索。

欧洲的生态网络规划实践更多关注如何在高度开发的土地上减轻人为干扰和破坏，从而进行生态系统和自然环境保护，尤其是生物多样性的维持和野生生物栖息地的保护，多倾向于用生态网络一词。欧洲自从20世纪就意识到只是单纯依靠传统的自然保护科学方法，无法实现生物多样性保护的长期稳定性。因此，20世纪90年代开始即采用生态网络方法进行自然区和生物多样性的保护和恢复。至今，生态网络在欧洲很多地区已经发展成为各种自然保护规划，包括自然2000网络（nature 2000）、绿宝石网络（emerald）、泛欧生态网络（PEEN）等，它们的共同点是强调融合自然与社会多种科学方法，并拥有强大的政策和法律支撑体系，以及完善的社会管理与组织网络。同时各个国家又根据自身自然特征、国情及保育传统采取不同的方式。美洲的生态网络规划研究及实践，主要关注点是基于乡野土地、未开垦土地、自然保护区、历史文化遗产、开放空间以及国家公园的绿地生态网络建设，其中许多是基于对游憩和风景观赏出发的，研究中较多采用绿道网络（greenway network）一词。相关实践主要包括加拿大埃德蒙顿生态网络规划、美洲生态走廊、美国新英格兰地区绿道网络规划、美国南佛罗里达州绿道系统以及马里兰州绿色基础设施网络规划。亚洲的生态网络建设还处在起步阶段，大部分实践仍然处在建立连接的初期，但是受到欧美生态网络规划思想的影响，已经有一些实践开始尝试建立多目标、多尺度的城市绿地生态网络体系。如新加坡公园联接道规划，日本筑波科学城绿道系统。

我国对于生态网络的理论和方法还缺乏完整、系统的研究，以某一城市为例进行详细的生态网络规划实践的研究还不太多，如北京绿色空间概念规划、南京绿地空间网络规划、厦门岛生态网络规划、上海生态网络规划等。

因此，通过基于生物多样性保护的生态网络的构建探索，可以推动国内应用生态网络理念的发展。天津滨海新区湿地种类丰富，拥有丰富的野生动植物资源，特别是湿地鸟类丰富，天津湿地景观人工化和破碎化显著。这直接导致滨海新区生态网络结构的缺失和功能的破损，影响到湿地鸟类的生存，所以以滨海新区为案例，构建科学合理的生态网络对滨海新区湿地鸟类及生物多样性保护具有重要的实际指导意义，同时对国内其他区域的生物多样性保护和生态网络构建具有借鉴意义。

24.1 生态网络的基本结构

一个完整的生态网络要求用自然和半自然的景观要素将各个自然区连接起来，而且自然区周边区域的土地利用方式要与其相兼容，总的而言，生态网络即是由核心区、连接区、缓冲区和恢复区共同组成的一个密切联系的系统，通过对该系统的配置和管理来恢复和维持整个自然区的生态功能并保护生物多样性。这里的自然区是个广义的概念，是指所有被植被覆盖的地区，通常主要包括森林、草原、湿地、湖泊、河流以及农田。无论质量的高低、面积的大小、是否属于保护区以及保护的级别高低，都属于自然区，都应归于生态网络的结构内。

生态网络的结构要素主要包括核心区、连接区、缓冲区和恢复区，如图24-1所示。具体说明如下。

① 核心区是指具有适宜尺度和质量的栖息地的斑块，为支持整个动植物数量及相关生态功能提供环境条件。

② 连接区是通过自然和半自然植被的协调使用，以提高各个斑块间结构和功能上的连接。主要包括廊道和踏脚石两种类型。廊道是自然或半自然植被的线状斑块，将不连续斑块

相连接，增强生物在栖息地之间的迁移和活动。踏脚石是自然或半自然的非线性草木斑块，但可能不会有足够的规模尺度或质量来满足所有对栖息地和生态功能的需求。

③ 缓冲区是指分布于主要自然保护区与连接区周围，用以保护此等区域免于直接遭受负面影响。通常缓冲区可允许适度的人类活动和多种土地利用方式共存。

④ 恢复区是指扩大既有栖地或创造新的栖地（如湿地、沼泽地等），以改善生态网络功能。

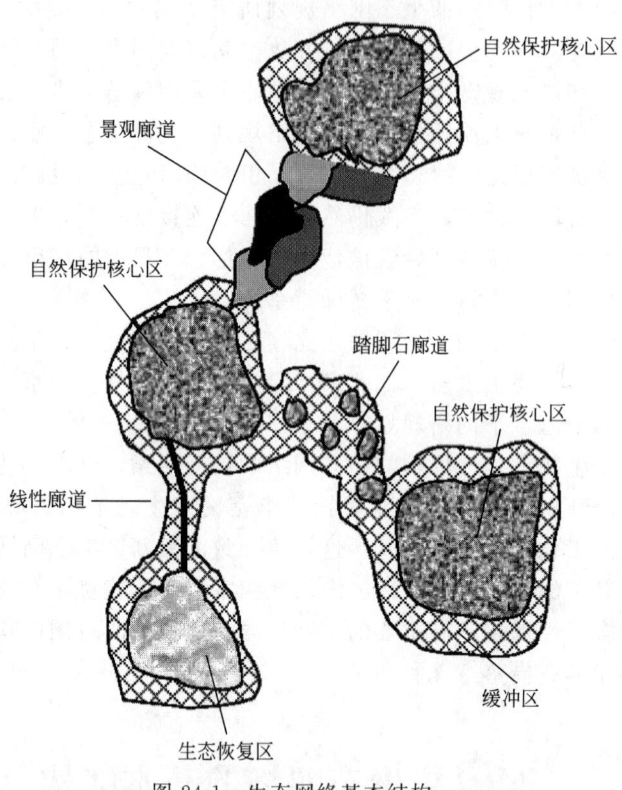

图 24-1　生态网络基本结构

24.2　生态网络的构建原则

生态网络连接将所有的自然区整合为一个系统，有利于整体功能的实现和生物多样性的保护。植物和动物的迁移和活动保证了该物种的存活和维持，如植物基本种的出现能够维持整个植物和动物群以及相关的生态功能；动物幼崽的散布，成熟个体的迁移，会促进更大尺度景观上的基因流；生物在景观中的穿行使得一个物种能够进入某一个区域或统治该区域，而该区域先前有其他物种存在。总之，连通性和生物的迁移对景观上的可持续生物多样性非常必要。因此，为了维持生物多样性，必须把管理重点放在景观的连通性上。生态网络连接则大大提高了景观连通性。

生态网络连接主要通过廊道和踏脚石实现，廊道具有多种功能，最主要的是为动植物提供栖息地和通道。不同物种在不同时空尺度下，廊道所具备的功能亦有所差异，而同一条廊道对不同物种也有不同的效益。总结其优点主要包括以下几点。

① 增加物种多样性，降低物种绝灭率。

② 增加物种绝灭后，从其他种源移入再定居的可能性。

③ 增加基因交流的机会，降低较小族群内因近亲交配导致的基因弱化现象。

④ 提供或增加物种在生活上所需的各种资源需求（觅食、求偶、避敌、迁徙）。

生态廊道有助于连接分散生境斑块，促进其生态整体性。虽然其也有一些潜在的缺点，如廊道之畅通可能提供疾病、病害虫、传染病或火害之扩散等，但是在人类造成地景零碎化之前，大地原本是有良好连接的，人类的介入才使得其连接度降低；因此建构生态廊道，虽然可能有些缺失，只要审慎设计，基本上仍是具有生态效益与成本效益的可行方案。

缓冲区允许各种土地使用方式共存，减轻边缘效应的影响，在城市发展中起到了非常重要的作用，有助于减少人与野生生物之间的冲突。在城市区域内，缓冲区往往是在自然区周围采用类似开放空间的土地利用方式。例如，一个自然地区周围建立公园和校园运动场等，再外围才是居民区和商业区。

而随着保护科学的发展，日趋容易确定在过去的发展政策下已经退化或即将退化且对生态网络造成负面影响的区域，并应用新的恢复技术进行恢复。恢复核心区的生态质量，并恢复其与其他区域的连通性，这有助于整体生态网络功能的实现。

综上，在城市中规划健康稳定的生态网络，应重点加强景观连通性，必须遵循以下 4 点基本原则：①几个大片的天然植被作为核心区，支持生态系统及各种生物的相应功能；②主要河道沿岸的生态廊道，即足够宽度的河漫滩，为野生动物提供迁徙的通道；③保留和保护关键种迁移的主要廊道（包括踏脚石和廊道），如动物的日常活动和季节性迁移、植物种子的传播等；④建成区的非均匀自然区周围基质中应包括自然植被，以便于小型动物活动。

24.3 生态网络的构建方法

生态网络的构建是在当地的区域特征、物种、土壤等调查的基础上，以遥感、GIS 及其他相关软件为平台构建。采用的分析方法包括以下几种。

(1) 景观指数分析 将研究区域的现状图或规划图的矢量数据转换为栅格数据，应用专业软件 Fragstats 进行生态网络规划的格局分析。应用 Fragstats 软件可得出众多的景观指数，结合目标区域的生态网络实际情况选择具有明确生态学意义的景观指数，主要包括非空间的组分指数（如斑块类型总面积、斑块密度、边界密度、多样性指数、均匀性指数）和空间的配置指数、欧氏最近邻体距离和连接度。

(2) 网络结构分析 网络可分为分枝网络和环形网络两种形式，见图 24-2，规定各连线之间不交叉，而且除顶点外，不能再有其它共同点。图 24-2 中网络（a）、（b）和（c）为分枝网路，网络（d）、（e）和（f）为环形网路。在分枝网络中，网络（a）是最基本的；网络（b）是一种等级网络，连线从一个中心节点发出网络；（c）是建造费用最小的网络，每个节点只与一条连线相接。在环形网络中，网络（d）是最基本的，由单环组成；网络（e）是使用费用最小的网络，网络中任意两个节点都被直接连接起来；网络（f）介于网络（d）和网络（e）之间，力求找到二者的平衡点。

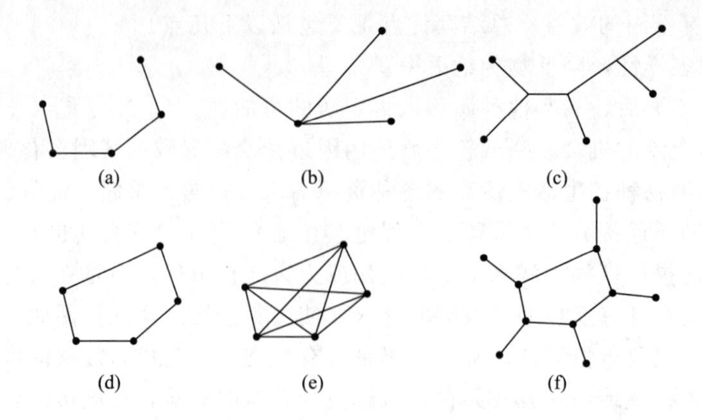

图 24-2　网络的基本结构

网络的复杂性可用网络连接度、线点率、网络闭合度进行描述。网络闭合度是用来描述网络中回路出现的程度，即网络中实际回路数与网络中存在的最大可能回路数之比，可用 α 指数来测度，见式（24-1）。

$$\alpha=(L-V+1)/(2V-5) \tag{24-1}$$

β 指数也称线点率，是指网络中每个节点的平均连线数，见式（24-2）。

$$\beta=L/V \tag{24-2}$$

网络连接度是用来描述网络中所有节点被连接的程度，即一个网络中连接廊道数与最大可能连接廊道数之比，可用 γ 指数来测度，见式（24-3）。

$$\gamma=L/3(V-2) \tag{24-3}$$

式中，L 为廊道数；V 为节点数。α 值的变化范围在 0～1，当 $\alpha=0$ 时，表示网络无回路，当 $\alpha=1$ 时，表示网络具有最大可能的回路数。当 $\beta<1$ 时，表示形成树状格局，$\beta=1$ 时，表示形成单一回路，$\beta>1$ 时，表示有更复杂的连接度水平。γ 指数的变化范围为 0～1，$\gamma=0$ 时，表示没有节点相连，$\gamma=1$ 时，表示每个节点都彼此相连。

(3) 斑块间的相互作用力分析　斑块间的相互作用力分析能够表明廊道的相对重要性和有效性，反映了网络连通性的质量。两个斑块间的相互作用力由其自身的生态质量和它们间廊道斑块的景观阻力决定，而斑块的景观阻力主要依据其景观类型、演变过程、含水量、植被类型、植被覆盖率及人为干扰强度等因子来确定，根据影像数据分析、资料查阅和实地调查，拟定研究区域生态网络各个斑块类型的景观阻力。应用重力模型构建了生态斑块间的相互作用矩阵，定量评价各个斑块间的相互作用强度，判定各斑块间廊道的缺失状态及已有廊道的相对重要性，计算公式如下：

$$G_{ab}=\frac{N_a N_b}{D_{ab}^2}=\frac{\left[\frac{1}{P_a}\times\ln(S_a)\right]\left[\frac{1}{P_b}\times\ln(S_b)\right]}{\left(\frac{L_{ab}}{L_{max}}\right)^2}=\frac{L_{max}^2\ln(S_a S_b)}{L_{ab}^2 P_a P_b} \tag{24-4}$$

式中，G_{ab}是斑块 a 和 b 之间的相互作用力；N_a和 N_b分别是两斑块的权重值；D_{ab}是 a 和 b 两斑块间廊道阻力的标准化值；P_a为斑块 a 的阻力值；S_a是斑块 a 的面积；L_{ab}是斑块 a 到 b 之间廊道的累积阻力值；L_{max}是研究区中所有廊道阻力的最大值。

24.4 滨海新区生态网络的构建

24.4.1 滨海新区自然生态现状调查

24.4.1.1 自然植被现状调查

(1) 植物区系统计及特征分析 对滨海新区自然植被进行全面系统的野外考察，根据所采标本并结合历年的历史资料，得出组成天津滨海地区自然野生植被种类统计，计有46科、135属、232种，其中中生植物最多，其次为旱生、水生、湿生植物，中生植物占66.8%；双子叶植物占72.4%。

根据吴征镒对中国种子植物属的分布区类型的研究得出区域植物属（苹属未计入内）的分布区类型。滨海新区属的分布类型广泛，占中国15个分类区中的14个（没有中国特有属）。其中世界分布的属有38种，占总属数的28.36%，泛热带分布的属有28种，占20.09%，北温带分布的属有15.67%。滨海新区植物区系中温带分布区成分占据重要地位，同时热带分布区成分也占据较大的比重，此特点反映了该区的气候特点，既有暖温带大陆性季风气候的特征，使得北温带成分较多，又由于濒临渤海而带有海洋性气候，冬季气温较高，泛热带植物成分较多。本区植物区系中种的地理区系成分有8个，说明天津滨海新区由于受自然环境影响，适合于大多数植物种类的生长繁育，但植物的地带性不明显。

(2) 自然植被特点 滨海新区属于典型的盐碱性地，土壤含盐量较高，一般都在0.5%以上，盐生植物占优势。生长了很多耐盐性较强的植物种类，分布于菊科、禾本科、旋花科、藜科、豆科、蓼科等科里。对本区植物进行样方和样线调查发现，区域内兼性盐生植物和专性盐生植物物种都很丰富。而且多种盐生植物分布较为集中，形成单优势种群落或共优群落，如盐沼芦苇、碱蓬、盐地碱蓬群落等，而且这些植物都是该区域的优势种。

(3) 植物多样性分析 经过调查发现，自然植被大多为单一草本植被。其中盐地碱蓬、碱蓬、獐毛、芦苇是此地的优势种，重要值相对较大。依据采样数据计算滨海新区植物多样性指数，结果为香农指数是2.32，辛普森指数为0.83。而天津蓟县盘山地区灌木、草本群落的香农多样性指数为2.41～2.51，辛普森指数为0.87～0.9。通过比较说明滨海新区自然植物多样性需要提高。

24.4.1.2 动物资源调查

(1) 鸟类资源调查 滨海新区有东亚-澳大利亚鸟类迁徙的重要停歇地。近年来曾有多位学者对七里海、团泊洼、北大港、大黄堡等地的鸟类资源作过调查记录和分析。依据本次调查并结合近年来的资料，作如下分析。

① 鸟类区系组成 对调查区域内的各种鸟类作了统计分析，古北界鸟类129种，占调查区域的53.09%，跨古北和东洋区分布的广布鸟类共91种，占总数的37.45%。东洋界种类较少，为22种，占总数的9.46%。上述统计表明，调查区域的鸟类组成表现出显著的古北界特征。

② 水鸟种类资源 根据《湿地公约》中水鸟的定义，湿地水鸟即在生态上依存于湿地

的鸟。经调查，调查区内有水鸟135种，占调查区鸟类总种数的55.56%，其中还有天津新记录3种，分别是小滨鹬、斑胸滨鹬、流苏鹬。

(2) 兽类资源调查 经调查共记录兽类5目、6科、7属、9种，总种类数约占全国兽类总种数（478种）的1.8%，种类组成以啮齿目动物居多，共4种，占总种数的44.4%，其他4目兽类种类很少。

调查区在动物地理区划上，属于古北界，东亚亚区的华北区黄淮平原亚区。没有温带森林的覆盖，生境类型比较单一。兽类中缺少体型较大的偶蹄类和食肉目兽类。调查范围内的兽类多为中国北方适应环境能力较强的广布种。此外，调查区的兽类中没有国家重点保护野生动物名录内的动物，进而说明这些动物均为常见种类。在区系组成上，明显以古北界物种为优势（占60%），另外广布种占总数的50%，区系组成上的另一特点为调查区内缺乏特有种。

(3) 昆虫资源调查 昆虫资源调查获得滨海新区昆虫的区系特点，所获种类基本上都是广布种，大多数跨古北区和东洋区分布，所以调查各区域分布的昆虫种类的区系差异较小。

(4) 鱼类资源调查 调查区水域共记录鱼类10目、18科、64种。其中鲤科鱼类占绝对优势，共有38种，占总种数的59.4%，人工养殖种类近20种，占总种类数约30%。

24.4.1.3 土壤现状调查

土壤是土地资源的重要组成部分，是农业生产的基础，滨海新区土壤大多为滨海盐土，分布于塘沽、汉沽、大港等区，面积约813.56km^2，占全市土壤面积的6.97%。由于海水影响，地下咸水的浸渍，具有明显的潜育层。

土壤大多质地黏重，土壤质地类型可分为黏土、黏壤土、粉壤土和壤土四大类。土壤的透气、透水性差，但是土壤养分较充足。pH值多在7.5以上，有机质在0.39%～1.84%，全氮含量在0.03%～0.1%。土壤含水量在0.14%～0.40%，土壤含盐量一般在0.6%～4%，盐分组成以氯化物为主。轻度盐化的剖面中盐分分布多为表层大，表层以下部分上下差距不大；中度盐化的剖面盐分上下大，中间40cm左右较小。剖面有锈纹锈斑，底部1.5m以下有蓝灰色潜育层。有的地方剖面中有黑色夹层出现，有机质含量及石灰反应均无明显异常。质地多为通体黏质，上部30～40cm以上多为轻黏质，下部则为中黏质或重黏质。剖面通体盐分含量0.1%～0.3%。地下水位小于1m，地下水矿化度高达30mg/L。

根据盐分含量、化学类型、土壤质地，尤其是种植历史的不同带来的肥力变化，应因地制宜加以开发利用。

24.4.1.4 滨海新区生态环境现状问题

在现状调查基础上，总结滨海新区自然格局存在的主要问题包括以下几个方面。

(1) 海岸带破碎化加快，生态功能退化 海岸带及岸线是天津市最宝贵的资源之一，滨海新区范围内包含了天津市的所有岸线资源，随着岸线利用与经营性围填海比重明显增加，天津的自然岸线逐渐消失。2001—2007年，经批复的海岸线利用速度平均达5km/a以上。2007年，天津市已确权海域面积达到224km^2，自然岸线的占用导致自然景观斑块减少、破碎化指数加大同时滩涂湿地大面积损失。

随着天津市城市建设的提速，滨海新区的天然滩涂湿地被大量占用，其面积逐年减少，岸线向海推移。沿海城市化建设、各种海洋设施建设等围海工程对海洋生态产生景观的连接性产生了不利影响和损害。随着滨海新区的大规模开发，沿海地区侵占海岸和海域，滨海新区的岸线已经高度破碎化，原来的海域-滩涂-沼泽连续的生态廊道失去了连续性，自然岸线仅存在于北部和南部两段，不能构成完整的生态网络。根据最新的调查，最南端的自然生态岸线也被破坏，填建为养殖池塘，滩涂湿地的人工化，从而使自然岸线和自然滩涂湿地的生态功能不能得到充分发挥。

(2) 湿地生态系统退化加剧，生物多样性受到威胁 滨海新区以湿地生态系统为主，随着近年来发展的加快，湿地大量减少，景观破碎化。植被结构发生变化，生物量及生物多样性减少。具有较高生态系统服务功能的湿地的破碎化和天然景观的减少将导致区域多种生态功能消失，生物多样性受到威胁。部分鱼类产卵场遭到破坏；区域淡水资源总量不足，水资源量匮乏，对区域生态环境质量有较大的影响，生态用水难以保证。湿地植被作为湿地生态系统的主要生产者，在维持整个生态系统的结构和功能，以及实现湿地的物质供给、水质净化、为其他生物提供栖息地等重要生态系统服务功能方面，都具有举足轻重的作用。

近年来对调查区环境状况调查显示，受水环境污染和人工养殖鱼塘建设等多种影响，加上多年来的干旱少雨，主要湿地的生境恶化，表现为自然湿地面积减少并呈现破碎化，严重的供水不足和水质量不高造成几个主要水域的水质均处于富营养化水平，生态系统呈现恶化趋势。人类在湿地区域的经济建设和开发，造成动物栖息地环境的退化和面积减少，对湿地动物资源已经产生了较大的不利影响。

综合各个湿地动物类群考察的相关数据，结合生境理化环境数据，目前天津几个主要湿地的动物现状可以概括为：动物区系由适应性强的种类组成，整个区系物种多样性不高，种类组成相对单一。生物现存量偏低，生产力低下，整体上看整个生态系统结构不尽合理，应进一步加大保护力度。

(3) 水质较差，生物生境受到威胁 滨海新区位于海河流域的最下游，在海河流域九大水系中有七大水系经滨海新区进入渤海。上游的污染物通过这些河流传输到海岸带地区，给海岸带带来巨大的环境压力。存在问题较为严重的河段包括独流减河、永定新河、蓟运河闫庄以下段等。滨海新区水系的污染等级都在Ⅳ级到Ⅴ级的水平。即使在径流量比较大年份，各断面的污染等级也无较大的改善。滨海新区水系的主要的污染因子是 NH_3-N、NO_2-N 以及由 BOD 和 COD_{Mn} 所表征的有机污染。

径流量较高的年份，滨海新区水系的水环境质量有所提高，污染程度有所下降。但从污染物的浓度值与河流水文状况的相互作用的关系来看，各污染物的点源排放以及非点源污染强度依然很大。今后，滨海新区水系污染控制的任务仍很艰巨。

滨海新区水系有机污染物和含氮无机污染物浓度较高，受污染的地表水排入海洋中，可能会导致海域水体的富营养化，为近海赤潮的发生提供物质基础，从而给海洋渔业和近海养殖业带来严重的危害。而且，滨海湿地是候鸟的重要栖息地，水质和水域环境对鸟类的栖息、繁殖和生存具有重要的作用，因此，加强对滨海新区水系水质的治理及水生境的保护势在必行。

滨海新区水系重金属污染物浓度相对较小，但是由于重金属污染物具有难于分解、存留时间长等特点，也不容忽视。

总之，目前滨海新区水系的污染较严重。滨海新区水系的污染不仅会对滨海新区海洋渔业和近海养殖业造成巨大的损失，也会给人类的健康带来严重的威胁。

(4) 土壤盐渍化严重，影响区域生态建设 滨海新区土地资源数量相对丰富，但是土壤盐碱重、面积大、治理困难，加之近年来重金属污染，使得滨海新区土壤资源质量趋于劣势。滨海新区的土壤问题主要表现为土壤盐渍化、土壤碱化、土壤重金属污染。

滨海新区全区为地下咸水所覆盖。高矿化地下水和浅层咸水是土壤盐渍化的祸根，这是因为在这类地区，即使是已经改造好了的盐渍土，甚至是非盐渍土，都会因为高矿化地下水和浅层咸水的存在，而极易引起其心土或底土中所含的盐分随毛管作用而强烈上升，而且一旦遇到涝年或是灌溉不当，都会引起地下水位抬高，产生强烈返盐，造成土壤次生盐化。

在研究过程中发现，近年来，滨海新区土壤 pH 值急剧上升、土壤总碱度和钠碱度明显增高，出现地表板结加重、渗水愈加缓慢等现象。研究表明，这是因为土壤出现了碱化，其原因主要是盐土脱盐过程中的脱盐碱化；苏打型地下水引起的土壤碱化；碱性水灌溉造成的土壤次生碱化。滨海新区碱化土和碱土多呈斑块状分布于各类盐土和盐化潮土中，其治理难度远比土壤盐化要大得多。

由于土壤盐渍化严重，制约植物的生长，天津滨海新区群落类型中盐生群落占主导，常出现的单优种群落有盐地碱蓬群落、碱蓬群落、獐毛群落、芦苇群落和白刺群落。芦苇群落也经常会有盐地碱蓬、碱蓬、獐毛等伴生。盐沼芦苇常和盐地碱蓬形成群落。优势种中盐地碱蓬、碱蓬、獐毛等盐生植物的重要值已经超过芦苇。盐渍性强的地方，芦苇长势较差。

24.4.2 滨海新区生态网络现状分析

24.4.2.1 生态网络结构和景观指数分析

通过对滨海新区 2008 年 Landsat-TM 卫星影像进行解译，得到滨海新区 2008 年生态网络现状（见图 24-3），斑块类型级别的指数和景观级别的指数分析分别见表 24-1 和表 24-2，并对其进行网络连通性分析（见图 24-4）。

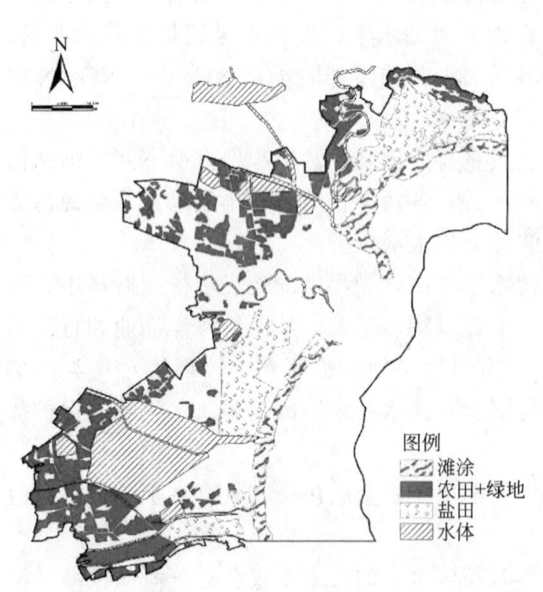

图 24-3　2008 年生态网络现状图
（根据 2008 年卫星遥感图解译）

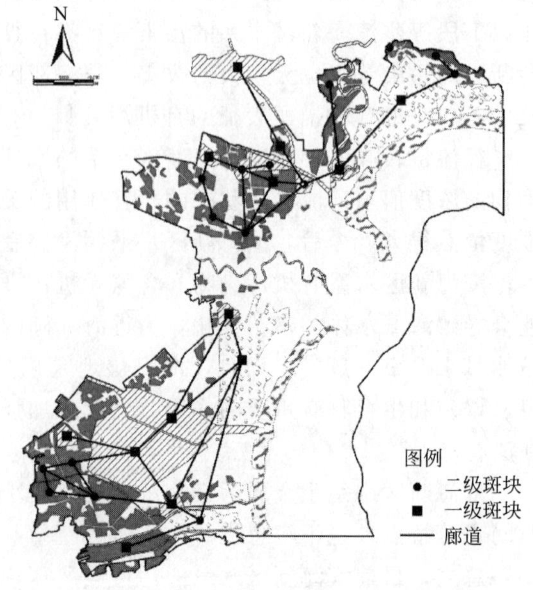

图 24-4　2008 年生态网络连通性示意图

表 24-1 滨海新区 2008 年生态网络的斑块类型级别的景观指数

类型	斑块类型总面积/hm^2	斑块密度/km^{-2}	最大斑块指数	边界密度/(m/hm^2)	平均斑块形状指数	平均最近距离/m	聚集度指数
水体	41676.3000	0.0101	10.0059	0.9161	3.6644	1078.9024	98.4540
农田+水体	56164.4100	0.0692	3.5388	0.8112	2.1155	340.0882	98.0875
盐田	34666.2000	0.0040	10.0835	0.2103	2.4407	5697.6464	99.44
滩涂	16263.5400	0.0020	6.3143	0.1071	2.9329	4362.0932	99.13

表 24-2 滨海新区 2008 年生态网络的景观级别的景观指数

斑块密度/km^{-2}	最大斑块指数	边界密度/(m/hm^2)	平均最近距离/m	CONTAG	连接度指数	多样性指数	均匀性指数	聚集度指数
0.0738	10.7765	1.0562	1027.2366	52.4397	1.4966	1.3063	0.9424	98.6604

24.4.2.2 生态网络重要斑块间的相互作用力分析

依据 2008 年生态网络斑块的生态质量和重要性，选择 13 个重要斑块作为节点（见图 24-5）进行相互作用力分析，其总面积为 67183.64hm^2，约占研究区生态网络总面积的 45.16%。

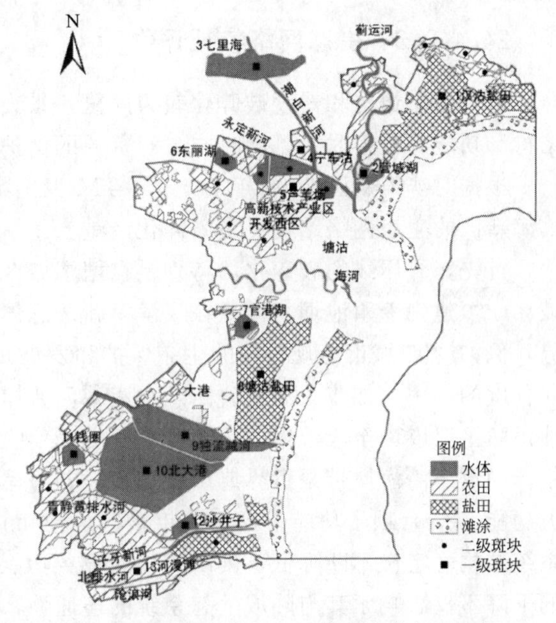

图 24-5 进行斑块间相互作用力分析的斑块

2008 年滨海新区生态网络重要斑块（见图 24-5）间的相互作用力矩阵（见表 24-3）表明以下 4 点特征：①塘沽城区以北（斑块 1～7）与以南（斑块 8～13）两个区域，各自内部的任意两个斑块间的相互作用力相近，但是南北之间的任两个斑块间（沧浪河漫滩除外）的相互作用力极其微弱，即为 0.0000。这是因为两组斑块间出现了巨大的隔离屏障，即塘沽城区、开发区以及经济技术产业园区，城区建筑区域面积大，绿地和公园较少，在滨海新区生态网络中可充当廊道的斑块很少，几乎为零，在未来规划中应重点改善。②沧浪河漫滩与塘沽以北的斑块间虽然被塘沽区阻隔，但它们之间的相互作用力并非最弱。这是由于沿海滩涂充当了连通南北部的重要廊道，它也是滨海新区典型的景观类型，应该进行适当保护和恢复。③官港与独流碱河、北大港、沙井子及钱圈间的相互作用力为 0.0000，由于它们间的大港城区建筑面积大，绿地相对很少，严重阻碍了斑块间的基因交流和物种迁移，在未来规划中应加强公园、绿地、行道树等城区生态廊道的建设。④北大港水库与独流碱河、大港盐田、沙井子、钱圈、沧浪河漫滩间的作用相对较强，表明斑块间的廊道景观阻力小，生境适宜性强，在生态网络中处于重要地位，对生物物种的丰富度、迁移及扩散起到重要作用，必须加以严格保护。

表 24-3　滨海新区（2008年）斑块间的相互作用力矩阵

斑块号	1	2	3	4	5	6	7	8	9	10	11	12	13
1	0	0.0011	0.0012	0.0023	0.0070	0.0017	0.0000	0.0000	0.0000	0.0000	0.0000	0.0000	0.0015
2		0	0.0065	0.0008	0.0025	0.0006	0.0000	0.0000	0.0000	0.0000	0.0000	0.0000	0.0005
3			0	0.0107	0.0022	0.0005	0.0000	0.0000	0.0000	0.0000	0.0000	0.0000	0.0005
4				0	0.0043	0.0010	0.0000	0.0000	0.0000	0.0000	0.0000	0.0000	0.0009
5					0	0.0489	0.0000	0.0000	0.0000	0.0000	0.0000	0.0000	0.0028
6						0	0.0000	0.0000	0.0000	0.0000	0.0000	0.0000	0.0007
7							0	0.0111	0.0000	0.0000	0.0000	0.0000	0.0008
8								0	0.0075	0.0060	0.0000	0.0037	0.5112
9									0	0.0075	0.0099	0.0045	0.6287
10										0	0.0088	0.0083	0.0783
11											0	0.0115	0.1084
12												0	0.1080
13													0

24.4.2.3　生态网络特征评价

(1) 生态退化和景观破碎化较为严重　景观的破碎化与人的活动密切相关，与生态网络结构和功能等紧密联系，同时与自然资源的保护互为依存。

根据对滨海新区2008年Landsat-TM卫星影像进行解译，并进行景观指数分析，发现滨海新区的生态网络结构要素破碎化严重。

首先，海岸线的破碎化，特别是在塘沽城区出现断层区，且最南端的自然生态岸线也被破坏，填建为养殖池塘。而且在《滨海新区总体规划》中的海岸线规划趋于更加破碎化的趋势，例如“05城市总规”中的生态保护和发展预留岸线（北部14km，南部18km）已有不同程度的占用，如津晋高速公路至独流减河北岸的发展预留岸线已规划为建设临港产业区，油田防洪堤以南至沧浪渠的生态保护和发展预留岸线的部分将被规划的大港石化港区所占用。而渤海湾海岸带是世界典型的三大脆弱海岸带之一，具有支持、提供、文化以及调节4大功能、20余项子功能。近几十年来，天津市海岸带生态系统健康指数呈显著下降趋势，系统结构稳定性不断降低，其所提供的服务功能及价值也随之下降。海洋生态环境健康状况的下降不仅影响了其与陆域生态系统的连通性，还影响到临海居民的生活水平，这对滨海新区实现“宜居生态”功能、天津市建设生态市的目标都是巨大的挑战。岸线迅速减少，滩涂湿地大面积损失，完整的自然岸线难以保存。根据相关调查和目前的发展趋势，人工占用岸线长度约占天津市的自然海岸线的60%。自然岸线减少、人工岸线增加的结果不单纯是人工景观斑块的增加，更主要的是自然岸线的连通性受到破坏，滩涂湿地与栖息地破碎化严重，事实上这已不是一个完整的“生态廊道”。

其次，湿地退化和破碎化较为严重。湿地作为滨海新区最重要的自然生态系统类型，随着气候变化、水文变化、植被演替以及人类开发活动等，湿地生态系统退化非常严重。多途径指标退化湿地诊断方法得出的结果表明，目前除了滨海滩涂湿地干扰严重外，滨湖湿地健康状况较好的是北大港古泻湖湿地，滨河湿地健康状况较好的是蓟运河故道河漫滩湿地等，其他众多的湿地均处于不同程度的退化状态。新区发展与建设规模的扩大无疑会进一步干扰湿地生态环境，尤其是对鸟类栖息地造成威胁。此外，滨海新区其他类型保护区中的不少地区也在人为干扰、水源减少、环境污染等因素作用下发生了退化，很难再恢复其生态服务功能。

再次，农田出现破碎化趋势。农田作为完善生态网络重要的一个结构要素，具有重要的生态功能和意义。一般情况下，农田是生态网络的主要基质，其通透性和连通性直接影响着生态网络功能的实现。但是，随着滨海新区的快速开发，滨海新区农田出现破碎化趋势。

(2) 生态网络连通性不强 通过生态网络连通性分析发现，滨海新区的很多主要斑块之间没有良好的廊道进行连接，目前，除了独流减河、永定新河两条生态廊道目前具备一定的基础条件，其他廊道存在一定程度的污染、破碎和缺失，特别是海河生态廊道已破碎化。

24.4.3 规划中的生态网络分析

以天津滨海新区绿地系统规划图（2005—2020 年）、天津滨海新区战略规划生态用地图（2020—2050 年）为基础资料，在遥感 ERDAS 9.1 和地理信息系统（GIS）支持下，运用景观格局分析方法和网络分析法对天津滨海新区 2008 年生态用地现状与滨海新区总体规划和滨海新区战略规划进行纵向对比。在此基础上，构建了生态网络的优化方案。通过优化方案与规划图的对比分析，对规划图的生态网络进行评价并提出完善网络结构的建议。

24.4.3.1 滨海新区总体规划的生态网络分析

通过对天津滨海新区绿地系统规划图（2005—2020 年）进行校正和信息提取，得到天津滨海新区总规生态网络（见图 24-6），其网络连通性分析见图 24-7。

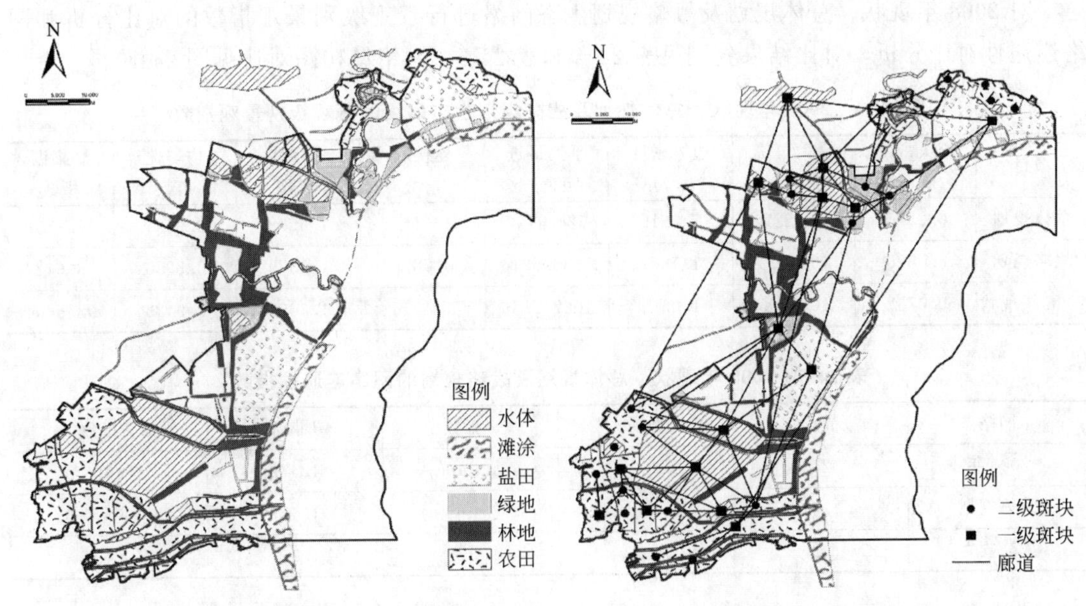

图 24-6 滨海新区总体规划生态网络结构图　　图 24-7 滨海新区总体规划生态网络连通性图

24.4.3.2 滨海新区战略规划的生态网络分析

通过对战略规划生态用地图（2020—2050 年）进行几何校正和信息提取，得到天津滨海新区 2050 年生态网络（见图 24-8），其网络连通性分析见图 24-9。

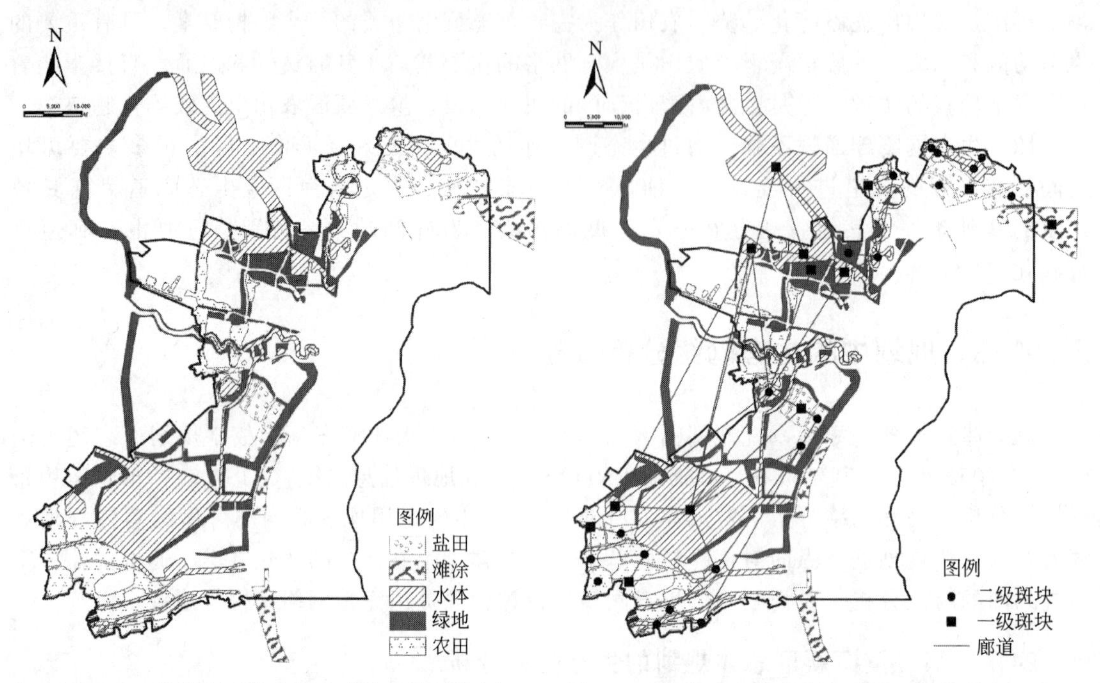

图 24-8　滨海新区战略研究生态网络结构图　　图 24-9　滨海新区战略研究生态网络结构连通性图

24.4.3.3 总体规划、战略规划和 2008 年生态网络的指数对比分析

对 2008 年现状、总体规划及战略规划生态网络进行景观级别景观指数的对比分析和网络连通性对比分析，对比结果分别见表 24-4 和表 24-5。网络结构图对比见图 24-10。

表 24-4　2008 年现状、总体规划及战略规划生态网络的景观级别景观指数

项目	斑块密度 /km^{-2}	最大斑块指数	边界密度 /(m/hm^2)	平均最近距离/m	连接度指数	多样性指数	均匀性指数	聚集度指数
总体规划	0.2380	8.7227	7.2615	524.4196	1.3167	1.6898	0.9431	97.7899
战略规划	0.0825	19.4323	1.7602	1034.6816	0.7876	1.4373	0.8930	98.6127
2008 年现状	0.0738	10.7765	1.0562	1027.2366	1.4966	1.3063	0.9423	98.6604

表 24-5　2008 年现状、总体规划及战略规划的网络连通性指数

网络	节点	廊道	α 指数	β 指数	γ 指数
2008 年	28	33	0.118	1.179	0.423
总体规划	35	51	0.169	1.457	0.515
战略规划	32	39	0.136	1.212	0.433

总体规划和战略规划生态网络规划与 2008 年现状相比较，在景观空间配置、降低破碎度和网络连通性方面均有所改善，这也体现了总体规划和战略规划的前瞻性。且总体规划和

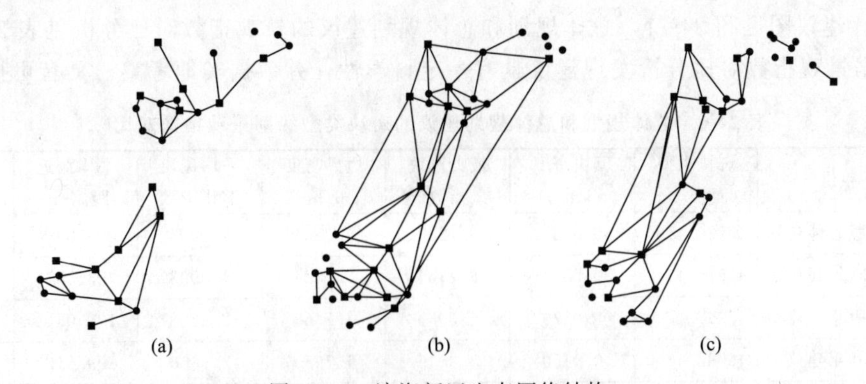

图 24-10 滨海新区生态网络结构

(a) 2008 年生态网络结构图；(b) 总体规划生态网络结构图；(c) 战略规划生态网络规划结构图

战略规划相比较而言，总体规划更注重网络的连通性，而战略规划则更注重降低斑块的破碎化程度。

24.4.4 滨海新区规划的生态网络优化建议

在对比分析的基础上，借鉴欧洲各国、加拿大等国家生态网络构建的经验，在景观生态学相关理论支持的基础上，结合滨海新区的现状实际情况，利用 ArcGIS 软件中的分析模块，提出科学合理、经济社会可行的生态网络规划方案与建设对策。根据景观指数分析和网络连通性分析，并结合现场调查，对总体规划和战略规划提出改进优化建议。

24.4.4.1 总体规划的生态网络结构优化

分析发现，与 2008 年现状和相比，总体规划在景观配置和网络连通性方面都比较好，但是有部分重要斑块的可以合并为中大型斑块，则建议通过修建生物通道进行改善，提高物

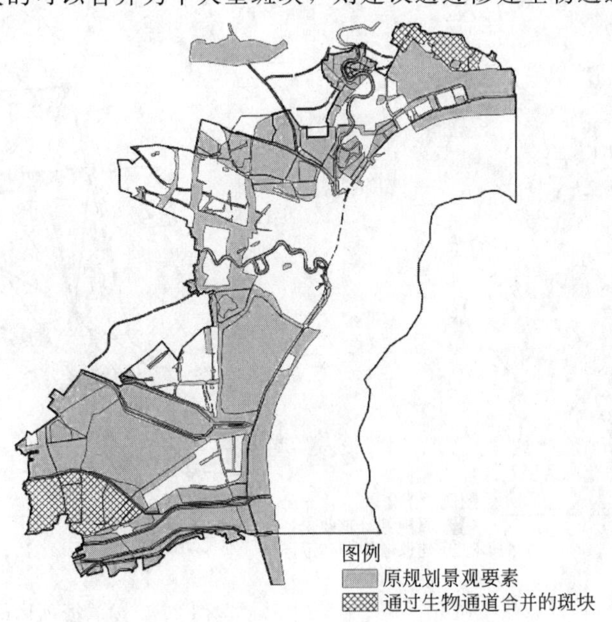

图 24-11 滨海新区总体规划生态网络改善建议图

种丰富度。建议图见图 24-11，总体规划和总体规划建议的景观指数对比分析见表 24-6 和表 24-7，根据景观指数对比分析发现建议具有一定科学性，并依据实地考察，具有可操作性。

表 24-6　总体规划和总体规划建议的斑块类型级别景观指数对比

类型	年份	斑块类型总面积/hm^2	斑块密度/km^{-2}	最大斑块指数	边界密度/(m/hm^2)	平均斑块形状指数	平均最近距离/m	聚集度指数
水体	2007 版总体规划	45526.4100	0.0855	8.7227	5.0561	4.0993	293.8874	98.1081
	2020 年建议	45526.4100	0.0854	8.7164	5.0524	4.0993	293.8874	98.1081
农田	2007 版总体规划	45998.4600	0.0179	4.3963	1.7663	2.2288	185.0543	98.8672
	2020 年建议	46032.4800	0.0150	7.0046	1.7650	2.6800	209.5122	98.8816
盐田	2007 版总体规划	24311.5200	0.0012	8.3590	0.4342	1.4951	38258.1756	99.7813
	2020 年建议	24311.5200	0.0012	8.3529	0.4339	1.4951	38258.1756	99.7813
绿地	2007 版总体规划	14776.0200	0.0791	1.2486	0.9216	2.8099	306.8575	93.6647
	2020 年建议	14328.9000	0.0664	1.2477	0.7303	2.6778	380.8111	94.3902
林地	2007 版总体规划	28465.2900	0.0526	4.7653	6.0171	5.2024	139.8844	95.2119
	2020 年建议	29004.9300	0.0658	4.7618	6.2134	5.2634	135.3891	94.8349
滩涂	2007 版总体规划	14064.4800	0.0017	3.8976	0.3276	2.1364	11847.8416	99.3453
	2020 年建议	14064.4800	0.0017	3.8948	0.3274	2.1364	11847.8416	99.3453

表 24-7　总体规划和总体规划建议的景观级别指数对比

项目	斑块密度/km^{-2}	最大斑块指数	边界密度/(m/hm^2)	平均最近距离/m	连接度指数	多样性指数	均匀性指数	聚集度指数
总体规划	0.2380	8.7227	7.2615	524.4196	1.3167	1.6898	0.9431	97.7899
总体规划建议	0.2355	8.7164	7.2612	539.7798	1.3222	1.6881	0.9421	97.7934

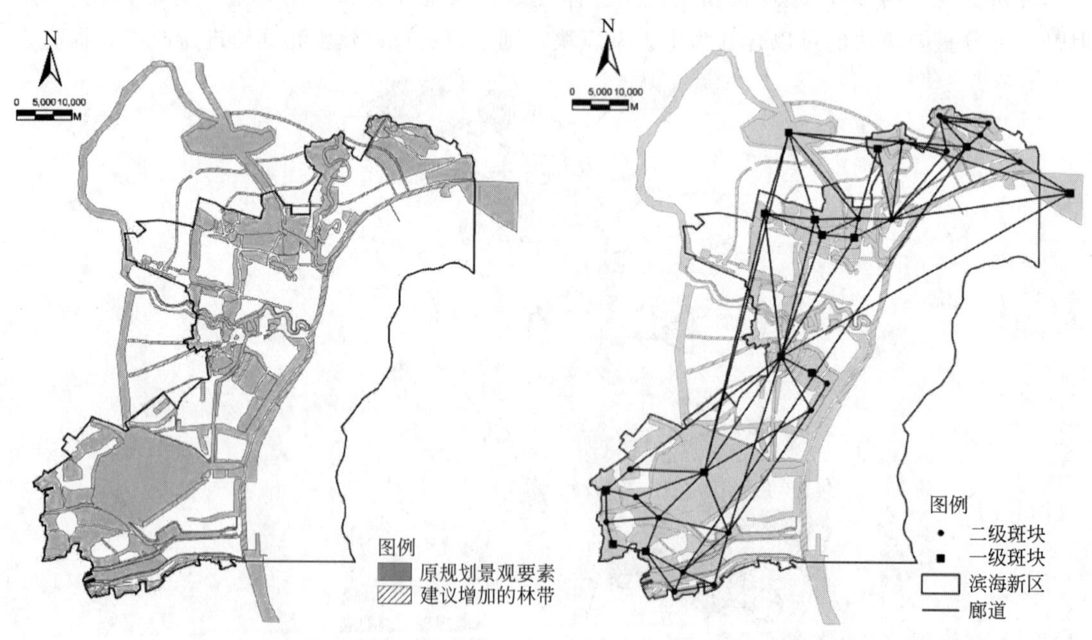

图 24-12　滨海新区战略研究生态网络改善建议图

图 24-13　滨海新区战略规划建议的生态网络连通性示意图

24.4.4.2 战略规划的生态网络改善建议

战略规划的景观配置较与2008现状和总体规划相比均有所改善，但是在网络连通性方面较总体规划差些，有些重要廊道不健全；各个斑块之间作用力普遍较弱，则建议在主要交通要道两侧以足够宽度林带的形式修建廊道，增强生态网络的连通性，建议图见图24-12，建议的网络连通性示意图见图24-13，战略规划和战略规划建议图的网络连接度指数对比分析见表24-8，斑块类型级别的景观指数对比分析见表24-9，景观级别的景观指数对比分析见表24-10。根据景观指数对比分析发现战略规划改善建议图具有一定科学性，并依据实地考察，具有可操作性。

表24-8 战略规划和战略规划建议的网络连接度指数

网络	节点	廊道	α 指数	β 指数	γ 指数
战略规划	32	39	0.136	1.212	0.433
战略规划建议	32	71	0.847	2.219	0.789

表24-9 战略规划和战略规划建议的斑块类型级别的景观指数

类型	年份	斑块类型总面积/hm^2	斑块密度/km^{-2}	最大斑块指数	边界密度/(m/hm^2)	平均斑块形状指数	平均最近距离/m	聚集度指数
绿地	战略规划	41917.1400	0.0492	4.5669	1.4116	3.4802	459.9684	97.6555
	战略规划建议	45276.3900	0.0462	4.2336	1.8646	3.7066	465.7951	0.7099
水体	战略规划	62473.3200	0.0098	19.4323	1.3293	4.3836	1018.7617	99.0457
	战略规划建议	62473.3200	0.0098	19.4323	1.3293	4.3836	1018.7617	99.0457
农田	战略规划	32818.8600	0.0172	2.8236	0.7576	2.3424	621.1984	98.4837
	战略规划建议	32816.3400	0.0160	2.6175	0.8286	2.3430	621.1984	1.0582
盐田	战略规划	12472.0200	0.0043	2.2064	0.0220	1.6239	265.1631	99.1610
	战略规划建议	12472.0200	0.0040	2.0454	0.0522	1.6239	265.1631	0.0000
滩涂	战略规划	12791.7000	0.0018	3.9667	0.0000	1.8091	22099.9956	99.4303
	战略规划建议	12791.7000	0.0018	3.9667	0.0000	1.8091	22099.9956	99.4303

表24-10 战略规划和战略规划建议的景观级别的景观指数

项目	斑块密度/km^{-2}	最大斑块指数	边界密度/(m/hm^2)	平均最近距离/m	连接度指数	多样性指数	均匀性指数	聚集度指数
战略规划	0.0825	19.4323	1.7602	1034.6816	0.7876	1.4373	0.8930	98.6127
战略规划建议	0.0907	18.0141	2.5592	1057.0054	0.8668	1.6177	0.9028	98.2734

24.4.5 滨海新区生态网络构建

24.4.5.1 确定滨海新区生态网络结构

在对天津滨海新区实地调查的基础上，采用景观指数分析法和网络分析法，通过对2008年现状、总体规划及战略规划及对各个规划建议的对比分析，借鉴欧洲生态网络和加

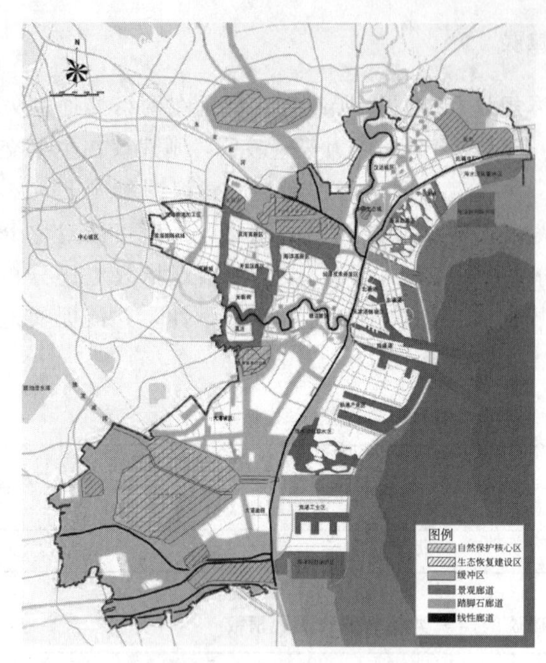

图 24-14　滨海新区远期生态网络结构优化示意图

拿大的生态网络的经验，结合天津的实际和规划发展趋势，确定天津市滨海新区的生态网络结构，见图 24-14，进行天津滨海新区生态网络的结构要素分析，具体解释如下。

天津滨海新区生态网络的结构要素包括自然保护核心区、生态恢复建设区、廊道（包括线性廊道，景观廊道和踏脚石廊道）及缓冲区几个部分，可以归结为“三核六区十廊”结构。

(1) “三核” “三核”指三个自然保护核心区：七里海-黄港水库-芦苇场-北塘水库湿地连绵区、北大港水库西库-独流减河及官港湖。它们均是具有一定尺度和质量的栖息地的斑块，为支持整个区域的动植物数量及相关生态功能提供环境条件。

天津滨海新区河网密布，水域面积大，湿地类型多样，其中北大港水库属于古渤海湾后退时遗留下来的泻湖湿地，是天津市的饮用水和工农业用水的重要水源地及东亚至澳大利西亚候鸟迁徙的必经之地。其 2000 年被列入我国国家级重点湿地名录，2001 年被列为市级保护区“北大港湿地自然保护区”的保护核心，以保护湿地生态系统及其生物多样性。根据大港区与市有关局的协议、大港区总体规划（2005—2010 年）(草案)，将北大港水库分为东西两库，西库以储水功能为主，面积约为 105.59km^2，而东库生态功能相对差些，因此基于西库的生态重要性，在滨海新区的生态网络结构中北大港水库-西库显然应该被划分为自然保护核心区。

官港湖也属于古泻湖湿地，1989 年划为“官港森林公园”（包括湖面和周围的陆地)，总面积 21.4km^2，其中湖面面积 5.56km^2，陆地面积 15.84km^2。官港湖水质好，周边陆地植被覆盖好，以乔木为主，植物种类和鸟类丰富，是滨海新区唯一一块保护相对完好的乔木林，但目前该地区主要用于旅游开发项目，兼有渔业和芦苇生产，则鉴于其重要的生态意义、良好的生态质量及重要的地理位置，应该划分为自然保护核心区，严加保护。

七里海作为由泻湖演化而成的淡水沼泽湿地，面积为 95km^2，具有典型的滨海湖泊、沼泽的湿地自然景观、丰富的动植物资源以及具有重要科考价值的牡蛎滩，其在 1992 年被列入“天津古海岸与湿地国家级自然保护区”；另外黄港水库（包括一库和二库)、芦苇场及北塘水库作为塘沽区北部的三座市级中型水库与七里海构成水域连绵带，总占地面积达到 47.85km^2，占塘沽区土地面积的 20.06%。湿地是生物多样性的宝库，也是各种珍禽和濒危物种的迁徙地、越冬地，则该三个水库对塘沽区及滨海新区的生物多样性保护具有重要意义。同时，黄港水库和北塘水库是滨海新区规划中的水源区。因此，七里海-黄港水库-芦苇场-北塘水库湿地连绵区对滨海新区的生态网络构建有很大贡献，应该划分为滨海新区生态网络的自然保护核心区。

(2) “六区” “六区”指六个生态恢复建设区，即扩大完善既有栖地或创造新的栖地（如湿地、沼泽地等)，提高栖地的生态质量，以改善生态网络功能。由于不合理的开发和经济发展，多年以来滨海新区很多重要水库已经出现退化趋势，对生态网络的结构和功能的完整性产生重要影响，则应该对这些区域进行重点恢复建设。

北大港水库-东库以养殖和开发生态景观为主，面积约 33km^2。近年来，由于气候干旱少雨，上游来水锐减，加之水库面积大，蓄水水深低，蒸发量大，水库的蓄水量不断减少，2008 年 1 月天津市北大港湿地自然保护区（市级）调整方案将东库调整为实验区。因此列为生态网络结构中的生态恢复建设区。

东丽湖作为区级自然保护区，水质条件良好，主要保护对象为水生生物和湿地生态系统。但与北大港水库、官港湖等相比，其生物多样性水平不高，且其周围已成为开发建设的热点地区之一，娱乐和房地产开发势必对东丽湖区的生态环境带来压力，保护的困难度也会逐渐加大，则应该把东丽湖作为滨海新区生态网络的生态恢复建设区，加大恢复建设力度，最大发挥其生态功能。

营城湖系为蓟运河裁弯取直形成的“U”形淡水湖，作为蓟运河生态廊道上的一个重要节点，是野生动物迁移过程中的一个重要栖息地。但是由于营城湖与污水库之间仅有几米宽的一堤之隔，污水外溢，臭味熏天，严重影响了周围及营城湖水库区的生态环境，则应加强进行营城湖及其周边的生态恢复和管理。

盐田作为人工湿地系统，对生物多样性保护具有一定意义。特别是对汉沽城区的大面积盐田的保护有利于实现滨海新区生态网络结构的完整性和类型多样性，从而实现最大生态功能。

钱圈水库及沙井子-李二湾水库作为调整前“北大港湿地自然保护区”的一部分，为水禽提供了必要的栖息地和繁殖地。但是由于近年来不合理的开发和利用，与北大港水库相比，这几片水域水质均较低，且生物多样性不高，则为了增加保护区物种迁入速率，减少物种绝灭概率，将这几片水域列入生态恢复建设区，实现生态网络的完整性。

综上，天津滨海新区的生态恢复建设区主要包括六区：北大港-东库、东丽湖、营城湖、汉沽盐田、钱圈水库、李二湾-沙井子水库。在以后的发展建设中，生态恢复建设区可以通过恢复、重建等多种手段重点建设保护。

(3)“十廊” “十廊”指滨海新区生态网络中十条重要的生态廊道，包括线性廊道、景观廊道和踏脚石廊道。其中线性廊道共八条，均为“现实廊道”；景观廊道和踏脚石廊道各一条，均为“虚拟廊道”。

线性廊道是自然或半自然植被的线状斑块将不连续斑块相连接，增强生物在栖息地之间的迁移和活动。它是一条可供大多数动物在其间迁移、植物种子传播且基因能彼此交流的路径，可以让种群迁移到新的栖息地，来面对环境改变、流行疾病等不良因素，使得受到威胁的物种能够从其他区域转移进来。主要包括河道，河道和交通要道两侧足够宽度的林带和绿地。而滨海新区内新建城区中生态建设虽然以道路绿化为主体，但是单纯以道路网络格局为绿化格局的方式在区域绿地规划上并不合理，由于廊道内的景观异质性差，生境条件异常脆弱，它的环境效应很难有效发挥。则滨海新区生态网络中的线性廊道应该以河道为主，主要包括：蓟运河、潮白河、永定新河、海河、青静黄排水河、子牙新河、北排水河及海滨大道沿线足够宽度的林带和绿地，其均属于“现实廊道”。河流作为线性廊道，有时候也是野生动物迁移的障碍，则一定要加强河道两岸乃至河漫滩植被的保护和恢复，加强河流两岸的连通性。

景观廊道是相互接壤或镶嵌的草木斑块组成的具有宽度和面积的带状廊道，由于具有一定的宽度，与线性廊道和踏脚石廊道相比能创造自然化的物种丰富的景观结构，具有较大的多样性和内部种，更利于哺乳动物的穿行和保护。滨海新区的生态网络结构特点是南北部各自联系紧密，南北之间相对出现脱节，则应该在官港湖与黄港之间穿越滨海新区高新技术产业区、开发区、工业区及葛沽镇，构建足够宽度和面积的景观廊道，因地制宜地合理配置林地、草地及农田斑块，构成连接南北部的景观廊道，此景观廊道为“虚拟廊道”。

踏脚石廊道是给物种提供许多资源的自然或半自然的非线性草木斑块，一般规模尺度较小，质量较低，通常被不太适宜的基质分开或由廊道相连，无法满足所有野生动物对栖息地和生态功能的需求，但滨海新区哺乳动物和爬行动物相对较少，以鸟类为主，则踏脚石廊道对鸟类的迁徙和保护具有重要意义和作用。踏脚石主要包括城市公共绿地、校园足球场、墓地、高尔夫球场、小型水面及芦苇地等，重点建设保护的踏脚石廊道主要集中在大港、塘沽和汉沽区域，对鸟类从北大港自然保护区到官港湖，再到营城湖以及汉沽盐田之间的迁徙起到重要的连接作用。

(4) 缓冲区 缓冲区是指分布于自然保护核心区、生态恢复建设区及廊道周围，用以保护这些区域免于直接遭受负面影响，通常缓冲区可允许适度的人类活动和多种土地利用方式共存。一般情况下，缓冲区面积越大，越利于减缓外界干扰对核心区的冲击，则在滨海新区的生态网络中将自然保护核心区、生态恢复建设区及廊道周边的生态用地划分为缓冲区，最大程度地降低人为活动对栖息地及生物多样性的影响和破坏。

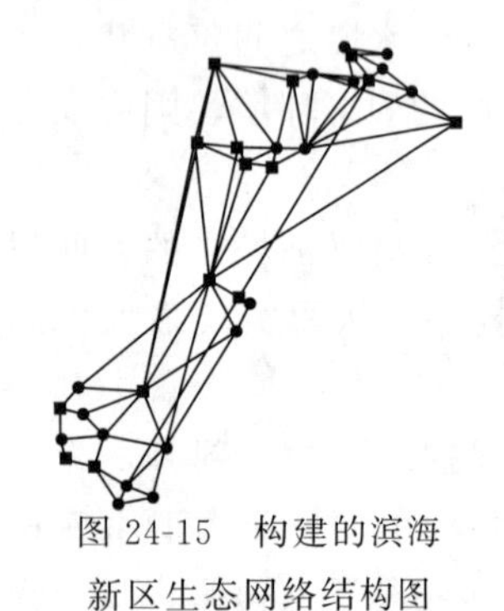

图 24-15 构建的滨海新区生态网络结构图

24.4.5.2 滨海新区生态网络结构的连通性分析

将自然保护核心区和生态恢复建设区抽象为节点，见图 24-15，对其网络连通性进行分析，分析结果见表 24-11。

表 24-11 滨海新区生态网络结构的网络连通性分析

网络	节点	廊道	α 指数	β 指数	γ 指数
滨海新区生态网络	32	71	0.847	2.219	0.789

与 2008 年现状、总体规划及战略规划相比远期生态网络结构优化建议具有更强的连通性，即具有最大可能的回路数，且每个节点间都彼此相连，这有利于生物物种在生态网络中的迁移、扩散和基因交流，从而有效地保护生物多样性，增强生态网络的可持续发展能力。

24.4.5.3 限定滨海新区“生态控制线”，维护滨海新区生态完整性

在对滨海新区生态网络进行景观格局分析和网络连通性分析的基础上，结合实地生态调查对生境质量和生物多样性等所获得的数据，确定滨海新区的“三级生态控制线范围”，以促进生态网络结构和功能的完善。生态控制线分级图如图 24-16 所示。

(1) “生态底限控制线” “生态底限控制线”范围即为生态网络中的自然保护核心区，包括七里海、黄港一库、黄港二库、芦苇场、北塘水库、北大港水库西库、独流减河和官港湖。其均为具有一定尺度和质量的栖息地斑块，为支持整个区域的动植物数量及相关生态功能提供了环境条件，属于滨海新区网络中的自然保护核心区。“生态底限控制线”范围总面积（除七里海之外）约为 265km^2，占滨海新区总国土面积（按照填海后面积 2570km^2 计

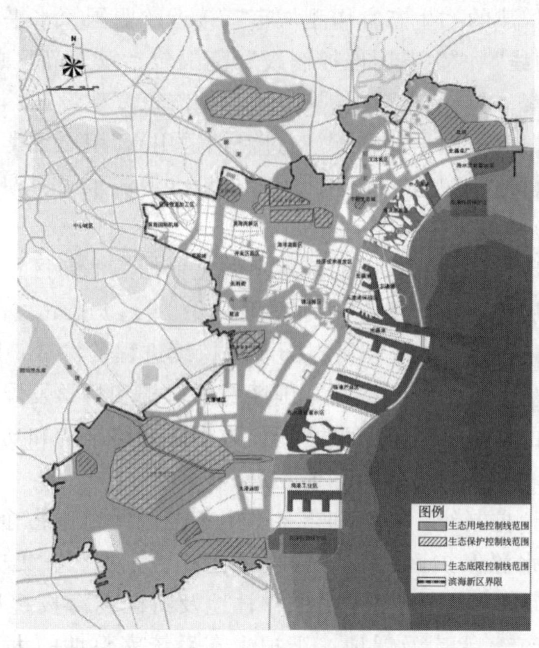

图 24-16　滨海新区生态网络控制线分级图

算）的比例为10%，即要强制性限制“生态底限”范围内的开发建设规划，严禁任何形式的开发建设活动，必须进一步加强管理和集中保护，通过对“生态底限”的保护来保证生态网络核心区的保护和可持续发展。

根据《2007年中国环境状况公报》的全国自然保护区统计表，对比分析发现，天津滨海新区自然保护核心区面积占国土面积的比例在全国各省市的自然保护区面积比例中居于中等水平，稍高于山东和山西，接近北京比例。

(2)“生态保护控制线”　“生态保护控制线”范围即为生态网络核心区和生态恢复建设区，核心区即为生态底限控制线范围：七里海、黄港一库、黄港二库、芦苇场、北塘水库、北大港水库-西库、独流减河和官港湖。生态恢复建设区为东丽湖、黄港水库、芦苇场、北塘水库、营城湖、汉沽盐田、钱圈水库及李二湾-沙井子水库。对以上区域的保护和合理发展能扩大完善既有栖息地或创造新的栖息地（如湿地、沼泽地等），有助于提高栖息地的生态质量，从而提高生态网络的整体功能。由于不合理的开发和经济发展，其中不少湖库已经出现退化趋势，对生态网络的结构和功能的完整性产生重要影响，因此这些区域也划为生态网络中的生态恢复建设区，从而进行重点恢复建设生态网络中生态恢复建设区的面积约为200km^2，与生态底限面积265km^{2}的总面积为465km^2，约占滨海新区总国土面积（按照填海后面积2570km^{2}计算）的18%，即受保护区域的面积比例由现状值的14%上升为大于18%，而国家标准值的低限是17%。现状的受保护区域面积比例与评价目标差距并不是很大，关键是尚未能够有效的落实保护政策和实施相应保护手段。因此在未来的发展建设中，在实现对“生态底限控制线”范围内自然区保护的前提下，尽可能通过恢复、重建等多种手段重点保护生态恢复建设区，以促进生态网络功能的改善。

与欧洲各国列入Nature 2000的面积比例（数据截止到2008年6月）对比分析发现，滨海新区的自然保护核心区和生态恢复建设区占国土面积的比例处于欧盟各国的中间水平，与波兰、芬兰比例相近，与欧盟27国列入Nature 2000的总面积比例16.9%接近，即意味着天津滨海新区的目标构建的“生态宜居型城市”接近欧盟国家水平。

(3)“生态用地控制线” “生态用地控制线”范围包括滨海新区中科学合理的生态网络结构中的所有的景观要素，包括自然保护核心区、生态恢复建设区、缓冲区、线性廊道景观廊道及踏脚石廊道。依据《全国土地分类》(过渡期适用)，用二级类别进行表示纳入生态用地控制线的区域，包括耕地、园地、林地、其他土地（河流水面、湖泊水面、滩涂等）以及未利用土地（沼泽地等）。

滨海新区“生态用地控制线”范围的确定主要是依据滨海新区科学合理的生态网络结构及滨海新区大力综合发展的要求。生态用地总面积约为 1490km^2，占滨海新区总国土面积(按照填海后面积 2570km^{2}计算）的 58%。随着可持续进程的发展，随着经济、社会和环境的综合提高，在保证“生态保护控制线”范围区域的保护和科学发展的前提下，实现“生态用地控制线”范围区域的保护和合理开发，能促进生态网络结构和功能的完善，有利于实现生物多样性保护，也有利于人与自然的和谐发展。

滨海新区“生态用地控制线”与深圳市基本生态控制线范围占全市陆地面积的 49.88%接近，主要包括：一级水源保护区、风景名胜区、自然保护区、集中成片的基本农田保护区、森林及郊野公园；坡度大于 25%的山地、林地及特区内海拔超过 50m、特区外海拔超过 80m 的高地；主干河流、水库及湿地；维护生态系统完整性的生态廊道和绿地；岛屿和具有生态保护价值的海滨陆域以及其他需要进行基本生态控制的区域。滨海新区和深圳市两个区域具有各自不同的地理特征、经济发展要求及社会需求等因素，但是参照国际经验，生态用地占总用地的比例一般为 50%～60%，则滨海新区的生态用地控制在滨海新区的实际背景和发展要求相符合的同时，接近国际水平。

综上，滨海新区要通过构建最优的生态格局来最大限度地发挥其对新城区的生态服务功能价值。基于现有保护用地的生态健康状况、周边发展态势等因素，确定滨海新区“三级生态控制线”，逐级别、分层次地提出滨海新区的生态底限控制线、生态保护控制线及生态用地控制线，分层次地保证对滨海新区生态网络核心区的保护、生态恢复建设区的发展及生态网络基本结构的完善。

24.4.5.4 加强生态网络中廊道的保护和建设

(1) 重点保护和恢复自然河流生态廊道 河流作为自然廊道在生态网络中具有重要的作用，河流沿岸绿地的高连通性能够大大提高廊道的效用。滨海新区的河流廊道主要包括蓟运河、潮白河、永定新河、海河、青静黄排水河、子牙新河、北排水河。则一定要加强河道两岸乃至河漫滩植被的保护和恢复，加强河流两岸的连通性。

建设海河下游两岸 300～1000m 宽的生态廊道，形成东西走向的风景林带，连接城市绿地和风景名胜建设城市公园，构成天津港与中心城区之间的生态景观带。建设独流减河、永定新河（蓟运河）生态廊道，通过建立河岸保护带、保护缓冲带和建设景观公园相结合的防护体系，将河流及沿线土地的生态恢复与景观建设相结合，形成独具天津水乡特色的生态景观廊道，沟通生态组团，提高防洪能力，优化新区环境。

(2) 注重复合型生态廊道建设 在天津港北侧休闲旅游岸线和南侧预留岸线建设滨海景观休闲廊道，恢复沿海岸带盐生植被、滩涂湿地和河口生态，保护生物多样性。在加快天津港建设的同时，控制天津沿海岸线开发和利用，形成海岸带生态走廊。形成集生态保护、休闲旅游于一体的复合生态廊道。

同时加强主要交通干线如公路干线、过境铁路、高压走廊等两侧的绿地建设，由于单纯的道路廊道及道路网格局内部的景观异质性差，生境条件异常脆弱，它的环境效应很难有效发挥，影响野生动植物的基因交流和迁徙活动。因此在新区规划建设中应该形成合理、完整及有效的道路绿化体系。

(3) 加强景观廊道和踏脚石廊道建设 为了保证生态网络结构和功能的完善，结合滨海新区实际，必须要有一定宽度和一定面积的景观廊道，以高效提高网络连通性。如为了改善滨海新区南北部之间的脱节问题，在官港湖与黄港之间穿越滨海新区高新技术产业区、开发区、工业区及葛沽镇，应该构建足够宽度和面积的景观廊道，因地制宜地合理配置林地、草地及农田斑块，构成连接南北部的景观廊道。

同时，应该加强城区内部的小型绿地建设，包括城市公共绿地、校园足球场、墓地、高尔夫球场、小型水面及芦苇地等，构成踏脚石廊道，利于鸟类的保护。重点建设保护的踏脚石廊道主要集中在大港、塘沽和汉沽区域，对鸟类从北大港自然保护区到官港湖，再到营城湖以及汉沽盐田之间的迁徙起到重要的连接作用。

(4) 对湿地进行分级保护，维护区域生态系统的典型性

① 根据退化诊断和生态敏感性，确定需要重点保护的湿地核心区；根据退化诊断的生态敏感性的分析结论，重点对北大港古泻湖湿地、官港湖森林公园、永定新河-蓟运河-七里海湿地连绵区和南部河口区（建议将规划南港区划出一定的滩涂湿地）等典型性湿地进行保护。

② 根据生态网络合理性和科学性建议，对生态恢复建设区进行限制开发，对缓冲区进行有序开发，维持一定的生态功能，以确保维持滨海新区生态过程的完整性。

③ 对重点保护的核心区域和生态恢复建设区进行生态恢复，重点是植被和水质修复，在一定区段恢复河道（海河、永定新河、独流减河、蓟运河）的自然水系和河漫滩，减少渠化现象。

④ 对七里海湿地连绵区一部分的黄港水库、北塘苇场、北塘水库和东丽湖等湿地群，增加自然生态元素，为迁徙鸟类创建良好的踏脚石栖息地。

(5) 加强湿地动物资源保护

① 湿地生态保护最关键的问题是确保动物栖息的基本面积，需要有连续性和一定的面积作为保证。

建议在自然保护区的划分和布局上不断完善，有关部门在开发建设时要严格限制和尽量减少湿地占用，特别注意对保护区核心自然栖息地进行有效的保护，减少或控制为发展水产进行的湿地开垦，使得栖息在这里的动物生活于相对稳定的环境中，同时可以吸引更多的鸟类等动物迁居这里。

比如，调查区已有记录的242种鸟类中，迁徙鸟类有162种，占了66.94%，因此在春秋两个鸟类迁徙季节更应注意保护鸟类及其栖息地。由于天津湿地的优势植物种类为挺水植物——芦苇，保持大面积芦苇地，在春季吸引较多的珍稀鸟类栖息。此外，景观类型的多样是物种多样化的重要条件，因此保持大面积的水域并增加自然的浅滩湿地类型，可吸引天鹅类游禽和鹬类涉禽。

② 加强对湿地自然保护区及其周围环境的管理和环境监测。

严格控制湿地范围及其周边地区的点源和面源污染，以及鱼虾人工养殖造成的水质污染等。由此造成的水陆环境污染将直接或间接地影响鸟类、鱼类和水生动物对湿地的利用。

③ 保留部分自然条件好的滩涂湿地，为鸟类留下栖身之地。

天津的沿海滩涂栖息着数量较大的水鸟，国家二级保护鸟类遗鸥在此越冬，若干达到国际重要意义数量标准的水鸟多分布于此。建议在滨海新区的开发建设中，规划和保留一定的滩涂湿地，并注意进行保护。

参考文献

[1] 岳天祥．生物多样性研究及其问题 [J]．生态学报，2001，21 (3)：463-467.

[2] 董文鸽，郭宪国．生物多样性及其研究现状 [J]．中国科技信息，2008 (15)：179-181.

[3] 杨士建．洪泽湖西部湖滨的生物多样性保护与可持续利用 [J]．水土保持通报，2003，23 (5)：62-69.

[4] 刘桂环，孟蕊，张惠远．中国生物多样性保护政策解析 [J]．环境保护，2009，4 (23)：12-15.

[5] Bond W J，In Schulze E D，Mooney H A (eds.). Biodiversity and ecosystem function [M]. 1993：67-96.

[6] 李巧，陈彦林，周兴银等．退化生态系统生态恢复评价与生物多样性 [J]．西北林学院学报，2008，23 (4)：69-73.

[7] 刘国强．积极推动中国湿地生物多样性保护的主流化——“中国湿地生物多样性保护与可持续利用”项目的经验 [J]．湿地科学，2008，6 (4)：447-452.

[8] 王云才，韩向颖．城市景观生态网络连接的典型范式 [J]．系统仿真技术，2007，3 (4)：238-243.

[9] 邬建国．景观生态学——格局、过程、尺度与等级 [M]．北京：高等教育出版社，2000.

[10] Forman R T T，Godron M. Patches and structural components for a landscape ecology [J]. BioScience，1981，31：733-740.

[11] Ahern J. Greenways as a planning strategy [J]. Landscape and Urban Planning. 1995，(33)：131-155.

[12] Lawrence Jones-Walters. Pan-European Ecological Networks [J]. Nature Conservation，2007，(15)：262-264.

[13] Rob H G，Jongmana. European ecological networks and greenways [J]. Landscape and Urban Planning，2004，(68)：305-319.

[14] 李洪远，闫维．两型社会战略下城市生态网络建设构想 [J]．中国发展，2009，9 (6)：77-81.

[15] 闫维，李洪远，孟伟庆．欧美生态网络对中国的启示 [J]．环境保护．2010，(18)：64-66.

[16] 王海珍，张利权．基于 GIS、景观格局和网络分析法的厦门本岛生态网络规划 [J]．植物生态报，2005，29 (1)：144-152.

[17] 孔繁花，尹海伟．济南城市绿地生态网络构建 [J]．生态学报，2008，(4)：1711-1719.

[18] 王鹏．城市绿地生态网络规划研究——以上海市为例 [D]．上海：同济大学，2007.

[19] 韩向颖．城市景观生态网络连接度评价及其规划研究——以上海市为例 [D]．上海：同济大学，2008.

[20] 闫维，李洪远，蔡喆等．生态网络分析在滨海新区战略环评中的应用 [J]．安全与环境学报，2010，10 (4)：59-63.

25

滨海新区湿地产业模式设计与效益评估

滨海湿地产业模式指利用滨海湿地资源优势或生态系统服务功能来生产产品或提供服务的一系列产业模式，包括湿地盐业、人工湿地污水处理业、芦苇种植业、海水灌溉农业、围垦农业、水产养殖业、湿地旅游业、湿地科教开发以及综合模式等多种产业模式。除此之外，港口及工业园区建设也是目前滨海湿地一种重要的产业模式，涉及码头建设、港口交通运输、工业企业等多个方面，是将滨海湿地生态系统完全人工化的产业方式。本书并未将港口和工业园区列入滨海湿地产业模式进行分析和评估，是因为滨海湿地产业应在保护湿地的前提下开展，而港口和工业园区对环境的污染强度和破坏程度相对较大。

25.1 湿地产业效益评估方法

25.1.1 湿地产业生态效益的评估

湿地产业的生态效益主要通过大气调节功能、均化洪水/水文调节功能、净化水体功能、生物栖息地功能、防浪护岸功能、保护土壤功能来体现。通过估算湿地产业这几项功能的价值就可以达到粗略估算湿地产业生态效益的目的。

25.1.1.1 大气调节效益评估

有植被生长的滨海湿地产业都会有大气调节的效益，其效益值可参照湿地生态系统调节大气功能的评估方法进行估算。

目前，湿地调节大气效益的评估主要有两种方案。方案一是通过计算植物固定CO_2、释放O_2以及排放温室气体的价值来估算；方案二是参照一些已有研究的经验值进行估算。下面对这两种方案进行详细的介绍。

(1) 方案一 湿地大气调节功能分为三部分，植物固定CO_2、释放O_2以及排放温室气体。气体组分调节功能价值为植物固定CO_2价值与释放O_2价值之和减去温室气体排放的价值。国内大多数研究多通过计算固定CO_2、释放O_2的功能来计算湿地大气调节的价值。

① 植物的固碳价值　目前，国际上通常采用碳税法对湿地植物的固碳价值进行评估，碳税率以瑞典政府提议的150美元/t，即1065元/t为标准。这一值对于我国来说无疑是偏高的，所以国内研究多采用我国的造林成本法或取造林成本（250元/t）与瑞典碳税（1065元/t）的平均值（657.5元/t）作为标准进行计算。本书对造林成本法的造林成本进行了折现，折现后的造林成本为456元/t，取折现后的造林成本与瑞典碳税的平均值（760.5元/t）进行估算。湿地植物固碳价值可估算单位面积植物年碳素的净增长量和该平均值（760.5元/t）的乘积得到。

根据光合作用方程式：$6CO_2(264g)+6H_2O(108g) \longrightarrow C_6H_{12}O_6(180g)+6O_2(192g) \longrightarrow$ 多糖（162g）可知，植物生产162g干物质可吸收264g CO_2，即1g干物质需要1.63g CO_2，由此可以估算出湿地植物固碳的量。

刘子刚（2006）采用损害评价法、减排成本法、市场价格法、影子价格法、替代成本法、重置/恢复成本法六种方法评估湿地土壤固碳价值。评估结果1～180美元/t不等，其中以重置/恢复成本法所得结果最高（180美元/t），以市场价格法所得结果最低（1～10美元/t）。

由此可见，上述几种估算方法得到的固碳价值取决于湿地产业的植被净增长量。

此外，还有一些研究对于湿地单位面积固碳价值进行了估算。Neue等研究了不同生态系统的固碳能力，见表25-1。其中，平均植被覆盖度为30.2%的海岸湿地的固碳能力为0.37kg/(m^2·a)，平均植被覆盖度为39.5%的沼泽湿地的固碳能力为0.61kg/(m^2·a)。而Schlesinger（1991）认为全球沼泽湿地平均固碳能力为1.13kg/(m^2·a)，Aselmann（1989）的研究表明沼泽湿地的固碳能力更强，为0.05～1.35kg/(m^2·a)。马学慧等的研究表明我国温带草本沼泽湿地生物量较高，三江平原湿地植物的年固碳能力为0.80～1.20kg/(m^2·a)。Neue等虽给出了一些生态系统的固碳能力，但其科学性仍有待进一步验证。

表25-1　不同生态系统的固碳能力

编号	生态系统类型	平均植被覆盖度/%	固碳能力/[kg/(m^2·a)]
1	落叶针叶林	41.8	1.08
2	常绿针叶林	55.5	1.07
3	常绿阔叶林	64.2	1.63
4	落叶阔叶林	48.1	1.06
5	灌丛	45.2	0.75
6	海岸湿地	30.2	0.37
7	城市	30.1	0.23
8	河流	32.8	0.22
9	湖泊	19.4	0.15
10	沼泽/湿地	39.5	0.61
11	耕地	40.5	0.48

② 释放O_2的价值　O_2的释放及其价值分别用造林成本法和工业制氧影子价格法来估算其经济价值，取二者的平均值进行计算。根据单位面积释放O_2的量与O_2的造林成本和工业制氧价格可以推算出湿地产业释氧的生态效益。O_2的造林成本为352.93元/t，将其折算成现价为616.79元/t；工业制氧价格为0.4元/kg，将其折算成现价为0.70元/t；二者平均值为657.92元/t。

根据光合作用方程式可知，植物每生产1g干物质，释放1.2g O_2。由此可以计算湿地植物释放O_2的量。由此可见，释放O_2的价值取决于湿地产业的植被净增长量。

③ 排放温室气体的价值　根据单位面积滨海湿地产业的温室气体排放通量与温室气体的散放值的乘积得到单位面积滨海湿地产业排放温室气体的生态效益。在国内研究中多沿用Pearce（2002）在OECD中对气候变化的经济学分析中提出的CO_2、CH_4和N_2O的散放值，来对这两项气体的效益进行评估，其散放值分别采用0.02美元（0.142元）/kg、0.11美元（0.781元）/kg和2.94美元（20.874元）/kg。由此可见，湿地产业排放温室气体的价值取决于湿地产业的温室气体排放通量。

(2) 方案二　徐玉梅（2006）参照同为温带地区的河口三角洲——辽河三角洲研究结果，列出了黄河三角洲地区单位面积气体调节功能价值，见表25-2。此数据可以作为参考值，或是在缺少数据的时候，作为标准进行估算。

表25-2　不同土地类型的大气调节功能价值

类型	芦苇	水稻	灌草地	碱蓬滩涂	林地	旱地
价值/(万元/hm^2)	1.1958	0.4561	0.4399	0.6709	1.8056	0.6452

25.1.1.2　蓄洪/均化洪水/水文调节效益评价

滨海湿地产业的水文调节效益主要采用替代费用法，单位面积湿地产业水文调节效益＝单位面积滨海湿地产业水文调节量×单位库容成本。根据1988—1991年全国水库库容需年投入成本0.67元/m^3（折算成现价为1.49元/m^3）与具体湿地产业的水文调节量可得滨海湿地产业的水文调节效益。

(1) 方案一　生产函数法。

许林书等提出均化洪水量的计算方法：

$$W=(W_1-W_2) \tag{25-1}$$

式中，W为均化洪水的总量，m^3；W_1为土壤饱和持水总量，m^3；W_2为土壤自然含水总量，m^3。

$$W_1=(10^{-2}\times P\times D\times H\times S)/\rho \tag{25-2}$$

$$W_2=(10^{-2}\times A\times D\times H\times S)/\rho \tag{25-3}$$

式中，P为饱和含水率，%；A为自然含水率，%；D为容重，g/cm^3；H为土层厚度，cm；S为均化洪水的面积，m^2；10^{-2}为单位转换系数；ρ为水的密度，$1\times10^3kg/m^3$。

由此可见，应用此模型评估湿地产业水文调节效益取决于该种湿地产业的土壤蓄水能力，评估时可能会涉及一些土壤理化性质的测定。

(2) 方案二　替代费用法。

也有研究根据典型洪水年洞庭湖的调蓄量变化与经济损失的相关分析，得出新增 $1m^3$ 湖泊容积减少直接经济损失为 0.96 元，间接经济损失为 0.25 元。此数据可以作为参考值，或是在缺少数据的时候，作为标准进行估算。

若考虑生活水平、生产力发展的不均衡，此处所采用的替代指标不能完全反映真实的损失和花费，估算结果与实际存在一定偏差。

25.1.1.3 净化水体效益评估

一些滨海湿地产业类型，如种植业对滨海湿地水质有一定的影响，可借鉴湿地净化水体功能的计算方法进行估算。

目前，湿地净化水体功能的评估主要有三种方案。方案一是通过计算湿地去除营养盐和重金属的价值进行估算；方案二是通过影子工程法进行估算；方案三是通过市场价值法进行估算。下面对这三种方案进行详细的介绍。

(1) 方案一 影子工程法。

影子工程法以建设人工湿地污水处理的费用来估算净化水体的效益。以深圳白泥坑人工湿地建设和运行费用为参照，人工湿地污水处理基建投资为 3.40 万元/hm^2，折算成现价为 7.57 万元/hm^2，采用 10 年折旧，每年为 7570 元/hm^2。年运营费用为 1587 元/hm^2，折算成现价为 4740 元/hm^2。人工湿地分为表面流人工湿地、垂直流人工湿地、复合人工湿地等类型，这里采用白泥坑的表面流人工湿地作为参照进行估算，若有条件，应针对具体的人工湿地建设类型进行更为具体的估算。

(2) 方案二 防护费用与专家评估法。

湿地的净化水体的效益表现为湿地去除营养盐和重金属的价值。去除污水中营养盐价值可通过防护费用法来估算；去除重金属的价值可通过专家评估法来估算。

根据式 (25-4) 计算去除营养盐的价值：

$$E_t = E_j \times P_j = \max\left\{\frac{T_j}{N_j\%}\right\} \times P_j \tag{25-4}$$

式中，E_t 为湿地净化 N、P 的价值，元/a；E_j 为某湿地产业产生污水的量，t/a；P_j 为污水处理厂去除污水单位费用价值，元/t；T_j 为湿地去除 N、P 的量；$N_j\%$ 为合流污水中的 N、P 含量；$\frac{T_j}{N_j\%}$ 的最大值为该湿地产业产生的污水总量，即 E_j。

建设二级污水处理厂的投资水平按单位处理水量计为 1200～1600 元/m^3，相应的配套排水管网投资为 400～700 元/m^3，污水厂单位水量处理成本 0.55～0.80 元/m^3，单位水量运营费 0.35～0.55 元/m^3，折算成现价为 2175.74 元/m^3。合流污水含氮量为 2.90%；含磷量约为 0.24%。

根据专家评估法，以湿地去除重金属的环境效益价值占总环境效益价值的 40% 来获得去除重金属的价值。

由此可见，此评估方案得到的净化水体效益取决于该种湿地产业的污水排放情况，若该种产业有污水排放，则降低了湿地的净化水体功能，则其净化水体效益为负，其效益值可通过式 (25-4) 计算得到。

(3) 方案三 市场价值法。

辛琨等根据泵站的水质监测数据，通过分析灌溉前后污水中污染物质浓度的变化，运用模糊数学法，得出不同水质条件的水资源价格和单位面积芦苇湿地净化功能价值为 0.024 元/t，折算成现价为 0.028 元/t。根据面积比例换算可得湿地净化功能的总价值。

这种方案是根据实际中已经实现的净化功能进行估算，可能忽略了潜在的净化功能，导致估算结果偏小，因此有必要在今后的研究中继续探讨净化功能的估算方法。此数据可以作为参考值，或是在缺少数据的时候，作为标准进行估算。

(4) 方案四 固定参数法。

也有研究直接采用美国经济学家 Costanza 的研究成果，全球湿地生态系统的降解污染物功能的单位面积价值为 4177 美元/($hm^2 \cdot a$)，亦可供参考。

25.1.1.4 生物栖息地效益评估

滨海湿地产业作为生物栖息地的效益可参照湿地生物多样性的计算方法进行估算，如下几种方案可供选择和借鉴。

(1) 方案一 固定参数法。

许多研究采用美国经济生态学家 Costanza 的研究成果，即全球湿地生态系统中单位面积上的湿地功能和自然资本价值来推算。湿地避难所价值的价值量为 304 美元/($hm^2 \cdot a$)。由于滨海湿地产业多少会对生物多样性产生一定的影响，所以，湿地产业作为生物栖息地的效益应参照此值，根据湿地产业的具体情况乘以调整系数后进行估算。

(2) 方案二 发展阶段系数法。

也有一些研究运用生态价值法/发展阶段系数法/恩格尔系数法计算生物栖息地的价值。根据湿地自然保护区的实际投资（包括管理、科研、维护）和该地区人们对生态功能的认识水平（即发展阶段系数）来估算重要物种栖息地的价值。发展阶段系数计算公式为：

$$L=1/(1+e^{-t}) \tag{25-5}$$

式中，L 为发展阶段系数；e 为自然对数的底；t 为时间。按照人民的生活水平通常划分为贫困、温饱、小康、富裕、极富五个阶段，它与恩格尔系数有个大致的对应关系：

$$t=1/\mathrm{En}=S/F-3 \tag{25-6}$$

式中，En 为恩格尔系数；S 为全市居民人均消费性支出；F 为全市居民食品消费支出。将保护区每年的实际投资数额与系数 L 相除，即可得到该湿地的栖息地功能价值。

恩格尔系数与生活水平的关系见表 25-3。

表 25-3 恩格尔系数与生活水平的关系

发展阶段	贫困	温饱	小康	富裕	极富
En	>60%	60%～50%	50%～30%	30%～20%	<20%
1/En	<1.67	1.67～2	2～3.33	3.33～5	>5

由此可见，滨海湿地产业作为生物栖息地的效益取决于滨海湿地产业建设所产生的对保护区实际投资数额的影响。由于这项估算是建立在我国对保护区的重视程度和支付能力基础之上，结果必然低于世界平均水平。此外，将湿地的生物栖息地价值与保护区的实际投资额挂钩，就意味着对保护区投资的目的是保护生物栖息地和生物多样性，这是否与实际情况相

符是因地而异的。尽管如此，此方案仍可作为在湿地保护区附近滨海湿地产业生物栖息地效益评估的一个参考。

(3) 方案三 替代市场价格法。

崔保山等按照替代市场价格法来计算湿地作为生物栖息地的价值，以每保护好任一珍稀物种可获益 1×10^4元来计算，采用重要鸟类的数量与此数值的乘积作为重要物种栖息地价值。那么，湿地产业作为生物栖息地的效益取决于由于开展湿地产业而引起的珍稀物种的数量变化，看似简单，实际操作性较差。

综上所述，各种评估方法都存在自身的局限性。因此，只能通过对各种估算方法得到生物栖息地效益进行综合比对，最后得出较为合理的数值。需要注意的是，栖息地价值估算必须建立在适当的国情基础之上，不能套搬国外数据，那样会脱离国情，不切合实际，也就失去了对实践的指导意义。

25.1.1.5 防浪护岸效益评估

滨海湿地产业的防浪护岸效益可通过滨海湿地产业建设前后防浪护岸价值的变化估算得到。

(1) 方案一 据专家评估，红树林分布海岸线可提供约 8 万元/(km·a) 的台风灾害防护效益。据何明海等研究，红树林对岸堤的生态养护功能可新增效益 64.7 万元/(km·a)，该值乘以红树林岸线长即可得红树林的生态养护功能总价值。红树林生态系统防浪护岸价值为上述 2 项之和。

(2) 方案二 根据 L. Ledoux（2002）的研究成果，岸滩防御风暴潮的价值为 9140～30760 美元/hm^2。

红树林消浪护岸和抵御风暴功能价值的评估还可采用 Costanza 等的研究成果（1839 美元/hm^2）。

滨海湿地产业建设前后红树林防浪护岸价值的变化主要取决于红树林分布的海岸线长度变化，若湿地产业占用或砍伐了红树林，则此价值发生变化，若该种湿地产业对红树林无影响，则该价值不受影响。此项价值评估的缺陷在于，只有红树林的丧失可以通过此价值体现，红树林的退化或是其他植被类型对于此价值的影响无法体现。若完善此评估体系，需要更多的调查研究工作，红树林以及不同植被类型退化等级的划分、不同退化程度下红树林防浪护岸价值的研究。因此，此评估体系的完善仍需时日。此项效益的评估需要针对特定的滨海湿地类型进行，比如红树林湿地。在进行具体滨海湿地的产业规划设计时，尤其是红树林湿地产业的规划设计时，一定要将此效益算入其中。

25.1.1.6 保护土壤效益评估

滨海湿地产业保护土壤效益可通过估算减少土壤肥力流失的效益进行估算。土壤流失会带走大量的土壤营养物质，主要有氮、磷、钾等养分。滨海湿地产业保持土壤中的 N、P、K 养分的价值即滨海湿地产业保持土壤的效益，估算公式如下：

$$V=H\times D\times(R_{\mathrm{N}}\times P_{\mathrm{N}}+R_{\mathrm{P}}\times P_{\mathrm{P}}+R_{\mathrm{K}}\times P_{\mathrm{K}})\times10^{-3} \tag{25-7}$$

式中，V 为单位面积滨海湿地产业减少土壤肥力流失的效益，元/hm^2；H 为土壤厚度，cm；D 为土壤层容重，%或 g/cm^3；R_{N}、R_{P}、R_{K}分别为土壤中氮、磷、钾养分含量，$\times10^{-6}$；P_{N}、P_{P}、P_{K}分别为氮、磷、钾肥的市场价格，元/t。

由此可见，不同类型滨海湿地产业保护土壤的效益取决于发展滨海湿地产业对土壤物化性质参数的影响。

25.1.1.7 综合生态效益评估

综合生态效益的评估单从滨海湿地产业角度出发，选择最简单的加和方法估算其生态效益。

$$B_{\mathrm{E}}=\sum_{i=1}^{6}\mathrm{VE}_i \tag{25-8}$$

式中，B_{E}为生态效益；VE_i为第 i 种生态效益（$i=1,2,\cdots,6$）。相应地，VE_1为大气调节功能的效益，VE_2为水文调节功能的效益，VE_3为净化水体功能的效益，VE_4为生物栖息地功能的效益，VE_5为防浪护岸功能的效益，VE_6为保护土壤功能的效益。

25.1.2 湿地产业经济效益的评估

经济效益始终是发展滨海湿地产业最主要的目的。目前的多种滨海湿地产业模式，包括芦苇种植、农作物种植、蔬菜种植、水产养殖、畜牧、制盐等产业，均可通过湿地产品（芦苇、鱼、虾、蟹、蛤类、沙蚕、牛、羊、原盐）获得很好的经济效益。通过估算单位面积滨海湿地产业产品总价值、单位面积投入的物质和人力成本可以得到湿地产业的经济效益。

滨海湿地产业经济效益可通过下式进行估算：

$$B_{\mathrm{e}}=\sum Q_iP_i-\sum W_i-\sum R_i \tag{25-9}$$

式中，B_{e}为滨海湿地产业单位面积经济效益；Q_i为第 i 种产品的单位面积（hm^2）产量；P_i为第 i 种产品的单价；W_i为生成第 i 类产品的单位面积（hm^2）物质成本投入；R_i为生成第 i 类产品的单位面积（hm^2）人力成本投入。

芦苇、原盐、鱼、虾、蛤类、沙蚕、羊的价格在文献中有所涉及，分别为 400 元/t、500 元/t、10 元/kg、50 元/kg、6 元/kg、18 元/kg、1500 元/头，可作为参考。

25.1.3 湿地产业综合效益的评估

滨海湿地产业的任何一种效益都不能反映该产业的综合发展能力。某一项效益很高，并不代表该产业的综合效益高、可持续发展能力强。因此，滨海湿地产业的效益评估一定要全方面进行，不仅要评估其经济效益，还应评估其生态效益。

综合以上的分析结果，得出滨海湿地产业效益评估方法表，见表 25-4。

评估滨海湿地产业综合效益有以下两种途径。

一是单纯地加和该种滨海湿地产业的各种效益，然后针对经济效益和生态效益两种效益的正负以及在综合效益中所占的比重，衡量该类型滨海湿地产业的发展是否是可持续的。此种方法并未将其作为某种滨海湿地生态系统的一种产业来考虑，未涉及不同类型的滨海湿地生态系统的差异性和特殊性。

表 25-4　滨海湿地产业效益评估方法

目标层	准则层	序号	指标	计算方法		重要参数	重要参数值
生态效益	大气调节	方案 1	固碳效益	植物固碳价值计算法	生产函数法	瑞典碳税 固碳造林成本 前二者平均值	1065 元/t 456 元/t 760.5 元/t
				土壤固碳价值法	固定参数法	土壤固碳价值 单位面积固碳价值	1～180 美元/t 见表 25-1
			释放氧气效益	生产函数法		氧气造林成本 工业制氧成本 制氧成本	616.79 元/t 0.70 元/kg 657.92 元/t
			温室气体排放	影子价格法		CO_2 散放值 CH_4 散放值 N_2O 散放值	0.142 元/kg 0.781 元/kg 20.874 元/kg
		方案 2	大气调节效益	固定参数法		不同土地类型参数见表 25-2	
	水文调节	方案 1	水文调节效益	替代费用法		水库成本	1.49 元/m^3
		方案 2	水文调节效益	替代费用法		降低洪灾损失	1.21 元/m^3
	净化水体	方案 1	营养盐去除效益	防护费用法		—	—
			重金属去除效益	专家评估法		污水处理厂处理成本	2175.74 元/t
		方案 2	净化水体效益	影子工程法		人工湿地基建和运行投资	4740 元/(hm^2·a)
		方案 3	净化污水效益	市场价值法		芦苇湿地净化污水成本	0.028 元/t
		方案 4	降解污染效益	固定参数法		全球单位面积平均价值	29656.7 元/(hm^2·a)
	生物栖息地	方案 1	生物多样性效益	固定参数法		全球单位面积平均价值	2158.4 元/(hm^2·a)
		方案 2	生物多样性效益	发展阶段系数法		—	参数见表 25-3
		方案 3	生物多样性效益			单位稀有物种价格	10000 元/只
	防浪护岸	方案 1	灾害防护效益	固定参数法		单位面积防灾价值	8.15 万元/(km·a)
			生态养护效益	固定参数法		单位面积生态养护价值	65.9 万元/(km·a)
		方案 2	防浪护岸效益	固定参数法		单位面积防浪护岸价值	13056.9 美元/hm^2
	保持土壤		保持土壤肥力效益	恢复费用法		—	—
经济效益	湿地产品		湿地产品价值	投入产出法 市场价值法		—	—

$$B = B_E + B_e = \sum_{i=1}^{6} VE_i + B_e \qquad (25\text{-}10)$$

式中，B 为总效益；B_E 为生态效益；B_e 为经济效益；VE_i 为第 i 种生态效益（$i=1,2,\cdots,6$）。相应地，VE_1 为大气调节功能的效益，VE_2 为水文调节功能的效益，VE_3 为净化水体功能的效益，VE_4 为生物栖息地功能的效益，VE_5 为防浪护岸功能的效益，VE_6 为保护土壤功能的效益。

另一种方法考虑了不同滨海湿地生态系统对于滨海湿地产业的要求。不同生态系统服务功能对于不同滨海湿地生态系统的重要性或价值是不同的，那么就需要将该种湿地产业的不同效益进行加权综合。此方法将综合效益分析完全定量化，但各种功能的权重并不是一成不变的，因滨海湿地的主体功能、资源状况而异，不能一概而论。较为简单实用的权重设置方法为专家打分法，有一定的主观性。

$$B = B_E + B_e = \alpha \sum_{i=1}^{6} VE_i K_i + B_e \beta \qquad (25\text{-}11)$$

式中，B 为总效益；B_E为生态效益；B_e为经济效益；VE_i 为第 i 种生态效益（$i=1,2,\cdots,6$）；K_i 为第 i 种生态效益的权重（$i=1,2,\cdots,6$）；α 为生态效益的权重；β 为经济效益的权重。

通过分析滨海湿地产业的效益可以得到不同滨海湿地产业的优势，更有利于因地制宜地设计和引导滨海湿地产业的发展。

25.2 各典型湿地产业的生态系统服务功能

若要在生态系统服务功能基础上对滨海湿地产业进行评估，首先需对滨海湿地产业的生态系统服务功能进行识别。

盐田生态系统是以浅水面为主体的生态系统，大多数无植被，有一定的生物多样性，盐田里常见反嘴鹬、红腹滨鹬、普通鸬鹚、翘鼻麻鸭、青脚鹬等鸟类。盐田的旅游休闲功能不强，只有少数特色古盐田遗址可作为旅游观光所用，比如海南的千年古盐田。多年的原盐生产发育了独特性质的盐田土壤，土壤结构自上而下为潜育层、淀积层、土壤母层、未经风化的基岩。盐田土壤含盐量高，含磷量低，有效养分贫乏（$<1\%$），土壤紧实、防渗，不具备水文调节的功能。若盐场废弃，转为农用地，则存在砂性重、肥料易流失问题。由此可知，盐业可能主要对保持生物多样性、增加土壤肥力和提供盐业产品的功能等生态系统服务功能有所影响。由此可以判断，盐业具有生物栖息地、增加土壤肥力和提供产品三方面的效益。

人工湿地污水处理生态系统是由一些浮水或潜水性植物以及处于水饱和状态的基质层和生物组成的。这些绿色植物都有固氮、释氧的功能，因而可调节大气。人工湿地有潜流和表流两种类型，均可对地下水起到调节的作用。人工湿地利用多种植物的物理化学功能去除水体中的污染物，自然具有净化水体的功能。人工湿地污水处理系统利用植物处理污水的同时，可营造优美的景观、吸引动植物前来栖息，因而具有一定的生物栖息地功能。人工湿地污水处理系统可变盐碱地为绿洲，自然具有保护土壤的功能。人工湿地污水处理系统中的浮水或浅水植物（如芦苇、菖蒲）及其净化的水体具有可观的经济效益。由此可以判断，人工湿地污水处理生态系统（人工湿地）具有大气调节、水文调节、净化水体、生物栖息地、保护土壤以及提供产品六方面的效益。

湿地种植业以绿色植物为劳动对象，自然具有大气调节和提供产品的效益，其中一些绿色植物（如水稻、芦苇、红树林）通过根系净化水体，并以其较少的干扰、较为优美的景观为生物提供栖息地，湿地种植业还可以通过根系作用固定土壤、减少土壤流失，增加或降低土壤的养分。因此湿地种植业具有大气调节、净化水体、生物栖息地、保护土壤、提供产品五方面的效益。一些特殊的湿地种植业，如红树林的种植，还具有防浪护岸的效益。

根据湿地养殖业的特点可知，湿地养殖业并无大气调节、水文调节、保护土壤的效益，其效益主要体现在养殖废水对环境污染的负效益、通过培育优良品种丰富生物多样性的效益、过度密集养殖降低生物栖息地的效益以及提供水产品的效益。在特殊情况下，比如通过砍伐红树林来建立养殖池塘的情况下，湿地养殖业会降低防浪护岸的效益。

从滨海湿地旅游业自身的特点来看，并不具有大气调节、水文调节、防浪护岸、保持土壤的功能。湿地旅游业的效益主要体现在提供休闲旅游服务、通过美化景观提供生物栖息地、游人活动对生物栖息的干扰以及游人生活污水排放四方面。因此滨海湿地旅游业具有净化水体（负）、生物栖息地和提供休闲旅游服务三方面的效益。滨海湿地产业效益对应表见表 25-5。

表 25-5　滨海湿地产业效益对应表

项目		盐业	人工湿地	种植业	养殖业	旅游业
生态效益	大气调节		√	√		
	水文调节		√			
	净化水体		√	√	√	√
	生物栖息地	√	√	√	√	√
	防浪护岸			—	—	
	保护土壤	√	√	√		
经济效益	提供产品或服务	√	√	√	√	√

注：√表示该类产业具有该种效益，—表示可能该类滨海湿地产业可能会对该项效益有所影响。

25.3　各典型湿地产业的效益评估

25.3.1　湿地盐业效益的评估

25.3.1.1　盐业生态效益的估算

根据式（25-10）和表 25-5 可得盐业的效益的估算模型为：

$$B_{盐业}=B_E+B_e=VE_4+VE_6+B_e \tag{25-12}$$

由式（25-11）可知，滨海湿地盐业的生态效益由生物栖息地和保持土壤肥力两项效益构成，二者进行加和即可得到滨海湿地盐业的生态效益。

(1) 生物栖息地效益 VE_4 的估算　由于盐田生态系统中生物多样性统计数据不足，所以采用固定参数法评估盐田的生物栖息地效益。盐田生态系统生物多样性处于湿地生态系统中较低的水平，很可能低于全球湿地生态系统的生物栖息地价值平均值。因此，将全球单位面积平均价值 304 美元（2158.4 元）/(hm^2 · a) 乘以调整系数 0.6 以后作为盐田生态系统的生物栖息地价值，即 1295 元/(hm^2 · a)。如有条件获取滨海湿地产业系统中的珍稀物种数目，可采用替代市场价格法进行估算，然后通过对比分析确定较为理想的值。

(2) 保持土壤肥力效益 VE_6 的估算 通过式（25-7）估算盐业保持土壤肥力的效益。为使估算更为合理，选择两种土壤分别估算，取其平均值作为盐业保持土壤肥力的效益。土壤物化性质参数见表25-6，容重采用中值进行估算。2007年氮肥、磷肥、钾肥的市场价格分别为1500元/t、23000元/t、1900元/t。土层厚度参照文献，拟定为80cm。

表 25-6 土壤物化性质参数表

项目	容重/%	全氮/%	速效磷/10^{-6}	速效钾/10^{-6}
盐化潮土	1.42～1.55	0.046	7	20～30
盐田土壤	1.31～1.43	0.048	2～3.33	3.33～5

通过估算得到盐化潮土保持土壤肥力的效益为115元/(hm^2·a)，盐田土壤保持肥力的效益为183元/(hm^2·a)，本书取其平均值作为盐田土壤保持肥力的效益，为149元/(hm^2·a)。

将以上两项估算结果进行加和即可得盐业的生态效益为1444元/(hm^2·a)。

25.3.1.2 盐业经济效益的估算

盐业的经济效益可通过估算原盐产品价值与基建折旧、生产经营费用、盐田工人工资的差值得到。由于有关基建投资、生产经营费用、盐田工人工资等系列数据无从获取，本书借鉴国内专家学者的研究成果作为参照。根据原盐生产的文献报道拟定原盐产量和销售价格分别为50t/(hm^2·a)(一般水平)、180元/t。参照文献，可知原盐生产的资金消耗（详见表25-7)，本书在原有数据的基础上，考虑价格的浮动因素对各项费用进行了折现。

表 25-7 原盐生产资金消耗表

项目	原盐生产税金/(元/hm^2)	集运费用/(元/t)	产盐成本/(元/t)	管理费用/(元/t)	销售费用/(元/t)
原价	749.7	23.87	5.4	47.57	23
2007年价格	764.7	24.35	6.07	53.45	23.46

通过估算得到原盐生产的经济效益为2869元/hm^2。

将盐业的经济效益和生态效益加和可得盐业的综合效益，为4313元/(hm^2·a)。

25.3.2 人工湿地污水处理业效益的评估

芦苇是目前为止人工湿地中应用最多的湿地植物，所以本书以芦苇人工湿地为例，估算人工湿地污水处理业的效益。芦苇人工湿地污水处理业具有大气调节、水文调节、净化水体、提供生物栖息地、保护土壤以及提供造纸原材料六项效益。

根据式（25-10）和表25-5可得芦苇人工湿地污水处理业的效益的估算模型为

$$B_{人工湿地}=B_E+B_e=VE_1+VE_2+VE_3+VE_4+VE_6+B_e \tag{25-13}$$

25.3.2.1 人工湿地污水处理业生态效益的评估

(1) 大气调节效益 VE_1 的估算 采用生产函数法估算大气调节的效益。据资料分析，芦苇产量高产可达10t/(hm^2·a)，低产也有1～2t/(hm^2·a)，现假定芦苇产量为

5 t/(hm^2 · a)。

生成1g干物质消耗1.63g CO_2，由此可得芦苇人工湿地的固碳量为4.44t/(hm^2 · a)，采用碳税法中碳的价值760.5元/t作为标准，估算出芦苇人工湿地的固碳效益为3377元/(hm^2 · a)。

植物每生产1g干物质，释放1.2g O_2，由此可得芦苇人工湿地释放O_2的量为6t/(hm^2 · a)，又知制氧成本为376.47元/t，进而可估算出芦苇人工湿地释放O_2的效益为3948元/(hm^2 · a)。

据实验研究报道，芦苇湿地CH_4散放通量为－968～2734μg/(m^2 · h)，N_2O秋冬季节散放通量分别为70μg/(m^2 · h)、45μg/(m^2 · h)。CH_4散放通量采用中值883μg/(m^2 · h)，N_2O散放通量采用全年平均值，通过计算可得28.85μg/(m^2 · h)。CH_4和N_2O的散放值分别采用0.11美元（0.781元）/kg和2.94美元（20.874元）/kg，可估算CH_4和N_2O气体排放的效益分别为60元/(hm^2 · a)、53元/(hm^2 · a)，芦苇人工湿地温室气体排放的效益总计为113元/(hm^2 · a)（见表25-8）。鉴于温室气体排放对大气调节功能的影响为不良影响，此效益值为负，即－113元/(hm^2 · a)。

表25-8　芦苇人工湿地温室气体排放效益估算表

温室气体类别	散放通量/[μg/(m^2 · h)]	散放值/(元/kg)	排放效益/[元/(hm^2 · a)]
CH_4	883	0.781	60
N_2O	28.85	20.874	53
合计			113

将固碳、释氧、温室气体排放三项效益加和，即可得芦苇人工湿地大气调节的效益为7211元/(hm^2 · a)。

(2) 水文调节效益VE_2的估算　采用替代费用法估算芦苇人工湿地的水文调节效益。考虑到芦苇人工湿地土壤的蓄水能力低于沼泽土壤，选择沼泽土壤中具有最小饱和持水量（350～550g/kg）的草甸沼泽土土壤作为标准进行计算。通过刘兴土（2007）的实验研究可知，草甸沼泽土的平均蓄水量为290.49m^3/(hm^2 · a)。采用全国水库库容年投入成本1.49元/m^3进行估算，可得芦苇人工湿地水文调节效益为433元/(hm^2 · a)。

(3) 净化水体效益VE_3的估算　采用影子工程法估算芦苇人工湿地净化水体的效益。人工湿地污水处理可达到甚至超过三级污水处理厂的处理水平，暂且以二级污水处理水平为标准估算人工湿地净化水体的效益。国家二级污水处理厂年处理污水成本为4740元/t，现拟定芦苇人工湿地水深为0.8m（芦苇一般适合0.5～1m的水深），则可估算出人工湿地净化水体的效益为3792元/(hm^2 · a)。

(4) 生物栖息地效益VE_4的估算　同样采用固定参数法估算芦苇人工湿地的生物栖息地效益。鉴于芦苇湿地的生物多样性属于湿地生态系统中一般的水平，所以，芦苇人工湿地作为生物栖息地的效益暂采用全球单位面积平均价值304美元（2158元）/(hm^2 · a)来估算。

(5) 保持土壤效益VE_6的估算　采用替代费用法评估芦苇人工湿地保持土壤的效益。假定芦苇人工湿地土壤土层厚度为80cm、容重1.5%、全氮0.07%、全磷0.04%、全钾2.37%。氮肥、磷肥、钾肥的市场价格分别为1500元/t、23000元/t、1900元/t。由式(25-7)可知，芦苇人工湿地保持土壤肥力的效益为6418元/hm^2。

将以上五项效益加和，可得芦苇人工湿地的生态效益为20012元/(hm^2 · a)。

25.3.2.2 人工湿地污水处理业经济效益的评估

采用市场价值法估算芦苇人工湿地污水处理业的经济效益。据式（25-13），结合芦苇人工湿地污水处理业的具体情况，可确定该产业的经济效益来自于三个方面：处理污水的效益、收获芦苇的效益以及各种费用（包括芦苇收割的费用、人工湿地基础建设折旧费用和日常运营费用）。

据考证，芦苇收割费用约 50 元/t，即可通过芦苇产量［5t/(hm^2·a)］和市场价格（500 元/t）估算得到芦苇人工湿地收获芦苇的效益为 2250 元/(hm^2·a)。根据上文研究，芦苇人工湿地污水处理基建投资为 7570 元/(hm^2·a)，年运营费用为 4740 元/hm^2。假定污水处理能力为 300m^3/d，污水处理后的回用率为 60%，每年运行 270 天，处理污水的价值采用中水水价（暂定 1.2 元/t）进行估算，即可得污水处理的效益为 58320 元/(hm^2·a)，进而得到芦苇人工湿地的经济效益为 48260 元/(hm^2·a)。当然，这是假设处理的污水有回用的途径，是比较理想的情况。事实上，污水处理后多数为生态环境用水，按照 0.3 元/t进行估算更符合实际情况，此情况下，芦苇人工湿地的污水处理效益为 14580 元/(hm^2·a)，芦苇人工湿地经济效益为 4520 元/(hm^2·a)(详见表 25-9)。

将芦苇人工湿地污水处理业的经济效益和生态效益加和即可得到其综合效益，24532 元/(hm^2·a)。

表 25-9 芦苇人工湿地经济效益估算表

项目	芦苇收获效益		污水回用效益		基建投资	运营费用	经济效益合计
	计算参数	参数值	计算参数	参数值			
参数	劳力费用	50 元/t	处理能力	300m^3/d			
	产量	5t/(hm^2·a)	运行天数	270d			
	市场价格	500 元/t	回用率	60%			
			回用水价格	0.3 元/t			
效益值/[元/(hm^2·a)]	2250		14580		−7570	−4740	4520

25.3.3 湿地种植业效益的评估

以水稻为例进行滨海湿地种植业的效益评估，水稻种植业具有大气调节、净化水体、生物栖息地、保护土壤、提供产品五项效益。

根据式（25-10）和表 25-5 可得湿地种植业的效益的估算模型为

$$B_{种植业}=B_E+B_e=VE_1+VE_3+VE_4+VE_6+B_e \quad (25-14)$$

25.3.3.1 湿地种植业生态效益的评估

(1) 大气调节效益 VE_1 的估算 采用生产函数法估算水稻田大气调节的效益。据调查分析，全国水稻年平均产量约在 450kg/亩（1 亩约为 666.7m^2），即 7650kg/(hm^2·a)，水稻秸秆产量为 7650kg/(hm^2·a)，因此，水稻产生干物质的量为 1530kg/(hm^2·a)。

根据光合作用方程式，植物每生成1g干物质需要消耗1.63g CO_2、释放1.2g O_2，由此可得水稻的固碳量和释放O_2的量分别为680.15kg/(hm^2·a)和1836kg/(hm^2·a)，又知碳的价值和制氧成本分别为760.5元/t和657.92元/t，可估算出水稻田的固碳效益和释放O_2的效益分别为517元/(hm^2·a)和1208元/(hm^2·a)。

稻田排放的温室气体有三种：N_2O、CH_4和CO_2。据实验分析，稻田N_2O排放通量与温度、水分、施肥状况有着密切的关系，文献报道的数值相差较多，生育期平均N_2O排放通量较高的达200μg/(m^2·h)左右，较低的低于50μg/(m^2·h)。因此，参照已有的研究结果将全年平均N_2O散放通量确定为100μg/(m^2·h)来进行估算。查阅大量有关稻田CH_4排放的研究，根据吴海宝（1992）、85环能-03-07课题研究总结报告（1998）、卢维盛等的实验研究确定稻田CH_4散放通量为6mg/(m^2·h)。有关稻田CO_2散放通量的研究较少，而且实验数据相差较大，暂假定为100mg/(m^2·h)。CO_2、N_2O和CH_4的散放值分别采用0.02美元（0.142元)/kg、2.94美元（20.874元)/kg和0.11美元（0.781元)/kg，可估算N_2O、CH_4和CO_2气体排放的效益分别为183元/(hm^2·a)、410元/(hm^2·a)、1244元/(hm^2·a)，水稻田温室气体排放的效益总计为1837元/(hm^2·a)（见表25-10）。鉴于温室气体排放对大气调节功能的影响为不良影响，此效益值为负，即-1837元/(hm^2·a)。

表25-10 稻田温室气体排放效益估算表

温室气体类别	散放通量/[μg/(m^2·h)]	散放值/(元/kg)	排放效益/[元/(hm^2·a)]
N_2O	100	20.874	183
CH_4	6	0.781	410
CO_2	100	0.142	1244
合计			1837

将固碳、释氧、温室气体排放三项效益加和，即可得稻田大气调节的效益为－112元/(hm^2·a)。

（2）净化水体效益VE_3的估算 采用影子工程法估算水稻种植业净化水体的效益。鉴于最后要作产业间的对比研究，所以水稻种植业的净化水体效益采用与人工湿地污水处理业相同的估算方法。由于稻田土壤净化水体效益方面数据缺失的问题，直接将人工湿地污水处理的净化水体效益乘以参数得到。假定稻田只有相当于芦苇人工湿地净化水体能力的一半，即参数选定为0.5，由此估算水稻种植净化水体的效益为1896元/(hm^2·a)。

（3）生物栖息地效益VE_4的估算 同样采用固定参数法估算水稻种植业的生物栖息地效益。稻田生态系统中的植物主要为水稻，有少数的禾本科和莎草科植物，动物主要是贝螺类、虾蟹类、蚊蝇类昆虫及其他昆虫，生物多样性较低。因此，稻田生态系统的生物多样性处于湿地生态系统中很低的水平。由于数据不足，暂采用全球单位面积平均价值304美元（2158.4元)/(hm^2·a)的调整值来估算，调整系数为0.2，即422元/hm^2。

（4）保持土壤效益VE_6的估算 采用替代费用法估算水稻种植业保持土壤的效益。假定稻田土壤土层厚度为20cm、容重1.1%、全氮0.2%、全磷0.05%、全钾2%。氮肥、磷肥、钾肥的市场价格分别为1500元/t、23000元/t、1900元/t。由式（25-7）可估算得到水稻种植业保持土壤肥力的效益为1155元/hm^2。

将稻田净化水体效益、大气调节、生物栖息地、保持土壤肥力的效益加和，即可得到水稻种植业的生态效益，即 3361 元/($hm^2 \cdot a$)。

25.3.3.2 湿地种植业经济效益的评估

采用市场价值法估算水稻种植业的经济效益。据式（25-14），结合水稻生产的实际情况可知其经济效益可从三方面——大米的价值、农药化肥等农资消耗、人力成本进行估算。

① 大米价值的估算　采用大米价格（2860～3040 元/t）的中值 2950 元/t 进行估算，水稻年均产量按 6750kg/($hm^2 \cdot a$) 进行估算。由此可知，水稻种植业的经济效益为 19913 元/($hm^2 \cdot a$)。

② 灌溉用水价值估算　水稻生产消耗水量从 $3750m^3/hm^2$ 到 $20403.0m^3/hm^2$ 不等，参照季飞等的实验结果确定水稻耗水量为 $10130m^3/hm^2$。以灌溉用水价格（暂定 0.4 元/m^3）估算可得水稻灌溉费用为 4052 元/($hm^2 \cdot a$)。

③ 化肥、农药费用估算　据调查考证，拟定水稻施肥量以 45kg/亩进行测算，采用氮磷钾肥平均价格进行计算 8767 元/t，即可计算得到水稻生产的化肥费用为 5917.5 元/hm^2。农药费用以 3000 元/hm^2 估算，可得水稻种植业的化肥农药费用为 8918 元/($hm^2 \cdot a$)。

④ 人力成本估算　人力成本主要是插秧、收割的雇工费用，机械插秧和机械收割的费用均为 1050 元/hm^2，因此水稻种植业的人力成本为 2100 元/hm^2。

将收获大米的价值减去农药化肥、灌溉水费和人力成本，可得水稻种植业的经济效益为 4841 元/($hm^2 \cdot a$)。

将生态效益和经济效益加和可得水稻种植业的效益为 8202 元/($hm^2 \cdot a$)。需要注意的是，水稻、农资及人力成本均为估算，在针对具体滨海湿地的产业规划中，也要尽量采用该滨海湿地所在地的具体值。

25.3.4 水产养殖业效益的评估

水产养殖业具有净化水体（负）、提供生物栖息地以及渔业产品（鱼、虾、蟹）三项效益。

根据式（25-10）和表 25-5 可得湿地养殖业的效益的估算模型为

$$B_{养殖业} = B_E + B_e = VE_3 + VE_4 + B_e \tag{25-15}$$

25.3.4.1 水产养殖业生态效益的评估

(1) 净化水体效益 VE_3 的估算　由于水产养殖业污染水体，因而净化水体效益为负。采用恢复费用法估算水产养殖净化水体的效益。

假定采用费用最低的废水处理方式——人工湿地进行养殖废水的处理，则可通过基建费用和运行费用来估算水产养殖业净化水体的效益，其效益为负。据调查，人工湿地处理养殖废水的费用为 2500 元/($hm^2 \cdot a$)，基建费用采用芦苇人工湿地的基建折旧，7570 元/($hm^2 \cdot a$)。那么，水产养殖业净化水体的效益为 −10070 元/($hm^2 \cdot a$)。

(2) 生物栖息地效益 VE_4 的估算　水产养殖业对生物多样性的影响较为复杂，一方面水产养殖业丰富了局部地区的物种，另一方面水产养殖污染对于滨海湿地水体中的珍稀物种造成一定的危害，难以测算。

暂且采用净化水体效益作为其生态效益，则水产养殖业的生态效益为－10070 元/(hm^2 · a)。

25.3.4.2 水产养殖业经济效益的评估

采用市场价值法估算滨海湿地水产养殖业的经济效益。水产养殖业的经济效益取决于水产品的市场价格、水产品种苗的市场价格、饵料费用、人力费用。由于养殖品种和养殖技术不同，水产养殖的经济效益有很大区别，河蟹养殖可达 17 万元/hm^2，对虾养殖可达 7 万元/hm^2。在此，结合对普通鱼类养殖的调查，假定水产养殖业的经济收益为 20000 元/hm^2。

将经济效益和生态效益进行加和，可得水产养殖业的效益为 4930 元/(hm^2 · a)。

需要特别注意的是，由于养殖技术和养殖品种不同，养殖业经济效益相去甚远，若要对此进行评估，则需要结合不同的养殖技术和品种，作更为深入的研究。

25.3.5 旅游业效益的评估

滨海湿地旅游业具有净化水体（负）、生物栖息地和提供休闲旅游服务三项效益。

根据式（25-10）和表 25-5 可得滨海湿地旅游业效益的估算模型为：

$$B_{旅游业}=B_{E}+B_{e}=VE_{3}+VE_{4}+B_{e} \tag{25-16}$$

25.3.5.1 旅游业生态效益的评估

(1) 净化水体效益 VE_3 的估算 由于我国人口众多，环境保护意识较薄弱，湿地旅游在一定程度上会造成水体污染。游人主要是在参观游览、住宿以及一些休闲活动会产生生活污水污染湿地水体。滨海旅游造成的水体污染至今无人统计，也未有成型的计算方法。若通过人均生活污水来计算，由于滨海湿地景区规模和景观质量不同，游客逗留天数有较大区别，也难以用同一标准来衡量，科学性和操作性较差。

(2) 生物栖息地效益 VE_4 的估算 滨海湿地旅游业对生物多样性的影响也比较复杂。众所周知，滨海湿地旅游业的开展是本着保护生态环境的目的进行的。因此，开发者和建设者在建设初期的设想很好，通过开展一些生态环境的恢复工作，吸引了鸟类栖息繁殖，丰富了滨海湿地的生物多样性。但随着开发强度的加大、游人的增多，不可避免地对景观造成破坏，干扰鸟类及其他物种的生存，使滨海湿地生物多样性降低。因此，滨海湿地旅游业的生物栖息地效益较难实施。相对来讲，通过调查观测珍稀鸟类的数量进行估算，是较容易的办法。

25.3.5.2 旅游业经济效益的评估

滨海旅游业的经济效益取决于旅游门票收入、服务费用、交通费用和食宿费用、旅游基建投资、旅游景点的维护费用、服务人员的劳务费用。

滨海湿地旅游业存在着旅游产品质量和特色的差异、与旅游景点配套情况的差异，因此，很难对整个滨海湿地旅游产业作出判断。选取滨海湿地旅游产业的特例进行评估，同样存在着数据不足的问题。所以此处未对滨海湿地旅游业生态效益和经济效益进行测算。

25.3.6　不同类型滨海湿地产业效益的对比分析

通过对各种产业的效益进行估算，初步得到了各种产业的效益，见表25-11。

表25-11　不同类型滨海湿地产业效益对比分析表

产业类型	生态效益/[元/(hm^2·a)]	经济效益/[元/(hm^2·a)]	综合效益/[元/(hm^2·a)]	生态效益与经济效益比
制盐	1444	2869	4313	0.50
芦苇人工湿地	20012	4520	24532	4.43
水稻种植	3361	4841	8202	0.69
水产养殖	－10070	20000	9930	－0.50

由此可见，人工湿地污水处理的生态效益和综合效益远远高于其他产业类型，生态效益在综合效益中所占比重突出，是非常值得推广的应用模式。水产养殖业虽然经济效益非常可观，但是生态效益为负是其今后发展的瓶颈，应适当地控制规模，并同人工湿地污水处理这样的产业进行配套，最大程度地发挥综合效益。这也是稻田、苇田养鱼蟹等综合模式能够广泛推广的重要原因。水稻种植业的经济效益和生态效益较为均衡，但产生温室气体、消耗大量水资源，不适合单独推广，宜结合养鱼、养蟹建立综合模式。

由于生物栖息地价值采用了全球湿地的平均价值，本书估算的制盐业生态效益明显偏高。即使这样，制盐业的综合效益仍处于几种产业中最低的水平，可考虑适当控制盐田的建设规模，引进先进技术提高盐业生产水平，发展盐田种植和盐田养殖，提高盐田生产的生态效益，亦可改作水产养殖、人工湿地污水处理用途。

本节并未对综合模式进行评估，因为具体到综合模式，不同类型产业的组合、所占的比重以及结合方式有很大不同，很难一概而论，片面的设想会导致错误的决策。进行综合效益评估时，只要结合具体产业情况，套用以上各个产业的评估方法就可以得出相应效益值。可以肯定的是，由于滨海湿地产业综合模式中，产业间有很好的衔接，形成了产业链条，一种产业的产品甚至废弃物可以为另一种产业直接利用，大大提高了利用效率、节约了资源，其综合效益一定高于单一模式。因此，在滨海湿地产业发展的过程中，应大力推广滨海湿地产业综合模式。

25.4　滨海新区湿地综合利用模式的设计

25.4.1　基于能值分析法的不同滨海湿地产业模式的效益评估

湿地综合利用模式包括稻麦轮作模式、鱼塘养殖模式、水禽湖模式、观光农业、基塘农业模式等，在许多地区已得到了应用。通过评估它们的效益，可为滨海新区湿地综合利用模式的选择上提供参考。本节使用能值分析法评估湿地的综合利用模式，包括稻麦轮作模式、鱼塘养殖模式、水禽湖模式、观光农业和基塘农业模式。

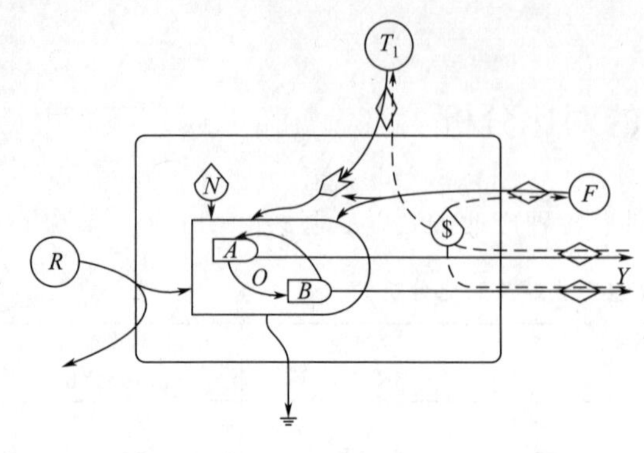

图 25-1 水稻-小麦轮作模式能值流图解
(引自席运官等，2006)
A—小麦生产；B—水稻生产；R—可更新自然资源能；
N—不可更新自然资源能；T_1—可更新有机能；
O—系统自身反馈能量；F—不可更新工业辅助能；Y—产出

25.4.1.1 稻麦轮作模式的效益评估

稻麦轮作模式是滨海湿地种植业模式的一种，其生产流程为：10月下旬至11月上旬播种小麦（*Triticum aestivum*），翌年6月初收割小麦，6月上旬水稻直播，10月下旬水稻收割，10月下旬至11月上旬播种小麦。生产过程中使用化肥、农药、除草剂等现代常规农业生产物资。该模式的能值流简图见图 25-1。

能值流图解不仅显示出水稻-小麦轮作模式能值的输入与输出，也展现了系统内部的能值流动。一年中的小麦水稻两茬作物均有能值产出进入市场，小麦、水稻的秸秆含有较大的能值，但均被焚烧掉，只有少量灰分作为系统内部的能值使用，从而浪费了大量能值。水稻-小麦轮作模式的投入产出分析见表 25-12。

表 25-12 水稻-小麦轮作模式能值投入产出分析表

项目		原始数据	太阳能值转换率	太阳能值/sej
可更新自然资源(R)		5.42×10^{10}J		9.76×10^{14}
不可更新自然资源(N)				1.58×10^{15}
社会经济反馈(U)				
	不可更新工业辅助能(F)			
	①机械	268.2 美元	4.92×10^{12} sej/美元	1.32×10^{15}
	②燃油	1.82×10^{9}J	5.40×10^{4} sej/J	9.83×10^{13}
	③电力	5.29×10^{9}J	1.59×10^{5} sej/J	8.46×10^{14}
	④化学农药	3.34×10^{4}g	1.57×10^{9} sej/g	5.25×10^{13}
	⑤化学肥料	2.14×10^{6}g	3.34×10^{9} sej/g	7.14×10^{15}
	小计			9.46×10^{15}
	购买的可更新有机能(T_1)			
	⑥人力与管理	2.72×10^{9}J	3.80×10^{5} sej/J	1.03×10^{15}
	⑦种子	4.27×10^{9}J	8.29×10^{4} sej/J	3.54×10^{14}
	小计			1.38×10^{15}
	系统反馈(O)			
	⑧秸秆	0	4.70×10^{3} sej/J	0
	⑨秸秆灰分	1.00×10^{5}J	1.10×10^{7} sej/J	0.11×10^{13}
	小计			0.11×10^{13}
总投入(I)				13.40×10^{15}
产出(Y)				
	⑩水稻	9.47×10^{10}J	8.30×10^{4} sej/J	7.86×10^{15}
	⑪小麦	6.22×10^{10}J	6.80×10^{4} sej/J	4.23×10^{15}
	⑫秸秆	1.15×10^{11}J	4.70×10^{3} sej/J	5.41×10^{14}
总产出(Y')				1.26×10^{16}

注：可更新自然资源项包括太阳能、风能、雨水化学能和雨水势能，根据试验所在地的年均太阳能辐射量和年均降雨量计算，但仅取雨水化学能以免重复计算；不可更新自然资源项以系统每年水土流失损失的 N 为 68.2kg/hm² 进行估算，土壤全氮为 0.139%，有机质含量为 2.28%，表土净损失能量为 $68.2\div0.139\%\times2.28\%\times5400$kcal/kg$\times4186$J/kcal$=25.3$J；秸秆灰分的能值以其中钾（$K_2O$）的含量进行计算；其他各项根据全年的记录数据参照前面的公式计算。

由表 25-12 可见，可更新环境资源能值、不可更新环境资源能值、不可更新的工业辅助能值、可更新的有机能值占总能值流量的比例分别为 7.2%、6%、69.6%、5%。不可更新的工业辅助能值占很大比例，体现出有机生产系统和常规农业系统的能值投入特征。购买能值以机械、电力、肥料和人力为主，占总购买能值的 95.4%。在能值投入产出表的基础上，可以计算得到水稻-小麦轮作模式各能值指标值，见表 25-13。

表 25-13 水稻-小麦轮作模式能值指标数据表

指标项	表达式	指标值
能值产出率(EYR)	$(Y'+O)/(F+T_1)$	1.17
环境负载率(ELR)	$(F+N)/(R+T_1+O)$	4.67
能值可持续指标(ESI)	EYR/ELR	0.25

由于稻麦轮作模式的生产投入以购买的工业辅助能为主，反映产业系统经济效益的能值产出率较低，反映产业系统环境压力的环境负载率较高。因此稻麦轮作模式的经济效益低，环境压力大，可持续发展能力较差。

25.4.1.2 鱼塘养殖模式的效益评估

盐城自然保护区位于中国东海岸的中部，在 32°34′N～34°28′N，119°48′E～120°56′E，由江苏省盐城沿海 5 县（市）的海岸滩涂带组成，总面积约为 4553.3km^2，其中核心区面积为 138km^2。

在盐城自然保护区的缓冲区选择低产滩地进行框围养鱼也是比较典型的滨海湿地产业模式。由于此种鱼塘半粗放养鱼，且处于缓冲区受人类干扰影响较大，但经济收入颇为丰厚。鱼塘养殖模式的能值流图解见图 25-2，能值投入产出情况和主要能值指标值分别见表 25-14、表 25-15。

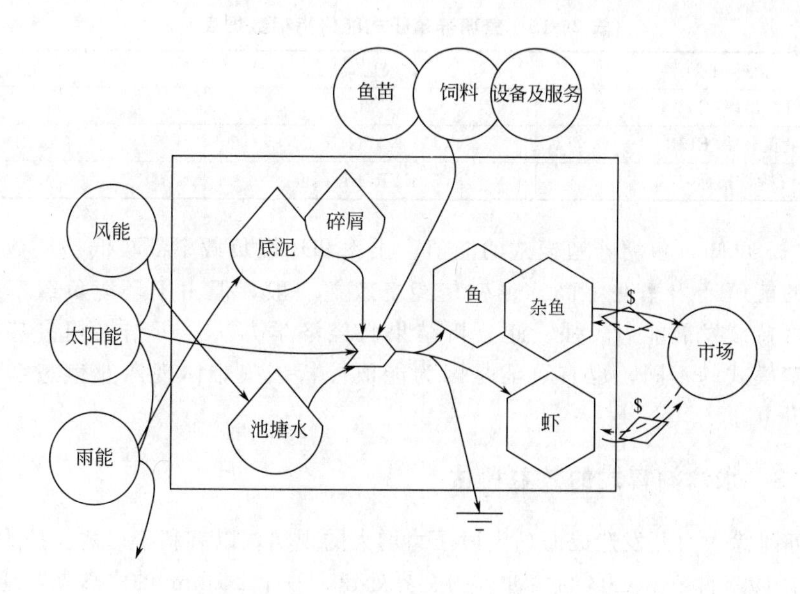

图 25-2 鱼塘养殖模式能值流图解（引自万树文等，2000）

表 25-14 鱼塘养殖模式能值投入产出分析表

项目		原始数据	能值转换率	太阳能值/sej
可更新资源投入(R)				
	①太阳能(R_1)	3.42×10^{15}J	1sej/J	3.42×10^{15}
	②雨水势能(R_2)	3.48×10^{12}J	8888sej/J	3.09×10^{16}
	③雨水化学能(R_3)	5.01×10^{12}J	15444sej/J	7.74×10^{16}
	④风能(R_4)	4.62×10^{11}J	623sej/J	2.88×10^{14}
	小计			7.74×10^{17}
不可更新资源投入(N)				
	⑤底泥	3.66×10^{13}J	3509sej/J	1.28×10^{17}
	⑥池塘水	4.94×10^{12}J	0.48×10^{5}sej/J	2.37×10^{17}
	小计			3.65×10^{17}
社会经济反馈(U)				
	⑦水电和服务(不可更新)(F)	5.84×10^{3}美元	9.26×10^{12}sej/美元	5.41×10^{16}
	⑧鱼苗和饲料(可更新)(T)	12.76×10^{4}美元	9.26×10^{12}sej/美元	82×10^{17}
	小计			1.24×10^{18}
总投入(I)合计				2.38×10^{18}
产出(Y)				
	⑨虾产品	2.20×10^{3}美元	9.26×10^{12}sej/美元	2.04×10^{16}
	⑩鱼产品	1.58×10^{5}美元	9.26×10^{12}sej/美元	1.46×10^{18}
总产出(Y')合计				1.48×10^{18}

由表 25-14 可见，可更新环境资源能值、不可更新环境资源能值、不可更新的工业辅助能值、可更新的有机能值占总能值流量的比例分别为 32.6%、15.4%、2.3%、49.8%。可更新资源能值占鱼塘养殖模式能值投入的绝大部分，主要是鱼苗和饲料。在能值投入产出表的基础上，可以计算得到鱼塘养殖模式各能值指标值，见表 25-15。

表 25-15 鱼塘养殖模式能值指标数据表

指标项	表达式	指标值
能值产出率(EYR)	Y'/U	1.19
环境负载率(ELR)	$(F+N)/(R+T)$	0.21
能值可持续指标(ESI)	EYR/ELR	5.67

由表 25-15 可知，鱼塘养殖模式的能值产出率和环境负载率都较低。从数值上看，鱼塘养殖模式的能值产出率并不高，也就是经济效益一般，但由于环境负载率很低，鱼塘养殖模式的可持续发展能力较强。此分析结果与经济学方法分析结果相去甚远，原因可能是因为养殖模式的不同，也有可能是因为能值分析法很难体现产业生态系统对环境污染的负效益。

25.4.1.3 水禽湖模式的效益评估

针对江苏滩涂大力开发造成海鸟生境压力增大的现实，以有利于珍禽保护为目的，盐城自然保护区于 1994 年在核心区与缓冲区的交界处建了一个 240hm^2 的水禽湖，通过严格管理来禁止人为干扰，以保证水禽能自由地觅食、活动和休息，同时进行粗放的水产养殖和收割芦苇等经济运作。水禽湖建立后，水禽栖息的种类和次数均明显增加，为水禽提供了良好的觅食地和繁殖场所，缓解了自然保护区水鸟的生境压力。该模式的能值流简图见图 25-3，能值投入产出情况和指标值分别见表 25-16、表 25-17。

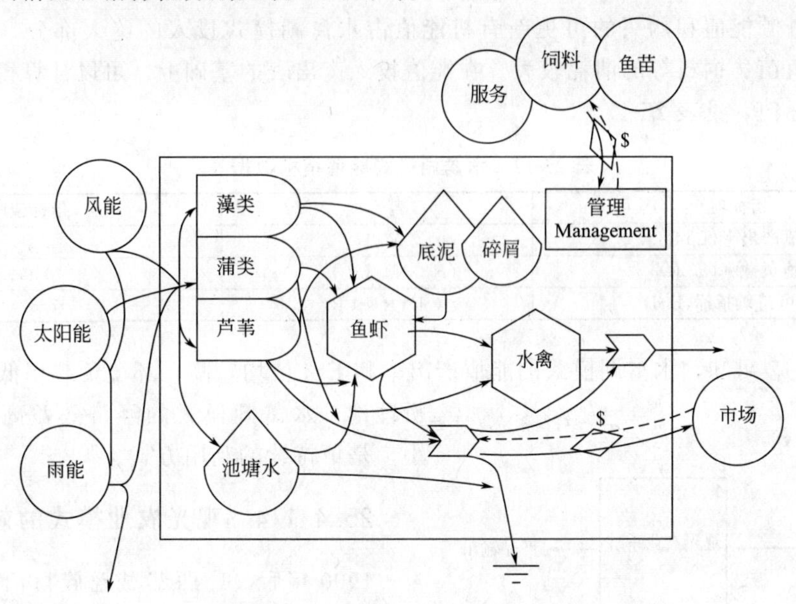

图 25-3 水禽湖模式能值流图解（引自万树文等，2000）

表 25-16 水禽湖模式能值投入产出分析表

项目	原始数据	能值转换率	太阳能值/sej
可更新资源投入(R)			
①太阳能(R_1)	8.30×10^{15}J	1sej/J	8.30×10^{15}
②雨水势能(R_2)	8.44×10^{12}J	8888sej/J	7.50×10^{16}
③雨水化学能(R_3)	1.22×10^{13}J	15444sej/J	1.88×10^{17}
④风能(R_4)	1.12×10^{12}J	623sej/J	6.99×10^{14}
小计			1.88×10^{17}
不可更新资源投入(N)			
⑤底泥	8.86×10^{13}J	3509sej/J	3.11×10^{17}
⑥池塘水	1.19×10^{13}J	0.48×10^{5}sej/J	5.69×10^{17}
小计			8.80×10^{17}
社会经济反馈(U)			
⑦设备和服务(不可更新)(F)	8.95×10^{3}美元	9.26×10^{12}sej/美元	8.29×10^{16}
⑧鱼苗和饲料(可更新)(T)	9.18×10^{4}美元	9.26×10^{12}sej/美元	8.50×10^{17}
小计			9.33×10^{17}
总投入(I)合计			20.01×10^{17}
产出(Y)			
⑨藻类	2.91×10^{14}J	0.47×10^{4}sej/J	1.37×10^{18}
⑩蒲类	2.45×10^{13}J	0.47×10^{4}sej/J	1.15×10^{17}
⑪芦苇	2.61×10^{13}J	0.47×10^{4}sej/J	1.23×10^{17}
⑫水禽	1.29×10^{13}J	3×10^{7}sej/J	3.88×10^{18}
⑬鱼产品	9.3×10^{4}美元	9.26×10^{12}sej/美元	8.61×10^{17}
总产出(Y')合计			6.35×10^{18}

注：1. 基础数据来自万树文等，2000。

2. 为避免重复计算，可更新资源能值取其中最大值，即雨水势能能值。

3. 由于设备和服务的原始数据并未分开，所以计算时，暂将服务计算在不可更新的购进资源之内。

由表 25-16 可见，可更新环境资源能值、不可更新环境资源能值、不可更新的工业辅助能值、可更新的有机能值占总能值流量的比例分别为 9.4%、44.0%、4.1%、42.5%。不可更新环境资源能值和购买的可更新有机能值占水禽湖模式投入的绝大部分，主要是池塘水、底泥、鱼苗、饲料等的消耗较大。在能值投入产出表的基础上，可以计算得到水禽湖模式各能值指标值，见表 25-17。

表 25-17　水禽湖模式能值指标数据表

指标项	表达式	指标值
能值产出率(EYR)	Y'/U	6.81
环境负载率(ELR)	$(F+N)/(R+T)$	0.93
能值可持续指标(ESI)	EYR/ELR	7.32

由表 25-17 可知，水禽湖模式的能值产出率和 ESI 值均较高，环境负载率低。按能值分析理论，水禽湖模式的经济效益高、环境压力小，是可持续的利用方式。

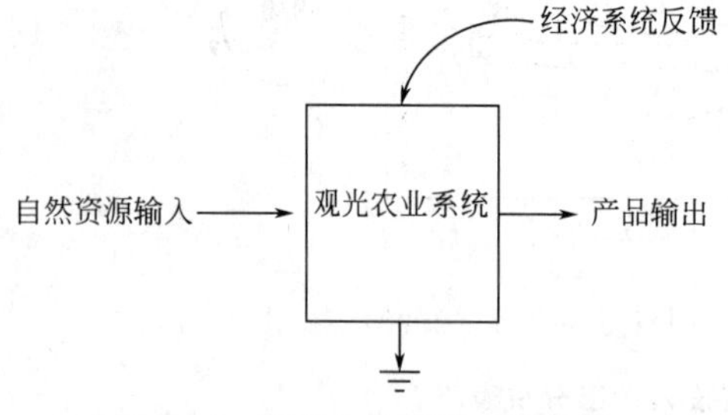

图 25-4　观光农业系统能流简图

（引自谢雨萍等，2007）

25.4.1.4　观光农业模式的效益评估

1990 年后，广西恭城瑶族自治县红岩村在政府的引导和在农业技术部门的指导下，调整农业种植结构，开发荒山荒岭种植月柿、柑橘等经济作物，走生态农业发展道路。自 2003 年起，又以现有的 2.4km^2 月柿为基础，大力开展富裕生态家园建设，修建旅游设施，开始发展生态农业旅游。现已成功地举办了三届旨在推销本村生态农业产品的“恭城月柿节”。两年多来，该村累计接待旅游者 36 万人次，村民非农业旅游收入人均达 7000 多元。红岩村观光农业系统的能流简图如图 25-4 所示。

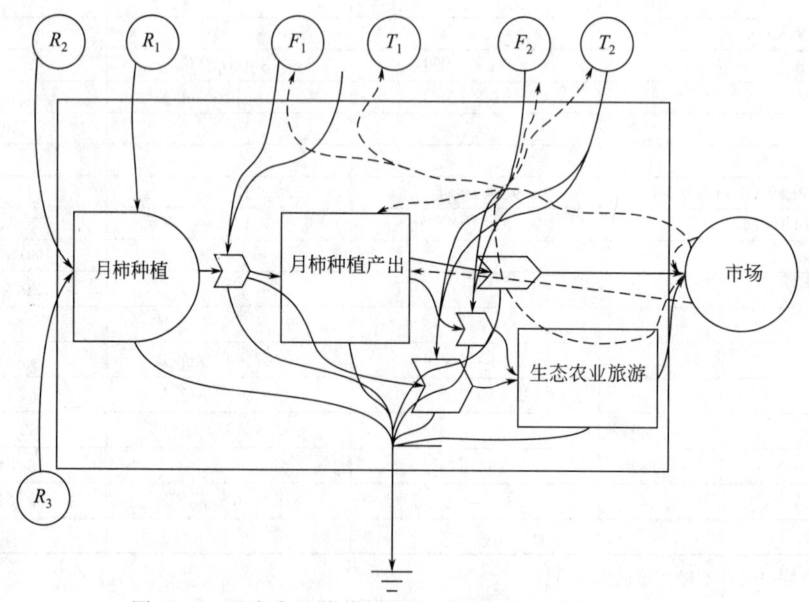

图 25-5　观光农业能值流图解（引自谢雨萍等，2007）

R_1—太阳能；R_2—雨水势能；R_3—雨水化学能；F_1—月柿生产的设备投入；T_1—月柿生产的服务投入；F_2—生态农业旅游的设备投入；T_2—生态农业旅游的服务投入

该系统自然资源投入能值主要来自太阳能、雨水势能、雨水化学能和表土流失能，而经济系统反馈能值投入的主要形式包括月柿生产的设备投入、服务投入和开展生态旅游的设备投入、服务投入，前者主要包括化肥、农药、机械、燃料、电力、人力、畜力、有机肥等，而后者主要是发展观光农业必需的基础设施和辅助设施，以及旅游接待所需的人力、物耗（见图25-5），能值投入产出分析详见表25-18。

表 25-18　月柿观光农业模式能值投入产出分析表

项目	原始数据	能值转换率	太阳能值/sej
可更新资源投入(R)			
①太阳能(R_1)	0.11×10^{17}J	1sej/J	0.11×10^{17}
②雨水势能(R_2)	2.76×10^{13}J	8888sej/J	2.45×10^{17}
③雨水化学能(R_3)	1.99×10^{13}J	15444sej/J	3.07×10^{17}
小计			5.53×10^{17}
不可更新资源投入(N)			
④表土流失	6.31×10^{13}J	7.4×10^{4}sej/J	4.67×10^{18}
小计			4.67×10^{18}
社会经济反馈(U)			
⑤复合系统设备投入(不可更新)(F)	7.73×10^{5}美元	4.94×10^{12}sej/美元	3.82×10^{18}
⑥复合系统劳务投入(可更新)(T)	5.01×10^{5}美元	4.94×10^{12}sej/美元	2.48×10^{18}
小计			6.30×10^{18}
总投入(I)合计			53×10^{18}
产出(Y)			
⑦生态农业(Y_1)	15.66×10^{5}美元	4.94×10^{12}sej/美元	7.74×10^{18}
⑧生态旅游业(Y_2)	19.81×10^{5}美元	4.94×10^{12}sej/美元	9.79×10^{18}
总产出(Y')合计			17.53×10^{18}

注：$F=F_1+F_2$；$T=T_1+T_2$；基础数据来自谢雨萍等，2007。

由表25-18可见，可更新环境资源能值、不可更新环境资源能值、系统设备投入、系统劳动投入占总能值流量的比例分别为33.1%、28.5%、23.3%、15.1%。各种能值在观光农业模式的能值投入中比较均衡。在能值投入产出分析的基础上，可以计算得到月柿观光农业模式各能值指标值，见表25-19。

表 25-19　月柿观光农业模式能值指标数据表

指标项	表达式	指标值
能值产出率(EYR)	$Y'/(F+T)$	2.78
环境负载率(ELR)	$(F+N)/(R+T)$	2.79
能值可持续指标(ESI)	EYR/ELR	1.00

相对于前三种模式，月柿观光农业的能值产出率和ESI的指标值都处于中间水平，环境负载率较高，也就是说月柿观光农业的环境压力较大，经济效益和可持续发展能力处于一般水平。一般来讲，观光农业模式属于生态农业模式，对生态环境的压力较小。月柿观光农业模式的环境压力较大很可能是由于经营管理方面的问题造成的。

25.4.1.5 基塘农业模式的效益评估

瓜菜基鱼塘农业生产模式是在传统基塘农业生产模式的基础上发展而来的，为珠江三角洲的发展创造了巨大的经济效益和良好的生态效益与社会效益，是新兴的典型基塘农业生态工程模式。

本节以黑皮冬瓜-黑皮冬瓜-结球甘蓝-猪-翘嘴鳜与四大家鱼混养模式为例进行能值分析，该模式面积为 0.953hm^2，基塘面积比为 3∶7。在系统内子系统层的划分中按产业类型分为种植业、畜牧业和渔业 3 个子系统，系统能值流见图 25-6。

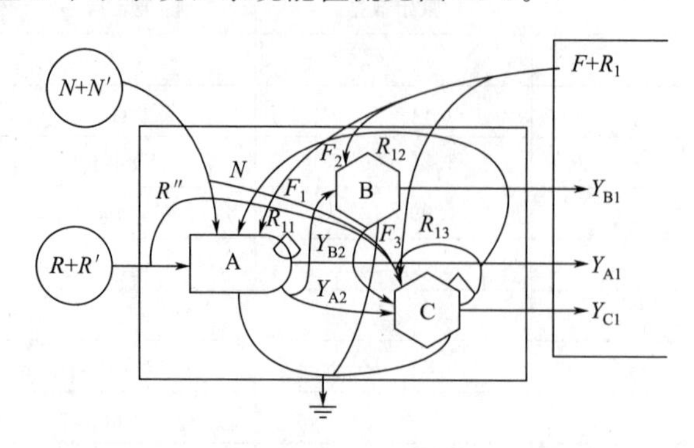

图 25-6 瓜菜基基塘模式能值流图解（引自陆宏芳等，2000）

A—瓜-瓜-菜种植业子系统；B—养猪畜牧业子系统；C—渔业子系统；N—投入基塘的不可更新自然资源能值；N'—基上的不可更新自然资源投入能值；N''—塘内的不可更新自然资源投入能值；R—投入塘内的可更新自然资源能值；R'—投入基上的可更新自然资源能值；R''—塘内的可更新自然资源投入能值；F—投入基塘的不可更新购买资源能值；F_1—种植业子系统购买不可更新资源能值；F_2—畜牧业子系统购买不可更新资源能值；F_3—渔业子系统购入不可更新资源能值；R_1—投入基塘的可更新购买资源能值；R_{11}—种植业子系统购买可更新资源能值；R_{12}—畜牧业子系统购买可更新资源能值；R_{13}—渔业子系统购买可更新资源能值；Y_{A1}—种植业子系统能值产出；Y_{C1}—渔业子系统能值产出；Y_{A2}—种植业子系统非经济能值产出；Y_{B1}—畜牧业子系统经济能值产出；Y_{B2}—畜牧业子系统圈肥能值产出；R_1—投入基塘的可更新购买资源能值

由表 25-20 可见，购买能值占系统投入能值的绝大部分，其中不可更新的购买能值和可更新的购买能值各占 31.9%、67.8%。在能值投入产出表的基础上，可以计算得到瓜菜基鱼塘模式各能值指标值，见表 25-21。

表 25-20 瓜菜基鱼塘模式能值投入产出分析简表

	项目	太阳能值/sej
可更新资源投入(R)		
	①基上的可更新自然资源投入小计(R'')	3.69×10^{14}
	②塘内的可更新自然资源投入小计(R')	8.61×10^{14}
小计		12.3×10^{14}
不可更新资源投入(N)		
	③基上的不可更新自然资源投入小计(N'')	2.12×10^{13}
	④塘内的不可更新自然资源投入小计(N')	4.96×10^{13}
小计		7.08×10^{13}
社会经济反馈(U)		
	不可更新反馈(F)	
	⑤种植业子系统购买不可更新资源小计(F_1)	1.69×10^{17}
	⑥畜牧业子系统购买不可更新资源小计(F_2)	4.08×10^{14}
	⑦渔业子系统购入不可更新资源小计(F_3)	3.51×10^{15}
	小计	1.73×10^{17}

续表

项目		太阳能值/sej
可更新反馈(T)		
	⑧种植业子系统购买可更新资源小计(R_{11})	1.04×10^{15}
	⑨畜牧业子系统购买可更新资源小计(R_{12})	3.10×10^{17}
	⑩渔业子系统购买可更新资源小计(R_{13})	5.61×10^{16}
	小计	3.67×10^{17}
总投入(I)合计		5.41×10^{17}
产出		
	⑪瓜菜 Y_{A1}	5.59×10^{17}
	⑫猪肉 Y_{B1}	3.10×10^{17}
	⑬鱼 Y_{C1}	5.42×10^{17}
总产出(Y')		13.11×10^{17}

注：基础数据来自陆宏芳等，2000，系统可更新自然资源投入取了太阳辐射能、风能、雨水能（化学能及势能）及地球循环能的最大项，即雨水化学能。在系统不可更新自然资源的加和计算中，只取了表土层流失能，而系统及各子系统的主产出也因与其副产出具有同样的成本源和相同的能值，因此在产出汇总中予以归并。

表 25-21　瓜菜基鱼塘模式能值指标数据表

指标项	表达式	指标值
能值产出率(EYR)	$Y'/(F+T)$	2.43
环境负载率(ELR)	$(F+N)/(R+T)$	0.47
能值可持续指标(ESI)	EYR/ELR	5.17

注：$F=F_1+F_2+F_3$；$N=N''+N'$；$R=R''+R'$；$T=R_{11}+R_{12}+R_{13}$。

相对于前三种模式，瓜菜基鱼塘模式的能值产出率和ESI的指标值都较高，环境负载率较低，也就是说瓜菜基鱼塘模式的环境压力较小，经济效益高，产业可持续发展能力强。

25.4.2　不同滨海湿地产业模式的对比分析

由以上的分析可以得到五种产业模式的对比分析，见表25-22。

表 25-22　滨海湿地产业模式能值指标对比分析表

指标项	稻麦轮作	鱼塘养殖	水禽湖	观光农业	基塘模式
能值产出率(EYR)	1.17	1.19	6.81	2.78	2.43
环境负载率(ELR)	4.67	0.21	0.93	2.79	0.47
能值可持续指标(ESI)	0.25	5.67	7.32	1.00	5.17

结合表25-22中的数据可分析得出：作为单一种植模式的稻麦轮作模式的环境负载率最高，经济效益最差，环境压力最大，综合效益和可持续发展能力很差，不适宜推广；同样是单一模式的鱼塘养殖模式，经济效益差，但环境负载率最低，可持续发展能力强；水禽湖的能值产出率和ESI值均较高，环境压力小，是更可持续的利用方式；观光农业的环境压力较大，可持续性一般；基塘农业模式环境压力小，经济效益高，可持续发展能力强，对无偿

自然资源并无依赖。这正是基塘农业模式几千年来长盛不衰的原因。

综上所述，水禽湖模式、鱼塘养殖模式、基塘模式对无偿自然环境的消耗最小，环境负载率较低，具有较高的 ESI 值，仅靠增加外界的经济投入即可得到非常可观的综合效益，是值得推广的产业模式。相对而言，种植业能值产出率低、环境负载率最高、ESI 值最低，是五种模式中发展潜力最欠佳的模式。观光农业的管理和经营对于该模式的环境压力、总体效益、可持续发展能力都有着很大的影响，月柿观光农业模式的环境压力较大，很可能与经营和管理方式有着很大的关系。

25.5 结　论

本书利用经济学方法分析了湿地盐业、人工湿地污水处理、湿地种植业、水产养殖业等典型湿地产业的效益，除此之外还利用能值法分析了稻麦轮作模式、鱼塘养殖模式、水禽湖模式、观光农业模式和基塘农业模式等几种湿地综合利用模式的效益。在评估的基础上，对不同类型滨海湿地产业的发展方向提出了以下建议。

① 在各典型的湿地产业中，人工湿地污水处理的生态效益和综合效益远远高于其他产业类型，生态效益在综合效益中所占比重突出，是非常值得推广的应用模式。

② 在设计的几种湿地综合利用模式中，水禽湖模式、鱼塘养殖模式、基塘模式对无偿自然环境的消耗最小，环境负载率较低，具有较高可持续性，仅靠增加外界的经济投入即可得到非常可观的综合效益，是值得推广的产业模式。